Hajo Hippner
Matthias Meyer
Klaus D. Wilde (Hrsg.)

Computer Based Marketing

Hajo Hippner
Matthias Meyer
Klaus D. Wilde (Hrsg.)

Computer Based Marketing

Das Handbuch
zur Marketinginformatik

2. Auflage

ISBN 978-3-663-11997-5   ISBN 978-3-663-11996-8 (eBook)
DOI 10.1007/978-3-663-11996-8

1. Auflage 1998
2. Auflage 1999

Vorwort zur 2. Auflage

Der vorliegende Herausgeberband wurde vom Markt überaus positiv aufgenommen, so daß bereits nach kurzer Zeit eine zweite Auflage erforderlich wurde. Aufgrund des knappen Abstands zwischen den beiden Auflagen wurde auf eine inhaltliche Aktualisierung verzichtet. Lediglich die Lehrstuhl-Kontakte wurden überarbeitet. Dies erfolgte durch die Herren Daniel Heinemann und Christian Bechheim. Ihnen gilt unser herzlicher Dank.

Ingolstadt, im Dezember 1998   Die Herausgeber

Vorwort zur 1. Auflage

Gegenstand des Computer Based Marketing bzw. der Marketinginformatik ist die Computerunterstützung von Geschäftsprozessen im Marketing.

Während sich die Computerunterstützung in der Fertigungswirtschaft oder Logistik längst als zentraler Erfolgsfaktor etabliert hat, ist der Einsatz im Marketing bis vor kurzem auf wenige Insellösungen beschränkt gewesen. Zurückführen läßt sich das auf

- eine qualitativ und quantitativ unzureichende Datenbasis: Die Computerisierung der Angebots- und Auftragsbearbeitung ist Voraussetzung für eine detaillierte, vollständige und aktuelle Datenbasis über Kunden, Produkte und Aufträge des Unternehmens. Gleiches gilt hinsichtlich der unternehmensexternen Marktdaten für die überfällige Ablösung einer sporadischen Ad-hoc-Marktforschung durch kontinuierliche, standardisierte Informationsdienstleistungen von Marktforschungsinstituten.

- die große Bedeutung variierender, schlechtstrukturierter Aufgabenstellungen im Marketing im Gegensatz zu den standardisierten Geschäftsprozessen in Fertigung und Logistik: Neue Informationsarchitekturen, die sich am Vorbild einer 'Toolbox' zur Unterstützung menschlicher Aufgabenträger und nicht an der Automatisierung programmierbarer Abläufe orientieren, sind dazu unabdingbar.

- die räumliche Dezentralisierung der Aufgabenträger im Marketing: Voraussetzung für die Anbindung der räumlich weit verteilten Außendienstmitarbeiter, Zweigstellen oder auch der Kunden an anwenderfreundliche Informations- und Kommunikationsdienste ist die Entwicklung preisgünstiger Workstations mit intuitiv bedienbaren graphischen Benutzeroberflächen sowie die Verfügbarkeit leistungsfähiger Client-Server-Systeme und Datennetze.

Seit diese Engpässe zunehmend überwunden werden, verzeichnet die Marketinginformatik seit einigen Jahren in Theorie und Praxis einen enormen Boom. Mittels der Computerunterstützung lassen sich Marketingprozesse nicht nur effizienter und effektiver gestalten, sondern es erschließen sich darüber hinaus völlig neue Marketingprozesse, die ohne Computerunterstützung undenkbar wären (z.B. Database Marketing, Teleshopping, Internet-Marketing etc.). Wie bereits in der Fertigungswirtschaft und Logistik wird nun auch im Marketing vor dem Hintergrund fragmentierter Märkte und wachsenden Wettbewerbsdrucks der kompetente Einsatz von Informations- und Kommunikationstechnologien zu einem zentralen Erfolgsfaktor des Marketing.

Eine wachsende Zahl von Forschern aus verschiedenen Disziplinen widmet deshalb in jüngster Zeit ihre Aufmerksamkeit der Marketinginformatik, mit der Folge einer nahezu unüberschaubaren Flut von Pilotprojekten und Publikationen.

Ziel dieses Buches ist es daher, einen aktuellen Überblick über die derzeitigen Forschungsschwerpunkte im Bereich des Computer Based Marketing im deutschsprachigen Raum zu vermitteln.

Wenn dabei Beiträge aus der Marketinginformatik mit den unterschiedlichsten Schwerpunkten zusammengefaßt werden, so geschieht dies in der Hoffnung, daß damit

- für unterschiedliche Zielgruppen aus Theorie und Praxis ein differenziertes Angebot gemacht werden kann,

- in der Summe der Beiträge ein Gesamtbild von konzeptionellen und realisierten Arbeiten auf dem Gebiet der Marktinginformatik geboten wird,

- ein Beitrag zu einem Brückenschlag zwischen Theorie und Praxis geleistet werden kann.

An dieser Stelle danken die Herausgeber den Autoren nochmals für ihre Beiträge und die reibungslose Zusammenarbeit in allen Phasen der Entstehung dieses Buches. Dank gilt auch Herrn Dr. Klockenbusch vom Verlag Vieweg für die gute Zusammenarbeit.

Ingolstadt, im Oktober 1997   Die Herausgeber

Inhaltsverzeichnis

BRANCHENSPEZIFISCHE ANWENDUNGEN

HANDEL

BANKEN UND VERSICHERUNGEN

AUTOMOBIL

TELEKOMMUNIKATION

PHARMA

Branchenübergreifende Anwendungen

DISTRIBUTIONSPOLITIK

DIKAP: Ein Decision Support System zur Distributionskanal-Planung

Sönke Albers, Carsten Bona, Kay Peters
Lehrstuhl für Marketing[*]
Christian-Albrechts-Universität zu Kiel

Zusammenfassung

Die Distributionskanal-Planung wird in der Praxis durch Planungsmodelle auf aggregiertem Niveau unterstützt. Diese sind nur selten inhaltlich und technisch derart ausgestaltet, daß eine gute Entscheidungsunterstützung zur Bestimmung des optimalen Budgets für die Distribution sowie der optimalen Allokation eines gegebenen Budgets auf Distributionskanäle gewährleistet ist. Dieser Beitrag beschreibt die inhaltliche Struktur und technische Realisierung eines erweiterbaren Distributionskanal-Planungsmodells für die angeführten Aufgabenstellungen.

Stichworte: Distributionskanäle, Decision Support, Strategie, Marketing-Planung

1 Problemstellung

Im Rahmen der strategischen Planung des Marketing-Mix nimmt die Bedeutung der Distributions- und Vertriebspolitik beständig zu. Dies gilt insbesondere für neue Produkte und Dienstleistungen, die über etablierte, aber unterschiedlich ergiebige Distributions- und Vertriebskanäle vertrieben werden sollen [Ste96]. Dabei stellen sich die beiden Probleme der Bestimmung eines deckungsbeitragsoptimalen Budgets für die Distribution und der deckungsbeitragsoptimalen Verteilung des gewählten bzw. vorgegebenen Budgets auf die ausgewählten Distributionskanäle [Lil92, Ran87]. Um diese Fragestellungen befriedigend lösen zu können, müssen die entsprechenden Marketing-Entscheidungsvariablen in logisch konsistenter Weise mit ihrer entsprechenden Erlöswirkung verknüpft werden. Dies geschieht in den von der Praxis verwendeten Wirtschaftlichkeitsrechnungen zumeist nicht und führt in aller Regel dazu, daß diese Rechnungen nur für einen ganz bestimmten Fall gelten und nicht für das Durchrechnen von alternativen Plänen geeignet sind. Darüber hinaus ist bei einer solchen Planung aufgrund der langfristigen, strategischen Bedeutung zwischen den beiden Ebenen der strategischen Planung (10-Jahresplanung) und der operativen Planung (12-36 Monatsplanung) zu unterscheiden, wodurch sich das Problem der konsistenten Abstimmung beider Modellebenen stellt.

---

[*] Lehrstuhlinhaber: Prof. Dr. Sönke Albers

Ferner existiert in der Praxis oft das Problem, daß das Zustandekommen von Planungen für viele Betroffene nicht nachvollzogen werden kann. Dies liegt zum einen an der stark wachsenden Komplexität der Berechnungen, wenn dabei verschiedene Marktsegmente, Produktarten und Wettbewerbsbeziehungen berücksichtigt werden müssen. Zum anderen resultiert eine Intransparenz daraus, daß die Erlös- bzw. Marktanteilswirkungen der Marketing-Mix-Entscheidungen nicht explizit offengelegt werden. Transparenz ist jedoch eine notwendige Bedingung für die Akzeptanz der ermittelten Planwerte.

Darüber hinaus muß ein entsprechendes Planungsmodell in der Praxis derart gestaltet sein, daß inhaltliche Entwicklungen (z.B. eine Änderung der Prämienstruktur für Distributionskanäle) und sukzessive Modellerweiterungen (z.B. neue Planungsdetaillierung der Preisstruktur) zügig mit begrenztem Aufwand durchgeführt werden können.

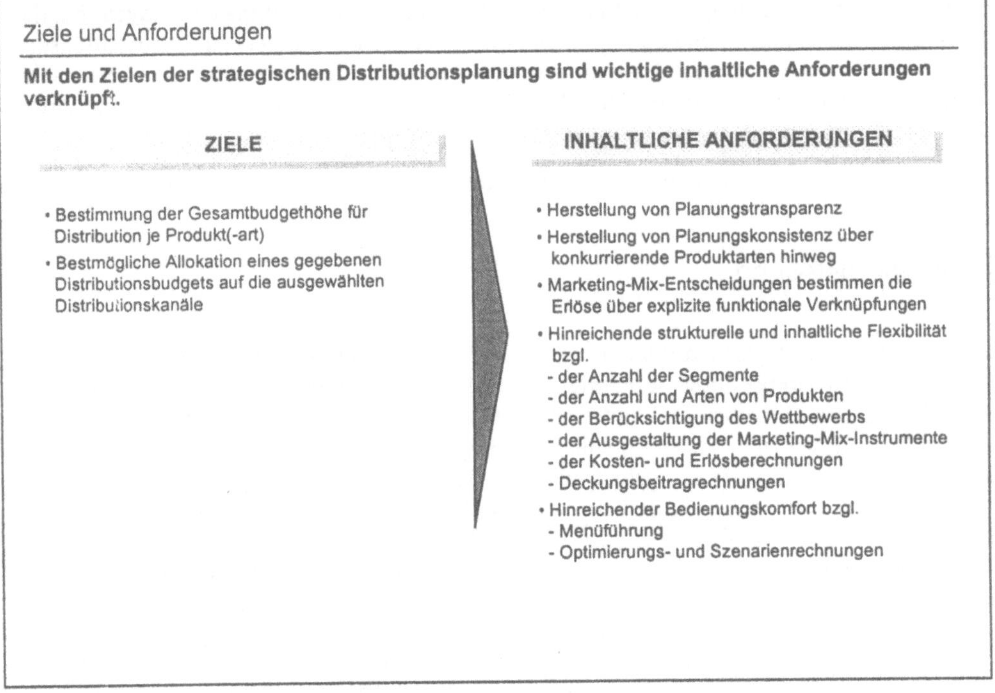

Abb. 1: Ziele und Anforderungen

Zur Erreichung dieser Ziele muß das Planungsmodell die Anforderungen in Abb. 1 erfüllen.

2 Modellstruktur

Zur Unterstützung des beschriebenen Planungsproblems ist das Entscheidungs-Unterstützungs-System DIKAP (Distributionskanal-Planung) entwickelt worden. Im folgenden wird zunächst auf seinen grundlegenden Aufbau eingegangen. Auf dieser Grundlage erfolgt eine Beschreibung der Module des Modells, die eine inhaltliche Transparenz und Konsistenz im Detail gewährleisten sollen. Abschließend erfolgt eine Darstellung der implementierten Lösungen für die Ermittlung des optimalen Budgets für die Distribution sowie seine optimale Verteilung auf Kanäle.

Aufbau des Modells

Der Aufbau des Modells entspricht der in der Abb. 2 dargestellten Form.

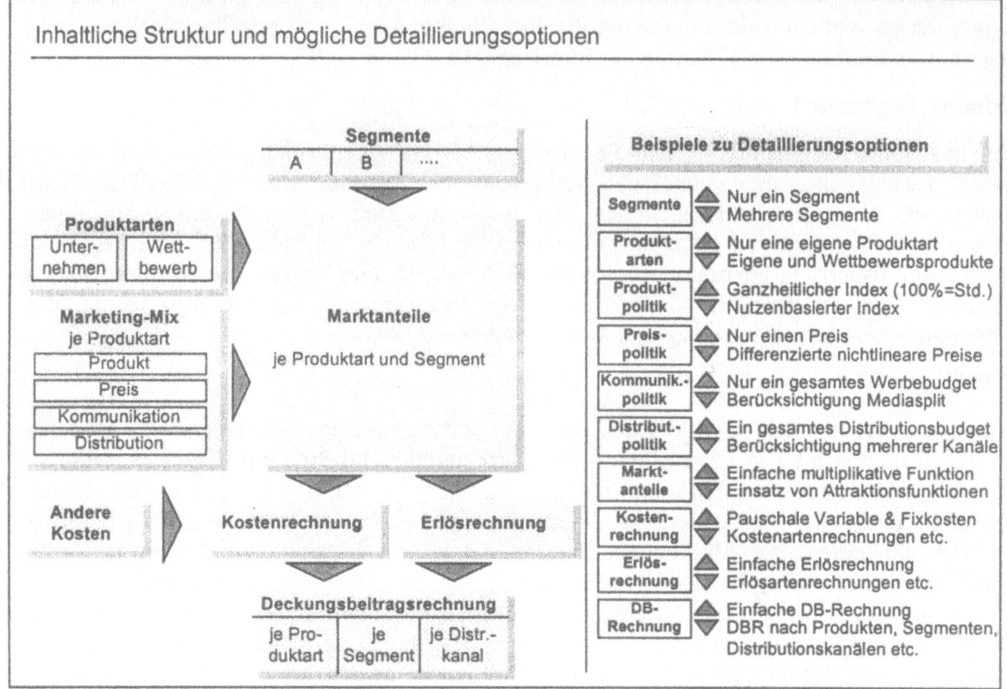

Abb. 2: Inhaltliche Struktur und mögliche Detaillierungsoptionen

Das Modell ist sehr modular gestaltet worden, damit einzelne Module unabhängig von der Ausprägung anderer Module verändert bzw. differenziert werden können. Dies bedeutet, daß z.B. im Modul „Kommunikation" eine Detaillierung von der reinen Gesamtbudgetplanung auf die Ebene der Mediasplit-Planung vorgenommen werden kann, ohne daß im Preismodul Änderungen vorgenommen werden müssen. Ein weiteres Beispiel wäre das Hinzufügen eines weiteren Segments, ohne daß in den anderen Modulen Eingriffe notwendig werden. Damit ist eine hinreichende Flexibilität des Modells gegeben.

Die einzelnen Module sind durch übergeordnete Wirkungsbeziehungen verknüpft. So wird für die im Modul „Segmente" definierten Segmente jeweils ein Segment-Marktanteilsmodell gerechnet, das die im Modul „Produktarten" festgelegten Produkte berücksichtigt. Zur Berechnung der Segment-Marktanteile werden die in den „Marketing-Mix"-Modulen eingegeben Marketing-Mix-Entscheidungen je Produktart zugrunde gelegt. Die resultierenden Segment-Marktanteile werden unter Einbezug der Segmentvolumina aus dem Modul „Segmente" in absolute produktspezifische Größen (z.B. Kunden je Produkt und Segment) umgerechnet, die unter anderem der Erlös- und Kostenberechnung dienen. Aus den Modulen „Erlösrechnung" und „Kostenrechnung" heraus werden unternehmensindividuelle Dekkungsbeitragsrechnungen durchgeführt, deren jeweilige Stufen als Grundlage für eine Optimierung des Gesamtdistributionsbudgets bzw. der Verteilung eines gegebenen Budgets herangezogen werden können.

Diese Strukturen sind sowohl für die strategische als auch die operative Planungsebene implementiert worden. Dabei werden für die ersten drei Jahre der strategischen Planung die aggregierten Werte aus der operativen Planung übernommen, wodurch Planungskonsistenz zwischen den Ebenen und Modulen gewährleistet ist.

Modul „Segmente"

In dem Modul „Segmente" werden die einzelnen Marktsegmente charakterisiert, für die die segmentspezifischen mengenmäßigen Marktvolumina bestimmt werden. Die dynamische Entwicklung der segmentspezifischen Marktvolumina kann dabei entweder vorgegeben oder in Abhängigkeit von (exogenen) branchenspezifischen Einflußgrößen, z.B. Segment-Durchschnittspreisen, bestimmt werden [Win78, Fre83]. Die segmentspezifischen Marktvolumina werden dann in Abhängigkeit der Marketing-Mix-Ausprägungen durch das Marktanteilsmodul auf die einzelnen Wettbewerber aufgeteilt.

Modul „Marktanteile"

Das „Marktanteile"-Modul bildet den Kern des wettbewerbsgetriebenen DIKAP-Modells. Generell stellt sich bei der Berechnung von Marktanteilen das Problem, daß bereichskonsistente (Marktanteile aller Produkte liegen zwischen 0 % und 100 %) und summenkonsistente (Summe aller Marktanteile im Segment ergibt 100 %) Marktanteile nicht grundsätzlich für alle aggregierten Marktanteilsfunktionen gewährleistet sind [Bro84, Coo88, Lil92]. Deshalb wird in diesem Modell der Marktanteil eines Produktes aus dem Verhältnis seiner Attraktion zu der Summe der Attraktionen aller im Markt befindlichen Produkte berechnet, wobei sich die Attraktion aus den Ausprägungen des Marketing-Mix bestimmt. Damit werden beide Konsistenzforderungen erfüllt, so daß keine für den Anwender unplausible Lösungen resultieren können.

Modul „Produktarten"

In DIKAP werden die im Wettbewerb stehenden Produktarten in diesem Modul vom Planer flexibel definiert. Für die hier spezifizierten Produktarten sowie die zusammengefaßte Position der nicht explizit berücksichtigten sonstigen Wettbewerbsproduktarten werden im Modul „Marketing-Mix" die Entscheidungsparameter des Marketing-Mix je Produkt festgelegt.

Modul „Marketing-Mix"

Die Datenfelder im Modul „Marketing-Mix" enthalten sämtliche Eingabewerte aller Marketing-Mix-Entscheidungen für die spezifizierte Anzahl der Planungsperioden und Produktarten. Dabei kann jedes Instrument (z.B. das Teilmodul „Distribution") unabhängig von den anderen Instrumenten beliebig detailliert ausgestaltet werden. Die Instrumente wirken im Marktanteilsmodell entsprechend ihrer Elastizitäten.

Im vorliegenden Modell ist nur das Distributions-Teilmodul detailliert ausgestaltet. Die Produktpolitik wird über einen relativen Produktindex abgebildet, wobei das Hauptwettbewerbsprodukt mit 100% in der ersten Planungsperiode den Anker bildet. Die Kommunikationspolitik wird ebenfalls auf einem aggregierten Betrachtungsniveau gehalten, indem lediglich Gesamtwerbebudgets betrachtet werden. Das Teilmodul „Preispolitik" ist etwas detaillierter berücksichtigt worden, weil es im betrachteten Markt eine bedeutende Position einnimmt. So werden im Rahmen der nichtlinearen Preisbildung mehrere Preiskomponenten einbezogen. Das Teilmodul „Distribution" ist recht umfangreich ausgestaltet worden und wird im folgenden näher beschrieben.

Teilmodul „Distribution"

Dieses Teilmodul enthält in dieser Modellspezifikation mehrere direkte und indirekte Distributionskanäle (vgl. zur Definition auch [Hru96]), die entsprechend ihren Charakteristika unterschiedliche Stellgrößen aufweisen [Ste96]. Eine besondere Problemstellung bei der Abbildung der Distributionswirkung ergibt sich durch die Berücksichtigung von Überschneidungen von Distributionskanälen in der Erreichbarkeit von Segmenten. Darüber hinaus sind die beiden Effekte der Distribution auf das erreichbare Marktvolumen und die Erzielung von Marktanteilen zu berücksichtigen.

Bei der Dateneingabe muß der Planer in unserem Modell zunächst die maximale Erreichbarkeit eines Segmentes durch die betrachteten Distributionskanäle prozentual (als Anteil der Kunden) vorgeben. Die Summe der Erreichbarkeitsgrade je Segment kann 100% überschreiten, so daß Überschneidungen von Distributionskanälen in der Erreichbarkeit eines Segments durch mehrere Kanäle abgebildet werden können.

Anschließend werden pro Produkt, Segment und Distributionskanal die wesentlichen Stellgrößen eingegeben. Dies sind die budgetrelevanten Aufwendungen für unterschiedliche Distributionsmaßnahmen. Dazu gehört das Personalbudget, welches sich aus der Anzahl von Stellen, den Kosten je Stelle, dem Nebenkostensatz sowie einem Overhead-Faktor errechnet. Letzterer ermöglicht die unterschiedliche Berücksichtigung verschiedener Arten von Distributionskanälen (z.B. Handel und Außendienst). Im Modell kann ein differenziertes Prämiensystem abgebildet werden. Ferner können sowohl pauschale WKZ- als auch Direktmarketing-, Verkaufsförderungs- und kanalspezifische Sonderpositionen geplant werden (vgl. dazu auch [Ste96], insbesondere [Far89], [Jeu91], [Rei95] und [Ger96]). Somit sind alle wesentlichen Aufwendungen für Distributionskanäle detailliert planbar.

Das aus den Einzelaufwendungen aggregierte Distributionsbudget bestimmt schließlich je Produkt, Segment und Kanal die sich ergebende Distributionsquote. Dabei bildet die maximale Erreichbarkeit die Obergrenze einer durch ein Budget zu erreichenden Distributionsquote. Die Summe der so berechneten Distributionsquoten je Produkt, Segment und Vertriebskanal ergibt die kumulierte Distributionsquote eines Produkts für ein Segment und geht in die Marktanteilsberechnung je Segment ein. Die Wirkung auf das erreichbare Marktvolumen eines Segmentes wird durch die Multiplikation des maximalen Marktvolumens mit der Distributionsquote operationalisiert, so wie es auch in Prognosemodellen von Testmarktsimulatoren verwirklicht ist [Lil92, S.483]. Dabei wird das gesamte Segmentvolumen nur dann auf alle konkurrierenden Produkte im Segment verteilt, wenn die Summe der höchsten von einem beliebigen Produkt erreichten Distributionsquoten je Kanal eine kumulierte Erreichbarkeit von 100% tatsächlich übersteigt.

Systemeinstellungen

Im Rahmen der Systemeinstellungen ist es für die Akzeptanz von besonderer Bedeutung, Transparenz bezüglich der Wirkungen der Instrumente für alle am Planungsprozeß Beteiligten bzw. davon Betroffenen herzustellen.

In diesem Modell werden die Segment-Marktanteilswirkungen der Marketing-Instrumente über die explizite Eingabe von segmentspezifischen Elastizitäten gesteuert. Der Planer kann entweder die Elastizitäten der verschiedenen Instrumente auf der Basis von Marktforschungsergebnissen direkt eingeben oder durch subjektive Punktbefragung über das Modell berechnen lassen. Diese Annahmen und die damit verbundenen Konsequenzen lassen sich offenlegen und können somit von allen am Planungsprozeß Beteiligten nachvollzogen werden.

Modul „Erlösrechnung"

Aus den in Abhängigkeit des Einsatzes des Marketing-Mix berechneten Marktanteilen und den segmentspezifischen Marktvolumina können die Absatzmengen je Produkt und Segment berechnet werden. Die Erlöse berechnen sich aus den preisgewichteten Absatzmengen und können sogar je Produkt, Segment und Vertriebskanal ausgewiesen werden. Die Rückrechnung auf Vertriebskanäle erfolgt in analoger Form wie die Berechnung der aggregierten Distributionsvariablen in Abhängigkeit der Distributionsquoten.

Modul „Kostenrechnung"

Die Berechnungen der variablen Kosten baut auf den Absatzmengen aus der Erlösrechnung auf. Die fixen und variablen Kostensätze können direkt eingegeben werden. Natürlich kann auch eine unternehmensindividuelle Ausgestaltung erfolgen (Bsp. s. [Ewe95]).

Modul „Deckungsbeitragsrechnung" (DBR)

In diesem Modul werden die in den Erlös- und Kostenrechnungen ermittelten Größen im Rahmen der jeweiligen Ausrichtung der Deckungsbeitragsrechnung zusammengestellt und daraus Deckungsbeiträge je Produktart, Segment und Distributionskanal berechnet. Aus diesen DBRs geht eine Vielzahl von potentiellen Steuerungsinformationen hervor, die für Optimierungen eingesetzt werden können [Köh93].

Module „Optimierungsrechnung" und „Menüführung"

Das Modell ist mit einer nutzerorientierten Oberfläche verknüpft, die eine leichte Bedienung der Verwaltung von Szenarien ermöglicht. Den o.a. Zielen bei der Entscheidungsunterstützung trägt das Modell durch zwei separate Teilmodule Rechnung.

Im ersten Teilmodul wird aufgrund der angenommenen Elastizitäten und deren Interaktionen auf heuristische Weise eine Annäherung an das Optimum des Distributionsbudgets über die Zeit vorgenommen.

Im zweiten Teilmodul wird nach der Management-Regel von Albers vorgegangen. Dabei wird ein gegebenes Distributionsbudget proportional zu den mit den ermittelten Elastizitäten multiplizierten Deckungsbeiträgen auf die Distributionskanäle verteilt [Alb98].

3 Zusammenfassung und Ausblick

In diesem Beitrag wird ein Entscheidungsunterstützungs-Tool vorgestellt, mit dem das deckungsbeitragsmaximale Budget für die Distribution und seine optimale Aufteilung auf die Kanäle bestimmt werden kann. Die inhaltliche Komplexität des Problems wird durch die vorgeschlagene modulare Struktur besser beherrschbar. Die modulare Struktur erlaubt zugleich eine inhaltliche sowie strukturelle Transparenz bzw. Flexibilität und somit eine Anpassung an unternehmensspezifische Entwicklungen. Vor allem jedoch die funktionale Verknüpfung von Marketing-Mix-Entscheidungen und Marktanteilswirkungen ermöglicht eine deutlich verbesserte Entscheidungsunterstützung im Vergleich zu herkömmlichen Wirtschaftlichkeitsberechnungen.

Zukünftige Entwicklungen des hier vorgestellten Planungsmodells DIKAP, welches in einem europäischen Großunternehmen installiert ist und in Zusammenarbeit mit einer Unternehmensberatung vertrieben wird, sind auf die Detaillierung der anderen Marketing-Mix-Instrumente ausgerichtet.

4 Literatur

[Alb98]   Albers, S. (1998): Regeln für die Allokation eines Marketing-Budgets auf Produkte oder Marktsegmente, erscheint in: Zeitschrift für betriebswirtschaftliche Forschung.

[Bro84]   Brodie, R., DeKluyver, C. A. (1984): Attraction Versus Linear and Multiplicative Market Share Models: An Empirical Evaluation, in: Journal of Marketing Research, Vol. 21, S. 194-201.

[Coo88]   Cooper, L. G., Nakanishi, M. (1988): Market Share Analysis, Norwell (Mass.), Kluwer.

[Cor79]   Corstjens, M., Doyle, P. (1979): Channel Optimization in Complex Marketing Systems, in: Management Science, Vol. 25, S. 1014-1025.

[Cor81]   Corstjens, M., Doyle, P. (1981): A Model for Optimizing Retail Space Allocations, in: Management Science, Vol. 27, S. 822-833.

[Ewe95]   Ewert, R., Wagenhofer, A. (1995): Interne Unternehmensrechnung, 2. Auflage, Berlin et al., Springer-Verlag.

[Far89]   Farris, P., Oliver, J., de Kluyver, C. (1989) The Relationship between Distribution and Market Share, in: Marketing Science, Vol. 8, S. 107-128.

[Fre83]   Freter, H. (1983): Marktsegmentierung, Stuttgart.

[Ger96]   Gerstner, E., Hess, J.D. (1996): Pull Promotions and Channel Coordination, in: Marketing Science, Vol. 14, S. 43-60.

[Hru96]   Hruschka, H. (1996): Marketing-Entscheidungen, München, Vahlen.

[Jeu91]   Jeuland, A.P., Shugan, S.M. (1991): Managing Channel Profits, in: Marketing Science, Vol. 10, S. 271-290.

[Köh93]   Köhler, R. (1993): Beiträge zum Marketing-Management - Planung, Organisation und Controlling, 3. Auflage, Stuttgart, Schäffer-Poeschel Verlag.

[Lil92]   Lilien, G. L., Kotler, P., Moorthy, K. S. (1992): Marketing Models, Englewood Cliffs, New Jersey, Prentice-Hall.

[Ran87]   Rangan, V.K. (1987): The Channel Design Decision: A Model and an Application, in: Management Science, S.156-174.

[Rei95]   Reibstein, D.J., Farris, P.W. (1995): Market Share and Distribution: A Generalization, A Speculation, and Some Implications, in: Marketing Science, Vol. 14, S. G190-202.

[Ste96]   Stern, L.W., El-Ansary, A. I., Coughlan, A. (1996): Marketing Channels, Upper Saddle River, New Jersey, Prentice-Hall.

[Win78]   Wind, Y. (1978): Issues and Advances in Segmentation Research, in: Journal of Marketing Research, Vol. 15, S. 317-337.

COSTA: Verkaufsgebietseinteilung zur Maximierung des Deckungsbeitrags

Sönke Albers, Bernd Skiera
Lehrstuhl für Marketing[*]
Christian-Albrechts-Universität zu Kiel

Zusammenfassung

Im Außendienst stellt die Festlegung der Verkaufsgebiete ein zentrales Problem dar. Dabei orientieren sich Unternehmen bislang vielfach an der Gleichartigkeit der Gebiete bezüglich solcher Kriterien wie Potential oder Arbeitsbelastung. Diese Vorgehensweise entbehrt aber einer ökonomischen Fundierung, da damit nicht notwendigerweise Gebietseinteilungen erzielt werden, die eine Verbesserung des Unternehmenserfolgs zulassen. Deswegen wird in diesem Beitrag das Entscheidungsmodell COSTA ("Contribution Optimizing Sales Territory Alignment") zur deckungsbeitragsmaximalen Verkaufsgebietseinteilung vorgestellt, das vielfach zu nennenswert besseren Gebietseinteilungen führt als eine gleichartige Einteilung der Gebiete.

Stichworte: Verkaufsgebietseinteilung, Verkaufsmanagement, Außendienststeuerung, Marketing Decision Support

1 Problemstellung

Viele Unternehmen ordnen ihren Außendienstmitarbeitern (kurz ADM) exklusiv Kunden zu. Diese Zuordnung wird zumindest ab einer bestimmten Organisationsebene aufgrund der anfallenden Reisezeiten vielfach auf der Basis regionaler Kriterien durch die Bildung von Verkaufsgebieten vorgenommen. Um dabei die Komplexität der Planungsaufgabe zu verringern, werden Kunden zunächst in kleinsten geographischen Einheiten (kurz KGE) wie z.B. Postleiteinheiten, politischen Kreisen oder RPM-Kreisen zusammengefaßt und die KGE dann zu Verkaufsgebieten zusammengestellt. Weil damit die Einsatzmöglichkeiten der einzelnen ADM festgelegt werden, wird sowohl die Gewinnsituation des Unternehmens als auch die Motivation der ADM durch die gewählte Gebietseinteilung maßgeblich beeinflußt. Deswegen stellt die Einteilung der Verkaufsgebiete eine der wichtigsten Aufgaben des Verkaufsmanagements dar.

---

[*] Lehrstuhlinhaber: Prof. Dr. Sönke Albers

2 Gleichartigkeitsansatz

Zur Erreichung einer bestmöglichen Verkaufsgebietseinteilung waren sich Literatur und Praxis lange Zeit darüber einig, daß hierzu der Gleichartigkeitsansatz verfolgt werden sollte ([Zol83, S. 1242], und die empirische Erhebung von [Kra96, S. 44]). Dieser Ansatz zieht eines oder mehrere Gleichartigkeitskriterien (z.B. Potential und Arbeitsbelastung) heran und bildet Gebiete, die, gemessen an den ausgewählten Kriterien, so gleichartig wie möglich sind. Gebiete mit gleichem Potential sollen allen ADM gleiche Umsätze und damit gleiche Einkommenschancen bieten und zudem eine einfache Leistungsbeurteilung der ADM ermöglichen. Gebiete mit gleicher Arbeitsbelastung, üblicherweise gemessen an der Zahl der notwendigen Besuche, sollen dagegen eine faire Behandlung der ADM gewährleisten.

Das eigentliche Ziel bei der Einteilung der Verkaufsgebiete besteht jedoch für das Verkaufsmanagement darin, die Gewinnsituation des Unternehmens, z.B. gemessen am Deckungsbeitrag nach Abzug aller Außendienstkosten, zu verbessern. Bei der Verfolgung des Gleichartigkeitsansatzes wird dieses Ziel aber nicht direkt verfolgt, sondern durch die Ziele der Schaffung vergleichbarer Ausgangsvoraussetzungen ersetzt. Im Gegensatz zu einer deckungsbeitragsorientierten Vorgehensweise wird also nicht berücksichtigt, daß einige Regionen leichter bearbeitet werden können als andere Regionen und so selbst bei gleichem Besuchsaufwand unterschiedliche Umsätze erzielt werden können. Deswegen sind mit dem Gleichartigkeitsansatz verschiedene Nachteile verbunden: Erstens wird nicht notwendigerweise die Gewinnsituation des Unternehmens verbessert. Zweitens erhält der Verkaufsmanager keine Aussage darüber, wie stark der Deckungsbeitrag bei einer Veränderung der Gebietseinteilung gesteigert werden kann, und drittens sieht der Gleichartigkeitsansatz keine Ermittlung der Auswirkungen von veränderten Standorten der ADM oder unterschiedlichen Größen des Außendienstes auf den Deckungsbeitrag vor.

Dazu kommt, daß der Umsatz in einem Gebiet nicht nur durch das vorhandene Potential, sondern auch durch weitere Größen wie beispielsweise der Wettbewerbsintensität, der bisherigen Marktstellung des Unternehmens im Gebiet sowie der räumlichen Größe des Gebiets und den dadurch entstehenden Reisezeiten beeinflußt wird. Die unterschiedlichen Reisezeiten in den Gebieten bewirken auch, daß mit einer gleichen Zahl an Besuchen eine unterschiedliche tatsächliche zeitliche Belastung der ADM verbunden ist. Deshalb werden häufig mit gleichartigen Gebieten weder gleiche Einkommenschancen noch eine wirklich gleiche zeitliche Belastung der ADM erreicht.

3 Darstellung des Entscheidungsmodells COSTA

3.1 Beschreibung des Modells

Die Grundidee einer deckungsbeitragsmaximalen Gebietseinteilung besteht darin, auf der Basis von Umsatzreaktionsfunktionen eine Verknüpfung zwischen einer Gebietseinteilung und dem daraus resultierenden Deckungsbeitrag unter Berücksichtigung der anfallenden Reisezeiten herzustellen [Ski96, S. 79 ff]. Eine solche Verknüpfung erlaubt es, zu jeder möglichen Verkaufsgebietseinteilung den dazugehörigen Deckungsbeitrag zu prognostizieren. Dadurch kann einerseits die im Sinne des Deckungsbeitrags optimale Einteilung durch einen geeigneten Optimierungsalgorithmus ermittelt und andererseits eine Aussage über das Verbesserungspotential der bisherigen Einteilung gegeben werden. Weiterhin können die Deckungsbeitragsauswirkungen veränderter Standorte der ADM und einer veränderten Außendienstgröße beurteilt werden.

Bei der Schätzung der benötigten Umsatzreaktionsfunktionen ist zu beachten, daß nicht jedes Unternehmen über eine umfangreiche Datenbasis oder Mitarbeiter mit entsprechenden Statistikkenntnissen verfügt. Deswegen können prinzipiell zwei Möglichkeiten zur Schätzung der Umsatzreaktionsfunktionen herangezogen werden [Ski94, Ski96]. In der ersten Möglichkeit wird auf der Basis von Vergangenheitsdaten statistisch eine derartige Funktion geschätzt. Diese Funktion bildet den Einfluß einer Vielzahl von Faktoren wie beispielsweise dem Potential, der Wettbewerbsintensität und den erfolgten Besuchen auf den Umsatz ab [Alb88, Rya79]. Der Vorteil dieser Möglichkeit besteht darin, daß auf der Basis von tatsächlichen Daten die Stärke der jeweiligen Einflußfaktoren festgelegt wird. Nachteilig ist jedoch, daß Informationen über die Ausprägung aller Einflußfaktoren in jeder KGE und ein gewisses Maß an statistischen Kenntnissen zur Schätzung der Funktionen erforderlich sind. In der zweiten Möglichkeit wird dagegen stärker auf subjektive Schätzungen zurückgegriffen. Dazu werden neben den Angaben über die erzielten Umsätze in einer KGE und die damit verbundenen Besuche des ADM nur eine subjektive Schätzung hinsichtlich der Wirkung der Besuche auf den Umsatz benötigt. Wie die Ergebnisse der Befragung von Krafft 1995 zeigen, stellt die Schätzung dieser Wirkungen für die allermeisten Verkaufsmanager kein Problem dar [Kra95]. Kritisch an dieser Vorgehensweise ist lediglich, daß schlechte Schätzungen zu unzureichenden Ergebnissen führen können. Die bisherigen Erfahrungen zeigen jedoch, daß diese Gefahr als gering eingestuft werden kann [Alb89, S. 133 ff].

Auf der Basis dieser Umsatzreaktionsfunktionen werden zur Erstellung der deckungsbeitragsmaximalen Verkaufsgebietseinteilung zwei Probleme, ein Allokations- und ein Zuordnungsproblem, simultan gelöst. Das Allokationsproblem behandelt die Fragestellung, wie der ADM in einem gegebenen Verkaufsgebiet seine Verkaufszeit auf die KGE in diesem Gebiet verteilt und welche Deckungsbeiträge sich daraus ergeben. Das Zuordnungsproblem widmet sich dagegen der Frage, wie die KGE zu Gebieten zusammengestellt werden sollen, so daß der gesamte Deckungsbeitrag des Unternehmens maximiert wird. Aufbauend auf dieser Modellstruktur können dann auch die Auswirkungen von veränderten Standorten der ADM und einer veränderten Außendienstgröße auf den Deckungsbeitrag beurteilt werden.

3.2 EDV-Implementation

Das Entscheidungsmodell COSTA wurde in C++ programmiert und ist bezüglich der Ergebnis-Evaluierung in das Tabellenkalkulationsprogramm EXCEL eingebettet. Mit einem sehr stark verbesserten Algorithmus ist es inzwischen möglich, selbst sehr große Probleme (z.B. für die Einteilung der im pharmazeutischen Bereich vorliegenden 1845 RPM-Kreise in 100 Verkaufsgebiete) nahezu optimal in akzeptablen Rechenzeiten zu lösen. Das Tabellenkalkulationsprogramm ist über eine Schnittstelle mit einem interaktiven Landkartenprogramm verknüpft. Mit Hilfe des Landkartenprogramms können die Verkaufsgebiete sowohl visualisiert als auch verändert werden. Diese Darstellung der Verkaufsgebiete in Form einer Landkarte geschieht damit in einer dem Verkaufsmanager vertrauten Art und Weise. Eine Verbesserung der Gebietseinteilung kann entweder durch den Verkaufsmanager selbst oder durch den entwickelten Optimierungsalgorithmus vorgenommen werden.

COSTA ist jedoch nicht nur in der Lage, Deckungsbeitragsprognosen für Gebietsveränderungen zu erstellen. Es können auch in Sekundenschnelle Informationen darüber abgerufen werden, in welchen Gebieten bei zusätzlich verfügbarer Verkaufszeit die größten Deckungsbeitragssteigerungen zu erreichen sind und wie gut in einzelnen Regionen der Markt bearbeitet wird. Dabei können sowohl die Anzahl der ADM durch einfaches Hinzufügen oder Entfernen von Gebieten auf der Landkarte als auch die Standorte der ADM variiert werden.

4 Anwendung des Entscheidungsmodells COSTA

COSTA wurde beispielsweise in einem Unternehmen aus Schleswig-Holstein zur Planung der Verkaufsgebiete eingesetzt, das bereits seit vielen Jahren auf dem Markt etabliert war, aber erst seit kurzer Zeit den Vertrieb seiner Produkte auch durch Einsatz von ADM fördern wollte. Es hatte dazu im Laufe der vergangenen Monate 10 ADM eingestellt. Für diese wurde die in Abbildung 1 dargestellte Gebietseinteilung auf der Basis der 95 Postleitregionen vorgenommen, in der die weiß unterlegten Zahlen gleichzeitig die Nummern der Gebiete und die Standorte der ADM darstellen. Dabei plante das Unternehmen, fast den gesamten Bereich Schleswig-Holstein vom Innendienst abzudecken (daher Verkaufsgebiet 11), während das Gebiet 10 des in Leipzig angesiedelten ADM aus unternehmensinternen Gründen nicht verändert werden sollte.

4.1 Gegenwärtige Gebietseinteilung

Für die gegenwärtige Verkaufsgebietseinteilung (siehe Abbildung 1) ergaben sich die in Tabelle 1 dargestellten Ergebnisse. Die Verkaufsgebiete 7 und 8 erzielen die höchsten Umsätze und Deckungsbeiträge nach Außendienstkosten, die Gebiete 2 und 4 die niedrigsten. Insgesamt können alle ADM zusammen 7.462 Besuche durchführen. Aufgrund des geringen Potentials im Gebiet 4 wird dort zwar die höchste Anzahl an Besuchen erbracht, aber es werden nur vergleichsweise geringe Umsätze und Deckungsbeiträge erzielt.

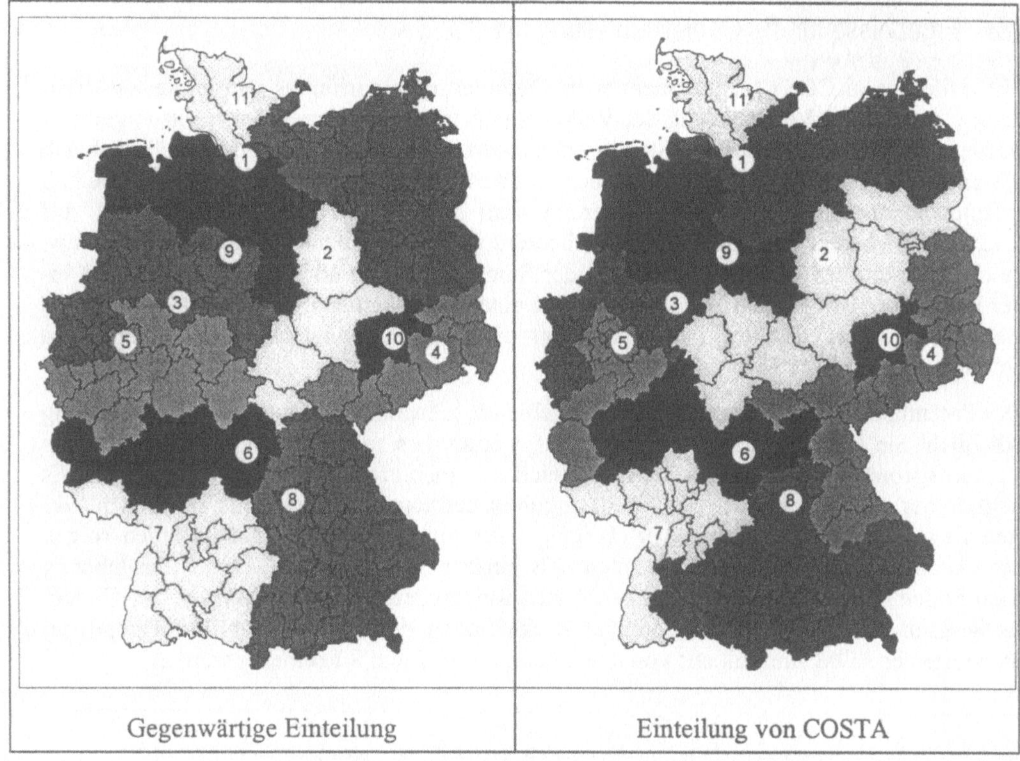

Gegenwärtige Einteilung	Einteilung von COSTA

Abbildung 1: Verkaufsgebietseinteilungen

VG	Umsatz (in DM)	Deckungsbeitrag nach Vertriebskosten (in DM)	Potential (Anzahl Kunden)	Anzahl Besuche
1	2.090.504	510.042	2.543	715
2	841.457	73.784	604	710
3	2.898.635	799.294	4.394	668
4	1.184.999	198.798	950	· 794
5	2.470.860	651.040	3.232	728
6	2.385.648	609.833	3.164	689
7	2.912.532	807.281	4.242	715
8	2.711.837	726.205	3.723	726
9	1.627.236	354.816	1.637	743
10	809.060	120.414	448	973
11	-	-	385	-
Summe	19.932.768	4.851.508	25.322	7.462

Tabelle 1: Ergebnisse der gegenwärtigen Einteilung

4.2 Ergebnisse für die Gebietseinteilung mit COSTA

Mit Hilfe des in COSTA implementierten Optimierungsalgorithmus wurde die in Abbildung 1 dargestellte Verbesserung der Verkaufsgebiete vorgeschlagen. Im Verkaufsgebiet 1 werden die KGE besser um den Standort des ADM in Hamburg angeordnet, während sich die anderen Verkaufsgebiete stärker nach Südwesten ausrichten. Die damit in Tabelle 2 prognostizierte Deckungsbeitragssteigerung um 279.138 DM von 4.851.508 DM auf 5.130.646 DM stellt eine prozentuale Verbesserung um 5,8% dar. Dies ist eine Deckungsbeitragssteigerung von über 279 TDM, einer Summe, die weit über den Personalkosten einer der zehn ADM liegt. Hochgerechnet auf eine angenommene Gültigkeitsdauer für die Gebietseinteilung von fünf Jahren bedeutet dies eine Deckungsbeitragssteigerung von deutlich über 1,3 Mio. DM.

Die Potentiale in den einzelnen Verkaufsgebieten schwanken in der optimierten Lösung erheblich. Ein Blick auf die Landkarte verrät, warum dies so ist. So hat beispielsweise das Verkaufsgebiet 4 mit Standort Dresden gleich mit mehreren Problemen zu kämpfen. Es liegt an der östlichen Grenze der Bundesrepublik und kann sich einerseits nicht nach Westen wegen des Verkaufsgebiets 10 (Leipzig) und andererseits nicht nach Norden wegen der Gestaltung des Gebiets 2 ausdehnen. Als einzige Möglichkeit bleibt die Ausdehnung nach Süden, die aber aufgrund der benötigten Reisezeiten auch ihre Grenzen hat. Gleichzeitig kann der gemessen am Potential starke Süden der Bundesrepublik aufgrund der Standorte der ADM sinnvoll nur von den beiden ADM 7 und 8 bearbeitet werden.

VG	Umsatz (in DM)	Deckungsbeitrag nach Vertriebskosten (in DM)	Potential (Anzahl Kunden)	Anzahl Besuche
1	1.782.628	410.172	1.803	816
2	1.882.689	431.168	2.132	701
3	2.157.915	533.234	2.598	733
4	1.610.497	341.028	1.661	717
5	2.562.958	686.541	3.179	812
6	2.277.988	573.065	2.890	708
7	2.696.270	732.975	3.585	764
8	3.081.392	853.954	4.583	721
9	1.891.554	448.094	2.058	755
10	809.060	120.414	448	973
11	-	-	385	-
Summe	20.752.950	5.130.646	25.322	7.701

Tabelle 2: Ergebnisse der mit COSTA erstellten Einteilung

Weiterhin bot es sich für das betroffene Unternehmen an, den möglichen Diskussionen über die Benachteiligung einzelner ADM bei der Umstrukturierung durch eine Gegenüberstellung der Umsätze für jedes Verkaufsgebiet vor und nach der Neueinteilung zu begegnen (Vergleich der Zahlen in Tabelle 1 und 2). So bestand die Möglichkeit, mit jedem ADM über seine persönliche Situation nach der Neueinteilung zu diskutieren und das Entlohnungssystem gegebenenfalls dieser neuen Situation anzupassen.

5 Fazit

Die gegenwärtige Vorgehensweise der Einteilung möglichst gleichartiger Verkaufsgebiete weist erhebliche Schwächen auf. Sie erreicht zum einen nicht ihre angestrebten Ziele der Gewährung gleicher Einkommenschancen und der fairen Behandlung aller ADM und verschenkt zum anderen Deckungsbeitrag. Deswegen sollten Unternehmen eine deckungsbeitragsmaximale Verkaufsgebietseinteilung anstreben. Dies kann durch die Anwendung des Entscheidungsmodells COSTA erfolgen. COSTA ist so konzipiert, daß es die Erstellung einer deckungsbeitragsmaximalen Verkaufsgebietseinteilung mit einem überschaubaren Datenaufwand ermöglicht. Weiterhin führt die Realisierung von COSTA auf der Basis eines interaktiven Landkartenprogramms in Verbindung mit einer Menüführung in einem Tabellenkalkulationsprogramm dazu, daß der Verkaufsmanager seine Planung in gewohnter Form auf Basis von Landkarten durchführen kann und die Ergebnisse in einer bedienerfreundlichen Form präsentiert werden.

COSTA bietet dabei nicht nur den Vorteil der Erstellung einer deckungsbeitragsmaximalen Gebietseinteilung. Vielmehr läßt sich das Ausmaß des Verbesserungspotentials einer gegenwärtigen Gebietseinteilung auf der Basis des damit zu erzielenden Deckungsbeitrags beurteilen. Außerdem können mit Hilfe von COSTA die Auswirkungen einer Veränderung der Verkaufsgebiete auf die einzelnen ADM in Form der sich daraus ergebenen Umsatz- und Deckungsbeitragsveränderungen beurteilt werden. Dies gestattet die Identifizierung von Gewinnern und Verlierern einer Umstrukturierung der Gebiete und gibt Hinweise auf eine notwendige Anpassung der Entlohnungsgrundlagen. Über die Verkaufsgebietseinteilung hinaus ermöglicht COSTA zudem eine Bewertung der Deckungsbeitragsauswirkungen, die sich aus einer Veränderung der Standorte der ADM und der Außendienstgröße ergeben.

6 Literatur

[Alb88] Albers, S. (1988): Steuerung von Verkaufsaußendienstmitarbeitern mit Hilfe von Umsatzvorgaben. In: Lücke, W. (Hrsg.): Betriebswirtschaftliche Steuerungs- und Kontrollprobleme, Wiesbaden, S. 5-18, Gabler Verlag.

[Alb89] Albers, S. (1989): Entscheidungshilfen für den Persönlichen Verkauf, Berlin, Duncker & Humblot.

[Kra95] Krafft, M. (1995): Außendienstentlohnung im Licht der Neuen Institutionenlehre, Wiesbaden, Gabler Verlag.

[Kra96] Krafft, M. (1996): Ist das Vertriebsmanagement wirklich effektiv?. In: absatzwirtschaft, 39(1996), 10, S. 44-66.

[Rya79]   Ryans, A. / Weinberg, C.B. (1979): Territory Sales Response. In: Journal of Marketing Research, 16(1979), S. 453-465.

[Ski94]   Skiera, B. / Albers, S. (1994): COSTA: Ein Entscheidungs-Unterstützungs-System zur deckungsbeitragsmaximalen Einteilung von Verkaufsgebieten. In: Zeitschrift für Betriebswirtschaft, 64(1994), S. 1261-1283.

[Ski96]   Skiera, B. (1996): Verkaufsgebietseinteilung zur Maximierung des Deckungs-beitrags, Wiesbaden, Gabler Verlag.

[Zol83]   Zoltners, A.A. / Sinha, P. (1983): Sales Territory Alignment: A Review and Model. In: Management Science, 29(1983), S. 1237-1256.

Kundenorientierte Distribution auf Basis digitaler Straßenkarten

Klaus Ambrosi, Felix Hahne
Institut für Betriebswirtschaftslehre, Marketing/Logistik*
Universität Hildesheim

Zusammenfassung

Der Wettbewerb im Bereich der Distribution wird nicht nur über den Preis, sondern auch über den Kundenservice ausgetragen, welcher Aspekte wie Einhaltung von Kundenzeitvorgaben (Termintreue) und Flexibilität gegenüber Änderungen von Liefermenge und -zeitpunkt beinhaltet. Hier erschließt der Einsatz von digitalen Karten gegenüber herkömmlichen computerbasierten Planungsmethoden ein Verbesserungspotential, das als Marketinginstrument eingesetzt werden kann. Durch die Verwendung von digitalen Karten kann eine Steigerung der Genauigkeit der Abschätzungen von Fahrtstrecke und -dauer erzielt und ein interaktives Flottenmanagement unterstützt werden.

Stichworte: Distributionslogistik, Marketing Decision Support, Digitale Karte

1 Problemstellung

Im Bereich der straßengebundenen Distribution herrscht ein scharfer Wettbewerb, der nicht nur über den Preis, sondern auch über den Kundenservice ausgetragen wird. Die Kunden erwarten neben einer schnellen und zuverlässigen Beförderung auch eine hohe Termintreue (insbesondere bei Just-in-time-Ansätzen) und ein hohes Maß an Flexibilität bezüglich Lieferzeitpunkt und -menge.

Die Planungsaufgabe des Distributors besteht in der (computergestützten) Aufstellung eines Fahrzeugeinsatzplanes (Tourenplan), der die Kundenwünsche berücksichtigt und dabei die vorhandenen Ressourcen (Lieferfahrzeuge, Personal) möglichst effizient einsetzt. Teilweise konkurrierende Ziele können dabei eine möglichst geringe Gesamtfahrtstrecke oder -fahrzeit, eine möglichst kleine Anzahl eingesetzter Fahrzeuge und eine vom Kunden gewünschte Lieferung innerhalb bestimmter Zeitintervalle (Zeitfenster) sein [Rös93].

Durch Änderungen im Straßennetz (z.B. Baustellen), der Verkehrssituation (z.B. Stau) oder der Kundenwünsche (zeitliche/mengenmäßige Änderung) kann eine dynamische Revision des Planungsergebnisses noch während der Fahrt erforderlich sein.

---

* Lehrstuhlinhaber: Prof. Dr. Klaus Ambrosi

2 Digitale Straßenkarten

Die zwei Hauptarbeitsschritte bei der Entwicklung einer digitalen Straßenkarte sind:

Schritt 1:
Einlesen einer herkömmlichen Karte (hier ein Ausschnitt des Hildesheimer Stadtplanes) mit Hilfe eines Scanners und Ermittlung der geographischen Daten (Koordinaten) von Kreuzungen und Straßenzügen aus dem im Hintergrund liegenden Abbild der Karte.

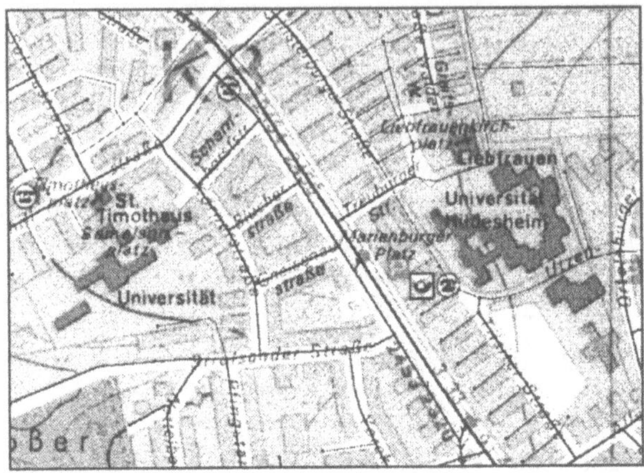

Abbildung 1: Positionierung der Straßenzüge auf der herkömmlichen Karte

Schritt 2:

Nach Ausblendung der Hintergrundgrafik bleibt das Straßengerüst stehen. Anhängen von zusätzlichen Informationen wie Name, Länge, Einbahnstraßenregelungen, Abbiegeverbote, etc. an jedes Straßenstück.

Abbildung 2: Straßengerüst der digitalen Karte

Abbildung 2 zeigt einen Ausschnitt einer Karte des Stadtgebietes von Hildesheim, erstellt von Fa. TELEATLAS, Hildesheim. Ergebnis ist ein bewerteter Graph, in dem sowohl Standorte von Distributionslagern und Kunden, als auch die Fahrzeuge selber positioniert werden können.

3 Verbesserung des Kundenservice

3.1 Verbesserung der Planungssicherheit

Grundlegend für alle Planungsverfahren ist die Kenntnis des räumlichen und zeitlichen Abstandes zwischen zwei Orten, um z.B. dynamisch entscheiden zu können, ob ein zusätzlicher Kunde in eine bereits bestehende Tour noch eingefügt werden kann.

In herkömmlichen Ansätzen wird die Entfernung entweder aus Vergangenheitsdaten und Erfahrungswerten oder aus geometrischen Distanzmaßen geschätzt. Diese Vorgehensweise stößt dann an Grenzen, wenn entweder das Distributionsgebiet viele Hindernisse aufweist oder sich die Planungsaufgaben stark voneinander unterscheiden.

Erfolgen die Schätzungen hingegen auf Basis digitaler Karten, so kann die dadurch gewonnene Planungssicherheit an den Kunden in Form von zeitlich enger spezifizierbaren Lieferterminen weitergegeben werden. Dieser Vorteil kann in Zukunft durch die Einbeziehung dynamischer Verkehrs- oder Witterungsdaten weiter ausgebaut werden [Hüb97].

3.2 Interaktives Flottenmanagement

Ergänzt man die Ausgabe des mit Hilfe eines computergestützten Systems erstellten Tourenplanes (in der Regel als Liste der anzufahrenden Orte mit Terminvorgaben) durch zusätzliche Fahrthinweise aus der digitalen Karte, so kann dem Fahrer eine erhebliche Erleichterung geschaffen werden.

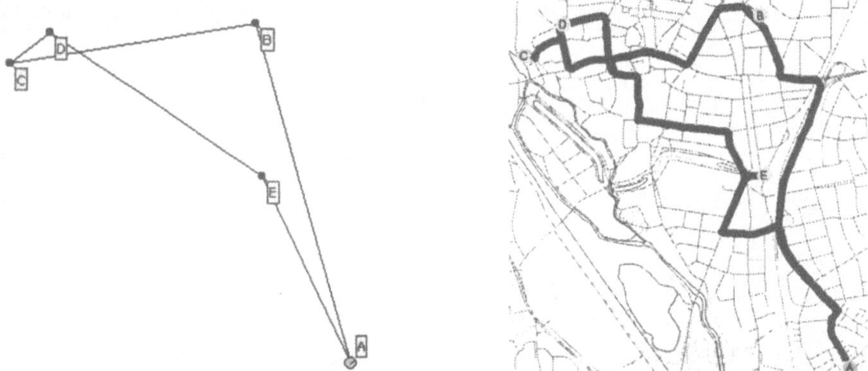

Abbildung 3: Abstrakter Tourenplan und reale Routenführung in der digitalen Straßenkarte

Weitere Verbesserungen ermöglicht die Ausstattung der Fahrzeuge mit Zielführungssystemen („Travel-Pilot"), die ebenso auf Basis digitaler Karten unter Zuhilfenahme von Zusatzinformationen wie Satellitenortung und Daten von Radsensoren arbeiten. Besteht zudem eine Online-Verbindung mit dem Fahrzeug, so können durch kurzfristige Kundenwünsche bedingte Routenänderungen in die Fahrt integriert werden.

4 Literatur

[Hah96]   Hahne, F. (1996): Kürzeste und schnellste Wege in digitalen Karten, Arbeitspapier, Universität Hildesheim 1996.

[Hüb97]   Hüber, S. (1997): Ohne Mobilfunk und Satellitenortung geht auf den Straßen künftig nichts mehr. In: *Computer Zeitung,* Nr. 23 (1997), S. 20.

[Rös93]   Röscher, P. (1993): Rechnergestützte Tourenplanung unter besonderer Berücksichtigung praktischer Restriktionen, Dissertation, Universität Bremen 1993.

Das Management vernetzter Geschäftsbeziehungen

Martin Gersch
Lehrstuhl für Wirtschaftsinformatik*
Ruhr-Universität Bochum

Zusammenfassung

Der Beitrag ist ein Plädoyer, die Gestaltung *vernetzter Geschäftsbeziehungen* durch die Realisierung zwischenbetrieblicher Informationssysteme mit Hilfe von EDI-Konzepten aus der Perspektive übergreifender strategischer Marketingkonzepte zu beurteilen. Das Geschäftsbeziehungsmanagement bietet die Grundlage für eine marketingorientierte Steuerung der EDV-Nutzung. Am Beispiel des deutschen Pharmagroßhandels, der den Elektronischen Datenaustausch bereits seit über 20 Jahren erfolgreich praktiziert, werden konkrete Ansatzpunkte zur Realisierung von Kundenbindung durch extern integrierte computergestützte Warenwirtschaftssysteme exemplarisch aufgezeigt. Eine derart marketingorientierte Analyse geht über die übliche, zumeist effizienzorientierte Beurteilung von EDI hinaus.

Stichworte: Geschäftsbeziehungsmanagement, Kundendeckungsbeitragsrechnung, Kundenbindung, Space Management Systeme, Vernetzte Geschäftsbeziehungen, Electronic Data Interchange

1 Geschäftsbeziehungsmanagement als strategisches Marketingkonzept

Kaum ein anderes Marketingkonzept hat in den letzten Jahren eine derart schnelle und große Beachtung gefunden wie das Geschäftsbeziehungsmanagement. Insbesondere auf Märkten mit einer großen Bedeutung einzelner Anbieter-Nachfrager-Beziehungen unterstützt die gezielte Planung, Gestaltung und Steuerung der Geschäftsbeziehungen das zentrale Ziel der Marketingbemühungen eines Anbieters: die Erreichung nachhaltiger Wettbewerbsvorteile. In Anlehnung an Plinke wird im folgenden die Erreichung eines nachhaltigen Wettbewerbsvorteils durch einen Anbieter verstanden als „Fähigkeit eines Anbieters, im Vergleich zu seinen aktuellen und potentiellen Konkurrenten nachhaltig effektiver (mehr Nutzen für den Kunden schaffen = *Kundenvorteil*) und oder effizienter zu sein (geringere Selbstkosten zu haben und schneller zu sein = *Anbietervorteil*)." [Pli95, S. 88]

---

* Lehrstuhlinhaber: Prof. Dr. R. Gabriel

Besondere Aufmerksamkeit erhalten bei der nachfolgenden Betrachtung „*vernetzte Geschäftsbeziehungen*": Anbieter und Nachfrager realisieren beispielsweise computergestützte Lieferabrufsysteme und Just-in-Time-Konzepte, die erst durch Elektronischen Datenaustausch ermöglicht werden. *Computergestützte Warenwirtschaftssysteme (CWWS)* werden bilateral oder multilateral zwischen Händlern und Lieferanten vernetzt, sie tauschen Produkt- und Marktinformationen und basieren auf einheitlichen Stammdaten. Maschinen- und Anlagenhersteller warten und steuern ihre beim Kunden aufgestellten Maschinen über tausende Kilometer aus der Ferne und unterstützen ihre Nachfrager in der Nutzungsphase der Leistung. In zunehmend mehr Branchen finden sich spezifische Ausprägungen derart vernetzter Geschäftsbeziehungen. Der Begriff *Unternehmensvernetzung* steht im folgenden als Oberbegriff für den bilateralen elektronischen Informationsaustausch (*Electronic Data Interchange, EDI*) zwischen Computeranwendungssystemen zweier Unternehmen (Anbieter und Nachfrager). Gemeinsam ist den eigentlich sehr unterschiedlichen oben genannten Beispielen, daß es sich um Anwendungen von EDI handelt. Immer geht es um [Ger97, S. 48 ff.]:

- den elektronischen Austausch von Daten
- zwischen Computeranwendungen von Kommunikationspartnern
- in definierten und strukturierten Formaten (z.B. EDIFACT, SEDAS etc.)
- mittels eines allgemeinen oder bilateralen Standards (z.B. X.400 oder FTAM)
- der ohne Medienbruch und Doppelerfassung eine Weiterverarbeitung im jeweiligen internen Anwendungssystem der Kommunikationspartner ermöglicht.

Wie die genannten Beispiele bereits andeuten, kann diese Vernetzung einen einfachen isolierten Informationsaustausch an traditionellen Prozeßschnittstellen der Geschäftsbeziehungspartner zum Gegenstand haben (bspw. den Austausch von Rechnungsdaten oder Lieferbestätigungen). Sie kann aber auch eine unternehmensübergreifende Integration der Informationsverarbeitung und der Leistungserstellungsprozesse der weiterhin rechtlich unabhängigen und selbständigen Unternehmen realisieren, so daß zwischenbetriebliche Informationssysteme entstehen [Mer85, S. 81]. Die Betrachtung von EDI-Konzepten darf daher nicht auf technische Aspekte beschränkt bleiben. Im Gegenteil sind die mit der Realisierung verbundenen organisatorischen und personellen Auswirkungen zu beachten, aber insbesondere auch die mittelbar resultierenden Veränderungen der Vermarktungssituation der beteiligten Kommunikationspartner.

Der Anbieter kann durch die Gestaltung des zwischenbetrieblichen Informationsaustausches, somit durch die Gestaltung von EDI, sowohl die Effizienz als auch die Effektivität seines Leistungsangebotes aus der Perspektive des Nachfragers als Geschäftsbeziehungspartner beeinflussen. Dies wird nachfolgend differenzierter betrachtet.

2 Die Nutzung von EDI zur Steigerung der Effizienz innerhalb vernetzter Geschäftsbeziehungen

Im Vordergrund der Überlegungen sowohl in der Literatur als auch in der Praxis stehen häufig effizienzorientierte Analysen der Wirkungen von EDI [Geo95, S. 68 f.]. Der Elektronische Datenaustausch trägt nach dieser Argumentation zu einer deutlichen Kosten- und Zeitersparnis bei. Prozesse werden beschleunigt, indem sich Bearbeitungs- und Durchlaufzeiten reduzieren und beispielsweise eine schnellere und effizientere Abwicklung von Geschäftsprozessen ermöglicht wird. Medienbrüche an inkompatiblen Schnittstellen werden vermieden, herkömmliche Arten der Kommunikation und Interaktion können auf elektronischem Wege substituiert werden [Neu94, S. 32.]. Pro Vorgang oder Prozeßdurchführung „errechnen" die Anwender scheinbar große Einsparungspotentiale. Nicht nur die Quantifizierung derartig effizienzorientierter Betrachtungen erscheint fragwürdig, sie dokumentiert darüber hinaus ein rein substitutives Verständnis der Anwendungs- und Nutzungsmöglichkeiten von EDI in vernetzten Geschäftsbeziehungen. Das meint, daß vorwiegend bestehende Strukturen und Prozesse dahingehend analysiert werden, ob sie durch den Einsatz des Elektronischen Datenaustausches effizienter durchgeführt werden können. Diese „Elektrifizierung von Ist-Zuständen" [Ben90, S. 39] übersieht die enormen zusätzlichen Möglichkeiten und Chancen, die insbesondere auch aus der Marketing-Perspektive mit der Vernetzung zwischen Geschäftsbeziehungspartnern verbunden sind. Neben den sicherlich zu beachtenden Effizienzvorteilen ist es insbesondere eine Reihe von Bindungsfaktoren, die durch die Gestaltung des Elektronischen Datenaustausches gezielt genutzt werden können. Abbildung 1 systematisiert die ökonomischen Folgen und die möglichen Bindungsfaktoren einer innovativen Nutzung [Sed91, S. 19f.] von EDI.

Abbildung 1: EDI und die Bindungskräfte einer Geschäftsbeziehung [Ger97, S. 232]

3 Die Nutzung von EDI zur Steigerung der Effektivität vernetzter Geschäftsbeziehungen

EDI im Sinne des Bindungsmanagement einzusetzen, bedeutet für den Anbieter, die Bindungsfaktoren des Nachfragers in der jeweiligen Geschäftsbeziehung zielgerichtet zu beeinflussen und zu gestalten. Ansatzpunkte ergeben sich hierbei sowohl bei der Erhöhung des durch den Nachfrager wahrgenommenen Nutzenvorteils durch das Leistungsangebot des Anbieters (Erhöhung der Effektivität = *Kundenvorteil*) als auch bei der Gestaltung der sonstigen durch den Nachfrager wahrgenommenen Wechselbarrieren.

3.1 Erhöhung des Nettonutzens vernetzter Geschäftsbeziehungspartner

EDI kann die bisherigen Leistungsangebote des Anbieters in der Wahrnehmung des Geschäftsbeziehungspartners verbessern, indem insbesondere die Erfolgsfaktoren Kosten, Zeit und Qualität durch die Vernetzung der Informationssysteme beeinflußt werden. Daneben können aber auch durch die veränderten Möglichkeiten der Informationstechnik bestehende Absatzobjekte durch neue Zusatzleistungen ergänzt werden, die EDI als Objekt oder als Medium nutzen.

3.1.1 Kosten, Zeit und Qualität aus Nachfragersicht als Maßgrößen einer Verbesserung

Zentrale Aufgabe dieses Ansatzpunktes: Wie kann die bisher erstellte Leistung aus der Sicht des Kunden noch attraktiver erbracht werden? Übertragen auf ein EDI-Konzept, muß sich der Anbieter als Quellunternehmen fragen, wie er den Nutzen des Geschäftsbeziehungspartners durch den Elektronischen Datenaustausch erhöhen kann. Als Verbesserung wird hierbei angesehen, wenn aus der Sicht des Kunden die von ihm zu tragenden Kosten der Leistungserstellung und der Nutzung der Absatzobjekte gesenkt werden und/oder die zeitliche Belastung – sowohl Beschleunigung der Leistungserstellungsprozesse als auch verbesserte zeitliche Anpassung an seinen Bedarf – verbessert wird und/oder die subjektiv wahrgenommene Qualität der bisherigen Grund- und Zusatzleistungen erhöht wird. Den deutschen Pharmagroßhändlern gelang es beispielsweise durch die Einführung des Elektronischen Datenaustausches mit ihren Kunden, den ca. 21000 deutschen Apotheken, insbesondere die Kosten pro Interaktion auch für die Nachfrager drastisch zu senken. Neben dem verringerten Zeitbedarf für einzelne Bestellvorgänge verringerte sich insbesondere die Fehlerquote bei der Bestellübermittlung [Eng95, S. 215; Pet93]. Einzelne Interaktionsprozesse konnten ganz entfallen, da sie nunmehr automatisiert durch zwischenbetriebliche Computerkommunikation ohne menschlichen Eingriff erfolgen können. So entfällt beispielsweise die manuelle Aktualisierung der angebotenen Sortimente oder die manuelle Veränderung einzelner Artikelpreise. Insgesamt konnten die Leistungserstellung zwischen Apotheke und Großhändler dramatisch beschleunigt werden. Die Prozesse der Geschäftsbeziehungspartner werden besser koordiniert und aufeinander abgestimmt. Hieraus resultieren nicht nur effizienzorientierte Auswirkungen, es verbessert sich auch die Qualitätswahrnehmung der Apotheke in bezug auf die Leistungserstellung der Großhändler. Neben der gesunkenen Fehlerquote bei der Belieferung der Apotheken entfiel auch eine Reihe von sog. Hindernisinteraktionen [Ger95, S. 46ff.; Kla84, S. 473], die im Gegensatz zu echten Service-Interaktionen von den Nachfragern nur als notwendiges Übel angesehen werden, die aber – auch bei guter Gestaltung – kaum einen positiven Einfluß auf die Qualitätswahrnehmung ausüben können. Darüber hinaus erhält der Kunde einen höheren Komfort bei den bisherigen Grund- und Zusatzleistungen des Anbieters. Schnelligkeit, Flexibilität und Vollständigkeit der mit der Leistungserstellung verbundenen Informationsflüsse werden erhöht. Pharmagroßhändler konnten durch die informationstechnische Vernetzung der Wertkette ihre Auskunftsfähigkeit bei Anfragen bezüglich der Lieferfähigkeit oder des aktuellen Standes der Auftragsbearbeitung deutlich verbessern. Bestelländerungen können kurzfristiger berücksichtigt werden, bei nach wie vor hoher Effizienz der Leistungserstellung.

Darüber hinaus kann EDI aber auch zu einer stärkeren Individualisierung des Leistungsangebotes beitragen, im Sinne einer besseren Berücksichtigung der speziellen Bedürfnisse eines Nachfragers bei der Konfiguration des Leistungsbündels [Jac95, S. 8] nach dem Baukastenprinzip beziehungsweise der Modularisierungsstrategie [And95, S. 107 ff.]. Beispielsweise können EDI-gestützte Bestellsysteme oder elektronische Katalogsysteme die aufgezeigten Funktionen erfüllen [Flo95, S. 97].

3.1.2 EDI als Objekt oder Medium neuer Zusatzleistungen

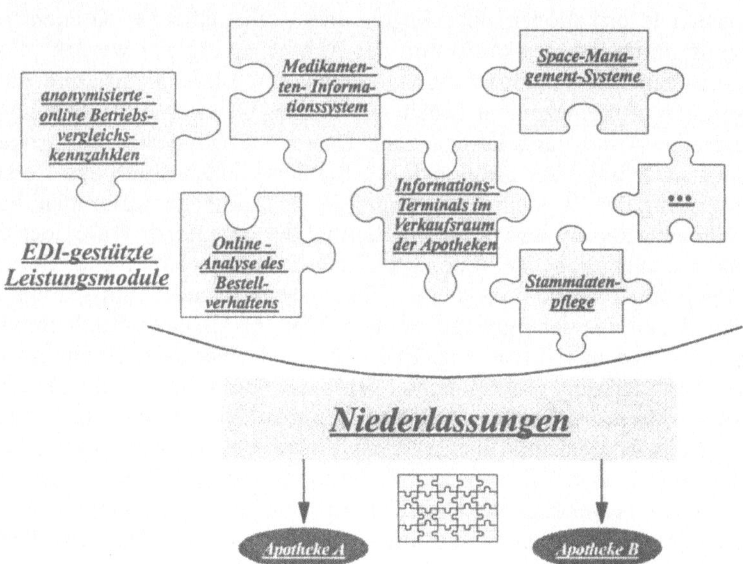

Abbildung 2: EDI als Medium neuer Leistungsmodule eines Pharmagroßhändlers

Neben der Verbesserung der seit jeher angebotenen Leistungen der Pharmagroßhändler an die Apotheken ergaben sich durch die EDI-Nutzung für die Grossisten auch Möglichkeiten, den Geschäftsbeziehungspartnern gänzlich neue Zusatzleistungen anzubieten. Neben unabhängigen spezialisierten Systemhäusern bieten auch einige Pharmagroßhändler EDI-bezogene Leistungen an, etwa die Implementierung und Pflege computergestützter, geschlossener Warenwirtschaftssysteme (CWWS) mit der Möglichkeit des Elektronischen Datenaustausches. EDI und die Informationstechnik werden dann zum *Objekt* des Leistungsangebotes. Daneben ergeben sich bisher erst in den Anfängen von den Pharmagroßhändlern genutzte Möglichkeiten, EDI als *Medium* neuer Zusatzleistungen zu verstehen [Geh97, S. 44 ff.]. Abbildung 2 nennt einzelne Beispiele für mögliche EDI-gestützte Leistungsmodule.

Am Beispiel des Angebotes von EDI-gestützten Space-Management-Systemen werden die oben genannten Überlegungen verdeutlicht. Mit zunehmender Verbreitung von CWWS und scannergestützten POS-Systemen in Apotheken [Ger97, S. 444 ff.] wird die Grundlage für den Einsatz differenzierter und anspruchsvoller Konzepte des Handelsmanagement geschaffen.

Ziele des Einsatzes von *Space-Management-Systemen* [Ham93, S. 391 ff.] in Apotheken sind insbesondere die Steuerung des Nebensortiments der Apotheke im Hinblick auf Breite und Tiefe sowie die genaue Verteilung der knappen Ressourcen Mitarbeiter und Verkaufsfläche auf die erfolgversprechendsten Artikel- und Warengruppen. Grundlage der Optimierung sind sowohl operative Daten des Warenwirtschaftssystems der Apotheke, insbesondere DPR-Kennzahlen [Ger97, S. 440 ff.] in Form unternehmensspezifischer Stück- bzw. Warengruppendeckungsbeiträge, sowie genaue Abverkaufs-, Bestands- und Bestellzahlen, daneben aber auch Informationen über Regal- und Verkaufsfläche, Kundenstruktur und Kundenbewegung durch den Verkaufsraum der Apotheke. Ergänzt werden müssen diese apothekenspezifischen Informationen durch Artikel- und Lieferantenstammdaten. Hierzu zählen insbesondere artikelbezogene Daten wie Größe, Gewicht und Packungseinheiten, aber auch lieferanten- und herstellerbezogene Daten wie Mindestbestellmenge, aktuelle Preis- und Rabattstaffelung oder Zeitpunkte für Sonderaktionen durch den Hersteller. Neben der Beeinflussung der Kundenwahrnehmung in der Apotheke bestimmen die Regalgestaltung, die Warenplazierung und die Vorsortierung der gelieferten Ware oder die Art der Umverpackungen maßgebliche Teile der Handlungskosten der Apotheke. Bei einer EDI-gestützten Kooperation zwischen Apotheke und Pharmagroßhandel sind Teilfunktionen des operativen Warenhandlings dahingehend zu überprüfen, ob sie nicht durch eine Funktionsumverteilung effizienter zu erfüllen sind. EDI ermöglicht neben der Übermittlung aktualisierter Artikel- und Lieferantenstammdaten auch eine Neustrukturierung der zwischenbetrieblichen Prozeßstruktur. Gestaltet der Pharmagroßhändler darüber hinaus zentrale Module des CWWS der Apotheken, indem er beispielsweise spezifische Space-Management-Systeme implementiert, so erhöht er seinen Integrationsgrad in die Leistungserstellungspotentiale des Geschäftsbeziehungspartners. Der Anbieter als Quellunternehmen verbessert nicht nur die eigene Leistungserstellung und den Austausch mit dem jeweiligen Partner, sondern erfaßt die gesamte Wertkette als Ansatzpunkt möglicher Verbesserungen [Alt95, S. 3 ff.]. Extern integrierte und EDI-basierte Warenwirtschaftssysteme bei Handelsunternehmen [Ahl95, S. 3 ff.] bilden dann vernetzte Wertschöpfungspartnerschaften [Joh89, S. 81 ff.]. Wie im nachfolgenden Abschnitt gezeigt wird, kann dies umfangreiche Bindungen und Wechselkosten für die Apotheken, aber auch für den Grossisten begründen.

3.2 Erhöhung der asymmetrischen oder symmetrischen Bindung vernetzter Geschäftsbeziehungspartner

Wechselbarrieren erhöhen die Bindung der Partner an die Geschäftsbeziehung und wirken als Eintrittsbarrieren für potentielle Konkurrenten. Diese Bindungen existieren regelmäßig sowohl auf Anbieter- als auch auf Nachfragerseite. Betrachtet werden muß daher nicht nur die absolute Höhe der Wechselbarrieren bei einem Geschäftsbeziehungspartner sondern gerade die Symmetrie oder Asymmetrie im Bindungsverhältnis zwischen den Beteiligten. Zentrale Aufgabe des Geschäftsbeziehungsmanagement ist daher die zielgerichtete Gestaltung der Bindungssymmetrie oder -asymmetrie zwischen den Geschäftsbeziehungspartnern.

Wie bereits Abbildung 1 zeigt, wird durch die Ausgestaltung des Elektronischen Datenaustausches zwischen den Geschäftsbeziehungspartnern eine Vielzahl von Wechselbarrieren beeinflußt. EDI wird somit zu einem Instrument, welches aus Marketingsicht geeignet erscheint, attraktive *Kunden* an das Unternehmen zu *binden*, beziehungsweise nur geringe Bindungen gegenüber weniger attraktiven Kunden aufzubauen [vgl. ausführlicher zu den einzelnen EDI-bedingten Bindungsarten: Ger97, S. 247 ff.].

Zumeist im Vordergrund der Betrachtung stehen *technische Bindungen*, die sich insbesondere aus herstellerspezifischen, nicht standardisierten System- und/oder Datenschnittstellen ergeben und so proprietäre Systeme begründen [Pic96, S. 156 ff.]. Für eine differenzierte Betrachtung möglicher Quellen technischer Spezifität bietet sich eine Analyse an, die von Hardwarekompatibilität bis zur Anwendungssystemkompatibilität verschiedene Ebenen möglicher Inkompatibilitäten unterscheidet [Kub92, S. 6 ff.].

Daneben ist aber eine Reihe weiterer Bindungsfaktoren zu beachten, die durch die Ausgestaltung des Elektronischen Datenaustausches gezielt beeinflußt werden können. So ergeben sich *juristische Bindungen* durch die spezifischen Vereinbarungen sogenannter EDI-Verträge. Sie enthalten unter anderem Bestimmungen über verwendete Datenformate, Sicherungsmechanismen, zeitliche Verfügbarkeit des Systems, Verantwortlichkeit und Haftung sowie Vereinbarungen über Beweisfragen, Geheimhaltung und Datenschutz [Fri92, S. 198 ff.]. Bindungswirkungen entfalten insbesondere die im Vertrag vereinbarte Laufzeit der Vereinbarung, beziehungsweise die vorgesehene Vertragsstrafe bei vorzeitiger Beendigung, die spezifisch getätigten Investitionen der Geschäftsbeziehungspartner in die Erstellung des Vertrages und die Maßnahmen zu seiner Durchsetzung. Wenn auch einige allgemeingültige Vereinbarungen durch sogenannte EDI-Rahmenverträge standardisiert werden können, so verbleiben dennoch spezifische Investitionen durch die individuelle Anpassung des Rahmenvertrages und notwendiger Ergänzungen.

Durch Prozeßspezifität können sich *organisatorische Bindungen* für die Geschäftsbeziehungspartner ergeben [Bha93, S. 91]. Zeichnet sich das zu implementierende EDI-Konzept durch eine geringe organisatorische Integrationsqualität aus, so erfordert seine Realisierung umfassende und dann zumeist partnerspezifische Veränderungen der Prozeßstrukturen und -abläufe. Dies kann aber Bindungen in die vernetzten Geschäftsbeziehungen begründen, die von den Beteiligten in ganzer Höher zumeist erst wahrgenommen werden, wenn sie über einen System- und/oder Partnerwechsel nachdenken.

Durch gezielte Schulung auf ein spezifisches EDI-Konzept, aber insbesondere auch durch zunehmende Gewöhnung und Lerneffekte entstehen *personelle Bindungen* bei den Mitarbeitern [OCa92, S. 47].

Auch *institutionelle Bindungen* können durch EDI-Konzepte entstehen. Im Vordergrund stehen hierbei im wesentlichen institutionalisierte Kooperationen zwischen den Geschäftsbeziehungspartnern. Häufig entwickeln sich nach erfolgreicher Realisierung bilateraler EDI-Konzepte Gemeinschaftsunternehmen, die das erworbene Know-how, das gesamte Konzept oder die Teilnahme an einem solchen System an Dritte vermarkten [Alt95, S. 426 ff.].

4   Ansätze zur ökonomischen Beurteilung der Erfolge vernetzter Geschäftsbeziehungen

Wird der Einsatz von EDI und somit die Gestaltung zwischenbetrieblicher Informationssysteme als Instrument des Geschäftsbeziehungsmanagement interpretiert, so stellt sich die Frage nach einer möglichen Beurteilung und Messung der ökonomischen Auswirkungen. Die Wirtschaftlichkeitsbeurteilung von EDV-Projekten ist seit geraumer Zeit Gegenstand der betriebswirtschaftlichen Diskussion und entsprechender Analysen im Rahmen der Wirtschaftsinformatik [Sch92]. Abgesehen von generellen Problemen der Beurteilung von EDV-Projekten sind die traditionell verwendeten Ansätze wie beispielsweise Kosten-Nutzen-Analysen, Nutzwertanalysen oder Investitionsrechnungen nicht in der Lage, die aus Marketingsicht relevanten Auswirkungen vernetzter Geschäftsbeziehungen aufzuzeigen [Ger97, S. 388 ff.] Weiterführend erscheint hier die Verwendung zielorientierter Analyseverfahren, die aus der Perspektive des Marketing die relevanten Effekte der Vernetzung aufzeigen. Als Anregung sei hier nur die Beurteilung von EDI-Konzepten im Rahmen einer Kundendeckungsbeitragsrechnung genannt oder die Verwendung eines qualitativen Strukturmodells des Wettbewerbsvorteils. Durch die Kundendeckungsbeitragsrechnung [Plr95, S. 651 ff.] kann im Einzelfall analysiert werden, welche Kosten- und Erlöseffekte durch die Realisierung eines bilateralen EDI-Konzepts zu beachten sind und wie sich die Vernetzung der Geschäftsbeziehung auf ihren Erfolg auswirkt. Durch das Strukturmodell des Wettbewerbsvorteils kann differenzierter betrachtet werden, ob die Verwendung von EDI die zentralen Faktoren eines anbieterseitigen Wettbewerbsvorteils im Rahmen einzelner Geschäftsbeziehungen verändert [Rie95, S. 91 ff.]. Die Berücksichtigung derartiger Ansätze in computergestützten Informationssystemen für Entscheidungsträger steht noch ganz am Anfang ihrer Entwicklung [Gab97].

5   Literatur

[Ahl95]   Ahlert, D.: Warenwirtschaftsmanagement und Controlling in der Konsumgüterdistribution, in: Ahlert, D. / Olbrich, R. (Hrsg.): Integrierte Warenwirtschaftssysteme und Handelscontrolling, 2. Aufl. Stuttgart 1995, S. 3-114.

[Alt95]   Alt, R. / Cathomen, I.: Handbuch Interorganisationssysteme - Anwendungen für die Waren- und Finanzlogistik, Braunschweig, Wiesbaden 1995.

[And95]   Anderson, J. / Narus, J.: Nur wohlüberlegte Zusatzleistungen fördern das Geschäft, in: Harvard Business Manager, 17 Jg. (1995), Heft 3, S. 107-114.

[Ben90]   Benjamin, R. / de Long, D. W. / Scott Morton, M.: Electronic Data Interchange: How much Competitive Advantage ?, in: Long Range Planning, Vol. 23 (1990), No. 1, S. 29-40.

[Eng95]   Engelhardt, W. H. / Gersch, M.: Informationsmanagement als Instrument zur erfolgreichen Gestaltung von Geschäftsbeziehungen - am Beispiel des deutschen Pharmagroßhandels -, in: Trommsdorf, V. (Hrsg.): Handelsforschung 1995/96 - Informationsmanagement im Handel; Berlin 1995, S. 201-222.

[Flo95]   Flory, M.: Computergestützter Vertrieb von Investitionsgütern. Analyse - Gestaltungsempfehlungen - Perspektiven, Wiesbaden 1995.

[Fri92]   Fritzemeyer, W. / Heun, S.: Rechtsfragen des EDI; Vertragsgestaltung: Anforderung an Dokumentation, Datenschutz und -sicherheit, Haftungsrisiko, in: Computer und Recht, 8 Jg. (1992), Heft 4, S. 198-203.

[Gab97]   Gabriel, R. / Chamoni, P. / Gluchowski, P.: Management Support Systeme - Computergestützte Informationssysteme für Führungskräfte und Entscheidungsträger, Berlin u.a. 1997.

[Geh97]   GEHE AG - Geschäftsbericht 1996, Stuttgart 1997.

[Geo95]   Georg, T. / Gruber, P.: Elektronischer Geschäftsverkehr - EDI in deutschen Unternehmen, München 1995.

[Ger95]   Gersch, M.: Die Standardisierung integrativ erstellter Leistungen, Arbeitsbericht Nr. 57 des Instituts für Unternehmungsführung und Unternehmensforschung, Bochum 1995.

[Ger97]   Gersch, M.: Vernetzte Geschäftsbeziehungen, Dissertation, Bochum 1997 (Druck in Vorbereitung).

[Ham93]   Hambuch, P.: Space-Management - Ansatzpunkte und Operationalisierung, in: Irrgang, W. (Hrsg.): Vertikales Marketing im Wandel, München 1993, S. 390-420.

[Jac95]   Jacob, F.: Produktindividualisierung - Ein Ansatz zur innovativen Leistungsgestaltung im Business - to - Business Bereich, Wiesbaden 1995.

[Joh89]   Johnston, R. / Lawrence, P.: Vertikale Integration II: Wertschöpfungspartnerschaften leisten mehr, in: Harvard Manager, 11. Jg. (1989), Heft 1, S. 81-88.

[Kla84]   Klaus, P.: Auf dem Wege zu einer Betriebswirtschaftslehre der Dienstleistungen: Der Interaktionsansatz, in: Die Betriebswirtschaft, 44 Jg. (1984), Heft 3, S. 467-475.

[Kub92]   Kubicek, H.: Die Organisationslücke beim elektronischen Austausch von Geschäftsdokumenten (EDI) zwischen Organisationen, Universität Bremen, Report Nr. 4 / 92, April 1992.

[Mal94]   Malone, T. / Yates, J. / Benjamin, R.: Electronic Markets and Electronic Hierarchies, in: Allen, Th. / Scott Morton, M.(Eds.): Information Technology and the Corporation of the 1990s, New York 1994, S. 61-83.

[Mer85]   Mertens, P.: Zwischenbetriebliche Integration der EDV, in: Informatik-Spektrum, o. Jg. (1985), Heft 8, S. 81-90.

[Neu94]   Neuburger, R.: Electronic Data Interchange - Einsatzmöglichkeiten und ökonomische Auswirkungen, Wiesbaden 1994.

[OCa92]   O´Callaghan, R. / Kaufmann, P. / Konsynski, B.: Adoption Correlates and Share Effects of Electronic Data Interchange Systems in Marketing Channels, in: Journal of Marketing, Vol. 56 (1992), April, S. 45-56.

[Pet93]   Petri, Chr.: Informationsmanagement im Pharma-Großhandel, in: Scheer, A.-W. (Hrsg.): Handbuch Informationsmanagement, Wiesbaden 1993, S. 323-346.

[Pic96]   Picot, A. et. al.: Die grenzenlose Unternehmung, Wiesbaden 1996.

[Pli95]   Plinke, W.: Grundlagen des Marktprozesses, in: Kleinaltenkamp, M. / Plinke, W. (Hrsg.): Technischer Vertrieb, Berlin et al., 1995, S. 3-95.

[Plr95]   Plinke, W. / Rese, M.: Analyse der Erfolgsquellen, in: Plinke, W. / Kleinaltenkamp, M. (Hrsg.): Technischer Vertrieb, Berlin u.a. 1995, S. 597-660.

[Rie95]   Rieker, S.: Bedeutende Kunden - Analyse und Gestaltung von langfristigen Anbieter - Nachfragerbeziehungen auf industriellen Märkten, Wiesbaden 1995.

[Sch92]   Schumann, M.: Betriebliche Nutzeffekte und Strategiebeiträge der großintegrierten Informationsverarbeitung, Berlin u.a. 1992

[Sch93]   Schade, Chr. / Schott, E.: Instrumente des Kontraktgütermarketing, in: Die Betriebswirtschaft, 53. Jg. (1993), Heft 4, S. 491-511.

[Sed91]   Sedran, T.: Wettbewerbsvorteile durch EDI ?, in: Information Management, 6. Jg. (1991), Heft 2, S. 16-21.

Elektronische Marktplätze und Entscheidungsunterstützung

Wolfgang Gaul, Timo Klein
Institut für Entscheidungstheorie und Unternehmensforschung*
Universität Karlsruhe

Zusammenfassung

Die Vielfalt elektronischer Informationsdienstleistungen stellt für die computerbasierte Entscheidungsunterstützung eine Herausforderung dar. Neben eher klassischen Tools zum Handling elektronischer Informationsdienstleistungen werden modellgestützte computerbasierte Möglichkeiten zur Vorbereitung und Bewertung von Entscheidungen die Attraktivität von Angeboten elektronischer Informationsdienstleistungen erhöhen. Am Beispiel elektronischer Marktplätze werden Ansatzpunkte zur Entscheidungsunterstützung für Anbieter, Betreiber und Nachfrager skizziert.

Stichworte: Computerbasierter Decision Support, Elektronische Informationsdienstleistungen, Elektronische Marktplätze, Internet, Online-Marketing, World Wide Web

1 Problemstellung

Unter der Überschrift „Herausforderungen der Informationsgesellschaft" können viele der in der Politik und anderen davon berührten Bereichen diskutierten Fragestellungen subsumiert werden, bei denen der Zugang zu Informationen und ihre kreative und effiziente Nutzung im Vordergrund stehen. Seit das Internet seinen Siegeszug in einer Art und Weise angetreten hat, daß die Auffahrt auf die viel zitierte Datenautobahn aus den Wohnzimmern der Privathaushalte zumindest in den Industrienationen nur noch eine Frage der Zeit zu sein scheint, wird das Problem der Bereitstellung geeigneter Strukturierungs-, Orientierungs- und Bedienungsfunktionen zur elektronischen Bewältigung der ständig wachsenden Informationsflut und der immer zahlreicher werdenden Informationsdienstleistungen immer offenkundiger. Verfügbarmachung von Informationen auf elektronischem Wege setzt ihre vorherige Gewinnung und Aufbereitung voraus, eine Analyse und Bewertung vor (oder aufgrund) der Präsentation entsprechender Informationsangebote (z.B. bezüglich Herkunft, Verläßlichkeit, Aktualität, Brauchbarkeit, Zielgruppeneignung, Preiswürdigkeit) ist noch nicht allgemein üblich, wird aber in Zukunft zu den Forderungen gehören, die man zusätzlich bei ihrer Bereitstellung in einem elektronischem Umfeld immer stärker wird berücksichtigen müssen. Offensichtlich ist, daß Angebot von und Zugriff auf Informationen, die

---

* Lehrstuhlinhaber: Prof. Dr. Wolfgang Gaul

auf elektronischem Wege verfügbar gemacht werden, untrennbar mit Dienstleistungen verbunden sind. Deshalb wird im folgenden meist die allgemeinere Bezeichnung „elektronische Informationsdienstleistungen" benutzt, unter der sich auch der Begriff „elektronische Informationen" (d.h. auf elektronische Weise zur Verfügung gestellte Informationen) eingliedern läßt.

Für das Marketing als Tätigkeitsfeld, das sich – allgemein gesprochen [vgl. Gau90, S. 3] – mit der optimalen Gestaltung von Situationen beschäftigt, die bei der Befriedigung von Bedürfnissen und Wünschen von Interaktionspartnern entstehen, ergeben sich im Markt der elektronischen Informationsdienstleistungen vielfältige Aufgabenstellungen, z.B.: Wie schnürt man optimale Angebotspakete von elektronischen Informationsdienstleistungen? Welche elektronischen Teilmärkte sind für welche Zielgruppen interessant? Welchen Mehrwert kann die Online-Integration von Entscheidungsunterstützung für Anbieter und Nachfrager von elektronischen Informationsdienstleistungen liefern?

Auf die Bedeutung von Entscheidungsunterstützung und ihre computergestützte Integration in übergeordnete Marketing-Überlegungen ist bereits in früheren eigenen Arbeiten hingewiesen worden [vgl. Gau90, Gau92]. Ausgehend vom Bereich des Electronic Marketing kommt softwaremäßigen Umsetzungen zur direkten Entscheidungsunterstützung bei Marketing-Planung und Marktforschung eine große Bedeutung zu [vgl. Gau93, Gau94a, Gau94b, Gau94c], so daß im Rahmen von Marketing-Anstrengungen im Internet entsprechende Überlegungen sowohl für Anbieter als auch für Nachfrager ihre Gültigkeit haben dürften. Am Beispiel elektronischer Marktplätze werden Problemstellungen dieser Art im folgenden verdeutlicht.

2 Elektronische Marktplätze als spezielle elektronische Informationsdienstleistung im Internet

Auf die Angebotsvielfalt elektronischer Informationsdienstleistungen (im folgenden kurz: EIDL) im Internet ist bereits mit kommerziellem Erfolg reagiert worden (z.B. Suchmaschinen, Themenkataloge, etc.). Online-Dienste haben schon früh erkannt, daß und wie sie mit einer zielgruppenspezifischen Unterstützung ihrer Kunden Geld verdienen können, auch wenn Versuche, sich vom Internet fernzuhalten, gescheitert sind. Dieses Beispiel zeigt zum wiederholten Mal, daß man beim Kampf um Marktanteile wissen muß, auf welchen Märkten man zu agieren hat. Dabei ist eine geeignete Definition und Abgrenzung interessierender Märkte gerade auch im elektronischen Umfeld von großer Wichtigkeit. In diesem Zusammenhang sind für den Begriff „elektronischer Marktplatz" zumindest zwei Definitionsdimensionen zu nennen. Einerseits bezeichnet ein elektronischer Marktplatz unter Infrastrukturgesichtspunkten in elektronischen Netzen eine adressierbare Lokalität, an der thematisch zusammengehörige EIDL plaziert sind. Andererseits kann ein elektronischer Marktplatz selbst als spezielle EIDL angesehen werden, durch die vorwiegend auf der Basis des Mehrwertdienstes World Wide Web (im folgenden kurz: WWW oder Web) unter einem virtuellen Dach EIDL von Anbietern für Nachfrager zur Verfügung gestellt werden. Dabei ist eine Abgrenzung unterschiedlicher Arten von elektronischen Marktplätzen nach vielen Gesichtspunkten möglich. Tabelle 1 listet einige Charakteristika zur Beschreibung elektronischer Marktplätze auf, wobei auch den Anbietern und Nachfragern auf solchen elektronischen Marktplätzen wichtige Charakterisierungsmöglichkeiten zukommen können.

Ein elektronischer Marktplatz (im folgenden kurz: EM) kann z.B. als eine spezielle, eigenständige Web-Site (d.h. als Zusammenfassung mehrerer Web-Seiten unter einer Domain) realisiert werden, wobei mit zunehmender Komplexität die EM-Site wiederum mehrere Web-Sites unterschiedlicher Anbieter zusammenführen kann. Hier ist grundsätzlich zwischen dem Betreiber eines EM und den Anbietern auf einem EM zu unterscheiden, die eventuell Zusatzdienste des Betreibers nutzen können.

Ausgehend von der an Realisierungsformen für EM reichen Darstellung in Tabelle 1 reicht die Auflistung von der einfachen strukturierten Sammlung von Links (z.B. Hotlists, Themenkataloge) bis hin zum vollständig integrierten Angebot, das alle Phasen von der Anbahnung (z.B. Sammlung thematisch in Beziehung stehender Anbieter, Präsentation zugehöriger EIDL im Rahmen des EM-Angebots, Information geeigneter Interessensegmente) bis zur Abwicklung (z.B. Unterstützung der Kontaktaufnahme zwischen Anbietern und Nachfragern, Durchführung von Teilen der Geschäftsabwicklung wie z.B. Übernahme von Verantwortlichkeiten beim elektronischen Zahlungsverkehr, Feedback zur Erhöhung der Kundenzufriedenheit) beinhaltet. Je nach Ausrichtung des EM können unterschiedliche Schwerpunkte eines solchen Angebotes (Übersichtsfunktion – Mittlerfunktion – Abwicklungsfunktion) im Vordergrund stehen. Im letzteren Fall handelt es sich um eine Form des elektronischen Handels, wie sie bei schwerpunktmäßiger Endkundenorientierung als Electronic Malls realisiert werden.

Vorteile des Marktplatz-Konzeptes aus Marketing-Sicht werden in Gaul et al. ausführlich erörtert [vgl. Gau97, S. 43]. Grundlegende Konzepte einer Electronic Mall als Beispiel für eine konkrete Realisierung eines EM für das Segment der Privatkunden und kleineren Firmenkunden beschreibt Zimmermann [vgl. Zim95, S. 35]. Als Beispiel für regionale Marktplätze seien der Karlsruher Marktplatz mit einem städtischen Bezugsrahmen [vgl. Gau97, S. 43] und die Electronic Mall Bodensee mit einem regionalen Bezugsrahmen [vgl. Zim97, S. 117] erwähnt.

Zur zielgruppenspezifischen Nachfragerorientierung bei der Angebotsausrichtung ist die Berücksichtigung von zwei Grundnutzertypen im WWW (diejenigen mit dem Label „surfer", die eher spielerisch mit EIDL umgehen und deren Anliegen die Unterhaltung ist, und diejenigen mit dem Label „searcher", die eher rational motiviert das für sie interessante Angebot an EIDL nutzen wollen [vgl. Kle97]) ein erfolgversprechender und längerfristig orientierter Ansatz für die Integration von Tools zur Entscheidungsunterstützung, besonders vor dem Hintergrund, daß mit zunehmender Erfahrung im Umgang mit dem Medium informationsorientierte Nutzenaspekte weiter in den Vordergrund rücken.

CHARAKTERISTIKA	AUSPRÄGUNGSFORMEN	BEISPIELE/ERLÄUTERUNGEN
CHARAKTERISIERUNG ÜBER DAS MARKTPLATZ-ANGEBOT, Z.B.		
Angebotsausrichtung	– heterogenes, breites Angebots – homogenes, detailliertes Angebot	– Shopping Malls – Spezialmärkte
Angebotszugang	– offen – (partiell) geschlossen	– keine Zugriffsbeschränkung – Registrierung, Authentifizierung
Angebotsorganisation	– nach Branchen – nach Produktgruppen – nach Produkten	– Verzeichnis vertretener Branchen – Online-Banking – Homebanking-Software
Geographische Ausrichtung	– international – national – regional	– www.market.com – www.markt.de – www.regionalmarkt.de
Sprache	– einsprachig – mehrsprachig	– nationalsprachiges Angebot – Angebot in Weltsprachen
Interaktionsart zwischen Anbietern und Nachfragern	– on stock – on delivery – on specific demand	– „normale" Web-Seiten – Mailing-Listen – Datenbankservicefuntionen
Digitalisierungsgrad	– informationsbasierte DL – informationsbasierte Produkte – materielle Produkte	– Auskunfts-, Recherchedienste – Software – Konsumgüter
Finanzierung	– Sponsoring/Werbung – Lizenzen/Verkauf	– Logoplazierung, Banner-Ads – Mieten, Gebühren, Provisionen
CHARAKTERISIERUNG ÜBER DIE ANBIETER IM MARKTPLATZ, Z.B.		
Anbietertyp	– Privatpersonen – nicht-kommerzielle Institutionen – Unternehmen	– private Homepages – Stadtinformationen – Firmen-/Produktpräsentationen
Physikalische Integration in den Marktplatzbetrieb	– Serverbetrieb beim Anbieter – Marktplatzbetreiber als Provider	– Anbindung über Hyperlinks – virtueller Server bzw. Nutzung von Betreiberkapazitäten
Addressierung des Anbieters	– eigene Domain – Unterverzeichnis – Seite in einem Verzeichnis	– www.anbieter.de – www.markt.de/anbieter/ – www.markt.de/dir/anbieter.html
Grad der Interaktionstiefe mit Nachfragern	– einfache Mensch-Maschine – komplexe Interaktion – Mensch-Mensch-Interaktion	– Abruf von Informationen – Abwicklung von Transaktionen – Online-Kundenbetreuung
CHARAKTERISIERUNG ÜBER DIE NACHFRAGER AUF DEM MARKTPLATZ, Z.B.		
Nachfragertyp	– Privatpersonen – Institutionen/Unternehmen	– Endkundenorientierung – Busines-to-Business-Orientierung
Zielgruppen (ZG)-orientierung	– Orientierung an traditionellen ZG – Orientierung an neuen ZG	(abh. von Kongruenz bisheriger ZG und Struktur der Internet-Nutzer)
Mediennutzung	– unterhaltungsorientiert – informationsorientiert	– „surfer" – „searcher" [vgl. Kle97]

Tabelle 1: Wichtige Charakteristika für elektronische Marktplätze

3 Entscheidungsunterstützung in elektronischen Marktplätzen

Die angesprochene Vielfalt denkbarer EM-Ausgestaltungsmöglichkeiten kann einerseits als ein Grund für die abwartende Haltung vieler potentieller Marktteilnehmer, sich in das „Marktgeschehen" zu integrieren, angesehen werden; andererseits haben Betreiber von EM hier die Chance, optimale Positionierungen im Wettwerbsumfeld auf- und erfolgreich auszubauen. Ein wichtiger Aspekt im Wettbewerb vergleichbarer EM wird sich aus Betreibersicht damit befassen, sowohl Anbieter als auch Nachfrager als potentielle Marktteilnehmer davon zu überzeugen, daß der zu bevorzugende EM Vorteile gegenüber der Konkurrenz aufweist.

Die die Nachfragersicht betonende Formulierung von Hoffman und Novak „Das Web, das sowohl Medium als auch Markt ist, ist dann umso erfolgreicher, je mehr es Konsumenten von ihrer passiven Rolle als Botschaftsempfänger befreit. Es ist in der Lage, Konsumenten mehr Kontrollmöglichkeiten und Informationen zu bieten, um sie bei ihren Entscheidungsprozessen zu unterstützen, als klassische Medien." [vgl. Hof97, S. 43] zielt in diese Richtung, wobei man sich an Standards klassischer Nutzerunterstützung im EM-Umfeld bald gewöhnt haben wird. Dann werden als weitere Vorzüge Elemente der computerbasierten Entscheidungsunterstützung (im folgenden kurz: CEUS) verstärkt Berücksichtigung finden. Zur Verbindung von CEUS mit Marketing-Gesichtspunkten existieren eigene Vorarbeiten [vgl. Gau93, Gau94a, Gau94b, Gau90, Gau92]. Durch die Vernetzungsproblematik ergibt sich eine Erweiterung dieser Forschungsrichtung, für die die Bezeichnung CEUS-Online angebracht erscheint.

Abbildung 1 skizziert die Einbeziehung von CEUS-Online-Tools im Rahmen klassischer Nutzerunterstützung, wobei hier die Betonung auf der Nachfragersicht liegt. Neben dem Zugriff auf EIDL-Angebote des EM werden von den Nachfragern natürlich Grob- und Feinselektionsmechanismen zur Reduzierung der EIDL-Angebotsbasis erwartet. Darüber hinaus ist es mittels CEUS-Online-Tools durch einfach zu gestaltende Eingabemasken leicht möglich, eine optimierte Teilauswahl von EIDL bereitzustellen (man denke etwa an EIDL-Angebote, die den Idealvorstellungen eines Nachfragers am nächsten kommen bzw. die bezüglich wichtiger Präferenzdimensionen höchste Bewertungen aufweisen, oder an die optimale Aufteilung eines zum Einkauf vorgesehenen Budgets auf Bündel von Angebotsalternativen).

In Abbildung 1 ist aus Übersichtlichkeitsgründen bewußt auf die Angabe von Möglichkeiten zur Unterstützung der Anbieter in EM durch CEUS-Online-Tools verzichtet worden. Natürlich ist hier denkbar, z.B. durch geeignete Auswertung von Selektionsverhaltensdaten der Nachfrager mit CEUS-Online-Tools u.a. Segmente potentieller Käufer für ausgewählte EIDL-Angebote zu bestimmen oder die Erfolgsaussichten für die Neueinführung spezieller EIDL zu überprüfen (vgl. z.B. [Gau94b] zur klassischen (d.h. nicht CEUS-Online basierten) Vorgehensweise bei der Neuprodukteinführung mittels Computerunterstützung).

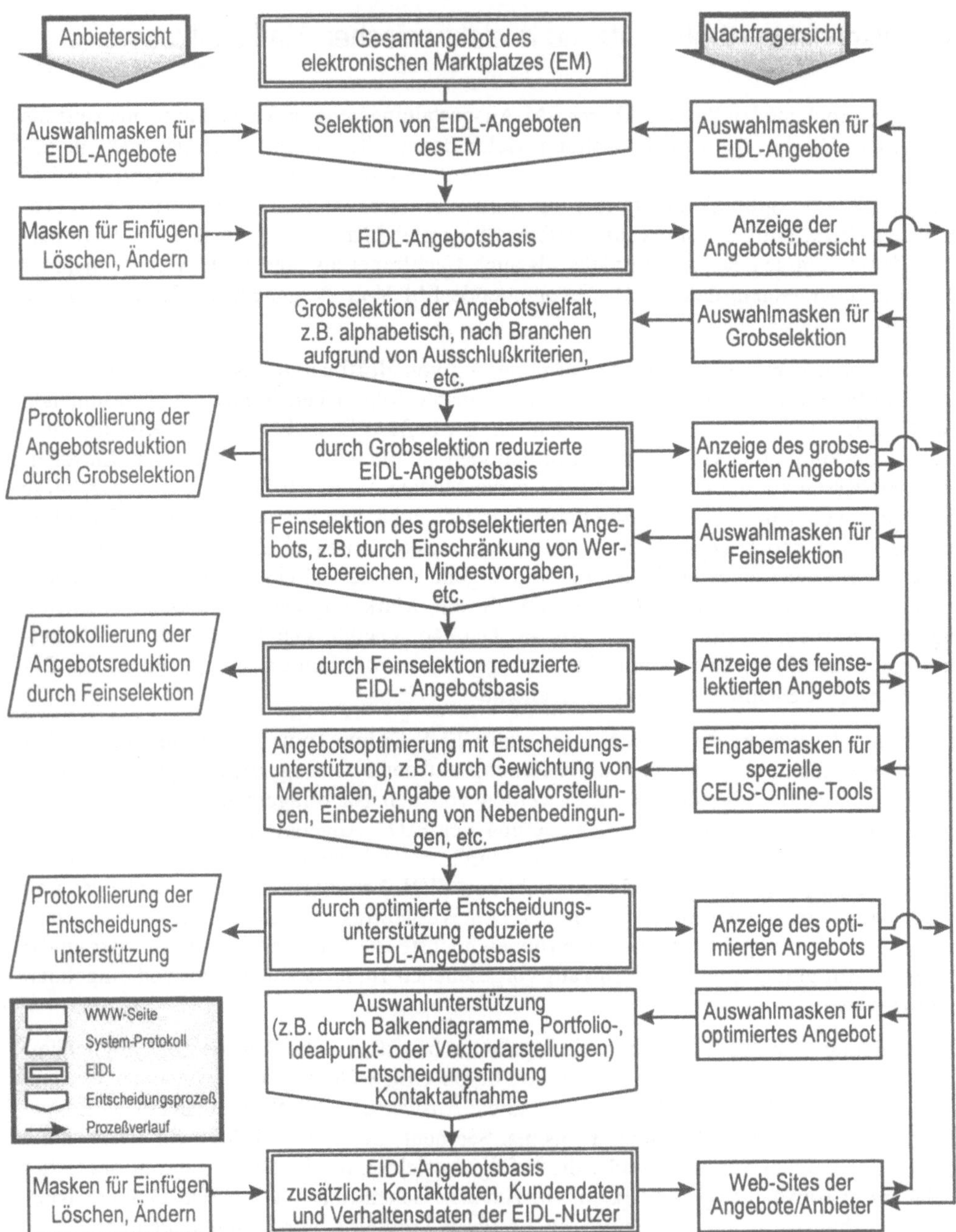

Abbildung 1: Integration von CEUS-Online-Tools aus Nachfragersicht in EM-Angebote

4   Ausblick

Aufgrund der hier gebotenen Kürze konnte in diesem Beitrag das Potential von CEUS-Online-Tools am Beispiel elektronischer Marktplätze nur skizziert werden. In Verbindung mit elektronischen Varianten aus dem bisherigen Arsenal der Marktforschungspraxis und Neuentwicklungen zur Auswertung der im Serverbetrieb mitprotokollierbaren Daten werden CEUS-Online-Tools das Spektrum der EIDL um interessante Zusatzdienste erweitern.

Zur Zeit mag die Vorstellung, daß das Agieren von Anbietern und Nachfragern in EM über vorhandene bzw. künftig weiter- und/oder neuentwickelte elektronische Protokollierungsmöglichkeiten die bei Barzahlung im Rahmen klassischer Kaufhandlungen i.d.R. gewahrte Anonymität verletzt, einen weiteren Hinderungsgrund zur Nutzung von EIDL-Angeboten von EM durch potentielle Marktteilnehmer darstellen, die Bequemlichkeit bei der Abwicklung von Kaufsituationen und die angedeutete Unterstützung zumindest bei nicht Geheimhaltungswünschen unterliegenden Kaufvorgängen läßt aber einen direkt wahrnehmbaren Nutzen für Nachfrager und Anbieter gleichermaßen erkennen, der zum verstärkten Einsatz von CEUS-Online-Tools führen wird.

5   Literatur

[Gau90]   Gaul, W. Both, M. (1990): *Computergestütztes Marketing*, Springer, Heidelberg, Berlin.

[Gau92]   Gaul, W. Both, M. (1992): Interdisziplinarität und Integration als Anforderungen an das Electronic Marketing. In: Hermanns, A., Flegel, V. (Hrsg.) (1992): *Handbuch des Electronic Marketing – Funktionen und Anwendungen der Informations- und Kommunikationstechnik im Marketing*, C.H. Beck'sche Verlagsbuchhandlung, München, S. 71-99.

[Gau93]   Gaul, W., Baier, D. (1993): Ein computergestützter Einstieg ins Computer Aided Marketing. In: *Information Management*, 4/1993, S. 16-21.

[Gau94a]   Gaul, W., Baier, D. (1994): *Marktforschung und Marketing Management*, 2. Auflage, Oldenbourg, München.

[Gau94b]   Gaul, W., Baier, D. (1994): Computerunterstützung als Management-Hilfe beim Neuprodukt-Einführungsprozeß. In: *Management & Computer*, 2 (1994) 2, S. 85-94.

[Gau94c]   Gaul, W., Schader, M. (Hrsg.) (1994): *Wissenbasierte Marketing-Datenanalyse*, Peter Lang, Frankfurt am Main.

[Gau97]   Gaul, W., Klein, T., Wartenberg, F. (1997): Marketing-Plattform im Internet – Integrierte Präsenz steigert die Akzeptanz. In: *Office Management*, 45 (1997) 4, S. 41-45.

[Hof97]   Hoffman, D.L, Novak, T.P. (1997): Ein neues Marketing-Paradigma für den elektronischen Handel. In: *Thexis*, 1/1997, S. 39-43.

[Kle97]   Klein, T., Gaul, W., Wartenberg, F. (1997): Segment-Specific Aspects of Designing Online Services in the Internet. To appear in: Balderjahn, I., Mathar, R., Schader, M. (eds.): *Data Highways and Information Flooding, a Challenge for Classification and Data Analysis*, Springer.

[Zim95]   Zimmermann, H.-D. (1995): Grundlegende Konzepte einer Electronic Mall. In: Schmid, B. et al. (Hrsg.) (1995): *Electronic Mall: Banking und Shopping in globalen Netzen*, Teubner, Stuttgart, S. 33-94.

[Zim97]   Zimmermann, H.-D. (1997): The Model of Regional Electronic Marketplaces – The Example of the Electronic Mall Bodensee (embnet). In: *Telematics and Informatics*, 14 (1997) 2, S. 117-130.

Die Nutzung des Internets für das internationale Marketing – Grundlagen und Ansätze eines Erklärungsmodells für die Nutzung als internationaler Distributionskanal

Urban Kilian Wißmeier
Institut für Produktionswirtschaft und Marketing*
Universität der Bundeswehr München

Zusammenfassung

Das Internet wird in Zukunft eine wichtige Rolle im internationalen Marketing spielen. Dabei sind aus Unternehmenssicht zwei Hauptanwendungen zu unterscheiden: einerseits die Nutzung des Internets als Medium im Rahmen der Kommunikationspolitik und andererseits als virtueller Marktplatz, in dem Produkte und Dienstleistungen angeboten werden können.

Der vorliegende Beitrag beschäftigt sich insbesondere mit der Nutzung des Internets als Marktplatz und dabei als Distributionskanal. Als zentrale Frage wird untersucht, wann Unternehmen das Internet für internationale Transaktionen (internationale Verkäufe) nutzen werden. Als Erklärungsansatz wird ein „Vorteilsmodell" verwendet, das davon ausgeht, daß bei der Existenz bestimmter Vorteile eine solche Nutzung vorgenommen wird. Dabei ist insbesondere von Interesse, in welchen Fällen das Internet der „realen Welt" als Distributionskanal vorgezogen wird.

Stichworte: Internet-Marketing, Internationales Marketing, Virtueller Markt, Electronic Commerce, internationale Transaktionsangebote

1 Die Internationalität des Internets

Die Internationalität des Internets ergibt sich aus dessen Charakter als weltumspannendem Netz, das keine Länder- bzw. Staatengrenzen kennt. Diese Internationalität wird in der Praxis dadurch bestätigt, daß inzwischen weltweit mit Ausnahme weniger Staaten ein Zugriff auf das Internet möglich ist (siehe Abbildung 1).

Die Nutzer des Internets sind allerdings nach wie vor schwerpunktmäßig in den Industrienationen zu finden. Dabei nehmen die USA gemessen an der Gesamtheit der Internetnutzer mengenmäßig den ersten Platz ein, gefolgt von den europäischen Ländern (siehe Abbildung 2). Es darf allerdings nicht übersehen werden, daß zumindest die kaufkraft- als auch

---

* Lehrstuhlinhaber: Prof. Dr. Arnold Hermanns

ausbildungsmäßig interessanten Zielgruppen in den sich entwickelnden Ländern häufig über ihren Arbeitsplatz einen Zugang zum Internet haben und somit auch „geographisch entlegene" interessante Zielgruppen erreichbar sind.

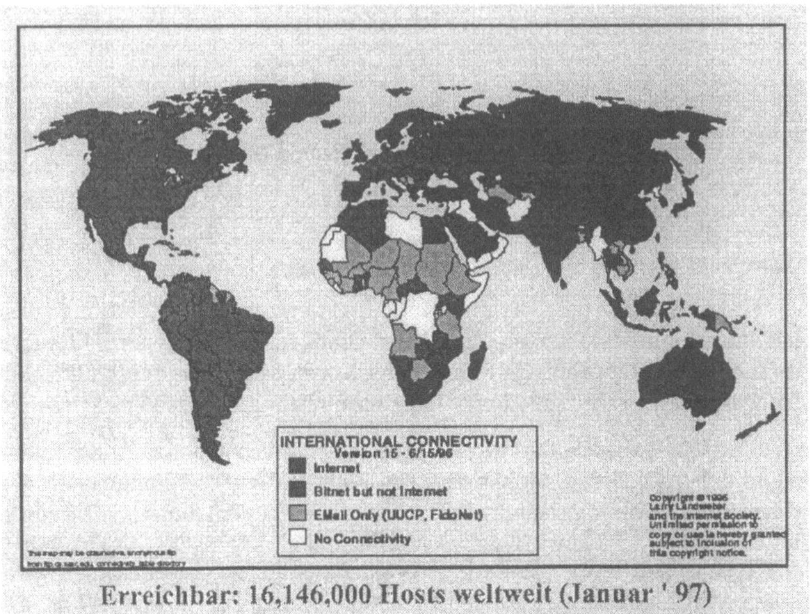

Abbildung 1: Internationale Zugriffsmöglichkeiten auf das Internet

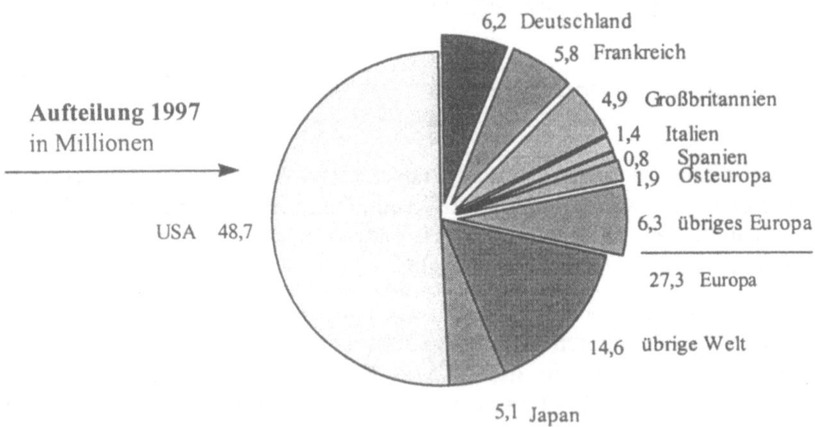

Abbildung 2: Internationale Verteilung der Internetnutzer (in Millionen)
Quelle: EITO (European Information Technology Observatory)

2 Alternativen der nationalen und internationalen Internetnutzung im Rahmen des Marketings

2.1 Alternativen des Internet-Marketings

Betrachtet man das Internet aus der Perspektive des Marketing, so bieten sich für dieses eine Reihe von Nutzungsalternativen ([Wiß97a, S. 193 ff.]; siehe auch [Que96], [Ell95], [Hul95], [Hün96], [Mai95], [McK96], [Oen96], [Ray96], [Spa96], [Ste95], [Wiß97b]). Sie können anhand der Dimensionen „Nutzungsart des Internets" und „Zielgruppe" differenziert werden (siehe Abbildung 3).

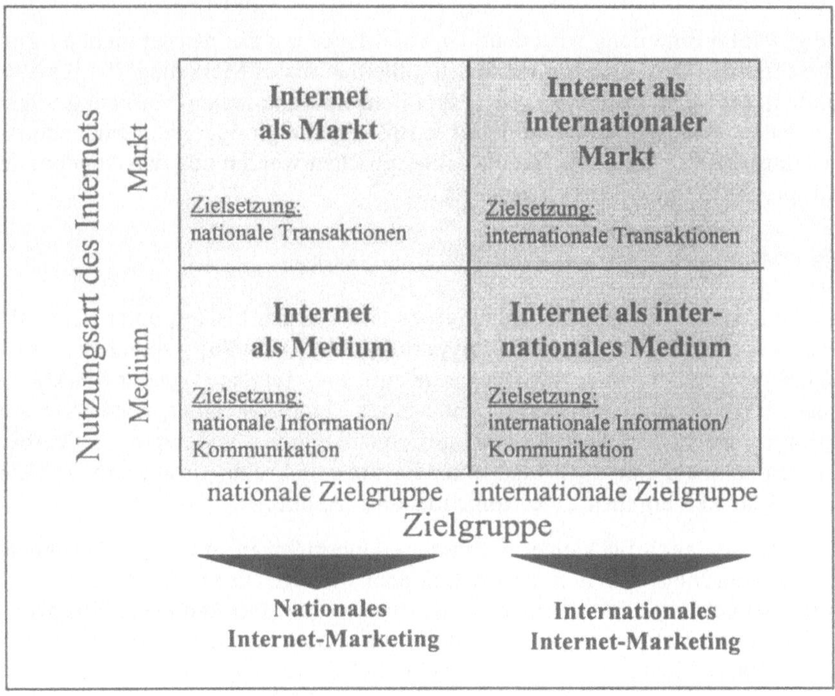

Abbildung 3: Matrix der Alternativen des Internet-Marketings

Bei der Nutzung des Internets als Markt werden Verkäufe über das Netz angestrebt [Dem96]. Die Schwerpunkte des Marketing liegen bei der optimalen Ausgestaltung des gesamten Marketing-Mix. Wichtig ist dabei eine starke Wettbewerbsorientierung bei der Gestaltung des Angebotes, da eine relativ leichte Vergleichbarkeit durch die Nachfrager gegeben ist. International gesehen ist insbesondere die Auswahl der richtigen Zielgruppen sowie eine kombinierte Vermarktung des Verkaufsangebots im Sinne eines „Cross-Marketing" über verschiedene Medien notwendig, da eine reine Internetpräsenz alleine noch nicht zur Wahrnehmung des Angebotes führen wird.

Bei der Nutzung des Internets als Medium steht die Information – bzw. aus Sicht des Marketing gesehen – die Kommunikationspolitik im Vordergrund. Hier sind grundsätzlich alle klassischen Kommunikationsinstrumente anwendbar, wobei die Darbietung von Unternehmens- und Produktinformationen sowie nützlichen Informationen wie Ansprechpartnern und Kontaktadressen bei vielen Unternehmen im Mittelpunkt steht. International sind Informationen wie Vertriebs- und Bezugsquellennachweise als Service von großem Wert.

Von der Vierfeldermatrix in Abbildung 3 sind die beiden rechten Felder dem internationalen Marketing zuzuordnen. Da im Internet nicht nach Länder- oder Staatsgrenzen differenziert werden kann, muß zur Unterscheidung zwischen nationalem und internationalem Marketing die jeweils angestrebte Zielgruppe verwendet werden. Befindet sich diese in einem anderen Land als das Unternehmen oder in mehreren Ländern, so handelt es sich um internationales Internet-Marketing.

Durch die gewählte Einteilung wird deutlich, daß Marketing im Internet nicht aufgrund der Grenzüberschreitung des Netzes automatisch „internationales Marketing" ist [Que96]. Der Internetauftritt kann nur in denjenigen Fällen dem internationalen Marketing zugeordnet werden, in denen auch internationale Zielgruppen, d.h. Zielgruppen in einem anderen Land als dem Herkunftsland des Unternehmens, angesprochen werden und das Angebot dementsprechend sprachlich und inhaltlich gestaltet ist.

2.2   Das Internet als internationaler Distributionskanal

Elektronische Märkte sind an sich nichts Neues und wurden bislang unter dem Stichwort *„electronic commerce"* behandelt. Rayport/Sviokla [Ray96] sprechen von dem *„marketspace"* (virtueller Markt) im Gegensatz zum *„marketplace"* (realer Markt). Neu am Internet als Markt ist der quantitative Umfang der Marktteilnehmer, respektive Anbieter und Nachfrager, die sich in diesem Markt treffen sowie deren geographische Verbreitung. Somit hat sich erstmals eine auch mengenmäßig für eine breite Anzahl von Anbietern interessante Möglichkeit ergeben, „electronic markets" zu nutzen.

Es ergeben sich nun auch für kleine und mittlere Unternehmen mit eingeschränkten finanziellen Kapazitäten Möglichkeiten der Internationalisierung. Dies beschränkt sich nicht nur auf die internationale Kommunikationspolitik, sondern das Netz kann ebenfalls als internationaler Distributionskanal verwendet werden. Bei immateriellen Produkten wie Informationen und Software kann sogar über das Netz geliefert werden, ansonsten erfolgt die physische Distribution, also die Auslieferung der Ware, in der Regel über die weltweit operierenden Paketdienste und Spediteure.

Beispiele für die internationale Nutzung des Internets als Distributionskanal sind die US-amerikanischen Softwareanbieter McAfee, Microsoft und Netscape, die eine Bestellung, Lieferung und Bezahlung ihrer Produkte über das Internet ermöglichen. Die Bestellung und Bezahlung von Büchern ermöglichen beispielsweise die Unternehmen ABC Bücherdienst in Deutschland und Amazon in den USA. Informationen verkaufen etwa Reuters (Großbritannien), Hoppenstedt (Deutschland) und Creditreform (Deutschland).

Bezüglich der getätigten Verkaufsumsätze mittels des Internets variieren die Schätzungen. So führen Fantapié Altobelli/Hoffmann für 1995 einen weltweiten Umsatz von 771 Millionen US-Dollar und für das Jahr 2000 einen prognostizierten Umsatz von 8,7 Milliarden US-Dollar an [Fan, S. 152]. Das amerikanische Marktforschungsunternehmen Forrester Research hat errechnet, daß das Volumen der 1995 über das Internet gehandelten Waren bei rund einer Milliarde US-Doller lag, und geht davon aus, daß sich diese Summe bis zum Jahr 2000 auf 117 Milliarden US-Dollar erhöhen wird. Für das Jahr 2010 rechnet Forrester Research mit der ersten Umsatz-Billion [Hom97, S. 28].

3   Ein Erklärungsansatz für internationale Transaktionsangebote

Aus den Alternativen des Internet-Marketing wird im folgenden die Nutzung des Internets als Markt mit der Schwerpunktsetzung auf internationale Zielgruppen herausgegriffen (internationales Verkaufsmarketing). Aus Unternehmenssicht ist das Internet somit als internationaler Distributionskanal zu verstehen (siehe allgemein bzgl. strategischer Entscheidungen im internationalen Marketing-Management [Wiß95]).

Die in diesem Zusammenhang bearbeitete Frage lautet: Wann wird ein Unternehmen das Internet als internationalen Distributionskanal nutzen? Oder anders gesehen: Wann ist eine solche Nutzung sinnvoll? Gleichzeitig ist von Interesse, in welchen Fällen die Nutzung des Internets als internationaler Distributionskanal dem realen Markt, also dem Aufbau eines Distributionsnetzes vor Ort in den jeweiligen Ländern, vorgezogen wird.

Das hier zugrundeliegende Forschungsprojekt beschäftigt sich mit diesen Fragestellungen. Dabei wird ein Vorteilsansatz verwendet, um die gestellten Fragen zu beantworten (unter grundsätzlichem Bezug auf einen internationalen Erklärungsansatz mittels Vorteilsarten von Dunning, der allerdings aus mehreren existierenden Theorien eine eklektische Theorie entwickelt hat [Dun93, S. 76 f.]).

Grundlegend wird davon ausgegangen, daß die Nutzung des Internets als Distributionskanal dann erfolgen wird, wenn eine Reihe von Vorteilen gegeben sind. Insbesondere wird davon ausgegangen, daß bei der Existenz von Vorteilen in allen Vorteilskategorien eine Verwendung des Internets als Distributionskanal sinnvoll ist und dem Aufbau einer Distribution im realen Markt vorgezogen wird.

Die im Ansatz verwendeten Vorteilskategorien und -arten finden sich in Abbildung 4.

Die genannten Vorteilskategorien sind grundsätzlich für den realen als auch den virtuellen Markt für ein erfolgreiches Geschäft von Bedeutung. Allerdings sind die angeführten konkreten Vorteile insbesondere für das Internet wichtig. Der Ansatz geht davon aus, daß bei der Existenz von mindestens einem Vorteil in jeder Kategorie die Nutzung des Internets als internationalem Distributionskanal erfolgen wird (bzw. sinnvoll ist).

Angebots- vorteile	Nachfrage- vorteile	Wettbewerbs- vorteile
international standardisiertes Produkt international einzigartiges Produkt international aktuelles Produkt	internat. geographisch fragmentierte Zielgruppe internat. geographisch gleichmäßig verteilte Zielgruppe	international geringerer Preis international höhere (Re)Aktions- geschwindigkeit international ständige Verfügbarkeit

Abbildung 4: Vorteilsarten der Internetnutzung

Dies sei an den folgenden drei Fallbeispielen verdeutlicht: ABC Bücherdienst, McAfee und Creditreform. Diese ermöglichen den Kauf ihrer Produkte über das Internet.

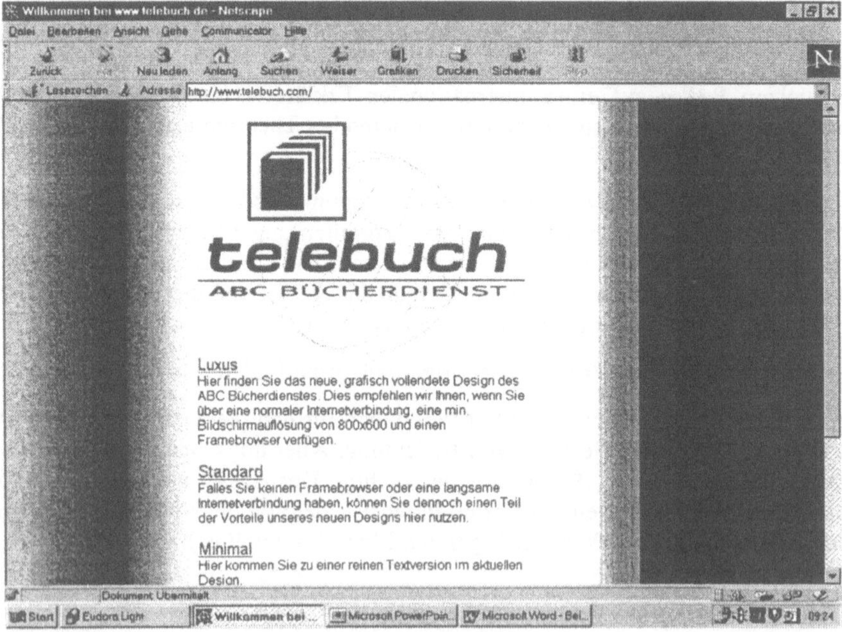

Abbildung 5: ABC Bücherdienst

Der ABC Bücherdienst ermöglicht die Bestellung und (über Angabe der Kreditkartendaten) mittelbar auch die Bezahlung über das Internet (siehe Abbildung 5).

Die Vorteilskombination stellt sich für den ABC Bücherdienst wie in Abbildung 6 gezeigt dar.

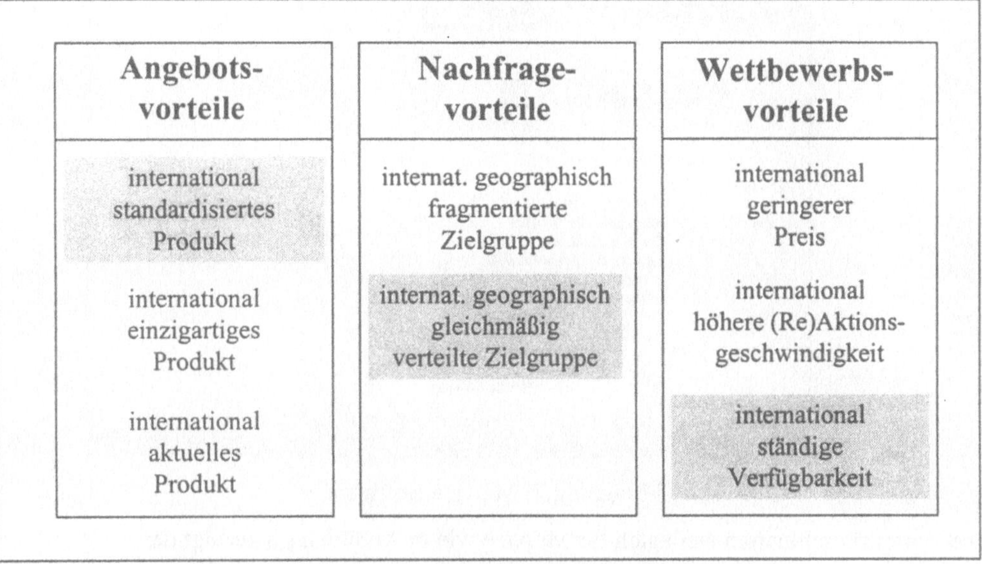

Abbildung 6: Vorteilskombination des ABC Bücherdienstes

Die von ABC Bücherdienst verkauften Bücher sind standardisiert, da sie in einer fest definierten Sprache angeboten werden (*Angebotsvorteil*). Es kann angenommen werden, daß die Zielgruppe für diese Bücher relativ gleichmäßig über die verschiedenen Länder verteilt sind. Dies sind Deutsche, die aus dem Ausland deutschsprachige Bücher ordern wollen oder Ausländer, die gerne deutsche Bücher lesen wollen (*Nachfragevorteil*). Schließlich ist das Angebot aus jedem an das Internet angeschlossenen Land ständig verfügbar und hat damit den Vorteil gegenüber Buchhändlern im Ausland, daß keine Ladenöffnungszeiten berücksichtigt werden müssen sowie deutsche Bücher ständig geliefert werden können (*Wettbewerbsvorteil*).

McAfee stellt Software her, unter anderem die weitverbreitete Anti-Virus-Software (siehe Abbildung 7).

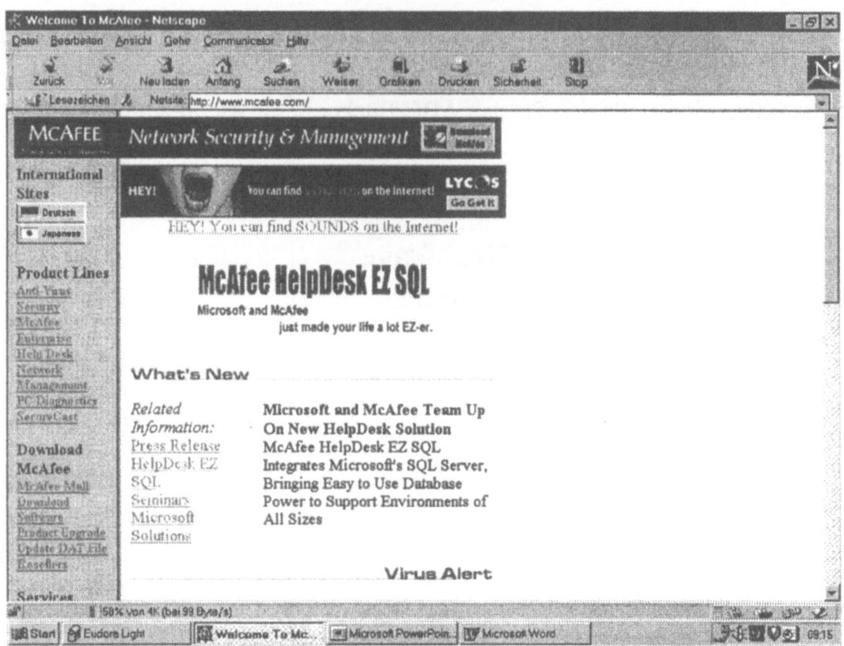

Abbildung 7: McAfee Software

Die Vorteilskombination stellt sich für McAfee wie in Abbildung 8 gezeigt dar.

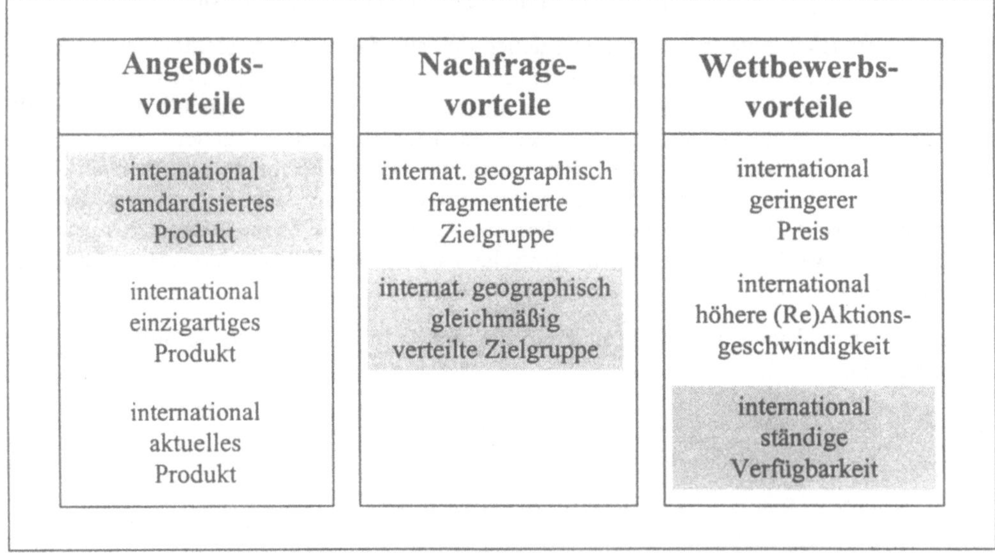

Abbildung 8: Vorteilskombination von McAfee

Der *Angebotsvorteil* bzgl. des Internets von McAfee liegt darin, daß eine standardisierte Software weltweit verkauft wird. Anpassungen an lokale Gegebenheiten sind nicht notwendig. Bei der *Nachfrage* ist davon auszugehen, daß die Nachfrager wiederum relativ gleichmäßig auf die verschiedenen Länder verteilt sind. Schließlich liegt der *Wettbewerbsvorteil* des internationalen Internetvertriebs darin, daß jederzeit bestellt und geliefert werden kann. Handelszeiten oder geographische Distanzen sind nicht von Bedeutung.

Creditreform ist eine Wirtschaftsauskunftei, die Wirtschaftsinformationen, unter anderem kreditrelevante Unternehmensinformationen, verkauft. Creditrefom strebt mit seinem Internetauftritt über englischsprachige Seiten einen internationalen Verkauf seiner Produkte an.

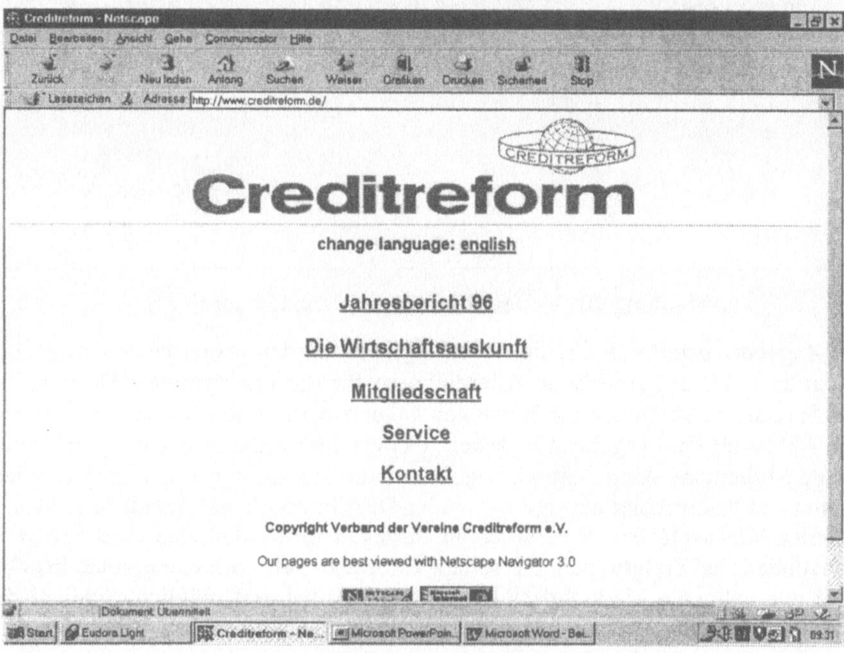

Abbildung 9: Creditreform

Die Vorteilskombination stellt sich für Creditreform wie in Abbildung 10 gezeigt dar.

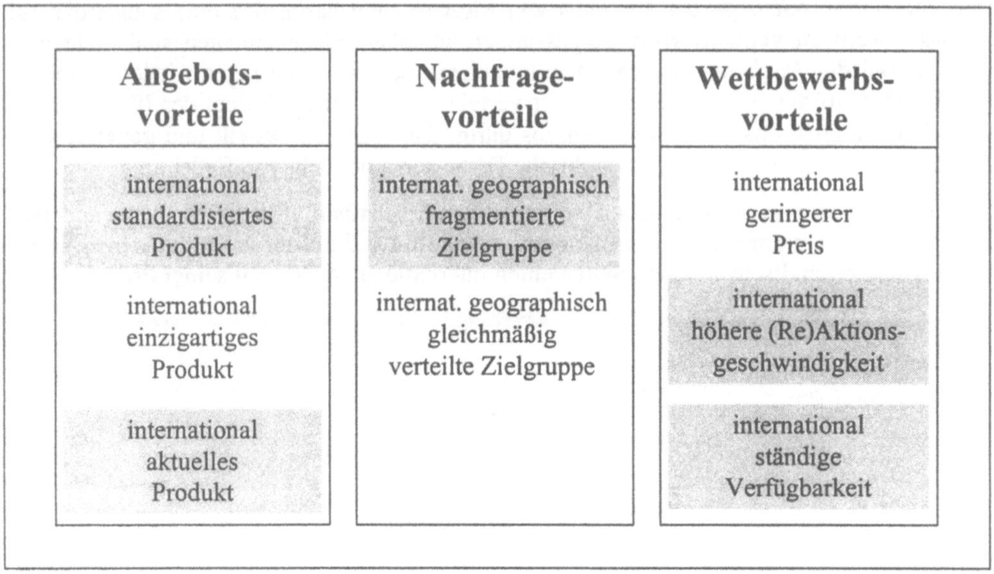

Angebots- vorteile	Nachfrage- vorteile	Wettbewerbs- vorteile
international standardisiertes Produkt	internat. geographisch fragmentierte Zielgruppe	international geringerer Preis
international einzigartiges Produkt	internat. geographisch gleichmäßig verteilte Zielgruppe	international höhere (Re)Aktions- geschwindigkeit
international aktuelles Produkt		international ständige Verfügbarkeit

Abbildung 10: Vorteilskombination von Creditreform

Der erste *Angebotsvorteil* von Creditreform liegt wie bei den ersten beiden Angeboten in der Standardisierung des Angebots. Allerdings ist für die internationale Distribution die englische Sprache zu verwenden. Ein zweiter *Angebotsvorteil*, der für das Internet spricht, ist in der Aktualität des Angebots zu sehen. Gerade für kreditentscheidungsrelevante Informationen ist die hohe Aktualität wichtig. Durch die jederzeitige Anpassungsmöglichkeit des Angebots ist das Internet als internationaler Distributionskanal geradezu prädestiniert. Bezüglich des *Nachfragevorteils* kann davon ausgegangen werden, daß vorwiegend in den Industrienationen die Zielgruppen für solche Informationen vorhanden sind. Insofern ist eine breite internationale Marktabdeckung mittels des Internets möglich. Schließlich sind die *Wettbewerbsvorteile* des Internets – beispielsweise gegenüber dem Versenden von gedruckten Informationen – die höhere Reaktionsgeschwindigkeit bzgl. Anfragen oder spezifischer zusätzlicher Informationsbedürfnisse und die ständige internationale Verfügbarkeit.

Insgesamt stützen die Beispiele die grundsätzlichen Annahmen des Ansatzes. Zwar sind Vorteilskategorien der genannten Art in der realen Welt ebenso für einen nachhaltigen Geschäftserfolg notwendig wie in der virtuellen Welt. Allerdings sprechen die genannten konkreten Vorteilsarten für das Internet als internationalem Distributionsweg. Es müssen jedoch in allen der genannten Kategorien Vorteile existieren, damit ein internationales Internetangebot sinnvoll ist. In diesem Fall, so die Annahme, wird das Internet einer Distribution in der realen Welt mittels klassischer Distributeure vorgezogen werden.

4 Zusammenfassung und Ausblick

Der „Electronic Commerce" im Internet, d.h. die Nutzung des Internets als Markt für den Verkauf von Produkten und Dienstleistungen, wird national als auch international in Zukunft stark zunehmen. Allerdings eignen sich nicht alle Produkte und Dienstleistungen dazu, über das Internet verkauft zu werden. Der in dem Forschungsprojekt zugrundegelegte Ansatz strebt eine erklärende und damit natürlich auch normative Aussage hinsichtlich der Nutzung des Internets als internationalem Distributionskanal an.

In einem nächsten Schritt gilt es, den Ansatz einer weitergehenden Überprüfung zu unterziehen. Darüber hinaus existieren eine Reihe interessanter Forschungsaufgaben, die es in Zukunft zu bearbeiten gilt. Von besonderem Interesse sind dabei die Folgenden:

- Die Suche nach branchen- und produktspezifischen Besonderheiten der Nutzung des Internets als Markt,

- Der Vergleich von Konsum und Investitionsgütern sowie Dienstleistungen bezüglich der Vermarktung über das Internet und

- Die Suche nach Erfolgsfaktoren für den internationalen Vertrieb mit dem Internet.

5 Literatur

[Dem96] Demmer, Ch./Aigner, M., Net Shopping, in: Global Online 1/1996, S. 46-49.

[Dun93] Dunning, J.H., Multinational Enterprises and the Global Economy, Wokingham, England et. al. 1993.

[Ell95] Ellsworth, J.H./Ellsworth, M.V., Marketing on the Internet. Multimedia Strategies for the Word Wide Web, New York u.a. 1995.

[Fan] Fantapié Altobelli, C./Hoffmann, S. (o.J.): Werbung im Internet. Wie Unternehmen ihren Online-Werbeauftritt planen und optimieren. Ergebnisse der ersten Umfrage unter des Netzes Internet-Werbungtreibenden, im Auftrag der MGM, MediaGruppe München, München.

[Hom97] Homeyer, J., Lizenz zum Gelddrucken. Das deutsche Softwarehaus SAP will zusammen mit Intel weltweit den Handel im Internet kontrollieren, in: Wirtschaftswoche 33 v. 7.8.1997, S. 28 - 29.

[Hul95] Huly, R./Raake, S., Marketing Online. Gewinnchancen auf der Datenautobahn, Frankfurt/New York 1995.

[Hün96] Hünerberg, R./Heise, G./Mann, A. (Hrsg.), Handbuch Online-M@rketing. Wettbewerbsvorteile durch weltweite Datennetze, Landsberg/Lech 1996.

[Mai95]   Maier, P., Der Einsatz von Multi-Media im internationalen Marketing, in: Hü-
           nerberg, R./Heise, G. (Hrsg.), Multi-Media und Marketing. Grundlagen und
           Anwendungen, Wiesbaden 1995, S. 105-119.

[McK96]   McKenna, R., Marketing in Echtzeit, in: Harvard Business Manager 2/1996, S.
           9-18.

[Oen96]   Oenicke, J., Online-Marketing. Kommerzielle Kommunikation im interaktiven
           Zeitalter, Stuttgart 1996.

[Que96]   Quelch, J.A./Klein, L.R., The Internet and International Marketing, in: Sloan
           Management Review Spring 1996, S. 60-75.

[Ray96]   Rayport, J.F./Sviokla, J.J., Exploiting the virtual value chain, in: The McKin-
           sey Quarterly 1/1996, S. 21-36.

[Spa96]   Spar, D./Bussgang, J.J., Ruling the Net, in: Harvard Business Manager,
           May/June 1996, S. 125-133.

[Ste95]   Stern, J., World Wide Web Marketing. Integrating the Internet into Your Mar-
           keting Strategy, New York u.a. 1995.

[Wiß95]   Wißmeier, U.K., Strategisches Internationales Marketing-Management, in:
           Hermanns, A./Wißmeier, U.K. (Hrsg.), Internationales Marketing-
           Management. Grundlagen, Strategien, Instrumente, Kontrolle und Organisati-
           on, München 1995, S. 101-137.

[Wiß97a]   Wißmeier, U.K., Internationales Marketing im Internet, in: Jahrbuch der Ab-
           satz- und Verbrauchsforschung 2/97, S. 189-213.

[Wiß97b]   Wißmeier, U.K., Marketing im Internet, in: Langer, U./Gross, G./Seising, R.
           (Hrsg.), Studieren und Forschen im Internet - Perspektiven für Wissenschaft,
           Wirtschaft, Kultur und Gesellschaft, München 1997.

Electronic Commerce

Detlef Schoder, Ralf E. Strauß
Institut für Informatik und Gesellschaft, Abteilung Telematik*
Universität Freiburg

Zusammenfassung

Electronic Commerce ist die elektronisch realisierte Anbahnung, Aushandlung und Abwicklung von Geschäftsprozessen zwischen Wirtschaftssubjekten. Noch stehen viele Fragen in punkto Sicherheit, Zahlungsabwicklung und rechtlicher Regelungen offen. Jedoch läßt sich mit Gewißheit sagen, daß Electronic Commerce erheblich die Art und Weise, wie Wirtschaftssubjekte miteinander Dienste, Produkte und Geld austauschen, verändern wird. Ziel des vorliegenden Beitrags ist es, Electronic Commerce zu definieren, konzeptionell zu strukturieren, ausgewählte Marketingaspekte aufzuzeigen sowie einigen stereotypen Fehleinschätzungen entgegenzutreten.

Stichworte: Electronic Commerce, Wertschöpfungskette, Intermediäre

1 Was ist Electronic Commerce?

Electronic Commerce ist die über Telekommunikationsnetzwerke elektronisch realisierte Anbahnung, Aushandlung und Abwicklung von Geschäftstransaktionen zwischen Wirtschaftssubjekten. Dies kann im einfachsten Fall den Austausch von E-Mail-Nachrichten bedeuten. Fortgeschrittenere Formen sind der weitgehend automatisierte Austausch von Daten zwischen Applikationen (Electronic Data Interchange / EDI) oder der in der jüngeren Zeit aufstrebende Bereich des Internet bzw. World-Wide Web-basierten Electronic Commerce. Zu den wesentlichen Szenarien zählen:

---

* Lehrstuhlinhaber: Prof. Dr. Günter Müller

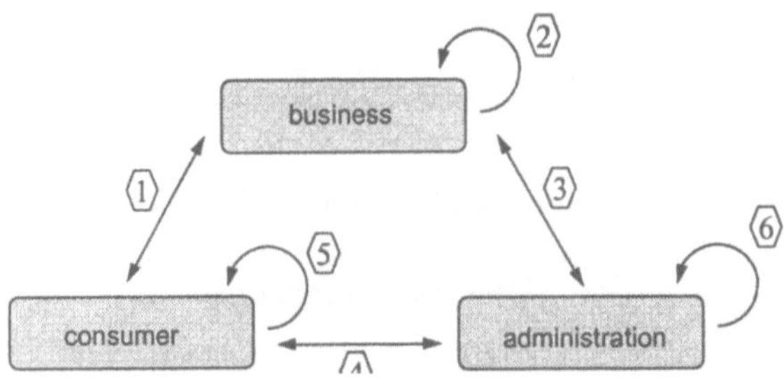

Abbildung 1: Electronic Commerce - Szenarien

(1) *Business-to-Consumer*: Schwerpunkt dieses Bereichs sind Marketingaktivitäten und Anwendungen, die sich direkt an den Endverbraucher wenden.

(2) *Business-to-Business*: Hier reicht das Spektrum der EC-Anwendungen von Bestellsystemen über Auftragsverfolgung, Lieferung und Bezahlung bis hin zu Servicediensten und Konzepten wie kooperativer Entwicklung von Produkten oder Schaffung von elektronischen Märkten. Das Internet wird zunehmend auch für EDI-Transaktionen genutzt und erlaubt durch neuere Entwicklungen auf diesem Gebiet, die eine technisch-organisatorische Vereinfachung von EDI-Kooperationen zwischen Unternehmen anstreben, EC-Anwendungen auch für kleinere Unternehmen.

(3) *Business-to-Administration*: Der vollelektronische Austausch von Dokumenten von Unternehmen mit öffentlichen Institutionen wie Finanzämtern und Verwaltungs- und Genehmigungsbehörden im Rahmen beispielsweise grenzüberschreitender Geschäfte ist bereits an einzelnen Stellen weitgehend realisiert (z.B. Hafen von Singapur). Öffentliche Ausschreibungen, Auftragswesen und die Übermittlung statistischer Daten im internationalen wie nationalen Kontext sind weitere EC-Potentiale [Koe97].

(4) *Consumer-to-Administration*: Vorstellbar sind hier (semi-)kommerzielle, elektronisch gestützte Beziehungen zwischen Verbraucher/Bürger und lokalen öffentlichen Einrichtungen (Stichwort "vorverlagerte Stadtverwaltung"). Anwendungen könnten die Abwicklung von Steuern und Transferzahlungen umfassen.

(5) *Consumer-to-Consumer*: Auf Basis vorhandener elektronischer Marktplätze bzw. informationstechnischer Infrastrukturen wie Mailbox-Anbieter, kommerzielle Online-Dienste und nicht zuletzt dem Internet/World-Wide Web lassen sich für eine Vielzahl von EC-Anwendungen Potentiale finden, die wirtschaftliche Beziehungen zwischen Haushalten beispielsweise durch elektronische Kleinanzeigenmärkte bedienen. Hier finden sicherlich auch Intermediäre, die diesen Bereich mit ihren Dienstleistungen stimulieren helfen, ihre Nische (vgl. dann wiederum (1))

(6) *Administration-to-Administration*: Strittig ist, ob dieser Bereich dem EC zugerechnet werden kann. Prinzipiell lassen sich hier Anwendungen verorten, die eine Integration des Flusses von elektronisch verfügbaren Dokumenten über einzelne Behörden hinaus gewährleisten und damit insbesondere den Business-To-Adminstration-Bereich flankieren.

Die grundlegende Struktur von Electronic Commerce wird durch eine

- technische,
- eine anwendungs- und eine
- umfeldbezogene Ebene gebildet.

Eine Einordnung der einzelnen Elemente dieser Struktur gibt Abbildung 2 in Anlehnung an [Kal96, S. 4].

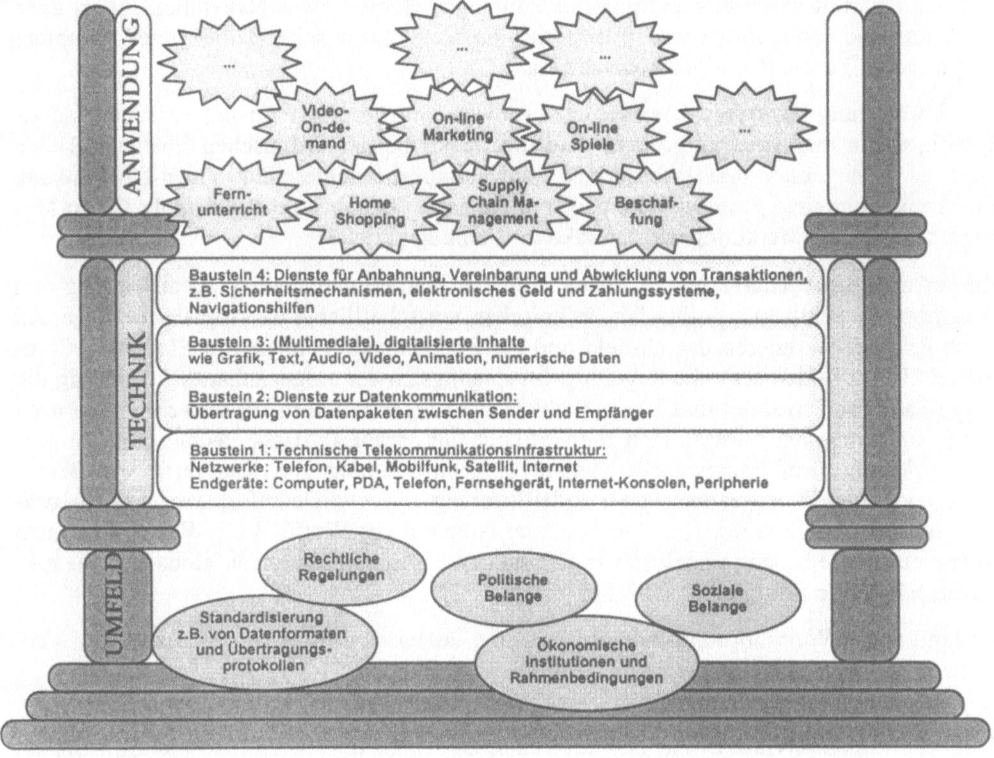

Abbildung 2: Grundlegende Struktur von Electronic Commerce

Auf der *technischen Ebene* lassen sich vier Bausteine identifizieren: Die technische Telekommunikationsinfrastruktur, Dienste zur Datenkommunikation, digitalisierte Inhalte sowie Dienste für die Anbahnung, Vereinbarung und Abwicklung von Kauf-/ Verkaufsprozessen. Letztere zwei Bausteine lassen sich in einer anwendungsorientierten Sicht auch entsprechend der Anwendungsebene zuordnen.

Baustein 1 bildet neben den erforderlichen Endgeräten die technische Infrastruktur aus einer Vielzahl von untereinander verbundenen Computer,- Kabel-, Telefon-, Mobilfunk- und Satellitennetzen, wobei das Internet als „Netz der Netze" einen großen Bestandteil.

Baustein 2 beinhaltet die Dienste zur Datenkommunikation, die auf der physischen Netzwerkinfrastruktur die Übertragung von Datenpaketen durch geeignete Protokolle realisieren. Aufgabe dieser Dienste zur Datenkommunikation ist der technisch zuverlässige und fehlerfreie Transport von Daten vom Sender zu einem oder mehreren Empfängern.

Grundlage der zu übermittelnden Daten sind digitalisierte Inhalte, wie etwa gesprochene Sprache (Audio), Grafiken/Bilder, Bewegtbilder (Video) (Baustein 3).

Der vierte Baustein der technischen Ebene stellt Dienste für die geschäftliche Anbahnung, Vereinbarung und Abwicklung der Kauf- bzw. Verkaufsprozesse zur Verfügung. Hierzu zählen Sicherheitsmechanismen wie Verschlüsselung und digitale Signatur/Unterschrift, Authentifizierungsdienste, elektronische Zahlungssysteme sowie Navigationshilfen etwa „elektronische Einkaufszentren" (electronic malls), elektronische Gelbe Seiten, Empfehlungsdienste, Kataloge und Suchmaschinen.

Zur Realisierung konkreter Anwendungen (*anwendungsbezogene Ebene*) zwischen Marktbeteiligten (in der Abbildung oben) sind die Bausteine der technischen Ebene in Teilen oder in ihrer Gesamtheit erforderlich. Anwendungsbeispiele sind Video-On-Demand, Electronic-Shopping, Home-Banking, Fernunterricht, Global Sourcing, Supply Chain Management, Online Marketing und interaktive Werbung [Wie96].

Zu der dritten, *umfeldbezogenen Ebene* zählt die Institutionalisierung, Kodifizierung und Abstimmung rechtlicher, politischer, technischer, wirtschaftlicher und sozialer Belange. All diese Faktoren definieren das Umfeld und die Rahmenbedingungen von Electronic Commerce. Hierzu zählen etwa die Regelung des Zugangs zu der aufgezählten Infrastruktur, die Frage nach der Privatheit und Vertraulichkeit übertragener Informationen, die Frage nach der Finanzierung der notwendigen Infrastruktur, die organisatorische, technische und juristische Lösung von Interessenskonflikten (Schlechterfüllung von Kaufverträgen, Betrug etc.) sowie Fragen der technischen Standardisierung z.B. von Datenformaten und Übertragungsprotokollen [Spa96]. Das Internet unter Nutzung des World-Wide Web gilt de facto trotz einer Reihe bislang ungelöster Probleme derzeit als die geeignete, globale Infrastruktur für Electronic Commerce [Mül96].

Anhand einer Wertschöpfungskettenbetrachtung lassen sich primäre und sekundäre Aktivitäten des Electronic Commerce identifizieren.

Primäre Aktivitäten des Electronic Commerce umfassen die unmittelbare Leistungserstellung von digitalen Gütern und elektronischen Dienstleistungen. Die Abbildung skizziert grob wesentliche Stufen der Wertschöpfungskette beginnend vom Produzenten, der die abzusetzenden Inhalte ggf. digitalisiert und gestalterisch aufbereitet oder einen Dienst kreiert. Beim Packaging werden diese Inhalte eventuell mit weiterem, digitalen Input (beispielsweise Einbindung von Werbung Dritter) zu Produkten zusammengestellt und Dienste etwa in Form einer Applikation realisiert. Die Stufe der Speicherung und Bereitstellung bezweckt das technische Verfügbarmachen der digitalen Produkte oder Applikationen auf elektronischen Marktplätzen für potentielle Nutzer. Die Stufe des Transports und der Verteilung beinhaltet die Übertragung der digitalen Informationen vom Anbieter an den oder die Empfänger, ggf. mit gleichzeitiger Erhebung von Gebühren. Die übertragenen Informationen werden in Abhängigkeit von der Funktionalität des Endgeräts präsentiert. Schließlich nutzt der Abnehmer diese Information im Rahmen einer Anwendung (Video-On-Demand, Tele-Shopping etc.).

Sekundäre Aktivitäten unterstützen – im umfänglichsten Falle über alle Markt-transaktionsphasen – die den Geschäftsvorgängen zugrundeliegenden Transaktionen zwischen den einzelnen Wertschöpfungsstufen. Zu diesen Aktivitäten gehören beispielsweise Zugriffs-, Abrechnungs-, Sicherheits-, Verzeichnis- und Empfehlungsdienste, sowie Dienste vertrauenswürdiger dritter Parteien (Trusted Third Parties), die etwa über einen fairen Austausch von „Geld gegen Ware" wachen, (De-)Chiffrierungsschlüssel verwalten oder die die Übertragung elektronischen Geldes zwischen den Teilnehmern und eventuell einer zwischengeschalteten Bank übernehmen [Mül97].

Alle beteiligten Wirtschaftssubjekte versprechen sich von Electronic Commerce Nutzengewinne. Auf der Verbraucherseite besteht die Hoffnung, Kostenvorteile zu erfahren, aufgrund

a) eines stärkeren Wettbewerbs zwischen Anbietern, forciert durch elektronisch gestützte Auswertungen einer größeren Anzahl von Angeboten in kurzer Zeit,

b) der Senkung von Transaktionskosten, beispielsweise in Form von Zeit- und Kosteneinsparungen durch eine fehlerfreiere und schnellere Abwicklung von Online-Aufträgen, oder

c) des Ausschaltens von Intermediären und der möglichen Einsparung der damit verbundenen Margen.

Aus Unternehmersicht stellt Electronic Commerce ein weites und neuartiges Betätigungsfeld dar, welches nahezu alle betrieblichen Funktionsbereiche tangiert. Mindestens zehn Hypothesen zum betriebswirtschaftlichen Nutzen im allgemeinen von Electronic Commerce lassen sich anführen (in Anlehnung an [Blo96]).

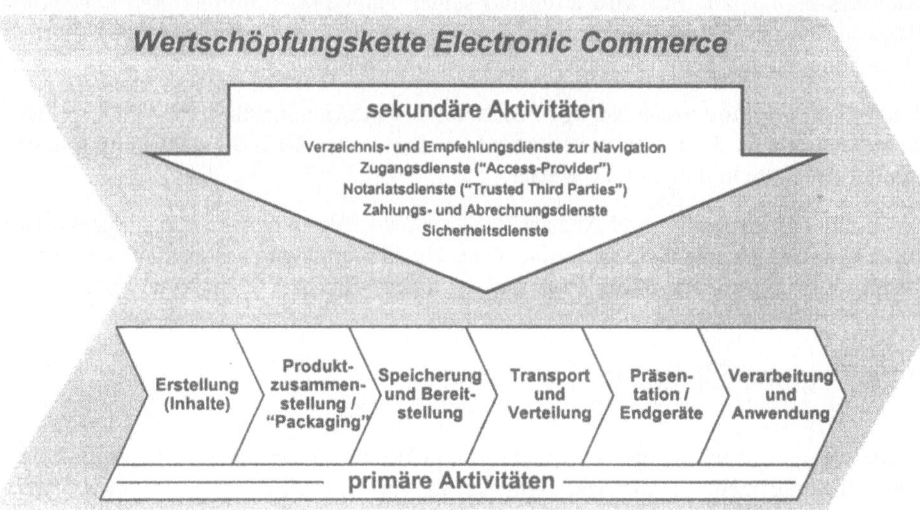

Abbildung 3: Wertschöpfungskette Electronic Commerce

- *Produktwerbung*: EC verbessert durch einen direkten, informationsreichen und interaktiven Kontakt mit Konsumenten die Produktwerbung.

- *Neuer Vertriebskanal*: Dank des unmittelbaren Zugangs zu Konsumenten und der bidirektionalen Natur der Kommunikationsbeziehung, bildet EC eine neuartigen Vertriebskanal für bestehende Produkte.

- *Kosteneinsparungen*: Durch die Nutzung öffentlicher Telekommunikationsinfrastrukturen, wie dem Internet, und die Wiederverwendung digitalisierter Informationen, kann EC die Kosten der Informationsversorgung von potentiellen Kunden senken.

- *Time-To-Market*: EC-Systeme erlauben die zeitliche Reduzierung der Durchlaufzeiten von Bestellung über Produktion hin zur Lieferung von Informationen und Diensten.

- *Kunden-Service*: Durch „intelligente" Produkte und die zunehmende Verfügbarkeit von intelligenten Unterstützungssystemen, verbessert EC den Kundenservice.

- *Marken- oder Unternehmensidentität*: EC-Systeme werden Bestandteil von Marken- oder Unternehmensidentität-bildenden Maßnahmen.

- *Technology learning & organizational learning*: Technologischer Fortschritt im Bereich EC zwingt Unternehmen zu Lernprozessen („push von außen"/ vom Markt auf die Unternehmung) und bildet gleichzeitig die Grundlage zum Experimentieren mit neuen Produkten, Diensten und Prozessen („pull von innen"/ vom Unternehmen in Richtung Markt).

- *Kundenbeziehungen*: EC wird aufgrund seiner Fähigkeit, Informationen über Kundenwünsche und Verhaltensmuster zu sammeln und auszuwerten, individualisiertere Beziehungen zwischen Lieferanten und ihren Abnehmern gestatten.

- *Mass-Customization und neuartige Produkte*: Die informationsbasierte Natur von EC-Prozessen erlaubt die Kreation neuartiger Produkte oder die Individualisierung bestehender Produkte in innovativer Weise.

- *Neue Geschäftsmodelle*: Die Neustrukturierung von Branchen im Zusammenwirken mit EC-Systemen erlaubt oder fordert neue Geschäftsmodelle aufgrund des unmittelbaren Zugangs zu verteiltem Wissen und der unmittelbaren Verteilung an Endkunden.

2 Marketing und Electronic Commerce

Bereits die wenigen, nachfolgend angeführten Aspekte und Beispiele zum Marketing verdeutlichen die enormen Gestaltungsmöglichkeiten für Unternehmen, betriebswirtschaftlichen Nutzen aus (WWW-basiertem) Electronic Commerce zu ziehen. Das Internet läßt sich in mindestens dreierlei Weise als Marketinginstrument nutzen. Zum einen als Kommunikationskanal zum Kunden für Marketingbotschaften, zum zweiten als eigenständigen Vertriebskanal und zum dritten als Plattform für Kundenservice.

In erster Linie nutzen Unternehmen das WWW im Sinne eines Kommunikationskanals, um Informationen über ihre Firmen und ihre Produkte zu kommunizieren. Die virtuelle Präsenz von Unternehmen und Werbebotschaft kann grundsätzlich entweder durch eigene Seiten oder durch Werbung auf anderen, am besten stark frequentierten Seiten erfolgen. Umsatzerhebungen verdeutlichen, daß Werbung bei Electronic Commerce trotz der in den elektronischen Netzen nicht immer exakt möglichen Reichweitenmessung die größte Rolle spielt. Die Werbestrategien variieren dabei erheblich [Hof96]. Es scheint, daß in vielen Fällen noch im Sinne der traditionellen Massenkommunikationsmedien agiert wird. Ein Inhalt wird an viele potentielle Kunden verteilt. Die medienspezifischen Eigenheiten des Internets werden dabei bei weitem nicht ausgereizt. Neben den grundsätzlichen Möglichkeiten der Werbefilm-ähnlichen Selbstdarstellung mit Audiounterstützung wird vor allem die Fähigkeit zur Interaktivität kaum genutzt. Auf entsprechend eingerichteten Seiten können Produkte unmittelbar gemäß den individuellen Kundenwünschen zusammengestellt und präsentiert werden. Eine durchdachte Struktur vorausgesetzt, kann der Kunde den Umfang an Information, den er über ein Produkt wünscht, weitgehend selbst bestimmen. Des weiteren können virtuelle Produkte angeboten werden. Darunter versteht man Produkte, die zunächst in der angebotenen Form (noch) nicht physisch existieren, sich aber in kurzer Zeit gemäß individueller Kundenwünsche anfertigen lassen. Denkbar sind umfangreiche elektronische Produktkataloge, die Tausende von Produktvarianten beinhalten, aus welchen der Kunde „sein" Produkt (etwa Computer) selbst zusammenstellen kann (Mass Customization).

Im Zusammenhang mit einem eigenständigen Vertriebskanal kann die elektronische Übermittlung von Informationen um Funktionen wie Ferninstallation, Ferndiagnose und Fernwartung beim Kunden erweitert werden. Da hierbei relativ leicht durch Erheben personenbezogener Daten Eingriff in die Privatsphäre des Kunden genommen wird, sind diese Funktionalitäten nicht ganz problemlos. Handelt es sich um rein informationstechnisch realisierte Produkte (elektronische Bücher, PC Spiele, bestimmte Bank- und Finanztransaktionen), kann der Interessent Demonstrationen und Teile der Produkte ausprobieren („downloaden"). Gegen Bezahlung wird die vollständige Programmversion bzw. das vollständige Produkt entweder elektronisch übertragen oder per konventionellem Postwege ins Haus geschickt.

Das Internet/WWW als Plattform für Kundendienste eignet sich insbesondere dadurch, als daß ein Rückkanal vom Konsumenten zum Produzenten vorhanden ist. Beispielsweise können Produktprobleme und ihre Lösungen mittels E-Mail zwischen Wirtschaftssubjekten asynchron ausgetauscht werden. Denkbar sind auch Fehlerbehebungslisten, die der Konsument online lesen kann, und Konsumentenumfragen zur Zufriedenheit mit Produkt und Service. Die Qualität der Kommunikationsbeziehung zwischen Sender und Empfänger verändert sich folglich. Es handelt sich weniger um einen passiven, anonymen Empfänger aus der Masse, sondern um einen individuellen, aktiven, interagierenden, mit spezifischem Interessenprofil suchenden Interessenten.

3 Stereotype Fehleinschätzungen zu Electronic Commerce

Die Liste der verzerrten, übertriebenen oder der gar falschen Einschätzungen zu Electronic Commerce ließe sich derzeit beliebig umfangreich aufstellen. Drei vielzitierte Aussagen seien in den nachfolgenden Abschnitten kritisch hinterfragt.

Electronic Commerce führe zu einem Massensterben der Zwischenhändler, Mittelsmänner und anderer, marktvermittelnder Institutionen (Intermediäre), weil Produzent und Konsument in unmittelbaren Kontakt – eben unter Ausschaltung von Intermediären – treten können.

Wenn man von einer vollständigen Bedrohung der Intermediäre durch moderne Informations- und Kommunikationstechnologien spricht, setzt man voraus, daß sämtliche Geschäftstransaktionen auf elektronischer Ebene abgewickelt werden und es hier ausschließlich zu Direktkontakten zwischen Anbieter und Nachfrager kommt. Viele Anbieter werden in den nächsten Jahren auf elektronischer Ebene präsent sein und versuchen, direkt mit dem Konsumenten in Kontakt zu treten. Dies dient vor allem dazu, vorhandene konventionelle Distributionsstrukturen zu ergänzen und Markt-Transaktionskosten zu reduzieren. Um nun die Rolle der Intermediäre auf elektronischen Märkten fair beurteilen zu können, müssen neben ökonomischen Faktoren auch subjektive Kriterien wie der Einfluß persönlicher Beziehungen auf die Abwicklung von Transaktionen berücksichtigt werden. Aus Sicht des Konsumenten repräsentiert der Intermediär eine Vielzahl von Produzenten und vermag damit nicht nur ein breites Spektrum an Bedürfnissen zu erfüllen, sondern auch eine vorgeschaltete Qualitätsprüfung gegenüber den Anbietern der Basisleistungen vorzunehmen. In der subjektiven Einschätzung der Konsumenten wirkt diese neutrale Position vertrauensbildend. Weitere wesentliche Funktion und auch eine Chance für zukünftige Intermediäre ist die Generierung von Mehrwertdiensten, die Basisleistungen der Hersteller mit weiteren Informationen oder sonstigen Dienstleistungen anreichern, um sie so zu höherwertigen Produkten zu machen. Für das Einschalten von Intermediären spricht auch das explosionsartig steigende Informationsvolumen, das eine immer zeit- und kostenaufwendigere qualitative Selektion erfordert. Genau hier entsteht ein Bedarf an neuen und neuartigen Dienstleistungen, die ein Intermediär erfüllen könnte. Für Intermediäre entstehen somit auch neue Chancen in der elektronischen Sphäre.

Electronic Commerce führe zur ungeahnten Markttransparenz. Ein Shopping-Paradies von Produkten und Dienstleistungen öffne sich dem Konsumenten. Interessenten vermögen in Sekundenschnelle durch intelligente Software-Agenten das große Angebot nach der besten Kaufmöglichkeit zu durchkämmen.

Tatsächlich gibt es erste Ansätze der computergestützten Suche und Auswertung von Produktinformationen. Prominentes Beispiel ist der „BargainFinder". Hierbei handelt es sich um ein Softwareprogramm, das gemäß spezifischer Vorgabe in den Datenbanken von Online-Musikläden Preisinformationen zu Musik-CDs sammelt und vergleicht. Der Konsument erhält bereits nach wenigen Sekunden eine Übersicht, welches Musikgeschäft die gesuchte CD am billigsten anbietet. Im Regelfall kann diese CD auch unmittelbar online beim jeweiligen Versender bestellt werden. Nach diesem Modell kann man sich nun eine Vielzahl an entsprechend programmierten „intelligenten Software-Agenten" vorstellen, die ständig auf der Suche nach geeigneten preiswerten Produkten unterwegs sind und so zu einer erhöhten Markttransparenz beitragen. Dieser interessante Anwendungsfall hat in der Folge bereits dazu geführt, daß ein Teil der Musikläden den Zugriff durch Softwareagenten auf ihre Preisinformationen unterbinden, also einen unmittelbaren, automatisierten Preisvergleich verhindern.

Im Kern gibt es nur zwei Strategien für Unternehmen, sich eine marktstarke Position im Electronic Commerce aufzubauen: Kostenführerschaft oder Differenzierungsstrategie, im letzteren Fall beispielsweise durch Einzigartigkeit des Produktes in Qualität, Design oder Funktionalität. Je Geschäftsbereich kann es immer nur einen Kostenführer geben. Verfolgen mehrere Mitbewerber diese Strategie ist ein immer unprofitablerer Wettbewerb die Folge. Genau das kann ein Software-Agent wie der BargainFinder, der lediglich einen Preisvergleich durchführt, fördern. Angesichts eines derartigen, meist ruinösen Preiswettbewerbs wird die Differenzierung zunehmend über andere Leistungsmerkmale (z.B. Service) erfolgen. Die übermäßige (vermeintliche) Marktransparenz lediglich anhand von Preisinformationen ist demnach einzig für den Kostenführer der Branche von Interesse. Eine unbeschränkte Markttransparenz auf elektronischen Märkten ist daher eher weniger wahrscheinlich.

Mit der Einrichtung von Homepages erschließe man sich nahezu kostenlos einen potentiellen Kreis von mehreren Millionen neuer Kunden.

Es ist richtig, daß mit der Einrichtung einer WWW-Homepage theoretisch jeder angeschlossene Internetteilnehmer diese auch einsehen kann. Unter praktischen Gesichtspunkten ist die Größe des potentiellen Kundenkreise wesentlich nüchterner einzuschätzen. Durch das Plazieren von Produktinformationen in Form von Web-Seiten ist diese nicht automatisch für den Konsumenten auch gleich „sichtbar". Die Herausforderung bleibt, wie man konkret Kunden zum „browsen" auf diese Seiten bewegen kann. Unbekannt bleibt daher in aller Regel, welche Seite wo mit welchem Angebot in das Netz neu eingestellt wurde. Selbst die Aufnahme in die Verzeichnisse der gängigen Suchmaschinen hilft nur bedingt weiter. Die angebotene Leistung muß auch von den gezielt Suchenden über geeignete Schlüsselwörter gefunden werden. Daneben werden, als zweites Argument, Angebote mit stark regionalem Charakter nicht dadurch weltweit interessant, nur weil sie weltweit angeboten werden. Wird, als drittes Argument, schließlich eine bestimmte Sprache, zum Beispiel Deutsch, für die eigenen Seiten gewählt, beschränkt sich das Einzugsgebiet konsequenterweise auch auf einen begrenzten Teilnehmerkreis mit den entsprechenden Sprachkenntnissen. Viertens: Damit die Werbebotschaft ein breites Publikum erreicht, muß ein entsprechender Werbeaufwand angesetzt werden. Und dieser ist im Vergleich zum nahezu kostenlosen Einrichten und Unterhalten einer Homepage durchaus kostenintensiv, nutzt man konventionelle Werbeträger oder etwa die „Werbefläche" stark frequentierter Web-Seiten. Daneben ist nicht jeder Kunde, der über Web-Seiten Geschäfte tätigt, auch zwangsläufig ein neuer Kunde. Möglicherweise substituiert er nur den traditionellen Distributionsweg durch den elektronischen. Schließlich bleibt die Kundenbindung schwierig, zumal es auf einer elektronischen Plattform mit benutzerfreundlichen Schnittstellen zum Kunden auch vergleichsweise einfach ist, beim nächsten Mal die gewünschte Leistung von einem anderen Anbieter zu beziehen.

4 Literatur

[Blo96]   Bloch, M./Pigneur, Y./Segev, A.: Leveraging Electronic Commerce for Competitive Advantage: a Business Value Framework, in: Ninth International Conference on EDI-IOS, Bled, Slovenia, June 10-12, 1996, S. 91-112.

[Hof96]   Hoffman, D.L./ Novak, T.P.:/Chatterjee, P.: Commercial Scenarios for the Web: Opportunities and Challenges, in: Journal of Computer-mediated Communications, Vol. 1, (1996) 3, siehe auch
http://shum.huji.ac.il/jcmc/vol1/issue3/hoffman.html.

[Kal96]   Kalakota, R./Whinston, A.B.: Frontiers of Electronic Commerce, 1996.

[Koe97]   Köhler, Thomas R.: Electronic Commerce - Elektronische Geschäftsabwicklung im Internet, in: Boden, K.-P.; Barabas, M. (Hrsg.): Internet - von der Technologie zum Wirtschaftsfaktor, Deutscher Internet Kongreß '97, Düsseldorf, 1997, S. 181-184.

[Mül96]   Müller, G./Kohl, U./Strauß, R.E.: Zukunftsperspektiven der digitalen Vernetzung, mit einem Beitrag von Helmut Schmid, Heidelberg 1996.

[Mül97]   Müller, G./ Kohl, U./Schoder, D.: Unternehmenskommunikations - Telematiksysteme für vernetzte Unternehmen, Addison-Wesley 1997.

[Spa96]   Spar, D./Bussgang, J.J.: Ruling the Net, in: Harvard Business Review, May-June 1996, S. 125-133.

[Wie96]   Wigand, R.T./Benjamin, R.I.: Electronic Commerce: Effects on Electronic Markets, in: Journal of Computer-mediated Communications, Vol. 1, (1996) 3, siehe auch http://www.usc.edu/dept/ annenberg/vol1/issue3/wigand.html.

Telekooperation im Marketing

Ralf Reichwald, Rudolf A. Bauer, Kathrin Möslein
Lehrstuhl für Allgemeine und Industrielle Betriebswirtschaftslehre[*]
Technische Universität München

Zusammenfassung

Infrastrukturen der Information und Kommunikation revolutionieren heute Märkte und Unternehmen durch die schrittweise Auflösung räumlicher und zeitlicher Gebundenheit. Sie stellen althergebrachte unternehmerische Strukturen in Frage und eröffnen Wege zu neuen Formen vernetzter Zusammenarbeit über traditionelle Grenzen von Raum und Zeit hinweg. Der Beitrag befaßt sich mit diesen neuen Möglichkeiten der mediengestützten arbeitsteiligen Leistungserstellung – der Telekooperation. Er zeigt Potentiale, aber auch Grenzen der Telearbeit und Telekooperation für neue Formen vernetzter Arbeit vor allem unter dem Aspekt der Kundenbeziehung.

Stichworte: Telekooperation, Telearbeit, Telemanagement, Teleservices, Vertrieb

1 Telekooperation - Kundennähe durch neue Arbeitsformen

1.1 Was ist Telekooperation ?

Telekooperation bezeichnet die mediengestützte arbeitsteilige Leistungserstellung von individuellen Aufgabenträgern, Organisationseinheiten und Organisationen, die über mehrere Standorte verteilt sind [Rei96].

Dazu gehört die internationale Zusammenarbeit von Entwicklerteams ebenso wie eine standortverteilte Sachbearbeitung an häuslichen Arbeitsplätzen, die Projektabwicklung in dezentralen Satellitenbüros oder die mobile Erbringung von Vertriebs-, Wartungs- oder Instandhaltungsdienstleistungen am Standort des Kunden. Das Feld realisierbarer telekooperativer Arbeitsformen ist weit. Es umfaßt Szenarien für die Arbeitswelt der Zukunft in einer Zeit des Struktur- und Wertewandels mit neuen Chancen für unternehmerisches Handeln, für die Versorgung von Märkten, für Partnerschaften und neue Ideen von Dienstleistungen und Produktvermarktung ebenso, wie Entwürfe für ein neues Menschenbild in der vernetzten Arbeitswelt von morgen. Der Arbeitsplatz in heimischer Umgebung, im wohnortnahen Telecenter oder der mobile Arbeitsplatz beim Kunden, im Hotel oder im Ferienhaus

---

[*] Lehrstuhlinhaber: Prof. Dr. Dr. h. c. Ralf Reichwald

schaffen nicht nur für den abhängig Beschäftigten neue Gestaltungsspielräume, Möglichkeiten der Selbstorganisation, der Arbeitszeitflexibilisierung und der Individualisierung, aber auch Risiken, wie z.B. Ausgrenzung und Isolation.

1.2 Warum Telekooperation?

Bis in die 80er Jahre konnten die Unternehmen noch in vielen Bereichen mit stabilen Rahmenbedingungen rechnen und die damit korrespondierenden Grundsätze erfolgreichen Wirtschaftens verfolgen. Dazu gehören u. a. stark arbeitsteilige Strukturen mit ausgeprägten Hierarchien [Rei95a]. Im Zuge eines massiven Umbruchs dieser Rahmenbedingungen, gekennzeichnet durch steigende Marktunsicherheit und vielfach zunehmende Produktkomplexität, werden seither neue Organisationsstrategien gewählt und weiterentwickelt (vgl. Abbildung 1).

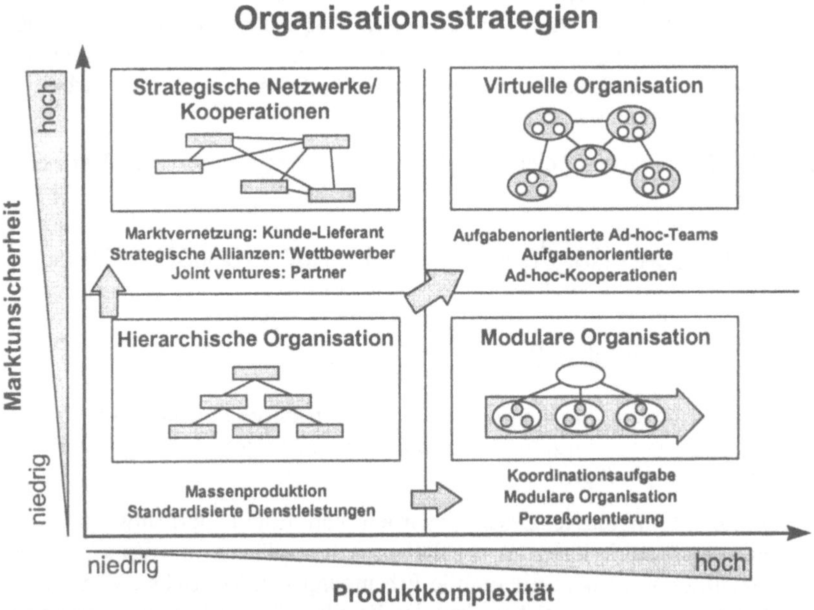

Organisationsstrategien

Abbildung 1: Wettbewerbsbedingungen und Organisationsstrategien [Pri96]

Diese neuen Organisationsformen zeichnen sich vor allem aus durch ein hohes Maß an Kooperation in und zwischen Unternehmen sowie zwischen Unternehmen und Markt. Eine innovative Neuausrichtung der betrieblichen Prozesse auf den Kunden bis hin zur Integration der Leistungsprozesse von Lieferant und Kunde, bedarf der intensiven Zusammenarbeit aller Akteure. Vor dem Hintergrund einer gleichzeitig zunehmenden Komplexität der Beziehungen steigt die Anzahl der Interaktionen von Managern und Mitarbeitern mit Kunden, Lieferanten und Kooperationspartnern. Diese Vielzahl von Kooperations- und Abstimmungsbeziehungen läßt sich nicht mehr in jedem Fall durch face-to-face Kontakte erfüllen. Der persönliche Kontakt stellt zwar nach wie vor die wichtigste Grundlage für Kooperationen dar, wird aber zunehmend durch mediengestützte Formen ergänzt; dies umso mehr, je leistungsfähiger die verfügbaren Infrastrukturen werden. Neue Dimensionen in der Kundenbeziehung werden möglich, wenn die Potentiale der IuK-Technologien und - Infrastrukturen genutzt werden [Rei95b].

1.3 Die 3 Dimensionen der Telekooperation

Die Möglichkeiten mediengestützter arbeitsteiliger Leistungserstellung erlauben die Umgestaltung betrieblicher Wertschöpfungsketten, die Auflösung organisatorischer Standortbindung sowie die Dezentralisierung und Autonomisierung von Arbeitsstätten bis in den häuslichen Bereich. Diese Auflösungstendenzen sind bereits heute beobachtbar. An ihrem Ende steht die standortverteilte Organisation – die „entreprise délocalisée", der „Global Workspace" oder die „Distributed Organization" [Pic94, Pic96].

Während in standortgebundenen Organisationen die beteiligten Akteure bei der arbeitsteiligen Leistungserstellung vorrangig direkt kooperieren, findet entfernte Zusammenarbeit in erster Linie medienunterstützt statt. *Telekooperation* bezeichnet alle Formen dieser medienunterstützten arbeitsteiligen Leistungserstellung und verweist so auf die Besonderheiten standortverteilter und standortunabhängiger Organisations- und Arbeitsformen – Besonderheiten, die die Betriebswirtschaftslehre bei der noch immer vorherrschenden „Closed-World-Betrachtung" der Unternehmung bislang schlichtweg ausgeblendet hat. Telekooperation betrifft damit den Kern des Organisationsproblems. Sie betrifft die Frage, wie Aufgaben geeignet aufzuteilen sind, wie sie auf Aufgabenträger geeignet zu verteilen sind und wie die verteilte Bearbeitung der Aufgaben geeignet zu koordinieren ist. Sie betrifft aber auch die Frage, welche Leistungen überhaupt telekooperativ erbracht werden können und welche neuen Leistungen durch Telekooperation überhaupt erst möglich werden [Rei97].

Noch immer sind wir scheinbar gesicherten Erkenntnissen und Gestaltungsgrundsätzen der Vergangenheit viel zu stark verhaftet, um die Wirkungsbreite der Telekooperation adäquat zu erfassen. Um dennoch erfolgskritische Faktoren der Telekooperation aufspüren und behandeln zu können, hat sich die Unterscheidung von drei grundlegenden Dimensionen der Telekooperation als geeigneter Referenzrahmen erwiesen. Telekooperation ist dazu aus drei Blickwinkeln zu betrachten: der *Telearbeits-Perspektive*, der *Telemanagement-Perspektive* und der *Teleservice-Perspektive*.

Die resultierenden Sichten erlauben es, aus betriebswirtschaftlicher Sicht jeweils unterschiedliche Teilaspekte zu beleuchten und unterschiedliche Fragen zu stellen.

- Die *Telearbeits-Perspektive* befaßt sich mit der Gestaltung menschlicher Arbeit unter den Bedingungen räumlicher Verteilung und Mobilität. Im Zentrum stehen die folgenden Fragen: Welche Formen standortverteilten Arbeitens sind zu unterscheiden? Welche Realisierungen wurden bislang erprobt? Welche Erfahrungen sind zu verzeichnen? Und: Welche Antriebskräfte, aber auch Barrieren beeinflußen die zukünftige Entwicklung?

- Die *Telemanagement-Perspektive* untersucht, wie eine solche verteilte Aufgabenerfüllung koordiniert werden kann. Dabei stehen die folgenden Problemfelder im

Blickpunkt: Welche neuen Anforderungen ergeben sich für eine Koordination standortverteilten Arbeitens? Wie verändern sich Führungsprozesse und die Arbeit im Management bei telekooperativen Arbeitsformen? Welche Optionen, aber auch Restriktionen resultieren für die Mitarbeiterführung in standortverteilten Organisationen?

- Die *Teleservice-Perspektive* fragt nach den resultierenden Leistungen, ihrem Markt und ihren Abnehmern: Welche Leistungen sind dazu geeignet, in Telekooperation erbracht zu werden? Welche neuen Informationsprodukte und Dienstleistungen werden durch telekooperative Arbeits- und Organisationsformen erst ermöglicht? Und: Welche Konsequenzen ergeben sich aus einem standortunabhängigen Leistungsangebot für den marktlichen Wettbewerb und die internationale Konkurrenzfähigkeit?

So können die drei Dimensionen der Telekooperation einen systematisierenden Rahmen bieten für Ansätze zur Analyse, Gestaltung und Bewertung telekooperativer Arbeits- und Organisationsformen. Sie können helfen, neue Handlungsspielräume zu identifizieren und Handlungsbedarf aufzudecken.

2   Formen der Telekooperation im Marketing

Telekooperative Organisationsformen fördern die Intensivierung der Kundenbeziehungen und die notwendige Steigerung der Flexibilität und Innovationsfähigkeit der Unternehmen. Für zahlreiche Aufgabenfelder der betrieblichen Leistungserstellung eröffnen sich neue Perspektiven.

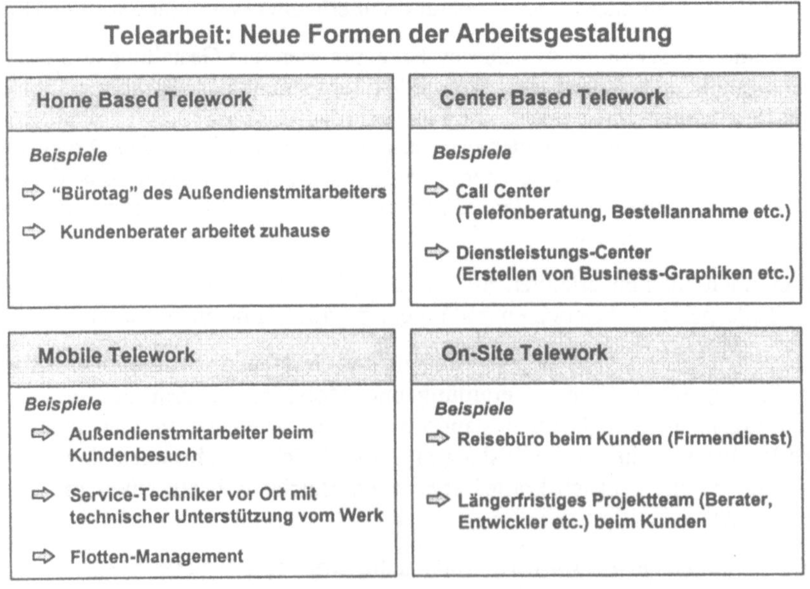

Abbildung 2: Grundformen räumlicher Flexibilisierung

2.1 Telearbeit im Marketing

Telearbeit als mediengestützte entfernte Zusammenarbeit kennt vielfältige Ausprägungsformen und Arbeitsplatztypen. Inzwischen haben sich vier Grundformen der Telearbeit herausgebildet, die als Grundformen räumlicher Dezentralisierung für Unternehmen neue Flexibilisierungspotentiale bieten (vgl. Abbildung 2).

Home-Based Telework umfaßt alle Formen der Telekooperation vom häuslichen Arbeitsplatz aus. Durch den Einsatz neuer IuK-Technologien läßt sich z. B. die Arbeit eines Kundenberaters von zuhause aus durchführen oder der klassische Bürotag des Außendienstmitarbeiters effektiver gestalten.

Center-Based Telework bezeichnet alle Formen der Bündelung von Telearbeitsplätzen in hierfür geschaffenen Telezentren (Telearbeitszentren, Teleservicezentren). Ausgelagerte Arbeitsstätten von Unternehmen lokal zu bündeln, ist die Zielsetzung, die mit der Einrichtung von *Telearbeitszentren* vorrangig verfolgt wird. Die Einrichtung von *Teleservicezentren* hingegen fokussiert in erster Linie auf die Schaffung einer geeigneten Organisationsform zur kundenorientierten Erbringung von Teledienstleistungen. Die Leistungserbringung auf der Basis elektronischer Medien für entfernte Auftraggeber durch eine selbständige Organisation steht hier im Zentrum des Interesses.

On-Site Telework bezeichnet Telearbeit am Standort des Kunden, des Lieferanten oder ganz allgemein am Standort des Wertschöpfungspartners. Heute befinden sich die physischen Arbeitsplätze von Unternehmensberatern ebenso wie die vieler Softwareentwickler oder Systemspezialisten bereits häufig jeweils projektbezogen am Kundenstandort (*Customer-Site Based Telework*).

Mobile Telework – also das ortsunabhängige Arbeiten an einem „mobilen Arbeitsplatz" – bildet die wohl am häufigsten anzutreffende, aber in der Regel am wenigsten berücksichtigte Form der Telearbeit. Für das Management ebenso wie für Außendiensttätigkeiten in Industrie und Dienstleistung ergeben sich durch den Einsatz mobiler Informations- und Kommunikationstechnologien (Mobilfunk, Mobile Computing) erhebliche Reorganisations- und Unterstützungspotentiale, die noch lange nicht ausgeschöpft sind [Rei98].

2.2 Telemanagement im Marketing

Koordination und Führung standortverteilter Leistungsprozesse sind erfolgskritisch für die Realisierung telekooperativer Arbeits- und Organisationsformen. Zusätzlicher Koordinationsaufwand (beispielsweise für die Abstimmung mit entfernten Kollegen oder die Führung entfernter Mitarbeiter) gelten dabei häufig als Barriere für die Realisierung. Doch bestehen andererseits auch Möglichkeiten in neuen Arbeitsformen, Koordinationsaufwand zu reduzieren. So läßt sich durch Aufgabenintegration, d. h. durch Zusammenführung von zuvor von verschiedenen Mitarbeitern erledigten Aufgaben, das Problem der Koordination von Teilaufgaben verringern. Kompetenzen müssen dafür an Mitarbeiter delegiert werden, ebenso wie ein Teil der Koordination selbst. Teambildung, auch standortverteilt, zusammen mit Teamverantwortung wird dabei im Marketing an Bedeutung gewinnen. Die Integration der kundenbezogenen Funktionen im Unternehmen (Vertrieb, Marketing, Service, aber auch Logistik und Entwicklung etc.) und die Integration des Kunden in die Prozesse der Leistungserstellung und -verwertung ermöglichen die Überwindung von Schnittstellen zum Kunden und damit ebenfalls eine Reduktion des Koordinationsaufwands des Managements.

Während klassische hierarchische Organisationsformen überwiegend mit zentralistisch-direktiven Führungsmechanismen verbunden sind, stellen die neuen Organisationsstrategien der Modularisierung, Vernetzung und Virtualisierung neue spezifische Anforderungen an das Führungsverhalten. Gefordert ist das Agieren in Vertrauensbeziehungen, d. h. in nichttechnischen Netzwerken. Gleichzeitig rückt aufgrund der hervorgehobenen Bedeutung der Teambildung, der Qualifizierung und Motivation der Mitarbeiter als Voraussetzung für die Delegation von Entscheidungskompetenzen die Rolle des Managers als Berater und Coach in den Vordergrund. Dies erfordert von allen Beteiligten eine völlig neue Kultur der Führung [Rei96, Wun80].

2.3 Teleservices im Marketing

Auf den heutigen Märkten werden nicht mehr nur Produkte oder einfache Dienstleistungen nachgefragt. Für die Kunden gewinnen vielmehr Problemlösungen an Bedeutung, die nicht aus isolierten Einzelleistungen bestehen, sondern problemadäquate Leistungsbündel darstellen. Dies bietet den Unternehmen die Möglichkeit der Differenzierung und die Chance zu Wettbewerbsvorteilen durch innovative Dienstleistungsangebote. Vor dem Hintergrund zunehmender Spezialisierung werden derartige Leistungen in zunehmendem Maße in Kooperationen mit anderen Partnern angeboten und vertrieben werden müssen. Electronic Malls, Dienstleistungsmessen und andere Formen elektronischer Märkte schaffen hier zum einen Markttransparenz für die Kunden und stellen zum anderen eine Leistung dar, die von Kunden als Selektionsinstrument genutzt wird. Leistungsbündelung ermöglicht höhere Produktperformance, Kostensenkung sowie eine Markterweiterung. In dem Maße wie Dienstleistungen, analog der standortverteilten Leistungserstellung, auch unabhängig von Ort und Zeit in Anspruch genommen werden können, steigt das Potential kundenorientierter Lösungen und damit die Möglichkeit einer intensiveren und zielgenaueren Marktbearbeitung [vgl. Epp91, Ger96, Mer96].

3 Chancen und Grenzen der Telekooperation

Die Nutzung der Chancen der Telekooperation als eine Form kooperativer Leistungserstellung ist im wesentlichen an zwei Voraussetzungen gebunden. Zum einen sind dies leistungs- und entwicklungsfähige Infrasturkturen, die die technische Grundlage für neue Organisationsformen bilden – schnelle und sichere Netze sowie aufgabenadäquate Hard- und Softwarelösungen, die den Bedürfnissen menschlicher Arbeit in Hinblick auf Ergonomie und Arbeitsinhalt entsprechen und damit die Potentiale der Mitarbeiter in den Unternehmen nutzen und entwickeln helfen. Zum anderen bedarf es einer Abkehr von überkommenen Einstellungen bezüglich der Arbeit und ihrer Organisation verbunden mit einer neuen Begriffsbestimmung. *Arbeit* ist nicht mehr als Arbeits*platz* zu verstehen sondern als das Erfüllen einer Aufgabe. Im Verhalten gegenüber Mitarbeitern sind Vertrauen und Motivation die Grundlagen für effektive Zusammenarbeit. Mißtrauen und der Wunsch absoluter Kontrolle stehen dieser innovativen Organisationsform ebenso entgegen wie Bewertungsmaßstäbe menschlicher Arbeit, die keinen Raum für den wichtigsten Garanten der Wettbewerbsfähigkeit bieten - menschliche Kreativität und Innovationsfähigkeit.

4 Literatur

[Bre94]   Breton, R.: Les Téléservices en France. Quels marchés pour les autoroutes de l'information? Rapport au ministre de'Etat, ministre de l'Intérieur et de l'Aménagement du territoire et au ministre des Entreprises et du Développement économique, Paris: La documentation Francaise, 1994.

[Epp91]   Eppen, G. D. et al.: Bundling: New Products, New Markets, Low Risk, in: Sloan Management Review, 32. Jg., Nr. 4, 1991, S. 7 - 14.

[Ger96]   Gerpott, T.J. / Heil, B.: Multimedia-Teleshopping - Rahmenbedingungen und Gestaltung von innovativen Absatzkanälen, in: Zeitschrift für Betriebswirtschaft, 66. Jg., Nr. 11, 1996, S. 1329-1356.

[Mer96]   Mertens, P. / Schumann, P.: Electronic Shopping - Überblick, Entwicklungen und Strategie, in: Wirtschaftsinformatik, 38. Jg., Nr. 5, 1996, S. 515 - 530.

[Pic94]   Picot, A. / Reichwald, R.: Auflösung der Unternehmung? Vom Einfluß der IuK-Technik auf Organisationsstrukturen und Kooperationsformen, in: Zeitschrift für Betriebswirtschaft, Nr. 5, 1994, S. 547-570.

[Pic96]   Picot, A. / Reichwald, R. / Wigand, R.: Die grenzenlose Unternehmung, Wiesbaden 1996.

[Pri96]   Pribilla, P. /Reichwald, R. / Goecke, R.: Telekommunikation im Management, Stuttgart 1996.

[Rei94]   Reichwald, R.: Wachstumsmarkt Telekooperation, Arbeitsbericht des Lehrstuhls für Allgemeine und Industrielle Betriebswirtschaftslehre, Bd. 5, München, 1994.

[Rei95a]   Reichwald, R.: Der Taylorismus in den Köpfen der Reengineerer, in: Office-Management, 5/1995, S. 12-13.

[Rei95b]   Reichwald, R. / Koller H.: Informations- und Kommunikationstechnologien, in: Tietz, B. et al. (Hrsg.): Handwörterbuch des Marketing, 2. Aufl. Stuttgart 1995, Sp. 947 - 962

[Rei96]   Reichwald, R. / Möslein, K.: Telearbeit und Telekooperation, in: Bullinger, H.-J. / Warnecke, H.J. (Hrsg.): Neue Organisationsformen im Unternehmen. Ein Handbuch für das moderne Management, Berlin u.a. 1996, S. 691-708.

[Rei97]   Reichwald, R. / Möslein, K.: Chancen und Herausforderungen für neue unternehmerische Strukturen und Handlungsspielräume in der Informationsgesellschaft, in: Picot, A. (Hrsg.): Telekooperation und virtuelle Unternehmen - Auf dem Weg zu neuen Arbeitsformen, Heidelberg 1997, S. 1 - 37.

[Rei98]   Reichwald, R. et al.: Telekooperation - Verteilte Arbeits- und Organisations-formen, Berlin u. a. 1998 (in Druck)

[Sim97]   Simon, H. / Homburg, Ch. (Hrsg.): Kundenzufriedenheit - Konzepte, Metho-den, Erfahrungen, 2. Aufl. Wiesbaden 1997.

[Wun80]   Wunderer, R. / Grünwald, W.: Führungslehre, 2 Bände, Berlin / New York 1980.

Entwicklung und Implementierung eines Vertriebsinformationssystems für ein mittelständisches Unternehmen

Elke Hickethier
Lehrstuhl für Wirtschaftsinformatik[*]
Friedrich-Schiller-Universität Jena

Zusammenfassung:

Die Entwicklung und Implementierung des Vertriebsinformationssystems erfolgte durch evolutionäres Prototyping. Die dabei mögliche Einbeziehung der Endnutzer in den gesamten Systementwicklungsprozeß hat positive Auswirkungen auf die spätere Nutzungsintensität und damit auf den gesamten Vertriebserfolg. Die Entwicklung des Vertriebsinformationssystemes (VIS) setzt dabei an bestehende Strukturen und Abläufen an, so daß die Vertriebsmitarbeiter in dem Informationssystem keine Bedrohung gewohnter Tätigkeiten, sondern tatsächlich ein für sie nützliches Werkzeug sehen. Die Ausführungen beschränken sich auf einen Einblick in die Datenmodellierung und Ausschnitte aus der dem Endnutzer zur Verfügung stehenden Bedienoberfläche.

Stichworte: Vertriebsinformationssystem, Prototyping, relationale Datenbanken

1 Problemstellung

Projektziel war die Entwicklung und Implementierung eines Vertriebsinformationssystems. Es galt, den Vertriebsinnen- wie auch -außendienst durch das Informationssystem zu unterstützen, also einen als „Computer Aided Selling" oder „Sales Support System" bezeichneten Ansatz von Vertriebsinformationssystemen in die Praxis umzusetzen.

Wie aus empirischen Untersuchungen hervorgeht, ist ein positiver Zusammenhang zwischen dem Einsatz von Vertriebsinformationssystemen und dem gesamten Vertriebserfolg zu erwarten [Rie96, S. 70 ff.]. Dabei ist weniger entscheidend, daß ein solches Informationssystem existiert, als vielmehr der Grad seiner Nutzung. „Die Nutzungsintensität wird u. a. wiederum erheblich (positiv) von der *Benutzerfreundlichkeit* des Informationssystems sowie (negativ) von dem *Ausmaß an Akzeptanzbarrieren* im Zuge der Einführung des Systems beeinflußt." [Rie96, S. 136]

"Der Außendienst muß davon überzeugt sein, daß das System, das man zur Verfügung stellt, in erster Linie *ihm* nutzt. Das System muß die Verbindung von Insellösungen ermög-

---

[*] Lehrstuhlinhaber: Prof. Dr. Johannes M. Ruhland

lichen, d. h. es müssen Schnittstellen zu einem anderen System nutzbar sein." Die Hauptanforderung an ein solches System ist die uneingeschränkte Benutzerfreundlichkeit des Systems:

"Kiss" - Keep it simple and stupid. [Wal95, S. 56]

Im folgenden soll gezeigt werden, wie bereits in der Entwicklungs- und Implementierungsphase bestimmte Maßnahmen zur Erhöhung der Akzeptanz bei den Endanwendern beitragen können. In besonderem Maße ist hier die enge Zusammenarbeit mit den Endanwendern während der gesamten Projektdauer zu nennen. Der Endnutzer muß das Gefühl vermittelt bekommen, daß seine Interessen im endgültigen System Berücksichtigt werden.

2 Entwicklungskonzept

Das Prototyping schien sich als Software-Entwicklungsmethode gut zur Verwirklichung dieser Zielsetzungen zu eignen. Ein wichtiges Unterscheidungsmerkmal zwischen dem traditionellen Phasenkonzept und dem Prototyping ist, daß beim Prototyping die Phasen der Problemanalyse und Spezifikation überlappt ablaufen und Entwurf, Implementierung und Test stark ineinander verschmelzen. Bei der Entscheidung für oder gegen eine prototypische Softwareentwicklung ist weiterhin zu beachten, daß nach der klassischen Wasserfallmethode erst so spät wie möglich implementiert wird, nämlich erst nach Klärung aller Einzelheiten des Spezifikations- und Entwurfsprozesses. Bei einer prototyping-orientierten Entwicklungsmethode wird so früh wie möglich (ein Prototyp) implementiert [Pom93, S. 24 ff.].

Nicht zuletzt dieser letzte Punkt hat dazu geführt, daß bei der Entwicklung des Vertriebsinformationsystems die evolutionäre Systementwicklung bevorzugt wurde. Durch eine frühzeitige Implementierung von Prototypen wird das Risiko, Fehlentscheidungen zu treffen, wesentlich verringert sowie die Zusammenarbeit mit den Endanwendern des Informationssystems erheblich unterstützt. Effekte, die mit Zwischenergebnissen durch Experimente erzielt werden können, erleichtern außerdem die Qualitätssicherung.

Im Hinblick auf die Rationalisierung des teuren Herstellungsprozesses [Pom93, S. 24 ff.] und der zur Verfügung stehenden Zeit wurden wiederverwendbare Prototypen entwickelt, was zu einer evolutionären Entwicklungsstrategie führte. Oftmals werden Grundanforderungen durch den Benutzer erst im Laufe der Systementwicklung genannt, und können bei herkömmlicher Vorgehensweise nicht berücksichtigt werden. Beim evolutionären Prototyping hingegen wird der Benutzer eng in den Entwicklungsprozeß einbezogen, was dazu beiträgt, Akzeptanzbarrieren abzubauen [Sch96, S. 249].

Aus jedem Geschäftsbereich wurde ein Außendienstmitarbeiter als Testperson festgelegt, der mit der Aufgabe betraut wurde, die jeweils neueste Prototyp-Version auszutesten. Dies bedeutet natürlich eine zusätzliche Belastung für diese Testpersonen, da Daten doppelt erfaßt und Vorgänge doppelt bearbeitet werden müssen. Als Anreiz für die Testpersonen wurde ihnen in Aussicht gestellt, daß ihre Sonderwünsche bei der Systementwicklung berücksichtigt werden. Während der Testphase wurde bei der Übernahme der geäußerten

Mängel und/oder Zusatzwünsche in das System der Schwerpunkt auf eine schnelle Realisierung gelegt. Dabei gilt:

- kleine Probleme werden sofort gelöst,
- größere Änderungen werden mit Termin in Aussicht gestellt.

3 Informationssysteme im Vertrieb

3.1 Abbildung von Vertriebsprozessen

Vertriebsinformationssysteme sind in den unterschiedlichsten Varianten anzutreffen. Eine gängige Unterscheidung trennt beispielsweise in Administrations- und *Dispositionssysteme*. Bei letzteren werden die Informationen bereits auf spezielle Teilbereiche ausgerichtet [Gau90, S. 170 ff.]. Zu typischen dispositiven Vertriebsprozessen zählt die Durchführung interner Planungs- und Steuerungsaktivitäten, wie z. B. Versanddisposition, Tourenplanung, Außendienstunterstützung.

Administrationssysteme sind im Bereich der Vertriebsabwicklung angesiedelt, die sich durch sequentiell ablaufende Tätigkeiten charakterisieren lassen. Eine Geschäftsprozeßanalyse im Vertrieb des betrachteten mittelständischen Unternehmens ergab jedoch ein anderes Bild. Es zeigte sich eine sehr flache Prozeßstruktur. Der Vertrieb ist hier eher von einer objektorientierten Sichtweise charakterisiert, wobei der Kunde natürlich im Mittelpunkt steht. Daneben sind für den Vertriebsmitarbeiter noch die Objekte Auftrag, Angebot, Ansprechpartner beim Kunden, Erzeugnisse u.a. relevant, die im Datenmodell (vgl. Kap. 5: Datenmodellierung) als Entitytypen aufgenommen wurden.

Auf eine Umstellung des Geschäftsablaufs hin zu einer Prozeßorientierung wurde bewußt verzichtet. Die Probleme, die durch die Einführung eines neuen Informationssystems entstehen, sollten nicht noch dadurch verstärkt werden, daß gewohnte Abläufe verändert werden. Das VIS soll die bestehenden Prozesse und Abläufe unterstützen.

3.2 Systemauswahl

Bei der Entscheidung für ein bestimmtes Datenbankverwaltungssystem spielten organisatorische, finanzielle und technische Restriktionen eine wichtige Rolle. Insbesondere bei mittelständischen Unternehmen gibt es organisatorische Besonderheiten, die hier berücksichtigt werden müssen.

Die herangezogene Standardsoftware sollte auf PC bzw. Laptop (Außendienst) lauffähig sein und eine Erfassung, Verarbeitung und Auswertung der vertriebsrelevanten Daten ermöglichen. Das zu entwickelnde Vertriebsinformationssystem soll zur Unterstützung operativer Systeme dienen. Für dieses sogenannte Online Transaction Processing haben sich relationale Datenbanken bereits sehr gut bewährt [Glu97, S. 92]. Dementsprechend wurden auch hier lediglich relationale Datenbanksysteme in Betracht gezogen.

Da die meisten Mitarbeiter bereits Erfahrungen mit dem Betriebssystem Microsoft Windows® sammeln konnten, bot sich ein Windows-Anwendungsprogramm an, um Schulungskosten zu sparen, sowie die Benutzerfreundlichkeit des Systems zu gewährleisten. Bereits vorhandene Hard- und Softwarekomponenten sollten ebenfalls so gut wie möglich genutzt werden. Die evolutionäre Systementwicklung stellte weiterhin die Anforderung, daß das System ausreichend flexibel sein muß, um Weiterentwicklungen der Prototypen zu gewährleisten.

4 Datenerfassung

Die Datenerfassung erfolgte bisher im betrachteten Unternehmen in erster Linie manuell auf nichtelektronischen Datenträgern (auf Karteikarten, in Akten usw.). Kundeninformationen und andere speziell für den Außendienstmitarbeiter wichtige Informationen wurden nicht zuletzt dadurch in den einzelnen Geschäftsbereichen zum Teil sehr unterschiedlich erfaßt. Neben der manuellen Erfassung auf nichtelektronischen Datenträgern gab es aber auch schon Erfassungen auf elektronischen Speichermedien, so z.B. Kundenlisten in MS-Excel®.

Für die Angebots- und Auftragsverwaltung wurde SAP® als "... integrierte, branchenneutrale Standardsoftware, die alle betriebswirtschaftlichen Funktionsbereiche abdeckt, integriert und verbindet ..."[CDI94, S. 18] verwendet und dementsprechend die dafür relevanten Daten zentral in diesem Programm erfaßt. In der Unternehmensorganisation ist festgelegt, daß auch weiterhin lediglich durch SAP® die Erstellung und Bearbeitung von Aufträgen erfolgen darf. Das VIS übernimmt hier also lediglich eine Überwachungs- und selbstverständlich eine Analysefunktion über die vorhandenen Aufträge.

Das VIS ermöglicht dagegen die Online-Erfassung von Bewegungsdaten (z. B. Kontakte, Angebote) und Stamm- bzw. Änderungsdaten (Kunden-, Wettbewerberinformationen, Erzeugnisse u. ä.). Die hierfür implementierten Datenmasken wurden entsprechend der bisher verwendeten Formulare entwickelt und die bekannten Symbole verwendet. Dadurch konnten Umstellungsschwierigkeiten abgebaut werden.

Die Daten werden direkt in ein tragbares Erfassungsgerät übernommen, oder beim Kunden Formulare (Erfassungsbelege) ausgefüllt und dann später im Hotel oder am Arbeitsplatz eingegeben. Als zweite Erfassungsart wird die Offline-Erfassung der Stammdaten zu Kunden und Erzeugnissen sowie zu Aufträgen praktiziert. Diese Daten werden von SAP® bereitgestellt und über eine Schnittstelle in das VIS übernommen.

Zusammenfassend wurde festgestellt, daß die Vertriebsdaten sehr redundant gespeichert waren und Inkonsistenzen aufwiesen. Durch den Normalisierungsprozeß beim Aufbau relationaler Datenbanken können diese Redundanzen abgebaut und die Datenkonsistenz erhöht werden.

5 Datenmodellierung

In enger Zusammenarbeit mit den Endanwendern des VIS wurden die Aufgabenstellungen, die mit Hilfe des VIS gelöst werden sollten, abgesteckt und damit die Art und Anzahl der zu betrachtenden Objekte (Entitytypen), ihre Beziehungen untereinander sowie deren Eigenschaften (Attribute) festgelegt. In den zu diesem Zweck durchgeführten Meetings konnten relativ schnell die interessierenden Objekte festgelegt werden. Längerer Diskussionsbedarf bestand hinsichtlich der Beziehungen und Beziehungstypen, sowie der Attribute. Während einige Attribute von einem Geschäftsbereich ausdrücklich gewünscht wurden, waren diese für einen anderen Geschäftsbereich völlig uninteressant. Ziel der Meetings mit Vertretern aus jedem Geschäftsbereich war demzufolge die Kompromißfindung. Waren bestimmte Attribute oder Objekte für einen Geschäftsbereich zwingend notwendig, konnte eine Überinformation der anderen Geschäftsbereiche dadurch vermieden werden, daß die externen Schemata entsprechend der Geschäftsbereiche definiert wurden.

Bei der grafischen Darstellung des daraus entstandenen Modells wurde auf das erweiterte Entity-Relationship-Modell (eERM) zurückgegriffen [Sch95, S. 31 ff.].

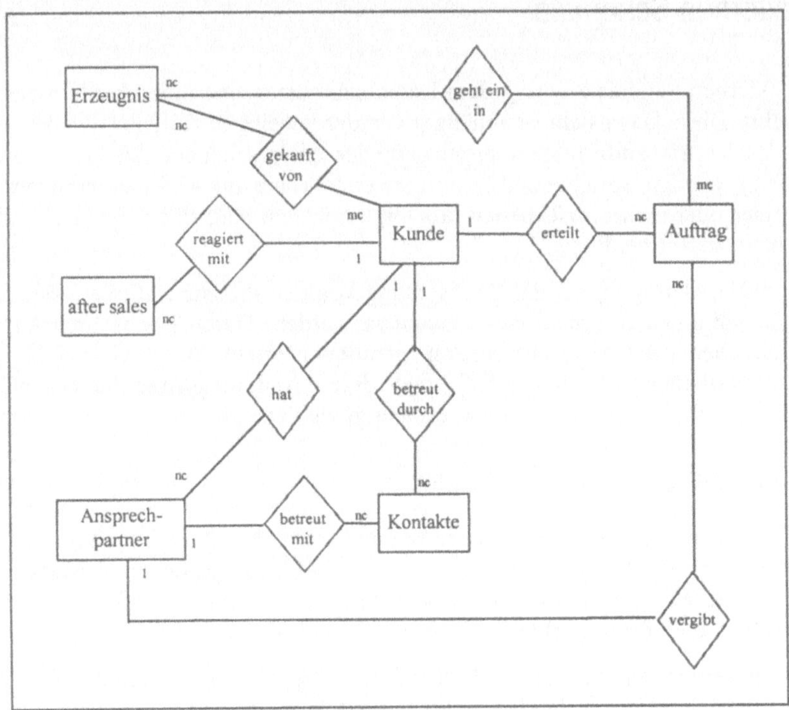

Abbildung 1: Ausschnitt aus dem Entity-Relationship-Modell des VIS

Der Kunde steht deutlich im Mittelpunkt der Betrachtungen (vgl. Abbildung 1) und geht durch Auftragserteilungen, After sales, Kontakte u. a. eine Geschäftsbeziehung mit dem Unternehmen ein. Eine besondere Bedeutung für den Vertrieb hat aber auch der Ansprechpartner. Im gegebenen Fall wurde es als sehr wichtig befunden, den Kunden durch die jeweiligen Ansprechpartner identifizieren zu können.

Dieses semantische Datenmodell wurde im nächsten Schritt in ein logisches Datenmodell auf der Grundlage eines Relationenmodells umgesetzt. Bei der anschließenden Umsetzung in das relationale Datenbanksystem MS-Access® erfolgte die Definition der Tabellen so, daß aus den Relationen Tabellen erzeugt wurden, in denen die Attribute die Spalten und die Entitys die Zeilen bildeten. Relationships wurden bei Kardinalitäten von 1:n oder 1:nc so modelliert, daß der Primärschlüssel der übergeordneten Tabelle als Fremdschlüssel der untergeordneten Tabelle definiert wurde. Relationships der Kardinalitäten n:m; n:mc oder nc:mc wurden als Tabellen abgebildet. MS-Access® ermöglichte auch auf sehr komfortable Art und Weise, Maßnahmen der referentiellen Integrität durchzusetzen, was für die Wahrung der Datenkonsistenz von großer Bedeutung ist.

6 Die externen Schemata

Durch die externen Schemata wird jedem Datenbanknutzer eine individuelle Sicht auf die Daten gewährt. Diese Datensicht ist abhängig von der jeweiligen Aufgabe, die der Benutzer mit Hilfe des Vertriebsinformationssystems in der entsprechenden Situation bewältigen möchte. Hierzu wurden Berichte und Formulare erstellt, die auf Abfragen beruhen, welche die Daten einer oder mehrerer Tabellen ordnen, berechnen oder in anderer Art und Weise auswerten bzw. zusammenfassen.

Durch mündliche Befragungen und Beobachtung konnten die zur Definition der externen Schemata notwendigen Informationen gewonnen werden. Durch Beobachtungen wurden die bisher üblichen Abläufe in bestimmten Situationen erfaßt. Durch Gespräche mit den Außendienstmitarbeitern konnten jedoch auch deren Änderungswünsche gegenüber der herkömmlichen Arbeitsweise im VIS berücksichtigt werden.

6.1 Die Auswahl der externen Schemata

Dem Benutzer wird über eine Menüsteuerung ermöglicht, die Objekte auszuwählen, die er jeweils betrachten möchte. Diese maximal bis zur 2. Ebene gegliederten Menüs können wahlweise mit der Maus oder per Tastatur angesprochen werden, so daß eine hohe Benutzerfreundlichkeit auch für ungeübte EDV-Anwender gewährleistet ist.

Die bereits angesprochene geringe Tiefe der Geschäftsprozesshierarchie im Vertrieb wird im Startmenü sichtbar. Die laufenden Aufgaben beschränken sich zumeist auf direkte Anfragen zu einzelnen Entities, z. B. Kunde ABC ein Angebot unterbreiten, Kontakt mit Kunde ABC am 5. Mai 1997. Die Entitytypen bilden dementsprechend die einzelnen Menüpunkte im Startmenü des VIS (Abbildung 2).

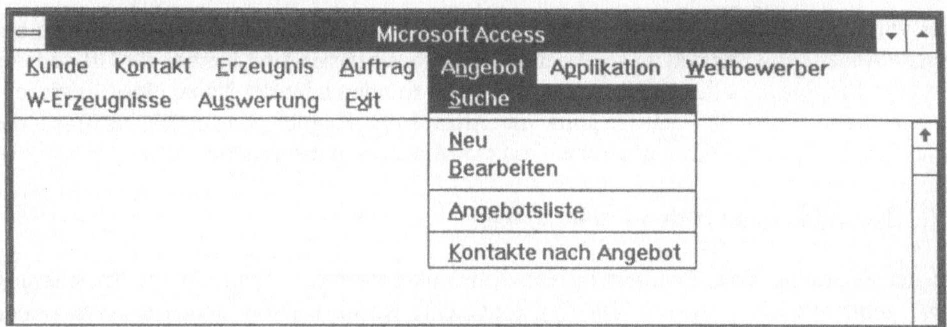

Abbildung 2: Startmenü des VIS

Administrative Aufgabenstellungen wie Angebotserstellung oder Planung des Einsatzes von Außendienstmitarbeitern können über die Menüpunkte *neu, ändern* und *suchen* realisiert werden. Dadurch können neue Daten erfaßt (Angebotserstellung), bestehende Daten bearbeitet (Änderung eines Angebots) oder Informationen ausgewertet werden (zeige alle A-Kunden einer Region, deren letzter Auftrag länger als einen bestimmten Zeitraum zurück liegt).

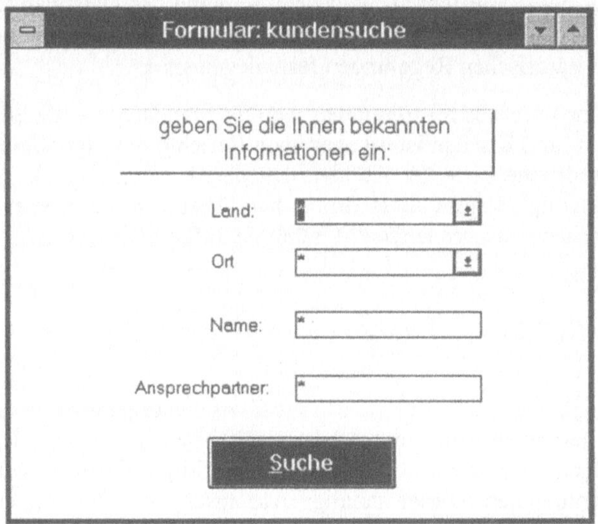

Abbildung 3: Dialog zur Eingabe von Selektionskriterien zur Kundensuche

Der Nutzer unterscheidet zunächst danach, welche Attribute (Kundenname, Adresse etc.) er betrachten möchte. Der dadurch entstehende Ausschnitt aus der Datenbank stellt eine Projektion der gespeicherten Daten dar. Im zweiten Schritt wird dann eine Selektion vorgenommen, die bestimmte Entities (Datensätze) von der Anzeige ausschließt. Zur Eingabe von Selektionskriterien werden Dialogfenster, d. h. Formulare, die es erlauben, bestimmte Parameter einzugeben, um somit möglichst rasch an die gewünschten Informationen kommen, verwendet (vgl. Abbildung 3).

Hier wird dem Benutzer die Möglichkeit gegeben, nach bestimmten Kategorien eine begrenzte Anzahl von Kunden zu selektieren. Selektionskriterien sind hierbei der Ort und das Land des Firmensitzes des Kunden, der Name des Kunden oder der Name eines Ansprechpartners beim Kunden. Dadurch kann die Anzahl der Kunden, die durch betätigen der Schaltfläche "Suche" angezeigt werden, auf ein Mindestmaß begrenzt werden.

6.2 Besonderheiten in den Datenmasken

Bei der Erfassung bzw. Bearbeitung von Kundenkontakten ist nicht nur die Speicherung *wer*, *wann*, mit *wem*, an *welchem Ort* kontaktiert wurde wichtig, sondern *auch welche Themen* angesprochen wurden. Das VIS stellt hierfür Funktionen wie das Verfassen von Briefen oder Faksimiles oder das Anfertigen von Besuchsprotokollen zur Verfügung. Als Arbeitserleichterung hat sich auch die Möglichkeit herausgestellt, während der Erfassung eines Kundenkontaktes Stammdaten desselben zu ändern, wie z. B. Adressdaten, neue Ansprechpartner.

Die Eingabe von Stammdaten erfordert besondere Sorgfalt seitens des Sachbearbeiters. So sollte bspw. die mehrfache Vergabe von Kunden- oder Erzeugnisnummern ausgeschlossen werden. Das VIS kann hier wichtige Checks im Hintergrund durchführen, um den Vertriebsmitarbeiter in dieser Hinsicht zu entlasten. Aufgabe des Datenbankadministrators ist es, entsprechende Indexbedingungen zu setzen, die in Abstimmung mit den unternehmensinternen organisatorischen Regelungen festzulegen sind.

Zur Auswertung der Vertriebsinformationen werden Standardberichte zur Verfügung gestellt (z. B. Auftrags- und Kundenlisten) aber auch Berichte mit Signalfunktionen. Ein Beispiel für letztere stellt eine Liste der Kunden dar, deren letzter Kontakt oder Angebot ein vorgegebenes "follow-up"-Datum überschritten hat. Diese wird beim Start sofort angezeigt, kann aber auch über den entsprechenden Menüpunkt aufgerufen werden.

7 Projekterfahrungen

Während der Entwicklung des Prototyps wurden Zwischenergebnisse bereits von den Vertriebsmitarbeitern der beteiligten Geschäftsbereiche getestet, um aus der externen Sicht heraus die Möglichkeit zu nutzen, evtl. nicht berücksichtigte Objekte noch nachträglich in die Datenbank aufzunehmen. Dieser ständige Austausch zwischen Systementwickler und Endanwender ist als sehr konstruktiv einzuschätzen. Systembedingte Fehler konnten rechtzeitig beseitigt und die Benutzerfreundlichkeit konnte gemäß der Hinweise der Endnutzer erhöht werden.

Besonders in der Testphase ist die Arbeit mit dem neuen Informationssystem mit erhöhtem Aufwand in den Vertriebsabteilungen verbunden, da viele Arbeitsschritte doppelt ausgeführt werden - nach neuer und alter Methode. Es konnte jedoch festgestellt werden, daß das VIS auf gute Resonanz bei den Endanwendern stieß. Dafür können folgende Gründe angeführt werden:

1. Die Endanwender wurden von Beginn an in den Entwicklungsprozeß einbezogen.

2. Da die meisten Anwender bereits Erfahrung mit Windows gesammelt hatten, wurde das VIS als ein Windows-basiertes System realisiert.

3. Das VIS wird – besonders nach Aufbau eines lokalen Netzwerks – als Werkzeug zur Kommunikationsunterstützung zwischen den verschiedenen Geschäftsbereichen erkannt. So können in einem höheren Maße als bisher Informationen zu bestimmten Kunden oder Wettbewerbern, die ein anderer Mitarbeiter des gleichen oder eines anderen Geschäftsbereichs besitzt, ausgetauscht werden, was zu erheblichen Arbeitserleichterungen führt.

4. Mit dem Einsatz des VIS verbundene verbesserte Erfolgschancen des Unternehmens kommen nicht zuletzt auch den Vertriebsmitarbeitern zugute.

8 Literatur

[CDI94]   CDI (Hrsg.): SAP R3 - Grundlagen, Architektur, Anwendung, Haar bei München 1994.

[Gau90]   Gaul, W., Both, M.: Computergestütztes Marketing, München 1990.

[Glu97]   Gluchowski, b. u. a.: Management Support Systeme, Berlin u. a. 1997.

[Pom93]   Pomberger, G., Blaschek, G.: Grundlagen des Software engineering: Prototyping und objektorientierte Software-Entwicklung, München u. a. 1993.

[Rie96]   Ries, K.: Vertriebsinformationssysteme und Vertriebserfolg, Wiesbaden 1996.

[Sch95]   Scheer, A.-W.: Wirtschaftsinformatik - Referenzmodelle für industrielle Geschäftsprozesse, Berlin u. a. 1995.

[Sch96]   Schwarzer, B., Krcmar, H.: Wirtschaftsinformatik - Grundzüge der betrieblichen Datenverarbeitung, Stuttgart 1996.

[Wal95]   Walter, G.: Was dem Vertrieb nutzt, nutzt dem Kunden, in: Absatzwirtschaft 2/95, 1995, S. 54 - 57.

KOMMUNIKATIONSPOLITIK

"Push- und Pullmarketing" in Online-Medien

Joachim Riedl
Lehrstuhl für Marketing*
Universität Bayreuth

Zusammenfassung

Im Zuge der Kritik über den scheinbar ausbleibenden wirtschaftlichen Erfolg des Engagements von Unternehmen in Online-Medien (World Wide Web und Online-Dienste) wird in jüngster Zeit ein Umdenken in den Gestaltungsprinzipien der gewerblich orientierten Online-Kommunikation gefordert. Die dabei diskutierte Leitlinie eines Wandels "vom Pull zum Push" ist erstens hinsichtlich der dabei gewählten Begriffsverwendung erläuterungsbedürftig. Zweitens werden für das Pushmarketing Online eine Reihe heterogener Vorschläge diskutiert, die in ihren Auswirkungen auf die Marketingkommunikation in Online-Medien zu untersuchen sind.

Stichworte: Pushmarketing, Pullmarketing, World Wide Web, Relationship Marketing, Webcasting

1 Push- und Pullmarketing als Optionen der Absatzstrategie

Die Konzeptionen des Push- und Pullmarketing stammen ursprünglich aus dem Trade-Marketing bzw. der Distributionspolitik produzierender Unternehmen ([Sab74, S. 82 f.], [Tie95, S. 876]) und illustrieren, daß sich die absatzpolitischen Instrumente auf unterschiedliche Stufen im Absatzkanal beziehen können. Abb. 1 zeigt das vereinfachte Abbild eines Absatzkanals, in dem beispielsweise ein konsumgüterproduzierendes Unternehmen seine Produkte über den Einzelhandel an die Endverbraucher absetzt.

---

* Lehrstuhlinhaber: Prof. Dr. Heymo Böhler

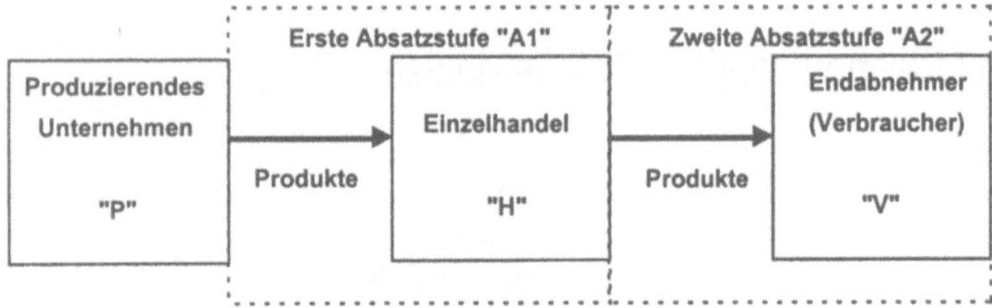

Abb. 1: Schema eines zweistufigen Absatzkanals

Das *Pushmarketing* ist nun dadurch gekennzeichnet, daß das Marketing-Mix auf die direkt folgende Absatzstufe - im Beispiel auf den Einzelhandel - gerichtet ist. Hier geht es um Maßnahmen, "die das Produkt in den Laden hineindrücken" (Push) sollen [Trä69, S. 262], insbesondere um Anreize, um den Handel zur Listung und zur Förderung der Produkte zu bewegen. Beispiele sind Sonderkonditionen, Schulungen und Incentives für den Handel sowie alle Formen der Intensivierung des persönlichen Verkaufs. Der für die "reine" Push-Strategie charakteristische Verzicht einer Einflußnahme auf den Endabnehmer zugunsten einer intensiven vertrieblichen Bearbeitung der direkt folgenden Distributionsstufe geht in der Regel damit einher, daß keine Massenwerbung betrieben wird ([Sab74, S. 83], [Tie95, S. 882]). *Pullmarketing* liegt demgegenüber vor, wenn die absatzpolitischen Maßnahmen des Produzenten an den Endabnehmern ansetzen. Dies ist typisch für die Markenpolitik, wo versucht wird, mit intensiver Werbung in den Massenkommunikationsmedien (TV, Hörfunk, Print) Kundenpräferenzen aufzubauen.

In der Praxis ist in der Regel eine "über alle Distributionsstufen hinweg koordinierte Steuerung und Regelung marktgerichteter Unternehmensaktivitäten" [Mef75, S. 15] erforderlich, die unter dem Stichwort "Vertikales Marketing" thematisiert wird ([Thi76], [Irr89]). Die Hersteller in den meisten Branchen betreiben daher ein mehrstufiges Marketing, das gleichermaßen handels- wie abnehmerbezogene absatzpolitische Maßnahmen umfaßt, "reine" Push- oder Pullstrategien stellen die Ausnahme dar.

2 "Push"- und "Pullmarketing" in Online-Medien

2.1 Die abweichende Terminologie

In der aktuellen Diskussion über die Gestaltung der Online-Kommunikation werden die Begriffe Push- und Pull-Strategie anders verwendet. Da in der jungen Geschichte der gewerblichen Nutzung des Internet ständig neue Anwendungen für die Kommunikation zwischen den Unternehmen und den Zielgruppen entstehen, hat sich noch keine einheitliche Meinung herausgebildet, welche Gestaltungsformen dem Medium angemessen sind. Dabei lassen sich zwei unterschiedliche Auffassungen unterscheiden, die, einseitig polarisierend und gegenüber der bisher üblichen Begriffsverwendung leicht mißverständlich, als "Pull"- und "Pushmarketing" bezeichnet werden.

Der *"Pull"-Ansatz* besteht demnach darin, daß die sog. Content-Anbieter (dies sind nicht nur die Informationsdienste im engeren Sinne, sondern alle Lieferanten von Informationen, also auch die ihr Angebot präsentierenden Unternehmen) Informationen Online *zur Verfügung stellen* (Optionen: Homepage, Bannerwerbung, Hyperlinks). Die Initiative für den Abruf der Information muß damit vom Nachfrager ausgehen ([Göm96, S. 27], [Hof96, S. 52 f.]), das gegebene Interesse an der Information oder auch nur der Reiz des interaktiven Mediums [Sca97] sollen ihn zu dem bereitgestellten Informationsangebot, d. h. auf die jeweilige Site ziehen ("Pull").

Abb. 2: Schema des "Pullmarketing" in Online-Medien

Da der Nachfrager selbst über die interaktive Auswahl und Abfrage von Inhalten entscheidet (Abb. 2), besteht die zentrale Aufgabe also darin, ihn zur Aufnahme des Kontaktes zu bewegen. Ob nun die Art der Gestaltung und die Attraktivität der Botschaftsinhalte ausreichen, um die Zielgruppen anzuziehen, wird in der aktuellen Diskussion in Frage gestellt [Scb97]. Gefordert wird daher ein verstärktes *"Pushmarketing"*, für dessen Ausgestaltung verschiedene Vorschläge vorliegen.

2.2   Zusätzliche Aktivierung der Anwender

Insbesondere von Werbeagenturen und den ihnen nahestehenden Publikationen wird ein verstärkter Einsatz werblicher Gestaltungselemente eingefordert. Dieser kann sowohl *Werbemaßnahmen in den klassischen Massenmedien* umfassen, in denen auf die Online-Angebote hingewiesen wird. Andererseits kann auch innerhalb der Online-Medien durch *Banner-Werbung* (vgl. hierzu [WSt97, S. 128]) versucht werden, mehr Kunden auf die eigene Site zu ziehen. Sowohl für die Banner-Werbung als auch für die Gestaltung der eigenen Site wird zudem ein breites Spektrum *aktivierungserhöhender Gestaltungsoptionen* wie Farben, Animationen, Soundeffekte etc. empfohlen (vgl. [ht97b]), die ebenfalls die Frequentierung des eigenen Netzangebots "pushen" sollen. Die Fa. Doubleclick Inc. betreibt ein eigenes "Resource Center", in dem Online-Ads laufend auf ihren Erfolg überprüft werden. Zusätzlich werden spezielle Tests für die Effektivität neuer Banner angeboten.

2.3   Advertising Breaks

Internet-Provider und Online-Dienste, die den Anwendern den Netzzugang ermöglichen, finanzieren sich bislang aus zeit- oder nutzungsabhängigen Gebühren. Erstmals in Deutschland entfallen beim Online-Dienst "Germany.Net" seit April 1997 diese Nutzergebühren ([ht97d], vgl. auch [Stu97, S. 63]). Der Trend zum kostenlosen Netzzugang ist nur durch eine Erhöhung werblicher Bestandteile zu finanzieren. Schon jetzt wird der hohe Anteil der Banner-Werbung in vielen Online-Diensten kritisiert ([Sie97, S. 31], [Ova97, S. 12]). In der Zukunft werden Modelle Verbreitung finden, bei denen die Nutzer nach dem Abruf von einigen Seiten Content jeweils *automatisch* eine Seite Werbung auf den Bildschirm bekommen, ähnlich den *Werbeunterbrechungen* im Fernsehen. Noch werden unterschiedliche Ausgestaltungsmodalitäten (wieviel Werbung nach welcher Anzahl von Content-Seiten, Unterbrechungen an welchen Stellen etc.) diskutiert, in jedem Fall aber werden die unter der Leitlinie eines verstärkten "Pushmarketing" entwickelten kostenfreien Dienste zu einer Erhöhung des Werbedrucks in Online-Medien führen.

2.4   Online-Ad auf Basis einer nutzungsabhängigen Anwendersegmentierung

Online-Angebote können in ihrer Gesamtheit grundsätzlich jederzeit, vollständig und von der Gesamtheit der Netzteilnehmer eingesehen werden. Zwar bieten die Online-Medien Möglichkeiten, durch systemadäquate, modulhafte Präsentation der Informationsbreite und -tiefe jedem Nutzer das Auffinden der für ihn spezifisch interessanten Inhalte zu erleichtern [Rie97, S. 19 ff.], ob dies jedoch in der bei der Seitengestaltung vorhergeplanten Weise eintrifft, entzieht sich der Kontrolle des Unternehmens, da die Entscheidung über die Online eingeschlagenen Wege letztlich beim Nutzer bleibt. Die sog. *Cookies*, das sind auf dem lokalen Rechner des Netzbenutzers angelegte Datenfiles, die es nachvollziehen lassen, auf welchen Web-Seiten sich der Nutzer aufgehalten hat, ermöglichen nun eine der klassischen Marktsegmentierung entsprechende Identifizierung und Gruppierung von Nutzergruppen, denen dann (Online oder in anderen Medien) spezifische Informationen zugeleitet werden können. Probleme bestehen freilich in der mangelnden Nutzerakzeptanz der Cookies, die zudem auch von den Nutzern wieder gelöscht werden können. Dennoch sammelt das Werbenetz Doubleclick nach eigenen Angaben täglich die Datensätze von 100000 neuen Netzbenutzern und spielt ihnen bei Vorliegen ausreichender Informationen bestimmte Werbebotschaften auf die aktuell benutzte Seite ([Fuz97, S. 192 f.]; die Zahl der bereits versandten Werbebotschaften wird unter [ht97a] laufend publiziert).

Wird die zielgruppenspezifische *Auswahl* von Werbebotschaften auf Basis des bisherigen Nutzungsverhaltens zumeist nach *Clustern* von Individuen gleichen Verhaltens vorgenommen, so ermitteln und übernehmen *Software-Agenten* [Fuz97, S. 252 ff.] wie "Open Sesame" der Fa. Charles River Analytics das *individuelle* Nutzungsverhalten der Anwender: "It is a software assistant that observes a user's actions in the background, learns from repetitive patterns, and offers to automate those tasks" [ht97f]. Noch weiter geht der Software Tool Kit "Learn Sesame", der die Entwicklung von Web-Seiten erlaubt, die sich selbständig in Abhängigkeit von den Interessen der Nutzer verändern ([Stb97] sowie [ht97g]). Ein weiteres Beispiel ist der Agent "Firefly", der bereits über eine Million Anwender hat: Er sucht nach den individuellen Interessen der Anwender im Netz, liefert Empfehlungen und stellt Verbindungen zwischen Nutzern gleicher Interessen her [ht97c].

2.5 Relationship Marketing auf Basis von Entertainment

Die ständig zunehmenden Online-Entertainment-Angebote, die das Stadium billiger Hit-and-Run-Games lange hinter sich gelassen haben, bieten eine weitere Plattform für die Identifizierung von Netzbenutzern, die ja die Voraussetzung für eine zielgruppenspezifische Ansprache darstellt. Entertainment-Provider wie "Yoyodyne" betreiben Gewinnspiele mit mehreren 10- bis 100-tausend Teilnehmern. Teilnahmevoraussetzung ist lediglich die Angabe einiger persönlicher Daten, insbesondere der e-mail-Adresse. Fortgeschrittene Versionen, wie etwa der in Form einer "Slot Machine" erscheinenden "Game Ticker" können zusätzlich auf Cookies zugreifen, ohne jedoch auf deren Vorhandensein angewiesen zu sein [ht97l].

Die das Spiel finanzierenden Unternehmen gewinnen eine Plattform zur Plazierung ihrer Online-Werbung, speziell können sie den Nutzern via e-mail laufend computergenerierte, gegenüber dem klassischen Direct Mail äußerst kostengünstige, individualisierte Nachrichten zukommen lassen. Hieraus ergeben sich in dieser Form bislang nicht bestehende Möglichkeiten für die Marketing-Kommunikation, die von den gamebetreibenden Medienunternehmen in den Mitteilungen für potentielle Sponsoren entsprechend hervorgehoben werden: "Imagine 100000 targeted consumers several times a week, every week, for months at a time. Imagine delivering customized messages that they asked you to send them! Imagine direct mail without stamps!..." Der in dieser Kommunikationsform liegende "Push"-Aspekt wird dabei wie folgt umschrieben: "Instead of building a Web site and waiting and hoping that your customers and prospects will click on it, we deliver game players who have already given you permission to click on them. They want to play and they want to hear from you!" [ht97n].

2.6 Webcasting

Die Anwendersegmentierung auf Basis des bisherigen Nutzungsverhaltens und die Entertainment-Kontakte sind nur ein Zwischenschritt auf dem Weg zu einem *direkt nutzerbezogenen Programm*. Der Pionier der als *Webcasting* bezeichneten Verteilung nutzerbezogener Informationen ist die Software "Pointcast" des New Yorker Werbeverbunds PointCast Inc. [ht97i]. Bei diesem System kann der Anwender seine individuellen Interessengebiete angeben und bekommt in Arbeitspausen aktuelle Informationen - und zusätzliche Werbebotschaften, aus denen sich der Softwareproduzent und/oder der Systembetreiber finanzieren - auf den Bildschirm. Hier werden also die Interessengebiete des Anwenders nicht ex post anhand des Nutzungsverhaltens ermittelt, sondern *direkt abgefragt*. Solche Daten sind ungleich reliabler und vollständiger als die Cookie-basierten Nutzerprofile und bieten damit eine geeignete Grundlage für die Übermittlung von spezifischen Werbebotschaften an die Zielgruppen. Die Attraktivität derartiger Informationsdienste für die werbetreibende Wirtschaft wird anhand deren explosionsartigem Wachstum anschaulich: So hatte beispielsweise der Dienst PointCast bereits Anfang 1997 mehr als eine Million Teilnehmer, die Zahl der Erstnutzer wächst täglich um ca. 15.000 [Pet97, S. 71], die Anwender verfügen zu 75 Prozent über Hochschulabschluß und ein durchschnittliches Haushaltseinkommen von 80000 Dollar [ht97j].

Der Trend geht zu einer immer weitergehenden Differenzierung des zielgruppenspezifischen Informationsangebots: So stellt beispielsweise das PointCast-Derivat "Manage IT" der Tivoli Systems Inc. einen ebenfalls als Bildschirmschoner aufgebauten, kostenlosen Informationsdienst mit spezieller Ausrichtung auf "technology professionals" zur Verfügung [ht97k], bei dem der Anwender zwischen einem breiten Spektrum von Börsen- und Unternehmensnachrichten bis hin zu Freizeitangeboten und Wetterbericht wählen kann. Ergänzend werden kostenpflichtige Versionen solcher Tools angeboten, die es Unternehmen erlauben, auf ähnliche Weise in ihren internen Netzen Informationen an die angeschlossenen Mitarbeiter zu verteilen [ht97h].

Noch weitergehende Systeme, wie etwa "Castanet" (aus broad*cast* und *net*) der kalifornischen Fa. Marimba Inc. [ht97e] werden auf dem lokalen Rechner des Nutzers installiert und nehmen ihm von da ab die Kommunikation mit dem Internet weitestgehend ab [Koe97, S. 74]. Die lokale Verankerung der Steuersoftware gewährleistet einen schnelleren und übertragungssichereren Ablauf der Programme, da nur noch die tatsächlich aktuellen Daten aus dem Netz abgerufen werden. Auch hier erhält der Nutzer genau die von ihm vordefinierten Inhalte. Die Bedienungsoberfläche des Systems ist äußerst einfach, soll damit auch von Anwendern ohne Computererfahrung verstanden werden und könnte somit zur Erschließung breiterer Anwenderschichten für die Online-Medien beitragen. Die Zielsetzung von Softwareproduzenten wie Marimba besteht explizit darin, die Nutzung der Online-Medien so einfach wie beim Fernseher zu gestalten (vgl. [Pet97, S. 71]). Aus Anwendersicht werden allerdings diese Annehmlichkeiten damit erkauft, daß der Informationsanbieter die Kontrolle darüber bekommt, was auf dem Bildschirm erscheint. "Pushmarketing Online" heißt in diesem Fall nicht nur, "daß das Unternehmen direkt zum Kunden kommt und einen Service zur Verfügung stellt, der ihm einen Nutzen bietet" ([Fuz97, S. 194], ähnl. [Bea97, S. 78] und [Koe97]). Da diese Dienstleistungen stets auch mit der Übermittlung vom Nutzer nicht angeforderter Werbebotschaften einhergehen, verliert er einen Teil der Kontrolle über den Informationsfluß; die Online-Medien entwickeln sich damit etwas weiter in Richtung des Massenmediums Fernsehen [Sie97, S. 31].

2.7   Das Grundmuster des "Push-" Ansatzes in Online-Medien

Zusammenfassend werden unter der Leitlinie "the web gets pushy" [Cor97, S. 42] eine Reihe verschiedener Ansätze diskutiert, die es den kommunizierenden Unternehmen ermöglichen sollen, einen direkteren Einfluß auf das Nutzungsverhalten der Teilnehmer von Online-Medien zu gewinnen. "Pushmarketing" Online meint somit nicht – wie nach klassischem Verständnis – Marketing-Maßnahmen, die auf zwischengeschaltete Absatzstufen abzielen, es umfaßt vielmehr verschiedene Formen des *aktiven Anstoßens und der direkten Bearbeitung der Zielgruppen*. Unter "Push"- Elementen werden dabei im weitesten Sinn alle Botschaften verstanden, die "ohne Nutzeraktivität" auf den Bildschirm kommen [Wer97]. Abb. 3 zeigt diesen Ansatz nochmals schematisch: Zunächst muß ein Anbieter seine Inhalte in die Online-Medien *einbringen*. Dies kann er alleine tun oder in Verbindung mit einem Entertainment-Betreiber, einem Information-Network, einem Browser-Produzenten etc. (Pfeil 1). In der Folge muß es mindestens einmal dazu kommen, daß der Informationsnachfrager (aus Sicht eines werbetreibenden Anbieters also der Zielkunde) auf das Angebot aufmerksam wird und von sich aus den *Kontakt herstellt* (Pfeil 2). Mindestens für diesen Erstkontakt bleibt es also weiterhin dabei, daß die Initiative zur Informationsaufnahme vom Informationsnachfrager ausgehen muß; zusätzliche Banner oder Werbung in anderen Medien können diesen Schritt anregen, nicht aber erzwingen.

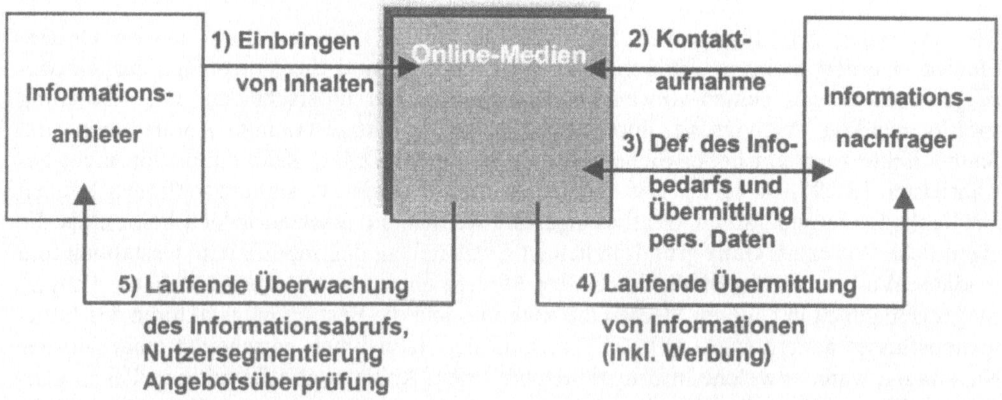

Abb. 3: Schema des "Pushmarketing" in Online-Medien

Findet die Zielperson (dies kann natürlich auch ein Unternehmen sein) das gefundene Angebot attraktiv, dann kommt es zur Herstellung der Verbindung, die für zukünftige Kontakte das "Pushmarketing" ermöglicht (Pfeil 3): Die Zielperson *übermittelt ihre persönlichen Daten*, insbesondere die e-mail-Adresse, definiert ihren *Informationswunsch* und bekommt möglicherweise eine spezifische Applikationssoftware geliefert, die, je nach Zielsetzung des Systems, nur einzelne Anwendungen ermöglicht (Muster "Pointcast") oder im Extremfall die komplette zukünftige Kommunikation mit den Online-Medien übernimmt (Muster "Castanet"). Ab diesem Zeitpunkt wird die Zielperson laufend mit den gewünschten Daten einerseits und den Werbebotschaften andererseits *beliefert* (Pfeil 4). Für den Informationslieferanten besteht die Möglichkeit, auf Basis der direkt angefragten Nutzerdaten und des laufenden Nutzerverhaltens eine *Kundensegmentierung* durchzuführen und das *Angebot zu überprüfen* (Pfeil 5).

3 "Pushmarketing" Online: Möglichkeiten und Grenzen

Die Online-Medien machen derzeit eine rasante Entwicklung durch, deren Dynamik kaum überschätzt werden kann. Die Zahl der Unternehmensgründungen und Kooperationen, die Menge der nach Art und Leistungsfähigkeit unterschiedlichsten Softwarelösungen und damit die Breite der hinzukommenden Anwendungsmöglichkeiten sind kaum noch zu überschauen. Speziell im Marketing gibt es keinen Bereich, der nicht in irgendeiner Weise durch die Online-Medien tangiert ist (vgl. z. B. die Diskussion bei [Göm96, insb. S. 21 ff.]). Wenn heute im gewerblichen Bereich von einer Ernüchterung aufgrund ausbleibender Gewinne aus Online-Aktivitäten die Rede ist [Sie97], so liegt dies weniger an den Online-

Medien selbst, als vielmehr an den überzogenen, nicht zuletzt durch die Werbe- und Medienbranche genährten Vorstellungen über die kurzfristigen Gewinnmöglichkeiten. Die wissenschaftliche Analyse sollte sich derartiger unbegründeter Euphorie enthalten, ohne jedoch die relevanten Entwicklungen und deren "erhebliches Innovationspotential für das Marketing" [Dil96, S. 3 und S. 27] zu übersehen.

Die Bewertung der vorgestellten Möglichkeiten eines "Pushmarketing" in den Online-Medien erfordert mehrere *Differenzierungen*. Zunächst sind die Vorschläge zur *Aktivierungserhöhung* von echten *Anwendungsinnovationen* zu unterscheiden. Die Forderung nach verstärkter Aktivierung durch reizintensivere Farbgestaltung, Animationen und Soundeffekte kann mit hoher Sicherheit den Erfolg der Online-Kommunikation nicht gewährleisten [Rie97, S. 13 f.]. Die gegebenen multimedialen Gestaltungsoptionen können zieldienlich sein und sollten kreativ eingesetzt werden, sie ersetzen jedoch keinesfalls die eigentliche Botschaft. Ganz grundsätzlich ist festzustellen, daß modifizierte Gestaltung und erhöhter Werbeanteil innerhalb der Online-Medien ebensowenig wie zusätzliche Aktivierungsmaßnahmen in anderen Medien die Richtung und die Bestimmungsfaktoren des Informationsflusses ändern (vgl. Abb. 2): Trotz dieser Maßnahmen entscheidet weiterhin der Nachfrager, wann er welche Informationen bei einem Anbieter abruft und in welchem Umfang er dies tut. Bannerwerbung und aktivierende Botschaftsgestaltung sind somit zu den "Pull"-Maßnahmen zu rechnen [Fuz97, S. 188].

Eine Änderung des Informationsflusses kommt erst mit den Anwendungsinnovationen von der nutzungsabhängigen Segmentierung bis zum Webcasting zustande. Diese in den USA bereits verbreiteten und ständig verbesserten Entwicklungen (deutsche Medienkonzerne wie Bertelsmann ziehen mit etwa zweijähriger Verspätung nach, vgl. [Ovb97]) gehen über die rein äußerliche Gestaltung hinaus und ermöglichen eine aktive Ansprache der Zielpersonen durch die kommunizierenden Anbieter. Die Leitlinie lautet dabei, die Erlaubnis zur Übermittlung der Werbebotschaft durch die Schaffung eines Nutzens für den Anwender zu erreichen ([Pet97, S. 71], [Sca97]). Dies macht deutlich, daß weiterhin zwischen Nutzeranforderungen bzw. -typen zu unterscheiden ist. Verschiedene Studien deuten darauf hin, daß hier grob vereinfachend zwischen eher *freizeitorientierter Nutzung* ("Web Surfing") und streng *zielorientierter Informationssuche* ("Information Seeking") zu unterscheiden ist ([Rie97, S. 14 ff.] und die dort zitierten Studien). In Bezug auf den *Web Surfer* kann angenommen werden, daß dieser allen Nutzungserleichterungen und Dienstleistungen aufgeschlossen gegenüber steht, insbesondere wenn es sich um kostenlose Leistungen handelt. Analog zum Privatfernsehen wird der "Surfer" auch eine weitere Ausweitung der Werbeanteile - sei als Werbeunterbrechungen, als mit Dienstleistungen verbundene Bannerwerbung oder als personalisierte e-mail - akzeptieren, sofern er weiterhin einen individuellen Nutzen mit dem Medium oder einer Anwendung verbindet.

Die kostenpflichtigen Kanäle des Privatfernsehens und das digitale Fernsehen, die die prognostizierten Nutzerzahlen bislang nicht erreicht haben, zeigen in Analogie aber auch, daß die Erwartungen an direkt meßbaren kurzfristigen Profit aus Online-Aktivitäten in den meisten Branchen nicht realisierbar sind. Ausnahmen bilden Spezialbranchen wie die eigentliche Netzsoftware (Browser, Suchmaschinen etc.) und die in allen Formen vertretenen Pornographielieferanten. Erstere hatten schon von je her die Möglichkeit zu einem Direktkontakt mit den Anwendern, da diese von sich aus immer wieder auf die Dienste zukommen müssen. Letztere profitieren von der Anonymität des Bezugs solcher Angebote aus dem Netz und der Situation des Unbeobachtet-Beobachten-Könnens, was für die Klienten dieser Dienste offensichtlich derart attraktiv ist, daß hier die Nachfrage das Angebot auch ohne zusätzliche "Push"-Maßnahmen findet. Im Bereich des Online-Entertainment und des Webcasting entwickeln sich die großen Anbieter mehr und mehr zu Standarddiensten, ähnlich den heute bekannten Fernsehkanälen. Die großen Vertreter dieser Branche haben mittlerweile so viele und nach der Struktur lukrative Teilnehmer, daß sie für die werbetreibende Wirtschaft interessanter sind als schlecht frequentierte TV-Kanäle. Die Werbung in Online-Medien wird damit für viele Branchen zu einem normalen Bestandteil des Kommunikationsmix [Kie96, S. 6 f.].

Anders präsentiert sich die Situation in bezug auf die *Information Seeker*, zu denen insbesondere auch gewerbliche Anwender zu zählen sind. Bei zielorientierter Informationssuche werden unaufgefordert gelieferte Werbebotschaften, lange Ladezeiten (die durch aufwendige Gestaltung besonders gefördert werden, vgl. exemplarisch die Kritik am Online-Telefonbuch der Telekom bei [Pol97, S. 78]) oder gar ungewollte Advertising Breaks weniger als akzeptable Begleiterscheinungen, sondern vielmehr als störende Arbeitshemmnisse gewertet [Stu97, S. 63]. Unterschiedliche Nutzeranforderungen werden sich daher zunehmend in einer Differenzierung der Netze und/oder Dienste niederschlagen, denn die Information Seeker mit gewerblicher Zielsetzung sind möglicherweise bereit, für werbefreien oder auch schnelleren Zugang ein eigenes Nutzungsentgelt zu entrichten.

Die Vereinfachung der Netzbenutzung wird nach allen Prognosen den Online-Medien einen weiteren Schub geben. Der "Push"-Gedanke, wie er im Webcasting zum Ausdruck kommt, wird im Bereich der Privatanwender gleichzeitig die Teilnehmerzahlen der Online-Medien stark verbreitern, die Attraktivität für die werbetreibende Wirtschaft und damit auch den Umfang der Online-Werbung erhöhen. Die Dynamik der aktuellen Entwicklung zeigt sich in der Etablierung immer leistungsfähigerer und zunehmend zielgruppenspezifischer Anwendungen durch Softwareproduzenten und Medienwirtschaft. Maßgeblicher Motor ist dabei der Wunsch der werbetreibenden Wirtschaft, die Online-Medien möglichst schnell zu einem Massenkommunikationsmedium zu machen [Win97]. Die Entwicklung in Richtung auf verstärkte "Push"-Angebote scheint derzeit kaum aufzuhalten sein, unter Verweis auf die verschiedenen Nutzertypen bzw. -anforderungen und die Erkenntnisse zum Informationsverhalten (vgl. [Rie97, S. 12 ff.]) sollte aber jedes Unternehmen genau überlegen, wie es seinen Online-Auftritt gestaltet. Um beispielsweise die Seriosität des Angebots zu unterstreichen, kann es im Business-to-Business-Bereich im Einzelfall auch sinnvoll sein, auf "Push"-Elemente zu verzichten und das Angebot lediglich gut aufbereitet Online zur Verfügung zu stellen, wie es dem bisherigen Kommunikationsmodell entspricht (vgl. Abb. 2). Wie auch bei anderen Kommunikationsformen, paßt ein sich dem Zielkunden geradezu aufdrängendes Angebot nicht zur Produkt- und Unternehmensstrategie aller Anbieter. Es bleibt somit trotz aller "Push"-Versuche dabei, daß die Online-Medien nicht allen Branchen unmittelbare und kurzfristige Gewinnmöglichkeiten verschaffen. Zumeist werden die Online-Medien mit zunehmender Anwenderzahl in der Zukunft einen ganz gewöhnlichen Kanal für die Unternehmenskommunikation neben allen anderen Kanälen darstellen, womit sich auch für die Werbeerfolgskontrolle die übliche Zurechnungsproblematik ergibt. Deutlich wird aber, daß das Online präsentierte Informationsangebot auf die Gesamtstrategie abgestimmt sein muß und daß eine medienadäquate Gestaltung erforderlich ist, bei der freilich alle Gestaltungsoptionen auf ihre Sinnhaftigkeit zu überprüfen sind.

Je mehr die Online-Medien dem Fernsehen als Werbeplattform ähnlicher werden, desto wahrscheinlicher wird auch eine Gegenbewegung, die betont, daß die Online-Medien ursprünglich gerade für das Abrücken von einem aggressiven "Pushmarketing" besondere Perspektiven eröffneten [Dil96, S. 25]. Glücklicherweise bieten sich genügend Möglichkeiten zur Differenzierung der Dienste und Netze, so daß der "Push-"Ansatz nicht notwendigerweise zum Totengräber anderer Anwendungen, insbesondere der auf eigener Initiative basierenden Informationssuche werden muß.

4 Literaturverzeichnis

[Bea97]   Bearchell, C. A. (1997): Webcasting - Marketing's new "Push Technology", in: Marketing Journal, 2/1997, S. 78.

[Cor97]   Cortese, A. (1997): It's called Webcasting, and it promises to deliver the info you want, straight to your PC, in: Business Week, 24. 2. 1997, S. 41 - 45.

[Dil96]   Diller, H. (1996): Marketing im Zeitalter der Online-Medien, Arbeitspapier Nr. 51 des Lehrstuhls für Marketing an der Universität Erlangen-Nürnberg, Nürnberg 1996.

[Fuz97]   Fuzinski. A. D. U./Meyer, C. (1997): Der Internet-Ratgeber für erfolgreiches Marketing, Düsseldorf und Regensburg 1997.

[Göm96]   Gömann, S. (1996): Interaktive multimediale Medien im Marketing, Arbeitspapier Nr. 49 des Lehrstuhls für Marketing an der Universität Erlangen-Nürnberg, Nürnberg 1996.

[Hof96]   Hoffman, D. L./Novak, T. P. (1996): Marketing in Hypermedia Computer-Mediated Environments - Conceptual Foundations, in: Journal of Marketing, Nr. 3., 1996, S. 50 - 68.

[Irr89]   Irrgang, W. (1989): Strategien im vertikalen Marketing, handelsorientierte Konzeptionen der Industrie, München 1989.

[Kie96]   Kierzkowski, A./McQuade, S./Waitman, R./Zeisser, M. (1996): Marketing to the Digital Consumer, in: The McKinsey Quarterly, Nr. 3, 1996, S. 5 - 21.

[Koe97]   Koenig, A. (1997): Hier kommt das Datenfernsehen, in: DIE ZEIT, Nr. 7, 7.2.1997, S. 74.

[Mef75]   Meffert, H. (1975): Vertikales Marketing und Marketingtheorie, in: Steffenhagen, H.: Konflikt und Kooperation in Absatzkanälen, Wiesbaden 1975, S. 15 - 20.

[Ova97]   o. V. (1997 a): Media Facts 1/97 (Hrsg.: Horizont, Zeitung für Marketing, Werbung und Medien).

[Ovb97]   o. V. (1997 b): Bertelsmann plant im Web deutsches Push-Angebot, in: Horizont, Nr. 10, 6.3.1997, S. 69.

[Pet97]   Peters, R.-H./Homeyer, J. (1997): Kriege um Augäpfel, in: Wirtschaftswoche Nr. 10, 27. 2. 1997, S. 70 - 78.

[Pol97]   Polatschek, K. (1997): Bitte warten, in: DIE ZEIT, Nr. 14, 28.3.1997, S. 78.

[Rie97]   Riedl, J./Busch, M. (1997): Marketing-Kommunikation in Online-Medien, in: Marketing ZFP, Nr. 3, 1997, S. 163-176.

[Sab74]   Sabel, H. (1974): Absatzpolitik, in: Handwörterbuch der Absatzwirtschaft, 1. Auflage, Stuttgart u. a., Sp. 78 – 87.

[Sca97]   Schütz, V. (1997 a): Profit im Web nur durch Push-Marketing möglich, in: Horizont, 13.2.1997, S. 1.

[Scb97]   Schütz, V. (1997 b): Pull oder Push? In: Horizont, 13.2.1997, S. 97.

[Sie97]   Siegele, L. (1997): http://wwwo sind die Gewinne, in: DIE ZEIT, Nr. 12, 14.3.1997, S. 31.

[Sta97]   Streeter, A. (1997 a): Push technology automates Web surfing for info junkies, in: MacWeek online, Vol. 11, Nr. 13, 25. 3. 1997, (http://www8.zdnet.com/macweek/mw_1113/so_push_tech.html).

[Stb97]   Streeter, A. (1997 b): The Push and pull of Web technology, in: MacWeek online, Vol. 11, Nr. 13, 25. 3. 1997, (http://www8.zdnet.com/macweek/mw_1113/so_push_tech_side.html).

[Stu97]   Sturm, M. (1997): Keine Lust auf Werbepausen, in: Horizont Nr. 13, 27.3.1997, S. 63.

[Thi76]   Thies, G. (1976): Vertikales Marketing, Berlin und New York 1976.

[Tie95]   Tietz, B. (1995): Handelsmarketing, in: Handwörterbuch des Marketing, 2. Auflage, Stuttgart u. a., Sp. 875 - 890.

[Trä69]   Träger, W. (1969): Push und Pull: Oder was soll der Hersteller beim Einzelhandel tun?, in: Marketing Journal, 4/1969, S. 262 - 263.

[Wer97]   Werner, A. (1997): Werbeträgerkontakt- und Verbreitungsmessung im WWW (http://www.garos.de/dik/vortraege/werner.html).

[Win97]   Winkler, Hartmut (1997): Vom Pull zum Push? (http://www.heise.de/tp/deutsch/inhalt/te/1186/1.html).

[WSt97]   Werner, A./Stephan, R. (1997): Marketing Instrument Internet, Heidelberg 1997.

5 Verweise auf WWW-Seiten (Abrufdatum 10/1997):

[ht97a]   http://www.doubleclick.com

[ht97b]   http://www.doubleclick.net/nf/general/10tip.htm

[ht97c]   http://www.firefly.com

[ht97d]   http://www.germany.net/info/index.html

[ht97e]   http://www.marimba.com/datasheets/castanet-ds.html

[ht97f]   http://www.opensesame.com/company/company.html

[ht97g]   http://www.opensesame.com/company/ learnsesame.html

[ht97h]   http://www.pointcast.com/products/ intranet/

[ht97i]   http://www.pointcast.com/ whatis_fromhome.html

[ht97j]   http://pioneer.pointcast.com/advertisers/adviewer.html

[ht97k]   http://www.tivoli.com/n_press/250a.html

[ht97l]   http://www.yoyo.com/ticker

[ht97m]   http://www.yoyobiz.com

[ht97n]   http://www.yoyobiz.com/cando/index.html

Expertensysteme zur Unterstützung von Werbeentscheidungen

Franz-Rudolf Esch
Marketing - Betriebswirtschaftslehre I*
Justus-Liebig-Universität Gießen

Zusammenfassung

In dem vorliegenden Beitrag wird eine mögliche Konzeption eines Expertensystems zur Unterstützung von Werbeentscheidungen vorgestellt. Im einzelnen wird dabei auf Fragestellungen der Werbebeurteilung, der Informationsbereitstellung sowie des Wissensengineerings eingegangen. Der Beitrag schließt mit einem Ausblick auf künftige Erweiterungen und weiteren Entwicklungen.

Stichworte: Expertensystem, Werbeentscheidung, Werbewirkung, Wissensengineering

1 Expertensysteme und Werbung als Wissensdomäne

Expertensysteme kann man - entsprechend einem zielorientierten Ansatz - als wissensbasierte Computerprogramme bezeichnen, die Wissen verarbeiten und speichern und dieses den Benutzern zur Problemlösung in spezifischen Fachgebieten zur Verfügung stellen. Der Leitsatz "In the knowledge lies the power" [Dav82, S.12] zeigt den Schwerpunkt von Expertensystemen: es geht um eine problemadäquate Repräsentation domänenspezifischen Wissens und nicht nur darum, die Fähigkeiten menschlicher Experten nachzuahmen.

Bezüglich der Wissensrepräsentation unterscheiden sich Expertensysteme von anderen Computerprogrammen durch eine strenge Trennung zwischen Wissensbasis und Problemlösungsmechanismus (Inferenzkomponente). Die Wissensbasis ist anwendungsabhängig: für ein Expertensystem zur Mediaselektion wird eine andere Wissensbasis benötigt als für ein Expertensystem zur Werbebeurteilung. Die Inferenzkomponente hingegen ist anwendungsunabhängig. Deshalb kann man zur Expertensystemkonstruktion fertige Werkzeuge benutzen, die dem Entwickler die formale Programmstruktur mit einer inhaltsleeren Wissenskomponente und einer funktionsfähigen Inferenzkomponente zur Verfügung stellen.

Rangaswamy et al. [Ran86, S.12] sehen die wesentliche Aufgabe von Expertensystemen im Marketing in der "Akkumulation, Synthese und Verbreitung des Wissens". Es handelt sich somit quasi um Entscheidungsunterstützungssysteme für Manager. Der Werbebereich gilt als geeignete Domäne für Expertensysteme (vgl. [Sch86], [Ran86], [Esc94]). Werbeent-

---

* Lehrstuhlinhaber: Prof. Dr. Franz-Rudolf Esch

scheidungen sind komplex, zeit- und umfeldabhängig, z. T. unstrukturiert, wichtig für den Unternehmenserfolg, mit hohem finanziellen Risiko verknüpft und tauchen regelmäßig auf (vgl. [Coo88, S.47]).

Anders als herkömmliche Computerprogramme sind Expertensysteme für solche Problemfelder gut geeignet. Eine Entscheidungsoptimierung durch Expertensysteme ist auch wirtschaftlich sinnvoll und rechtfertigt den hohen finanziellen, zeitlichen und personellen Einsatz bei der Systementwicklung.

Als Einsatzbereiche für Expertensysteme in der Werbung gelten die Bereiche (vgl. [Sch86], [Esc94]) *Werbeentwicklung* (Entwicklung von Werbekonzepten), *Werbeplanung* (Strategieplanung und Mediaplanung inkl. Budgetallokation), *Werbedurchführung* (Beurteilung von Werbemitteln) sowie *Werbeforschung* (Entwicklung von Test- und Marktforschungsdesigns).

Der *Expertensystemeinsatz für den "kreativen Bereich"* ist umstritten, weil hier in der Diskussion häufig unreflektiert die Argumente zur Produktion von Kreativität im Sinne von "etwas Neuem" durch Computer wiedergegeben werden. Die Frage der "Eigenkreativität" geht allerdings an der für die Werbung wichtigen Problemstellung der Unterstützung kreativer Leistungen durch Expertensysteme vorbei. Hier geht es um die Unterstützung der Kreativität der Nutzer und nicht um die Entwicklung von neuen Werbeansätzen durch das System alleine.

2 Computer Aided Advertising System - ein Überblick

Computer Aided Advertising System (CAAS), das am Institut für Konsum- und Verhaltensforschung unter Leitung von Prof. Dr. W. Kroeber-Riel entwickelt wurde, dient der Optimierung der Werbung von der Entwicklung bis zum Test. CAAS besteht aus folgenden Komponenten (vgl. zu den folgenden Ausführungen die Dokumentation in [Esc94]):

1. den *CAAS-Diagnosesystemen* zur Werbebeurteilung. Mit diesen Systemen sollen Stärken und Schwächen einer Werbung ermittelt und Empfehlungen zur Optimierung gegeben werden. Dies erfolgt in Form einer Expertise, d. h. einem verbalen Ergebnisausdruck, in dem der Benutzer eine Gesamtbeurteilung und Beurteilungen der jeweils relevanten Werbewirkungsbausteine sowie Optimierungsempfehlungen erhält.

   Die CAAS-Diagnosesysteme wurden mit dem hybriden Expertsystem-Tool Gold-Works entwickelt. Es handelt sich um zielgerichtete, aber datengetriebene regelbasierte Systeme. *Zielgerichtet* heißt, daß man ausgehend von dem jeweils verfolgten Werbeziel prüft, inwieweit die vorliegende Werbung zur Zielerreichung geeignet ist. *Datengetrieben* heißt, daß ein vorwärtsverkettender Inferenzmechanismus implementiert wurde.

   Zur Berücksichtigung medienspezifischer Unterschiede wurden getrennte Diagnosesysteme für Zeitschriftenwerbung, Fernsehwerbung, Radiowerbung und Zeitungs- und Beilagenwerbung konstruiert. Zudem wurde noch ein Diagnosesystem zur Beurteilung von Werbestrategien entwickelt. Bei den Beurteilungssystemen wird der Benutzer durch die Konsultation geführt: vom System werden Fragen zur Werbung gestellt, die der Benutzer beantworten muß. Die eingegebenen Daten werden mit dem in der Wissensbasis gespeicherten Wissen verglichen und anschließend über Regeln zu den Ergebnissen für die jeweiligen Werbewirkungsbausteine bis hin zu einer Gesamtbeurteilung aggregiert.

2. dem *CAAS-Suchsystem*, das zur Unterstützung der Suche nach neuen Bildkonzepten für die Werbung dient. Es gibt den Benutzern Anregungen für den kreativen Prozeß und Hinweise für die Gestaltung wirksamer Bilder. Dazu kann der Anwender auf folgende Module des Suchsystems zurückgreifen:

- ein Modul zur Festlegung der Positionierung, in das der Benutzer entweder seine gewünschte Positionierung direkt eingeben oder aus einer Liste mit 220 Positionierungseigenschaften (und weiteren 4500 Synonymen) auswählen oder mit Hilfe eines semantischen Differentials bestimmen kann.

- ein Modul zu Unterstützung der Suche nach Bildideen, in dem der Benutzer auf 13 verschiedene Kreativitätstechniken und auf 40000 im System abgelegten Assoziationen zu den verschiedenen Positionierungsitems zurückgreifen kann. Diese Assoziationen wurden empirisch ermittelt. Hier verhält sich das Suchsystem quasi wie ein "Brainstormingpartner".

- ein Modul zur Suche nach verhaltenswirksamen Bildmotiven, in dem Erkenntnisse der Tiefenpsychologie, der Verhaltensbiologie, der Kulturanthropologie und schematheoretische Erkenntnisse als Anregungen zur Gestaltung von verhaltenswirksamen und im Sinne der Positionierung verständlichen Bildern genutzt werden.

- ein Modul zur formal wirksamen Bildgestaltung, in dem der Benutzer Gestaltungsanregungen für die Umsetzung von Bildmotiven erhält.

Da Kreativität ein nicht-linear verlaufender, offener Prozeß ist, liefert das Suchsystem keine fertigen Lösungen, sondern eine Vielzahl möglicher Lösungswege, die als Anregungen zu interpretieren sind. Der Benutzer kann sich im Suchsystem nach Festlegung der Positionierung frei bewegen und nach Belieben einzelne Anregungen des Systems verwenden. Das Suchsystem ist mit einem Kaleidoskop vergleichbar: es liefert eine Vielzahl von Wissensteilchen, die der Benutzer zu immer neuen Bildern kombinieren kann. Um diese Flexibilität realisieren zu können, wurde das Suchsystem mit KnowledgePro (Windows), einer objektorientierten Programmiersprache mit integrierter Entwicklungsumgebung, entwickelt. KnowledgePro (Windows) kombiniert die Möglichkeiten von Hypertext mit regelbasierten Systemen. Dadurch lassen sich auch Suchhilfen in Form von Bildern auf den Bildschirm rufen.

3. dem *CAAS-Beratungssystem*, das Empfehlungen für die wirksame Gestaltung von Bildern vermitteln soll. Bei diesem System geht es also um die Beratung bei der Umsetzung eines Konzeptes in Werbemittel wie Werbeanzeigen oder Fernsehspots.

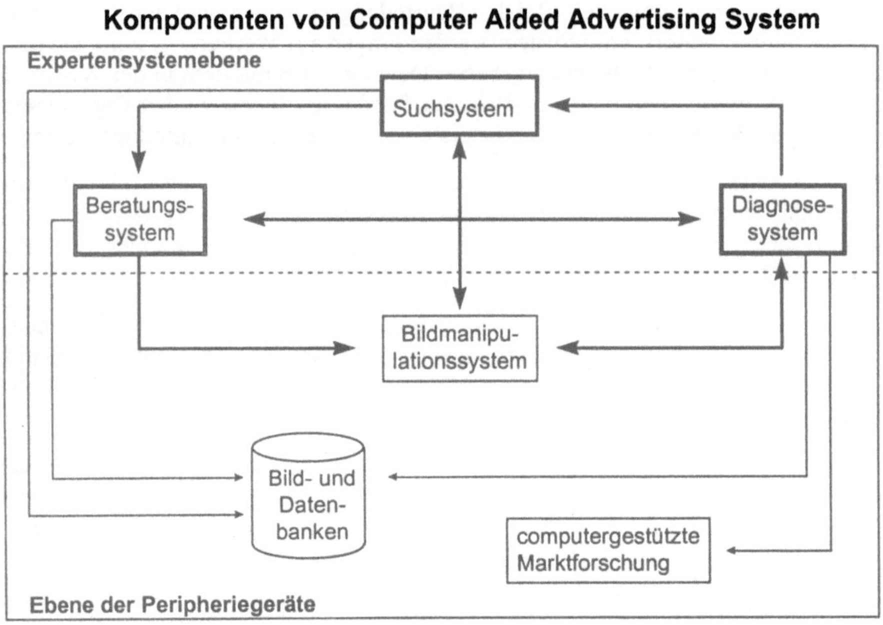

Komponenten von Computer Aided Advertising System

Abbildung 1: Komponenten von Computer Aided Advertising System

Ergänzt werden die CAAS-Systeme durch ein Bildmanipulationssystem und Peripheriegeräte wie Bild- und Datenbanken sowie computergestützte Marktforschung. In der Datenbank können z. B. branchenspezifische Daten abgelegt werden, die bei der Werbebeurteilung Verwendung finden können. Die computergestützte Marktforschung kann Daten – etwa von einer Programmanalysatoruntersuchung – zur Beurteilung bestimmter Werbekonstrukte während einer Konsultation liefern.

Die *Komponenten* von Computer Aided Advertising System können *einzeln oder interaktiv* eingesetzt werden. Beispiel: Von dem Beurteilungssystem analysierte Werbung kann mit dem Bildmanipulationssystem optimiert werden. Ist eine Optimierung der beurteilten Werbung nicht mehr möglich, z. B. weil diese austauschbar gestaltet ist, kann mit dem Suchsystem ein neues Erlebniskonzept entwickelt werden. Dafür kann man anschließend mit dem Beratungssystem konkrete Gestaltungsempfehlungen entwickeln, die man mit dem Bildmanipulationssystem in Werbeentwürfe oder fertige Werbesujets umsetzen kann.

Die Entwicklung solcher Expertensysteme für die Werbung, insbesondere das Wissensengineering, wird nun beispielhaft an den CAAS-Diagnosesystemen dargestellt.

3 Wissensengineering für CAAS-Diagnosesysteme zur Werbebeurteilung

3.1 Werbewissenschaftliche Grundlagen

Wesentlich für die Entwicklung der Wissensbasis der Beurteilungssysteme ist die Erkenntnis, daß Werbung nicht nach einem einheitlichen Stufenmodell beurteilt werden kann. In Abhängigkeit von den Markt- und Kommunikationsbedingungen, den verfolgten Werbezielen und der konkreten Ausgestaltung der jeweiligen Werbung können unterschiedliche Werbewirkungsgrößen für die Gesamtwerbewirkung von Bedeutung sein. Analog zum Modell der Werbewirkungspfade kann man dabei zwischen folgenden Komponenten differenzieren (vgl. [Kro96, S.586 ff.]):

1. den *Wirkungskomponenten*, d. h. den in Frage kommenden Bausteinen der gesamten Werbewirkung;

2. den *Wirkungsdeterminanten*, also den Bestimmungsgrößen der Werbewirkung; hier sind nach neueren Erkenntnissen vor allem die Art der Werbung (emotional, informativ oder gemischt) sowie das Involvement der Empfänger von Bedeutung;

3. den *Wirkungsmustern*, d. h. den zu erwartenden Werbewirkungen bezogen auf die einzelnen Wirkungsbausteine, die in Anhängigkeit von den jeweiligen Wirkungsdeterminanten zu erwarten sind.

3.2 Wissensengineering: Transformation des Werbewissens in die Wissensbasis

Das Wissensengineering ist mit der "rationalen Rekonstruktion" einer Wissensdomäne im Sinne Carnap's vergleichbar [Car74, Paragraph 98]. Damit meint Carnap eine Methode, "die über eine sowohl begriffliche, logische als auch systematische Analyse den ... Informationsgehalt des Domänenwissens ... offenlegt als auch in eine Gestalt bringt, die seine begrifflichen und logischen Beziehungen expliziert und damit logischen Schlußfolgerungen zugänglich macht" [Kes88, S.49]. Dies entspricht auch dem Vorgehen eines Wissensengineers. Bei dem Prozeß des Wissensengineering geht es vor allem darum,

1. relevante Wissenskonstrukte aus den verfügbaren Wissensquellen zu explizieren,

2. Beziehungen zwischen Wissenskonstrukten zu ermitteln und eine Struktur zwischen diesen abzuleiten,

3. Wissenskonstrukte zu operationalisieren, d. h. die in die Wissenskonstrukte eingehenden Einflußgrößen zu ermitteln,

4. Beziehungen zwischen den Variablen zu analysieren, insb. daraufhin, ob diese abhängig oder unabhängig voneinander sind und sich diese kompensatorisch oder nicht-kompensatorisch zueinander verhalten sowie

5. den Einfluß unabhängiger Variablen auf abhängige Variablen festzustellen.

Dieses Wissen muß dann in bezug auf Wirkungsdeterminanten und Wirkungsmuster problemlösungsadäquat repräsentiert werden. Dies setzt zwei "Arten" von Wissen voraus: "Know, that" (Wissen, daß) und "Know, how" (Wissen, wie) [Ryl69]. Im folgenden wird auf die Kernphase der Formalisierung und Operationalisierung des Wissens eingegangen.

Formalisierung des Wissens: Hierbei muß man Theorien und Praktiken eines Fachgebietes so formulieren, daß sie für die formale Wissensrepräsentation in der Wissensbasis eines Expertensystems brauchbar werden. Das ist insofern schwierig, weil das umgangssprachliche und auch das fachsprachliche Wissen Oberflächenwissen ist, das oft unklar und inkonsistent ausgedrückt und unzureichend operationalisiert wird [Esc92] und deshalb nicht eins zu eins in ein Expertensystem übertragen werden kann.

Beispiel: In Forschungsberichten zur Werbewirkung tauchen zum Teil unterschiedliche Ergebnisse zur Abstimmung von Bild und Headline in einer Werbeanzeige (Framing) auf: In manchen Fällen führte die Abstimmung von Bild und Headline, d. h. zur Headline passende Bilder, zu einer besseren Erinnerung, in anderen Fällen konnten diskrepante Informationen in Bild und Headline besser erinnert werden als kongruente Informationen (vgl. [Ede83], [Hou87]).

Durch fundierte theoretische Analysen können solche scheinbaren Widersprüche aufgelöst werden. Im obigen Beispiel erfordert dies einen Rückgriff auf die Involvementtheorie. So führt die Abstimmung von Bild und Headline bei niedrigem Involvement der Empfänger mit entsprechend kurzer Betrachtungszeit der Anzeige zu einer besseren Erinnerungsleistung. Es handelt sich hier um eine Wiederholung der Werbebotschaft, die eine Erhöhung der Lernleistung bewirkt. Bei hohem Involvement der Empfänger hingegen werden die Informationen mit großem Engagement aufgenommen und verarbeitet, so daß diskrepante Informationen durchaus eine bessere Erinnerung erzielen können (vgl. [Esc94]).

Oberflächenwissen ist demnach nicht aufgrund eines trivialen Wissensverständnisses direkt in ein Expertensystem transformierbar. Dies hat vielmehr theoriegestützt zu erfolgen.

Operationalisierung von Wissen für die Datenerhebung: Nach der Ermittlung der theoretischen Konstrukte müssen für diese empirischen Begriffe Indikatoren abgeleitet werden, die für die Wissensverarbeitung im System geeignet sind. Dabei empfiehlt sich ein zweistufiges Vorgehen: In einem ersten Schritt müssen für das theoretische Konstrukt (wie "Aktivierung durch eine Anzeige") Indikatoren gesucht werden, die sich an der spezifischen Problemstellung des Systems und an den Fähigkeiten der späteren Benutzer orientieren. D.h.: Die Operationalisierung muß pragmatisch sein, sie darf sich nicht nur an wissenschaftlichen Standards orientieren.

Beispiel: Bei der Operationalisierung für das CAAS-Diagnosesystem (vgl. [Esc94]) war es zweckmäßig, die ausgelöste Aktivierung anhand der verursachenden Größen, d. h. mittels der in der Werbung dargebotenen Reize einschätzen zu lassen. Das sind physisch intensive, überraschende und emotionale Reize. Die physisch intensiven Reize werden durch bestimmte Indikatoren wie Größe und Farbe bei der Anzeigenwerbung weiter operationalisiert. Dagegen wurden überraschende und emotionale Reize nicht weiter operationalisiert, weil die Operationalisierung zu kompliziert und die Beantwortung der zur Datenerfassung erforderlichen Fragen zu schwierig geworden wäre.

In einem zweiten Schritt sind die für die Datenerhebung zweckmäßigen Ausprägungen der einzelnen Indikatoren festzulegen. Dabei ist zu berücksichtigen, ob die jeweils gewählten Ausprägungen noch sinnvolle, wissenschaftlich begründbare Schlußfolgerungen zulassen und ob sie von dem Benutzer noch handhabbar, d. h. beantwortbar sind.

Bei den Diagnosesystemen reichten die Antwortausprägungen stark-mittel-schwach oft aus. Weitere Ausprägungen hätten den Benutzer bei der Fragenbeantwortung überfordert. Zudem wäre ihre Aggregation in bezug auf die Wirkungsunterschiede zu spekulativ geworden.

Zur Abgesichertheit des in der Wissensbasis repräsentierten Wissens: Selbst eine auf theoriegestützter Basis entwickelte Wissensbasis ist "fuzzy", d. h. unscharf. Dies liegt daran, daß unterschiedliche Wissensquellen harmonisiert werden müssen, wobei keine Theorie das gesamte benötigte Werbewissen der Wissensdomäne abdeckt. Zudem werden in empirischen Untersuchungen auch nie vollständige Beziehungen zwischen unabhängigen und abhängigen Variablen erfaßt; diese werden darüber hinaus unter unterschiedlichen Rahmenbedingungen und mit verschiedenen Testdesigns durchgeführt sowie mit unterschiedlich aussagekräftigen statistischen Verfahren ausgewertet (vgl. [Bur91], [Esc94]). Die Vergleichbarkeit und Harmonisierung solcher Ergebnisse ist somit schwer und bedarf eines gewissen Abstraktionsgrades, der zwangsläufig eine gewisse Unschärfe bewirkt. Dies trifft allerdings auf alle Expertensysteme in der Werbung zu.

Demnach hängen "die Schwierigkeiten beim Übergang von kausalem zu evidentiellem Wissen und entsprechend auch Schlußfolgerungen entscheidend von den Bewertungen und Gewichtungen der jeweils betroffenen Sachverhalte ab ..., so geeignet die jeweiligen Wissensstrukturen auch immer ausschauen mögen: Die Problembehandlung liegt beim bewertenden Menschen." [Hen91, S.65].

Diese Erkenntnis wird jedoch häufig verschleiert. Man tut so, als ob das einzige Problem in der Behandlung und Weiterverrechnung des (unsicheren) Wissens läge: Dies legt dann den Schluß nahe, daß ein "guter", möglicherweise auf statistischen Annahmen beruhender Weiterverrechnungsmechanismus die Lösung für das Problem der Behandlung solch unsicheren Wissens wäre. Das ist eine falsche Annahme. Selbst theoriegeleitete Wissensmodellierungen können nie frei von bestimmten Annahmen und wissenschaftlich begründbaren Spekulationen sein. Demnach können auch die Weiterverrechnungsmechanismen - egal welcher Art - diese Probleme nicht lösen. Richtig ist allerdings, daß man je nach Art des Weiterverrechnungsmechanismus die Zusammenhänge zwischen den verschiedenen Wissenselementen besser oder schlechter abbilden kann. Der Grad der Sicherheit oder Plausibilität des zugrundeliegenden Wissens ändert sich dadurch allerdings nicht. Dem letztgenannten Aspekt, d. h. dem Bestätigungsgrad des Wissens, wird in den CAAS-Diagnosesystemen dadurch Rechnung getragen, daß – grob gesprochen – zwischen (1) abgesicherten Regeln, (2) Regeln, die mit einer gewissen Unsicherheit behaftet sind, und (3) ziemlich unsicheren Regeln unterschieden wird. Während die erstgenannten Regeln in die Aggregation zu den Ergebnissen einzelner Werbewirkungsbausteine einfließen, geschieht dies bei ziemlich unsicheren Regeln nicht. Hier erfolgt lediglich ein Hinweis auf den vermuteten Wirkungszusammenhang in der Expertise (vgl. [Esc94]).

3.3 Das Ergebnis des Wissensengineering: das hierarchische Werbewirkungs-modell

Die gesamte Werbewirkung wurde im hierarchischen Werbewirkungsmodell in zahlreiche abgrenzbare Werbewirkungsbausteine zerlegt, sowie in notwendige und hinreichende Bedingungen für den Werbeerfolg eingeteilt: so ist in dem sozialtechnischen Beurteilungsteil die Durchschlagskraft, d.h. die Durchsetzungsfähigkeit einer Anzeige im Konkurrenzumfeld, eine notwendige Bedingung, die Zielerreichung hingegen die hinreichende Bedingung für den Werbeerfolg. Die notwendigen Bedingungen engen den Lösungsraum erheblich ein, da bei ihrer Verletzung ein kompensatorischer Ausgleich nicht mehr möglich ist, d. h.: Wenn die Durchschlagskraft einer Anzeige gering ist, können auch Größen wie das Lernen der Marke kaum erfüllt sein. Durch den modularen Aufbau der Wissensbasis und die Trennung in notwendige und hinreichende Bedingungen wurde auch das Problem der kombinatorischen Explosion gelöst. Dieses Problem kann auftreten, wenn in einzelne Werbewirkungsbausteine eine große Zahl unabhängiger Variablen mit vielen Ausprägungen einfließen und dadurch zu viele mögliche Ergebniskombinationen entstehen, die man zur Beurteilung des Werbewirkungsbausteins für die Expertise berücksichtigen müßte. Durch die oben genannten Maßnahmen konnte die Komplexität des Systems in einem vertretbaren Rahmen gehalten werden.

Abbildung 2: Das hierarchische Werbewirkungsmodell

Durch den diagnostischen Aufbau in wesentliche Werbewirkungsbausteine kann ermittelt werden, *warum* eine Anzeige eine bestimmte Wirkung erzielt. Dies ist bei primär evaluativen Beurteilungssystemen nicht möglich (vgl. [Bur91], [Win94]). Diese geben nur eine Schätzung ab, *wie* eine Werbung voraussichtlich wirken wird. Es bleibt allerdings unklar, warum dies so ist, was jedoch für die Optimierung einer Anzeige von entscheidender Bedeutung ist.

Das CAAS-Diagnosesystem unterscheidet sich von anderen Expertensystemen zur Werbebeurteilung auch durch die explizite Prüfung strategischer Aspekte wie Positionierung oder integrierte Kommunikation (vgl. [Nei90], [Bur91], [Win94]). Solche Aspekte werden bei anderen Systemen nicht bzw. nur ansatzweise berücksichtigt.

4 Künftige Herausforderungen und Weiterentwicklungen von CAAS

Die Herausforderungen bei der Weiterentwicklung der CAAS-Diagnosesysteme liegen in einer laufenden Optimierung der Wissensbasis und der Anwenderoberfläche mit der Praxis und für die Praxis. Dies setzt - gerade bei den CAAS-Diagnosesystemen - die Validierung des Systems voraus, indem ein Vergleich der Ergebnisse mit solchen aus Marktforschungsstudien erfolgt. Zudem sind die Systeme auch branchenspezifisch weiterzuentwickeln. Dies betrifft punktuelle Eingriffe in die Wissensbasis, um hier möglicherweise branchenspezifisch abweichende Wirkungszusammenhänge und -stärken zu berücksichtigen, aber auch die Daten- und Beispielbasis, auf die die Benutzer bei einer Konsultation zurückgreifen können.

Neben diesen notwendigen Erfordernissen muß auch die Neuentwicklung von Diagnosesystemen ins Auge gefaßt werden. Insbesondere Erweiterungen für die Diagnose von Multi-Media-Anwendungen oder Homepages im Internet müssen in Angriff genommen werden. Zwar werden auch bei dem Diagnosesystem zur Fernsehwerbung bereits verschiedene Modalitäten ebenso wie der zeitliche Ablauf eines Werbespots berücksichtigt, allerdings sind die Anforderungen an Diagnosesysteme zur Beurteilung der Kommunikation mit neuen Medien nochmals ungleich größer. Dies ist auf das größere Repertoire der Möglichkeiten bei multimedialen Anwendungen und beim Internet zurückzuführen. Insbesondere die unmittelbaren Eingriffsmöglichkeiten durch den Benutzer, der aktiv aus dem Systemangebot wählen kann, muß hier neu in einem Expertensystem modelliert werden.

5 Literaturverzeichnis

[Bur91]   Burke, R. (1991): "Reasoning with empirical marketing knowledge". International Journal of Research in Marketing, 8, S. 85 - 90.

[Bur94]   Burke, R., A. Rangaswamy, J. Wind, J. Eliashberg (1994): "ADCAD - ein Expertensystem zur Werbegestaltung". In: Esch, F.-R., W. Kroeber-Riel (Hg.) (1994): Expertensysteme für die Werbung, Vahlen Verlag, München, 1994, S. 41 - 79.

[Car74]   Carnap, R. (1974): Der logische Aufbau der Welt, 4. Aufl., Frankfurt/Main, Berlin, Wien.

[Car59]   Carnap, R. und W. Stegmüller (1959): Induktive Logik und Wahrscheinlichkeit, Wien.

[Coo88]   Cook, R. L. und J. M. Schleede (1988): "Application of Expert Systems to Advertising". Journal of Advertising Research, 28, No. 3, S. 47 - 56.

[Dav82]   Davis, R. (1982): "Expert Systems: Where Are We? And Where Do We Go From Here?". The AI Magazine, Spring, S. 3 - 22.

[Ede83]   Edell, J. A. und R. Staelin (1983): "The Information Processing of Pictures in Print Advertisements". Journal of Consumer Research, 10, June, S. 45 - 61.

[Esc92]   Esch, F.-R. (1992): "Das CAAS Diagnosesystem". Marketing, 21, 3, S. 167-182.

[Esc94]   Esch, F.-R., W. Kroeber-Riel (Hg.) (1994): Expertensysteme für die Werbung, Vahlen Verlag, München.

[Har89]   Harmon, P. und D. King (1989): Expertensysteme in der Praxis, 3. aktualisierte und ergänzte Auflage, Oldenbourg Verlag, München-Wien.

[Hen91]   Hennings, R.-D. (1991): Informations- und Wissensverarbeitung: Theoretische Grundlagen Wissensbasierter Systeme, Springer Verlag, Berlin, New York.

[Hou87]   Houston, M. J., T. L. Childers, S. E. Heckler (1987): "Picture-Word Consistency and the Elaboration Processing of Advertisements". Journal of Marketing Research, 24, November, S. 359 - 369.

[Jac87]   Jackson, P. (1987): Expertensysteme - Eine Einführung, Bonn, Addison-Wesley, Reading/Mass., 1987.

[Kes88]   Kese, R. (1988): "Wissensrepräsentation, Bedeutung und Reduktionismus - Einige neopositivistische Wurzeln der KI". In: Hrsg. von G. Heyer, J. Krems, G. Görz: Wissensarten und ihre Darstellung: Beiträge aus Philosophie, Psychologie, Informatik und Linguistik, Informatik-Fachberichte, Bd. 169, Berlin, Heidelberg u. a., S. 47 - 66.

[Kro96]   Kroeber-Riel, W., P. Weinberg (1996): Konsumentenverhalten: 6. Auflage, Vahlen Verlag, München.

[Kro93]   Kroeber-Riel, W. (1993): Strategie und Technik der Werbung. Verhaltenswissenschaftliche Ansätze, 4. Auflage, Kohlhammer Verlag, Stuttgart, Berlin, Köln, Mainz.

[Kur92]   Kurbel, K. (1992): Entwicklung und Einsatz von Expertensystemen, 2. Aufl., Springer Verlag, Berlin, Heidelberg u. a..

[Nei90]   Neibecker, B. (1990): Werbewirkungsanalyse mit Expertensystemen, Reihe Konsum und Verhalten, Band 26, Physica-Verlag, Heidelberg.

[Pup91]   Puppe, F. (1991): Einführung in Expertensysteme, 2. Aufl., Springer Verlag, Berlin, Heidelberg u. a.

[Ran86]   Rangaswamy, A., R. R. Burke, J. Wind, J. Eliashberg (1986): Expert Systems for Marketing, Working Paper No. 86-036, The Wharton School, University of Pennsylvania.

[Ryl69]   Ryle, G. (1969): Der Begriff des Geistes, Stuttgart.

[Sch86]   Schwoerer, J. und J.-P. Frappa (1986): "Artificial Intelligence and Expert Sy-
           stems: Any Applications for Marketing and Marketing Research?". In: Hrsg.
           von ESOMAR, Anticipation and Decision Making, the Need for Information,
           General Sessions, Amsterdam, S. 247 - 280.

[Wat85]   Waterman, D.A. (1985): A Guide to Expert Systems, Addison-Wesley, Rea-
           ding/Mass.

[Win94]   Winter, F. und J. Rossiter (1994): "ADEXPERT - ein Expertensystem zur
           Werbegestaltung und zur Werbebeurteilung". In: Esch, F.-R., W. Kroeber-Riel
           (Hg.) (1994): Expertensysteme für die Werbung, Vahlen Verlag, München, S.
           81 - 95.

Erfolgsfaktoren für das System „Internet"

H.L. Grob, S. Bieletzke
Lehrstuhl für Wirtschaftsinformatik und Controlling*
Westf. Wilhelms-Universität Münster

Zusammenfassung

Die Nutzerzahlen des weltweiten Computernetzwerkes Internet steigen stärker als bei allen anderen Computernetzwerken. Die Untersuchung des Systemtyps zeigt, daß das Internet als ein kritisches-Masse-System einzuordnen ist. Das Zusammenspiel der am System beteiligten Parteien sowie die systemspezifischen und persönlichen Einflußfaktoren verstärken den Adoptionsprozeß, der zum Überschreiten der für den langfristigen Erfolg notwendigen kritischen Teilmassen von verschiedenen Nutzersegmenten geführt hat.

Stichworte: Internet, Systemgeschäft, kritische Masse, Adoptionsprozeß, World Wide Web

1 Problemstellung

Der Wandel von der *Informationsüberlastungsgesellschaft,* die dem „overnewsed-but-underinformed-Effekt" ausgesetzt ist [Noa95], zu einer die Flut beherrschenden *Informationsgesellschaft* kann nur erfolgen, wenn die Subjekte der Informationsgesellschaft die Möglichkeit besitzen, aus dem unstrukturierten Informationspool, den eine globale Kommunikationsinfrastruktur bietet, den individuell relevanten Informationsausschnitt anzusteuern und auszuwerten. Navigationsinstrumente (Hypertext und Suchmaschinen) müssen dazu effizient eingesetzt werden. Der persönlichen „Mühe" zur Einarbeitung steht dabei der persönliche „Nutzen" gegenüber [Ver79]. Der Nutzen ist nur gegeben, wenn genügend andere Mitglieder der Informationsgesellschaft die Infrastruktur nutzen. Eine mögliche Infrastruktur für eine effiziente Informationsbereitstellung stellt das Internet dar, dessen schnelle Verbreitung und Durchdringung von speziellen Eigenschaften abhängt. Diese Eigenschaften, die zum Erfolg des Internet geführt haben, sollen untersucht werden, da das Wissen um die Erfolgsfaktoren des Internet (Marketing für das Internet) die Unternehmen bei der strategischen Entscheidung über eine Internet-Präsenz (Marketing mit dem Internet) erfolgreich unterstützen kann.

---

* Lehrstuhlinhaber: Prof. Dr. H.L. Grob

2 Internet als ein System der kritischen Masse

2.1 Systemtyp des Internet

Im folgenden wird ein Privatnutzer betrachtet, der als Grundausstattung zur Internetnutzung einen PC mit Modem bzw. ISDN-Anschluß einsetzt. Somit besteht die technische Ausstattung aus *Systemkomponenten*, die in separater Verwendung unbrauchbar sind (z. B. Modem, Soundkarte), und aus einem *Teilsystem*, das isoliert eingesetzt werden kann (PC). Die Existenz von Teilsystemen und Komponenten ermöglicht die Einordnung des Internet in das *Systemgeschäft* [Bac95, S. 347]. Die Systemarchitektur des Internet, die sich aus der Hardware- und Softwarearchitektur zusammensetzt, bietet dabei das *Potential*, neue Komponenten und Teilsysteme in das Gesamtsystem zu integrieren.

Ein typisches Kennzeichen des Internet besteht darin, daß sich ein Nutzen für die Beteiligten erst dann ergibt, sobald eine Mindestanzahl von Anbietern und Nachfragern erreicht ist. Das Internet ist deshalb innerhalb des Systemgeschäfts als Kritisches-Masse-System zu definieren. Ähnlich wie das Telefon um so sinnvoller genutzt werden konnte, je mehr Telefonteilnehmer erreichbar waren, gilt diese Voraussetzung für die Teilnehmer in Computernetzen. Im Gegensatz zum Telefon ist das Computernetzwerk *Internet* aber relativ *kostenunelastisch* bei einer Erhöhung der Nutzung: So ist es für die Verwaltung einer *Newsgroup* für den Systemadministrator unerheblich, ob 100 oder 1000 Artikel veröffentlicht werden, da die Einstellung der Artikel ins Netz durch die Autoren selbst abgewickelt wird. Indes steigt der *Informationsgehalt* der thematisch-abgegrenzten Newsgroup grundsätzlich mit der *Anzahl* der Artikel. Je mehr Nutzer die Möglichkeit erhalten, ihre Artikel zu veröffentlichen, um so höher ist die Meinungsvielfalt und die Chance, eine gesuchte Information zu finden. Nach Erreichen einer kritischen Masse von Artikeln wird die Newsgroup vom Nutzer als *stark frequentiert* und *inhaltlich ergiebig* eingestuft. Folglich wird er auch eigene Anfragen dort veröffentlichen, da er in einer viel beachteten Newsgroup mit einer relativ hohen Wahrscheinlichkeit eine Antwort erwartet. Angebot und Nachfrage stimulieren sich somit gegenseitig. Der kritische Masse-Effekt gilt grundsätzlich auch für die anderen im Internet zur Verfügung gestellten Dienste, wie E-Mail oder WWW.

2.1.1 Parteien

Typisches Kennzeichen von Systemgeschäften ist die Tatsache, daß mehrere *Parteien* [Bac95, S. 372] am Erfolg des Systems beteiligt sind. Die Parteien sollen im folgenden analysiert werden.

- *Systemträger* sind die Entwickler der Systemarchitektur, die sich beim Internet aus verschiedenen Entwicklungsparteien zusammensetzt, z. B. wurde das WWW-Konzept am Europäischen Zentrum für Teilchenphysik (CERN) und das plattformübergreifende Internet Protocol von einem US-Firmenkonsortium entwickelt. Die Entwicklungsparteien finden in der Regel die folgenden Bedingungen vor:

- Die Systementwicklung wird überwiegend im Auftrag staatlicher Instanzen (z. B. dem US-Verteidigungsministerium) durchgeführt.

- Die Anforderungen an die Entwicklung beziehen sich auf das Kriterium *Offenheit*. Es sind Schnittstellen zu definieren und es ist auf eine systemübergreifende Portabilität zu achten.

- Die Ergebnisse der Entwicklung werden als Normen oder *de-facto-Standards* der Öffentlichkeit zur kostenlosen Nutzung freigegeben.

- *Komponentenlieferanten* sind diejenigen Parteien, die Hard- und Software zur Nutzung des Internet liefern, wie z. B. Server, PCs mit Modem oder WWW-Browser. Komponenten sind die kompatiblen Module eines Systems, die ohne Vernetzung ihre Kommunikationsaufgabe nicht erfüllen können. So kann z.B. die Hardware von IBM mit einem Browser von Netscape genutzt werden, die Hardware kann ohne Browser aber nicht kommunizieren. Die Komponenten müssen dementsprechend die von den Systemträgern definierte, komponenten-übergreifende Architektur nutzen können und die Schnittstellen zwischen den Einzelkomponenten berücksichtigen. Die Komponentenlieferanten stellen ihre Produkte teilweise kostenlos oder gegen einen relativ geringen Preis zur Verfügung, um mit einer schnellen Marktdiffusion einen de-facto-Standard zu schaffen, der zukünftige kommerzielle Marktabschöpfungen zuläßt.

- *Systembetreiber* sind diejenigen Investoren, die die Rechte zur Systemvermarktung kaufen und dem Systemnutzer zur Verfügung stellen. Die Systembetreiber im Internet lassen sich in mehrere Parteien untergliedern.

  - *Allgemeine Leitungsprovider* (z. B. Telekom) stellen analoge oder digitale Datenleitungen gegen eine überwiegend zeitabhängige Kostenbelastung zur Verfügung, damit der Endnutzer sein Teilsystem mit einer „Datenautobahnauffahrt" verbinden kann.

  - *Datenleitungsprovider* sind für die Verbindungen zwischen den verschiedenen WWW-Großrechnern zuständig. Sie rechnen überwiegend volumenabhängig ab, wobei für globale Vernetzungen mehrere Datenleitungsprovider zusammenarbeiten, zu denen u. a. auch *staatliche Instanzen* gehören, die Nutzungsrechte an Satelliten oder Überseekabeln vermieten.

  - *Anschlußprovider* erstellen die „Datenautobahnauffahrt" und ermöglichen somit dem Endnutzer, ihr Teilsystem gegen Entgelt (meist) vorübergehend an die Infrastruktur des Internet zu koppeln.

  - *Webspaceprovider* vermieten Speicherplatz auf WWW-Servern, damit kommerzielle Anbieter ihre Präsentation dauerhaft im Netz zugänglich halten können.

Wird beispielsweise eine E-Mail von einem inländischen privaten Haushalt nach Australien gesendet, so werden folgenden Provider in Anspruch genommen:

- *Allgemeiner Leitungsprovider* zur Herstellung der Modemverbindung zum lokalen WWW-Einwählpunkt.

- *Anschlußprovider*, dessen Modem den Verbindungswunsch akzeptiert und eine Leitung zum nächstgelegenen WWW-Großrechner herstellt und ggf. den Großrechner betreibt.

- *Datenleitungsprovider*, der die E-Mail unter Nutzung seiner Infrastruktur transportiert und ggf. auf Leitungen der allgemeinen Leitungsprovider oder staatliche Infrastruktur zurückgreift, bis die E-Mail auf dem entfernten Großrechner abgelegt ist.

Die Kosten des Systems werden vom Absender *und* vom Empfänger der E-Mail getragen. Diese zahlen z. B. an den jeweiligen *allgemeinen Leitungsprovider* das zeitabhängige Entgelt für Telefonleitungsbenutzung sowie an den *Anschlußprovider* für den Internetanschluß. Aus Endnutzersicht entstehen keine weiteren Geldtransaktionen. Indes werden innerhalb der Anschluß- und Datenleitungsprovider weitere Abrechnungen mit volumen-, entfernungs- oder zeitabhängigen Entgelten verrechnet.

- *Inhaltelieferanten* sind diejenigen Parteien, die das System beispielsweise mit der Veröffentlichung von Texten oder der Plazierung von WWW-Seiten füllen. Zu unterscheiden ist zwischen den kommerziellen und privaten Inhaltelieferanten. Kommerzielle Inhaltelieferanten präsentieren sich im System aus geschäftlichem Interesse. Neben dem direkten Produktverkauf im Netz zählen hierzu auch diejenigen Präsentationen, die indirekt auf eine Umsatzsteigerung durch Darstellung der Unternehmung („public relation") zielen. Kommerzielle Präsentationen im Internet verstießen bis ca. 1994 gegen die Netz-Verhaltensregeln („Netiquette"). Aufgrund der veränderten psychografischen Zusammensetzung der WWW-Nutzer hat diese Verhaltensregel an Bedeutung verloren. Die kommerziellen Präsentationen finden sich vor allem in der grafisch-orientierten Ebene des Internet, dem WWW. Auf der textbasierten Internetebene hingegen finden sich überwiegend private Inhalteanbieter, die der ursprünglichen Netzgemeinde zuzuordnen sind, in der die Netiquette noch in ihrer konservativen Form gilt.

Die Möglichkeit der Selbstmoderation und -redaktion, also die inhaltliche Interaktivität, ermöglicht den Inhaltelieferanten, die relevanten Fragen und Antworten selbständig im Netz plazieren zu können. Der Umweg über eine offizielle, an Regeln gebundene und durch personelle Kapazitäten beschränkte Redaktion wird umgangen, die Netzinhalte spiegeln die breite Meinung der Netznutzer direkt und ohne Umweg wider. Die Besonderheit des Mediums Internet liegt somit in der weitgehenden *Identität* von Inhaltelieferanten und Systemnutzern [Gro97].

- *Systemnutzer* sind diejenigen Parteien, die das Internet zur Lösung ihrer individuellen Probleme verwenden. Die Systemnutzer sind somit der eigentliche Erfolgsfaktor für das Netz, da sie bereit sind, für die Abfrage von Informationen ein Entgelt zu entrichten, wobei die vermaschte Netzstruktur grundsätzlich keine informationsabhängigen, sondern nur zeitabhängige Inkassoverfahren erlaubt. Der exponentielle Zuwachs der Anzahl der Systemnutzer im Netz war ausschlaggebend für das schnelle Erreichen einer kritischen Masse, ab der das System aus Systemnutzersicht vorteilhaft zu nutzen war. Die hohen Zuwachsraten lassen sich durch schnelle *Adoptionsprozesse* erklären.

2.1.2 Adoptionsprozeß

Unter Adoption ist die Bereitschaft des Systemnutzers zu verstehen, das System aktiv für seine Problemlösungen zu nutzen. Eine hohe Adoptionsrate wirkt positiv auf die Marktdurchdringung, d. h. die Summe der Adoptionen im Zeitablauf spiegelt sich in der Diffusion wider. Die Adopter können in Früh-, Normal- und Spätadopter unterschieden werden. Das Internet wächst derzeit stabil und auf hohem Niveau. Der Einstieg der Frühadopter ist als abgeschlossen anzusehen und die Normaladopter beginnen mit der Nutzung. Um die endgültige Annahme des Systems beim Systemnutzer zu erreichen, d. h. ihn zur Internetanmeldung und aktiven Nutzung zu bewegen, ist die Aufmerksamkeit der *Nichtnutzer* zu erregen. Der Anteil der Internetberichterstattung in den traditionellen Medien hat bereits zu einer hohen *Aufmerksamkeit* bei bisherigen Nichtkunden geführt. Der Nichtnutzer muß im nächsten Schritt *Interesse* entwickeln. Aufgrund des Interesses wird er das Internet bezüglich des Problemlösungspotentials bewerten und bei positiver Bewertung versuchen, eine Probenutzung zu realisieren, um seine Bewertung zu validieren. Die Adoption ist von der Umweltsituation sowie den systemspezifischen und persönlichen Einflußfaktoren abhängig.

Bezüglich der *Umweltsituation* lassen sich folgende Thesen vertreten:

- Die politisch-rechtliche Umwelt begünstigt den Adoptionsprozeß, da der Zugang zum Internet jeder Privatperson erlaubt ist.
- Die technischen Umweltbedingungen ermöglichen einen globalen Datenaustausch.
- Die wirtschaftliche Umwelt begünstigt den Interneteinsatz, da die Globalisierung der Märkte auch eine Globalisierung der Informationspräsentation erforderlich macht.

Bei den *persönlichen Einflußfaktoren* (Adopterspezifika) sind insbesondere Erfahrungen mit dem PC sowie Kenntnisse der englischen Sprache relevant. Vermindern die adopterspezifischen Einflußfaktoren die Hemmschwelle zum Interneteinstieg, so liegt eine *persönliche* Kompatibilität vor. Die bisherigen Früh- und Normaladopter - also die jetzigen Internetnutzer - zeichnen sich durch hohes Bildungsniveau, männliches Geschlecht, (potentiell) hohes Einkommen und geringen TV-Konsum aus [Hen96]. Der Großteil der 40 Mio. Internetnutzer stammt dabei aus den USA (70 %). Des weiteren muß bei Unternehmen auch eine *organisatorische* Kompatibilität gegeben sein. Dies gilt zumindest dann, wenn das Internet als *Intranet* in ein Unternehmen eingeführt wird. So wird ein streng hierarchisch ausgerichtetes Unternehmen keine E-Mail-Nutzung vorsehen wollen, da E-Mail zum Überspringen von Hierarchiestufen verleitet.

Die systemspezifischen *Einflußfaktoren* weisen ebenfalls einen wichtigen Einfluß auf die Diffusion auf. Als für relevant gehaltene Eigenschaften [Bac95, S.372ff.]gelten

- Kompatibilität,
- Komplexität,
- Erprobbarkeit und
- der relative Vorteil aus Systemnutzersicht.

Diese Eigenschaften sollten nun kurz erörtert werden:

- Das Produkt „Internetnutzung" muß zur verwendeten Technik *kompatibel* sein. Dies wird durch die systemübergreifende Architektur des Internet weitgehend gewährleistet. Beispielsweise werden für alle gängigen Betriebssysteme WWW-Browser angeboten.

- Die *Komplexität* des Systems muß aus Systemnutzersicht verhältnismäßig gering sein. Der Einarbeitungsaufwand muß deshalb möglichst überschaubar sein. Diese Voraussetzung ist im Internet aufgrund der intuitiv benutzbaren WWW-Oberfläche gegeben. Der Aufruf entfernter Präsentationsseiten ist per Mausklick möglich; der Nutzer benötigt kein Wissen über verwendete Protokolle, Dienste oder den Standort der Seite.

- Die Phase des *probehaften Betriebs* spielt im Adoptionsprozeß eine große Rolle, da hierdurch die Risiken der „Investition in einen Internetzugang" vermindert werden. So kann versuchsweise getestet werden, ob der Systemnutzer die für ihn relevanten Seiten findet, ob er mit der Hyperlink-Technik zurecht kommt oder seine englischen Sprachkenntnisse ausreichend sind. Die Erprobbarkeit wird z. B. durch das Angebot von kostenlosem „Schnuppersurfen" in Computerzeitungen erreicht, bei denen der WWW-Browser direkt auf CD mitgeliefert wird oder auch durch „Internetecken", die nicht nur auf Messen und Ausstellungen eingesetzt werden, sondern zunehmend auch zum allgemeinen Dienstleistungsangebot von Hotels oder Restaurants gehören.

- Der *relative* Vorteil aus Kundensicht ist der wichtigste Aspekt, denn nur wenn die Nutzung des Internet gegenüber einer konkurrierenden Alternative als vorteilhaft eingestuft wird, ist der Kunde auch zur Nutzung bereit. Der Vorteil ist also stets in Relation zu anderen Produkten zu sehen. So könnte der Kunde als Alternative in Erwägung ziehen, die für ihn wichtigen Informationen aus Zeitschriften zu beziehen. Erkennt er jedoch, daß die Informationssuche im Internet zu schnelleren, aktuelleren, ausführlicheren und qualitativ besseren Ergebnissen führt, so wird er diese Alternative als günstig bewerten und gegenüber den alternativen Informationsmedien bevorzugen. Dies natürlich nur unter der Voraussetzung, daß Aktualität, Schnelligkeit oder Ausführlichkeit für den Kunden wichtige Kriterien sind.

Zur differenzierteren Analyse ist es sinnvoll sein, die heterogene kritische Masse in homogene Teilmassen zu differenzieren, die spezielle Erwartungen an das Internet richten. Dabei ist festzustellen, daß bei einer Vielzahl von Segmenten die kritischen Teilmassen noch nicht erreicht sind, d. h. Newsgroups bzw. E-Mail-Partner existieren für diese Segmente (noch) nicht. Gleichwohl dürfte das *allgemeine* Informationsangebot im Internet auch die Mitglieder von „Randsegmenten" zu einer Teilnahme motivieren.

3 Zusammenfassung und Ausblick

Der Erfolg des Internet ist begründet durch das Zusammenspiel der verschiedenen am System beteiligten Parteien sowie den systemspezifischen und persönlichen Einflußfaktoren. Die Einflußfaktoren führten zu einem verstärkten Adoptionsprozeß, der zum Überschreiten der für den langfristigen Erfolg notwendigen kritischen Masse geführt hat. Damit einher geht eine signifikanten Strukturveränderung der Arbeits- und Privatwelt [Alp96]. Die lineare Extrapolation der Vergangenheit in die Zukunft ist aber nicht angebracht, da sich aufgrund der veränderten Systemgröße die Gesetze geändert haben, nach denen sich das System verhält. Deshalb werden neue Probleme das System Internet belasten [Pos95], aber sicherlich wird sich die positive Entwicklung nicht umkehren.

4 Literatur

[Alp96]   Alpar, P. (1996), Kommerzielle Nutzung des Internet, Berlin 1996.

[Bac95]   Backhaus, K. (1995), Investitionsgütermarketing, 4. Aufl., München 1995.

[Gro97]   Grob, H.L., Bieletzke, S., Aufbruch in die Informationsgesellschaft, Münster 1997.

[Hen96]   Hensmann, J., Meffert, H., Wagner, H. (1996), Marketing mit multimedialen Kommunikationstechnologien - Einsatzfelder und Entwicklungsperspektiven, Arbeitsbericht Nr. 101 des Institut für Marketing der Westfälischen Wilhelms-Universität Münster, Münster 1996.

[Noa95]   Noam, E. M. (1995), Visions of the Media Age: Taming the Information Monster, in: Multimedia - eine revolutionäre Herausforderung, Symposium der Deutschen Bank, Frankfurt 1995, im WWW unter http://www.deutsche-bank.de/ahg/kolloq95/noamtxt.htm [20.6.96].

[Pos95]   Postmann, N. (1995), The Multiple Dangers of Multiple Media, in: Multimedia - eine revolutionäre Herausforderung, Symposium der Deutschen Bank, Frankfurt 1995, im WWW unter http://www.deutsche-bank.de/ahg/kolloq95/postmtxt.htm [20.6.96].

[Ver79]   Vershofen, W. (1979), Das Feld der qualitativen Verbrauchsforschung, in: Jahrbuch der Absatz- und Verbrauchsforschung, Jahrgang 25, Hrsg.: Gesellschaft für Konsum-, Markt- und Absatzforschung e.V., Berlin 1979, S. 351-367.

Business Television in Marketing und Vertrieb

Holger Kienel, Stefan Zerbe, Helmut Krcmar
Lehrstuhl für Wirtschaftsinformatik[*]
Universität Hohenheim

Zusammenfassung

Dieser Beitrag zeigt, wie das bekannte Medium „Fernsehen" speziell in Deutschland zu Zwecken der Unternehmenskommunikation in neuen Anwendungen genutzt und in bestehenden IT (Informationstechnologie) integriert werden kann. Ausgangspunkt ist eine gestiegene Nachfrage von Unternehmen nach Kommunikationsmedien, mit denen sich Informationen in Bild und Ton an eine beliebige Anzahl von Nachfragern übertragen lassen.

Aufbauend auf neueren technologischen Entwicklungen und gesammelten Praxiserfahrungen mit „Business Television" wird im Rahmen dieses Beitrages versucht, sowohl Einsatzmöglichkeiten als auch Gestaltungsvorschläge hinsichtlich Business TV kurz darzustellen, die als Grundlage für seine effektive und effiziente Integration in dezentralen Unternehmensstrukturen dienen können.

Stichworte: Business TV, Multimedia, Point-of-Information, Point-of-Sales, Instore TV

1 Business TV als vielseitiger Informationskanal

Kundenbindung und Mitarbeiterzufriedenheit basieren im wesentlichen auf Kommunikation, deren Inhalte anschaulich, einprägsam, nutzerorientiert und immer aktuell zu vermitteln sind [Kot95]. Neue multimediale Lösungen sollen durch Nutzung moderner Kommunikationstechnologien diesen Anforderungen gerecht werden. So lassen sich beim elektronischen Transport von Informationen Daten, Audio und Video gleichzeitig übertragen, und unter Verwendung dramaturgischer Mittel wirkungsvoll gestalten.

Business TV, als eine multimediale Anwendung, ist ein Online-Informationsmedium für eine geschlossene Benutzergruppe, mit deren Hilfe Informationen kurzfristig von einem Ort zu einer beliebigen Anzahl von Empfängern schnell und in identischer Ausprägung verteilt und bereitgestellt werden können. Das Verteilen der multimedialen Informationen kann je nach Anforderung als Liveübertragung, als Aufzeichnung, auf Anfrage und/oder interaktiv erfolgen.

---

[*] Lehrstuhlinhaber: Prof. Dr. Helmut Krcmar

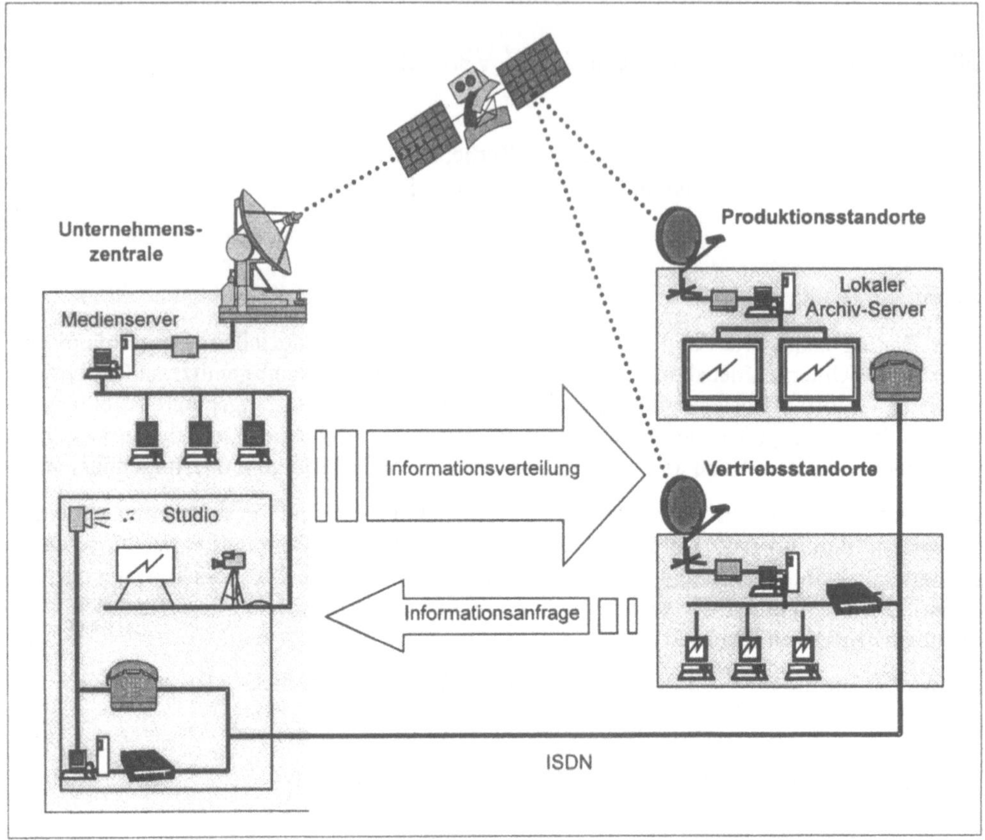

Abbildung 1: Implementierung von Business TV im Unternehmen

Die Gestaltung des Zugangs zur spezifischen Infrastruktur zur Satellitenübertragung richtet sich nach der jeweiligen vorhandenen LAN- und WAN-Infrastruktur des Unternehmens. So können multimediale Informationen entweder von der unternehmenseigenen Satelliten-sendestation (Uplink), einem mobilen Satellitenfahrzeug oder von der Sendestation eines Satellitenproviders an die Unternehmensstandorte übertragen werden. Letzteres setzt eine entsprechende terrestrische Verbindung zwischen Unternehmen und Provider für die Zu-spielung der Sendeinhalte voraus. Vom Uplink aus werden die Signale zum Satelliten ge-sendet. Dabei hängt die Wahl des geeigneten Satelliten - neben der Verfügbarkeit entspre-chender Sendekapazitäten - in erster Linie von dessen geographischer Ausleuchtzone, dem sog. Footprint ab. Darunter wird der Bereich verstanden, in dem der Satellit gut empfang-bar ist [Sch97] und der dadurch den Kreis der Empfänger definiert.

Die Empfangsanlagen, bestehend aus Satellitenantenne und IRD (Integrated Receiver De-coder), sorgen für den Empfang der Audio- und Videosignale. Um sich vor unbefugten Zu-griffen Dritter zu schützen, werden die Signale verschlüsselt ausgestrahlt und mit Hilfe der Empfangsanlagen entschlüsselt (Conditional Access). Wer letztlich von den Informationen profitiert, hängt von der individuellen und flexiblen Freischaltung der Standorte auf Seiten des Uplink ab. Zudem lassen sich die digitalen Signale über ein geeignetes Interface in die lokalen Netzwerke der Empfangsstandorte transportieren, so daß die Sendungen nicht nur am TV-Gerät, sondern auch direkt am PC-Arbeitsplatz empfangen werden können. An dieser Stelle wird die Vielseitigkeit des Informationskanals Business TV deutlich, da die Unternehmen ihre Benutzer nicht nur gezielt adressieren, sondern ihnen auch Informationsmaterial zur Verfügung stellen können, welches jederzeit in digitaler und multimedialer Form abrufbar ist [Kub95]. Als technische Anbieter von Business TV Leistungen spielen im wesentlichen Unternehmen der Bereiche Telekommunikation, Film und Fernsehen eine Rolle. Diese sind durch enge Zusammenarbeit bemüht, den Nutzern als Service-Provider sowohl die übertragungs- und videoproduktionstechnische als auch die redaktionelle Kompetenz anbieten zu können.

Mit Hilfe terrestrischer Netze als Rückkanal kann Business TV auch als interaktiver Informationskanal zwischen Sender und Empfänger eingesetzt werden. Interaktivität wird in diesem Beitrag als „realtime communication" verstanden und erfolgt im Falle von Business TV i.d.R. via Telefon, Videokonferenz bzw. Keypads. Die Benutzer können innerhalb der Sendezeit mit den im Studio anwesenden Experten Informationen austauschen bzw. Fragen stellen oder beantworten. Wird auf diese Option verzichtet, können sich die Benutzer alternativ nach der Sendung per Fax oder E-Mail an den entsprechenden Experten wenden.

Der wesentliche Erfolgsfaktor des Informationskanals liegt in der Gestaltung der Sendungen. Diese Aufgabe kommt einer Redaktion zu, die aus sachkompetenten Mitarbeitern des Unternehmens sowie externen Medienberatern bestehen sollte und speziell für die Gestaltung und mediengerechte Aufbereitung der Inhalte verantwortlich ist. Ziel ist es, die Kommunikationswirkung beim Nutzer durch ausgewählte, präzise formulierte und professionell aufbereitete Informationen zu steigern. Anzumerken ist, daß den Benutzern nicht mehrere Quellen für ein und dieselbe Information zugänglich gemacht werden sollten. Maßgeblich für den Erfolg von Business TV ist somit seine Integration in ein einheitliches unternehmensweites Informationskonzept [Kie97].

Im folgenden wird anhand von Beispielen der Unternehmenspraxis aufgezeigt, inwiefern die Unternehmen speziell in den Bereichen Marketing, Vertrieb und After Sales vom Einsatz von Business TV profitieren können.

2 Business TV im Praxiseinsatz

2.1 Händlerinformationssystem in der Automobilindustrie

Die Automobilindustrie nimmt beim Einsatz von Business TV eine Vorreiterrolle ein. Die wesentlichen Gründe hierfür liegen in der Schaffung eines besseren Informationsstandes innerhalb des Vertriebsnetzes. So hat sich der Volkswagen Konzern das Ziel gesetzt, die 3.600 Vertriebszentren und Händler im deutschsprachigen Raum an das unternehmensweite „Volkswagen/Audi TV" anzuschließen. Die Verantwortlichen sehen eine enge Beziehung zwischen der schnellen und zielgerichteten Kommunikation mit den Absatzhelfern einerseits und der Kundenzufriedenheit und dem realisierten Erfolg von Volkswagen und dessen Händlerschaft andererseits. Da es sich im Vergleich zu Vertriebsstrukturen anderer Branchen und Unternehmen um selbständige Partnerunternehmen handelt, spielen Sendeinhalte und -gestaltung die tragende Rolle für Akzeptanz und Erfolgsaussichten von Volkswagen/Audi TV. Somit gehören Händlerumfragen und permanente Befragungen zum festen Bestandteil des Informationsmediums. Durch diese Vorgehensweise kann die Redaktion von Volkswagen/Audi TV anhand der geäußerten Nachfrage im wesentlichen drei Informationsangebote festhalten, die in Abbildung 2 aufgezeigt werden [Kie97].

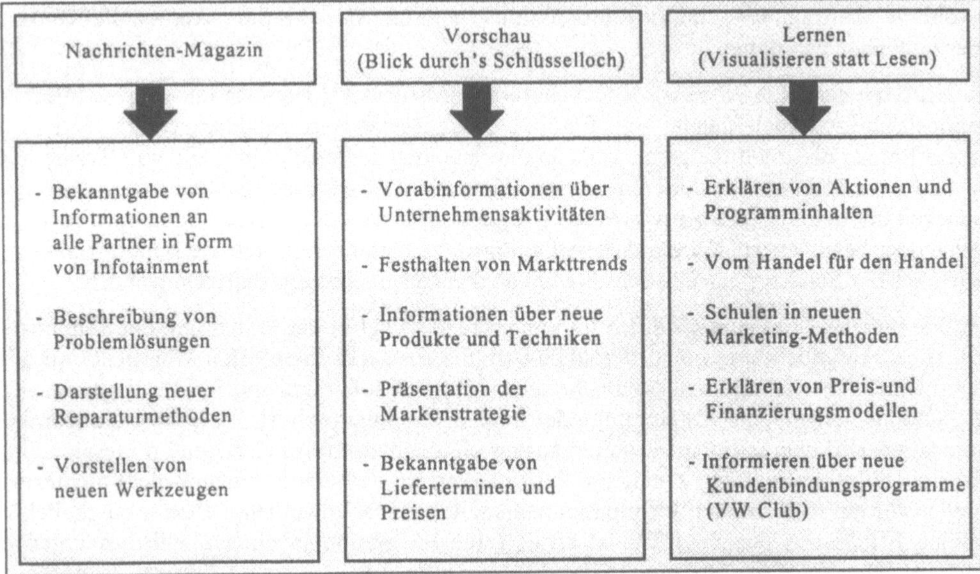

Abbildung 2: Themenschwerpunkte bei Volkswagen/Audi TV

Der Erfolg der Redaktion hängt im wesentlichen von ihrem Informationsstand und somit von dem ständigen Informationsfluß aus den Volkswagen-internen Bereichen Vertrieb, Marketing, Kundendienst, After Sales, Presse- und Öffentlichkeitsarbeit und den Tochtergesellschaften ab. Durch die Bündelung aktueller und für den Geschäftserfolg relevanter Informationen kann der Händler seine Zeit effizienter gestalten, da er sowohl aufgrund seiner geringeren Abwesenheitszeit vom Arbeitsplatz als auch seines höheren Wissensstandes den Kunden professioneller bedienen bzw. beraten kann. Die bei Business TV in den meisten Fällen von der Empfängerseite gewünschte Interaktion versucht Volkswagen durch eine möglichst vollständige und präzise Beschreibung des präsentierten Sachverhaltes zu kompensieren, die Rückfragen unnötig machen soll. Zudem setzt das Unternehmen auf konstruktive Kritik und Stellungnahme seitens des Handels, falls trotz wiederholtem Anschauen der aufgenommenen und archivierten Sendungen der Sachverhalt nicht eindeutig übermittelt worden ist. Neben diesen Maßnahmen zur Förderung der Motivation und Steigerung des Identifikationsgrades zu Volkswagen wird durch die direkte Einbindung der

Händler in die Sendung ein weiteres Zeichen gesetzt. Durch die Sendung "Vom Handel für den Handel" bietet Volkswagen seinen Vertragspartnern an, sich aufgrund besonderer Leistungen bzw. Ideen mit Volkswagen/Audi TV zu präsentieren. Ein möglicher Nachahmungseffekt sowie positive Gedankenanstöße seitens der Händler könnten die Folge sein.

2.2 Täglicher Informationsvorsprung im Bankwesen via Business TV

Das zweite Beispiel zeigt den Einsatz von Business TV in einem Bankinstitut. Dabei wird das Ziel verfolgt, die Kundenbetreuer in den Filialen „just-in-time" einheitlich zu informieren. Die Bayerische Vereinsbank setzt in diesem Zusammenhang auf eine täglich ausgestrahlte Nachrichtensendung, die aus einem Studio in München an die Filialen gesendet wird. Die Mitarbeiter können „VIA TV" (Vereinsbank Interactive TV) direkt an ihrem PC-Arbeitsplatz vor den Öffnungszeiten live und interaktiv miterleben. In dieser Zeit können sie durch Nutzung des Rückkanals den Experten im Studio ihre aktuellen Fragen stellen. Typische Themen sind aktuelle Finanzierungsmöglichkeiten, Börsenempfehlungen, Gesetzesänderungen, aktuelle Wirtschaftszahlen sowie Änderungen innerbetrieblicher Prozesse, z.B. durch Softwareumstellungen. Zudem finden Diskussionsrunden sowie regelmäßige Liveschaltungen aus Filialen statt.

Die Aufgaben hinsichtlich Informationsbeschaffung, -selektion und -verteilung werden somit von einer zentral eingerichteten Redaktion wahrgenommen, woraus folgt, daß sämtliche Kundenbetreuer, unabhängig von ihrem geographischen Standort, über den gleichen Informationsstand verfügen. Dadurch versucht die Bayerische Vereinsbank das einheitliche Auftreten seiner Mitarbeiter gegenüber den Kunden zu verstärken. Einen weiteren Nutzen sieht die Bank in den kürzeren Informationsbeschaffungszeiten der Mitarbeiter. Zum einen werden sie täglich bedarfsgerecht informiert, zum anderen haben sie von ihrem PC-Arbeitsplatz jederzeit Zugriff auf sämtliche Beiträge. Diese lassen sich mittels Datenbank recherchieren und on-demand online und multimedial abrufen. Business TV ist in diesem Fall mit dem Angebot des Intranets der Bank integriert.

Über die tägliche Nachrichtensendung hinaus sind weitere Programme im Business TV denkbar, durch deren Hilfe dedizierte Benutzer ihre Informationen erhalten um z.B. gezielt geschult werden.

Abbildung 3: Übersicht über denkbare Business TV Programmarten

Aus Abbildung 3 wird auch deutlich, daß die Wahl des Sendeformates die Benutzergruppe determiniert. So sind beispielsweise Sendungen denkbar, die speziell für Lieferanten und/oder Endverbraucher konzipiert werden. In diesem Fall stellen Kunden eine geschlossene Benutzergruppe dar, wie im folgenden gezeigt wird.

3   Distribution Media - Eine Zukunftsvision ?

Die folgende Szenario mit Business TV soll verdeutlichen, welche Anwendungsvielfalt nicht zuletzt durch die technische Flexibilität dieses Informationskanals realisierbar ist. Die Möglichkeiten sind hierbei insbesondere auf neueste Komprimierungsverfahren sowie die digitale Übertragungstechnik zurückzuführen, durch die sich Informationen verschiedener Art bündeln lassen. Als Beispiel wird an dieser Stelle ein denkbares Konzept für Handelsunternehmen vorgestellt, mit dessen Hilfe mehrere Informationsquellen gleichzeitig via Satellit transportiert werden können. Aus ökonomischer Sicht sei an dieser Stelle zu erwähnen, daß die Datenübertragung via Satellit insbesondere bei einer großen Anzahl von Satellitenempfangsstationen sinnvoll ist, da die Kosten lediglich für das Satellitenraumsegment und nicht für den Übertragungsweg zu entrichten sind.

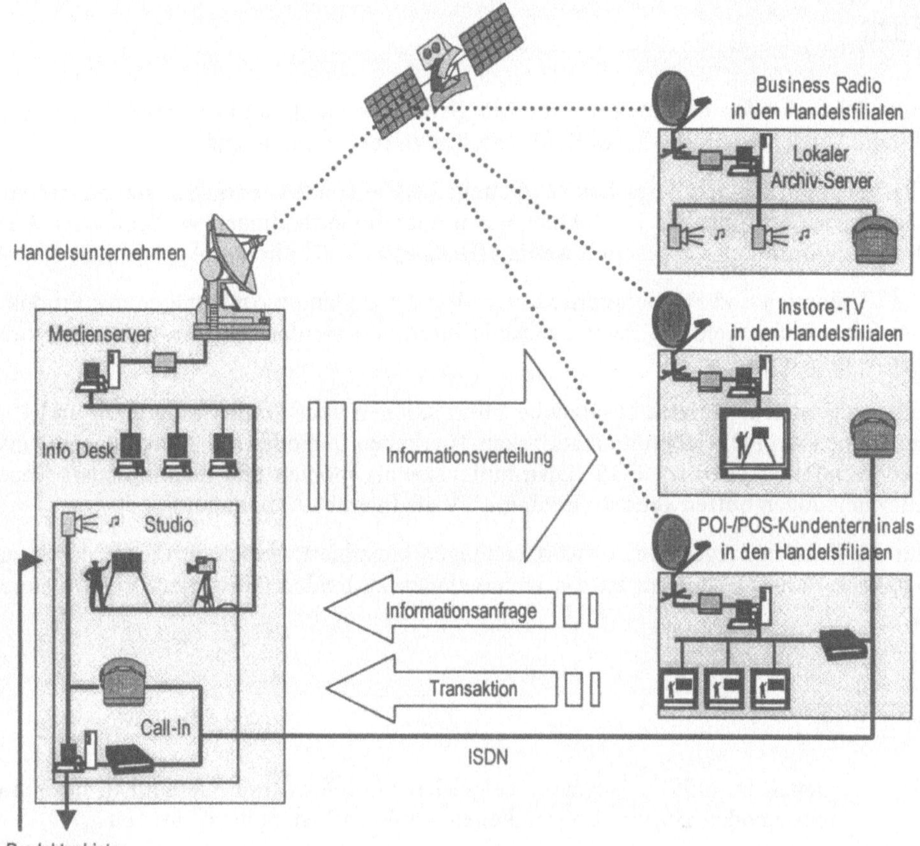

Abbildung 4: Business TV als Teil einer Multimedia Lösung für den Handel

Abbildung 4 zeigt drei unterschiedliche Anwendungen, die sich durch die Integration von Business TV mit bereits bestehender IT-Infrastruktur realisieren lassen und durch die Handelsunternehmen nicht nur ihre Mitarbeiter, sondern auch ihre Kunden über Anbieter und deren Produkte informieren können:

- Instore TV für die multimediale Produktpräsentation in den Austellungsräumen

- Point-of-information (POI) zur elektronischen Unterstützung in Sachen Produktberatung und Serviceleistungen [Küh95]

- Point-of-sales (POS) für die elektronische Abwicklung von Kundentransaktionen [Pri96].

4 Fazit

Business TV bietet den Unternehmen die Möglichkeit, schnell und unkompliziert auf kürzere Produktzyklen oder geändertes Kaufverhalten zu reagieren, indem

* die Mitarbeiter in den Bereichen Marketing, Vertrieb und After Sales, unabhängig von ihrem Standort, über die Produktneuheiten oder -modifikationen in identischer Ausprägung informiert und geschult werden (Business TV als Intranet-Applikation)

* die Lieferanten und Kooperationspartner über die geplanten Änderungen des Produktportfolios einheitlich und flächendeckend informiert werden (Business TV als Extranet-Applikation)

* die (potentiellen) Kunden zusätzliche Informationen über Produktprogramm und Unternehmen am POI (Kommunikationskanal) erhalten und/oder mit zusätzlichen Transaktionsmöglichkeiten am POS (Distributionskanal) spontan und unkompliziert Kaufentscheidungen treffen können (Business TV als Internet-Applikation)

* für die Kunden Frage- und Antwortsendungen konzipiert werden, um diese durch zusätzliche Serviceleistungen an das Unternehmen zu binden (Business TV als Instore-TV)

5 Literatur

[Kie97]   Kienel, H. (1997): Business Television als Informationsmedium in dezentral operierenden Organisationseinheiten. Diplomarbeit, Hohenheim 1997.

[Kot95]   Kotler, P., Bliemel, F. (1995): Marketing-Management. 8.Aufl., Stuttgart 1995.

[Kub95]   Kubicek, H. (1995): Digital - Interaktiv - Multimedial: Die zukünftige Rolle des Fernsehens in der Informationsgesellschaft. In: Telecommunication Research Group (Hrsg.): Thesen zum Vortrag im Rahmen der Düsseldorfer Gespräche am 30.11.1995. Düsseldorf/Bremen 1995.

[Küh95]   Kühnapfel, J.B. (1995): Telekommunikationsmarketing. Wiesbaden 1995.

[Pri96]   Pribilla, R., Reichwald, R., Goecke, R. (1996): Telekommunikation im Management. Stuttgart 1996.

[Sch97]   Scherping, W. (1997): Neue Unternehmenskommunikation unter Einsatz von BTV. In: Bullinger H.-J. et al. (Hrsg.): Business Television - Beginn einer neuen Informationskultur in den Unternehmen. Stuttgart 1997.

Stand und Entwicklungstendenzen des Database Marketing und Computer Aided Selling in deutschen Unternehmen

Jörg Link, Volker G. Hildebrand
Fachbereich Wirtschaftswissenschaften*
Universität GH Kassel

Zusammenfassung

Im Rahmen eines mehrjährigen Forschungsprojekts wurden fast 1000 Unternehmen in 34 Branchen – darunter neben Großunternehmen auch zahlreiche mittelständische Betriebe, Freiberufler und Nonprofit-Organisationen – zum Einsatz von Kundendatenbanken und CAS-Systemen befragt. Diese bislang umfassendste Studie zu kundenorientierten Informationssystemen (KIS) in Deutschland gibt Aufschluß über die Verbreitung und die Nutzung des Database Marketing und Computer Aided Selling. Die Ergebnisse zeigen, daß die Unternehmen das wettbewerbsstrategische Potential dieser Systeme zunehmend erkennen, mitunter aber gravierende Defizite in der Umsetzung zu konstatieren sind.

Stichworte: Database Marketing, Computer Aided Selling, Individualisierung, Rationalisierung, empirische Untersuchung

1 Kundenorientierte Informationssysteme

Die Kundenorientierung im Sinne einer Ausrichtung der unternehmerischen Aktivitäten auf die Bedürfnisse und Merkmale der Kunden stellt bekanntlich ein konstitutives Element des Marketing dar. Vor dem Hintergrund verschärfter Wettbewerbsbedingungen einerseits und der Entwicklungen auf dem Gebiet der Informationstechnologie andererseits erhält dieser „customer focus" nunmehr eine neue Qualität: Sogenannte kundenorientierte Informationssysteme bieten die Möglichkeit, Kundenwünsche individueller, wirkungsvoller, schneller und kostengünstiger zu erfassen und zu bearbeiten. Konkret handelt es sich dabei um Systeme des Database Marketing (Marketing auf der Basis einer Kundendatenbank) und des Computer Aided Selling (IT-Unterstützung von Verkaufsprozessen). Beide Konzeptionen weisen ein beachtliches strategisches Potential hinsichtlich eines kundenspezifischen und zielgenaueren Marketing auf [Lin93, Wei96]. In einem mehrjährigen Forschungsprojekt unter der Leitung von Prof. Dr. Jörg Link wurden fast 1000 Unternehmen zum Einsatz kundenorientierter Informationssysteme befragt [Lin94, Lin95]. In diesem Beitrag sollen einige ausgewählte Ergebnisse vorgestellt werden.

---

* Lehrstuhlinhaber: Prof. Dr. Jörg Link

Die Untersuchung hat gezeigt, daß derzeit 58 % der befragten Unternehmen Database Marketing einsetzen und dieser Anteil in naher Zukunft auf gut drei Viertel ansteigen wird. Zum Computer Aided Selling gaben 56 % der Befragten an, CAS bereits einzusetzen; weitere 12 % verfügen über konkrete Pläne zur baldigen Einführung eines CAS-Systems. Im folgenden werden zunächst wichtige Ergebnisse für die untersuchten Großunternehmen (ab 500 Beschäftigte) dargestellt [Lin94]. Anschließend erfolgt ein ausschnittweiser Überblick zur Situation im Mittelstand (einschließlich Handwerk, Freie Berufe und Nonprofit-Organisationen) [Lin95]. Ein kurzer Ausblick rundet den Beitrag ab.

2 KIS in Großunternehmen

2.1 Zum wettbewerbsstrategischen Potential des Database Marketing und CAS

Unter wettbewerbsstrategischen Gesichtspunkten setzt Kundenorientierung die Fähigkeit und Bereitschaft eines Anbieters voraus, Märkte kunden-, zeit- und kostenoptimal zu bearbeiten. Dies bedeutet, daß Wettbewerbsfaktoren wie Individualisierung, Schnelligkeit und Kostensenkung den Erfolg unternehmerischen Handelns wesentlich bestimmen. Genau bei diesen Erfolgsfaktoren setzen Database Marketing und Computer Aided Selling an. Wir haben die Unternehmen deshalb danach gefragt, welche wettbewerbsrelevanten Ziele sie mit dem Einsatz kundenorientierter Informationssysteme verfolgen.

Die vorrangigsten Ziele des Database Marketing sehen die Unternehmen in der Selektion und Identifikation der erfolgversprechendsten Kunden und in der individuelleren Kundenansprache; über 80 % aller Befragten messen dem Database Marketing in dieser Hinsicht eine hohe Bedeutung bei. Dahinter rangiert bei drei Viertel der Unternehmen die Früherkennung von Kundentrends. Zwei Drittel der Befragten betonen die Einsparungsmöglichkeiten bei weniger investitionswürdigen Kunden (Reduzierung von Streuverlusten).

Beim CAS-Einsatz stehen bei den befragten Unternehmen die Möglichkeiten im Vordergrund, während des Verkaufsgespräches individueller und kompetenter auf die spezifischen Kundenbedürfnisse einzugehen; über 70 % sehen hier ein wichtiges Leistungspotential von CAS-Systemen. Ebenso hoch im Kurs stehen die Planung und Kontrolle des Außendiensteinsatzes. Knapp zwei Drittel der Unternehmen heben ferner das Rationalisierungspotential von CAS-Systemen im Außen- und Innendienst besonders hervor. Und schließlich erwartet ungefähr jedes zweite Unternehmen Vorteile im Zeitwettbewerb durch eine effizientere und schnellere Angebotserstellung und Auftragsabwicklung.

Das Leistungspotential von KIS wird in der betrieblichen Praxis offenbar erkannt, wobei die Systeme von den Anwendern mitunter deutlich positiver beurteilt werden als von den Nicht-Anwendern. Nun interessiert die Beantwortung der Frage, inwieweit diese Potential auch tatsächlich genutzt wird. Die nachfolgenden Ergebnisse geben Aufschluß über die Nutzung des Database Marketing und Computer Aided Selling, wobei wir jeweils die Verbreitung in den untersuchten Branchen sowie die konkrete Umsetzung näher beleuchten.

2.2 Ausgewählte Ergebnisse zum Database Marketing

Es ist keine Überraschung, daß Database Marketing am häufigsten im Versandhandel eingesetzt wird; vier von fünf Befragten dieser Branche verfügen über eine Kundendatenbank, die sie für Marketingzwecke einsetzen (Abb. 1). An zweiter Stelle liegen mit 62 % die Versicherungen, dicht gefolgt von sonstigen Dienstleistern und den Banken. Bei den Banken ist im übrigen mit den größten Zuwächsen zu rechnen, so daß die Kreditinstitute sich in absehbarer Zeit zu den führenden Database-Anwendern entwickeln dürften. Im Mittelfeld liegen Großhandelsunternehmen und Konsumgüterhersteller, während die Unternehmen der Produktionsgüterindustrie das Schlußlicht bilden. Aber auch in dieser Branche ist in Zukunft mit einer sehr viel stärkeren Nutzung des Database Marketing zu rechnen. Insgesamt betrachtet weisen die Dienstleistungsunternehmen beim Database Marketing einen deutlichen Vorsprung vor dem produzierenden Gewerbe auf.

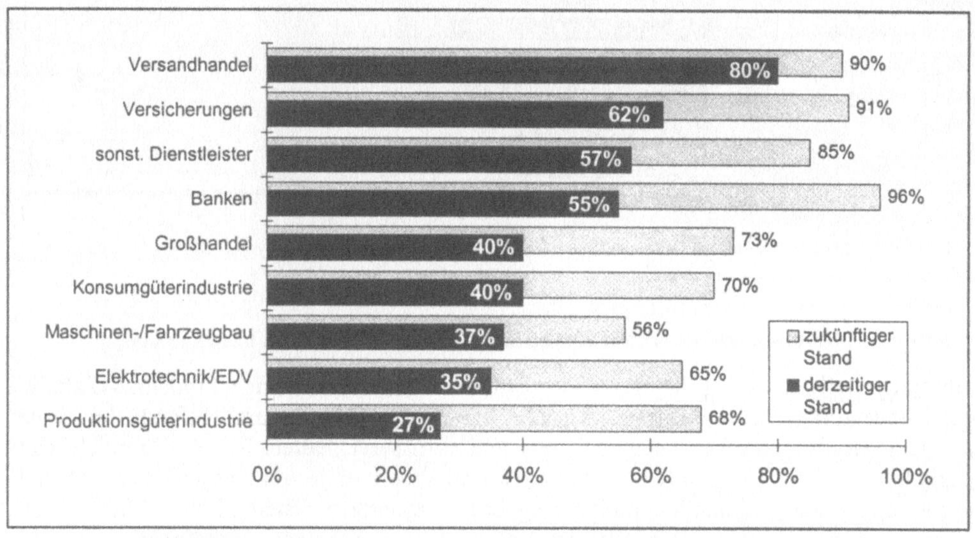

Abbildung 1: Verbreitung des Database Marketing in Großunternehmen

Wie es der Entstehungsgeschichte des Database Marketing entspricht, hat es auch heute noch seinen Schwerpunkt im Bereich der Direktwerbung: 80 % der Unternehmen setzen Database Marketing in diesem Bereich in hohem Maße ein. Es ist aber auch deutlich geworden, daß der Anwendungsbereich der Database zunehmend ausgedehnt wird. So rangiert an zweiter Stelle die Außendienst-/Vertriebsunterstützung mit 64 %. Dahinter folgen mit jeweils knapp 50 % die Verkaufsförderung sowie die Auslotung von Cross-Selling-Chancen. Jeweils etwa ein Drittel der Unternehmen nutzt Database Marketing im Rahmen des Telefonverkaufs, der Produkt- und Preisgestaltung sowie für institutionalisierte Kundenbetreuungsprogramme (z.B. Kunden-Club).

In den einzelnen Branchen liegen die Schwerpunkte des Database Marketing sehr unterschiedlich. Während im Versandhandel die Direktwerbung als Instrument des Database Marketing dominiert, steht die Vertriebssteuerung in der Produktionsgüterindustrie und bei den Versicherungen im Vordergrund. Banken, EDV- und Konsumgüterhersteller wiederum nutzen die Kundendatenbank in beiden Bereichen gleichermaßen intensiv.

Die Grundlage des Database Marketing bilden die auf der Datenbank vorgehaltenen Kundeninformationen (Abb. 2). Neben der obligatorischen Adresse (88 % Firmen- und 58 % Konsumentenadressen) verfügen die DBM-Anwender vor allem über Informationen zu den bisherigen Käufen bzw. Aufträgen ihrer einzelnen Kunden (78 %).

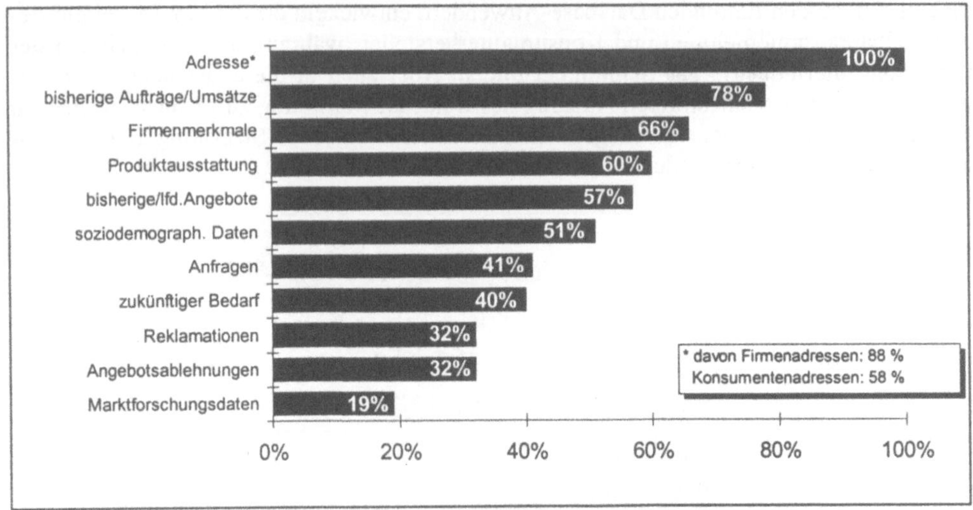

Abbildung 2: Informationsinhalte der Kundendatenbanken in der Praxis

Während jeweils mehr als die Hälfte der Unternehmen die derzeitige Produktausstattung ihrer Kunden, allgemeine Firmenmerkmale (Größe etc.), bisherige und laufende Angebote bzw. soziodemographische Daten speichern und abrufbereit halten, ist es erstaunlich, daß lediglich 40 % der Befragten Kundenanfragen festhalten und gerade mal jeweils ein Drittel der Firmen Kundenreklamationen oder Angebotsablehnungen systematisch erfaßt. Hier ist sicherlich ein gravierendes Defizit bei den Database-Anwendern zu konstatieren.

2.3 Ausgewählte Ergebnisse zum Computer Aided Selling

Die Versicherungsunternehmen, die als Pioniere des Computer Aided Selling gelten, stehen im Branchenvergleich mit 90 % an der Spitze des CAS-Einsatzes (Abb. 3). Dahinter folgen Versandhandelsunternehmen, wobei es sich hier vor allem um die elektronisch unterstützte Kundenberatung und Bestellannahme per Telefon handelt. Im Mittelfeld liegen Banken und andere Dienstleister. Zu den Schlußlichtern gehören (wiederum) die Produktionsgüterhersteller, der Großhandel und die elektrotechnische Industrie (einschließlich EDV-Hersteller!). Bei den Konsumgüter- und Produktionsgüterherstellern stehen nach unseren Erhebungen in Zukunft die meisten CAS-Einführungen an.

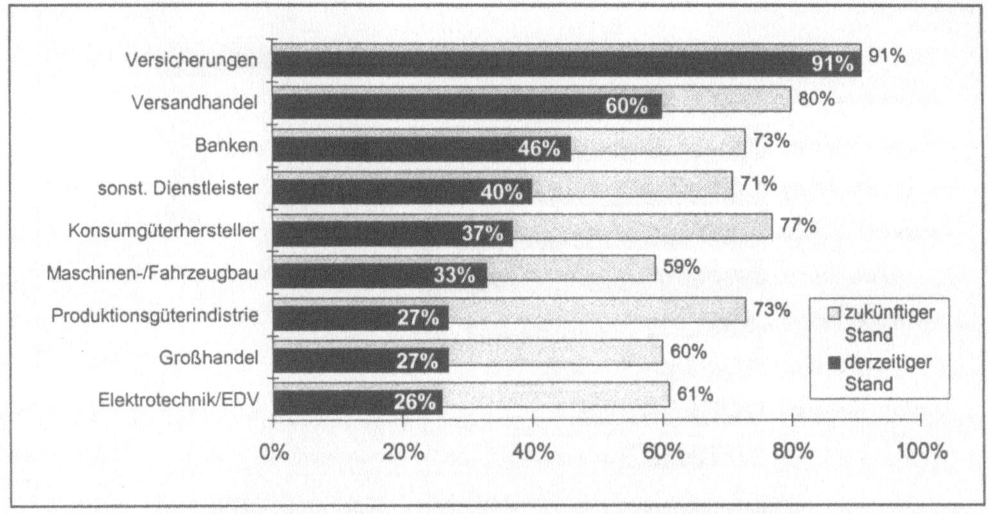

Abbildung 3: Verbreitung des CAS in Großunternehmen

Hinweise auf die tatsächliche Nutzung des Computer Aided Selling können die in der Praxis realisierten Funktionselemente geben. Die Untersuchung hat hier folgende Ergebnisse gebracht (Abb. 4):

Fast alle CAS-Systeme (92 %) enthalten als Basismodul eine Kundendatenbank, und über drei Viertel der CAS-Anwender können ein Textverarbeitungsprogramm nutzen. Jeweils etwa 60 % der untersuchten Systeme verfügen über eine Produktdatenbank (elektronischer Produktkatalog), über Module zur Angebotserstellung, Angebotskalkulation bzw. zur Auftragsbearbeitung. Ungefähr jedes zweite Unternehmen nutzt den Computer zur Erstellung von Kundenkontaktberichten. Die Möglichkeit zur Datenfernübertragung ist bisher bei 45 % der befragten CAS-Anwender gegeben, soll aber zukünftig bei drei Viertel der Benutzer zur Verfügung stehen.

Wenngleich eine wirksamere Erfolgskontrolle von den befragten Unternehmen als eines der wichtigsten Ziele des CAS-Einsatzes genannt wird, ergibt sich in der betrieblichen Umsetzung ein anderes Bild: Nur jedes dritte Unternehmen, das CAS einsetzt, hat sein System mit entsprechenden Analyse-Tools versehen. Die mangelhafte Erfolgskontrolle muß als ein eklatantes Defizit vieler in der Praxis realisierter CAS-Systeme betrachtet werden.

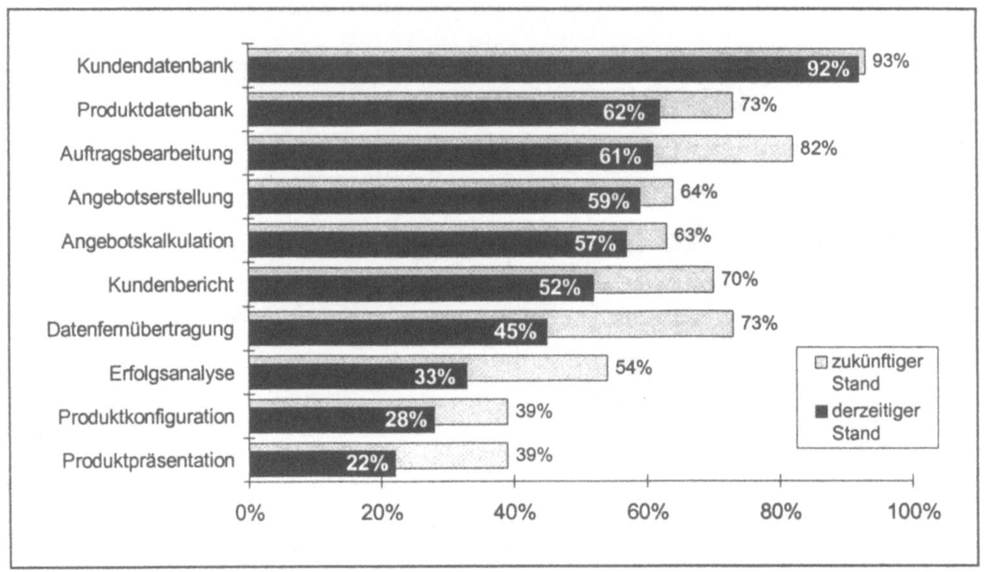

Abbildung 4: Ausgewählte Funktionselemente von CAS-Systemen in der Praxis

Die Schwerpunkte des CAS-Einsatzes liegen in den einzelnen Branchen sehr unterschiedlich. So steht bspw. bei den Banken und Versicherungen ebenso wie im Maschinen- und Fahrzeugbau die Unterstützung des Verkaufsgesprächs (Beratung und Angebotserstellung i.w.S.) deutlich im Vordergrund, während vor allem die Konsum- und Produktionsgüterhersteller ihre CAS-Systeme fast ausschließlich zur Vertriebssteuerung einsetzen.

3 KIS im Mittelstand

Die Mittelstandsuntersuchungen wurden in zahlreichen Einzelprojekten in den Bereichen Freie Berufe, Touristik, Handwerk, Fachhandel, Bekleidung, Immobilien sowie gemeinnützige Organisationen durchgeführt [Lin95]. Grundsätzlich kann festgestellt werden, daß der Mittelstand den Großunternehmen, was die Verbreitung kundenorientierter Informationssysteme anbetrifft, in keinster Weise nachsteht. Der Einsatz der Informationstechnologie erreicht indes in der Regel nicht dasselbe Niveau. So dominiert im Mittelstand der Rationalisierungsaspekt, wenn es um die konkrete Nutzung kundenorientierter Informationssysteme geht, während auf Differenzierungsvorteile ausgerichtete Anwendungen eher die Ausnahme bilden. Wir beschränken uns nachfolgend auf einige ausgewählte Branchen.

Zunächst zum Database Marketing: Die mittelständischen Versandhändler belegen zusammen mit den Kraftfahrzeughändlern (hinter denen die Automobilhersteller stehen) die Spitzenplätze (Abb. 5): jeweils 95% der Befragten in diesen Branchen verfügen derzeit über eine Kundendatenbank. Ebenfalls zur Spitzengruppe zählen die Immobilienmakler. Bemerkenswert ist, daß auch viele gemeinnützige Organisationen im Rahmen ihrer Fundraisingbemühungen offenbar sehr intensiv auf die Unterstützung des Computers setzen. Im Mittelfeld liegen neben den Reisebüros die Freiberufler (wobei die beratenden Berufe deutlich besser abschneiden als bspw. die Apotheker und Architekten) sowie die mittelständische Textilindustrie. Am wenigsten verbreitet sind Kundendatenbanken u.a. im Handwerk und im Textileinzelhandel (Bekleidungsfachgeschäfte).

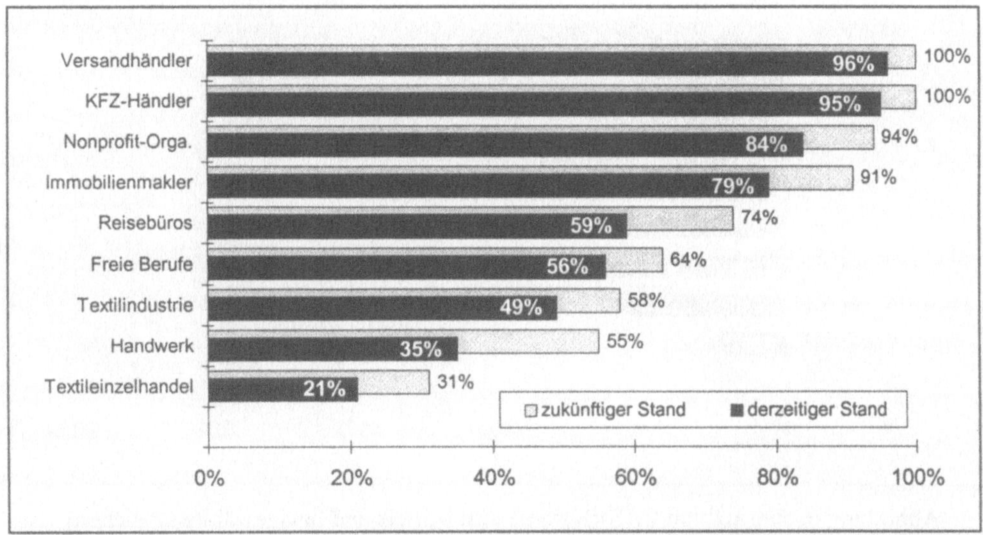

Abbildung 5: Einsatz von Kundendatenbanken im Mittelstand (ausgewählte Branchen)

Insgesamt betrachtet dominiert der Einsatz der Kundendatenbank im administrativen Bereich (z.B. Adressenverwaltung) sowie zur Planung und Durchführung von Direktwerbemaßnahmen. Während die Direktwerbung in den Freien Berufen aus rechtlichen Gründen entfällt, stellt dieser Bereich im Handel und für die Reisebüros ein wichtiges Database Marketing-Instrument dar. Die freiberuflich Tätigen sowie die Immobilienmakler nutzen die Datenbank dagegen in hohem Maße zur Ermittlung und Befriedigung eines konkreten Kundenbedarfs. Die Nonprofit-Organisationen nutzen Database Marketing insbesondere im Rahmen ihrer Aufklärungsarbeit sowie zur Spendenakquisition (Fundraising). Was die Ziele des Kundendatenbankeinsatzes betrifft, wird das Kostensenkungspotential von den befragten Mittelständlern deutlich höher eingestuft als bei den Großunternehmen.

An der Spitze des CAS-Einsatzes liegen die Kraftfahrzeughändler gefolgt von den Reisebüros und den Immobilienmaklern (siehe Abb. 6). Dagegen bildet u.a. der Versandhandel zusammen mit den Unternehmen aus der Textilbranche das Schlußlicht. Die befragten Handwerker und Freiberufler gehören zu den mittleren CAS-Anwendern.

Die Schwerpunkte des CAS-Einsatzes sind sehr unterschiedlich: Bei den Freien Berufen steht die Unterstützung administrativer Aufgaben im Mittelpunkt. Daneben werden zunehmend 'Know-how'-Datenbanken eingesetzt, um die Beratungsqualität und -kompetenz gegenüber dem Kunden zu erhöhen. In den Reisebüros werden vor allem Computerreservierungssysteme eingesetzt, in der Textilindustrie herrschen Auftragserfassungs- bzw. elektronische Bestellsysteme vor. Im Automobilhandel finden sich hauptsächlich Systeme zur

Unterstützung der Kundenberatung, vor allem in den Bereichen Produktkonfiguration, Angebotserstellung und Finanzierungsberatung. Im Handwerk und bei den Immobilienmaklern steht die computergestützte Angebotserstellung im Vordergrund.

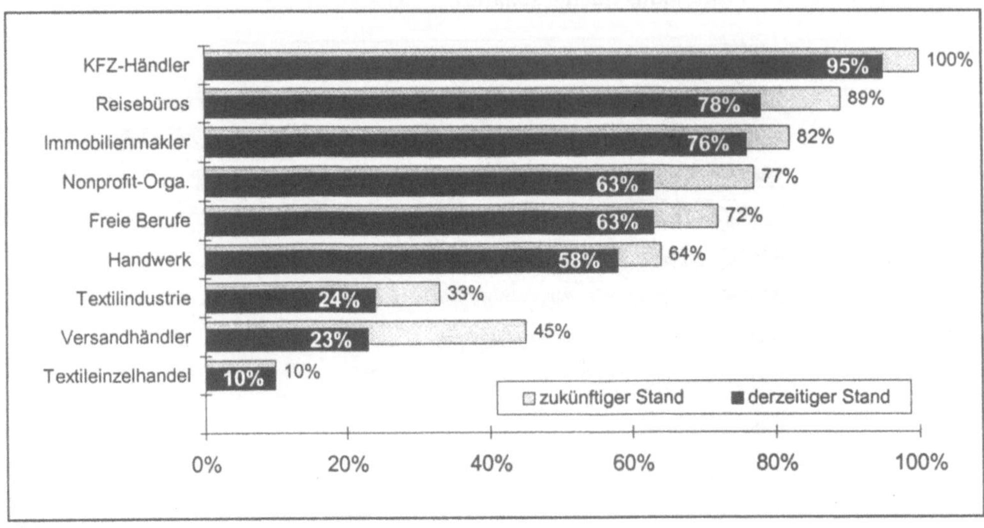

Abbildung 6: Einsatz von CAS-Systemen im Mittelstand (ausgewählte Branchen)

4 Ausblick

Database Marketing und Computer Aided Selling weisen ein beachtliches wettbewerbsstrategisches Potential in puncto Individualisierung, Schnelligkeit und Rationalisierung auf. Dieses Potential wird in der betrieblichen Praxis auch zunehmend erkannt. Demzufolge setzen bereits sehr viele Unternehmen kundenorientierte Informationssysteme ein, um sich damit Wettbewerbsvorteile zu verschaffen, wenngleich in der Umsetzung Defizite festzustellen sind.

Zukünftig wird indes kaum ein Unternehmen mehr ohne derartige Systeme auskommen. Die Technologie ist für alle Unternehmen – auch für kleine und mittlere Betriebe – erschwinglich geworden. In Zukunft wird es darauf ankommen, mit innovativen Anwendungen Wettbewerbsvorteile zu realisieren. Hier bestehen noch reichlich Möglichkeiten.

5 Literatur

[Lin93]   Link, J., Hildebrand, V. (1993): *Database Marketing und Computer Aided Selling*, München 1993.

[Lin94]   Link, J., Hildebrand, V. (1994): *Verbreitung und Einsatz des Database Marketing und CAS*, München 1994.

[Lin95]   Link, J., Hildebrand, V. (1995) (Hrsg.): *EDV-gestütztes Marketing im Mittelstand*, München 1995.

[Wei96]   Weiber, R., Varnholt, R. (1996): Informationstechnik und Geschäftsprozeß-organisation als Instrumente zur Customer Integration, in: Kleinaltenkamp, M., Fließ, S., Jacob, F. (Hrsg.), *Customer Integration: von der Kundenorientierung zur Kundenintegration*, Wiesbaden 1996, S. 259-273.

Knowledge Based Marketing – Computergestützter Softwarevertrieb

Michael Höhl
Bereich Wirtschaftsinformatik I[*]
Universität Erlangen-Nürnberg

Zusammenfassung

In gesättigten Märkten gilt es, Kundenbeziehungen auf Basis eines effizienten Beziehungsmanagements dauerhaft zu festigen. Gerade in der Software- und Dienstleistungsbranche kann dies kostengünstig über das Internet realisiert werden, da es aufgrund der Intangibilität der zu vertreibenden Güter möglich ist, den gesamten Verkaufsprozeß einschließlich der Distribution online abzudecken. Mit Hilfe des Konzepts "Knowledge Based Marketing" wird die individuelle Informationsversorgung der Kunden im Internet angestrebt. Die prototypische Realisierung SCOUT (Software-Consultant) unterstützt, basierend auf diesem Ansatz, den computergestützten Vertrieb von Software.

Stichworte: Database Marketing, Elektronische Produktkataloge, Internet, Knowledge Based Marketing, One-to-One-Marketing, Produktberatung, World Wide Web

1 Problemstellung

Die DATEV eG (Datenverarbeitungsorganisation des steuerberatenden Berufes, eingetragene Genossenschaft) ist ein Dienstleistungsunternehmen, das anwendungsorientierte Software für den steuerlichen und betriebswirtschaftlichen Bereich entwickelt. In Kooperation mit DATEV werden am Bayerischen Forschungszentrum für Wissensbasierte Systeme (FORWISS), Erlangen, Ansätze aus dem Database Marketing und dem Computer Aided Selling auf den Online-Bereich übertragen und um wissensbasierte Komponenten erweitert (Knowledge Based Marketing, siehe Kapitel 2). Schwerpunkte des Projektes sind gezielte Kundenansprache, Produktpräferenzanalyse, dialogorientierte Produktberatung und eine intelligente Informationsaufbereitung nach dem individuellen Profil des Benutzers im Internet. Dabei werden unter dem Paradigma des One-to-One-Marketing [Pep93, Pin95] computergestützte Produktberatungssysteme entwickelt, die einen kundenspezifischen Problemlösungsprozeß ermöglichen, d. h., zielgruppenbezogenes Wissen ist so zu verfeinern, daß ein Segment im Idealfall nur noch aus einem Kunden besteht.

---

[*] Lehrstuhlinhaber: Prof. Dr. Dr. h.c. mult. P. Mertens

2 Knowledge Based Marketing

Im Rahmen der Kommunikationspolitik können Kunden selektiv von der Vorkaufphase bis zum individuellen Support in der Nachkaufphase betreut werden [Höh96]. Bei intangiblen Produkten, wie z. B. Software, sind nicht nur neue Distributionskonzepte, sondern durch die Online-Auslieferung auch Veränderungen der logistischen Prozesse möglich. Die niedrige Einstiegsschwelle aufgrund der vorhandenen Kommunikationsinfrastruktur und die im Vergleich zu Printmedien kostengünstige Produktion individueller Botschaften gestatten es, One-to-One-Marketing auch in Massenmärkten zu betreiben [Pep93, S. 10 f.].

Durch die Kommunikation in einem Online-Medium und die Verknüpfung von Benutzermodellen, Anforderungsprofilen und Vertriebsregeln kann jeder Kunde zu geringen Kosten mit individuell aufbereiteten Informationen versorgt werden. Gerade in einem Medium wie dem Internet, dessen Problem unter anderem der Information Overload des Kunden ist, ist die Individualisierung von Bedeutung. Dies hebt die Anonymität der Käufer auf und ermöglicht ein aktives Beziehungsmarketing. Darüber hinaus wird der Informationskreislauf vom Unternehmen zum Kunden und zurück durch die Möglichkeit der bidirektionalen Kommunikation in sämtlichen Phasen der Beschaffungs- und Verkaufsprozesse ohne Medienbrüche und aus Sicht des Softwareherstellers voll automatisiert geschlossen.

3 Spezielle Anforderungen der Softwarebranche im Business-to-Business-Bereich

Der Einsatz von Knowledge Based Marketing in der Softwarebranche muß vor allem dem Systemcharakter von Standardsoftware Rechnung tragen. Da Standardsoftware-Systeme aus Modulen gebildet werden, die miteinander in komplementärer Beziehung stehen und in der Regel sowohl "stand-alone" als auch im Verbund miteinander eingesetzt werden können, sind komplexe Integrationsbeziehungen bei der Kaufentscheidung zu berücksichtigen. Diese umfassen die interne Integration, d. h. die Schnittstellen der Software-Module und Datenbanken untereinander, und die externe Integration, also die Einbettung des Systems in das Umfeld des Anwenders [Wim93, S. 15 ff.].

Insbesondere für letzteres ist es erforderlich, das Software-Leistungsspektrum durch sekundäre Dienstleistungen zu flankieren. Durch das Bundling von Software und Beratungs-/Schulungsleistungen erwächst dem Anbieter ein zusätzliches Differenzierungspotential. Allerdings müssen auch diese Dienstleistungen wirtschaftlich erbracht werden, was durch die hohe Innovationsdynamik dieses Marktes und die daraus resultierenden großen Anforderungen an das Know-how des Verkaufspersonals erschwert wird.

Kaufentscheidungen im Business-to-Business-Bereich sind in der Regel durch die Beteiligung mehrerer Personen aus dem Kundenunternehmen gekennzeichnet. Es ist plausibel, davon auszugehen, daß sich die Informationsbedürfnisse der Mitglieder einer solchen "Buying-Front" stark voneinander unterscheiden. Dies hängt zum einen von der Funktion des Betreffenden im Unternehmen ab. So wird sich der Geschäftsführer einer Kanzlei sicherlich eher für eine Nutzenargumentation interessieren, während der Netzwerkspezialist vor allem technisch-orientierte Informationen benötigt. Zum anderen verfügen Kunden über sehr unterschiedliche Vorkenntnisse, die z. B. durch dynamische Erklärungstexte in einem individuellen Beratungsdialog zu berücksichtigen sind. So sind die Präsentationen zwar so knapp wie möglich auszugestalten (der Kunde soll nicht mit Informationen "überflutet" werden), da es sich bei Softwareinvestitionen aber häufig um High-Involvement-Entscheidungen handelt, dürfen keine aus Kundensicht wesentlichen Informationen unterschlagen werden.

4 Prototypische Realisierung eines Systems für den computergestützten Softwarevertrieb

Die in den vorhergehenden Kapiteln beschriebenen Anforderungen des Knowledge Based Marketing werden im System SCOUT mit fünf Modulen umgesetzt, die in Abbildung 1 an einem Ausschnitt des Verkaufsprozesses dargestellt sind. Grundlage des Systems ist eine gemeinsame Wissensbasis, in der vor allem Erfahrungen aus Verkaufsgesprächen und auch Erkenntnisse aus der Marktforschung gespeichert werden, um das computergestützte Verkaufsgespräch zu unterstützen.

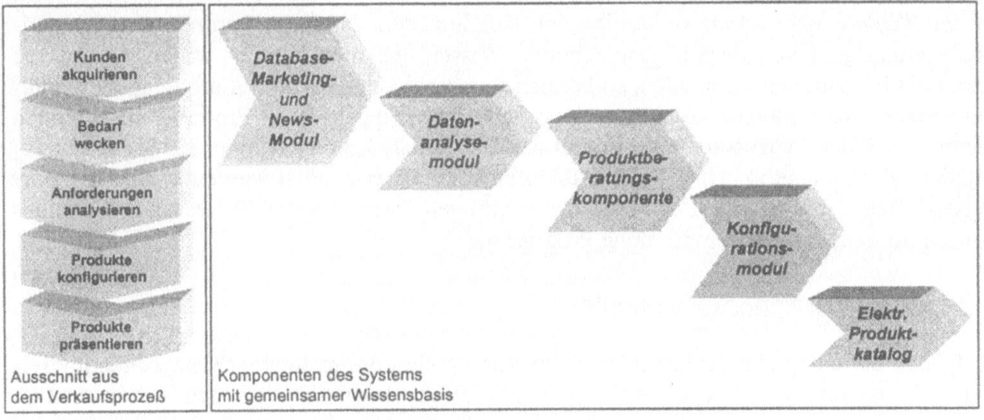

Abbildung 1: Module des Systems SCOUT

4.1 Database-Marketing- und News-Modul

In der Akquisitionsphase, die hier in erster Linie auf das Initiieren eines Kommunikationsprozesses bezogen werden soll und weniger auf das Gewinnen von Neukunden, sind Interessenten über das Internet aktiv anzusprechen. Basierend auf angebots- und zielgruppenbezogenen, kundenindividuellen und zyklischen DBM-Aktionen [Lin93, S. 67 ff.] erhält der Kunde eine individuelle E-Mail mit Kurzinformationen über neue Produkte und Verweise auf korrespondierende ausführlichere WWW-Seiten.

Meldet sich ein Kunde auf der DATEV-WWW-Site an, so versorgt ihn das News-Modul mit einer Elektronischen Zeitung, die entsprechend seinem Anforderungsprofil zusammengestellt wird. Grundlage hierfür sind sowohl explizite Angaben (Informationsabonnement) des Benutzers als auch die Regeln, die im Database-Marketing-Modul eingesetzt werden.

4.2 Datenanalysemodul

Das Datenanalysemodul dient der vollautomatischen Voranalyse der aktuellen Software-Ausstattung beim Kunden und des potentiellen Bedarfs, um rasch erste Produktempfehlungen zu generieren. Ohne den Kunden in einen Dialog zu verwickeln, untersucht das Datenanalysemodul den Ist-Zustand, d. h. das bestehende DATEV-Produkt-Portfolio, um anschließend "Weiße Flecken" aufzuspüren, die sich aus dem Anforderungsprofil des Kunden ergeben [Bäu96]. Hierbei kommt es DATEV zugute, daß sie zu ihren Mitgliedern langfristige Geschäftsbeziehungen unterhält, somit über umfangreiche Kundendatenbestände – einschließlich der bereits vorhandenen Software – verfügt.

Die *Ist-Analyse* gliedert sich in den Versions- und den Funktionsvergleich. Während im Versionsvergleich die Software des Kunden auf ihre Aktualität hin überprüft wird, empfiehlt der Funktionsvergleich Programme, die über einen größeren Funktionsumfang verfügen als die aktuelle Software des Kunden und ggf. besser in die aktuelle Marketingstrategie von DATEV passen.

In der *Weiße-Flecken-Analyse* werden den Kundendaten Typen zugeordnet, deren Individualisierungsgrad von dem abgespeicherten Wissen über den Kunden abhängt. Sind nur wenige Informationen vorhanden, so können Referenzlösungen und Empfehlungen, die auf allgemeingültigen Regeln basieren, eine grobe Orientierungshilfe für Produktempfehlungen bieten. Nach der Typzuordnung ermittelt das Datenanalysemodul, ob der Kunde durch zusätzliche Programme in seinen Arbeitsabläufen sinnvoll unterstützt werden kann. Hierzu ist Wissen über Cross-Selling-Potentiale der jeweiligen Typen abgespeichert (z. B. Schulungen für vorhandene oder empfohlene Programme).

4.3 Produktberatungskomponente

Aufgaben der computergestützten Produktberatung sind die rechnergeführte kundenindividuelle Bedarfsanalyse und die Abbildung des so gewonnenen abstrakten Anforderungsprofils auf ein reales Produktspektrum, um Lücken zwischen Ist- und Sollzustand zu schließen (siehe hierzu [Löd94, S. 20 ff.]). Die bereits beschriebenen Module (s. Kapitel 4.1 und 4.2) greifen auf in Datenbanken gespeicherte Kundeninformationen zu, deren Granularität in der Regel nur grobe Rückschlüsse auf tatsächliche Bedarfe zuläßt. Mit Hilfe der Produktberatungskomponente kann der Kunde deshalb sein Anforderungsprofil im Dialog mit dem System solange verfeinern, bis sein Problem genau genug beschrieben ist, um Produktempfehlungen mit hoher Paßgenauigkeit zu generieren (siehe hierzu [Bög97]).

4.4 Konfigurationsmodul

Die Beratungsergebnisse der oben genannten Komponenten sind im letzten Schritt des Beratungsprozesses aufeinander abzustimmen und mit bereits beim Kunden vorhandenen Produkten bzw. individuellen Präferenzen abzugleichen. Die Konfiguration berücksichtigt neben dem problembezogenen Eignungsgrad eines Produktes auch die Bedeutung einzelner Bausteine im Gesamtsystem. Im ersten Schritt werden die relevanten Produkte in Aufgabenschwerpunkte eingeteilt. Diesen Aufgaben können Prioritäten zugeordnet werden, um z. B. zwischen primären und begleitenden Tätigkeiten in Kanzleien zu unterscheiden. Orthogonal dazu werden Schichten gebildet, die Software und begleitende Dienstleistungen in aufeinander aufbauende Ebenen (z. B. Systemsoftware, Datenbanken, Anwendungssoftware, Add-Ons, Services usw.) untergliedern. Diese Einteilung dient primär der Ermittlung von Reihenfolgen und Voraussetzungen bei der Einführung neuer Programme; so kann etwa eine bestimmte Datenbank Grundlage für ein gewünschtes Anwendungsprogramm sein. Im dritten Schritt werden an den Schnittpunkten der beiden Klassifikationen Produkte aus komplementären Angeboten ausgewählt. Abschließend berücksichtigt der Konfigurator Präferenzen und beim Kunden vorhandene Produkte, um Software-Services-Pakete zu generieren.

4.5 Elektronischer Produktkatalog

Wurden durch die oben beschriebenen Komponenten Produktempfehlungen generiert, so können mit Hilfe dieses benutzerindividuellen Elektronischen Produktkataloges die entsprechenden Informationsseiten aus dem WWW abgerufen werden. Ein Monitor "beobachtet" dabei den Kunden und adaptiert die Präsentation an die bevorzugte Form der Informationsaufnahme, um das subjektiv wahrgenommene Entscheidungsrisiko zu reduzieren [Löd94, S. 110]. Der Produktkatalog adaptiert sein Verhalten im Dialogablauf an die Anforderungen des Benutzers (implizite, dynamische Modellierung). Darüber hinaus kann der Benutzer die Parameter der Modellierung explizit variieren (zu den Formen der Benutzermodellierung siehe [Bod92]). Anschließend wird das Benutzermodell auf eine Dokumentenbeschreibung übertragen. Als Ergebnis erhält der Kunde dynamisch konfigurierte WWW-Seiten.

5 Ausblick

Online-Marketing hat momentan sicherlich einen Schwerpunkt im Bereich der Kommunikationspolitik, sollte aber bei der Ausgestaltung aller Elemente des Marketingmix berücksichtigt werden. Die Einbeziehung der Kunden in die Produktpolitik durch einen aktiven Dialog ermöglicht es, schneller und präziser auf Kundenwünsche zu reagieren und damit die Marktakzeptanz neuer Produkte zu beschleunigen. So verwenden z. B. Apple-Konstrukteure wöchentliche Top-Ten-Listen der Anregungen ihrer Kunden für Produktverbesserungen (McK96, S. 11).

Diese Informationen können – mit Hilfe eines Online-Beratungssystems gewonnen – bei hinreichender Modularisierung der Produkte auch unverzüglich in die Produktgestaltung eingehen. Der Componentware-Ansatz (Möh96, S. 47) erlaubt es, Programmsysteme den individuellen Bedürfnissen der Kunden mit einer hohen Genauigkeit effizient anzupassen. So können einzelne Funktionen durch kleine Programmeinheiten abgedeckt werden, die dann zu einem Gesamtsystem zu konfigurieren sind. Dabei ist es möglich, Module von so feiner Granularität herzustellen, daß sie exakt die einzelnen Bedürfnisse der Kunden widerspiegeln. Produkte könnten auf diese Weise selbst in Massenmärkten maßgefertigt werden.

6 Literatur

[Bäu96]   Bäumker, F.-J. (1996): Entwicklung eines Moduls zur Analyse von Kundendaten eines Softwareherstellers zur Durchführung individueller Marketingmaßnahmen. Diplomarbeit, Nürnberg 1996.

[Bod92]   Bodendorf, F. (1992): Benutzermodelle - ein konzeptioneller Überblick. WIRTSCHAFTSINFORMATIK 34 (1992) 2, S. 233-245.

[Bög97]   Bögerl, G. (1997): Konzeption und prototypische Realisierung einer Produktberatungskomponente im Internet für die DATEV. Diplomarbeit, Nürnberg 1997.

[Höh96]   Höhl, M. und M. Ponader (1996): Kauf und Service im Internet. DSWR 25 (1996) 4, S. 88-89.

[Lin93]   Link, J. und V. Hildebrand (1993): Database Marketing und Computer Aided Selling. München 1993.

[Löd94]   Lödel, D. (1994): Produktberatung in einem Angebotssystem unter besonderer Berücksichtigung der Kundentypologie. Dissertation, Nürnberg 1994.

[McK96]   McKenna, R. (1996): Marketing in Echtzeit. Harvard Business Manager 18 (1996) 2, S. 9-18.

[Möh96]   Möhle, S. u. a. (1996): Kann man ein einfaches PPS-System mit Microsoft-Bausteinen entwickeln? Industrie-Management 12 (1996) 5, S. 47-52.

[Pep93]   Peppers, D. und M. Rogers (1993): The One to One Future. New York u. a. 1993.

[Pin95]   Pine II, J. u. a. (1995): Do you want to keep your customers forever? Harvard Business Review o. Jg. (1995) 3-4, S. 103-104.

[Wim93]   Wimmer, F. u. a. (1993): Ansatzpunkte und Aufgaben des Software-Marketing. In: Wimmer, F. und L. Bittner (Hrsg.): Software-Marketing: Grundlagen, Konzepte, Hintergründe. Wiesbaden 1993.

Elektronische Branchenkataloge – Nutzungsmöglichkeiten und Akzeptanzförderung

Marc Rössel
Bereich Wirtschaftsinformatik I[*]
Universität Erlangen-Nürnberg

Zusammenfassung

Elektronische Kataloge bieten durch multimediale Präsentationen, komfortable Suchfunktionen und einfache Bestellmöglichkeiten gegenüber traditionellen Papierkatalogen wesentliche Vorteile. Verbesserte Speichermedien und leistungsfähigere Computernetze erweitern die Einsatz- und Gestaltungsmöglichkeiten elektronischer Kataloge erheblich. Vor dem Hintergrund, daß man elektronisch fast unbegrenzt Informationen bereitstellen kann, müssen Kataloganbieter beachten, daß die Anwender multimedialer Präsentationen möglichst individuell aufbereitete Informationen fordern. Die Benutzermodellierung kann hier entscheidende Impulse liefern. Zur Verdeutlichung dient ein multimedialer, benutzermodellgestützter Branchenkatalog für Technische Keramik, der gegenwärtig am FORWISS (Bayerisches Forschungszentrum für Wissensbasierte Systeme) entwickelt wird.[**]

Stichworte: Adaptives System, Benutzermodellierung, Elektronische Produktkataloge, Multimedia, Point-of-Information

1 Elektronische Branchenkataloge

1.1 Systematik elektronischer Kataloge

Elektronische Produktkataloge (EPK) stellen den Ausgangspunkt verschiedener Formen elektronischer Kataloge dar (siehe Abbildung 1).

So sind beispielsweise Verbundkataloge mehrerer Unternehmen und ihrer Produkte denkbar. Dabei kann es sich um Unternehmen des gleichen Konzerns oder der gleichen Region

---

[*] Lehrstuhlinhaber: Prof. Dr. Dr. h. c. mult. P. Mertens

[**] Förderung durch: - Stiftung Industrieforschung, Köln
                      - Forschungsgemeinschaft der Deutschen Keramischen Gesellschaft e.V., Köln

handeln. In diesen Kontext sind auch Präsentationen einzelner Branchen und Verbände einzuordnen. Im Ergebnis bestimmt der Zweck eines Katalogs dessen Zusammenstellung.

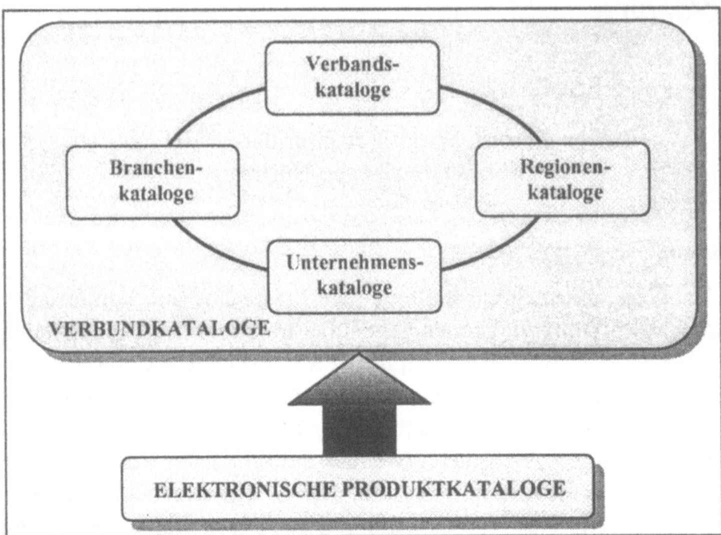

Abb. 1: Systematik elektronischer Kataloge

Anders als bei den EPK einzelner Unternehmen steht bei der Gestaltung der Verbundkataloge nicht der unmittelbare Verkauf im Vordergrund, sondern die Informationsvermittlung. Der konkrete Produktbezug geht verloren.

Eine weitere Abgrenzungsmöglichkeit bietet die Unterscheidung von Business-to-Consumer- und Business-to-Business-Marketing. Während im Business-to-Consumer-Bereich Kataloge vornehmlich als Werbemittel eingesetzt werden, finden im Business-to-Business-Marketing hauptsächlich Fachkataloge und Nachschlagewerke Verwendung. Bei der Konzeption von Fachkatalogen dominieren die Speicherung großer Datenmengen und die flexible Informationssuche und -filterung gegenüber den multimedialen Präsentationsmöglichkeiten. An Werbekataloge sind indessen höhere gestalterische Anforderungen zu stellen.

Als *Branchenkataloge* sollen Kataloge gelten, die nicht nur Informationen zu Unternehmen und Produkten (Waren und Dienstleistungen) einer Branche, wie sie elektronische Hersteller- bzw. Branchenverzeichnisse beinhalten, liefern, sondern auch umfassend über Werkstoffe (z. B. Eigenschaften und Normen) und Herstellungsverfahren, über rechtliche Bestimmungen (z. B. Gesetze und Verordnungen), über Forschungsaktivitäten usw. informieren. Diese Informationsheterogenität ist charakteristisch für Branchenkataloge. Als ähnlich heterogen stellt sich die Zielgruppe eines solchen Katalogs dar. Anwender und Hersteller der Produkte einer Branche gehören ebenso dazu wie Interessenten aus den Bereichen Politik, Wissenschaft, Kultur, Berufsausbildung usw.

1.2 Nutzungsmöglichkeiten elektronischer Branchenkataloge

Für Branchen mit überwiegend kleineren und mittleren Unternehmen (KMU) sind Branchenkataloge ein vielversprechendes Medium, für mehr Transparenz und somit Vergleichbarkeit zu sorgen. Zum Beispiel reduziert sich für ein Unternehmen der Aufwand, dringend benötigte Produkte mit bestimmten Eigenschaften zu finden, weil unmittelbar alle potentiellen Anbieter einer Branche einem Vergleich unterzogen werden können.

Mit Hilfe einer Point-of-Characteristic [Gra97, S. 185] werden in Abbildung 2 Nutzungsmöglichkeiten aufgezeigt.

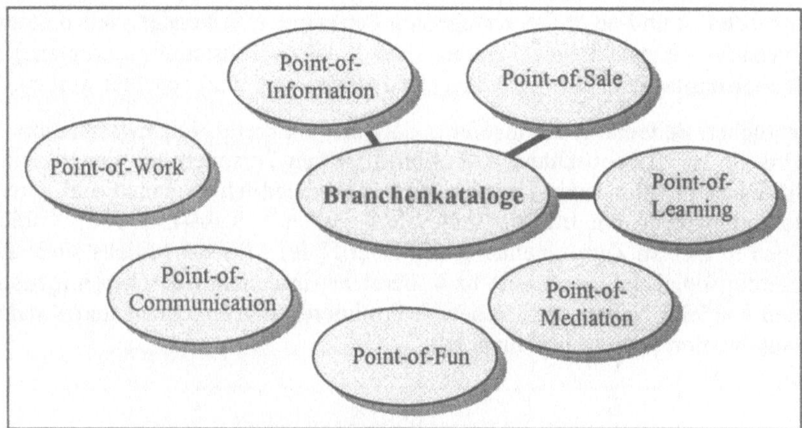

Abb. 2: Point-of-Characteristic für Branchenkataloge

Die Anwendungsbereiche Point-of-Information, Point-of-Sale und Point-of-Learning sind für Branchenkataloge grundsätzlich geeignet. Es ergeben sich mögliche Verwendungen auf klassischen und elektronischen Messen, in Museen, im Rahmen von Mitarbeiterschulungen oder als Unterrichtshilfe in verschiedenen Bildungseinrichtungen. Im Rahmen von elektronischen Messen könnte ein Branchenkatalog einem Interessenten einen umfassenden Überblick über das Leistungsspektrum der Branche bieten, bevor sich dieser dem Angebot eines einzelnen Unternehmens widmet. Da der konkrete Produktbezug fehlt, ist der Einsatz während eines Verkaufsgesprächs und zur Kundenselbstbedienung eingeschränkt. Hier sind Elektronische Produktkataloge, die zusätzlich zu einem Branchenkatalog genutzt oder in diesen integriert werden können, unerläßlich.

Den Gebieten Point-of-Work (z. B. Telearbeit), Point-of-Communication (u. a. Videokonferenzen), Point-of-Fun (z. B. Computerspiele) und Point-of-Mediation (Vermittlung komplexer Sachverhalte, wie globale Klimaveränderungen) werden Branchenkataloge nicht zugeordnet.

Branchenkataloge lassen sich sowohl online als auch offline einsetzen. Beide Realisierungsformen können gleiche Inhalte aufweisen, wenngleich auf noch bestehende Restriktionen bei der Übermittlung umfangreicher Datenvolumina, wie sie bei Video- oder Audio-Dateien anfallen, zu achten ist. Gegenwärtig verfolgen Unternehmen mit ihren Auftritten im World Wide Web (WWW) überwiegend kommunikationspolitische Ziele. Nur wenige Betriebe bieten die Option, online zu bestellen ([Fan96], [O.V.96]).

2 Förderung der Akzeptanz elektronischer Branchenkataloge

2.1 Konzept der Nutzungssituation

Die Akzeptanz eines elektronischen Katalogs zeigt sich daran, ob der Benutzer mit dem Katalog zufrieden ist und ob er die verfügbaren Funktionen verwendet. Neben einer positiven oder negativen Einstellung gegenüber dem Katalog (Einstellungsakzeptanz) muß in jedem Fall auch das tatsächliche Verhalten (Verhaltensakzeptanz) beachtet werden.

Von wesentlicher Bedeutung ist insofern, daß die konkrete Nutzungssituation berücksichtigt wird. So ist zu beobachten, daß „sich dieselben Personen bei gleichen oder ähnlichen Inhalten in verschiedenen Umgebungen unterschiedlich verhalten und unterschiedliche Anforderungen an ein Informationssystem stellen." [Kub94, S. 353] Kubicek und Taube prägen in diesem Zusammenhang den Begriff des Milieus. Milieus sind räumliche und gleichzeitig sozial definierte Orte bzw. Bereiche, in denen Menschen mit bestimmten Erwartungen handeln. Neben dem Milieu determinieren Persönlichkeit und Kataloginhalt die Nutzungssituation (siehe Abbildung 3).

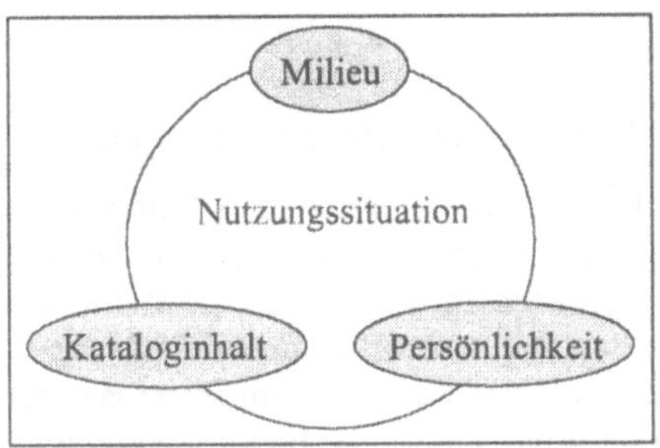

Abb. 3: Konzept der Nutzungssituation

Wenn es gelingt, Branchenkataloge so zu gestalten, daß sie sich an die jeweilige Situation anpassen, kann mit mehr Akzeptanz gerechnet werden. Adaptionen werden einerseits über Veränderungen der Mensch-Computer-Schnittstelle vorgenommen, z. B. durch den benutzerabhängigen Einsatz von Auswahlmenüs oder Eingabefeldern. Andererseits lassen sich die Inhalte an die Nutzerbedürfnisse anpassen. Zur Laufzeit könnten dann erläuternde Texte generiert werden, wobei das System je nach vorhandenen Kenntnissen Fachausdrücke verwendet oder wegläßt. Es ist auch möglich, aus dem Branchenkatalog passende Informationen zu selektieren und dem Benutzer anzubieten.

2.2 Benutzermodellierung zur Akzeptanzförderung

Um die obigen Anpassungen vorzunehmen, werden im Katalog Annahmen oder Fakten über den Benutzer in Form eines Benutzermodells (BM) gespeichert.

Neben „harten" Fakten wie Alter und Geschlecht sind in einem BM auch „weiche" Informationen abzubilden. In Frage kommen Angaben, die das Verhalten, die Präferenzen und die Ziele während der Katalognutzung ausdrücken, aber auch solche, die Kenntnisse über die Bedienung und den Inhalt des Katalogs erfassen ([Bod92], [Mer94]). Trotz abnehmender Härte bzw. Verläßlichkeit sind diese Informationen für ein möglichst umfassendes Bild vom Benutzer notwendig.

Ausgehend von diesen Inhalten eines Benutzermodells müssen konkrete Dimensionen und ihre Ausprägungen festgelegt werden. Für eine Dimension „Fachwissen" sind als Ausprägungen „Laie", „Fachmann" und „Experte" denkbar. Eine detailliertere Abstufung lautet: „Anfänger", „fortgeschrittener Anfänger", „kompetenter Anwender", „Fachmann", „Experte". Der Zweck eines Benutzermodells bestimmt dessen Gestaltung.

Die Voraussetzungen für mehr Akzeptanz eines Anwendungssystems werden durch ein Benutzermodell nur dann geschaffen, wenn es vor allem die Charakteristika des gelegentlichen Nutzers einbezieht. Dieser zeichnet sich durch einen eher unprofessionellen und einfachen Umgang mit dem System aus. Insbesondere diesem Anwendertyp kann eine individuell zusammengestellte Führung, eine „Guided Tour", die Bedienung eines Branchenkatalogs erleichtern.

2.3 Benutzermodellierung in einem Branchenkatalog für Technische Keramik

Zur Verdeutlichung dient ein multimedialer, benutzermodellgestützter Branchenkatalog für Technische Keramik, d. h. für Anwendungen keramischer Produkte in der Technik.

2.3.1 Dimensionen des Benutzermodells

Im Hinblick auf die Nutzungsmöglichkeiten des Branchenkatalogs lassen sich Milieus identifizieren, die sehr stark vom Faktor Zeit geprägt sind. Bei einem Messebesuch steht in der Regel weniger Zeit zur Verfügung als bei einer Katalognutzung in einem Museum. Einem Messebesucher mit wenig Zeit kann sinnvollerweise kein Video mit einer Länge von 15 Minuten angeboten werden. Abbildung 4 enthält zusammenfassend Dimensionen, die hinsichtlich einer Nutzungssituation das Milieu, den Kataloginhalt und die Persönlichkeit abbilden.

Neben den einzelnen Dimensionen sind die zugehörigen Ausprägungen dargestellt. Für den Kommunikationskanal gilt, daß visuell veranlagte Nutzer hauptsächlich Texte, Grafiken und Fotos bei der Informationsaufnahme bevorzugen und auditiv geprägte Anwender Sprache, Geräusche und Musik wünschen. Der Ausprägung kinästhetisch werden Animationen und Videos als präferierte Medien zugeordnet.

2.3.2 Initialisierung und Modifikation des Modells

Eine wenige Seiten umfassende Einführung in den Aufbau und die Funktionsweise des Branchenkatalogs dient nicht allein dazu, den Benutzer zu informieren, sondern auch zur Ableitung erster Erkenntnisse über ihn [Löd94]. Die Art und Weise, wie der Benutzer die Einführung durchläuft, erlaubt Rückschlüsse auf seine kognitiven Fähigkeiten. Abrufe von Begriffserklärungen werden als Indiz für nicht vorhandenes Fachwissen gewertet. Aufrufe erläuterter Katalogfunktionen deuten statt dessen auf das Systemwissen hin. Informationen über den bevorzugten Kommunikationskanal ergeben sich, wenn der Benutzer unterschiedliche Medien verwendet. Gestattet das Verhalten jedoch keine Rückschlüsse auf bestimmte Eigenschaften, weil der Anwender z. B. einzelne Elemente nicht ausreichend nutzt, so wird auf Standardwerte zurückgegriffen. Nachdem der Benutzer die Katalogeinführung durchlaufen hat, ist er einer der insgesamt 216 im System abgelegten Ausprägungskombinationen zugeordnet.

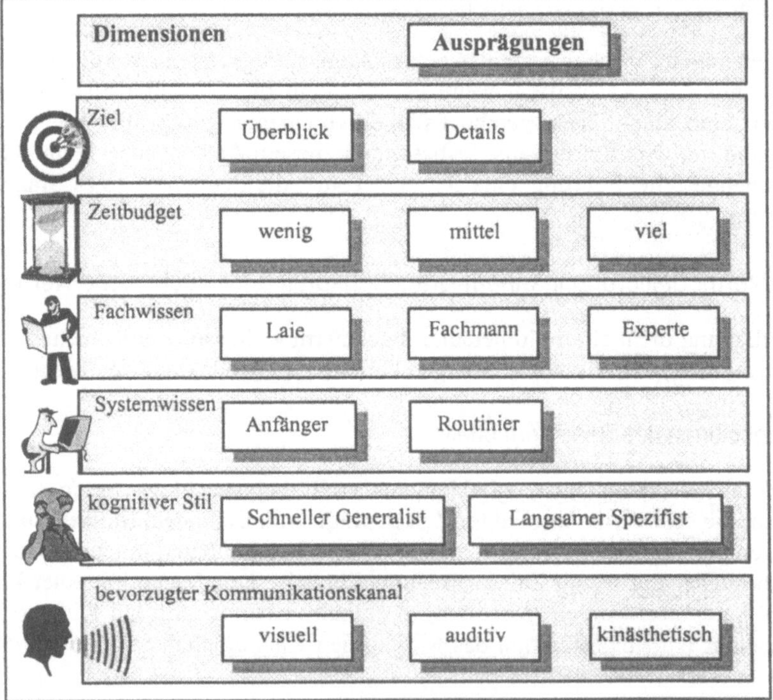

Abb. 4: BM-Dimensionen im Branchenkatalog Technische Keramik

Die stereotypische Zuordnung stellt natürlich eine starke Vereinfachung der menschlichen Besonderheiten dar. Die Wahl des Stereotypenansatzes wird jedoch damit begründet, daß es möglich ist, den Benutzer sehr schnell vordefinierten Eigenschaftsprofilen zuzuordnen und so Wissen zur Kataloganpassung zu erhalten. In jedem Fall ist eine dynamische Modellierung einer statischen Stereotypzuordnung vorzuziehen.

Eine Benutzermodellierungskomponente „beobachtet" deshalb den Benutzer im Dialogverlauf und ordnet ihn mit Hilfe zahlreicher Kenngrößen, wie z. B. Anzahl der Aufrufe der Hilfefunktion, den stark verallgemeinernden Modellausprägungen zu. Als sehr dynamisch erweist sich insbesondere das Niveau des Fachwissens. Es schwankt innerhalb des Branchenkatalogs von einem Themengebiet zum anderen. Aus diesem Grund wird für jeden „besuchten" Themenkomplex das beobachtete bzw. identifizierte Wissensniveau in einer Datenbasis abgelegt. Bei Rückkehr zu einem Gebiet dient der gespeicherte Wert zur Aktivierung des dann gültigen Stereotyps. Zum Beispiel verläßt der Benutzer als „Fachmann" den Bereich keramischer Anwendungen in der Chemie und kehrt zum Gebiet Energietechnik zurück. Hier gilt er weiterhin als „Laie". Die Benutzermodellierungskomponente sichert zum einen die Eigenschaft „Fachmann" für das Gebiet Chemie und setzt zum anderen die aktuelle Stereotypausprägung für das Fachwissen auf „Laie".

2.3.3 Verwendung des Benutzermodells

Im Branchenkatalog für Technische Keramik dient das Benutzermodell besonders der Informationsfilterung, um eine individuelle Führung durch den Katalog anzubieten. Dem Katalognutzer ist es dabei freigestellt, ob er sich führen läßt oder ob er „frei" durch den Katalog navigiert (siehe Abbildung 5). Bereits diese Wahlmöglichkeit berücksichtigt unterschiedliche Nutzertypen.

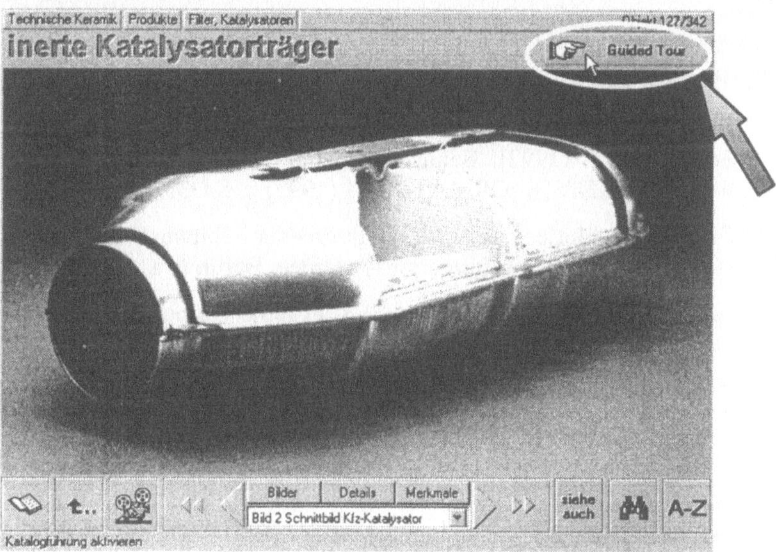

Abb. 5: Beispiel einer Katalogseite

Entscheidet sich der Benutzer für eine Tour, so muß er explizit sein Nutzungsziel und die verfügbare Zeit angeben. Außerdem wählt er das Themengebiet des Branchenkatalogs aus, das ihn am meisten interessiert. Diese Angaben können nicht implizit ermittelt werden und prägen die umzusetzende Führung wesentlich. Für das gewählte Themengebiet stellt eine sogenannte Tourkomponente zunächst alle grundsätzlich geeigneten Informationen zusammen und sortiert diese je nach Zielvorgabe des Benutzers. Das Zeitbudget beschränkt abschließend den Umfang der „Reise". Der Benutzer kann diese jederzeit unterbrechen, seine Angaben korrigieren und dann mit einer „neuen" Führung fortfahren, d. h., die Tourkomponente reagiert auf jede Aktivierung bzw. Deaktivierung eines Stereotyps, indem sie eine vollkommen neue Führung zusammenstellt.

3 Zusammenfassung und Ausblick

In einem Branchenkatalog ist mit einer benutzermodellgestützten Führung das Ziel verbunden, den Benutzer möglichst unabhängig von den Verkaufsinteressen einzelner Unternehmen zu informieren. Mit einer Tour kann der Katalogersteller aber auch eigene Interessen verfolgen. Während einer Präsentation sind dann Informationen zu verschweigen, die der Benutzer wahrscheinlich negativ bewerten würde. Umgekehrt sollten bei erwartet positiver Beurteilung bestimmter Produkteigenschaften diese besonders hervorgehoben werden. In Elektronischen Produktkatalogen könnten spezielle verkaufsfördernde Touren zum Einsatz kommen. Eine Fehleinschätzung des Katalognutzers erzeugt jedoch wie bei einem Fehlverhalten eines menschlichen Verkäufers möglicherweise Ablehnung. Sofern die individuelle Tour akzeptiert wird, kann sie entscheidende Kaufimpulse geben.

4 Literatur

[Bod92]   Bodendorf, F. (1992): Benutzermodelle - ein konzeptioneller Überblick. In: WIRTSCHAFTSINFORMATIK, 34 (1992) 2, S. 233-245.

[Gra97]   Grauer, M., Merten, U. (1997): Multimedia - Entwurf, Entwicklung und Einsatz in betrieblichen Informationssystemen. Berlin u. a. 1997.

[Fan96]   Fantapié Altobelli, C., Hoffmann, S. (1996): Werbung im Internet. München 1996.

[Kub94]   Kubicek, H., Taube, W. (1994): Die gelegentlichen Nutzer als Herausforderung für die Systementwicklung. In: Informatik-Spektrum, 17 (1994) 6, S. 347-356.

[Löd94]   Lödel, D. (1994): Produktberatung in einem Angebotssystem unter besonderer Berücksichtigung der Kundentypologie. Dissertation Nürnberg 1994.

[Mer94]   Mertens, P. (1994): Neuere Entwicklungen des Mensch-Computer-Dialoges in Berichts- und Beratungssystemen. In: Zeitschrift für Betriebswirtschaft, 64 (1994) 1, S. 35-56.

[O.V.96] O.V. (1996): Die optimale Online-Werbung für jede Branche. München 1996.

TACHOMETER-ESWA: Ein werbewissenschaftliches Expertensystem in der Beratungspraxis

Bruno Neibecker
Institut für Entscheidungstheorie und Unternehmensforschung
Universität Karlsruhe (TH)

Zusammenfassung

Ein werbewissenschaftliches Expertensystem sollte auf der Grundlage eines geeigneten und validierten Werbewirkungsmodells implementiert werden. Das Simultanmodell der Werbewirkung bildet die Grundlage zur Implementierung von ESWA (ExpertenSystem zur WerbewirkungsAnalyse). Mit dem TACHOMETER existiert eine umfassende Checkliste zur Werbebeurteilung. Im System TACHOMETER-ESWA werden die Stärken beider Systeme vereint. Das System wird erfolgreich zur Beratung eingesetzt.

Stichworte: Expertensystem, Werbung, Beratung

1 Problemstellung

Die Konsumentenforschung beschäftigt sich auf der Mikroebene mit der Analyse von einzelnen theoretischen Konstrukten wie Aktivierung, Akzeptanz, Informationsverarbeitung, Einstellungen usw.. Hierzu liegen umfangreiche Forschungsergebnisse vor. Diese Einzelbefunde bilden längerfristig betrachtet die Bausteine einer komplexen, verhaltenswissenschaftlichen Theorie.

Auf der Makroebene steht die Entwicklung umfassender Erklärungsmodelle im Vordergrund. Die Entwicklung verlief von einfachen Stufenmodellen hin zu komplexen, multikausal-vernetzten Wirkungsmodellen (s. dazu [Eng90], [How69], [Kro96], [Mac89], [Nei90], [Nei96], [Pet91], [Ste96]). Die Versuche, aus den nicht immer übereinstimmenden Einzelbefunden, komplexe Werbewirkungsmodelle zu entwickeln und zu testen, fallen angesichts der Vielzahl an Untersuchungen zu diesem Wissensbereich eher bescheiden aus.

Je komplexer die zunächst nur hypothetisch entwickelten Werbewirkungs- und Konsumentenverhaltensmodelle und die dazugehörenden Theorien werden, desto schwieriger wird eine empirische Absicherung. In einer Realwissenschaft muß eine Theorie jedoch ein objektives Verständnis und eine objektive Anwendung auf empirische Phänomene zulassen. Deshalb müssen die theoretischen Konstrukte im Rahmen der Operationalisierung zu geeigneten Indikatoren in Beziehung gesetzt werden, so daß es möglich wird, theoretische Ausdrücke auf empirisch beschriebene Phänomene anzuwenden.

Diese liberale Auffassung von Empirismus erlaubt es, eine wissenschaftliche Theorie als ein Netzwerk darzustellen. Die Begriffe stellen die Knoten dar, die Kanten die (partiellen) Definitionen und/oder Hypothesen. Das gesamte Theoriegebilde schwebt über der Beobachtungsebene und ist durch die Verknüpfung einzelner Konstrukte mit der Beobachtungsebene in ihr verankert. Es gilt nun, ein geeignetes Werbewirkungsmodell zu konzipieren, es implementationsbezogen aufzubereiten, damit es erfolgreich in einem Expertensystem eingesetzt werden kann, und es abschließend zumindest in Teilbereichen zu validieren.

2 Werbewissenschaftliche Wissensmodellierung

2.1 Das Simultanmodell der Werbewirkung als Implementierungsgrundlage

Betrachtet man die Werbewirkung als das Ergebnis eines komplexen, menschlichen Informationsverarbeitungsprozesses, so lassen sich drei Subkomponenten herauskristallisieren, die es simultan zu beachten gilt (vgl. Abbildung 1). Durchgesetzt hat sich in neueren und über die einfachen Stufenmodelle hinausgehenden Vorschlägen die Unterteilung in kognitive und emotionale Prozesse. Diese Verarbeitungsprozesse laufen innerhalb des Empfängers einer Nachricht ab, wir sprechen deshalb von *verarbeitungsbezogenen* Prozessen. Ferner hat sich gerade in den zurückliegenden Jahren das Involvement des Empfängers als eine Schlüsselvariable herauskristallisiert. Dieses läßt sich auch als *empfängerbezogene Variabilität* bezeichnen. Hierzu existieren eine Reihe von konzeptionellen wie auch empirischen Weiterentwicklungen (vgl. [Kap86], [Kro93], [Müh88], [Pet91]). Im Rahmen der Werbemittelgestaltung kommen als wichtigste Modalitäten die visuelle und verbale Kommunikation in Betracht. Abhängig von den Ausgangsbedingungen bei den vorgenannten Subkomponenten werden Bilder und Texte mitunter völlig unterschiedlich verarbeitet. Dies wird hier als *gestaltungsbezogene Komponente* berücksichtigt.

Wenn auch bislang nur wenige empirische Belege vorliegen, so darf der unterschiedliche Wirkungsverlauf dieser Größen bei Mehrfachkontakten nicht vergessen werden, weshalb zusätzlich im Modell die Wiederholungswirkung berücksichtigt wird (vgl. [Haw92]).

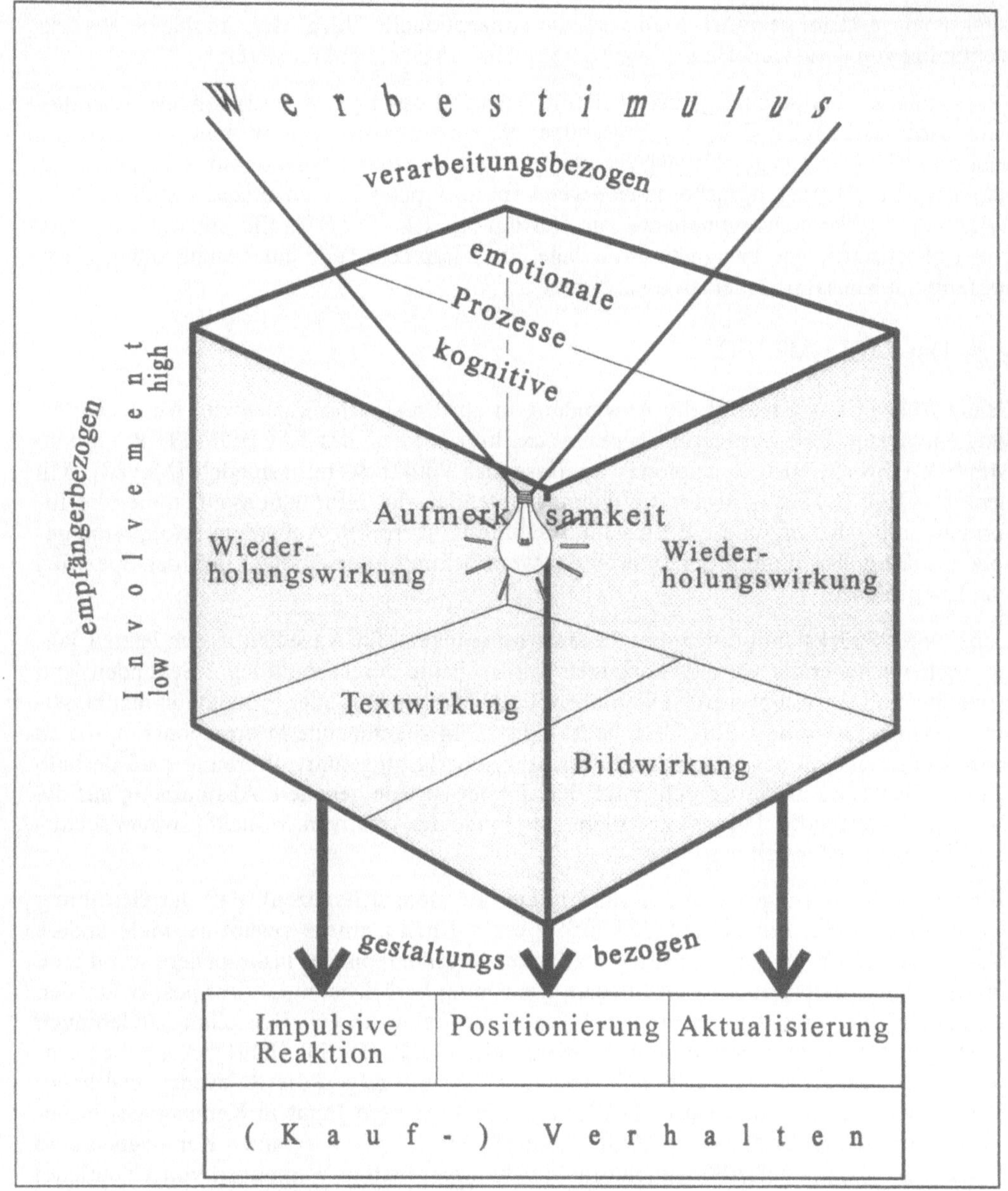

Abbildung 1: Simultanmodell der Werbewirkung

Da diese Subkomponenten gleichzeitig und mit ihren vielschichtigen Wechselwirkungen zu beachten sind, wird dieses Modell als das *"Simultanmodell der Werbewirkung"* bezeichnet. Allerdings ist ein Modell auf einer so hohen Abstraktionsebene für die unmittelbare Wirkungsanalyse kaum geeignet. Man muß die konzeptionelle "Idee" der simultanen Berücksichtigung von drei (vier) Hauptwirkungsfaktoren zunächst konkretisieren.

Als Ergebnis einer solchen Konkretisierung entstand das in *ESWA* verwendete, operationale Werbewirkungsmodell, das konsequent als ein Netzwerk von Wirkungsbeziehungen ausformuliert wurde (vgl. [Nei90]; [Nei96]). Dieses läßt sich nahezu unmittelbar in ein Expertensystem übertragen, insbesondere wenn ein geeigneter Inferenzmechanismus mit fuzzylogischer Ableitungskomponente zur Verfügung steht [Nei97]. Ein solches Netzwerk bietet gleichzeitig eine geeignete Grundlage, um zumindest Teile einer empirischen Überprüfung mit Kausalmodellen zu unterziehen.

2.2 Der TACHOMETER

Schon frühzeitig wurden für die Anwendung in der Praxis Checklisten zur Werbebeurteilung entwickelt. Eine normierte Checkliste existiert in Form des TACHOMETER, ein von MEYER-HENTSCHEL konzipiertes, umfassendes Punktbewertungsmodell [Mey88]. Mit dem TACHOMETER wird das Aktivierungspotential, die Informationsaufnahme, die Informationsspeicherung und die Einstellungswirkung überprüft. Außerdem erfolgt eine gesonderte Berücksichtigung der Informationsverarbeitung (Verständnis) und der Spezifika von Doppelseiten.

Dabei wird berücksichtigt, daß die „Lebensbedingungen" für Anzeigen in den letzten Jahren immer schwieriger werden. Anzeigen werden heute durchschnittlich 2 Sekunden lang betrachtet und insgesamt werden weit über 50000 Marken und/oder Produkte in den klassischen Medien beworben. Eine Ursache ist die ständig zunehmende Informationsflut, die zu einer kaum noch zu bewältigenden Informationsüberlastung führt. Werbung muß deshalb „produktiver" und mediengerechter werden. Ferner ist eine genauere Abstimmung auf die Zielgruppe notwendig. Dies ist vor allem eine Frage der kreativen, verhaltenswissenschaftlich kanalisierten Gestaltung.

Wir wissen heute (ungeachtet marginaler Interpretationsdifferenzen), daß die Gestaltung der Werbung mehr Einfluß auf den Erfolg eines Unternehmens ausübt als viele andere Werbeentscheidungen. Die Erzielung markanter Recallergebnisse, insbesondere wenn man die neuerdings untermauerte nicht-lineare Beziehung berücksichtigt, wirkt positiv auf den Marktanteil [Dub94]. Andere Studien belegen die Relevanz von Einstellungsänderungen („persuasion") auf den ökonomischen Erfolg einer Marke (Bla94; Hal91). Aber auch umfassende Metaanalysen von „Split-Cable-Experimenten" zeigen die Relevanz inhaltlicher Werbegestaltung und die relative Bedeutung von kreativem Input in Kampagnen, insbesondere für etablierte Marken ([Lit96]; [Lod95]). Mit kreativ-wirksamen Kampagnen sind kurzfristige Marktanteilserhöhungen um 44% und langfristige Wirkungen von einmaligen Werbedruckerhöhungen (sog. „Carry-Over-Effekte") für mindestens zwei Folgejahre nachweisbar.

Im System TACHOMETER-ESWA werden die Stärken beider Systeme vereint. Die Wissensbasis dieses neu entstandenen Expertensystems (Wissensbasierten Systems) wurde völlig neu gestaltet. TACHOMETER-ESWA ist eine gemeinsame Entwicklung des Autors mit MEYER-HENTSCHEL Management Consulting, Saarbrücken. Auf der obersten Ebene der Analyse werden die Einzelbefunde zu einem gewogenen arithmetischen Mittel verdichtet. Auf den Ebenen darunter erfolgt die Aggregation der Wissensbausteine mit einem kompensatorischen Operator, der auf fuzzylogischen und subjektiven, wahrscheinlichkeitstheoretischen Ansätzen aufbaut ([Nei90]; [Nei97]).

Dieser Fortschreibungsalgorithmus kompliziert die Ergebnisdarstellung auf der obersten Ebene zu sehr. Deshalb wird das gewogene arithmetische Mittel verwendet, dessen Abweichung zu den Ergebnissen des Fortschreibungsalgorithmus, bei einmaliger Anwendung, vernachlässigbar ist. Abschließend wird noch, einer praktischen Konvention folgend, ein Overallwert berechnet. In Abbildung 2 wird die Systemarchitektur zusammenfassend dargestellt.

3 Werbewirkungsanalyse mit TACHOMETER-ESWA

3.1 Schwerpunkte der Analyse

Eine zentrale Rahmenbedingung für die Wirksamkeit jedes Werbemittels ist die bestehende Informationsüberlastung. Aus diesem Grund bevorzugen die meisten Konsumenten Informationen, die interessant sind, leicht aufzunehmen und schnell zu verstehen sind. Für die Werbung bedeutet dies, daß in einer kurzen Zeitspanne zumindest die Kern- oder Schlüsselbotschaft kommuniziert werden muß. TACHOMETER-ESWA prüft deshalb ausführlich die *Geschwindigkeit* einer Anzeige. Besitzt der Werbereiz genügend Aktivierungspotential, um hinreichend stark bemerkt zu werden? Sind Bilder und Text so konzipiert und gestaltet, daß sie eine schnelle Aufnahme und Verarbeitung der Informationen ermöglichen ([Mey96]; [Mey97]; [Nei90]]?

Als zweite Säule der Werbewirkung wird die *Einstellungswirkung* geprüft. Dazu wird die Schubkraft der Anzeige, eine gewünschte Meinungsänderung zu forcieren, aus mehreren diagnostischen Fragen abgeleitet. Hierzu hat sich der Begriff „Persuasion" etabliert. Ein weiterer Schwerpunkt ist die erzielte Akzeptanz, die in Abhängigkeit vom Involvement eine zu berücksichtigende Größe darstellt. Anzeigen, die dem Betrachter gefallen und gleichzeitig relevante Aussagen über das Angebot vermitteln, haben sehr gute Chancen, seine Einstellung positiv zu beeinflussen.

Das dritte Element von TACHOMETER-ESWA ist die *Gedächtniswirkung*, womit die Effizienz der Informationsverarbeitung zur Verankerung der Schlüsselbotschaft(en) im Gehirn des Konsumenten analysiert wird. Gemessen wird dies als Erinnerung bzw. Recall. Ohne Erinnerung an die Anzeige - und vor allem an die Marke - kann keine Werbewirkung zustande kommen. Dazu einige typische diagnostische Fragestellungen des Systems: Enthält die Anzeige Bilder, Texte oder sonstige Elemente, die eine Erinnerung unterstützen? Hebt sie sich aus dem Werbeumfeld ab? Bietet sie neuartige Bildkompositionen? Entstehen durch Integration der Elemente „Chunks", die das Erlernen begünstigen?

Besonderes Gewicht legen wir auf das Branding: Ist der Absender frühzeitig erkennbar? Wie sind Prägnanz, Größe und Plazierung von Logo/Marke zu beurteilen?

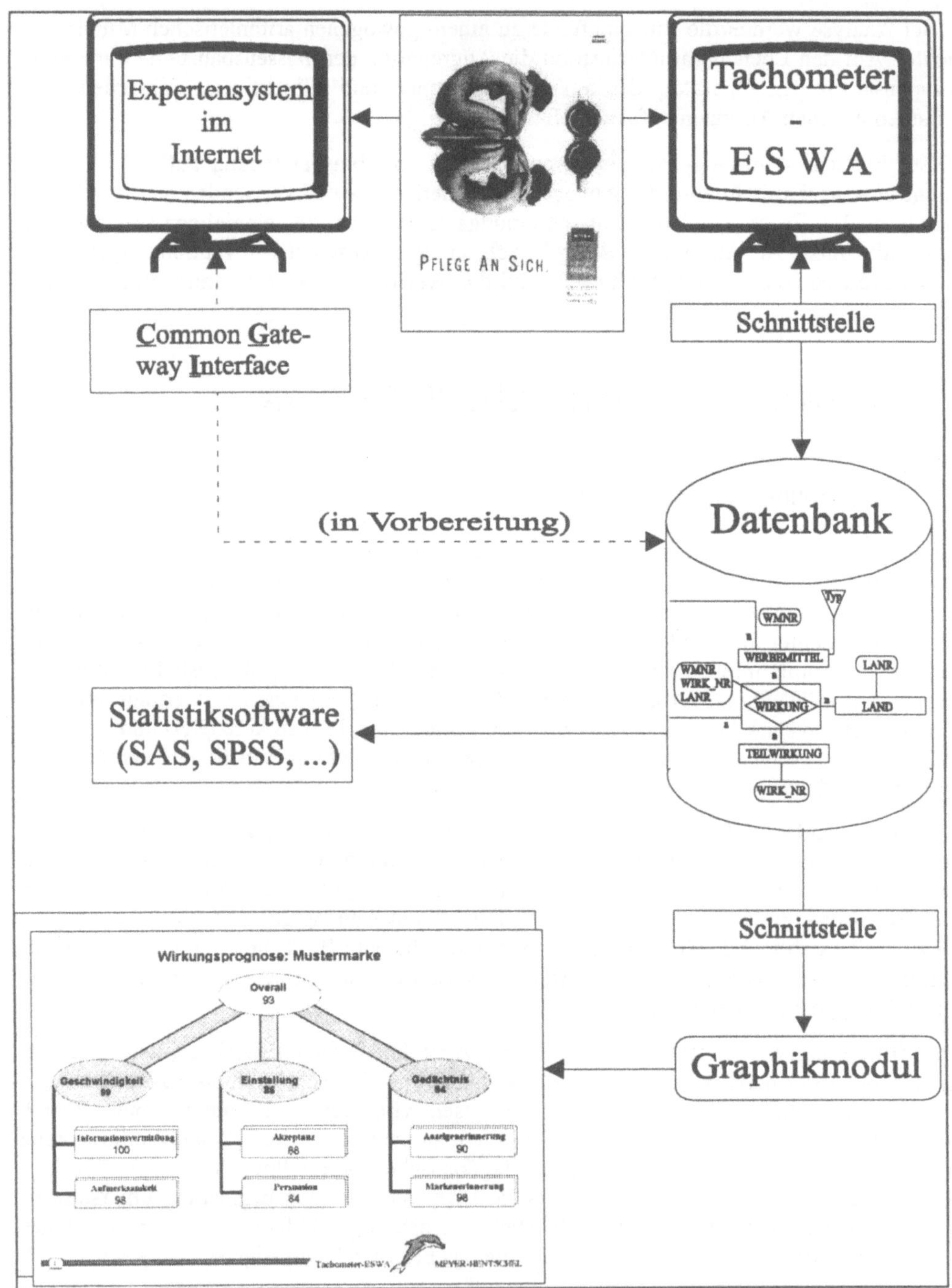

Abbildung 2: Architektur von TACHOMETER-ESWA mit World Wide Web Server

3.2 Die Expertise

Eine prozeßorientierte Darstellung der Werbeberatung kann in zwei Phasen unterschieden werden: eine Diagnosephase mit Problembestimmung und eine Problemlösungsphase mit Beratung. Für die Diagnosephase hat sich der Einsatz von Expertensystemen bewährt. Schwieriger gestaltet sich die Problemlösungsphase und der sanfte Übergang von der Diagnose zur Beratung. Obwohl ESWA für die Ausgabe der Ergebnisse über eine Option zur automatischen Generierung einer Expertise verfügt, haben wir auf diese Möglichkeit einer „intelligenten" Textbausteingenerierung im neuen System verzichtet. Automatisch generierte Expertisen erweisen sich im Dauereinsatz ungeeignet, den vielfältigen Interaktionsbeziehungen und sehr dosierten Wirkungsnuancen gerecht zu werden.

Statt dessen wird TACHOMETER-ESWA von einem Experten als Diagnoseinstrument eingesetzt. Die detaillierten Stärken-Schwächen-Diagramme bilden die Grundlage für eine individuelle Analyse und Kommentierung der Ergebnisse durch den Experten selbst. Damit wird eine Symbiose aus Mensch und Maschine erreicht: das Expertensystem ermöglicht eine vertiefte und systematische Diagnose, der Experte wird durch diese objektiven Ergebnisse zu einer kreativen, zielführenden Beratung animiert, die letztlich zu einer Werbewirkungsoptimierung beiträgt. Durch die weitgehende Integration des Systems können diese Leistungen bis auf die arbeitsintensive Optimierungsleistung kostengünstig angeboten werden. Je nach Umfang der Analyse (Diagnose, Stärken-Schwächen-Analyse, Optimierung) ist mit 2000 DM - 9000 DM zu rechnen.

Die in der Werbepraxis bestehenden Akzeptanzbarrieren für Expertensysteme bauen sich langsam aber stetig ab. Mit Fachkompetenz eingesetzt, können solche Systeme zu einem Wettbewerbsvorteil werden. Eine neue empirische Untersuchung zu diesem Problemfeld, die sich nicht mit allgemeinen Meinungen der potentiellen Anwender, sondern mit der konkreten Lösungsqualität in einem Entscheidungsexperiment auseinandersetzt, läßt hoffen [Bru96]). Ein wichtiges Ergebnis dieses Experiments sollten potentielle Innovatoren bei ihrem Adoptionsprozess berücksichtigen: jene Gruppen, die ihre Entscheidungen mit der Assistenz eines computergestützten System fällten, erzielten objektiv bessere Resultate. Die subjektive Wahrnehmung der Qualität der getroffenen Entscheidungen war in allen Gruppen gleich. Anders formuliert: auch die Gruppe, die ohne computergestütztes Entscheidungssysteme operierte, war mit ihren Entscheidungen subjektiv zufrieden, obwohl sie nachweislich weniger erfolgreich war.

4 Zusammenfassung

Das System TACHOMETER-ESWA integriert werbewissenschaftliche Erkenntnisse mit praktischer Erfahrung. Es liefert eine schnelle, umfassende Diagnose von möglichen Defiziten einer Anzeige. Eine nachgeschaltete, individuelle Analyse leistet einen sanften Übergang von der detaillierten Diagnose zur konstruktiven Analyse und Werbeoptimierung.

5 Literatur

[Bla94]   Blair, M. H., Rosenberg, K. E. (1994): Convergent Findings Increase our Understanding of how Advertising Works. In: *Journal of Advertising Research* 34 (1994), S. 35-45.

[Bru96]   Bruggen, G. H. van, Smidts A., Wierenga, B. (1996): The Impact of the Quality of a Marketing Decision Support System: An Experimental Study. In: *Intern. Journal of Research in Marketing* 13 (1996), S. 331-343.

[Dub94]   Dubow, J. S. (1994): Point of View: Recall Revisited: Recall Redux. In: *Journal of Advertising Research* 34 (1994), S. 93-106.

[Eng90]   Engel, J. F., Blackwell R. D., Miniard P.W. (1990): Consumer Behavior. Chicago et al. (1990).

[Hal91]   Haley, R. I., Baldinger, A. L. (1991): The ARF Copy Research Validity Project. In: *Journal of Advertising Research* 31 (1991), S. 11-32.

[Haw92]   Hawkins, S. A., Hoch, S. J. (1992): Low-Involvement Learning: Memory without Evaluation. In: *Journal of Consumer Research* 19 (1992), S. 212-225.

[How69]   Howard, J. A., Sheth J. N. (1969): The Theory of Buyer Behavior. New York et al.: Wiley (1969).

[Kap86]   Kapferer, J.-N., Laurent, G. (1986): Consumer Involvement Profiles: A New Practical Approach to Consumer Involvement. In: *Journal of Advertising Research* 25 (1986), S. 48-56.

[Kro93]   Kroeber-Riel, W. (1993): Bildkommunikation. München: Vahlen 1993.

[Kro96]   Kroeber-Riel, W., Weinberg, P. (1996): Konsumentenverhalten. München: Vahlen 1996.

[Lit96]   Litzenroth, H. A. (1996): Ökonomische Werbewirkung: Reales Kaufverhalten als Beurteilungsmaßstab für den Werbeerfolg. In: *Werbeforschung & Praxis* 41 (1996), S. 16-30.

[Lod95]   Lodish, L. M., Abraham, M., Kalmenson, S., Livelsberger, J., Lubetkin, B., Richardson, B., Stevens, M. E. (1995): How T.V. Advertising Works: A Meta-Analysis of 389 Real World Split Cable T.V. Advertising Experiments. In: *Journal of Marketing Research* 32 (1995), S. 125-139.

[Mac89]   MacInnis, D. J., Jaworski, B. J. (1989): Information Processing from Advertisements: Toward an Integrative Framework. In: *Journal of Marketing* 53 (1989), S. 1-23.

[Mey88]   Meyer-Hentschel, G. (1988): Erfolgreiche Anzeigen. Wiesbaden: Gabler 1988.

[Mey96]   Meyer-Hentschel, G. (1996): Alles was Sie schon immer über Werbung wissen wollten. Wiesbaden: Gabler Public 1996.

[Mey97]   Meyer-Hentschel, G. (1997): TopAd. In: *Pharma-Marketing Journal* 22 (1997), S. 104-105.

[Müh88]   Mühlbacher, H. (1988): Ein situatives Modell der Motivation zur Informationsaufnahme und -verarbeitung bei Werbekontakten. *Marketing ZFP* 10 (1988), S. 85-94.

[Nei90]   Neibecker, B. (1990): Werbewirkungsanalyse mit Expertensystemen. Heidelberg: Physica 1990.

[Nei96]   Neibecker, B. (1996): Validierung eines Werbewirkungsmodells für Expertensysteme. In: *Marketing ZFP* 18 (1996), S. 95-104.

[Nei97]   Neibecker, B. (1997): Validierung eines Expertensystems mit unsicherer Wissenskomponente. In: Grün, O., Heinrich, L. J., (Hrsg.): Wirtschaftsinformatik. Ergebnisse empirischer Forschung. Wien-NewYork: Springer 1997 (im Druck).

[Pet91]   Petty, R. E., Unnava, R., Strathman, A. J. (1991): Theories of Attitude Change. In: Robertson, T. S., Kassarjian, H. H., (Hrsg.): Handbook of Consumer Research, Englewood Cliffs: Prentice-Hall 1991, S. 241-280.

[Ste96]   Steffenhagen, H. (1996): Wirkungen der Werbung. Aachen: Augustinus Buchhandlung 1996.

Kundenorientierte Geschäftsprozeßgestaltung

August-Wilhelm Scheer, Wolfgang Kraemer
Institut für Wirtschaftsinformatik*
Universität des Saarlandes, Saarbrücken

Zusammenfassung

Leistungsdefizite bei der Kundenorientierung haben unmittelbare Auswirkungen auf den Geschäftserfolg. Kundenorientierung kann durch ein konsequentes Ausrichten der Geschäftsprozesse und Informationssysteme auf den Kunden erreicht werden. In dem Beitrag werden zwei Ansätze zur kundenorientierten Geschäftsprozeßgestaltung vorgestellt.

Stichworte: Kundenorientierung, Geschäftsprozeßmodellierung, kundengruppenorientierte Prozeßgestaltung

1 Kundenorientierung: Vom Problem zur Strategie

Kundennähe und Kundenorientierung gelten als Schlüsselfaktoren zum Geschäftserfolg. Anspruch und Realität klaffen jedoch am Standort Deutschland deutlich auseinander. Die Diskussion um die Ladenöffnungszeiten, die zurückhaltende Höflichkeit von Verkäufern, die schwierige Zusammenarbeit mit Handwerkern, lange Wartezeiten auf Ämtern, extreme Lieferzeiten, umfangreiche Aufpreislisten in der Automobilbranche, unverständliche Strom- und Telefonrechnungen oder Steuerbescheide seien nur beispielhaft erwähnt. Alleine die volkswirtschaftlichen Schäden durch Arbeitszeitausfälle – verursacht durch lange Wartezeiten bei Arztbesuchen – werden auf 2,5 Milliarden DM jährlich geschätzt. Die Kunden wenden sich von Unternehmen mit niedrigem Serviceniveau ab. In der momentan anhaltenden Konjunkturflaute werden dadurch wertvolle Umsatzpotentiale verschenkt. Dies wirkt sich negativ auf die Konsumquote und den Arbeitsmarkt aus.

Es ist bekannt, daß ein unzufriedener Kunde neun bis fünfzehn anderen von seinen Problemen berichtet. In der folgenden Aufstellung sind Erfahrungswerte der Kundenzufriedenheit aus unterschiedlichen Branchen zusammengefaßt [Töp96, S. 20]:

- 600 % teurer ist es, neue Kunden zu gewinnen, als vorhandene zu halten,
- 300% größer ist bei sehr zufriedenen Kunden die Wahrscheinlichkeit, daß sie nachbestellen, als bei nur zufriedenen Kunden,

---

* Lehrstuhlinhaber: Prof. Dr. August-Wilhelm Scheer

- fast 100% ist die Wahrscheinlichkeit, daß sehr zufriedene Kunden zu besten Werbeträgern des Unternehmens werden,
- 95% der verärgerten Kunden bleiben dem Unternehmen treu, wenn das Problem innerhalb von 5 Tagen gelöst ist,
- 75% der zu Wettbewerbern wechselnden Kunden stören sich an mangelnder Servicequalität,
- über 30% der Gesamtkosten amerikanischer Dienstleister werden durch Nachbesserungsaufwand verursacht,
- 7,25% beträgt die Steigerung des ROI, die jeder Prozentpunkt nachhaltig erhöhter Kundenzufriedenheit bewirkt.

Die Pflege von Kundenbeziehungen ist eines der Hauptmerkmale gut funktionierender Unternehmen. Dies gilt besonders in Märkten, in denen sich die Angebotspalette immer mehr angleicht und eine Differenzierung der angebotenen Leistung zunehmend schwieriger wird. Nach Geffroy gehört den Unternehmen die Zukunft, die den Trend der Kundenorientierung erkennen [Gef94]. Der Kunde hat die erste Priorität: „No client - no company" lautet die prägnante Botschaft. Es besteht solange eine Kundenbeziehung, wie der Kunde anhand von Leistung, Service und Preis seinen Nutzen feststellt. Die Nähe zum Kunden wurde von Peters und Watermann als ein wesentliches Merkmal erfolgreicher Unternehmen identifiziert [Pet94]. Diese Unternehmen bieten unvergleichbare Qualität, Serviceleistung und Zuverlässigkeit. Tucker und Shearer von CSC Index haben in einer Untersuchung nachgewiesen, daß kundenorientierte Unternehmen, darunter Compaq, Microsoft, Sony und Nike, im Vergleich zu ihrer jeweiligen Branche deutlich besser abschneiden. Sie gehören zu den 500 besten Unternehmen der USA und zwar in den Bereichen Gewinnsteigerung, Profitabilität, Ergebnis pro Aktie und Marktwert [Mic96, S. V1/1].

Die Kundenorientierung in Industrie und Dienstleistungsunternehmen ist eng mit der Überprüfung und Neugestaltung der Geschäftsprozesse verbunden [Dav90, S.12]. Denn auch Prozesse haben unternehmensinterne und -externe Sender und Empfänger. Unternehmensinterne Sender sind zum Beispiel die im Vertrieb angesiedelten Mitarbeiter, die die eingehenden Aufträge bearbeiten. Diese haben somit einen direkten Einfluß auf die Geschäftsprozesse des Unternehmens. Die Geschwindigkeit der Bearbeitung eines Kundenauftrages hat eine direkte Auswirkung auf die Kundenzufriedenheit des externen Empfängers. Ein typisches Beispiel für ein unternehmensinternes Kunden-Lieferanten-Verhältnis ist die Aufbereitung von Abweichungsanalysen und Kostenberichten durch das Controlling für das Management [Kra93]. Angesichts zunehmender Outsourcing-Bestrebungen von unternehmensinternen Dienstleistungen, die keinen direkten Beitrag zur Wertschöpfung leisten, wie zum Beispiel die Informationsverarbeitung, der Fuhrpark oder Reinigungsdienste, sind diese Unternehmensfunktionen zu einer verstärkten Transparenz bei der Leistungserstellung und beim Leistungsnachweis gezwungen [Sok90]. Weiter muß der erbrachte Output gegenüber Outsourcing-Anbietern auf Basis von nachweisbaren Leistungsgrößen wirtschaftlich gegenüber gestellt werden. Bei dieser make-or-buy-Entscheidung spielt dabei die Zufriedenheit der internen Kunden eine wichtige Rolle.

Entscheidend beim Prozeßdesign ist die systematische Gestaltung von Kundenbeziehungen. Diese beginnen bei der ersten Kontaktaufnahme mit dem Kunden und gehen bis zur

Reparatur und Entsorgung. Dazu gehört auch die Einbeziehung des Kunden in die Prozeß- und Preisgestaltung. Dadurch werden Leistungen angeboten, die direkt auf den Kunden zugeschnitten und auf sein Budget abgestimmt sind [Bre95, S. 421]. So verwundert es nicht, daß die Kundenorientierung nicht nur ein substantieller Bestandteil von Business Process Reengineering und Lean Production, sondern auch des Target Costing ist. Kundenwünsche und -anforderungen müssen frühzeitig erkannt und in den Entwicklungs- und Kalkulationsprozeß einbezogen werden. Schwerpunkte eines kundenorienterten Unternehmenskonzeptes sind [Bau88]:

- eine differenzierte Marktbeobachtung (differenzierter Einsatz der Marketinginstrumente, Produktdifferenzierung, individuelle Lösungen und detaillierte Zielgruppendifferenzierung),
- Flexibilität gegenüber Kundenanforderungen (rechtzeitige Verfügbarmachung, kurzfristige Lieferzeiten, schnelle Einbindung von Änderungswünschen, schneller Kundendienst und Reparaturservice),
- Reagibilität auf mittel- bis langfristige Marktveränderungen (früherkennungsorientierte Marktforschung, Kundenbesuche, schnelle Umsetzung von Marktforschungsergebnissen).

Um eine dauerhafte Verankerung der Kundenorientierung in Industrie, Dienstleistung und Verwaltung zu gewährleisten, reicht es nicht aus, ausschließlich organisationsinterne Geschäftsprozesse zu verbessern. Vielmehr ist die Betrachtung der vor- und nachgelagerten Kundenprozesse ein wichtiger Bestandteil zur Kundenorientierung. Dies beinhaltet auch neue Anforderungen an die vorhandenen Informationssysteme. Empirische Erhebungen der Gartner Group zeigen, daß der Service immer mehr zum entscheidenden Differenzierungsmerkmal der Unternehmen wird.

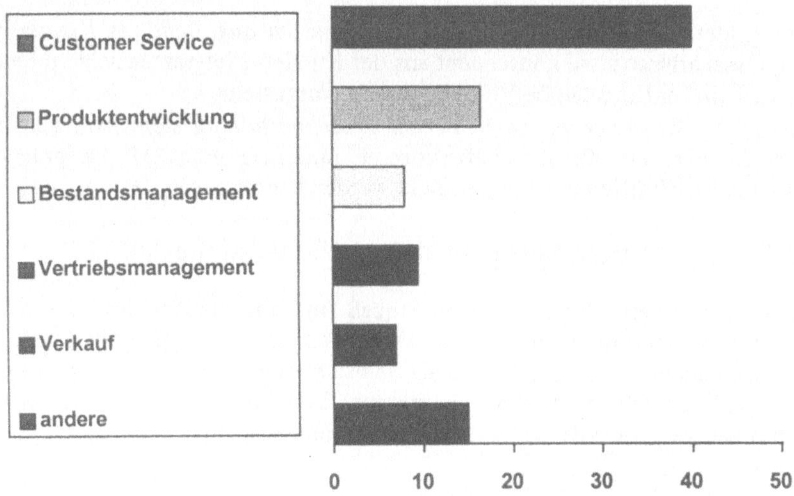

Abb. 1: Einsatzplanung neuer Informationssysteme [Gar96, S.24]

Wie aus Abbildung 1 hervorgeht, geben 40 % der befragten IT-Manager an, daß für den Einsatz neuer Informationssysteme die Automation von Service-Geschäftsprozessen im Vordergrund steht. Für den Markt von Softwaresystemen, die alle wichtigen Geschäftsprozesse der Kundeninteraktion unterstützen, wird bis Ende 1997 ein Zuwachs von 42% prognostiziert.

2 Kundenorientierte Geschäftsprozeßoptimierung

Kundenorientierung kann durch ein konsequentes Ausrichten der Geschäftsprozesse auf den Kunden erreicht werden. Im Rahmen von Business Process Reengineering-Projekten werden solche Zielsetzungen verfolgt. Hierzu werden Modellierungsmethoden und -werkzeuge für Geschäftsprozesse eingesetzt [Sch95].

Typische Einsatzgebiete von Geschäftsprozeßmodellen im Rahmen des Business Process Reengineering sind:

- Prozeßorientierte Gestaltung der Aufbau- und Ablauforganisation,
- Einführung von Standardsoftware bzw. Entwicklung von Workflow-Software,
- Implementierung eines modernen Controllings (Prozeßkostenrechnung),
- Umsetzung des Total Quality Management-Konzeptes sowie eines kontinuierlichen Verbesserungsprozesses.

Primäres Ziel des Business Process Reengineering (BPR) ist dabei die konsequente Ausrichtung aller Geschäftsprozesse auf den Kunden. Im folgenden werden zwei Ansätze geschildert, die aufzeigen, wie Kundenorientierung als Organisationsprinzip mit Hilfe der Geschäftsprozeßmodellierung geplant und umgesetzt werden kann.

- Der Ansatz der *Modellierung von Geschäftsprozessen aus Sicht des Kunden* verfolgt das Ziel, Geschäftsprozesse konsequent aus der Kunden-Lieferantensicht zu betrachten. Hierzu wird eine entsprechende Vorgehensweise vorgestellt.
- Der Ansatz der *kundengruppenorientierten Prozeßgestaltung* stellt dar, wie mit Hilfe von Gestaltungsregeln für Geschäftsprozesse innerhalb eines Marktsegmentes eine Kunden- und Marktdifferenzierung erreicht werden kann.

2.1 Modellierung von Geschäftsprozessen aus Sicht des Kunden

Abbildung 2 stellt einen Vertriebslogistik-Prozeß im Einzelhandel dar, wie er aus der Sichtweise eines Kunden modelliert wurde. Der Beispielprozeß beschreibt einen Kundenablauf im Einzelhandel, wobei der Kunde als Selbstabholer fungiert, also die Ware im Geschäft abholt und den Transport selbst übernimmt. Produkte, die im Rahmen solcher Prozesse verkauft werden, sind z.B. Möbel, technische Geräte (Kühlschrank etc.).

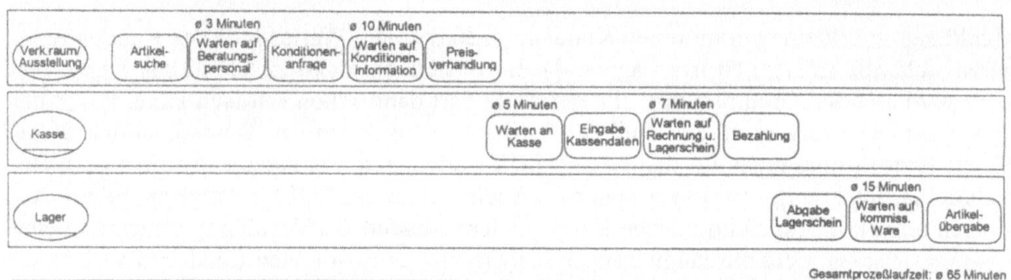

Abb. 2: Modellierung aus Sicht des Kunden - Beispiel eines IST-Prozesses

Im IST-Prozeß kommt der Kunde in das Einzelhandelsgeschäft, sucht seine gewünschte Ware aus, erkundigt sich beim Kundenberater/Verkäufer über technische Daten und Preise. Ggf. werden hier die Preise zwischen Verkäufer und Käufer verhandelt. Zur Preisinformation nutzt der Verkäufer einen gedruckten Preiskatalog. Sobald sich der Kunde entschieden hat, werden Bestellung und Rechnung an der Kasse erstellt. Da der Kunde seine Ware gleich mitnimmt, wird ein Lagerschein ausgedruckt und der Kunde mit dem Lagerschein zum Warenlager geschickt. Dort wird die Ware kommissioniert und dem Kunden übergeben.

Wie das Beispiel zeigt, werden bei der Modellierung aus Kundensicht *ausschließlich* Funktionen abgebildet, an denen der Kunde *beteiligt* ist. Funktionen, die unabhängig vom Kunden ablaufen, werden für den Kunden als „*Wartefunktion*" dargestellt. Im Rahmen einer spezialisierten Darstellung werden diese „Wartefunktionen" detaillierter dargestellt. So ist im Falle der Spezialisierung der Funktion „Warten auf Rechnung und Lagerschein" der Prozeß des Mitarbeiters an der Kasse abgebildet. Das Prinzip der Kundenorientierung wird dabei auf die spezialisierte Darstellung übertragen (vererbt). Dadurch wird der Mitarbeiter zum Kunden des spezialisierten Prozesses. Falls weitere Abteilungen notwendig sind, werden sie für den Mitarbeiter als „Warte"-Funktion dargestellt. Abbildung 3 zeigt beispielhaft den Prozeß „Warten auf Rechnung und Lieferschein".

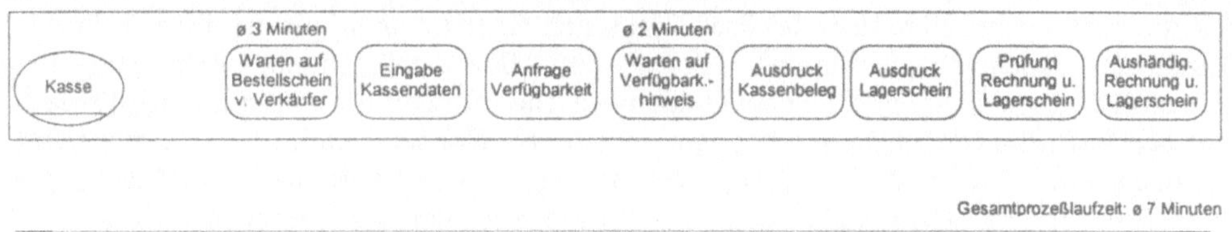

Abb. 3: Modellierung aus Kundensicht - Teilprozeß „Warten auf Rechnung"

Im Rahmen der Prozeßoptimierung aus Kundensicht wird versucht,

- Wartezeiten zu reduzieren,
- Serviceleistungen zu erhöhen und zu verbessern und die
- Zahl der Funktionen, in die der Kunde eingebunden ist, zu reduzieren.

Abbildung 4 stellt einen optimierten Kundenprozeß dar. Die Wartezeiten des Kunden reduzieren sich v.a. im Bereich des Lagers, da die Bestellung elektronisch an das Lager versandt wird und die Kommissionierung der Teile dort dann schon erfolgen kann, bevor der Kunde am Lager ankommt. Die Zahl der Funktionen, an denen der Kunde beteiligt ist, reduziert sich. Er muß nicht auf den Lagerschein warten, sondern kann sich sofort nach Bezahlung der Rechnung zum Lager begeben. Auch wurden im SOLL-Prozeß die Serviceleistungen erhöht, indem elektronische Kataloge dem Kunden zur Verfügung stehen und eine Beratungsleistung nicht mit langwierigen Sucharbeiten in gedruckten Katalogen verbunden ist.

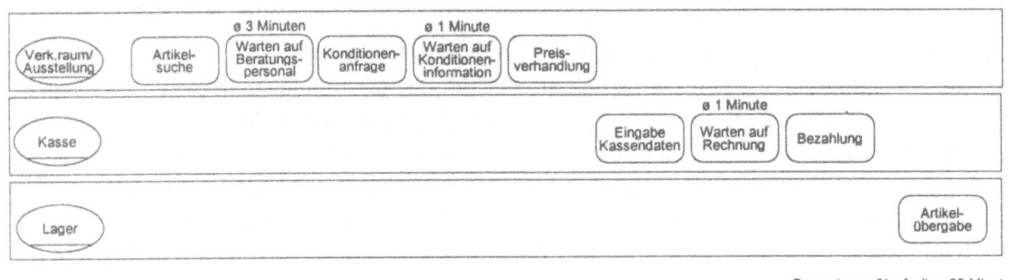

Abb. 4: Modellierung aus Kundensicht: Selbstabholer im Einzelhandel - SOLL-Konzept

2.2 Kundengruppenorientierte Prozeßgestaltung

Eine zweite Möglichkeit der Ausrichtung der Geschäftsprozesse auf den Kunden liegt in der Möglichkeit, durch die Abwicklungsreihenfolge spezifische Kundenerwartungen zu erfüllen. Kundenorientierung wird in diesem Fall definiert in Abhängigkeit von der Reihenfolge der Geschäftsprozeßabwicklung.

Zur Verdeutlichung dieses Aspektes soll auf ein Beispiel eines Restaurant-Prozesses zurückgegriffen werden [Wyn96]. Abbildung 5 zeigt einen generellen Dienstleistungsprozeß im Restaurant. Demnach besteht der Prozeß in seiner *Grundstruktur* aus den Einzelschritten „Bestellen", „Kochen", „Servieren", „Essen" und „Bezahlen". Durch Veränderung der Reihenfolge lassen sich verschiedene Kundenwünsche erfüllen. So wird die obige Prozeßkette bei *Fast-Food-Produkten* wie folgt verändert: „Kochen" kommt vor „Bestellen", „Bezahlen" vor „Bedienen" und „Essen". In *„All-you-can-eat"-Restaurants* wird das Essen als Buffet serviert. Hier stellt sich die Prozeßkette dar als „Kochen"-„Bestellen"-„Bedienen"-„Essen" und "Bezahlen". Gegenüber der Grundstruktur werden „Kochen" und „Essen" vertauscht. In Restaurants mit Standardpreis, aber mehreren wählbaren Mahlzeiten, sog. *„Church-Supper"-Restaurants*, erfolgt das „Bezahlen" zu Beginn der Prozeßkette, ansonsten wird die Grundstruktur nicht verändert.

Grundstruktur des Restaurant-Prozesses

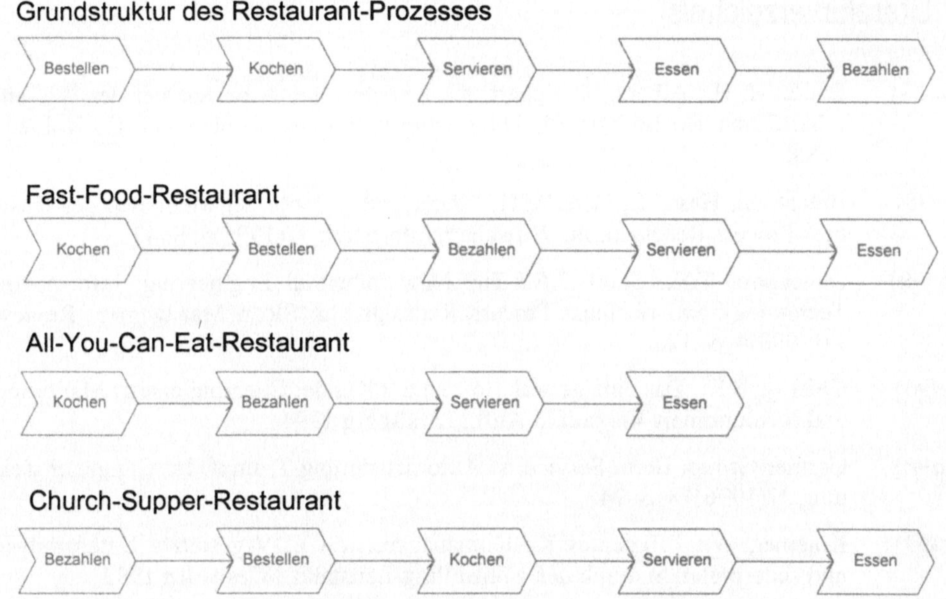

Abb. 5: Kundendifferenzierung durch Veränderung von Produkt- und Prozeßstruktur

Das Beispiel „Restaurant-Prozeß" verdeutlicht, daß die Innovation und Kundenorientierung auch im Vertauschen von Wertschöpfungsteilen liegen kann. Der Prozeß folgt in diesem Fall dem Produkt, d.h. zunächst werden auf Basis von Kundenwünschen, wie z.B. schnelle Bedienung, neue Produkte definiert. Dann werden die Prozesse auf das Produkt und den Kundenwunsch hin ausgerichtet und in einem nächsten Schritt mit entsprechendem Ressourcen-Einsatz unterstützt. Im Fast-Food-Bereich sind dies auf den Verkaufsprozeß hin ausgerichtete Kassensysteme, die genau mitzeichnen, welche Leistungen vom Kunden in Anspruch genommen werden. Diese Erfassung von Kundenwünschen direkt während des Verkaufs ermöglicht eine genaue Abstimmung des Produktangebots an Kundenwünsche und Käuferverhalten.

Das am Beispiel des Restaurant-Prozesses vorgestellte Konzept ist auch auf andere Branchen übertragbar. So erfolgt im Automobilbereich eine ähnliche Kundendifferenzierung, indem für bestimmte Kundentypen eine Auftragsfertigung angeboten wird, für andere Kundengruppen aber Standardfahrzeuge vorgesehen sind. Im ersten Fall erfolgt die Fertigung erst nach Auftragserteilung (typischer Fall in Deutschland), im zweiten Fall erfolgt die Fertigung eines Fahrzeuges für Verkaufsräume (typischer Fall in den USA).

3 Literaturverzeichnis

[Bau88]   Bauer, H. H.; Albers, S., Eggert, K.: Kundennähe, Arbeitspapier der Wissenschaftlichen Hochschule für Unternehmensführung Koblenz 12/87, Koblenz 1988.

[Bre95]   Brecht, L., Hess, T., Österle, H.: Stand und Defizite der Methoden des Business Process Redesgin. In: Wirtschaftsinformatik 37(1995)5, S. 421.

[Dav90]   Davenport, T.H., Short, J.E.: The New Industrial Engineering: Information Technology and Business Process Redesign. In: Sloan Management Review 11(1990)4, S. 12.

[Gef94]   Geffroy, E.K.: Das einzige was stört ist der Kunde: Clienting ersetzt Marketing und revolutioniert Verkauf, 3.Aufl., Landsberg 1994.

[Gar96]   Gartner Group: Beim Service ist Automatisierung Trumpf. In: Computer Zeitung 27(1996)18, S. 24.

[Kra93]   Kraemer, W.: Effizientes Kostenmanagement - EDV-gestützte Datenanalyse und -interpretation durch den Controlling-Leitstand, Wiesbaden 1993.

[Mic96]   Michaud, J.: Stiller Abschied vom Business Reengineering - Das neuste Rezept lautet: der Dienst am Kunden hat höchste Priorität. In: Süddeutsche Zeitung Nr. 98 vom 27/28.04.96, S. V1/1.

[Pet94]   Peters, T., Waterman, R.H.: Auf der Suche nach Spitzenleistungen: Was man von den bestgeführten US-Unternehmen lernen kann, 5. Aufl., München 1994.

[Sch95]   Scheer, A.-W.: Wirtschaftsinformatik - Referenzmodelle für industrielle Geschäftsprozesse, 5. Aufl., Berlin et al. 1995.

[Sok90]   Sokolovsky, Z., Kraemer, W.: Controlling der Informationsverarbeitung. In: Information Management 5(1990)3, S. 16-27.

[Töp96]   Töpfer, A., Mann, A.: Kundenzufriedenheit als Meßlatte für den Erfolg. In: Töpfer, A. (Hrsg.): Kundenzufriedenheit messen und steigern, Düsseldorf 1996, S. 20.

[Wyn96]   Wyner, G. M; Lee, J.: Applying Specialization to Process Models, Technical Report, Center for Coordination Science MIT, Cambridge, 1996.

Electronic Customer Care

Andreas Muther, Hubert Österle, Torsten Tomczak
Institut für Wirtschaftsinformatik, Institut für Absatz und Handel*
Universität St. Gallen

Zusammenfassung

Schärferer Wettbewerb und rasante Fortschritte der Informationstechnik (IT) – allen voran Werkzeuge im Umfeld des Internets – verstärken den Trend zu neuen Lösungen in der Kundenbeziehung. IT-gestützte Services für alle Phasen der Kunden-Lieferanten-Beziehung ermöglichen neue Lösungen mit geringeren Kosten oder höherem Nutzen (*Electronic Customer Care*). Das Kompetenzzentrum *Total Customer Care* der Universität St. Gallen sammelt "Best Practices" und Werkzeuge zum Thema *Electronic Customer Care*. Dieser Beitrag faßt die ersten Ergebnisse zusammen und zeigt aktuelle Trends in der Kundenbeziehung.

Stichworte: Electronic Customer Care, Kunden-Lieferanten-Beziehung, Customer Buying Cycle, Informationstechnik (IT), Leistungssystem

1 Neue Wettbewerbsbedingungen

Bis Juni 1997 plant der Automobilhersteller Ford zur Unterstützung seiner 15.000 unabhängigen Händler die Inbetriebnahme des Netzwerkes "FocalPt". Unter anderem verwaltet FocalPt Reparaturinformationen zu jedem Auto und individuelle Kundendaten (z.B.: Benötigt der Kunde normalerweise ein Leihauto? Wünscht er die Reparatur am Vor- oder Nachmittag?). Bei einer Panne wendet sich der Kunde an die nächstgelegene Ford-Reparaturwerkstätte, die über FocalPt sämtliche Informationen des Kunden abruft, inklusive einer Historie früherer Reparaturen des entsprechenden Autos [Wag97a, S. 16].

In einem verstärkten Wettbewerb (Stichworte Globalisierung, Deregulierung, Käufermarkt) differenzieren sich Unternehmen immer weniger nur über Produkte und Preise, sondern über die Qualität ihres gesamten Leistungssystems [vgl. Bel91]. Das Leistungssystem besteht aus der Kernleistung (z.B. Auto) plus allen Zusatz- und Serviceleistungen, die dem Kunden angeboten werden (z.B. Reparatur), d.h. aus einer umfassenden und profilierten Kombination von Produkt und Dienstleistungen für ein spezielles Kundenproblem (vgl. Bild 1).

---

* Lehrstuhlinhaber: Prof. Dr. Hubert Österle, Prof. Dr. Torsten Tomczak

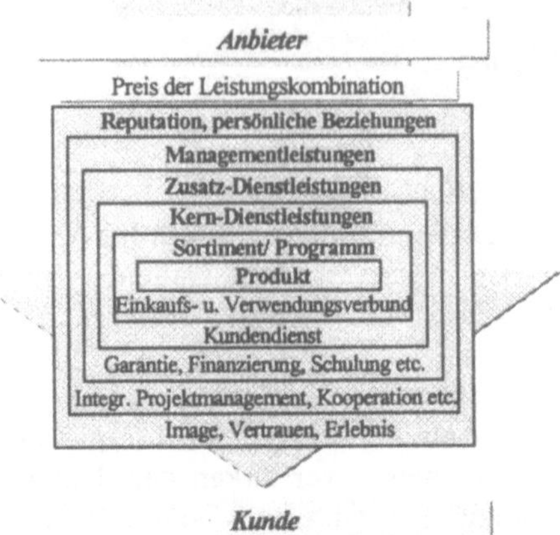

Abbildung 1: Leistungssystem [vgl. Bel91, S. 12; Hae96, S. 57]

2 IT in der Kundenbeziehung

Bei der Realisierung moderner Leistungssysteme für die Kunden-Lieferanten-Beziehung kommt Informationstechniken eine Schlüsselrolle zu [vgl. z.B. Lin95, S. 32]. Sie ermöglichen neue Leistungen mit geringeren Kosten oder höherem Nutzen und helfen einem Unternehmen, sich von der Konkurrenz abzugrenzen; ein Schub moderner Technologien und Tools, die neue Konzepte in der Kundenbeziehung ermöglichen und große Potentiale bergen, stehen vor der Markteinführung (vgl. Bild 2).

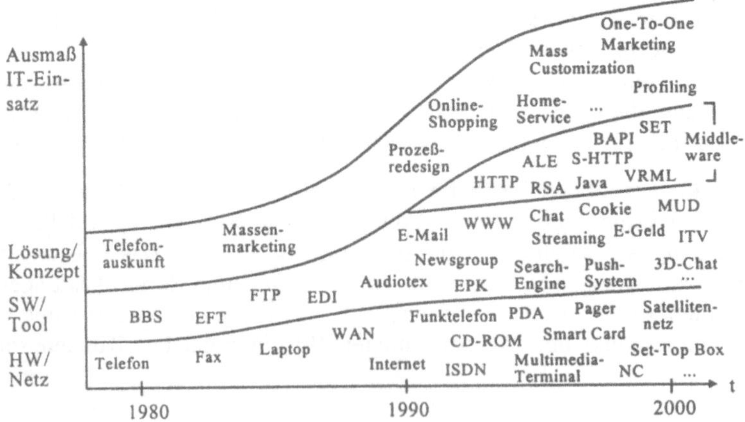

Abbildung 2: Zunehmender IT-Einsatz in der Kundenbeziehung [in Anlehnung an Hoc95]

Folgende Funktionen zeigen beispielhaft die Leistungen moderner Informationstechniken in der Kunden-Lieferanten-Beziehung [vgl. Dav93, S. 51; Rei96, S. 84]:

- *Analysieren*: Optimieren der verfügbaren Informationen und der Entscheidungsfindung (z.B. Data Base Marketing, MIS, Customer Profiling, One-to-One Marketing)

- *Transformieren*: Verändern herkömmlicher Prozesse auf Basis von Informationen (z.B. Mass Customization, Modularization)

- *Verbinden*: Koordinieren von Prozessen über Distanzen (z.B. IT-unterstütztes Account Management, Management verteilter Prozesse in Virtual Companies)

- *Eliminieren*: Abbau von Prozeßzwischenstufen (z.B. vertikale Integration und Verzicht auf Großhandel, Direktvertrieb über Internet, Disintermediation)

- *Beobachten*: Erheben von Prozeßinformationen (z.B. Analyse und Optimierung des Produkteinsatzes beim Kunden, intelligente Logistiksysteme, Status Tracking)

- *Wissen bereitstellen*: Verteilen von Wissen (z.B. Außendienststeuerung, Groupware-einsatz im Marketing, Optimierung des Beziehungsmanagements)

- *Parallelisieren*: Schaffen paralleler Abläufe (z.B. One-Stop-Shopping)

- *Vitalisieren und Rationalisieren*: Automatisieren oder Erhöhen der Eigenleistung des Kunden (z.B. „Automatic Banking", Produktkonfiguration)

3 Der Customer Buying Cycle

Wie identifiziert man IT-Potentiale in der Kundenbeziehung? Ansatzpunkte für diese Fragestellung liefert der Customer Buying Cycle [vgl. Mau90; Ive84], eine Art Checkliste, die an der Kundenbeziehung ansetzt und für jede Phase der Kunden-Lieferanten-Beziehung prüft, ob Informationstechniken neue Lösungen mit geringeren Kosten oder höherem Nutzen ermöglichen [vgl. Mer92, S. 66f.]. Vom Erkennen eines Bedürfnisses auf Kundenseite (Anregungsphase) über das Sammeln von Produkt- und Preisinformationen (Evaluationsphase), die Kaufabwicklung (Kaufphase) bis hin zur Verwendung der Ware oder Leistung (After Sales Phase) spiegelt er alle möglichen Berührungspunkte zwischen Kunde und Lieferant im Zusammenhang mit dem Erwerb, Besitz und der Entsorgung einer Marktleistung wider.

Der Customer Buying Cycle hilft, den Prozeß des Kunden zu verstehen, seine Bedürfnisse zu erkennen und mögliche Formen der IT-Unterstützung zu finden.

Phase	K.-Bedürfnis	Aufgabe Kunde	Aufgabe Lief.	IT- Unterstützung
Anre-gung	• Neuheiten er-fahren • Transparenz des Angebots • Kundenindivi-duelle Informa-tion • Zeitgerechte Ansprache	• Entwicklungen verfolgen • Neue Leistungen erkennen • Bedürfnis er-kennen • Markterkundung	• Markt- und Kunden-informationen sam-meln • Interesse an Produkt generieren • Werbung • PR, Verkaufsförde-rung	**Marktforschung** - Business DB - Branchen CD-ROM **Elektr. PR** - Online-Spiele **Elektr. Verk.förder.** - POS-Terminal **Online Werbung** - e-Mail Newsletter
Evalu-ation	• Konkrete Infor. bzgl. Leistung • Genaue Vorstel-lung über Be-dürfnisse erlan-gen • Individuelle In-formation • Beratung • Evaluationsun-terstützung • Kommunikation	• Informationen über Leistung und Anbieter suchen • Bedürfnis konkre-tisieren • Anforderung an Leistung bestim-men • Leistungen ver-gleichen • Geeignete Lei-stung wählen • Gespräche mit Lieferanten	• Produkt-, Preis- und Firmeninformationen bieten • Beratung • Kundendemos • Angebot • Konfiguration • Entscheidungs-unterstützung	**Firmeninform.** - WWW Gelbe Seiten - Online-DB **Multimed. Produktkata-log** - CD-ROM, WWW - Online-Dienst **Konfiguratoren** - Angebotssysteme **Beratung vor Ort** - Mobile Computing **Online Beratung** - Videoconferencing - Call Center - Elektr. Fragebogen
Kauf	• Einfache Be-stellabw. • Transparenz über den Be-stellvorgang • Integrierte Be-zahlung • Einfache Logi-stik • Sicherheit	• Leistung bestellen • Bestelländerung • Bestellstatus chek-ken • Leistung bezahlen • Leistung testen u. akzeptieren	• Bestellabwicklung • Abwicklung Zah-lungsverkehr • Statusinformationen an Kunden weiterge-ben • Leistung liefern	**Online Bestellung** - Internet, Online-Dienst - EDI, Datex-J **Elektr. Zahlung** - Digitales Geld - Smart Card - EDI, EFT - Public Key **Online-Lieferung** - Internet
After Sales	• Einfache Bedie-nung • Optimaler Ser-vice • Reibungsloser Betrieb • Reparatur • Rasche Antwor-ten auf Fragen • Entsorgung	• Verwendung der Leistung erlernen • Leistung verwen-den • Leistung warten • Leistung updaten • Leistung entsorgen	• Schulung • Beratung • Wartung/Service • Hotline/Trouble Shooting • Verarbeitung Kun-denfeedback • Entsorgungsunter-stützung • Kundenbindung/ Kundenpflege	**Customer Support** -WWW, FAQ **Online-Beratung** - Videoconferencing - WWW, Chat **Online-Updates** - Internet, FTP **Elektr. Manuals** - CD-ROM, WWW **Kundengemeinschaft** - Virtual Community - 3D-Chat, MUD

Bild 3: Ideensammlung im Customer Buying Cycle [vgl. Mut97]

4 Trends in der Kundenbeziehung

Das Kompetenzzentrum Total Customer Care (CC TCC), eine Kooperation des Forschungsinstituts für Absatz und Handel und des Instituts für Wirtschaftsinformatik der Universität St. Gallen, sammelt unter anderem Fallbeispiele ("Best Practices"), IT und Produkte zum Thema Electronic Customer Care und publiziert sie in einer laufend aktualisierten Internet-Datenbank [vgl. TCC97]. Derzeit sind ca. 150 Beispiele erhoben und bewertet.

Beobachtet man führende Unternehmen und faßt man die Einsatzmöglichkeiten der Informationstechnik im Customer Buying Cycle zusammen, zeichnen sich nachfolgende Trends ab, die sich gegenseitig nicht ausschließen und zum Teil überschneiden:

- *24-Stunden-Service:* Unternehmen bieten ihre Leistungen, unabhängig von den realen Öffnungszeiten, 7 Tage die Woche und 24 Stunden am Tag an. Die dauernde Verfügbarkeit elektronischer Plattformen (z.B. Internet, Audiotex-Systeme, Fax-On-Demand, Bulletin Board Systeme, Interactive TV, Multimediaterminals etc.) löst die Notwendigkeit permanenter persönlicher Bedienung ab. So greift der Kunde z.B. rund um die Uhr im Internet-Buchladen Amazon.com auf ein Angebot von 2.5 Millionen Büchern zu [vgl. Ama97], sucht im Kuoni Ticket Shop [vgl. Kuo97] nach Flugtickets und Last Minute Angeboten, ruft bei Compaq Produktinformationen zu seinem Personal Computer über das Fax-On-Demand-System "PaqFax" ab [vgl. Com97] oder informiert sich bei der Hausbank per Telefon über den aktuellen Kontostand.

- *Kundenselbstbedienung:* Unternehmen lagern Standardaufgaben, vermehrt auch komplexere Abläufe wie Produktkonfiguration etc., zu den Kunden aus. Entlasten der Mitarbeiter von Routinetätigkeiten, Kosten sparen oder dem Kunden ganz einfach die Möglichkeit geben, sich selbständig - ohne lästige Bedienung - über das Leistungsangebot zu informieren, sind häufig genannte Ziele. So bietet z.B. der Technologiehersteller Hewlett Packard im Internet den sogenannten Buyer's Guide an, einen interaktiven Produktkatalog, mit dessen Hilfe Kunden selbständig Computer konfigurieren und vergleichen können. 27.000 Zugriffe im Monat mit über 6.000 Konfigurationen und 2.600 Produktvergleichen verdeutlichen die Akzeptanz des Services [vgl. Lai96]. In eine ähnliche Richtung gehen der SB-Bausparplaner, eine interaktive CD-ROM mit Berechnungsmöglichkeiten einer individuellen Bausparvariante, ausgegeben von der Deutschen Bank AG [vgl. Bau97], oder die "Micasa & Home CD-ROM" der Schweizer Handelskette Migros, die Einrichtungsgegenstände im Wohn- und Heimbereich multimedial präsentiert und dem Kunden viele Zusatzinformationen bietet (z.B. "Wohnungsplaner"). Ein weiteres Beispiel ist InfoPoint, eine Point-of-Information-Lösung (POI) für Deutsche Presse-Grossisten. 500 der Multimediaterminals sollen bis Ende 1998 bundesweit in Zeitschriftenläden, Supermärkten, Hotels und Bahnhöfen installiert werden. InfoPoint enthält Informationen zu 2.500 Magazinen und Zeitschriften. Titel, die nicht vorrätig sind, bestellt der Kunde direkt am Terminal. Sie werden über Nacht in die entsprechende Filiale geliefert [vgl. Mül97].

- *Information on Specific Demand:* Neue Plattformen wie z.B. das Internet, proprietäre Online-Dienste, Videoconferencing-Systeme zeichnen sich durch ihre hohe Interaktivität aus, die es erlaubt, nicht nur statische Informationen, sondern speziell für einen Kunden generierte Lösungen zu bieten. So diskutiert der Kunde im "SPRYNET Help Chat" in real time über ein Internet-Chat-System mit den Servicetechnikern des Internetproviders [vgl Spr97], läßt sich durch Anklicken des Buttons "Call Me Now" auf einer HP-Web-Seite durch einen HP-Berater zurückrufen [vgl. Cal97] oder bezieht über Internet eine Online-Rechtsberatung bei Jeroen de Kreek, einem Rechtsanwalt aus Amsterdam [vgl. Esp97].

- *Globalisierung der Kundenbeziehung:* Unternehmen nutzen vermehrt globale Informationsstrukturen, um Leistungen zu verkaufen oder Lieferanten zu suchen. Im "Global Village" spielt die physische Niederlassung eines Unternehmens nur eine untergeordnete Rolle. So bestellt der Kunde im angesprochenen amerikanischen Buchladen Amazon.com weltweit und erhält sein Buch per DHL nur wenige Tage später (Aufpreis 30 Dollar pro Sendung plus sechs Dollar pro Buch). Zulieferer des japanischen Technologieunternehmens Sanyo können über e-Mail Angebote für mehr als 500 genau spezifizierte Teile abgeben, die Sanyo über das Internet ausgeschrieben hat (die entsprechende Seite zählt ca. 1500 Zugriffe im Tag) [vgl. Töd97]. Weitere Beispiele sind das GE (General Electric) Trading Process Network (TPN), eine offene, web-basierte Plattform zur Suche nach Lieferanten, über die GE bis Mitte 1997 Einkäufe im Wert von rund 1 Milliarde Dollar abwickeln will [vgl. Loh97], oder die Firma Onsale Inc., die im Internet Online-Auktionen durchführt (Computer und Peripherie) und in der Woche ca. 750.000 Besucher zählt [vgl. Pri97a, S. 445].

- *Personalisierung der Kundenbeziehung:* Informationstechniken erlauben durch ihre Fähigkeit, Kundeninformationen zu sammeln und auszuwerten, die Erstellung personalisierter Leistungen für den Kunden [vgl. Blo96; Pil97; Hag97; Pin95]. Nicht nur im Bereich Internet, der durch Technologien wie "Cookies", Produkte wie dem personalisierbaren Merchant Server "One-To-One" der Firma Broadvision [vgl. Bro97] oder das auf Profile Matching basierende Verkaufssystem der Firma Firefly [vgl. Fir97] personalisierte Leistungen anzubieten vermag, erheben Unternehmen Kundenprofile und bauen darauf individuelle Leistungen auf. Es gibt auch andere Beispiele: Jeder Angestellte der Hotelkette Ritz-Carlton füllt für jeden Gast, mit dem er Kontakt hat, ein sogenanntes "guest preference pad" aus und gibt die gesammelten Informationen am Abend in eine hoteleigene Datenbank ein. Die Mitarbeiter sämtlicher 28 Ritz-Carlton-Hotels haben Zugriff auf die gesammelten Kundenprofile (derzeit ca. 500.000) über das Reisereservationssystem "Covia". So kann ein Kunde, der z.B. bei einem Besuch ausdrücklich Weißwein mit Eis bestellt hat, davon ausgehen, daß er bei der nächsten Übernachtung in einem Ritz-Carlton-Hotel gefragt wird, ob er den Wein mit Eis haben möchte [vgl. Pin95, S. 112]. Ein anderes Beispiel ist die Firma Levi Strauss, die in ausgewählten Geschäften maßgeschneiderte Damenjeans anbietet. Die Maße der Kundin gehen über Computernetz direkt zum Laser-Schnittroboter der nächstgelegenen Fabrikationsstätte. Nach ca. 2 Wochen liegt die maßgeschneiderte Jeans im Laden bereit ("Mass Customization") [vgl. Pil97].

- *Virtuelle Kundengemeinschaften:* Um Kunden zu binden, versuchen Unternehmen vermehrt, Kundengemeinschaften um Ihre Leistungen zu bilden. Ein einfaches Beispiel sind die "Intel Newsgroup Forums", eine Diskussionsplattform für Kunden, in der Kunden untereinander oder mit Intel-Spezialisten in produktbezogenen Newsgroups diskutieren können.

  Zunehmend geht der Trend weg von einfachen, textbasierten Gemeinschaften wie Newsgroups oder e-Mail-Listen hin zu virtuellen Welten, in denen Kunden imaginäre Repräsentationen der eigenen Persönlichkeit annehmen (sogenannte "Avatare") und in 2D- oder 3D-Umgebungen miteinander diskutieren, Probleme austauschen und Abenteuer lösen (sogenannte MUDs - Multi User Dungeons oder 3D-Chat-Systeme). Produkte wie "Worlds Chat^{tm}" [vgl. Wor97] oder "WorldsAway" der Fujitsu Software Corporation [vgl. Awa97] drängen in diesen Markt. Die Pride Media Ltd., eine Organisation gegründet von Homosexuellen, nutzt beispielsweise das Produkt WorldsAway, um anonyme Treffen ihrer Mitglieder zu veranstalten [vgl. Pri97b].

5 Zusammenfassung

Die genannten Trends und Beispiele zeigen nur einen Ausschnitt aller möglichen Innovationen in der Kundenbeziehung. Die Vorreiter der Wirtschaft bewegen sich weg vom reinen Produktverkauf hin zum umfassenden Leistungssystem. Unternehmen, die lediglich eine Kostenführerschaft anstreben, werden nicht mehr konkurrenzfähig sein. Statt dessen müssen sie einen Vorsprung gegenüber der Konkurrenz erzielen, indem sie ihren Kunden zusätzliche Informationen und Services bieten [vgl. Wag97b]. Der IT-Einsatz in der Kunden-Lieferanten-Beziehung wird sich, getrieben durch die zu erwartende Bandbreitenexplosion, die Vernetzung der Haushalte (Internet über Kabel-TV, Home Electronics, Pager etc.), die Lösung der Sicherheitsproblematik des Internets (Public Key Verschlüsselung), die Verbreitung digitaler Zahlungssysteme (z.B. DigiCash, CyberCash, Mondex etc.), intuitive multimediale Oberflächen (z.B. Shockwave, VRML) etc. weiter verstärken. Dabei gehen diejenigen als Gewinner hervor, die es verstehen, die richtigen Mittel zur richtigen Zeit am richtigen Ort einzusetzen. So können einfache und im ersten Blick weniger gute Lösungen hohe Kundenakzeptanz finden. Ein Beispiel ist der spartanisch angelegte Web-Server der Firma transtec (Computerdirektvertrieb) [vgl. Tra97], der auf eine ansprechende Oberflächengestaltung nur wenig Wert legt, dennoch im Detail überzeugt (Statusauskünfte, Package Tracking etc.) und durchwegs gute Kritik von den Kunden bekommt [vgl. Bru97]. Lösungen sind gut, wenn sie den Kundenprozeß unterstützen, zu den Bedürfnissen der entsprechenden Zielgruppe passen ("Focused Offer") [vgl. Wes96], in angemessener Form realisiert sind (IT, Kosten etc.) und die nötige Robustheit und Zuverlässigkeit bieten.

6 Literatur

Bemerkung: Datumsangaben hinter WWW-Adressen beziehen sich auf die Verfügbarkeit, nicht auf das Erscheinungsdatum der entsprechenden WWW-Seite.

[Ama97]   Amazon.com (1997): Homepage. http://www.amazon.com/, 28.6.1997.

[Awa97]   WorldsAway (1997): Homepage. http://www.worldsaway.com/, 28.6.1997.

[Bau97]   Deutsche Bank Bauspar AG (1997): Homepage. http://www.deutsche-bank.de/partner/bauspar/index.htm, 28.6.1997.

[Bel91]   Belz, Ch. et al. (1991): Erfolgreiche Leistungssysteme. Schäffer Verlag, Stuttgart 1991.

[Blo96]   Bloch, M., Pigneur, Y., Segev, A. (1996): A Business Value Framework for Electronic Commerce. In: *Informatik*, (1996) 6, S. 29-36.

[Bro97]   BroadVision (1997): Homepage. http://www.broadvision.com/, 28.6.1997.

[Bru96]   Bruscha, B. (1996): transtec im Web: Internet und Intranet - Transparenz nach innen und nach außen. In: Bullinger, H.-J. (Hrsg.), Electronic Business II: Internet & Intranet, Strategien, Anwendungen, Technologien, Tagungsdokumentation Band 1, IAO-Forum, Stuttgart, 12. November 1996, S. 271-282.

[Cal97]   Hewlett Packard (1997): HP Domain Solutions. http://hpcc997.external.hp.com/ gsyinternet/dom3/, 28.6.1997.

[Com97]   Compaq (1997): About PaqFax. http://www.compaq.com/support/PaqFax/aboutpaqfax.html, 28.6.1997.

[Dav93]   Davenport, T. H. (1993): Process Innovation - Reengineering Work through Information Technology. Harvard Business School Press, Boston/Massachusetts 1993.

[Esp97]   o.V. (1997), Electronic Commerce - An Introduction. ESPRIT, http://www.cordis.lu/esprit/src/ecomint.htm, S. 9, 22.4.1997.

[Fir97]   Firefly (1997): Homepage. http://www.firefly.com/, 28.6.1997.

[Hae96]   Haedrich, G., Tomczak, T. (1996): Produktpolitik. In: Köhler, R., Meffert, H. (Hrsg.): Kohlhammer-Edition Marketing. Kohlhammer, Stuttgart 1996.

[Hag97]   Hagel, J., Rayport, J. F. (1997): The Coming Battle for Customer Information. In: *Harvard Business Review*, 1997, Heft Jänner/Februar, S. 53-65.

[Hoc95]   Hoch, D. J. (1995): Unternehmerische Potentiale moderner Informationstechniken. McKinsey & Company, Vortrag an der Universität St. Gallen, 8. Februar 1995.

[Ive84]   Ives, B., Learmonth, G. P. (1984): The information System as a competitive weapon. In: *Communications of the ACM*, 27 (1984) 12, S. 1193-1201.

[Kuo97]   Kuoni (1997): Homepage. http://www.kuoni.com/, 28.6.97.

[Lai96]   Laidig, K.-D. (1996): Internet/Intranet-Strategien und Anwendungen bei Hewlett-Packard. In: Bullinger, H.-J. (Hrsg.): Electronic Business II: Internet

& Intranet, Strategien, Anwendungen, Technologien. Tagungsdokumentation Band 1, IAO-Forum, Stuttgart, 12. Nov. 1996, S. 47-90.

[Lin95] Link, J., Hildebrand, V. G. (1995): Mit IT immer näher zum Kunden. In: *Harvard Business Manager,* 17 (1995) 3, S. 30-39.

[Loh97] Lohr, St. (1997): Beyond Consumers, Companies Pursue Business-to-Business Net Commerce. In: *The New York Times*, 28. April, 1997, S. D1.

[Mau90] Mauch, W. (1990): Bessere Kundenkontakte dank Sales Cycle. In: *THEXIS*, 7 (1990) 1, S. 15-18.

[Mer92] Mertens, P. (1992): Informationsverarbeitung als Mittel zur Verbesserung der Wettbewerbssituation. In: Hermanns, A., Flegel, V. (Hrsg.): Handbuch des Electronic Marketing, Funktionen und Anwendungen der Informations- und Kommunikationstechnik im Marketing. Verlag C.H. Beck, München 1992, S. 53-69.

[Mül97] Müller, B. (1997): Bouillon zum Kauf. In: *Wirtschaftswoche*, 10/27.2.1997, S. 119.

[Mut97] Muther, A., Österle, H. (1997): Electronic Customer Care - Neue Wege zum Kunden. In: *Wirtschaftsinformatik*, genauer Erscheinungstermin noch nicht bekannt.

[Pil97] Piller, F. Th. (1997): Kundenindividuelle Produkte - von der Stange. In: *Harvard Business Manager*, 19 (1996) 3, S. 15-26.

[Pin95] Pine, B. J. II, Peppers, D., Rogers, M. (1995): Do You Want to Keep Your Customers Forerver? In: *Harvard Business Review*, 1995, Heft März-April, S. 103-114.

[Pri97a] o.V. (1997): Technology Forecast: 1997. Price Waterhouse World Technology Centre, Menlo Park 1997.

[Pri97b] Pride (1997): Homepage. http://www.pridemedia.com/index-frame.html, 28.6.1997.

[Rei96] Reinecke, S. (1996): Management von IT-Outsourcing-Kooperationen. THEXIS, St. Gallen 1996.

[Spy97] SPRYNET (1997): Technical Support. http://www.sprynet.com/members/techs/index.html, 23.4.1997.

[TCC97] Competence Center Total Customer Care (1997): Homepage. http://iwi2.unisg.ch/ccttc/, 08.09.1997.

[Töd97] Tödtmann, C. (1997): Japaner gehen ins Netz. In: *Wirtschaftswoche*, 18/24.4.1997, S. 28.

[Tra97] Transtec (1997): Homepage. http://www.transtec.de/, 28.6.1997.

[Wag97a]   Wagner, M. (1997): Ford pushes 'net data. In: *Computerworld*, 31 (1997) 8, S. 71-73.

[Wag97b]   Wagner, M. (1997): Service key to online business success. In: *Computerworld*, Jg. 31 (1997) 7, S. 14.

[Wes96]   Westwood, C. A. (1996): Smart Shopping - A Consumer or Technology Driven Revolution? In: SmartShopping 96, Proceedings, Brüssel 3.-4. Dezember 1996, Ryder, London 1996, S. 152-162.

[Wor97]   Worlds (1997), Homepage. http://www.worlds.net/, 28.6.1997.

Ermittlung und Evaluation von Kundenbewertungsmodellen im Database Marketing

Matthias Meyer, Hajo Hippner
Lehrstuhl für ABWL und Wirtschaftsinformatik[*]
Katholische Universität Eichstätt

Zusammenfassung

Das zentrale Problem im Database Marketing besteht darin, die richtigen Kunden mit den richtigen Marketingmaßnahmen zu erreichen. Die Auswahl der Aktivitäten und die Beurteilung der jeweiligen Effektivität und Effizienz stützt sich dabei oft auf Expertenurteile oder relativ einfache Heuristiken. Wesentlich erfolgversprechender erscheint in Zeiten zunehmender Marktfragmentierung, Wettbewerbsintensität und Individualisierung die Verwendung sog. Kundenbewertungsmodelle zu sein, wobei zu deren Erstellung grundsätzlich eine Vielzahl unterschiedlicher Methoden zum Einsatz kommen sollte. Zwecks einer strukturierten Ermittlung dieser Modelle wird in diesem Beitrag ein Vorgehensmodell zur Ableitung und Anwendung von Kundenbewertungsmodellen vorgestellt.

Stichworte: Database Marketing, Kundenbewertungsmodell, Zielgruppenselektion, Data Mining, Pharmabranche

1 Grundlagen des Database Marketing

1.1 Idee und Definition des Database Marketing

Viele Unternehmen aus den unterschiedlichsten Branchen sehen sich seit geraumer Zeit mit einer sich zunehmend verschärfenden Wettbewerbssituation konfrontiert. Die drohende Gefahr stagnierender bzw. sinkender Kundenzahlen veranlaßte die Unternehmen, dieser Entwicklung entgegenzuwirken. Es wurde nicht mehr das Produkt an sich, sondern der Kunde in den Mittelpunkt der Unternehmenshandlungen gestellt. Damit begann die Individualisierung der (möglichst bidirektionalen) Anbieter-Kunde-Kommunikation. Diese Individualisierung verlangte nach einem neuen Marketing-Konzept: dem Database Marketing.

Der Grundgedanke des Database Marketing liegt in der Nutzung von in Datenbanken gespeicherten Informationen für eine kundenindividuelle und weitestgehend bidirektionale Kommunikation. Unter strategischen Marketinggesichtspunkten soll

---

[*] Lehrstuhlinhaber: Prof. Dr. Klaus D. Wilde

damit eine hohe Kundenloyalität erreicht werden. Dazu wird die Datenbasis als Bestandteil eines unternehmensintegrierten Regelkreises angesehen, dessen Aufgabe in der Analyse und systematischen Durchführung eines dialogorientierten Marketing-Mix liegt.

Information entwickelt sich mehr und mehr zu einem entscheidenden Wettbewerbsfaktor. Das Konzept des Database Marketing ermöglicht es in diesem Kontext, sich durch eine kundenorientierte Verwendung vorhandener Informationen gegenüber Wettbewerbern u.U. entscheidende strategische Vorteile zu sichern. Diese äußern sich u.a. in der Reduzierung der hohen Streuverluste und Vertriebskosten beim Einsatz traditioneller Massenmedien, dem Aufbau langfristiger Kundenloyalität sowie der Möglichkeit, Cross-Selling-, Neukundengewinnungs- und Altkundenreaktivierungspotentiale auszuschöpfen.

1.2 Regelkreisorientiertes Database Marketing

Wird das Konzept des Database Marketing konsequent umgesetzt, so zeichnet sich dieses durch folgende Charakteristika aus (diese werden in [Wil97a] ausführlicher erläutert):

- kundenindividueller Marketing-Mix
- computer- und datengestütztes Dialog-Marketing
- medienübergreifende Kommunikationskonzepte
- funktionsübergreifende Kommunikationskonzepte
- produktübergreifende Kommunikationskonzepte
- Marketing-Communication statt Marketing-Broadcasting
- Regelkreis-Marketing

Besonders die Umsetzung des Regelkreis-Konzepts erlaubt es, die erforderliche Bidirektionalität der Kundenkontakte im Kontext des Database Marketing anschaulich und strukturiert darzustellen (s. Abb.1).

Ist die Entscheidung über die Einführung eines Database-Marketing-Konzepts positiv ausgefallen, so muß in einem ersten Schritt die Datenbank mit grundlegendem kunden- und absatzorientierten „Wissen" ausgestattet werden. Dazu werden bereits vorhandene interne Informationen, aber auch Daten aus externen Quellen in die Datenbasis eingelesen.

Die Entscheidungsträger konzipieren unter Berücksichtigung ihrer Zielvorgaben (z.B. Marktanteilserhöhung, Umsatzmaximierung, etc.) mögliche Marketingaktionen und wählen die entsprechenden Zielgruppen aus. Die Auswahl der Zielgruppen erfolgt dabei unter Verwendung von *Kundenbewertungsmodellen* (s. Kap. 2), die von außerordentlicher Wichtigkeit für die Effizienz des Database Marketing sind. Der Konzeption der Handlungsalternativen kann dabei eine „*aktions-"* oder „*kundenorientierte" Vorgehensweise* zugrundeliegen. Das bedeutet, daß entweder zuerst die Aktion geplant und dann die erfolgversprechendste Zielgruppe mit Hilfe der Datenbank zusammengestellt wird oder daß zuerst eine Kundengruppe ausgewählt – beispielsweise mit einem gemeinsamen Interessenprofil – und dafür eine Aktion entworfen wird. Grundsätzlich geht es also um die Frage „aktionsgerechte Zielgruppe oder zielgruppengerechte Aktion" [Sch91, S. 188].

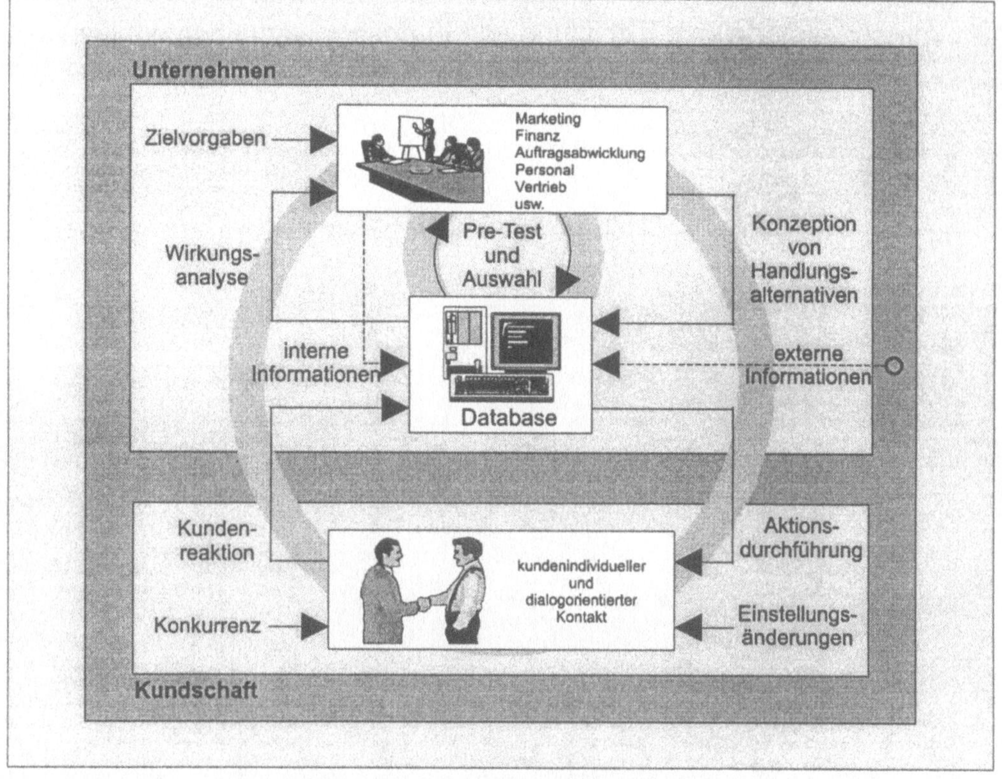

Abbildung 1: Database-Marketing als Regelkreis

Die Konzeptionsalternativen werden mit Hilfe von „Pre-Tests" bewertet und gegebenenfalls modifiziert. Im Anschluß an die Aktionsdurchführung erfolgt die Erfassung der Kundenreaktion und der angefallenen Kundendaten. Dabei muß beachtet werden, daß die Kundschaft per definitionem nicht als statisches Gebilde aufgefaßt werden darf, sondern daß im Zeitablauf die Handlungen der Kunden durch allgemeine Einstellungsänderungen (z.B. wachsendes Umweltbewußtsein, etc.) und zu antizipierende Einflüsse von Konkurrenzunternehmen beeinflußt werden.

Aufgabe der „Wirkungsanalyse" ist es, die aktualisierten Daten auszuwerten und daraus handlungsrelevante Informationen für weitere Aktionen zu gewinnen. Dazu kann beispielsweise im Rahmen einer Penetrationsanalyse das Reaktionsverhalten verschiedener Kundensegmente analysiert und zur Steuerung nachfolgender Aktionen genutzt werden.

Database Marketing führt durch die permanente kundenspezifische Auswertung der Aktionen und Reaktionen zu immer aussagekräftigeren Kunden-Informationen. Die Treffgenauigkeit und die Effizienz der Kundenkontakte lassen sich dadurch kontinuierlich verbessern.

2 Vorgehensmodell zur Ermittlung von Kundenbewertungsmodellen

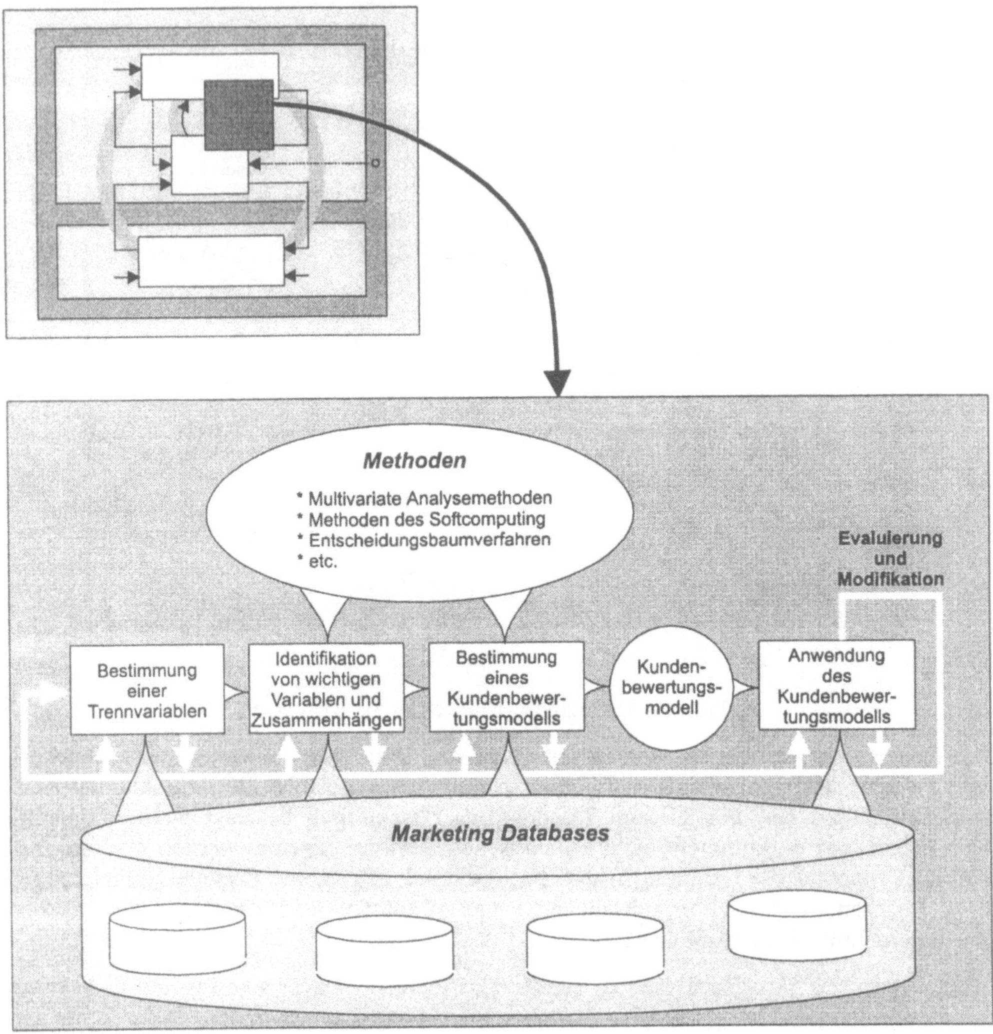

Abbildung 2: Vorgehensmodell

Der Schwerpunkt dieses Beitrags liegt in der Vorstellung eines Vorgehensmodells zur Ableitung und Anwendung von Kundenbewertungsmodellen, das in den unter Kapitel 1.2 erläuterten Regelkreis des Database Marketing integriert wird. In dem Vorgehensmodell werden vier Phasen unterschieden, die in Abb. 2 dargestellt sind.

Die einzelnen Phasen des obigen Vorgehensmodells werden anhand des folgenden *Fallbeispiels* verdeutlicht.

Aufgabe war es, den Außendienstmitarbeitern und einer Direktmarketing-Agentur Ärzte (=Kunden) zu nennen, die ein besonders hohes Verordnungsvolumen für ein bestimmtes Produkt aufweisen (könnten) und daher entsprechend bei den Marketingaktivitäten berücksichtigt werden sollten. Für diese Aufgabe lagen folgende Informationsquellen vor:

- *Kundendatenbank mit Stammdaten (Alter, Praxisgrößenschätzung, Geschlecht, Ausstattung mit Gerät G, wohnt in einer Region mit einem niedrigen/mittleren/hohen Verordnungsindex) und Kontaktdaten (Anzahl Besuche und Anzahl plazierter Patientenbeobachtungen in den letzten Quartalen bzw. im letzten Jahr)*

- *Paneldaten über die tatsächlichen Verordnungen von ca. 500 Praxen. Diese wurden mit den Stamm- und Kontaktdaten abgeglichen, wobei dies bei dem Informationsanbieter der Paneldaten geschah, um die Anonymität der betreffenden Ärzte zu wahren.*

- *Marktdaten: In der Pharmabranche liegen auf der Ebene sog. RPM-Segmente (Regionaler Pharmazeutischer Markt; gegenwärtig gibt es eine Einteilung in 1845 Segmente für Deutschland) die Absatzdaten der meisten Pharmazeutika vor. Für das Fallbeispiel lagen die Absatzdaten des Produkts und der relevanten Konkurrenzprodukte für die vergangenen Quartale vor.*

Ziel war es, auf der Basis dieser Daten, ein (mehrere) Kundenmodell(e) zur Bestimmung von 'Hochpotentialpraxen' zu ermitteln. Zur Absicherung der Ergebnisse wurde dabei einerseits ein Modell aufgestellt, das aus den Paneldaten abgeleitet wurde (paneldatenbasiertes Modell), andererseits wurden die Marktdaten und die auf RPM-Segmentebene aggregierten Kundendaten (marktdatenbasiertes Modell) betrachtet.

2.1 Bestimmung einer 'Trennvariablen'

Wie bei nahezu allen Problemlösungsprozessen ist es auch bei der Bestimmung eines Kundenbewertungsmodells im Rahmen des Database Marketing eine *problemadäquate Zieldefinition* von entscheidender Bedeutung. Unterschiedliche Ziele (z.B. Einteilung der Kunden nach Kundenqualität, Bestimmung der Zielgruppen für Marketingmaßnahmen für eine bestimmte Sortimentgruppe, etc.) verlangen auch nach unterschiedlichen, konkret meßbaren Zielgrößen. Es ist also zu entscheiden, welche Variable am besten geeignet sein könnte, um Kunden(gruppen) unter Berücksichtigung der vorher festgelegten Ziele zu differenzieren. Grundsätzlich stehen dafür zwei alternative Möglichkeiten zur Verfügung:

1. Einerseits kann die 'Trennvariable' (= abhängige Variable) direkt aus dem vorliegenden Datenbestand extrahiert werden (z.B. Reagenten/Nichtreagenten auf frühere Marketingmaßnahmen, Viel-/Wenigbesteller eines (einer) bestimmten Produkts(gruppe), Zahlungsverhalten, etc.).

2. Andererseits bietet sich der Einsatz bestehender Kundenbewertungsmodelle an, die als Ergebnis eine 'Trennvariable' liefern (siehe z.B. [Lin97]). Diese lassen sich wie folgt klassifizieren (die jeweiligen Vor- und Nachteile werden in [Wil97b] diskutiert):

- Traditionelle Ansätze: z.B. Responsequote (Anzahl der Kundereaktionen im Verhältnis zur Anzahl der Marketingkontakte), RFMR-Methode (Recency, Frequency and Monetary Ration Analysis)
- Finanzwirtschaftliche und investitionsrechnerische Ansätze: z.B. Kundendeckungsbeitragsrechnung (basierend auf der Responsequote, dem Durchschnittsumsatz je Bestellung, den Auftragsabwicklungskosten pro Bestellung und den variablen Marketing-Aktions-Kosten)
- Erfolgspotentialorientierte Ansätze: z.B. Customer Lifetime Value (analog zur Kapitalwertmethode wird der Wert des Investitionsobjekts 'Kunde' aus den abgezinsten, dem Kunden direkt zurechenbaren Ein- und Auszahlungsströmen während der gesamten Dauer der Kundenbeziehung errechnet)
- Marktreaktionsmodelle

Die Entscheidung für eine der beiden Alternativen zur Bestimmung der Trennvariablen wirkt sich auf die weiteren Phasen des hier vorgestellten Vorgehensmodells aus. Während bei einer direkten Ableitung der Trennvariablen aus dem Datenbestand das Vorgehensmodell zur *Bestimmung* eines Kundenbewertungsmodells herangezogen wird, wird es im anderen Fall zur *Evaluation* eines bestehenden Kundenbewertungsmodells verwendet.

Für die Bestimmung des panelbasierten Modells sollte in diesem Beispiel das Marktvolumen jeder Panelpraxis herangezogen werden, d.h. die Summe der Verordnungen des Produkts und der relevanten Wettbewerbsprodukte. Für das marktdatenbasierte Modell wurde ebenfalls das Marktvolumen, in diesem Fall jedoch die Absatzsumme der Produkte auf RPM-Ebene, herangezogen. Dies ermöglicht es u.U., aus den auf RPM-Segmentebene aggregierten Arztdaten signifikante Erklärungsvariablen für die unterschiedlichen Marktvolumina zu identifizieren, die sich auf Arztebene heruntergerechnet als Bewertungsraster eignen.

2.2 Identifikation von wichtigen Variablen und Zusammenhängen

Um ein neues Kundenbewertungsmodell entwickeln oder ein bestehendes evaluieren zu können, müssen die in der Marketing-Datenbank vorliegenden Variablen hinsichtlich ihrer Relevanz untersucht werden. Sofern nur unvollständige Kenntnisse über die Eigenschaften und Zusammenhänge der Informationen vorhanden sind, bedarf es dafür geeigneter Methoden zur Identifikation 'interessanter' bzw. relevanter Variablen(bündel).

Zu diesem Zweck kann auf zahlreiche Verfahren des *Data Mining* zurückgegriffen werden, deren Aufgabe in der Extraktion entscheidungsrelevanter Informationen aus Datenbanken liegt. Dabei finden Methoden der Statistik (z.B. Varianzanalyse) und des Softcomputing (z.B. Künstliche Neuronale Netze (KNN)) sowie Entscheidungsbaumverfahren (z.B. CHAID) Verwendung.

Für das panelbasierte Modell wurde in diesem Fall die CHAID-Analyse gewählt, die Variablen identifizieren sollte, die sich besonders gut eignen, um zwischen Gruppen von Beobachtungen (hier: Hoch- und Niedrigverordner) zu trennen. Alternativ wurde zudem die Diskriminanzanalyse verwendet, die ebenfalls geeignete Variablen identifizieren kann und zudem die Möglichkeit bietet, ein Bewertungsmodell aufzustellen. Mit demselben Ziel wurde ein KNN trainiert. Bei allen drei Ansätzen stellte sich heraus, daß sich stets die Variablen 'besitzt Gerät G', 'Alter 40-50', 'wohnt in Segment mit mittlerem/hohem Verordnungsindex' und 'erhielt mehr als 5 Besuche im letzten Jahr' (die Besuchsvariable kann als Indikator für einen vom ADM als 'A-Arzt' klassifizierten Arzt interpretiert werden) besonders gut eignen, um zwischen Hoch- und Niedrigverordnern in dem Panel zu unterscheiden. Des weiteren wurde ein weiteres KNN mit den Marktdaten trainiert, wobei sich herausstellte, daß die Anteile der Ärzte je Segment, die die oben genannten Merkmale aufweisen, gut zur Erklärung der unterschiedlichen Marktvolumina geeignet sind. Es konnte daraus geschlossen werden, daß diese Variablen auch auf der Ebene der einzelnen Ärzte zur Erklärung arztbezogener Verordnungsvolumina relevant sind. Somit bestätigte sich, daß die Variablen in das Kundenbewertungsmodell aufgenommen werden sollten.

Unter Umständen kann sich in dieser Phase herausstellen, daß sich keine Variablen bzw. Variablenbündel (= unabhängige Variablen) identifizieren lassen, um unter Berücksichtigung festgelegter Qualitätskriterien Kundengruppen gemäß der Trennvariablen zu klassifizieren. Diese mangelnde Erklärungskraft läßt sich auf

- eine nicht ausreichende Qualität und/oder Quantität der Datenbasis,
- eine ungeeignete Trennvariable,
- eine falsch gewählte bzw. angewendete Methode

zurückführen. Somit kann sich eine Rückkopplung zu der vorangegangenen Phase als notwendig erweisen.

2.3   Bestimmung eines Kundenbewertungsmodells

Werden keine bereits bestehenden – mehr oder weniger theoretisch fundierte – Modelle verwendet (s. Kap. 2.1), so müssen in dieser Phase neue Kundenbewertungsmodelle ermittelt werden. Diese werden – basierend auf der in Kap. 2.1 festgelegten abhängigen Variable und den in Kap. 2.2 identifizierten unabhängigen Variablen – wiederum mit Methoden aus der Statistik und des Softcomputing oder mit Entscheidungsbaumverfahren bestimmt.

In einem ersten Schritt müssen die für die Modellbildung herangezogenen Variablen vorbearbeitet werden (z.B. Normierungen, Ausreißeranalysen, Klassenbildungen, etc.). Mittels oben genannter Verfahren werden ein oder mehrere Kundenbewertungsmodelle ermittelt, die den Anforderungen unterschiedlicher Tests (z.B. Signifikanztest, Plausibilitätstest, Sensitivitätsanalysen, etc.) sowie ausreichender Güte (z.B. Bestimmtheits- oder Klassifikationsmaße) genügen müssen. Da keine grundsätzlichen Aussagen über die Eignung der verschiedenen Verfahren getroffen werden können, empfiehlt es sich, mehrere Kundenbewertungsmodelle mit unterschiedlichen Methoden zu erstellen. Das für die zugrundeliegende Problemstellung geeignetste Modell wird abschließend mittels ex post-Analysen ausgewählt.

Abschließend sollte sowohl ein paneldatenbasiertes als auch ein marktdatenbasiertes Modell mit Hilfe der Regressionsanalyse und KNN entwickelt werden, um die vergleichen zu können. Dabei stellt sich heraus, daß in jedem Fall die Variable 'besitzt Gerät G' den größten Erklärungsbeitrag für das Marktvolumen liefert, gefolgt von den Variablen 'Alter 40-50', 'wohnt in Segment mit mittlerem/hohem Verordnungsindex' und 'erhielt mehr als 5 Besuche im letzten Jahr' (von den exakten Werten wird hier abgesehen). Es liegt somit ein Modell zur Schätzung des Marktvolumens einzelner Ärzte vor. Da die beiden gewählten Methoden unter Umständen keine Klassenzuordnung, sondern einen Berechnungswert liefern, muß gegebenenfalls festlegt werden, welcher Wert am besten geeignet ist, um zwischen den beiden Gruppen Hoch- und Niedrigverordner zu trennen. Von differenzierteren Betrachtungen wird an dieser Stelle abgesehen.

2.4 Anwendung des Kundenbewertungsmodells

Grundsätzlich existieren zwei unterschiedliche Formen von Kundenbewertungsmodellen:

- Modelle, die die Kunden direkt in einzelne Gruppen *klassifizieren* (z.B. auf Clusteranalysen basierende Modelle);
- Modelle, die das Kundenverhalten *prognostizieren* – die Kunden werden erst nachträglich anhand einer künstlich geschaffenen Intervallbildung des Prognosewerts in Kundengruppen aufgeteilt (z.B. auf Regressionsanalysen basierende Modelle).

In Abhängigkeit von der anfangs definierten Zielsetzung kann das weitere Vorgehen wie folgt differieren:

- Wurde das erstellte Kundenbewertungsmodell mit einer *aktionsorientierten* Zielsetzung erstellt (s. Kap. 1.2), wird für die gewünschte(n) Marketingmaßnahme(n) die entsprechende Kundenselektion durchgeführt. Diese Selektion erfolgt im allgemeinen durch einfache Datenbankabfragen. (*Marketingaktion → Zielgruppe*)
- Bei der *kundenorientierten* Vorgehensweise (s. Kap. 1.2) werden – ausgehend von den einzelnen, vom Kundenbewertungsmodell ermittelten Kundengruppen – für die im Einzelfall „interessierenden" Kundengruppen jeweils kundengruppenspezifische Marketingmaßnahmen(bündel) zusammengestellt. (*Zielgruppe → Marketingaktion*)

Abschließend bleibt zu beachten, daß die ermittelten Kundenbewertungsmodelle nicht als über die Zeit unveränderliche Gebilde angesehen werden dürfen, sondern vielmehr rollierend überprüft und gegebenenfalls modifiziert werden. Nur so kann verändertem Kunden- und/oder Konkurrenzverhalten Rechnung getragen werden.

Nach der Entwicklung eines Kundenbewertungsmodells, das auch einer Plausibilitätsprüfung sowie einer kritischen Betrachtung – in diesem Fall durch den Außendienstleiter – standgehalten hat, wird eine Liste der Hochpotentialpraxen für die Direktmarketing-Agentur erstellt, damit diese ein 'flankierendes', auf die Gesprächsinhalte geplanter Außendienstbesuche abgestimmtes Mailing durchführen kann. Auf der anderen Seite werden für die Außendienstmitarbeiter gebietsbezogene Listen gerade dieser Ärzte erzeugt. Diese Listen werden in das Außendienstinformationssystem 'eingespielt'.

3 Zusammenfassung

Da in vielen Fällen die bestehenden Kundenbewertungsmodelle den wachsenden Ansprüchen eines zunehmend aggressiver und komplexer werdenden Marktgeschehens nicht mehr gerecht werden, wurde in diesem Beitrag ein mögliches Vorgehensmodell vorgestellt, mit dem Anwender in der Lage sind, neue Kundenbewertungsmodelle zu ermitteln bzw. bestehende zu evaluieren.

4 Literatur

[Lin97]   Link, J.; Hildebrand, V.G.: Ausgewählte Konzepte der Kundenbewertung im Rahmen des Database Marketing. In: Link, J.; et al. (Hrsg): Handbuch Database Marketing. IM Fachverlag 1997, S. 158-173.

[Sch91]   Schüring, H.: Database Marketing, Verlag Moderne Industrie, Landsberg/Lech 1991.

[Wil97a]   Wilde, K.D.; Hippner, H.: Database Marketing in Dienstleistungsunternehmen. Erscheint in: Meyer, A. (Hrsg.): Handbuch Dienstleistungsmarketing. Schäffer Poeschel 1997.

[Wil97b]   Wilde, K.D.; Hickethier, E.: Erfolgsbestimmung im Database Marketing. In: Link, J.; et al. (Hrsg): Handbuch Database Marketing. IM Fachverlag 1997, S. 475-488.

Database Marketing im internationalen Business-to-Business Marketing

Armin Holzinger, Matthias Meyer
Lehrstuhl für Allg. BWL und Wirtschaftsinformatik[*]
Katholische Universität Eichstätt

Zusammenfassung

Für international agierende Unternehmen stellt sich das Problem, daß Kunden unter Beachtung länderspezifischer Besonderheiten individuell angesprochen werden sollen. In dem Beitrag wird ein Konzept zum Aufbau eines entsprechenden Database Marketing Systems am Beispiel eines Unternehmens der Elektonikbranche vorgestellt, wobei zu berücksichtigen ist, daß es sich bei den Kunden im Business-to-Business Marketing ebenfalls um international agierende Unternehmen handeln kann.

Stichworte: Business-to-Business Marketing, Database Marketing, Internationales Marketing

1 Einleitung

1.1 Grundlagen des internationalen Marketing

Die Analyse, Planung, Durchführung, Koordination und Kontrolle marktbezogener Unternehmensaktivitäten in mehr als einem Land wird als *internationales Marketing* bezeichnet. [MEF94, S. 24]

Grundsätzlich werden dabei folgende *Stadien der Internationalisierung* unterschieden [MEF89, S. 446f.; MEF94, S. 25ff.]:

1. *Ethnozentrische Orientierung*: Zur Sicherung des inländischen Unternehmensbestandes werden lukrative Auslandsgeschäfte, z.B. durch Export, wahrgenommen.
2. *Polyzentrische Orientierung*: Aufbau einer multinationalen Unternehmung mit Tochtergesellschaften in verschiedenen Ländern, die jeweils als autonome nationale Unternehmen auftreten.
3. *Geozentrische Orientierung*: Im Sinne eines globalen Marketing operieren die Tochtergesellschaften nicht mehr unabhängig auf nationaler Ebene, da unter bewußter Inkaufnahme national suboptimaler Strategien versucht wird, eine weltweit optimale Strategie zu realisieren.

---

[*] Lehrstuhlinhaber: Prof. Dr. Klaus D. Wilde

Aus der Internationalisierung ergibt sich für die Unternehmen eine erhebliche Steigerung der Komplexität der Aufgabeninhalte. Insbesondere das Agieren in fremden, unterschiedlichen Umweltstrukturen führt zu einem höheren Maß an Ungewißheit, zusätzlichen Risiken sowie einem erhöhten Informations- und Koordinationsbedarf. [MEF94, S. 22f.]

Grundsätzlich bieten sich als *Markteintrittsformen* die in der folgenden Abbildung aufgeführten Möglichkeiten an [MEF94, S. 119ff.]:

	Kapitaleinsatz	Kontrolle	Kooperations- abhängigkeit	Institutionelle Ansiedlung
Export -direkt -indirekt	gering sehr gering	hoch gering	gering gering	Inland Inland
Vertriebs- niederlassung	mittel - hoch	hoch	gering	Ausland
Lizensierung	gering	gering	mittel	Inland
Ausland- produktion	hoch	hoch	gering	Ausland
Joint Venture	mittel - hoch	mittel	hoch	Ausland
Tochter- gesellschaften	hoch	hoch	gering	Ausland

Abbildung 1: Internationale Markteintrittsformen

Hinzu tritt eine weitere Form, die als *Strategische Allianz* bezeichnet wird. Diese zeichnet sich dadurch aus, daß Unternehmen beim Eintritt in ausländische Märkte kooperieren, um das jeweilige Risiko zu minimieren und durch den Einsatz der gemeinsamen Ressourcen die Wettbewerbsfähigkeit zu erhöhen.

Letztlich werden jedoch mit jeder der Eintrittsformen u.a. die nachfolgenden Ziele – mit unterschiedlicher Schwerpunktsetzung – verfolgt [MEF94, S. 97ff]:

- *Kostenreduktion* durch Degressionseffekte im Bereich der Forschung & Entwicklung, Produktion und Beschaffung sowie durch Konzentration der Aktivitäten z.B. auf weniger lohnintensive Standorte.
- *Zeitvorteile* durch Know-How-Transfer.
- *Profilierung* durch einheitlichen Marktauftritt ('Corporate Identity').

Innerhalb des Marketing-Mix kommt der Kommunikationspolitik im internationalen Marketing eine besondere Rolle zu. Diese umfaßt die Gestaltung „der auf die in- und ausländischen Absatzmärkte gerichteten Informationen eines Unternehmens zum Zweck einer Verhaltenssteuerung aktueller und potentieller Käufer." [MEF94, S. 179] Dabei werden zum einen ökonomische Ziele, wie Gewinne und Marktanteile, und zum anderen verhaltensorientierte Ziele, wie Bekanntheit und Markentreue, verfolgt. Üblicherweise ist bei der Gestaltung der kommunikationspolitischen Maßnahmen, wie z.B. Werbespots oder Mailings, zu beachten, welche Kundensegmente angesprochen werden sollen. Dies spielt natürlich insbesondere bei international agierenden Unternehmen im Business-to-Business Marketing, die z.B. europaweit Kunden erreichen möchten, eine besondere Rolle.

Das *Business-to-Business-Marketing* unterscheidet sich hinsichtlich der Kundenansprache erheblich vom Konsumenten-Marketing. [GOL90] Es zeichnet sich zum einen dadurch aus, daß der Kaufprozeß je nach Komplexität und Menge der Produkte mehr oder weniger stark standardisiert verläuft. Zum anderen liegt eine kleinere und differenziertere Zielgruppe vor, bei der am Kaufprozeß üblicherweise mehrere Personen aus verschiedenen Abteilungen beteiligt sind. Eine solche (gedankliche) Zusammenfassung aller am Kaufprozeß beteiligten Personen wird auch als *Buying Center* bezeichnet. [BAC95, S. 60] Die Identifikation der beteiligten Personen stellt einerseits eine wesentliche Voraussetzung für eine gezielte Kommunikation dar. Zum anderen erweist sich die Identifikation aufgrund unbekannter Organisationsstrukturen und Informationsflüsse in dem betreffenden Unternehmen sowie einer nicht zu unterschätzenden Mitarbeiterfluktuation als sehr schwierig.

1.2 Problemstellung

In diesem Beitrag sollen Aspekte eines Projekts, daß bei einem Global Player der Halbleiterbranche durchgeführt wurde bzw. wird, behandelt werden.

Das Unternehmen ist durch eine relativ starke Aufgabendezentralisierung im Marketing gekennzeichnet. Während z.B. der telefonische Support europaweit durch die Tochtergesellschaft in Land 1 übernommen wird, ist die Tochtergesellschaft in Land 2 für den Versand von Informationsmaterial zuständig. Die Steuerung sämtlicher Unternehmens- und Marketingaktivitäten fällt wiederum der Zentrale für Europa in Land 3 zu.

Zur Kontaktaufnahme mit (potentiellen) Kunden werden in jedem Land Außendienstmitarbeiter eingesetzt, wobei diese die Produkte präsentieren oder Projekte initiieren, bei denen Platinen unter Verwendung der Bausteine entwickelt werden. Unter Umständen werden die Bausteine auch speziell an die Bedürfnisse der Kunden angepaßt. Ergänzend werden von der Zentrale zum einen Informationsveranstaltungen angeboten und andererseits Mailings versendet sowie Anzeigen in der Fachliteratur geschaltet. Bis auf die letztgenannten Maßnahmen beschränkt sich das Marketing auf Kunden, die entweder eine bestimmte Unternehmensgröße aufweisen oder aufgrund ihrer Spezialisierung eine besondere Rolle spielen.

Da der Halbleitermarkt durch eine erhebliche Dynamik und einen starken Wettbewerbsdruck gekennzeichnet ist, soll die Marketingstrategie bei dem betrachteten Unternehmen dahingehend erweitert werden, daß auch kleinere und mittlere Unternehmen zunächst mit Direktmarketingmaßnahmen individuell angesprochen werden. Sofern diese Interesse zeigen, sucht der zuständige Außendienstmitarbeiter den Kunden zwecks weiterer Information auf.

Zur Identifikation potentieller Kunden und zur Speicherung der Kontakthistorie soll dabei auf ein unternehmensweites Database Marketing System (s. dazu Abschnitt 2 und 3) zurückgegriffen werden können. Dieses soll es den beteiligten Tochtergesellschaften auch ermöglichen, Kunden in anderen Ländern, die, sofern es sich um internationale Unternehmen handelt, dort u.U. unter anderen Namen firmieren, gezielt ansprechen zu können. Die Erläuterung der dazu notwendigen Maßnahmen und der dabei auftretenden Detailprobleme sind Gegenstand des dritten Abschnitts.

2 Grundlagen des Database Marketing für internationale Unternehmen

2.1 Einsatzbereiche des Database Marketing

Database Marketing dient im Zusammenhang mit Medien des Direktmarketing zur Optimierung der Zielgruppenauswahl sowie der Kontaktfrequenz und damit der Kundennähe, indem vorhandene Kundeninformationen als Basis für Selektionen dienen. Database Marketing fungiert somit als effizientes Werkzeug zur Kommunikationssteuerung, das es großen Unternehmen mit einer Vielzahl von Kunden erlaubt, einen kundenspezifischen Dialog in einer Form zu führen, der ansonsten nur kleinen Unternehmen mit einem begrenzten Kundenkreis vorbehalten ist. [SHA88, S.7ff.] Es wäre jedoch falsch, Database Marketing lediglich als Methode zur kurzfristigen Erhöhung von Responseraten zu sehen. Vielmehr stellt ein umfassend und effizient betriebenes Database Marketing System einen strategischen Wettbewerbsvorteil kundenorientierter Unternehmen dar, der dementsprechend langfristig orientierte Ziele wie beispielsweise eine bessere Kundenbindung unterstützt. [HAS96 S. 147f.]

2.2 Voraussetzungen für erfolgreiches Database Marketing

Unabhängig von der Branche und dem Unternehmen, in denen Database Marketing eingesetzt werden soll, sind für den Erfolg des Database Marketing Systems die zugrunde liegende Datenbank und die darin enthaltenen Daten entscheidend. Neben einem sorgfältig geplanten Datenbankdesign muß beim Aufbau des Systems festgelegt werden, welche Daten zur Nutzung herangezogen werden sollen. Primär müssen dabei diejenigen Daten eingebunden werden, die bereits im Unternehmen vorhanden sind. Dabei sollten folgende unternehmensinterne Datenquellen in Betracht gezogen werden:

- bestehende Kundendateien
- Kaufhistorien
- Kontakthistorien
- Daten über Außendienstaktivitäten
- Marktforschungsdaten
- Buchhaltungsdaten

Häufig tritt in dieser Projektphase das Problem auf, daß die verfügbaren Daten nicht ohne weiteres für das Database Marketing eingesetzt werden können, da sie nicht für Marketingzwecke gesammelt wurden, und ihnen daher der Bezug zu Problemstellungen des Marketing fehlt. Darüber hinaus bestehen zwischen den einzelnen Datenbeständen unterschiedlicher Unternehmensbereiche meist keine Attribute, die eine eindeutige Zuordnung zwischen den Datenbeständen zulassen würden, was wiederum den Aufbau eines relationalen Datenbanksystems erschwert. [DAV92 S.155ff.]
Neben Daten, die bereits im Unternehmen vorhanden sind, sollten Daten aus externen Quellen in das Database Marketing System Eingang finden. Ziel ist neben der Verifizierung vorhandener Datenbestände die Aufnahme zusätzlicher Kundeninformationen in das

Database Marketing System, um so weiterführende Kundendaten ebenfalls zu Auswertungen heranziehen zu können. Im Rahmen des Business-to-Business Marketing bietet es sich an, durch *Data Enhancement* Informationen über die Firmengröße, den Umsatz, Firmenverflechtungen oder aber auch standardisierte Angaben über die Branche, in der der jeweilige Kunde tätig ist, in das Database Marketing System einzubinden. In diesem Zusammenhang erscheint es sinnvoll, den international einheitlichen Standard Industry Code (SIC) zu verwenden, da dieser zu einem späteren Zeitpunkt länderübergreifende Auswertungen ermöglicht [DOY97, S. 218 ff.].

2.3 Besonderheiten des Database Marketing in internationalen Unternehmen

- Problem der Dateninkompatibilität

Das Problem der Inkompatibilität von Datenbeständen einzelner Unternehmensbereiche tritt bei internationalen Unternehmen vor allem dann verstärkt auf, wenn die jeweiligen nationalen Tochtergesellschaften übergeordnete Marketingstrategien unabhängig voneinander umsetzen und dementsprechend auf operativer Ebene kaum Datenaustausch erforderlich ist. Meist bestehen zwar auf aggregierter Ebene aus datentechnischer Sicht Verbindungen zwischen den einzelnen Niederlassungen, um z.B. aus den Teilergebnisse der einzelnen Tochterfirmen das Konzernergebnis zu ermitteln, auf der operativen Ebene einzelner Marketingmaßnahmen hingegen ist eine Kompatibilität der Datenbestände oft nicht gegeben. Die Gründe für die mangelnde Kompatibilität sind einerseits das Fehlen gemeinsamer Datenfelder, die eine eindeutige Zuordnung zwischen den einzelnen Datenbeständen erlauben würden, sowie andererseits häufig auch unterschiedliche Datenformate in den nationalen Niederlassungen.
Dies erschwert den Aufbau eines konzernweiten Database Marketing Systems erheblich, denn um sämtliche, in den nationalen Tochtergesellschaften vorhandenen Datenbestände in *einem* System zu integrieren, ist ein Datenabgleich und das Einführen gemeinsamer Datenfelder erforderlich, um problemlos auf sämtliche Daten zugreifen zu können.

- Not-invented-here Syndrom

In internationalen Unternehmen tritt häufig das Problem auf, daß man in den nationalen Niederlassungen auf Innovationen, deren Umsetzung von der zentralen Unternehmensleitung vorgegeben wird, mit Skepsis oder Ablehnung reagiert, weil man glaubt, daß während der Entwicklungsphase nationale Belange oder Besonderheiten nicht genügend berücksichtigt wurden.
Daher muß gerade in Unternehmen, die Database Marketing auf internationaler Ebene betreiben wollen, der Datenmodellierung und der Datenbereitstellung große Aufmerksamkeit geschenkt werden, denn das erstellte Datenbankdesign muß einerseits die übergeordneten Zielsetzungen des Database Marketing erfüllen, andererseits müssen die verschiedenen nationalen Bedürfnisse und Besonderheiten berücksichtigt werden. Daher ist es erforderlich, sämtliche Tochtergesellschaften, die das Database Marketing System zu einem späteren Zeitpunkt nutzen sollen, bereits in die Designphase intensiv miteinzubeziehen. Dies sichert die spätere Akzeptanz des Systems und gewährleistet darüber hinaus, daß über die einzelnen Inhalte der Marketingdatenbank unternehmensweiter Konsens besteht. Bei zentral ent-

worfenen Database Marketing Systemen besteht hingegen die Gefahr, daß sie lokale Erfordernisse nicht erfüllen und daher auf Ablehnung stoßen und so den gesamten Projekterfolg gefährden.

- Datenanalyse

Teil eines erfolgreichen Database Marketing ist auch eine Datenanalyse mit statistischen Methoden oder mittels Ansätzen des Data-Mining. Während bei Database Marketing Systemen, die auf regional begrenzten Märkten eingesetzt werden, die Daten in weitgehend undifferenzierter Form analysiert werden können, sind bei international operierenden Systemen länderspezifische Besonderheiten zu berücksichtigen. Sollen beispielsweise die Kundenumsätze in Abhängigkeit von der Firmengröße analysiert werden, so sind im internationalen Umfeld die unterschiedliche Kaufkraft und die durchschnittliche Firmengröße in den einzelnen Ländern zu berücksichtigen, um ein verfälschtes Ergebnis zu vermeiden. Vielfach wird eine Normierung auf entsprechende Werte nötig sein, um korrekte Analysen durchführen zu können.

- Datenschutz

Ein international operierendes Database Marketing System sieht sich mit verschiedenen nationalen Datenschutzstandards konfrontiert. Dies bedeutet, daß Daten, deren Speicherung und Verwertung in einem Land legal sind, in einem anderen Land aus Datenschutzsicht bereits bedenklich sein können. Dies gilt insbesondere auch für die Weitergabe oder den Bezug von Kundendaten von bzw. an Dritte, die aus dem Blickfeld des Datenschutzes als besonders kritisch einzustufen sind. Auf europäischer Ebene wurde zwar am 27.05.1995 die Datenschutzrichtlinie des EU Ministerrates verabschiedet, für deren Umsetzung die Mitgliedsländer 3 Jahre Zeit haben, jedoch wird auch danach die Problematik unterschiedlicher Datenschutzstandards in Bezug auf Staaten außerhalb der EU bestehen bleiben. Als Richtlinie kann gelten, daß bei international verwendeten Daten die Datenschutzbestimmungen desjenigen Landes Verwendung finden sollten, das die jeweils restriktivsten Bestimmungen vorgibt, um rechtliche Konflikte zu vermeiden. Weitaus stärker als der Business-to-Business Bereich ist der Consumer-Bereich von der Problematik unterschiedlicher nationaler datenschutzrechtlicher Bestimmungen betroffen, da in diesem Bereich verstärkt personenbezogene Daten gespeichert werden und diese wiederum Hauptgegenstand von Datenschutzgesetzen sind.

2.4 Vorteile von Database Marketing in internationalen Unternehmen

- Lokale Umsetzung globaler Konzepte

Einem Unternehmen, das Database Marketing auf internationaler Ebene betreibt, bietet sich im Rahmen der Umsetzung weltweiter Marketingstrategien die Möglichkeit, diese Strategien in adaptierter Form auf nationale Märkte zu übertragen. Dabei können gerade Unternehmen im Business-to-Business Bereich ihr Erscheinungsbild als *Global Player* festigen und Wettberbsvorteile dadurch erringen, daß sie sich bei ebenfalls international agierenden Kunden als weltweiter Anbieter positionieren.
Die in den einzelnen Ländern in Verbindung mit Database Marketing eingesetzten Direkt-

marketingmedien sind dabei auf ihre generelle Akzeptanz sowie gegebenenfalls auf nationale Unterschiede in deren Erscheinungsbild zu überprüfen. Dabei kann der Standardisierungsgrad in Abhängigkeit vom eingesetzten Medium stark variieren. Während beispielsweise Online-Kommunikation über neue Medien oder aber Printmedien des Direktmarketings hohe Standardisierungsgrade erreichen kann, ist dieses Potential bei persönlichen Gesprächen im Telemarketingbereich eher gering. [HÜN97, S. 346ff.]

- Kostenvorteile durch internationales Database Marketing

Durch Database Marketing auf internationaler Ebene bieten sich einem Unternehmen zahlreiche Einsparungspotentiale. So kann das arbeitsintensive Fulfillment von Direktmarketingaktionen in Ländern mit niedrigen Versand- und Lohnkosten zentralisiert werden. Weiterhin können Callcenter für eingehende Anrufe oder auch für aktives Telemarketing (*Inbound/Outbound Calls*) in zentralisierter Form dort angesiedelt werden, wo neben einer leistungsfähigen Kommunikationsinfrastruktur ein günstiges Lohnniveau den kostengünstigen Betrieb des Callcenters erlaubt. Um möglichst große Kundennähe zu bewahren, erscheint es sinnvoll, gebührenfreie Rufnummern oder aber zumindest national erreichbare Rufnummern zu schalten, die dann an das Callcenter weitergeleitet werden, um potentielle Anrufer nicht durch hohe Gebühren für Auslandsgespräche abzuschrecken. Durch Zentralisierung der Zuständigkeiten einzelner international relevanter Marketingbereiche auf nationale Niederlassungen können sich zudem Rationalierungseffekte ergeben.
Entscheidend ist in allen Fällen, daß sämtliche Niederlassungen oder aber auch ausgegliederte Unternehmensbereiche (z.B. an Dienstleister übertragene Lettershop-Aktivitäten) ungehinderten Zugriff zum zentralen Datenbestand haben.

3 Konzeption eines Database Marketing Systems für ein internationales Unternehmen der Elektronikindustrie

3.1 Ausgangssituation

Neben den Ausführungen unter 1.2 muß noch angemerkt werden, daß sich die Halbleiterbranche sowohl auf der Produktions- als auch auf der Absatzseite mit einem globalen Markt konfrontiert sieht. Um neben einer weltweit vernetzten Produktion auch mit einer globalen Umsetzung von Marketingstrategien auf diesem Markt agieren zu können, war es Ziel des Projektes, ein Database Marketing System auf internationaler Ebene zu implementieren.

Der Halbleitermarkt bietet für die Einführung eines derartigen Systems günstige Voraussetzungen, da verwenderseitig von einer weitgehenden internationalen Markthomogenität ausgegangen werden kann. Dies gilt ebenfalls für die vermarkteten Produkte, die global vertrieben und in weltweit einheitlichen Standards hergestellt werden.

3.2 Aufbau der Datenbasis

Die im Unternehmen vorhandenen Daten mußten, um für Zwecke des Database Marketing einsetzbar zu sein, umstrukturiert und neu aufbereitet werden. Kernstück der zu schaffenden relationalen Datenbasis bildet eine bereits existierende Kundendatenbank, die jedoch nur die Adressdaten von Ansprechpartnern in Firmen enthielt, mit denen Geschäftsbeziehungen gepflegt wurden. In einem ersten Schritt wurde diese Datenbasis normalisiert, indem die Personendaten von den Firmendaten getrennt wurden, so daß sich zwischen den dadurch entstehenden Entities "Firmen" und "Personen" eine 1:n-Beziehung ergab. Dieser Normalisierungsprozeß erfordert es, einheitliche Firmennamen einzuführen und die Personen als eigenen Entitytyp den jeweiligen Firmen eindeutig zuzuordnen. Nachdem diese Zuordnung nicht vollständig automatisiert erfolgen kann, ist zumindest teilweise eine kostspielige manuelle Nachbearbeitung erforderlich. Aus Sicht des Database Marketing im Business-to-Business Bereich ist es jedoch unabdingbar, diese Normalisierung vorzunehmen, um in späteren Analysen die interne Firmenstruktur von Kunden zu erfassen, die Zusammensetzung von Buying-Centers zu ermitteln und die Kenntnis über diese Strukturen in späteren Direktmarketingaktionen umzusetzen

Zur Erstellung einer Kontakthistorie konnte auf personenbezogener Ebene auf bereits vorhandene Daten zurückgegriffen werden, die lediglich an systemtechnische Erfordernisse angepaßt werden mußten.

Als schwierig erwies sich die Zuordnung einer Kaufhistorie zu den einzelnen Firmen. Der Grund hierfür ist in der Vertriebsstruktur zu sehen: Neben den Direktvertrieb an Großkunden wird ein großer Teil der für den *Mass-Market* bestimmten Produkte über Distributoren abgesetzt, die ihrerseits die Produkte an Firmenkunden vertreiben. Daraus ergibt sich die Schwierigkeit, daß zunächst zwischen den Umsätzen der Vertriebspartner und den Firmenadressen keine direkte Verbindung besteht. Diesem Problem stehen auch Markenartikelhersteller im Consumer-Bereich gegenüber, denn auch hier werden die Produkte nicht direkt an den Endverbraucher vertrieben, sondern über zwischengeschaltete Händler. [COR95, S. 161ff.] Wenn auch mit unterschiedlichen Methoden, so kann das Problem der fehlenden Kaufhistorien einzelner Kunden in beiden Fällen nur in Zusammenarbeit mit den Vertriebspartnern gelöst werden. Um eine auswertbare Kaufhistorie zu erhalten, wurden im vorliegenden Fall Cross-Reference Tabellen erstellt, welche eine automatische Zuordnung zwischen den Absatzmeldungen der Distributoren und den im Unternehmen vorhandenen Firmendaten ermöglichen.

Um den vorhanden Datenbestand zu ergänzen und zu qualifizieren, war es erforderlich, im Rahmen des *Data Enhancement* Daten aus externen Quellen in das Database Marketing System aufzunehmen. Vor dem Hintergrund der Internationalität des Projektes erschien es in diesem Zusammenhang sinnvoll, mit einem Anbieter zusammenzuarbeiten, der seinerseits über internationale Daten verfügt. Zwar bieten nationale Anbieter über Firmen in ihrem jeweils heimischen Markt tendentiell qualitativ höherwertigere Daten, jedoch ergeben sich hier wiederum Kompatibilitätsprobleme, die dann die Umkodierung einzelner Datenfelder erfordern, um weiterhin länderübergreifende Auswertungen durchführen zu können.

Neben dem entstehenden Mehraufwand wird dadurch die spätere Datenpflege erschwert und das System wird zudem mit unnötiger Komplexität belastet.

PersNr	Firma	Vorname	Name	Adresse1	...
57486	IBM	Hans	Meier	Anzinger Str. 29	...
78459	I.B.M.	Jürgen	Huber	Anzingerstr. 29	...
84501	Intl. Bus. Machines	Olaf	Mooser	Änzinger Str. 29	...
87858	Int. Business Mach.	Elke	Münch	Anzinger Str.	...

Schematische Darstellung der ursprünglichen Kundendatenbank

FirmNr	Firma	Adresse1	...
1265	IBM	Anzinger Str. 29	...

FirmNr	PersNr	Vorname	Name	...
1265	57486	Hans	Meier	...
1265	78459	Jürgen	Huber	...
1265	84501	Olaf	Mooser	...
1265	87858	Elke	Münch	...

Kundendatenbank nach Normalisierung

Abbildung 2: Normalisierung einer bestehenden Kundendatenbank (Beispiel)

Über die Datenbestände des eigentlichen Marketingbereichs hinaus bot es sich an, typischerweise vertriebsorientierte Daten in das System einzubinden, um auf diese Weise eine engere Integration von Marketing und Vertrieb zu erreichen. Vertriebsseitig werden über die Daten des Marketing hinaus Daten über längerfristige Projekte gepflegt, die in Zusammenarbeit mit verschiedenen Kunden durchgeführt werden. Durch eine integrierte Datenstruktur ist es Abteilungen wie dem Produktmarketing möglich, sich unmittelbar über bestehende Projekte des Vertriebs zu informieren und so einen aktuellen Marktüberblick zu gewinnen, ohne aufwendige und zeitraubende Marktforschung betreiben zu müssen. Eine besondere Schwierigkeit ergab sich aus der Tatsache, daß die Vertriebsgebiete national unabhängig operieren und dementspechend in diesem Bereich auf keine gemeinsame Datenbasis zurückgegriffen werden konnte. Vielmehr bestanden auf nationaler Ebene sehr unterschiedliche Vorgehensweisen bei der Projektverwaltung und daher auch verschiedene Anforderungen an die zu erstellende Datenbasis, die im Vorfeld vereinheitlicht und zusammengefaßt werden mußten. Um anfängliche Vorbehalte des Vertriebs gegen das System zu überwinden, wurde eine Terminverwaltung integriert, die es ermöglicht, bei einzelnen Projekten Aktionen festzulegen und zeitlich zu überwachen.

Unter den dargestellten Voraussetzungen ergab sich die in Abbildung 3 dargestellte Datenstruktur:

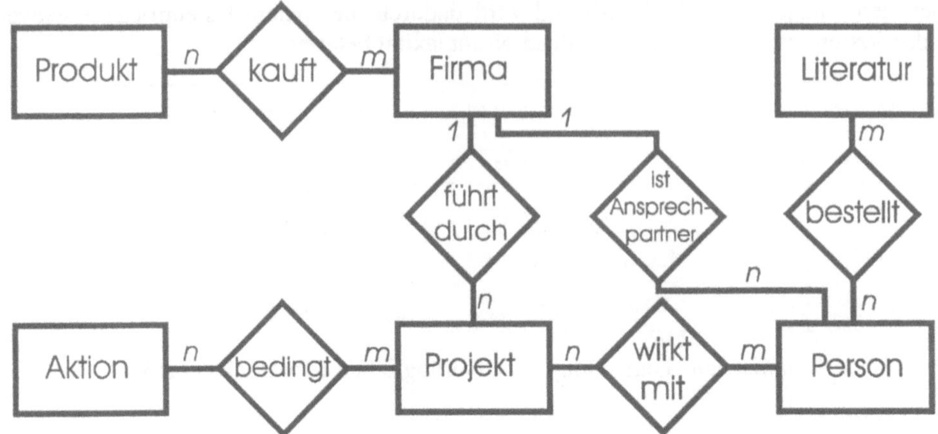

Abbildung 3: Datenstruktur einer Datenbasis im Business-to-Business Bereich (Beispiel)

3.3 Implementierung und Nutzung des Database Marketing Systems

Zum effizienten Einsatz des Database Marketing Systems war es notwendig, allen nationalen Niederlassungen unmittelbaren Zugriff zum zentral gehaltenen Datenbestand des Systems zu gewähren. Dazu am besten geeignet erscheint ein Client-Server-System, bei dem der Datenbestand auf einem SQL-Server verwaltet wird und der Datenzugriff der Clients mittels ODBC (Open Database Connectivity) oder aber über das firmeneigene Intranet erfolgt. Als Frontend auf der Clientseite sind verschiedene Lösungen denkbar, die davon abhängen, in welchem Unternehmensbereich der Datenzugriff erfolgt. So benötigt beispielsweise die Unternehmensführung Daten in aggregierter Form, woraus sich ergibt, daß hier eingabeorientierte Schnittstellen nicht im Vordergrund stehen, was wiederum die Datenbankanbindung über das Intranet begünstigt. Anders hingegen ist der Informationsbedarf des Vertriebs zu beurteilen. Hier werden transaktionsbezogene Daten auf detaillierter Kundenebene betrachtet, die dementsprechende Schnittstellen erfordern. Entscheidend ist in jedem Fall, daß alle Systeme auf einen zentralen Datenbestand zugreifen, um Dateninkonsistenzen und -redundanzen zu vermeiden und so letztlich die Funktionsfähigkeit des gesamten Systems zu gewährleisten.

Der räumlichen Verteilung der Unternehmsstandorte sind dabei aus datentechnischer Sicht keine Grenzen gesetzt, solange eine Vernetzung der Standorte gewährleistet ist. Denkbar wäre beispielsweise, daß ein Callcenter in Irland, ein Fulfillment-Center in Italien sowie verschiedene Verkaufsniederlassungen in anderen Ländern online auf dieselben Kundendaten zugreifen wie die zentrale Marketingabteilung in Deutschland im Zuge der Datenauswertung oder der Aktionsplanung.

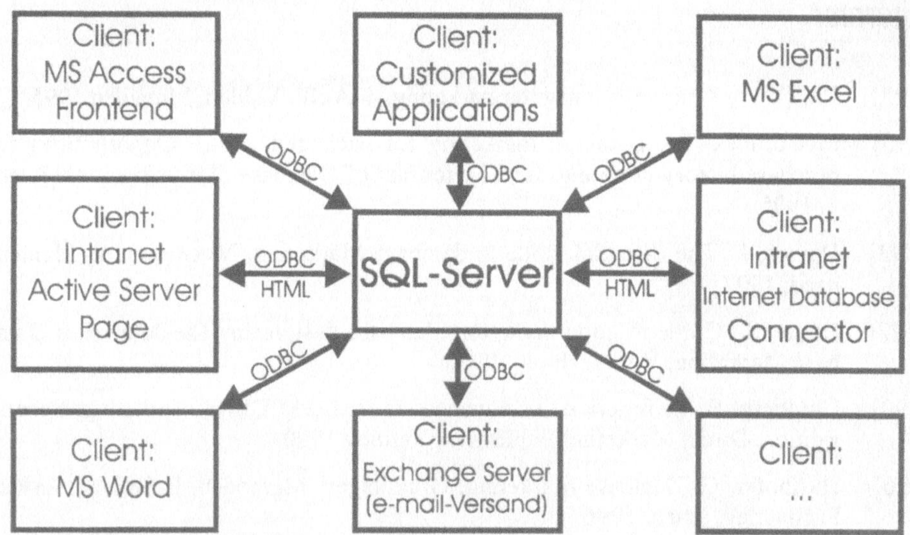

Abbildung 4: Datenzugriff auf einen zentral gehaltenen Datenbestand (Beispiel)

4 Zusammenfassung und Ausblick

Einem international agierenden Unternehmen, das weltweite Marketingstrategien auf nationaler Ebene umsetzen will, bietet sich durch Database Marketing eine Methode, seine Ziele auf effiziente und individuelle Weise zu realisieren. Der Erfolg von Marketingaktionen wird detailliert auf länderspezifischer Ebene überprüfbar, da Reaktionen auf Kampagnen sowie spätere Käufe einem einzelnen Kunden im Zuge eines *One-to-One Marketing* zuordenbar sind. Dementsprechend können global vorgegebene Strategien an nationale Erfordernisse angepaßt werden, wobei auf die sich aus früheren Aktionen ergebenden Erfahrungen mit nationalen Besonderheiten zurückgegriffen werden kann.

Die zunehmende Internationalisierung und Liberalisierung von Märkten sorgen dafür, daß erfolgreiche Marketingstrategien zunehmend international ausgelegt sein müssen. Eine immer wichtigere Rolle spielt dabei das Internet in der Form eines international weitgehend standardisierten Direktmarketingmediums. Durch aktives Marketing im Internet (z.B. durch Einsatz von Electronic Commerce Produkten) rücken nationale Grenzen immer mehr in den Hintergrund und Unternehmen sehen sich einem globalen Markt gegenübergestellt. Es erscheint dabei nur konsequent, wenn Unternehmen dieser Herausforderung mit globalen Strategien begegnen, sich auf einen internationalen Datenbestand stützen, moderne Informationstechnologie auch im Marketingbereich einsetzen und aktives Database Marketing betreiben. [MEH95, S. 22 f.]

5 Literatur

[BAC95]   Backhaus, K.: Investitionsgütermarketing. 4. Aufl., Vahlen, München 1995.

[COR95]   McCormick, D.: Database marketing for packaged goods: Opportunities for purchase history targeting. In: The Journal of Database Marketing. Vol. 3, Nr. 2, 1995.

[DAV92]   Davies, J.: The essential guide to database Marketing. McGraw-Hill, Maidenhead, 1992.

[DOY97]   Doyle, S.: Guide to good marketing database design. In: The Journal of Database Marketing, Vol. 4, Nr. 3, 1997.

[GOL90]   Goldberg, B.A.; Emerick, T.: Business to Business Direct Marketing. Second Edition. Direct Marketing Publishers, Yardley 1990.

[HAS96]   Haslhofer, G. Database Marketing. Grundlagen, Methoden, Beispiele. Service Fachverlag, Wien, 1996.

[HÜN97]   Hünerberg, R.: Möglichkeiten und Probleme des internationalen Direktmarketing. In: Link, Brändli u.a. (Hrsg.): Handbuch Database Marketing. IM Fachverlag Marketing-Forum GmbH, Ettlingen., 1997.

[MEF89]   Meffert, H.: Globalisierungsstrategien und ihre Umsetzung im internationalen Wettbewerb. In: Die Betriebswirtschaft, 49. Jg. H. 4, 1989, S. 445-463.

[MEF94]   Meffert, H., Bolz, J.: Internationales Marketing-Management. 2. Aufl., Kohlhammer, Stuttgart u.a. 1994.

[MEH95]   Mehta, R., Sivadas, E. (1995): Direct Marketing on the Internet: An Empirical Assessment of Consumer Attitudes. In: Journal of Direct Marketing, Vol. 9, Nr. 3, 1995.

[SHA88]   Shaw, R., Stone, M.: Database Marketing. Gower Publishing, Aldershot 1988.

PRODUKTPOLITIK

PRODEGY – Ein System zur Strukturierung und Abgrenzung von Märkten

Hans H. Bauer, Christoph Koos
Lehrstuhl für Allgemeine BWL und Marketing II[*]
Universität Mannheim

Zusammenfassung

Die Kenntnis des eigenen Marktes, der aktuellen und potentiellen Kunden sowie der relevanten Wettbewerber ist eine Voraussetzung für die Entscheidungen in der Marketing-Planung und die operative Umsetzung der Strategie im Marketing-Mix. Eine sorgfältige Marktabgrenzung trägt zum Verständnis der Marktgegebenheiten bei und sorgt dafür, daß nicht „am Markt vorbei" produziert wird. Zur Identifikation und zur Strukturierung von (Teil-)Märkten wird das PRODEGY-Verfahren auf Basis des „forced switching"-Konzepts vorgestellt.

Stichworte: Forced switching-Konzept, Marktabgrenzung, Marktstrukturierung, Präferenzforschung

1 Problemstellung

„Was ist unser Markt", „Wer sind unsere Kunden?" und „Wer sind unsere Wettbewerber?" sind für Unternehmen bedeutsame Fragen: Sie scheinen naheliegend zu sein, gleichwohl werden sie in der Praxis nicht immer mit der nötigen Eindrücklichkeit gestellt und beantwortet. Wie sonst ist es zu erklären, daß in Unternehmen oft die unterschiedlichsten Vorstellungen über die anvisierten Märkte existieren, Wirkungszusammenhänge nicht erkannt werden und letztlich „am Markt vorbei" produziert wird. Sehr wahrscheinlich erschwert das Problem, Zielmärkte eindeutig abzugrenzen, das Verständnis für Marktgegebenheiten [Bau92, S. 1342].

Eine sorgfältige Marktabgrenzung ist Voraussetzung für nahezu alle strategischen und taktischen Entscheidungen im Marketing. Insbesondere für die Zwecke der Produktpolitik benötigt ein Unternehmen genaue Kenntnisse der Wettbewerbsbeziehungen in Märkten, so z.B. für die Entdeckung von Bedarfsnischen, die Entwicklung neuer Produkte sowie die Modifikation oder Elimination bereits bestehender Produkte. Ferner kann es um die Aufdeckung von „Kannibalisierung" im Produktionsprogramm und um die Optimierung der Produktprogramm- und Produktlinienpolitik gehen. Häufig ist auch zu untersuchen, ob in

---

[*] Lehrstuhlinhaber: Prof. Dr. Hans H. Bauer

vorhandene oder neu entstehende Märkte einzutreten ist, wie die Marken-, Produktgattungs- und Variantenwahlentscheidungen der Nachfrager getroffen werden und wie das darauf abgestimmte Marketing-Mix auszusehen hat.

2 Grundlagen der Marktabgrenzung

2.1 Grundidee der Marktabgrenzung

Einer *Marktabgrenzung* liegt die Idee zugrunde, daß ein Absatzmarkt keine undifferenzierte Menge von Gütern darstellt, sondern ein Gebilde verkörpert, das aus einzelnen Gruppierungen von Produkten besteht, die sich hinsichtlich bestimmter nachfragerelevanter Merkmale unterscheiden. Hierbei wollen wir die Marktabgrenzung als eine um eine Grenzziehung erweiterte Marktstrukturierung verstehen. *Strukturierung* bedeutet das Aufdecken eines Gefüges, der Konturen von Teilmengen. Abgrenzen heißt dann, bestimmte Konturen hervorheben und als Grenzen zwischen Teilmengen zu betrachten.

Das Vorgehen bei der Abgrenzung von Märkten ist dabei dreigeteilt: Zunächst geht es darum, jene Produkte festzulegen, die den zu strukturierenden Gesamtmarkt darstellen. Daraufhin sind die Kriterien zu bestimmen, anhand derer der Gesamtmarkt in verschiedene Teilmärkte unterteilt, d.h. abgegrenzt werden kann. Schließlich gilt es mittels mathematisch-statistischer Verfahren diese Teilmärkte zu identifizieren.

2.2 Bestimmung der Startmenge

Eine häufig verwendete Methode zur Bestimmung einer geeigneten Ausgangsmenge ist die freie Nennung bekannter Güter und möglicher Substitutionsprodukte einer bestimmten Produktgattung im Rahmen einer Konsumentenbefragung. Dieser „evoked set"-Ansatz ist für Erzeugnisse gleicher Art unproblematisch, kann jedoch bei der Berücksichtigung von Gütern unterschiedlicher Produktarten, die möglicherweise in verschiedenen Kaufsituationen erworben wurden, zu einer verzerrten Startmenge führen. Daher wurde eine Reihe von weiterführenden Ansätzen entwickelt, die den Prozeß der Produktmengenbestimmung wesentlich stärker strukturieren [Bau89, S. 109ff].

2.3 Kriterien der Marktabgrenzung

Mit der Bestimmung der Kriterien der Marktabgrenzung wird darauf abgezielt, Produktmerkmale zu identifizieren, mit denen Märkte strukturiert werden können. Da es bei der Marktstrukturierung um die Abbildung, Erklärung und Vorhersage von Kaufverhalten geht, müssen die zu bestimmenden Kriterien auf der Ebene der Kaufhandlung oder dafür geeigneter Indikatoren angesiedelt sein. Aus der Abbildung 1 geht hervor, daß die Austauschbarkeit von Produkten auf verschiedenen Ebenen erfaßt werden kann.

Abbildung 1: Kriterien der Marktabgrenzung

2.4 Verfahren zur Marktabgrenzung

Nachdem die Startmenge bestimmt und die Kriterien der Marktabgrenzung festgelegt wurden, geht es nun im folgenden darum, die Konturen von Teilmärkten mittels mathematisch-statistischer Verfahren aufzudecken und so die Teilmärkte voneinander abzugrenzen. Neben den Verfahren der Clusteranalyse und der Mehrdimensionalen Skalierung wird vor allem das PRODEGY-Verfahren [Urb84, S. 83ff] zur Strukturierung von Märkten eingesetzt.

3 Das PRODEGY-Verfahren zur Marktabgrenzung

3.1 Grundlagen des Verfahrens

Der Grundgedanke dieses Verfahrens ist die Erfassung von Substitutionsbeziehungen zwischen Produkten, wodurch Rückschlüsse auf die Existenz einer Marktstruktur möglich sind. Grundsätzlich wird immer dann von einer *Marktstruktur* gesprochen, wenn sich ein Gesamtmarkt in mehrere Teilmärkte untergliedern läßt. In einem Teilmarkt werden Güter zusammengefaßt, die in intensiven Wechselbeziehungen stehen. Produkte verschiedener Teilmärkte konkurrieren nur schwach miteinander.

Die Existenz von Teilmärkten wird mit Hilfe der Substitutionsbeziehung zwischen Produkten nachgewiesen. Aus Nachfragersicht sind Produkte eines Teilmarktes sehr leicht austauschbar, bei Produkten verschiedener Teilmärkte ist der Substitutionsgrad gering. Wird beispielsweise angenommen, daß der Markt für PKW in die Teilmärkte inländische und ausländische Fahrzeuge unterteilt ist, folgt daraus, daß ein VW Polo und ein Ford Fiesta in stärkerer Konkurrenzbeziehung stehen als eines dieser Produkte mit einem Peugeot 205.

Methodisch betrachtet benötigt dieses Modell die folgenden Annahmen: Ein Produkt A soll am Markt nicht mehr erhältlich sein. Wird daraufhin festgestellt, daß sich der gegenwärtige Marktanteil dieses Gutes nicht entsprechend der gegenwärtigen Marktanteile der anderen Produkte auf jene verteilt, vermuten wir die Existenz von Teilmärkten. Die Nachfrager des am Markt nicht mehr verfügbaren Gutes neigen dazu, ersatzweise ein Produkt dieses Teilmarktes zu kaufen. Damit kann sich der Marktanteil von A nicht mehr proportional auf die anderen Produkte verteilen. Findet jedoch eine Verteilung des Marktanteils von Gut A auf die anderen Produkte entsprechend deren Marktanteilen statt, sprechen wir von einem unstrukturierten Gesamtmarkt.

Die Identifikation von Teilmärkten erfolgt im PRODEGY-Ansatz mit Hilfe eines Hypothesentestverfahrens. Mit der Nullhypothese wird die Strukturlosigkeit eines Marktes behauptet. In diesem Fall lassen sich keine besonderen Wettbewerbsbeziehungen erkennen, so daß eine Aufteilung der Produkte in Teilmärkte nicht möglich ist. Die Gegenhypothese geht von einer bestimmten Marktaufspaltung z.B. nach Produkteigenschaften und Verwendungszwecken aus. Soll sie nicht zurückgewiesen werden, muß diese vermutete Struktur besser als die Hypothese des unstrukturierten Marktes das empirisch erhobene Wechselverhalten erklären.

Zunächst ist zu zeigen, welche Wechselwahrscheinlichkeiten sich bei Strukturlosigkeit ergeben, wenn ein Produkt i nicht mehr verfügbar ist. Entsprechend sind in diesem Fall die Marktanteilsverschiebungen durch die bisherigen Marktanteile bestimmt: Die erzwungenen Abwanderer verteilen sich auf die verbleibenden Produkte im Verhältnis ihrer Marktanteile. Nach diesem „aggregate constant ratio model" wird der Marktanteil des Produktes j im Submarkt A, p(j/A) gegeben durch:

$$(1) \quad p(j/A) = \frac{m_j}{\sum m_k}, \text{ wobei } k \in A$$

mit $m_j(k)$ = Gesamtmarktanteil von Produkt j(k). Übertragen auf unseren Sachverhalt gilt für $p_i(j)$, d.h. den Marktanteil von j, wenn i nicht mehr gekauft werden kann,

$$(2) \quad p_i(j) = \frac{m_j}{\sum m_k} = \frac{m_j}{1 - m_i}, \text{ wobei } k \neq i$$

und für $p_i(s)$, d.h. den Marktanteil des Submarktes s, wenn Produkt i nicht mehr verfügbar ist:

$$(3) \quad p_i(s) = \sum p_{i(j)} = \frac{\sum m_j}{1 - m_i}, \text{ wobei } j \in s \text{ und } j \neq i.$$

Ein Beispiel kann diesen Zusammenhang verdeutlichen. Die Produkte 1, 2, 3 und 4 sollen die Marktanteile (m_j) von je 0,25 haben. Ist das Produkt 1 nicht mehr zu kaufen, so gilt nach Gleichung (2) für die anderen: $p_1(j = 2) = p_1(j = 3) = p_1(j = 4) = 0{,}25/(1 - 0{,}25) = 0{,}333$. Bestand vorher der erste Submarkt (s = 1) aus den Produkten 1 und 2, der zweite Teilmarkt (s = 2) aus den Produkten 3 und 4, so gilt nach Gleichung (3): $p_1(s = 2) = p_1(j = 2) = 0{,}333$, und $p_1(s = 2) = p_1(j = 3) + p_1(j = 4) = 0{,}666$.

Die Gleichungen (2) und (3) führen zu den neuen Marktanteilen jeder beliebigen Partition unter der Nullhypothese der Strukturlosigkeit. Diese sind jetzt nur zu vergleichen mit dem tatsächlichen Wechselverhalten der Nachfrager, beispielsweise aufgrund eines „forced switching"-Experiments. Es sollen bedeuten:

n_i = Anzahl der Nachfrager, die Produkt i wählen, wenn alle Produkte verfügbar sind;

$n_i(j)$ = Anzahl der n_i-Nachfrager, die Produkt j wählen, nachdem Produkt i nicht mehr verfügbar ist;

$n_i(s)$ = Anzahl der n_i-Nachfrager, die ein Produkt aus dem Submarkt s wählen, nachdem Produkt i nicht mehr verfügbar ist.

Daraus lassen sich leicht die geschätzten Wahrscheinlichkeiten ermitteln:

$$(4) \quad b_i(s) = \frac{n_i(s)}{n_i} \quad \text{bzw.}$$

$$(5) \quad b_i(j) = \frac{n_i(j)}{n_i}.$$

Entsprechend der Grundidee des Ansatzes existiert eine Marktpartition, wenn die Wahrscheinlichkeit, zu einem Produkt des gleichen Submarktes zu wechseln, aus dem ein Produkt verbannt wurde, größer ist als diese Wahrscheinlichkeit im Falle des Nichtvorliegens einer Struktur, d.h. größer als die nach dem „constant ratio"-Modell errechneten Werte:

$$(6) \quad b_i(s) > p_i(s), \text{ wenn i aus s ist,}$$

oder analog (es genügt jedoch eine Ungleichung):

$$(7) \quad b_i(s) < p_i(s), \text{ wenn i nicht aus s ist.}$$

Greifen wir wieder auf das einfache Beispiel zurück: Angenommen, Produkt 1 wurde von 100 Nachfragern gewählt, als alle vier Produkte des Marktes verfügbar waren. Nachdem dieses Produkt nun nicht mehr gewählt werden kann, kaufen jetzt 33 dieser 100 Nachfrager im gleichen Teilmarkt s = 1, also das Produkt 2, und 67 die Produkte 3 und 4 aus dem zweiten Teilmarkt, so gilt:

$$b_1 (s = 1) = 0{,}33 \approx p_1(s = 1) = 0{,}333$$

$$b_1 (s = 2) = 0{,}67 \approx p_1(s = 2) = 0{,}666.$$

Die Nullhypothese der Strukturlosigkeit kann also nicht verworfen werden. Kaufen hingegen 98 von diesen 100 Nachfragern im Teilmarkt 1 und nur 2 im Teilmarkt 2, so gilt:

$$b_1 (s = 1) = 0{,}98 > p_1(s = 1) = 0{,}333$$

$$b_1 (s = 2) = 0{,}02 < p_1(s = 2) = 0{,}666.$$

Jetzt wäre, was man auch ohne statistischen Test erkennt, die Nullhypothese zu verwerfen: Die vorgenommene Strukturierung ist folglich eine mögliche Marktpartition.

Wenn n_i ausreichend groß ist (Faustregel > 20) so lassen sich die Ungleichungen (6) und (7) mit Hilfe des einseitigen Z-Tests beurteilen, da $n_i(s)$ normalverteilt ist mit dem Mittelwert $n_i p_i(s)$ und der Varianz $n_i p_i(s)(1-p_i(s))$. Zwangsläufig stellt sich dann die Frage, wie vorzugehen ist, wenn mehrere Marktpartitionen signifikant sind. In einem statistisch-mechanistischen Sinne könnte man eine Auswahl so treffen wie etwa bei zwei Regressionen mit verschiedenen Variablen (wo man die mit dem höchsten F-Wert vorzieht). Hier würde die Partition mit dem höchsten Z-Wert vorgezogen werden. Hilfreich sind sicher auch Validitätstests mit anderem Dateninput sowie eine Praktikabilitätsüberlegung, wonach jener Aufspaltung der Vorzug zu geben ist, die einen wirksameren Einsatz der absatzpolitischen Instrumente zuläßt.

Ein besonderer Vorteil des PRODEGY-Verfahrens liegt in der Flexibilität hinsichtlich der Gewinnung des notwendigen Dateninputs, also der Werte für die Marktanteile und für $n_i(j)$, d.h. für die Anzahl jener Nachfrager, die Gut j kaufen, wenn das von ihnen bevorzugt gekaufte Produkt i nicht mehr verfügbar ist. Statt des nach dem „forced switching"-Konzept erfaßten Wechselverhaltens können nämlich auch Präferenzurteile (u.a. Präferenzrangreihungen, Präferenzwahrscheinlichkeiten und „Markenharem"-Präferenzen) zugrunde gelegt werden.

3.2 Das Windows-basierte Anwendungssystem PRODEGY

Aufbauend auf dem vorgestellten Verfahren wurde am Lehrstuhl Marketing II an der Universität Mannheim das Softwareprogramm PRODEGY entwickelt, das dem Marketing-Manager Unterstützung bei der Bearbeitung strategischer und operativer Fragestellungen aus dem Bereich der Marktstrukturierung bietet. Zur Verdeutlichung der Einsatzmöglichkeiten des Systems wird ein (fiktives) Beispiel aus dem Automobilmarkt gewählt.

Im Markt für Roadster-Fahrzeuge mit Cabrioverdeck in Deutschland ist neben BMW mit dem Modell „Z3", Porsche mit dem „Boxster" und das englische Unternehmen MG mit dem „MGF" vertreten. Alle Hersteller bieten ihre Fahrzeuge mit unterschiedlichen Motorvarianten von 150 über 200 bis 250 PS an. Insgesamt offerieren die Hersteller sieben Fahrzeuge: Während Porsche seine Modelle nur mit den beiden stärkeren Motorvarianten ausstattet, deckt BMW hier das ganze Spektrum ab. Bei MG kann der Kunde zwischen einem Modell mit 150 und 250 PS wählen. Für einen Marketing-Manager der Automobilunternehmen stellt sich die Frage, in welcher Konkurrenzbeziehung die Fahrzeugtypen zueinander stehen. Der Manager unterstellt, daß die Kaufentscheidung der Konsumenten in erster Linie durch die Produkteigenschaft „Marke" (hier mit den Ausprägungen: BMW, Porsche und MG) des Fahrzeugs bestimmt wird. Da die Modelle zumindest teilweise mit einer vergleichbaren Motorleistung angeboten werden, interessiert ihn in diesem Zusammenhang auch, ob sich eine Marktstrukturierung auf Basis der Produkteigenschaft „Motorstärke" (hier mit den Ausprägungen: 150 PS, 200 PS und 250 PS) ergeben könnte.

Nach der Zielsetzung der Untersuchung lassen sich zwei Hypothesen ableiten, die mit Hilfe von PRODEGY getestet werden:

H_1: Der Markt wird nach der Produkteigenschaft „Marke" strukturiert. Die Marken BMW, Porsche und MG stellen jeweils einen eigenen Teilmarkt dar.

H_2: Der Markt wird nach der Produkteigenschaft „Motorstärke" strukturiert. Die Motorstärken 150 PS, 200 PS und 250 PS stellen jeweils einen eigenen Teilmarkt dar.

Die Gegen- (Null-)Hypothese lautet jeweils:

H_0: Der Markt ist unstrukuriert.

In einem ersten Schritt wird jedem der sieben Produkte die jeweilige Ausprägung der Produkteigenschaft zugewiesen. Dazu werden in einer Maske die Produkteigenschaften sowie deren Ausprägungen und die Anzahl der Produkte (hier: sieben) abgefragt. Nach diesen Angaben erstellt PRODEGY die folgende Matrix (siehe Abb. 2). Hier ist nun jedem Produkt die entsprechende Ausprägung zuzuordnen.

	Marktstruktur	Marke			Motorstärke		
Produkt-Nr.	Produkt-Name	BMW	Porsche	MG	150	200	250
1	P I		x			x	
2	P II		x				x
3	BMW I	x			x		
4	BMW II	x				x	
5	BMW III	x					x
6	MG I			x	x		
7	MG II			x			x

Abbildung 2: PRODEGY-Eingabemaske: Produktdaten

In einer Erhebung nach dem *„forced switching"-Konzept* werden 100 Konsumenten befragt, welches der sieben Produkte sie als erstpräferiertes und welches sie ersatzweise wählen würden, unter der Annahme, daß das Auto mit der höchsten Präferenz nicht verfügbar ist. Die Ergebnisse dieser Befragung werden in die Wechselmatrix eingetragen. Die Fragestellung könnte bspw. lauten: „Wenn der Porsche mit 200 PS, für den sie sich normalerweise entscheiden würden, nicht verfügbar ist, welches der sechs anderen Fahrzeuge würden Sie dann wählen?" In unserem Beispiel entscheiden sich fünf Konsumenten für das Porsche-Modell mit 250 PS. Den BMW-Roadster mit 150 PS würden hingegen nur 2 der Befragten kaufen etc. (siehe Abb. 3).

Produkt-Nr.	Produkt-Name	P I	P II	BMW I	BMW II	BMW III	MG I	MG II	
1	P I	0	5	2	3	2	2	2	16
2	P II	6	0	1	2	3	1	3	16
3	BMW I	1	0	0	1	3	2	5	12
4	BMW II	2	2	2	0	3	1	2	12
5	BMW III	1	4	2	3	0	4	3	17
6	MG I	0	2	3	1	1	0	5	12
7	MG II	2	3	1	3	1	5	0	15
	Summe	12	16	11	13	13	15	20	100

Abbildung 3: PRODEGY-Eingabemaske: Erhebungsdaten

Nachdem die Berechnungen durchgeführt sind, zeigt das Ergebnis, daß die Vermutung des Marketing-Managers, der Gesamtmarkt läßt sich anhand der einzelnen Marken am besten strukturieren, zutreffend ist. Die Hypothese H_1 wird mit einer Irrtumswahrscheinlichkeit von weniger als einem Prozent (exakt: 0,11 %) bestätigt (siehe Abb. 4), während die Hypothese H_2, die Strukturierung nach der Motorstärke, aufgrund einer Irrtumswahrscheinlichkeit von mehr als 32 % zu verwerfen ist (siehe Abb. 5).

Darstellung der Ergebnisse zu Hypothese 1

Marke	Produkt - Name	Erstpräferenz Anzahl	Hypothese 1	Hypothese 0	Hypothesen-Test	Irrtums-Wahrscheinlichkeit nach der Standard-Normal-Verteilung
BMW	BMW I	12	0,33	0,33	0,03	48,89%
	BMW II	12	0,42	0,33	0,64	26,04%
	BMW III	17	0,29	0,29	0,05	48,20%
Porsche	P I	16	0,31	0,19	1,24	10,69%
	P II	16	0,38	0,19	1,88	3,01%
MG	MG I	12	0,42	0,17	2,27	1,17%
	MG II	15	0,33	0,14	2,14	1,63%
	Aggregierter Test	100	0,36	0,23	3,07	0,11%

Anzahl der Probanden: 100

Datenerhebungsmethode: forced-switched-Methode

Abbildung 4: Ergebnisdarstellung: Hypothese 1

Darstellung der Ergebnisse zu Hypothese 2

Motorstärke	Produkt - Name	Erstpräferenz Anzahl	Hypothese 2	Hypothese 0	Hypothesen-Test	Irrtums-Wahrscheinlichkeit nach der Standard-Normal-Verteilung
150	BMW I	12	0,17	0,14	0,31	37,98%
	MG I	12	0,25	0,14	1,15	12,57%
200	P I	16	0,19	0,14	0,51	30,49%
	BMW II	12	0,17	0,18	-0,14	55,41%
250	P II	16	0,38	0,38	-0,05	51,96%
	BMW III	17	0,41	0,37	0,33	37,21%
	MG II	15	0,27	0,39	-0,97	83,30%
	Aggregierter Test	100	0,28	0,26	0,45	32,49%

Anzahl der Probanden: 100

Datenerhebungsmethode: forced-switched-Methode

Abbildung 5: Ergebnisdarstellung: Hypothese 2

Aus dieser Analyse kann man erkennen, in welcher Reihenfolge und mit welcher Bedeutung Produkteigenschaften als Kaufkriterium herangezogen werden. Die Frage, wie ein Markt in Teilmärkte zerlegt werden kann, läßt sich mit einer sukzessiven Anwendung von PRODEGY beantworten. Dabei bleibt allerdings offen, bei welchem Grenzwert der Irrtumswahrscheinlichkeit einer getesteten Hypothese eine Teilmarktaufspaltung angenommen oder abgelehnt werden sollte. Für das Marketing-Management können neben der Feststellung der Marktabgrenzung im Sinne des relevanten Marktes vor allem Probleme der Variantenbildung, der Produktdifferenzierung und der Programmgestaltung geklärt werden.

4   Literatur

[Bau89]   Bauer, H. H. (1989): Marktabgrenzung - Konzeption und Problematik von Ansätzen und Methoden zur Abgrenzung und Strukturierung von Märkten unter besonderer Berücksichtigung von marketingtheoretischen Verfahren, Berlin 1989.

[Bau92]   Bauer, H. H.; Herrmann, A. (1992): Eine Methode zur Abgrenzung von Märkten, in: *Zeitschrift für Betriebswirtschaft (ZfB)*, 12/1992, S. 1341-1360.

[Urb84]   Urban, G. L.; Johnson, P. L.; Hauser, J. R. (1984): Testing Competitive Market Structures, in: *Marketing Science*, 2/1984, S. 83-112.

Wissensbasierte Entscheidungsunterstützung bei der Konfiguration und Angebotserstellung von Produktvarianten

Richard Lackes, Guido Schnödt
Lehrstuhl für Wirtschaftsinformatik[*]
Universität Dortmund

Zusammenfassung

Die zunehmende Produktdifferenzierung auf Basis standardisierter Erzeugnisse und der dadurch entstehende erhöhte Kommunikationsbedarf zwischen Kunden, Verkäufer und Fertigungsdisponent machen es notwendig, die Produktkonfiguration aktiv zu unterstützen. Der nachfolgende Beitrag stellt hierzu ein datenbankgestütztes, wissensbasiertes Konfigurationsmanagementsystem vor, das sowohl unter kunden- als auch absatz- und konstruktionsorientierten Gesichtspunkten die relevanten Aspekte der Variantenkonfiguration, wie z.B. die interaktive Zusammenstellung individueller Erzeugnisse oder die Kalkulation beliebiger Varianten, abbildet. Das Konfigurationssystem ist Teil eines umfassenden Vertriebsinformationssystems.

Stichworte: Erzeugniskonfiguration, Vertriebsinformationssystem, Variante, Produktdifferenzierung, variantenorientierte Plankalkulation, Expertensystem

1 Problemstellung

Die verschärfte Konkurrenz- und Wettbewerbssituation auf den meisten Märkten läßt den Absatzbereich für viele Unternehmen zu einem „Engpaßbereich" werden. Hier ist man bestrebt, sowohl den Kundenstamm zu halten als auch neue Kunden zu akquirieren. Beide Bestrebungen sollen durch eine systematische Produktdifferenzierung unterstützt werden, wobei hier aus absatzpolitischen Gesichtspunkten vor allem eine kundenorientierte Produktindividualisierung im Mittelpunkt steht.

Begünstigt und verstärkt wird die Variationsmöglichkeit und damit auch die Individualisierung von standardisierten Produkten durch den Einsatz Flexibler Fertigungssysteme (FFS) und durch eine zeitnahe, bedarfsgerechte Just-in-Time (JIT)-Logistikkonzeption. Allerdings geht die Produktindividualisierung mit einer teilweise erheblichen Komplexitätssteigerung einher, die sich auf die unterschiedlichsten Unternehmensfunktionen bzw. -bereiche beziehen kann.

---

[*] Lehrstuhlinhaber: Prof. Dr. Richard Lackes

Die Variantenvielfalt macht sich im Verkaufsprozeß dadurch bemerkbar, daß eine große Zahl von Merkmalsausprägungen nach Kundenwünschen festgelegt wird. Nicht jede beliebige Kombination paßt aber zusammen, z.B. weil fertigungstechnische Aspekte dagegen sprechen. Des weiteren sind für die Konfigurationsentscheidung Kosten- bzw. Preisinformationen mitentscheidend, die mitlaufend in Form von Zu- bzw. Abschlägen ausgewiesen werden müßten. Hierzu ist eine variantenorientierte Plankalkulation erforderlich [Lac91].

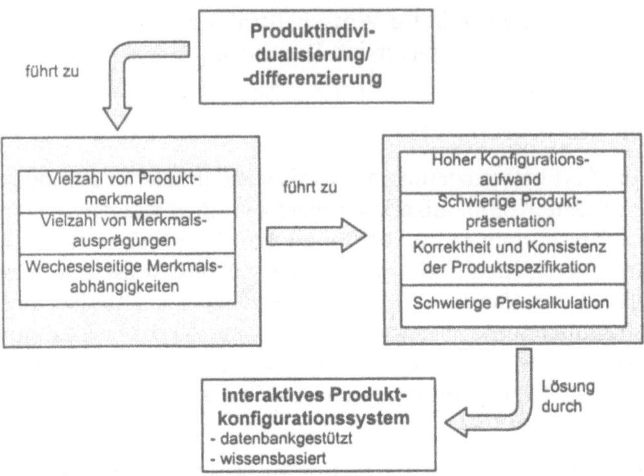

Abbildung 1: Problemzusammenhang und Lösungsansatz

Konzentriert man sich auf den Vertriebsbereich und hier insbesondere auf den Verkaufsprozeß, so müssen aufgrund der erhöhten Komplexität die folgenden Problemaspekte gelöst werden (vgl. auch Abbildung 1):

1. Durch die individuelle Produktgestaltung wird der Aufwand zur Erzeugniskonfiguration erhöht. Wie kann dieser Aufwand innerhalb des Konfigurationsprozesses reduziert werden?

2. Konkrete Produktvarianten liegen nicht physisch bzw. gegenständlich vor. Kann aufgrund der Produktspezifikation ein „virtuelles" Erzeugnis präsentiert werden, das das Zwischenergebnis der bisherigen Konfigurationsentscheidungen für den Kunden und den Verkäufer veranschaulicht?

3. Zwischen einzelnen Merkmalen und deren Ausprägungen bestehen oftmals wechselseitige Abhängigkeiten, z.B. aufgrund fertigungsspezifischer oder absatzpolitischer Restriktionen. Wie kann der Konfigurationsprozeß dahingehend unterstützt werden, daß die Konsistenz der ausgewählten Merkmalsausprägungen gewährleistet wird?

4. Die vielfältigen Beziehungen zwischen Produktmerkmalen und deren Ausprägungen führen zu einer komplexen Kosten- und Preisberechnung. Kann der Konfigurationsprozeß derart unterstützt werden, daß eine variantenbezogene Plankalkulation und damit eine Preisfindung möglich wird?

Die Lösung der oben genannten Aufgaben kann durch den Einsatz eines wissensbasierten, interaktiven Konfigurationssystems realisiert werden. Ein solches System muß auf einer integrierten Datenbank basieren, die Daten zur statischen und dynamischen Variantenspezifikationen und zur Produktkalkulation enthält. Mit Hilfe dieses Systems lassen sich dann kundenorientierte Anwendungssysteme zur Produktspezifikation (z.B. POS- und POI-Systeme) und zum anderen vertriebsorientierte Informationssysteme für produkt- und preispolitische Entscheidungen entwickeln.

Im folgenden soll anhand der Analyse des Prozesses zur Variantenkonfiguration die Konzeption und konkrete Ausgestaltung eines datenbankgestützten Expertensystems diskutiert und vorgestellt werden, das neben der unabdingbaren Datenbankverwaltungsfunktion zugleich die Funktionen einer interaktiven Produktspezifikation und damit die Lösung der oben genannten Problembereiche ermöglicht. Des weiteren wird deutlich, wie hierdurch eine Unterstützung des Absatzbereichs möglich wird.

2 Der Prozeß der Variantenkonfiguration im Vertrieb

Die in Abbildung 2 dargestellte ereignisgesteuerte Prozeßkette (EPK) [Sch95] stellt den gesamten Ablauf einer interaktiven Erzeugniskonfiguration dar. Anhand dieser Prozeßkette sollen die wesentlichen Anforderungen an ein interaktives Konfigurationssystem abgeleitet werden.

Ausgangspunkt der Variantenkonfiguration ist die Wahl eines Erzeugnistyps durch den Käufer oder aber im Falle einer Angebotserstellung durch einen Vertriebsmitarbeiter. Oftmals wird für Produkte, bei denen eine Variationsmöglichkeit besteht, eine Grundversion bzw. -ausstattung angeboten. In analoger Weise wird durch das Konfigurationssystem eine Grundausstattung standardmäßig angelegt.

Der Vorteil dieser Vorgehensweise ist darin zu sehen, daß ein potentieller Anwender nicht alle verfügbaren Merkmale eines Erzeugnisses betrachten muß, sondern lediglich die seines Interesses. Nach der Vorbelegung der Produktvariante startet der eigentliche Konfigurationsprozeß, in dem sukzessive die einzelnen Produktmerkmale mit konkreten Ausprägungen durch den Anwender belegt werden.

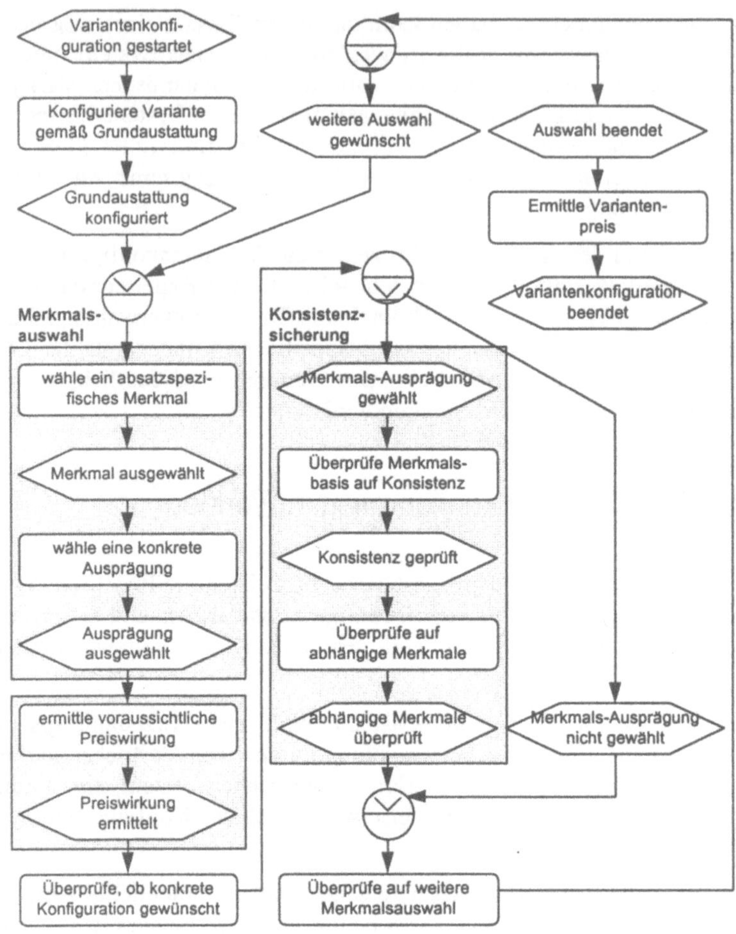

Abbildung 2: Prozeß der Variantenkonfiguration

Wie aus der Prozeßkette in Abbildung 2 deutlich wird, legt der Kunde während des Konfigurationsprozesses nur einen Teil der Variantenmerkmale fest, nämlich die absatzspezifischen. Fertigungsspezifische (interne) Variantenmerkmale werden hingegen durch die Regelbasis im Variantensystem determiniert.

3 Merkmalsauswahl und -differenzierung bei der interaktiven Produktkonfiguration

Grundsätzlich ist eine Produktvariante durch eine Menge von Merkmalen beschrieben, die nicht alle innerhalb eines Verkaufsprozesses von Bedeutung sind. Die für den Konfigurationsprozeß relevanten Merkmalsklassen sind in Abbildung 3 dargestellt.

Klassifikation von Variantenmerkmalen						
Entscheidungsbezug		Teilebezug		Abhängigkeit		Typ
absatz-spezifisch	fertigungs-spezifisch	abstrakt	real	einstufig	mehrstufig	Zusatz-ausstattung | Austattungsalter-native

Abbildung 3: Klassifikation von Variantenmerkmalen [Lac91]

Ein Käufer wird typischerweise nur über solche Merkmale Entscheidungen treffen, die sich auf Ausstattungsmerkmale beziehen. Solche Produktmerkmale, die durch den Käufer zu bestimmen sind, werden als absatzspezifische Merkmale bezeichnet. Alle anderen lassen sich logisch aus deren Ausprägungen ableiten. Ein interaktives Konfigurationssystem wird also nach der Auswahl eines Erzeugnistyps einem Käufer lediglich die Merkmale präsentieren, die einen direkten absatzspezifischen Bezug aufweisen und über die der Kunde im augenblicklichen Konfigurationszustand noch zu entscheiden hat.

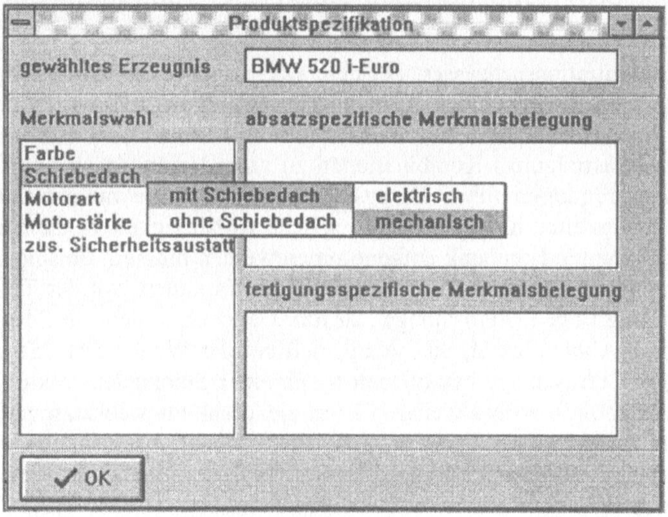

Abbildung 4: Prototyp zur Produktspezifikation: Auswahl absatzspezifischer Merkmale

Die vorhergehende Abbildung 4 zeigt einen Prototyp zur Produktspezifikation, in dem für ein Fahrzeug „BMW 520 i-Euro" beispielhaft die verfügbaren absatzspezifischen Merkmale „Farbe", „Schiebedach", „Motorart", „Motorstärke" und „zus. Sicherheitsausstattung" angegeben sind.

Wählt ein Anwender ein bestimmtes Merkmal aus, so werden daraufhin alle im derzeitigen Konfigurationszustand verfügbaren Ausprägungen zur Auswahl angeboten. Wird beispielsweise das Merkmal „Schiebedach" gewählt, so werden lediglich die Ausprägungen „mit Schiebedach" und „ohne Schiebedach" angeboten. Der Grund liegt darin, daß es sich bei diesem Merkmal um eine Zusatzausstattung handelt, bei der lediglich darüber zu entscheiden ist, ob diese gewählt wird oder nicht. Im Gegensatz dazu wird bei Merkmalen, die Ausstattungsalternativen darstellen (z.B. die Wagenfarbe), eine Menge an möglichen Ausprägungen angeboten, aus der ein Kunde zwingend eine zu wählen hat.

Das Merkmal „Schiebedach" weist allerdings noch weitere Besonderheiten auf, denn nach der Wahl der Ausprägung „mit Schiebedach" müssen zusätzliche Entscheidungen, z.B. über die Antriebsart des Schiebedachs (mechanisch, elektrisch), getroffen werden, d.h. die Wahl einer Ausprägung kann weitere Entscheidungsprozesse über absatzspezifische Merkmale nach sich ziehen. Solche sich erst im Konfigurationsprozeß ergebende Merkmale werden mit dem Begriff „abhängige, absatzspezifische Merkmale" bezeichnet. Sie werden durch das Konfigurationssystem dem Anwender während der Produktspezifikation automatisch verfügbar gemacht (vgl. in Abbildung 2 die Funktion *ÜBERPRÜFE AUF ABHÄNGIGE MERKMALE*). Hierzu sind die Abhängigkeitsbeziehungen in der zugrundeliegenden Datenbank abgebildet.

4 Wissensbasierte Konsistenzsicherung der Produktkonfiguration

Während des Konfigurationsprozesses, bei dem sukzessive Variantenmerkmale festgelegt werden, wird nach jeder Auswahlentscheidung eine Routine zur Konsistenzsicherung aufgerufen. Charakteristisch für die Variantenkonfiguration ist nämlich, daß die Auswahl bestimmter Merkmalsausprägungs-Kombinationen zu einer Veränderung oder Belegung anderer Merkmalsausprägungen führt. Es bestehen also über die mehrstufigen funktionstechnischen Abhängigkeiten hinaus weitere logische Abhängigkeiten, die als Konfigurationsregeln in die Variantendatenbank aufgenommen werden müssen. Beispielsweise hat das Merkmal „Motorstärke" mit seinen unterschiedlichen Varianten von der Teilestruktur her nichts mit einer Baugruppe „Bremsanlage" zu tun. Dennoch besteht die Möglichkeit einer funktions-logischen Abhängigkeit, die besagt, daß bei der Wahl eines PS-starken Motors eine hochwertigere Bremsanlage einzubauen ist. In einer Stücklistenstruktur wären solche Beziehungen nicht abbildbar. Des weiteren kann die Wahl eines absatzspezifischen Merkmals die Ausprägungen anderer absatzspezifischer Merkmale beeinflussen. Denkbar wäre z.B., daß die Wahl eines bestimmten Sitzbezugs die Wahlmöglichkeiten der Farbe des Sitzbezugs einschränkt.

Für die Konsistenzerhaltung bei der Variantenkonfiguration ist es unabdingbar, daß solche Bedingungen und Implikationen automatisch überprüft werden, ohne daß der Vertriebsmitarbeiter von allen Randbedingungen Kenntnis haben muß (vgl. in Abbildung 2 die Funktion *ÜBERPRÜFE MERKMALSBASIS AUF KONSISTENZ*).

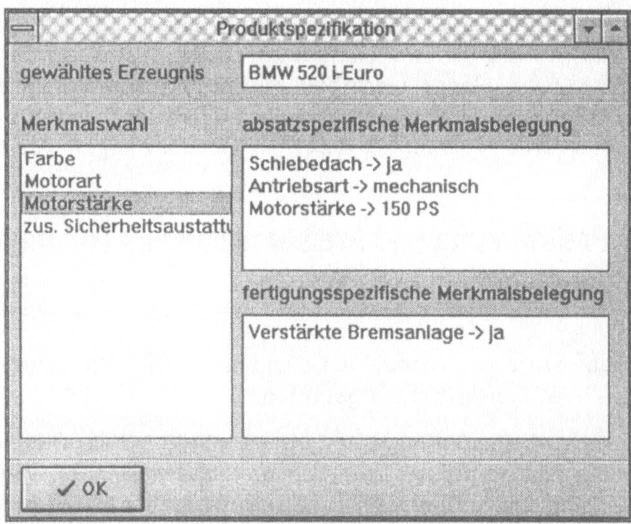

Abbildung 5: Prototyp zur interaktiven Variantenkonfiguration:
Wirkung der Regelauswertung

Die Konfigurationsregeln, die in das Entscheidungsunterstützungssystem zur Variantenbildung integriert werden, sind als Ausdrücke der Form „*WENN MERKMALSAUSPRÄGUNG$_1$ UND MERKMALSAUSPRÄGUNG$_2$ ... DANN MERKMALSAUSPRÄGUNG$_N$*" oder „*WENN MERKMALSAUSPRÄGUNG$_1$ UND MERKMALSAUSPRÄGUNG$_2$ ... DANN NICHT MERKMALSAUSPRÄGUNG$_N$*" darstellbar. Diese werden während des Konfigurationsprozesses automatisch durch einen Inferenzmechanismus, wie er für wissensbasierte Systeme typisch ist [Pup88 und Kur91], ausgewertet. Das Ergebnis der Regelauswertung führt dann zu einer Veränderung der zugrundeliegenden Merkmalsbasis. Abbildung 5 zeigt am Beispiel das Ergebnis der Auswahl des absatzspezifischen Merkmals „Motorstärke", dessen Belegung mit „150 PS" automatisch zur Belegung des fertigungsspezifischen Merkmals „verstärkte Bremsanlage" mit dem Wert „ja" führt.

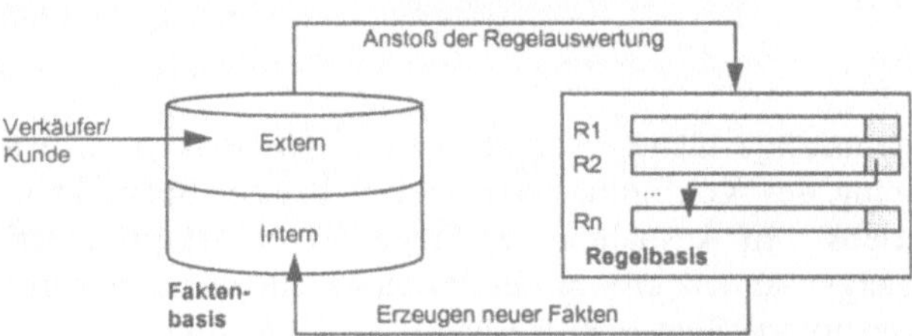

Abbildung 6: Funktionsweise der mehrstufigen Regelauswertung

Der Mechanismus wird immer dann neu angestoßen, wenn ein Kunde oder Verkäufer extern eine Änderung der Faktenbasis (vgl. Abbildung 6) in Form der Belegung eines Merkmals durch eine konkrete Ausprägung vornimmt. Die in der Regelbasis enthaltenen Konfigurationsregeln werden aufgrund der Änderung neu ausgewertet. Die Ergebnisse führen teilweise zu einer Änderung der internen Faktenbasis, indem z.B. fertigungsspezifische Merkmale belegt werden, und damit wiederum zu einem Anstoß der Regelauswertung. Dieser zyklische Prozeß wird solange wiederholt, bis die Regelauswertung zu keiner weiteren Änderung der Faktenbasis führt. Damit kann der Inferenzmechanismus erst durch eine weitere Änderung der externen Faktenbasis durch den Benutzer angestoßen werden.

5 Analyse der Preiswirkung und Preisermittlung im Rahmen der interaktiven Variantenkonfiguration

Innerhalb des Verkaufsprozesses werden Entscheidungen über Produktmerkmale häufig anhand eines Kosten- bzw. Preiskriteriums getroffen.

Das Problem bei einer Variantenfertigung ist darin zu sehen, daß das für eine Plankalkulation und damit für die Preisermittlung erforderliche Standardprodukt fehlt. Um zu einer konkreten Preisgestaltung und -aussage zu gelangen, wird eine merkmalsbezogene Variantenkalkulation durchgeführt [Lac91 und Lac95]. Die Kalkulation basiert auf der herkömmlichen Plankalkulation einer zu definierenden Grundversion. Alle Variantenattribute, die nicht in der Grundversion enthalten sind, werden in Form von sekundären Kostenträgern mit ihren geplanten Selbstkostenänderungen gegenüber den geplanten Selbstkosten der Grundversion kalkuliert. Diese relativen Selbstkosten der einzelnen Variantenattribute stellen von der Kostenseite eine Analogie zur Absatzseite her, in dem sie als „Aufpreis" bzw. „Abschlag" zu den Selbstkosten der Grundversion interpretiert werden.

Die darüber ableitbaren proportionalen, relativen Selbstkosten stellen dann die jeweilige kurzfristige Preisuntergrenze für die Aufpreise der betreffenden Variantenausprägung dar. Damit steht ein konkretes System zur Ermittlung der „Aufpreise" und „Abschläge" einzelner Austattungsmerkmale zur Verfügung, deren Ergebnisse im Rahmen der Preisermittlung (vgl. in Abbildung 2 die Funktion *ERMITTLE VARIANTENPREIS*) eingesetzt werden.

6 Fazit

Das vorgestellte datenbankgestützte, interaktive Konfigurationssystem ermöglicht eine umfassende Unterstützung des Konfigurationsprozesses bei der Spezifikation von Produkten innerhalb des Vertriebs. Mit Ausnahme der Frage der Produktpräsentation innerhalb des Konfigurationsvorgangs wurden alle in der Problemstellung aufgeworfenen Fragen vollständig durch das konzipierte System umgesetzt (vgl. Abbildung 7):

1. Das Konfigurationssystem basiert auf einer Datenbasis, die alle produktzpezifischen Merkmale, deren Abhängigkeiten untereinander sowie die relevanten Kosteninformationen enthält.

2. Der Konfigurationsvorgang im Verkaufsprozeß wird über eine benutzergesteuerte Oberfläche durch den Kunden ausgeführt. Alle für die Konfiguration benötigten Informationen können im Dialog angeboten werden.

3. Die Konsistenzüberprüfung der Kundeneingaben wird durch die Regelintegration in die Datenbasis automatisiert. Der Anwender wird von einer manuellen Überprüfung der Eingaben sowie der Belegung abhängiger Merkmale entlastet.

4. Das System unterstützt die Preisfindung auf Basis der merkmalsbezogenen Plankalkulation.

Der Aufbau des Systems ist in Abbildung 7 zusammenfassend dargestellt.

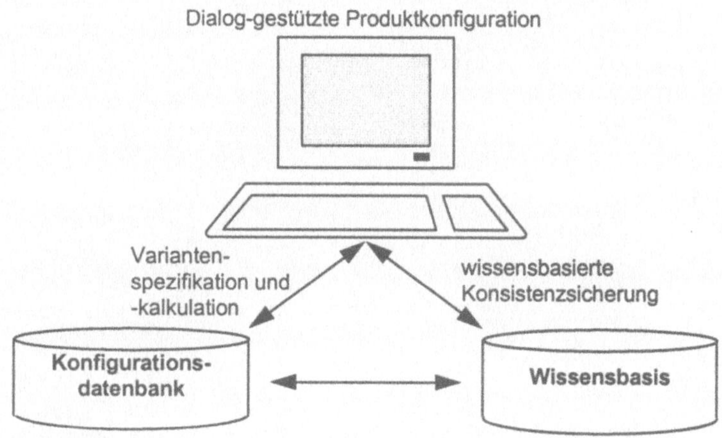

Abbildung 7: Komponenten des Variantenkonfigurationssystems

Besondere Probleme ergeben sich allerdings bei einer adäquaten Produktpräsentation. Zwar ist es durchaus möglich, Produkte in multimedialer Form zu präsentieren, wie dies z.B. Mercedes-Benz für die Markteinführung der Mercedes-Benz C-Klasse durchführte [Het95], allerdings sind der Kombination der Produktkonfiguration und Produktpräsentation Grenzen gesetzt. Diese würde die Möglichkeit einer Echtzeit-Berechnung der graphischen Repräsentation der Produktvariante voraussetzen. Für einfach strukturierte Erzeugnisse mag dies zwar möglich sein, allerdings ist hierbei die Variationsmöglichkeit zumeist stark eingeschränkt. Bei komplexen Erzeugnissen, wie dies z.B. bei Fahrzeugen der Fall ist, sind die Konstruktionsinformationen so umfassend, daß eine Echtzeit-Präsentation der Wirkungen der aktuellen Merkmalsauswahl eines Kunden faktisch nicht mehr möglich ist.

7 Literatur

[Het95]   Hetz-Fellner, A. (1995): Direct Marketing mit Multi-Media, in: Heise, G. (Hrsg.): Multi-Media und Marketing, Wiesbaden 1995, S. 221-228.

[Kur91]   Kurbel, K. (1991): Entwicklung und Einsatz von Expertensystemen, Heidelberg 1992.

[Lac91]   Lackes, R. (1991): Kostenträgerrechnung bei Variantenvielfalt und Kalkulation. In: Zeitschrift für Betriebswirtschaft, 1 (1991), 61. Jg., S. 88-107.

[Lac95]   Lackes, R. (1995): Datenbankgestütztes Kosten- und Erfolgscontrolling bei intensiver Variantenfertigung. In: Reichmann, T. (Hrsg.): Handbuch Kosten- und Erfolgscontrolling, Vahlen-Verlag München 1995, S. 279-307.

[Pup88]   Puppe, F. (1988): Einführung in Expertensysteme, Heidelberg 1988.

[Sch95]   Scheer, A.-W. (1995): Wirtschaftsinformatik, Heidelberg 1995.

Electronic Meetings – Möglichkeiten der Kundeneinbindung in die Produktentwicklung

Bernd Waldeck

Lehrstuhl für Allg. BWL mit Schwerpunkt Marketing*

Fachhochschule Kiel, Fachbereich Wirtschaft

Zusammenfassung

Meetings stellen in allen Organisationen einen erheblichen Zeit- und Kostenfaktor dar. Der internationale Wettbewerb erzwingt aber eine Beschleunigung der Entscheidungsprozesse in allen Organisationen. Nachdem Unternehmen durch den Einsatz diverser Tools im Bereich von F&E und Produktion ihre Effizienz nicht unerheblich gesteigert haben, wird durch ein neues System für Electronic Meetings eine beträchtliche Produktivitätssteigerung im Management möglich. Electronic Meetings unterstützen jede Art von Teamaktivitäten im Unternehmen. Das reicht von Analysen und Projektarbeiten über Assessments, Abstimmungen und Re-Engineering zur Marktforschung und Aktivitätenplanung.

Stichworte: Electronic Meetings, Gruppenentscheidungen, Teamaktivitäten, Sitzungskultur, Groupware, Produktentwicklung

1 Problemstellung

Sitzungen - Besprechungen - Meetings sind die zeitaufwendigsten Aktivitäten im Management: Manager aller Ebenen verbringen etwa 40-70% ihrer Zeit in Meetings. Sitzungen sind aber ein unverzichtbarer Bestandteil des Managements eines Unternehmens oder sonstiger Organisationen, in denen Wissen und Meinungen ausgetauscht, Ideen entwickelt, Konsens hergestellt und weitere Aufgaben festgelegt werden. Immer mehr jedoch wird beklagt, daß zu viele Sitzungen stattfinden, zu viel Zeit in den Meetings verschwendet wird oder daß sie zu lange dauern, nicht die richtigen Leute daran teilnehmen, der einzelne möglicherweise mit seinen Beiträgen kaum Beachtung findet, daß eine Teamorientierung fehlt, die Teilnehmer unkonzentriert sind, Prioritäten fehlen und zu viel Zeit für unwichtige Fragen aufgebracht wird [Fre97, S. 26]. In einer konventionellen Sitzung ist die Anzahl der Teilnehmer stark beschränkt, wenn jeder Teilnehmer einen vernünftigen Beitrag zum Sitzungsergebnis leisten soll.

---

* Lehrstuhlinhaber: Prof. Dr. Bernd Waldeck

Im Forschungs- und Entwicklungsbereich ist seit Jahren CAD ein unverzichtbares Tool, ebenso wie CAM in der Produktion. Sitzungen aber finden statt wie vor 100 Jahren. Um Teamaktivitäten zu unterstützen und Meetings produktiver zu gestalten, gibt es jetzt die Möglichkeit, Sitzungen auf elektronischem Wege durchzuführen, dies sowohl als Präsenz- oder als different-place-Meetings und als same-time- oder different-time-Meetings [Wea95].

2 Sitzungskultur mit Electronic Meetings

Die folgenden Ausführungen zu Electronic Meetings basieren auf der Software GroupSystems® für Windows. Electronic Meetings mit GroupSystems® lassen sich vorstellen in Form eines Sitzungszimmers, in dem die Teilnehmer an vernetzten PCs, normalerweise Laptops oder Notebooks, sitzen. Die Teilnehmer geben ihre Gedanken, Meinungen, Abstimmungen und sonstige Beiträge direkt in ihre PCs ein. Das System hält fest, was jeder einzelne zu 'sagen' hat. - Das bedeutet aber nicht, daß das gesamte Meeting über die vernetzten PCs läuft und die Teilnehmer nicht mehr miteinander sprechen. Es verbleibt genügend Raum für Diskussionen, z. B. dann, wenn elektronische Abstimmungen im Team zu polaren Ergebnissen führen, die beseitigt werden müssen. Praktische Erfahrungen lassen eine Aufteilung von etwa 50 zu 50 zwischen verbalen und elektronischen Diskussionen als realistisch erscheinen.

Die höhere Effizienz von Electronic Meetings gegenüber konventionellen Sitzungen resultiert aus einer Reihe von Eigenschaften des Systems:

- Meeting-Struktur

Jedes Electronic Meeting besitzt eine Agenda, die durch eine Reihe von Sessionen gebildet wird. Die Agenda ist vor dem Meeting vom Sitzungsleiter und, unter Umständen, von einem Moderator des Meetings vorzubereiten. Durch die Agenda erhält das Meeting eine viel klarere Struktur als herkömmliche Sitzungen (siehe Abbildung 1). Dabei ist diese Agenda aber nicht starr, sondern kann während des Meetings modifiziert werden, z.B. um weitere Sessionen ergänzt werden, wenn sich dies als erforderlich erweist. Die einzelnen Sessionen oder Programm-Module in GroupSystems® sind:

- Categorizer - Ein Modul zur Entwicklung von Vorschlagslisten, die zu Kategorien zusammengefaßt und dann in den Kategorien weiterbearbeitet werden können.

- Electronic Brainstorming - Vielseitig gestaltbare elektronische Form des Brainstorming.

- Topic Commenter - Zu vordefinierten Themen werden von den Sitzungsteilnehmern Kommentare und Ideen beigesteuert.

- Group Outliner - Modul zur Strukturbildung, z.B. von Organigrammen oder für die Strukturierung von Aufgaben.

- Vote - Ein Abstimmungsmodul, das viele unterschiedliche Abstimmungsmöglichkeiten bietet.

– Alternative Analysis - Ein Zusatzmodul für Matrix-Abstimmungen, d.h. Alternativen (z. B. Investitionen) werden anhand von (ungewichteten oder gewichteten) Kriterien bewertet, um zu einer Auswahl zu gelangen.

– Survey - Ein Marktforschungstool, das eine schnelle Erstellung und Auswertung von Fragebögen ermöglicht, die auf Disketten oder per eMail versandt oder direkt für Webseiten erstellt werden können.

– Activity Modeler - Ein gruppenorientiertes Modul zur Erstellung von Prozeßabläufen.

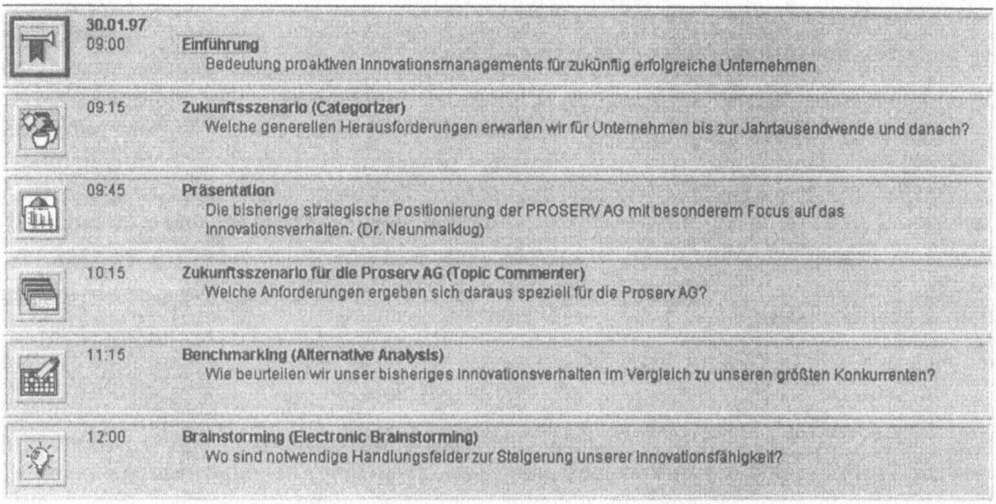

Abbildung 1: Agenda mit Sessionen in einem Electronic Meeting

• Gemeinsamer Input

Die von den Teilnehmern eingegebenen Kommentare, Fakten und Meinungen stehen auf den einzelnen PCs und, unter Umständen, einem großen Projektionsschirm allen Teilnehmern sofort zur Verfügung.

• Paralleler Input

Die Teilnehmer geben ihre Beiträge *parallel* ein und können gleichzeitig die Eingaben der anderen lesen. Das ist sehr viel schneller als das Warten auf die *sequentiellen* mündlichen Beiträge in einer traditionellen Sitzung.

• Anonymer Input

Im Gegensatz zur herkömmlichen Sitzung sind die Eingaben im Electronic Meeting in der Regel anonym! Weil dann niemand weiß, ob der Beitrag vom Chef, dem Meinungsführer oder dem jüngsten Teilnehmer kam, wird der Beitrag auf Basis seines sachlichen Gehalts bewertet.

- Elektronische Abstimmung

Elektronische Abstimmungen sind schnell und einfach. Wie in einer traditionellen Sitzung halten elektronische Abstimmungen Ergebnisse fest, aber sie werden auch häufig während einer Sitzung durchgeführt, um sich auf die wichtigen Punkte zu konzentrieren. Sogar vor der Diskussion eines Themas kann per elektronischer Abstimmung anonym festgestellt werden, ob und inwieweit Übereinstimmungen im Denken der Gruppe bestehen. Die Abstimmungsmöglichkeiten beinhalten u.a. 10-Punkt-Skalen, Ja-Nein-Antwor-ten, vier- und fünfteilige Zustimmungs-/Ablehnungsskalen, Rangordnungsverfahren, Multiple Choice und die Möglichkeit, eigene Verfahren zu entwickeln.

- Different time/different place-Electronic Meetings

In *different place* Electronic Meetings können die Teilnehmer in verschiedenen Büros in einem Gebäude oder rund um die Welt verteilt sein, vorausgesetzt, daß sie mit dem Netzwerk verbunden sind. - Electronic Meetings können auch als *different time* Electronic Meetings stattfinden, d.h., das Meeting kann Stunden oder sogar Tage 'offen sein', während Teilnehmer sich von ihren Büros oder Hotelzimmern aus beteiligen, um ihre Kommentare oder Vorschläge einzugeben. Das heißt nicht, daß die Teilnehmer Stunden oder Tage im Meeting verbringen, sondern daß sie ihre Beiträge zum Meeting beisteuern, wann es ihnen zeitlich am besten paßt.

- Andere Anwendungen im Netz

Als logische Konsequenz der Nutzung vernetzter PCs in einem Electronic Meeting können auch andere Systeme, z.B. Datenbanken oder Tabellenkalkulationsverfahren, aufgerufen werden, um Informationen zu übernehmen, die in der Sitzung benötigt werden - oder es können Daten in diese Systeme zur weiteren Bearbeitung exportiert werden. Ebenso läßt sich z. B. eine Powerpoint-Präsentation importieren, um sie allen Teilnehmern vorzuführen.

- Teilnehmer

Circa acht Teilnehmer bilden die maximale Anzahl in einer effektiven konventionellen Sitzung. Dann kann jeder Teilnehmer etwa acht Minuten pro Stunde sprechen. Allerdings, wenn ein dominanter Teilnehmer die Hälfte der Zeit spricht, können die anderen nur entsprechend kürzere oder gar keine Beiträge leisten, was zu Frustrationen führen kann.

Electronic Meetings mit GroupSystems haben sich als effektiv und effizient mit 3, 4, 5, ..., aber auch mit 100 und mehr Teilnehmern erwiesen.

- Elektronisches Sitzungsprotokoll

Am Ende eines Electronic Meetings werden alle Fakten, Meinungen, Ideen und Abstimmungen automatisch im Computer als permanentes Protokoll gespeichert. Dieses Protokoll steht den Teilnehmern unmittelbar zu Verfügung. Es gibt keine Verzögerungen und keine 'Politik', die die Aufzeichnungen 'verzerren' können. - Die Protokolle stehen als Datenfiles beliebig lange zur Verfügung und können, z. B. im Rahmen von Entscheidungen, immer wieder aufgerufen werden, um etwa zu sehen, welche Entscheidungskriterien bei ähnlichen früheren Entscheidungen herangezogen wurden. Damit wird ein entscheidender Schritt zu einer 'Lernenden Organisation' geleistet [Wea95, S. 91].

3 Electronic Meetings in der Praxis

3.1 Anwendungsmöglichkeiten von Electronic Meetings

Die Anwendungsmöglichkeiten von Electronic Meetings sind nahezu unbegrenzt und finden sich in allen Bereichen und Branchen, u.a.:

Strategische Planung: Stärken/Schwächen-Chancen/Risiken-Analysen können per Electronic Meetings genauso durchgeführt werden wie die Ableitung von Mission Statements, Scenarios oder Zukunftsvisionen. So wurde z. B. im Auftrag der Dänischen Regierung ein Electronic Meeting mit 105 Teilnehmern zur Entwicklung von Strategiealternativen für die Deregulierung des Telekom-Sektors durchgeführt [Wea95, S. 40].

Qualitätsprogramme: Electronic Meetings unterstützen diverse Aspekte der unterschiedlichen Qualitätsprogramme: ISO9000, EFQM, Malcolm Baldrige Award, Quality Function Deployment (QFD).

Lieferantenbewertungen: Auswahl von Bewertungskriterien, Evaluation der Kriterien mit Hilfe elektronischer Abstimmung in Gruppen, Gewichtung der Bewertungskriterien.

Re-Engineering und Benchmarking: Arbeiten im Rahmen eines Re-Engineering von Betriebsabläufen können sehr gut in folgenden Schritten von Electronic Meetings profitieren: (1) Informationssammlung zu den derzeitigen Abläufen, (2) Ideenentwicklung für Veränderungen und neue Prozesse, (3) Gestaltung neuer Prozesse und (4) Konsensbildung sowie Implementierung der neuen Abläufe.

Personalmanagement: Mitarbeiterbewertung anhand verschiedener Kriterien, Messung von Mitarbeiterleistungen, Meinungsbefragungen von Mitarbeitern etc.

Produktentwicklung: Immer mehr wollen Abnehmer in die Produktentwicklung eingebunden werden. Electronic Meetings sind ein gutes Vehikel, diese Forderung z. B. im Rahmen von Focus Groups umzusetzen. So lassen sich mit den Kunden Produkt- und Konzeptbewertungen durchführen; die Kunden können darüber abstimmen, welche Produkteigenschaften sie bevorzugen und was ihnen die einzelnen Eigenschaften wert sind.

Electronic Meetings werden eingesetzt von staatlichen Organisationen, Handels-, Dienstleistungs- und Produktionsunternehmen aller Branchen. Die Amsterdamer Stadtpolizei hat per Electronic Meetings ein System zur Bekämpfung der Organisierten Kriminalität entwickelt [Wea95, S. 88]. Price Waterhouse und KPMG setzen Electronic Meetings in der Kundenberatung ein, und die Finnair hat damit Kriterien für die Leistungsbeurteilung von Managern erarbeitet.

3.2 Electronic Meetings in der kundenorientierten Produktentwicklung

Focus Groups

Die Leistungen anzubieten, die die Käufer wirklich haben wollen, wird in dem Maße schwieriger, in dem eine größere Auswahl verfügbar ist und die Nachfrager anspruchsvoller werden. Das bedeutet zunächst, daß Unternehmen bessere Verfahren benötigen, um Kundenbedürfnisse zu analysieren.

Eine 'Focus Group' als Auswahl von Personen, die nach ihren Meinungen und Bedürfnissen befragt werden, läßt sich sehr gut in Form eines Electronic Meetings gestalten und bietet dabei folgende Vorteile:

- Aufgrund der Anonymität werden Meinungen frei geäußert.

- Leistungsanforderungen können sehr einfach gewichtet werden.

- Anforderungen und Meinungen können fundierter analysiert werden.

- Kundenbeiträge können direkt erfaßt werden und sind nicht abhängig vom Urteilsvermögen und der selektiven Wahrnehmung eines Testleiters.

- Wesentlich mehr Teilnehmer können an elektronischen Focus Groups partizipieren.

- Die Teilnehmer erhalten durch die anderen Kunden ein unmittelbares, strukturiertes Feedback, was für sie nützlich sein kann und sie zudem zur Teilnahme ermutigt.

Das kanadische IBM Laboratorium nutzt diesen Ansatz, in dem es vernetzte Notebook-PCs bei Messen für Geschäftskunden einsetzt, um deren Vorstellungen über zukünftige Produkte zu erfassen [Wea95, S.30]. Ein Ergebnis sind dabei auch geringere Kosten für Electronic Meetings im Vergleich zu konventionellen Focus Groups. Informationsbereiche dieser Focus Groups sind:

- Markttrends

- Produktwünsche

- Beurteilungen von Prototypen.

Zur Erkundung von Markttrends fragte IBM Kunden nach ihrer derzeitigen Nutzung in bezug auf elektronischen Datenaustausch, Netzwerk-Entwicklung, Ausbildungsstand und eingesetzte Produkte. Die Kunden wurden auch danach befragt, was sie als wesentliche Faktoren zukünftiger Veränderungen ansahen, wo ihre Probleme lagen und welche Vorteile sich aus der Lösung dieser Probleme ergäben. Die Antworten halfen IBM, die Bereitschaft der Kunden für neue Technologien zu beurteilen und Entwicklungsrichtungen für neue Technologien auszuloten.

Im Hinblick auf Produkt-Eigenschaften, wurden die Kunden aufgefordert, verschiedene Optionen zu gewichten und anzugeben, wieviel Geld sie für diese aufwenden würden. Diese zwei Fragen führten zu einem detaillierten Verständnis der Kunden-Bedürfnisse. Bei der Beurteilung von Prototypen, hatten die Kunden

- die Probleme zu identifizieren, die mit diesen Produkten gelöst werden sollten,

- die Probleme zu gewichten,

- zu identifizieren, was sie als Vor- bzw. Nachteil des Prototyps ansahen und warum,

- einen zusammenfassenden Vergleich mit Konkurrenzprodukten vorzunehmen,

- abzuschätzen, wieviel sie für das Produkt zu zahlen bereit wären.

Das Ergebnis jeder dieser Sitzungen ist nicht eine große Datenmenge, sondern sind mit Gewichtungen versehene Informationen, ausgedrückt in den Worten der Kunden.

Workshops zur Kundenzufriedenheit

IBM hat einen Eintages-Electronic-Meeting-Workshop zur Kundenzufriedenheit entwikkelt, um die Kommunikation mit den Kunden zu verbessern [Mid94]. Diese Workshops wurden mit den unzufriedensten Käufern durchgeführt. Die formalen Ziele bestanden darin,

- die Bedenken der Kunden zu verstehen und

- die Kundenzufriedenheit zu verbessern.

Die erste den Kunden vorgelegte Frage könnte sein:

> *'Was stellt Sie im Hinblick auf ein Software-Produkt zufrieden? Dies meint Ihre Zufriedenheit mit dem Kauf, dem Besitz, der Nutzung und dem Kunden-Support.'*

Die Frage geht über das physische Produkt hinaus, um Kauf- und Nutzungserfahrungen zu sondieren. Die Kunden werden danach gebeten, ihre Antworten gemeinsam zu gewichten. Eine weitere Frage geht auf die Gründe für die Unzufriedenheit der Kunden ein. Nachdem diese wiederum ihre Antworten in eine gewichtete Reihenfolge gebracht haben, kommentieren sie zusätzlich die wesentlichen Gründe, die zur Unzufriedenheit geführt haben. Schließlich stimmen die Kunden darüber ab, wie stark jeder Grund für die Unzufriedenheit ihre Produktivität und Zufriedenheit beeinträchtigt.

Einbindung von Kunden in die Produktentwicklung

Kunden möchten oft an der Entwicklung von Produkten und Dienstleistungen beteiligt werden. Allerdings bestehen hierbei auf konventionellem Wege einige Schwierigkeiten:

- Kunden sind nicht bereit, ihr Wissen zu teilen, weil es sich um sensible Informationen handelt oder weil sie fürchten, daß es später als Verkaufsargument genutzt wird.

- Kunden haben möglicherweise kein klares Bild bezüglich ihrer zukünftigen Bedürfnisse – dies vielleicht, weil sie noch nicht darüber nachgedacht haben oder weil ihnen das Wissen über mögliche Optionen fehlt.

- Kunden sind nicht bereit, Zeit für etwas zu opfern, das ihnen keinen sofortigen Nutzen bringt.

Electronic Meetings helfen, diese Einwände zu überwinden. Die Anonymität löst das Problem sensibler Informationen; die Interaktivität hilft den Kunden, ihre eigenen Zukunftsbilder zu entwickeln, während sie am Meeting teilnehmen. Das Electronic Meeting macht sich also für die Kunden sofort bezahlt, da sich ihnen die außergewöhnliche Chance bietet, ihre Gedanken mit anderen teilnehmenden Kunden auszutauschen. Die Beteiligten einer Entwicklungs-Session von Daniel [Dan94] waren Kunden und ein 'Hausteam' aus der Marketing-, Entwicklungs- und Produktionsabteilung. Die spezifischen Ziele der Session bestanden darin,

- die Probleme und Anforderungen der Kunden zusammenzufassen und

- gewünschte Eigenschaften und Vorteile zu identifizieren.

Daniels erste Arbeitssession bestand darin, die Kunden ihre Probleme und Wünsche eingeben und sie darüber abstimmen zu lassen, um Prioritäten zu setzen. An dieser Stelle ist es manchmal sinnvoll, die Anonymität partiell aufzuheben und eine Unter-Guppen-Identifikation einzuführen. Der Wert einer solchen Unter-Gruppen-Identifikation liegt darin, daß Fragen oder Kommentare von Teilnehmergruppen kommen wie 'die Kunden', 'die Entwickler', 'das Marketing'. Das hilft, den Input zu interpretieren, während man den einzelnen Kunden in seiner Anonymität beläßt.

Als weiteres Maß für ihre Gewichtung bat Daniel die Kunden, das Entwicklungsbudget auf ihre unterschiedlichen Vorschläge zu verteilen.

Wenn es den Informationen an Details mangelt oder Uneinigkeit unter den Kunden über ihre Prioritäten besteht, dann ist es möglich, die Angelegenheit in einem Electronic Meeting in der nötigen Tiefe zu klären, während die Kunden noch präsent sind. Damit erhält die Entwicklungsabteilung am Ende eines Workshops immer vollständige Informationen. Aspekte, die zu Unstimmigkeiten zwischen den Kunden führen, geben unter Umständen nützliche Hinweise auf bestehende Marktnischen, wenn sie richtig sondiert werden.

4 Nutzen und Resultate

Die Eigenschaften von Electronic Meetings führen zu einer Reihe von Vorteilen: Die klare Struktur (Agenda), parallele Dateneingaben, unmittelbare Anzeige aller Inputs und elektronische Abstimmungen zur Fokussierung der Diskussion führen zu kürzeren und konzentrierteren Meetings im Vergleich zu traditionellen Sitzungen. Meetings mit einer höheren Zahl an Teilnehmern, elektronische Protokollierung und die Verfügbarkeit von Aufzeichnungen vergangener Meetings ziehen kürzere Planungshorizonte nach sich. Aufgrund der Anonymität der Eingaben, des gemeinsamen Inputs und der elektronischen Abstimmung zur Priorisierung von Ideen werden mehr und bessere Ideen generiert. Durch Beteiligung aller Teilnehmer werden Entscheidungen von entsprechend vielen Personen mitgetragen. Die Teams steigern ihre Leistungsfähigkeit und erreichen bessere und schnellere Resultate.

Arbeitsstudien bei IBM und Boeing belegen erstaunliche Zeiteinsparungen gegenüber konventionellen Vorgehensweisen. Auf der Basis von 30 Projekten wurden bei IBM Vergleiche vorgenommen zwischen den nach herkömmlichen Verfahren geschätzten Projektzeiten und den Zeiten, die dann benötigt wurden, als die Projekte mit Hilfe von Electronic Meetings realisiert wurden. Die erforderlichen Arbeitsstunden lagen im Durchschnitt pro Projekt um 55,5% unter den Zeiten, die man mit herkömmlichen Meetings benötigt hätte. In Summe betrug die Einsparung 61,7%. Zudem sanken die administrativen Kosten; die Projektzeiten wurden reduziert, und die Anzahl erforderlicher Meetings zur Bewältigung der Projekte wurde verringert [Gro90, S. 374f].

Bei Boeing wurden 64 Electronic Meetings mit insgesamt 654 Teilnehmern untersucht. Die errechneten Einsparungen betrugen: $432.260 Summe eingesparter Lohnkosten, $6.754 eingesparter Lohnkosten pro Sitzung, 11.678 Summe eingesparter Arbeitsstunden (71%) und 1.773 Summe eingesparter Projekttage (91%) [Wea95, S. 146f].

Die US Army Research ermittelte, daß sie in einer einzigen Sitzungsreihe konservativ geschätzt etwa $50.000 Reisekosten und Spesen eingespart hat und $75.000 - $100.000 Personalkosten. Das ganze basierte darauf, daß man 4-6 Wochen Arbeit per Electronic Meetings in dreieinhalb Tagen erledigen konnte [Wea95, S. 147].

Es hat sich gezeigt, daß durch Electronic Meetings eine Reihe von unerwünschten Gruppenprozessen minimiert werden können, wie z. B. Verzerrungen durch Anwesenheit einflußreicher Teilnehmer, Mißverständnisse, zwischenmenschliche Konflikte und Gruppenzwang. Electronic Meetings fördern eine positive Gruppendynamik, während negative Elemente verringert oder eliminiert werden. Die Anonymität der Beiträge ermöglicht den Austausch von Ideen ohne Rücksicht auf irgendeine Politik oder Angst vor Vergeltung.

Die Qualität von Entscheidungen und Informationen, die mit Electronic Meetings gewonnen werden, wird ebenfalls verbessert. Teams, die Electronic Meetings einsetzen, generieren mehr Ideen, erreichen Entscheidungen höherer Qualität, bauen Konflikte ab und zeigen geringere Hemmungen, neue Wege zu gehen [Tow95, S. 89f]. Da die Projektzeiten erheblich verringert werden, zeigen auch die Teammitglieder keine 'burnout'-Symptome [Gro90, S. 376] wie abnehmendes Interesse am Projekt, Erzielen fauler Kompromisse und unwillige Übernahme von Aufgaben, weil man nicht hinter den mit Mehrheitsbeschluß erzwungenen Ergebnissen steht.

5 Literatur

[Dan94]   Daniel, L., Using GroupSystem V in Product Design, Fifth Annual GroupSystems Users' Conference, 1994.

[Fre97]   Freilinger, C. (1997): Das Meeting - eine Leidensgeschichte. In: Absatzwirtschaft 3/97, S. 26.

[Gro90]   Grohowski, R. et al. (1990): Implementing Electronic Meeting System at IBM: Lessons Learned and Success Factors. In: MIS Quarterly, Dezember 1990, S. 368-382.

[Mid94]   Middendorf, K., Gee, P., Product Satisfaction Workshop, Fifth Annual GroupSystems Users' Conference, 1994.

[Tow95]   Townsend., A.M. et al. (1995): Computer Support System Adds Power to Group Processes. In: HRMagazine, September 1995, S. 87-91.

[Wea95]   Weatherall, A., Nunamaker, J., Electronic Meetings, Chandlers Ford, 1995.

Ins Deutsche übertragen von Waldeck, B., und Jauer, S., Erscheinungstermin veraussichtlich Ende 1997.

MARKETING-MIX

Computergestützter Einsatz von Kaufverhaltensmodellen für die Marketing-Mix-Planung

Klaus Ambrosi, Matthias Röhle
Institut für Betriebswirtschaftslehre, Marketing/Logistik*
Universität Hildesheim

Zusammenfassung

Für eine effektive Planung und Gestaltung marketingpolitischer Maßnahmen auf Konsumgütermärkten bedarf es einer fundierten Kenntnis über den Einfluß des Kaufverhaltens von Endverbrauchern auf die Absatzentwicklung der einzelnen Produktmarken im Konkurrenzumfeld. Der vorliegende Beitrag skizziert eine Erweiterung des Anwendungspotentials stochastischer Kaufverhaltensmodelle im Hinblick auf die Entscheidungsfindung im Rahmen der datengestützten Marketing-Mix-Planung.

Stichworte: Stochastische Kaufverhaltensmodellierung, Operative Marketing-Mix-Planung

1 Motivation

Auf der Grundlage individuenspezifischer Paneldaten stellen stochastische Kaufverhaltensmodelle für Konsumgüter des täglichen Bedarfs ein leistungsfähiges Werkzeug dar, um mit Hilfe von Informationen z.B. über das Markenwechselverhalten der Konsumenten die vorliegende Marktsituation zu beschreiben, zu diagnostizieren sowie Prognosen über zukünftige Entwicklungen anzustellen. Der Berücksichtigung heterogener Verhaltensweisen sowie der Einbeziehung marken- und zeitabhängiger Einflußvariablen wird dabei in gleichem Maße Rechnung getragen.

Darüber hinaus kann dieses Instrumentarium Eingang finden in eine Methodik, mit deren Hilfe eine systematische Planung des zukünftig zu realisierenden Marketing-Mix unter den vorliegenden Wettbewerbsbedingungen ermöglicht wird (vgl. z.B. [Dec95] oder [Röh97]). Einen Überblick über die grundlegende Vorgehensweise gibt die folgende Tabelle 1. Dabei sind die in der rechten Tabellenspalte aufgeführten Einträge jeweils als Konsequenzen bzw. als Erläuterungen der links stehenden Maßnahmen zu verstehen.

Das methodische Konzept zeichnet sich besonders durch die Möglichkeit aus, konkrete Handlungsempfehlungen für eine optimale Marketingpolitik in Verbindung mit der Be-

---

* Lehrstuhlinhaber: Prof. Dr. Klaus Ambrosi

rechnung einer Vielzahl an für Planungszwecke heranziehbaren marktdiagnostischen Kennzahlen ableiten zu können.

1. Methodengestützte Voranalyse des verwendeten Datenmaterials	→	Individuelle Kaufverhaltensdaten (Paneldaten)
2. Bestimmung der relevanten Einflußfaktoren	→	z.B. Kaufverhaltensmerkmale, Heterogenität, Marketing-Mix-Variablen
3. Modellspezifikation und -kalibrierung	→	Verwendung eines stochastischen Kaufverhaltensansatzes
4. Berücksichtigung von Konkurrenzreaktionen und Interaktionseffekten	→	Modifikation der modellinternen Responsefunktionen
5. Integration in eine normative Oligopoltheorie	→	z.B. Verwendung von Gleichgewichtskonzepten der Spieltheorie
6. Berechnung marktdiagnostischer Kennzahlen	→	z.B. Markenabverkäufe, Marktanteile, Markenwechselwahrscheinlichkeiten
7. Modellgestützte Marketing-Mix-Planung	→	Ableitung von entscheidungsrelevanten Handlungsempfehlungen

Tabelle 1: Vorgehensweise bei der operativen Marketing-Mix-Planung auf Basis stochastischer Kaufverhaltensmodelle

2 Modellgestützte Marketing-Mix-Planung

Ausgangspunkt der modellgestützten Marketing-Mix-Planung sind im Sinne einer betriebswirtschaftlich orientierten Betrachtungsweise die marken- und periodenspezifischen Gewinne, die es für jeden Anbieter im Oligopol zu maximieren gilt. Vor diesem Hintergrund verdeutlicht Abbildung 1 die wesentlichen Zusammenhänge bei der operativen Planung des optimalen Instrumenteneinsatzes.

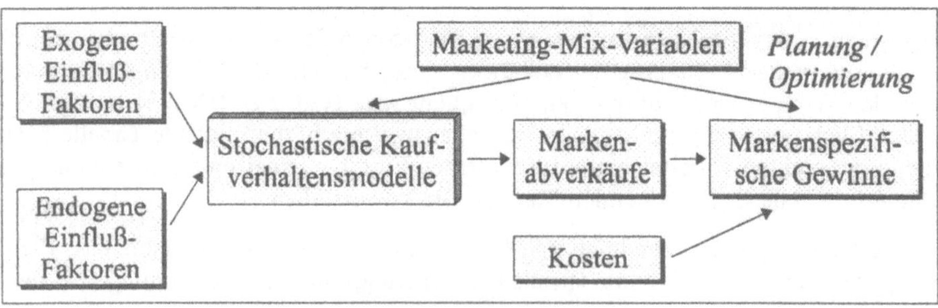

Abbildung 1: Einsatz stochastischer Kaufverhaltensmodelle für die operative Marketing-Mix-Planung

Die nachstehende Abbildung 2 zeigt Ergebnisse einer computerbasierten Simulation, hier exemplarisch bezogen auf die Planung des absatzpolitischen Instrumentariums einer Produktmarke A im Konkurrenzumfeld. Dabei wird angenommen, daß die einzelnen Anbieter immer abwechselnd die für sie unter den gegebenen Marktbedingungen gewinnmaximale Marketingpolitik realisieren.

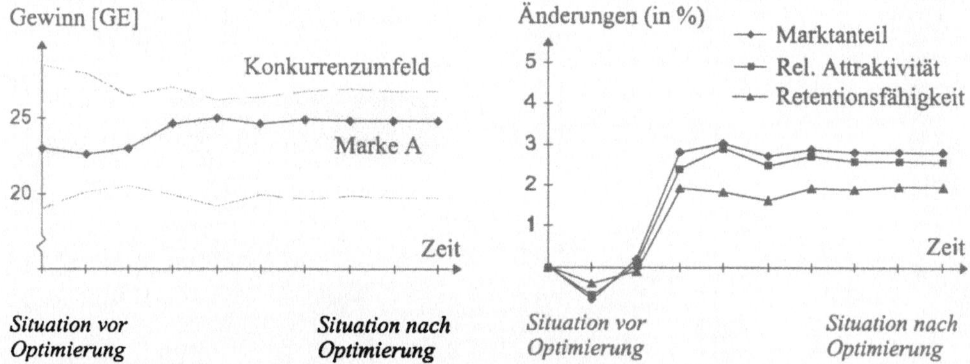

Abbildung 2: Ergebnisse einer Marketing-Mix-Planung per Computersimulation

Die linke Graphik dokumentiert die zeitliche Entwicklung des Gewinns von Marke A bei wiederholter sequentieller Optimierung des Marketinginstrumentariums seitens der verschiedenen Anbieter. Das auf diese Weise simulierte Marktsystem pendelt sich (unter bestimmten, hier geltenden Annahmen) auf einen stabilen (Nash-)Gleichgewichtszustand ein, in dem alle Anbieter eine für die gegebene Situation optimale Ausgestaltung ihres Marketing-Mix verwirklichen. In der rechten Graphik sind die zugehörigen prozentualen Veränderungen von Marktanteil, (relativer) Attraktivität und Retentionsfähigkeit bezüglich Marke A im Zeitablauf dargestellt. Die Analyse und Interpretation dieser und ähnlicher modellmäßig berechenbaren Kennzahlen erlauben Rückschlüsse auf die sich verändernde Position der einzelnen Marken in der vorliegenden Wettbewerbssituation und liefern damit auch Einblicke in zugrundeliegende Veränderungen des Käuferverhaltens.

Sowohl für theoretische Betrachtungen durch die Ableitung normativer Konsequenzen für die optimale Marketingpolitik als auch für die Entscheidungsfindung im Hinblick auf konkrete Umsetzungen in der praktischen Marketingplanung dürften derartige Erkenntnisse von weiterführendem Interesse sein.

3 Literatur

[Dec95]   Decker, R.; Röhle, M.; Wagner, U. (1995): Kaufverhaltensmodelle im praktischen Einsatz für Analyse und Optimierung. In: Baier, D.; Decker, R. (Hrsg.): Marketingprobleme – Innovative Lösungsansätze aus Forschung und Praxis, Regensburg, Roderer, S. 63-72.

[Röh97]   Röhle, M., zusammen mit Decker, R., Wagner, U. (1997): Modellgestützte Marketing-Mix-Planung unter Berücksichtigung von Konkurrenzeffekten. Erscheint in: *Zeitschrift für Betriebswirtschaft*.

COCKPIT – Internetgestützte Aus- und Weiterbildung im Marketing

Michael Bächle, Georg Fehling, Bernd Jahnke
Abteilung für Betriebswirtschaftslehre, insb. Wirtschaftsinformatik[*]
Eberhard-Karls-Universität Tübingen

Zusammenfassung

Ziel der virtuellen Planspielumgebung COCKPIT ist die exemplarische Realisierung einer internetbasierten Lehr- und Lernumgebung, die Nachwuchsführungskräften eine wissenschaftliche und berufliche Weiterbildung in ausgewählten Kompetenzbereichen der Betriebswirtschaftslehre ermöglicht. Hierdurch sind fachliche, kommunikative, kreative und technische Schlüsselkompetenzen im Marketing vermittelbar.

Stichworte: Internet, OLAP, Planspiel, Tele-Teaching, Tele-Learning, Virtuelle Universität

1 Motivation und Zielsetzung des Projekts

Ziel der virtuellen, internetbasierten Planspielumgebung COCKPIT ist die exemplarische Realisierung einer interdisziplinären, postgradualen wie studienbegleitenden Lehr- und Lernumgebung, die Doktoranden, Studenten unterschiedlicher Fachrichtungen und Nachwuchsführungskräften von Unternehmen eine wissenschaftliche und berufliche Weiterbildung in ausgewählten Kompetenzbereichen der Betriebswirtschaftslehre, insbesondere des Marketing, ermöglicht. Primärer Zweck von COCKPIT ist die Vermittlung des zur Führung von Unternehmen notwendigen Managementwissens. Didaktisches Grundkonzept ist dabei nicht die dozentenzentrierte theoretische Wissensvermittlung durch Frontalunterricht, sondern eine Vernetzung von Theorie und Praxis nach dem Motto "learning business by doing business".

---

[*] Lehrstuhlinhaber: Prof. Dr. Bernd Jahnke

2 Kernkompetenzen in der Aus- und Weiterbildung im Marketing

2.1 Betriebswirtschaftlicher Bezugsrahmen

Betriebswirtschaftliche Theoriebildung hat sich überwiegend gut strukturierten Entscheidungsproblemen mit Lehrbuchcharakter zugewandt. Aus praktischer Sicht sind jedoch die schlecht strukturierten Entscheidungssituationen wesentlich problematischer. Sie müssen prozessiert werden; dazu bedarf es i.d.R. der Kommunikation. Wo Kommunikation informationstechnisch gestützt erfolgt, wird technische Kompetenz der Entscheidungsträger zur Voraussetzung einer Problembewältigung. Technik und Kommunikation sollen sich aus betriebswirtschaftlicher Sicht nicht verselbständigen, sondern in dem Maß eingebracht werden, wie sie im Sinn der Ziele der Entscheidungsträger förderlich sind. Das „erforderliche Maß" hängt dabei von Merkmalen des Entscheidungsproblems und der Entscheidungsträger ab. Ziel von COCKPIT ist es, mittels der Methodik erfahrungsgestützten, explorativen Lernens die einzelnen Kompetenzbereiche systematisch zu fördern. Die einzelnen Settings heben dabei v.a. auf die Interdependenzen der Kompetenzbereiche ab. Die Kompetenzen sollen integriert, systematisch und nachhaltig aufgebaut werden. Sie stehen im Kontext selbstorganisierten, sozialen, lebenslangen Lernens:

1. *Fachliche Kompetenz*: Die betriebswirtschaftlich relevanten Instrumentalvariablen einer Entscheidungssituation können sicher identifiziert werden. Der Entscheidungsträger gelangt aufgrund nachvollziehbarer Überlegungen zu einer Hypothese über vermutete Wirkungen und ist in der Lage, durch Analyse der Wirkungen seiner Entscheidungen diese Hypothesen systematisch zu reformulieren und in verbesserte Aktionen umzusetzen.

2. *Kommunikative Kompetenz*: Da Kommunikation der „Königsweg" zur Komplexitätsbewältigung ist, werden die Lernenden befähigt, ziel- und ergebnisorientiert zu kommunizieren. Dies erfordert das Training der grundlegenden und weitergehenden Sprachfähigkeit (Rhetorik, Fremdsprachen, Präsentation) ebenso wie den Aufbau methodisch gebundener Kompetenzen für Teams (zielorientierte Kommunikation, Moderation).

3. *Kreative Kompetenz*: Marketing erfordert stärker als die übrigen betriebswirtschaftlichen Teildisziplinen eine Integration analytischer und kreativer Methoden. COCKPIT ermöglicht den Teilnehmern v.a. im Bereich des Marketing-Mix erfahrungsgestütztes Lernen.

4. *Technische Kompetenz*: Da sich eine Vielzahl betriebswirtschaftlicher Aufgaben heute nur noch durch den Einsatz moderner Informations- und Kommunikationstechnologien sinnvoll bewältigen lassen, muß technische Kompetenz in ihrer dienstleistenden Funktion systematisch ausgebaut werden. COCKPIT ist – was die Technologie betrifft – konsequent auf die Potentiale des Internet ausgelegt.

2.2 Marketing-Mix und Marketing-Informationssysteme

Das Marketing-Mix stellt die Entscheidungsträger durch eine Vielzahl komplexitätstreibender Eigenschaften vor außerordentlich hohe Anforderungen [vgl. Nie97, 890ff]. Der adäquaten Informationsversorgung kommt daher eine entscheidende Rolle zu. COCKPIT befähigt die Teilnehmer, Marketing-Informationen gezielt nachzufragen, zu erzeugen und zu verarbeiten. Ein computergestütztes Marketing-Informationssystem liegt in Form einer Marketing-OLAP-Datenbank mit entsprechenden Auswertungsmöglichkeiten bereits vor und wird derzeit weiter ausgebaut [Jah96].

3 Marketing-Planspiele als Simulatoren betrieblicher Realität

3.1 Anforderungen an das Setting

Planspiele fördern strategisches Denken und zwingen zu operativem (Entscheidungs-) Handeln. Sie ermöglichen schnelles und v.a. auch risikoloses Lernen. Für eine Klassifikation von Planspielen siehe [Hög96, 15f]. Die von uns gewählten Planspiele werden grundsätzlich in konkurrierenden Gruppen (Oligopolmärkte) gespielt. Sie zwingen die Teilnehmer, unter enormem Zeitdruck eine Vielzahl von Ergebnissen auszuwerten, wobei vielfach die genaue Wirkung der einzelnen Instrumente unklar ist. Zu diesem Wirkungsdefekt tritt ein Zielsetzungsdefekt, denn es ist nicht vorgegeben, welches betriebswirtschaftliche Oberziel verfolgt werden soll. Selbst bei einer klaren Zielvorstellung der einzelnen Gruppe (Bsp.: „Marktanteil von 25% für ein bestimmtes Produkt im Käufersegment 1") besteht erhebliche (fachliche) Komplexität auf operativer Ebene, die nicht anders als kommunikativ bewältigt werden kann.

Im Rahmen des COCKPIT-Projekts wurden bislang folgende vier Settings mit Marketing-Planspielen erprobt: (1) Auswärtige Blockveranstaltung (bspw. 4 Tage mit Tübinger Studenten in Blaubeuren); (2) Blockveranstaltung am normalen Ausbildungsort (bspw. 3 Tage Lehrveranstaltung an der Berufsakademie Stuttgart in den normalen Unterrichtsräumen); (3) Mehrwöchige Lehrveranstaltung an ein und demselben Ort (bspw. 4 Wochen Planspiel mit Tübinger Studenten in Tübingen); (4) Mehrwöchige Lehrveranstaltung örtlich verteilt (bspw. 4 Wochen Planspiel mit Studenten in Aarhus, Pécs, Galway, Tübingen [Han97]).

Die Grenze der Methode „Unternehmensplanspiel" liegt vor allem im Modellcharakter des computergestützten Simulators. Die Instrumente sind nie vollständig, die Wirkungen stimmen nicht immer mit den Erwartungen der Teilnehmer überein bzw. erscheinen unplausibel, Vereinfachungen und Grenzen des Modells können zur Erlangung von Wettbewerbsvorteilen genutzt werden, Teilnehmer mit Planspielwissen sind i.d.R. Neulingen überlegen. Diese Grenzen können durch drei Maßnahmen beseitigt bzw. gemildert werden:

1. *Sorgfältige Auswahl der richtigen Planspiele*: Marketing-Planspiele erfordern kaum theoretisches Vorwissen, was ihren Einsatz besonders nahelegt. Andere Planspiele erfordern weitreichende Kenntnisse in allen Funktionsbereichen.

2. *Gute Planspiele sind parametergesteuert*: Der Trainer kann die Modellgrenzen, falls nötig, selbst abstecken und Erfolgsgrößen (außerordentliche Aufwendungen/ Erträge, Marktanteile, Bekanntheitsgrade etc.) einzelner Unternehmen bzw. Produkte gezielt manipulieren.

3. *Das Planspiel ist nur eine „engine"*: Es geht nicht darum, zu lernen, wie „man Planspiele spielt" oder „das Modell zu überlisten", sondern darum, die Dynamik zu nutzen, um über rationalere Entscheidungen etwas zu lernen.

3.2 Das Planspiel TOPSIM-Marketing

Zur Zeit wird das Marketing-Planspiel TOPSIM-Marketing der Firma UNICON in der Version 4.1 bzw. 5.0 im COCKPIT-Projekt eingesetzt [UNI97]. Der Markt des Spiels ist der Uhrenmarkt in der Europäischen Union im niedrigen Preissegment mit ca. 340 Mio. Käufern. Wirkungen, Wertansätze und Kosten sind dem tatsächlichen Markt nachgebildet. Die klassischen vier Instrumentalbereiche des Marketing-Mix sind ebenso abgedeckt, wie die Gebiete des Käuferverhaltens und der Marktforschung.

Käuferverhalten: Die Idealvorstellungen der fünf Käufersegmente ändern sich hinsichtlich aller fünf Produktmerkmale (Preis, Größe, Design, Qualität, Batterieverbrauch) von Periode zu Periode, ebenso das Mediennutzungsverhalten und die Kaufgewohnheiten hinsichtlich der Handelsstufen.

Produkt- und Programmpolitik: Pro Periode können bis zu vier Produkte angeboten werden. Produktinnovation, -differenzierung, -variation und -elimination können in jeder Periode in Angriff genommen werden.

Distributionspolitik: Der Markt ist mehrstufig, der Absatz grundsätzlich indirekt. Die Unternehmen verkaufen die Uhren über Reisende, die jeweils einem der drei Absatzkanäle zugeordnet werden. Die Kanäle unterscheiden sich hinsichtlich des Grades der Zentralisierung der Entscheidungsfindung (große Warenhausketten ↔ Einzelhändler), der Anzahl der Distributoren im Kanal und der Kaufgewohnheiten der fünf Zielgruppen.

Konditionenpolitik: Die markteinheitlichen Preise für die Produkte können durch Rabatte kanal- und produktbezogen gesenkt werden. Die Preis-Absatz-Funktion selbst ist in jedem Segment verschieden.

Kommunikationspolitik: Im Bereich der Kommunikationspolitik steht eine Reihe von Instrumenten zur Verfügung. Sie wirken teilweise auf die Bekanntheit einzelner Produkte (Werbung, Sales Promotion) oder auch für das Produktionsprogramm insgesamt (CI – Corporate Identity). Drei Werbeträgergruppen müssen belegt werden, Werbewirkung kann durch Forschung gezielt erhöht werden. Wirkungen der Kommunikationspolitik sind zeitverzögert und nachhaltig.

Marktforschung: Als Entscheidungsgrundlage werden den Unternehmen eine Vielzahl von Informationen zur Verfügung gestellt (z.B. Semantische Differentiale der Kundenwünsche).

4 Konzept von COCKPIT

4.1 Soll-Architektur

Die Soll-Architektur von COCKPIT umfaßt zwei Bausteine (vgl. Abb. 1):

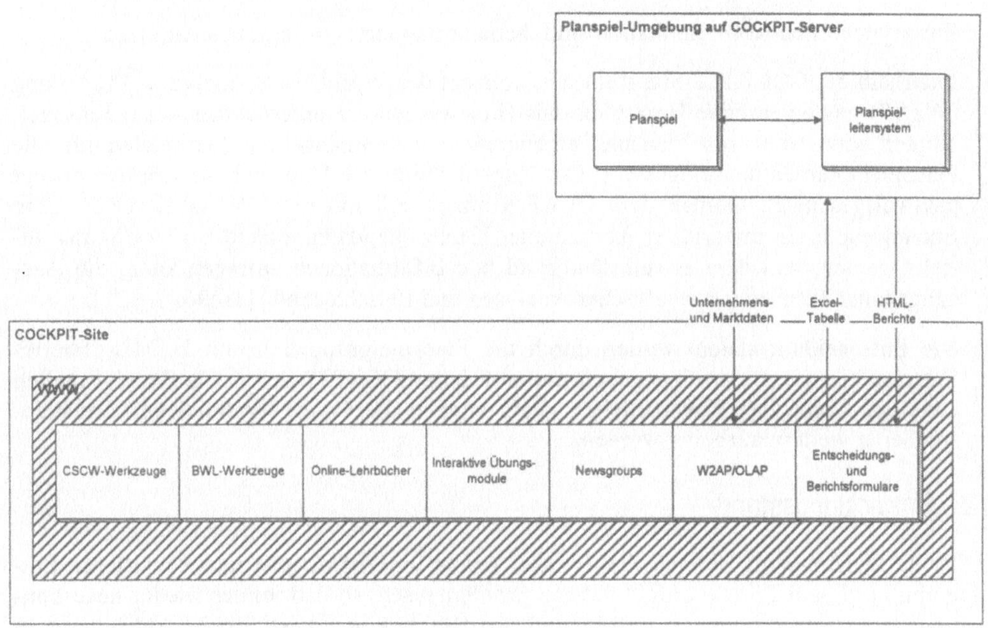

Abb. 1: Soll-Architektur

Baustein 1: Einbindung des Planspiels in die Internetumgebung des COCKPIT-Servers. Hierzu wurde ein Programmsystem („Planspielleitersystem") entwickelt, mit dem der Planspielleiter die eingehenden Periodenentscheidungen in das Planspiel einlesen kann. Danach stößt der Planspielleiter die Berechnung der Periodenergebnisse im Planspiel an und generiert über das Planspielleitersystem die Daten für eine W2AP-Datenbank (W2AP – World Wide Analytical Processing). Im Gegensatz zum Online Analytical Processing (OLAP) besteht hier die Möglichkeit, mehrdimensionale Abfragen remote über einen WWW-Browser durchzuführen. Ein Beispiel für diesen Ansatz findet sich unter http://www.oracle.com/corporate/press/html/prwwap.html.

Baustein 2: COCKPIT-Site für die virtuelle Planspielumgebung. Sie besteht aus mehreren Modulen:

* CSCW-Werkzeuge für die synchrone Kommunikation der Planspielteilnehmer (CSCW – Computer Supported Cooperative Work. Vgl. hierzu u.a. [Pet93; Krc93]). Hier ist als zentrales Element die Einbindung eines TCP/IP-basierten Videokonferenzsystems geplant.

- Betriebswirtschaftliche Werkzeuge sollen es den Planspielteilnehmern ermöglichen, die unternehmensspezifischen Daten ähnlich wie in einem Führungsinformationssystem zu bearbeiten (Zu den Einsatzmöglichkeiten von Führungsinformationssystemen im Rahmen von Planspielen siehe [Han96, 44ff]).

- Online-Lehrbücher und interaktive Übungsmodule dienen dem passiven und aktiven Lernen durch die Planspielteilnehmer während des Planspiels („on demand").

- Zur asynchronen Kommunikation sind themenorientierte Newsgroups einsetzbar.

- Innerhalb der COCKPIT-Site stellt das Konzept des World Wide Analytical Processing (W2AP) das eigentliche Herzstück dar: Hier werden die unternehmerischen Entscheidungen sowie die vom Planspiel erzeugten Unternehmens- und Marktdaten für alle Planspielunternehmen eingestellt. Der Zugriff durch die Planspielunternehmen erfolgt passwortgeschützt. Gemäß dem OLAP-Konzept soll mit dem W2AP-Konzept „dem Endanwender ein integrierter, konsistenter Kennzahlendatenbestand zur Verfügung gestellt werden, von dem er selbständig ad hoc Informationen abfragen kann, die Ausgangspunkt betriebswirtschaftlicher Analysen und Berichte sind" [Jah96, S. 321].

- Die Entscheidungsdaten werden durch die Planspielgruppen in ein HTML-basiertes Entscheidungsformular eingegeben und auf dem COCKPIT-Server als Excel-Tabellen abgelegt. Durch das Planspielleitersystem können die Daten anschließend vom Planspielleiter weiterverarbeitet werden.

4.2 Entwicklungsstand

Die hohe Dynamik im Bereich des Internet macht eine homogene und konsistente Entwicklung in diesem Projektumfeld äußerst problematisch, so daß immer wieder neue konzeptionelle Entscheidungen zu treffen sind. Im Hinblick auf diese Problematik wurde zu Projektbeginn als strategische Entwicklungsplattform für COCKPIT das Betriebssystem Microsoft Windows NT mit den dort vorhandenen Internet- und Entwicklungskomponenten festgelegt.

Zur Zeit erfolgt die technische Weiterentwicklung von COCKPIT mit den folgenden Softwarekomponenten von Microsoft: MS Internet Information Server 3.2; MS Newsserver (Beta-Version von Normandy); MS Chatserver (Beta-Version von Normandy); MS FTP-Server; MS WWW-Server; NetMeeting 2.0; FrontPage 2.0; J++; MS Image Composer; ActiveX-Komponenten. Als Scriptsprachen werden JavaScript und VBScript eingesetzt. Für die W2AP-Entwicklung wird der TM1-Spreadsheet Connector eingesetzt. Der Spreadsheet Connector erwies sich für eine erste Realisation v.a. aufgrund der geringen technischen Einstiegshürde des Excel-Frontends und der unproblematischen Interneteinbindung als geeignet.

Der aktuelle Entwicklungsstand von COCKPIT wird in Abb. 2 dargestellt.

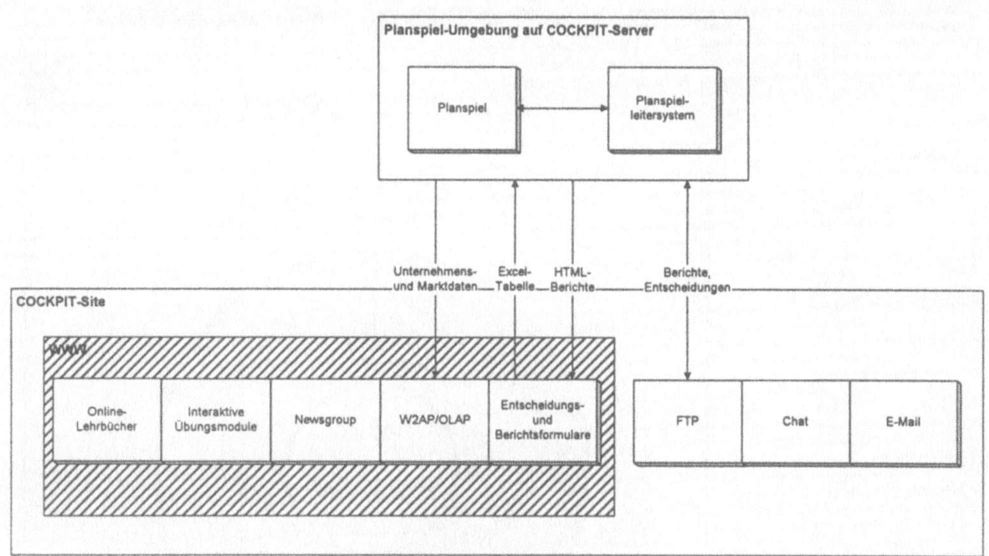

Abb. 2: Aktuelle Ist-Architektur

Baustein 1: Bei den zur Zeit integrierten Planspielen handelt es sich um die Planspiele Marketing und General Management der Firma UNICON. Die Entscheidungen der einzelnen Spielperioden werden durch die Spielgruppen auf den FTP-Server geladen oder mittels eines HTML-Formulars in eine Excel-Tabelle auf dem COCKPIT-Server geschrieben. Anschließend werden die Entscheidungsdaten durch den Planspielleiter in das Planspielleitersystem eingelesen. Danach stößt der Planspielleiter die Generierung der Periodenergebnisse an. Diese werden abschließend in eine W2AP-Datenbank importiert und als HTML-Berichte in den optionalen Sprachen Deutsch, Englisch und Ungarisch automatisch in die COCKPIT-Site eingestellt.

Baustein 2: Neben den Entscheidungs- und Berichtsformularen wurden bislang die folgenden Module entwickelt:

- *Online-Lehrbücher und interaktive Übungsmodule*: Zur Zeit können die Planspielteilnehmer auf Online-Lehrbücher zu Marketing-Mix, Entscheidungslehre sowie Kosten- und Erlösrechnung zugreifen. Die Lehrbücher werden in ein eigenes Browserfenster geladen. Im Aufbau ihrer Benutzungsoberfläche ähneln sie den in Windows üblichen Hilfesystemen, so daß der Anwender sich schnell zurecht finden kann. Zusätzlich verfügt die aktuelle Version von COCKPIT zur interaktiven Einübung des gelernten Wissens über fünf Übungsmodule zu den Themen Marketing-Mix, Investition und Finanzierung, Logistik, internes Rechnungswesen sowie externes Rechnungswesen (vgl. Abb. 3).

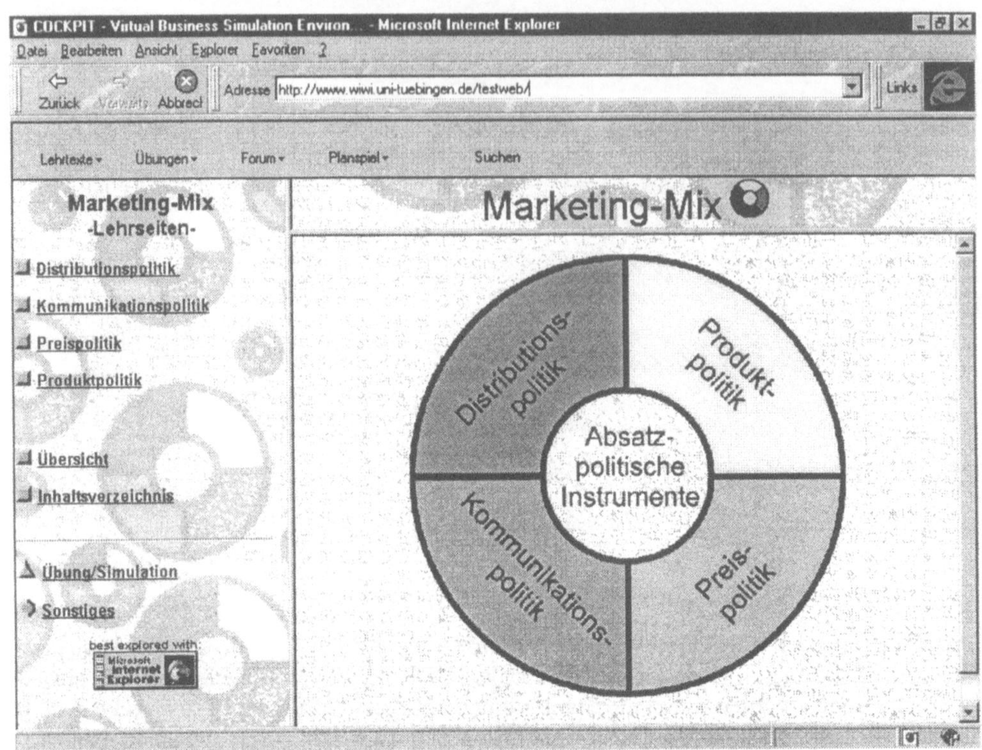

Abb. 3: Übungsmodul „Marketing-Mix"

- *Newsgroup*: In der aktuellen Version von COCKPIT ist die Newsgroup als HTML-Dokument realisiert und wird als Diskussionsforum für Spieler und Planspielleiter verwendet.

- *W2AP*: Die realisierte W2AP-Datenbank erfordert auf den Client-Rechnern die Installation von Excel 7.0 und eines entsprechenden Add-In des Spreadsheet Connectors für den Zugriff auf die W2AP-Datenbank. In der aktuellen Version von COCKPIT können die einzelnen Spielgruppen mittels eines Links auf der Web-Site auf die W2AP-Datenbank zugreifen. Durch die Verwendung des MS Internet Explorer wird die Oberfläche der W2AP-Datenbank direkt in den Browser des Client geladen. Die abgefragten Daten können auf der Client-Seite in ein eigenes Excel-Tabellenblatt extrahiert und dort mit den in MS-Office üblichen Werkzeugen weiterverarbeitet werden.

- *FTP-Server*: Der FTP-Server dient dem einfachen Download von Dokumenten (z.B. Handbuch des Planspiels). Bei Planspielteilnehmern, deren technische Umgebung nicht den Voraussetzungen für den Einsatz des MS Internet Explorer für Windows NT oder Windows 95 entspricht, wird der FTP-Zugang auch für den Upload der Gruppenentscheidungen benutzt.

- *Chatserver*: Der Chatserver basiert auf der von Microsoft kostenlos zur Verfügung gestellten Chatsoftware. Im Projekt wird der Chatserver langfristig durch NetMeeting abgelöst, das zusätzlich auch audio-visuelle Kommunikation sowie Application und Document Sharing auf der Basis von TCP/IP ermöglicht.

- *E-Mail*: Solange die CSCW-Komponenten für die synchrone Kommunikation noch nicht realisiert sind, werden für einfache Duplex-Kommunikationanforderungen auch die Möglichkeiten der E-Mail-Funktionalität genutzt.

5 Erfahrungen und Ausblick

Bezüglich der Zielsetzung von COCKPIT wurden bei der Durchführung der genannten Settings für die einzelnen Kompetenzbereiche folgende Erfahrungen gemacht:

- *Fachliche Kompetenz*: Planspiele eignen sich hervorragend für die nachhaltige Vermittlung einer ganzheitlichen, vernetzten Denkweise betriebswirtschaftlicher Sachverhalte. Die nach den einzelnen Settings durchgeführten Feedbackrunden zeigten, daß komplexe fachliche Probleme ex post besser beherrscht werden. Die mittlerweile fertiggestellten Online-Lehrbücher und -Übungsmodule standen während o.a. vier Settings allerdings nur teilweise zur Verfügung. Entsprechend gering war ihre Nutzung durch die Lernenden. Die BWL-Werkzeuge stehen bislang – bis auf die Integration der W2AP-Datenbank mit ihren Analysemöglichkeiten – nicht zur Verfügung. Die erwähnte Weiterentwicklung der BWL-Werkzeuge zu einem internetbasierten verteilten Führungsinformationssystem gemäß [Jah93] stellt einen Entwicklungsaufwand dar, der in der kurzen Zeit seit Projektstart (Herbst 1996) nicht zu erbringen war.

- *Kommunikative Kompetenz*: In allen vier Settings konnten die kommunikativen Fähigkeiten nachhaltig gefördert werden. Bei einer nicht dislozierten Durchführung von COCKPIT können didaktische Hilfsmittel, wie Präsentationen, Werbeaktionen (Radio-, Fernsehspots, Printwerbung) und Aktionärsversammlungen für die Vermittlung von Techniken der zielorientierten Kommunikation (Moderation, Konfliktbewältigung usw.) eingesetzt werden. Bei einer dislozierten Durchführung von COCKPIT zeigt sich zur Zeit eine Diskrepanz in der Realisation der skizzierten Soll-Architektur durch die noch unzulängliche Unterstützung synchroner Kommunikations- und Kollaborationsmöglichkeiten.

- *Kreative Kompetenz*: Die kreative Kompetenz der Teilnehmer ist immer wieder überraschend groß. Sie kann nach unseren Erfahrungen v.a. im nicht dislozierten Einsatz von COCKPIT systematisch weiterentwickelt werden. Insbesondere alle Maßnahmen im Bereich der Kommunikationspolitik eignen sich hervorragend, um auch ad hoc wenigstens prototypisch umgesetzt zu werden.

- *Technische Kompetenz*: Die Vermittlung technischer Fertigkeiten in der Informations- und Kommunikationstechnologie gelang in allen vier Settings mit spielerischer Einfachheit. So wurden die verfügbaren Komponenten, wie z.B. die Newsgroup, intensiv genutzt. Die Informationsquelle W2AP-Datenbank wurde v.a. dann benutzt, wenn die standardmäßig vorgesehenen papiergebundenen Teilnehmerberichte nicht ausgeteilt wurden.

Als Fazit läßt sich somit festhalten: Produkt und Technologie von COCKPIT sind handhabbar, allerdings in einigen Teilbereichen verbesserungsbedürftig. Dies trifft insbesondere auf die Benutzungsschnittstelle, die CSCW-Möglichkeiten und die betriebswirtschaftlichen Werkzeuge zu. Die Synthese aus Internettechnologie und Planspiel stellt jedoch auf jeden Fall eine sinnvolle Ergänzung zu den traditionellen Lehr- und Lernformen dar. Fachliche, kommunikative, kreative und technische Kompetenzen werden gleichzeitig trainiert und in ihrer Wechselwirkung erfahren, was gegenüber einer isolierten Vermittlung – so auch die artikulierte Erfahrung der Planspielteilnehmer – eine erhebliche Verbesserung darstellt.

6 Literatur

[Han96]   *Hansohm*, J.; *Dellmann*, F.: Entwicklung von EUS auf Basis eines Unternehmensplanspiels. In: Information Management 3/96, S. 44-48.

[Han97]   o.V.: Planspiel im Cyberspace. In: Handelsblatt vom 6.5.1997, S. 42.

[Hög96]   *Högsdal*, B.: Planspiele. Einsatz von Planspielen in der Aus- und Weiterbildung. Praxiserfahrungen und bewährte Methoden, Bonn 1996.

[Jah93]   *Jahnke*, B.: Entscheidungsunterstützung der oberen Führungsebene durch Führungsinformationssysteme. In: Preßmar, D.B. (Hrsg.): Informationsmanagement, Bd. 49 der Schriften zur Unternehmensführung. Wiesbaden 1993, S. 123-147.

[Jah96]   *Jahnke*, B.; *Groffmann*, H.-D.; *Kruppa*, S.: On-Line Analytical Processing (OLAP). In: Wirtschaftsinformatik 38 (1996), S. 321-324.

[Krc93]   *Krcmar*, H.; *Barent*, V.: Computer Aided Team Werkzeuge als Bestandteile von Führungsinformationssystemen. In: Behme, W.; Schimmelpfeng, K. (Hrsg.): Führungsinformationssysteme. Neue Entwicklungstendenzen im EDV-gestützten Berichtswesen. Wiesbaden 1993, S. 63-71.

[Nie97]   *Nieschlag*, R.; *Dichtl*, E.; *Hörschgen*, H.: Marketing. 18., durchges. Aufl., Berlin 1997.

[Pet93]   *Petrovic*, O.: Workgroup Computing - Computergestützte Teamarbeit. Informationstechnologische Unterstützung für teambasierte Organisationsformen. Heidelberg 1993.

[UNI97]   UNICON Management Systeme GmbH (Hrsg.): TOPSIM-Marketing. Players' Manual. Edition 4.1, Meersburg 1997.

MARKTFORSCHUNG

Data Mining in der Marktforschung

Richard Lackes, Dagmar Mack, Christoph Tillmanns
Lehrstuhl für Wirtschaftsinformatik[*]
Universität Dortmund

Zusammenfassung

Elektronische Geschäftsbeziehungen (z.B. elektronischer Handel via Internet) und elektronische Erfassungstechniken (z.B. per Scanner) lassen die Menge an verfügbaren Marktdaten enorm ansteigen. Es macht Sinn, dieses Informationspotential für das Vertriebscontrolling zu nutzen. Klassische Marktforschungsmethoden sind i.a. bei der Suche nach „interessanten" Informationen überfordert. Hier bietet sich ein Ansatzpunkt für das Data Mining. Vorgestellt werden die Anwendungspotentiale in der Marktforschung und ein diesbezüglich geeignetes Verfahren.

Stichworte: Marktforschung, Data Mining, Genetische Algorithmen, Vertriebscontrolling

1 Problemstellung und Motivation

In den letzten Jahren ist eine exponentielle Zunahme von erfaßten Unternehmens- und Marktdaten zu beobachten. Einerseits eröffnet dieser Umstand neue Dimensionen der Marktforschung, andererseits stellt er die betriebliche Informationsversorgung vor schwierige Aufgaben: Die Datenmengen müssen in geeigneter Weise verwaltet und ausgewertet werden, um von längerfristigem Nutzen zu sein. Gelingt dies, so lassen sich dadurch potentiell eine Beschleunigung und Ergebnisverbesserung betrieblicher Entscheidungen erzielen. Unternehmen, die diese Potentiale erkannt haben, richten zum Teil ganze Funktionsbereiche nach ihnen aus. Ein Beispiel ist die wachsende Popularität des sog. *Database Marketing*. Daneben eröffnen sich für das Controlling neue Horizonte, wenn es möglich wird, aus den zur Verfügung stehenden Datenbeständen nicht nur automatisch relevante Kennzahlen sondern auch Wirkungszusammenhänge zu extrahieren. Aus Marketingsicht können davon vor allem das Marketing- und Vertriebscontrolling profitieren.

Die Aufgabe der Marktforschung besteht in der Verbesserung des entscheidungsrelevanten Informationsstands [Ber89, S. 22]. Die klassische Marktforschung beschäftigt sich überwiegend mit Verfahren der explorativen Datenanalyse, wie beispielsweise der Regressionsanalyse, der Multifaktorenanalyse oder der Clusteranalyse. Diese Methoden stoßen schnell an ihre Grenzen. Sie sind i.d.R. nicht in der Lage

---

[*] Lehrstuhlinhaber: Prof. Dr. Richard Lackes

a) symbolische Ausdrücke (z.B. Das Einkommen des Kunden ist „eher hoch" zu verarbeiten,

b) mit großen, in einem spezifischen Datenmodell vorliegenden Datenmengen umzugehen und

c) komplexe und unbekannte Abhängigkeiten der Daten zu identifizieren. Im Data Mining wird versucht, dieser Probleme Herr zu werden.

Dabei gelangen nicht nur klassische statistische Verfahren zur Anwendung, sondern auch Verfahren aus der Künstlichen Intelligenz, die in einem interaktiven Entscheidungsunterstützungssystem integriert werden können.

Welche Analysen durchgeführt werden können, wird neben den Analyseverfahren durch die vorhandene Datenbasis bestimmt, die, um aussagekräftige Ergebnisse zu liefern, hinreichend viele Datensätze umfassen muß. Es macht dabei einen großen Unterschied, ob die Datenbasis aggregierte oder detaillierte Verkaufszahlen enthält oder ob darüber hinaus Kundendaten zur Verfügung stehen.

Werden die Kennzahlen nicht aggregiert, sondern für jede Transaktion getrennt gespeichert, so können typische Transaktionsmuster identifiziert werden. Beispielsweise können sich in bezug auf bestimmte Zeiträume, Regionen, Produkte, Warenkörbe, Verkäufer oder andere Dimensionen bestimmte Kennzahlwerte häufen. Im Handel sind Warenkorbanalysen für diese Art von Auswertungen typisch. Ein Beispiel folgt in Abschnitt 2.1.

Wenn die Transaktionen einzelnen Kunden zugeordnet werden können - im Handel wird dies z.B. durch die Ausgabe von Kundenkarten erreicht - kann u.a. festgestellt werden, welche Kunden dauerhaft, regelmäßig und hochpreisig einkaufen und damit besonders wichtig sind. Speziell bei diesen Schlüsselkunden ist von Interesse, ob sie z.B. bei früheren Einkäufen Waschmittel A und später Waschmittel B präferieren. Eventuell kann Waschmittel A ausgelistet und Waschmittel B verstärkt nachdisponiert werden. Das Vorhandensein bestimmter Produkte kann entscheidend dafür sein, ob ein Schlüsselkunde einer Filiale treu bleibt oder nicht.

Sind über die Kunden darüber hinaus soziodemographische (z.B. Alter, Geschlecht) oder psychographische (z.B. Motive, Einstellungen) Daten bekannt, so können Marketingaktionen genauer auf bestimmte Zielgruppen spezialisiert werden. Im Versandhandel beispielsweise geht es im Rahmen des sog. *Cross Selling* um die Frage, welchen Kunden, die Käufer eines bestimmten Produktes A sind, ein anderes Produkt B angeboten werden soll.

2 Data Mining und Marktforschung

2.1 Grundbegriffe und Bedeutung des Data Mining für die Marktforschung

Im Rahmen des Data Mining sollen empirische Zusammenhänge zwischen verschiedenen Tatbeständen aus der Datenbasis des Unternehmens möglichst automatisiert extrahiert werden. Diese Informationen ergänzen und erweitern die sonst üblichen Kennzahlen als Aggregate großer Datenmengen.

Mit *Data Mining* selbst bezeichnet man die möglichst autonome und effiziente Identifizierung und Beschreibung von interessanten Datenmustern aus vorliegenden Datenbeständen. Ein *Datenmuster* ist ein Ausdruck, der eine Teilmenge von Daten aus einem Datenbestand beschreibt [Fay96a, S. 7 ff.] (z.B. Zusammenhänge zwischen verkauften Produkten, die durch typische Warenkörbe beschrieben werden können). Zur Musteridentifikation und -beschreibung kommen integrierte Methoden und Verfahren der Künstlichen Intelligenz und Statistik sowie Modelle des Anwendungsbereiches zum Einsatz.

Die möglichst autonome Identifikation von Datenmustern beschreibt den Umstand, daß ein Data-Mining-Verfahren in der Lage sein sollte, ohne explizite Vorgabe von Zielkriterien Muster in den Datenbeständen aufzuspüren. Diese Variante des Data Mining könnte man mit *Unsupervised Data Mining*, also dem nichtüberwachten, selbststeuernden Data Mining assoziieren. Liegt demgegenüber bereits ein Suchkriterium vor, z.B. Suche nach den Mustern, die Käufer der Marke A beschreiben, so kann man von *Supervised Data Mining*, dem überwachten Data Mining, sprechen.

Beim Unsupervised Data Mining ergibt sich das Problem der Bewertung der gefundenen Muster hinsichtlich ihrer Interessantheit für eine konkrete Anwendung. Dies setzt die Operationalisierbarkeit des Begriffs „Interessantheit“ voraus. Man behilft sich bei diesem Meßproblem durch die Separation der Interessantheitsmessung in mehrere, möglichst unabhängige Meßgrößen. Hierzu zählt z.B. die *Auffälligkeit* - je stärker eine Aussage von anderen (durchschnittlichen) Aussagen abweicht, desto interessanter ist sie. Außerdem ist eine Aussage um so interessanter, je *allgemeingültiger* sie ist. Des weiteren hängt der Wert einer Aussage von der *Zielsetzung des Entscheidungsträgers* ab. Hinzu kommen Aspekte der Brauchbarkeit der gefundenen Muster: Die Aussagen müssen mit einer gewissen Wahrscheinlichkeit gelten, also *valide* sein. Die Art der Präsentation beeinflußt die Interpretierbarkeit und damit die *Verständlichkeit* der Muster. Die potentielle Nutzbarkeit einer Aussage wird schließlich durch die *Operationalität* ausgedrückt. Einige dieser Interessantheitsaspekte werden in dem folgenden Beispiel deutlich:

In einem japanischen Einkaufsmarkt hat man herausgefunden, daß bestimmte Produkte zu gewissen Tageszeiten in immer wieder ähnlicher Reihenfolge gekauft werden. Diese Beobachtung führte dazu, daß sogenannte Revolverregale aufgestellt wurden, in denen zu den ermittelten Zeiten automatisch die entsprechenden Produkte in der identifizierten Reihenfolge plaziert wurden. Das Entscheidungsproblem der adäquaten Plazierung der Produkte konnte also in operationale Maßnahmen umgesetzt werden.

An dem Beispiel erkennt man, daß Häufungen (Wiederholungen von ähnlichen Einkäufen) und Aggregationen (Zusammenfassungen der ähnlichen Einkäufe) beim Data Mining eine wichtige Rolle spielen. Objekte, z.B. Kunden, werden aufgrund ähnlicher Eigenschaften in Kategorien (Kategorie „Einkauf montags zwischen 16:00 und 18:00 Uhr“) eingeordnet, deren Einzelelemente („Einkauf 16:17 Uhr“, „Einkauf 16:23 Uhr“, ...) nicht mehr unterschieden werden sollen. Es findet also eine Verallgemeinerung statt. Eine solche Marktsegmentierung macht nur dann Sinn, wenn sich die Elemente eines Segments kaum unterscheiden, denn nur in diesem Fall kann das Segment durch dieselben Marketinginstrumente (im Beispiel: Revolverregale) zielgerichtet und wirksam bearbeitet werden. Dabei sollten zur Segmentbildung solche Merkmale herangezogen werden, die Unterschiede in Kundenreaktionen tatsächlich erklären. Reagieren dagegen verschiedene Kundengruppen z.B. auf einen Preisnachlaß gleich, so sind die Gruppierungsmerkmale in bezug auf die preispolitische Maßnahme ungeeignet.

Darüber hinaus lassen sich bestimmte „Phänomene", wie beispielsweise „Gewinnung eines Stammkunden", auf ihre determinierenden Faktoren analysieren. Hierzu ist neben der konkreten Operationalisierung des Phänomens (Definition eines „Stammkunden") zu untersuchen, welche Aspekte potentiell für das Auftreten des Phänomens wichtig sind.

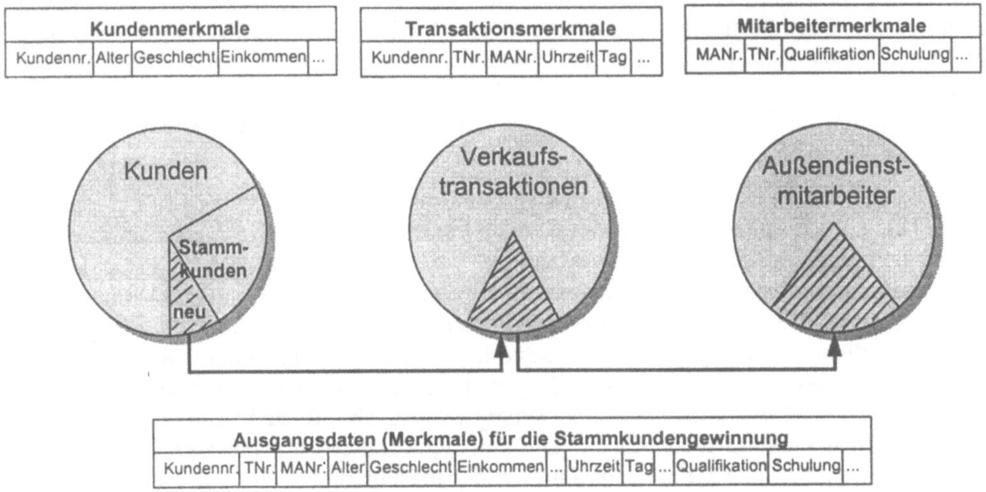

Abbildung 1: Bildung der Ausgangsdaten zur Kundenanalyse

Für die Kundenanalyse sind mit den neuen Stammkunden assoziierte Objekte und Daten heranzuziehen (siehe Abbildung 1), z.B. die von ihnen durchgeführten Verkaufstransaktionen. In diesen wiederum sind beispielsweise die betreuenden Außendienstmitarbeiter abgespeichert. Die an den ausgewählten Verkaufstransaktionen beteiligten Mitarbeiter können dann mit ihren Merkmalen in die Gesamtanalyse aufgenommen werden. Die Ausgangsdatenbasis des Data Mining umfaßt in diesem Beispiel alle Merkmalsausprägungen der drei Objektteilmengen. Es könnte dann z.B. untersucht werden, ob bestimmte Verkäuferattribute (z.B. Qualifikation, Alter, besuchte Schulungen) signifikant sind, das Phänomen „Gewinnung eines Stammkunden" zu erklären. Das Ergebnis kann dann z.B. zur Mitarbeiterentwicklung, Personaleinsatzplanung oder auch zur Entlohnung genutzt werden.

Ausgehend von diesen einführenden Überlegungen werden im folgenden einige Beispiele für verschiedene Typen von Mustern, d.h. von Aussagen über Kategorien, aufgezeigt.

Erfolgt die Bildung der *Kategorien* bzw. *Cluster* derart, daß die Elemente eines Clusters möglichst ähnliche Eigenschaften aufweisen und die unterschiedlicher Cluster möglichst unähnliche, spricht man von *Gruppierung*. Die Operationalisierung des Begriffs der Ähnlichkeit wird dabei i.d.R. durch die Anwendung sog. *Abstandsmaße* in einem mehrdimensionalen Merkmalsraum durchgeführt. Z.B.:

```
Warenkorbtyp ´Getränkekäufer nach Feierabend´
       Anzahl Einkäufe signifikant hoch bei Warengruppen:
              Bier, Spirituosen, alkoholfreie Getränke,
       Einkaufszeitpunkt nach 16.00 Uhr.

Warenkorbtyp ´Käufer von Artikeln des täglichen Bedarfs´
       Anzahl Einkäufe signifikant hoch bei Warengruppen:
              Brot, Butter, Aufschnitt, Tabakwaren,
              Suppen, Süßwaren, Backwaren.
```

Man erkennt bei solchen Warenkorbanalysen z.B., daß bestimmte Artikel häufig zusammen gekauft werden, z.B. Nudeln, Fleischsorten, Gewürze für ein italienisches Abendessen. Anstatt diese Artikel jeweils bei den Teigwaren, beim Fleisch, bei den Gewürzen zu plazieren, sollten sie zusammen plaziert werden. Dies kann dazu führen, daß der Kunde, da er durch die gemeinsam angebotenen Waren zusätzliche Kaufimpulse aufnimmt, anstelle von 25 DM nun 32 DM für das Abendessen ausgibt. Des weiteren können sich unter den gemeinsam nachgefragten Artikeln Kernartikel herauskristallisieren, die so stark mit anderen Artikeln assoziiert sind, daß es im Rahmen der Nachdisposition genügt, die Bestellmenge dieser Kernartikel zu disponieren und die Bedarfsmengen und -zeitpunkte aller assoziierten Artikel davon abzuleiten.

Einen weiteren Mustertyp zur Beschreibung von Kategorien stellen sog. *Klassifikationsregeln* dar. Eine solche Regel beschreibt eine oder mehrere vorgegebene Zielvariablen durch die Werte unabhängiger Variablen:

```
WENN Alter <= 30 UND Einkommen niedrig DANN Käufer von B
```

Diese Art von Muster kann in der Marktforschung beispielsweise zur Marktsegmentierung oder zur Beschreibung der Werbewirkung relevant sein.

In der Marktforschung interessieren auch Muster, die auf die *zeitliche Abfolge* von Kaufvorgängen abzielen:

```
In 75% aller Fälle folgt auf den Kauf eines CD-Players der
Kauf von CDs innerhalb der nächsten 2 Wochen.
```

Solche Muster können wertvolle Hinweise liefern, welche Produkte zeitlich korreliert sind und demzufolge zeitlich gestaffelt beworben werden sollten. Beispielsweise kann den Kunden beim Kauf eines CD-Players ein Prospekt mit CD-Angeboten mitgegeben werden.

Abweichungen sind weitere Muster, auf die hier referenziert werden soll. Man untersucht dabei Teilmengen eines Datenbestands hinsichtlich charakteristischer Abweichungen vom statistisch erwarteten Wert. So auch in dem folgenden Beispiel:

```
Abweichungen des Umsatzes nach unten bei
        (Warengruppe = hochpreisige Elektronikartikel,
        Geschlecht = weiblich,
                  Alter < 25,
                  Ausbildung = Lehre)
```

Die Kenntnis derartiger Zusammenhänge ermöglicht eine gezielte Ansprache der Kunden, die in dieses Profil passen, um eine Ursachenanalyse anzuschließen. Den ermittelten Ursachen kann dann wiederum durch geeignete Maßnahmen entgegengewirkt werden. Derartige Abweichungsanalysen sind für das Vertriebscontrolling besonders geeignet.

2.2 Der Knowledge-Discovery-Prozeß

Das Suchen nach interessanten Mustern stellt nur eine Phase innerhalb des als *„Knowledge Discovery in Databases (KDD)"* bezeichneten Prozesses dar [Fay96a, S. 6 ff.].

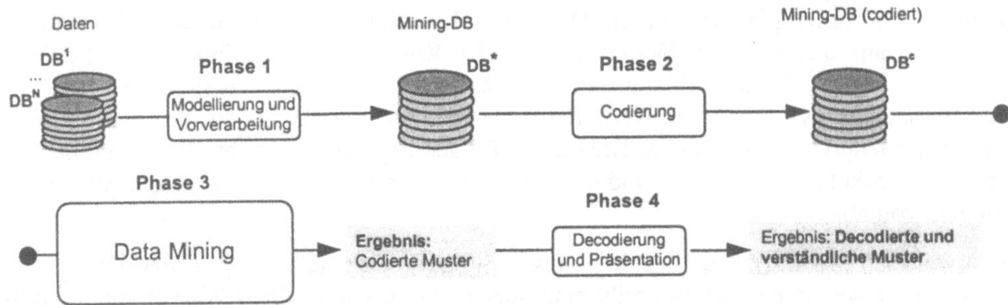

Abbildung 2: Data Mining im Knowledge-Discovery-Prozeß

Im Rahmen der Modellierung und Datenvorverarbeitung (Phase 1) werden die für den KDD-Prozeß relevanten Daten aus unterschiedlichen Datenbeständen (z.B. Scannerdaten unterschiedlicher Filialen) extrahiert und zu einem „Mining"-Datenbestand zusammengeführt. Durch die Auswahl der zu betrachtenden Datensätze und Attribute wird ein Ausschnitt der Datenbank und damit ein Ausschnitt der Objekte der Realität sowie ihrer Beziehungen modelliert. Neben der Modellierung ist eine Bereinigung der Datenbestände notwendig. Diese als *Data Cleaning* bezeichnete Aufgabe soll fehlende, widersprüchliche und als falsch identifizierte Daten aus den Datenbeständen entfernen.

Viele Verfahren benötigen die Daten in einer bestimmten Form - Neuronale Netze beispielsweise häufig in einer dichotomen (0,1 oder -1,1) oder stetigen Form (nur Werte der Intervalle [0,1] oder [-1,1]) [Lac97]. Daher bilden Codierungsprozeduren die Phase 2 des KDD-Prozesses.

Die Phase 3 ist die Data-Mining-Phase, in der die Muster gesucht und beschrieben werden. Hier kommen unterschiedliche Ansätze der Statistik und der Künstlichen Intelligenz zum Einsatz, z.B. Regressions-, Varianz-, Diskriminanz- oder Clusteranalysen, Bayes-Verfahren, Neuronale Netze, Entscheidungsbaumverfahren, Regelinduktion, Rough-Sets-Ansätze, Konzeptionelles Clustern oder Genetische Algorithmen.

Die abschließende Phase 4 übersetzt die gefundenen Muster in eine verständliche Form, indem eine Decodierung und eine benutzerfreundliche Präsentation der decodierten Muster vorgenommen wird.

2.3 Probleme des Data Mining

Sind Zielkriterien vorgegeben, so ist die Suche nach interessanten Mustern bereits (ziel)gerichtet. Fehlen solche Angaben gänzlich, wie dies beim „Unsupervised Data Mining" der Fall ist, so wird die zielgerichtete Suche nach Mustern erheblich erschwert. Hier bietet sich an, den Suchprozeß in Teilbereichen interaktiv durchzuführen, wodurch bestimmte Steuerungsaufgaben teilweise an den Benutzer übergeben werden. Dies bedeutet allerdings eine Abkehr von der Zielsetzung der Autonomie.

Ein zweiter, damit verbundener, kritischer Punkt betrifft die Operationalisierung der Interessantheitsmessung. Zumeist bildet man anwendungsunabhängige Kriterien, wie z.B. die o.g. Validität, Auffälligkeit, Neuartigkeit und Verständlichkeit von Mustern. Man benutzt dann relativ einfache Berechnungsvorschriften (z.B. das Entropiemaß) für diese Kriterien, die aber den anwendungsbezogenen Aspekten der Interessantheit, und zwar der Zielsetzung des Entscheidungsträgers und der Operationalität, nur teilweise gerecht werden.

3 Genetische Algorithmen zur Marktsegmentierung

Die Aufgabe der Marktsegmentierung besteht in der Aufteilung eines Gesamtmarktes in verschiedene Teilmärkte, Kategorien bzw. Segmente, die sich dadurch auszeichnen, daß die Nachfrager innerhalb eines Segments ähnliche Bedürfnisse aufweisen. Letztlich dient die Marktsegmentierung also der Zielgruppenbestimmung für Marketingmaßnahmen. So kann man beispielsweise durch gezieltes Werben neue Kunden ansprechen, oder es lassen sich bei rechtzeitigem Erkennen von veränderten Kundenwünschen die Produkte entsprechend schnell anpassen (*Produktdifferenzierung*). Des weiteren ergeben sich Unterstützungspotentiale bei der Frage, wo ein neuartiges Produkt auf dem Markt zu plazieren ist (*Produktpositionierung*). Zu guter Letzt kann die Marktsegmentierung vorhandene Marktnischen aufzeigen und somit auch der Ausgangspunkt neuer Produktideen sein.

Eine Aufgabe bei der Marktsegmentierung liegt in der Auswahl geeigneter, die Nachfrager beschreibender Segmentierungsvariablen. Eine gängige Einteilung sieht die Unterscheidung in geographische, demographische, sozioökonomische, das Kaufverhalten beschriebene und psychologische Merkmale vor [Ham90, S. 294ff].

Die Tabelle 1 zeigt exemplarisch einen Ausschnitt aus einer Kundendatei, bei der als relevante Merkmale das „Geschlecht", das „Alter", das „Einkommen" und der „Kauf einer Spülmittelmarke" ausgewählt wurden. Die Tabelle wurde bereits in eine angemessene Form gebracht. Dazu wurden sowohl das Alter als auch das Einkommen kategorisiert.

Datensatz#	Geschlecht	Alter	Einkommen	Marke
1	weiblich	unter 30	niedrig	Palmolive
2	männlich	unter 30	hoch	Fairy
3	weiblich	unter 30	hoch	Fairy
4	weiblich	unter 30	mittel	Fairy
5	männlich	über 30	hoch	Pril
6	weiblich	über 30	mittel	Palmolive
7	männlich	unter 30	mittel	Fairy

Tabelle 1: Käufertabelle des Marktes „Spülmittel" - kategorisiert

Die Aufgabe der nun folgenden Miningphase besteht in der Identifikation von Klassifikationsregeln, die die Käufer der drei Marken „Fairy", „Palmolive" und „Pril" anhand der restlichen Merkmale möglichst gut beschreiben. Diese Suche soll durch einen *Genetischen Algorithmus* durchgeführt werden. Die Grundidee besteht darin, für jede zu beschreibende Klasse Regeln aus den gegebenen Kundendaten zu erlernen [Mac95]. Da es notwendig ist, die Klassenzugehörigkeit jedes Kundendatensatzes zu kennen, handelt es um „Supervised Data Mining". Den allgemeinen Aufbau einer Regel zeigt die Abbildung 3.

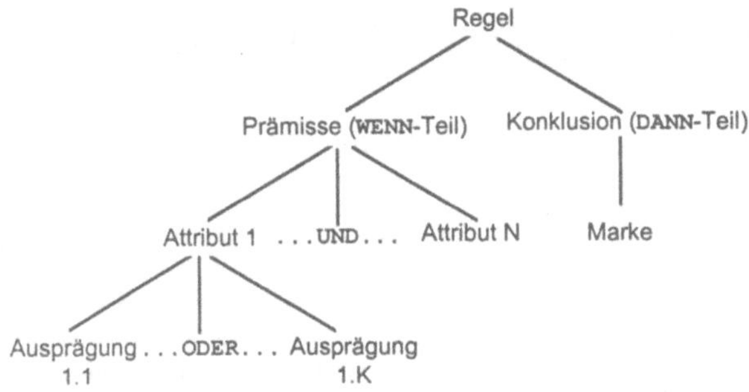

Beispiel: WENN Alter > 30 UND (Eink. mittel ODER hoch) DANN Palmolive

Abbildung 3: Aufbau einer Regel

Genetische Algorithmen (GA) sind Such- und Optimierungsverfahren, die versuchen, durch Simulation der Evolutionsmechanismen eine möglichst gute Lösung eines gegebenen Problems zu finden. Ausgangspunkt bildet eine Population, d.h. eine Menge einzelner Lösungsalternativen. Man versucht, eine Verbesserung der Einzellösungen zu erreichen, indem man sowohl Wissenseinheiten verschiedener Lösungen austauscht (*Crossover*) als auch einzelne Lösungskomponenten einer Lösung verändert (*Mutation*). Wichtig ist vor allem die Ausgestaltung dieser beiden *genetischen Operatoren* und die problembezogene Interessantheitsbewertung der Lösungen durch die sog. *Fitneßfunktion.*

Für die Marktsegmentierung sind möglichst gute Klassifikationsregeln gesucht. D.h., jede Einzellösung stellt eine Klassifikationsregel dar. Die Gesamtheit der gefundenen Einzellösungen einer Klasse (Marke) bildet die Population des GA und gleichsam die Regelmenge für die betrachtete Klasse. Die Interessantheit einer solchen Lösung (Regel) ergibt sich durch ihre Fähigkeit, gegebene Kundendatensätze richtig zu klassifizieren und dabei möglichst keine falsch zu klassifizieren. Nach dieser Aussage müßte die Regel

```
WENN Alter <= 30 UND (Eink. niedrig ODER mittel) DANN Fairy
```

eine mittlere Bewertung erhalten, da sie zwar die Kundendatensätze 4 und 7 in der Tabelle 1 richtig klassifiziert, aber leider auch den Kundendatensatz 1 falsch. Die Bewertung einer Regel wird in den Bereich 0 (keine korrekt) bis 1 (alle korrekt) transformiert. Durch diese Bewertung wird die Miningphase gesteuert. Sie dient als Anhaltspunkt zur Auswahl der Regeln, um die genetischen Operatoren anzuwenden. Dabei werden bevorzugt solche Regeln ausgewählt, die bereits eine hohe Bewertung aufweisen.

Der Crossover-Operator kreuzt Lösungen, indem er bestimmte Komponenten dieser Lösungen austauscht:

```
WENN Alter <= 30 UND Eink. mittel DANN Fairy
WENN Alter > 30 UND (Eink. mittel ODER hoch) DANN Fairy
```

Im Beispiel werden die Ausprägungen für das Einkommen zwischen beiden Regeln ausgetauscht. Es entstehen dann die beiden „Nachfolger":

```
WENN Alter <= 30 UND (Eink. mittel ODER hoch) DANN Fairy
WENN Alter > 30 UND Eink. mittel DANN Fairy
```

Ein Vergleich mit der Tabelle 1 zeigt, daß der erste Nachfolger eine höhere Bewertung als die beiden Elternregeln erhalten wird. Es wurde also eine Verbesserung erzielt. Welche der Regeln in die neue Population übernommen werden, hängt nicht nur von ihrer individuellen Bewertung ab, sondern auch von der Menge an Kundendatensätzen, die durch sie erkannt werden. Z.B. könnte der Fall auftreten, daß eine neu entstandene Regel zwar eine geringere Fitneß aufweist, sie dafür aber nur Kundendatensätze richtig klassifiziert, die bisher von keiner Regel abgedeckt werden. Dann bedeutet die neu gewonnene Regel einen Informationszuwachs und kann als Ausgangspunkt weiterer, besserer Regeln dienen.

Der Mutationsoperator verändert demgegenüber immer nur eine Lösung. Dies geschieht dadurch, daß zunächst die zu verändernde Lösung ausgewählt und das zu verändernde Attribut bestimmt wird. Dessen Veränderung kann zum einen darin bestehen, eine neue Ausprägung hinzuzunehmen (ODER-Verknüpfung) oder die augenblickliche Ausprägung durch eine andere zu ersetzen. So könnte beispielsweise die folgende Regel

```
WENN Alter <= 30 UND (Eink. niedrig ODER hoch) DANN Fairy
```

mutiert werden zu

```
WENN Alter <= 30 UND Eink. mittel DANN Fairy.
```

Diese Operatoren werden solange angewendet, bis ein Abbruchkriterium erfüllt ist. Danach wird die nächste Klasse (Marke) untersucht und ebenso verfahren. Das Ergebnis des Genetischen Algorithmus´ sind für jede zu beschreibende Klasse optimierte Regelmengen. Die implementierten Operatoren wurden hier vereinfacht und schematisiert dargestellt.

4 Fazit und Ausblick

Im Knowledge Discovery in Databases und im Data Mining liegt ein großes Potential hinsichtlich der Unterstützung der betrieblichen Informationswirtschaft begründet. Davon profitieren können alle informationserzeugenden Unternehmensbereiche, so auch die Marketing- und Marktforschungsabteilung. Das Neue am Data Mining gegenüber den klassischen Ansätzen der Marktforschung ist die Idee, Methoden der Statistik und der Künstlichen Intelligenz sowie Modelle des Anwendungsbereiches auf reale Datenbanken mit entsprechenden Inhalten und Größenordnungen anzuwenden. In der kommerziellen Ausrichtung der KDD-Forschung wird darüber nachgedacht, wie betriebswirtschaftliche Applikationen entwickelt werden können, die die Datenvorverarbeitung, Expertenwissen, die Musterextrahierung, die Filterung interessanter Aussagen und die Präsentation der Ergebnisse für einen eingegrenzten Anwendungsbereich integrieren und wiederverwendbar machen [Bra96, S. 38]. Ein Beispiel wäre eine allgemeine KDD-Applikation, die so „customisiert" wurde, daß sie die Daten von Scannerkassensystemen selbständig auswertet und ein Modell des Käuferverhaltens konstruiert und präsentiert. Ob derartig „customisierbare" Applikationen praxisgerecht realisierbar sind, wird die nahe Zukunft zeigen.

5 Literatur

[Bra96]   Brachman, R.J.; Anand, T. (1996): The Process of Knowledge Discovery in Databases, in: [Fay96b], S. 37-57.

[Ber89]   Berekoven, L., Eckert, W., Ellenrieder, P. (1989): Marktforschung - Methodische Grundlagen und praktische Anwendung. 4. Aufl., Wiesbaden 1989.

[Fay96a]   Fayyad, U.M., Piatetsky-Shapiro, G., Smyth, P. (1996): From Data Mining to Knowledge Discovery: An Overview. In: [Fay96b].

[Fay96b]   Fayyad, U.M., Piatetsky-Shapiro, G., Smyth, P. (1996): Advances in Knowledge Discovery and Data Mining. Menlo Park: AAAI Press 1996.

[Ham90]   Hammann, P., Erichson, B. (1990): Marktforschung. 2. Aufl., Stuttgart 1990.

[Lac97]   Lackes, R., Mack, D. (1997): Neuronale Netze. Bonn 1997.

[Mac95]   Mack, D. (1995): GAK - Ein Genetischer Algorithmus zur Lösung des Klassifikationsproblems. Tagungsband AFN-Workshop, Göttingen 1995.

OLAP - On-line Analytic Processing oder Nutzung statistischer Datenbanksysteme

Hans - J. Lenz

Institut für Produktion, Wirtschaftsinformatik und Operations Research[*]
Freie Universität Berlin

Zusammenfassung

Das on-line analytic processing (OLAP) ist im Gegensatz zu OLTP (on-line transaction processing) weniger durch Routineabfragen auf Mikrodaten, als durch thematisch bezogene Einzelabfragen von Mikrodaten und durch Ad-hoc-Abfragen von gruppierten und aggregierten Daten (Makrodaten) charakterisiert, wie sie beispielsweise für die Analyse von Absatzdaten im Marketing typisch sind. Die dafür benötigte abstrakte Datenstruktur 'data cube' oder 'multi-dimensionale Tabelle' wird beschrieben und auf Regeln für die sichere Anwendung der zugehörigen Operatoren verwiesen.

Während in der Unternehmenswelt sich der Begriff 'OLAP' eingebürgert hat, bevorzugt man in statistischen Institutionen wie statistischen Landesämtern, statistischem Bundesamt oder EuroStat - dem statistischen Amt der europäischen Union - den Begriff ' Statistisches Datenbanksystem' oder 'Statistisches Informationssystem'. In beiden Fällen steht das Attribut 'statistisch' für gruppierte und summierte (aggregierte) Daten. Beide Ansätze lassen sich daher, wie im folgenden geschehen, einheitlich beschreiben.

Stichworte: OLAP, Data Cube, multi-dimensionale Tabelle, statistisches Objekt, Metadaten, Datenbanksystem

1 Problemstellung

Seitdem am Ende der 80er Jahre das relationale Modell der de-facto-Standard für betriebliche Informationssysteme geworden ist und die existierenden, auf Dateisystemen oder dem hierarchischen bzw. Netzwerkmodell basierenden Informationssysteme auf konzeptionell integrierte, relationale Modelle umgestellt worden sind, gilt die Logistik (Erfassen, Speichern, Zugreifen) der durch die verschiedenen Geschäftsprozesse generierten Daten als beherrscht. Derartige Daten bezeichnet man auch als operierende, Mikro- oder OLTP-Daten, da sie aus dem *'on-line transaction processing'* hervorgehen.

---

[*] Lehrstuhlinhaber: Prof. Dr. H.-J. Lenz

Der Durchsatz solcher Daten erreicht bei Großunternehmen die Größenordnung von Giga-byte/Jahr bis Terabyte/Jahr. Die jeweiligen Transaktionen beziehen sich dabei auf alle betrieblichen Phasen, d.h. Beschaffung, Lagerhaltung, Fertigung und Verkauf sowie Administration mit Rechnungswesen, Lohn- und Gehaltsabrechnung, Marketing usw..

Anfangs der 90er Jahre wurde deutlich [Cod93], daß das Informationsbedürfnis des höheren Management damit nicht angemessen befriedigt werden konnte. Denn das obere bzw. mittlere Management ist nicht primär an der Steuerung von Prozeßketten und dem Durchsatz der routinemäßig anfallenden, auf Einzelfällen abgestellten, sog. operierenden Daten interessiert, sondern benötigt für die anhängigen Entscheidungs- und Planungsprozesse auf die jeweilige Fragestellung bezogene, sachlich, zeitlich und räumlich passend abgegrenzte Daten. Darüber hinaus stellte sich heraus, daß die Optimizer der Datenbankmanagementsystemene auf derartige Abfragen nicht ausgerichtet waren und das Retrieval von entscheidungsbezogenen Daten aus der Unternehmungsdatenbank das Antwortverhalten hinsichtlich operierender Daten in inakzeptabler Weise beeinflußte.

Während für die operierenden Daten und ihre Verarbeitung (OLTP) der Datenzugriff fest vorgegeben ist und damit vorab fest parametrisiert und programmierbar ist, z.B. als stored procedures in einer Client/Server-Umgebung, trifft dies auf die analytischen Daten, d.h. die Daten, die für die Planungs- und Entscheidungsprozesse benötigt werden, nicht zu. Das *'on-line analytic processing'* (OLAP) ist weniger durch Routineabfragen auf Mikrodaten, als durch thematisch bezogene Einzelabfragen von Mikrodaten und durch Ad-hoc-Abfragen von gruppierten und aggregierten Daten (Makrodaten) charakterisiert. So interessiert den Marketing-Manager weniger der Betrag einer bestimmten Rechnungsposition für Produkt-Nr. 4711 auf einer Rechnung an den Kunden mit Kunde-Nr. 007 als beispielsweise der gesamte mengen- und wertmäßige Absatz, gruppiert nach Produktgruppe, Kundencluster, Herstellkostengrößenklasse, Region und Bezugsperiode.

Während sich die akademische Forschung mit der Repräsentierung von Makrodaten durch geeigneten Datentypen im Rahmen der Untersuchungen über *statistische Datenbanken* (StDBs) seit dem Beginn der 80er Jahre auseinandergesetzt hat, hat das Interesse an OLAP - Daten im kommerziellen Bereich erst rund 10 Jahre später mit der Untersuchung des Data-Cube- (auch Hyper-Cube-, Datenwürfel-) Modells eingesetzt, vgl. [Gra96]. Im folgenden wird gezeigt, daß OLAP- und statistische Datenbanken im wesentlichen einheitlich konzeptionell gesehen werden können.

2 Die m-dimensionale Tabelle (data cube, statistische Tabelle)

Das den StDBs und Data - Cube - Modellen zugrundeliegende Datenmodell ist das der m-dimensionalen Tabelle, das auch als statistisches Objekt bezeichnet wird. Es ist durch das Quintupel StO = (N, KA, C, SA, S) charakterisiert, wobei N = Name (Bezeichner) des statistischen Objekts, KA = Menge der Namen der kategoriellen Attribute (Schlüsselattribute), C = Menge der Klassifikationen, d.h. der strukturellen, kategoriellen Attribute mit C $\subseteq$ KA, SA = Name des summarischen Attributs und S = Statistiktyp ist. Beispielsweise kann der wertmäßige (in laufenden Preisen), jährliche Absatz einer Unternehmung, gruppiert nach

Produktgruppe, Kundencluster, Herstellkostengrößenklasse, Region und Bezugsperiode durch N='Absatz in DM/Jahr', KA=(Produktgruppe, Kundencluster, Herstellkostengrößenklasse, Region, Bezugsperiode), C=(Produktgruppen- und Regionalstruktur), SA='Absatz' und S=Totalwert (sum in SQL) mit den zugehörigen Modalitäten (Merkmalsausprägungen) bzw. Wertebereichen (domains) der genannten Attribute charakterisiert werden. Als Beispiel sei dom(Bezugsperiode) = {1990, 1991, 1992} genannt.

Varianten des statistischen Objekts StO erhält man durch N='mittlerer Absatz in DM/Jahr' in Verbindung mit S=arithmetisches_Mittel (avg(Absatz) in SQL) oder N='Anzahl Verkäufe pro Jahr' mit S=Häufigkeit (count(*) in SQL) und SA=' '. Diese Variationen sind nicht anderes als verschiedene Kombinationen von SA und S.

Ein StO kann materialisiert sein, d.h. physisch existieren, oder als virtuelle Tabelle existieren, d.h. als Funktion vorliegen. In materialisierter Form liegt der Speicherbedarf in der Größenordnung von KBytes bis MBytes. Dies ermöglicht es beispielsweise einer Marketingabteilung, mit Tabellenkalkulationsprogrammen oder statistischen Programmpaketen derartige Daten weiter gezielt auszuwerten .

Zwischen den Konzepten StDB und OLAP besteht hinsichtlich Autorisierung des Datenzugriffs ein fundamentaler Unterschied. So werden in StDBs Mikrodaten aus Geheimhaltungsgründen vor dem Zugriff Dritter geschützt, während OLAP sowohl Mikro- als auch Makrodaten zugrundeliegen. Die Tatsache, daß auf die operierenden Daten oder Mikrodaten nicht selbst, sondern auf gespiegelte oder Archivdaten zugegriffen wird, ist dabei unerheblich. Beispielsweise ist es wegen der gesetzlichen Grundlagen undenkbar, daß Externe auf Einzelfalldaten in einer StDB wie beispielsweise Personendaten aus einer Arbeitsmarkterhebung zugreifen können. Dagegen können die Profile einzelner Großkunden in verschiedenen Abteilungen einer Unternehmung von Interesse sein, z.B. in der Buchhaltungs-, Finanz- und Marketingabteilung.

Die von StDBs und von OLAP verwendeten Begriffe sind verschieden, bezeichnen jedoch dieselben Tatbestände, so daß die folgenden Synonyme existieren:

StDB	OLAP
kategorielles Attribut	Dimension
strukturiertes Attribut	Dimensions-Hierarchie
Kategorie	Dimensions-Wert
summarisches Attribut	Meßgröße
statistisches Objekt, multi-dimensionale Tabelle	data cube
Kreuzprodukt	Multi-Dimensionalität

Tabelle 1: Synonyme Begriffsverwendung bei StDBs und OLAP

Da statistische Objekte (m-dimensionale Tabellen) eine selbständige abstrakte Datenstruktur darstellen, ist ihnen eine Menge O_T generischer Operatoren zugeordnet [Meo92]. Der abstrakten Datenstruktur $AD_{St} = (StO, O_T)$ entspricht im relationalen Modell die Datenstruktur $AD_{RS} = (R, O_R)$, wobei R die zu einem Relationsschema RS zugehörige Relation (Menge von Tupeln) bezeichnet und O_R die Menge der relationalen Operatoren darstellt, zu der neben den Mengenoperationen, Selektion, Projektion und Join gehören.

Zu den auf StOs definierten Operationen gehört zumindest die *T-Selektion* (Konditionierung). Hier wird der Wertebereich eines Attributs auf eine echte Teilmenge eingeschränkt. So kann beispielsweise statt der Jahre 1949 bis 1996 nur die laufende Periode 1996 und die Vorperiode von Interesse sein, d.h. Periode = 1995, 1996.

Eine weitere wichtige Operation ist die *T-Projektion* (Marginalisierung). Darunter versteht man die Reduktion der Dimension (Anzahl kategorieller Attribute) des StOs von m auf m-k, mit $m, k \in N$, $k<m$. Statt der fünf-dimensionalen Tabelle 'Wertmäßiger (in laufenden Preisen), jährlicher Absatz gruppiert nach Produktgruppe, Kundencluster, Herstellkostengrößenklasse, Region und Bezugsperiode' wird die drei-dimensionale Randtabelle 'Wertmäßiger (in laufenden Preisen), jährlicher Absatz gruppiert nach Produktgruppe, Region und Bezugsperiode' betrachtet, die durch Summation über die Attribute 'Kundencluster' und 'Herstellkostengrößenklasse' entstanden ist.

Weiterhin seien *T-Aggregation* und *T-Disaggregation* genannt, d.h. das Wechseln beispielsweise von Produktgruppen zu Produkthauptgruppen bzw. -Produktuntergruppen. Derartige strukturierte Attribute (Klassifikationen) sind mehrstufig. Bei der Regionalstruktur kann je nach Auflösung zwischen kontinentalen Absatzmärkten als Grobstruktur und Absatzmärkten auf Gemeindebasis als feinster Auflösung unterschieden werden.

Schließlich sei noch die Operation *T-Union* genannt, die es ermöglicht, unter bestimmten Bedingungen partielle Tabellen zu einer gemeinsamen Tabelle zu vereinigen. Dies kann beispielsweise der Fall sein, wenn Preis und Konditionen gegeben die Kundengruppe voneinander stochastisch unabhängig sind, so daß T(Preis, Kondition, Kundengruppe, Anzahl Kunden) aus den 'marginalen' oder partiellen Tabellen T_1(Preis, Kundengruppe, Anzahl Kunden) und T_2(Kondition, Kundengruppe, Anzahl Kunden) durch T-Union $T=T_1 \otimes T_2$ zusammengesetzt werden kann. Man vergleiche hierzu das Konzept der multi-valued-dependencies in der relationalen Datenbanktheorie. Der Fall partieller Information liegt weiterhin vor, wenn T_1 und T_2 strukturgleiche Tabellen sind, aber in verschiedenen Zellen Nullwerte enthalten, so daß T sich als Verknüpfung von $T_1 \otimes T_2$ ergibt.

Im OLAP-Bereich hat sich für diese Operatoren eine eigene Terminologie herausgebildet, die sich (leider) bisher unabhängig von den Forschungsarbeiten im Bereich StDBs entwickelte. Die Referenz der Operatoren von OLAP und STDB ist Tabelle 2 zu entnehmen.

Um Makrodaten als m-dimensionale Tabellen entweder real oder virtuell (beispielsweise als stored procedures) bereitzustellen, bedarf es der in SQL für Mikrodaten definierten Aggregatfunktionen ('Statistiken') wie min, max, count, sum, avg usw.. [Gra96] hat SQL erweitert, um Primitivoperatoren auf m-dimensionalen Tabellen zur Verfügung zu stellen. Dazu sind ALL für Marginalisierung, CUBE für Summierung und GROUP BY CUBE für Summierung und Gruppierung vorgeschlagen worden. Die sichere Anwendung dieser Operatoren setzt voraus [Len97], daß deren immanente Anwendungsvoraussetzungen und die speziellen Eigenschaften der (realen) Daten überprüft werden. Dies kann durch einen Zugriff auf die zugehörigen Metadaten erfolgen, die die realen Daten und die statistischen Funktionen beschreiben. Metadaten sind Daten über Mikro-, Makro- und zugehörige Operatoren und Funktionen.

StDB	OLAP
T-Projektion	slice
T-Selektion	dice
T-Aggregation	roll-up
T-Disaggregation	drill-down
S-Union	term missing

Tabelle 2: Referenz der Operatoren von OLAP und STDB

So ist es beispielsweise sinnlos, das arithmetische Mittel von Kundennummern - avg(Kunde-Nr) - zu berechnen und monatliche Lagerbestände zu einem Jahreswert zu summieren, d.h. beispielsweise 'sum(Bestand) where 0190<=date<=1290' zu verwenden. In diesem Fall würde eine Analyse der zugehörigen Metadaten zeigen, daß <u>falls</u> TYP(Bestand)='stock' <u>und</u> AGG_Typ='Zeit', <u>dann</u> STATISTIK='avg(Bestand)' <u>oder</u> STATISTIK='Periodenend_Bestand' <u>oder</u> STATISTIK='Periodenanfangs_Bestand' <u>oder</u> STATISTIK=min(Bestand)' <u>oder</u> STATISTIK='max(Bestand)'.

3 Physische Datenstrukturen

Physische Datenstrukturen haben sich im StDB- und OLAP- Bereich eigenständig herausgebildet und werden kontinuierlich weiterentwickelt. Bei statistischen Datenbanken dominieren Methoden wie 'Transposed Tables', 'Bit Transposed Files', 'Array Linearisation', 'Header Compression', 'Grid Files' und Baumstrukturen wie 'TBSAM', 'KDB- oder UB-Bäume'. Bei OLAP sind dies 'multi-dimension arrays (MOLAP)', 'encoding and compression within parallel relational database systems (ROLAP)', and 'multiple subcubes' sowie KDB- bzw. UB-Bäume.

Hinsichtlich der Effizienz derartiger Datenstrukturen im Vergleich zu denen für operierende Daten wie Indextabellen, B-Bäume, usw. ist zu beachten, daß bei OLAP-Daten der Lesezugriff dominiert, Löschoperationen aus naheliegenden Gründen vernachlässigbar sind, Änderungen nur selten anfallen und Einfügeoperationen - insbesondere bei Daten mit explizitem Zeitbezug, vom Typ ' append' sind.

4 Ausblick

In Verbindung mit verteilten, heterogenen Datenbanken werden OLAP-Daten als Mikro-daten (gespiegelte oder archivierte operierende Daten) oder als Makrodaten (gruppierte, aggregierte, entscheidungsbezogene Daten in materialisierter oder virtueller Form) im Rahmen der Konzepte 'Föderierte Datenbanken', vgl. [Len95], oder 'Data Warehouse', vgl. [Lam96], bereitgestellt. Dabei tritt die Repräsentation der Metadaten als eigenständige Entwurfsaufgabe der zugehörigen Metadatenbank hervor. Die Integration der Metadaten in Verbindung mit der für Datenanalysen effizienten Bereitstellung von OLTP und insbeson-dere von OLAP-Daten bildet die geeignete Basis, um von Verfahren des Data Mining [Fay96], [Gly96], Gebrauch zu machen. So sind bei dem Attribut 'Wertmäßiger Absatz' beispielsweise Metadaten wie Einheit 'DM/Monat' , der Bezug 'europaweit konsolidiert' oder der Status 'saisonbereinigt' von Interesse.

Abschließend soll unterstrichen werden, daß beim Aufbau eines modernen Informationssy-stems beispielsweise für das Marketing es nicht heißen kann 'OLAP contra STDB', son-dern von beiden Ansätzen die Stärken übernommen werden sollten. Beim OLAP-Ansatz sind dies die effiziente Verwaltung von OLTP-Daten und die physischen Datenstrukturen für multi-dimensionale Tabellen. Beim STDB-Konzept sind dies die Repräsentation um-fangreicher Metadaten und deren extensive Nutzung für Datenmanagement und Abfrage.

5 Literatur

[Arb96]   Arbor Software: Relational OLAP, White Paper, 1996.

[Bay96]   Bayer, R.(1996): The Universal B-Tree for multidimensional Indexing, TUM-I9637, Technische Universität München, München.

[Cod93]   E.F.Codd and Ass.: Providing OLAP to User Analysts: An IT Mandate, Codd and Ass.

[Gra96]   Gray, J., Bosworth, A.., Layman, A., Pirahesh, H.: Data Cube: A Relational Aggregation Operator Generalizing Group-By, Cross-Tab, and Sub-Total, ICDE, pp 152-260.

[Fay96]   Fayyad, U., Piatetsky-Shapiro, G., Smyth, P. (1996): The KDD Process for Extracting Useful Knowledge from Volumes of Data, CACM, vol. 39, No.11, pp27-34.

[Gly96]   Glymour, C., Madigan, D., Pregibon, D., Smyth, P. (1996): Statistical Infe-rence and Data Mining, CACM, vol. 39, No.11, pp35-41.

[Lam96]   Lamersdorf, W., Lenz, H.-J., Rieger, B. (Hrsg.) (1996): CONGRESS VIII Data Warehousing, OLAP, Führungsinformationssysteme, Neue Entwicklungen des Informationsmanagements, ONLINE GmbH Kongresse und Messen für Tech-nische Kommunikation, Velbert.

[Len95]   Lenz,H.-J., Shoshani,A.: Federated Statistical Databases - The Next Generation of Statistical Databases for Statistical Offices and Businesses, New Technologies and Techniques for Statistics, 325-332, Klösgen, W., Nanopoulos, Ph. and Unwin,A. (eds.), EuroStat, Bonn, 1995.

[Len97]   Lenz,H.-J. and Shoshani, A. (1997): Summarizability in OLAP and Statistical Data Bases, IX th Intl. Working Conference on Scientific and Statistical Data-bases, Washington.

[Meo92]   Meo-Evoli, L., Ricci, F. L., Shoshani, A. (1992): On the semantic Completeness of Macro-Data Operators for Statistical Aggragation, 6th Intl. Conference on Statistical and Scientific Database Management (SSDBM), pp 239-258.

[Rot96]   Rotem, D., Zhao, J.L. (1996): Extendible Arrays for Statistical Databases and OLAP Applications, VIII th Intl. Working Conference on Scientific and Statistical Databases, Stockholm.

[Sar94]   Sarawagi, S., Stonebraker, M.: Efficient Organization of Large Multidimensional Arrays, ICDE, pp 328-336.

[Sha95]   Shatdal,A., Naughton, J.F. (1995): Adaptive parallel Aggregation Algorithms. SIGMOD Conference 1995, pp 104-114.

[Sho96]   Shoshani, A.(1996): OLAP and Statistical Databases: Similiarities and Differences, Lawrence Berkeley National Lab, Berkeley.

Überlegungen zur Wahl des Stichprobenumfangs bei empirischen Untersuchungen

Udo Bankhofer, Andreas Hilbert
Lehrstuhl für Mathematische Methoden der Wirtschaftswissenschaften[*]
Universität Augsburg

Zusammenfassung

Im Rahmen des Beitrags wird eine grundlegende Vorgehensweise zur Bestimmung des Stichprobenumfangs bei empirischen Untersuchungen vorgeschlagen. Ausgangspunkt der Betrachtungen ist die in der Datenauswertung benötigte Objektanzahl. Diese wird im allgemeinen durch Voraussetzungen der durchzuführenden statistischen Methoden determiniert. Des weiteren stellt die gewünschte Genauigkeit der Ergebnisse entsprechende Anforderungen an den auswertbaren Stichprobenumfang. Um die zu erhebende Objektanzahl letztlich zu bestimmen, sind darüber hinaus die bei der Vorbereitung und Durchführung der Datengewinnung auftretenden Ausfälle von Stichprobeneinheiten zu berücksichtigen.

Stichworte: Marktforschung, Informationsgewinnung, Teilerhebung, Stichprobenumfang

1 Problemstellung

Um marketingpolitische Instrumente so einzusetzen, daß die von der Unternehmensleitung gesteckten Marketingziele erreicht werden können, ist es stets erforderlich, sich systematisch zweckorientiertes Wissen über bestimmte inner- und außerbetriebliche Sachverhalte zu beschaffen [Wei93, S. 81]. Somit hängt von diesen verfügbaren Informationen die Qualität einer Marketingkonzeption ganz wesentlich ab: Je besser die Informationen über den Markt sind, desto besser werden im allgemeinen auch die Entscheidungen bezüglich des Einsatzes und der Wirkung marketingpolitischer Instrumente sein.

Während jedoch die Verarbeitung von Informationen durch moderne Kommunikationsmedien und quantitative Analysemethoden in den letzten Jahrzehnten im Rahmen der Marketingforschung eine revolutionäre Entwicklung durchlaufen hat, geriet das Gebiet der eigentlichen Informationsgewinnung immer mehr in den Hintergrund [Bau90, S. 7]. Dabei wird allzuoft vergessen, daß die Qualität der gewonnenen Informationen auch die Qualität der Ergebnisse erheblich beeinflußt, unabhängig davon, wie „gut" die verwendeten Auswertungsmethoden sind. Somit muß die Marketingforschung zunächst einmal dafür Sorge

---

[*] Lehrstuhlinhaber: Prof. Dr. Otto Opitz

tragen, daß die zu erhebenden Informationen in einer Qualität gewonnen werden können, die den Marketingzielen der Unternehmung gerecht wird.

Als wichtigste Methode der Informationsgewinnung in der Marketingforschung ist die Befragung zu nennen. Neben der eigentlichen Befragungsform und der Befragungstaktik hat der Marktforscher insbesondere auch über die *Verfahren zur Auswahl* der zu befragenden Personen zu entscheiden [Hut79, S. 62 ff.]. Obwohl generell Vollerhebungen denkbar sind, besteht heute Einigkeit darüber, daß den Stichprobenuntersuchungen der Vorzug zu geben ist. So sind die zum Teil deutlich kostengünstigeren Teilerhebungen im allgemeinen zügiger durchzuführen, was zu einer schnelleren Verfügbarkeit und einer größeren Aktualität der Ergebnisse führt.

Da die Repräsentativität einer Stichprobenerhebung nur im Fall einer Zufallsauswahl sichergestellt werden kann, soll die vorliegende Arbeit auf diese Auswahlform beschränkt werden. Eine der wichtigsten Größen bei der Planung und Durchführung von Teilerhebungen ist der *Stichprobenumfang* [Kru87, S. 97]. Aus Kosten- und Zeiterwägungen ist einerseits ein möglichst geringer Stichprobenumfang vorteilhaft. Auf der anderen Seite ergeben sich aus Gründen der Zuverlässigkeit und Genauigkeit der gewünschten Ergebnisse gewisse Mindestanforderungen. Im folgenden soll deshalb eine mögliche Vorgehensweise zur Bestimmung des Stichprobenumfangs bei empirischen Untersuchungen aufgezeigt werden. Zunächst wird aufgrund der zu erfüllenden Voraussetzungen der einzusetzenden statistischen Auswertungsmethoden sowie der geforderten Genauigkeit der Ergebnisse der jeweils benötigte Stichprobenumfang berechnet (Kapitel 2). Durch die Bestimmung des Maximums dieser Werte erhält man die für die Auswertung benötigte Mindestobjektanzahl. Um letztlich zu der zu erhebenden Objektanzahl zu gelangen, sind die bei der Vorbereitung und Durchführung der Datengewinnung auftretenden Ausfälle von Stichprobeneinheiten zu berücksichtigen (Kapitel 3).

2 Festlegung der für die Datenauswertung benötigten Objektanzahl

2.1 Anforderungen aufgrund von Voraussetzungen der Auswertungsmethoden

Schon bei der Nennung von Gründen zur Durchführung einer empirischen Untersuchung spielen ganz *bestimmte Vorstellungen* über die zu analysierenden Objekte eine Rolle [Att91, S. 67]. Bereits ein einfacher Marktforschungsauftrag, bei dem es etwa um eine Bedarfsanalyse eines neu einzuführenden Produktes geht, beruht auf einer hypothetischen Annahme, die im Rahmen der Untersuchung zu überprüfen ist. Grundsätzlich gelten somit für alle Vorhaben der empirischen Forschung die gleichen Regeln: Zunächst muß das mit Hilfe der Untersuchung zu klärende Problem benannt werden, d.h. es müssen entsprechende *Hypothesen* bezüglich der zu untersuchenden Objekte exakt formuliert werden.

Sind schließlich alle im Rahmen einer Untersuchung zu überprüfenden Hypothesen formuliert, kann die Planung und Durchführung der Daten- und Informationsgewinnung beginnen sowie anschließend die Auswertung der Daten durchgeführt werden. Das Ganze endet schließlich in der Überprüfung der vorab formulierten Hypothesen. Diese Überprüfung wird im allgemeinen mit Hilfe geeigneter statistischer Verfahren durchgeführt, die ihrerseits erst unter bestimmten Voraussetzungen der Datenbasis angewandt werden dürfen. Somit kann eine im Rahmen der Untersuchung zu klärende Frage erst dann korrekt beantwortet werden, wenn durch die entsprechende Planung der Datengewinnung – und hierzu zählt insbesondere auch die Festlegung des Stichprobenumfangs – die Voraussetzungen der statistischen Analysemethoden erfüllt werden. Typische Verfahren, die in diesem Zusammenhang Verwendung finden, sind z.B. die verschiedenen Signifikanztests zur Überprüfung der Verteilungseigenschaften qualitativer und quantitativer Merkmale. Hier sind insbesondere der χ^2-Anpassungstests und der approximative Ein- bzw. Zweistichproben-Gauß-Test zu nennen [Bam96, S. 173 ff.]. Beispielhaft soll für diese Analysemethoden die Bestimmung der für die Auswertung letztlich benötigten Objektanzahl, der sogenannte *Endstichprobenumfang* (ESU), aufgezeigt werden.

Mit Hilfe des *χ^2-Anpassungstests* kann überprüft werden, ob sich die Verteilung eines in einer Stichprobe zu erhebenden Merkmals signifikant von der Verteilung dieses Merkmals in der Grundgesamtheit unterscheidet. Der Test findet vor allem zur Repräsentativitätsprüfung auf Basis ausgewählter Gruppierungsmerkmale der Stichprobe statt und fordert, daß die erwarteten Häufigkeiten in den jeweiligen Gruppen größer gleich fünf sind. Demnach ist der Endstichprobenumfang im Rahmen der Planung der Datengewinnung so zu wählen, daß sich für die Merkmalsausprägung mit der geringsten relativen Häufigkeit in der Grundgesamtheit eine zu erwartende absolute Häufigkeit von mindestens fünf Beobachtungen ergibt.

Beispiel:
Im Rahmen einer Marktforschungsstudie wird unter anderem auch das Merkmal Schulabschluß erhoben, dessen Verteilung in der Grundgesamtheit bekannt ist. Bei Betrachtung der relativen Häufigkeiten für die einzelnen Schulabschlüsse in der Grundgesamtheit kann als kleinster Wert 0,1 festgestellt werden. Möchte man mit Hilfe des χ^2-Anpassungstests nun überprüfen, ob sich die Verteilung des Merkmals in der Grundgesamtheit und die in der Stichprobe signifikant unterscheiden, so benötigt man erwartete absolute Häufigkeiten von mindestens fünf für jeden Schulabschluß; es ergibt sich somit ein notwendiger Endstichprobenumfang von ESU = 5/0,1 = 50.

Mit Hilfe des *approximativen Einstichproben-Gauß-Tests* kann überprüft werden, ob sich der Erwartungswert eines quantitativen Merkmals in der Grundgesamtheit signifikant von einem vorgegebenen Wert unterscheidet. Da dieser Test im Gegensatz zum Einstichproben-t-Test keine Voraussetzungen an die Verteilung des Merkmals stellt, kann er genau dann angewandt werden, wenn der Stichprobenumfang größer als 30 ist. Im Fall des *approximativen Zweistichproben-Gauß-Tests*, der die Gleichheit der Erwartungswerte von zwei als unabhängig geforderten Grundgesamtheiten überprüft, muß diese Voraussetzung für jede der beiden Stichproben gelten.

Beispiel:
In der Marktforschungsstudie soll unter anderem auch untersucht werden, ob sich Frauen und Männer in dieser Grundgesamtheit bezüglich der Konsumausgaben signifikant vonein-

ander unterscheiden. Bei einem zu erwartenden Frauen- bzw. Männeranteil von 53 bzw. 47 Prozent ergibt sich als Abschätzung für den Stichprobenumfang 31/min{0,53;0,47} ≈ 66. Dabei ist jedoch kritisch anzumerken, daß dieser Stichprobenumfang die Einhaltung der geforderten Testvoraussetzung zwar erwarten läßt, aber nicht garantieren kann.

2.2 Anforderungen aufgrund der gewünschten Genauigkeit der Ergebnisse

Der Zusammenhang zwischen der Genauigkeit der Auswertungsergebnisse und dem Stichprobenumfang ist statistisch fundiert und wird in der Literatur ausführlich dargestellt [z.B. [Coc77, S. 72 ff.], [Kre89, S. 56 ff.], [Lei85, S. 46 ff.]). Da bei Erhebungen im Rahmen empirischer Untersuchungen die Stichprobeneinheiten immer nur einmal ausgewählt werden, kann sich die folgende Betrachtung auf den Fall des Ziehens einer Stichprobe „ohne Zurücklegen" beschränken. Dabei muß jedoch – wie auch im Fall einer Stichprobe „mit Zurücklegen" – grundsätzlich unterschieden werden, ob die auszuwertenden Merkmale quantitatives oder qualitatives Skalenniveau besitzen. Während es bei einem quantitativen Merkmal vor allem um die Schätzgenauigkeit eines aus der Stichprobe bestimmten Mittelwertes geht, wird bei einem qualitativen Merkmal die Abweichung zwischen dem wahren und einem aus der Stichprobe berechneten Anteilswert betrachtet. In beiden Fällen muß die gewünschte Genauigkeit entweder relativ oder absolut vorgegeben werden. Da die Verwendung einer relativen Genauigkeit bereits die Kenntnis des wahren Mittel- bzw. Anteilswertes voraussetzt, ist in praktischen Anwendungen lediglich das Heranziehen einer absoluten Genauigkeit von Bedeutung. Dies kann in Form der Vorgabe einer *maximalen Abweichung d* zwischen dem wahren und dem aus der Stichprobe bestimmten Mittel- bzw. Anteilswert erfolgen, wobei zusätzlich eine *Irrtumswahrscheinlichkeit α* festgelegt werden muß. Da sich die Berechnungen im Hinblick auf den notwendigen Stichprobenumfang für Genauigkeitsanforderungen bei Mittel- und Anteilswerten unterscheiden, wird im folgenden eine differenzierte Betrachtung durchgeführt.

Bei einer *Genauigkeitsvorgabe für den Mittelwert eines quantitativen Merkmals* ergibt sich der Endstichprobenumfang gemäß der Formel

$$\text{ESU} = \left\lceil \frac{\text{ESU}^*}{1 + \frac{\text{ESU}^*}{N}} \right\rceil \quad \text{mit } \text{ESU}^* = \left(\frac{c \cdot \sigma}{d} \right)^2 .$$

Dabei bezeichnet N den Umfang der Grundgesamtheit, c das $(1-\alpha/2)$-Fraktil der Standardnormalverteilung und σ die Standardabweichung des betrachteten Merkmals. Die Größe ESU* stellt den notwendigen Stichprobenumfang einer Ziehung „mit Zurücklegen" dar, die durch eine Endlichkeitskorrektur auf die vorliegende Problemstellung, einer Ziehung „ohne Zurücklegen", angepaßt wird. Das Symbol ⌈ ⌉ deutet dabei die (oberen) Gaußklammern an, die für das jeweilige Argument die nächstgrößere ganze Zahl wiedergeben. Für praktische Anwendungen ergibt sich das Problem, daß die im Rahmen der Berechnung benötigte

Standardabweichung im allgemeinen nicht bekannt ist. Aus diesem Grund sollte dieser Wert nach oben hin abgeschätzt werden, um damit zumindest zu gewährleisten, daß mit dem errechneten Stichprobenumfang die gewünschte Genauigkeitsanforderung auf jeden Fall eingehalten wird.

Beispiel:

Ein Einzelhändler möchte für eine Bedarfsabschätzung eines von ihm neu ins Sortiment aufgenommenen Fruchtgetränks den Pro-Kopf-Verbrauch pro Monat (in Liter) bestimmen. Da außer den N = 1.000 Einwohner seines Dorfes niemand bei ihm einkauft, betrachtet er die Bevölkerung seines Dorfes als Grundgesamtheit. Die Standardabweichung des ihn interessierenden Merkmals schätzt er aufgrund von Erfahrungswerten mit $\sigma = 4$ nach oben ab. Für den auf Basis der Stichprobe zu bestimmenden Mittelwert wird eine Genauigkeit von ± 1 Liter bei einer Irrtumswahrscheinlichkeit von $\alpha = 5$ Prozent gefordert; es gilt somit $d = 1$. Insgesamt ergibt sich der folgende Endstichprobenumfang:

$$ESU^* = \left(\frac{1,96 \cdot 4}{1}\right)^2 \approx 61,47 \ \text{und somit} \ ESU = \left\lceil \frac{61,47}{1 + \frac{61,47}{1.000}} \right\rceil = 58 \ .$$

Im Fall einer *Genauigkeitsanforderung an den Anteilswert eines qualitativen, dichotomen Merkmals* kann die folgende Formel herangezogen werden:

$$ESU = \left\lceil \frac{ESU^*}{1 + \frac{ESU^* - 1}{N}} \right\rceil \ \text{mit} \ ESU^* = \left(\frac{c \cdot \sqrt{p \cdot (1-p)}}{d}\right)^2 \ .$$

Die Erläuterung der in der Formel verwendeten Symbole kann den obigen Ausführungen bei quantitativen Merkmalen entnommen werden. Eine Ausnahme stellt lediglich die Standardabweichung dar, die sich bei dichotomen Merkmalen auf Basis des wahren Anteilswertes p ergibt. Das für praktische Anwendungen damit auftretende Problem der fehlenden Kenntnis dieses Wertes kann dadurch umgangen werden, daß bei Anteilswerten die maximal mögliche Standardabweichung herangezogen wird. Diese ergibt sich durch die Verwendung von $p = 0,5$ [Bam96, S. 167 f.].

Beispiel:

Der Einzelhändler möchte nun noch den Anteil der Käufer bestimmen, die dieses Fruchtgetränk mindestens einmal kaufen. Auf Basis einer Stichprobe soll der Anteil mit einer Genauigkeit von $\pm 0,1$ bestimmt werden. α wird mit 5 Prozent festgelegt. Der benötigte Endstichprobenumfang kann somit wie folgt berechnet werden:

$$ESU^* = \left(\frac{1,96 \cdot \sqrt{0,5 \cdot (1 - 0,5)}}{0,1} \right)^2 \approx 96,04 \quad und\ somit \quad ESU = \left\lceil \frac{96,04}{1 + \frac{96,04 - 1}{1.000}} \right\rceil = 88 \,.$$

3 Bestimmung der für die Stichprobe zu erhebenden Objektanzahl

Ausgehend von der für die Datenauswertung benötigten Objektanzahl kann die für die Stichprobe zu erhebende Anzahl an Untersuchungseinheiten, der sogenannte *Ausgangs-stichprobenumfang* (ASU), festgelegt werden. Dazu sind die bei der Vorbereitung und Durchführung der Datenerhebung auftretenden Ausfälle von Stichprobeneinheiten zu berücksichtigen. Die Art und der Umfang der Ausfälle hängen zwar von der gewählten Erhebungsmethode und dem damit verbundenen Untersuchungsdesign ab, jedoch müssen in Anlehnung an Lavrakas [Lav87, S. 49 ff.] grundsätzlich die folgenden drei Fragen beantwortet werden:

(1) Wieviele Stichprobeneinheiten werden bei der Erhebung erreicht?

(2) Wieviele Stichprobeneinheiten verweigern die Erhebung?

(3) Wieviele Stichprobeneinheiten müssen ausgeschlossen werden, weil die erhobenen Daten nicht ausgewertet werden können?

Durch die Beantwortung dieser Fragen resultieren (1) die *Erreichungsquote* (EQ), (2) die *Verweigerungsquote* (VQ) und (3) die *Ausschlußquote* (AQ). Im folgenden sollen diese Quoten für unterschiedliche Erhebungsmethoden näher betrachtet werden. Als Erhebungsmethoden können grundsätzlich die Befragung und die Beobachtung unterschieden werden. Da die Auskunftsfähigkeit und -willigkeit der Probanden die Ergebnisse einer Beobachtung nicht beeinflussen [Ber91, S. 118], kann sich die vorliegende Arbeit auf die Erhebungsmethode der Befragung beschränken. Dabei soll lediglich auf die drei traditionellen Befragungsmethoden (schriftlich, telefonisch und mündlich) eingegangen werden.

Im Fall einer *schriftlichen Befragung* wird mit der Erreichungsquote der Anteil der Probanden zum Ausdruck gebracht, die den Fragebogen grundsätzlich erhalten. Die festzulegende Höhe für diese Quote hängt davon ab, inwieweit die Adressen aller Elemente der Grundgesamtheit bekannt sind bzw. veraltete oder falsche Anschriften ausgeschlossen werden können. Zur Bestimmung der Verweigerungsquote müssen ebenfalls die Faktoren analysiert werden, die diese Quote beeinflussen können. Eine positive Wirkung kann beispielsweise durch einen kurzen Fragebogen oder durch ein die Befragung erläuterndes Anschreiben vermutet werden. Negative Einflüsse können sich z.B. durch persönliche Fragen ergeben, die einen Eingriff in die Intimsphäre der Befragten darstellen. Aus der Erreichungs- und der Verweigerungsquote setzt sich die sogenannte *Rücklaufquote* (RQ) zusammen, d.h. RQ = EQ·(1−VQ). Laut Berekoven et al. [Ber91, S. 104] kann bei schriftlichen Befragungen von Rücklaufquoten zwischen 15 und 40 Prozent ausgegangen werden. Mit der Ausschlußquote ist schließlich noch der Anteil der zurückgesandten Fragebogen festzulegen, die nicht in der Auswertung verwendet werden können. Die Notwendigkeit eines Ausschlusses ist beispielsweise dann gegeben, wenn ein Fragebogen nicht oder nur in sehr geringem Umfang ausgefüllt ist oder einer Validitätsprüfung nicht standhält.

Die Erreichungsquote bei einer *telefonischen Befragung* wird im allgemeinen niedriger sein als die einer schriftlichen Befragung. Neben dem Problem der Kenntnis und der Gültigkeit der Telefonnummern muß berücksichtigt werden, daß die telefonische Erreichbarkeit im allgemeinen eingeschränkt ist, zumal auch nicht alle mit einer Anschrift gemeldeten Personen einen Telefonanschluß besitzen. Im Hinblick auf die Verweigerungsquote und die Ausschlußquote ergeben sich für die telefonische Befragung jedoch Vorteile gegenüber der schriftlichen Befragung. Dies ist vor allem damit zu begründen, daß durch das direkte Gespräch beiderseitige Rückfragen möglich sind und ein Proband am Telefon größere Hemmungen besitzt, das Interview abzubrechen bzw. von vornherein abzulehnen.

Für eine *mündliche Befragung* können zunächst die Ausführungen zur schriftlichen Befragung im Hinblick auf die Erreichungsquote und die der telefonischen Befragung hinsichtlich der Verweigerungs- und Ausschlußquote sinngemäß übertragen werden. Besonderheiten ergeben sich im wesentlichen durch die persönliche Anwesenheit des Interviewers, die sich im allgemeinen positiv auf die Anzahl der Verweigerungen und Ausschlüsse auswirkt.

Nach der Festlegung der Erreichungs-, Verweigerungs- und Ausschlußquote kann der Ausgangsstichprobenumfang ASU schließlich nach der Formel

$$ASU = \left\lceil \frac{ESU}{EQ \cdot (1 - VQ) \cdot (1 - AQ)} \right\rceil$$

bestimmt werden. Gemäß Lavrakas [Lav87, S. 52] sollte der ermittelte Ausgangsstichprobenumfang jedoch aus Sicherheitsgründen noch um 10 Prozent erhöht werden.

Beispiel:
Ausgehend von einem für die Datenauswertung benötigten Endstichprobenumfang von 150 wird eine Erreichungsquote von 90 Prozent, eine Verweigerungsquote von 20 Prozent und eine Ausschlußquote von 10 Prozent angenommen. Mit ESU = 150, EQ = 0,9, VQ = 0,2 und AQ = 0,1 kann damit der Ausgangsstichprobenumfang gemäß

$$ASU = \left\lceil \frac{150}{0,9 \cdot (1 - 0,2) \cdot (1 - 0,1)} \right\rceil = 232$$

berechnet werden. Die Erhöhung dieses Schätzwerts gemäß der Empfehlung von Lavrakas führt damit zu einem ganzzahlig aufgerundeten Stichprobenumfang von 256.

4 Zusammenfassung

Die meisten marketingpolitischen Maßnahmen werden im Rahmen eines Entscheidungs-prozesses festgelegt, der als systematischer Vorgang der Gewinnung und Verarbeitung von marktrelevanten Informationen verstanden werden kann. Die Gewinnung dieser Informationen erfolgt bei empirischen Untersuchungen vor allem aus Kosten- und Zeiterwägungen oftmals mit Hilfe von Teilerhebungen. Eine der wichtigsten Größen bei der Planung und Durchführung solcher Teilerhebungen ist der Stichprobenumfang, wobei im Rahmen dieser Arbeit eine grundlegende Vorgehensweise zu dessen Bestimmung vorgeschlagen wurde.

Ausgangspunkt der Betrachtungen ist der in der Datenauswertung letztlich benötigte Stich-probenumfang. Dieser hängt im allgemeinen von den Voraussetzungen der anzuwendenden statistischen Methoden ab. Des weiteren stellt die gewünschte Genauigkeit der Ergebnisse Anforderungen an den auswertbaren Stichprobenumfang. Um zu der letztlich zu erheben-den Objektanzahl zu gelangen, sind darüber hinaus die bei der Planung und Durchführung der Datengewinnung denkbaren Ausfälle von Stichprobeneinheiten zu berücksichtigen. Die in einer empirischen Untersuchung auftretenden Arten sowie das Ausmaß der Ausfälle von Stichprobeneinheiten hängen im allgemeinen vom konkreten Erhebungsdesign ab. Zur Be-rücksichtigung dieser Ausfälle können jedoch die jeweils geschätzte Erreichungs-, Verwei-gerungs- und Ausschlußquote herangezogen werden.

5 Literatur

[Att91]   Atteslander, P. (1991): Methoden der empirischen Sozialforschung, deGruyter, Berlin.

[Bam96]   Bamberg, G.; Baur, F. (1996): Statistik, 9. Auflage, Oldenbourg, München.

[Bau90]   Bausch, T. (1990): Stichprobenverfahren in der Marktforschung, Vahlen, München.

[Ber91]   Berekoven, L.; Eckert, W.; Ellenrieder, P. (1991): Marktforschung: Methodi-sche Grundlagen und praktische Anwendung, 5. Auflage, Gabler, Wiesbaden.

[Coc77]   Cochran, W.G. (1977): Sampling Techniques, Third Edition, Wiley & Sons, New York.

[Hut79]   Hüttner, M. (1979): Informationen für Marketingentscheidungen, Vahlen, München.

[Kre89]   Kreienbrock, L. (1989): Einführung in die Stichprobenverfahren, Oldenbourg, München.

[Kru87]   Krug, W.; Nourney M. (1987): Wirtschafts- und Sozialstatistik: Gewinnung von Daten, Oldenbourg, München.

[Lav87]   Lavrakas, P.J. (1987): Telephone Survey Methods, Sage Publications, New-
          bury Park.

[Lei85]   Leiner, B. (1985): Stichprobentheorie, Oldenbourg, München.

[Wei93]   Weis, H.C. (1993): Marketing, 8. Auflage, Kiehl, Ludwigshafen.

Informations- und Kommunikationstechnologien für die operative Frühaufklärung auf internationalen Märkten

Olaf Schönert
Lehrstuhl für Allgemeine Betriebswirtschaftslehre und Industriebetriebslehre[*]
Philipps-Universität Marburg

Zusammenfassung

Frühaufklärung im Sinne der Erfassung und Bewertung von Trends im Umsystem der Unternehmung stellt ein wichtiges Problem marktorientierter Führung internationaler Unternehmen dar. Typischerweise sind derartige Prozesse durch die primäre Ausrichtung auf Länderrisiken und die Verwendung von Punktbewertungsmodellen zur Datenaggregation gekennzeichnet. In diesem Beitrag wird eine Konzeption entworfen, die unternehmenszentrierte Frühaufklärungsprozesse mit Daten auf niedrigem Aggregationsniveau beinhaltet. Letzteres ermöglicht die genauere Lokalisation einer Veränderung und eine rechtzeitige Reaktion auf Veränderungen.

Stichworte: Internationalisierung, Operative Frühaufklärung, Data Warehouse

1 Problemstellung

Charakteristikum der internationalen Unternehmung ist deren grenzüberschreitende Tätigkeit, die zur Folge hat, daß die Unternehmung mit unterschiedlichen Umweltsituationen konfrontiert ist. Das Ausmaß der Unterschiedlichkeit wird ausgedrückt durch den sogenannten Fremdheitsgrad der Umwelt [Dül96, S. 202f.]. Beschränkt man sich dabei auf den niedrigsten Fremdheitsgrad, so existieren in verschiedenen Ländermärkten unterschiedliche Ausprägungen definierter Variablen, z. B. im Hinblick auf das Währungssystem oder das Steuerrecht.

Je größer der Fremdheitsgrad der Umwelt ist, desto notwendiger ist die national angepaßte Gestaltung der betrieblichen Aktivitäten, die in einer Extremform durch Vorhandensein der vollständigen Wertschöpfungskette in einem Ländermarkt – mit entsprechend umfangreichen Direktinvestitionen – gekennzeichnet ist. Weisen mehrere Ländermärkte im Hinblick auf die Ausprägungen der Umweltvariablen ähnliche Werte auf, so können diese Märkte länderübergreifend einheitlich bearbeitet werden. Diese Integrationsstrategie beinhaltet zur Realisierung von "economies of scale" die regionale Konzentration einzelner Aktivitäten, z.B. der Produktion oder der Forschung und Entwicklung, in Verbindung mit einer Bear-

---

[*] Lehrstuhlinhaber: Prof. Dr. Bernd Schiemenz

beitung weiterer Märkte durch Auslands-Geschäftssysteme mit funktionaler Internationalisierung bzw. durch Verkaufsniederlassungen.

2 Operative Frühaufklärung im internationalen Marketing

Wesentliche Aufgabe der *operativen Frühaufklärung* im Marketing ist die frühzeitige Identifikation von Trends in ausgewählten Beobachtungsbereichen des Umsystems der Unternehmung mit kennziffern- und indikatorbasierten Methoden. Die an quantifizierbaren Phänomenen ansetzende operative Frühaufklärung wird ergänzt durch die strategische Frühaufklärung, welche eine Verarbeitung schwach strukturierter und definierter Informationen, sogenannter "schwacher Signale", beinhaltet [Kry93, S. 38-43 bzw. 10-16]. Die Einordnung der Frühaufklärung in marktorientierte Planungsprozesse erfolgt einerseits in die Phase der Analyse und Prognose der strategischen Ausgangssituation und andererseits in die Phase der Marketing-Kontrolle ([Kre87, S. 60-67] [Mef94, S. 273-279]). Frühaufklärung als laufend durchgeführter Prozeß liefert Informationen zur Anregung von Planungsprozessen bzw. zur Kontrolle oder Revision von Prämissen der zyklisch verlaufenden strategischen Planung.

Zur Erfassung trendartiger Entwicklungen im internationalen Kontext kommen im wesentlichen mehrdimensionale Punktbewertungsmodelle zum Einsatz. Diese Modelle beruhen auf der wiederholten Befragung einer Expertengruppe zu aktuellen Ausprägungen festgelegter Ländermerkmale [Dül92, S. 487f.]. Nach der Aufbereitung der erhobenen subjektiven Daten sollen die mehrdimensionalen Punktbewertungsmodelle auf politische und volkswirtschaftliche Risiken hinweisen [Kry92, S. 357f.]. Der BERI-Index als ein wichtiger Vertreter dieser Verfahrensgruppe, gibt in Abhängigkeit des ermittelten Punktwertes Handlungsempfehlungen für das Ausmaß der Geschäftätigkeit in einem Land, z. B. nur Handelsbeziehungen oder für Direktinvestitionen geeignet [Mey87, S. 98].

Die Eignung mehrdimensionaler Punktbewertungsmodelle zur Beurteilung von Länderrisiken wird intensiv diskutiert. Wesentliche Einschränkungen der Aussagekraft der Ansätze resultieren aus folgenden Faktoren:

- Die mehrdimensionalen Punktbewertungsmodelle weisen gravierende methodische Schwächen auf, z. B. unzulässige Skalentransformationen, subjektive Variablenauswahl sowie Unterstellung linearer Zusammenhänge [Eng92, S. 378-382].

- Arbeitet man mit hoch aggregierten, mehrdimensionalen Punktbewertungsmodellen, so besteht unter Frühaufklärungsgesichtspunkten die Gefahr, daß Veränderungen in einzelnen Beobachtungsbereichen zu spät erkannt werden, weil bspw. gegenläufige Entwicklungen einzelner Merkmalsausprägungen nicht erfaßt werden können [Mül79, S. 152f.].

- Vorgesehen sind die mehrdimensionalen Punktbewertungsmodelle vorwiegend für Unternehmenszentralen, die allgemeine Risiken eines Ländermarktes bewerten müssen, in dem Direktinvestitionen getätigt wurden. Die Deckung eines differenzierten Informationsbedarfs für ein breites Spektrum von Auslands-Geschäftssystemen ist damit nicht möglich.

- Die Verknüpfung der Ergebniswerte allgemeiner Punktbewertungsmodelle mit unternehmens-, markt- und produktspezifischen Kriterien ist aufgrund der Dimensionslosigkeit der Länderwerte nicht möglich.

Insgesamt ist daher die Aussagekraft mehrdimensionaler Punktbewertungsmodelle für Zwecke der operativen Frühaufklärung - insbesondere in der Anregungsphase - im internationalen Marketing als gering einzuschätzen.

Aus den vorgenannten Kritikpunkten herkömmlicher Ansätze der operativen Frühaufklärung lassen sich Anforderungen für eine adäquate Gestaltung der Datenverarbeitung in Frühaufklärungsprozessen ableiten:

- Berücksichtigung objektiver Kriterien, z. B. statistische Kennzahlen

- Verzicht auf Aggregation durch Herabsetzung des Skalenniveaus

- Unternehmenszentrierte Konzeption

Die Umsetzung der obigen Forderungen führt zu einem starken Anstieg der zu verarbeitenden Daten in Prozessen der Frühaufklärung im internationalen Marketing. Daher sind Konzepte heranzuziehen, die eine effektive Verwaltung und Auswertung großer Datenbestände ermöglichen.

3 Rechnergestützte operative Frühaufklärung im internationalen Marketing

3.1 Das Data Warehouse Konzept

Data Warehouses dienen der Unterstützung von analytischen, entscheidungsvorbereitenden Prozessen in Unternehmen. Das Data Warehouse integriert dazu Daten aus unterschiedlichen unternehmensinternen und -externen Quellen. Typischerweise enthalten Data Warehouses vergangenheits-, gegenwarts- und zukunftsbezogene Daten, die auf unterschiedlichen Aggregationsniveaus für Auswertungen bereit gehalten und nach einer anfänglichen Transformation nicht mehr verändert werden [Muc96, S. 428]. Data Warehouses unterscheiden sich daher grundlegend von herkömmlichen Administrations- und Dispositionssystemen, mit deren Hilfe betriebliche Realprozesse, z. B. die Abwicklung eines Fertigungsauftrages, im Zeitablauf abgebildet werden.

In struktureller Hinsicht besteht ein Data Warehouse aus den Komponenten Transformation, Datenbasis, Metadaten, Archivierung und Datenanalyse (vgl. Abbildung 1). Daten aus unterschiedlichen Quellen werden unter Nutzung von Transformationsprogrammen hinsichtlich ihrer Formate an die Erfordernisse des Data Warehouse angepaßt. Die Transformationskomponente stellt dazu einerseits Schnittstellen zur Extraktion von Daten aus heterogenen betrieblichen Administrations- und Dispositionssystemen und unternehmensexternen Datenbanken bereit. Andererseits obliegen der Transformationskomponente Aufgaben der Datenformatkonvertierung.

Die Datenbasis enthält die zur Auswertung vorgesehen Daten in einer speziellen Form, die sich an grundlegenden strategierelevanten Objekten orientiert, z. B. Kunde, Produkt, Region, Land und Zeit.

Für Zwecke der Sicherung der Datenbestände bzw. zur Entlastung der Datenbasis ist ein Archivierungssystem in ein Data Warehouse integriert. Die Komponente Metadaten enthält Beschreibungen der Inhalte der Datenbasis, die einerseits der Administration dienen, z. B. Tabellennamen, Attribute und Schlüssel und andererseits die Interpretation der Daten erleichtern, z. B. durch Erläuterungen der betriebswirtschaftlichen Bedeutung der Daten hinsichtlich der Abgrenzung statistischer Kennziffern ([Inm94, S. 120] [Muc96, S. 426]).

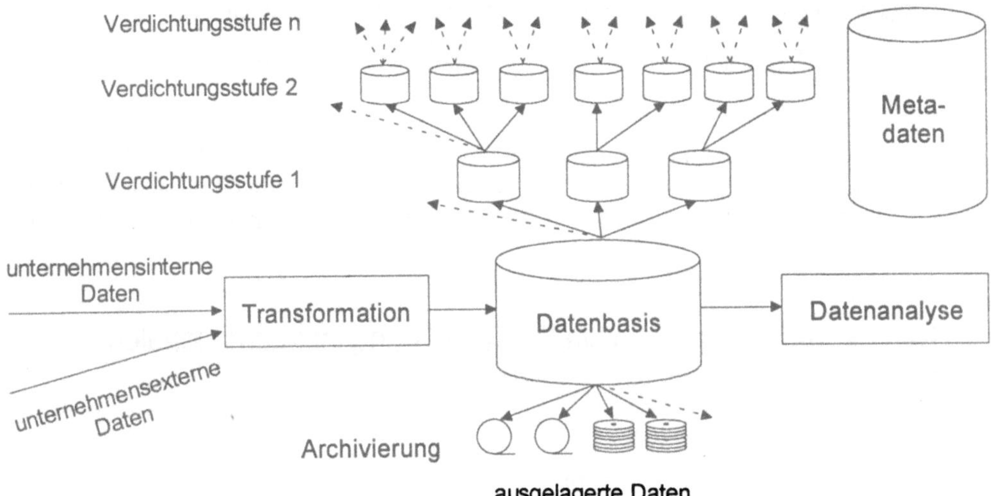

Abbildung 1: Architektur von Data Warehouses, in Anlehnung an ([Inm94, S. 16], [Muc96, S. 424], [Sch96, S. 83])

Die Datenanalysekomponente beinhaltet im wesentlichen Reportgeneratoren für Standardberichte, Werkzeuge zur komfortablen Formulierung individueller Abfragen und der weitergehenden Auswertung in problemspezifisch erstellten Programmen, Tabellenkalkulationssystemen oder Systemen der Datenmustererkennung.

3.2 Konzeption eines Data Warehouse für die operative Frühaufklärung im internationalen Marketing

Die im vorhergehenden Abschnitt dargestellte allgemeine Struktur eines Data Warehouse wird im folgenden für den Anwendungsfall der operativen Frühaufklärung im internationalen Marketing im Hinblick auf Datenmodellierung und Datenanalyse konkretisiert.

Zweck der Datenmodellierung ist die Beschreibung langfristig stabiler Strukturen in der Datenbasis. Unter Nutzung eines Meta-Modells, hier Entity-Relationship-Modell (ERM), wird ein abgegrenzter Teil eines Systems hinsichtlich der Beziehungen zwischen wesentlichen Objekten beschrieben. Im Rahmen der vorwiegend umweltorientierten Frühaufklärung setzt die Identifikation dieser Objekte an der Analyse des strategischen Kontexts der internationalen Unternehmung an. Wichtige Objekte sind danach: Produkt, Land, Marktsegment, Unternehmung und Technologie [Sch97].

Die weitergehende Spezifikation eines Ausschnitts des strategieorientierten Datenmodells der internationalen Unternehmung führt bei der Modellierung multidimensionaler Daten in einem Relationenschema zu einer spezifischen Struktur, die aufgrund der sternförmigen Anordnung der Tabellen, als Star Schema bezeichnet wird ([Rad96, S. 61], [Kim96, S. 10-14]). Das Relationenschema in Abbildung 2 enthält neben den Objekten des strategischen Kontexts der internationalen Unternehmung auch die Zeit als sogenannte Dimensionstabellen. Attribute, die Beziehungen zu mehreren Dimensionstabellen aufweisen, sind in der sogenannten Faktentabelle enthalten. Die Integrität der Datenbasis wird durch Aufnahme der Schlüssel der Dimensionstabellen als Fremdschlüssel in die Faktentabelle gesichert.

Charakteristikum des Relationenschemas für die Frühaufklärung auf internationalen Märkten ist die Einführung der Länderdimension, mit deren Hilfe bspw. monatsbezogene Außenhandelsdaten eines bestimmten Produkts abgebildet werden können. Zur eindeutigen Identifikation derartiger Außenhandelsdaten muß in der Länderdimension neben der Länderbezeichnung das Handelspartnerland und die Form der Handelsbeziehung spezifiziert werden. Sollen die wertmäßigen Fakten in unterschiedlichen Währungen angegeben werden, so kann ein Attribut Währung in der Länderdimension aufgenommen werden. Darüber hinaus werden weitere Beziehungen des Objekts Land bspw. mit dem Objekt Marktsegment abgebildet, wenn die Entwicklung eines Ländermarktes differenzierter untersucht werden soll.

Neben dem länderübergreifenden Vergleich der Attributwerte ist die Analyse der Daten in vier Schritten als Basisfunktion zur Erzeugung von Anregungsinformationen im Hinblick auf trendartige Entwicklungen in ausgewählten Umweltbereichen anzusehen [Sch97]:

- Abfrage der zu analysierenden Zeitreihe
- Saisonbereinigung
- Trendbestimmung
- Abweichungsanalyse

Die zu untersuchende Zeitreihe wird unter Nutzung der Anfragesprache des Datenbanksystems, z. B. SQL, aus dem Datenbestand extrahiert. Die Beseitigung saisonaler Einflüsse erfolgt durch Bildung einer Zeitreihe, die einzelne Monatswerte verschiedener Jahre enthält, durch Umformung der Zeitreihe mittels gleitender Durchschnitte bzw. durch iterative Methoden der Saisonbereinigung, z. B. das Census-X11-Verfahren.

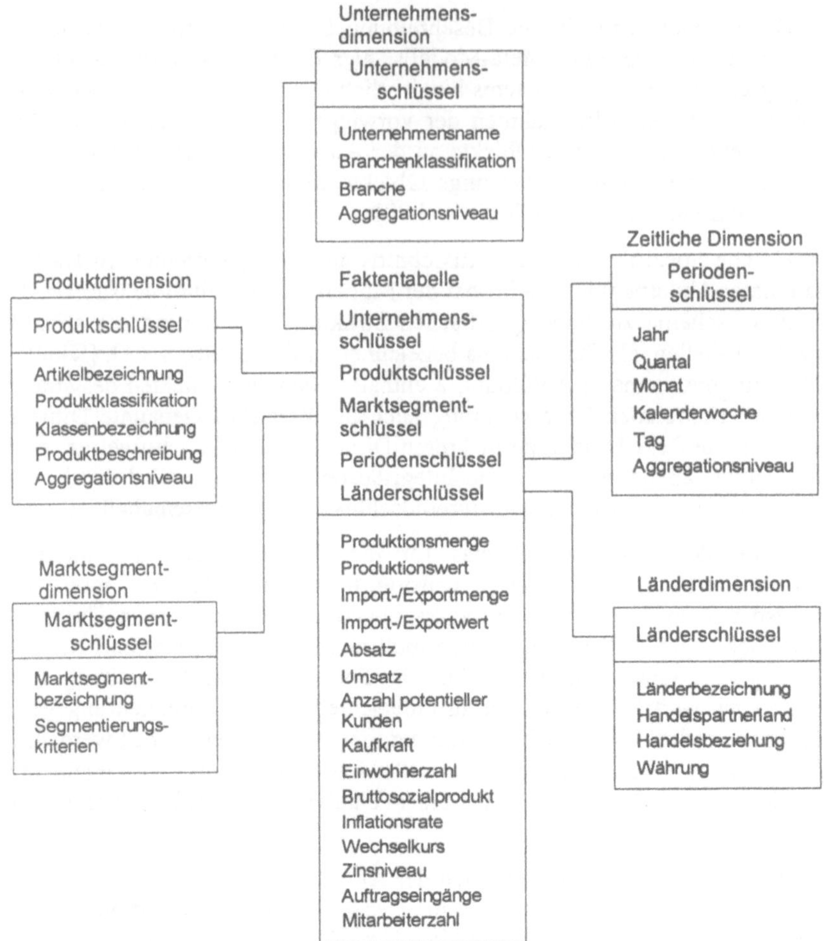

Abbildung 2: Relationenschema multidimensionaler Daten zur operativen Frühaufklärung [Sch97]

Der Trend der Zeitreihe auf der Basis bisher verfügbarer Werte wird durch Berechnung der Parameter einer linearen bzw. nichtlinearen Trendfunktion ermittelt. Liegt nach Ablauf der Beobachtungsperiode der aktuellste Wert der Zeitreihe vor, wird die Analyse der Abweichung vom prognostizierten Trend unter Berücksichtigung fakten- und periodenbezogener Schwellenwerte durchgeführt. Ist die Abweichung größer als der zuvor definierte Schwellenwert, schließt sich eine Plausibilitätsprüfung an, bei der Abweichungsursachen durch fehlerhafte Daten oder Auswertungsroutinen ausgeschlossen werden. Liegen entsprechende Fehler nicht vor, so wurde in der Zeitreihe ein potentieller Strukturbruch identifiziert, der zunächst eine intensivere Beobachtung des entsprechenden Umweltbereiches erfordert [Sch97].

Neben dieser Basisfunktion der operativen Frühaufklärung kann der Datenbestand für weitergehende Auswertungen durch Entscheidungsunterstützungssysteme (z.B. Entscheidungsmodelle der strategischen Planung), Ad-hoc-Abfragen bzw. Anwendungen von Verfahren der Datenmustererkennung genutzt werden [Sch97].

4 Fazit

Die skizzierte Anwendung des Data Warehouse Konzeptes zur operativen Frühaufklärung dient der Auswertung unternehmensexterner und -interner Daten. Die Verarbeitung auf niedrigem Aggregationsniveau ermöglicht die Berücksichtigung differenzierter Informationsbedarfe in Abhängigkeit des gewählten Auslands-Geschäftssystems. Bspw. können marktsegmentspezifische Daten bei der Durchführung von Exportgeschäften bei der Verfolgung einer Integrationsstrategie entsprechend detaillierter und stärker auf die produkt- und unternehmensspezifischen Anforderungen bezogen bearbeitet werden als dies bei der Nutzung multidimensionaler Punktbewertungsmodelle der Fall wäre. Des weiteren ermöglicht die hier beschriebene Konzeption, Entwicklungen einzelner Ländermärkte an zentraler Stelle unabhängig von zeitintensiven unternehmensinternen Planungsprozessen zu erfassen.

Grenzen der Anwendbarkeit des hier vorgestellten Konzeptes ergeben sich durch die teilweise mangelnde Verfügbarkeit von Sekundärdaten sowie durch Probleme der Datenqualität. Darüber hinaus ist zu beachten, daß durch Maßnahmen der operativen Frühaufklärung lediglich eine auf konkrete Beobachtungsbereiche gerichtete Suche durchgeführt wird. Eine ungerichtete Suche nach Umwelteinflüssen erfordert den Einsatz von Maßnahmen der strategischen Frühaufklärung, die ebenfalls durch Informations- und Kommunikationstechnologien unterstützt werden können [Sch97].

5 Literatur

[Dül92]   Dülfer, E. (1992): Ziellandwahl bei Direktinvestitionen im Ausland, in: Haussmann, H., Kumar, B. N. (Hrsg.): Handbuch der internationalen Unternehmenstätigkeit, München 1992, S. 471-495.

[Dül96]   Dülfer, E. (1996): Internationales Management - in unterschiedlichen Kulturbereichen, 4. Aufl., München, Wien 1996.

[Eng92]   Engelhard, J. (1992): Bewertung von Länderrisiken bei Auslandsinvestitionen in: Haussmann, H., Kumar, B. N. (Hrsg.): Handbuch der internationalen Unternehmenstätigkeit, München 1992, S. 367-388.

[Inm94]   Inmon, W. H., Hackathorn, R. D. (1994): Using the Data Warehouse, New York u. a. 1994.

[Kim96]   Kimball, R. (1996): The Data Warehouse Toolkit - Practical Techniques for Building Dimensional Data Warehouses, New York u. a. 1996.

[Kre87]   Kreilkamp, E. (1987): Strategisches Management und Marketing - Markt- und Wettbewerbsanalyse, Strategische Frühaufklärung, Portfolio-Management, Berlin, New York 1987.

[Kry92]   Krystek, U., Walldorf, E. G. (1992): Früherkennungssysteme (FES) in bezug auf Marktchancen und Marktbedrohungen auf Auslandsmärkten, in: Haussmann, H., Kumar, B. N. (Hrsg.): Handbuch der internationalen Unternehmenstätigkeit, München 1992, S. 341-366.

[Kry93]   Krystek, U., Müller-Stewens, G. (1993): Frühaufklärung im Unternehmen - Identifikation und Handhabung zukünftiger Chancen und Bedrohungen, Stuttgart 1993.

[Mef94]   Meffert, H., Bolz, J. (1994): Internationales Marketing-Management, 2. Aufl., Stuttgart u. a. 1994.

[Mey87]   Meyer, M. (1987): Die Beurteilung von Länderrisiken der internationalen Unternehmung, Berlin 1987.

[Muc96]   Mucksch, H., Holthuis, J., Reiser, M. (1996): Das Data Warehouse Konzept - ein Überblick, in: Wirtschaftsinformatik, 4/1996, S. 421-433.

[Mül79]   Müller-Merbach, H. (1979): Datenursprungsbezogene Alarmsysteme, in: Zeitschrift für Betriebswirtschaft, Ergänzungsheft Frühwarnsysteme, 2/1979, S. 151-170.

[Rad96]   Raden, N. (1996): Modeling a Data Warehouse, in: Informationweek, vom 29.1.1996, S. 60-66.

[Sch96]   Schreier, U. (1996): Verarbeitungsprinzipien in Data-Warehousing-Systemen, in: Handbuch der modernen Datenverarbeitung, 187/1996, S. 78-93.

[Sch97]   Schönert, O. (1997): Frühaufklärung im Strategiekontext internationaler Unternehmungen - Einsatzpotentiale von Informations- und Kommunikationstechnologien, Diss. Marburg 1996, Wiesbaden 1997. (im Druck).

Informationsversorgung im Marketing – Ergebnisse einer empirischen Untersuchung

Alfred Schweiger
Lehrstuhl für Allgemeine Betriebswirtschaftslehre*
Katholische Universität Eichstätt

Zusammenfassung

Die Verfügbarkeit von Informationen bildet in allen Bereichen des Unternehmens eine wichtige Grundlage für die Entscheidungsunterstützung. Im Rahmen einer empirischen Erhebung wurde die Informationsversorgung für den Bereich Marketing untersucht.

Stichworte: Informationsversorgung, Marketing, Empirie

1 Ausgangssituation

Der Verfügbarkeit von Informationen kommt im Marketing eine wesentliche Bedeutung bei der Entscheidungsunterstützung zu. Die häufig beklagte Situation der "Informationsarmut im Informationsüberfluß" [Nie91, S. 957] bringt jedoch auch zum Ausdruck, daß nicht allein die Menge der zur Verfügung gestellten Informationen den Nutzen für die Entscheidungsunterstützung determiniert. Groteskerweise bildet häufig gerade der Überfluß (an Informationen) die Ursache für die (Informations-) Defizite der Entscheidungsträger. Informationssysteme können hier einen wesentlichen Beitrag zur Entscheidungsunterstützung leisten, jedoch nur dann, wenn sie auch den Informationsbedarfen der Entscheidungsträger gerecht werden. So gelangen seit Anfang der Siebziger Jahre Marketinginformationssysteme (MAIS) zum Einsatz. Die ursprünglich hochgeschraubten Erwartungen *ein* Informationssystem zu entwickeln, welches das gesamte Marketingmanagement ausreichend mit Informationen versorgt, sind inzwischen einer eher nüchternen Einschätzung bezüglich der realisierbaren Systemkonzeptionen gewichen [Spa92, S. 183]. Nichtsdestotrotz sind für einzelne Bereiche des Marketing in den letzten Jahren zahlreiche Informationssysteme entstanden, die auf eine Verbesserung der Informationsversorgung hoffen ließen (vgl. z.B. die Übersicht bei [SCH92]). Dennoch werden aus der Praxis Stimmen laut, die Defizite beklagen. In diesem Beitrag soll deshalb untersucht werden, wie die Informationsversorgung von den Entscheidungsträgern in der Marketingpraxis beurteilt wird und in welchen Teilbereichen Defizite empfunden werden.

---

* Lehrstuhlvertreter: Dr. Alfred Schweiger

2 Aufbau der Untersuchung

Im Rahmen einer Fragebogenerhebung wurden im Jahr 1995 vom Lehrstuhl für ABWL und Wirtschaftsinformatik der Kath. Universität Eichstätt insgesamt 3.770 Entscheidungsträger im Marketing (aus 11 verschiedenen Branchen) befragt [Wil95]. Die Rücklaufquote der auswertbaren Fragebogen betrug 9,6 Prozent. Ziel der Untersuchung war es, ein möglichst differenziertes Bild der Informationsversorgung über die ganze Breite des Marketings zu erhalten. Zu diesem Zweck wurden innerhalb der vier klassischen Marketing-Instrumente (vier "P"s) und eines instrument-übergreifenden Bereiches insgesamt 33 Marketingentscheidungen differenziert. Für jede dieser Entscheidungen wurde die Verfügbarkeit der Informationen (in den Kategorien mehr als notwendig/angemessen/mäßig/zu wenig) erhoben. Um der Tatsache gerecht zu werden, daß nicht alle Entscheidungen für die Unternehmen gleichermaßen wichtig sind, und Informationsdefizite vor allen Dingen in den wichtigen Bereichen gravierende Auswirkungen haben können, wurde zusätzlich nach der Bedeutung der Entscheidung im Unternehmen gefragt (in den Kategorien sehr wichtig/wichtig/weniger wichtig/nicht wichtig). Abbildung 1 zeigt die im Fragebogen differenzierten Marketingentscheidungen.

3 Ergebnisse der Untersuchung

Der Stand der Informationsversorgung läßt sich anschaulich in einem "Informations-Portfolio" darstellen. Die Abbildungen 2 bis 6 zeigen die Ergebnisse der 33 Marketingentscheidungen differenziert nach den fünf Teilbereichen. Aus Gründen der Übersichtlichkeit wurden jeweils die beiden höchsten Bewertungskategorien zusammengefaßt und einander gegenübergestellt. Die Winkelhalbierende kann dabei als Trennlinie der - nicht scharf abgrenzbaren - Bereiche "Informationsüberversorgung" und "Informationsunterversorgung" interpretiert werden. Marketingentscheidungen unterhalb dieser Linie liegen im Bereich der Informationsunterversorgung. Das heißt, der Anteil der Respondenten, welche für die Entscheidung eine "mehr als notwendige" oder "angemessene" Informationsversorgung attestiert haben, liegt unter dem Anteil der Respondenten, welche die Bedeutung der Entscheidung mit "sehr wichtig" oder "wichtig" eingestuft haben. Entscheidungen überhalb der Winkelhalbierenden können umgekehrt dem Bereich der Informationsüberversorgung zugeordnet werden. Für die einzelnen Bereiche ergibt sich folgendes Bild.

Bedeutung der Entscheidung					Verfügbarkeit der Informationen			
sehr wichtig	wichtig	weniger wichtig	notwendig nicht wichtig		mehr als angemessen		mäßig zu wenig	
				Produkt/ Programm/ Service				
O	O	O	O	• Neuproduktentwicklung	O	O	O	O
O	O	O	O	• Produktgestaltung	O	O	O	O
O	O	O	O	• Produkteinführung	O	O	O	O
O	O	O	O	• Produktdifferenzierung und -variation	O	O	O	O
O	O	O	O	• Produktelimination	O	O	O	O
O	O	O	O	• Markenführung	O	O	O	O
				• Programm-/ Sortimentsplanung				
O	O	O	O	- Programmbreite	O	O	O	O
O	O	O	O	- Programmtiefe	O	O	O	O
O	O	O	O	• Kundenservice	O	O	O	O
				Preis/ Konditionen				
O	O	O	O	• Preispositionierung	O	O	O	O
O	O	O	O	• Preisdifferenzierung	O	O	O	O
O	O	O	O	• Rabatte	O	O	O	O
O	O	O	O	• Zuschüsse	O	O	O	O
O	O	O	O	• Rückgabe-/ Umtauschrecht	O	O	O	O
O	O	O	O	• Zahlungsbedingungen	O	O	O	O
				Distribution				
O	O	O	O	• Gestaltung des Direkt-Vertriebs	O	O	O	O
O	O	O	O	• Gestaltung des indirekten Vertriebs (Groß-, Einzelhandel, Absatzmittler)	O	O	O	O
O	O	O	O	• Standortewahl	O	O	O	O
				Kommunikation				
O	O	O	O	• Kommunikations-Mix	O	O	O	O
				• Medien-Werbung				
O	O	O	O	- Werbeträgerselektion	O	O	O	O
O	O	O	O	- Werbemittelgestaltung	O	O	O	O
				• Direkt-Marketing				
O	O	O	O	- Direct-Mail	O	O	O	O
O	O	O	O	- Telefon-Marketing	O	O	O	O
O	O	O	O	- Außendienst	O	O	O	O
O	O	O	O	- Electronic Marketing	O	O	O	O
				• Verkaufsförderung				
O	O	O	O	- Handelsgerichtete Verkaufsförderung	O	O	O	O
O	O	O	O	- Konsumentengerichtete Verkaufsförd.	O	O	O	O
O	O	O	O	• Öffentlichkeitsarbeit	O	O	O	O
O	O	O	O	• Sponsoring	O	O	O	O
O	O	O	O	• Messen und Ausstellungen	O	O	O	O
				Übergreifende Entscheidungen				
O	O	O	O	• Marketingbudget-Verteilung	O	O	O	O
O	O	O	O	• Marketing-Mix-Planung	O	O	O	O
O	O	O	O	• Marktsegmentierung	O	O	O	O

Abbildung 1: Fragebogen zur Informationsversorgung im Marketing

3.1 Produkt/Programm/Service

Marketingentscheidungen bezüglich der Produkte, dem Produktprogramm und dem Kundenservice sind fast ausnahmslos durch eine hohe Bedeutung gekennzeichnet. Eine der Bedeutung entsprechende Informationsversorgung ist jedoch nur hinsichtlich Programmbreite, Programmtiefe und Produktelimination feststellbar. Defizite werden hingegen bei der Markenführung und vor allem beim Kundenservice und der Neuproduktentwicklung empfunden (Abb. 2).

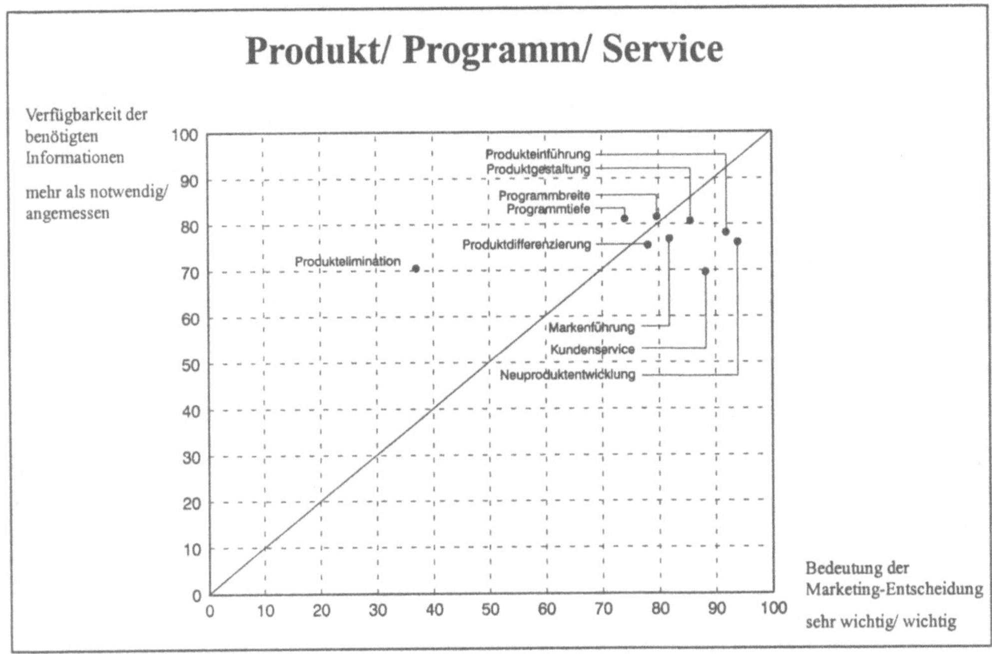

Abbildung 2: Informationsversorgung im Rahmen der Entscheidungen zur *"Produktpolitik"*

3.2 Preis/Konditionen

Obwohl im Bereich Konditionenfestsetzung (Zahlungsbedingungen, Rabatte, Zuschüsse, Rückgabe-/Umtauschrechte) die Verfügbarkeit der Informationen als überdurchschnittlich gut beurteilt werden kann, scheinen diese Entscheidungen in der Praxis keine allzu große Rolle zu spielen. Es zeigt sich vielmehr, daß der "Preis", der sich in den Entscheidungen Preispositionierung und Preisdifferenzierung niederschlägt, hier mit Abstand das wichtigste Instrument darstellt, und eine Informationsunterversorgung allenfalls bei der Preispositionierung festzustellen ist.

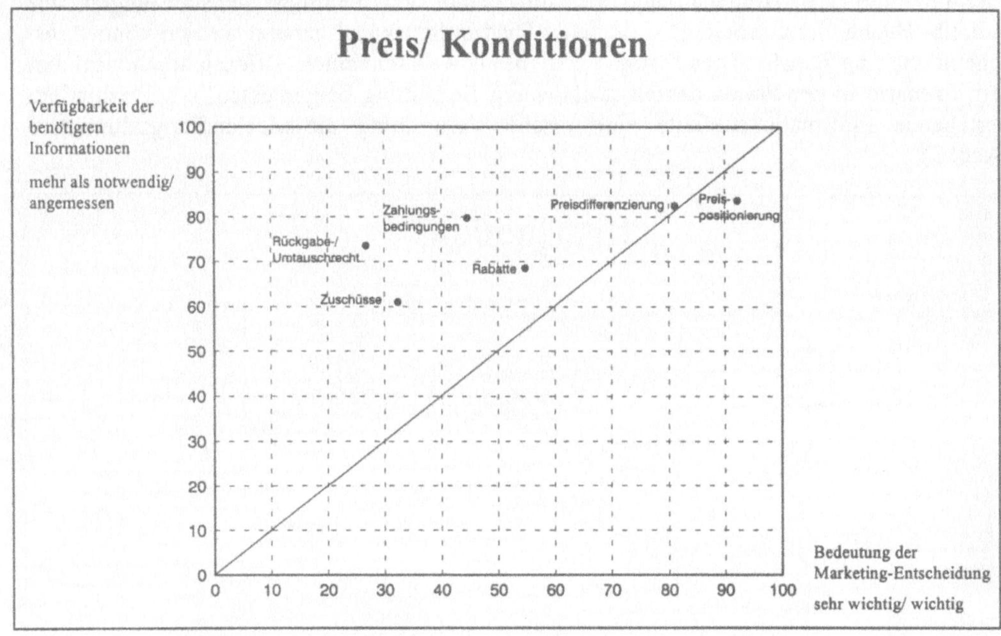

Abbildung 3: Informationsversorgung im Rahmen der Entscheidungen zur *"Preispolitik"*

3.3 Distribution

Bei den distributionspolitischen Entscheidungen werden offensichtlich keine Defizite hinsichtlich der Informationsversorgung empfunden, wenngleich die Bedeutung der einzelnen Entscheidungen erheblich schwankt. Auffallend ist, daß die Gestaltung des indirekten Vertriebs von den Unternehmen als weitaus bedeutender als die Gestaltung des Direkt-Vertriebs beurteilt wird. Insbesondere im Hinblick auf den bereits erfolgten und weiter zunehmenden Ausbau der Informationsnetze (Stichworte "Information Highway", "Internet"), die zum einen als Kommunikationskanal zum anderen aber auch – für online-distribuierbare Produkte (z.B. Homebanking oder Informationsverarbeitungs-Dienstleistungen, wie Schreib-/Buchhaltungsarbeiten) – als neuer Distributionskanal genutzt werden können, erscheint uns eine Zunahme des Direkt-Vertriebs als wahrscheinlich. Offensichtlich wird diesem Szenario in der Praxis derzeit noch wenig Bedeutung beigemessen bzw. verhindern bestehende Informationsdefizite eine rasche Verbreitung dieser Handlungsalternative (Abb. 3).

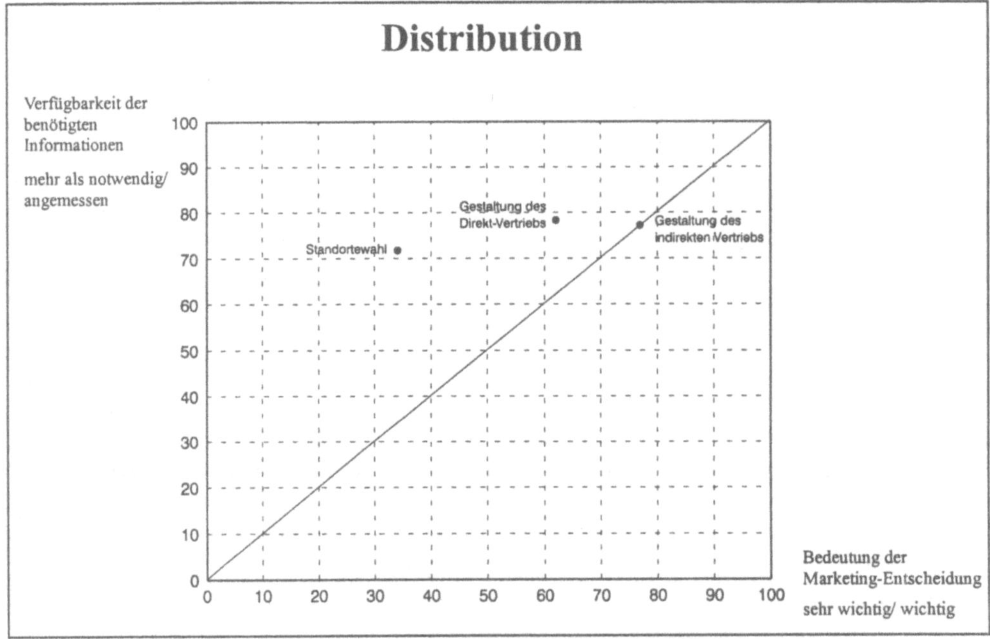

Abbildung 4: Informationsversorgung im Rahmen der Entscheidungen zur *"Distributionspolitik"*

3.4 Kommunikation

Gemäß der Unterschiedlichkeit kommunikationspolitischer Entscheidungen zeichnen die befragten Unternehmen ein heterogenes Bild hinsichtlich der Einordnung entsprechender Entscheidungen. Zu den Spitzenreitern gehören zweifellos der Kommunikations-Mix, Außendienst und die Medien-Werbung (Werbeträgerselektion/Werbemittelgestaltung). In diesen Teilbereichen wurde auch die Informationsversorgung am besten beurteilt, was jedoch nicht darüberhinweg täuschen kann, daß alle vier Entscheidungsfelder durch eine mehr oder weniger ausgeprägte Informationsunterversorgung gekennzeichnet sind. Weit abgeschlagen wurde die Bedeutung von Telefon-Marketing, Sponsoring und Electronic-Marketing eingeordnet (Abb. 5).

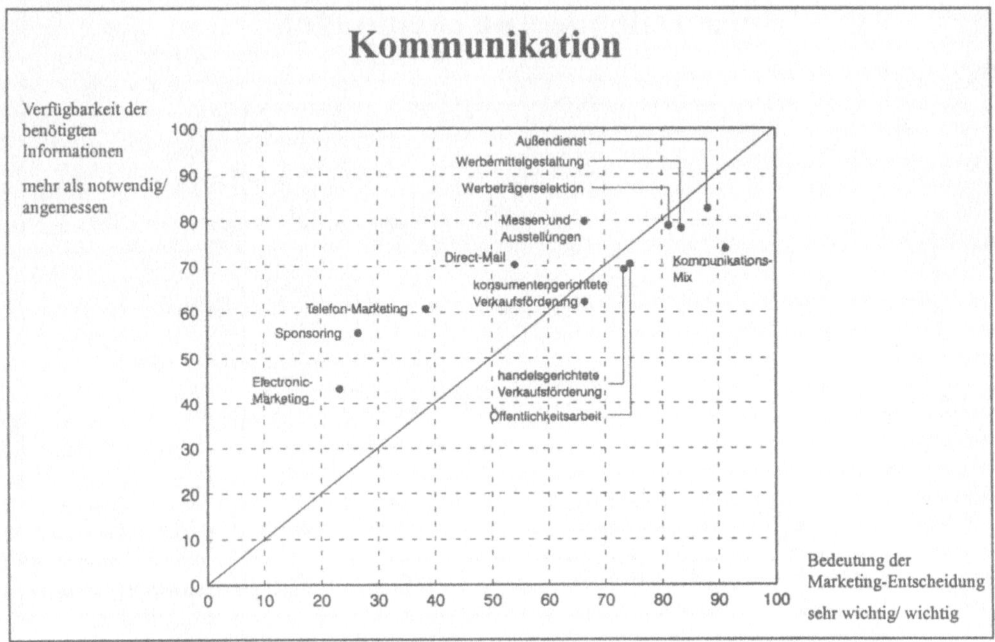

Abbildung 5: Informationsversorgung im Rahmen der Entscheidungen zur *"Kommunikationspolitik"*

3.5 Instrumentübergreifende Entscheidungen

Übergreifende Marketingentscheidungen sollten aufgrund ihres teilweise strategischen Charakters und der Tatsache, daß sie für eine Vielzahl von anderen Marketingentscheidungen Rahmenbedingungen setzen, durch eine solide Informationsbasis abgesichert sein. Ohne sinnvolle Marktsegmentierung kann beispielsweise keine zielgruppenspezifische Marketing-Mix-Planung stattfinden, außerdem wird eine fundierte Aufteilung des Marketingbudgets auf einzelne Teilbereiche erschwert. Es erscheint deshalb zunächst überraschend, daß bei keiner dieser Entscheidungen eine der Bedeutung entsprechende Verfügbarkeit der benötigten Informationen registriert werden konnte (Abb. 6).

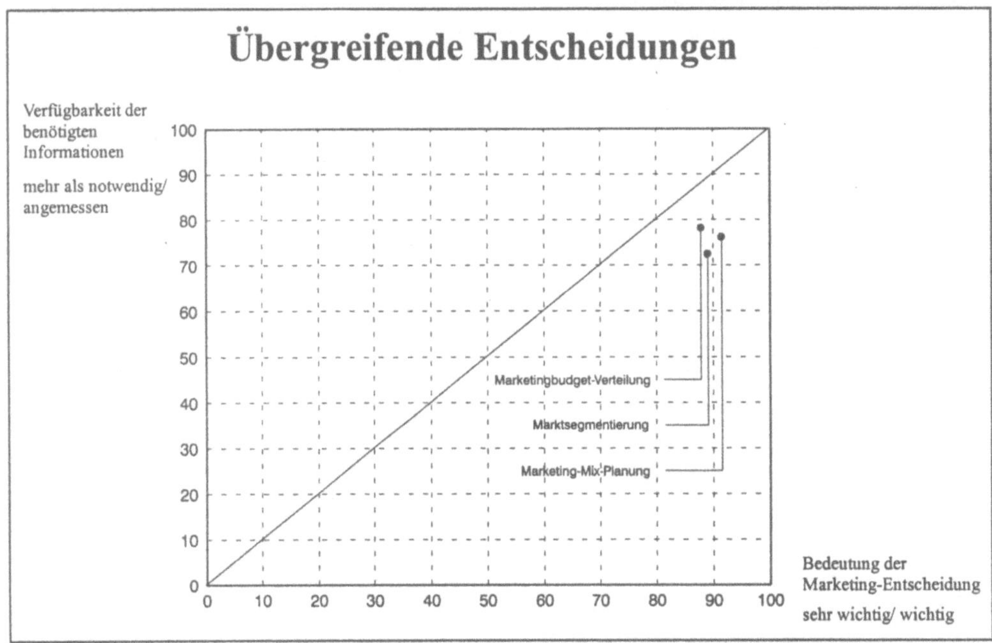

Abbildung 6: Informationsversorgung im Rahmen der
"instrumentübergreifenden Entscheidungen"

4 Zusammenfassung

Insgesamt ergibt sich aus der Befragung ein heterogenes Bild der Informationsversorgung im Marketing. Der Anteil der Respondenten, welche die Frage nach der Verfügbarkeit der benötigten Informationen bei einer Entscheidung mit "mehr als notwendig" oder "angemessen" beantwortet haben, bewegt sich zwischen 43,2 (Electronic Marketing) und 83,6 Prozent (Preispositionierung). Die Befragung gibt damit durchaus Anhaltspunkte, daß die Informationsversorgung noch verbessert werden kann. Einschränkend muß jedoch festgestellt werden, daß die Frage nach der "Verfügbarkeit der Informationen" von der – schwierig zu bewertenden –"Güte der Informationen" abstrahiert. So ist nicht allein die Quantität, sondern vor allen die Qualität der Informationen ausschlaggebend für die Entscheidungsunterstützung. Des weiteren bleibt anzumerken, daß die Ursachen für die Informationsdefizite aus der Befragung nicht hervorgehen. Inwieweit diese auf Mängel in den vorhandenen Informationssystemen, die generelle Nicht-Verfügbarkeit von Informationen in einer Branche bzw. einem Unternehmen oder die Nicht-Verfügbarkeit geeigneter Methoden für einzelne Marketingentscheidungen zurückzuführen sind, muß unbeantwortet bleiben. Die Befragung kann jedoch Anhaltspunkte dafür geben, in welchen Bereichen der Entscheidungsunterstützung im Marketing noch Forschungsarbeit zu leisten ist.

5 Literatur

[Nie91]   Nieschlag, R.; Dichtl, E.; Hörschgen, H.: Marketing, Berlin, 1991.

[Sch92]   Schwetz, W.: Marktspiegel Computer Aided Selling, Band 1 und 2, Karlsruhe, 1992.

[Spa92]   Spang, S.; Scheer, A.W.: Zum Entwicklungsstand von Marketinginformationssystemen, in ZfbF 1992, S. 183-208.

[Wil95]   Wilde, K.D., Schweiger, A., Schreyer, S.: Unternehmensmerkmale und Bedeutung einzelner Marketing-Entscheidungen – Ergebnisse einer empirischen Untersuchung, Veröffentlichung des Lehrstuhl für ABWL und Wirtschaftsinformatik der Kath. Universität Eichstätt, Ingolstadt, 1995.

Ein Klassifikationsrahmen für unternehmensexterne Marketinginformationen

Alfred Schweiger, Sabine Schoberer
Lehrstuhl für Allgemeine Betriebswirtschaftslehre*
Katholische Universität Eichstätt

Zusammenfassung

Informationen über das Marketingumfeld bilden eine wichtige Grundlage für die Entscheidungsunterstützung des Marketingmanagements. Standard-Informationsprodukte, welche von unternehmensexternen Institutionen, wie Marktforschungsinstituten, Verbänden, statistischen Ämtern etc. regelmäßig erhoben werden, stehen dem Unternehmen schnell, aktuell und kostengünstig zur Verfügung. Ihre systematische Einbindung in Marketinginfomationssysteme erscheint deshalb sinnvoll und zweckmäßig. Im Rahmen einer empirischen Untersuchung wurden zunächst die am Markt erhältlichen, marketingrelevanten Standard-Informationsprodukte erhoben. Die Vielzahl der im Rahmen der verschiedenen Informationsprodukte erhältlichen Einzelinformationen machte es jedoch notwendig diese Meta-Informationen im Rahmen eines Informationssystems abzubilden. Die Auswahl der Informationsprodukte, welche zur Abdeckung bestimmter Informationsbedarfe geeignet sind, wird durch ein Informationssystem wesentlich erleichtert. Voraussetzung für das schnelle Auffinden der Informationen war jedoch zunächst die Entwicklung des hier vorgestellten "Klassifikationsrahmens für unternehmensexterne Marketinginformationen" auf dessen Grundlage der Benutzer die Auswahl der für ihn relevanten Informationen vornimmt.

Stichworte: Marketing-Informationen, Marketing-Daten, Meta-Informationen, Klassifikation

1 Ausgangssituation und Problemstellung

Der Faktor "Information" gewinnt für Unternehmen in Zeiten stagnierender Nachfrage und hart umkämpfter Märkte zunehmend an Bedeutung. Technisch immer ähnlicher werdende Produkte fordern das Marketing, eine Differenzierung gegenüber den Mitbewerbern herzustellen. Zur Durchführung seiner Aufgaben greift das Marketingmanagement auf unternehmensinterne und -externe Informationen zurück. *Unternehmensinterne Informationen* haben ihren Ursprung innerhalb des Unternehmens und werden von den betrieblichen Teilbereichen bereitgestellt. *Unternehmensexterne Informationen* hingegen beinhalten Infor-

---

* Lehrstuhlvertretung: Dr. Alfred Schweiger

mationen über die generelle Unternehmensumwelt (z.B. das Gesellschafts- und Rechtssystem) sowie über Branchen und Märkte in denen das Unternehmen agiert. Die Beschaffung unternehmensexterner Informationen ist i.d.R. Aufgabe der Marktforschung [Ber91, S. 30].

Einen wichtigen Beitrag zur Informationsversorgung des Marketingmanagement können hier sogenannte *(Standard-) Informationsprodukte*, wie regelmäßig erscheinende Erhebungen von Marktforschungsinstituten (*keine* Exklusivstudien) oder Informationen von Verbänden, Statistischen Ämtern etc. leisten. Diese Informationen sind idR schnell, kostengünstig und auf elektronischen Speichermedien erhältlich. Ihre Einbindung in Marketinginformationssysteme könnte einen wesentlichen Beitrag zur Entscheidungsunterstützung des Marketingmanagement leisten. Ein wichtiger Aspekt bei der Entwicklung von Marketinginformationssystemen ist deshalb die Frage, welche unternehmensexternen Informationsprodukte für eine Branche verfügbar sind.

Im Rahmen einer im Jahr 1994 durchgeführten empirischen Erhebung des Lehrstuhls für Wirtschaftsinformatik der Kath. Universität Eichstätt wurden zunächst die erhältlichen Informationsprodukte erfaßt. Dabei zeigte sich, daß die von den verschiedenen Anbietern zur Verfügung gestellten Meta-Informationen (Informationen über die Informationsprodukte) bezüglich ihres Umfangs, der abgedeckten Informationsinhalte, ihres Detaillierungsgrads und ihrer Strukturierung äußerst heterogen waren. Das Ergebnis der empirischen Forschung bestand zunächst in einem Korb von Prospektmaterial, dessen Durchsicht ganz eindringlich zeigte, daß die Informationen nur im Rahmen eines Informationssystems (Datenbank) sinnvoll zu nutzen sind.

Grundlegende Voraussetzung für die Realisierung eines solchen Systems war jedoch die Entwicklung eines geeigneten Klassifikationsrahmens für unternehmensexterne Marketinginformationen. Hierbei besteht das Problem, das äußerst heterogene und komplexe Angebot an unternehmensexternen Informationen derart zu strukturieren, daß die Klassifikation zum einen hinreichend trennscharf, zum anderen aber nicht übermäßig komplex ist, um ein leichtes und schnelles Auffinden der gewünschten Informationen zu ermöglichen. Mit Hilfe dieses Klassifikationsrahmens spezifiziert der Benutzer zunächst die aus seiner Sicht relevanten Informationen. Anschließend gibt das Informationssystem die hierfür in der Datenbank hinterlegten Informationsprodukte aus.

Im Rahmen dieses Beitrags wird zunächst der allgemeine Aufbau eines Klassifikationsrahmens für unternehmensexterne Marketinginformationen dargestellt. Anschließend wird die branchenspezifische Anwendung dieses Klassifikationsrahmens an einigen Beispielen gezeigt. Die Begriffe "Informationen" und "Daten" werden im folgenden synonym verwendet.

2 Allgemeiner Aufbau des Klassifikationsrahmens

Als Grundlage für den Aufbau des Klassifikationsrahmens dienten die im Rahmen der vorgenannten Erhebung von den Informationsanbietern über ihre Informationsprodukte bereitgestellten Meta-Informationen. Dabei zeigte sich, daß die Verfügbarkeit der in den einzelnen Branchen erhältlichen Informationen höchst unterschiedlich ist. Die konkrete Anwendung des Klassifikationsrahmens konnte nur für jene Branchen erfolgen, über die ausreichende Meta-Informationen vorlagen.

Das Marketingmanagement benötigt zur Durchführung seiner Aufgaben laufend Informationen über Veränderungen des Marketingumfelds [Kot92, S. 186]. Für die Klassifikation der Informationen wurde deshalb zunächst die im Marketing übliche Differenzierung des Marketingumfelds in ein weiteres oder generelles Umfeld (Makroumfeld) sowie ein näheres oder spezielles Umfeld (Mikroumfeld) [Nie91, S. 613-614] herangezogen.

Das *Makroumfeld* bezeichnet ein übergeordnetes System in dem die Unternehmen eingebettet sind, das aber von einzelnen Unternehmen nicht beeinflußt werden kann. Dieses generelle Umfeld setzt die Rahmenbedingungen für unternehmerische Entscheidungen [Bot89, S. 3]. Es unterliegt ständigen Veränderungen, woraus sich stets neue Chancen und Risiken ergeben, die es rechtzeitig zu erkennen gilt. Der Erfolg eines Unternehmens hängt davon ab, wie gut es seine Strategien an die Umweltveränderungen anpaßt [Kot92, S. 100 ff]. Das Makroumfeld setzt sich aus einer volkswirtschaftlichen, politisch-rechtlichen, demographischen, sozio-kulturellen, technologischen sowie naturgebundenen Komponente zusammen. Es beeinflußt die Tätigkeiten eines Unternehmens mittelbar über dessen Mikroumfeld [Kot92, S. 186].

Das *Mikroumfeld* kennzeichnet den Markt in dem ein Unternehmen agiert. Es setzt sich aus Marktteilnehmern wie Kunden, Konkurrenten, Absatzmittlern und Lieferanten zusammen, die mit dem Unternehmen in Beziehung stehen und dessen Erfolg unmittelbar beeinflussen. Im Vergleich zum Makroumfeld gehen vom Mikroumfeld stärkere Wirkungen auf das Unternehmen aus. Das Mikroumfeld kann vom Unternehmen stärker beeinflußt werden [Kot92, S. 186].

Aus dem Marketingumfeld leitet sich die dichotomische Untergliederung unternehmensexterner Informationen auf der obersten Ebene unseres Klassifikationsrahmens ab. So werden Informationen über das Makroumfeld, die für alle Unternehmen, unabhängig welcher Branche sie angehören, von Bedeutung sind, zur *Klasse "Branchenübergreifende Informationen"* zusammengefaßt. Das Mikroumfeld ist für jedes Unternehmen unterschiedlich aber für Unternehmen gleicher Branche ähnlich. Informationen über das spezielle Umfeld bilden daher die Klasse *"Branchenbezogene Informationen"*. Abbildung 1 zeigt den Klassifikationsrahmen im Überblick.

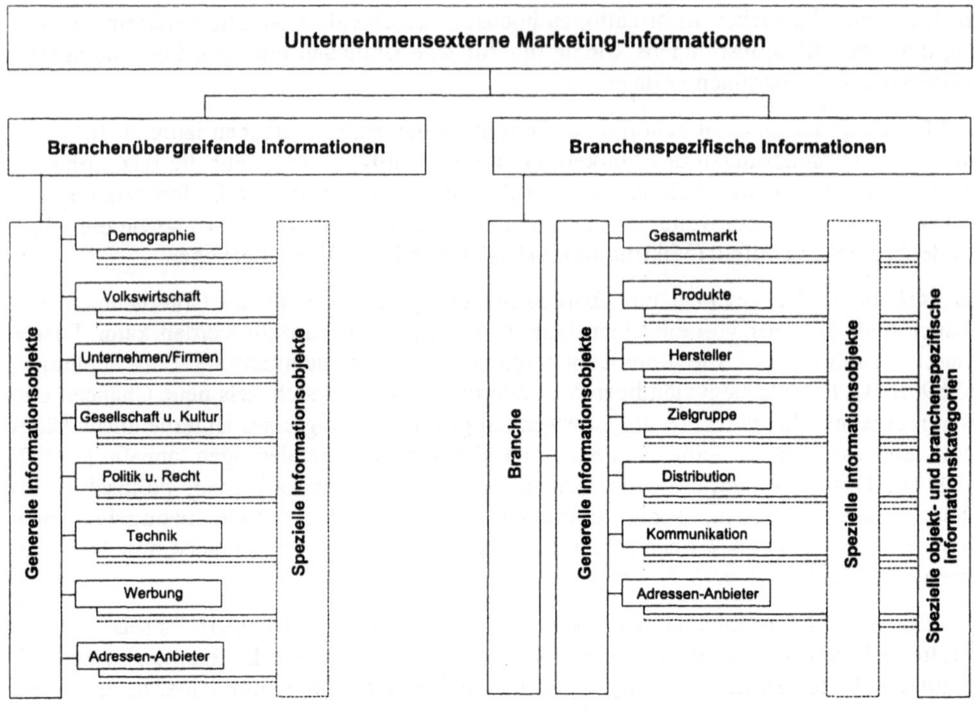

Abbildung 1: Allgemeiner Aufbau des Klassifikationsrahmens

Als zusätzliches Klassifikationsmerkmal (gegenüber den branchenübergreifenden Informationen) wird bei den *branchenspezifischen Informationen* zunächst eine Einteilung nach den *Branchen* vorgenommen. Dabei werden derzeit folgende Branchen differenziert (Abb. 2).

• Augenoptik	• Finanzdienstleistung	• Leder- u. Schuhe
• Automobilindustrie	• Forst- u. Landwirtschaft,	• Maschinenbau
• Baugewerbe	Gartenbau, Tierhaltung	• Nahrungs- u. Genußmittel
• Bildung	• Freizeitmarkt	• Pharma
• Büromaschinen	• Gastgewerbe, Fremdenverkehr	• Textil u. Bekleidung
• Druck u. Papier	• Holz- u. Möbelindustrie	• Transport, Verkehr
• Eisen, Stahl, Metalle	• Keramik, Glas, Schmuck	• Verlage, Presse, Werbung
• Elektrotechnik	• Körperpflegemittel	
• Feinmechanik, Optik, Uhren	• Kunststoffe	

Abbildung 2: Brancheneinteilung

Das nächste Klassifikationsmerkmal bilden *Informationsobjekte*. Informationsobjekte kennzeichnen das *Objekt, auf das sich die Informationen beziehen* und werden zur weiteren Untergliederung der branchenübergreifenden bzw. branchenspezifischen Informationen herangezogen. Dabei wird zwischen generellen und speziellen Informationsobjekten unterschieden.

Generelle Informationsobjekte werden explizit von dem Klassifikationsrahmen vorgegeben. Wir unterscheiden hier zur weiteren Unterteilung der *branchenübergreifenden* Informationen die generellen Informationsobjekte Demographie, Volkswirtschaft, Unternehmen/Firmen, Gesellschaft und Kultur, Politik und Recht, Technik, Werbung sowie Adressen-Anbieter. Auf Seiten der *branchenspezifischen* Informationen werden als generelle Informationsobjekte Gesamtmarkt, Produkte, Hersteller, Zielgruppe, Distribution, Kommunikation und Adressen-Anbieter differenziert (siehe Abb. 1).

Sofern es die Komplexität der generellen Informationsobjekte erfordert können zu deren weiterer Untergliederung zusätzlich *spezielle Informationsobjekte* gebildet werden. So kann zum Beispiel das generelle Informationsobjekt "Distribution" weiter unterteilt werden nach Absatzwegen. In dem Klassifikationsrahmen für die Branche "Pharma" werden hierzu beispielsweise die speziellen Informationsobjekte Apotheken, Großhandel, Krankenhaus, Drogerien und Verbrauchermärkte weiter differenziert (siehe Abb. 6). Spezielle Informationsobjekte beziehen sich dabei stets auf das übergeordnete generelle Informationsobjekt.

Die Klassifikationsmerkmale auf der untersten Ebene werden schließlich als *Informationskategorien* bezeichnet. Darunter wird die *Art der Informationen* – d.h. um welche Informationen im Hinblick auf das übergeordnete Informationsobjekt es sich handelt – verstanden. Beispiele hierfür sind die Informationskategorien Absatzdaten, Imagedaten oder Soziodemographische Daten. Die Informationskategorien werden den Informationsobjekten zugeordnet, beispielsweise *Absatzdaten* des Informationsobjekts "Hersteller", *Imagedaten* des Informationsobjekts "Produkte" oder *Soziodemographische Daten* des Informationsobjekts "Zielgruppe".

Die Klassifikation der uns vorliegenden unternehmensexternen Marketinginformationen hat gezeigt, daß mit der Sichtweise von Informationsobjekten und Informationskategorien die branchen*spezifischen* Informationen einsichtig strukturiert werden können. Die Navigation durch die so klassifizierten Informationen gestaltet sich relativ einfach.

Im Hinblick auf die branchen*übergreifenden* Informationen läßt sich diese Differenzierung jedoch nicht aufrechterhalten. Die hier zu klassifizierenden Informationen sind häufig zu grob um eine weitere Spezifizierung mit Hilfe von Informationskategorien durchführen zu können. Aus diesem Grund wurde bei den branchenübergreifenden Informationen keine Informationskategorien unterschieden und die Klassifizierung ausschließlich auf der Basis von Informationsobjekten durchgeführt.

Abbildung 3 zeigt den Klassifikationsrahmen für die branchenübergreifenden Informationen, der auf der Grundlage der uns vorliegenden Meta-Informationen erstellt wurde.

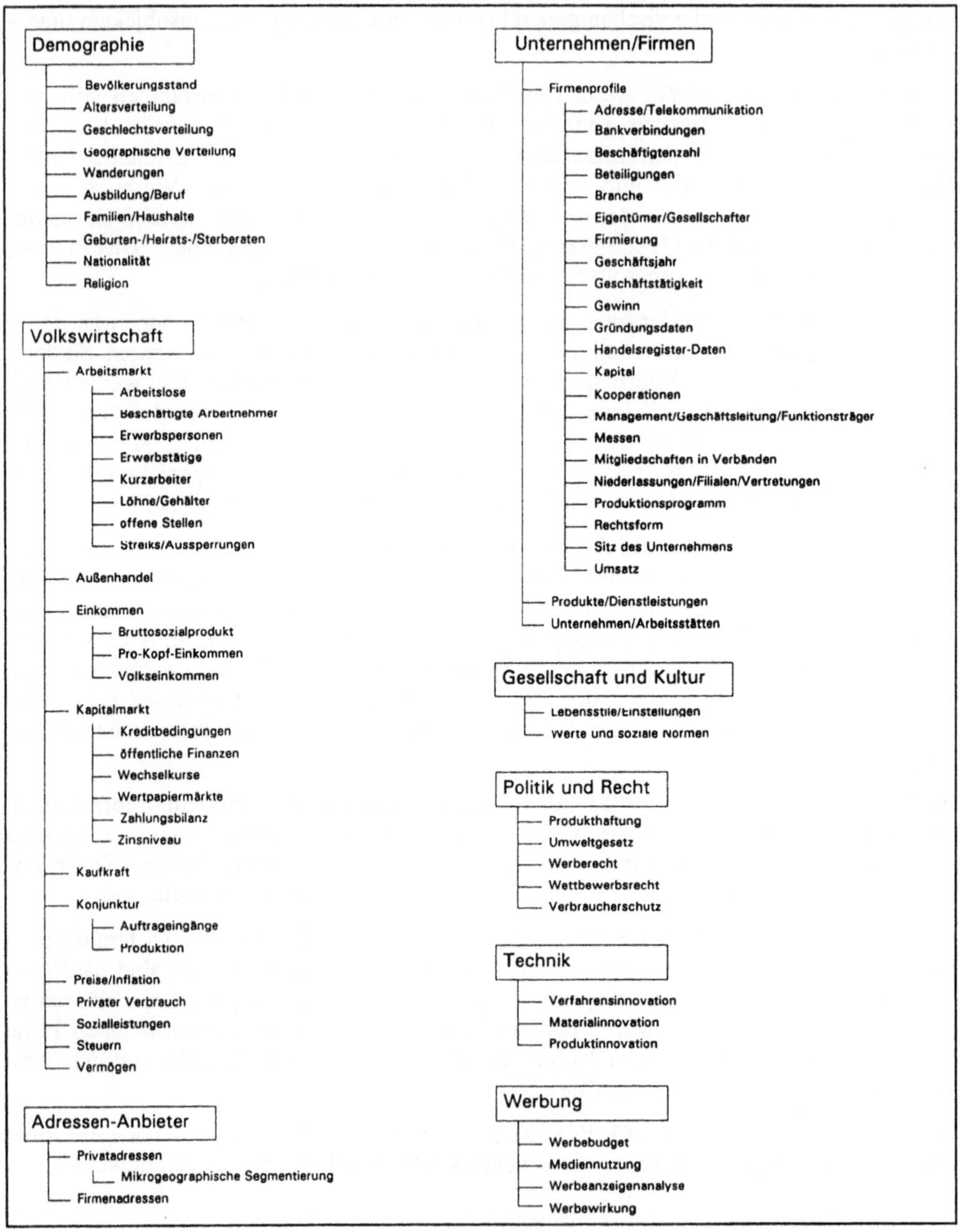

Demographie
- Bevölkerungsstand
- Altersverteilung
- Geschlechtsverteilung
- Geographische Verteilung
- Wanderungen
- Ausbildung/Beruf
- Familien/Haushalte
- Geburten-/Heirats-/Sterberaten
- Nationalität
- Religion

Volkswirtschaft
- Arbeitsmarkt
  - Arbeitslose
  - Beschäftigte Arbeitnehmer
  - Erwerbspersonen
  - Erwerbstätige
  - Kurzarbeiter
  - Löhne/Gehälter
  - offene Stellen
  - Streiks/Aussperrungen
- Außenhandel
- Einkommen
  - Bruttosozialprodukt
  - Pro-Kopf-Einkommen
  - Volkseinkommen
- Kapitalmarkt
  - Kreditbedingungen
  - öffentliche Finanzen
  - Wechselkurse
  - Wertpapiermärkte
  - Zahlungsbilanz
  - Zinsniveau
- Kaufkraft
- Konjunktur
  - Auftrageingänge
  - Produktion
- Preise/Inflation
- Privater Verbrauch
- Sozialleistungen
- Steuern
- Vermögen

Adressen-Anbieter
- Privatadressen
  - Mikrogeographische Segmentierung
- Firmenadressen

Unternehmen/Firmen
- Firmenprofile
  - Adresse/Telekommunikation
  - Bankverbindungen
  - Beschäftigtenzahl
  - Beteiligungen
  - Branche
  - Eigentümer/Gesellschafter
  - Firmierung
  - Geschäftsjahr
  - Geschäftstätigkeit
  - Gewinn
  - Gründungsdaten
  - Handelsregister-Daten
  - Kapital
  - Kooperationen
  - Management/Geschäftsleitung/Funktionsträger
  - Messen
  - Mitgliedschaften in Verbänden
  - Niederlassungen/Filialen/Vertretungen
  - Produktionsprogramm
  - Rechtsform
  - Sitz des Unternehmens
  - Umsatz
- Produkte/Dienstleistungen
- Unternehmen/Arbeitsstätten

Gesellschaft und Kultur
- Lebensstile/Einstellungen
- Werte und soziale Normen

Politik und Recht
- Produkthaftung
- Umweltgesetz
- Werberecht
- Wettbewerbsrecht
- Verbraucherschutz

Technik
- Verfahrensinnovation
- Materialinnovation
- Produktinnovation

Werbung
- Werbebudget
- Mediennutzung
- Werbeanzeigenanalyse
- Werbewirkung

Abb. 3.: Klassifikationsrahmen für die branchen*übergreifenden* Informationen

3 Branchenspezifische Anwendung des Klassifikationsrahmens

Im folgenden wird die Anwendung des im vorigen Abschnitt allgemein dargestellten Klassifikationsrahmens für die Unterteilung der branchen*spezifischen,* unternehmensexternen Marketinginformationen gezeigt. Anhand der uns vorliegenden Meta-Informationen konnte die Klassifikation für die Branchen Augenoptik, Automobilindustrie, Elektrotechnik, Freizeitmarkt, Finanzdienstleistungen, Körperpflegemittel, Nahrungs- und Genußmittel sowie Pharma durchgeführt werden.

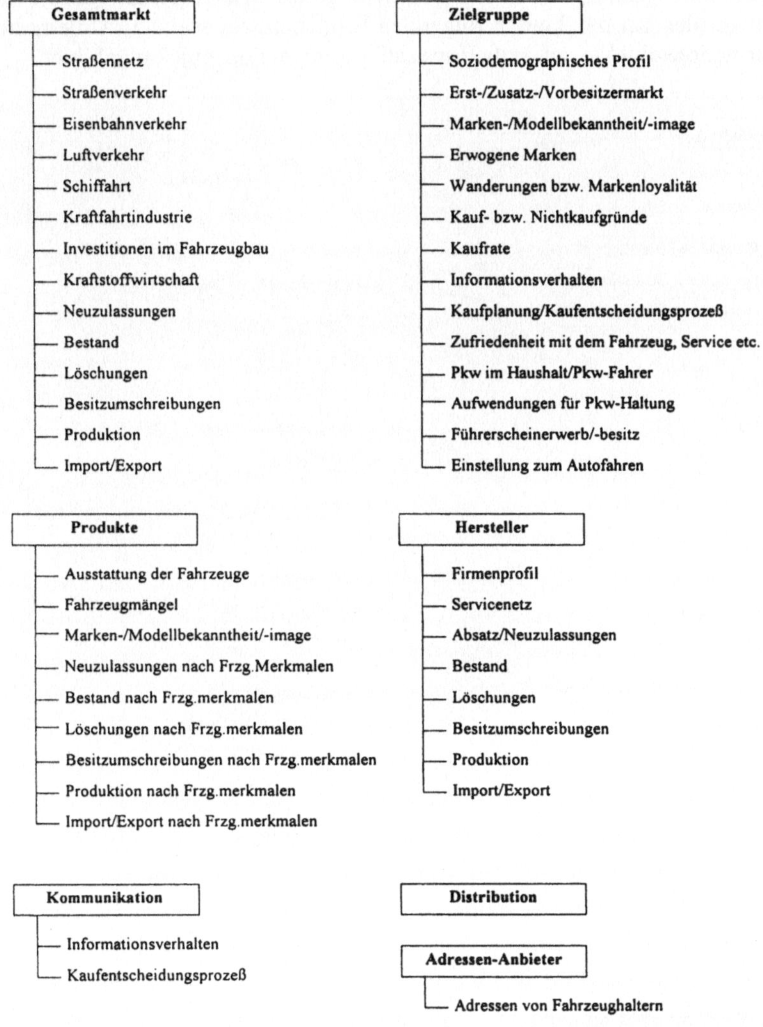

Abbildung 4: Klassifikation der Informationen - *Branche "Automobilindustrie"*

Die Abbildungen 4 bis 6 zeigen exemplarisch die Klassifikation der Informationen für die Branchen Automobilindustrie, Finanzdienstleistungen und Pharma. Eine vollständige Darstellung findet sich in [Sch95]. In den Abbildungen sind die Informationsobjekte mit Rahmen, die (zur Spezifizierung der Daten über die Informationsobjekte herangezogenen) Informationskategorien ohne Rahmen dargestellt. Gemäß unserem Klassfikationsrahmen sind die generellen Informationsobjekte auf der obersten Ebene für alle Branchen gleich (siehe Abb. 1). Die speziellen Informationsobjekte sowie die Informationskategorien werden hingegen branchen- und objektspezifisch erstellt.

Die Klassifikation der Informationen basiert für die Automobilindustrie ausschließlich auf den, im Klassifikationsrahmen fest vorgegebenen, generellen Informationsobjekten. Im Gegensatz dazu wurden bei den beiden folgenden Branchen, zur weiteren Unterteilung der generellen Informationsobjekte, zusätzlich spezielle Informationsobjekte gebildet.

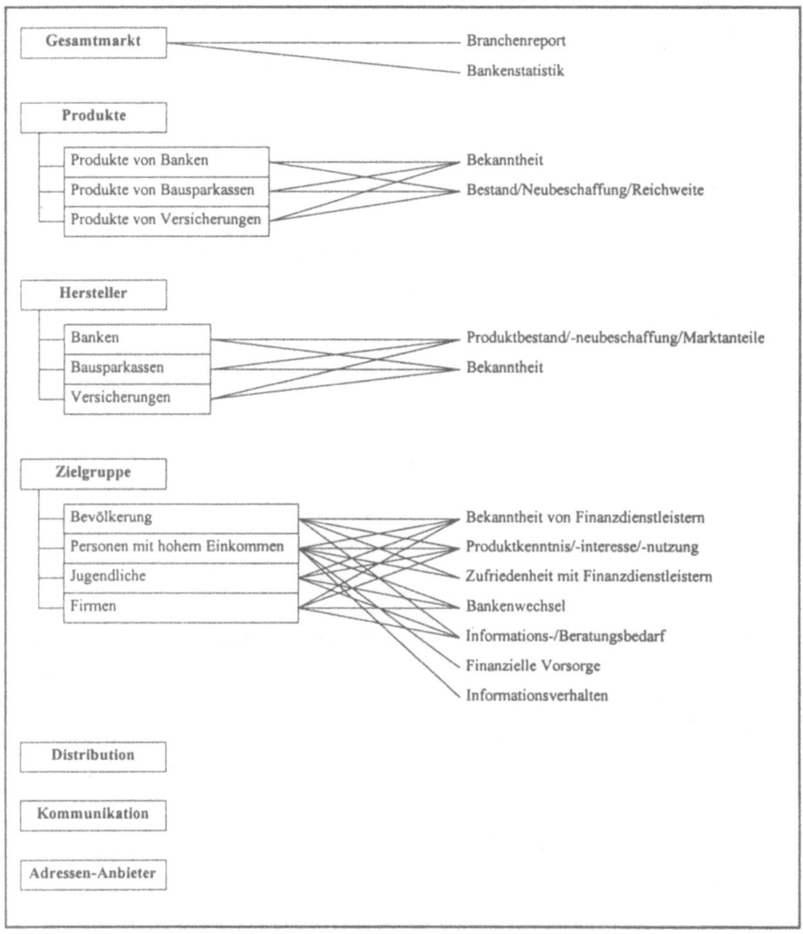

Abb. 5: Klassifikation der Informationen - *Branche "Finanzdienstleistung"*

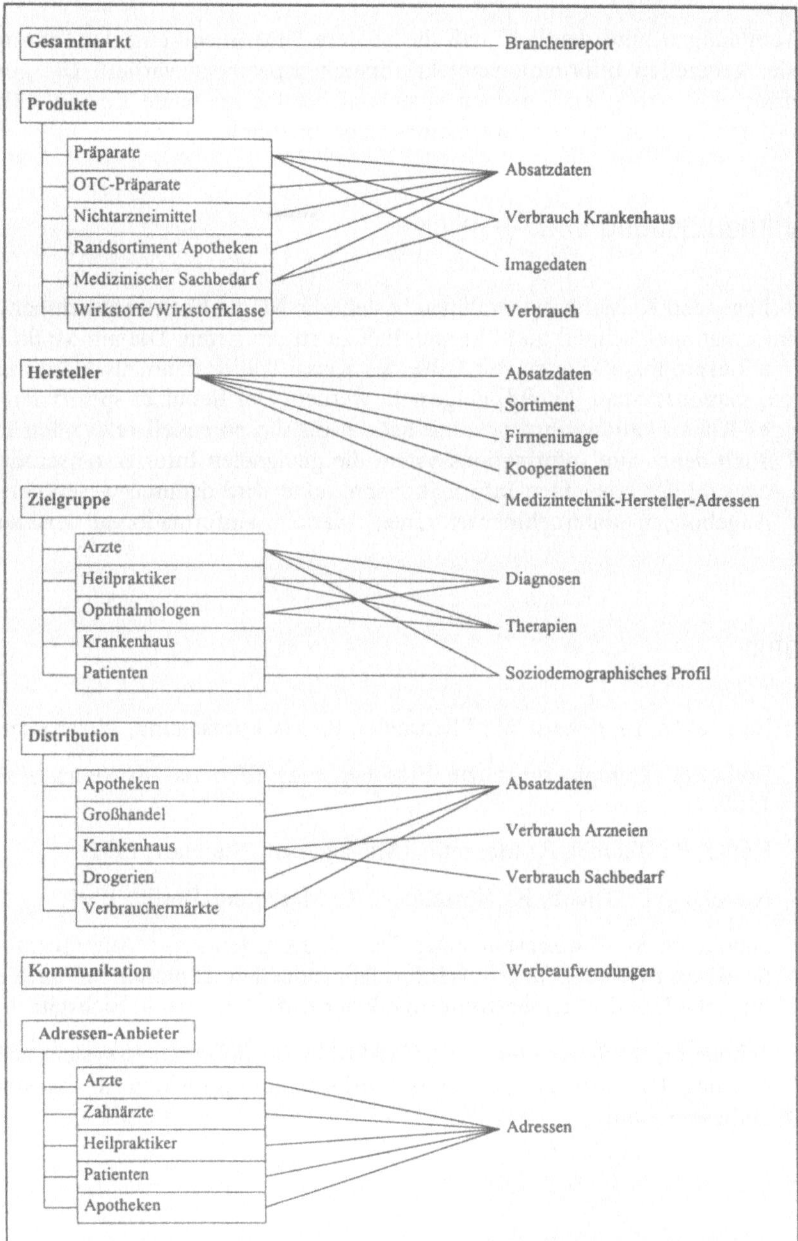

Abbildung 6: Klassifikation der Informationen - *Branche "Pharma"*

Aus den Abbildungen wird deutlich, daß die weitere Untergliederung der Informationen unterhalb der generellen Informationsobjekte branchenspezifisch variiert. Die generellen Informationsobjekte ermöglichen jedoch eine branchenübergreifende Einheitlichkeit und erleichtern so den Einstieg bei der Informationssuche erheblich.

4 Zusammenfassung und Ausblick

Mit dem vorliegenden Klassifikationsrahmen besteht die Möglichkeit unternehmensexterne Marketinginformationen schnell und übersichtlich zu strukturieren. Die am Markt erhältlichen Informationsprodukte können mit Hilfe des Klassifikationsrahmens klassifiziert und so in ein Informationssystem [Sch98] eingestellt werden. Der Benutzer spezifiziert auf der Grundlage des Klassifikationsrahmens zunächst die für ihn potentiell relevanten Informationen und erhält dann vom Informationssystem die geeigneten Informationsprodukte genannt. Die Auswahl der relevanten Informationsprodukte wird dadurch wesentlich vereinfacht, das Angebot an unternehmensexternen Marketinginformationen leichter überschaubar.

5 Literatur

[Ber91]   Berekoven, L.; Eckert, W.; Ellenrieder, P.: Marktforschung, Wiesbaden, 1991.

[Bot89]   Both, M.: Computergestützte Entscheidungshilfen im Marketing, Frankfurt, 1989.

[Kot92]   Kotler, P.; Bliemel, F.: Marketing-Management, Stuttgart, 1992.

[Nie91]   Nieschlag, R.; Dichtl, E.; Hörschgen, H.: Marketing, Berlin, 1991.

[Sch95]   Schoberer, S.: Konzeption eines Datenbanksystems zur Administration und Selektion externer Marketing-Informationsquellen. Diplomarbeit am Lehrstuhl für ABWL und Wirtschaftsinformatik der Kath. Universität Eichstätt, 1995.

[Sch98]   Schoberer, S.; Schweiger, A.: INFO-Pro – Ein Informationssystem zur Unterstützung der Auswahl von Standard-Informationsprodukten für das Marketing, in diesem Band.

INFO-Pro – Ein Informationssystem zur Unterstützung der Auswahl von Standard-Informationsprodukten für das Marketing

Sabine Schoberer, Alfred Schweiger
Lehrstuhl für Allgemeine Betriebswirtschaftslehre*
Katholische Universität Eichstätt

Zusammenfassung

Informationen über das Marketingumfeld bilden eine wichtige Grundlage für die Entscheidungsunterstützung im Marketing. Zur Deckung dieses Informationsbedarfs stehen den Unternehmen zahlreiche Standard-Informationsprodukte zur Verfügung, die von unternehmensexternen Institutionen (z.B. Marktforschungsinstituten, Verbänden, Statistischen Ämtern) regelmäßig erhoben werden. Das Angebot ist jedoch kaum überschaubar. Der vorliegende Beitrag stellt mit INFO-Pro ein unter Microsoft Access realisiertes Informationssystem vor, das die Auswahl von Standard-Informationsprodukten erleichtern soll. Voraussetzung für die Realisierung von INFO-Pro war zunächst die Entwicklung eines "Klassifikationsrahmens für unternehmensexterne Marketinginformationen" [Sch98], der die Grundlage für die Strukturierung der Informationen bildet.

Stichworte: Marketing-Informationen, Marketing-Daten, Meta-Informationen, Klassifikation

1 Ausgangssituation und Problemstellung

Informationen bilden eine wesentliche Grundlage für unternehmerische Entscheidungen. Als Marketing-Informationen werden dabei alle Informationen bezeichnet, die für die Planung der Marketingziele und Marketingstrategien sowie für den Einsatz absatzpolitischer Instrumente relevant sind [Ber91, S. 29]. *Unternehmensexterne Informationen* – d.h. Informationen über die generelle Unternehmensumwelt, sowie Branchen, Märkte und Wettbewerber – gewinnen in Zeiten wachsender Dynamik und eines forcierenden Wettbewerbs an Bedeutung. Die Beschaffung unternehmensexterner Informationen wird als Aufgabe der Marktforschung [Nie91, S. 607] genannt.

Einen wichtigen Beitrag zur Versorgung des Marketingmanagements mit unternehmensexternen Informationen können *(Standard-)Informationsprodukte*, wie regelmäßig erscheinende Erhebungen von Marktforschungsinstituten (*keine* Exklusivstudien) oder Informa-

---

* Lehrstuhlvertreter: Dr. Alfred Schweiger

tionen von Verbänden, Statistischen Ämtern u.a. leisten. Diese Informationen sind in der Regel schnell, kostengünstig und auf elektronischen Speichermedien erhältlich. Für das Marketingmanagement ist deshalb von besonderem Interesse, welche Einzel-Informationen im Rahmen welcher Standard-Informationsprodukte verfügbar sind.

Im Rahmen einer im Jahr 1994 am Lehrstuhl für Wirtschaftsinformatik der Kath. Universität Eichstätt durchgeführten empirischen Erhebung wurden daher zunächst die erhältlichen Standard-Informationsprodukte der verschiedenen Informationsanbieter sowie die darin enthaltenen Einzel-Informationen erfaßt. Das Informationsangebot erwies sich in dieser Form jedoch als kaum überschaubar.

Das Problem bestand zum einen darin, daß die Angaben über die in den verschiedenen Standard-Informationsprodukten enthaltenen Einzel-Informationen (nur) in den Informationsmaterialien der Anbieter enthalten waren. Die Suche nach einer bestimmten Einzel-Information z beginnt dadurch bei den zahlreichen Informationsmaterialien der Anbieter, wobei zu klären ist, ob ein Anbieter x ein Standard-Informationsprodukt y anbietet, das die benötigte Information z enthält. Wünschenswert wäre hier ein Informationssystem, das den umgekehrten Weg unterstützt. Das heißt, ein Informationsnachfrager spezifiziert zunächst die gewünschte Information z, worauf ihm das System die entsprechenden Standard-Informationsprodukte y und deren Anbieter x nennt.

Zum anderen zeigte sich, daß die von den verschiedenen Anbietern zur Verfügung gestellten Informationsmaterialien bezüglich ihres Umfangs, der abgedeckten Informationsinhalte, ihres Detaillierungsgrads und vor allen hinsichtlich ihrer Strukturierung äußerst heterogen waren. Eine einheitliche Strukturierung der Einzel-Informationen – welche als Grundlage für die Spezifikation und den Zugriff auf eine Information z dienen kann – war damit nicht gegeben. Aus diesem Grund mußte zunächst ein *"Klassifikationsrahmen für unternehmensexterne Marketinginformationen"* [Sch98] entwickelt werden. Auf der Grundlage dieses Klassifikationsrahmens werden die in den Standard-Informationsprodukten enthaltenen Einzel-Informationen eingeordnet. Damit wird die Voraussetzung für einen strukturierten Zugriff auf die Einzel-Informationen geschaffen.

Im Rahmen dieses Beitrags wird das auf dem Datenbanksystem Microsoft Access basierende Informationsssystem INFO-Pro vorgestellt, welches die Suche nach geeigneten Standard-Informationsprodukten unterstützt. Zusätzlich zu dem Klassifikationsrahmen mußte für die Realisierung von INFO-Pro ein *Beschreibungsschema für Standard-Informationsprodukte* entwickelt werden. Auf der Grundlage dieses Schemas werden die Meta-Informationen – d.h. die Informationen über die Standard-Informationsprodukte und deren Anbieter – in INFO-Pro einheitlich strukturiert dargestellt.

Im folgenden wird zunächst das Beschreibungsschema für Standard-Informationsprodukte vorgestellt. Anschließend wird die Anwendung von INFO-Pro an einem Beispiel gezeigt. Die Begriffe "Informationen" und "Daten" werden dabei synonym verwendet.

2 Beschreibungsschema für Standard-Informationsprodukte

Die Informationsmaterialien bzw. "Prospekte" der Informationsanbieter enthalten in bezug auf deren Detailliertheit und Strukturiertheit äußerst heterogene Angaben zu den Standard-Informationsprodukten und den darin enthaltenen Einzel-Informationen. Damit sich ein Informationssuchender schnell einen vergleichenden Überblick über die verfügbaren Standard-Informationsprodukte verschaffen kann, sollten hierüber idealer Weise gleich strukturierte Meta-Informationen vorliegen, die kurz und prägnant darlegen, welche Einzel-Informationen das jeweilige Standard-Informationsprodukt bietet. Zu diesem Zweck wurde das in Abbildung 1 dargestellte Beschreibungsschema entwickelt. Alle in INFO-Pro eingestellten Standard-Informationsprodukte werden nach diesem Schema dargestellt.

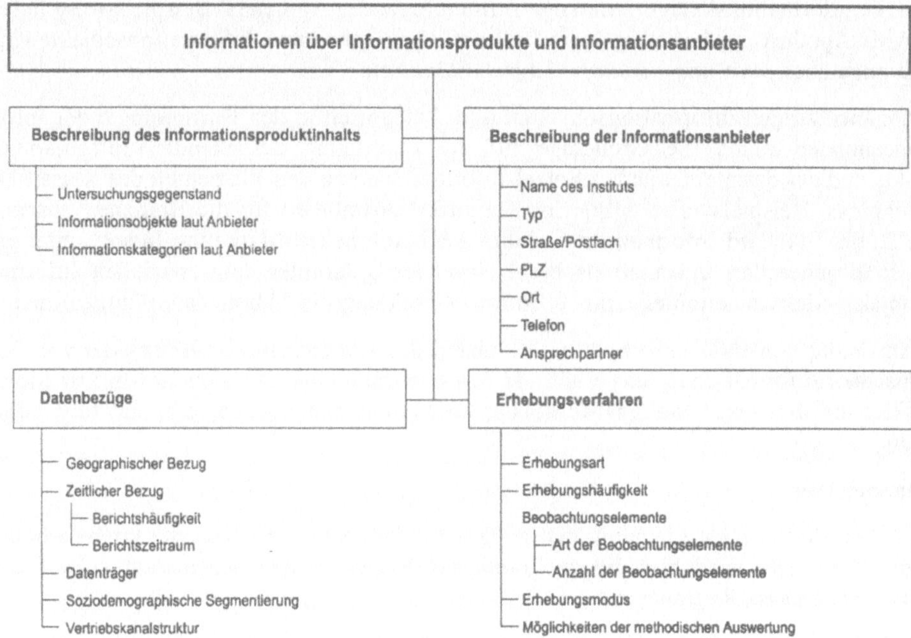

Abb. 1: Beschreibungsschema für Standard-Informationsprodukte

Das Beschreibungsschema unterteilt die Meta-Informationen in vier Bereiche, die nachfolgend kurz erläutert werden:

• **Beschreibung des Informationsproduktinhalts**

Hier wird in Kurzform beschrieben, welche Informationen das Standard-Informationsprodukt bietet. Als Einstieg erfolgt eine kurze Zusammenfassung des *Untersuchungsgegenstands*. Anhand dieses Kurztextes sollte der Informationssuchende bereits grob die Relevanz des Informationsprodukts abschätzen können.

Als nächstes werden die ***Informationsobjekte laut Anbieter*** aufgelistet. *Informationsobjekte* kennzeichnen laut der Terminologie unseres "Klassifikationsrahmen für unternehmensexterne Marketinginformationen" das *Objekt, auf das sich die Informationen beziehen.* Die hier enthaltenen Angaben bezeichnen die Informationsobjekte in der Terminologie, welche der Informationsanbieter in seinen Informationsmaterialien verwendet. Beispielsweise liefert das Standard-Informationsprodukt "AMI Apotheken-Marketing-Index" Daten über die Objekte *rezeptflichtige Arzneimittel, Nichtarzneimittel, Randsortiment* etc.

Weiterhin werden die ***Informationskategorien laut Anbieter*** angegeben, d.h. um welche Informationen zu den Informationsobjekten es sich handelt. Gemäß unseres Klassifikationsrahmens konkretisieren *Informationskategorien* die *Art der Informationen* im Hinblick auf das übergeordnete Informationsobjekt. Die hier enthaltenen Angaben bezeichnen wiederum die Informationskategorien in der Terminologie des Anbieters. Beispielsweise liefert der "AMI Apotheken-Marketing-Index" zu den oben genannten Informationsobjekten Informationen über *Einkäufe, Verkäufe, Lagerbestände* etc.

Die Angaben zu den Informationsobjekten und -kategorien in der Terminologie der Informationsanbieter bilden die Grundlage für die Zuordnung des Standard-Informationsprodukts und der darin enthaltenen Einzel-Informationen zu den Elementen des Klassifikationsrahmens. Beispielsweise würde im Klassifikationsrahmen für die Branche "Pharma" (Abb. 2) das Standard-Informationsprodukt "AMI Apotheken-Marketing-Index" unter anderen dem generellen Informationsobjekt "Produkte", darunter dem speziellen Informationsobjekt "Nichtarzneimittel" und der Informationskategorie "Absatzdaten" zugeordnet.

Der Anwender von INFO-Pro beschreibt anhand des Klassifikationsrahmens die von ihm gewünschten Informationen und erhält als Selektionsergebnis alle Standard-Informationsprodukte, die der ausgewählten Merkmalskombination entsprechen, d.h. ihr zugeordnet wurden.

• Datenbezüge

Der *geographische Bezug* benennt den geographischen Raum, für den die Daten erhoben wurden. Außerdem wird hier die geographische Segmentierung angegeben (z.B. Daten nach Bundesländern, Regionen etc.).

Der *zeitliche Bezug* wird in den Punkten Berichtshäufigkeit und Berichtszeitraum festgehalten. Die *Berichtshäufigkeit* gibt an, wie oft die erhobenen Daten dem Informationsnachfrager zur Verfügung gestellt werden (z.B. monatlich, wöchentlich etc.). Sie ist damit von entscheidender Bedeutung für deren Aktualität. Unter *Berichtszeitraum* wird hingegen der Zeitraum genannt auf den sich die Daten jeweils beziehen (z.B. Monatswerte, 3-Monatswerte etc.).

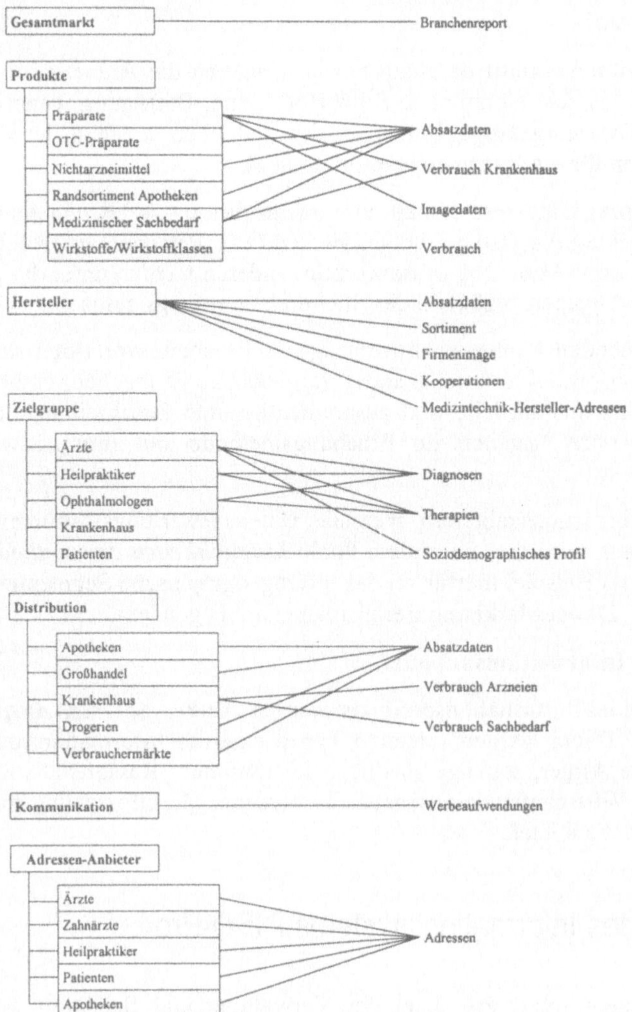

Abbildung 2: Klassifikationsrahmen für Marketinginformationen - Branche "Pharma"

Wichtig für die Weiterverarbeitung der Daten ist das Medium auf dem diese geliefert werden. Mögliche *Datenträger* sind Papier, Disketten, Magnetbänder, CD-ROMs oder auch externe Datenbanken, auf die online zugegriffen werden kann.

Zudem werden *soziodemographische Segmentierungskriterien* (z.B. Geschlecht, Alter) angegeben, nach denen die Daten eines Informationsprodukts gegebenenfalls aufgeschlüsselt sind.

Sofern die Daten des Informationsprodukts nach Geschäftstypen (z.B. Warenhäuser, Supermärkte, Fachgeschäfte) gegliedert sind, wird dies unter dem Punkt *Vertriebskanalstruktur* festgehalten.

• Erhebungsverfahren

Die *Erhebungsart* gibt Auskunft darüber, welche Angaben die Anbieter zur Gewinnung der Daten machen. Beispiele hierzu sind: Primärforschung, Befragung, Panel oder Sekundärforschung. Die *Erhebungshäufigkeit* nennt den zeitlichen Abstand der zwischen den Erhebungen der Daten für ein Informationsprodukt liegt.

Der Punkt *Beobachtungselemente* enthält zum einem die *Art der Beobachtungselemente*, d.h. an welchen Objekten die Daten erhoben werden (z.B. Personen ab 18 Jahre oder Unternehmen mit mehr als 1 Mio. DM Umsatz). Zum anderen werden unter der *Zahl der Beobachtungselemente* Angaben bezüglich des Stichprobenumfangs gemacht.

Während die vorstehenden Punkte stichwortartig das Erhebungsverfahren skizzieren, um damit die Informationsprodukte untereinander vergleichbar zu machen, enthält der Punkt *Erhebungsmodus* eine ausführliche und zusammenfassende Beschreibung. Insbesondere werden hier detailliertere Angaben zur Erhebungsmethode und zum Auswahlverfahren gemacht.

Sofern von den Informationsanbietern spezielle Datenauswertungsinstrumente zur Verfügung gestellt werden, wird dies unter dem Punkt *Möglichkeiten der methodischen Auswertung* angeführt. Als Beispiel hierfür sei das mikrogeographische Segmentierungssystem "regio-Plus" der A.Z. Direct Marketing Bertelsmann GmbH genannt.

• Beschreibung der Informationsanbieter

Zu den Anbietern eines Informationsprodukts werden *Name, Adresse, Ansprechpartner* und *Typ* angegeben. Dabei werden folgende Typen externer Informationsanbieter unterschieden: Statistische Ämter, sonstige staatliche Institutionen (Ressortstatistik), Verbände und Organisationen, Wirtschaftswissenschaftliche Institute, Marktforschungsinstitute sowie Verlage und Datenbankanbieter.

3 Anwendung des Informationssystems INFO-Pro

Das Informationssystem INFO-Pro dient der Verwaltung und Selektion von Standard-Informationsprodukten und Informationsanbietern. Es bestehen im wesentlichen folgende drei Recherchemöglichkeiten:

Erstens kann der Benutzer Informationen über einen *konkreten Informationsanbieter* (Welche Informationsprodukte liefert der Anbieter?) anfordern, zweitens über ein *konkretes Standard-Informationsprodukt* (Welche Einzel-Informationen sind in dem Standard-Informationsprodukt enthalten?).

Drittens - als Hauptanwendung von INFO-Pro - besteht die Möglichkeit, die *gewünschten Informationen* zu *spezifizieren* und sich dazu die Namen und Beschreibungen von Standard-Informationsprodukten ausgeben zu lassen, welche diese Einzel-Informationen beinhalten. Die Selektion der Standard-Informationsprodukte vollzieht sich dabei gemäß dem in Abbildung 3 dargestellten Schema. Der Benutzer spezifiziert zunächst auf der Grundlage des Klassifikationsrahmens für unternehmensexterne Marketinginformationen die von ihm gewünschten Informationen. Dazu ist in INFO-Pro der Klassifikationsrahmen einschließlich der verschiedenen branchenspezifischen Unterteilungen (siehe dazu [Sch98]) hinterlegt (Abb. 3 oberer Teil). Aus dem Klassifikationsrahmen wählt der Benutzer die gewünschten generellen und speziellen Informationsobjekte sowie die entsprechenden Informationskategorien aus. INFO-Pro selektiert daraufhin alle Standard-Informationsprodukte, welche diesen Informationsobjekten und -kategorien zugeordnet sind. Die Darstellung der gefunden Informationsprodukte erfolgt dann anhand des in Kapitel 2 beschriebenen Schemas (Abb. 3 unterer Teil).

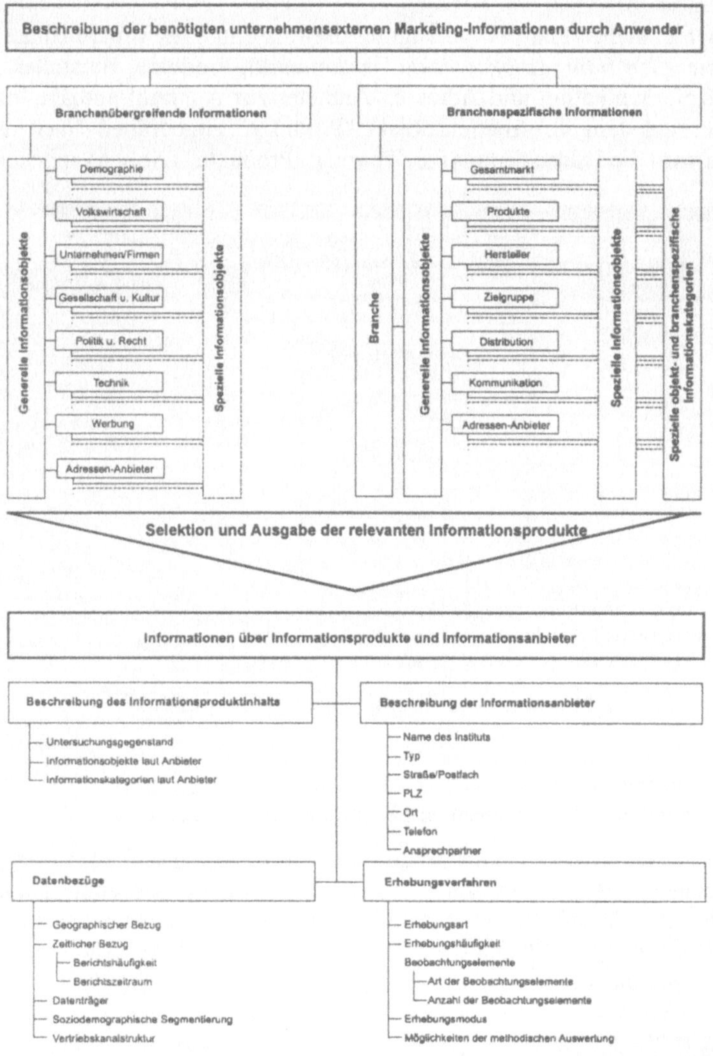

Abbildung 3: Selektion von Standard-Informationsprodukten in INFO-Pro

Anhand eines *Beispiels* wird nun die *branchenspezifische* Anwendung des Informationssystems INFO-Pro dargestellt. Darüber hinaus besteht auch die Möglichkeit Standard-Informationsprodukte mit branchenübergreifenden Informationen zu recherchieren. Exemplarisch sollen nun für die *Branche "Pharma"* Standard-Informationsprodukte gesucht werden, welche Informationen über die *Absatzentwicklung von Präparaten* enthalten.

Der Einstieg in INFO-Pro erfolgt über das in Abbildung 4 dargestellte Hauptmenü. Da sich die angeführte Fragestellung auf eine konkrete Branche bezieht, ist der Punkt "Branchenbezogene Informationen" zu wählen. Die daraufhin erscheinende Bildschirmmaske enthält zunächst eine Liste der Branchen.

Durch Wahl der Branche "Pharma" gelangt der Benutzer in eine weitere Bildschirmmaske, welche die *generellen Informationsobjekte* Gesamtmarkt, Produkte, Hersteller, Zielgruppe, Distribution, Kommunikation und Adressen-Anbieter zur Auswahl enthält. Informationen über Präparate sind dem Informationsobjekt "Produkte" zugeordnet. Nach der Auswahl dieses Punktes wird die Bildschirmmaske "Pharma - Produkte" (Abb. 5) angezeigt.

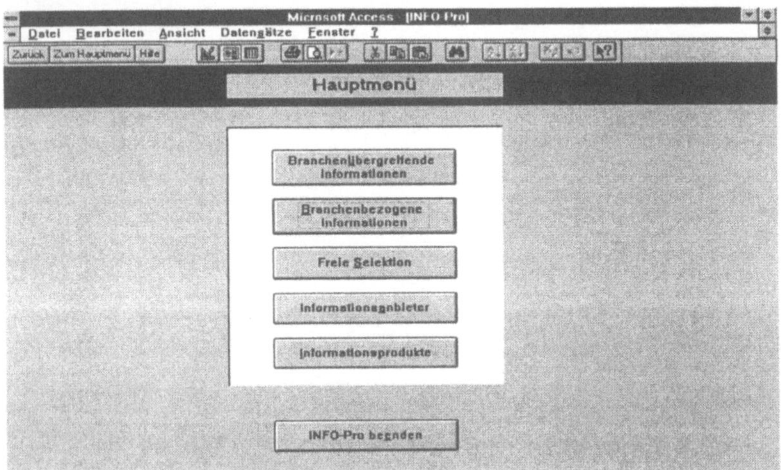

Abbildung 4: Bildschirmmaske "Hauptmenü"

Der Benutzer hätte hier das (branchenspezifische) *spezielle Informationsobjekt* "Präparate" sowie die *Informationskategorie* "Absatzdaten" auszuwählen. Damit ist die Spezifizierung der gewünschten Informationen durch den Benutzer abgeschlossen.

INFO-Pro führt nun die Datenbankabfrage durch und zeigt anschließend das Selektionsergebnis. In unserem Beispiel werden 10 Standard-Informationsprodukte gefunden. Diese werden in INFO-Pro gemäß dem in Abschnitt 2 vorgestellten Schema beschrieben. Exemplarisch wird hierzu das Standard-Informationsprodukt "AMI Apotheken-Marketing-Index" herausgegriffen.

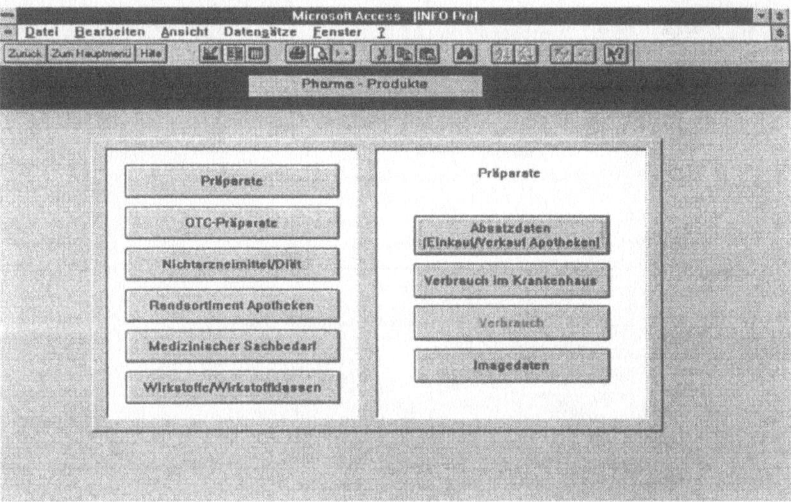

Abbildung 5: Bildschirmmaske "Pharma-Produkte"

Die erste Bildschirmmaske enthält die *Beschreibung des Informationsproduktinhaltes* (Abb. 6). Im oberen Teil der Maske wird zunächst der *Untersuchungsgegenstand* des Standard-Informationsprodukts kurz umrissen. Anschließend kann ein *Informationsobjekt (laut Anbieter*-Terminologie) gewählt werden. In Abhängigkeit davon werden die zu dem gewählten Informationsobjekt verfügbaren *Informationskategorien (laut Anbieter*-Terminologie) angezeigt. Aus Abbildung 6 wird auch die große Anzahl von Einzel-Informationen deutlich, die *ein* Standard-Informationsprodukt enthalten kann.

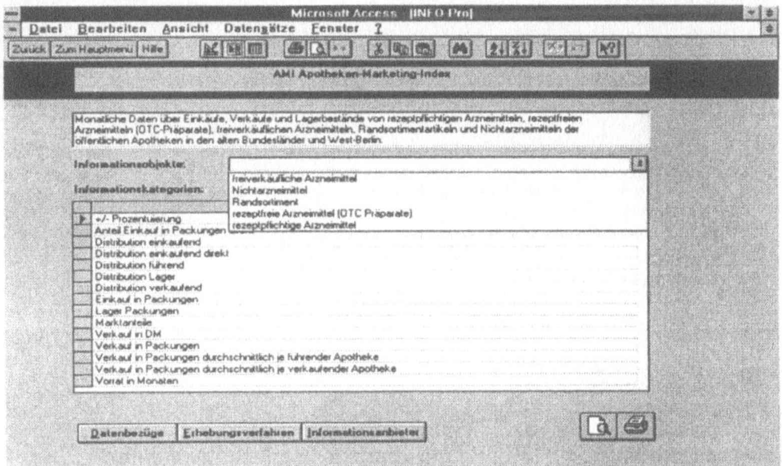

Abbildung 6: Bildschirmmaske "Informationsproduktinhalt"

Des weiteren lassen sich Bildschirmmasken zu den Datenbezügen (Abb. 7), dem Erhebungsverfahren (Abb. 8) sowie dem Anbieter des Standard-Informationsprodukts abrufen.

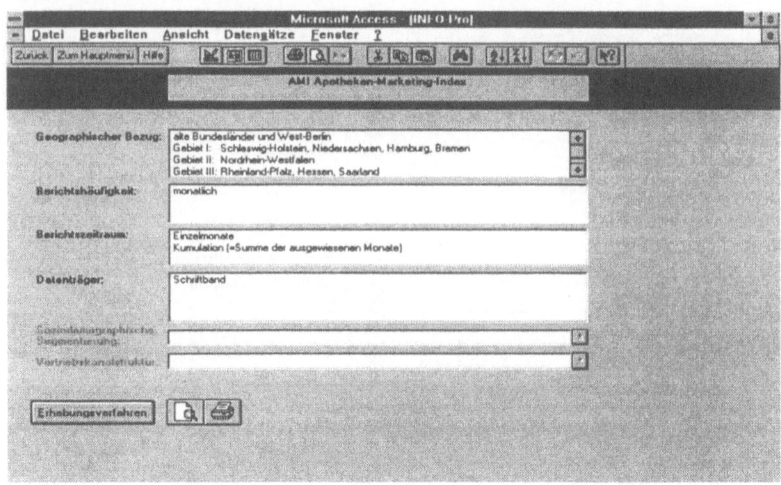

Abbildung 7: Bildschirmmaske "Datenbezüge"

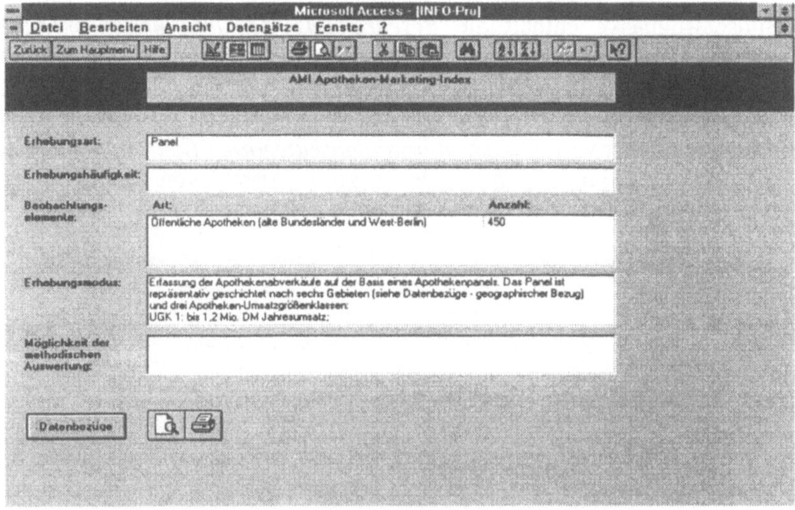

Abbildung 8: Bildschirmmaske "Erhebungsverfahren"

4 Zusammenfassung

Mit dem Informationssystem INFO-Pro können Meta-Informationen über Standard-Informationsprodukte und Informationsanbieter verwaltet und abgefragt werden. Damit besteht die Möglichkeit datenbankgestützt nach Einzel-Informationen zu suchen, welche von Informationsanbietern im Rahmen von (mehrere solcher Einzel-Informationen umfassende) Standard-Informationsprodukten angeboten werden. Durch die Einordnung der Informationen in INFO-Pro auf der Grundlage des Klassifikationsrahmens für unternehmensexterne Marketinginformationen ist ein strukturierter Zugriff auf die Informationen möglich. Der Informationssuchende kann sich so schnell einen Überblick über die erhältlichen Informationen verschaffen, welche von 88 Informationsanbietern im Rahmen von 123 (derzeit in INFO-Pro eingestellten) Standard-Informationsprodukten angeboten werden.

5 Literatur

[Ber91]   Berekoven, L.; Eckert, W.; Ellenrieder, P.: Marktforschung, Wiesbaden, 1991.

[Nie91]   Nieschlag, R.; Dichtl, E.; Hörschgen, H.: Marketing, Berlin, 1991.

[Sch98]   Schweiger, A.; Schoberer, S.: Ein Klassifikationsrahmen für unternehmensexterne Marketinginformationen, in diesem Band.

CORIM®: Ein neuer Ansatz im Feld des integrierten Informationsmanagement

Klaus-Peter Wiedmann, Hans-Hermann Jung
Lehrstuhl für Allgemeine Betriebswirtschaftslehre und Marketing II*
Universität Hannover

Zusammenfassung

Die höhere Leistungsfähigkeit neuer Elemente eines modernen Informationsmanagement (Data Mining, Data Warehouse, etc.) lassen sich in weit höherem Maße erfolgswirksam nutzen, wenn diese in ein Gesamtkonzept einbezogen werden. Mit dem von uns entwickelten Corporate Research & Intelligence Management (CORIM®) steht ein entsprechendes Konzept zur Verfügung, welches i.S. eines umfassenden und integrativen Ansatzes die inhaltliche und die technologische Ebene von Informationssystemen sowie die Entwicklung von aufgabenübergreifenden konventionellen und innovativen Methodenverbünden an den Anforderungen der Marketingforschung sowie des Marketingmanagement ausrichtet. Am Beispiel der Entscheidungsunterstützung im Rahmen des Zielkundenmanagement wird in diesem Beitrag der CORIM®-Ansatzes konkretisiert.

Stichworte: Zielkundenmanagement, Data Mining, Data Warehouse, Informationsmanagement, Marketingmanagement

1 Einführung

Breite und Tiefe der Auseinandersetzung mit den Problemen eines effizienten Zielkundenmanagement (z.B. Gewinnung, Bindung und Entwicklung von Zielkunden) bilden heute mehr denn je eine zentrale Voraussetzung, um adäquate Antworten auf Praxisprobleme (z.B. wachsende Anforderungen kritischer Kunden bis hin zur Anspruchsinflation, sinkende Kundenloyalität) zu finden. Gefordert sind integrierte Ansätze, die das enge „Kästchendenken" etwa der Marketing-, der Vertriebs-, der Marktforschungs- bzw. der Datenverarbeitungs-Abteilungen in Unternehmen überwinden und das Wissen aus den unterschiedlichsten Bereichen zusammenführen und vertiefen.

Angesichts der vielfältigen Herausforderungen, denen sich Unternehmen in den verschiedensten Branchen gegenüber sehen, ist es u.E. besonders wichtig, am Ausbau von Integrationslösungen zu arbeiten, welche die unterschiedlichen Ansätze des strategischen Marke-

---

* Lehrstuhlinhaber: Prof. Dr. Klaus-Peter Wiedmann

ting mit den verschiedenen Elementen des modernen Informationsmanagement verknüpfen. Dafür sprechen zahlreiche Argumente:

- Informations- und Kommunikationstechnologien bilden aufgrund ihres „Querschnittcharakters" ein wesentliches integratives Element in Unternehmen (z.B. Intranet) selbst [War92] und zwischen diesen und deren Markt- und Umfeldpartnern (z.B. Internet) [Hen95].

- Die mit diesen Technologien erzeugten, gespeicherten und weitergegebenen Daten gewinnen als Produktionsfaktor im (makro-)ökonomischen und damit als Wettbewerbsfaktor im betriebswirtschaftlichen Kontext zunehmend an Bedeutung [Por85].

- Die „integrative Veredelung" des Rohstoffs Daten über Informationen hin zu entscheidungsrelevantem Wissen, das seinerseits wiederum – z.B. im Rahmen des „Organizational Learning" [Gou95] – in ökonomischem Nutzen transferiert werden muß, stellt damit einen der zentralen Schlüsselprozesse des Unternehmens dar.

Hinzu kommt, daß sich im Rahmen des *Veredelungsprozesses der Daten hin zum ökonomischen Nutzen* neue Gestaltungsperspektiven ergeben, deren konsequentes Ausschöpfen einen wesentlichen strategischen Erfolgsfaktor eines Unternehmens darstellt. Hinzuweisen ist hier etwa auf neue Möglichkeiten zur *Integration von unternehmensinternen und -externen Daten im Sinne des Data Warehouse-Gedankens* [Inm94] oder auch der *Nutzung intelligenter Data Mining-Tools* wie etwa neuronale Netze [Jun95], die eine sehr viel differenziertere Verarbeitung von Informationen über Unternehmenspotentiale, Kundenverhaltensmuster, Marktbedingungen etc. ermöglichen. Voraussetzung hierfür bildet allerdings, daß sowohl Data Warehouse-Konzepte als auch Data Mining-Tools nicht zum Selbstzweck avancieren, sondern streng in eine fundierte inhaltliche Auseinandersetzung und mithin in eine intelligente Problemlösungsorientierung integriert bleiben.

Im folgenden soll zunächst in Gestalt des CORIM®-Konzepts der umfassende und integrative Bezugsrahmen des Informationsmanagement vorgestellt werden. Die Zweckmäßigkeit dieses Bezugsrahmens soll dann exemplarisch am Beispiel eines an aktuellen Herausforderungen ausgerichteten Zielkundenmanagement verdeutlicht werden. Dieser Anwendungsfall einer CORIM®-Lösung erscheint uns insofern besonders interessant, als hier Leistungsfähigkeit in einem Themenfeld demonstriert werden kann, in dem bereits seit jeher eine enge Verknüpfung zwischen inhaltlicher Strategiediskussion und dem Einsatz relevanter Ansätze eines leistungsfähigen Informationsmanagement gegeben ist.

2 CORIM® als umfassender Bezugsrahmen eines integrierten Informationsmanagement

2.1 Das Bild der „neuen Unübersichtlichkeit"

Eine SWOT-Analyse der Situation in allen wesentlichen Branchen unserer Wirtschaft macht deutlich, daß bisherige Informationsmanagement-Lösungen nur bedingt ausreichen, die aktuellen Herausforderungen des Zielkundenmanagement zu bewältigen. Um in stagnierenden bzw. nur langsam wachsenden Märkten die in den einzelnen Marktsegmenten immer homogener werdenden Produkte bedarfsgerecht und/oder erlebnisorientiert vermarkten zu können, ist es erforderlich, Kaufmotive, Nutzungsintentionen und Imageanforderungen von aktuellen und potentiellen Kunden auf einer differenzierteren Basis zu erfassen und zu analysieren als bisher. Dies gilt nicht zuletzt deshalb, weil die Brisanz gesellschaftlicher Konflikte (z.B. Wertewandel) verstärkt einen Einfluß auf das Kauf- und/oder Nutzungsverhalten ausübt [Wie90].

Die hier knapp skizzierte Situation, mit deren Grundmuster nahezu alle Branchen in Deutschland unmittelbar konfrontiert werden, läßt sich - zumindest auf den ersten Blick - als die *„neue Unübersichtlichkeit"* bezeichnen:

- *Insellösungen* bestimmen in zahlreichen Unternehmen das Denken und Handeln der Entscheider. So bleibt beispielsweise die Analyse von Zielkunden und die Planung von Strategien und Handlungsprogrammen in schlichten monokausalen, linearen und zeitunabhängigen Managementmodellen verhaftet. Dies führt dazu, daß den Anforderungen des marktlichen und gesellschaftlichen Umfelds nicht in ausreichendem Maße Rechnung getragen wird. Gerade die aus letztgenanntem Bereich resultierenden Herausforderungen bedingen eine Vertiefung und Erweiterung des bisherigen Marketingverständnisses in Richtung einer Gesellschaftsorientierung [Wie89].

- Selbst dort, wo auf der Managementebene moderne und umfassende Ansätze verfolgt werden, fehlt es – nicht zuletzt aufgrund der *Grenzen der bislang eingesetzten Methoden* – an einer entsprechenden quantitativen Fundierung der Entscheidungen. Eine Vielzahl der konventionellen Berechnungsverfahren und Kalküle reduziert die herrschende Komplexität, Nichtlinearität und Dynamik und vereinfacht damit die Abbildung der Realität auf unzulässige Weise [Raf95, S. 15-16].

Die heutigen Ursachen für die mit dem Bild der „neuen Unübersichtlichkeit" gekennzeichneten Misere finden sich also gerade in den Think Tanks der Unternehmen, in denen eigentlich angesichts der bereits existierenden Wettbewerbsanforderungen – nämlich „gleichzeitig besser, billiger, schneller und verantwortlicher" (Outpacing-Strategien) zu werden – die Keimzellen für neue Lösungen angelegt werden sollten. Um so wichtiger ist es angesichts der skizzierten Herausforderungen, die Fehler der Vergangenheit zu vermeiden und Chancen zu nutzen, die aus der Anwendung der Elemente eines intelligenten Informationsmanagement und deren Integration in ein umfassendes Führungskonzept (z.B. gesellschaftsorientiertes Marketing [Wie89]) resultieren (vgl. Abb. 1).

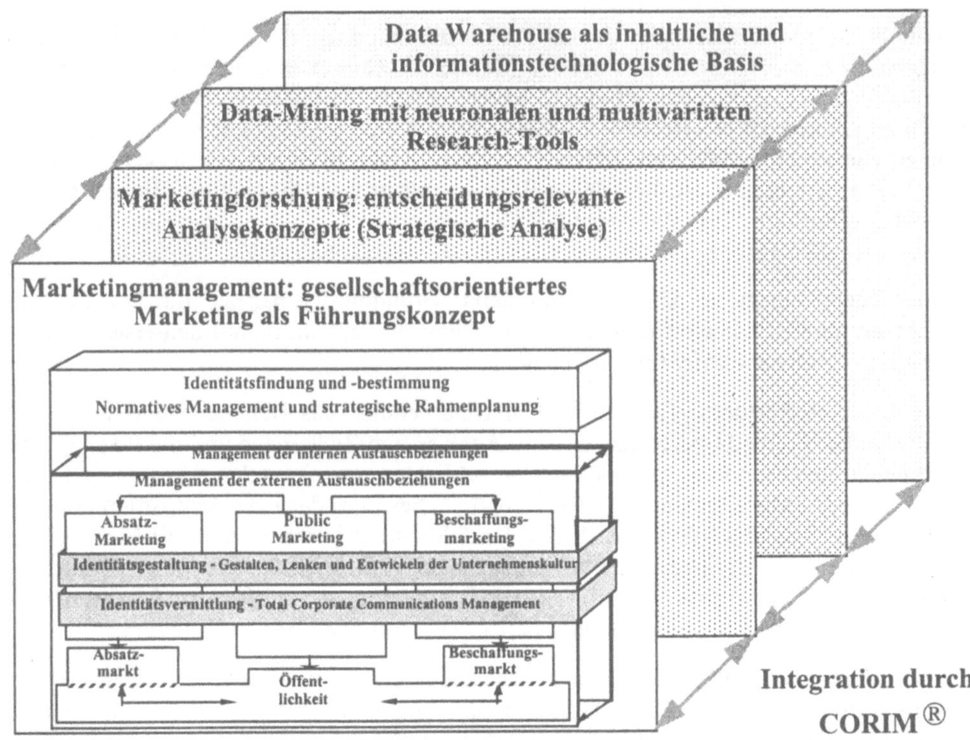

Abbildung 1: Der Bezugsrahmen des Corporate Research & Intelligence Management unter besonderer Berücksichtigung der Integrationsdimensionen

Im Kontext der Forderung, ein im Sinne der o.g. Outpacing-Strategie effizientes und effektives System des Marketingmanagement, der Marketingforschung und des Informationsmanagement zu entwickeln, ergeben sich verschiedene Ansatzpunkte, die im Lichte aktueller Herausforderungen (z.B. Trend zur aktiven und kritischen Gesellschaft, Verschärfung des Wettbewerbs, Informationsüberlastung der Entscheider) immer mehr an Bedeutung gewinnen. Zur Verdeutlichung der Integrations-Dimension von CORIM® wird im folgenden das Anwendungsfeld Zielkundenmanagement und die Verwirklichung tragfähiger Informationsmanagementlösungen zugrunde gelegt. Ausgehend von einem 3-Phasen-Modell, verbindet CORIM® innovative Ansätze der Informationsanalyse mit intelligenten Data Mining-Tools sowie dem Data Warehouse-Gedanken. In den folgenden Abschnitten werden diese innovativen Ansätze knapp skizziert.

2.2 Das 3-Phasen-Modell zur Identifikation der Engpäße an der Schnittstelle Kunde / Unternehmen im Rahmen der Strategischen Analyse

Das folgende, praxisorientierte Fallbeispiel ist mit der Zielsetzung ausgewählt worden, durch die Identifkation von Engpäßen Ansatzpunkte für ein effizientes und effektives Zielkundenmanagement aufzuzeigen (vgl. Abb. 2):

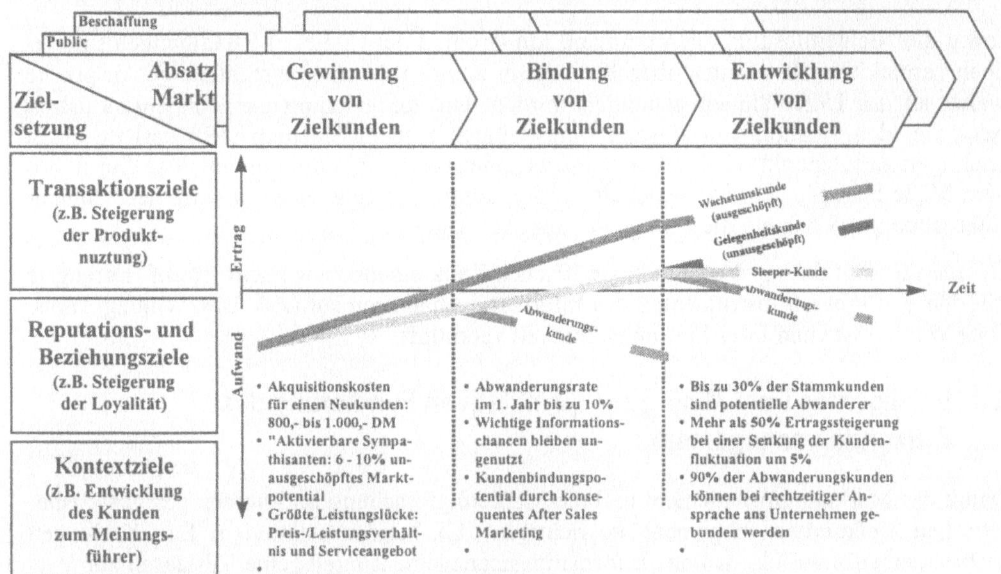

Abbildung 2: Strategische Analyse am Beispiel des 3-Phasen-Modells

Exemplarisch werden die drei Phasen am Beispiel des Absatzmarktes bzw. *der Beziehung Kunde / Unternehmen* dargestellt:

Phase 1 umfaßt die gezielte Identifikation und Akquise von Zielkunden. In dieser Phase gilt es angesichts der hohen Akquisitionskosten zur Gewinnung eines Neukunden (z.T. 800,- bis 1000,- DM) darum, das Leistungsangebot und die Ansprache von Neukunden zielgerichtet zu gestalten. Durchgeführte Analysen zeigen, daß es Unternehmen beispielsweise nicht gelingt, hohe Bekanntheits- und Sympathiewerte am Markt dazu zu nutzen, Neukunden zu gewinnen. Das unausgeschöpfte Marktpotential sog. "aktivierbarer Sympathisanten" beträgt, je nach Branche, zwischen 6 % und 10 %. Eine der zentralen Ursachen für das unausgeschöpfte Marktpotentiale ist, daß das bestehende Leistungsangebot nicht ausreichend an den Bedarfen von Zielkunden ausgerichtet ist. Diese Leistungslücke ist in bezug auf das Preis-/Leistungsverhältnis, das Service- bzw. Erlebnisangebot von Unternehmen – je nach Branchenzugehörigkeit – unterschiedlich stark ausgeprägt.

Phase 2 beinhaltet den Aufbau und die Sicherung der Zielkundenbindung. Diese muß deshalb besonders frühzeitig ansetzen, da bis zu 10 % der Neukunden im ersten Jahr bereits wieder abwandern. Dies läßt sich u.a. darauf zurückführen, daß wichtige Informationschancen in dieser frühen Phase der Kundenbeziehung vernachlässigt werden. Die rechtzeitige Sicherung der Kundenbindung im Rahmen eines entsprechend gestalteten After-Sales-Programms schafft nicht nur eine breitere Informationsbasis, sondern trägt wesentlich zur Kundenzufriedenheit als Basis einer langfristigen Kundenbindung bei.

Phase 3 dient der Entwicklung der Zielkunden. Untersuchungen zeigen, daß langfristig 30 % der Stammkunden gefährdet sind. Indikatoren für potentielle Abwanderungskunden sind beispielsweise abnehmende Produktinanspruchnahme, sinkende Transaktionsraten sowie die Nichteinlösung von Verträgen. Ein Großteil der (inneren) Kündigungen sind jedoch vermeidbar. So könnten über 90 % dieser Kunden durch eine rechtzeitige Ansprache weiter an das Unternehmen gebunden werden. Die Reduzierung der Kundenfluktuation bzw. die Identifikation von abwanderungswilligen Kunden/Sleepern stellt deshalb einen wichtigen Ansatzpunkt des Zielkundenmanagement dar, weil damit unmittelbar und in hohem Maße Ertragspotentiale gesichert werden können. Bereits eine Senkung der Kundenfluktuation um 5 % kann die Erträge um über 50 % steigern.

Gerade die Einführung des phasenspezifischen Zielkundenmanagement ist auf das engste mit den verfügbaren Instrumenten des Informationsmanagement (z.B. Data Mining Tools, Data Warehouse) und ihrer Leistungsfähigkeit verknüpft.

2.3 Intelligentes Data Mining zur quantitativen Fundierung des Zielkundenmanagement

Damit das Marketingmanagement und die Marketingforschung im Rahmen des phasenspezifischen Zielkundenmanagement die richtigen (d.h. kundenorientierten) Entscheidungen trifft, ist es erforderlich, daß das Informationsmanagement intelligente Verfahren zur Verfügung stellt, um die Entscheidungen auf eine quantitativ fundierte Basis zu stellen.

Um eine Quantifizierung der Entscheidungen des Zielkundenmanagment zu unterstützen, stehen schon heute eine Vielzahl von Tools zur Verfügung, zudem kommen fast täglich neue Instrumente auf den Markt. Die Instrumente lassen sich dabei grundsätzlich in Präsentations- und Analyse-Systeme systematisieren.

Die folgenden Beispiele geben einen Überblick über die traditionellen bzw. innovativen Verfahren:

- *Ereignisgesteuerte Präsentationssysteme* [Wil96] wie Entscheidungstabellen und Visualisierungstools stellen grundlegende Techniken der Datenverarbeitung dar. Selbst solche einfachen Tools tragen erheblich zur Verbesserung der Übersichtlichkeit bei der Lösung komplexer Aufgabenstellungen des Zielkundenmanagement bei.

- *Online Analytical Processing- (OLAP)-Tools* [Gil96, S. 215-236] erlauben, einen schnellen Einblick mittels interaktivem Zugriff in eine Vielzahl von Sichten und Darstellungsweisen auf Daten zu erhalten. Dabei werden die Daten in eine mehrdimensionale Struktur transferiert, die der Struktur des Unternehmens bzw. der Aufgabenstellung entspricht. OLAP stellt somit ein System zu Verfügung, welches sich von einer rein normierten relationalen Struktur der Daten zu einer multidimensionalen anwendungsorientierten Lösung entwickelt.

- *Multivariate statistische Analysesysteme* [Bac94] liefern ein breites Spektrum an strukturentdeckenden (z.B. Faktorenanalyse, Clusteranalyse, Multidimensionale Skalierung) und strukturprüfenden (z.B. Regressionsanalyse, Varianzanalyse, Diskriminanzanalyse, Kontingenzanalyse, Kausalanalyse, Conjoint Measurement) Methoden zur Analyse von Zielkunden.

- *Wissensbasierte Analysesysteme* [Spi93] bestehen aus einer Schlußfolgerungsmaschine (Regelinterpreter), Regeln und Objekten, auf die sich die Regeln beziehen. Neben der Prädikatenlogik, die den formalen Apparat zum Verständnis der Zusammenhänge sowie die erforderlichen Lösungsmethoden liefert, existieren neuere Ansätze wie die Fuzzy-Logic, die nicht nur die beiden Extreme FALSCH und WAHR, sondern auch quantifizierbare Zwischenlösungen etwa bei der Selektion von Zielkunden zuläßt.

- *Evolutionäre Analysesysteme* [Hel97] umfassen sowohl genetische Algorithmen als auch Evolutionsstrategien. Nach dem Vorbild der Natur werden hier vielseitig einsetzbare Optimierungsstrategien - etwa für die Ermittlung zielkundenoptimaler Preis-/Leisungskombinationen - genutzt.

- *Neuronale Analysesysteme* [vgl. Jun97] basieren auf Erkenntnissen aus den Bereichen Medizin und Biologie über die Funktionsweise des menschlichen Gehirns sowie aus Fähigkeiten aus den Disziplinen Mathematik und Informatik, diese Funktionsweisen auf leistungsfähige Rechner bzw. Programme zu übertragen. *Neuronale Netze* sind in der Lage, etwa Zielkundenbedarfe in ihrer Komplexität, Nichtlinearität und Dynamik realitätsnah abzubilden, da sie nicht den Restriktionen von multivariat-statistischen Verfahren unterliegen. Neuronale Netze erweisen sich als besonders effiziente und generell einsetzbare Berechnungsverfahren (universeller Approximatoren). Die Leistungsfähigkeit neuronaler Erklärungs- und Berechnungsmodelle wird heute erfolgreich zur Lösung vielfältiger Aufgabenstellungen im Rahmen des Zielkundenmanagement genutzt (z.B. Analyse, Prognose, Simulation, Optimierung).

Die genannten Präsentations- und Analysesysteme sind nicht als Stand-Alone-Systeme zu betrachten. Entscheidend für die Leistungsfähigkeit des Data Mining ist die Entwicklung von *intelligenten Methodenverbünden*.

So läßt sich beispielsweise der *Conjoint Measurement-Ansatz* auf der Basis genetischer Algorithmen zu einem *PREFerence SIMulation-Modell* (PREFSIM®) [Wie96] erweitern (vgl. Abb. 3). Diese Software-Entwicklung, die sich im Exklusivvertrieb der ISUMA Consulting GmbH befindet, ermöglicht im Rahmen des Zielkundenmanagement u.a.,

- Conjoint Measurement-Ergebnisse – und damit reale Kundennutzendaten – mit den unternehmerischen Kosten, die dem Kundennutzen gegenüberstehen, zu kombinieren und auf diesem Wege durch Simulationsrechnungen *gewinnoptimale Produkte* zu ermitteln,

- *Target Costing-Analysen* durchzuführen, die Auskunft darüber geben, ob der relative Produktnutzen einer Produkteigenschaft auch den relativen Entwicklungs- und/oder Produktionskosten dieser Eigenschaft entsprechen.

Die Beispiele machen deutlich, daß *intelligentes Data Mining* eine zukunftsorientierte Schlüsseltechnologie im Hinblick auf das Ziel darstellt, quantitativ fundierte Marketingforschung als strategische Waffe zu nutzen.

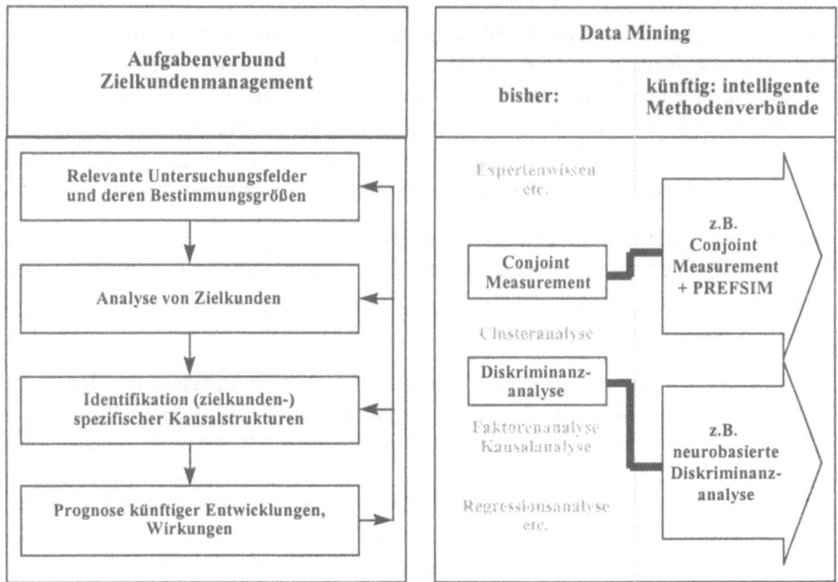

Abbildung 3: Aufgabenverbund im Rahmen des Zielkundenmanagement und ausgewählte intelligente Methodenverbünde

2.4 Data Warehouse erweitert die Informationsbasis des Zielkundenmanagement

Die Idee eines umfassenden *Data Warehouse-Konzepts* [Inm94] ist aus der Notwendigkeit heraus entstanden, die an unterschiedlichen Stellen eines Unternehmens anfallenden Daten in ein entscheidungsorientiertes Datenmodell zusammenzuführen. Probleme entstehen häufig aufgrund der inflexiblen, hierarchischen Struktur der gewachsenen Datenbanksysteme. Das Data Warehouse basiert auf einer Datenbanktechnologie, welche die Normalisierung der Daten und damit deren aufgabenorientierte Selektion, Aggregation bzw. Verknüpfung ermöglicht. Bisherige Informationssysteme im Marketing weisen insbesondere aufgrund der veralteten Datenbanktechnologie bzw. der Grenzen etwa abteilungsspezifisch verteilter Datenbasen erhebliche Defizite im Bereich der informationstechnologischen Schnittstellen auf. Daß ein Data Warehouse hingegen in der Lage ist, die informationstechnologische Basis für ein intelligentes Zielkundenmanagement zu liefern, gilt heute in Fachkreisen als anerkannt.

Neben informationstechnologischen Schnittstellen lassen sich im Rahmen eines Data Warehouse-Ansatzes zudem inhaltliche Schnittstellen zur Integration unternehmensinterner und -externer Daten schaffen. Mit Hilfe entscheidungsorientierter Identifikatoren einerseits sowie neue Methoden andererseits ist es möglich, die Informationseffizienz und -effektivität im Rahmen des Zielkundenmanagement deutlich zu steigern:

- Das entscheidungsorientierte Data Warehouse umfaßt Daten, Informationen und Wissen über Zielkunden nicht nur in zeitpunktspezifischer, sondern auch in zeitraumbezogener Form (z.B. *Zielkunden-Historie, Zielkundenpotential-Projektion*).

- Die *Qualität der Daten, Informationen und des Wissens ist durch vertiefende Studien* auf den Prüfstand zu stellen und zu *validieren*.

- Da vertiefende Studien mit zusätzlichen Kosten verbunden sind, werden diese in aller Regel nur in bestimmten Intervallen durchgeführt. Die Überbrückung der Erhebungslücken und eine damit verbundene *Reduktion der Studienkosten* läßt sich mittels *methodengestützter Simulation* erreichen.

- Darüber hinaus läßt sich im Rahmen der vertiefenden Studien feststellen, inwieweit *neue Beobachtungsfelder* (z.B. *Frühindikatoren*) künftig in das entscheidungsorientierte Data Warehouse zu übernehmen sind.

Die Einführung eines Data Warehouse trägt wesentlich dazu bei, die bislang mit dem Bild der „neuen Unübersichtlichkeit" gekennzeichnete Misere zu beseitigen.

3 Zusammenfassung und Ausblick

Insgesamt läßt sich auf der Basis einer Vielzahl von wissenschaftlichen sowie praxisorientierten Feasibility-Studien – so liegen konkrete Ergebnisse etwa für automobil-, pharma-, finanzdienstleistungs- bzw. handelsspezifische Fragestellungen vor – festhalten, daß die mit CORIM® verbundenen Ansätze einen wesentlichen Beitrag zur Überwindung der jeweils herrschenden Unübersichtlichkeit leisten.

CORIM® stellt darüber hinaus sicher, daß die Verbesserung der quantitativen Fundierung von Managemententscheidungen auch erfolgreich umgesetzt und weiterentwickelt werden kann.

4 Literatur

[Bac94]   Backhaus, K., Erichson, B., Plinke, W., Weiber, R. (1994): Multivariate Analysemethoden - Eine anwendungsorientierte Einführung, 7. Aufl., Berlin u.a.O. 1994.

[Gil96]   Gill, H.S. / Kelly, J.N. (1995): Transforming the Organization, New York u.a.O. 1995.

[Gou95]   Gouillart, F.J. / Rao, P.C. (1996): The Official Guide to Data Warehousing, Indianapolis u.a.O. 1996.

[Hel97]   Hellmich, R. (1997): Einführung in intelligente Softwaretechniken, München u.a.O. 1997.

[Hen95]   Hennes, W. (1995): Informationsbeschaffung Online - Wettbewerbsvorteile durch weltweite Kommunikation, Frankfurt u.a.O. 1995.

[Inm94]   Inmon, W. / Hackathorn, R. (1994): Using the Data Warehouse, Chichester u.a.O. 1994.

[Jun95]   Jung, H.-H. / Wiedmann, K.-P. (1995): Konnektionistische Prognosemodelle, in: Arbeitspapier Nr. 101 des Instituts für Marketing der Universität Mannheim.

[Jun97]   Jung, H.-H. (1997): Neurobasiertes Mass Customizing zur Segmentierung des deutschen Pkw-Marktes, Wiesbaden u.a.O. 1997.

[Por85]   Porter, M. / Millar, V.E. (1985): How Information gives You Competitive Advantage, in: Harvard Business Review, 8 / 1985, S. 149-160.

[Raf95]   Raffée, H. / Jung, H.-H. / Wiedmann, K.-P. (1995): Eignung neuronaler Netze als Berechnungsansatz der Marketingforschung - Grundlagen und erste Ergebnisse eines Methodenvergleichs am Beispiel der A-priori-Klassifikation des Mobilitätsverhaltens von Pkw-Nutzern, in: Arbeitspapier Nr. 107 des Instituts für Marketing der Universität Mannheim.

[Spi93]   Spies, M. (1993): Unsicheres Wissen - Wahrscheinlichkeit, Fuzzy-Logik, neuronale Netze und menschliches Denken, Heidelberg u.a.O. 1993.

[War92]   Warnecke, H.-J. (1992): Die Fraktale Fabrik - Revolution der Unternehmenskultur, Berlin u.a.O. 1992.

[Wie89]   Wiedmann, K.-P. (1989): Gesellschaft und Marketing: Zur Neuorientierung der Marketingkonzeption im Zeichen des gesellschaftlichen Wandels, in: Specht, G., Silberer, G. Engelhardt, W.H. (Hrsg.): Marketing-Schnittstellen - Herausforderungen für das Management, Stuttgart 1989, S. 227-246.

[Wie90]   Wiedmann, K.-P. (1990): Werte und Verhaltensmuster der Bundesbürger unter Berücksichtigung der Haltung gegenüber zunehmender Internationalisierung von Wirtschaft und Gesellschaft. Erste Auswertung einiger Ergebnisse der Studie Dialoge 3, in: Arbeitspapier Nr. 84 des Instituts für Marketing der Universität Mannheim.

[Wie96]   Wiedmann, K.-P., Gutsche, J. (1996): Conjoint Measurement und PREFSIM®: Ein innovativer Methodenverbund zur Optimierung des Preis-/Leistungsverhältnisses bei der Produktgestaltung, Arbeitspapier der ISUMA Consulting GmbH, Mannheim.

[Wil96]   Wilhelm, A. / Unwin, A. / Theus, M. (1996): Software for Interactive Statistical Graphics - A Review, in: Faulbaum, F. / Bandilla, W. Softstat 95 - Advances in Statistical Software, Stuttgart 1996, S. 3-12.

BRANCHENSPEZIFISCHE ANWENDUNGEN

HANDEL

Informationspotentiale computergestützter Warenwirtschaftssysteme aus der Perspektive des Marketing

Dieter Ahlert, Rainer Olbrich

Lehrstuhl für Betriebswirtschaftslehre, insbesondere Distribution und Handel*
Westfälische Wilhelms-Universität Münster

Zusammenfassung

Computergestützte Warenwirtschaftssysteme stellen nicht nur Informationsgrundlagen für die operative Steuerung der Warenprozesse bereit, sondern liefern auch wertvolle Informationen für das Handelsmarketing und das Marketing der Industrie. Der vorliegende Beitrag zeigt die aktuellen Entwicklungen auf dem Gebiet computergestützter Warenwirtschaftssysteme auf und verdeutlicht aus der Perspektive des Marketing, für welche Zwecke Daten aus der Warenwirtschaft genutzt werden können.

Stichworte: Computergestützte Warenwirtschaftssysteme, Scannerdaten, Efficient Consumer Response (ECR)

1 Computergestützte Warenwirtschaftssysteme – Basistechnologien der Konsumgüterdistribution

1.1 Begriff und Komponenten des Warenwirtschaftsmanagements

Im Rahmen der Konsumgüterdistribution ist eine Vielzahl von Tätigkeiten direkt auf die zu beschaffende und abzusetzende Ware gerichtet. Diese Tätigkeiten werden als Warenwirtschaft bezeichnet und müssen im Tagesgeschäft einer Handels- oder auch Industrieunternehmung untereinander und mit den weiteren Tätigkeitsbereichen abgestimmt und gesteuert werden [Ahl97]. Diese Aufgabe kommt dem Warenwirtschaftsmanagement zu. Es umfaßt sämtliche Managementfunktionen im Rahmen von Willensbildung (Planung/ Entscheidung), Willensdurchsetzung (Steuerung/ Personalführung) und Kontrolle einschließlich der damit zusammenhängenden Informations- und Kommunikationsfunktionen, die sich auf die Struktur- und Prozeßgestaltung im Bereich der Warenwirtschaft beziehen. Gegenstand des Warenwirtschaftsmanagements sind Entscheidungen, die von der Gestaltung der Dispositions- und Informationssysteme selbst (z. B. der zu implementierenden Tech-

---

* Lehrstuhlinhaber: Prof. Dr. Dieter Ahlert

nologien, der Vernetzung zwischen den Teilsystemen und der Integration mit der Systemumwelt) bis hin zu den das Tagesgeschäft betreffenden (operativen) Entscheidungen über die Waren-, Geld- und Informationsströme im Rahmen vorgegebener Systemstrukturen reichen.

In Abb. 1 sind die mit der Warenwirtschaft in Distributionssystemen zusammenhängenden Waren-, Geld- und Informationsbewegungen in differenzierter (keineswegs jedoch vollständiger) Form abgebildet, um an dieser Stelle schon einen plastischen Eindruck von der Vielfalt der Beziehungen zu vermitteln.

Abbildung 1: Warenwirtschaft in der Konsumgüterdistribution

Die Warenwirtschaft innerhalb eines betrachteten Systems – das kann der einzelne Handelsbetrieb, eine Mehrzahl von Handelsbetrieben (Handelssystem) oder ein mehrstufiges Distributionssystem sein – umfaßt stets zwei Komponenten:

- Die ausführenden Tätigkeiten im Zusammenhang mit der Ware (Warenprozeßsystem) und

- die mit dem Warenprozeß zusammenhängenden Informations- und Managementtätigkeiten (Warenwirtschaftssystem).

Warenwirtschaftssysteme stellten schon immer eine unverzichtbare Informationsquelle des Handelsmanagements dar. Sie liefern traditionell wichtige Informationsgrundlagen für die verschiedenen Funktionsbereiche des Warenwirtschaftsmanagements. Darüber hinaus wird es zunehmend Aufgabe von Warenwirtschaftssystemen, Daten für Entscheidungen außerhalb des engeren Bereichs der Warenbewirtschaftung, vor allem für Marketingentscheidungen von Handels- und Industrieunternehmungen bereitzustellen [Ao197].

1.2 Der Trend zur Computerunterstützung und Integration von Warenwirtschaftssystemen

Auch wenn die Rechnerunterstützung nicht zwingendes Merkmal von Warenwirtschaftssystemen ist, so wird sie doch zunehmend zu einer Selbstverständlichkeit. Wenn in Praxis und Literatur heute von Warenwirtschaftssystemen die Rede ist, meint man (wenn nicht ausdrücklich etwas anderes gesagt wird) computergestützte Warenwirtschaftssysteme (CWWS).

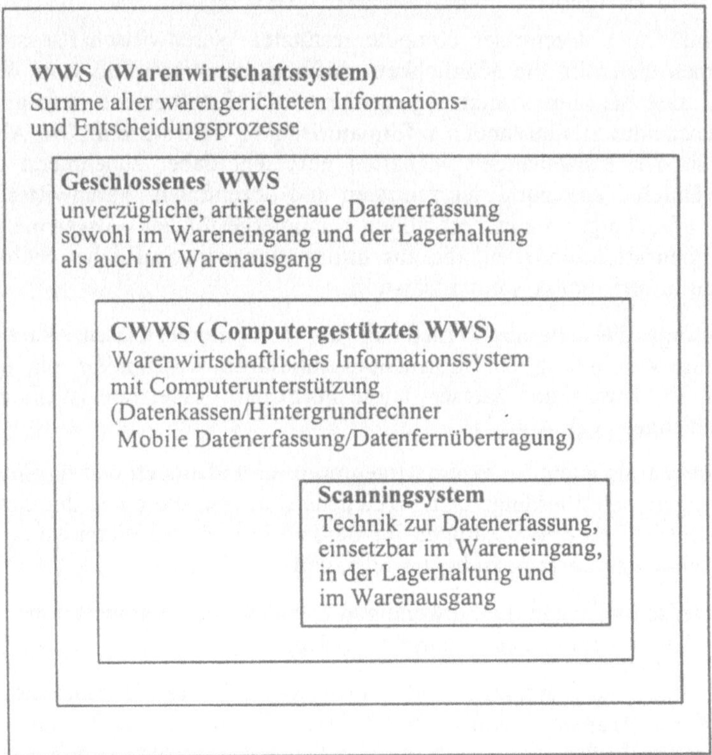

Abbildung 2: Begriffliche Abstufungen des Warenwirtschaftssystems

Zu einer Begriffsverwirrung ist es dadurch gekommen, daß mitunter auch bestimmte Software-Pakete als computergestützte Warenwirtschaftssysteme bezeichnet werden. Dieses muß als unzweckmäßig bezeichnet werden, da ein Warenwirtschaftssystem zwar durch ein derartiges Software-Paket unterstützt werden kann, aber – wie in Abb. 2 verdeutlicht wird – in seinen Komponenten darüber hinausreicht.

Die computergestützte Warenwirtschaft wird über die Rechnerunterstützung hinaus gegenwärtig sowohl intern, d. h. innerhalb von Handelsunternehmungen, als auch extern, d. h. z. B. mit Banken und Kreditkarteninstituten, Lieferanten, Kunden sowie Marktforschungsinstituten vernetzt.

Dies bewirkt einerseits, daß die systematische Aufbereitung der warenwirtschaftlichen Informationsbasis im Handel zunehmend professioneller wird. Von weitreichender Bedeutung für das Marketing von Handel und Industrie ist hierbei die Verbreitung dezentraler computergestützter Warenwirtschaftssysteme [Olb92]. Handelssysteme (Filialsysteme, kooperierende Gruppen) setzen diese nunmehr in ihren Geschäftsstätten, also in den Filialen und bei kooperierenden Einzelhändlern (Mitgliedsbetrieben) ein. Sie basieren auf einem Hard- und Softwarepaket, welches sich dadurch auszeichnet, daß es in den Geschäftsstätten Teilfunktionen der dezentralen Warenwirtschaft unterstützt.

Durch die Einführung dezentraler computergestützter Warenwirtschaftssysteme wird in Handelssystemen erstmalig die Möglichkeit eröffnet, den Warenfluß vom Wareneingang der Systemzentrale bis zum Warenausgang der Geschäftsstätten zu verfolgen und so in wichtigen Entscheidungstatbeständen informatorisch zu unterstützen. Die Abverkaufsdatenerfassung in den Einzelhandelsgeschäften geschieht dabei zunehmend durch Scanningsysteme. Durch Vernetzung der zentralen und dezentralen Warenwirtschaftssysteme entsteht eine stufenübergreifende Verbindung computergestützter Teilsysteme der räumlich getrennten Organisationseinheiten, die aus informationswirtschaftlicher Sicht die interne Integration von Informationssystemen darstellt.

Andererseits sorgt die externe Vernetzung der computergestützten Warenwirtschaftssysteme für eine Verbindung der Informationsgrundlagen des Handels mit Informationen seiner wichtigsten Transaktionspartner. Diese Form der Vernetzung ist als externe Integration zu bezeichnen (vgl. Abb. 3).

Sowohl die interne als auch die externe Integration befinden sich erst in einem Anfangsstadium. Es zeigen sich allerdings erste Weichenstellungen, die einen deutlichen Hinweis auf mögliche zukünftige Entwicklungen im Bereich integrierter Warenwirtschaftssysteme geben. So ist schon gegenwärtig zu beobachten, daß

- auf elektronischem Wege die notwendigen Daten für Finanztransaktionen mit Banken und Kreditkarteninstituten ausgetauscht werden,

- im Hinblick auf die Lieferanten und Logistik-Dienstleister die traditionellen Informationswege im Rahmen routinisierbarer Geschäftsprozesse (z. B. Nachbestellungen) durch einen wechselseitigen, elektronischen Datenaustausch substituiert werden,

- durch Ausgabe von Identifikationskarten an die Kunden von Einzelhandelsgeschäften neue Informationsgrundlagen erlangt werden,

- die mittels Scanning erfaßten Abverkaufsinformationen, mitunter ergänzt z. B. um Informationen über die Kunden und die Verkaufsanstrengungen am POS, an Dritte (insbesondere an die kommerzielle Marktforschung) zur weiteren Aufbereitung übermittelt werden,

- internationale Einkaufsverbände über den Abverkauf gemeinsam beschaffter Ware informiert werden.

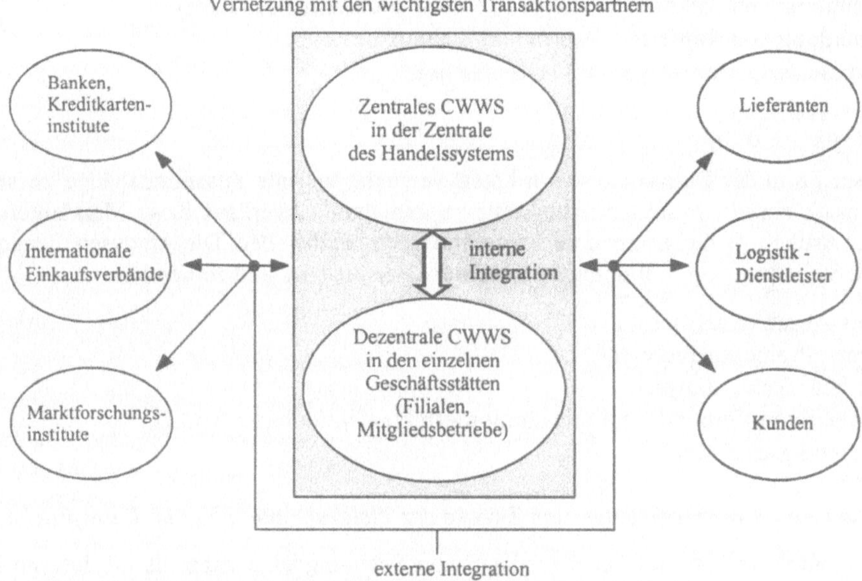

Abbildung 3: Interne und externe Integration computergestützter Warenwirtschaftssysteme

2 Informationspotentiale

Aus der Sicht des Marketing sind die im Einzelhandel zunehmend mittels Scanning erfaßten Abverkaufsdaten die interessanteste Datenbasis computergestützter Warenwirtschaftssysteme. Die Scanningdaten geben als Informationsgrundlage des Efficient Consumer Response (ECR) Auskunft über die Akzeptanz der angebotenen Produkte sowie über die Wirkung des Marketinginstrumentariums.

Die Verwendungszwecke von Scanningdaten und die zum Einsatz kommenden Analysen besitzen mittlerweile ein weites Spektrum. Sie lassen sich jedoch vereinfacht in drei größere Bereiche einteilen [vgl. zu einzelnen Beispielen Olb97, S. 147ff]:

1) Marktbeobachtung

Die reine Marktbeobachtung dient zunächst dazu, einen Überblick über den Abverkauf bestimmter Artikel, die im Einzelhandel tatsächlich verlangten Preise und die eingesetzten verkaufsfördernden Instrumente zu erlangen. Beispiele für derartige Analysen sind:

- Abverkaufs- / Marktanteilsanalysen
- Ermittlung des Distributionsgrades
- Preisklassen / -stellungsanalyse
- Ermittlung von Aktionshäufigkeiten (Promotionintensitätsanalyse)
- Ermittlung von Käuferfrequenzen und Einkaufsbeträgen
- Sortimentsstrukturanalysen im Einzelhandel

2) Wirkungsanalysen

Bei dieser Form der Datenanalyse wird stets versucht, kausale Zusammenhänge zwischen dem Einsatz einzelner Marketinginstrumente und dem Abverkauf bzw. Marktanteil bestimmter Artikel, Artikelgruppen und Warengruppen herzustellen. Die Analysen dienen der besseren Steuerung von Marketinginstrumenten. Beispielhaft sind zu nennen:

- Preis-Absatz-Analysen
- "Preis-/Promotionanalysen"
- Werbewirkungsanalysen
- Analyse von Verbund- und Substitutionseffekten aktionierter Artikel
- Plazierungsanalysen

3) Bildung von Käufersegmenten zum Zwecke der Zielgruppenanalyse und -ansprache

Die Zielgruppenanalyse auf der Grundlage von Scanningdaten kann als die jüngste Entwicklung auf diesem Gebiet des Marketing-Controlling angesehen werden. Zielsetzung ist es, das Einkaufsverhalten bestimmter Käufersegmente zu analysieren. Es stehen zur Beantwortung unterschiedlicher Fragestellungen folgende Formen der Datenanalyse zur Auswahl:

- Analyse der Warenkörbe anonymer Käufer
- Analyse der Warenkörbe identifizierter Käufer

Die mittels Scanning erfaßte "Ur-Information" stellt der Warenkorb eines Käufers dar. Die Erfassung des Warenkorbes kann einerseits lediglich dazu dienen, den Abverkauf der in ihm enthaltenen Artikel fortzuschreiben. Andererseits kann er in seiner vollständigen Zusammensetzung abgespeichert und für weitere Auswertungen vorgehalten werden. Die Abspeicherung der Warenkörbe anonymer Käufer erlaubt unter bestimmten Prämissen Schlußfolgerungen hinsichtlich des Einkaufsverhaltens anonymer Kunden (vgl. hierzu das am Institut für Handelsmanagement erstellte Software-Paket von Fischer [Fis97]). Die Analyse der Warenkörbe identifizierter Käufer erlaubt hingegen Aussagen zum Einkaufsverhalten bestimmter Kunden (vgl. hierzu die am Institut für Handelsmanagement erstellten

Analysen von Mohme [Moh97]). Die Kernfrage, die mit der Zuordnung eines Warenkorbes zum Käufer beantwortet werden soll, lautet:

Wer kauft welchen Warenkorb mit welchen Produkten zu welchem Zeitpunkt vor dem Hintergrund welcher Konstellation der Marketing-Instrumente von Hersteller und Handel.

Vor dem Hintergrund des Einsatzes bestimmter Marketing-Instrumente verbergen sich z. B. folgende Fragestellungen hinter der Identifizierung und anschließenden Segmentierung von Käufern auf der Basis von Warenkörben:

1. Handelt es sich bei diesen Käufern um bisherige Käufer von Konkurrenzprodukten oder um markentreue Käufer?

2. Findet bei bestimmten Käufern eine Vorverlagerung des Kaufs, d. h. eine Bevorratung statt?

3. Bei welchem Anteil an Käufern erfolgt ein Mehrverbrauch?

4. Wie hoch ist der Anteil an Käufern, der die Einkaufsstätte wechselt?

Zur Beantwortung dieser Fragen sind Längsschnittanalysen über das Einkaufsverhalten der Konsumenten erforderlich. Es müssen die Einkäufe identifizierter Käufer über einen längeren Zeitraum erfaßt werden. Dieses wird einerseits mit der Ausgabe von Identifikationskarten (ID-Karten) an die Konsumenten angestrebt. Andererseits soll zur Beantwortung der skizzierten Fragen die Nutzung von Scanning in den Haushalten der Konsumenten dienen (In-home-Scanning [Mil97]).

3 Entwicklungsperspektiven

Mit Blick auf die weitere Entwicklung sind folgende Punkte hervorzuheben:

1. Sowohl die interne als auch die externe Integration wird voranschreiten, d. h. die Integrationsgrade erhöhen sich. Der wechselseitige Zugriff auf Datenbestände wird auf vielen Gebieten erleichtert.

2. Die fortschreitende Konzentration im Konsumgüterhandel wird dafür sorgen, daß eine Vielzahl von Lieferanten, die derzeit Standards und Normen für den Austausch von Transaktionsdaten noch nicht übernehmen, ihr zögerliches Verhalten aufgeben müssen.

3. Im Zuge der fortschreitenden Akzeptanz von Standards und Normen für den Datenaustausch wird eine zunehmende Internationalisierung des Informationsaustausches zwischen den Transaktionspartnern der Konsumgüterdistribution eintreten.

4. Ob der Austausch von Marktdaten (z. B. Abverkaufsdaten in Verbindung mit den Verkaufsbedingungen im Handel) intensiviert wird, hängt bei fortschreitender Konzentration im Konsumgüterhandel zunehmend von der Kooperationsbereitschaft einzelner Handelskonzerne ab. Neben einem wechselseitigen Entgegenkommen bei der Integration der warenwirtschaftlichen Informationssysteme von Industrie und Handel werden

die Machtverhältnisse in der Konsumgüterdistribution für die weitere Entwicklung entscheidend sein.

4 Literatur

[Ahl97] Ahlert, D. (1997): Warenwirtschaftsmanagement und Controlling in der Konsumgüterdistribution - Betriebswirtschaftliche Grundlegung und praktische Herausforderungen aus der Perspektive von Handel und Industrie, in: Ahlert, D., Olbrich, R. (Hrsg.), Integrierte Warenwirtschaftssysteme und Handelscontrolling, 3., neubearb. Aufl., Stuttgart, S. 3-112.

[Aol97] Ahlert, D., Olbrich, R. (Hrsg.) (1997): Integrierte Warenwirtschaftssysteme und Handelscontrolling, 3., neubearb. Aufl., Stuttgart.

[Fis97] Fischer, Th. (1997): Computergestützte Warenkorbanalyse als Informationsquelle des Handelsmanagements - Umsetzung anhand eines praktischen Falles, in: Ahlert, D., Olbrich, R. (Hrsg.), Integrierte Warenwirtschaftssysteme und Handelscontrolling, 3., neubearb. Aufl., Stuttgart, S. 281-312.

[Mil97] Milde, H. (1997): Handelscontrolling auf der Basis von Scannerdaten - dargestellt auf der Grundlage von Fallbeispielen aus der Beratungspraxis der A.C. Nielsen GmbH, in: Ahlert, D., Olbrich, R. (Hrsg.), Integrierte Warenwirtschaftssysteme und Handelscontrolling, 3., neubearb. Aufl., Stuttgart, S. 431-451.

[Moh97] Mohme, J. (1997): Der Einsatz von Kundenkarten zur Verbesserung des Kundeninformationssystems im Handel - Umsetzung anhand eines praktischen Falles, in: Ahlert, D., Olbrich, R. (Hrsg.), Integrierte Warenwirtschaftssysteme und Handelscontrolling, 3., neubearb. Aufl., Stuttgart, S. 313-329.

[Olb92] Olbrich, R. (1992): Informationsmanagement in mehrstufigen Handelssystemen, Grundzüge organisatorischer Gestaltungsmaßnahmen unter Berücksichtigung einer repräsentativen Umfrage zur Einführung dezentraler computergestützter Warenwirtschaftssysteme im Lebensmittelhandel, in: Ahlert, D., (Hrsg.), Schriften zu Distribution und Handel, Bd. 8, Verlag Peter Lang, Frankfurt am Main, Berlin, Bern, New York, Paris, Wien.

[Olb97] Olbrich, R. (1997): Stand und Entwicklungsperspektiven integrierter Warenwirtschaftssysteme, in: Ahlert, D., Olbrich, R. (Hrsg.), Integrierte Warenwirtschaftssysteme und Handelscontrolling, 3., neubearb. Aufl., Stuttgart, S. 115-172.

Warenkorb- und Bondatenanalyse im Computer Integrated Trading

Michael Städler, Joachim Fischer
Schwerpunkt Wirtschaftsinformatik 1 [*]
Universität-GH Paderborn

Zusammenfassung

Warenkorb- und Bondatenanalyse (WBA) gehören eng zusammen. Während „Warenkorb-analyse" auf fachlicher Ebene ein Sammelbegriff für konsumentenorientierte Analysen dar-stellt, umfaßt die „Bondatenanalyse" sowohl fachliche wie auch technische Aspekte. Zu-sammen repräsentieren WBA eine wesentliche konsumentenorientierte Komponente des Computer Integrated Trading (CIT). Die Ergebnisse der WBA dienen primär der Sorti-mentsplanung und Aktionssteuerung, aber auch als Input für externe Systeme wie z. B. für Direkte-Produkt-Rentabilitäts-Rechnungen oder für die Regaloptimierung.

Stichworte: Warenkorbanalyse, Bondatenanalyse, Scannerdatenanalyse, Computer Inte-grated Trading, Mikromarketing, Efficient Consumer Response

1 Zum Begriff der WBA

Die WBA ist eingebettet in das Rahmenkonzept des CIT. Neben der WBA können u. a. Warenwirtschaftssysteme (WWS), Efficient Consumer Response (ECR), Electronic Data Interchange (EDI), Category Management, Prozeßkostenrechnung und Direkte Produkt-Rentabilität (DPR) als Komponenten von CIT identifiziert werden.

CIT-Komponenten sollen nach Ebenen, Reichweite und Fokus differenziert werden. Eine Komponente kann auf der organisatorischen, fachlichen oder der DV-Ebene angesiedelt sein, wobei ihre Reichweite unternehmensintern oder unternehmensübergreifend wirken kann. Die Komponente ist auf die Logistik, das Produkt oder den Konsument fokussiert. Abbildung 1 verdeutlicht diesen Sachverhalt.

Während die Warenkorbanalyse in die Fachebene eingeordnet werden kann, umfaßt die Bondatenanalyse sowohl fachliche wie auch DV-technische Aspekte. Um die Warenkorb-analyse mit überschaubarem Aufwand kontinuierlich betreiben zu können, sind Bondaten eine wesentliche Datenquelle.

---

[*] Lehrstuhlinhaber: Prof. Dr. Joachim Fischer

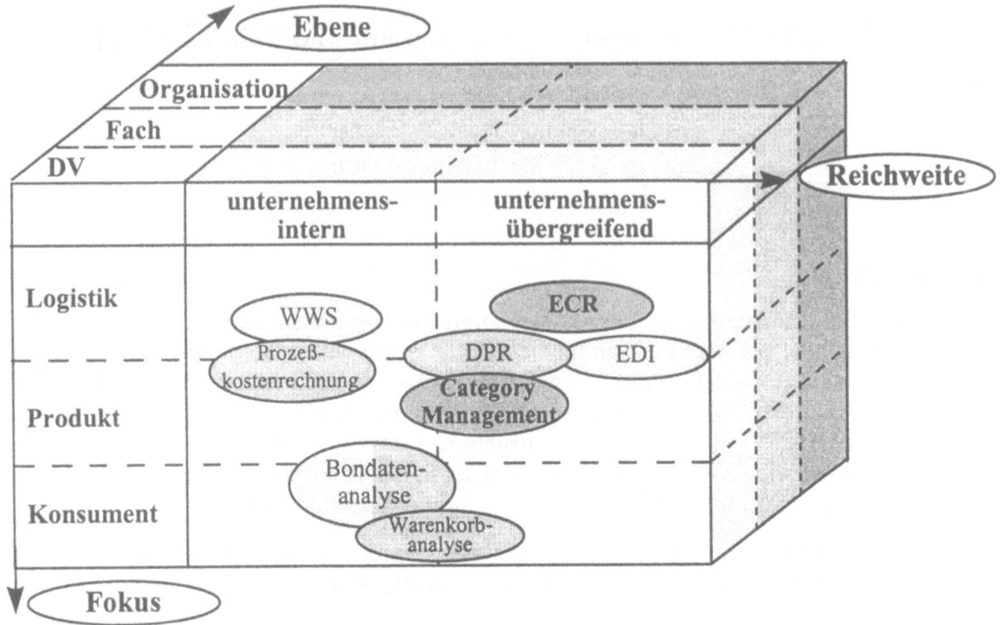

Abbildung 1: Computer Integrated Trading als Rahmenkonzept

Die WBA ist ein Instrument des Mikro-Marketing, da das individuelle Verbraucherverhalten analysiert wird, damit die Kundenansprache zielgerichtet vorgenommen werden kann. Der Kassenbon gilt als „Urbeleg" der Analyse bzw. als „Stimmzettel des Verbrauchers" [Ber93]. Ziel ist es, den anonymen Kunden im Einzelhandel von heute wieder als individuellen Käufer wahrzunehmen, wie früher in den „Tante Emma-Läden" üblich.

An WBA sind alle am Wertschöpfungsprozeß Beteiligten interessiert. Obwohl methodisch auch für andere Branchen anwendbar (dazu kann der „Kassenbon" durch ein branchenadäquates Pendant ersetzt werden, z. B. durch Police, Schadensmeldung (Versicherungsbranche); Kontentransaktion (Banken, Zahlungsdienstleister); Bestellung, Reklamation, Rechnung (Sanitär)), wird hier die Konsumgüterbranche betrachtet. Potentielle Interessenten sind Handel, Industrie, sowie Branchenverbände/-institute. Der Handel will aufgrund breiter Sortimente weniger einzelne Artikel als sein Gesamtsortiment steuern. Mit Bondaten können Informationen gewonnen werden, die auch andere Systeme (z. B. WWS) liefern können, wie Absatz, Umsatz, Deckungsbeitrag je Sortimentsbereich.

Die Industrie möchte, daß ihre in der Zahl meist überschaubaren Produkte optimal präsentiert und beworben werden. Die z. B. über Marktforschungsinstitute beschaffbaren Abverkaufs- oder Kundentypdaten sind relativ teuer und begrenzt von der Stichprobe. Kontinuierliche Analysen sind somit zu teuer oder undurchführbar. Die WBA bietet der Industrie neue Wege, der Handel wird dabei zum Informationsdienstleister. Die Beteiligten werden sich in Zukunft auf sinnvolle Abrechnungsmodelle einigen müssen.

Brancheninstitute wie das Deutsche Handelsinstitut e. V. (DHI) oder das EuroHandelsinstitut e. V. (EHI), Köln, können über eine flächendeckende Versorgung mit (anonymisierten) Filialabverkaufsdaten einfacher statistische Branchenanalysen erarbeiten. Die Verbandsmitglieder können so kostengünstiger mit besseren Marktinformationen versorgt werden. Weitere Interessenten sind Logistikdienstleister und Marktforschungsinstitute.

2 Ziele der WBA

Kunde, Artikel, Filiale und deren Beziehungstypen sind die wesentlichen Analysedimensionen der WBA (s. Abb.2).

Primäre Zielkategorien der Warenkorbanalyse sind eine verbesserte

a) Kundenansprache / Kundenbindung,
b) Aktionssteuerung,
c) Sortimentsplanung und
d) Ladengestaltung.

zu a) Es ist zu analysieren, *warum* ein Kunde eine Filiale besucht. Bei den *identifizierenden Kundenanalysen* ist der Kunde individuell bekannt, z. B. über Kundenkarte oder Einkaufsausweise. Typische Fragen sind: Wie oft bzw. wie regelmäßig kauft ein Kunde ein? Welche Artikel kauft er in welchen Verbünden (Warenkörbe)? Welcher Umsatz oder Rohgewinn wird je Einkaufsvorgang und Kundentyp realisiert? Welche Aktionspräferenz hat welcher Kundentyp? Die *anonymisierten Analysen* werden ohne namentliche Kenntnis des Kunden durchgeführt. Sie sind bei Unternehmen ohne Kundenkarte oder aus datenschutzrechtlichen Gründen von Interesse. Typische Fragen sind: In welchen Warengruppen (WG) gibt es viele „Schnäppchenjäger"? Wie hoch ist der Anteil der Schnäppchenjäger-Bons der WG zu allen Bons mit Artikeln der WG? Welche typischen Warenkörbe können für ausgewählte WG identifiziert werden (Referenz-WG: z. B. „Weiße Ware", Schaumwein, Tiernahrung, Babykost etc.)?

zu b) Aktionsanalysen sollen helfen, den Ertragsverlust durch Werbe- und Aktionsartikel aufgrund geringerer Margen so niedrig wie möglich zu halten. Betrachtet werden der Kaufverbund und die Kauffrequenz i. d. R. über eine gesamte Aktionswoche. Typische Fragen sind: Hat die Aktion eine ausreichende Zahl von Kunden angesprochen (Reichweite der Aktion)? Hat die Aktion Absätze und Umsätze wie erwartet erhöht? Treten „Kannibalisierungseffekte" auf (Umsatz der WG des Aktionsartikels bleibt konstant)? Wie hoch ist der Gesamt-Rohgewinn einer Aktion (ohne / mit Verbund) oder eines Aktionsartikels?

zu c) In der Sortimentsplanung interessiert, welche Kundentypen welche Filialtypen besuchen, abhängig von der Lage einer Filiale. Die Analyse ist auf beliebigen Sortimentsebenen mehrdimensional möglich: WG, Handels-/Herstellermarken, einzelne Artikel sowie die im Category Management üblichen verwendungsorientierten Warenkategorien (z. B. „Alles für das Frühstück").

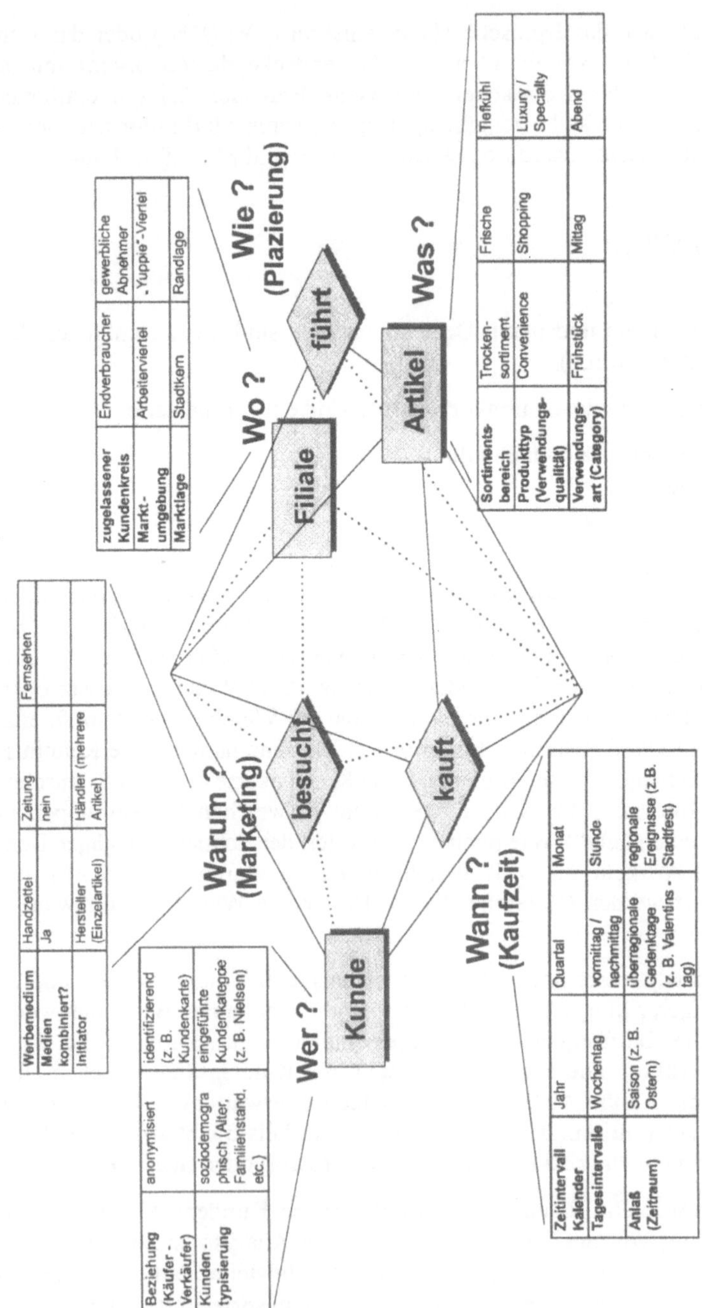

Abbildung 2: Analysedimensionen und Zielkategorien der WBA

zu d) Eine Analyse über Bonreichweiten auf WG-Ebene (vgl. Fallbeispiel) bietet Hinweise für eine optimale Ladengestaltung. Zusammen mit Kundenlaufstudien können die WG innerhalb eines Marktes optimal plaziert werden. Die Verkaufsflächenplanung je Sortimentsbereich (Regaloptimierung) wird erleichtert. Möglich sind Planungen nicht nur je Filialgrößenklasse, sondern auf Ebene einzelner Filialen.

Außerhalb der *Warenkorb*analyse im engeren Sinne liegend, können mit Bondatenanalysen Informationen u. a. für Revision und Personaleinsatzplanung gewonnen werden. Durch Revisionanalysen können Unregelmäßigkeiten bei Kassiervorgängen aufgedeckt werden. Schulungsmaßnahmen beim Kassierpersonal werden planbar. Einsparungen ergeben sich durch den Wegfall von Reisekosten der Revisoren, die vom Büro aus per PC auf die Bondaten der Filialen zugreifen können. Die Personaleinsatzplanung z. B. an Bedientheken und im Leergutbereich wird durch Frequenzanalysen (Abverkauf je Zeiteinheit) unterstützt. Weitere Anwendungsfelder sind die Lieferantenbewertung und die Logistiksteuerung.

Fallbeispiel Sortimentsplanung:

Häufig wird gefragt, welche Artikel (WG) die Käufer „ziehen" und welche ertragsreich sind. Die Ergebnisse sollen Entscheidungen über Verkaufsfläche, Produktplazierung oder Ein-/Auslistung von Artikeln unterstützen [Wit97]. Die „Zugpferde" im Sortiment können durch die Frage identifiziert werden: Auf wievielen Bons tauchen Artikel einer bestimmten WG auf (Kennzahl Bonreichweite, Abbildung 3)?

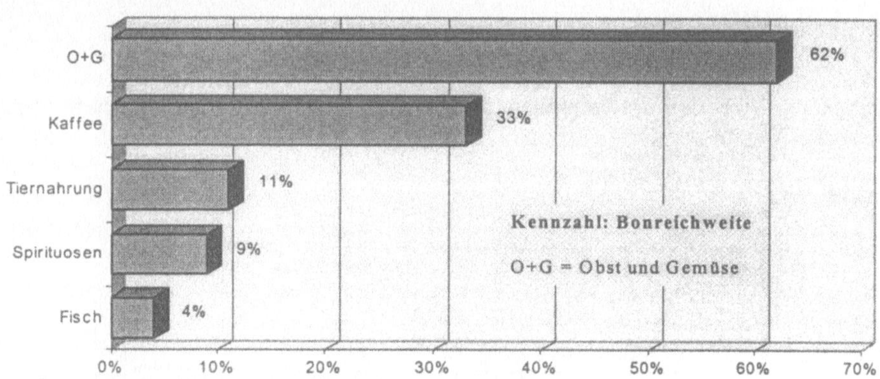

Abbildung 3: Sortimentsplanung – Welches sind die Zugpferde im Sortiment?

Die Ertragssicht wird durch eine Kombination von Bondatenanalyse und Deckungsbeitragsrechnung generiert. Ergebnis kann sein, daß eine WG eine hohe Bonreichweite, aber nur geringen Deckungsbeitrag erwirtschaftet (O+G). Preispolitische Maßnahmen bzw. Lieferantenverhandlungen könnten daraus abgeleitet werden.

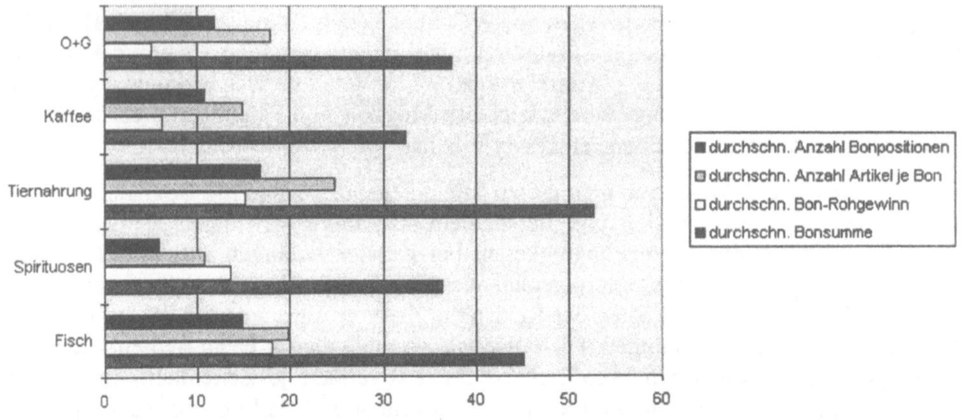

Abbildung 4: Sortimentsplanung - Welches sind die Ertragsbringer?

Im Fall „Fisch" ist die Bonreichweite gering, jedoch werden hohe Erträge erwirtschaftet. Es ist zu prüfen, ob Fischkäufer einen hohen Durchschnittsbon (Bonsumme, Bonpositionen) erzielen. Da dies der Fall ist, sollte die Fischabteilung keinesfalls geschlossen werden, was die Bonreichweitenanalyse nahegelegt hätte.

3 Typen der WBA

Die WBA kann nach den Datenquellen und nach dem Datenumfang typisiert werden (Abbildung 5).

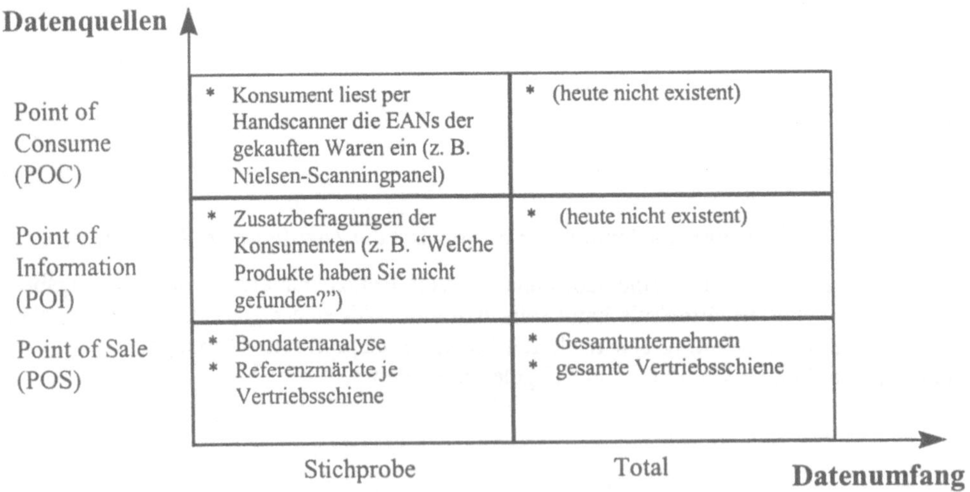

Abbildung 5: Typen der Warenkorbanalyse nach Datenquellen und Datenumfang

Typen nach Datenquellen:

Es existieren drei Orte, an denen Daten für die WBA erhoben werden:

a) die Verkaufsstätte (Point of Sale POS),
b) der Plazierungs- oder Informationsort (Point of Information POI) und
c) die Verbrauchsstätte (Point of Consume POC).

zu a) Am *POS* kann direkt mit der Bondatenanalyse das Kaufverhalten (typische Warenkörbe) erfaßt werden. Neben der Analyse auf unverdichteten Kassenbondaten (Bondatenanalyse) wird vielfach auf die technisch einfachere Variante der Scannerdatenanalyse zurückgegriffen. Hier werden Bondaten tages- bzw. wochenweise verdichtet. Zum anderen können indirekt Durchschnittswerte von POS (Filialen) eines Untersuchungsgebietes einbezogen werden. Daneben existieren durch Marktforschungs- oder Brancheninstitute erhobene Handelspanels (z. B. MADAKOM = Marktdatenkommunikation).

zu b) Am *POI* wird die Artikelplazierung in der Filiale bzw. das verfügbare Sortiment der Filiale betrachtet. Dies geschieht z. B. durch Befragungen im Markt, die nicht durch eine Bondatenanalyse ersetzt werden können („Welche Artikel haben Sie *nicht* gefunden?").

zu c) Am *POC* werden Daten nach Verwendungsart erhoben. Das Verbrauchsverhalten der Konsumenten wird erfaßt z. B. durch Self-Scanning zum Verzehrzeitpunkt in der eigenen Wohnung (Haushaltspanel) oder hilfsweise beim Cross-Shopping zum Einkaufszeitpunkt. Dabei werden die Daten per EDI an eine Sammelstelle übermittelt.

Typen nach Datenumfang:

Bei Stichproben (Panels) können in einer Längsschnittanalyse z. B. Referenzmärkte kontinuierlich oder in einer Querschnittsanalyse alle Märkte für einen beschränkten Zeitraum herangezogen werden. Bei der WBA ist es grundsätzlich möglich, alle Filialen kontinuierlich in die Datensammlung einzubeziehen (Totalanalyse). Es ist statistisch zu prüfen, ob die gleiche Ergebnisqualität durch Stichproben zu erzielen ist.

4 Realisierungsentscheidungen der WBA

4.1 Konzeptionelle Entscheidungen

Für eine DV-gestützte WBA müssen

a) Daten gesammelt,
b) konsolidiert,
c) gespeichert und
d) ausgewertet werden.

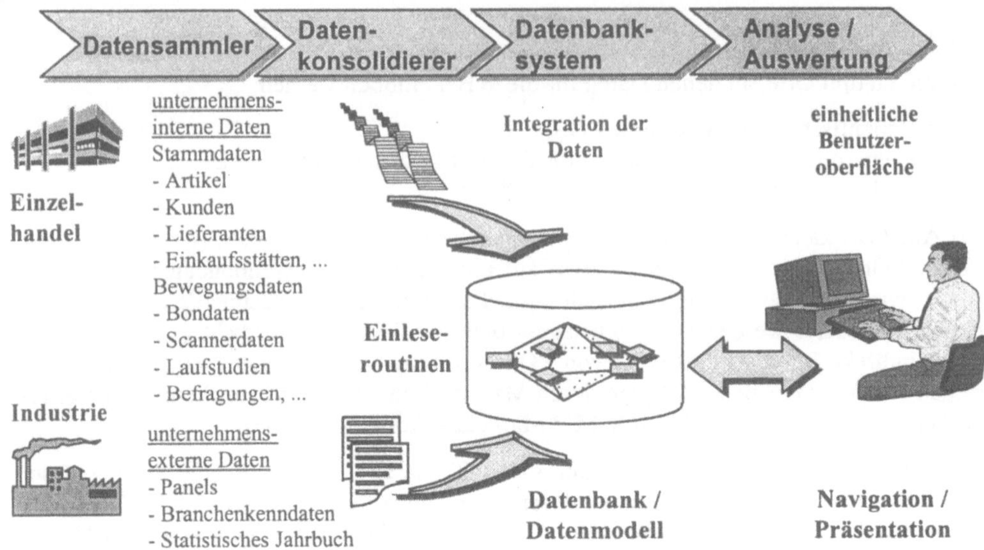

Abbildung 6: Komponenten eines Systems zur WBA

zu a) Für die *Datensammlung* sind Schnittstellen zu Vorsystemen zu schaffen. Aus den Filialen sind aus den Scannerkassen Bondaten und ggf. filialspezifische Stammdaten abzugreifen. Der Großteil der Stammdaten (z. B. Artikelstamm, Kundendaten [bei Kundenkarten], Lieferantenstamm) wird aus den WWS der Handelszentrale übernommen. Optional können Produktstammdaten der Industrie (z. B. SINFOS), Panels (z. B. MADAKOM) etc. übernommen werden. Für die Datenübertragung von den Filialen zur Zentrale sind Netze bereitzustellen und die Kommunikation ist zu organisieren. Das Bondatenvolumen schwankt zwischen 5-20 MB pro Tag und Filiale, so daß z. B. bei 30 Filialen mit je 10 MB in einem halben Jahr knapp 50 GB allein an Bewegungsdaten anfallen.

zu b) Bei der *Datenkonsolidierung* ist die Datenqualität zu sichern. Dieser kontinuierliche Prozeß umfaßt z. B die Problemfelder Artikel-EAN vs. WG-Buchungen (z. B. Frischesortiment), das „Milka-Problem" (Sortenbuchungen statt artikelgenauem Scanning), Zuordnung von Verkaufs- zu Einkaufspreisen (z. B. Einzelflasche verkauft, Einkaufspreise im Artikelstamm je Kiste), Eliminieren von internen Bons (z. B. Konzessionärsabrechnung, Eigenverbrauch, Schulungsbons). Es bietet sich für unternehmensübergreifende Vergleiche an, einen branchenweiten Standard wie die CCG-Sortimentssystematik zu verwenden. Filialinterne und unternehmensweite Nummernkreise sind mit dem WWS zu integrieren und zeitlich stabil zu wählen, da sonst Langzeitanalysen nicht möglich sind. Vor der Wiedervergabe von Artikelnummern sollten Karenzzeiten von z. B. 15 Monaten gelten, um auch Saisonanalysen („Ostern 98 zu 97") zu erlauben. Ändert sich in einer Woche die Artikelzuordnung zu einer Artikelnummer (interne Nummer vs. EAN), so ist beim Verdichten der Abverkaufsdaten auf Wochenbasis zu entscheiden, welche Artikelnummer den Abverkäufen zuzuordnen ist, da sonst Analysen auf Bondaten- und auf Scannerdatenbasis unterschiedliche Ergebnisse liefern können.

zu c) Bei der *Datenspeicherung* ist über das Datenmodell und das Datenbanksystem zu entscheiden. Das Datenmodell wird i. d. R. vom Lieferanten der WBA-Software gestellt und ist ggf. unternehmensspezifisch anzupassen. Weniger empfehlenswert ist ein eigenes Datenmodell (z.B. aus dem WWS abgeleitet), da dann der Anpassungsaufwand hoch ist. Herkömmliche Datenmodelle sind für operative Anwendungen optimiert, solche für die WBA demgegenüber auswertungsoptimiert („Data Warehouse"): Daten werden angesichts heutiger Speicherpreise redundant (z. B. Bon- und Scannerdaten) gehalten. Das Datenmodell sollte zeitorientierte Strukturen aufweisen, um Zeitvergleiche und Verdichtungen (z. B. in der Scannerdatenanalyse) auch bei sich verändernden Stammdaten zu ermöglichen. Die Daten können zentral oder verteilt gespeichert werden. Eine zentrale Datenbank für mehrere Filialen wird eine leistungsfähige Workstation oder einen Parallelrechner erfordern. Dezentral liegen die Daten der Filialen vor Ort auf PC, sind z. B. über ISDN mit der Zentrale verbunden und somit ebenfalls zentral auswertbar.

zu d) Es sind die *Analysemethode(n)* auszuwählen und das Datenmodell ggf. entsprechend anzupassen. *Ex-post-Analysen* machen keine expliziten Aussagen über die Zukunft, gleichwohl können durch Interpretation Schlüsse gezogen werden. Beispiele sind Bonreichweiten-Analysen auf WG-Ebene (s. Fallbeispiel) oder Umsatz-/Ertragsportfolios für gleichartige Artikel (z. B. Zahnbürsten). Cluster-Analysen bilden z. B. aufgrund ähnlicher Kaufgewohnheiten aus den Abverkaufsdaten typische Kundengruppen. Bei *ex-ante-Analysen* werden Prognoseverfahren (z. B. die Regressionsanalyse) verwendet. Moderne Verfahren wie „Neuronale Netze" werden diskutiert. Die Analysesoftware sollte eine flexible Navigation in den Datenbeständen erlauben, d. h. sowohl Strukturgrößen (Sortimentsbereiche, Vertriebswege etc.) wie auch Kennzahlen sollen sinnvoll kombinierbar sein. Typische Präsentationsformen der Ergebnisse sind Tabellen, Diagramme und (komplexere) Berichte. Die Anwender der WBA sollten die fachlichen Anforderungsdefinitionen mitgestalten. Eine ausreichende Schulung für alle späteren Anwender eines WBA-Systems ist einzuplanen.

4.2 DV-technische Entscheidungen

Aufgrund der Projektkomplexität und verfügbaren Software-Produkten sollte ein WBA-System mit Unterstützung eines Anbieters mit handelsspezifischem wie auch DV-Know-How realisiert werden. Die Software umfaßt das Datenmodell, die Datenbank, die Auswertungsoberfläche, Kassenschnittstellen und diverse Kommunikations- und Datenaufbereitungsmodule. Ein solches Data Warehouse wird gespeist aus den operativen Systemen des Unternehmens und unterstützt mehrdimensionale Auswertungen (z. B. Umsätze räumlich, zeitlich oder nach Produkten) z. B. mit Hilfe der OLAP-Technik (OnLine Analytical Processing). Setzt diese auf relationalen Datenbanken auf, spricht man von ROLAP. Ob ein Datenbanksystem OLAP, ROLAP oder traditionell relational orientiert ist, sollte bei der Auswahl weit weniger wichtig sein als die fachlichen Anforderungen.

Die verfügbaren Softwaresysteme zur WBA sind branchenneutral oder branchenspezifisch. Branchenneutrale Systeme sind zahlreich, allerdings ist erheblicher Anpassungsaufwand erforderlich, um die handelsspezifische Begriffs- und Kennzahlenwelt einzupflegen. OLAP/ROLAP-basierte Systeme sind z. B. Business Objects (BO) und DSS Agent (Micro Strategy). Daneben gibt es Data Mining-Werkzeuge, z. B. Dmine (SAS), Delta Miner

(Bissantz), Scenario (Cognos) und Neuronale Netze [z. B. SENN (SNI), 4 Thought (Cognos)]. Ein branchenspezifisches System für die Konsumgüterwirtschaft ist BFK-DIAMANT (BFK).

Aufgrund der Komplexität des Vorhabens bietet es sich an, zunächst eine Pilotphase zu definieren, in der auf kleinen Systemen mit geringen Kosten (in ca. 4-6 Wochen) der WBA-Nutzen mit Daten weniger, ausgewählter Filialen schnell erarbeitet wird. Dabei sollten Softwareanbietern eigene Daten des Händlers bereitgestellt werden, um die Leistungsfähigkeit von deren Systemen anhand der erarbeiteten betriebswirtschaftlichen Erkenntnisse beurteilen zu können.

5 Literatur

[Ber93]   Bertram, H.: Mehr Kundenorientierung durch "Decision Support". Neue Dimensionen der Informationsverarbeitung, *Vortrag 7. NCR Handelsforum*, Augsburg, 1993.

[Wit97]   Wittmann, N.: Bon- und Scannerdatenanalyse. Neue Wege zur Filialsteuerung und Category Management, *Vortrag SNI-Retail Topics*, Februar, 1997.

Efficient Consumer Response und zwischenbetriebliche Integration

Joachim Fischer, Michael Städler
Schwerpunkt Wirtschaftsinformatik 1 *
Universität-GH Paderborn

Zusammenfassung

Efficient Consumer Response (ECR) ist ein Konzept zur unternehmensübergreifenden Optimierung des Güter- und Informationsflusses zwischen Industrie und Handel (ursprünglich im Lebensmittelbereich). Ziel sind Kooperationen in der Logistik, um den Güterfluß und die Administration zu optimieren, und im Marketing, um Sortimentsgestaltung, Verkaufsförderung und Produktentwicklung effizienter zu gestalten. Diese Kooperationen nutzen intensiv zwischenbetriebliche Informationssysteme und entsprechende Basistechniken (EDIFACT, VAN, INTERNET).

Stichworte: Efficient Consumer Response, Efficient Store Assortments, Efficient Promotion, Efficient Product Introductions, Zwischenbetriebliche Informationssysteme, Electronic Data Interchange

1 Überblick

ECR ist ein Rahmenkonzept zur unternehmensübergreifenden Optimierung des Güter- und Informationsflusses zwischen Industrie und Handel, das ursprünglich für den Lebensmitteleinzelhandel in den USA entwickelt wurde. Ziel ist es, alle Glieder der Wertschöpfungskette auf den maximalen Nutzen für den Kunden auszurichten und die Kosten für alle Beteiligten zu senken.

ECR hat operative und strategische Ziele. Operative Ziele von Handel und Industrie sind:

- Steigerung der Erlöse durch kundenoptimierte Sortimente und verbesserte Aktionen,
- Senkung der Logistik-, Marketing- und Verwaltungskosten,
- Senkung des gebundenen Vermögens,
- Senkung der Logistikdurchlaufzeiten und der Bestellvorlaufzeiten.

Gewichtiger ist jedoch das strategische Ziel angesichts weitgehend gesättigter Märkte und neu entstehender Absatzkanäle (z. B. Electronic Commerce) die Wertkette von der Industrie über den Handel bis hin zum Konsumenten grundsätzlich neu zu gestalten und dabei den Kunden stärker an den traditionellen Vertriebsweg und dessen Produkte zu binden.

---

* Lehrstuhlinhaber: Prof. Dr. Joachim Fischer

Elemente sind Kooperationen in der Logistik, um den Güterfluß und die Administration zu optimieren, und im Marketing, um Sortimentsgestaltung, Verkaufsförderung und Produktentwicklung effizienter zu gestalten. Wesentliche Ansätze sind dabei

- das *„Category Management"* mit einer integrierten zwischenbetrieblichen Kommunikations- und Produktpolitik,
- das *„Efficient Product Replenishment"* mit einer integrierten zwischenbetrieblichen Logistiksteuerung und
- eine intensivere Nutzung von *zwischenbetrieblichen Kommunikations-* („EDI") und *Controlling - Systemen* („Activity based costing", „Direkte Produktrentabilität").

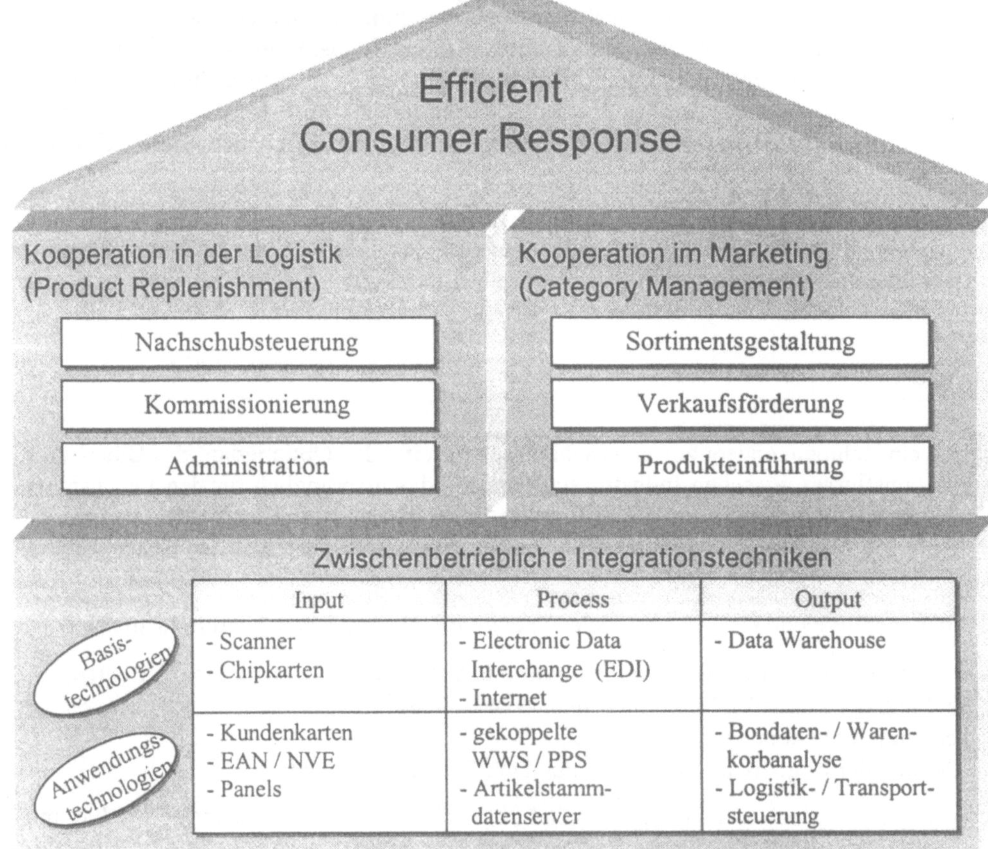

Abbildung 1: Elemente des ECR

2 Elemente

2.1 Kooperationen in der Logistik

Die Informations- und Güterlogistik zwischen Verbraucher, Handel und Industrie soll in zeitlicher und struktureller Hinsicht synchronisiert werden, um durch elektronische Datenübertragung, abgestimmte Verpackungseinheiten und Wegfall nicht-wertschöpfender Prozesse Kosten und Zeit zu sparen.

Die zwischenbetriebliche Integration betrifft den (physischen) Güterfluß und den Informationsfluß. Im Güterfluß sollen die Logistikpraktiken

- die Packeinheiten so koordinieren (z. B. durch abgestimmte Palettenhöhen, Multi-Temperatur-Sendungen), daß Transport- und Ladevorgänge optimiert werden;

- die Kommissionierung so steuern (z. B. durch Barcode-Einsatz), daß der Lieferant filialgerecht liefern kann, so daß im Warenverteilzentrum des Handels keine Kommissioniervorgänge mehr notwendig sind und dort Lagerbestände entfallen („Cross docking").

Diese effizienten Logistikpraktiken werden durch einen integrierten Fluß von Abverkaufs- und Bestandsinformationen zu einer effizienten Güterversorgung beitragen *(efficient replenishment)*. Zunächst können Abverkaufsdaten und -prognosen dem Lieferanten in höherer Frequenz als die Bestellungen elektronisch übermittelt werden, damit dieser seine Produktion effizient steuern kann. Im Gegenzug wird der Lieferant seine Sendungen elektronisch avisieren, um die Transport- und Entladeressourcen im Handel steuern zu können. Schließlich sollen durch elektronische Kopplung der Administrations- und Dispositionssysteme von Handel und Industrie die Prozeßkosten in der Logistikkette minimiert werden.

2.2 Kooperationen im Marketing

2.2.1 Effiziente Sortimentsgestaltung (Efficient Store Assortments)

Durch Sortimente, die besser an die Kauf- und Verbrauchswünsche der Konsumenten angepaßt sind, sollen zum einen die Verkaufsfläche besser ausgenutzt, zum anderen unproduktive Lagerfläche vermieden oder für den Verkauf genutzt werden.

Die zwischenbetriebliche Integration bei der Sortimentsgestaltung beginnt mit dem Austausch von Marktforschungs- und Abverkaufsdaten zwischen Handel und Industrie, um darauf basierend die Sortimente und die Marketingaktivitäten von Industrie (Makromarketing, z. B. Werbekampagnen) und Handel (Mikromarketing, z. B. Warenpräsentation) zu koordinieren.

2.2.2 Effiziente Verkaufsförderung (Efficient Promotion)

Dabei sollen Industrie und Handel ihre Preis- und Werbepolitik in horizontaler und vertikaler Hinsicht zeitlich und inhaltlich abstimmen, um Erlöseinbußen (durch unkoordinierten Preisverfall bei ganzen Produktgruppen, z. B. Tafelschokolade, Kaffee), Marktverstopfungen (durch spekulative Vorratskäufe des Handels und der Konsumenten) und Kosten (z. B. der Aktionslogistik) zu vermeiden. Mit Hilfe von Bondatenanalysen und Kundenkarten können z. B. die Produkte, Kunden, Filialen und Zeiten identifiziert werden, die durch Aktionen gefördert werden und die Aktionserlöse bzw. -kosten anhand der bewirkten Warenkörbe unternehmensübergreifend bestimmt werden (z. B. Direkte Produktrentabilität). In Deutschland ist bisher die in den USA und Großbritannien geübte Praxis kunden- und warenkorbspezifischer Rabatte rechtlich nicht zulässig, die dort den Namen E „Consumer“ R gerechtfertigt hat.

Die zwischenbetriebliche Integration soll die Chancen und Risiken einer unkoordinierten Verkaufsförderung durch administrative Hilfen und dispositive Koordination steuern. Aktionen der Industrie mit Sonderverpackungen (Stammdatenpflege) und Coupons (Zahlungsabwicklung) verursachen im Handel hohe administrative Kosten, die sich z. B. durch integrierte Stammdatenbanken und Scannertechniken reduzieren lassen.

2.2.3 Effiziente Produkteinführung (Efficient Product Introductions)

Diese zielt auf die kooperative und konsumentengerechte Entwicklung und Markteinführung neuer Produkte, um für die Industrie teure Fehlentwicklungen und für den Handel „Me too“ - Produkte mit marginalen Umsätzen zu vermeiden und wirkliche Innovationen mit realen Umsatzzuwächsen zu fördern. Eine künstliche Aufblähung des Sortiment senkt die Effizienz der gesamten Wertschöpfungskette (z. B. Bestände, Verkaufsfläche).

Die zwischenbetriebliche Integration bietet die Möglichkeit, Konsumtrends durch Abverkaufsanalysen und Käuferprofile zu erkennen und darauf rasch mit gezielten Produktentwicklungen zu reagieren (Quick Response). Dies gilt speziell bei modischen oder Trendartikeln (z. B. begleitend zu Fernsehserien). Generell können spezielle Testumgebungen für die Produkteinführung aufgebaut, um Warenkorb- und Kundenprofile kontinuierlich am Point of Sale zu beobachten.

Die folgende Tabelle zeigt die geschätzten Ersparnisse aus den ECR - Elementen in den USA und in Europa.

Maßnahmen	USA			Europa
	Kosten-einsparung	Kapital-einsparung	Gesamt-ersparnis	Gesamtersparnis
Effiziente Sortimentsgestaltung	1,3%	0,2%	1,5%	0,8- 0,9%
Effiziente Logistik	2,8%	1,3%	4,1%	1,5-2,5 %
Effiziente Verkaufsförderung	3,5%	0,8%	4,3%	
Effiziente Produkteinführung	0,9%	neg.	0,9%	
Summe	8,5%	2,3%	10,8 %	2,3-3,4%*

*** ohne Personalreduzierung von 20 - 40%**

Tabelle 1: Geschätzte Ersparnisse in % des durchschnittlichen Umsatzes zu
Verkaufspreisen (Quelle: [FMI93], [CCR94])

2.3 Integrationstechnologie

Die Informationstechnologie (IT), speziell der elektronische Datenaustausch (EDI) soll die
Realisierung von ECR ermöglichen.

Aus technologischer Sicht können mehrere Integrationsgrade unterschieden werden
[Sch90]: Bei der elektronischen Datenübertragung wollen die Unternehmen Nachrichten
über Transportnetze und -dienste beschleunigt austauschen. Als Standard für die elektronische Übertragung zwischen Bearbeitern hat sich das INTERNET auf der Basis des Proto-
kolls TCP/IP mit seinen Diensten (E-Mail SMTP, File Transfer FTP) herausgeschält. Allerdings hat das INTERNET bei größeren Übertragungsmengen noch Leistungsgrenzen;
zudem ist der Datenschutz nicht durchgängig gewährleistet. Daher dominieren in der Datenübertragung zwischen Unternehmen kommerzielle Fernnetze (WAN = Wide Area Network), zu deren Leistungsumfang neben der Datenübertragung Speicher- und Verteil-
aufgaben (Mailing) sowie Prüf- und Konsolidierungsaufgaben gehören können (Clearing).
Bei solch erweiterten Leistungen spricht man von einem VAN (Value Added Network).

Sollen Nachrichten automatisiert (d. h. ohne menschliche Eingriffe) interpretiert werden,
müssen Nachrichtenformate (Beispiele: EDIFACT, ODETTE) vereinheitlicht und verein-
bart werden. Solche gekoppelten Systeme setzen bei den Teilnehmern interne Systeme voraus, die Nachrichten interpretieren, semantisch prüfen und automatisiert verarbeiten können. Standardsoftwarehersteller arbeiten an entsprechenden Konzepten (z. B. SAP Business
Application Programming Interface BAPI).

Bei der Datenintegration greifen mehrere Unternehmen auf gemeinsame Datenbestände zu.
Beispiele sind gemeinsame Produktstammdatenbestände zwischen Herstellern und Handel.
Im Rahmen der Funktionsübertragung überträgt ein Unternehmen auf andere die DV-
technische und / oder organisatorische Abwicklung bestimmter Vorgänge. Beispielsweise
führt ein Jeans-Hersteller die Lagerbestände seiner Franchising-Ladenkette und sorgt für

die rechtzeitige und nachfragegerechte Sortimentsdisposition bei jedem Vertriebspartner. Bei der Funktionsintegration werden die Systeme der Partner so gekoppelt, daß Vorgänge automatisiert (ohne menschliche Eingriffe) zwischen den Unternehmen abgewickelt werden. Z. B. wird eine Ausgangsrechnung über EDI an einen Kunden versendet und dort automatisiert in eine Eingangsrechnung transformiert und für die Kostenrechnung kontiert. Dazu muß die Eingangsrechnung mit der notwendigen Kontierungsinformation versorgt werden, die schon in der Bestellung hinterlegt wurde, dann alle Prozeßstationen des Lieferanten durchläuft und von ihm danach in die Ausgangsrechnung eingestellt wird [Kag93, S. 460].

Um diese Integrationsgrade zu erreichen, bedarf es sowohl beim Handel als auch bei der Industrie einer ausgebauten Informationstechnologie, die sowohl beim Marketing als auch in der Logistik ECR unterstützen.

In der Marketingintegration werden die Partner ihre Preis-, Produkt- und Kommunikationspolitik gewinnoptimal koordinieren. Dazu sollen Abverkaufsdaten pro Produkt und Kunde am Point of Sale (POS) automatisch erfaßt, ausgewertet und der Industrie übermittelt werden. Wichtige Basistechniken sind dabei Artikelnummern und Kundenkarten auf Barcode oder Magnetstreifenbasis, später sicher auch mit Mikrochips, die den Informations- und Zahlungsfluß (EC-Cash) unterstützen. Die so gewonnenen Daten ermöglichen dem Handel mittels Bon- und Warenkorbanalyse Detailstudien des Verbraucherverhaltens und den Aufbau entsprechender Data Warehouses (DWH) für die individuelle und persönliche Ansprache von Kunden mit entsprechender Rabattierung (Mikro-Marketing). Die mit elektronischer Kommunikation der Industrie übermittelten Daten nutzt diese für eine zielgruppenspezifische Produkt- und Kommunikationspolitik (Makro-Marketing).

In der Logistikintegration ist der Güterfluß zwischen den Partnern kosten- und zeitsparend zu disponieren und durchzuführen. Die Disposition soll dabei im Zusammenspiel zwischen den Warenwirtschaftssystemen (WWS) des Handels und den Produktionsplanungssystemen (PPS) der Industrie erfolgen. Da die Industrie die Produktionszeiten zu tragen hat, erfordert dies eine entsprechend weitgreifende Prognose in der Kooperation beider Partner oder eine entsprechende Produktionsorganisation der Industrie (z. B. Vorfertigung, Baukastenvariation). Eine wichtige Basistechnik für die Transport- und Kommissioniervorgänge im Güterfluß ist dabei der Barcode auf Versandeinheiten, mit dessen Hilfe diese DV-gestützt identifiziert werden können.

Aufgrund der Fülle der bei der Marketing- und Logistikintegration zu erfassenden, zu übertragenden und zu verarbeitenden Daten (bei einem Supermarkt ca. 5-20 MByte / Tag) sind die tangierten Systeme zunächst automatisiert zu koppeln und dann später zu integrieren.

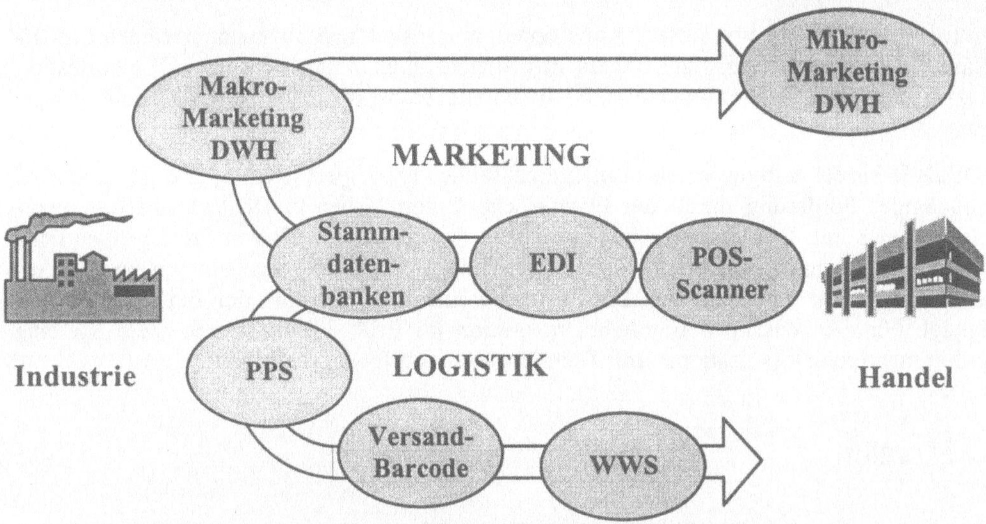

Abbildung 2: Typen zwischenbetrieblicher Informationssysteme

Die Organisationen des Handels (z. B. Centrale für Coorganisation CCG, Köln) haben bei vielen Basistechnologien seit den siebziger Jahren Pionierlösungen erarbeitet, z. B.:

- Barcode für Versandeinheiten NVE (Nummer der Versandeinheit) und Verpackungen EAN (Europäische Artikelnummer);
- EDIFACT - Subset EANCOM;
- MADAKOM (Marktdatenkommunikation) für ein Panel artikelgenauer Abverkaufsdaten aus 250 Verkaufsstellen des Lebensmitteleinzelhandels;
- SINFOS (Stammdateninformationsservice) für Artikelstammdaten der Industrie an den Handel.

Hinzu kommen betriebswirtschaftliche Lösungen, z. B. DPR (Direkte Produktrentabilität) für eine unternehmensübergreifende Produkterfolgsrechnung. Auch wenn diese Ansätze sicher weiterentwicklungswürdig sind und in Teilbereichen noch Lösungen fehlen (z. B. Schnittstellenstandards für Scannerkassen), stehen die wesentlichen Elemente einer ECR - Infrastruktur bereit.

3 Realisierungsgrad

Nach anfänglicher Euphorie hat sich inzwischen eine gewisse Ernüchterung hinsichtlich ECR breit gemacht [Hal97], da auch in den USA die Einsparungspotentiale nicht im avisierten Ausmaß eingetreten sind, in Deutschland rechtliche Voraussetzungen (z. B. hinsichtlich Kundenrabatten) fehlen und insbesondere mittelständischen Industrie- und Handelsunternehmen die personellen und finanziellen Ressourcen für die oft mehrjährigen Realisierungsschritte fehlen. Industrieunternehmen begreifen ECR zunehmend als ein Instrument des Handels, um bessere Konditionen in Preisverhandlungen zu erreichen („ECR-Bonus"). Verbraucherverbände fragen, in welchen Maßnahmen sich das „C" manifestiert und ob auch ökologische Aspekte (z. B. die höhere Transportfrequenz) berücksichtigt wurden.

EDI als Basistechnologie wurde in mehreren Wellen propagiert [Zen96] und hat sich trotz großzügiger Förderung durch die Europäische Union bisher in Deutschland nur unzureichend etabliert. Die Ursachen liegen nicht in den moderaten Kosten für die eigentliche Übertragungstechnik, sondern in den erforderlichen Anpassungsmaßnahmen bei den oft veralteten, unternehmensinternen DV-Systemen und in der Organisation bei Industrie und Handel. Für die zwischenbetriebliche Integration im ECR - Rahmen geeignete Systeme sind in mehreren Organisations- und Technik-Ausbaustufen zu realisieren.

4   Literatur

[CCR94]   Coca Cola Retailing Research Group (Hrsg.): *Kooperation zwischen Industrie und Handel im Supply Chain Management*, 1994.

[Fis97]   Fischer, J.: Zwischenbetriebliche Informationskooperationen - Wettbewerbsfaktor für mittelständische Unternehmen!, in: Dangelmaier, W.; Fischer, J. et al.: *Kommunikationsmanagement in verteilten Unternehmen*, Düsseldorf 1997, S. 1-20.

[FMI93]   Food Marketing Institute (Hrsg.): *Efficient Consumer Response - Enhancing Consumer Value in the Grocery Industry*, Washington 1993.

[Hal97]   Hallier, B.: Wal Mart - Mythos führt zur falschen ECR - Positionierung, in: *Dynamik im Handel*, 4/1997, S. 4-9.

[Kag93]   Kagermann, H.: Verteilung integrierter Anwendungen, in: *Wirtschaftsinformatik*, 35 (1993) 5, S. 455-464.

[Sch90]   Schumann, M.: Abschätzung von Nutzeffekten zwischenbetrieblicher Informationsverarbeitung, in: *Wirtschaftsinformatik*, 32 (1990) 4, S. 307-319.

[Zen96]   Zentes, J.: ECR - eine neue Zauberformel? in: Töpfer, H.: *Efficient Consumer Response (ECR) - Wie realistisch sind die versprochenen Vorteile?* Mainz 1996, S. 24-46.

Just-In-Time-orientierte Logistikstrategien im Handel

Herbert Kotzab, Peter Schnedlitz
Institut für Absatzwirtschaft/Warenhandel*
Wirtschaftsuniversität Wien

Zusammenfassung

Während das Just-In-Time-Prinzip v.a. in der Automobilindustrie seit längerem berücksichtigt wird, hat die Einbindung der Komponente Zeit in die Wettbewerbsstrategien von Handelsunternehmen u.a. zu einer Neuorientierung der Distributionslogistik geführt. Dabei versuchen Just-In-Time-orientierte Handelsunternehmen ihre Lagerbestände vor Ort zu reduzieren und ihre Effizienz durch nachfragesynchrone Belieferungssysteme mit Hilfe des Einsatzes neuer Informations- und Kommunikationstechnologien (NIuKT) und unternehmensübergreifenden Kooperationsformen, wie bspw. Efficient Consumer Response zu steigern.

Stichworte: Handelslogistik, Efficient Consumer Response, Integrierte Warenwirtschaftssysteme, Neue Informations- und Kommunikationstechnologien, Supply Chain Management

1 Problemstellung

Just-In-Time-orientierte Logistikstrategien im Bereich des Handels werden unter einer Vielzahl von Begriffen wie Crossdocking, Continuous Replenishment Programs, Quick-Response-Modelle, Vendor-Managed-Inventory-Systems, Fast flow replenishment operations, Flow through logistics operations oder Efficient Consumer Response gewürdigt (siehe dazu insb. [Kot97]).

Sie verfolgen insgesamt nachstehende Zielsetzungen (bspw. [Lal94a, S. 19]; [Ola94, S. 57]; [Dir94, S. 79]):

- Minimierung der Lieferzeiten innerhalb des Absatzkanals
- Reduzierung von Lagerbeständen
- Vermeidung von Verdopplungseffekten bei den Logistikkosten
- Erhöhung des Logistikservice

Der vorliegende Beitrag versteht sich als kritische Bestandsaufnahme zur aktuellen Diskussion Just-In-Time-orientierter Logistikstrategien im Handel.

---

* Lehrstuhlinhaber: Prof. Dr. Peter Schnedlitz

Ausgehend von theoretischen Überlegungen zum Faktor Zeit im Handel, werden drei Instrumente vorgestellt, die die Just-In-Time-Orientierung in der Handelslogistik wesentlich beeinflussen: Computergestützte Warenwirtschaftssysteme, Neue Informations- und Kommunikationstechnologien und Supply Chain Management. Anschließend werden exemplarische Ergebnisse der Umsetzung des Just-In-Time-Konzepts generell und in der Konsumgüterbranche im speziellen präsentiert. Der Beitrag schließt mit einem Ausblick auf zukünftige Forschungsaktivitäten in diesem Feld.

2 Die Beschäftigung mit der Dimension Zeit im betriebswirtschaftlichen Aktionsfeld Handel

Seit der Veröffentlichung von Stalk et al. [Sta92], die das Erfolgspotential des weltweit größten Handelsunternehmens Wal-Mart beschreibt, hat das Themengebiet 'Just-In-Time-orientierte Logistik' im Bereich Handel Einzug gehalten.

Die Wal-Mart-Logistik baut auf vielfältigen Kombinationsmöglichkeiten von Supply-Chain-Management, Warenwirtschaftssystemen und Neuen Informations- und Kommunikationstechnologien auf und gilt seither, nicht nur in der unternehmerischen Praxis, als Best-in-Class-'Benchmark' (siehe u.a.: [Sta92]; [Ste96]).

Die Grundidee der Just-In-Time-Konzeption in der Handelsbetriebslehre ist jedoch nicht neu. Sie findet sich schon in der Funktionenlehre von Oberparleiter ([Obe30] und [Obe55]). So besteht u.a. eine Leistung des Handels in der Überbrückung zeitlicher Unterschiede zwischen Produktion und Konsum. Konventionellerweise übernahm die Lagerhaltung dabei die Funktion der zeitlichen Überbrückung.

Mit einem Zitat von Henry Ford verweist Oberparleiter [Obe55, S. 138] auf die bestandslose Möglichkeit der zeitlichen Überbrückung von Distanzen: „Wäre das Transportwesen vollständig durchorganisiert, so daß eine gleichmäßige Materialzufuhr gesichert erschiene, dann wäre es überhaupt unnötig, sich mit einem Lager zu belasten" ([ForoJ., S. 138] zitiert nach [Obe55, S. 31]).

Schnedlitz [Sch94, S. 122] identifiziert zwei Hauptkriterien, die ein Handelsunternehmen zur Lagerhaltung „zwingen": a) mangelnde Just-In-Time-Kompetenz, abgeleitet durch fehlende technische Infrastruktur und b) eine warenwirtschaftliche „Datenflut", verursacht durch eine „gereizte" Sortimentsfunktion in Form von mehreren zehntausend Artikel bzw. dichte Filialnetze. Dies führt insgesamt zur Kernproblematik, diese Datenmassen zu marketingrelevanten Informationen zu verdichten [Sch94, S. 122].

3 Die „Säulen" einer Just-In-Time-orientierten Handelslogistik

Vor dem Hintergrund des technologischen Fortschritts der letzten 20 Jahre, der in der Folge zu einem verstärkten Einsatz integrierter Warenwirtschaftssysteme führt, scheint die Handelslogistik heute in der Lage zu sein, die von Schnedlitz [Sch94] angeführten Mißstände zu beseitigen.

Der warenwirtschaftliche Informationsverbund redefiniert die Logistiksysteme des Handels zu Fließsystemen, deren umfassende Form im Sinne eines Real-Time-Merchandising (= der informatorische Verbund zwischen Scannerkasse am POS und Logistikinformationssystem der Industrie) eine Bestandsreduzierung im gesamten Logistikkanal bewirkt [Zen91, S. 12]. Die Just-In-Time-orientierte Handelslogistik baut in Anlehnung an Jünemann [Jün89] auf folgenden drei Säulen auf (siehe Abb. 1).

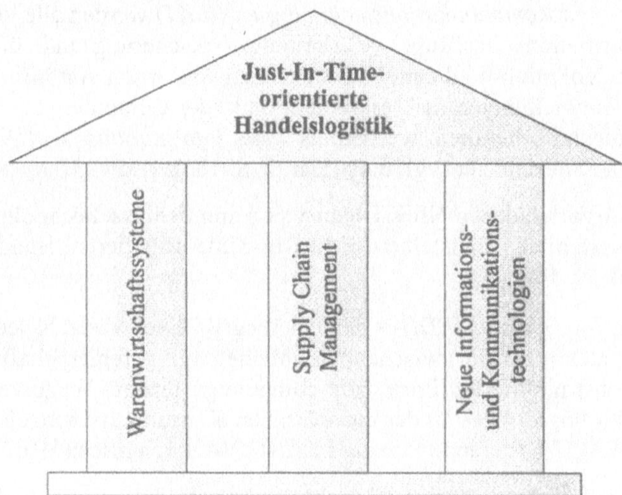

Abbildung 1: Die Säulen der Just-In-Time-orientierten Handelslogistik

Warenwirtschaftssysteme (WWS) und Neue Informations- und Kommunikationstechnologien (NIuKT) stellen in diesem Zusammenhang die technischen Rahmenbedingungen dar. Supply Chain Management dient als organisatorische Klammer. Im folgenden werden die drei Elemente einer Just-In-Time-orientierten Handelslogistik kurz vorgestellt.

3.1 Warenwirtschaftssysteme

Warenwirtschaftssysteme (WWS) gelten als Summe aller warengerichteten Informations- und Entscheidungsprozesse [Ahl94, S. 35] und werden im allgemeinen als die informatorische Ebene der warenbezogenen Handelslogistik bezeichnet (vgl. u.a. [Zen89, S. 7]). Die Spannbreite eines WWS reicht dabei vom geschlossenen über computergestützten bis zum scannergestützten WWS (vgl. [Ahl94, S. 35]).

Die Dramatik der Entwicklungen im Bereich der computergestützten WWS, die erst in den 80er und 90er Jahren als EDV-Standardlösungen preiswert angeboten werden, spiegelt sich bei Sternberg [Ste90, S. 103] wieder: Obwohl ein Handelsunternehmen „seit eh und je zwangsläufig über ein Warenwirtschaftssystem" [Ahl94, S. 34] verfügt, sammelten zunächst in den 60er und 70er Jahren große Handelsunternehmen erste Erfahrungen mit computergestützten WWS. Aufgrund des zunehmenden Ausstattungsgrades von Handelsunternehmen mit computergestützten Warenwirtschaftssystemen erwartet Sternberg [Ste90] die entscheidungsorientierte Nutzung der aus den WWS gewonnenen Informationen im nächsten Jahrtausend. Denn die Verwirklichung der Integration vor- und nachgelagerter Wirtschaftsstufen in ein computergestütztes Warenwirtschaftssystem ist erst seit den 90er Jahren technisch realisierbar.

3.2 Neue Informations- und Kommunikationstechnologien

Unter *Informations- und Kommunikationstechnologien (IuKT)* werden alle technischen Einrichtungen zur Informationserfassung, -verarbeitung, -speicherung und -übertragung verstanden. Sie dienen dem raum- und zeitüberbrückenden Austausch von Informationen. Jene IuKT, die auf den Entwicklungen der Mikroelektronik, der Computer- oder der Nachrichten- bzw. Satellitentechnik beruhen, werden als *Neue Informations- und Kommunikationstechnologien (NIuKT)* bezeichnet (vgl. u.a.: [Här95, S. 183]; [Daw93]).

Aus der Vielzahl der vorhandenen NIuKT haben sich drei Schlüsseltechnologien herauskristallisiert, die als wesentliche Bausteine der Just-In-Time-orientierten Handelslogistikkonzepte gelten [Lal94b, S. 46]:

- *Electronic Data Interchange (EDI)* = der Überbegriff einer Vielzahl technischer Standards, die eine elektronische zwischenbetriebliche, wenig fehlerbehaftete Datenübermittlung in hochstrukturierter Form zur computergestützten Weiterverarbeitung bewerkstelligen [Pfo96, S. 249]. In der europäischen Konsumgüterwirtschaft hat sich dabei der auf EDIFACT basierende Standard EANCOM durchgesetzt [Hil95, S. 8].

- *Strichcodes* = der Überbegriff einer Vielzahl von Standards, deren Fähigkeit darin liegt, Informationen durch eine Reihe von weißen und schwarzen parallel angebrachten Balken zu codieren bzw. zu decodieren [Col95, S. 210]. Für die europäische Konsumgüterindustrie ist der Strichcodestandard EAN mit seinen Ausprägungen EAN-8 und EAN-13 zur Identifizierung von Endverbrauchereinheiten bzw. EAN-128 zur Identifzierung von Handelseinheiten (bspw. Palettensysteme) relevant (siehe u.a. [Kot97, S. 83 ff.]).

- *Scannertechnologien* = die technische Möglichkeit zur optischen Erfassung von unterschiedlichen Balken/Zwischenraummuster, die in den Strichcodes enthalten sind [Wie90, S. 175]. Im Handel findet die Scannertechnologie im Kassenbereich in Form von Scannerkassen ihren Einsatz, womit eine artikelgenaue Abverkaufsdaten-Erfassung in real-time möglich wird.

Im Zuge eines unternehmensübergreifenden Einsatzes dieser Technologien (gefördert durch branchenübergreifende Standards wie EDIFACT) wird die Just-In-Time-Ausrichtung im Logistikkanal wesentlich unterstützt und erleichtert (siehe dazu insb. [Loo97]).

3.3 Supply-Chain-Management

Der Begriff *Supply-Chain-Management* wird von Lalonde/Masters [Lal94b, S. 37] als eine Variante einer unternehmensübergreifenden, integrierten Logistikkonzeption angesehen. Vahrenkamp [Vah96, S. 2] bezeichnet diese Ausrichtung als ganzheitliche Betrachtung der Logistikkette, die auf eine Harmonisierung der Beziehungen innerhalb des Logistikkanals abzielt.

Zentes [Zen94, S. 194] wählt dafür den Ausdruck „kooperative Logistikkette", die im Handelsbereich als Zielsetzungen sowohl eine Bestandsreduzierung als auch eine Verbesserung der Regalflächen- bzw. Verkaufsflächenaufteilung verfolgen. Wettbewerbstheoretisch bedeutet Supply-Chain-Management die Ausschaltung von Konkurrenz- und Konfliktsituationen durch verstärkte Koordinationsbemühungen (vgl. [Vah96, S. 21]; [Lal94b, S. 38]). Das traditionelle Null-Summen-Spiel zwischen Einkauf und Verkauf verändert sich dabei zu einer Win-Win-Situation, bei der alle Beteiligten Vorteile erzielen können [Bret95, S. 523].

4 Ausgewählte empirische Befunde zu den Auswirkungen einer Just-In-Time-orientierten Handelslogistik

Mit Hilfe der drei im vorangegangenen Abschnitt vorgestellten 'Säulen' kristallisieren sich in der unternehmerischen Praxis bestimmte distributionslogistische Problemlösungen von Handelsunternehmen heraus, deren Resultate darauf hinweisen, daß trotz sinkender Lagerbestände und sinkender Logistikkosten, eine nahezu 100%ige Lieferfähigkeit aufrecht zu erhalten ist (siehe dazu insb. [Kot97, S. 184 ff.]).

4.1 Generelle empirische Befunde zu Just-In-Time-orientierten Logistikstrategien im Handel

In der bisherigen wissenschaftlichen Auseinandersetzung konnte eine Reihe von Umsetzungsbeispielen identifiziert werden, die Überprüfungen im Sinne von praktischer Relevanz aus der Sicht von Handelspraktikern ermöglichen.

Die in der Tabelle 1 präsentierten Befunde gewähren einen exemplarischen Überblick zur Leistungsfähigkeit des Einsatzes Just-In-Time-orientierter Handelslogistik. Die präsentierten Beispiele geben Auskunft über das Unternehmen, das eingesetzte Konzept inkl. unterstützender Konzepte und das Resultat des Einsatzes. Die Ergebnisse wurden literaturgestützt erfaßt und anhand distributionslogistischer Leistungskriterien aufbereitet.

Die Übersicht soll zu einer Sensibilisierung für die Leistungsfähigkeit Just-In-Time-orientierter Logistiksysteme im Handel führen.

Unternehmen/Branche	Just-In-Time-Strategie und Verbundtechniken bzw. -technologien	Ausmaß der Einsparung bzw. der Verbesserung
Dayton Hudson/Kaufhaus	• Quick Response • EDI • Strichcode • IBM-Warenwirtschaftssystem	• 30 %ige Steigerung des Umsatzes bei Senkung des Lagerbestandes • 50 %ige Steigerung der Lagerumdrehungen
Kmart/Verbrauchermarkt	• Quick Response • EDI • Strichcode • Continuous Replenishment • Datenverbund	• Erhöhung des Durchsatzes um 25 % am POS • Erhöhung der Lagerdrehung - in manchen Bereichen Verbesserungen um mehr als 300 % • 99%iger Lieferservice • 24-Stunden-Lieferservice
Conad/Verteiler und Barilla/Nahrungsmittelerzeugung	• Continuous Replenishment • EDI • Datenaustausch bzw. -verbund	• Lagerdrehung von 3,6 Wochen auf 2,2 Wochen; • bei Conad 60%ige Einsparung bei Lagerkosten • Auftragsübermittlung von Barilla an Conad von 7-10 Tagen auf wenige Stunden
Konsumgenossenschaft Kassel-Dortmund eG und Henkel Waschmittel GmbH/Düsseldorf - Reinigungsbedarf	• Continuous Replenishment • EDI	• Senkung des durchschnittlichen Lagerbestandes von DM 1 Mio. auf DM 470.000,- (Zielvereinbarung DM 550.000,-)
Sears-Roebuck/Versandhandel	• Crossdocking • EDI	• Reduzierung der Anzahl von Distributionszentren von 13 auf sechs binnen sechs Jahren • Personalreduktion um 50 %
Wal-Mart/Verbrauchermarkt	• Crossdocking • EDI, • Quick Response • Datenverbund bzw. -austausch • Continuous Replenishment	• 48-Stunden-Umschlag • 2-3% unter den Logistikkosten der Branche (allerdings keine Angabe zu den Kosten generell) • Bei Continuous Replenishment - Zusammenarbeit mit Procter & Gamble: 24malige Drehung

Tabelle 1: Ausgewählte empirische Befunde zu Just-In-Time-orientierter Handelslogistik [Kot97, S. 184 ff.]

Aus der Vielzahl der vorherrschenden Just-In-Time-Praktiken nimmt eine in der Tabelle 1 nicht angeführte Strategie lt. Klaus [Kla97] eine zentrale Rolle ein. Es handelt sich dabei um die Umsetzung des Just-In-Time-Konzepts in der Konsumgüterwirtschaft in Form von *Efficient Consumer Response (ECR)*.

4.2 Spezielle Befunde zu Just-In-Time-orientierten Logistikstrategien im Handel - das Beispiel Efficient Consumer Response

Laut Martin [Mar94, S. 377] stellt ECR die beste Strategie in der Konsumgüterbranche dar, um die Aktivitäten der beteiligten Partner innerhalb des Logistikkanals durchgängig abzustimmen und zu harmonisieren - was der Grundidee von Supply Chain Management entspricht.

ECR betrifft daher primär die Bildung von strategischen Partnerschaften in Absatzkanälen der Konsumgüterwirtschaft, mit dem Ziel der besseren Befriedigung der Bedürfnisse der Konsumenten durch Gewährleistung eines effizienten Warennachschubes (= *efficient replenishment*), einer effizienten Verkaufsförderungspolitik (= *efficient promotion*), einer effizienten Sortimentsausrichtung am POS (= *efficient store assortement*) und einer effizienten Politik bei der Einführung neuer Produkte (= *efficient product introduction*) (siehe dazu [Sal93]; zur deutschen Übersetzung [Tie95, S. 529]).

4.2.1 Rationalisierungspotential in der US-amerikanischen Konsumgüterbranche

Das bislang bekannteste ECR-Resultat ist das von Salmon [Sal93] für die US-amerikanische Konsumgüterwirtschaft durchgeführte Studienergebnis. Salmon identifizierte in der US-amerikanischen Konsumgüterwirtschaft Rationalisierungspotentiale bis zu US-$ 30 Mrd. bei gleichbleibenden Umsätzen.

Die Einsparungspotentiale resultieren aus einem logistikkanalweiten 40 %igen Abbau von Lagerbeständen bei gleichzeitiger Beschleunigung des Warenflusses von ursprünglich 104 auf 61 Tage (siehe Abbildung 2).

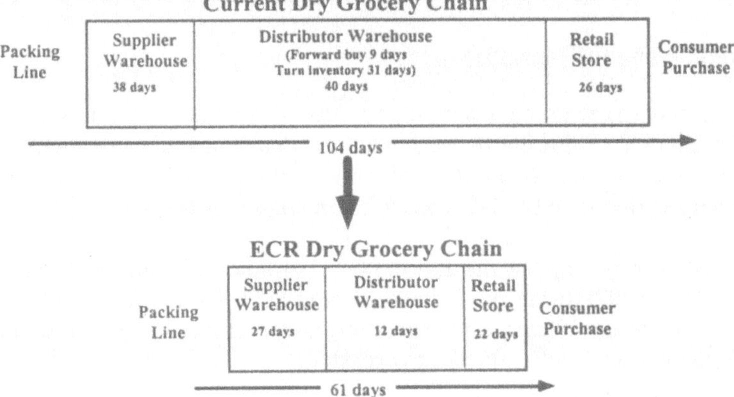

Abbildung 2: Beschleunigung des Warendurchflusses in der Konsumgüterindustrie
[Sal93, S.28]

Die Weitergabe der US-$ 30 Mrd. führt zu einem 10,8 %igen Preisvorteil für die Endverbraucher. Die permanente Weitergabe der Preisvorteile an die Endverbraucher mündet in einer dauerhaften Niedrigpreisstrategie (Every day low price-Strategie)

Zu den am stärksten von Reduktionen betroffenen Funktionen zählen die Logistik mit 23,7 % und die Beschaffung mit 26,8 %. Am geringsten verändern sich die Bereiche der Produktion und Administration.

Bereich	Einsparung durch	Einsparungshöhe
Produktion	Bessere Ausnützung der Kapazitäten, geringe Verpackungskosten, bessere Einkaufsmöglichkeiten der Rohstoffe, Einsparungen durch weniger Schäden	- 4,4 %
Marketing	Geringe Handels- und Endverbraucher-Promotions; geringe administrative Kosten; geringe Fehlerrate bei Produktneueinführungen	- 15,5 %
Beschaffung	Weniger Administration durch computergestützte Abläufe	- 26,8 %
Logistik	Bessere Auslastung der vorhandenen Lager- und Transportkapazitäten; weniger Lagerbedarf; erhöhter Durchsatz durch Crossdocking	-23,5 %
Administration	Personaleinsparungen	- 4 %
Tätigkeiten auf Filialebene	Höhere Produktivität durch automatisierte Bestellsysteme	- 10,4 %

Tabelle 2: Aufgabenbezogene Verteilung des ECR-Einsparungspotential
[Sal93, S. 30 - 32]

Im Hinblick auf eine Hersteller/Händler-Verteilung des Einsparungspotentials legt sich Salmon mit 54 % für die Hersteller und mit 46 % für die Handelsunternehmen fest.

4.2.2 Die europäische ECR-Initiative

Ausgehend von den Ergebnissen einer Studie der Coca-Cola-Retailing-Research-Group-Europe, die für Europa ein Einsparungspotential bei den Logistikkosten zwischen 1,8 und 2,5 % berechnete, haben sich vor ca. drei Jahren führende europäische Industrie- und Handelsunternehmen zur Initiative ECR-Europe zusammengeschlossen.

Ziel dieser Initiative war bzw. ist die Erarbeitung 'europatauglicher' ECR-Modelle und -Praktiken. Im März 1997 wurde im Rahmen des 2. ECR-Europe-Kongresses in Amsterdam, das von mehreren Unternehmensberatungsunternehmen entwickelte europäische ECR-Modell einer breiteren Öffentlichkeit vorgestellt.

Bezogen auf die in der ECR-Europe-Initative teilnehmenden Unternehmen wird ein Einsparungspotential von 5,7 % (bezogen auf die Einzelhandelspreise), was einer Summe von ca. 50 Mrd. DM entspricht, festgestellt (vgl. [Wie97, S. 31]; [ECRE 1996, S. 40]). Dieses Rationalisierungspotential verteilt sich zu 84 % auf Einsparungen im Bereich der Operationalen Kosten und zu 16 % auf Warenbestandsreduktionen. Die in der Tabelle 3 angeführten Maßnahmen liefern dazu ihren spezifischen Beitrag:

90 % des Einsparungspotential s im Bereich Operationale Kosten ergeben sich durch die Maßnahmen ...	95 % des Einsparungspotentials im Bereich Warenbestandskosten ergeben sich durch die Maßnahmen ...
Produktneueinführung - 17 %	Optimales Sortiment - 10 %
Optimale Abwicklung von Promotions - 16 %	Kontinuierlicher Warennachschub - 24 %
Synchrone Produktion - 13 %	Crossdocking - 10 %
Zuverlässige Produktion - 17 %	Synchrone Produktion - 40 %
Integrierte Zulieferer - 28 %	Integrierte Zulieferer - 11 %

Tabelle 3: Top-Konzepte zur Reduktion von Logistikkosten [Wie97, S. 31]

Die Gesamtwarenbestände in den jeweiligen Kanälen betragen zwischen 28 Arbeitstagen in Großbritannien und 50 Arbeitstagen in Deutschland.

4.2.3 Unterschiede zwischen ECR-USA und ECR-Europa

Im Gegensatz zum ursprünglichen US-Modell unterscheidet das europäische ECR-Modell explizit zwischen einer Angebots- und Nachfrageseite [ECRE 1997, S. 3]. Der Angebotsseite werden alle dem Warenstrom zuzurechnenden Aktivitäten (= category logistics), der Nachfrageseite alle der strategischen Unternehmensführung zuzurechnenden Aktivitäten (= category management) zugeordnet [Max97, S. 16] (siehe Tabelle 4):

Category logistics-Teilaktivität	Ausprägung
Efficient Sourcing	Pull statt Push, Flow-through-Systeme, Global Sourcing, Integration der Wertschöpfungskette
Efficient Replenishment	Kurze Durchlaufzeiten, Just-in-Time-Systeme, Warengruppengerechte Logistik, höchste Warenverfügbarkeit, beste Lieferqualität
Efficient Systems	IT-Vernetzung, Data Warehouses, EDI-Messages
Efficient Controlling	Activity Based Costing, Prognosesysteme, Real-Time-Controlling

Tabelle 4: Aktionsfelder der Category logistics (adaptiert aus [Max97, S. 17])

Eine erste Analyse der einzelnen „Category logistics"-Teilaktivitäten belegt die dem Beitrag zugrundeliegende These, daß der Kombination der drei Elemente WWS, NIuKT und Supply Chain Management als 'Säulen' einer Just-In-Time-orientierten Logistik zunehmend Bedeutung zukommt.

5 Ausblick und Kritik

Die Leistungsfähigkeit der Just-In-Time-Konzepte in der Handelslogistik besteht darin, daß mit geringen Logistikkosten ein höherer Logistikservicegrad erzielt wird. Für Martin [Mar94, S. 381] stellt dies einen Grund dar, mit vorhandenen Traditionen zu brechen: „Ten or 15 years ago, text books told us, 'If you want to improve service levels you will need to increase your safety stocks'. What we have demonstrated is the reverse. We can reduce inventory *and* boost services". Dies steht im Gegensatz zur traditionellen Auffassung „höherer Service bedeutet höhere Lagerbestände". Diese Aussage kann - aus heutiger Sicht - nur mit Vorsicht und vor dem Hintergrund mangelhafter informationstechnologischer Infrastrukturen bestätigt werden.

Darüber hinaus hat die Auseinandersetzung mit Just-In-Time-Konzepten zu einer Sensibilität für eine Prozeßorientierung in Handelsunternehmen geführt [Sch96]. Die möglichen Folgen für die Handelspraxis sind aber noch nicht in allen Facetten absehbar. In Branchen, die durch große Marktmacht des Handels charakterisiert werden können (bspw. im Lebensmittelbereich), ist mit einer weiteren Intensivierung des wertschöpfungsorientierten Verteilungskampfes zwischen Handel und Industrie und mit starken Auswirkungen für das Category Management zu rechnen.

Folgende Punkte sind aus der Perspektive einer kritischen Wissenschaftsfunktion zu berücksichtigen:

- Die beschriebenen Entwicklungen der Anwendung Just-In-Time-orientierter Konzepte der Distributionslogistik beschränken sich auf bestimmte Handelsbranchen, insbesondere den Lebensmittelhandel, Pharmagroßhandel bzw. Textilhandel. Die Generalisierbarkeit der empirischen Befunde bleibt aus dieser Sicht letztlich fragwürdig.

- Aufgrund der geringen Stichprobengrößen der vorliegenden empirischen Studien (in vielen Fällen ausschließlich Einzelfallstudien) können Angaben zur internen und externen Validität der vorliegenden Befunde nur mit Einschränkungen gemacht werden.

- Hinsichtlich der Forschungsperspektive dominiert der deskriptive Zugang. Präskriptive oder gar theoriebildende Ansätze liegen bis dato kaum vor. Vielmehr verstärkt sich der Eindruck, daß die Forschungsergebnisse nicht selten ein „Spielball" von strategischen Überlegungen der internationalen Beratungskonzerne sind. Für die Berater gilt jeweils, das Potential für Consulting-Geschäftsfelder aufzubereiten.

Innerhalb dieses speziellen Bereiches der Forschung zur Distributionslogistik dominieren noch technologische Aussagen und dementsprechend das pragmatische Wissenschaftsziel. Insbesondere besteht das Problem von 'der Theoriebildung vorauseilenden Technologien'. Über Ursache/Wirkungszusammenhänge können die vorliegenden Ergebnisse deshalb nur bedingt Aufschluß geben.

6 Literatur

[Ahl94]   Ahlert, D. (1994): Warenwirtschaftsmanagement und Controlling in der Konsumgüterdistribution - Betriebswirtschaftliche Grundlegung und praktische Herausforderungen aus der Perspektive von Handel und Industrie. In: Ahlert, D./Ol-brich, R. (Hrsg.): Integrierte Warenwirtschaftssysteme und Handelscontrolling. Stuttgart, S. 3-114.

[Bre95]   Bretzke, W.-R. (1995): Praktische Herausforderungen an das Logistikmanagement. In: Corsten, H./Reiß, M. (Hrsg.): Handbuch Unternehmensführung.: Konzepte - Instrumente - Schnittstellen. Wiesbaden, S. 519-527.

[Col95]   Colberg, T. et al. (1995): The Price Waterhouse EDI Handbook. New York et al.

[Daw93]   Dawe, R. (1993): The Impact of Information Technology on Materials Logistics in the 1990's. Cleveland, OH.

[Dir94]   Diruf, G. (1994): Computergestützte Informations- und Kommunikationssysteme der Unternehmenslogistik als Komponenten innovativer Logistikstrategien. In: Isermann, H. (Hrsg.): Logistik. Beschaffung, Produktion, Distribution. Landsberg am Lech, S. 71-86.

[ECRE96]   Efficient Consumer Response Europe (ECRE) (1996): European Value Chain Analysis Study. Final Report. o.O.

[ECRE97]   Efficient Consumer Response Europe (ECRE) (1997): CEO Overview - Efficient Consumer Response. o.O.

[ForOJ]   Ford, H. (o.J.): Mein Leben und Werk. o.O.

[Här95]   Härdtl, G. (1995): Informationsgrundlagen zur leistungsbezogenen Konditionengewährung. Leistungsindikatoren, Meßmöglichkeiten und Informationssysteme. Wiesbaden.

[Hil95]   Hildebrandt, L./Kamlage, K. (1995): EDIFACT: Die Normung des elektronischen Datenaustauschs. In: Trommsdorff, V. (Hrsg.): Handelsforschung 1995/96. Informationsmanagement im Handel. Jahrbuch der Forschungstelle für den Handel (FfH) Berlin. Wiesbaden, S. 3 - 18.

[Jün89]   Jünemann, R. (1989): Materialfluß und Logistik. Systemtechnische Grundlagen mit Praxisbeispielen. Berlin et al.

[Kla97]   Klaus, P. (1997): „Näher zum Kunden". Perspektiven einer Vorwärtsintegration der Logistikketten des Handels. Vortragsunterlagen zum Internationalen Deutschen Handelskongreß 1997. Bad Homburg.

[Kot97]   Kotzab, H. (1997): Neue Konzepte der Distributionslogistik von Handelsunternehmen. Gabler. Wiesbaden.

[Lal94a]   Lalonde, B.J. (1994): Distributing inventory. More speed, less cost. In: Chain Store Age Executive, (1994) 1, S. 18 MH - 20 MH.

[Lal94b]   Lalonde, B./Masters, J. (1994): Emerging Logistics Strategies. Blueprints for the next century. In: International Journal of Physical Distribution and Logistics Management, 24 (1994) 7, S. 35 - 47.

[Loo97]   Loos, P. et al. (1997): WWW-gestützte überbetriebliche Logistik. Konzeption des Prototyps WODAN zur unternehmensübergreifenden Kopplung von Beschaffungs-und Vertriebssystemen.
http://www.iwi.unisb.de/loos/iwih126/iwih126.html. 2.5.1997.

[Mar94]   Martin, A. (1994): The ultimate ECR strategy: In: Council of Logistics Management (CLM): Annual Conference Proceedings. Cincinatti, Ohio, October 16 - 19, 1994, Chicago, Illinois, S. 375 - 391.

[Max97]   Maximow, J. (1997): Internationales Einkaufs- und Beschaffungsmanagement im Handel. Vortragsunterlagen zum Internationalen Deutschen Handelskongreß 1997. Bad Homburg.

[Ola94]   O'Laughlin, K./Copacino, W. (1994): Logistics Strategy. In: Robeson, J./Copacino, W. (Hrsg.): The Logistics Handbook. Toronto et al., S. 57 - 75.

[Obe30]   Oberparleiter, K. (1930): Funktionen und Risiken des Warenhandels. Wien.

[Obe55]   Oberparleiter, K. (1955): Funktionen und Risiken des Warenhandels. 2. neubearbeitete und erweiterte Auflage. Wien.

[Pfo96]   Pfohl, H.-C. (1996): Logistiksysteme. Betriebswirtschaftliche Grundlagen. 5. Auflage. Heidelberg et al.

[Sal93]   Salmon, K. A. (1993): Efficent Consumer Response. Enhancing Consumer Value in the Grocery Industry. Washington.

[Sch94]   Schnedlitz, P. (1994): „Verkaufsmaschinen" als Danaergeschenk? In: Cash, 10, 1994, S. 122 - 128.

[Sch96]   Schütte, R. (1996): Prozeßorientierung in Handelsunternehmen. In: Vossen, G./Becker, J. (Hrsg.): Geschäftsprozeßmodellierung und Workflow-Management: Modelle, Methoden, Werkzeuge, 1. Auflage. Bonn, S. 257 - 275.

[Sta92]   Stalk, G. et al. (1992): Competing on Capabilities. The new Rules of Corporate Strategy. In: Harvard Business Review, (1992) 2, S. 57 - 69.

[Ste96]   Stern, L. et al. (1996): Marketing Channels. 5th edition. Upper Saddle River, New Jersey.

[Ste90]   Sternberg, H. (1990): Warenwirtschaftssysteme. In: Kurbel, K./Strunz, H. (Hrsg.): Handbuch Wirtschaftsinformatik. Stuttgart, S. 99 - 118.

[Tie95]   Tietz, B. (1995): Efficient Consumer Response (ECR). In: Das Wirtschaftswissenschaftliche Studium (WiSt), 23 (1995) 10, S. 529 - 530.

[Vah96]   Vahrenkamp, R. (1996): Supply Chain Management. In: Vahrenkamp, R. (Hrsg.): Arbeitspapiere zur Logistik, 21 (1996).

[Wie90]   Wiesner, W. (1990): Der Strichcode und seine Anwendungen. Landsberg/Lech

[Wie97]   Wiezorek, H. (1997): Efficient Consumer Response - Kooperation statt Konfrontation. In: Zentes, J. (Hrsg.): Marketing- und Management-Transfer, (1997) 4, S. 28 - 34.

[Zen91]   Zentes, J. (1991): Computer Integrated Merchandising - Neuorientierung der Distributionskonzepte im Handel und in der Konsumgüterindustrie. In: Zentes, J. (Hrsg.): Moderne Distributionskonzepte in der Konsumgüterwirtschaft. Stuttgart, S. 1 - 15.

[Zen94]   Zentes, J. (1994): Effizienzsteigerungspotentiale kooperativer Logistikketten in der Konsumgüterwirtschaft. In: Pfohl, H.-C. (Hrsg.): Management der Logistikkette. Kostensenkung - Leistungssteigerung - Erfolgspotential. 9. Fachtagung der Deutschen Gesellschaft für Logistik e.V. 3. Mai 1994, Darmstadt. Berlin, S. 105 - 126.

[Zen89]   Zentes, J. et al. (1989): Studie Warenwirtschaftssysteme im Handel. Über den Stand und die weitere Entwicklung von Warenwirtschaftssystemen im Einzelhandel mit Konsumgütern des täglichen Bedarfs. Essen.

Optimale Bevorratung verderblicher Produkte

Klaus Zoller
Professur für Betriebswirtschaftslehre, insb. Betriebliche Logistik und Materialwirtschaft[*]
Universität der Bundeswehr Hamburg

Zusammenfassung

Wirtschaftliche Warenbereitstellung wird durch Verfalldaten und saisonbedingte Umstellungen erschwert. In besonderem Maße gilt dies für die Endstufe der Konsumgüter-Distribution, den Einzelhandel. Der Konflikt zwischen Lieferfähigkeit und Regal-Lebensdauer erfordert eine Optimierung der Warenbereitstellung im strengen Wortsinn: hohe Präsenz bedeutet hohe Abschriften aus Entsorgung und Ersatz verfallener Waren. Von Interesse sind hierbei insbesondere der Einfluß von Verfalldaten auf den Artikel-Erfolg und der Zusammenhang zwischen Lieferbereitschaft und Artikel-Erfolg. Vorgestellt wird ein Konzept POS-Daten-gestützter Bestimmung ergebnisorientierter Lieferbereitschaft, mit dessen Hilfe die Spielräume bei der Wahl von Bestellrhythmen auf ihre Ergebniswirkung untersucht werden können.

Stichworte: Servicegrad, verderbliche Produkte, Saisonware, Sensitivitätsanalyse, Einzelhandel

1 Lieferfähigkeit und Frische im Zielkonflikt

Begrenzte Regal-Lebensdauer erschwert die Disposition insbesondere im Frisch-Sortiment. Hier stehen zwei Absichten in Konkurrenz: Umsatz- und Rohertragseinbußen mangels Bestand ("Fehlmengen-Verluste") zu vermeiden, aber ebenso Kosten zu ersparen, die durch Restposten verfallener Ware, deren Entsorgung oder Rückgabe entstehen ("Restposten-Verluste"). Ein Beispiel soll den Sachverhalt verdeutlichen: Ein Produkt aus dem Süßwaren-Sortiment einer Filiale wird dort so angeliefert, daß eine nominelle Regal-Lebensdauer von 3 Wochen nach Anlieferung gewährleistet ist. Ein erfahrener Praktiker würde den Artikel vermutlich auf *wöchentliche* Belieferung taxieren; wir unterstellen demgegenüber zunächst, daß die Belieferung im zweiwöchigem Rhythmus erfolgt.

Die Abrufmenge muß dem Distributor jeweils montags bis 19:00 Uhr mitgeteilt werden. Anlieferung erfolgt dann am folgenden Freitag vor Ladenöffnung, so daß sich eine Wiederbeschaffungszeit von einer halben Woche ergibt. Die Dispositionsaufgabe lautet danach wie folgt: Die nachzudisponierende Menge muß jeweils eine halbe Woche im voraus und

---

[*] Lehrstuhlinhaber: Univ.-Prof. Klaus Zoller, D.B.A.

für einen Bestellzyklus von zwei Wochen benannt werden. Dabei ist zu beachten, daß Packungen mit einer *Rest-Haltbarkeit* von weniger als einer halben Woche erfahrungsgemäß unverkäuflich sind (Restposten). Die Höhe des *Soll-Bestands* (R) soll diesen Einflüssen Rechnung tragen.

Eine Auswertung aktueller POS-Daten ergibt hierzu eine mittlere wöchentliche Nachfrage von 15 Packungen. Bei Varianz 25 und Variationskoeffizient 0,33 kann man somit durchaus von *regelmäßiger Nachfrage* sprechen. Abbildung 1 gibt die Verteilung wieder. Der Einfachheit halber werden hier beide Größen als kurzfristig konstant angenommen.

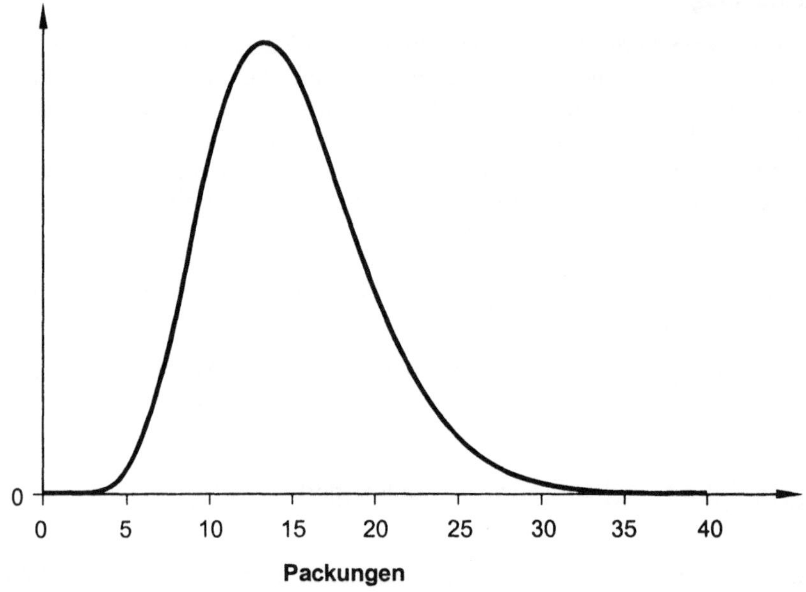

Abbildung 1: Verteilung der aktuellen wöchentlichen Nachfrage (POS-Daten)

Tabelle 1 zeigt die zu erwartende Reaktion verschiedener Mengen-Größen auf ausgewählte Werte des Sollbestands R, jeweils bezogen auf einen Bestell-Zyklus der Länge T=2 Wochen mit einer erwarteten Gesamtnachfrage von 30 Packungen. Eine graphische Darstellung des (errechneten) Zusammenhangs zwischen Soll-Bestand und den kritischen Größen *erwartete Fehlmenge pro Zyklus* sowie *erwarteter Restposten pro Zyklus* findet sich in Abbildung 2.

Soll-Bestand	Fehlmenge pro Zyklus	Restposten pro Zyklus	Absatz pro Zyklus	Servicegrad [%]	durchschn. Bestand	Sicherheits-bestand
34	5,1	0,3	24,9	83,0	14,2	- 3,5
36	3,9	0,5	26,1	87,0	15,5	- 1,5
38	2,9	0,9	27,1	90,3	17,0	0,5
40	2,1	1,4	27,9	93,0	18,6	2,5
42	1,5	2,1	28,5	95,0	20,2	4,5
44	1,0	2,9	29,0	96,6	22,0	6,5
46	0,7	4,0	29,3	97,7	23,8	8,5
48	0,5	5,2	29,5	98,5	25,7	10,5

Tabelle 1: Mengen-Reaktionen auf den Soll-Bestand R (T=2 Wochen)

2 Soll-Bestand – Erfolgswirkung der Lieferbereitschaft

Eine Bewertung dieser Alternativen ist nur anhand von Preisen und Kosten sinnvoll möglich. Wir unterstellen dazu:

Wareneinstand: 12,00 DM/Packung, zzgl. 36,00 DM/Lieferung

Handling (Auspacken/Einsortieren/Auszeichnen): 1,00 DM/Packung

Verkaufspreis: 20,00 DM/Packung

Restposten: keine Lieferanten-Gutschrift für verfallene Ware;
Beseitigungskosten: 1,50 DM/Packung

Daraus ergibt sich als effektiver Wareneinstand pro Packung 13,00 DM, als effektive Spanne 7,00 DM/Packung und somit als

Fehlmengen-Verlust: 7,00 DM/Packung

Restposten-Verlust: 14,50 DM/Packung

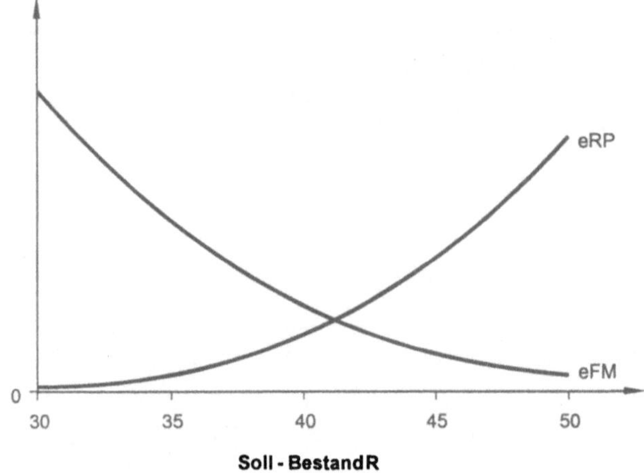

Abbildung 2: Erwartete Fehlmenge (eFM) und erwarteter Restposten (eRP) pro Bestell-
Zyklus in Abhängigkeit vom Soll-Bestand R

Zur Berechnung der betriebswirtschaftlichen Kenngrößen dient folgendes Kalkulations-
schema:

Roh-Erfolg [DM/Woche]

= Rohertrag   (Absatz/Woche × effektive Spanne/Packung)

÷ Restposten-Verlust   (Restposten/Woche × effektiver Wareneinstand)

÷ Lieferkosten   (anteilig 18,00 DM/Woche)

Abbildung 3 zeigt den Verlauf von Roh-Erfolg und Kosten für Bestellung, Fehlmengen-
Verluste sowie Restposten-Verluste, wobei der Einfluß der letzteren auf die schließliche
Lage eines günstigen Soll-Bestands gesondert sichtbar gemacht wurde.

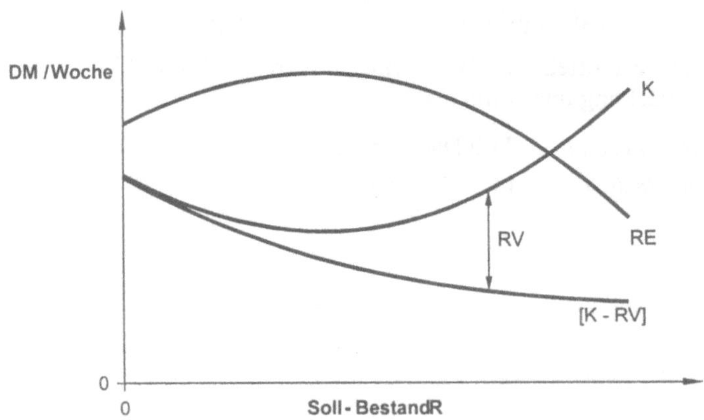

Abbildung 3: Roh-Erfolg (RE), Kosten (K) – einschl. Restposten-Verlust (RV) – und Soll-
Bestand R

3 Bestellzyklus – ein Vergleich lohnt sich

Bestellzyklen erwachsen gewöhnlich aus der Einbindung der Vorratserneuerung eines Artikels in den Distributionsplan des versorgenden Lagers oder Lieferanten. Sie sind deshalb i.d.R. nicht beliebig wählbar, sondern mehr oder minder verbindlich vorgegeben. Mitunter aber kommen doch mehrere Alternativen in Betracht. Diese auf ihre Ergebniswirkung hin zu untersuchen, ist in vielen Fällen lohnend, wie die Fortsetzung des obigen Beispiels zeigt.

Angesichts der im Vergleich zum Bestell- (und Liefer-) Zyklus von T=2 Wochen kurzen *effektiven* Regal-Lebensdauer (2,5 Wochen) wird ein Praktiker dazu neigen, einen kürzeren Zyklus wahrzunehmen, wenn diese Möglichkeit besteht. Wir betrachten daher zum Vergleich das Mengengerüst (Tabelle 2) und dessen Ergebniswirkungen (Tabelle 3), wie sie sich für einen Zyklus der Länge T=1 Woche ergeben würden, bei einer Lebensdauer-Reserve von dann immerhin 1,5 Wochen gegenüber nur 0,5 Wochen oben.

Ein Vergleich mit Tabelle 1 zeigt jedoch rasch, daß damit keineswegs ein besseres Ergebnis erzielt wird: Aufgrund geringerer Restposten-Verluste führt der i.S. des Roh-Erfolgs günstigste Soll-Bestand (R=32) zwar zu einem erheblich höheren

Servicegrad von 98,3% gegenüber zuvor 90,3% bei R=38,

damit ist jedoch auch eine erhebliche Steigerung des Sicherheitsbestands verbunden (9,5 statt 0,5 Packungen), so daß die Vorratsinvestition nicht nur nicht so stark abnimmt, wie man vielleicht erwarten würde, sondern sogar wächst, und gleichzeitig bleibt der Roh-Erfolg dennoch dem bestmöglichen Ergebnis für T=2 Wochen zurück:

Vorratsinvestition 223 DM statt 220 DM; Roh-Erfolg maximal 65,03 DM/Woche statt möglicher 70,38 DM/Woche.

Soll-Bestand	Fehlmenge pro Zyklus	Restposten pro Zyklus	Absatz pro Zyklus	Servicegrad [%]	durchschn. Bestand	Sicherheits-bestand
24	1,8	0,0	13,2	88,0	10,0	1,5
26	1,2	0,0	13,8	92,2	11,6	3,5
28	0,7	0,0	14,3	95,1	13,4	5,5
30	0,4	0,1	14,6	97,0	15,2	7,5
32	0,3	0,1	14,7	98,3	17,1	9,5
34	0,2	0,3	14,8	99,0	19,1	11,5
36	0,1	0,5	14,9	99,4	21,0	13,5

Tabelle 2: Mengengerüst bei Bestell-Zyklus T=1 Woche

Soll-Bestand	Fehlmenge pro Zyklus	Restposten pro Zyklus	Absatz pro Zyklus	Servicegrad [%]	durchschn. Bestand	Sicherheits-bestand
24	12,62	0,04	92,38	56,33	88,0%	129
26	8,21	0,14	96,79	60,65	92,2%	151
28	5,15	0,40	99,85	63,45	95,1%	174
30	3,12	0,98	101,88	64,90	97,0%	198
32	1,83	2,14	103,17	65,03	98,3%	223
34	1,05	4,22	103,95	63,73	99,0%	248
36	0,58	7,65	104,42	60,77	99,4%	274

Tabelle 3: Ergebnis-Wirkung des Soll-Bestands R bei Zyklus T=1 Woche

Um das nachvollziehbare Ergebnis etwas von den angenommenen Eckdaten zu lösen, sind die Auswirkungen einiger Datenänderungen auf den Roh-Erfolg in Tabelle 4 übersichtsweise dargestellt:

- *Regal-Lebensdauer*: günstigste Bevorratung verschiebt sich deutlich in Richtung auf einen höheren Soll-Bestand, wenn die effektive Regal-Lebensdauer von 2,5 auf 3,0 Wochen wächst, z.B. infolge kürzerer Vorlaufzeiten.

- *Kalkulation:* auch ein größere effektive Spanne (von 7,00 DM auf 9,00 DM) gibt Anlaß zur Erhöhung des Soll-Bestands.

- *Resterlös:* bei geringerem Restposten-Verlust (von 14,50 DM auf 7,00) pro Stück geht der Impuls ebenfalls in Richtung eines höheren Soll-Bestands.

- *Nachfrage-Unsicherheit:* erhöhte Variabilität der Nachfrage hat erhebliche Auswirkungen auf die Höhe der Ergebnisveränderungen im Spektrum der untersuchten Soll-Bestände; simuliert wurde ein Anstieg der Varianz von 25 auf 64 (d.h. eine Erhöhung der Standardabweichung von 5 ME auf 8 ME), also eine deutliche Zunahme der Unsicherheit, die jedoch die Charakterisierung als regelmäßige Nachfrage nicht beeinträchtigt. Während in der Ausganskonstellation die maximale Verschlechterung eine Abweichung von gut 32% bedeutet, liegt diese hier bei über 47%, jeweils bezogen auf den bestmöglichen Plan-Erfolg.

Soll-Bestand	Ausgangs-konstellation	Regallebens-dauer	Kalkulation	Resterlös	Nachfrage-Unsicherheit
34	67,02	68,90	91,91	68,11	53,73
36	69,50	72,81	95,59	71,48	53,87*
38	70,38*	75,76	97,47*	73,70	52,74
40	69,48	77,63	97,37	74,71*	50,34
42	66,71	78,31*	95,21	74,49	46,67
44	62,06	77,71	91,03	73,09	41,77
46	55,62	75,75	84,93	70,60	35,69
48	47,55	72,35	77,09	67,13	28,52

Tabelle 4: Wirkung von Änderungen der Eckdaten auf den Roh-Erfolg

Im Fall erhöhter Nachfrage-Unsicherheit ergibt sich naturgemäß ein anderes Mengengerüst als in Tabelle 1 wiedergegeben. Auch hier entsteht jedoch für den angenommenen zweiwöchigen Bestellzyklus ein höherer Roh-Erfolg (s.o.) als bei einem einwöchigen (49,52 DM/Wo bei R=28).

4 Ergebnis-optimale Disposition bei gegebenen Ressourcen

Zweierlei ist aus den bisherigen Ergebnissen direkt ablesbar: einseitig umsatz- oder rohertragsorientierte Warenbereitstellung ist bei befristeter Regal-Lebensdauer gefährlich für das warenwirtschaftliche Ergebnis: Bevorratung mit Soll-Bestand R=48 Packungen würde zwar das Rohertrags-Potential der angenommenen Nachfrage nahezu völlig ausschöpfen (98,5%), den Roh-Erfolg aber erheblich schädigen (-32,4%). Der vordergründig günstigste Soll-Bestand R=38, mit einem Servicegrad von 90,3%, steigert den zu erwartenden Roh-Erfolg nur geringfügig (+0,88 DM). Andererseits erhöht er dabei aber den *durchschnittlichen Bestand* um 9,7% auf 17,0 Packungen und mit diesem in gleichem Umfang die Vorratsinvestition auf 220 DM sowie in ähnlicher Weise den ebenfalls vom Bestand abhängigen Flächen-Bedarf. Der zweite Punkt verdient besondere Beachtung: Er signalisiert abnehmende *Produktivität* der Ressourcen Kapital und Angebotsfläche bzw. Lagerfläche – im Falle eines rückwärtigen Lagers.

In die bisherige Betrachtung sind weder Kapitalbindungs- noch Raumnutzungskosten eingeflossen. Es dabei bewenden zu lassen, käme der schwer vertretbaren Annahme gleich, daß Kapital und Fläche *kostenlos* und überdies *unbegrenzt* zur Verfügung stehen. Da beides im Normalfall kaum zutreffen dürfte, ergeben sich daraus zwei Anforderungen an die Planung der Warenbereitstellung: (1) der bisherige Begriff des warenwirtschaftlichen (Roh-) Erfolgs muß zumindest um solche Kosten bereinigt werden, die im Zusammenhang mit der Finanzierung der Vorratsinvestition und ggf. der *Anmietung* von (Laden- oder Lager-) Fläche *zahlungswirksam* entstehen. (2) Bei der schließlichen Festlegung der Dispositionsparameter, speziell des Soll-Bestands, muß der abnehmenden Produktivität des Einsatzes von Kapital und Fläche für einzelne Artikel Rechnung getragen werden. Insbesondere ist dafür Sorge zu tragen, daß

- eingesetztes Kapital eine den Bestands- und Absatz-Risiken des Produkts angemessene Verzinsung ('Roh-Rendite') erzielt,

- eingesetzte Fläche den übrigen Artikeln des Sortimentsbereichs 'zurecht' entzogen wird, d.h. hier einen Erfolgsbeitrag erwirtschaftet, der wenigstens nicht geringer ist als dort.

Damit ist der Gedanke einer *lateralen Abstimmung* der Artikel-Disposition im Hinblick auf verfügbare Ressourcen und Ergebnis-Beitrag, mithin einer Optimierung auf Warengruppen-Ebene, vorgezeichnet. Methodik und rechnergestütztes Instrumentarium des *Warengruppen-Management* bieten hier geeignete Lösungsmöglichkeiten. Das auch auf Personal Computern einsetzbare Programm *WG-Manager* hat bei den vorgestellten Beispielen die vollständige Abbildung der Ressourcen und Zahlungsgrößen in unterschiedlichen Szenarien ermöglicht und dabei geholfen, die Problemstellung plastisch werden zu lassen.

5 Literatur

Ein Projektreport mit ausführlicherer Darstellung hier behandelter und mit weiterführenden Aspekten kann über den Autor angefordert werden.

Steuerung der Vorratsinvestitionen im Handel

Klaus Zoller
Professur für Betriebswirtschaftslehre, insb. Betriebliche Logistik und Materialwirtschaft[*]
Universität der Bundeswehr Hamburg

Zusammenfassung

Die Verteilung der Vorratsinvestition auf die einzelnen Artikel eines Sortiments geschieht bislang oft unter Vernachlässigung wesentlicher Informationen zur relativen Erfolgsträchtigkeit der Artikel. Angestrebt werden sollte eine Bevorratung, die die verfügbaren Kapazitäten produktivitätsorientiert vergibt. Mit dem Warengruppen-Management wird ein Ansatz vorgestellt, der genau diese erfolgs- und ressourcenorientierte Warenbereitstellungsplanung ermöglicht. Investitionsmittel für Vorräte sowie Bestell- und Lagerkapazitäten werden hierbei so vergeben, daß mit jeder zu kürzenden oder hinzukommenden Ressource die geringstmögliche Einbuße bzw. der größtmögliche Zuwachs im geplanten Deckungsbeitrag (DB) erzielt wird. Die verwendeten finanzbuchhalterischen Erfolgsbegriffe Waren-Rohertrag (DB0) und Planerfolg (DB1) bilden dabei eine wesentliche Voraussetzung, um den Ansatz als Kernelement eines Konzepts positiven, d.h. Erfolgspotentiale aktiv erschließenden Controlling nutzen zu können.

Stichworte: Servicegrad, Sortimentsplanung, Deckungsbeitrag, Vorratsinvestition, Handel

1 Problemstellung

"Das Geschäft läuft schlecht, daher die hohen Lagerbestände..." Oder: *"Wir haben wachsende Umsätze und deshalb natürlich auch zunehmende Vorräte..."* Die Bestände, so scheint es, bewegen sich immer und von ganz alleine nach oben; kaum je in Gegenrichtung, schon gar nicht von alleine. Das Problem ist dabei weder neu noch handelseigentümlich noch ein speziell deutsches. Unabänderliches Gesetz (Parkinson IV), oder Ausdruck unzulänglicher Kontrolle? Jedenfalls ein Dauerbrenner im Handel, nicht selten begleitet von – oft berechtigten – Klagen des Vertriebs: Hoffnungen, die man in die seltenen Renner setzt, scheitern zu häufig an Lieferproblemen.

Oder dieses: Bereichsleiter-Besprechung, Thema ist die aus Ertragsgründen fällige Reduktion der Vorratsinvestitionen (unzureichender Kapitalumschlag, ROI zu niedrig). Auf dem Tisch liegt die Forderung des Vorstands: *Abbauen, um insgesamt mindestens 15% bis Ende der laufenden Saison.* Düstere Prognose der Betroffenen: *"Wenn wir das umsetzen, verlie-*

---

[*] Lehrstuhlinhaber: Univ.-Prof. Klaus Zoller, D.B.A.

ren wir 10 Punkte beim Umsatz und Rohertrag, leicht das Doppelte beim Betriebsergebnis..."

Die Befürchtung mag sich bestätigen, wenn nach der nicht selten konsensfähigsten aller Mangelbewirtschaftungsregeln, dem Rasenmäher-Prinzip, verfahren wird. Der hier zusammengefaßt wiedergegebene Beitrag argumentiert dagegen, daß der Kapitaleinsatz im Handel *produktivitätsorientiert* gesteuert werden kann und sollte. Dazu werden

- ein im Handel bisher nicht gebräuchlicher Erfolgsbegriff eingeführt, der mit den Aufwands- und Ertragsgrößen der betrieblichen Gewinn- und Verlustrechnung (GuV) kompatibel ist und

- das Konzept ganzheitlicher, erfolgs- und ressourcenorientierter Warenbereitstellungsplanung (*Warengruppen-Management*) sowie dessen rechnergestützte Implementation *WG-Manager* vorgestellt.

2 Planerfolg – zurechenbarer Beitrag zum operativen Ergebnis

Vorräte steigern die mengenmäßige Ausschöpfung der Nachfrage durch orts- und zeitrichtige Warenpräsenz. Sie 'produzieren' damit Absatz, Umsatz und Waren-Rohertrag. Wir messen den produktiven Beitrag von Vorräten durch einen bereinigten

$$\text{Rohertrag (DBO)} = \text{Netto-Spanne} \times \text{Absatz}$$

der sich vom herkömmlichen Begriff durch die Spannen-Definition unterscheidet:

$$\text{Netto-Spanne} \quad = \quad \text{Netto-Verkaufserlös}$$
$$\div \quad \text{Stückpreis}$$
$$\div \quad \text{Handlingkosten}$$

Unter *Netto-Verkaufserlös* ist dabei der geplante Abgabepreis pro Stück, ohne Mehrwertsteuer und ohne Abschläge für Abschriften, Markdowns etc. zu verstehen. Der *Stückpreis* bezeichnet den vom Lieferanten Stück für Stück in Rechnung gestellten Preis, ohne Mehrwertsteuer und ohne Umlagen für Versand, Versicherung etc., und die *Handlingkosten* erstrecken sich auf die beim Versender oder Empfänger anfallenden zahlungswirksamen Kosten für Bereitstellung, Depalettieren, Auszeichnen, Einsortieren etc. Die *Netto-Spanne* gibt folglich den tatsächlichen (GuV-wirksamen) Anteil des Umsatzerlöses an, der dem *einzelnen* nachmalig verkauften Stück als Erfolg zugerechnet werden kann: *Ein zusätzlich abgesetztes Stück erhöht den Rohertrag (DB0) um die Netto-Spanne.*

Höhere Vorräte steigern den Rohertrag (DB0), verursachen jedoch auch zusätzliche Kosten der Warenbereitstellung. Wir bezeichnen den um diese Kosten bereinigten Netto-Beitrag der verkauften Stücke zum Betriebsergebnis als

Planerfolg (DB1) = Rohertrag (DB0)

÷ Bereitstellungskosten

und definieren *Bereitstellungskosten* als Summe der dispositionsabhängigen *und* zahlungswirksamen Kosten für

- *Bestellung/Anlieferung/Warenannahme*: nur Kosten des Vorgangs selbst, unabhängig von der gelieferten Menge, einschließlich etwaiger Sondereinzelkosten, die vom Lieferanten für Verpackung, Transport, Versicherung usw. *in Rechnung gestellt* werden

- *Lagerung*: nur zahlungswirksame Kosten für in Anspruch genommene Flächen; z.B. Lagerflächen-Miete, soweit der Mietvertrag ein belegungsabhängiges Entgelt vorsieht

- *Finanzierung der Vorratsinvestition*: nur zahlungswirksame Kosten der Fremdfinanzierung; ohne im Rahmen von Skontofristen in Anspruch genommene Lieferantenkredite

- *Rückstandsauflösung*: nur zahlungswirksame Kosten der nachträglichen Deckung von mangels Bestand nicht spontan befriedigter Nachfrage, z.B. für Reservierung, Sonderzustellung; die Quote der nachlieferbaren Fehlmengen ist zu berücksichtigen: Wenn von 100 auf Anfrage nicht verfügbaren Mengeneinheiten 25 nachgeliefert werden können (oder müssen), so fallen für 25% der Fehlmengen einer Planperiode Kosten der Rückstandsauflösung in angegebener Höhe an

Mit dieser sehr eng gefaßten Deutung von Bereitstellungskosten ist sichergestellt, daß nur solche Kosten erfaßt werden, die tatsächlich (zahlungswirksam, d.h. zu Lasten der GuV) den Rohertrag (DB0) schmälern. Damit wiederum wird erreicht, daß der so definierte Planerfolg (DB1) tatsächlich als *'Beitrag zum operativen Ergebnis der Planperiode'* gelten kann: Dieser ist zwar noch - bei weitem - nicht 'Gewinn'; er ist aber der *entscheidungsabhängige Artikel-* bzw. *Warengruppen-Erfolg.*

Alle nun noch zu berücksichtigenden Aufwendungen des *Artikels,* für spezielle Präsentation (Promotion, Werbung) u.a., der *Warengruppe,* für Personal, Miete, Abschreibung u.a., sowie der *Filiale,* für Geschäftsleitung, Infrastruktur, EDV u.a., entstehen *unabhängig* von der spezifischen Artikel-Disposition, sind insoweit *fixe Kosten ('Overheads')* und also durch die Warenbereitstellung *nicht* beeinflußbar. Die Maximierung des mit einer gegebenen Vorratsinvestition erreichbaren Planerfolgs (Deckungsbeitrag DB1) garantiert noch keinen Gewinn, gewährleistet jedoch ein *bestmögliches Ergebnis* für den Entscheidungs- und Verantwortungsbereich der Bereitstellungsplanung (*Steuerung der Vorratsinvestition*).

Die nachfolgenden Skizzen veranschaulichen die Produktivität eingesetzten Kapitals. Offensichtlich bestehen von Artikel zu Artikel unterschiedliche Abhängigkeiten des Planerfolgs von der Höhe der Vorratsinvestition.

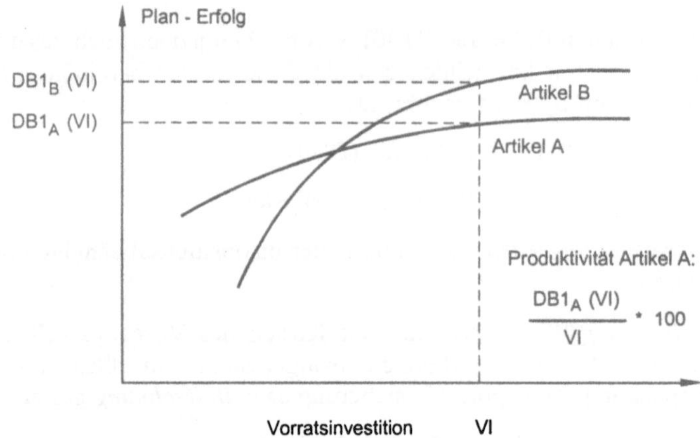

Abbildung 1: Vorratsinvestition und Produktivität

Über das ganze Sortiment gesehen wird deutlich, daß unter Beachtung der jeweils optimierten Aufteilung der Vorratsinvestition auf die einzelnen Artikel selbst drastische Kürzungen einer aktuellen Investitionssumme, mithin die Freisetzung erheblicher Volumina für alternative Investitionen vorgenommen werden können, ohne den Planerfolg nennenswert zu beeinträchtigen. Die Zahlenangaben in Abbildung 2 beziehen sich auf eine Warengruppe mit 3.395 Artikeln aus dem Hartwaren-Bereich eines bundesweit tätigen, filialisierten Unternehmens des Konsumgüter-Einzelhandels. Ausgangspunkt war dort eine Vorratsinvestition von 1,1 Mio DM.

Zentrale Schlußfolgerung zu diesen am Beispiel des Kapitaleinsatzes skizzierten Sachverhalten ist, daß die Produktivität des Ressourcen-Einsatzes für einzelne Artikel nicht für sich allein, d.h. nicht absolut betrachtet werden darf. Bewertungsmaßstab müssen die durch die konkrete Allokation *verdrängten* Erfolgsbeiträge anderer Artikel derselben operativen Einheit sein.

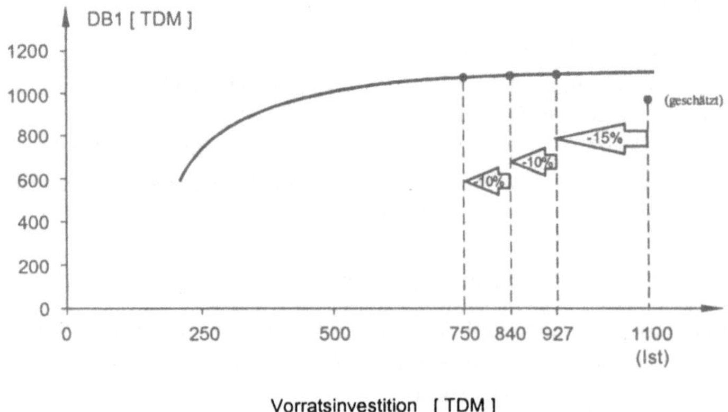

Abbildung 2: Vorratsinvestition und Planerfolg

3 Warengruppen-Management: erfolgsorientierte Disposition

Die simultane Abstimmung der Ressourcen-Nutzung über Sortimentsbereiche ist bereits bei geringem Sortimentsumfang mit hohem Rechenaufwand verbunden, und die Dynamik der Zusammenhänge zwischen den Ressourcen sowie bezogen auf die Zielgröße entzieht sich normalerweise schlicht der menschlichen Vorstellungskraft. Geeignete Softwareunterstützung zur Lösung beider Probleme bietet der *WG-Manager*. Konzipiert zur Implementation sowohl auf Plattformen wie z.B. der IBM AS 400 als auch auf Personal Computern, können einerseits Optimierungen im Batchbetrieb über größte Sortimente das operative Geschäft unterstützen und erfolgsträchtigste Servicegrade wahren helfen, und andererseits mit diversen Grafik- und Auswertungstools Führungsentscheidungen vorbereiten und strategisches Controlling mit Blick auf die Absatzentwicklung erleichtern.

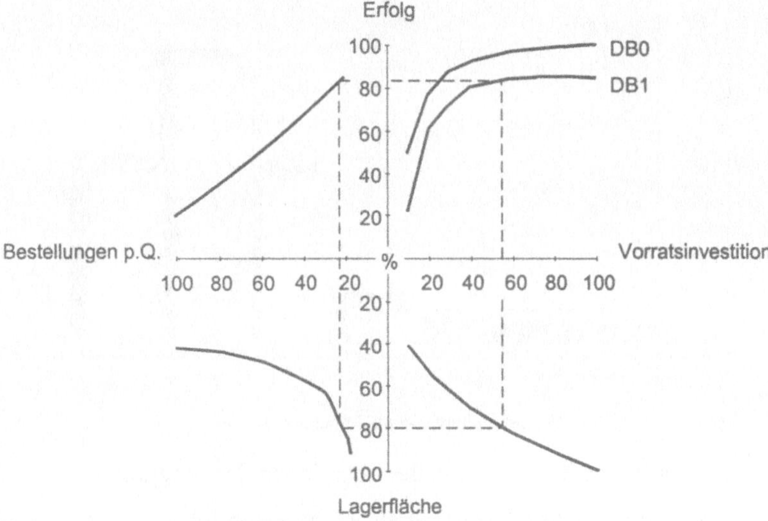

Abbildung 3: Planerfolg bei optimaler Disposition

In dem bereits angeführten Beispiel aus dem Kosumgüter-Einzelhandel erfolgt die Vorratsergänzung, indem eine vorgegebene Menge bestellt wird, sobald der Bestand auf den Bestellpunkt gesunken ist. Bei rechnergestützter *individueller Optimierung* der Dispositionsparameter, d.h. hier der Bestellmengen und Bestellpunkte aller 3.395 Artikel der Warengruppe ergibt sich das in Abbildung 3 gezeigte Bild: Der *Waren-Rohertrag* (DB0) der Warengruppe wächst stetig mit zunehmender Vorratsinvestition. Bei einem Kapitaleinsatz von insgesamt 1,1 Mio DM wird die Gesamtnachfrage zu rund 97% ausgeschöpft. Der *Planerfolg* (DB1) der Warengruppe entwickelt sich scheinbar parallel. Bei näherem Hinsehen wird jedoch erkennbar, daß der Abstand zum Rohertrag (DB0) zunächst abnimmt, um dann wieder anzuwachsen. Dieser Abstand bezeichnet nichts anderes als die *dispositionsabhängigen, zahlungswirksamen Bereitstellungskosten*. Diese erreichen ein Minimum bei einer Vorratsinvestition von rund 550 TDM – etwa 40% der in Abbildung 3 modellierten

Obergrenze. Die Grenz-Produktivität der Vorratsinvestition beläuft sich dort jedoch noch auf immerhin 148% p.a. Ein zusätzlich eingesetzter Betrag von 1 TDM erwirtschaftet noch weitere 1.480 DM p.a., mithin bei 1.110 DM, die vorliegend auf Wiedergewinnung und Zinsen entfallen, 370 DM netto zum Quartalsergebnis.

Abbildung 4 schließlich zeigt die Artikel-Präsenz (Servicegrad = optimierter Anteil der aus Bestand bedienten Nachfrage) bei optimaler Dispositionsweise. Trotz einer gegenüber dem Ist drastisch auf 840 TDM reduzierten Vorratsinvestition kann die Artikel-Präsenz nicht nur auf dem bisherigen Niveau von insgesamt 90% (Unternehmensschätzung) gehalten, sondern sogar deutlich gesteigert werden. Ganz im Gegensatz zu den eingangs aufgeworfenen Befürchtungen, verbindet sich die Reduzierung der Vorratsinvestition mit verbesserter Anbieter-Kompetenz.

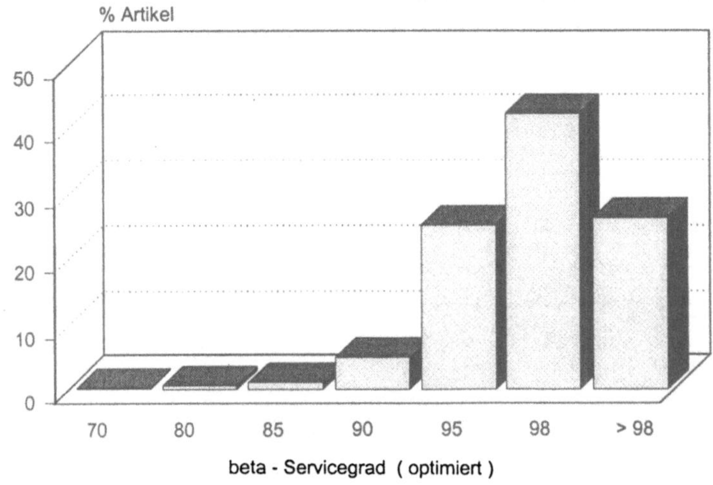

Abbildung 4: Verteilung des optimierten Servicegrads

Diesen hier nur in Ergebnisauszügen referierten Rechnungen liegen pro *Artikel* zugrunde: POS-Daten-Auswertung (Nachfrage pro Zeiteinheit, zugehörige Streuung), Wiederbeschaffungszeit, Einstandspreis, Verkaufspreis, Handlingkosten pro Stück, Sondereinzelkosten der Bestellung oder Warenannahme, Angebotsflächen-Bedarf pro Mengeneinheit; weiterhin: Quote der zinspflichtigen Kreditfinanzierung, einschlägiger Zinssatz, Miete pro (Angebots-) Flächeneinheit, administrative Bestellkosten pro Vorgang. Planung erfolgt pro Quartal; Artikel werden im Ladenlokal systematisch gelagert.

4 Literatur

Ein ausführlicher Projektreport mit Literaturhinweisen und näheren Angaben zu den Quellendaten kann über den Autor angefordert werden.

BANKEN UND VERSICHERUNGEN

Marktsegmentierung des Discount-Broker-Marktes in Deutschland mit Hilfe multivariater Verfahren

Rainer Lasch, Klaus Röder

Institut für Statistik und Mathematische Wirtschaftstheorie, Lehrstuhl für Statistik*
Universität Augsburg

Zusammenfassung

Segmentierungs- und Positionierungsanalysen gehören zu den grundlegenden Instrumentarien für die Formulierung und Bewertung von Marketingstrategien. Zweimodale nicht-disjunkte Klassifikationsverfahren gewinnen in der Marktforschung zunehmend an Bedeutung. Auf der Grundlage des relativ jungen, stark expansiven und heterogenen Marktes für Direktbanken werden in diesem Beitrag die zweimodale Klassifikation und die Faktorenanalyse zur Marktsegmentierung und Positionierung eingesetzt.

Stichworte: Zweimodale Klassifikation, Faktorenanalyse, Discount-Broker, Direktbanken, Marktsegmentierung, Positionierung

1 Problemstellung

Unter *Marktsegmentierung* wird die Einteilung eines heterogenen Gesamtmarktes in intern homogene Teilmärkte im Sinne einer Marktforschungsaufgabe verstanden. Segmentierungsanalysen übernehmen hierbei im wesentlichen die Bildung und Beschreibung von homogenen Klassen der interessierenden Untersuchungsobjekte.

In der Marktforschung gewinnen Verfahren zur Analyse mehrmodaler Daten zunehmend an Bedeutung. Der *Modus* eines gegebenen Datensatzes gibt dabei die Anzahl der verschiedenen Mengen von Elementen an, die durch die Daten beschrieben werden. Elemente eines speziellen Modus können beispielsweise Objekte (z.B. Discount-Broker) oder Merkmale (Eigenschaften zur Beschreibung der Discounter) sein. Den Ausgangspunkt für eine zweimodale Klassifikation stellt eine zweimodale Datenmatrix dar, die zeilenweise die Objekte und spaltenweise die Merkmale enthält. Die Werte in dieser Datenmatrix geben über die paarweisen Relationen zwischen den Elementen der Objektmenge und den Elementen der Merkmalsmenge Auskunft.

Eine *einmodale Klassifikation* liefert mehrere in sich homogene Klassen, die untereinander jedoch möglichst heterogen sein sollen. Eine Beschreibung der Klassen, insbesondere die

---

* Lehrstuhlinhaber: Prof. Dr. Günter Bamberg

Bestimmung derjenigen Eigenschaften, die für eine Differenzierung zu anderen Klassen notwendig sind, wird erst durch die Analyse der Klassenzentroide [Bau93, S.66ff.] möglich. Mit Hilfe der *zweimodalen Klassifikation* lassen sich sowohl die Objekte als auch deren Eigenschaften simultan klassifizieren. Die resultierenden Klassen enthalten dann ähnliche Objekte zusammen mit denjenigen Eigenschaften, die mit den Objekten innerhalb einer Klasse stark assoziieren. Der Vorteil gegenüber der einmodalen Klassifikation liegt im wesentlichen darin begründet, daß neben der Struktur innerhalb der betrachteten Modi auch Aufschluß über die Struktur der Beziehungen zwischen beiden Modi gegeben werden kann und somit eine bessere Ausschöpfung der dateninhärenten Strukturinformationen erfolgt.

Die Modelle der zweimodalen Klassifikation lassen sich in *hierarchische* und *nicht-hierarchische Verfahren* unterteilen [Eck91, S.204ff]. Ein wesentlicher Unterschied zwischen den hierarchischen und nicht-hierarchischen zweimodalen Verfahren besteht darin, daß letztere auch die Konstruktion von sich überlappenden Klassen ermöglichen. Nicht-disjunkte Klassifkationsverfahren liefern mehr Informationen über die Lage der Elemente zueinander und somit über ihre Ähnlichkeit bzw. ihre fehlende Separation zu anderen Klassen. Die natürlichen Überlappungen zwischen den Klassen werden durch eine nicht-disjunkte Klassifikation nicht unterdrückt.

Diese Arbeit analysiert das Marktsegment für Discount-Broker, die den Handel sowohl an inländischen als auch an ausländischen Börsen ermöglichen. Ein wesentliches Merkmal der Discount-Broker ist der Verzicht auf Beratung. In Deutschland ermöglichen derzeit (Stand Juni 1997) fünf Discount-Broker den Aktienhandel direkt über die ausländische Börse. Dabei handelt es sich um die Bank 24, die comdirect bank, ConSors, die Direkt Anlage Bank (DAB) und die Raiffeisenbank Reutte (DAiÖ). Alle in dieser Arbeit untersuchten Discount-Broker bieten ebenfalls den Handel mit Aktien und Optionsscheinen an allen deutschen Börsen an. Bei Optionsscheinen ist es für den Kunden allerdings von Bedeutung, daß die Direktbank einen außerbörslichen Kauf bzw. Verkauf von Optionsscheinen ermöglicht. Der außerbörsliche Handel ist liquider als der Handel über die Börse. Zudem wird oft nur ein Kurs pro Tag im börslichen Handel festgestellt, so daß die Abwicklung des Auftrags teilweise nicht mehr am selben Tag erfolgen kann.

Beim Handel im Inland unterscheiden sich diese Banken jedoch hauptsächlich durch ihre Preisgestaltung bezüglich Provisionen, Depotführung und Kontoführung [Las95]. Im Auslandsangebot differenzieren sich die Discount-Broker auch durch die Art und den Umfang der Serviceleistung, wie beispielsweise die Möglichkeit, Fremdwährungskonten zu unterhalten oder die Anzahl der ausländischen Börsenplätze. Verschiedene Aspekte der Servicekomponente werden im zweiten Abschnitt operationalisiert. Dabei schließen wir allerdings subjektive Merkmale, wie Freundlichkeit, Beratung etc. aus. Ziel dieser Arbeit ist es, dem Leser – auch als potentieller Kunde einer Direktbank – eine Segmentierungs- und Positionierungsanalyse der Direktbanken zu bieten.

2 Service- und Preiskomponenten

Als einziger Discount-Broker bietet die DAiÖ den Handel an allen ausländischen Börsenplätzen an. Von den 11 in dieser Arbeit betrachteten Ländern (U.S.A, CAN, AUS, JAP, GB, F, CH, A, NL, I, E) schließt die comdirect bank den Handel in Spanien aus, während ConSors keinen direkten Handel in Japan, Australien und Kanada ermöglicht. Die DAB bietet ausschließlich den Handel in den U.S.A., Österreich und der Schweiz an. Gerade für den Kunden, der den gebührenintensiven direkten Handel im Ausland wünscht, ist die schnelle Weiterleitung der Aufträge von besonderem Interesse.

Orderannahmezeiten (MEZ)	Bank 24	comdirect bank	ConSors	DAB	DAiÖ
U.S.A.	15:15 - 21:45	14:45 - 16:45	14:45 - 17:45	15:25 - 21:50	15:00 - 18:00
Kanada	15:15 - 22:45	14:45 - 16:45	entfällt	enfällt	15:00 - 18:00
Australien	18:00 - 18:00	16:45 - 16:45	entfällt	entällt	18:00 - 18:00
Japan	00:45 - 06:45	16:45 - 16:45	entfällt	enfällt	18:00 - 18:00

Tabelle 1: Orderannahmezeiten der Discount-Broker für ausgewählte Märkte

Tabelle 1 vergleicht für Börsenplätze mit extremer Zeitverschiebung die Orderannahmezeiten der Discount-Broker. Dabei zeigt sich, daß in vielen Fällen die taggleiche Ausführung an der Auslandsbörse an der fehlenden Weiterleitung des Auftrags durch die Direktbank scheitert.

In der Regel wird der Kunde beim direkten Handel an Auslandsbörsen doppelt mit Gebühren belastet. Kundenaufträge der Banken werden an Partnerbanken im Ausland zur Ausführung weitergegeben.

Annahmen der Musterdepots:	Depot 1	Depot 2
Kaufpreis pro Transaktion im Inland	5.000,- DM	40.000,- DM
Kaufpreis pro Transaktion je Land in DM	10.000,- DM	120.000,- DM
Anzahl der Transaktionen pro Jahr und Land	2	2
Anzahl der Posten pro Land (gesamt)	2 (6)	2 (6)
Depotvolumen bei Vergleich der Gesamtkosten	60.000,- DM	720.000,- DM

Tabelle 2: Musterdepots

Zum einen erheben die Direktbanken eigene Gebühren und zum anderen geben sie fremde Kontrahentenspesen der Partnerbank im Ausland an den Kunden weiter. Eine Ausnahme stellt hier die DAB dar. Die DAB berechnet dem Kunden für die Länder, in denen sie den Handel ermöglicht, ausschließlich eigene Spesen. Dabei liegen dieser Untersuchung zwei Musterdepots zugrunde, deren Beschreibung Tabelle 2 zu entnehmen ist.

3 Klassifikation der Discount-Broker

Grundlage für die folgende zweimodale Klassifikation ist die Datenmatrix in Tabelle 3. Die Eigenschaften mit der Bezeichnung „hoch" basieren auf den aktualisierten Ergebnissen von [Las95] und [Röd96]. Eine hohe wertmäßige Ausprägung bei einer Eigenschaft bedeutet, daß diese Eigenschaft sehr stark auf den entsprechenden Discount-Broker zutrifft. In der Datenmatrix wurden stets Paare von „hohen" und „niedrigen" Eigenschaftsausprägungen mit dem Ziel gebildet, hohe und niedrige Gebühren- und Servicestrukturen sichtbar werden zu lassen. Die Eigenschaften mit der Bezeichnung „niedrig" werden berechnet, indem der Abstand zur maximalen Ausprägung der entsprechenden Eigenschaft mit der Bezeichnung „hoch" für jede Direktbank ermittelt wird. Die Eigenschaft „lange Servicezeit" gibt pro Discounter an, wieviele Stunden pro Woche ein persönlicher Ansprechpartner zur Verfügung steht. Hinter der Eigenschaft „viele Börsenplätze" verbirgt sich für jeden Discounter die Anzahl der angebotenen ausländischen Börsenplätze.

Die Nachteile der zweimodalen hierarchischen Klassifikationsverfahren sind darin zu sehen, daß eine einmal durchgeführte Zuordnung eines Elements zu einer Klasse auf den nachfolgenden Fusionsstufen nicht mehr rückgängig gemacht und jede Eigenschaft genau einer Klasse zugeordnet werden kann. Bei einer nicht-hierarchischen überlappenden Klassifikation können die untersuchten Merkmale der Discount-Broker auch mehreren Klassen zugewiesen werden und entspricht deshalb mehr der Realität.

Zur zweimodalen überlappenden Klassifikation stehen im wesentlichen das GENNCLUS-Modell und die in der Literatur vorgeschlagenen Varianten dieses Modells zur Verfügung. Wendet man die GENNCLUS-Variante von [Bai97] auf die zweimodale Datenmatrix in Tabelle 3 an, dann ergeben sich folgende drei überlappende Marktsegmente:

Klasse 1: Bank 24 mit vielen Börsenplätzen, langen Servicezeiten, hohem Lombard-kredit, hohen Provisionen an Auslandsbörsen, günstigen Provisionen an Inlandsbörsen, hohen Depotgebühren bei kleinen Depots und niedrigen Depotgebühren bei großen Depots, hohen Telefon- bzw. Kontoführungsgebühren

Klasse 2: DAiÖ mit vielen Börsenplätzen, kurzen Servicezeiten, hohem Lombardkredit, hohen Depotgebühren, hohen Provisionen an Inlandsbörsen, hohen Provisionen an Auslandsbörsen für kleine Depots, hohen Kontoführungsgebühren und niedrigen Telefongebühren

Klasse 3: ConSors, comdirect und DAB mit wenigen Börsenplätzen, langen Servicezeiten, niedrigem Lombardkredit, geringen Verwahrungskosten bei kleinen Depots, niedrigen Provisionen an In- und Auslandsbörsen, niedrigen Kontoführungsgebühren und hohen Telefongebühren

	BANK 24	com- direct	CON- SORS	DAB	DAIOE
lange Servicezeit	168,00	98,00	50,00	106,00	50,00
kurze Servicezeit	0,00	70,00	118,00	62,00	118,00
viele Börsenplätze	11,00	10,00	8,00	3,00	11,00
wenig Börsenplätze	0,00	1,00	3,00	8,00	0,00
hoher Lombardkredit	6,00	5,00	5,50	4,75	5,25
niedriger Lombardkredit	0,00	1,00	0,50	1,25	0,75
hohe Depotgebühr Depot 1	143,50	69,00	51,75	135,60	114,00
niedrige Depotgebühr Depot 1	0,00	74,50	91,75	7,90	29,50
hohe Depotgebühr Depot 2	351,00	703,80	621,00	135,60	1.368,00
niedrige Depotgebühr Depot 2	1.017,00	664,20	747,00	1.232,40	0,00
hohe Provision Inland Depot 1	44,00	32,50	48,00	49,50	95,00
niedrige Provision Inland Depot 1	51,00	62,50	47,00	45,50	0,00
hohe Provision Inland Depot 2	209,00	193,00	174,00	213,50	245,00
niedrige Provision Inland Depot 2	36,00	52,00	71,00	31,50	0,00
hohe Provision Ausland Depot 1	950,00	703,00	882,02	608,78	906,80
niedrige Provision Ausland Depot 1	0,00	247,00	67,98	341,22	43,20
hohe Provision Ausland Depot 2	4.305,00	5.484,00	3.441,76	2.441,62	3.374,00
niedrige Provision Ausland Depot 2	1.179,00	0,00	2.042,24	3.042,38	2.110,00
hohe Kontoführungsgebühr	30,00	0,00	30,00	18,00	100,00
niedrige Kontoführungsgebühr	70,00	100,00	70,00	82,00	0,00
hohe Telefongebühren	17,28	17,28	11,52	2,88	2,88
niedrige Telefongebühren	0,00	0,00	5,76	14,40	14,40

Tabelle 3: Zweimodale Datenmatrix

Als Gütemaß für diese Klassifikation kann beispielsweise der Theil'sche Ungleichheits-
koeffizient herangezogen werden, dessen Wert mit 0,16 als gut zu bezeichnen ist [The70].
Während sich die Klasse 1 durch gute Servicequalitäten auszeichnet, befinden sich in der
Klasse 3 die Discounter mit günstigen Preisen. Die DAiÖ (Klasse 2) ermöglicht den Zugang zum „Steuerparadies Österreich".

4 Positionierung der Discount-Broker

Ziel dieser Positionierung der Discount-Broker ist die Bestimmung von wichtigen, in Marketing-Aktivitäten umsetzbaren Beurteilungsdimensionen, sowie die Anordung der relativen Lagen der Discounter bzgl. dieser Dimensionen. Ähnlichkeitsbeziehungen, Stärken und Schwächen der Discounter können damit ermittelt und in Marketing-Aktivitäten umgesetzt werden.

	Bank 24	comdirect	ConSors	DAB	DAiÖ
Verwaltung Depot 1 in DM	190,78	86,28	93,27	156,48	216,88
Verwaltung Depot 2 in DM	398,28	721,08	662,52	156,48	1470,88
Provision Inland DM 5000	44,00	32,50	48,00	49,50	95,00
Provision Inland DM 40000	209,00	193,00	174,00	213,50	245,00
Provision Depot 1 (U.S.A., A, CH) in DM	950,00	703,00	882,02	608,78	906,80
Provision Depot 2 (U.S.A., A, CH) in DM	4305,00	5484,00	3441,76	2441,62	3374,00
Provision Depot 1 (8 Länder) in DM	1064,66	999,46	1251,56	1373,68	1317,41
Provision Depot 2 (8 Länder) in DM	5180,48	7681,96	6389,01	8258,79	7163,66
Anzahl Fremdwährungskonten	6	0	4	3	11
Anzahl Auslandsmärkte	11	10	8	3	11
Zeitverzögerung Handelseröff. USA (Min.)	15	45	45	5	30
Zeitverzögerung Handelseröff. Kan. (Min.)	15	45	45	45	30
Zeitverzögerung Handelseröff. Aus. (Min.)	420	496	496	496	420
Zeitverzögerung Handelseröff. Jap. (Min.)	15	496	496	496	420
Pers. Ansprechpartner pro Woche (Std.)	168	98	50	106	50
Optionsscheine (%)	50	0	75	100	100

Tabelle 4: Datenmatrix zur Repräsentation

Da die Merkmale der Datenmatrix in Tabelle 4 ausschließlich quantitatives Datenniveau aufweisen, wird im folgenden die Faktorenanalyse verwendet. Die Repräsentation liefert vor allem dann transparente und informative Ergebnisse, wenn die Anzahl der zu positionierenden Objekte nicht zu groß ist. Daher bietet sich die Faktorenanalyse hier besonders an. Die ersten beiden Merkmale in Tabelle 4 stellen die Verwaltungsgebühren (Depot-, Kontoführungs- und Telephongebühren) für Depot 1 und Depot 2 dar. Bei den Provisionen an den Auslandsbörsen für Depot 1 und Depot 2 erfolgt eine Aufteilung der insgesamt 11 Länder in zwei Gruppen. In die erste Gruppe gehen die Länder U.S.A., Schweiz und Österreich ein, die alle Discount-Broker im Angebot haben. Die zweite Gruppe beinhaltet die restlichen acht Länder, die nicht von allen Discount-Brokern für den Auslandshandel angeboten werden. Ein fehlendes Angebot an ausländischen Handelsplätzen führt in der Datenmatrix zu fehlenden Werten. Um eine Vergleichbarkeit der Provisionen dennoch zu ermöglichen, wurden für die fehlenden Werte bei den betroffenen Direktbanken jeweils die maximalen Provisionen für das jeweilige Land eingesetzt, um eine Art „Bestrafung" durch das fehlende Angebot für dieses Land zu erreichen.

Merkmal	Fak. 1	Fak. 2	Komm.
Verw. 1	**0,85**	-0,41	0,89
Verw. 2	0,46	-0,23	0,27
Prov 5000	**0,92**	-0,05	0,84
Prov 40000	**0,81**	-0,18	0,69
Depot1/3	0,28	**-0,79**	0,70
Depot2/3	-0,70	-0,52	0,77
Depot1/8	0,75	0,62	0,94
Depot2/8	0,03	**0,84**	0,70
Fremdw.	**-0,89**	0,39	0,95
Märkte	0,04	**0,84**	0,71
USA	0,45	-0,02	0,21
CAN	-0,34	**0,90**	0,92
AUS	-0,60	**0,79**	0,99
JAP	-0,08	**0,87**	0,76
Service	0,29	0,521	0,36
Option	**-0,87**	-0,34	0,88

Tabelle 5: Rotierte Faktorladungsmatrix

Als Servicekomponenten werden zunächst die Anzahl der Fremdwährungskonten und die Anzahl der angebotenen Länder für den Auslandshandel berücksichtigt. Des weiteren gehen die Ordereingangsverzögerungen für den Handel in U.S.A., Kanada, Australien und Japan ein, d.h. die Zeit in Minuten vor Börsenbeginn, in der eine Order für den Handel zur Handelseröffnung noch möglich ist. Bei fehlenden Werten wird mit derselben Begründung von oben wieder der entsprechende Maximalwert verwendet. Das Merkmal „Pers. Ansprechpartner pro Woche" gibt die Zeit in Stunden an, in der ein persönlicher Ansprechpartner bei der jeweiligen Direktbank pro Woche zur Verfügung steht. Der angebotene außerbörsliche Handel mit Optionsscheinen stellt das letzte Servicemerkmal dar. Die Werte in der Datenmatrix entsprechen prozentual der angebotenen Anzahl an Emittenten für den außerbörslichen Handel (100% für alle Emittenten, 0% für keine Emittenten). Vor Durchführung der Faktorenanalyse wurden alle Merkmalswerte in Tabelle 4 auf das Intervall zwischen 0 und 1 normiert.

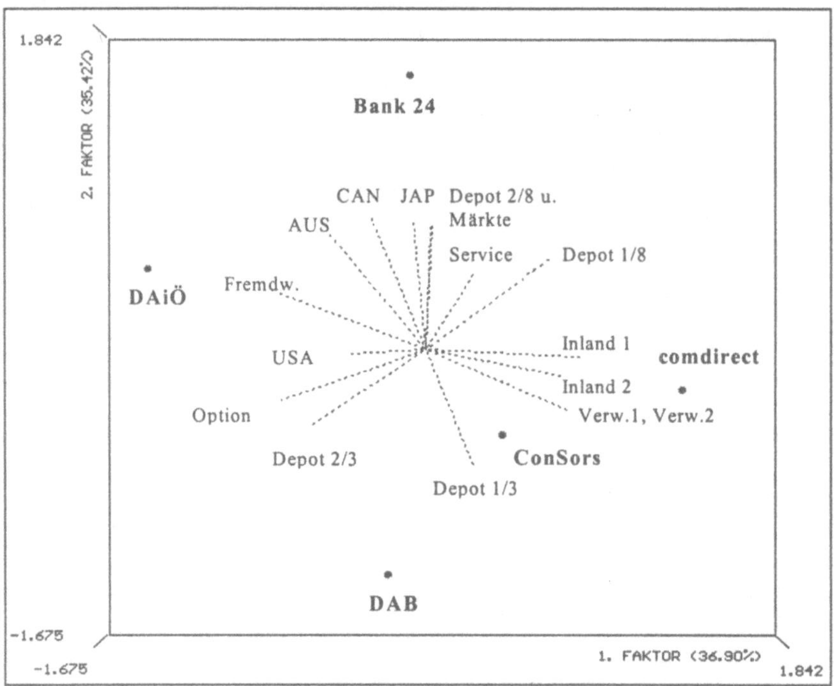

Abbildung 1: Rotierter Faktorwerteplot

Bei der rotierten zweifaktoriellen Darstellung in Abbildung 1 werden durch den ersten Faktor 36,9 % und durch den zweiten Faktor 35,4 %, also insgesamt 72,3 % der Gesamtinformation erklärt. Betrachtet man die Faktorladungen in der Tabelle 5, dann erklärt der erste Faktor im wesentlichen die Verwaltungsgebühren für Depot 1, die Provisionen im Inland, die Anzahl der Fremdwährungskonten und den außerbörslichen Optionsscheinhandel. In den zweiten Faktor fließen dagegen die Depotgebühren für das Depot 1 der ersten Ländergruppe (U.S.A., A, CH) und Depot 2 der zweiten Ländergruppe (restliche acht Länder), die Anzahl der Auslandsmärkte sowie die Orderzeitverzögerungen für die Länder Kanada, Australien und Japan ein. Die Ergebnisse des Faktorwerteplots in Abb.1 können wie folgt interpretiert werden:

- Im Inlandsgeschäft ist die comdirect bank gefolgt von ConSors und der Bank 24 am preisgünstigsten.
- Konzentriert man sich nur auf die Länder der ersten Gruppe (USA, A, CH), dann berechnet die DAB mit Abstand die günstigsten Provisionen. Bei Betrachtung der restli-

chen 8 Länder sind für kleines Ordervolumen comdirect und die Bank 24 und für großes Ordervolumen nur die Bank 24 am billigsten.

- Bei kleinen Depots stellen die comdirect bank und ConSors, bei großen Depots die DAB die niedrigsten jährlichen Verwaltungsgebühren in Rechnung.
- Betrachtet man die Länder Australien, Kanada und Japan, dann dominiert die Bank 24 bei den Orderzeiten zur Handelseröffnung. Für den Handel in den U.S.A. bietet die DAB den schnellsten Orderservice. Relativ schlecht schneiden ConSors und die comdirect bank bei den Ordereingangszeiten ab.
- Bei der Anzahl der Fremdwährungskonten ist die DAiÖ führend, die auch zusammen mit der Bank 24 die meisten Auslandsbörsen im Angebot hat.
- Beim außerbörslichen Optionshandel schneiden die DAB und die DAiÖ am besten ab.

5 Zusammenfassung und Ausblick

Dieser Beitrag zeigt die Möglichkeiten multivariater Verfahren zur Segmentierung und Positionierung in einem heterogenen Markt. Zusammenfassend läßt sich festhalten, daß die comdirect bank im Inland und die DAB für die von ihr angebotenen drei Länder im Ausland ein sehr gutes Preis-Leistungs-Verhältnis aufweisen. Betrachtet man jedoch alle in die Analyse einbezogenen Merkmale, dann führt das eingeschränkte Auslandsangebot der DAB zu Abstrichen. Für Anleger mit großen Depots, die auf allen 11 untersuchten Auslandsmärkten handeln möchten, stellt die Bank 24 bezüglich Preis und Service eine empfehlenswerte Alternative dar.

6 Abkürzungsverzeichnis

Verw.1	Jährliche Kosten der Depotverwaltung + Telefon + Kontoführung für Depot 1
Verw.2	Jährliche Kosten der Depotverwaltung + Telefon + Kontoführung für Depot 2
Depot 1/3	Provision für je 2 Transaktionen à 10.000,- DM in U.S.A., A, CH
Depot 1/8	Durchschnittsprovision für 6 Transaktionen à 10.000,- DM in 8 Ländern
Depot 2/3	Provision für je 2 Transaktionen à 120.000,- DM in U.S.A., A, CH
Depot 2/8	Durchschnittsprovision für 6 Transaktionen à 120.000,- DM in 8 Ländern
Fremdw.	Anzahl der angebotenen Fremdwährungskonten (maximal 11)
Inland 1	Provision für eine Inlandsorder zu 5.000,- DM
Inland 2	Provision für eine Inlandsorder zu 40.000,- DM
Komm.	Kommunalität
Märkte	Anzahl der angebotenen Auslandsmärkte (maximal 11)
Option	Anzahl der Emittenten beim außerbörslichen Optionsscheinhandel
Service	Anzahl Stunden pro Woche mit persönlichem Ansprechpartner
USA	Minimale Orderzeitverzögerung für die Handelseröffnung in den U.S.A.
AUS	Minimale Orderzeitverzögerung für die Handelseröffnung in Australien
CAN	Minimale Orderzeitverzögerung für die Handelseröffnung in Kanada
JAP	Minimale Orderzeitverzögerung für die Handelseröffnung in Japan

7 Literatur

[Bau93]   Bausch, T. / Opitz, O. (1993): PC-gestützte Datenanalyse mit Fallstudien aus der Marktforschung, Vahlen, München, 1993.

[Bai97]   Baier, D. / Gaul, W. / Schader, M. (1997): Two-Mode Overlapping Clustering with Applications to Simultaneous Benefit Segmentation ans Market Structures, in: *Klassifikation and Knowledge Organization*, Klar, F. / Opitz, O. (Hrsg.), Berlin

[Eck91]   Eckes, T. (1991): Bimodale Clusteranalyse: Methoden zur Klassifikation von Elementen zweier Mengen, in: Zeitschrift für experimentelle und angewandte Psychologie, Band 38, Heft 2, S. 201 - 225.

[Las95]   Lasch, R. / Röder, K. (1995): Das Börsenangebot der Direktbanken - Eine Analyse des deutschen Marktes, in: *Zeitschrift für Bankrecht und Bankwirtschaft*, Heft 4, Vol. 7, 1995, S. 342 - 356.

[Röd96]   Röder, K. / Lasch, R. (1996): Angebot und Preise von Direktbanken für den Handel an ausländischen Börsen, in: *Zeitschrift für Bankrecht und Bankwirtschaft*, Heft 4, Vol. 8, 1996, S. 336 - 360.

[The70]   Theil, H. (1970): Economic Forecasts and Policy, London.

Database Marketing in Kreditinstituten

Juergen Seitz, Eberhard Stickel
Lehrstuhl für Allg. BWL, insbes. Wirtschaftsinformatik, Finanz- und Bankwirtschaft[*]
Europa-Universität Viadrina Frankfurt (Oder)

Zusammenfassung

Der intensive Wettbewerb im Finanzdienstleistungsbereich verlangt von Kreditinstituten zukünftig eine noch stärkere Kundenorientierung. Dazu gehören unter anderem auch an Kundenbedürfnissen ausgerichteten Problemlösungen, die kurzfristig angeboten bzw. erstellt werden müssen. Die Zeit wird damit zu einem kritischen Erfolgsfaktor. Wettbewerbsvorteile lassen sich nur durch frühzeitiges Erkennen von Bedürfnissen und deren anschließende kurzfristige Befriedigung realisieren. Informationen, insbesondere die bereits in den operativen Datenbeständen vorhandenen, nehmen als Produktionsfaktoren eine herausragende Rolle ein. Das Database Marketing bietet Möglichkeiten zu einem erfolgreichen Vertrieb von Finanzdienstleistungen. Eine wesentliche Voraussetzung dafür ist allerdings eine wirtschaftlich sinnvolle Strategie bzw. Vorgehensweise zur Integration heterogener Datenbanksysteme.

Stichworte: Database Marketing, Datenintegration, Föderiertes Datenbanksystem, Kreditinstitute

1 Ausgangssituation

Die Deregulierung und Liberalisierung der Finanzmärkte innerhalb der Europäischen Union, aber auch die Globalisierung und Internationalisierung des Finanzdienstleistungssektors führen zu einem stärkeren intrasektoralen Wettbewerb. Gleichzeitig treten aber auch zunehmend intersektoral Konkurrenten, wie Non- und Near-Banks auf. Für Kreditinstitute bedeutet dies, zukünftig effizienter und effektiver im Sinne einer stärkeren Kundenorientierung maßgeschneiderte Problemlösungen anbieten zu müssen. Die Zeit (*time to market*) wird damit mehr und mehr zum kritischen Erfolgsfaktor der Kreditinstitute. Derjenige, der den Bedarf an finanzwirtschaftlichen Problemlösungen zum frühesten Zeitpunkt erkennt beziehungsweise als erster Bedürfnisse in dieser Hinsicht wecken kann, wird als First Mover Wettbewerbsvorteile gegenüber seinen Konkurrenten haben. Für eine solche offensive Marktbearbeitung nimmt der wichtigste Produktionsfaktor in der Finanzwirtschaft, die Information, eine herausragende Rolle ein. Die operativen Datenbestände eines Kreditinsti-

---

[*] Lehrstuhlinhaber: Prof. Dr. Eberhard Stickel

tutes erweisen sich hier als wertvolle Unternehmensressource. Das Database Marketing bietet in diesem Zusammenhang Möglichkeiten zu einem erfolgreichen Vertrieb von Finanzdienstleistungen.

Auf der Kundenseite findet man eine Abschwächung der Bindung an ein einzelnes Kreditinstitut. Das Vorhandensein einer Hausbank ist oft nicht mehr beobachtbar. Darüber hinaus reagieren Kunden sensibler auf die Preisgestaltung von Bankprodukten. Gründe dafür sind unter anderem die Verfügbarkeit entscheidungsrelevanter Informationen zu geringen Kosten, etwa durch den Ausbau des World-wide Web zu einer umfassenden Informationsbörse. Die Konsequenz sind reduzierte Transaktionskosten. Dies führt auch dazu, daß Switching Costs von den Kreditinstituten kaum mehr aufgebaut werden können.

Konzepte des Database Marketing müssen auf einer unternehmensweit integrierten Informationsbasis aufbauen, damit Signale von Veränderungen früh erkannt werden. Dies erfordert, daß die Informationen aus den Datenbasen unternehmensweit zur Verfügung stehen. Daraus ergeben sich Anforderungen an die vorhandenen Datenbanksysteme in bezug auf deren Interoperabilität. Vorhandene Redundanzen und damit verbundene Inkonsistenzen der Datenbasen stellen in den meisten Instituten große Probleme dar.

Im nächsten Abschnitt erfolgt zunächst eine Abgrenzung des Begriffs „Database Marketing". Im dritten Abschnitt wird die Struktur der benötigten Informationen erörtert. Daran anschließend werden im vierten Abschnitt die technischen Anforderungen diskutiert. Der fünfte Abschnitt enthält eine Zusammenfassung der wichtigsten Thesen und Ergebnisse.

2 Database Marketing - Anforderungen und Konzepte

2.1 Begriff und Zielsetzung des Database Marketing

In der deutschsprachigen Literatur hat sich bisher keine einheitliche Definition für den Begriff des Database Marketing herausgebildet. Die meisten Definitionen gehen aber von einer wörtlichen Übersetzung aus: Database Marketing ist demnach der zielgerichtete Einsatz von Informationen beliebiger Datenbanken zur Unterstützung der Marketingfunktion. Database Marketing dient damit der Planung, Steuerung und Kontrolle der Marketingaktivitäten unter Nutzung sowohl interner als auch externer Datenbanken [Sch91]. Damit ermöglicht Database Marketing dem Kreditinstitut aufgrund der vorhandenen Datenbasis, Geschäftsbeziehungen mit Kunden zu analysieren, Bedarfe bei Kunden und potentiellen Kunden zu identifizieren und Bedürfnisse zu wecken.

Die folgenden Punkte unterstreichen die Attraktivität des Database Marketing für Kreditinstitute:

- Kreditinstitute müssen sich in einem Umfeld mit großer Konkurrenz behaupten.

- Die Kunden sind nicht anonym, ihre Loyalität ist ein wichtiger Erfolgsfaktor.

- Kreditinstitute sind Dienstleistungsunternehmen und produzieren Informationen, die in Datenbanken gespeichert werden. Existierende informationsverarbeitende Systeme (IV-Systeme) erlauben die automatisierte Auswertung von Kundeninformationen.

- Aufgrund der Unterstützung durch IV-Systeme ist es möglich, den Markt bedarfsgerecht mit einer großen Zielgenauigkeit zu segmentieren. Für den Kunden hat dies zur Folge, daß er, obwohl es sich um Massendatenverarbeitung handelt, individuell angesprochen wird.

- Konzepte zur Kundenbindung, wie Clubs und Bonusaktionen, können angewandt werden.

Weitere positive Auswirkungen auf den Erfolg des Database Marketing ergeben sich aus den nachstehenden Punkten:

- Vereinbarungen und Transaktionen können einem Kunden oder einer Personenmehrheit direkt zugeordnet werden. Damit ist der Verlauf einer Geschäftsbeziehung in der Zeit bekannt. Dies unterstützt den Bereich der Kundenkalkulation.

- Informationen über persönliche Vorlieben und Interessen sowie Beziehungen zu anderen Personen beispielsweise Arbeitgeber, Vereine und Verwandtschaftsverhältnisse sind bekannt.

- Sobald die Adresse einer Person bekannt ist, ergibt sich die Möglichkeit zur Direktwerbung. Damit werden sonst schwer erreichbare Zielgruppen ansprechbar.

- Finanzdienstleistungen werden grundsätzlich von allen Bevölkerungskreisen ein großes Interesse entgegengebracht.

- Finanzdienstleistungen sind Produkte, die zu einer hohen Wertschöpfung führen.

- Die Dienstleistungen von Kreditinstituten werden wiederholt in Anspruch genommen.

2.2 Notwendigkeit des Database Marketing

Die Notwendigkeit für den Einsatz des Database Marketing ergibt sich aufgrund politischer, sozialer, technischer und ökonomischer Veränderungen.

Die Liberalisierung und Deregulierung in der Kreditwirtschaft hat zur Folge, daß neue Konkurrenten aus anderen Ländern in den Markt eintreten. Innerhalb der Europäischen Union gilt das Herkunftslandprinzip. Dies bedeutet, daß eine Zulassung im Heimatland eine automatische Erlaubnis zur Ausübung von Bankgeschäften in Deutschland nach sich zieht. Weitere Konkurrenz entsteht durch das Angebot an Finanzdienstleistungen durch Non- und Near-Banks, wie Kreditkartenorganisationen, Versicherungen, Handelsunternehmen und Automobilkonzerne.

Soziale Veränderungen ergeben sich einerseits aus der Verschiebung der Bevölkerungsstruktur, insbesondere der Altersstruktur, andererseits durch den Wertewandel. Die Veränderungen in Richtung der Individualisierung der Gesellschaft in Verbindung mit der Bedeutungsveränderung von Rechten und Pflichten, Arbeit und Freizeit sowie teilweise ambivalentem Kaufverhaltens bei ähnlichen Produkten machen es erforderlich, daß sehr viele persönliche Daten des Kunden zur umfassenden Beratung notwendig sind. Dazu gehören nicht nur Informationen, die die Ergebnisse der Geschäftsbeziehung mit Kunden dokumentieren, sondern auch wie es zum Abschluß beziehungsweise Nicht-Abschluß von Vereinbarungen kommt, d. h. das Aktions- und Reaktionsverhalten muß dokumentiert werden.

Die Individualisierung hat zur Folge, daß einerseits eine größere Vielfalt beim Produktangebot nachgefragt wird und damit die jeweiligen Volumina sinken, andererseits aus Gründen der Wirtschaftlichkeit Massenproduktions- und Massenmarketingvorteile aus Sicht der Kreditwirtschaft nicht verloren gehen sollten. Die Kunden erwarten auf ihre spezifischen Bedürfnisse zugeschnittene Problemlösungen, die durch umfangreiche persönliche Informationen und die Neugestaltung der Informationssysteme in Richtung einer „Massen-Maßfertigung" gelöst werden können.

Die günstige Verfügbarkeit von Informations- und Kommunikationstechnik ermöglicht die bequeme automatisierte Abwicklung traditioneller Bankdienstleistungen (Zahlungsverkehr, Wertpapierorders) außerhalb der normalen Öffnungszeiten. Dadurch nimmt die Zahl der persönlichen Kundenkontakte deutlich ab. Kreditinstitute sind zu Veränderungen gezwungen: Es erfolgt der Wandel hin zu höherwertigen Beratungsleistungen. Dazu gehört die Sammlung, Auswertung und Interpretation von Informationen. Neue Medien, wie das World-wide Web beziehungsweise Electronic Mail haben diese Entwicklung verursacht. Sie bieten aber gleichzeitig auch die Chance, einem (potentiellen) Kunden kostengünstig individuelle Angebote verständlich und ansprechend zu unterbreiten. Durch den Ausbau dieser Infrastruktur ist es zukünftig möglich, unabhängig vom physischen Aufenthaltsort des Kunden jederzeit mit ihm in Kontakt zu treten.

3 Informationsstruktur

Grundlage für die Informationsstruktur des Database Marketing sind die unternehmensrelevanten Objekt- und Beziehungsarten, die in einem sogenannten Unternehmensdatenmodell auf einer abstrakten Ebene dargestellt werden können. Abb. 1 stellt ein solches Unternehmensdatenmodell für Finanzdienstleistungsunternehmen in einer stark vereinfachten (aggregierten) Form dar. Die Rechtecke stellen dabei die abstrakten Objektarten, die Kanten die Beziehungsarten dar. Die Objektarten werden im folgenden kurz skizziert:

- Die Objektart *Person* besteht aus natürlichen und juristischen Personen, an denen ein Kreditinstitut interessiert ist und über die es Informationen zur Abwicklung von Geschäften benötigt. Zu den natürlichen Personen zählen dabei auch die Mitarbeiter, die aufgrund zusätzlicher Beziehungen zur Unternehmung eine Sonderrolle spielen.

- Die Objektart *Produkt* stellt das Dienstleistungsangebot dar, beispielsweise Einlagen- und Kreditgeschäfte, Kapital- und Geldhandel, (internationaler) Zahlungsverkehr, Devisengeschäfte, Wertpapierhandel, Anlageberatung oder Vermögensverwaltung.

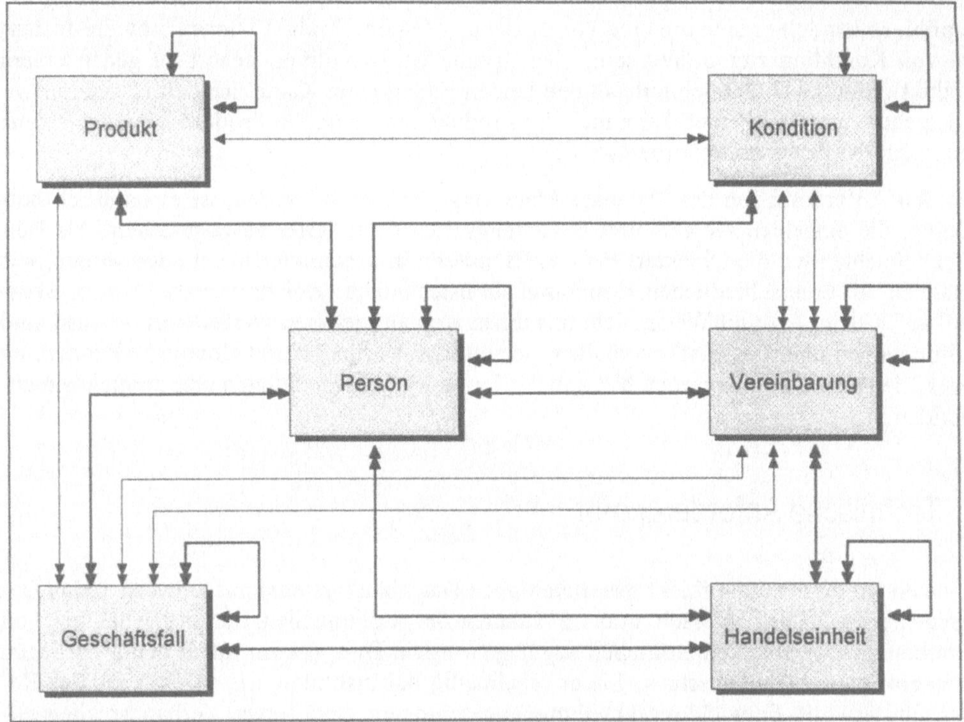

Abbildung 1: Kernstruktur eines Unternehmensdatenmodells für Finanzdienstleistungsunternehmen (in Anlehnung an [Sei92])

- Innerhalb der Objektart *Kondition* werden die Preise für Produkte modelliert. Bei ihnen kann es sich sowohl um Standard-, als auch um mit einem Kunden vereinbarte Sonderkonditionen handeln.

- Produkte und Personen werden über *Vereinbarungen* zusammengeführt. Diese drücken letztlich den Geschäftserfolg aus. Sie enthalten alle administrativen Informationen und Kontoinformationen über eine Geschäftsbeziehung.

- Die *Handelseinheit* bewertet Vereinbarungen. Handelseinheiten sind unter anderem die einzelnen Währungen, Wertpapiere, aber auch Edelmetalle, Münzen, Immobilien, Sicherheiten, Waren usw.

- Ein *Geschäftsfall* ist eine einzelne geschäftsrelevante Aktion zur Abwicklung einer Vereinbarung oder einer Geschäftsbeziehung. Beispiele für Geschäftsfälle sind: Ein- und Auszahlungen, Überweisungen, Wertpapierkauf- und -verkaufaufträge, Kontoabrechnungen, Adreßänderungen, Freistellungsaufträge usw.

Die Pfeile in Abb. 1 stehen für die Kardinalitäten der Beziehungsarten [Bur92, S. 44 f.]. Ein einfacher Pfeil symbolisiert eine maximale Kardinalität von 1, ein Doppelpfeil eine Kardinalität von *n*. Ist am einen Ende einer Kante ein einfacher, am anderen Ende ein Doppelpfeil, so handelt es sich um eine 1-*n*-Beziehung (einem Produkt können mehrere Instanzen von Kondition zugeordnet sein, eine Instanz von Kondition gehört zu genau einem Produkt). Sind zwei Doppelpfeile an den beiden Enden einer Kante, handelt es sich um *m*-*n*-Beziehungen (eine Person kann mehrere Produkt erwerben, ein Produkt kann seinerseits von mehreren Personen erworben werden).

Um den Anforderungen des Database Marketing gerecht zu werden, ist es natürlich notwendig, die einzelnen Objekt- und Beziehungsarten detaillierter auszugestalten. Als Beispiel betrachten wir die Objektart *Person*. Es müssen Informationen abgebildet werden, wie Personen mit unterschiedlichen Kommunikationstechniken erreicht werden können, eventuell auf welche Art und Weise nicht mit ihr in Kontakt getreten werden soll. Ebenso sind Informationen über das Risikoverhalten, persönliche Vorlieben und Hobbys, Aktionen, an denen die Person teilgenommen hat, sowie Motive für Entscheidungen und dergleichen abzubilden.

4   Technische Anforderungen

In vielen Kreditinstituten findet man heterogene Datenbanksysteme mit teilweise redundant gespeicherten Daten. Vielfach sind im Rahmen der individuellen Datenverarbeitung von Mitarbeitern Datenbanken zusätzlich angelegt worden. Dies gilt vor allem beim Vorliegen eines großen Anwendungsstaus, wie er regelmäßig bei Instituten, die an ein zentrales Rechenzentrum mit Entwicklungsabteilung angeschlossen sind (etwa Verbandsrechenzentren), auftritt. Neuentwicklungen können dann nur mit hoher zeitlicher Verzögerung erfolgen.

Database Marketing erfordert den datenbankübergreifenden Zugriff auf Informationen. Deshalb ist Interoperabilität der vorhandenen Datenbanksysteme zumindest in einem gewissen Rahmen zu schaffen. *Datenintegration* ist erforderlich.

Ziel der Datenintegration ist der datenbankübergreifende Zugriff auf gespeicherte Informationen. Die zugrunde liegenden Datenbanksysteme können dabei grundsätzlich verschieden sein (etwa hierarchische oder relationale Datenbanksysteme). Daneben können natürlich auch klassische Dateisysteme vorliegen. Grundsätzlich sind dann zwei Strategien denkbar.

Im Falle der *Migration* wird ein komplett neues Datenbanksystem entwickelt. Die Daten der Altbestände werden in das neue System transformiert. Die zweite Möglichkeit ist die Schaffung eines *föderierten Systems*. Dabei bleiben die Altsysteme weitgehend unverändert und autonom bestehen. Durch Integrationstechniken wird der globale einheitliche Zugriff auf die Altsysteme sichergestellt. Welche der beiden Strategien angewendet werden sollte, kann nicht pauschal empfohlen werden. Erforderlich sind dazu vielmehr umfangreiche Wirtschaftlichkeitsanalysen. Geht es ausschließlich um die Umsetzung eines Konzeptes für das Database Marketing kommt aufgrund des wesentlich geringeren Aufwands eigentlich nur die föderierte Strategie in Betracht. Dieser Ansatz soll im folgenden weiterverfolgt werden.

Im Rahmen der Integration von Datenbasen treten zahlreiche Konflikte auf. Zu nennen sind beispielsweise Namenskonflikte. Im Falle von Synonymen tragen sonst gleiche Datenobjekte unterschiedliche Namen, im Falle von Homonymen tragen unterschiedliche Datenobjekte gleiche Namen. Diese Konflikte existieren auf der Metaebene aber auch auf der physischen Instanzebene (vgl. Abb. 2).

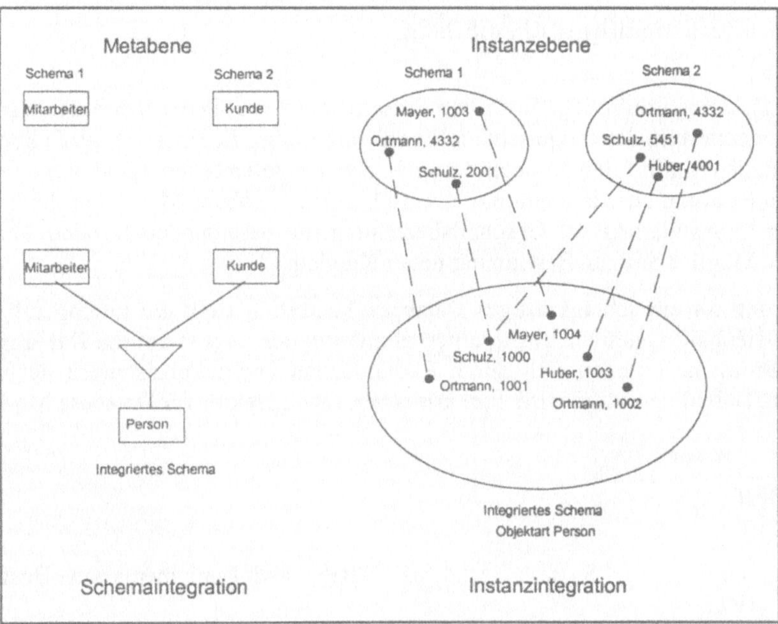

Abbildung 2: Konflikte im Rahmen der Datenintegration auf der Meta- und Instanzebene

Der eigentliche Integrationsvorgang kann auf mehrere Arten erfolgen [Hun96, S. 178]. Denkbar sind Ansätze, die den Integrationsvorgang zur Laufzeit durchführen. Eine globale Integration ist somit entbehrlich, die Konfliktbeseitigung erfolgt jeweils lokal auf der physischen Datenbankebene. Bei wiederholten Abfragen sind auftretende Konflikte mehrfach zu lösen, was sich negativ auf die Performance auswirkt. Im Falle des Database Marketing ist wohl nur ein Sichtenintegrationsansatz praktikabel. Die Integration erfolgt dabei auf der Ebene der konzeptionellen Schemata. Sind diese nicht vorhanden sind, müssen sie vor der Durchführung des Integrationsprozesses im Rahmen eines Reverse Engineering gewonnen werden, was dann ein äußerst umfangreiches und komplexes Vorhaben darstellt.

Die Sichtenintegration erlaubt im Gegensatz zur Integration während der Laufzeit die Einbindung von Mitarbeitern der Fachabteilungen und damit die Nutzung des spezifischen Know-Hows dieser Mitarbeiter über die Datenbestände.

Von besonderer Bedeutung ist die Werkzeugunterstützung für Datenintegrationsprojekte. Für eine ausführliche Diskussion sei auf [Hun96, S. 178 f.] verwiesen. Dort wird ein modernes und leistungsfähiges Integrationskonzept, welches als technische Basis für Database Marketing dienen kann, vorgestellt. Darüber hinaus wird ein prototypisches Werkzeug zur teilweisen Automatisierung des Integrationsprozesses präsentiert. Eine Vollautomatisierung wird nie möglich sein, Benutzereingriffe sollen allerdings auf das notwendige Maß beschränkt bleiben. Dies senkt die oft beträchtlichen Integrationskosten und führt zu hoher Flexibilität, da die notwendigen Anpassungen sauber dokumentiert sind.

5 Zusammenfassung und Ausblick

Database Marketing ermöglicht durch den Einsatz unterschiedlicher Verfahren zur besseren Kundensegmentierung die zielgerichtete Marktbearbeitung. Es ist somit durch kontinuierliche Kommunikation mit den Kunden beziehungsweise potentiellen Kunden möglich, frühzeitig deren Potential zu erkennen und auszuschöpfen. Database Marketing dient damit einerseits der Intensivierung der Geschäftsbeziehung mit bestehenden Kunden, andererseits bietet es die Möglichkeit zur Gewinnung neuer Kunden.

Voraussetzung für ein schlagkräftiges Database Marketing stellt die Interoperabilität vorhandener Datenbanksysteme dar. Ein unternehmensweiter Zugriff auf die Daten muß möglich sein. Probleme ergeben sich durch Redundanzen und Inkonsistenzen der einzelnen Datenbasen. Datenintegration wird zum kritischen Erfolgsfaktor für Database Marketing.

6 Literatur

[Bur92]   Burch, J. G.: Systems Analysis, Design and Implementation. Boston, MA. 1992.

[Hun96]   Hunstock, J., Rauh, O., Stickel, E.: Tool Support for Designing Interoperable Information Systems. Proc. International Conference on Systems Development (ISD 96), Danzig 1996, S. 177-192.

[Sch91]   Schüring, H.: Database-Marketing: Einsatz von Datenbanken für Direktmarketing, Verkauf und Werbung. Landsberg/Lech 1991.

[Sei92]   Seitz, J.; Stickel, E.: Data Structures for Product Design in Financial Institutions. In: S. W. I. F. T. (Hrsg.): Intelligent Information Access. Amsterdam 1992, S. 47-59.

WWW als neuer Vertriebsweg für Finanzdienstleister

Juergen Seitz, Eberhard Stickel
Lehrstuhl für Allg. BWL, insbes. Wirtschaftsinformatik, Finanz- und Bankwirtschaft[*]
Europa-Universität Viadrina Frankfurt (Oder)

Zusammenfassung

Veränderungen im Kauf- und Konsumverhalten unserer Gesellschaft aufgrund zunehmender Individualität führen zu Veränderungen bei der Inanspruchnahme von Finanzdienstleistungen. Kritischere und kostenbewußtere Kunden fordern von den Anbietern effiziente Befriedigung ihrer Bedürfnisse. Das World-wide Web (WWW) bietet als elektronischer Vertriebskanal die Voraussetzungen zur Entwicklung von ganzheitlichen, integrierten, kundenorientierten Lösungen im Bereich der Informationsbereitstellung, der Durchführung von Transaktionen und der Ermöglichung von individuell ausgerichteten Simulationen und Beispielrechnungen.

Stichworte: World Wide Web, Finanzdienstleistungsunternehmen, Vertriebswege, Informationsbereitstellung, Transaktionen

1 Problemstellung und Zielsetzung des Vertriebsweges WWW

Das Kauf- und Konsumverhalten unserer Gesellschaft wird sich aufgrund zunehmender Freizeit verändern. Das Verhalten bei der Nutzung von Finanzdienstleistungen wird von Individualität, Mobilität, Orts- und Zeitunabhängigkeit und Flexibilität geprägt sein. Reine Zahlungsverkehrsvorgänge als Folge eines Kaufs werden zunehmend von Non- und Near-Banks abgewickelt (s. [Amb95], [Bir97]).

Finanzdienstleister verfolgen daher mit der Nutzung des WWW als neuem elektronischen Vertriebsweg folgende Ziele: Bei einer günstigeren Kostenstruktur sollen dem Kunden erklärungsbedürftige Produkte in einer entsprechenden Qualität angeboten werden. Die Kontaktaufnahme kann von jedem beliebigen Ort der Erde zu einem beliebig gewählten Zeitpunkt erfolgen.

Für Finanzdienstleistungsunternehmen bedeutet dies, daß sie ohne Erweiterung des stationären Geschäftsstellennetzes oder Außendienstes das Geschäftsgebiet ohne große Investitionen ausdehnen können [Pis97]. Aufgrund des Images als innovatives Unternehmen, verbesserten Zugangsmöglichkeiten, Nutzung von Rationalisierungspotentialen, Weiterent-

---

[*] Lehrstuhlinhaber: Prof. Dr. Eberhard Stickel

wicklung des Selbstbedienungsgedankens, Verbesserung der Wettbewerbsposition durch Aufbau von Kernkompetenzen und damit Markteintrittsbarrieren gegenüber Wettbewerbern besteht die Möglichkeit der Steigerung der Erträge und des Marktanteils.

Im Zusammenhang mit der Nutzung von Rationalisierungspotentialen steht auch die Abbildung der gesamten Prozeßkette unter einer einheitlichen Oberfläche. Damit können Systembrüche vermieden und aufgrund der Durchgängigkeit größere Effizienz erreicht werden. Aufgrund der in Finanzdienstleistungsunternehmen vorhandenen Informationen besteht die Möglichkeit des Auftretens als Informationsbroker bzw. können Informationen geschlossenen Benutzergruppen zur Verfügung gestellt werden, was eine stärkere Kundenbindung als Konsequenz haben kann. Das Know-how, das durch den Auftritt im WWW erworben wird, kann schließlich genutzt werden, indem kleineren Unternehmen unter dem Dach des Finanzdienstleisters die Nutzung des beziehungsweise Präsentation im WWW ermöglicht wird [Seg96].

2 Einordnung des WWW in die Vertriebswegesystematik

Unter einem *Vertriebsweg* werden „bereitgestellte physische Kapazitäten (...), die zur systematischen Herstellung von Kontakten zu Kunden dienen, um Informations- und Beratungsaufgaben wahrzunehmen und für den Absatz von Produkten und Dienstleistungen zu sorgen" [Aus96] verstanden. Synonym zu dem Begriff Vertriebsweg wird auch der Begriff Vertriebskanal verwendet.

Das WWW als ein Teil des Internet gehört neben proprietären Online-Diensten, wie T-Online, AOL oder Compuserve zu den elektronischen Vertriebskanälen. Diese elektronischen Vertriebskanäle stellen gemeinsam mit Selbstbedienungsterminals und Telekommunikationseinrichtungen innerhalb der medialen Vertriebswege neben Direct Mail die technischen Vertriebswege dar.

Mediale Vertriebswege dienen heute bei Finanzdienstleistungsunternehmen im wesentlichen zur Informationsverbreitung bzw. zur Abwicklung von Routinegeschäften. Beratungsleistungen werden vorwiegend in den Geschäftsstellen oder durch Außendienstmitarbeiter erbracht. Persönliche und mediale Vertriebswege bilden zusammen die internen Vertriebswege. Daneben existieren noch externe Vertriebswege, wie Handelsvertreter, Strukturvertriebe, Allfinanzpartner und Franchisenehmer.

Abbildung 1 stellt die Stellung des Vertriebsweges WWW innerhalb der Vertriebswegesystematik von Finanzdienstleistern graphisch dar.

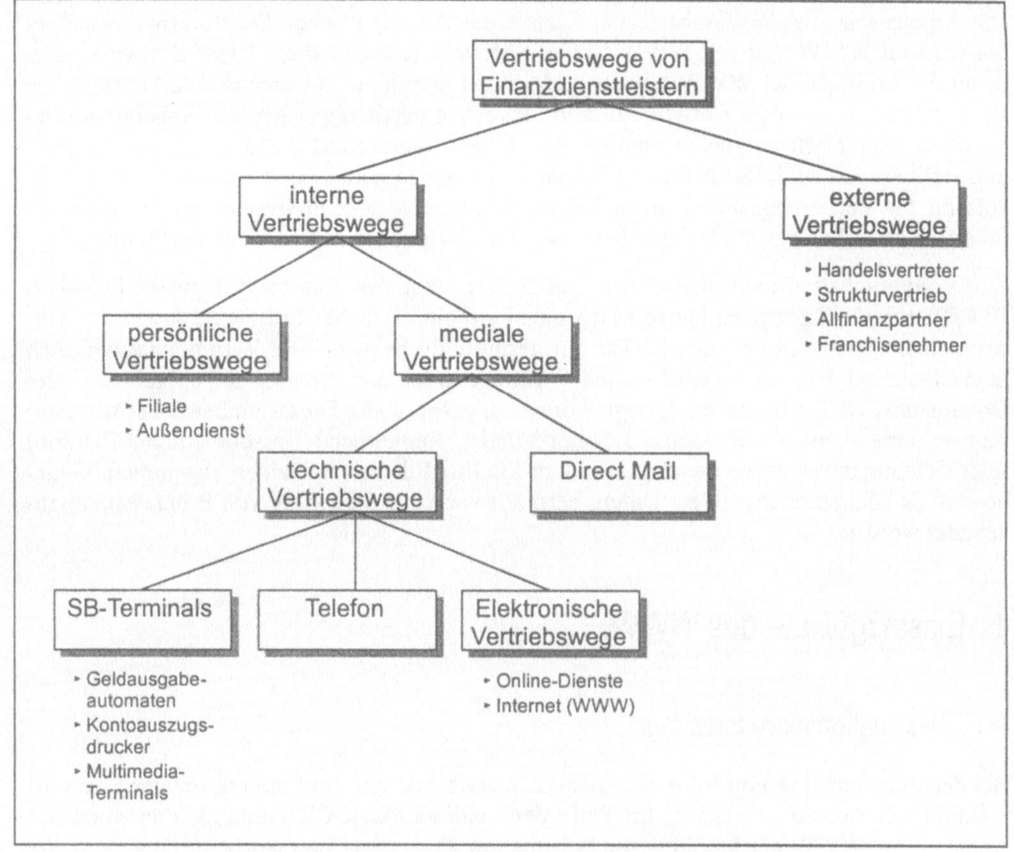

Abbildung 1: Vertriebswegesystematik (in Anlehnung an [Aus96])

3 Charakterisierung des Vertriebsweges WWW

Das World-wide Web, kurz auch WWW, 3W, W3 oder das Web genannt, ist der populärste und wichtigste Dienst im Internet. Bei der Entwicklung des WWW stand die Zielsetzung der Bereitstellung einer graphischen Benutzeroberfläche im Vordergrund, damit eine möglichst große Anzahl an Nutzern angesprochen werden kann. Das WWW ist ein weltumspannendes Netz von Rechnern. Die Benutzeroberfläche integriert weitere Dienste und Protokolle des Internet, wie Ftp, Telnet, E-Mail, usw. Das WWW basiert auf dem Hypertext- bzw. Hypermediaprinzip; damit ist es möglich, Informationen strukturiert anzubieten und übersichtlich zu gestalten. Die Verbindung der einzelnen Seiten (Dokumente) erfolgt über sogenannte Links. Neben Texten können auch Bilder, Töne und Videos präsentiert werden [Alp96].

Die Arbeitsweise des WWW basiert auf dem Client/Server-Prinzip. Das Informationsangebot wird im WWW von der WWW-Server-Software bereitgehalten. Diese Software bearbeitet die Anfragen der WWW-Clients und schickt diesen die entsprechenden Dateien. Die Dateien können entweder statisch auf dem Server vorgehalten werden oder anhand von Parametern dynamisch aufgebaut werden. Der Client interpretiert die übertragenen Dateien und stellt sie am Bildschirm dar. In jüngster Zeit stehen zunehmend Browser auf der Clientseite zur Verfügung, die es ermöglichen, Programme oder Programmteile lokal auszuführen. Hier stehen bspw. die Sprachen Java, JavaScript oder ActiveX zur Verfügung.

Zur Kommunikation zwischen Client und Server steht das Hypertext Transfer Protokoll (HTTP) zur Verfügung. Es handelt sich dabei um ein einfaches Protokoll, das kurze Antwortzeiten ermöglicht und den Server nur geringfügig belastet. Die Verbindung zwischen dem Client und dem Server wird bei jeder Anfrage durch den Browser neu aufgebaut. Jedes Dokument wird durch eine eindeutige Adresse angesprochen. Dieses einheitliche Adressierungsschema (Uniform Resource Locator (URL), Einheitliche Ressourcenidentifikation) setzt sich aus der Adresse des Servers, dem Pfad und dem Dateinamen zusammen. Gegebenenfalls können noch weitere Daten, beispielsweise zur Steuerung von Programmen, angehängt werden.

4 Einsatzgebiete des WWW

4.1 Informationsbereitstellung

Bei der Bereitstellung von Informationen kann zwischen uni- und bidirektionaler Kommunikation unterschieden werden. Im Falle der unidirektionalen Kommunikation nutzt der Anbieter das WWW als Medium zur Information über sein Unternehmen, seine Produkte und Dienstleistungen entsprechend traditionellen Massenmedien. Die bidirektionale Kommunikation erlaubt im einfachsten Fall, daß der Nutzer per electronic mail sich an den Anbieter wendet und nach zusätzlichen Informationen fragt bzw. Anregungen und Wünsche bezüglich der Gestaltung der WWW-Seiten macht.

Kundenindividuelle Informationsbereitstellung erfordert, daß eine Interaktion in der Form stattfindet, daß der Kunde Angaben über seine Person macht. Diese Daten dienen der Steuerung des Informationsangebotes. Falls der Kunde sich entsprechend identifiziert und eine Verknüpfung mit den operativen Systemen des Finanzdienstleistungsunternehmens vorhanden ist, müssen ein Großteil der Angaben nicht bei jedem Besuch der Seite neu gemacht werden, sondern es kann auf die entsprechende Datenbank zurückgegriffen werden.

Durch die Bereitstellung von Produktinformationen kann grundsätzlich die Anbahnung von Geschäften ermöglicht werden. Durch entsprechend implementierte Modelle kann der Kunde sich bspw. die günstigste Versicherungs- oder Finanzierungskonfiguration berechnen lassen oder aus Komponenten zusammenstellen [Sei97]. Weiterhin besteht die Möglichkeit, daß er aufgrund seines Wertpapierdepots, seiner Risikoneigung und seinen Präferenzen, Simulationen, wie Was-wäre-wenn-Szenarien oder Portfolioanalysen, durchführen kann. Zur Realisierung der vorgeschlagenen Leistungen ist es dann allerdings notwendig, daß Transaktionen ausgeführt werden können. Auf diese Art und Weise ist es möglich, Geschäftsprozesse ganzheitlich, integriert und ohne Systembrüche abzubilden.

4.2 Transaktionen

Finanztransaktionen können unterschiedlicher Natur sein. Neben den Zahlungsverkehrstransaktionen, die entweder von den Kunden erfaßt und ausgelöst werden oder aufgrund von Einkäufen im WWW entstehen, kommen neuerdings Kauf- und Verkaufsorder von Wertpapieren, Abschlüsse von Versicherungs-, Bauspar- oder Kreditvereinbarungen hinzu.

Aufgrund der Struktur und der Zielsetzung des Internets bestehen Sicherheitsrisiken bei der Durchführung von Transaktionen. Derzeit werden verschiedene Modelle und Standards entwickelt, die dieses Problem lösen sollen. An solche Modelle und Standards werden die folgenden Anforderungen gestellt: Kunde und Finanzdienstleister müssen sich gegenseitig authentisieren. Sensible Daten müssen durch eine geeignetes Verfahren verschlüsselt werden, damit Unberechtigte abgehörte oder fehlgeleitete Daten nicht mißbräuchlich verwenden können. Es wird ein elektronisches Äquivalent zur Unterschrift benötigt, damit Vereinbarungen rechtskräftig werden können. Diese digitalen Unterschriften müssen die Integrität der unterzeichneten Dokumente sicherstellen, damit Sender und Empfänger von der gleichen Grundlage ausgehen können.

Auf Basis dieser Anforderungen wurde das Standardprotokoll des WWW zum S-HTTP erweitert. Da dieses Verfahren noch nicht die erforderliche Sicherheit gewährleistet, werden von verschiedenen Unternehmen bzw. Unternehmungskooperationen eigene Standards entwickelt. Dazu gehören beispielsweise das Home Banking Communication Interface (HBCI), das von zahlreichen deutschen Banken angeboten beziehungsweise erarbeitet wird, Secure Electronic Transactions (SET) der Kreditkartenunternehmen Visa und Mastercard oder Secure Socket Layer (SSL) von Netscape.

Für die Abwicklung von solchen Finanztransaktionen werden derzeit unterschiedliche Verfahren eingesetzt und getestet. So setzt die Hamburger Sparda-Bank eG den von der ESD Information Technology Entwicklungs GmbH entwickelten MeChip ein. Bei dieser Hardware-Lösung werden die Daten von diesem Chip, der zwischen Tastatur und Computer angebracht wird, verschlüsselt. Jeder Chip, der zur Nutzeridentifikation dient, ist ein Einzelstück. Das System ist damit auch nicht multibankfähig [Ver96].

Häufiger zum Einsatz kommt das vom Btx-Banking her bekannte PIN-TAN-Verfahren. PIN, TANs sowie alle anderen Daten werden von Algorithmen, wie IDEA mit 128 Bit oder RSA mit 1024 Bit verschlüsselt. Zusätzlichen Schutz bietet ein sogenannter 'elektronischer Fingerabdruck', der vor und nach der Übertragung genommen und verglichen wird. Diese software-basierte Lösung kommt beispielsweise in dem Produkt X-Presso Security Package der Fa. Brokat Systeme, Böblingen zum Einsatz.

5 Zusammenfassung und Ausblick

Der Schwerpunkt des Angebots von Finanzdienstleistern im WWW liegt derzeit bei der Informationsbereitstellung mit der Möglichkeit zur Kommunikation per Electronic Mail. Einzelne Anbieter ermöglichen die Berechnung von Krediten usw.. Geschäftsabschlüsse sind aber noch eher selten möglich. Auf der anderen Seite wird gerade intensiv an der Bereitstellung von Lösungen zur Abwicklung von Routinefinanztransaktionen, wie Überweisungen, Einrichten, Ändern und Löschen von Daueraufträgen sowie Kauf - und Verkaufsorder von Wertpapieren gearbeitet. Daneben befinden sich Zahlungsverkehrssysteme in Entwicklung, die es ermöglichen, Verbindlichkeiten aus über das WWW gemachten Geschäften abzuwickeln.

Zur Ausnutzung von signifikanten Rationalisierungspotentialen sind aber nicht einzelne Insellösungen erforderlich, sondern ganzheitliche, integrierte, an den Geschäftsprozessen orientierte, unternehmensübergreifende Systeme.

Grundsätzlich stellt sich die Frage, ob es bereits jetzt für Unternehmen lohnend ist, signifikante Mittel im Rahmen eines WWW-Banking-Konzeptes zu investieren. Nicht immer resultiert ein entsprechend hoher First Mover Advantage [Sti95]. Andererseits erfordert ein schlagkräftiges WWW-Konzept ausgeprägtes Know-how. Aus diesem Grund ist ein Abwarten und gegebenenfalls schnelles Reagieren auf Innovationen der Konkurrenz schwierig. Unternehmen sollten folglich in jedem Falle auf Basis kleinerer Anwendungen Erfahrungspotentiale aufbauen.

6 Literatur

[Alp96]   Alpar, P. (1996): Die kommerzielle Nutzung des Internet. Berlin u. a.

[Amb95]   Ambros, H. (1995): Virtual Reality, Virtual Banking: Strukturen am Scheideweg, ein Langzeitszenarium. Wien.

[Aus96]   Ausfelder, R. (1996): Die Einführung von Telebanking als Vertriebswege-Entscheidung von Kreditinstituten. Dissertation. Universität Passau. Frankfurt (Main).

[Bir97]   Birkelbach, J. (1997): Cyber finance: Finanzgeschäfte im Internet. Wiesbaden.

[Pis97]   Pispers, R.; Riehl, S. (1997): Digital Marketing: Funktionsweisen, Einsatzmöglichkeiten und Erfolgsfaktoren multimedialer Systeme. Bonn u. a.

[Seg96]   Segerer, J. (1996): Interaktive Verkaufsförderung: Kiosksysteme für den POI/POS, Offline- und Internet-Anwendungen. Bonn u. a.

[Sei97]   Seitz, J.; Stickel, E. (1997): Cooperative Software Development Supporting Financial Product Representation and Distribution in the World-wide Web. Erscheint in: Proceedings of 6th International Conference on Information Systems Development (ISD'97), Boise, Idaho, USA, 12-14 August 1997.

[Sti95]   Stickel, E. (1995): Wettbewerbsorientierte Informationssysteme und Produktivitätsparadoxon. Wirtschaftsinformatik 37, Heft 6, 1995, S. 548-557.

[Ver96]   Vereinigung für Bankbetriebsorganisation (Hrsg.) (1996): INTERNET & Co.: Einsatz von Online-Diensten in der Kreditwirtschaft. Köln.

Virtual Banking – neue Entwicklungen in der Angebotsstruktur deutscher Kreditinstitute

Christof Weinhardt, Peter Gomber, Ralf Krause
Lehrstuhl BWL-Wirtschaftsinformatik[*]
Justus-Liebig-Universität Gießen

Zusammenfassung

Der zunehmende Einsatz neuer Medien als Vertriebsweg im Finanzdienstleistungssektor hat starke Auswirkungen auf den Prozeß der Leistungserstellung. Im Vordergrund stehen hierbei solche Veränderungen, die sich an der Schnittstelle Kunde-Bank ergeben. Anhand einer empirischen Untersuchung werden wesentliche Entwicklungen im deutschen Bankenmarkt und deren Einschätzung aus Sicht von 92 befragten deutschen Kreditinstituten vorgestellt. Denkbare neue Formen der Leistungserstellung im Finanzdienstleistungsbereich werden anhand von drei Kern-Szenarien entwickelt, um darauf aufbauend das Potential innovativer Softwarekonzepte zur Umsetzung dieser Szenarien aufzuzeigen.

Stichworte: Virtuelle Bank, Elektronische Marktplätze, Intelligente Agenten, Intermediäre, Kreditinstitute, Finanzdienstleistungen

1 Problemstellung

Das Privatkundengeschäft der Banken ist in jüngerer Vergangenheit einem grundlegenden Wandel unterworfen. Hat die Automatisierung bisher im wesentlichen das Firmenkundengeschäft und das Backoffice betroffen, ist heute der Vertrieb im Privatkundenbereich Ziel von Rationalisierungsmaßnahmen. Möglich wurde diese Entwicklung durch die zunehmende Verbreitung moderner Technologien wie PC und Modem in den privaten Haushalten sowie die verstärkte Nutzung globaler Kommunikationsnetze.

Schon heute bieten über 1.200 Kreditinstitute ihre Dienste über T-Online an, nahezu 400 (Stand 7/1997) sind im Internet vertreten. Die Entwicklung effizienter Sicherheitskonzepte sowie geeigneter Zahlungssysteme für das weltumspannende Internet hat dessen Bedeutung auch für die Abwicklung von Bankgeschäften erhöht.

Die virtuelle Bank, die ihre Produkte nicht mehr über ein mehr oder weniger ausgebautes Filialsystem, sondern über moderne Kommunikationsnetze vertreibt, steht als Synonym für die Restrukturierung bestehender Vertriebssysteme und Produktkonzepte. Um in diesem

---

[*] Lehrstuhlinhaber: Prof. Dr. Christof Weinhardt

neuen Markt, in dem das Filialsystem seine Schutzfunktion für etablierte Anbieter verliert, und die erhöhten Reaktionsgeschwindigkeiten auf elektronischen Märkten ein immer höheres Maß an Flexibilität erfordern, bestehen zu können, reicht es für die Kreditinstitute nicht aus, sich allein über einzelne Produktmerkmale oder über den Preis von ihren Wettbewerbern zu differenzieren. Es ist daher notwendig, – über Modifikationen der Vertriebswege und Konditionen hinaus – die gesamte Finanzdienstleistung wie Service, Präsentation, Präsenz etc. an die veränderten Umweltbedingungen anzupassen.

Ziel des vorliegenden Beitrages ist es, die den veränderten Anforderungen entsprechenden Formen der Leistungserstellung auf Basis des Einsatzes moderner Informations- und Kommunikationstechnologie aufzuzeigen. Hierfür werden zunächst die aktuellen Entwicklungstendenzen anhand einer empirischen Untersuchung dargestellt. Im Anschluß erfolgt die Vorstellung verschiedener innovativer Formen der Leistungserstellung im Finanzdienstleistungssektor anhand von drei möglichen Szenarien. Eine Darstellung über die Einsatzmöglichkeiten intelligenter Agenten im Rahmen dieser Szenarien und ein kurzes Fazit schließen die Arbeit ab.

2 Empirie

Die Studie *„Die virtuelle Bank"* des Lehrstuhls BWL-Wirschaftsinformatik der Justus-Liebig-Universität Gießen und der C&L Unternehmensberatung GmbH Frankfurt/M. zeigt anhand einer Befragung von nahezu 100 deutschen Kreditinstituten bereits erfolgte Veränderungen und zu erwartende Entwicklungstendenzen auf. Diese Untersuchung läßt grundlegende Verschiebungen in den Bereichen Kunden, Produktstruktur und Wettbewerb erkennen [Wei97].

Die Nutzer elektronischer Vertriebsmedien sind weitgehend junge, gut ausgebildete Kunden, die mit modernen Technologien vertraut sind. Diese Kunden sind vielfach nicht mehr bereit, restriktive Öffnungszeiten und lange Wege zur Filiale zu akzeptieren. Statt dessen nutzen sie die moderne Technologie gezielt für die Suche nach geeigneten Angeboten auf elektronischen Netzen. Ihre Loyalität zu einer Hausbank weicht dem Wunsch nach hochqualifizierten Speziallösungen für individuelle Bedürfnisse sowie kostengünstigen Angeboten für Standardleistungen. Die neuen Vertriebskanäle bieten ihnen hierzu vielfältige Möglichkeiten. Angebote können kurzfristig eingeholt und wahrgenommen werden. Benötigte Informationen stehen über das Netz abrufbar bereit. Der Anteil potentieller Nutzer virtueller Banken ist dabei nach Einschätzung der Institute mit durchschnittlich 20% deutlich höher als die aktuelle Nutzung des Homebanking, die im Mittel bei 6% liegt.

Die Produkte der virtuellen Bank beschränken sich heute noch auf einfache, wenig erklärungsbedürftige Finanzdienstleistungen. Eine Einschätzung über das zukünftige Leistungsspektrum der virtuellen Bank durch die befragten Institute gibt Abbildung 1 wieder.

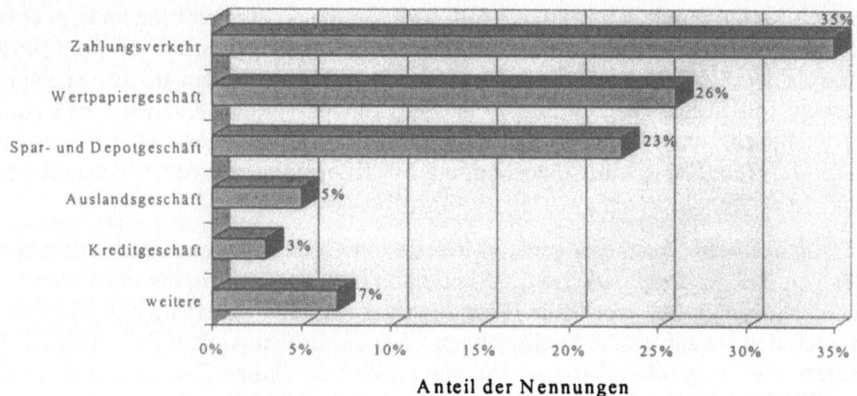

Abbildung 1: Produktprogramm der virtuellen Bank

Die Standardisierung des Produktprogramms sowie die Darbietung über eine weitgehend
einheitliche Benutzeroberfläche machen die verschiedenen Angebote leicht austauschbar.
Der Verlust des persönlichen Kundenkontaktes verstärkt diesen Effekt zusätzlich.

In einer solchen Situation rechnet das Gros der Banken mit einer Verschärfung des Preis-
und Konditionenwettbewerbs. Leicht imitierbare Standardprodukte und die schwindende
Bedeutung des Filialsystems geben neuen Anbietern die Möglichkeit, mit Hilfe niedriger
Preise und günstiger Konditionen in den angestammten Markt der Banken einzudringen.
Als besondere Bedrohung werden von den Banken weniger andere Kreditinstitute als vielmehr die Non- und Nearbanks angesehen. Einen Überblick über die wichtigsten Wettbewerber aus diesem Sektor gibt Abbildung 2.

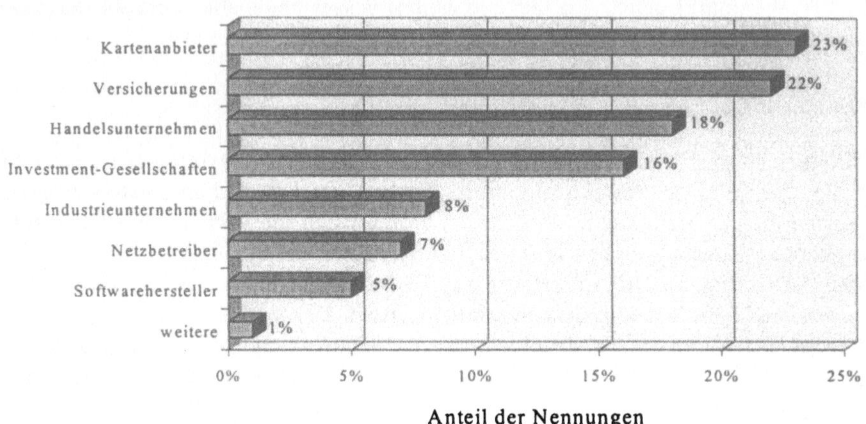

Abbildung 2: Wettbewerber aus den Non- und Nearbank-Bereich

Da die neuen Marktteilnehmer aus dem Non- und Nearbank-Bereich oftmals kein aufwendiges Filialnetz unterhalten, sind sie in der Lage, ihre Leistungen erheblich preisgünstiger anzubieten als die etablierten Wettbewerber [Ger95, S. 536 f.]. Indem sie ihre eigenen Online-Angebote mit Bankdienstleistungen bündeln, können sie den Kunden einen zusätzlichen Service bieten, ohne daß ihnen hierdurch erhebliche weitere Kosten entstehen. Als ein Beispiel sei die Bündelung von Homeshopping mit Konsumentenkrediten genannt [Bar95, S. 93 f.].

Große Nearbanks wie Versicherungen und Investment-Gesellschaften besitzen darüber hinaus den hohen Bekanntheitsgrad und die Reputation bei den Kunden, die ihnen den Markteintritt erleichtern. Für die wachsende Bedeutung der Anbieter außerhalb des Bankbereichs spricht ferner, daß sie zahlreiche Schlüsseltechnologien für den Aufbau der virtuellen Bank kontrollieren. So liegt die Vertriebsstruktur i.d.R. bei Online-Diensten und Internet-Providern. Zahlungssysteme zur Kommerzialisierung der Netze wurden meist von Kreditkartengesellschaften und Softwarehäusern entwickelt [Joh95, S. 94 ff.].

3 Entwicklungsszenarien

Die dargestellten Veränderungen durch den Einsatz neuer Medien lassen strukturelle Umwälzungen im Prozeß der Leistungserstellung durch den Aufbau virtueller Banken erwarten. Die transparenten elektronischen Märkte, auf denen der Wettbewerb der virtuellen Banken stattfindet, stellen neue Anforderungen an Reaktionsgeschwindigkeit, Flexibilität und Kundenorientierung [Sch93, S. 468 f.]. Hohe Gebühren und schlechter Service werden in einem Markt, auf dem alle Angebote problemlos vom heimischen PC aus zugänglich sind, nicht mehr akzeptiert. Als Ergebnis dieser veränderten Situation können auf dem elektronischen Bankenmarkt neue, den Gegebenheiten besser angepaßte Formen der Leistungskoordination entstehen [Ger95, S. 530 ff., Pic96, S. 30 ff.].

3.1 Szenario 1 – Kooperation von Spezialanbietern

Durch den direkten Zugriff der Kunden auf die Bankangebote über das Internet ist es nicht mehr notwendig, das gesamte Produktprogramm selbst zu erstellen und an einem Ort, ähnlich wie in einer Filiale, vorzuhalten. Statt dessen können sich die verschiedenen Institute bei ihrem Angebot auf Leistungen beschränken, bei deren Erstellung sie besondere Vorteile besitzen (siehe Abbildung 3). Die Einzelleistungen können dann durch eine Kooperation mehrerer Anbieter auf dem Netz zusammengeführt werden. Der Kunde der virtuellen Bank erhält somit hochwertige Leistungen verschiedener Spezialisten, hat aber den Eindruck, auf ein einheitliches Electronic-Banking Angebot zuzugreifen. Die modernen Kommunikationsmedien ermöglichen dabei flexible Formen der Kooperation, die in der Lage sind, sich dem schnellen Wandel innerhalb der elektronischen Märkte anzupassen [Mer94, S. 169].

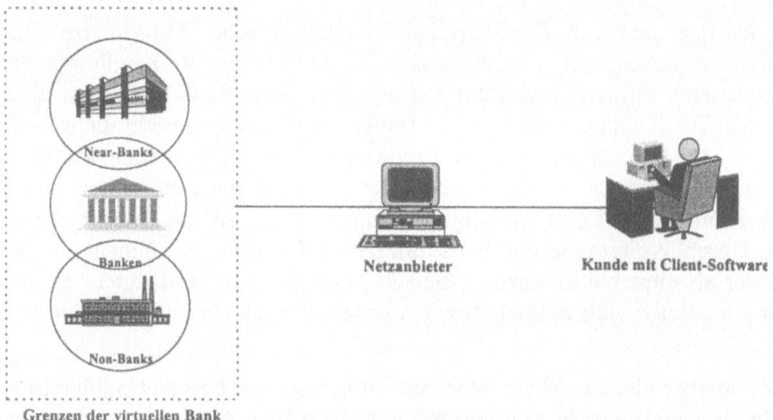

Abbildung 3: Die virtuelle Bank als Kooperation von Spezialanbietern

3.2 Szenario 2 – Kommunikationsdienstleister mit Intermediärsfunktion

In diesem Szenario übernimmt ein Intermediär die Leistungskoordination. Dieser, z. B. ein Online-Dienst oder Internet-Provider, besitzt die Kontrolle über die Schnittstelle zum Kunden (siehe Abbildung 4).

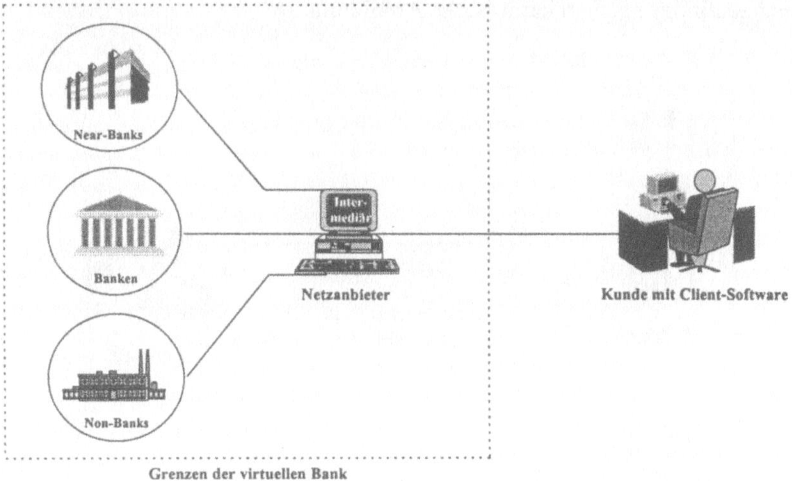

Abbildung 4: Die virtuelle Bank als Kommunikationsdienstleister mit Intermediärsfunktion

Solche Anbieter übernehmen eine Händlerfunktion zwischen Finanzdienstleister und deren Kunden. Sie bieten ausgewählte Bankdienstleistungen auf einem elektronischen Marktplatz an und übernehmen für den Kunden deren Koordination. Zusätzlich können zur Verbesserung der Kundenbindung Informationsdienste und Diskussionsforen eingerichtet werden [Arm96]. Diese Form der Koordination bringt die Finanzdienstleister in eine starke Abhängigkeit von den Intermediären. Die Betreiber der elektronischen Marktplätze - häufig auch als Electronic Mall bezeichnet - befinden sich in einer starken Verhandlungsposition. Die Banken konkurrieren mit anderen Anbietern um die besten Verkaufsflächen innerhalb der Electronic Mall. Die Kunden beziehen ihre Bankdienstleistungen nicht mehr von einer bestimmten Bank, sondern stellen sich ihr Produktportfolio im virtuellen Kaufhaus zusammen. Ähnlich wie heute große Einzelhandelsketten von ihren Lieferanten Umsatzbeteiligungen und Sonderkonditionen verlangen, können dies auch die Intermediäre von den Banken tun. Durch Weitergabe der Preisvorteile an die Kunden können sie ihr Angebot noch attraktiver als einzelne Finanzdienstleister gestalten. Kreditinstituten, die nicht in das Angebot der Electronic Mall aufgenommen werden, drohen Gewinneinbußen bzw. Verluste.

Als Betreiber solcher elektronischer Marktplätze kommen neben Netzanbietern, die durch die Kontrolle über das Vertriebsmedium besonders niedrige Markteintrittsbarrieren vorfinden, auch Handelshäuser mit Online-Angeboten oder sogar einzelne Banken selbst in Frage.

3.3 Szenario 3 – Die virtuelle Bank als Bündel von Finanzdienstleistungen

Mit der Weiterentwicklung der modernen Softwaretechnologie ergibt sich noch eine dritte Form der Leistungskoordination, bei der der Kunde unter Nutzung intelligenter Client-Softwaresysteme, die für seine Bedürfnisse geeigneten Produkte selbst einfach und schnell auf dem Netz ausfindig machen kann (siehe Abbildung 5).

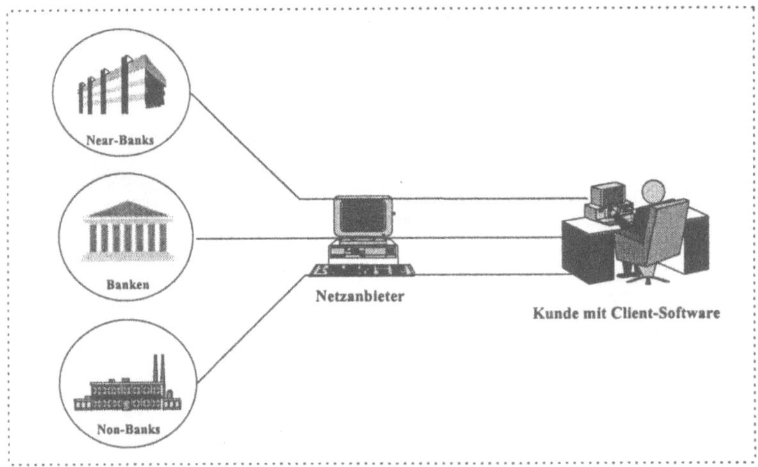

Abbildung 5: Die virtuelle Bank als Bündel von Finanzdienstleistungen

Zum Auffinden des gewünschten Angebots können kleine, autonom im Netz agierende Programme – sogenannte Agenten – eingesetzt werden. Sie durchsuchen selbständig das

Netz nach Bankdienstleistungen, die den vom Kunden zuvor eingegebenen Spezifikationen möglichst weitgehend entsprechen.

Das Konzept intelligenter Softwareagenten und dessen Nutzung für die individuelle Angebotssuche und -konfiguration im Finanzdienstleistungsbereich führt für den Kunden zu einer weitreichenden Markttransparenz bei geringen Transaktionskosten, was den Markt für Finanzdienstleistungen - ähnlich den computerisierten Börsen - nahe an das neoklassische Idealbild vollkommener Märkte führen kann. Aufgrund des hohen Innovationspotentials und der grundsätzlichen Veränderungen von Marktstrukturen und -prozessen, die eine konsequente Umsetzung des Agentenansatzes mit sich bringen kann, soll im folgenden dieses Konzept genauer beleuchtet und seine Einsatzmöglichkeiten in den aufgezeigten Szenarien dargestellt werden.

4 Intelligente Agenten

„Agent-Based Computing is likely to be the next significant breakthrough in software development" [Gar92]. Obwohl in der Literatur bei Definition und Einordnung des Agentenbegriffes noch keine Einigung erzielt werden konnte, herrscht weitgehende Übereinstimmung bezüglich des großen Potentials dieses Ansatzes für die Delegation wiederkehrender Aufgaben vom Menschen auf Software, für die Eindämmung der Informationsflut sowie für die Kontrolle komplexer Systeme. Intelligente Agenten können als Dienstleister angesehen werden, die eine gewünschte Tätigkeit im Auftrag (z. B. des Bankkunden) ausüben, das Resultat ihrer Aktion an ihren Auftraggeber zurückmelden und dazu selbständig agieren bzw. auf Änderungen ihrer Umgebung reagieren. Sie versuchen dabei, die Ziele ihres Auftraggebers in einer komplexen, dynamischen Umwelt zu erfüllen. Im Gegensatz zu konventioneller Software, die durch „direct manipulation" [Mae94] gesteuert wird, arbeiten diese Softwareeinheiten asynchron, d. h. ohne direkte Intervention des Nutzers. Dabei sollen Agenten die Eigenschaften *Autonomie* (Kontrolle über ihre Aktionen und internen Status), *Sozialverhalten* (Fähigkeit zur Interaktion mit dem Benutzer oder anderen Agenten), *Reaktionsfähigkeit* (Beobachtung der Umwelt und Reaktion auf deren Veränderungen) sowie *Initiative* (selbständiges zielgerichtetes Handeln) besitzen [Woo95]. Dadurch können Agenten im Gegensatz zu konventionellen Internet-Suchmaschinen, wie z. B. Yahoo oder Lycos, die unabhängig vom jeweiligen Benutzer immer die gleichen Informationen bei bestimmten Suchbegriffen liefern, dem Kunden individuelle (z. B. Produkt-)Informationen abhängig von seinen persönlichen (z. B. Anlage-)Zielen präsentieren.

Darüber hinaus wird in der Literatur [Coc97] aktuell die *Mobilität* als eine weitere Eigenschaft von Agenten diskutiert. Ein mobiler Agent kann den Aufenthaltsort im Netz, d. h. die jeweilige Laufzeitumgebung, wechseln. Dadurch können zum einen die Kommunikationskosten im Netz verringert werden, andererseits wird durch den Einsatz mehrerer mobiler Agenten eine Parallelisierung von Such- und Verhandlungsaufgaben ermöglicht, indem sich z. B. zu jedem Verhandlungspartner ein mobiler Agent bewegt. Einsatzpotentiale der Agententechnologie ergeben sich in jedem der in Abschnitt 3 beschrieben Entwicklungsszenarien und werden im folgenden kurz verdeutlicht:

Im ersten Szenario repräsentieren die Agenten die verschiedenen kooperierenden Spezialanbieter. Dabei ist denkbar, daß das Anlage- bzw. Finanzierungsproblem in einzelne Teilprobleme dekomponiert wird, und die Agenten der verschiedenen Spezialanbieter sich dann im Rahmen einer Ausschreibung bzw. Auktion für einzelne Teilprobleme bewerben. Nach der Allokation der einzelnen Teilprobleme auf die jeweils besten Spezialanbieter erfolgt dann die Synthese der Teillösungen zur Gesamtlösung und deren Präsentation auf dem Rechner des Kunden.

Übernimmt ein Intermediär die Mittlerfunktion zwischen den Finanzdienstleistern und dem Kunden (Szenario 2), können intelligente Agenten den Kunden durch eine individuelle und zielgerichtete Suche nach ihrem gewünschten Produktportfolio auf dem elektronischen Marktplatz des Netzanbieters unterstützen.

Ein idealtypischer Prozeß der Angebotserstellung im dritten Szenario startet mit der interaktiven Auftragserteilung des Kunden auf Grundlage seiner individuellen Anlage- bzw. Finanzierungsziele. Anschließend werden auf dem lokalen Rechner ein oder mehrere Agenten generiert, die als mobile Agenten im Internet die notwendigen Anbieteradressen und Marktinformationen für die Realisierung der Kundenziele beschaffen. Die Agenten treten selbständig mit verschiedenen Anbietern, z. B. mit Softwareagenten, die diese Anbieter repräsentieren, in Kontakt und holen entsprechende Angebote ein. Diese Angebote werden dem Kunden dann auf seinem Rechner präsentiert. Die Softwareagenten können bereits eine Vorauswahl treffen, indem sie entweder nur solche Angebote einholen, die ein aus Kundensicht gefordertes Mindestniveau erreichen, oder die nach Risk/Return-Verhältnis besten zehn Gebote in einem Ranking präsentieren. Hat der Kunde die gesammelten Angebote erhalten, unterstützt ihn die lokale Finanzsoftware bei der Analyse, Auswahl und Zusammenstellung seines Produktportfolios. Die Kontrahierung kann dann per Telefon, E-Mail, interaktiv durch Video-Conferencing-Systeme oder durch das intelligente Programm erfolgen. Idealerweise sollte der Kunde auch nach Vertragsabschluß von Agenten unterstützt werden, indem ihm kontinuierlich kontraktrelevante Marktinformationen mitgeteilt werden.

5 Fazit

Um ihre Position zu behaupten und nicht in verstärktem Maße Marktanteile an neue Wettbewerber zu verlieren, ist es für die etablierten Banken entscheidend, sich schon heute auf die zu erwartenden Veränderungen vorzubereiten. Dabei ist es wichtig, sich rechtzeitig für eine bestimmte Vorgehensweise beim Aufbau der virtuellen Bank zu entscheiden. Dies betrifft sowohl die betriebswirtschaftliche als auch die technische Ebene. Neue Technologien für das Internetbanking müssen frühzeitig evaluiert und genutzt werden. Dabei spielt das Konzept intelligenter Softwareagenten eine zukunftsweisende Rolle. Ein „halbherziges" Vorgehen bewirkt vielfach zusätzliche Kosten anstelle der erwarteten Ersparnisse. Ein zu später Markteintritt birgt die Gefahr, daß andere schnellere Wettbewerber das für die neuen Vertriebswege aufgeschlossene Kundensegment an sich binden. Den Nachzüglern bleibt dann nur noch die Möglichkeit eines kostenintensiven Verdrängungswettbewerbs.

6 Literatur

[Arm96]   Armstrong, A., Hagel, J. (1996): The Real Value of On-Line Communities. In: *Havard Business Review*, 74, 5-6/1996, S. 134-141.

[Bar95]   Bartmann, D. (1995): Home Banking - Künftige Relevanz aus Sicht der Kreditinstitute. In: Ploenzke (Hrsg.): *Electronic Banking im Vertrieb*, Gabler, Wiesbaden, 1995, S. 83-96.

[Coc97]   Cockayne, W.R., Zyda, M.: Mobile Agents, Manning Publications, 1997.

[Gar92]   The Guardian, March 12th, 1992, zitiert nach [Woo95] a.a.O.

[Ger95]   Gerard, P., Wild, R. (1995): Die Virtuelle Bank oder „Being Digital". In: *Wirtschaftsinformatik*, 37, 6/1996, S. 529-538.

[Joh95]   Johnson, B. A. et al. (1995): Banking on Multimedia. In: *The McKinsey Quarterly*, o.Jg., No. 2, 1995, S. 94-106.

[Mae94]   Maes, P.: Agents that Reduce Work and Information Overload. In: *Communications of the ACM*, Vol. 37, No. 7, 1994, S. 31-40.

[Mer94]   Mertens P. (1994): Virtuelle Unternehmen. In: *Wirtschaftsinformatik*, 36, 2/1994, S. 169-172.

[Pic96]   Picot, A., Böhme, M. (1996): Multispezialist im Bankgeschäft. In: *Die Bank*, o.Jg., 1/1996, S. 30-36.

[Sch93]   Schmid, B. (1993): Elektronische Märkte. In: *Wirtschaftsinformatik*, 35, 5/1993, S. 465-480.

[Wei97]   Weinhardt, Ch., Krause, R. (1997): Banken und neue Medien - Der Einsatz elektronischer Vertriebswege in der deutschen Kreditwirtschaft. In: Grün, O., Heinrich, L. J. (Hrsg.): *Wirtschaftsinformatik - Ergebnisse empirischer Forschung*, Springer, Berlin et al., 1997, S. 225-238.

[Woo95]   Wooldrige, M., Jennnings, N.R.(1995): Agent Theories, Architectures, and Languages: a Survey. In: Wooldrige, M., Jennnings, N.R. (Eds.): *Intelligent Agents*, Springer, Berlin, 1997, S. 1-22.

Ein computergestütztes mikrogeographisches Analysesystem zur Steuerung von Marketingprozessen in Versicherungsunternehmen

Iris Munzer
Lehrstuhl für Wirtschaftsinformatik II[*]
Universität Erlangen-Nürnberg

Zusammenfassung

Aufgrund veränderter Umfeldbedingungen stellt in Versicherungsunternehmen das Erringen von Wettbewerbsvorteilen durch bessere Ausschöpfung von Kundenpotentialen ein vieldiskutiertes Thema dar. Allerdings verfügen viele Unternehmen weder über spartenübergreifend erfaßte Kundenmerkmale noch über feinräumige Informationen zur regionalen Marktstruktur. Hier bietet sich der Aufbau eines mikrogeographischen Analyse- und Marktinformationssystems an. Bisherige Veröffentlichungen beschäftigen sich schwerpunktmäßig mit problemunabhängig gebildeten Standardtypologien. Dieser Beitrag berichtet über Ergebnisse eines Projektes, in dem Komponenten eines problemspezifischen Instrumentariums zur Steuerung von Marketingprozessen in Kooperation mit einem Versicherungsunternehmen prototypisch entwickelt wurden.

Stichworte: Mikrogeographische Marktsegmentierung, Modell- und Methodenbanksystem, statistische Datenanalyse, Database Marketing, Versicherungswirtschaft

1 Problemstellung

Wie in vielen anderen Wirtschaftsbereichen haben in den vergangenen Jahren auch in der Versicherungswirtschaft Konzepte wie Total Customer Orientation und Individualmarketing an Bedeutung gewonnen. Die Bestimmungsgründe für eine zunehmende Kundenorientierung dieser Branche liegen einerseits in einem verschärften Konkurrenzkampf, da infolge der Deregulierung des europäischen Marktes ausländische Anbieter verstärkt um deutsche Kunden werben. Andererseits erfolgte mit der Liberalisierung des Marktes ein sukzessiver Abbau der Bedingungs- und Tarifgenehmigungspflichten und somit die Schaffung von erweiterten Möglichkeiten der differenzierten Marktbearbeitung.

Für eine kundenindividuelle Ansprache der Zielgruppe bedient man sich des Database Marketing, das die in Kundendatenbanken gespeicherten Informationen bewertet, segmentiert und fragmentiert. Da aber in zentralen Marketingdatenbanken aufgrund des in Versicherungsunternehmen vorherrschenden Prinzips der Spartentrennung, datenschutz-

---

[*] Lehrstuhlinhaber: Prof. Dr. F. Bodendorf

rechtlicher Restriktionen sowie inkonsistenter Datenerfassung oftmals kundenrelevante Merkmale nicht in ausreichendem Umfang vorliegen, muß zur Erstellung detaillierter Kundenprofile und -segmente häufig auch auf externe Datenquellen zurückgegriffen werden. Dabei können computergestützte mikrogeographische Systeme Anwendung finden. Diese Systeme ermöglichen es, bereits vorhandene Kundendaten mit weiteren kaufverhaltensrelevanten Informationen anzureichern, um dadurch eine effektivere differenzierte Marktbearbeitung zu erreichen.

2 Mikrogeographische Marktsegmentierung

2.1 Grundlagen der mikrogeographischen Marktsegmentierung

Die Marktsegmentierung, welche die Aufteilung eines heterogenen Gesamtmarktes in homogene Teilsegmente anhand geeigneter Segmentierungskriterien zum Ziel hat, gehört schon seit etwa 30 Jahren zu einem wichtigen Forschungsgebiet im Marketing [Fre83, S. 13]. Allerdings mangelt es den traditionellen Ansätzen an Möglichkeiten zur Lokalisierung der Kunden im Markt. An diesem Schwachpunkt setzt die computergestützte mikrogeographische Marktsegmentierung an, deren Entwicklung durch Fortschritte im EDV-Bereich und Steigerung der Leistungsfähigkeit statistischer Softwarepakete ermöglicht wurde. Dieses Verfahren stützt sich auf eine Beschreibung und gegebenenfalls Klassifikation von feinräumigen regionalen Bezugseinheiten [Mar93, S. 164]. Dem Vorgehen liegt folgende Annahme zugrunde: Personen mit ähnlichem Lebens- und Konsumstil siedeln sich in einer räumlichen Nachbarschaft an (Neighbourhood-Effekt bzw. Phänomen der Segregation). Durch Abgrenzung hinreichend kleiner Wohngebiete können daher homogene Personengruppen mit ähnlichen Nachfrage- und Präferenzstrukturen identifiziert werden, die einer regional differenzierten Martkbearbeitung zugänglich sind [Mar92, S. 44 ff.].

Die mikrogeographische Marktsegmentierung bietet als Verfahren zur Charakterisierung und Aufteilung des Versicherungsmarktes entscheidende Vorteile. Zum einen ist sie dem traditionellen Database Marketing überlegen, da sie auch Aussagen über Nichtkunden generieren kann. Gegenüber den personenbezogenen Marktsegmentierungsansätzen hat sie den Vorzug, daß der geographische Bezug eine Erreichbarkeit der anvisierten Konsumentengruppen sicherstellt [Mey92, S. 342].

2.2 Aufbau computergestützter mikrogeographischer Systeme

Alle am Markt verfügbaren, computergestützten mikrogeographischen Systeme zeichnen sich durch eine einheitliche Struktur aus. Grundlage bildet der Aufbau eines flächendeckenden kleinräumigen Gliederungssystems, welches den regionalen Gesamtmarkt in feinräumige Parzellen (z. B. Straßenabschnitte) unterteilt. Diese geographischen Analyseeinheiten werden mit Informationen zum räumlichen Bezug (z. B. PLZ, Straße, Hausnummernbereiche) in einer Parzellendatenbank gespeichert. Die die Bevölkerung charakterisierenden Struktur- sowie Wohnumfeldmerkmale werden in kompatibler Feingliederung zum geographischen Raster in verschiedenen Informationsdatenbanken verwaltet. Durch Verknüpfung beider Komponenten und Aggregation der Informationen auf Parzellenebene entsteht eine Regionaldatenbank, die auch als mikrogeographisch *strukturierte Datenbank* bezeichnet wird. Unter Rückgriff auf multivariate Analysemethoden eines Methodenbanksystems erfolgt bei den meisten Systemen in einem Folgeschritt eine Informationsverdichtung durch Identifikation ähnlicher Parzellen sowie deren Klassifikation zu Geotypen. Das Ergebnis stellt eine *typisierende Datenbank* dar.

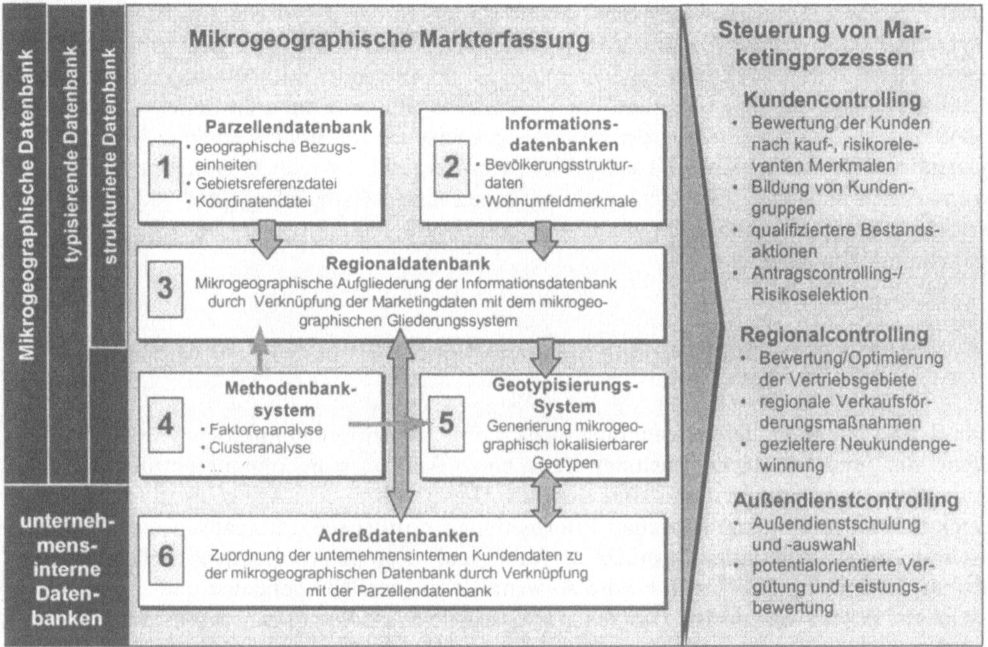

Abbildung 1: Mikrogeographische Markterfassung und -bearbeitung in Versicherungsunternehmen, in Anlehnung an [Mey92, S. 346]

Auf dieser Basis besteht nun die Möglichkeit, adreßbezogene Datenbanken (z. B. Kundendaten, Fremdadreßlisten, Marktforschungsuntersuchungen) mit den mikrogeographischen Struktur- oder typisierenden Informationen über die Adreßbestandteile zu verknüpfen und für eine regional differenzierte Marktbearbeitung zu nutzen.

Obige Ausführungen beschreiben den idealtypischen Aufbau eines mikrogeographischen Analysesystems, wie er vor allem bei den Anbieterunternehmen vorzufinden ist, in dieser Form allerdings nicht von interessierten Unternehmen erworben werden kann. In aller Regel nehmen die Systemanbieter lediglich eine Anreicherung von Kundendaten mit mikrogeographischen Segmentidentifikationen des Geotypisierungs-Systems vor. Es wird dabei unterstellt, daß die Geotypen, die lediglich auf Basisdaten der Zellen beruhen und als problemunabhängige Typologie bezeichnet werden, für ein breites Spektrum an Wirtschafts- und Anwendungsbereichen eine Erklärungskraft besitzen. Begründet wird dies damit, daß sich die Informationsinhalte mikrogeographischer Zellen und daraus gebildeter Geotypen aufgrund des Segregationsphänomens vor allem hinsichtlich der sozialen Schichtzugehörigkeit und der Stellung im Familienzyklus ähneln, welche ihrerseits global gültige Segmentierungskriterien darstellen.

Die Verdichtung der Informationsvielfalt zu einer einzigen Standardtypologie wird aber der Differenziertheit der mikrogeographischen Datenbasis nicht gerecht. Gegen eine Standardtypologie spricht auch, daß eine lediglich aus Zellbasisdaten gebildete Segmentierung ohne Berücksichtigung unternehmensbezogener Informationen nicht für alle Anwendungsbereiche gleich gut geeignet sein kann [Han91, S. 6]. In der Regel hängt die Eignung einer Typologie stark von der Erklärungsrelevanz der verwendeten Segmentierungsmerkmale für das geplante Einsatzspektrum ab. Daher wird es für Anwender mit vielfältigen Einsatzmöglichkeiten - wie sie sich vor allem bei Versicherungsunternehmen darstellen - unerläßlich bleiben, den Erklärungsbeitrag der mikrogeographischen Informationen einer strukturierten Datenbank für das geplante Einsatzgebiet zu prüfen und die relevanten kleinräumigen Informationen abhängig vom Untersuchungsgegenstand auszuwählen. Dies bedarf der Entwicklung geeigneter Analysekomponenten beim Aufbau eines problemspezifischen mikrogeographischen Systems.

3 Problemspezifische mikrogeographische Analysekomponenten

Ein Schwerpunkt bei der Entwicklung eines problemspezifischen mikrogeographischen Systems für Versicherungsunternehmen ist es, einen Baukasten an computergestützten Analysemodulen zu konzipieren und zu realisieren. Dieser soll in der Lage sein, aus dem breiten Spektrum an mikrogeographischen Informationen weitgehend automatisch die für die jeweilige Aufgabenstellung relevanten zu filtern und diese zu problemspezifischen Segmenten zu verdichten. Dabei müssen die Anwendbarkeit der Komponenten und die damit erzielbaren Ergebnisse an der Marktsituation und den Anforderungen der Praxis gemessen werden.

Das hier beschriebene problemspezifische mikrogeographische System umfaßt zwei Basismodule. Das erste befaßt sich mit der Aufdeckung und Beschreibung von Abhängigkeiten zwischen mikrogeographischen Merkmalen und unternehmensbezogenen Zielgrößen. Das zweite dient der Klassifikation von Zellen zu einer problemspezifischen Typologie sowie einer Beschreibung der Geotypen. Nach Erläuterung der Datengrundlage werden diese wichtigen Komponenten, welche die Grundlage für weitere spezifischere Modelle darstellen, kurz vorgestellt.

3.1 Datengrundlage

Die Grundlage des problemspezifischen Systems stellen Parzelleninformationen einer mikrogeographisch strukturierten Datenbank dar. Im kooperierenden Unternehmen findet die mikrogeographische Datenbank *Point Plus* Verwendung, deren Zellsystem auf der kleinsten datenschutzrechtlich zulässigen regionalen Einheit mit durchschnittlich sieben Haushalten basiert. Jede Zelle ist anhand von über 60 Merkmalen aus den Bereichen Familienstand, Altersstruktur, Bildung, Einkommen, Kauf- und Wahlverhalten sowie Gewerbe- und Infrastruktur charakterisiert. Ergänzt werden diese Informationen auf höherer Aggregationsebene um Daten zum Straßen- und Gemeindetyp. Beim Großteil der Daten handelt es sich um Bevölkerungsstrukturdaten, welche als Absolutzahlen vorliegen, während die Merkmale zum Wohnumfeld ordinales und nominales Skalenniveau aufweisen. Die Analysekomponenten müssen daher Daten mit unterschiedlichem Skalenniveau verarbeiten.

Für die Modellentwicklung werden neben mikrogeographischen Merkmalen Informationen zur konkreten Produktnutzung als Qualifizierungsgröße benötigt. Entsprechende kundenbezogene Reaktionsdaten müssen mit den mikrogeographischen Basisdaten verknüpft werden, wofür eine Fragmentanalyse oder ein strukturorientiertes Verfahren angewendet werden kann [Mar92, S. 157 f.]. Diese kombinierten Datensätze können in einem Data Warehouse verwaltet werden, auf das die Analysekomponenten zugreifen.

In Versicherungsunternehmen ist zu beachten, daß mikrogeographische Determinanten nicht nur das Nachfrageverhalten, sondern ebenfalls risikorelevante Faktoren, die mittels Stornoquoten, Schadenshäufigkeiten oder Leistungshöhen operationalisiert werden können, beeinflussen. Als Indikatoren für das Nachfrageverhalten können Cross-Selling-Quoten, Prämieneinnahmen, Versicherungssummen sowie regionale Penetrationsquoten herangezogen werden. Daneben besteht die Option, Kundenreaktionsdaten beider Kategorien zu Kundenmodellen z. B. entsprechend des Customer Lifetime Values zu verknüpfen [Lin93, S. 54 ff.]. Für die Systementwicklung ergibt sich daraus die Notwendigkeit, abhängig vom Einsatzzweck verschiedene Zielgrößen flexibel zu berücksichtigen. Beispielsweise sind für das Antragscontrolling Wohnumfeldmerkmale relevant, welche mit risikorelevanten Faktoren in Verbindung stehen. Für eine gezielte Bestandskundenbearbeitung wären dagegen Kunden mit nur einem Vertrag auszuwählen, die ein vergleichbares mikrogeographisches Profil wie Kunden mit hoher Vertragsfrequenz aufweisen.

3.2 Basiskomponenten eines problemspezifischen mikrogeographischen Systems

3.2.1 Komponente zur Erklärung des Produktverwendungs- und Risikoverhaltens

Ziel der Analyse ist es, den Zusammenhang zwischen kundenbezogenem Kauf- oder Risikoverhalten und mikrogeographischen Daten aufzudecken. Das Modul ermittelt dafür die Korrelation zwischen den Zellmerkmalen und unternehmensinternen Zielgrößen, um anschließend die stark mit den Zielgrößen korrelierenden Merkmale in Form von Kundenprofilen zu visualisieren. Dabei wird eine vollständige Erfassung der mikrogeographischen Merkmale angestrebt. Auf Seiten der Unternehmensdaten wird pro Analyselauf jeweils nur eine Kenngröße einbezogen. Den methodischen Kern der Komponente bilden bivariate Analyseverfahren. Aufgrund der unterschiedlichen Skalenniveaus der jeweiligen Variablen finden der Phi-Koeffizient, der Punktbiseriale Koeffizient, der Rangkorrelationskoeffizient nach Spearman sowie der Produkt-Moment-Korrelationskoeffizient nach Bravais-Pearson Verwendung [Bor93, S. 187 ff.].

Die Komponente soll beispielhaft an den zu durchlaufenden Schritten einer Analyse beschrieben werden. Zu Beginn wird über Benutzereingaben der Analysegegenstand spezifiziert. Dabei wählt der Benutzer die ihn interessierende Zielvariable aus. Optional kann er die Analyse durch Auswahl eines Versicherungsproduktes, eines Analysezeitraumes oder durch Selektion mikrogeographischer Merkmale weiter beschränken. Die Aufgabe könnte beispielsweise folgendermaßen spezifiziert werden: Eine Analyse des Zusammenhangs zwischen allen Bevölkerungsstruktur- sowie Wohnumfeldmerkmalen (Mikrozellmerkmale) und den Jahresbeiträgen (Zielvariable) bei allen Kunden, die seit 1996 (Analysezeitraum) eine Krankenversicherung (Versicherungsprodukt) abgeschlossen haben. Anschließend bereitet das System eine Analysedatei auf. Aus dem Gesamtdatenbestand werden die mit mikrogeographischen Daten angereicherten Kundendatensätze ausgewählt, welche die Selektionsbedingung erfüllen. Ergeben sich technische Restriktionen bezüglich des Datenvolumens, wird der Analyseausschnitt mittels Stichprobenziehung limitiert. Daneben werden die als Absolutzahlen vorliegenden Merkmale anhand der Zellgröße relativiert. Bei einigen Analysen erfolgen zusätzlich Datentransformationen. Soll beispielsweise die Korrelation zwischen dem metrischen Merkmal Jahresbeitrag und einem ordinalen Mikrozellmerkmal ermittelt werden, existiert hierfür kein geeignetes Zusammenhangsmaß. Die metrische Variable wird deshalb in Intervalle transformiert und das Ergebnis gespeichert, um anschließend den Rangkorrelationskoeffizienten nach Spearman zu berechnen. Für die Ermittlung von Koeffizienten, welche nominale Mikrozellmerkmale berücksichtigen, ergibt sich daneben die Notwendigkeit, weitere Datentransformationen durch Dichotomisierung der nominalen Variablen vorzunehmen. Während der Analysephase werden geeignete Korrelationskoeffizienten automatisch aufgrund des Skalenniveaus der selektierten Zellmerkmale und der Zielgröße ausgewählt, berechnet und sich ergebende Maßzahlen für die Stärke der Beziehung an einen Filtermechanismus übergeben. Dieser extrahiert zuerst die nicht-signifikanten Ergebnisse – dies ist über Eingabe eines Signifikanzniveaus vom Benutzer steuerbar – und sortiert die verbleibenden Maße absteigend nach dem Betrag der Stärke des Zusammenhangs. Die Auswahl der anschließend graphisch zu präsentierenden Maßzahlen kann auf zwei Wegen erfolgen: Entweder der Benutzer spezifiziert einen minimalen Wert für die Stärke des Zusammenhangs und/oder eine maximale Anzahl von zu visualisierenden Werten. Die Ergebnisse werden dann von einer Präsentationskomponente sortiert nach Bevölkerungsstruktur- und Wohnumfeldkriterien in Form von Liniengraphiken hinsichtlich ihres Zusammenhangs beispielsweise mit dem Jahresbeitrag, wie in der folgenden Abbildung dargestellt, veranschaulicht.

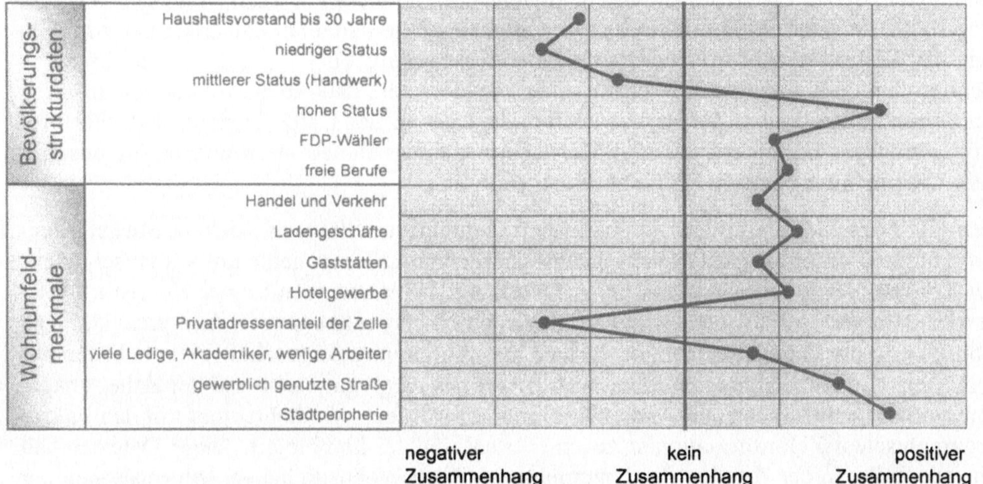

Abbildung 2: Beispiel eines Kundenprofils (anhand signifikanter Zusammenhänge)

Diese Ergebnisse können direkt für die Planung von regional differenzierten Marktbearbeitungsmaßnahmen verwendet werden. Erkennt die Analysekomponente etwa wie im Beispiel bei den Merkmalen „hoher Status", „gewerblich genutzte Straße" sowie „Lage des Ortes an der Stadtperipherie" einen stark positiven Zusammenhang mit den bisher erzielten Jahresbeiträgen, so kann dies eine Suchabfrage über den gesamten Zelldatenbestand auslösen. Dabei wird die Datenbasis nach Mikrozellen durchforstet, bei denen diese Merkmale überdurchschnittlich ausgeprägt sind, das Unternehmen bisher aber nur geringe Beitragseinnahmen im betrachteten Produktbereich erzielen konnte. Das Abfrageergebnis kann anschließend mit Hilfe eines Geographischen Informationssystems kartographisch aufbereitet und für eine Maßnahme zur Neukundengewinnung oder gezielten Bestandsbearbeitung genutzt werden. Daneben können die Ergebnisse auch elektronisch weiterverarbeitet werden, indem die gefilterten Merkmale in ein multifaktorielles Erklärungsmodell einfließen.

3.2.2 Komponente zur Entwicklung einer problemspezifischen mikrogeographischen Typologie

Bei der problemunabhängigen Segmentierung werden lediglich Basisdaten der Zelle zur Typisierung herangezogen. Die Kritikpunkte, die an einem solchen Vorgehen zu äußern sind, wurden bereits erörtert. Aus diesem Grund wird eine Komponente vorgestellt, die eine problemspezifische Segmentierung erreicht. Dabei werden neben Zellbasisdaten auch unternehmensinterne Informationen in die Analyse einbezogen und so die Wahrscheinlichkeit erhöht, problemspezifische Geotypen zu identifizieren.

Dem Modul liegt folgendes Vorgehen zugrunde: In einem ersten Schritt werden zunächst Zellen klassifiziert, in denen das Unternehmen bereits Kunden gewonnen hat. Ausgehend von einer Beschreibung dieser Geotypen ordnet man in einem zweiten Schritt bisher noch nicht klassifizierte Zellen denjenigen Segmenten zu, die diesen in Bezug auf die mikrogeographische Struktur am ähnlichsten sind. Grundannahme dabei ist, daß aus einer Ähnlichkeit der Zellmerkmale auf potentielle Übereinstimmung bei den unternehmensinternen Kenngrößen geschlossen werden kann. Das würde heißen, daß die Bewohner der im zweiten Schritt zugeordneten Zellen, die noch nicht Kunden des Unternehmens sind, ihre Produkte entweder bei einem anderen Versicherungsunternehmen erworben haben oder sie vom Unternehmen bisher noch nicht erreicht wurden.

Den Kern des Moduls bilden Datenmustererkennungsverfahren, die sich in Mustererkennung und -beschreibung unterteilen. Die Musterkennungskomponente umfaßt verschiedene multivariate Verfahren, während die Beschreibungskomponente auf einer Heuristik bestehend aus mathematisch-statistischen Kennzahlen basiert (zum groben Analyseablauf vgl. Abbildung 3 auf der folgenden Seite). Der Mustererkennung vorgeschaltet ist die Datenaufbereitung. Die Kundeninformationen werden auf das Aggregationsniveau der Zelle – nachdem vorher benutzergesteuert Ausreißer eliminiert werden – verdichtet und mit den mikrogeographischen Zellinformationen zu einer Analysedatei kombiniert. Diese Datei enthält für jede Zelle, in der Kunden des Unternehmens ihren Wohnsitz haben, Informationen zur Zellstruktur sowie zu internen Kenngrößen (z. B. Anzahl der Kunden, Verträge, Leistungshöhen). Im ersten Schritt der Segmentierung werden die metrischen Mikrozellmerkmale anhand der Zellgröße relativiert. Anschließend werden die vom Benutzer auszuwählenden unternehmensinternen und metrischen mikrogeographischen Informationen, die im Segmentierungsprozeß als aktive Variablen fungieren, mittels Hauptkomponentenanalyse reduziert und die sich ergebenden Faktorwerte den Zelldatensätzen zugespielt. Im Anschluß daran erfolgt die Berechnung einer Ähnlichkeitsmatrix, die die Basis für einen hierarchisch agglomerativen Klassifikationsalgorithmus darstellt.

In einem zweiten Schritt werden die metrischen Mikrozellmerkmale aller Zellen (d. h. derjenigen mit und ohne Kunden) einer weiteren Hauptkomponentenanalyse unterzogen. Anhand der sich daraus ergebenden Faktorwerte der Zellen, die im ersten Schritt gruppiert wurden, werden die noch nicht klassifizierten Zellen mittels einer multiplen Diskriminanzanalyse (nach dem Wahrscheinlichkeitskonzept) den bereits bestehenden Gruppen zugeordnet. Im Ergebnis enthält jeder Zelldatensatz eine Gruppierungsvariable, die aufgrund der adreßbezogenen Zellidentifikation auch auf die Kundendatensätze übertragen werden kann.

Bei der Gruppenbeschreibung erfolgt eine Überprüfung der Güte der Klassifikation sowie eine detaillierte Charakterisierung der Geotypen. Für die Prüfung der Homogenität der Segmente finden Gütekriterien der Clusteranalyse, eine einfaktorielle multivariate Varianzanalyse und eine Diskriminanzanalyse Verwendung. Der weitere Beschreibungsprozeß bereitet statistische Maßzahlen der Merkmalsausprägungen in den Segmenten auf. So werden für die aktiven Segmentierungsvariablen Mittelwertindizes ermittelt und als Balkendiagramme visualisiert.

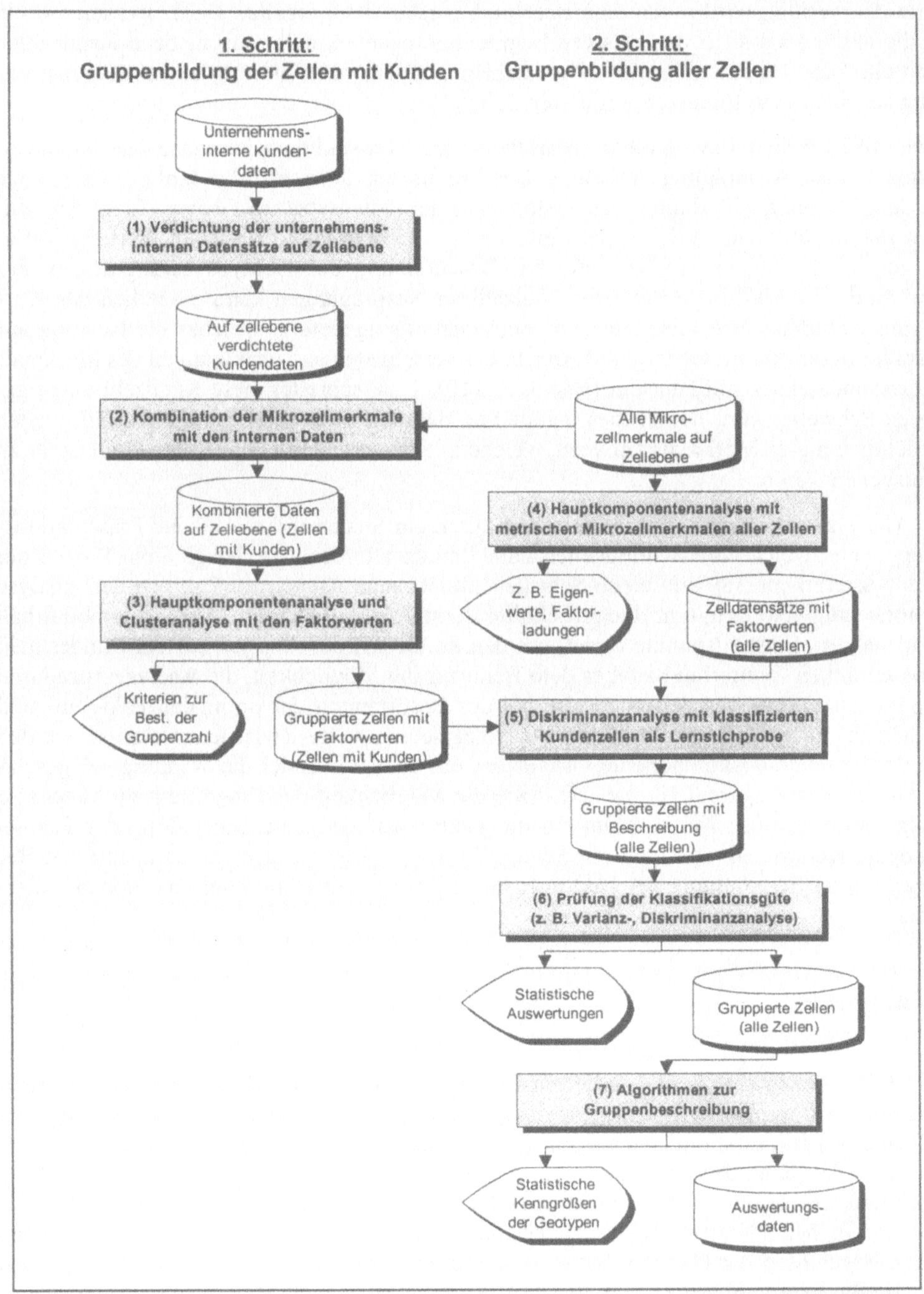

Abbildung 3: Grober Analyseablauf (ohne Berücksichtigung von Benutzerinteraktionen)

Diese Auswertung wird durch eine Beschreibungsheuristik ergänzt. Dabei werden sowohl für die aktiven als auch die passiven Segmentierungsmerkmale verschiedene Kennzahlen ermittelt. Das System gibt diese Kennzahlen zur Charakterisierung eines Geotyps aus, wenn sie einen vom Benutzer definierten Schwellenwert über- bzw. unterschreiten.

Kenngröße für die passiven nicht-metrischen Variablen sind beispielsweise das Modusverhältnis und das Ausprägungsverhältnis. Das Modusverhältnis setzt die Zahl der Datensätze mit dem Modus ins Verhältnis zur Gesamtzahl der Datensätze im Geotyp. Liegt das Modusverhältnis über einem Schwellenwert, wird der Geotyp vom häufigsten Wert der Variable dominiert und der Modus somit zur Beschreibung des Geotyps herangezogen. Für nicht-metrische Merkmale mit einer Vielzahl an Ausprägungen kann zusätzlich das Ausprägungsverhältnis Hinweise zur Geotypenbeschreibung liefern, welches die Relation aus Ausprägungsanzahl im Geotyp und Anzahl der verschiedenen Ausprägungen des Merkmals im Gesamtdatenbestand beurteilt [Bis96, S. 110]. Unterschreitet diese Kennzahl einen gesetzten Schwellenwert, deutet dies darauf hin, daß der Geotyp bestimmte Auffälligkeiten hinsichtlich dieses Merkmals aufweist, welche in einem weiteren Schritt inhaltlich näher zu untersuchen wären.

Die Analysekomponente wird komplettiert durch ein Steuermodul und eine Präsentationskomponente, welche die Schnittstellen zum Benutzer bilden. Da der gesamte Prozeß der Datenmustererkennung zahlreiche Schritte umfaßt, kann es sich im Rahmen der Analyse als notwendig erweisen, einzelne Abschnitte iterativ zu durchlaufen. Das Steuermodul hält dafür mehrere Einstiegspunkte bereit, um den Zeitbedarf der Analyse auf ein Mindestmaß zu beschränken. Weiterhin bietet es dem Benutzer die Möglichkeit, die Analyseprozeduren zu parametrisieren, was beispielsweise bei der Bestimmung der optimalen Faktoren- und Clusterzahl notwendig ist. Während der Analyse ermittelte Zwischenergebnisse werden von der Präsentationskomponente visualisiert, um dem Anwender die Wirkung der gesetzten Parameter transparent zu machen sowie die Möglichkeit des Eingreifens zu bieten. So erfolgt beispielsweise im Anschluß an die Faktorenanalyse eine Darstellung der Faktorladungen, Kommunalitäten und ein Scree-Plot der Eigenwerte der Faktoren, um den Benutzer bei der Bestimmung der Faktorenzahl und der Interpretation der Faktoren zu unterstützen.

4 Ausblick

Die beschriebenen Komponenten liefern wichtige Hinweise für die Planung und Steuerung regionaler, differenzierter Marktbearbeitungsmaßnahmen. So können sie die Basis für den Aufbau eines Informationssystems zur feinräumigen Analyse der Vertriebsgebietsstruktur darstellen. Im Sinne des Decision-Support unterstützt das System das Vertriebscontrolling dabei, risikoreiche und chancenträchtige Gebiete zu lokalisieren sowie Stärken und Schwächen in der Marktbearbeitung aufzudecken. Weiterhin tragen die mikrogeographischen Analyseergebnisse zur Planung distributions- und kommunikationspolitischer Maßnahmen bei. Die Basiskomponenten bieten den Vorteil, daß dazu produktspezifische Geotypen entwickelt werden können. Aufgrund der transparenten Ergebnispräsentation besteht auch die

Möglichkeit, den Außendienst in die Planungsphase zu involvieren. Aber auch bei der Produktentwicklung liegen vielfältige Einsatzpotentiale, wie etwa bei der Erfolgsabschätzung von Produktinnovationen, der Bestimmung von Annahmerichtlinien sowie der Tarifierung.

5 Literatur

[Bis96]   Bissantz, N., Data Mining im Controlling, Teil A: CLUSMIN - Ein Beitrag zur Analyse von Daten des Ergebniscontrollings mit Datenmustererkennung (Data Mining), In: Dai Cin, M. u. a. (Hrsg.), Arbeitsberichte des Instituts für mathematische Maschinen und Datenverarbeitung (Informatik), Erlangen 1996.

[Bor93]   Bortz, J., Statistik für Sozialwissenschaftler, 4. Auflage, Berlin 1993.

[Fre83]   Freter, H., Marktsegmentierung, Stuttgart 1983.

[Han91]   Hanssmann, F., Ruhland, J., Geographische Marktsegmentierung für das Database-Marketing, Zeitschrift für Planung (1991) 1, S. 3 - 16.

[Lin93]   Link, J., Hildebrand, V., Database-Marketing und Computer aided selling: strategische Wettbewerbsvorteile durch neue informationstechnologische Systemkonzeptionen, München 1993.

[Mar92]   Martin, M., Mikrogeographische Marktsegmentierung, Wiesbaden 1992.

[Mar93]   Martin, M., Mikrogeographische Marktsegmentierung, Marketing ZFP 13 (1993) 3, S. 164 - 180.

[Mey92]   Meyer, A., Computergestützte Marktsegmentierung - Das Beispiel der mikrogeographischen Marktsegmentierung, in: Flegel, H. (Hrsg.), Handbuch des Electronic Marketing, München 1992, S. 340 - 356.

AUTOMOBIL

Neuronale Netze im Rahmen der Automobilmarktsegmentierung

Hans-Hermann Jung, Klaus-Peter Wiedmann
Lehrstuhl für Allgemeine Betriebswirtschaftslehre und Marketing II*
Universität Hannover

Zusammenfassung

In diesem Beitrag wird die Leistungsfähigkeit neuronaler Netze an einem Beispiel der Segmentierung des deutschen Pkw-Marktes bzw. speziell an einem Fall der A-priori-Klassifikation des Neuwagenkäuferverhaltens demonstriert. Im Zentrum steht ein Methodenvergleich zwischen einer konventionellen und einer neuronalen Diskriminanzanalyse i.S. des Wahrscheinlichkeitskonzepts (Bayesian Approach). Dieser Methodenvergleich erfolgt vor dem Hintergrund einer knappen Skizze der aktuellen Herausforderungen der Automobilindustrie, welche die Notwendigkeit einer Verwirklichung innovativer Konzepte der Marktsegmentierung (Mass Customizing) mit deutlich höheren Anforderungen hinsichtlich der Berücksichtigung komplexer und nichtlinearer Zusammenhänge verdeutlichen soll.

Stichworte: Mass Customizing, Neuronale Netze, Automobilmarkt, Marktsegmentierung

1 Problemstellung

Unterzieht man die Marketing-Leitbilder der Automobilindustrie einer Analyse, so ist festzuhalten, daß diese im Laufe der Zeit einem erheblichen Wandel unterworfen sind. Bis weit in die 70er Jahre hinein wurde Marketing in der Automobilindustrie weitgehend mit der Zuteilung von Automobilen i.S. der Produktorientierung gleichgesetzt. „Verkauft das, was wir entwickeln", so läßt sich die Aufgabe sinngemäß umschreiben, die den Marketing-Managern von ihren Technikern gestellt wurde.

Nur wenige Jahre nach der vom Massachusetts Institute of Technology initiierten „zweiten Revolution in der Automobilindustrie" [Wom94], in der es um die Einführung der Lean Production ging, zeichnet sich eine weitere grundlegende Veränderung in dieser Branche ab. Der Wandel kommt etwa darin zum Ausdruck, daß die Automobil-Unternehmen die Potentiale einer flexibleren und schlankeren Produktion dazu nutzen, innovative Marketing-Konzepte zu entwickeln und umzusetzen. Dabei stellt die Marktsegmentierung eines der zentralen strategischen Felder des modernen Automobil-Marketing dar [Jun97].

---

* Lehrstuhlinhaber: Prof. Dr. Klaus-Peter Wiedmann

"

2 Marktsegmentierung als Herausforderung für die Automobilindustrie

2.1 Mass Customizing als neues Leitbild der Automobilmarktsegmentierung

Auch wenn das zielgruppenorientierte Denken vielfach zum Kern des modernen Marketing zählt, so zeigt sich, daß die Marktsegmentierung in der Praxis häufig nicht ausreichend umgesetzt wird. Dies gilt beispielsweise für die noch heute in der Praxis weitverbreiteten Segmentierungskonzepte, welche Kunden anhand allgemeiner sozio-demographischer Kriterien (z.B. Einkommen, Alter, Familienstand) oder aktueller und potentieller Geschäftsvolumina (z.B. Preisklasse des Fahrzeugs) unterteilen. Derart einfache Zielkundenmodelle sind nicht in der Lage, die facettenreichen Bedarfe der aktuellen und potentiellen Kunden vollständig und systematisch zu erfassen.

Vielmehr scheint aus einer derart vereinfachten Perspektive das Verhalten eines Kunden als uneinheitlich (sog. hybrider Kunde), da er in bezug auf unterschiedliche Leistungen eines Unternehmens differenzierte Anforderungen an dieses richtet.

Mit dem *Mass Customizing* existiert ein neues Leitbild der Marktsegmentierung, welches in der Lage ist, den Anforderungen der Automobilkunden Rechnung zu tragen. Durch Mass Customizing können – im Gegensatz zu den anderen Leitbildern – Standardisierungs- und Individualisierungsvorteile systematisch kombiniert werden [Jun97]:

- *Einfache Segmentierungsmodelle* (z.B. Mengen-, Mittel- und Topkunden) bilden ein zu grobes Raster, um Leistungsprogramme von Unternehmen zielkundengerecht zu gestalten. Die daraus abgeleiteten Angebote sind aus der Sicht derjenigen Kunden, die "aus dem Raster fallen", zu standardisiert, weil sie deren Bedürfnisse nicht ausreichend berücksichtigen.

- *Reines Individualmarketing* hingegen führt zu einer zu weitgehenden Feinsegmentierung. Damit ist die Gefahr verbunden, daß die Kosten eines ausschließlich individuellen Leistungsangebots nicht auf eine entsprechende Preisbereitschaft treffen.

Voraussetzung für die Umsetzung des Mass Customizing ist jedoch, daß das Leistungsprogramm eines Automobilunternehmens in Form eines modularen Baukastenkonzepts realisiert wird und sich standardisierte und individualisierte Elemente des Kernleistungs-, Service- und „Erlebnis"-Angebots entsprechend zielkundenspezifischer Anforderungen kombinieren lassen.

Mit dem Mass Customizing verbunden, sind allerdings höhere Anforderungen an die instrumentelle Ebene der Marktsegmentierung. Im Gegensatz zu konventionellen Methoden erweisen sich neuronale Netze als geeignet, etwa die aus der Mehrdimensionalität des Mass Customizing i.S. des strategischen Dreiecks (Kunde, Potentiale des Unternehmens, Wettbewerbsdruck) resultierende Komplexität einer Segmentierungsaufgabe zu lösen. Die Untersuchung [Jun97], aus der das folgende Fallbeispiel entnommen wurde, hat die Zielsetzung, am Beispiel ausgewählter Fragestellungen der Automobilmarktsegmentierung (A-priori-Klassifikation von Neuwagenkäufern) aufzuzeigen, welche Potentialerweiterung mit der prozeßorientierten Verknüpfung des Mass Customizing mit neuronalen Diskriminanzmodellen im Vergleich zu konventionellen Segmentierungsansätzen (multivariat-statistisch fundierte Segmentorientierung) verbunden ist.

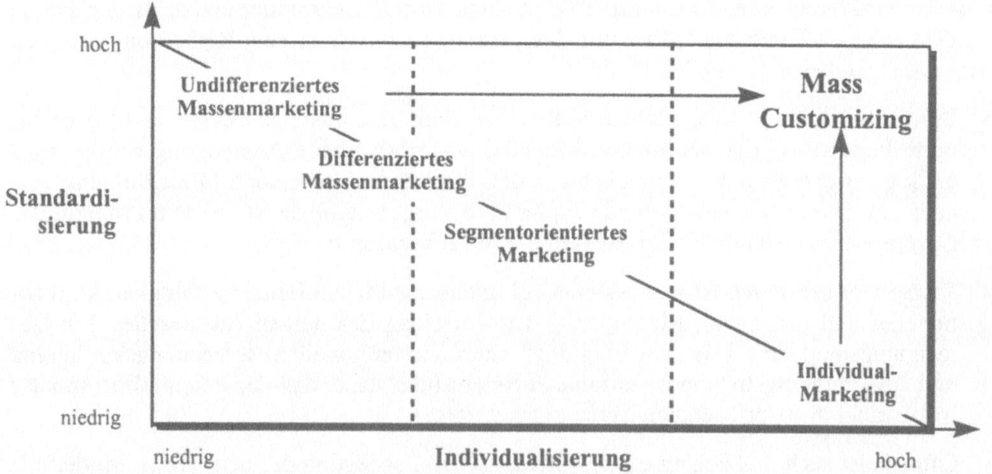

Abbildung 1: Mass Customizing im Vergleich mit alternativen Leitbildern der Marktsegmentierung

2.2 Neuronale Netze als intelligente methodische Basis der Automobilmarktsegmentierung

Erfahrungen mit *konventionellen statistischen Verfahren* (z.B. Diskriminanzanalyse) im Kontext des Automobilmarketing sind bislang eher negativ [Raf95]. Abbilden läßt sich das Verhalten von Konsumenten mit Hilfe konventioneller Methoden

- weder in seiner Komplexität (z.B. Facetten der Kundenanforderungen, Elemente des modularen Leistungsprogramms, Wettbewerbsbeziehungen),

- noch in seiner Nichtlinearität bzw. Dynamik (z.B. Veränderung der Kundenanforderungen im Rahmen des Wertewandels etc.).

Neuronale Netze hingegen sind in der Lage, das Automobilkauf- bzw. Nutzungsverhalten, die Marktentwicklungen sowie die Positionierung der eigenen Marken eines Unternehmens in seiner Komplexität, Nichtlinearität und Dynamik realitätsnah abzubilden, da sie nicht den Restriktionen unterliegen wie die statistischen Verfahren [Jun95]. Neuronale Netze sind zum einen Abbilder biologischer Gehirnzellkomplexe und lassen sich daher als Erklärungsmodelle des individuellen Entscheidungsverhaltens bzw. marktlicher und gesellschaftlicher Interaktionsprozesse auffassen [Zim94]. Zum anderen erweisen sich neuronale Netze als besonders effiziente und generell einsetzbare Berechnungsverfahren (universeller Approximatoren [Hor91]). Dies hat zu Beginn der 90er Jahre geradezu zu einem Durchbruch neuronaler Berechnungsverfahren in einer Vielzahl von praktischen Anwendungsbereichen geführt. Die Leistungsfähigkeit neuronaler Erklärungs- und Berechnungsmodelle wird heute erfolgreich zur Lösung vielfältiger Aufgabenstellungen in der betrieblichen Praxis genutzt (z.B. Analyse, Prognose, Simulation, Optimierung [Jun95]).

Eine Untersuchung von *Feasibility-Studien zum Einsatz neuronaler Netze* in der Praxis [Jun97] zeigt, daß sich ein Erfolg nur dann erzielen läßt, wenn eine Reihe von typischen Anwendungsfehlern vermieden wird:

- Bei zahlreichen der untersuchten Fallstudien fehlt eine ausreichend anwendungsorientierte Fundierung der neuronalen Modelle. Das vorhandene Anwendungswissen wird nicht genutzt oder nur unzureichend in den Prozeß der neuronalen Modellbildung eingebracht. Die daraus resultierende explorative Vorgehensweise ist mit dem Problem des *Garbage in / Garbage out-Effekts* (Gigo-Effekt) behaftet.

- Kritisch zu beurteilen ist – angesichts der unterschiedlichen Leistungsfähigkeit konventioneller und neuronaler Methoden – der Vorschlag des naiven Austausches von Berechnungsmodellen. Das „Un-Plugging" eines konventionellen Berechnungsverfahrens und ein „Plugging-In" eines neuronalen Netzes führt dazu, daß das Potential neuronaler Netze nicht in ausreichendem Maße genutzt wird.

- Oftmals ist auch das Fehlen einer systematischen Festlegung der neuronalen Modellbildungsparameter – in Abhängigkeit von der zugrunde liegenden Anwendung und deren modelltheoretischen Voraussetzungen – gegeben. Bei einem der analysierten Fallbeispiele findet sich beispielsweise sogar der Vorschlag, die Auswahl der neuronalen Modellparameter entsprechend der *„ Trial and Error-Vorgehensweise "* zu gestalten.

- Dem Verständnis einiger Anwender zufolge handelt es sich bei neuronalen Netzen um *Black Box-Modelle.* Dies resultiert daraus, daß das Abbildungsverhalten der Netze nicht in ausreichendem Maße in die Analyse und Interpretation der Ergebnisse einbezogen wurde. Als Begründung wird u.a. darauf verwiesen, daß die verwendeten Neurosimulatoren entsprechende Optimierungsmethoden nicht zur Verfügung stellen. Als charakteristisch für derartige Untersuchungen sei die folgende Aussage vorgestellt: „Als Sybille wird ... das Werkzeug zum Trainieren der neuronalen Netze bezeichnet. Der Name wurde nicht zuletzt deshalb gewählt, weil das neuronale Netz auf geheimnisvolle Weise zu seinem Output gelangt" [Erx91].

Erst die *Wahl einer adäquaten Philosophie der neuronalen Modellbildung* [Ref95] erlaubt es, das Leistungspotential des innovativen Berechnungsansatzes voll auszuschöpfen [Jun97].

2.3   Fallbeispiel: Segmentierung des deutschen Pkw-Marktes

In diesem Beitrag wird ein Teil der Ergebnisse dargestellt, die im Rahmen des umfassenden Forschungsprojekts ermittelt wurden, das gemeinsam mit einem Automobil-Unternehmen durchgeführt wurde [Jun97]. Die Untersuchung basiert auf der Marktforschungsstudie New Car Buyer Survey (NCBS), die als Gemeinschaftsstudie der Global Player des Automobilmarkts angelegt ist und in der vorliegenden Form seit dem Jahr 1982 weltweit in fast allen Volumenmärkten zur Durchführung kommt. Im NCBS werden wesentliche Strukturdaten der Angebots- und der Nachfrageseite eines Automobilmarktes abgebildet. Im Sinne einer skizzenhaften Zusammenfassung sollen an dieser Stelle einige der zentralen Teilaufgaben und deren Resultate gekennzeichnet werden.

Voraussetzung für die Durchführung eines Methodenvergleichs zwischen einem konventionellen und einem neuronalen Diskriminanzmodell auf der Basis der Neuwagenkäuferstudie war zunächst die Klassenbildung der am Markt angebotenen Fahrzeugtypen. Abbildung 2 zeigt exemplarisch fünf idealtypische Produktklassen und die Dimensionen, anhand derer sie definiert sind (Preis-, Größen-, Aufbauklassen).

	Größenklasse	Aufbauart	Preisklasse	Produktbeispiele
Produktklasse 1	Econobox, Small	Limousine (2T) Schrägheck (3T)	bis 24.999 DM	z.B. Fiat Tipo
Produktklasse 2	Lower Medium	Schrägheck (5T)	25.000 DM bis 34.999 DM	z.B. VW Golf
Produktklasse 3	Medium	Limousine (4T)	35.000 DM bis 44.999 DM	z.B. MB C-Klasse
Produktklasse 4	Full	Kombiwagen, MPV, Off-Road (4/5T)	45.000 DM bis 64.999 DM	z.B. Opel Omega
Produktklasse 5	Luxery, Sport	Coupé, Cabrio	über 65.000 DM	z.B. Porsche 928

Abbildung 2: Produktklasse als Ausgangsbasis des Methodenvergleichs

Für die idealtypischen Produktklassen, die Fahrzeuge aus den wichtigsten Volumen- bzw. Nischenmärkten enthalten, erfolgte in einem weiteren Schritt die Ableitung von Zielkundenprofilen mittels konventioneller und neurobasierter Diskriminanzanalyse-Modelle. Zu diesem Zweck wurden entsprechend eines konfirmatorisch fundierten Neuwagenkäufermodells in einem ersten Schritt 35 Variablen aus NCBS herangezogen. Mit Hilfe einer (rotierten) Faktorenanalyse wurden diese Rohvariablen zu zwölf Faktoren verdichtet, die zentrale Mobilitätsmuster (z.B. berufsbedingte Mobilität), Familienlebenszyklusphasen (z.B. Volles Nest I/II) bzw. wesentliche Automobilwerte (z.B. Ökologie-, Sicherheits- und Innovationsorientierung) widerspiegeln.

Im folgenden werden lediglich die Ergebnisse des Methodenvergleichs wiedergegeben, der auf dem Faktorenmodell beruht. Zur Realisierung der konventionellen (Schrittweise Methoden mittels Wilks Lambda) und der neuronalen Diskriminanzanalyse (Multilayer-Perceptron mittels Backpropagation-Learning und Pruning Techniques-Optimization) wurden jeweils Methoden ausgewählt, welche die Aufgabenstellung i.S. eines bayesschen Wahrscheinlichkeitsansatzes lösen [Jun97].

Am Beispiel der Nichtlinearität soll verdeutlicht werden, warum das neuronale Modell im Rahmen dieser Aufgabenstellung zu einer deutlich besseren Abbildung der aggregierten Merkmalsvariablen hinsichtlich ihrer Erklärungs- und Trennfähigkeit führt, während die konventionelle Diskriminanzanalyse hier zu erheblichen Fehleinschätzungen kommt. Das Ausmaß der Fehleinschätzung durch die konventionelle Diskriminanzanalyse (kDMA) soll am Beispiel des Faktors Familienlebenszyklusphase Volles Nest I/II verdeutlicht werden (vgl. Abbildung 3). Die Defizite der konventionellen Modellierung kommen hier besonders zum Tragen, da die lineare Approximation insbesondere bei der Klasse 4 (z.B. Audi Avant) die größte Abweichung aufweist. In der Realität erweist sich jedoch die Zugehörigkeit zu einer Familienlebenszyklusphase, bei der Kinder und Jugendliche im Haushalt des Fahrzeugkäufers leben, als eines der zentralen Motive zum Erwerb eines Kombiwagen (Produktklasse 4).

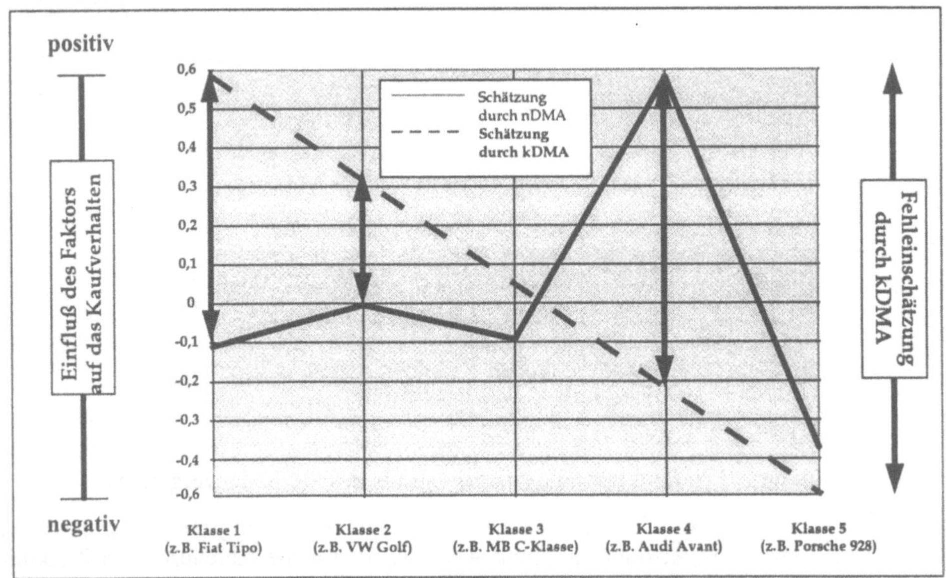

Abbildung 3: Adäquate Abbildung der Nichtlinearität durch die neuronale Diskriminanzanalyse (nDMA) am Beispiel des Faktors Familienlebenszyklusphase Volles Nest I/II

Das Beispiel macht deutlich, daß die unzureichende Abbildung der Nichtlinearität durch konventionelle Methoden für das Management von Automobil-Unternehmen zur Folge hat, bei der Ableitung von Strategien und Handlungskonzepten die falschen Prioritäten zu setzen. Gerade das Mass Customizing, das darauf abzielt, Individualisierungs- und Standardisierungspotentiale zu identifizieren, stellt in diesem Zusammenhang hohe Anforderungen an die Exaktheit der Abbildung der Determinanten des Käuferverhaltens.

3 Zusammenfassung und Ausblick

Der Einsatz von neuronalen Netzen zur Segmentierung des deutschen Pkw-Marktes erfolgt vor dem Hintergrund des CORIM©-Ansatzes [Wie97] und zeigt, daß sowohl auf der Management-, Informationsanalyse-, Data Mining- und Data Warehouse-Ebene der Automobilmarktsegmentierung erhebliche Effizienz- und Effektivitätssteigerungen möglich sind.

Die damit verbundenen Konsequenzen für das Zielkundenmarketing lassen sich wie folgt zusammenfassen [Jun97]:

- *Wir laufen nicht Gefahr, daß potentielle Ansatzpunkte für das Zielkundenmanagement unberücksichtigt bleiben!* Zunächst ist festzuhalten, daß sich mit Hilfe der eingesetzten neuronalen Data Mining Tools die unternehmensinterne Informationsbasis deutlich besser ausschöpfen läßt. Durch die Verknüpfung mit unternehmensexternen Studien im Sinne des Data Warehouse kann einerseits das Kaufverhalten deutlich differenzierter abgebildet und andererseits eine größere Zahl von Ansatzpunkten für das Marketing geschaffen werden.

- *Wir können unser Zielkundenmanagement zielgenauer ausrichten als bisher!* Der neurobasierte Methodenverbund erzielt beim Erkennen und Zuordnen von Automobilkäufern deutlich bessere Ergebnisse als das konventionelle Methodenmix. Für das Zielkundenmarketing bedeutet dies, daß eine größere Zahl von aktuellen und potentiellen Zielkunden mit adäquaten Marketingmaßnahmen erreicht wird.

- *Wir können sicher sein, daß wir mit unserem Zielkundenmanagement an den richtigen Stellen ansetzen!* Gelingt es, die besseren Trefferquoten zudem mit dem Leitbild des Mass Customizing zu verbinden, bedeutet dies für das Zielkundenmarketing eines Automobilunternehmens, daß bei der Ableitung von Strategie- und Handlungskonzepten die richtigen Prioritäten bei der Standardisierung und Individualisierung des Leistungsangebots gesetzt werden.

Bereits die ausgewählten Ergebnisse machen deutlich, daß sich neuronale Netze als geeignete methodische Basis erweisen, um unternehmerische Orientierungs- und Gestaltungskonzepte ausreichend tragfähig zu fundieren. Die höhere Leistungsfähigkeit neuronaler Marktsegmentierungsinstrumente läßt sich jedoch in weit größerem Maße erfolgswirksam nutzen, wenn diese in ein umfassendes Managementkonzept eingebunden werden.

Der Einsatz neuronaler Netze im Rahmen von CORIM© führt nicht nur im Bereich der Automobilmarktsegmentierung zu erheblichen Effizienz- und Effektivitätssteigerungen. Auch in anderen Branchen (z.B. Pharmaindustrie, Finanzdienstleistung, Handel [Wie96]) kann es Unternehmen im Spannungsfeld differenzierter Kundenanforderungen und angesichts des wachsenden Wettbewerbsdrucks auf diese Weise gelingen, zugleich besser, billiger und schneller zu werden.

4 Literatur

[Erx91]   Erxleben, K. / Koch, H. (1991): Früherkennung von Unternehmensrisiken - Ein Vergleich von Neuronalen Netzen und Diskriminanzanalyse, Arbeitspapier Nr. 4 der Abteilung Wirtschaftsinformatik der Universität Erlangen-Nürnberg.

[Hor91]   Hornik, K. (1991): Approximation Capabilities of Multilayer Feedforward Networks, in: Neural Networks Nr. 4/1991, S. 251-257.

[Jun95]   Jung, H.-H. / Wiedmann, K.-P. (1995): Konnektionistische Prognosemodelle, in: Arbeitspapier Nr. 101 des Instituts für Marketing der Universität Mannheim.

[Jun97]   Jung, H.-H. (1997): Neurobasiertes Mass Customizing zur Segmentierung des deutschen Pkw-Marktes, Wiesbaden u.a.O. 1997.

[Kot95]   Kotler, P. / Bliemel, F. (1995): Marketing-Management - Analyse, Planung, Steuerung und Umsetzung, 8. Aufl., Stuttgart u.a.O. 1995.

[Raf95]   Raffée, H. / Jung, H.-H. / Wiedmann, K.-P. (1995): Eignung neuronaler Netze als Berechnungsansatz der Marketingforschung - Grundlagen und erste Ergebnisse eines Methodenvergleichs am Beispiel der A-priori-Klassifikation des Mobilitätsverhaltens von Pkw-Nutzern, in: Arbeitspapier Nr. 107 des Instituts für Marketing der Universität Mannheim.

[Ref95]   Refenes, A.P. (1995): Methods für Optimal Network Design, in: Refenes, A.-P. (Hrsg.): Neural Networks in the Capital Markets, Chichester u.a.O. 1995, S. 33-54.

[Wie96]   Wiedmann, K.-P. / Jung, H.-H. (1996): Grundlagen eines CORIM®-Konzepts für ein zukunftsgerichtetes Zielkundenmanagement, Arbeitspapier der Universität Hannover.

[Wie97]   Wiedmann, K.-P., Jung, H.-H. (1997): CORIM®: Ein neuer Ansatz im Feld des integrierten Informationsmanagement, in diesem Band.

[Wom94]   Womack, J.P. / Jones, D. / Roos, D. (1994): Die zweite Revolution in der Auto-mobilindustrie - Konsequenzen aus einer weltweiten Studie des Massachusetts Institute of Technology, 8. Aufl., Frankfurt / M. u.a.O. 1994.

[Zim94]   Zimmermann, H.G. (1994): Neuronale Netze als Entscheidungskalkül - Grundlagen und ihre ökonometrische Realisierung, in: Rehkugler, H. / Zimmermann, H.G. (Hrsg.): Neuronale Netze in der Ökonomie - Grundlagen und finanzwirtschaftliche Anwendungen, München 1994, S. 3-87.

Case-Based Reasoning zur Prognose von PKW-Modellzyklen

Hajo Hippner, Udo Rimmelspacher

Lehrstuhl für ABWL und Wirtschaftsinformatik[*]
Katholische Universität Eichstätt

Zusammenfassung

Die Prognose von Absätzen einzelner PKW-Modelle ist eine äußerst komplexe Angelegenheit, die bisher kaum in der wissenschaftlichen Literatur Beachtung findet. Ausgehend von der Annahme, daß der Absatz einzelner PKW-Modelle durch einen typischen Modellzyklusverlauf determiniert wird, wird hier der Ansatz des Case-Based Reasoning als eine Methode zur Prognose eben dieser Verläufe vorgestellt.

Stichworte: Case-Based Reasoning, Automobilmarkt, PKW-Modellzyklus, Prognose

1 Problemstellung

Werden Marktforscher oder Prognostiker aus der Praxis mit quantitativen, unternehmensextern erstellten Prognosemodellen konfrontiert, so stoßen diese Modelle in den meisten Fällen auf Ablehnung. Aussagen wie „Wir haben das schon immer anders gemacht." oder „Ist ja alles schön und gut. In der Praxis sieht das alles aber ganz anders aus." lassen eine Akzeptanzbarriere erkennen, deren Ursachen äußerst vielfältig sind. Diese Ablehnung liegt u.a. in der eher existentiellen Angst durch „den Computer ersetzt zu werden" oder in der mangelnden Transparenz der vorgestellten Lösungsmethoden begründet.

Eine der zentralen Fragen bei der Intensivierung der Computerunterstützung betrieblicher Prozesse liegt folglich darin, wie der spätere Anwender mit Bedacht an den Computereinsatz herangeführt werden kann. Der Ansatz des Case-Based Reasoning (CBR, Fallbasiertes Schließen), der Aspekte des menschlichen Problemlösungsverhaltens abbildet, kann nun als eine Lösung dieses Problems dienen, indem der Anwender nicht mehr mit fertigen Ergebnissen konfrontiert wird, sondern vielmehr aktiv bei seinem Problemlösungsprozeß *unterstützt* wird. Die hohe Transparenz der Methode baut vorhandene Akzeptanzbarrieren gegenüber computerunterstützten Lösungen ab und ermöglicht es so, daß die Anwender späteren Erweiterungen durch quantitative Modelle offener gegenüberstehen.

---

[*] Lehrstuhlinhaber: Prof. Dr. Klaus D. Wilde

2 Case-Based Reasoning

Das Ziel von CBR liegt in der Abbildung menschlichen Problemlösungsverhaltens. Diese Grundidee basiert auf der Beobachtung, daß man bei der Lösung eines neuen Problems oft auf den Lösungsweg (bzw. die Lösung) einer bereits bewältigten, ähnlichen Problemstellung zurückgreift und daraus entsprechende Hinweise, Konzepte oder Ergebnisse für die Bearbeitung der gegebenen Aufgabenstellung erhält [Ehr96, S. 7]. Indem man sukzessive neue Probleme und deren (mehr oder weniger guten) Lösungen seinem Erfahrungswissen hinzufügt, lernt man. Dies alles erfolgt unter der Annahme, daß ähnliche Probleme auch ähnliche Lösungen besitzen.

Bei der Entwicklung eines CBR-Systems wird diese menschliche Vorgehensweise auf den Computer übertragen. Nicht mehr die Codierung von generalisierten Regeln wie bei klassischen wissenbasierten Systemen steht im Vordergrund, sondern die Generierung und ständige Pflege eines „Gedächtnisses" aus abgespeicherten *Fällen*, die spezifische Tatbestände aus der Vergangenheit repräsentieren [Lea96, S. 1]. Jeder dieser Fälle muß mindestens aus einer strukturierten *Problembeschreibung* und einer Erläuterung der dazugehörigen *Problemlösung* bestehen. Die Menge aller Fälle aus einem definierten Problembereich wird als *Fallbasis* bezeichnet.

Das Vorgehen zur Generierung einer neuen Lösung beginnt mit einer adäquaten Beschreibung der vorliegenden Aufgabenstellung, anhand derer mit Hilfe von Ähnlichkeitsmaßen diejenigen Fälle aus der Fallbasis ausgewählt werden, die der konkreten Situation am ehesten entsprechen. Die so erhaltenen Lösungen werden gegebenenfalls an die aktuelle Situation angepaßt. Das ermittelte Ergebnis wird der Fallbasis als neuer Fall hinzugefügt. Durch diese Vorgehensweise besitzt CBR gegenüber den meisten herkömmlichen Methoden einen großen Vorteil, nämlich „its inherent combination of problem solving with sustained learning through problem solving experience" [Alt96, S. 109].

Der CBR-Zyklus von Aamodt und Plaza [Aam94, S. 44 f.] beschreibt auf einem hohen Generalisierungsniveau das Vorgehen beim fallbasierten Schließen (s. Abb.1). Ausgelöst wird ein Zyklusdurchlauf durch das Auftreten eines neuen Problems. Dieses wird dem CBR-System durch eine adäquate Beschreibung der relevanten Merkmale mitgeteilt. Daraufhin erfolgt in der RETRIEVE-Phase eine Suche nach dem oder den ähnlichsten Fällen. Dies kann durch eine entsprechende Organisation der Fallbasis (z.B. in Form von Bäumen) und/oder durch Berechnung von Ähnlichkeits- bzw. Distanzmaßen erfolgen. Die gefundene Lösung wird dann in der REUSE-Phase an die aktuelle Situation angepaßt. Grundsätzlich stehen dafür zwei Möglichkeiten zur Verfügung [Rei95]: die Übernahme einer Kopie der ermittelten Lösung oder die Anpassung der bekannten Erfahrung an die neue Situation. In vielen Fällen stellt sich bei einem anschließenden Test (z.B. durch Simulation, Überprüfung einer Testmenge, ...) jedoch heraus, daß die erhaltene Lösung ein vorher definiertes Gütekriterium nicht erfüllt. Diese Evaluation und die gegebenenfalls durchgeführte Korrektur der Lösung erfolgt in der REVISE-Phase. Abschließend wird in der RETAIN-Phase der gelöste Fall für eine mögliche spätere Wiederverwendung in der Fallbasis abgespeichert.

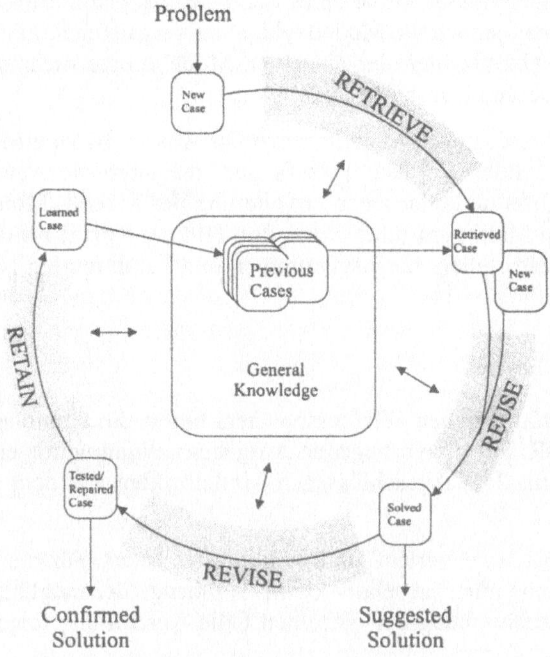

Abbildung 1: Der CBR-Zyklus

3 CBR zur Prognose von PKW-Modellzyklen

Ein Modellzyklus umfaßt die Zeitspanne von der Markteinführung bis zum Auslauf eines Modells bzw. bis zur Ablösung durch ein Nachfolgemodell.

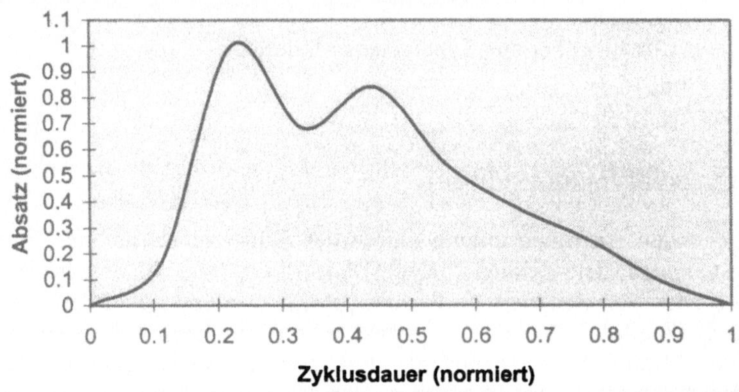

Abbildung 2: Der Modellzyklus

Die in Abb. 2 ersichtliche Absatzkurve eines PKW-Modells ist nur als idealtypisch zu betrachten. Untersucht man jedoch die Modellzyklen der vergangenen Jahrzehnte, so läßt sich beobachten, daß die Absatzzahlen der einzelnen Modelle eine mehr oder weniger große Ähnlichkeit mit dem obigen Kurvenverlauf aufweisen.

Nach der Einführung eines neuen Modells steigt der Absatz bis zu einem absoluten Maximum an. Um die folgenden Verluste aufzufangen, reagieren die Automobilhersteller im allgemeinen mit Facelifts und/oder einer Erweiterung der Modell-/Motorenpalette, was zu einem zweiten lokalen Maximum führt. Daraufhin fällt die Kurve, bis das Modell aus dem Programm des PKW-Herstellers herausgenommen und i.a. durch ein Nachfolgemodell ersetzt wird.

3.1 Aufbau der Fallbasis

Der Aufbau eines umfangreichen Wissensspeichers liefert die Grundlage für einen effizienten Einsatz von CBR. Für die vorliegende Aufgabenstellung wurde eine Fallbasis aufgebaut, die aus insgesamt 250 abgeschlossenen Modellzyklen aus dem Zeitraum 1970 bis 1995 besteht.

Die Einflüsse auf den Kurvenverlauf sind vielfältigster Natur. Für die prototypische Umsetzung wurde allerdings nur eine relativ kleine Teilmenge der möglichen Einflußfaktoren verwendet. Für die Beschreibung der einzelnen Fälle wurden u.a. folgende Merkmale berücksichtigt:

- Hersteller
- Modellbezeichnung
- Nationalität
- Einführungsmonat und -jahr; Auslaufmonat und -jahr
- Zeitpunkte von Modellerweiterungen, großen Produktaufwertungen und Modellpflegen des Modells sowie der Modelle der drei Hauptkonkurrenten
- Zeitpunkte von Kombi-Einführungen des Modells sowie der Modelle der drei Hauptkonkurrenten
- Segmentzugehörigkeit
- Verkaufspreis (Median über alle Typen eines Modells)
- Vorgänger-Flag
- Jahresabsatz

3.2 Umsetzung der Retrieve-Phase

Bei der vorliegenden Aufgabenstellung wurde der Schwerpunkt auf die Umsetzung der RETRIEVE-Phase des CBR-Zykluses gelegt. Dem Anwender sollte eine Reihe von historischen Fällen (=Modellzyklen) zur Verfügung gestellt werden, die zu den Beschreibungsmerkmalen des aktuellen Falles eine möglichst hohe Ähnlichkeit aufweisen. Aus den Entwicklungen der Verläufe bereits beendeter Modellzyklen können dann u.U. Rückschlüsse auf den Absatzkurvenverlauf des zu prognostizierenden Modells gezogen werden.

Jeder Fall der Fallbasis wird durch eine Reihe von Merkmalen bzw. deren Ausprägungen beschrieben. Die Aufgabe der Retrieve-Phase liegt nun in der Auswahl und Bereitstellung eines oder mehrerer historischer Fälle, die für die aktuelle Anfrage eine möglichst große Ähnlichkeit aufweisen. Für die Berechnung der Ähnlichkeit zwischen zwei Fällen werden in einem ersten Schritt die Ähnlichkeiten zwischen den Ausprägungen jedes einzelnen Beschreibungsmerkmals ermittelt. Unter Berücksichtigung unterschiedlicher Skalenniveaus (nominal, ordinal, metrisch) und vorliegender Verteilungen (z.B. Existenz von Ausreißern) wird dabei für jedes Beschreibungsmerkmal ein Ähnlichkeits- bzw Distanzmaß errechnet. Grundsätzlich kann dafür auf aus der Statistik bereits bekannte Maße zurückgegriffen werden (z.B. Euklidische Distanz) – in vielen Fällen bedarf es allerdings noch problemspezifischer Anpassungen. Die Gesamtähnlichkeit zweier Fälle bestimmt sich abschließend aus dem gewichteten Mittelwert der zuvor ermittelten Ähnlichkeiten zwischen den einzelnen Merkmalen.

3.3 Prognose der PKW-Modellzyklen

Für die prototypische Umsetzung wurde Visual Basic for Applications in MS EXCEL 7.0 verwendet.

Das Dialogblatt „Modelldaten" erfüllt zwei Aufgaben (s. Abb. 3). Einerseits ermöglicht es dem Benutzer, auf Informationen historischer PKW-Modellzyklen zuzugreifen. Andererseits dient das Dialogblatt zur Eingabe neuer/geschätzter Modelldaten zur Prognoseerstellung.

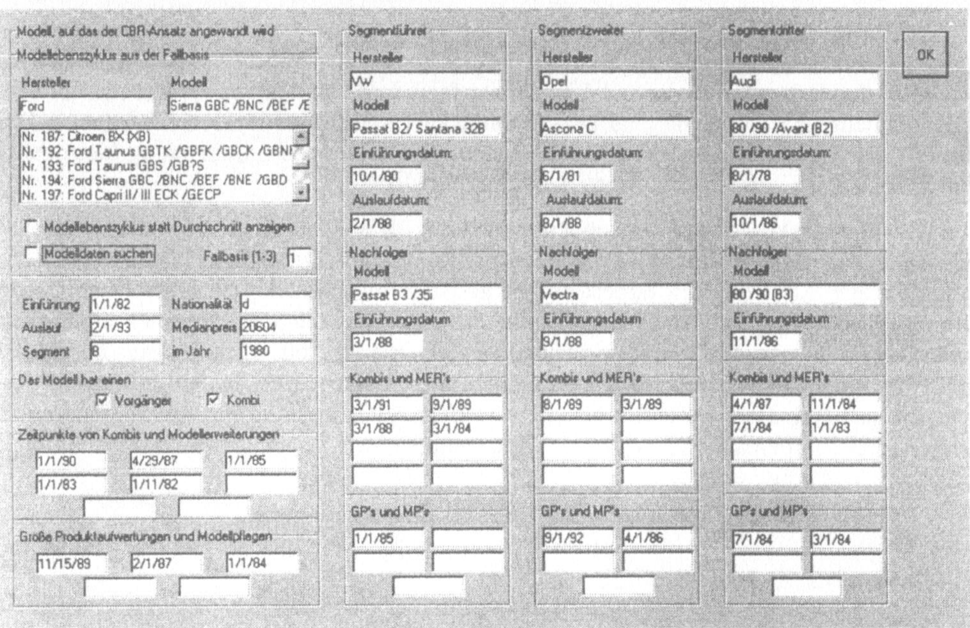

Abbildung 3: Dialogblatt „Modelldaten"

Durch Angabe von Gewichtungen (s. Abb. 4) aus dem Intervall [0; 100] kann der Anwender bestimmen, wie stark die einzelnen Beschreibungsmerkmale in die Ähnlichkeitsermittlung einfließen. Intern wird die Summe der Einzelgewichtungen auf den Wert 1 normiert.

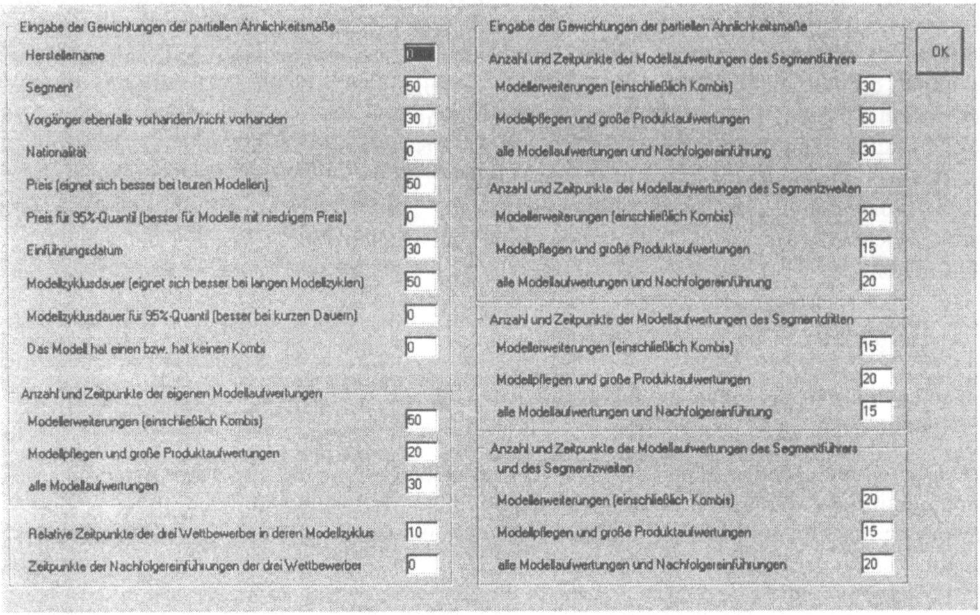

Abbildung 4: Dialogblatt „Gewichtungen"

Nachdem durch den Anwender alle Eingaben erfolgt sind, werden wie im Beispiel in Abb. 5 die ähnlichsten Fälle sowie eine Durchschnittskurve der Modellzyklen ausgegeben. Der Einfluß der ermittelten ähnlichen Modellzyklen auf die Durchschnittsbildung kann dabei durch die Angabe von Gewichtungen beeinflußt werden.

Die Durchschnittskurve wird verwendet, um für ein PKW-Modell die Prognose seiner Absatzzahlen zu erstellen. Dazu wird die ermittelte Kurve an vorgegebene Fixpunkte (z.B. bereits getätigte Absätze oder Expertenschätzung des maximalen Jahresabsatz) angepaßt. Durchgeführte „ex post"-Analysen, die die Prognosefähigkeit des Prototyps überprüfen sollten, lieferten zum Teil vielversprechende Ergebnisse (s. Abb. 6). Allerdings kann (und muß) die Prognosefähigkeit des Systems noch verbessert werden, indem zusätzliche Beschreibungsmerkmale für die historischen Modellzyklen in die Fallbasis aufgenommen werden (z.B. Werbemaßnahmen, Design-Bewertungen, usw.).

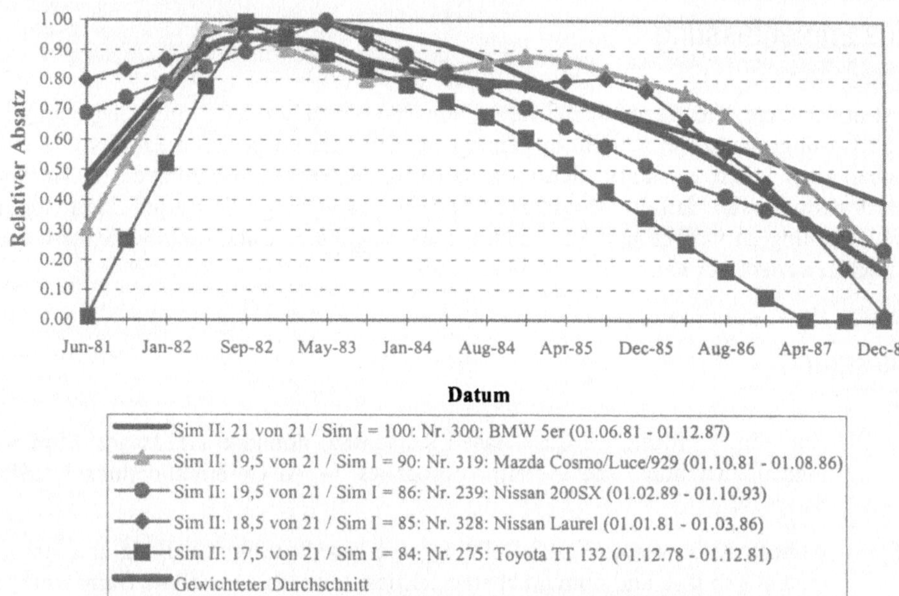

Abbildung 5: Die ähnlichsten Fälle für den 5er BMW (Modell '81)

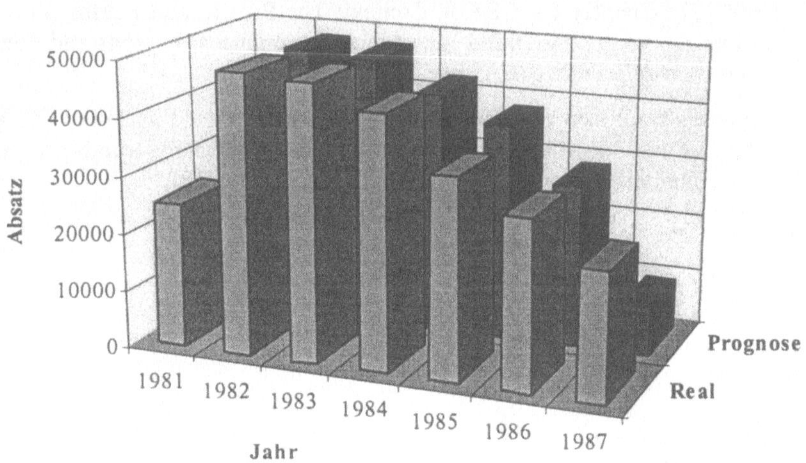

Abbildung 6: „ex post"-Prognose der Absatzzahlen für den 5er BMW (Modell '81)

4 Zusammenfassung

CBR ist in der Lage, die Akzeptanzbarrieren von Praktikern bei der Einführung computerbasierter Lösungsansätze erheblich zu verringern. Der hier vorgestellte Prototyp zeichnet sich neben einer leicht verständlichen Unterstützung bei Prognoseproblemen im Automobilbereich dadurch aus, daß die Möglichkeit besteht, das vorliegende System zum Computer Baed Training zu verwenden. Für einen professionellen Einsatz muß das System allerdings noch erweitert werden.

5 Literatur

[Aam94]   Aamodt, A.; Plaza, E.: Case-Based Reasoning: Foundational Issues, Methodological Variations, and System Approaches; in: AI Communications 7 (1994); S. 38-59.

[Alt96]   Althoff, K.D.; Aamodt, A.: Relating case-based problem solving and learning methods to task and domain characteristics: towards an analytic framework; in: AI Communications 9 (1996); S. 109-116.

[Ehr96]   Ehrenberg, D.: Fallbasierte Entscheidungsunterstützung; in: Wirtschaftsinformatik 38 (1996) 1; S. 7.

[Lea96]   Leake, D.: Chapter 1 – CBR in Context: The Present and Future; Vorabdruck im Internet von: Case-Based Reasoning: Experiences, Lessons and Future Directions; Menlo Park: AAAI Press (in press).

[Rei95]   Reinartz, T.; Wilke W.: Fallbasiertes Schließen in der Finanzwelt: Eine echte Alternative zu Neuronalen Netzen?; in: Finanzmarktanalyse und -prognose mit innovativen quantitativen Verfahren; Physica Verlag 1995.

Neuronale Netze zur langfristigen Prognose von PKW-Neuzulassungen

Hajo Hippner

Lehrstuhl für ABWL und Wirtschaftsinformatik[*]

Katholische Universität Eichstätt

Zusammenfassung

Bisher beschränkten sich mit Künstlichen Neuronalen Netzen (KNN) erstellte Prognosen überwiegend auf den kurz- bzw. mittelfristigen Bereich. Dieser Beitrag zeigt an einem Beispiel aus der Automobilbranche auf, wie die Einsatzpotentiale von KNN auch für die Erstellung von langfristigen Vorhersagen genutzt werden können. Dafür wird der Ansatz der KNN mit der quantitativen Risikoanalyse kombiniert, um so die prognostischen Unsicherheiten quantitativ zu erfassen und graphisch darzustellen.

Stichworte: Langfristprognose, Neuronale Netze, Automobilmarkt, Quantitative Risikoanalyse

1 Langfristige Prognosen in der Automobilbranche

Die herausragende Stellung der Automobilindustrie in Deutschland läßt sich schon an der Tatsache erkennen, daß letztlich jeder siebte Arbeitsplatz direkt oder indirekt von der PKW-Produktion abhängt. Seit einigen Jahren jedoch entwickelt sich der deutsche Automobilmarkt durch das aggressive Wettbewerbsverhalten ausländischer Anbieter, steigender Marktsegmentierung, verändertem Kundenverhalten, usw. zu einem immer komplexeren Gebilde und erschwert so in hohem Maße den Entscheidungsfindungsprozeß im strategischen Bereich. Aus diesem Grund kommt langfristigen Absatzprognosen für die Automobilbranche (> 5 Jahre) eine immer größere Bedeutung zu.

Prognoseansätze lassen sich grundsätzlich in qualitative und quantitative Methoden unterteilen. Während qualitative Verfahren in der Langfristprognostik seit jeher weit verbreitet sind, läßt sich seit einiger Zeit ein erhöhter Einsatz von quantitativen Prognoseansätzen beobachten.

Die quantitativen Methoden lassen sich wiederum in kausale und zeitreihengestützte Verfahren unterscheiden. Kausale Ansätze erlauben jedoch im Gegensatz zu Zeitreihenanalysen zumindest begrenzt die Erfassung potentieller Diskontinuitäten, sofern die abgebildeten

---

[*] Lehrstuhlinhaber: Prof. Dr. Klaus D. Wilde

Modellrelationen konstant bleiben [Sch87, S. 159 f.]. Aus diesem Grund sollten bei der Erstellung von Langfristprognosen kausale Verfahren den zeitreihengestützten Methoden vorgezogen werden.

Mit herkömmlichen kausalen Ansätzen (z.B. Regressionsanalysen) wurden bisher einige sehr gute Ergebnisse geliefert. Diese Methoden unterliegen jedoch Restriktionen, die ihre Verwendung und die erzielte Prognosegüte unter Umständen erheblich beeinflussen [Hil96, S. 1082]. So müssen beispielsweise Linearitätsprämissen eingehalten oder Unabhängigkeitsforderungen erfüllt werden. Darüber hinaus stellen statistische Verfahren i.a. hohe Anforderungen an das Datenmaterial bzgl. Skalierung und Meßgenauigkeit. Der Ansatz der KNN ist solchen Restriktionen in viel geringerem Maße unterworfen und wird daher in jüngster Zeit vermehrt als Prognoseverfahren eingesetzt.

Dieser verstärkte Einsatz resultiert auch aus weiteren Vorteilen, die Neuronale Netze im Vergleich zu „klassischen" Prognosemethoden aufweisen:

- *Funktionsapproximation*: KNN sind in der Lage, beliebige Funktionen näherungsweise abzubilden. Dies entlastet den Anwender bei der Abschätzung der Form derjenigen Wirkungsrelationen, die den Langfristprognosen zugrunde liegen, da er keine Annahmen über deren Struktur treffen muß. Besonders die Möglichkeit, auch *nichtlineare Relationen* abbilden zu können, erweist sich für die Erstellung von Langfristprognosen als überaus wichtig. Dies resultiert aus der Notwendigkeit, auch bei extremen Veränderungen der Umwelt robuste Reaktionen zu zeigen, was durch die Verwendung entsprechender nichtlinearer Wirkungsrelationen Berücksichtigung finden kann [Wil81, S. 285].

- *Fehlertoleranz*: Ein großer Vorteil von KNN ist die Fähigkeit mit verrauschten Eingabedaten zu arbeiten. Dies vermindert die Auswirkungen von Meß- bzw. Erhebungsfehlern.

- *Generalisierungsfähigkeit*: Die Fähigkeit zur Generalisierung von KNN ermöglicht es, bisher unbekannten Eingangssignalen entsprechende Ausgangsmuster zuzuordnen. Zur Prognose eingesetzte Neuronale Netze können dadurch (in begrenztem Umfang) zukünftige Szenarien aus neuen Variablenkonstellationen ableiten.

Bei einfach strukturierten Prognoseaufgaben führt in vielen Fällen jedoch der Einsatz herkömmlicher Methoden schneller zum Ziel. Der Einsatz von KNN bietet sich dagegen besonders bei Problemtypen mit folgenden Charakteristika an [Reh96, S. 573]:

- Es liegt ein komplexes Problem vor. Die Komplexität drückt sich dabei durch das Vorhandensein einer großen Anzahl von möglichen Einflußfaktoren und durch die Existenz nichtlinearer Zusammenhänge aus.

- Die Kausalzusammenhänge sind nicht (exakt) bekannt. Es können jedoch begründete Vermutungen über die beeinflussenden Variablen angestellt werden.

Langfristige Absatzprognosen für den deutschen Automobilmarkt lassen sich diesem Problemtypus zuordnen. Da keine genaue Kenntnis darüber besteht, welche Faktoren in welcher Stärke den Automobilabsatz beeinflussen, ist man gezwungen, eine Vielzahl von potentiellen erklärenden Variablen in die Untersuchung einzubeziehen. Auch können durch Sättigungserscheinungen bedingte nichtlineare Wirkungszusammenhänge auftreten, die in einem Prognosemodell berücksichtigt werden müssen. Aus diesen Gründen erscheint der Einsatz von KNN für diese Problemstellung gerechtfertigt.

Im folgenden wird das allgemeine Vorgehen bei der Erstellung eines KKN für langfristige Prognosen aufgezeigt. Es wird ein KNN trainiert, das die Entwicklung der PKW-Neuzulassungen pro 1000 Einwohner für die nächsten sieben Jahre vorhersagt. Dieses KNN wird abschließend mit dem Ansatz der quantitativen Risikoanalyse kombiniert, um prognostische Unsicherheiten zu erfassen und graphisch veranschaulichen zu können.

2 Aufstellen des KNN für die Prognose

2.1 Trainieren des KNN

Für die Prognose der PKW-Neuzulassungen wurde eine Vielzahl von potentiellen Einflußfaktoren angesammelt. Durch Einsatz einer Faktorenanalyse zur Variablenreduktion [Hip98] wurden die Datenreihen *Haushalte pro 1000 Einwohner, Erwerbstätige pro 1000 Einwohner, Diskontzins* und ein *Bevölkerungsindex* als erklärende Variablen extrahiert. Diese Auswahl wurde anschließend um zwei weitere Variablen ergänzt. Einerseits wurde der *Vorjahreswert der PKW-Neuzulassungen pro 1000 Einwohner* als eine Lag-Variable hinzugefügt und andererseits ein *PKW-Ersatzbedarfsindex* eingeführt. Der PKW-Ersatzbedarfsindex trägt der Beobachtung Rechnung, daß ein Großteil der PKW-Neuzulassungen von Ersatzkäufen bestimmt wird. Diese Ersatzkäufe werden jedoch in hohem Maße von den Ersatzkäufen in den Vorjahren sowie der durchschnittlichen Haltedauer der PKWs bestimmt. Der hier verwendete PKW-Ersatzbedarfsindex wurde noch subjektiv geschätzt. Es laufen derzeit allerdings Bemühungen, ihn objektiv zu bestimmen.

Von den Inputvariablen lagen Informationen über die Jahre 1965 bis einschließlich 1995 vor. Da die Menge von lediglich 31 Datensätzen für das Trainieren eines KNN als zu gering erschien, wurde durch jahresweises Interpolieren diese Anzahl um den Faktor 10 erhöht. Ein weiterer Vorteil bei diesem Vorgehen liegt in der Einführung von „verrauschten" Inputinformationen, die die Generalisierungsfähigkeit eines KNN unter Umständen erheblich erhöhen können.

Für die Erstellung des hier verwendeten KNN wurde die Software *NeuroShell 2.0* von der *Ward Systems Group* eingesetzt. Diese zeichnet sich durch eine relativ einfache Bedienbarkeit und eine hohe Transparenz der erstellten KNN aus.

Aufgrund eigener Erfahrungen und Empfehlungen aus der KNN-bezogenen Literatur wurde für die vorliegende Problemstellung ein dreischichtiges Backpropagation-Netz ausgewählt. Um eine für die vorliegende Prognoseaufgabe möglichst gute KNN-Konfiguration zu erhalten, wurden zahlreiche Experimente durchgeführt. Folgende Netzparameter wurden dabei variiert:

- Zahl der verborgenen Neuronen
- Typ der Skalierungs- bzw. Aktivierungsfunktionen
- Lernrate
- Momentumrate

Bei den Versuchen hat sich für die Lernrate ein Wert von 0,3 und für das Momentum ein Wert von 0,5 als eine gute Parametereinstellung erwiesen. Die Zahl der verwendeten Neuronen je Schicht sowie die den einzelnen Schichten zugeordneten Skalierungs- bzw. Aktivierungsfunktionen lassen sich folgender Tabelle entnehmen:

	Input Layer	Hidden Layer	Output Layer
Neuronenzahl	6	9	1
Funktionstyp	linear [-1;1]-skaliert	Tangens Hyperbolicus (1,5x)	Tangens Hyperbolicus (x)

Tabelle 1: Aufbau des KNN

2.2 Testen des KNN

Für das Trainieren des KNN wurden die Datensätze in ein Lern-Set und ein Test-Set aufgeteilt. Dafür wurden 55 aufeinanderfolgende Datensätze (entspricht fünf Jahren) aus der Datenbasis herausgeschnitten und als Testmenge zurückgehalten. Die verbliebenen Datensätze wurden für das Netztraining herangezogen. Dabei wurde das KNN, das die genauesten „Prognosen" auf der Testmenge erzielte, als bestmögliches Ergebnis des Lernvorgangs angesehen. Für das derart ermittelte KNN zur Prognose der PKW-Neuzulassungen wurde sowohl für das Lern-Set wie auch für das Test-Set das Bestimmtheitsmaß berechnet. Die Ergebnisse von $R^2 = 99{,}98\%$ bzw. $R^2 = 93{,}80\%$ lassen vermuten, daß das KNN in der Lage ist, die ihm angelegten Informationen gut abzubilden. Die hohen Bestimmtheitsmaße werfen allerdings die Frage auf, ob das KNN die historischen Daten auswendig gelernt und so seine Generalisierungsfähigkeit verloren hat.

Um diese Vermutung zu überprüfen, wurden in Anlehnung an die Leave-k-out-Methode [Law92, S. 142] fünf weitere KNN erzeugt. Jedes dieser KNN wurde mit den identischen Einstellungen wie das ursprüngliche KNN trainiert. Allerdings wurde das Lern-Set dahingehend modifiziert, daß jeweils die Datensätze von drei Jahren als Evaluations-Set zurückgehalten wurden. Diese Evaluations-Sets waren für die fünf KNN disjunkt, d.h. die für die abschließende Überprüfung verwendeten Zeiträume waren überschneidungsfrei.

Die Prognosegüte der derart erstellten KNN wurde anhand der zurückgehaltenen und dem KNN somit unbekannten Evaluations-Sets ermittelt. Die sehr guten Ergebnisse von $R^2 =$ (95%, 98%, 98%, 97%, 90%) bzw. MAPE = (1.6%, 2.0%, 1.4%, 1.6%, 1.7%) widerlegen nicht nur die oben aufgestellte Befürchtung, sondern lassen auch auf eine überdurchschnittlich gute Generalisierungsfähigkeit und somit Prognosegüte schließen. Dies wird auch durch die Prognose für das Jahr 1996 (s. Abbildung 3) bestätigt, die den tatsächlichen Wert der PKW-Neuzulassungen pro 1000 Einwohner nahezu exakt vorhersagt. Da sich das KNN darüber hinaus bei durchgeführten Sensitivitätsanalysen hinsichtlich Richtung und Höhe der Veränderungen als überaus stabil erwies, scheint sich das erstellte KNN offenbar sehr gut für den prognostischen Einsatz zu eignen.

3 Prognose der PKW-Neuzulassungen

3.1 Verteilungsfreie Modelle

Das zentrale Problem bei der Bildung von Prognosen besteht in der Ungewißheit über die Entwicklung des Prognosedatums. Es ist daher unbedingt notwendig, diese Unsicherheit in ausreichendem Maße zu quantifizieren und in den Prognosen zum Ausdruck zu bringen. Der verbreitetste Ansatz für die Erfassung von Unsicherheitsbandbreiten liegt in der Aufstellung verteilungsfreier Modelle (OMP-Modelle). Diese Modelle ermitteln, ausgehend von entsprechenden Annahmen über die erklärenden Variablen, jeweils optimistische, mittlere (wahrscheinlichste) und pessimistische Prognosen (s. Abbildung 1).

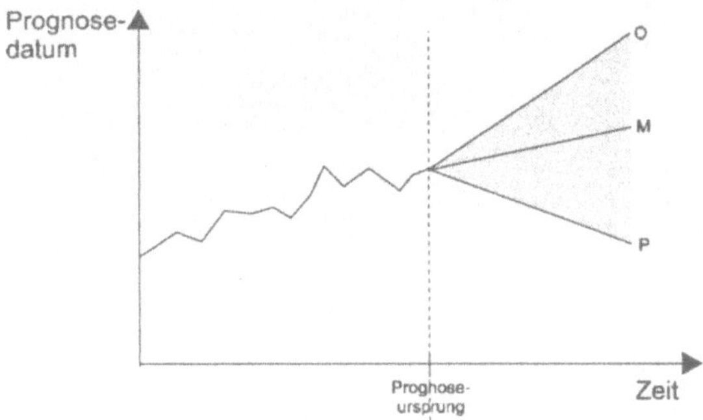

Abbildung 1: OMP-Modell

Dieser einfache Ansatz zeigt zwar auf anschauliche Weise die mit steigendem Prognosehorizont wachsende Unsicherheitsbandbreite auf. Allerdings erlaubt er keinerlei Aussagen über die Eintrittswahrscheinlichkeiten der einzelnen Szenarien. Darüber hinaus besteht die Gefahr, daß die Konstellationen der extrem optimistischen und pessimistischen Annahmebündel weit außerhalb des prognoserelevanten Bereichs liegen.

3.2 Quantitative Risikoanalyse

Eine Lösung dieser Probleme verspricht die quantitative Risikoanalyse [Her64]. Bei der Risikoanalyse werden die möglichen Ausprägungen der erklärenden Variablen als Wahrscheinlichkeitsverteilungen dargestellt. Häufig werden dafür Dreiecksverteilungen unterstellt, die einen hohen schätztechnischen Komfort mit einer relativ einfachen Implementierung kombinieren. Die Lage und Breite der Dreiecksverteilungen der einzelnen Inputvariablen in den zu prognostizierenden Zeitpunkten wird aus der Analyse der historischen Informationen und aus subjektiven Einschätzungen über zukünftige Entwicklungen abgeleitet. Unter Berücksichtigung der Korrelationen der Inputvariablen wird aus den Wahrscheinlichkeitsverteilungen jeder erklärenden Variablen eine Zufallsstichprobe gezogen. Aus einem derart erstellten Szenario kann unter Verwendung des KNN der zugehörige Wert des Prognosedatums ermittelt werden. Wird dieser Vorgang hinreichend oft wiederholt (hier: 1000 Simulationen), so kann die Verteilung des prognostizierten Wertes wiederum als Wahrscheinlichkeitsverteilung interpretiert werden (s. Abbildung 2).

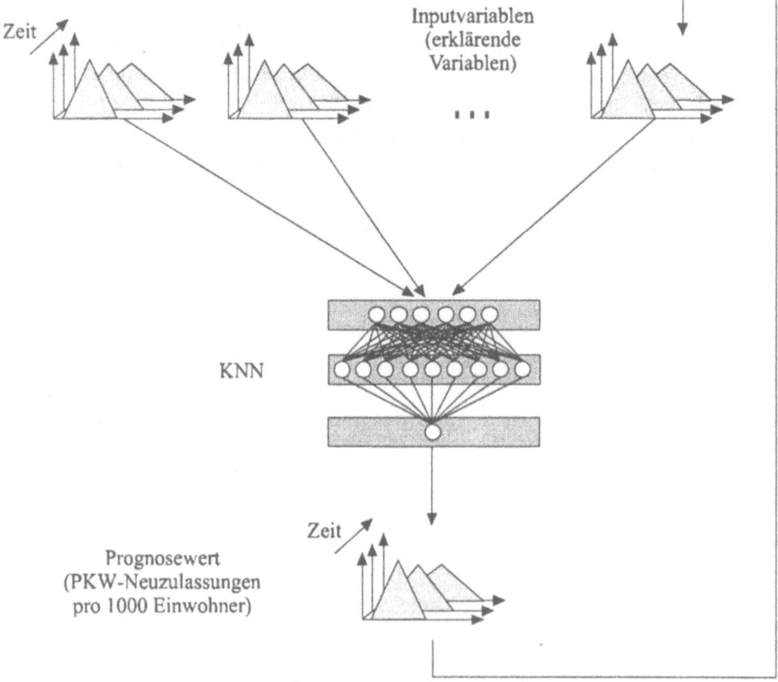

Abbildung 2: Vorgehensweise der Risikoanalyse

3.3 Prognose der PKW-Neuzulassungen pro 1000 Einwohner

Die derart durchgeführte Szenarienbildung (s. Abbildung 3) führt nicht zu den „klassischen" Punktprognosen, sondern vielmehr zu einem Absatzgebirge entlang der Zeitachse. Punkte auf diesem Gebirge stellen die Zahl der Neuzulassungen pro 1000 Einwohner zu einem zukünftigen Zeitpunkt dar, wobei die Höhe der Punkte Aussagen über die (geschätzte) Eintrittswahrscheinlichkeit der jeweiligen Situation ermöglicht. Wandert man auf dem „Gebirgskamm" entlang, so erhält man die zukünftige Entwicklung, die unter den getroffenen Annahmen am wahrscheinlichsten eintritt.

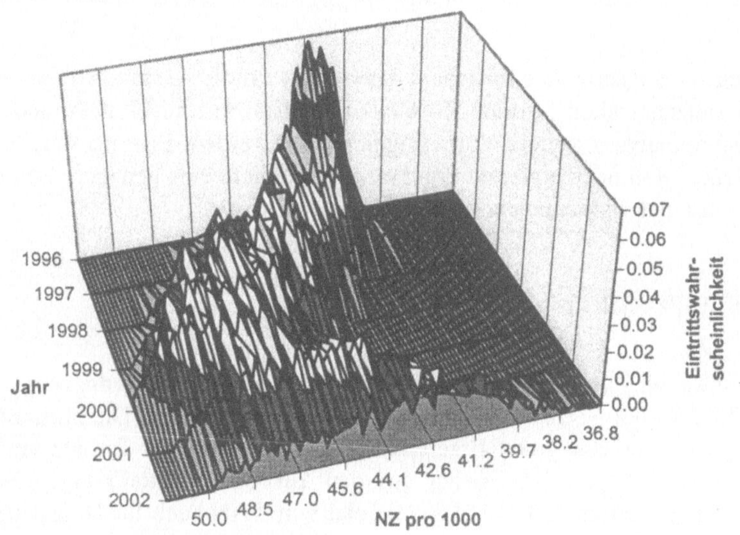

Abbildung 3: Prognose der PKW-Neuzulassungen pro 1000 Einwohner für die Jahre 1996-2002

Das durch die Kombination des KNN und der Risikoanalyse erhaltene Ergebnis läßt folgende Schlußfolgerungen zu:

- Die von 1995 auf 1996 tatsächlich realisierte Zunahme der PKW-Neuzulassungen pro 1000 Einwohner von 40,5 auf 42,6 wird vom KNN mit prognostizierten 42,5 sehr genau erkannt. Durch die Verwendung der Risikoanalyse ist man bei der Interpretation des Ergebnisses allerdings nicht mehr auf eine unrealistische Genauigkeit beschränkt (1996 betragen die PKW-Neuzulassungen pro 1000 Einwohner 42,5), sondern es können auch Aussagen über die (geringeren) Eintrittswahrscheinlichkeiten benachbarter Ereignisse getroffen werden (die prognostizierte Anzahl von PKW-Neuzulassungen pro 1000 Einwohner liegt 1996 zwischen 40,8 und 44,5 – mit der höchsten Wahrscheinlichkeit bei 42,5).

- Unter den getroffenen Annahmen wird der Absatz von neuen Automobilen auf ein Maximalniveau von etwa 50 PKW-Neuzulassungen pro 1000 Einwohner ansteigen.

- Ab dem Jahr 2000 schwächt sich dieser Boom wieder ab. Der Absatz wird voraussichtlich mit etwa 46 PKW-Neuzulassungen pro 1000 Einwohner allerdings immer noch deutlich über dem derzeitigen Niveau liegen.

- Es läßt sich erkennen, daß mit zunehmender Entfernung vom Prognoseursprung die Bandbreite der möglichen Ereignisse (PKW-Neuzulassungen pro 1000 Einwohner) anwächst und gleichzeitig die Eintrittswahrscheinlichkeiten abnehmen. Aussagen über zukünftige Entwicklungen werden mit steigendem Prognosehorizont also immer unsicherer.

Da sich strategisch ausgerichtete Entscheidungen nicht auf die Aussage von nur einem Prognosemodell stützen sollten [Arm85, S. 62 ff.], müssen mit anderen Prognoseverfahren (z.B. Regressionsanalyse) weitere Vorhersagen erstellt werden. Erst ein Vergleich der mit unterschiedlichen Methoden erzielten Ergebnisse ermöglicht eine genauere Beurteilung der Prognosegüte des hier verwendeten KNN.

4 Zusammenfassung

In diesem Beitrag wird an einem Beispiel aus der Automobilbranche die Möglichkeit aufgezeigt, mit Neuronalen Netzen langfristige Prognosen zu erstellen. Die hinsichtlich Stabilität und Prognosegüte sehr guten Ergebnisse zeigen auf, daß der Einsatz von KNN für Prognoseaufgaben nicht nur wie bisher auf den kurz- und mittelfristigen Bereich beschränkt sein muß, sondern daß sich das Potential von KNN auch für langfristige Vorhersagen nutzen läßt.

Die Kombination von Neuronalen Netzen und der Risikoanalyse erweist sich dabei als überaus geeignet, prognostische Unsicherheiten quantitativ zu erfassen und graphisch zu veranschaulichen.

5 Literatur

[Arm85]   Armstrong, J.S.: Long-Range Forecasting – From Crystal Ball to Computer. 2. Auflage, John Wiley & Sons, New York 1985.

[Bac96]   Backhaus, K.; et al.: Multivariate Analysemethoden, 8. Auflage, Springer Verlag, Berlin 1996.

[Eve91]   Everitt, B.S.; Dunn, G.: Applied multivariate data analysis. Edward Arnold, London 1991.

[Her64]   Hertz, D.B.: Risk Analysis in Capital Investment. In: Harvard Business Review, 1/64, S. 95-106.

[Hil96]   Hill, T.; O'Connor, M.; Remus, W.: Neural Network Models for Time Series Forecasts. In: Management Science 7/96, S. 1082-1092.

[Hip98]   Hippner, H.: Langfristige Absatzprognose mit Neuronalen Netzen in der Automobilindustrie. Erscheint in: Biethahn, J.; et al.: Betriebswirtschaftliche Anwendungen des Softcomputing. Vieweg, 1998.

[Law92]   Lawrence, J.: Neuronale Netze. Systhema Verlag, München 1992.

[Pod94]   Poddig, T.: Mittelfristige Zinsprognosen mittels KNN und ökonometrischer Verfahren. In: Zimmermann, H.G.; Rehkugler, H.: Neuronale Netze in der Ökonomie. Vahlen, München 1994, S. 211-289.

[Reh96]   Rehkugler, H.: Neuronale Netze in der Ökonomie. In: WiSt, 11/96, S. 572-576.

[Sch87]   Scholz, C.: Strategisches Management – ein integrativer Ansatz. de Gruyter, New York 1987.

[Wil81]   Wilde, K.D.: Langfristige Marktpotentialprognosen in der strategischen Planung. In: Die Unternehmung, 4/81, S. 283-296.

[Zim94]   Zimmermann, H.G.: Neuronale Netze als Entscheidungskalkül. In: Zimmermann, H. G.; Rehkugler, H.: Neuronale Netze in der Ökonomie. Verlag Vahlen, München 1994, S. 1-87.

TELEKOMMUNIKATION

ERLAB: Marktsimulation und Erlösabweichungs-Analysen von Telekommunikationsdiensten

Sönke Albers, Bernd Michalk
Lehrstuhl für Marketing*
Christian-Albrechts-Universität zu Kiel

Zusammenfassung

Bei der Planung der Marketing-Instrumente von Telekommunikationsdiensten steht man vor dem Problem, daß die Vorteilhaftigkeit der Marketing-Maßnahmen nur sehr schwer zu beurteilen ist, da diese sowohl dynamische Wirkungen auf die Diffusion der gesamten Dienstegruppe (z.B. Funktelefon) als auch auf die Gewinnung von Marktanteilen haben. Mit ERLAB ist deshalb ein Planungsinstrument entwickelt worden, mit dem implementiert als Tabellenkalkulationsprogramm die verschiedenen Auswirkungen getrennt prognostiziert werden können. Aufbauend darauf ist ein Controlling der Erlösabweichungen zwischen IST und geplantem SOLL möglich. Dieser Planungsansatz läßt sich auf alle Geschäftsfelder mit langfristigen Kundenverhältnissen (Abonnements) übertragen!

Stichworte: Marketing-Planung, Marketing-Controlling, Erlösabweichungs-Analyse, Diffusion, Marktanteilsmodelle, Telekommunikationsdienste, Preisdifferenzierung, Abonnementgeschäft

1 Zielsetzung

Mit der Liberalisierung der Telekommunikationsmärkte Anfang der 90er Jahre ist eine Vielzahl neuartiger Telekommunikationsdienste aufgekommen, die zum größten Teil privatwirtschaftlich in Konkurrenz vermarktet werden. Zu diesen Diensten zählen vor allem der Mobilfunk mit den verschiedenen Netzen C, D1, D2 und E-Plus sowie Funkrufdienste wie Scall, Quix und Cityruf. Handelt es sich dabei um vergleichsweise neuartige Dienste, so werden solche Dienste den Markt zunächst sehr langsam durchdringen, ab einem gewissen Punkt aber sehr starke Imitatoren-Nachfrage auf sich ziehen [Alb95]. In einer solchen Situation ist die Planung der Marketing-Politik sehr schwierig, da insbesondere die Imitationseffekte, die auch ohne spezielle Marketinganstrengungen gewirkt hätten, von durch Marketingbudgets bewirkte Marktanteilseffekte getrennt werden müssen. Zudem ist eine sehr langfristige Betrachtung nötig, da z.B. die langfristigen diffusionsfördernden Effekte einer frühen Preissenkung gegen die dadurch kurzfristig entgangenen Erlöse abgewogen

---

* Lehrstuhlinhaber: Prof. Dr. Sönke Albers

werden müssen. Die Planungsaufgabe wird dadurch verkompliziert, daß die Anbieter zusätzlich je nach Dienste-Nutzung unterschiedliche Tarife anbieten können, womit eine Marktsegmentierung möglich wird, aber auch durch die Gebührenhöhe die Nachfrage nach Telefonnutzung beeinflußt wird. Da häufig 2/3 der Erlöse aus Nutzungsentgelten und nur 1/3 aus Bereitstellungsentgelten (fixe Monatsgebühr) bestehen, ist eine sehr sorgfältige Planung der gleichzeitig angebotenen Tarife nötig. [Boo95]

Eine solche Planung ist intuitiv nicht mehr leistbar. Vielmehr ist es erforderlich, die einzelnen Effekte in einem Marktsimulationsmodell möglichst realitätsnah abzubilden. Ein solches Modell ist von dem ersten Autor in Zusammenarbeit mit der AMCON GmbH entwickelt worden, das für den deutschen Markt der Mobilfunkdienste kalibriert worden ist. Das Modell ist im Laufe der Zeit um viele verschiedene Funktionen für die DeTeMobil Net GmbH weiterentwickelt und dort für Planungszwecke eingesetzt worden. Aufgrund der Möglichkeit, die Simulation auch als Basis für Erlösabweichungs-Analysen [Alb92] einsetzen zu können, wird das Modell mit ERLAB abgekürzt.

Im folgenden werden das Konzept und die grundsätzliche Struktur des Marktsimulationsmodells dargestellt, Implementationsfragen diskutiert, Möglichkeiten zur Kalibrierung des Modells aufgezeigt und bisher gemachte Anwendungserfahrungen referiert.

2 Konzept und Struktur des Marktsimulationsmodells

2.1 Konzept

Eine gängige Vorgehensweise bei der Marketing-Planung von Telekommunikationsdiensten besteht darin, die Anzahl der Teilnehmer und die Verkehrsmenge und damit die Erlöse sowie die Kosten für eine ganz bestimmte Marketing-Politik zu schätzen und dann dafür in einem Spreadsheet den Deckungsbeitrag bzw. bei einem mehrperiodigen Problem den Netto-Barwert auszurechnen. Der Nachteil einer solchen Vorgehensweise besteht darin, daß bei dem Durchspielen alternativer Marketing-Politiken erneut alle Daten zu Anzahl von Teilnehmern, Verkehrsmengen und Kosten explizit geschätzt und per Hand in das Spreadsheet eingetragen werden müssen. Besser ist es, die Abhängigkeiten der Anzahl der Teilnehmer und der Verkehrsmenge von der Marketing-Politik direkt über Marktreaktionsfunktionen zu erfassen, die je nach Marketing-Politik automatisch als Reaktion die entsprechenden Werte ausgeben. Vergleicht man dann zwei verschiedene Marketing-Politiken miteinander, so kann man die damit verbundene Erlösabweichung ausrechnen.

Aufgrund der Komplexität der Planungsaufgabe hat es sich als sinnvoll erwiesen, das Planungsproblem in hierarchisch voneinander getrennte Subprobleme aufzuspalten. Auf der *1. Stufe* wird das Gesamt-Marktpotential (z.B. mobiler Kommunikation) nach Maßgabe eines Marktanteilsmodells auf erreichbare Marktpotentiale von Dienstegruppen (z.B. Funktelefon) aufgeteilt. In einer *2. Stufe* wird mit Hilfe eines Diffusionsmodells ermittelt, mit welcher Diffusionsgeschwindigkeit das Potential ausgeschöpft werden kann. Die daraus abgeleitete Teilnehmerzahl wird dann in der *3. Stufe* auf einzelne Wettbewerber ebenfalls nach

Maßgabe eines Marktanteilsmodells aufgeteilt. Die so gewonnene Anzahl von Teilnehmern pro Dienst wird dann in der *4. Stufe* jeweils auf unterschiedliche angebotene Tarife aufgeteilt, wenn dem Kunden eine solche Wahl eingeräumt wird. Schließlich bestimmen auf der *5. Stufe* die Preise und die Charakteristika des attrahierten Marktsegmentes die mit den einzelnen Tarifen erzielbaren Verkehrsmengen. Alle diese Informationen gehen auf *der 6. Stufe* in eine detaillierte Deckungsbeitragsrechnung über mehrere Perioden ein, so daß Nettobarwerte der durchsimulierten Marketing-Politik ermittelt werden können. Die Gesamt-Struktur von ERLAB ist in Abb. 1 verdeutlicht.

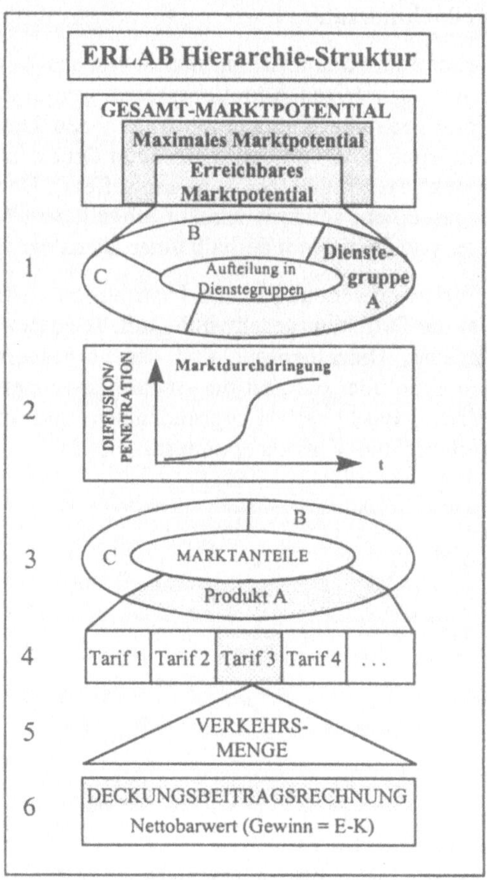

Abb. 1: ERLAB-Hierarchie-Struktur

Im einzelnen ist bei der Entwicklung der einzelnen Hierarchiestufen von folgenden Überlegungen ausgegangen worden:

1. Stufe: Aufteilung des Marktpotentials auf Dienstegruppen

Auf dieser Ebene wird zunächst das maximal erreichbare Marktpotential festgelegt, welches z.B. im Mobilfunk aus der Anzahl aller mobilen gewerblich Beschäftigten bestehen kann. Dieses Marktpotential kann je nach Preisniveau unterschiedlich erreicht werden. Hierbei wird davon ausgegangen, daß der preiswerteste Dienst im Markt zur höchsten Ausschöpfung des erreichbaren Marktpotentials führt. Wenn um dieses Marktpotential unterschiedliche Dienstegruppen wie z.B. der Mobilfunk, der Funkruf und Telefonzellen als mobile Form des Telefonierens konkurrieren, wird für jede Dienstegruppe gemäß ihren Eigenschaften, Leistungen und Preisen und zuvor ermittelten Gewichten eine Attraktion pro Dienstegruppe ermittelt, aus der sich gemäß dem Marktanteilstheorem das Potential der einzelnen Dienstegruppen proportional zu den Attraktionen errechnet [Lil92, S. 669ff.].

2. Stufe: Diffusion der Teilnehmerzahl

Bei einem neuartigen Telekommunikationsdienst muß davon ausgegangen werden, daß die Teilnehmer erst nach einem langwierigen Adoptionsprozeß gewonnen werden können, bei dem zunächst nur wenige sogenannte Kundeninnovatoren den Dienst adoptieren, später aber mit wachsender Marktpenetration und damit sozialem Druck immer mehr sogenannte Kundenimitatoren das Produkt nachfragen (Nachahmungseffekt). Dabei ergibt sich der Diffusionsverlauf nicht naturgesetzlich, sondern wird in erheblichem Maße von den Marketing-Politiken aller Anbieter von Diensten innerhalb einer Dienstegruppe beeinflußt.

Je stärker insgesamt die Werbeaufwendungen und Distributionsanstrengungen aller Diensteanbieter, desto höher ist die Diffusionsgeschwindigkeit. Je nach Ausprägung der aggregierten Marketing-Politik einer Dienstegruppe und des vorher ermittelten erreichbaren Marktpotentials ergibt sich dann über die Zeit die Anzahl gewonnener Teilnehmer. Dabei wird das Diffusionsmodell von Bass [Bas94] zugrundegelegt und um Einflüsse von Preis, Produkteigenschaften, Werbung und Vertrieb erweitert (Abb. 2).

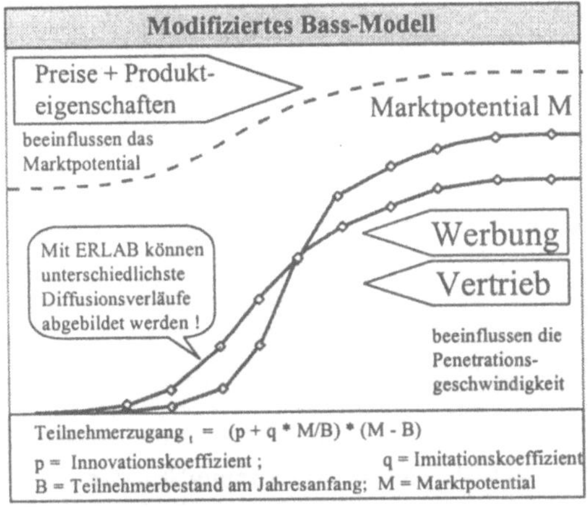

Abb. 2: Modifiziertes Bass-Diffusions-Modell

3. Stufe: Marktanteile der einzelnen Diensteanbieter

Werden innerhalb einer Dienstegruppe mehrere Dienste im Wettbewerb zueinander angeboten, so interessiert, welchen Marktanteil die einzelnen Dienste erzielen können. Dieser Marktanteil ist abhängig von den Eigenschaftsmerkmalen der jeweils angebotenen Dienste und den Preisen, aber auch den Werbe- und Vertriebsaufwendungen. Auch hier arbeitet das Modell mit einer Attraktionsfunktion, bei der aus den vorhandenen Ausprägungen der Marketing-Politik (Produktausstattung, Preise und Budgets) und entsprechenden Elastizitäten die Attraktion ausgerechnet wird und sich der Marktanteil proportional zu den Attraktionen der einzelnen Wettbewerber ergibt.

4. Stufe: Aufteilung der Teilnehmer auf alternative Tarife pro Dienst

Hier wird prognostiziert, wie sich die Anzahl der Teilnehmer eines Dienstes auf unterschiedliche, alternativ zur Auswahl gestellte Tarife (Preiskombinationen bei sonst identischem Produktangebot) verteilt. Dafür wird zunächst die kritische Verkehrsmenge errechnet, bei der es aus Kundensicht vorteilhaft ist, von einem Tarif auf den anderen Tarif zu wechseln. Diese Entscheidung hängt von dem durchschnittlichen Nutzungsverhalten eines Kunden ab, d.h. wieviel und wie lange er telefoniert (Abb. 3). Die kritische Verkehrsmenge wird sodann in eine Verteilungsfunktion der Verkehrsmenge eingesetzt, woraus der Anteil der Teilnehmer pro Tarif abgeleitet werden kann. Hieraus kann dann eine optimale Tarifdifferenzierung abgeleitet werden.

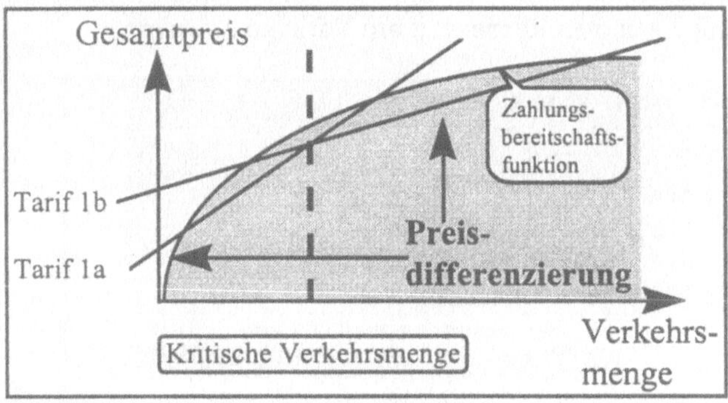

Abb. 3: Tarifdifferenzierung

5. Stufe: Prognose der durchschnittlichen Verkehrsmenge

Für die so gewonnenen Teilnehmer und die von Ihnen gewählten Tarife wird dann die durchschnittliche Verkehrsmenge prognostiziert. Sie hängt zum einen von der Verteilungsfunktion ab, wobei durch eine Reaktionsfunktion sichergestellt wird, daß sich diese je nach Ausprägung der Tarife verändert. Zum anderen hängt sie von der Teilnehmerzahl ab, da die durchschnittliche Verkehrsmenge pro Teilnehmer mit zunehmender Anzahl von Teilnehmern sinkt.

6. Stufe: Deckungsbeitragsrechnung

Auf der Basis der ermittelten Anzahl von Teilnehmern, den Anteilen der von ihnen gewählten Tarife sowie den dafür prognostizierten Verkehrsmengen wird mit Hilfe einer detaillierten Deckungsbeitragsrechnung ausgerechnet, welcher Erlös in Abhängigkeit von einer bestimmten Marketing-Politik über die verschiedenen Planungsperioden erreicht wird. Unter Einbezug unterschiedlicher Verzinsungsmodalitäten für Eigenkapital, Fremdkapital und Steuersätzen wird dann der Nettobarwert einer bestimmten Marketing-Politik über die Jahre ausgerechnet.

3 Implementation

Da in der Praxis die Profitabilität bestimmter Politiken üblicherweise in sogenannten Business Cases mit Hilfe von Tabellenkalkulationsprogrammen errechnet wird, sind auch die ERLAB-Berechnungen als Excel-Tabellenprogramm entwickelt worden. Dies ermöglicht, daß der Nutzer die gesamte Modellogik nachvollziehen kann und diese bei nötigen Modifikationen grundsätzlich selbst ohne große Mehrkosten ändern kann. Gleichzeitig werden alle Berechnungsschritte transparent, was das Vertrauen in das Modell in starkem Maße erhöht. Der Vorteil einer Implementation als Excel-Tabelle wird allerdings mit Laufzeit-Nachteilen erkauft. Insbesondere sehr komplexe Planungsprobleme, in denen viele Dienste miteinander konkurrieren und eine Vielzahl von Planungsperioden berücksichtigt werden müssen, können einige Minuten Rechenzeit pro Variante erfordern

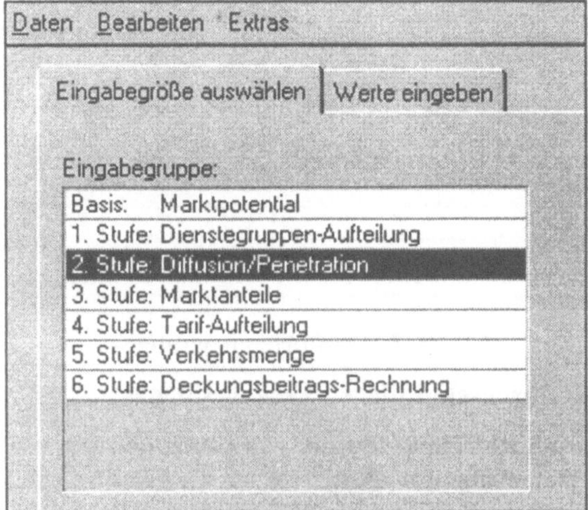

Abb. 4: Ausschnitt Visual-Basic-Oberfläche

Durch veränderte Eingabe von Werten für die Marketing-Politik können mit Hilfe einer Szenarioanalyse die Auswirkungen unterschiedlicher Politiken durchsimuliert werden. Ihre Sensibilität gegen Miß-Spezifikationen der Parameterwerte des Modells, z. B. der Preiselastizitäten, kann mit Hilfe von Was-Wäre-Wenn-Analysen deutlich gemacht werden. Die Excel-Tabelle ist mit einer Visual-Basic-Steuerungs- und Verwaltungsoberfläche gekoppelt, die eine komfortable Berechnung von Szenarien ermöglicht (Abb. 4). Die einzelnen Stufen sind dabei voneinander getrennt, wodurch die Transparenz des komplexen Problems erleichtert wird. Die Aktualisierung und Auswertung wird zusätzlich durch die Speicherung in einer Access-Datenbank wesentlich vereinfacht.

4 Kalibrierung

Je nach Komplexität muß eine unterschiedliche Anzahl von Modellparametern festgelegt werden. Diese entscheiden über die Stärke der Wirkung von Marketing-Maßnahmen auf Erlösgrößen. Zu nennen sind hierbei die Elastizitäten der Eigenschaften und Preise von Dienstegruppen für die Aufteilung des Marktpotentials, der Innovations- und Imitations-koeffizient sowie die Branchenwerbeelastizität und -vertriebselastizität, welche über die Diffusionsgeschwindigkeit entscheiden, sowie erneut die Elastizität der Eigenschaften und des Preises der einzelnen Dienste zur Bestimmung ihrer Marktanteile innerhalb einer Dien-stegruppe. Hinzu kommen die Daten der Verteilungsfunktion der Verkehrsmenge sowie die Abhängigkeit dieser Verteilungsfunktion von der Änderung der Tarifhöhe, aber auch der Anzahl bereits gewonnener Teilnehmer. Wenn das Marktsimulationsmodell für einen neu einzuführenden Dienst eingesetzt wird, muß für die Bestimmung der Einflußgrößen mit Analogschlüssen oder Erfahrungswerten operiert werden. Glücklicherweise sind aus der Literatur viele Studien bekannt, in denen empirisch geschätzte Werte dazu berichtet werden [Han90, Sul90]. Es empfiehlt sich dann, zur Kalibrierung seines Modells diejenigen Werte heranzuziehen, die der Situation am nächsten kommen.

Mit Einführung und zunehmender Verbreitung des Dienstes gewinnt das planende Unter-nehmen immer mehr Daten, die es dann partiell mit Hilfe von Regressionsanalysen auf sei-ne Abhängigkeiten hin untersuchen kann. Insbesondere bei der Spezifizierung der Reakti-onsfunktion der Verkehrsmenge können damit vergleichsweise genaue Werte erzielt wer-den. Die so empirisch ermittelten Werte werden dann in das Planungsmodell übertragen. Die Diffusion selbst ist weniger gut durch Vergangenheitsdaten zu schätzen, da dafür be-reits eine Menge Werte vorliegen müssen, was in einer Frühphase nie der Fall ist. Hierbei greift man z.B. auf Analogwerte aus anderen Ländern oder von ähnlichen Produkten zu-rück.

5 Ergebnisse

Das Modell ERLAB ist für die Planung der Marketing-Politik und die Prognose der Er-löswirkungen des D1-Netzes der DeTeMobil Net GmbH entwickelt und eingesetzt worden. Die gewählten Werte für die Parameterwerte waren zunächst Expertenschätzungen, sind aber zunehmend durch Werte aus statistischen Analysen ersetzt worden. Zwischen den tat-sächlich eingetretenen Teilnehmerzahlen und Verkehrsmengen sowie den prognostizierten Werten ergab sich eine gute Übereinstimmung. Die relativ allgemein gehaltene Struktur des Modells erlaubt es, das Modell auch sehr effizient für gleichartige Dienste, die man in an-deren Ländern einführen will, einzusetzen. Dafür ist das Modell ebenfalls von der DeTe-Mobil Net eingesetzt worden.

Insgesamt liegt mit ERLAB eine Planungssoftware vor, die es ermöglicht, Marketing-Politiken von Telekommunikationsdiensten mit Diffusionseffekten in ihren Auswirkungen in DM zu bewerten. Die automatische Verknüpfung von Marketing-Maßnahmen und Wirkungen auf Teilnehmerzahl und Nutzungsverhalten erlaubt es, in Planungsrunden eine Vielzahl unterschiedlicher Szenarien durchzusimulieren. Aufgrund der Transparenz des Modells als Excel-Tabelle können die Auswirkungen aller Modellannahmen nachvollzogen werden, so daß ein flexibel einsetzbares Planungstool zur Verfügung steht.

6 Literatur

[Alb92]   Albers, S.. (1992): Ursachenanalyse von marketingbedingten IST-SOLL-Deckungsbeitragsabweichungen, In: *Zeitschrift für Betriebswirtschaft*, 62, S. 199-223

[Alb95]   Albers, S., Peters, K. (1995): Schätzung von Diffusionsmodellen für den Dienst Btx/Datex-J. In: Stoetzer, M.-W., Mahler, A. (Hrsg.): Die Diffusion von Innovationen in der Telekommunikation, Springer-Verlag, Berlin et al., S. 167-193.

[Bas94]   Bass, F.M., Krishnan, T.V., Jain, D.C. (1994): Why the Bass-Model Fits Without Decision Variables, In: *Marketing Science*, 13, S. 203-223

[Boo95]   Booz • Allen & Hamilton (Hrsg.) (1995): Mobilfunk. Vom Statussymbol zum Wirtschaftsfaktor, Institut für Medienentwicklung und Kommunikation GmbH in der Verlagsgruppe Frankfurter Allgemeine Zeitung GmbH.

[Han90]   Hanssens, D.M., Parsons, L.J., Schultz, R.L. (1990): Market Response Models: Econometric and Time Series Analysis, Kluwer, Boston et al.

[Hru96]   Hruschka, H. (1996): Marketing-Entscheidungen, Vahlen, München

[Lil92]   Lilien, G., Kotler, Ph., Moorthy, K.S. (1992): Marketing Models, Prentice Hall, Englewood Cliffs (New Jersey).

[Sul90]   Sultan, F., Farley, J.U., Lehmann, D.R.(1990): A Meta-Analysis of Applications of Diffusion Models, In: *Journal of Marketing Research*, 27, S. 70-77

Entwicklungen des Marktes für Kommunikationsdienstleistungen – Analyse und Fuzzy-Logic-basierte Prognose

Susanne Robra-Bissantz
Lehrstuhl für Wirtschaftsinformatik II[*]
Universität Erlangen-Nürnberg

Zusammenfassung: Zur Unterstützung der Strategieentwicklung in einem sich wandelnden Markt wird ein Prognose- und Simulationssystem vorgestellt, das den Anbieter von Kommunikationsdienstleistungen in vielen Situationen, z. B. im Produktmanagement, unterstützt. Auf Basis eines Marktmodells kann der Systemnutzer mit Hilfe implementierter Modelle und Prognoseansätze unterschiedliche Szenarien entwerfen. Der Einsatz der Fuzzy-Logic ermöglicht es, unscharfe Abschätzungen verschiedenster Quellen für die vielen, z. T. interdependenten Einflußfaktoren zu einer Gesamtprognose der Medienverwendung zusammenzuführen.

Stichworte: Produktmanagement, Prognose- und Simulationssystem, Fuzzy-Logic, Kommunikationsdienstleistungen, Marktentwicklung

1 Motivation

Mit der Einführung der heute schon als traditionell zu bezeichnenden Medien wie dem Telefon und dem Fax sowie mit neuen technologischen Entwicklungen, wie z. B. Email, WWW-Diensten und EDI-Anwendungen, verändert sich die externe Kommunikation von Unternehmen. Noch ist vor allem die tägliche, one-to-one-Kommunikation zur Geschäftserfüllung sowohl von theoretischen Analysen als auch von praktischen Überlegungen weitgehend unberührt. Jedoch zeichnen sich Entwicklungen ab, die eine Beschäftigung mit dieser externen Unternehmenskommunikation nahe legen. Auf Nachfragerseite nehmen die Kommunikationskosten bereits im Durchschnitt 10% der Gesamtkosten ein [Plu96, S. 16]. Die steigende Vielfalt an Kommunikationsmöglichkeiten ebenso wie sich verändernde Preise traditioneller Dienste führen bei mehr und mehr Unternehmen dazu, daß das Interesse an einer unternehmensübergreifenden Planung der Kommunikationsprozesse steigt. Dabei stehen nicht Rationalisierungsüberlegungen, sondern vielmehr der strategische Nutzen, z. B. des einheitlichen Auftretens gegenüber dem Kunden, im Vordergrund. Für den Anbieter steigt zwar heute noch das Marktpotential, d. h. es wird weiterhin immer mehr kommuniziert, jedoch verzeichnen sowohl der Brief- als auch der Faxdienst bereits abnehmen-

---

[*] Lehrstuhlinhaber: Prof. Dr. F. Bodendorf

de Zuwachsraten. Nur Unternehmen, die an den Bedürfnissen der Kunden ausgerichtete Produktvorteile aufweisen und sich damit von ihren Konkurrenten differenzieren, können Marktanteile erhalten oder gewinnen.

Der folgende Beitrag geht von einer Analyse des Entscheidungsprozesses für die Medienverwendung in Unternehmen aus. Empirische Untersuchungen liefern die Grundlage für ein Wirkungsmodell, das die Medienverwendung für die strukturierte Kommunikation in Deutschland abbildet. Die Verwendung von Fuzzy-Logic-Konzepten ermöglicht es, die erarbeiteten Wirkungshypothesen in einem Prognose- und Simulationsmodell für die Medienverwendung abzubilden und zu validieren. Dieses System kann dann z. B. zur Simulation der Marktchancen neuer Kommunikationsdienstleistungen herangezogen werden. Weitere Forschungsbemühungen beziehen sich anschließend auf die Anwendung der Erkenntnisse der Marktanalyse auf den Marktforschungsprozeß der Anbieter von Kommunikationsdienstleistungen. Daneben werden Konzepte für ein zukünftiges Kommunikationsmanagement von Unternehmen erarbeitet, die der Entscheidungsunterstützung und Strategieentwicklung zur aktiven und zielgerichteten Gestaltung der gesamten Unternehmenskommunikation dienen.

2 Marktanalyse

2.1 Analyse der Medienentscheidung

Entscheidungs-, marketing- und kommunikationstheoretische Grundlagen führen zu folgendem theoretischen Modell für die Medienentscheidung:

In einem ersten Schritt wird zwischen strukturierter und unstrukturierter Kommunikation unterschieden. Während die *strukturierte Kommunikation* aus den primären Aktivitäten eines Unternehmens ableitbar ist und meist regelmäßig und traditionell in einer bestimmten Form mit festen Inhalten stattfindet (Angebote, Aufträge, Rechnungen, Mahnungen usw.), ist die *unstrukturierte Kommunikation* ein individueller, von einem Problem ausgelöster Vorgang, z. B. zur Kontrolle von Prozessen oder zur Informationsbeschaffung. Die Medienverwendung für die strukturierte Kommunikation kann zum großen Teil von der Unternehmensleitung entschieden werden. Die Medienverwendung für die unstrukturierte Kommunikation hängt dagegen stärker vom Mitarbeiter und seiner Situation ab.

Ein zentraler Bestimmungsfaktor für die Medienverwendung ist der Kommunikationsbedarf. Sowohl für die unstrukturierte als auch für die strukturierte Kommunikation können anhand von Kommunikationsanlaß, -inhalt, -zweck und -beziehung Bedarfstypen ermittelt werden. Vergleicht man deren Anforderungen mit dem Leistungspotential der Medien, so ergibt sich die Eignung der unterschiedlichen Kommunikationsdienste zur Deckung eines Kommunikationsbedarfs. Davon ausgehend ist unter Berücksichtigung von internen, externen und Umfeldsituationen des Mitarbeiters und des Unternehmens, eine Entscheidung zwischen den verschiedenen Diensten (Brief, Fax, Email usw.) zu treffen. Idealtypisch resultiert aus der Entscheidung für eine Medienverwendung, daß die notwendigen Voraussetzungen für die Medienverwendung geschaffen werden (Kauf- oder Anschlußentscheidung).

Zur Analyse des Kommunikationsbedarfs wurden Unternehmen bezüglich ihrer Anforderungen an die strukturierte Kommunikation befragt [z. B. Rob96]. Mit Hilfe von multivariaten Methoden ergeben sich

- fünf *Bedarfstypen* der strukturierten Kommunikation, die stark durch ihre Phase im Transaktionsprozeß geprägt sind: Kontakt-, Dialog-, Vereinbarungs-, Abwicklungs- und bürokratische Kommunikation.

- fünf *Marktsegmente*, in denen Unternehmen mit ähnlichen Anforderungen an die Kommunikation zusammengefaßt sind: ein „alter Adel", mit grundsätzlich hohen Ansprüchen und eher traditionellen Kommunikationsgewohnheiten, „Wettbewerbsorientierte", die vor allem die Schnelligkeit und Qualität der Kommunikation für wichtig halten, „Sicherheitsorientierte", „Schnäppchensucher" und „Anspruchslose", die viele neue Medien verwenden.

2.2 Prognose der Medienverwendung

Die Prognose der Medienverwendung geht von einem Marktmodell (vgl. Abbildung 1) aus, das auf der Analyse von Kommunikationsbedarf und Unternehmens- bzw. Mitarbeitersituationen basiert:

- Aus der Bedarfstypisierung und der Marktsegmentierung resultieren Teilmärkte der externen Unternehmenskommunikation.

- Eine Wirkungskette der Medienverwendung stellt die in den empirischen Analysen erarbeiteten kausalen Variablen der Medienverwendung dar.

Die erste kausale Variable ist die Eignung des Mediums, den Kommunikationsbedarf zu decken. Beim Medieneinsatz der untersuchten Unternehmen sind als weitere Variablen die Verbreitung der Medien relevant (Ausstattung) und die Bereitschaft, diese einzusetzen, z.B. aufgrund subjektiver Einschätzungen (Nutzung).

Alle Veränderungen, wie z.B. die Entwicklung neuer Dienste, die zunehmende Diffusion von Geräten oder eine Veränderung der Akzeptanz der Medien, deren Einfluß auf die kausalen Variablen mit quantitativen Modellen berechnet werden kann, werden als direkte Einflüsse bezeichnet. Beispielsweise kann die zukünftige Ausstattung der Unternehmen mit Modellen zur Diffusion von Telekommunikationsdiensten abgeschätzt werden, die zukünftige Nutzung über das Konzept der Technikakzeptanz ([z.B. Fan90, Wei92, Mah96, Dav89]). Zur Prognose z.B. der Eignung wurden eigene Modelle entwickelt. Alle Umweltfaktoren, die auf mehrere Variablen wirken und deren Einfluß nur qualitativ bewertet werden kann, gehören zu den Makroeinflußfaktoren. Projektionen für diese Faktoren entstanden im Rahmen von umfangreichen Szenarien.

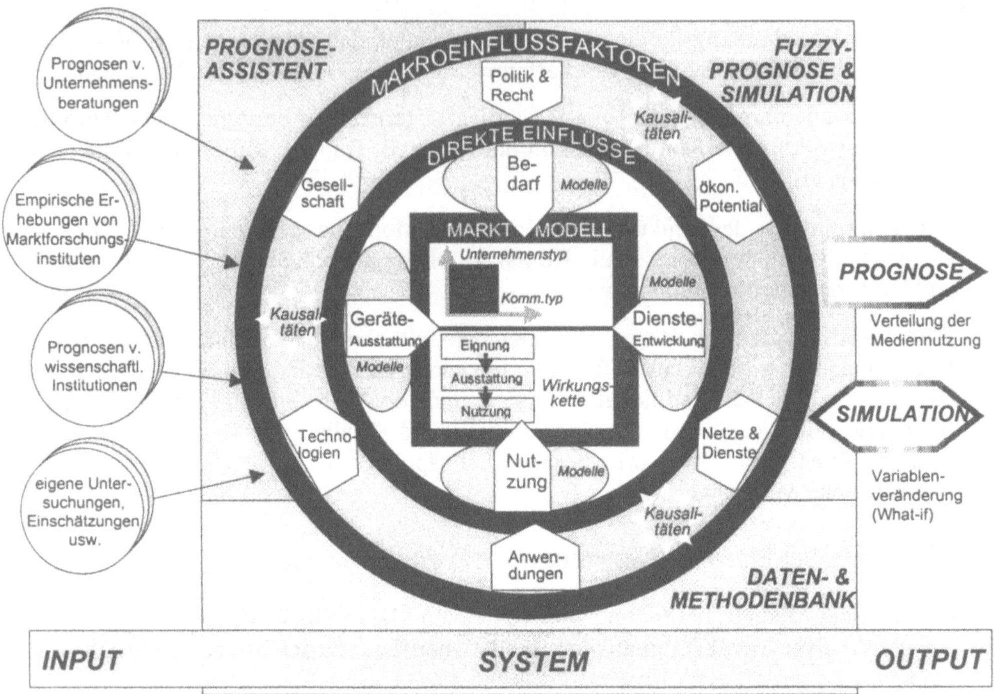

Abbildung 1: Ein Prognose- und Simulationssystem auf Basis eines Marktmodells

3 Ein Fuzzy-Logic-basiertes Prognose- und Simulationssystem

3.1 Gesamtsystem

Das vorgestellte Modell der zukünftigen Mediennutzung wird in einem Prognose- und Simulationssystem abgebildet (vgl. Abbildung 1). Es besteht aus drei Hauptkomponenten, einem Prognoseassistenten, einem Fuzzy-Prognose-Simulationsmodul und den Speichermodulen wie Daten- und Methodenbank.

Der Prognoseassistent unterstützt den Benutzer des Systems bei der Erarbeitung zukünftiger Ausprägungen der kausalen Variablen. Dabei bietet das System genügend Flexibilität, um unterschiedlichste Eingaben, wie z.B. neue Untersuchungen, Marktforschungsaktivitäten und Verfahren sowie letztendlich die Erfahrungen und Einschätzungen des Benutzers, einfließen zu lassen.

Über das Zusammenwirken der drei, z.T. interdependenten kausalen Variablen ergibt sich die Medienverwendung in den Teilmärkten. Die Fuzzy-Komponente des Fuzzy-Prognose-Simulationsmoduls ermöglicht es, den Wirkungszusammenhang realitätsnah abzubilden.

Letzteres Modul ist daneben für die Präsentation und Erklärung des Prognoseergebnisses sowie die Simulationen zuständig.

3.2 Prognoseassistent

Ziel des Prognoseassistenten ist es, interaktiv mit dem Systemnutzer die kausalen Variablen der Mediennutzung in den Teilmärkten zu entwickeln.

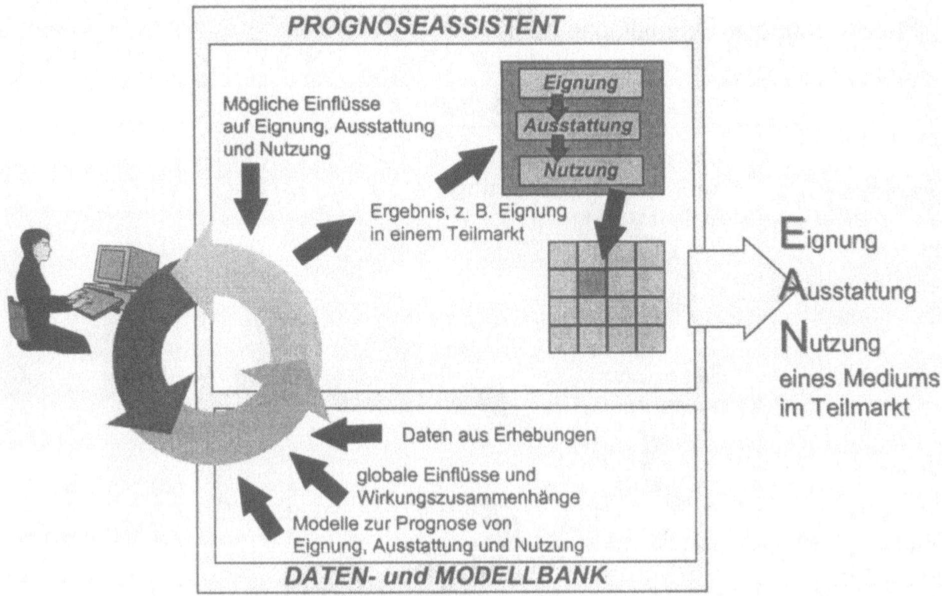

Abbildung 2: Prognoseassistent

Dazu übernimmt der Prognoseassistent folgende Aufgaben:

- Er führt den Systemnutzer durch die Prognose.
- Auf Basis unterschiedlicher Modellstrukturen im quantitativen Bereich werden dem Nutzer Möglichkeiten zur Prognose der kausalen Variablen angeboten.
- Daneben bietet der Prognoseassistent globale Hypothesen an, z.B. bezüglich der zukünftigen Medieneinsatzplanung in Unternehmen.
- Innerhalb der Modelle stellt er szenarioartig unterschiedliche Projektionen in die Zukunft vor (aus Literatur oder empirischen Untersuchungen).
- Ein Tool zur Überführung qualitativer Szenarien in die quantitative Einflußberechnung, das auf einer Erweiterung der aus der Fuzzy-Set-Theorie bekannten Zugehörigkeitsfunktionen basiert, ermöglicht es, auch qualitative globale Einflüsse in die Prognose einfließen zu lassen.
- Der Prognoseassistent verknüpft alle vorhandenen Einflüsse zu Kennzahlen für die kausalen Variablen.

Der Systemnutzer kann eingreifen, indem er ungeeignet erscheinende Modelle oder Abschätzungen ausschließt sowie Modelle und Projektionen annimmt oder modifiziert. Der Prognoseassistent verarbeitet die Eingaben und berücksichtigt dabei eventuelle Auswirkungen veränderter Daten auf andere Bereiche. Dies stellt sicher, daß bereits erfolgte Eingaben nicht nochmals an anderer Stelle abgefragt werden. Als Ergebnis werden die Werte für die einzelnen kausalen Variablen in jedem Teilmarkt über die Datenbank an das Fuzzy-Prognose-Simulationsmodul weitergegeben.

3.3 Fuzzy-Prognose-Simulationsmodul

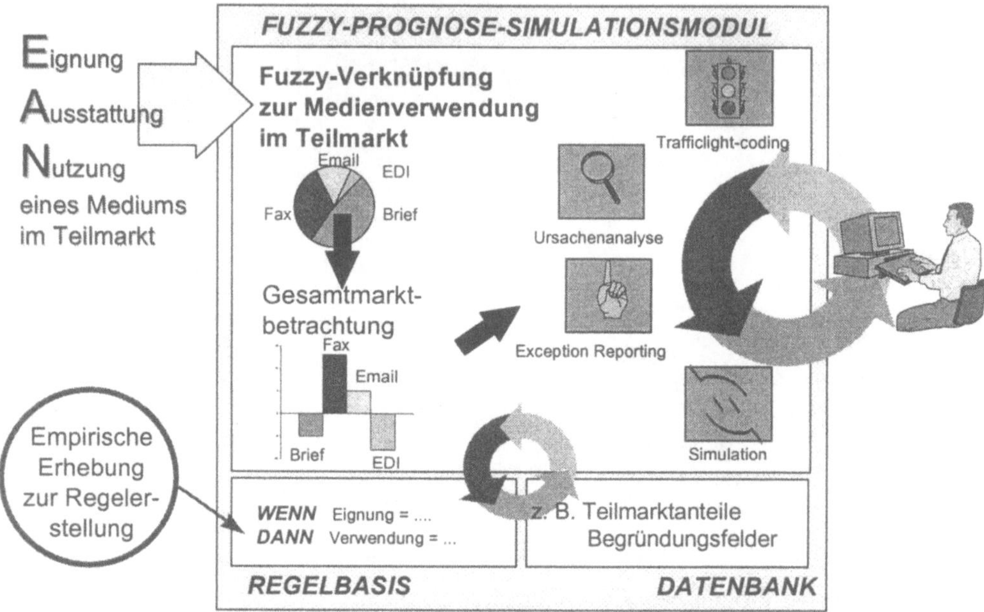

Abbildung 3: Fuzzy-Prognose-Simulationsmodul

Das Fuzzy-Prognose-Simulationsmodul verknüpft die kausalen Variablen in einem Teilmarkt zu der Medienverwendung und bedient sich dabei einer Fuzzy-Komponente. Anschließend faßt das System die Teilmarktdaten unter Rückgriff auf die Datenbasis, die z.B. die Anteile der Teilmärkte umfaßt, zur Medienverwendung im betrachteten Gesamtmarkt zusammen. Die erste Ergebnispräsentation erfolgt anhand der Teilmärkte des Kommunikationsmarktes. Die folgenden Präsentations- und Auswertungsmöglichkeiten lehnen sich der Funktionalität von MIS-Systemen an. So sind z.B. unter einem Menüpunkt „Auswertung" Gesamtvergleiche möglich, wie z.B. zwischen der Medienverwendung heute und in Zukunft. Im nächsten Schritt kann sich der Systemnutzer entweder automatisch die auffälligen Medienverwendungsverschiebungen darstellen lassen (Exception-Reporting) oder sich selbständig durch die Informationshierarchien „hangeln" (Ursachenanalyse). Die Ursachenanalyse ermöglicht daneben direkten Zugriff auf die Fuzzy-Komponente, sowohl zur

Erklärung der erfolgten Verarbeitung als auch zur Simulation. Eine Veränderung der Werte in den Präsentationsmasken ermöglicht weitere Simulationen.

3.4 Fuzzy-Komponente

Bei der Fuzzy-Komponente handelt es sich um ein Fuzzy-Expertensystem, das analog einem konventionellen Expertensystem aus Inputdaten mit Hilfe einer Regelbasis Ergebnisse berechnet. Unterschiede bestehen in der Erstellung der Regelbasis, der Form und Verarbeitung der Daten, sowie darin, daß ein Fuzzy-Expertensystem anhand verfügbarer, beispielhafter Ergebnisse zu trainieren ist, d.h., durch Veränderung von z.B. Operatoren den in der Realität vorliegenden Schlußfolgerungen angepaßt werden muß.

Die Regelbasis wird mit Hilfe empirischer Ergebnisse konfiguriert. Die entwickelten Regeln bestehen aus einem „Wenn-Teil" der Form „Wenn die *Eignung* des Mediums e ist und die *Ausstattung* der Unternehmen a und die *Nutzung* des Mediums n ..." und aus der erhobenen Medienverwendung als „Dann-Teil" der Form „... dann ist die *Medienverwendung* m". Ein Großteil der erhobenen Regeln dient der Anpassung des Fuzzy-Systems, die restlichen dem anschließenden Test.

Grundsätzlich arbeitet die Fuzzy-Logic mit sogenannten unscharfen Zahlen, d.h. aus Werten werden mit Hilfe sogenannter Fuzzy-Sets Zugehörigkeitsgrade zu Ausprägungen der Variable. So könnte z.B. aus 1.80 m eine Zugehörigkeit von 80% zu sehr groß und von 20% zu groß resultieren. Bei der Eingabe dieser Zugehörigkeiten in ein Fuzzy-Expertensystem würden alle Regeln feuern, die auf der „Wenn-Seite" die Ausprägungen „sehr groß" oder „groß" besitzen. Verschiedene Operatoren bewirken z.B. eine unterschiedliche Verarbeitung innerhalb der Regel oder eine unterschiedliche Verknüpfung mehrerer feuernder Regeln.

Das Training der Fuzzy-Komponente umfaßt die Auswahl dieser Operatoren (Inferenz-, Aggregations-, Sicherheits- und Akkumulationsoperator), die Festlegung der Form der Fuzzy-Sets, die Auswahl der Defuzzifizierungsmethode und die Erweiterung der Regelbasis um zusätzlich erforderliche Stützregeln in einem wiederholt zu durchlaufenden Regelkreis [Zim93]. Dabei ist das Hauptziel des Implementierungsprozesses eine möglichst gute Anpassung der Ergebnisse der Fuzzy-Shell an tatsächlich beobachtete Werte. Zur Überprüfung dieses Ziels wurden die empirisch erhobenen Daten visualisiert und mit den mit Hilfe der Fuzzy-Komponente berechneten verglichen.

Die Nutzung einer Fuzzy-Komponente bietet sich aus verschiedenen Gründen an:

- Die Eingangswerte sind oft ungenau, da sie z.B. aus qualitativen Abschätzungen stammen oder vom Benutzer als Schätzung eingegeben werden. In herkömmlichen Prognoseverfahren, wie z.B. regressionsanalytischen Ansätzen, könnte diese Unschärfe nicht angemessen dargestellt werden. Die Fuzzy-Set-Theorie geht explizit von unscharfen Zahlen aus und ermöglicht ihre Verarbeitung, z.B. durch die Überlappung von Fuzzy-Sets [Zim93].

- Ein herkömmliches Expertensystem ist weniger geeignet, da die Regeln aus einer empirischen Untersuchung stammen und somit auch die Inferenz unsicher ist. Die Fuzzy-Inferenz berücksichtigt diese Unsicherheit [Til93].

- Die empirische Untersuchung stellt nur eine relativ kleine Anzahl von Datensätzen zur Verfügung, die alle relevanten Daten umfassen. Die der Fuzzy-Logic inhärente Möglichkeit des plausiblen Schließens [Zim93] ermöglicht es, mit relativ wenigen Regeln (über das Training des Fuzzy-Systems) den gesamten Ergebnisbereich abzubilden. Diese Eigenschaft ist für das vorliegende Problem der entscheidende Vorteil der Fuzzy-Logic gegenüber Neuronalen Netzen.

4 Das Prognose- und Simulationssystem im Marketing

Situation	*Anwendung des Prognose- und Simulationssystems*
Programmevaluation	**Prognose ohne empirische Erhebungen:**
	• Chancen der traditionellen Produkte • Früherkennung von Risiken • Best case/worst case-Szenarien über Veränderung globaler Einflußfaktoren
Strategieentwicklung	**Simulation:**
Marktdurchdringung	Marktpotential bei rationellem oder „vorreiterähnlichem" Verhalten der Unternehmen
Marktentwicklung	Chancen einer Marktsegmentierung bei Veränderung der Funktionalitäten oder Kommunikation für Teilmärkte
Produktentwicklung	Chancen eines Produktes anhand seines Leistungspotentials z.B. im Rahmen eines Screening
Produktneuentwicklung	**Prognose und Simulation mit neuer Empirie:**
Konzepttest	• Chancen des neuen Produkts unter Berücksichtigung der erhobenen Akzeptanz • Simulation der Chancen bei verändertem Leistungsprofil, z.B. gemäß erhobener „nice-to-have"-Eigenschaften oder veränderter Umwelt (z. B. rechtl. Anerkennung)
Produkttest	• Chancen gemäß Empirie bei veränderter Preispolitik (z. B. Durchdringung sehr hoch bei kostenloser Abgabe der Nutzungsvoraussetzungen) • Chancen unter der Voraussetzung erfolgreicher kommunikationspolitischer Maßnahmen (erhöhte Akzeptanz oder verbesserte subjektive Wahrnehmung)

Tabelle 1: Beispiele der Anwendung des Prognose- und Simulationssystems

In der strategischen Planung und im Produktmanagement können je nach Unternehmenssituation verschiedene Fragen auftreten, deren Beantwortung mit Hilfe des Prognose- und

Simulationssystems unterstützt werden kann. Geht es z.B. um ein von Substitutionseffekten bedrohtes traditionelles Produkt, so wird das Hauptinteresse eines Systemnutzers eine Prognose sein. Im Rahmen des Konzepttests eines neuen Produktes mit noch variablen Leistungsmerkmalen, wird eher eine What-if-Simulation benötigt. Vom Hintergrund des Systemnutzers hängt ab, ob er lediglich die im System abgelegten Daten und Projektionen berücksichtigen oder weitere Daten, z.B. aus neuen empirischen Erhebungen, einbeziehen möchte. Simulationen können sich neben verschiedenen möglichen Leistungsmerkmalen auch auf alle anderen im Marktmodell beschriebenen Einflußgrößen, z.B. die globalen Einflüsse oder auch die zukünftige Ausstattung oder das zukünftige Kommunikationsverhalten der Unternehmen, beziehen. Tabelle 1 zeigt typische Unternehmenssituationen zusammen mit einem möglichen Einsatz des Prognose- und Simulationssystems.

5 Literatur

[Dav89]   Davis, F., D.: Perceived Usefulness, Perceived Ease of Use, and User Acceptance of Information Technology, MIS Quaterly 13 (2), Juni 1989, S. 319-339.

[Fan90]   Fantapie-Altobelli, C.: Die Diffusion von Telekommunikationsmedien in der Bundesrepublik Deutschland. Heidelberg 1990.

[Mah96]   Mahler, A., Determinanten der Diffusion neuer Telekommunikationsdienste. Diskussionsbeitrag Nr. 157, Wissenschaftliches Institut für Kommunikationsdienste, Bad Honnef 1996.

[Plu96]   Plum, M., Der Wandel der Unternehmenskommunikation. Diskussionsbeitrag Nr. 163, Wissenschaftliches Institut für Kommunikationsdienste, Bad Honnef 1996.

[Rob96]   Robra-Bissantz, S., Die Substitution des Briefes - Heute und in Zukunft. Vortrag bei der Deutschen Post AG, Bonn, August 1996.

[Til93]   Tilli, T., Fuzzy Logik. München 1993.

[Wei92]   Weiber, R., Diffusion der Telekommunikation. Wiesbaden 1992.

[Zim93]   Zimmermann, H.-J. (Hrsg.), Fuzzy Technologien. Düsseldorf 1993.

PHARMA

Marketing-Decision-Support-Systeme im Mikromarketing am Beispiel der Pharmaindustrie

Klaus D. Wilde
Lehrstuhl für Allg. BWL und Wirtschaftsinformatik[*]
Katholische Universität Eichstätt

Zusammenfassung

Im Mikromarketing sind kundenspezifische Angebots- und Kommunikationskonzepte zu entwickeln, die dem kundenindividuellen Bedarf und dem Kundenwert gleichermaßen gerecht werden. Im Pharmamarkt ist dies primär Aufgabe des Außendienstmitarbeiters (ADM), der dabei angesichts der Vielzahl der zu betreuenden Kunden und der verfügbaren Kundendaten überlastet ist. Ein Marketing-Decision-Support-Systeme (MDSS) kann den ADM bei entscheidungsorientierten Informationsauswertungen unterstützen und durch eine anwenderadäquate Informationspräsentation die Akzeptanz sicherstellen. Der Beitrag beschreibt die Kernfunktionen eines solchen MDSS, praktische Anwendungserfahrungen und die Entwicklungsperspektiven.

Stichworte: Außendienststeuerung, Database Marketing, Marketing-Decision-Support-System, Marktreaktionsmodell, Mikromarketing, Pharmabranche

1 Problemstellung

Im Mikromarketing sind kundenspezifische Angebots- und Kommunikationskonzepte zu entwickeln. Im Pharmamarkt ist dies meist Aufgabe des Außendienstmitarbeiters (ADM), der ca. 500-600 Ärzte zu betreuen hat. Dazu wurden Kundendatenbanken mit Hunderten von Kundenmerkmalen aufgebaut, die in ihrer Gesamtheit eine zutreffende Charakterisierung kundenindividueller Verordnungsgewohnheiten erlauben. Die große Zahl von Kunden und Kundenmerkmalen führt jedoch bei der Planung kundenspezifischer Angebots- und Kommunikationskonzepte zu einem massiven "Information Overload", mit der Folge, daß auf kundenindividuelle Konzepte völlig verzichtet wird oder diese unabhängig von den verfügbaren Kundendaten rein intuitiv festgelegt werden. Der ADM benötigt deshalb eine Verdichtung der Datenflut zu wenigen, überschaubaren Aussagen , die eine rasche Kundenzuordnung zu verschiedenen Angebots- und Kommunikationskonzepten ermöglicht. Dazu wurde am Lehrstuhl für ABWL und Wirtschaftsinformatik der Kath. Universität Eichstätt ein MDSS entwickelt, das in vielen Unternehmen erfolgreich eingesetzt wird.

---

[*] Lehrstuhlinhaber: Prof. Dr. Klaus D. Wilde

2 Grundkonzept eines Marketing-Decision-Support-Systems

Grundsätzlich muß ein MDSS folgende Grundfunktionen erfüllen, soweit es nicht auf entsprechende Funktionalität anderer Anwendungssysteme zurückgreifen kann:

- *Informationsbeschaffung*: Erfassung/Zusammenführung aller relevanten Informationen in einer integrierten Datenbank, die beliebige Verknüpfungen ermöglicht;

- *Informationsbereitstellung*: Direktzugriff des Anwenders auf alle relevanten Informationen in anwenderadäquater Form;

- *Informationsauswertung*: entscheidungsorientierte Informationsverdichtung und Interpretation (Diagnose, Empfehlung, Wirkungsprognose);

- *Informationspräsentation*: Präsentation der Information in anwenderadäquater Form (z.B. Visualisierung, Assistenzfunktionen).

ADM und Management sind heute in betriebliche Informationsysteme eingebunden, die einen Teil dieser Grundfunktionen wahrnehmen: Database-Marketing-Systeme und Marketing-Informations-Systeme decken den Bereich der Informationsbeschaffung und Informationsbereitstellung kompetent ab. Außendienst-Informations-Systeme geben auch dem ADM mit Hilfe von Notebook-PCs und DFÜ komfortablen Zugriff auf aktuelle Kunden- und Marktdaten. Damit konzentrieren sich die Kernfunktionen des MDSS auf die Informationsauswertung und die Informationspräsentation.

3 Informationsauswertung

Abhängig von der Stellung im Produktlebenszyklus stehen unterschiedliche Größen im Mittelpunkt der Kundenbewertung durch den ADM:

- *Markteinführung*: der Kundenwert wird durch drei Bewertungsdimensionen bestimmt.

  - *Marktvolumen*: Je größer der Verordnungsumsatz des Arztes im relevanten Markt ist, desto mehr Umsatz kann kurzfristig für das neue Produkt gewonnen werden, wenn es gelingt, den Arzt zu überzeugen. Bewertungsdimension: Verordnungsumsatz des Arztes im relevanten Markt.

  - *Innovationsbereitschaft*: Ist der Arzt im relevanten Markt gegenüber Neuerungen sehr aufgeschlossen, erleichtert dies seine Gewinnung das Neuprodukt. Bewertungsdimension: Neuprodukt-Verordnungsanteil des Arztes im relevanten Markt.

  - *Firmenakzeptanz*: ist der Arzt gegenüber dem betrachteten Unternehmen sehr aufgeschlossen, so erleichtert dies seine Gewinnung für das Neuprodukt. Bewertungsdimension: Verordnungsanteil des Arztes von firmeneigenen Produkten.

- *Wachstum/Reife*: Marketingkontakte sind dort zu plazieren, wo erfahrungsgemäß maximaler Umsatzzuwachs zu erwarten ist. Bewertungsdimension: durch Marketingkontakte zu erwartender Umsatzzuwachs beim Arzt.

- *Degeneration*: der Kundenwert wird durch zwei Bewertungsdimensionen bestimmt.

  - *Produktumsatz*: Verteidigungsanstrengungen sind dort zu konzentrieren, wo hohe Verordnungsumsätze des betrachteten Produkts gefährdet sind und wo der Arzt ein hohes Maß an Produktbindung signalisiert. Bewertungsdimension: Verordnungsumsatz des Arztes beim betrachteten Produkt.

  - *Konservativismus*: Ist der Arzt gegenüber Neuerungen sehr zurückhaltend, verbessert dies die Erfolgschancen der Verteidigungsbemühungen. Bewertungsdimension: Neuprodukt-Verordnungsanteil des Arztes im relevanten Markt.

Akzeptiert man diese Bewertungsdimensionen, so stößt man auf das Problem, daß die zu ihrer Berechnung erforderlichen, kundenindividuellen Wettbewerbsumsätze und Marktvolumina unbekannt sind. Speziell im Pharmamarkt sind wegen der Warendistribution über die Apotheke nicht einmal die Verordnungsumsätze des Arztes bei eigenen Produkten bekannt. Geeignete Daten stehen jedoch zur Verfügung für Ärztepanels (Gruppen von Ärzten, die kontinuierlich ihre Verordnungen an ein Marktforschungsinstitut berichten, z.B. VIP, Mediplus) und regionale Marktsegmente (der Regionale Pharmazeutische Markt – RPM – weist für 1845 regionale Marktsegmente monatliche Umsätze für alle pharmazeutischen Produkte aus). Bei der Kundenbewertung war deshalb der ADM in der Vergangenheit ausschließlich auf seine persönliche Eindrücke vom Kunden angewiesen. Heute stehen dem ADM dazu Kundendatenbanken mit folgenden Inhalten zur Verfügung:

- Stammdaten: Name, Anschrift, Geschlecht, Fachgruppe, Zusatzqualifikationen

- Kontakthistorie: bisherige Unternehmenskontakte des Arztes (Produktbesprechungen durch ADM, Einladungen zu Informationsveranstaltungen, Musterangebote usw.)

- Reaktionsdaten: bisherige Reaktionen des Arztes auf Unternehmenskontakte, Musterabrufe, Teilnahme an Informationsveranstaltungen, Antworten auf Umfragen usw.)

- ADM-Daten: Einschätzungen des Arztes aufgrund persönlicher Eindrücke des ADM (Praxisgröße/-ausstattung, Patientenzahl/-struktur, Verordnungsverhalten, Therapieprinzipien, Markentreue, Firmenbindung usw.)

- Profilingdaten: Daten aus schriftlichen Befragungen der Ärzte durch Marktforschungsinstitute (Verordnungsverhalten, Praxisausstattung, Therapieprinzipien usw.)

Der ADM kann aus der Kundendatenbank hunderte Kundenmerkmale abrufen, wobei aber nicht alle Merkmale flächendeckend für alle Ärzte verfügbar sind, die Merkmale oft erhebliche Unschärfen aufweisen (Subjektivität von Gesprächswahrnehmungen bei ADM-Daten, verzerrte Selbsteinschätzungen bei Profilingdaten usw.) und die Aussagekraft der Merkmale oft unklar ist (Sind junge Ärzte innovativer als alte? Kann aus der Praxisgröße auf die Antibiotikaverordnungen geschlossen werden?). Durch die Informationsfülle der Kundendatenbanken wurde eine wesentliche Qualitätsverbesserung der Kundenbewertung erwartet, da nun im Vergleich zur ausschließlichen Nutzung von ADM-Daten die nicht kontinuierlich betreuten Ärzte anhand anderer Informationsquellen bewertet und unscharfe Gesprächseindrücke des ADM gegen anderen Informationsquellen geprüft werden konnten. Es zeigte sich jedoch, daß die Mehrheit der ADM durch den gewaltigen "Information Overload" durch die Kundendatenbank überfordert war und diese kaum für Kundenbewertung und Mikromarketing nutzte. Es bedarf deshalb eines MDSS, das die Fülle der Kundenmerkmale zu wenigen, überschaubaren Gesamtwertungen zusammenfaßt. Dazu ist es erforderlich, gesondert für jede Bewertungsdimension, die aussagekräftigen Kundenmerkmale auszufiltern und zu gewichten. Als Kriterium für die Auswahl und Gewichtung der Kundenmerkmale kommen ausschließlich Daten in Betracht, deren Validität und Reliabilität außer Frage stehen. Objektive Verordnungsdaten, die diesen Anforderungen entsprechen, sind aus Ärztepanels oder der regionalen Marktstatistik verfügbar. Jede dieser beiden Informationsquellen erfordert dabei unterschiedliche Analysemethoden:

3.1 Computergestützte Kundenbewertung auf Basis von Paneldaten

Arzt Nummer	Gr.Praxis ADM	Kongress-TN DM	24h-EKG ADM/IFNS	Intensiv-VO Profiling	Bewertung Marktvolumen		
1	0	0	1	1	7500		
2	1	0	0	1	6000		
3	0	1	1	0	5500		
4	1	1	0	1	8000		
5	0	0	1	0	3500		
.	.	.	.	.	.		
.	.	.	.	.	.		
60000	0	1	0	0	2500		
Ums./Arzt=	1500	2000	3000	4000	500	Regressionsmodell	
Arzt Nummer	Gr.Praxis ADM	Kongress-TN DM	24h-EKG ADM/IFNS	Intensiv-VO Profiling	Indikations- Umsatz/Arzt	Ums./Arzt Schätzung	Ums./Arzt Abweichung
P1	1	0	1	1	8750	9000	-250
P2	0	1	0	0	2630	2500	130
P3	1	0	0	0	1860	2000	-140
.	.	.	.	.	.	.	.
.	.	.	.	.	.	.	.
P330	0	1	0	0	2520	2740	-220

Abbildung 1: Kundenbewertung bezüglich "Marktvolumen" auf Basis von Paneldaten

Ausgehend von den Verordnungsangaben der Panelärzte können für jeden Panelarzt die Werte in den o.g. Bewertungsdimensionen objektiv berechnet werden, z.B. der Verordnungsumsatz des Arztes im relevanten Markt als Maß des kundenindividuellen "Marktvolumens". Durch Abgleich der Paneldaten mit der Kundendatenbank des Unternehmens können die Werte in den einzelnen Bewertungdimensionen Arzt für Arzt unmittelbar den Merkmalen aus der Kundendatenbank gegenübergestellt werden. Für ein Panel mit 330 Ärzten (P1, .. , P330) erhält man den in der unteren Hälfte von Abbildung 1 dargestellten, grau hinterlegten Datensatz. Mit Hilfe einer multiplen Regressionsanalyse kann nun die Kombination und Gewichtung der Kundenmerkmale ermittelt werden, die eine bestmögliche Prognose des kundenindividuellen Marktvolumens erlaubt. Die Kundenmerkmale werden dabei grundsätzlich binär (0/1) codiert. Nominale und ordinale Merkmale (z.B. Praxisgröße A, B, C) werden durch gesonderte Binärvariable für jede Ausprägung abgebildet, intervallskalierte Merkmale (z.B. Niederlassungsdauer) werden in ordinale Gruppen (z.B. 0-5/6-10/11-20/21+ Jahre) zusammengefaßt und wie ordinale Merkmale behandelt. Dadurch können auch nichtlineare Einflüsse abgebildet werden. Noch wichtiger ist jedoch die einfache Interpretierbarkeit der Regressionskoeffizienten als Zu- oder Abschlagsfaktor auf das Marktvolumen. Im Beispiel von Abbildung 1 besagt das Regressionsmodell, daß Ärzte ohne Positivmerkmal ein Marktvolumen von DM 500,-- aufweisen, Ärzte die vom ADM als "Große Praxis" klassifiziert wurden, liegen um DM 1.500,-- darüber. Ärzte, die ADM als "Große Praxis" klassifiziert wurden und sich beim Profiling als "Intensiv-Verordner" klassifizierten, liegen um DM 5.500,-- (1500 + 4000) darüber. Da die Kundenmerkmale nicht flächendeckend verfügbar sind und z.T. Unschärfen aufweisen, erhält man eine optimale Abdeckung der Ärzteschaft und eine maximale Fehlertoleranz, wenn möglichst viele Merkmale in die Kundenbewertung einbezogen werden. Nach der Backward-Methode der Regressionsanalyse werden deshalb nur diejenigen Merkmale schrittweise ausgeschlossen, die keinen signifikanten, eigenständigen Erklärungsbeitrag leisten. Im Vergleich zur Stepwise-Methode erhält man umfangreichere Regressionsmodelle in denen auch hochkorrelierte Merkmale enthalten bleiben, solange sie signifikante Erklärungsbeiträge leisten. Kernziel der Analyse ist die Auschöpfung der verfügbaren Informationsbasis und nicht der Signifikanznachweis der einzelnen Merkmale. Deshalb werden bei der Regressionsanalyse relativ hohe Irrtumswahrscheinlichkeiten bis 0,10 akzeptiert, bevor ein Merkmal ausgeschlossen wird. Dies erweist sich auch angesichts kleiner Panelstichproben (300-500 Ärzte) als zweckmäßig. Da durch die Backward-Methode insignifikante Merkmale automatisch ausgeschlossen werden, kann auf eine manuelle Vorauswahl verzichtet werden. Mit Blick auf die Anwenderakzeptanz werden aber in einem manuell gesteuerten Dialogschritt offenkundig unplausible Merkmalsgewichtungen ausgeschlossen, die durch komplexe Interkorrelationen der Merkmale auftreten können. Die "plausibilitätsbereinigten" Regressionsmodelle lassen sich dem ADM problemlos kommunizieren und unterscheiden sich in ihrer Erklärungskraft nur marginal von den automatisch generierten Rohfassungen. Typischerweise erhält man so bei gut gepflegten Datenbanken mit 200-300 Merkmalen pro Arzt Regressionsmodelle mit 20-30 signifikanten Merkmalen zur Prognose des kundenindividuellen Marktvolumens (vgl. auch Abbildung 4). Ist das Panel repräsentativ, so gilt diese Regressionsgleichung auch für die Grundgesamtheit und kann verwendet werden, um aus den (bekannten) Kundendatenbankmerkmalen für alle Ärzte das (unbekannte) Marktvolumen bestmöglich zu schätzen. Dies zeigt beispielhaft der grau hinterlegten Datensatz in der oberen Hälfte von Abbildung 1. Die letzte Spalte (Bewertung Marktvolumen) zeigt dabei das Ergebnis der marktvolumensbezogenen Kundenbewertung. Die skizzierte Vorgehensweise kann analog für alle anderen Bewertungsdimensionen durchgeführt werden und liefert damit eine umfassende, entscheidungsorientierte Kundencharakterisierung in wenigen Kennziffern, die für Zwecke des ADM die Quintessenz aus Hunderten von Kundendatenbankmerkmalen darstellen. Gegenüber der Kundenbewertung auf Basis regionaler Marktdaten (Abschnitt 3.2) hat die Kundenbewertung auf Basis von Paneldaten jedoch einige Nachteile: Zur Wahrung der Anonymität der

Panelärzte muß der Datenabgleich zwischen Panel und Kundendatenbank beim panelführenden Institut durchgeführt werden, was sich im Kosten- und Zeitaufwand deutlich niederschlägt. Unter der relativ geringen Zahl von Panelärzten finden sich Merkmale aus der Kundendatenbank mit geringer Besetzungshäufigkeit in so geringen Stückzahlen, daß eine signifikante statistische Bewertung unmöglich ist. So ist z.B. ein Merkmal, das 600 Ärzte aus den 60.000 Praktikern/ Internisten der BRD aufweisen, durchschnittlich nur bei 5 Ärzten in einem Panel von 500 Ärzten zu erwarten.

3.2 Computergestützte Kundenbewertung auf Basis regionaler Marktdaten

Aus den Umsatzdaten der 1845 regionalen Marktsegmente der RPM-Marktstatistik lassen sich zwar keine individuellen Kundenbewertungen bestimmen, jedoch kann der Mittelwert der zu einem regionalen Marktsegment gehörigen Ärzte berechnet werden. Um analog zum Vorgehen in Abschnitt 3.1 eine regressionsanalytische Auswahl und Gewichtung der Kundenmerkmale vorzunehmen, sind den Mittelwerten der Bewertungsdimensionen die Mittelwert der binärcodierten Kundenmerkmale in den regionalen Marktsegmenten gegenüberzustellen (d.h. die relativen Häufigkeiten der Kundenmerkmale in den regionalen Marktsegmenten). Man erhält so den in der unteren Hälfte von Abbildung 2 dargestellten, grau hinterlegten Datensatz.

Arzt Nummer	Gr.Praxis ADM	Kongress-TN DM	24h-EKG ADM/Profiling	Intensiv-VO Profiling	Bewertung Marktvolumen		
1	0	0	1	1	7500		
2	1	0	0	1	6000		
3	0	1	1	0	5500		
4	1	1	0	1	8000		
5	0	0	1	0	3500		
.	.	.	.	.	.		
.	.	.	.	.	.		
60000	0	1	0	0	2500		
Ums./Arzt=	1500	2000	3000	4000	500	Regressionsmodell	
RPM Segment	Gr.Praxis ADM	Kongress-TN DM	24h-EKG ADM/IFNS	Intensiv-VO IFNS	Indikations- Umsatz/Arzt	Ums./Arzt Schätzung	Ums./Arzt Abweichung
1	0,30	0,03	0,27	0,15	2540	2420	120
2	0,15	0,04	0,14	0,05	1275	1425	-150
3	0,45	0,02	0,35	0,25	3415	3265	150
.	.	.	.	.	.	.	.
.	.	.	.	.	.	.	.
1845	0,28	0,05	0,10	0,06	1480	1560	-80

Abbildung 2: Kundenbewertung bezüglich "Marktvolumen" auf Basis von Regionaldaten

Die Durchführung der Regressionsanalyse und die darauf aufbauende Berechnung der Kundenbewertung für alle Ärzte erfolgt, wie in Abbildung 2 dargestellt, analog zu Abschnitt 3.1. Der R^2-Wert der Regressionsmodelle auf der Basis regionaler Marktdaten liegt typischerweise bei 0,6. Dieser Ansatz weist gegenüber der Kundenbewertung auf Basis von Paneldaten (Abschnitt 3.1) einige Vorteile auf: Die regionale Marktstatistik liegt in nahezu allen Unternehmen auf Datenträger vor, so daß die Kundenbewertung schnell und kostengünstig durchgeführt werden kann. Die zur Analyse verfügbare Stichprobe von 1845 regionalen Marktsegmenten ist deutlich größer als bei Panels, was den signifikanten Nachweis der Relevanz von Kundenmerkmalen erleichtert. Durch die regionale Aggregation der Kundendatenbank gehen alle Kundendaten in die Analyse ein und nicht nur die (geringe) Überschneidungsmenge zum Panel, was die Relevanzbeurteilung von schwach besetzten Kundenmerkmalen erleichtert.

3.3 Computergestützte Kundenbewertung in Wachstums- und Reifephase

Die in den Abschnitten 3.1 und 3.2 am Beispiel der Bewertungsdimension "Marktvolumen" vorgestellte Methodik läßt sich unmittelbar auf die Bewertungsdimensionen "Innovationsbereitschaft", "Firmenakzeptanz", "Produktumsatz" und "Konservativismus" übertragen. Bei der Bewertungsdimension "durch Marketingkontakte zu erwartender Umsatzzuwachs" bedarf es einer methodischen Erweiterung, die am Beispiel der Kundenbewertung auf der Basis regionaler Marktdaten vorgestellt wird.

RPM Segment	Ums.-Änd. 95/96	Basis-Ums. 95	2+Besp. 95	Info-VA 95	Ums.-Änd. Schätzung	Ums.-Änd. Abweichung	NL-Dauer 20+ Jahre	Rand-VO Profiling	Top-Arzt ADM
1	-250	2000	0,60	0,23	-270	20	0,05	0,35	0,25
2	-170	1500	0,50	0,25	-150	-20	0,10	0,30	0,35
3	360	200	0,80	0,18	330	30	0,20	0,25	0,30
4	100	1000	0,90	0,15	120	-20	0,10	0,58	0,35
.	.	.	.	.	.	.	.	.	.
.	.	.	.	.	.	.	.	.	.
1845	-500	3000	0,70	0,20	-540	40	0,20	0,40	0,25
Regression	Ums.-Änd. =	-0,30	400	400	2+Besp.:	Abweichung=	0	-192	260
					Info-VA:	Abweichung=	300	300	-400

Abbildung 3: Kundenbewertung bezüglich "Umsatzzuwachs" auf Basis von Regionaldaten

Im 1. Schritt wird mit Hilfe einer Regressionsanalyse der Zusammenhang zwischen den beobachteten Veränderungen der Pro-Kopf-Umsätze und den Marketingkontakten bestimmt. Wie der grau hinterlegte Datensatz in der linken Hälfte von Abbildung 3 zeigt, werden dabei folgende Regressoren verwendet:

- Pro-Kopf-Umsatz des betrachteten Produkts zu Beginn des Betrachtungszeitraums: Das erreichte Umsatzniveau unterliegt einer kontinuierlichen Erosion, wenn keine "Erhaltungsinvestitionen" in Form von Marketingkontakten getätigt werden. Der Regressionskoeffizient -0,3 im Marktreaktionsmodell der Abbildung 3 besagt, daß im Verlauf einer Periode der Pro-Kopf-Umsatz um 30 % zurückgeht, wenn im regionalen Marktsegment keine Marketingkontakte stattfinden.

- Anteile der Ärzte, die im Betrachtungszeitraum mit bestimmten Marketingkontakten belegt wurden. Nach Abbildung 3 haben z.B. 15 % der Ärzte in RPM-Segment 4 im Jahr 1995 an einer Informationsveranstaltung (Info-VA) teilgenommen. Realiter können neben den beiden im Beispiel dargestellten Kontaktarten, ADM-Besuche (2+Besp.)

und Informationsveranstaltungen (Info-VA), 10-15 verschiedene Arten von Marketing-kontakten (auch verschiedene ADM-Besuchsfrequenzen) auftreten.

Die Regression liefert die Prognose der in den regionalen Marktsegmenten aufgrund der Marketingkontakte zu erwartenden Pro-Kopf-Umsatzveränderungen ("Ums.-Änd. Schätzung" in Abbildung 3). Wie der Vergleich mit den tatsächlichen Pro-Kopf-Umsatzveränderungen zeigt, liefert das Regressionsmodell eine sehr gute Beschreibung der Marktreaktion, allerdings unter der Prämisse der Unabhängigkeit der Marktreaktion von der Kundenstruktur. Ziel der Analyse ist jedoch gerade, Kunden herauszufiltern, die eine überdurchschnittliche Reaktion auf Marketingkontakte erwarten lassen. Die Erweiterung des Regressionsmodells um Interaktionseffekte zwischen Marketingaktionen und Kunden-merkmalen erweist sich aufgrund der Vielzahl hochkorrelierter Regressoren nicht praktika-bel. Die Identifizierung überdurchschnittlich reaktionsfreudiger Kunden setzt deshalb an den unerklärten Residuen der Marktreaktions-Regression an. Diese Residuen zeigen regio-nale Marktsegmente, die im Vergleich zu den Marketingkontakten über- oder unterdurch-schnittliche Pro-Kopf-Umsatzveränderungen realisierten. So wäre z.B. in RPM-Segment 4 ein Anstieg des Pro-Kopf-Umsatzes um DM 120,-- zu erwarten gewesen, tatsächlich konnte aber nur ein Zuwachs von DM 100,-- realisiert werden. In RPM-Segment 1845 war ein Einbruch des Pro-Kopf-Umsatzes um DM 540,-- zu erwarten, tatsächlich war lediglich ein Rückgang um DM 500,-- zu beobachten. Das "Verlustsegment" 1845 zeigte also unter Berücksichtigung der eingesetzten Marketingkontakte eine deutlich bessere Marktreaktion (+40) als das "Zugewinnsegment" 4 (-20). Im 2. Schritt werden nun regressionsanalytisch Kundenmerkmale ausgefiltert und gewichtet, die eine über- oder unterdurchschnittliche Pro-Kopf-Umsatzveränderung erwarten lassen (grau hinterlegte Datensatz in der rechten Hälfte von Abbildung 3). Eine ungewichtete Regressionsanalyse weist allerdings nur dieje-nigen Kundenmerkmale mit ihren Gewichtungsfaktoren aus, die unabhängig von der Art der Marketingkontakte überdurchschnittliche Marktreaktionen erwarten lassen (in Abbil-dung 3 nicht dargestellt). Ziel der Analyse ist es jedoch, für jede Art von Marketingkon-takten (im Beispiel ADM-Besuche und Info-VA) diejenigen Kundenmerkmale auszuwei-sen, die speziell für diese Kontaktart überdurchschnittliche Marktreaktionen erwarten las-sen. Im 3. Schritt erfolgt deshalb auf dem gleichen Datensatz eine gewichtete Regressi-onsanalyse, wobei der Anteil des gerade betrachteten Marketingkontakttyps an der Ge-samtwirkung aller Marketingkontakte (der aus den Ergebnissen der Regressionsanalyse im 1. Schritt berechnet werden kann) als Gewichtungsfaktor dient. Als Ergebnis erhält man im Beispiel der Abbildung 3 ein Regressionsmodell, das über-/unterdurchschnittliche Marktre-aktionen in regionalen Marktsegmenten mit besonders vielen ADM-Besuchen beschreibt (Regressionsmodell "2+Besp.": zeigt Wirkungsbesonderheiten der ADM-Besuche) und ein Regressionsmodell, das über-/unterdurchschnittliche Marktreaktionen in regionalen Markt-segmenten mit besonders vielen Info-VA beschreibt (Regressionsmodell "Info-VA": zeigt Wirkungsbesonderheiten der Info-VA). Wendet man diese Regressionsmodelle auf die (binär codierten) Merkmale eines Kunden an, so erhält man als Ergebnis eine Schätzung, inwieweit dieser Kunde über- oder unterdurchschnittliche Umsatzzuwächse infolge von ADM-Besuchen bzw. Info-VA erwarten läßt. Im Beispiel von Abbildung 3 läßt eine In-formationsveranstaltung (Info-VA) im Durchschnitt einen Umsatzzuwachs von DM 400,-- erwarten, ein Arzt, der im Profiling als Randverordner (Rand-VO) klassifiziert wurde, zeigt einen Umsatzzuwachs von DM 700,-- (400+300), ein Arzt der vom ADM als "Top-Arzt" klassifiziert wurde, läßt keine Wirkung (400-400) erwarten. Die Regressionskoeffizienten können damit als Zu-/Abschlagsfaktoren herangezogen werden, um die Attraktivität eines Kunden mit einer bestimmten Merkmalskombination für einen bestimmten Marketingkontakttyp zu ermitteln. Damit steht für jeden Kunden in Abhängigkeit von seiner individuellen Merkmalskonstellation eine Charakterisierung hinsichtlich aller 6 Bewertungsdimensionen zur Verfügung, die zu Beginn von Abschnitt 3 entwickelt wurde (einschließlich einer differenzierten Bewertung der Kundeneignung für bestimmte Marketingkontakttypen).

4 Informationspräsentation

Die in Abschnitt 3 entwickelte Systematik der Kundenbewertung faßt in wenigen entscheidungsorientierten Kenngrößen für den ADM die Quintessenz aus Hunderten von Datenbankmerkmalen zusammen, reduziert damit massiv die Informationsüberlastung des ADM und macht eine wirksame Nutzung der Kundendatenbank erst praktisch möglich. Dies gilt jedoch nur,wenn es gelingt, den ADM von der Sinnhaftigkeit und Richtigkeit der Kenngrößen zu überzeugen. Dies ist umso schwieriger, als die Kenngrößen auf unsicherheitsbehafteten Daten aufbauen und damit selbst (wenn auch in geringerem Maße) ebenfalls unsicherheitsbehaftet sind, was sich in fallweisen "Fehldiagnosen" niederschlägt. Zudem widersprechen die Kenngrößen nicht selten den subjektiven Einschätzungen des ADM (andernfalls böten die Kenngrößen über den Informationsstand des ADM hinaus keine Information und wären damit überflüssig). Zur Informationspräsentation beim ADM wurden deshalb akzeptanzfördernde Darstellungsformen entwickelt, die sich als zentral für die erfolgreiche Implementierung erwiesen. Zur Informationspräsentation wird soweit wie möglich auf die Funktionalität der jeweiligen Außendienst-Informations-Systeme zurückgegriffen.

4.1 Methodenbeschreibung

Will man den ADM trotz partiellen Widerspruchs zu seiner subjektiven Erfahrung zur konstruktiven Auseinandersetzung mit den o.g. Kenngrößen bewegen, so setzt dies eine einfach nachvollziehbare und logisch überzeugende Darstellung der Vorgehensweise voraus. Dabei hat es sich als vorteilhaft erwiesen, das mathematisch-statistische Instrumentarium der Analyse beiseite zu lassen und die Grundlogik des Verfahrens anhand einfacher Analogien (z.B. Rasterfahndung, Indizienprozess bei Gericht) zu beschreiben. Die Kundenwertigkeit in den einzelnen Bewertungsdimensionen wird auf "Plus- und Minuspunkte" zurückgeführt, die für bestimmt Kundenmerkmale vergeben werden (vgl. Abbildung 4).

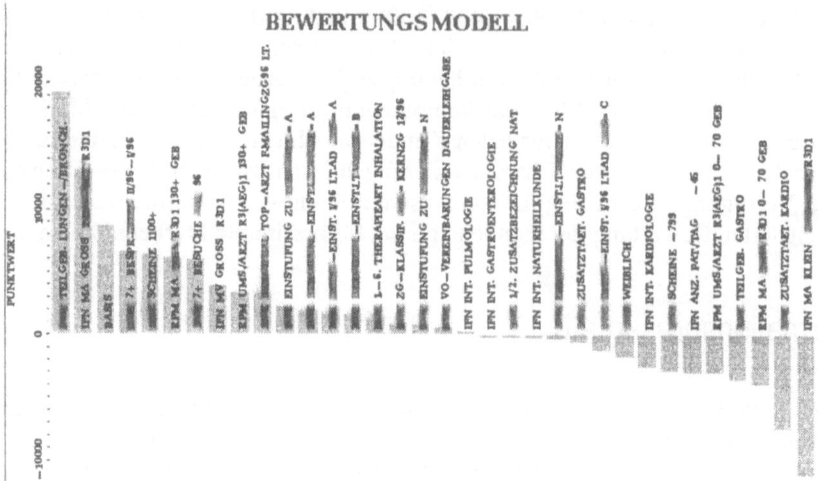

Abbildung 4: Punktwerte der relevanten Kundenmerkmale bezüglich "Produktumsatz"

Dabei ist ausdrücklich die Objektivität bei der Ermittlung der Merkmalsgewichtungen hervorzuheben. Zentrale Bedeutung hat auch eine für den ADM plausible Erklärung von relativer Größe und Vorzeichen der Punktwerte.

4.2 Darstellung der Kundenbewertungen

Die Kundenwertigkeit ist in Bildschirmmasken und Tabellen nicht numerisch in unterschiedlich skalierten Bewertungsdimensionen darzustellen, sondern in allen Bewertungsdimensionen einheitlich anhand von 3-5 Perzentilswerten (z.B. Oberes-, mittleres, unteres Drittel). Der einheitliche Maßstab vereinfacht den Umgang mit den verschiedenen Kenngrößen und vergröbert die Aussagen der Kundenbewertung in einer ihrer Unsicherheit angemessenen Form.

4.3 Zielgruppenprofile

Eine grobe Richtung für empfehlenswerte Strukturänderungen des ADM bei seiner Kontaktplanung geben Merkmalsprofile, welche die Strukturmerkmale der vom ADM kontaktierten Kunden und der Top-Kunden aus der Kundenbewertung gegenüberstellen. Um durch die Vielzahl der möglichen Kundenmerkmale nicht neuerlich Informationsüberladung beim ADM zu generieren, werden lediglich die 5 Merkmale mit den größten Abweichungen zwischen ADM-Planung und Top-Kunden ausgefiltert. So zeigt Abbildung 5 für das ADM-Gebiet 381, daß insbesondere bei der Betreuung von Venengruppen- und Terminärzten extreme Defizite bestehen.

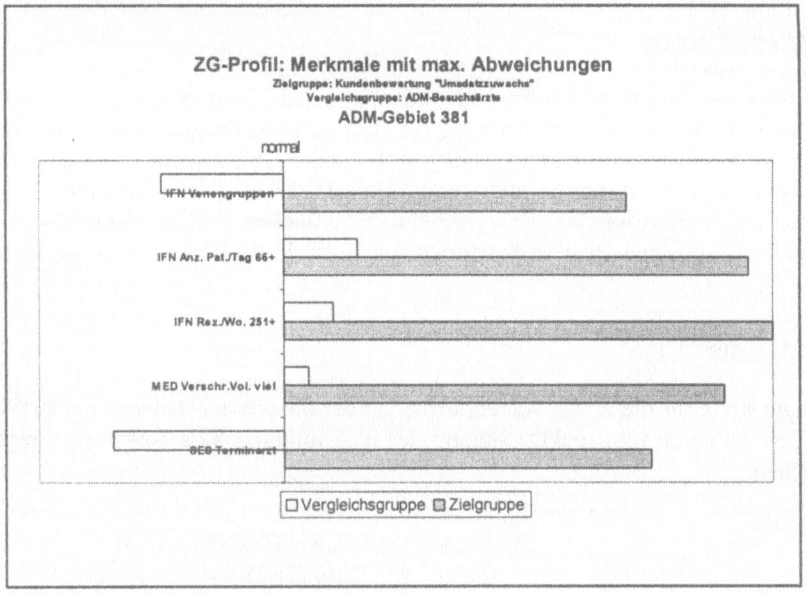

Abbildung 5: Merkmalsprofil von Datenbank-Zielgruppe und ADM-Besuchsärzte

4.4 Abgleichlisten

Datenbankgestützte Kundenbewertungen stoßen beim ADM auf Akzeptanzbarrieren, wenn der ADM seine Einschätzungen und Aktionen in Frage gestellt sieht. Um dies zu vermeiden, hat sich die Gegenüberstellung zweier Abgleichlisten (auf PC oder Papier) bewährt: die "Zielgruppenliste" zeigt die vom ADM subjektiv vorausgewählten Kunden, sortiert nach den relevanten Bewertungsdimensionen aus der Datenbank, die "Austauschliste" zeigt die vom ADM bisher nicht in Betracht gezogenen Kunden mit guten und sehr guten Bewertungen in der datenbankgestützten Kundenbewertung. Die kritische Diskussion konzentriert sich auf die ca. 20 % der "Zielgruppenliste" mit den schlechtesten Kundenbewertungen. Gleichzeitig wird die Übereinstimmung der datenbankgestützten Kundenbewertung mit dem ADM-Urteil für die überwiegende Mehrheit der "Zielgruppenliste" dokumentiert, was das Vertrauen der ADM in die datenbankgestützte Kundenbewertung fördert. Die ADM-Vorauswahl wird bewußt als Ausgangspunkt der "Zielgruppenliste" gewählt, um das Primat des ADM als relevantem Entscheider vor Ort zu betonen. Aus der "Austauschliste" kann der ADM die aus seiner Sicht geeignetsten Kunden zum Austausch gegen die "faulen" Kunden aus der "Zielgruppenliste" auswählen, ohne daß sein Gestaltungsspielraum durch zentrale Vorgaben eingeschränkt wird. Erfahrungsgemäß führt dieses Vorgehen über mehrere Iterationen zu einer deutlichen Verbesserung der Kontaktplanung der ADM.

4.5 Kundenportfolios

Die Ergebnisse der datenbankgestützten Kundenbewertung können in Form eines Kundenportfolio dargestellt werden, in dem analog zur strategischen Portfolioanalyse die einzelnen Kunden in einem Koordinatensystem mit den Koordinaten "Kundenpotential" (Bewertungsdimension Marktvolumen) und "Umsatzstärke" (Bewertungsdimension Produktumsatz) positioniert werden. Entsprechend der aktuellen Fragestellung können grundsätzlich auch die übrigen Bewertungsdimensionen als Portfolioachsen eingeblendet werden.

4.6 RPM-Tests

Eine zentrale Rolle für die ADM-Akzeptanz spielt der objektive Nachweis der Erfolgswirksamkeit. Dies läßt sich retrospektiv anhand der in Abbildung 6 dargestellten Graphik veranschaulichen.

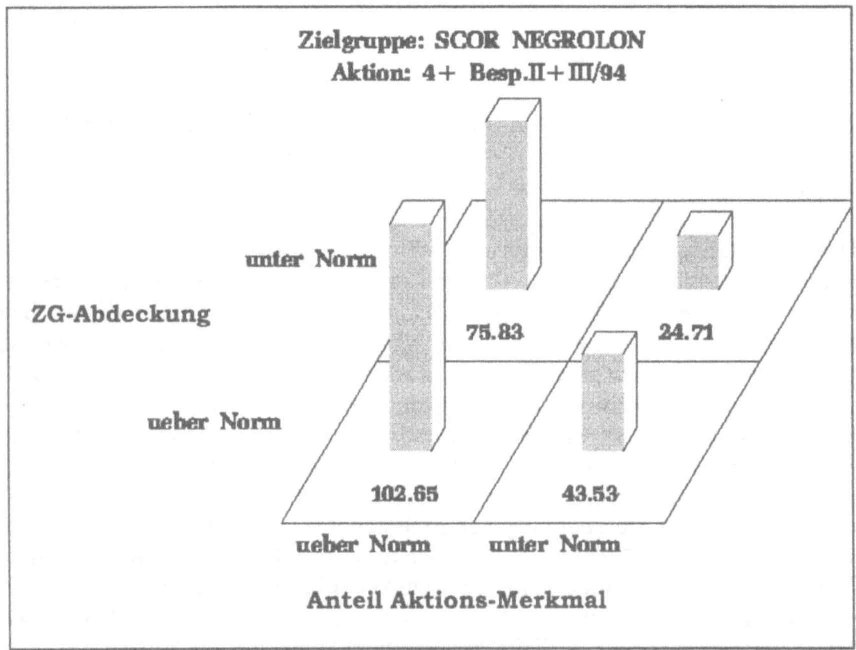

Abbildung 6: Test der Kundenbewertung gegen regionale Marktdaten

Dabei werden die regionalen Marktsegmente nach den Kriterien "über-/unterdurchschnittlicher Abdeckung der Top-Kunden aus der datenbankgestützter Kundenbewertung" und "über-/unterdurchschnittlicher Pro-Kopf-Häufigkeit von (gewichteten) Marketingkontakten" in vier Gruppen zerlegt Die Berechnung des mittleren Pro-Kopf-Umsatzzuwachses in den vier Gruppen zeigt (erwartungsgemäß) höhere Umsätzzuwächse in den Marktsegmenten mit überdurchschnittlichen Marketingkontakten und in den Marktsegmenten mit überdurchschnittlicher Abdeckung der Top-Kunden aus der datenbankgestützten Kundenbewertung (DM 102,65 gegenüber DM 75,83 bei intensiv bearbeiteten Marktsegmenten, DM 43,53 gegenüber DM 24,71 bei wenig bearbeiteten Marktsegmenten). Marktsegmente, in denen bereits früher die Marketingkontakte in hoher Übereinstimmung mit der (damals noch unbekannten) datenbankgestützten Kundenbewertung erfolgten, waren also deutlich erfolgreicher. Der überdurchschnittliche Erfolgszuwachs durch überdurchschnittliche Abdeckung der Top-Kunden bei den wenig bearbeiteten Marktsegmenten zeigt, daß Mikromarketing insbesondere bei knappen Marketingressourcen erfolgsentscheidend ist.

5 Praktische Erfahrungen und Weiterentwicklung

Das vorgestellt MDSS gibt dem ADM in Form verschiedener Bewertungsdimensionen für alle Phasen des Produktlebenszyklus eine Entscheidungshilfe an die Hand, um den Produktzielen adäquate Kundenzielgruppen namentlich abzugrenzen, differenzierte Zielgruppen für verschiedene Marketingkontakttypen zu bestimmen und so für jeden Kunden seinen Merkmalen entsprechend ein individuelles Kommunikationskonzept zu formulieren. Vertreibt der ADM mehrere Produkte parallel, so kann auf der Grundlage produktspezifischer Analyse für jedes Produkt eine kundenindividuelle Angebotskonzeption entwickelt werden. Ebenso läßt sich das vorgestellte MDSS außerhalb der ADM-gesteuerten Kommunikation auch für alle anderen direktadressierbaren Werbemedien einsetzen. Das MDSS konnte bereits in mehreren Dutzend Projekten für führende Pharmaunternehmen erfolgreich angewandt werden. Unabhängige Tests zeigten, daß mit Hilfe des MDSS auch (und gerade) erfahrenen ADM eine deutliche Verbesserung der Kontaktplanung erreichten. Das beschriebene MDSS liegt derzeit in einem SAS-basierten Prototyp vor, der sich auf die oben skizzierte Kernfunktionalität beschränkt. Eine Standardsoftware-Lösung, die sich als Add-In in die Außendienst-Informations-Systeme einbinden läßt, ist geplant. Hinsichtlich der mathematischen Methoden werden derzeit neuronale Netze und Case-Based-Reasoning-Konzepte als Alternativen zur Regressionsanalyse erprobt. Neuartige Abbildungen der Marketingkontakte durch überschneidungsfreie "Kontaktserien" und "Kontaktbündel" zur besseren Erfassung intertemporaler und interinstrumentaler Wirkungsinteraktionen sind in der Erprobung.

Marketing-Decision-Support-Systeme im strategischen Marketing am Beispiel der Pharmaindustrie

Klaus D. Wilde

Lehrstuhl für Allg. BWL und Wirtschaftsinformatik[*]

Kath. Universität Eichstätt

Zusammenfassung

Die strategische Portfolioanalyse als Basisinstrument der strategischen Marketingplanung versagt immer dann, wenn es gilt, über grobe Stoßrichtungen hinaus quantitative Marketingziele und die dazu erforderlichen Ressourcen festzulegen. Für diese Aufgabe geben Marktforschungsdatenbanken dem Management in diesem Kontext eine Fülle von Orientierungsdaten an die Hand, die jedoch unverdichtet nur zur Informationsüberlastung führen. Unter Berücksichtigung dieser Problematik kann ein Marketing-Decision-Support-Systeme (MDSS) diese Informationsüberlastung durch entscheidungsorientierte Informationsverdichtung auflösen und das Management bei einer empirisch abgesicherten Ziel- und Ressourcenplanung unterstützen. Im Mittelpunkt steht dabei die entscheidungsorientierte Informationsauswertung und eine anwenderadäquate Informationspräsentation, um die Akzeptanz sicherzustellen. Der Beitrag beschreibt am Beispiel des Pharmamarktes die Kernfunktionen eines solchen MDSS, praktische Anwendungserfahrungen und Entwicklungsperspektiven.

Stichworte: Strategisches Marketing, Marketing-Decision-Support-System, Marktreaktionsmodell, Portfolioanalyse, Pharmabranche

1 Problemstellung

Ausgehend von der Klassifikation nach Marktattraktivität und Wettbewerbsstärke (oder deren Korrelaten) liefern die verschiedenen Ansätze der strategischen Portfolioanalyse eine grobe Einteilung von Produkten nach Investitionswürdigkeit und -bedarf. Quantitative Marketingziele und dazu benötigte Marketingressourcen für einzelne Produkte bleibt die Portfolioanalyse jedoch schuldig. Das Management muß ohne allgemein akzeptierte Leitlinien auf der Basis subjektiver Erfahrungen und Erwartungen die Marketingressourcen auf die Produkte verteilen und die damit erreichbaren Erfolgsbeiträge abschätzen. Meist sind in diesen Prozess zumindest zwei Managementinstanzen eingebunden:

---

[*] Lehrstuhlinhaber: Prof. Dr. Klaus D. Wilde

- Produktmanager beantragen für ihr Produkt Marketingressourcen und prognostizieren die damit erreichbaren Umsatz- und Ertragsziele. Charakteristisch sind vertiefte Produkt- und Marktkenntnis, gepaart mit Optimismus bezüglich der erreichbaren Ziele.

- die Marketingleitung modifiziert die Pläne des Produktmanagements im Hinblick auf langfristige Gesamtziele und Portfolioausgleich. Dabei stehen oft die Extrapolation der Produkthistorie und finanzielle Erfordernisse im Zentrum der Zielbildung.

Zum „Benchmarking" der Pläne und zur Objektivierung des Planungsprozesses kann in zahlreichen Branchen auf Marktforschungsdatenbanken zurückgegriffen werden, in denen die Entwicklung von Absatz, Umsatz und eingesetzten Marketingressourcen für alle relevanten Wettbewerber abgerufen werden kann. Entsprechende Daten können z.B. über Kundenpanels erfaßt werden, bei denen neben den Kaufakten auch die Marketingkontakte des Kunden mit allen Wettbewerbern erfaßt werden.

Obwohl diese Daten für das Management oft in anwenderadäquater Form aus Marketing-Informations-Systemen abzurufen sind, werden sie kaum für eine systematische Unterstützung und Objektivierung des Planungsprozesses genutzt, weil

- eine direkte Gegenüberstellung von Produktdaten aus unterschiedlichen Lebenszyklusphasen, Wettbewerbssituationen, Marktgegebenheiten und Marketingstrategien oft zu (scheinbar) kontraintuitiven Aussagen und Fehlschlüssen führt, welche die Glaubwürdigkeit der Daten in Frage stellen,

- eine fundierte Informationsauswertung außerhalb der persönlichen (zeitlichen und fachlichen) Kapazitäten des Managements liegt und

- die Fülle des unverdichteten Datenmaterials beim Management eine Informationsüberladung zur Folge hat, so daß man bald resignierend zum etablierten, erfahrungsgestützten Vorgehen zurückkehrt.

Das Management benötigt deshalb Entscheidungshilfen, die das Datenmaterial unter Berücksichtigung der geltenden Marktgesetze zu entscheidungsrelevanten Aussagen verdichten.

Dazu wurde am Lehrstuhl für ABWL und Wirtschaftsinformatik der Kath. Universität Eichstätt ein MDSS entwickelt, das mittlerweile in vielen Unternehmen erfolgreich eingesetzt wird.

2 Grundkonzept eines Marketing-Decision-Support-Systems

Grundsätzlich muß ein MDSS folgende Grundfunktionen erfüllen, soweit es nicht auf entsprechende Funktionalität anderer Informationssysteme zurückgreifen kann:

- *Informationsbeschaffung*: Erfassung und Zusammenführung aller relevanten Informationen in einem integrierten Datenkonzept, das beliebige Verknüpfungen erlaubt;

- *Informationsbereitstellung*: Schaffung eines direkten Zugriffs für den Anwender auf alle entscheidungsrelevanten Informationen in anwenderadäquater Form;

- *Informationsauswertung*: entscheidungsorientierte Informationsverdichtung und Interpretation der Rohdaten (Diagnose, Empfehlung, Wirkungsprognose);

- *Informationspräsentation*: Präsentation der Informationen in anwenderadäquater Form (z.B. Visualisierung, Assistenzfunktionen).

Das Management ist heute meist an Informationssysteme angebunden, welche die Grundfunktionen der Informationsbeschaffung und -bereitstellung kompetent abdecken (z.B. Management- oder Marketing-Informations-Systeme, Executive Information Systems usw.). Damit konzentrieren sich die Kernfunktionen des MDSS auf die Informationsauswertung und die Informationspräsentation.

3 Informationsauswertung

3.1 Marktreaktionsanalyse

Kern des MDSS ist die Darstellung der Relation zwischen Marketingressourcen-Einsatz und Umsatzerwartung eines Produkts. Um ein realistisches Bild des Marktgeschehens zu gewinnen und aus Managementsicht anschauliche Marktreaktionsmodelle zu erhalten, haben sich im Pharmamarkt folgende Modellspezifikationen als zweckmäßig erwiesen:

- Die Umsatzentwicklung wird in Relation zum Wettbewerb gemessen, um marktwachstums- und wettbewerbsbedingte Einflüsse zu trennen (Marktanteilsbetrachtung).

- Der Marketingressourcen-Einsatz wird in Relation zum Wettbewerb gemessen. Analog zum Marktanteil wird der "Share of Voice" als Anteil der betrachteten Produkts an den von allen Wettbewerbern eingesetzten Marketingressourcen definiert.

- Alle Marketingressourcen werden über ihre korrespondierenden Ausgaben in einer Größe zusammengefaßt, auf eine differenzierte Marketing-Mix-Analyse wird verzichtet. Erfahrungsgemäß werden die verschiedenen Marketingressourcen oft stark korreliert eingesetzt, so daß eine analytische Wirkungszurechnung auf der Grundlage historischer Beobachtungsdaten scheitert.

- Zu erklärende Variable eines Marktreaktionsmodells ist die Marktanteilsveränderung, die aufgrund ihrer höheren Variabilität Ursache-Wirkungs-Beziehungen leichter erkennen läßt als der absolute Marktanteil.

- Marktanteilsveränderungen sind die Resultierende aus "Erosions-Effekt" und "Push-Effekt". Aufgrund differenzierter Wettbewerbsvorteile verlieren Produkte auch bei Abzug aller Marketingressourcen nur schrittweise an Marktanteil (Erosions-Effekt), die Größe des Erosionseffekts hängt von der Höhe des Marktanteils (und der Intensität der Kundenbindung) ab. Um den Marktanteil zu halten, muß der Erosions-Effekt durch den

Einsatz von Marketingressourcen (Push-Effekt) kompensiert werden. Stehen zusätzliche Marketingressourcen zur Verfügung, kann der Push-Effekt den Erosionseffekt überkompensieren und ein (kontinuierliches) Marktanteilswachstum auslösen.

- Die Wirkungsrelation zwischen Marktanteilsveränderung, Erosions-Effekt und Push-Effekt kann im Wertebereich der empirischen Beobachtungen in guter Näherung linear approximiert werden. Extrapolationen, die deutlich über den Wertebereich der empirischen Beobachtungen hinausreichen, sollten unterbleiben.

- Zur Ausschöpfung der empirischen Erfahrungsbasis erfolgt die Kalibrierung des Marktreaktionsmodells in einer kombinierten Längs- und Querschnittsanalyse, bei der simultan die Beobachtungen aller Wettbewerber (Querschnittsanalyse) aus allen verfügbaren Beobachtungsperioden (Längsschnittsanalyse) einfließen. Dies setzt voraus, daß für den gesamten Beobachtungszeitraum und alle Wettbewerber die gleichen strategischen Marktgesetze gelten (diese Prämisse wird nachfolgend wieder aufgehoben).

- Je kürzer die einzelnen Beobachtungsperioden sind, desto eher muß mit intertemporalen Wirkungen der Marketingressourcen gerechnet werden. Um auf eine differenzierte Modellierung intertemporaler Wirkungen verzichten zu können, werden die ursprünglichen Monatsbeobachtungen zu Quartalsbeobachtungen zusammengefaßt. Intertemporale Wirkungen von Marketingressourcen sind für diese Aggregate nicht mehr signifikant nachweisbar. Um die mit der gröberen Granularität der Zeitreihen verbundene Einbuße bei der Zeitreihenlänge auszugleichen, wurden der Marktreaktionsanalyse anstelle disjunkter Quartale monatlich gleitende Quartalswerte zugrundegelegt.

Damit ergibt sich folgendes Grundmodell zur Beschreibung der Marktreaktion:

$$\Delta MA_{it} = -a_0 \cdot MA_{it-1} + a_1 \cdot \left(\frac{M_{it}}{\sum_i M_{it}} \right)$$

wobei ΔMA_{it} = Marktanteilsänderung Wettbewerber i in Periode t gegen t-1

               MA_{it-1} = Marktanteil Wettbewerber i am Ende von Periode t-1

               M_{it} = Marketingressourcen Wettbewerber i in Periode t

Die Parameter a_0 und a_1 werden regressionsanalytisch geschätzt. Der Parameter a_0 zeigt dabei die Größe des Erosions-Effektes (a_0=0,20 bedeutet z.B., daß ein Produkt im Verlauf einer Periode ein Fünftel seines Marktanteils verliert, wenn ihm sämtliche Marketingressourcen entzogen werden), der Parameter a_1 gibt die Stärke des Push-Effekts an (a_1 =0,25 bedeutet z.B., daß ein zusätzlicher Prozentpunkt Share of Voice einen Marktanteilszuwachs von 0,25 Prozentpunkten auslöst).

Wendet man dieses Grundmodell undifferenziert an, so unterstellt dies, daß Erosions- und Push-Effekt für alle betrachteten Wettbewerber und Zeitperioden gleich sind. Die Marktreaktionsanalyse erfolgt deshalb gesondert für

- verschiedene strategische Gruppen von Wettbewerbern (z.B Marktführer/Me-Too-Produkte, Early-Entry/Late-Entry-Produkte, Produkte in verschiedenen Phasen des Produktlebenszyklus, Markenprodukte/Generics, Produkte aus verschiedenen Wirkstoffgruppen (Produktvorteile), Produkte mit unterschiedlicher Preispositionierung),

- verschiedene Marktgebiete (z.B. alte/neue Bundesländer innerhalb der BRD, internationale Ländergruppen),

- verschiedene Zeitperioden (z.B. vor/nach dem Markteintritt bestimmter Produktinnovationen, vor/nach dem Markteintritt bestimmter Wettbewerber (z.B. Generica), vor/nach marktregulierenden, ordungspolitischen Eingriffen).

Entsprechende Differenzierungen erlauben innerhalb des Markt- und Wettbewerbsumfeldes eines Produktes eine maßgeschneiderte Auswahl der Referenzbeobachtungen, die den strategischen Charakteristika des Produktes entsprechen. Ergänzend dazu können die empirischen Beobachtungen entsprechend ihrer Relevanz für das betrachtete Produkt gewichtet werden, um realistische Benchmarks für Erosions- und Push-Effekt zu erhalten.

3.2 Wettbewerbssimulation

Kann das Marktreaktionsmodell die Produkthistorien im betrachteten Markt erklären, so liegt die Nutzung zur Wirkungsprognose alternativer Marketingstrategien nahe. Ausgehend von Szenarien über Marktwachstum und Marketingressourcen der Wettbewerber sowie den geplanten Marketingressourcen des eigenen Produkts werden in einer Computersimulation sukzessive für jede Planperiode folgende Größen berechnet: Share of Voice → Marktanteilsveränderung gegenüber Vorperiode → Marktanteil → Absatz/Umsatz → Deckungsbeitrag.

Alternative Marketingstrategien, Wettbewerbs- und Marktszenarien können im Dialog auf ihre Konsequenzen für Umsatzwachstum und Erfolgsentwicklung überprüft werden.

Muß aufgrund der Marktbedeutung des betrachteten Produkts bzw. aufgrund der Auswirkungen des erwogenen Strategiewandels mit Reaktionen der Wettbewerber gerechnet werden, so können in der Computersimulation entsprechende Strategie-Reaktions-Sequenzen unter Berücksichtigung der Wettbewerber-Perspektive durchgespielt werden, um sich iterativ an Gleichgewichtslösungen spieltheoretischer Wettbewerbssituationen heranzutasten.

3.3 Portfoliooptimierung

Liegen entsprechende Marktreaktionsanalysen und Wettbewerbssimulationen für alle wichtigen Produkte des Produktportfolios vor, so kann eine Portfoliooptimierung unter Wachstums- und Ertragskriterien in einem Unternehmensmodell durchgeführt werden. Entscheidungsvariable sind die Marketingressourcen der einzelnen Produkte, Zielkriterium ist Gesamtumsatzwachstum oder Gesamtertrag. Ober/Untergrenzen können eingebracht werden bezüglich Gesamtumsatz, Gesamtertrag, Umsatz/Ertragsanteil und Share of Voice von Produkten.

4 Informationspräsentation

Die in Abschnitt 3 vorgestellten MDSS-Funktionen erlauben ein kritisches "Benchmarking" der "Weltbilder" des Managements und eine Objektivierung des strategischen Planungsprozesses. Voraussetzung ist jedoch, daß die Vorgehensweise so transparent und die Ergebnisse so plausibel gemacht werden können, daß das Management im Falle abweichender "Weltbilder" zu einer konstruktiven Auseinandersetzung mit den Ergebnissen bereit ist und diese als Argumente in der Strategiediskussion Akzeptanz finden. Dazu bedarf es trotz des im Hinblick auf Transparenz und Akzeptanz sehr einfach gestalteten Marktreaktionsmodells spezifischer Präsentationsformen.

4.1 3D-Visualisierung des Marktreaktionsmodells

Das Marktreaktionsmodell mit seinen drei Dimensionen Marktanteilsveränderung, Marktanteil und Share of Voice erlaubt eine dreidimensionale graphische Darstellung, in der die Größe des Erosions- und des Push-Effektes anschaulich als Steigungen der Marktreaktionsebene im 3D-Raum visualisiert werden können (Abbildung 1).

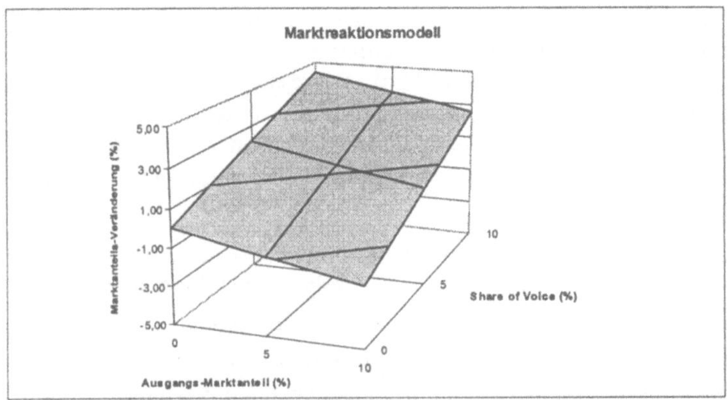

Abbildung 1: 3D-Visualisierung des Marktreaktionsmodells

Anhand der 3D-Visualisierung des Marktreaktionsmodells läßt sich z.B. anschaulich verdeutlichen, daß mit wachsendem Marktanteil immer mehr Share of Voice zur Marktanteilserhaltung erforderlich ist und dieser "Gleichgewichts"-Share of Voice vom Größenverhältnis zwischen Erosions- und Push-Effekt abhängt. Die Gegenüberstellung der 3D-Visualisierungen der Marktreaktionsmodelle verschiedener Produkte des betrachteten Unternehmens bzw. der unmittelbaren Wettbewerber veranschaulicht deren strategische Stärken und Schwächen. Anhand der Erosions- und Push-Effekte konkurrierender Produkte läßt sich z.B. sehr einfach erklären, ob die "Hebelwirkung" der eingesetzten Marketingressourcen ausreicht, um die Marktführerschaft auch gegen den Widerstand der Hauptwettbewerber zu erobern oder zu sichern.

4.2 Retrospektive Simulation der Produkthistorien

Im Rahmen der Regressionsanalyse werden die Marktreaktionsmodelle gegen die gängigen statistischen Kennzahlen wie R^2, Durbin-Watson-Statistik, Modell- und Parametersignifikanz geprüft, die jedoch aus der Sicht der Managementpraxis als wenig aussagekräftig und überzeugend empfunden werden. Zum Nachweis der Erklärungskraft eines Marktreaktionsmodells werden deshalb retrospektive Simulationen der Produkthistorien herangezogen. Dazu wird die tatsächliche Zeitreihe der Marktanteilsveränderungen der Computersimulation auf der Grundlage des historischen Share-of-Voice-Verlaufs gegenübergestellt.

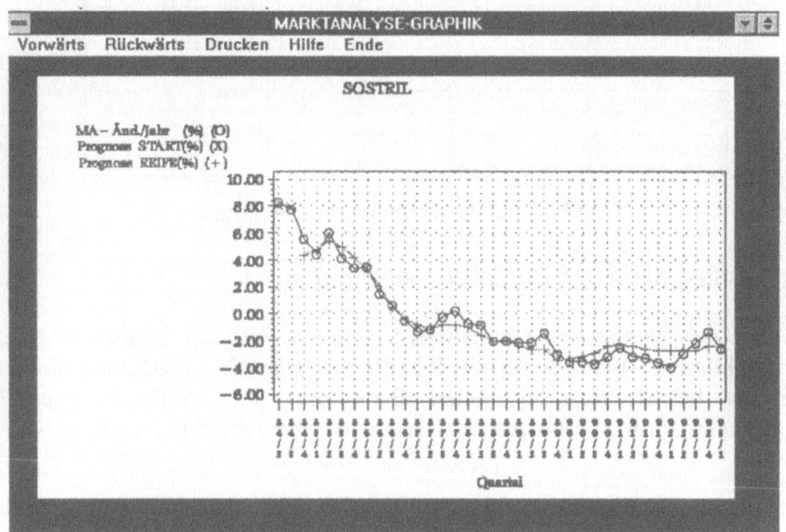

Abbildung 2: Retrospektive Simulation der Produkthistorie

Abbildung 2 zeigt beispielhaft für einen Zeitraum von 10 Jahren die hervorragende Übereinstimmung von Computersimulation und Produkthistorie. Manuelle Veränderungen von Erosions- und Push-Effekt können graphisch auf ihre Auswirkungen in der Produkthistorie durchgespielt werden, um dem Management ein Gefühl für deren Auswirkungen zu vermitteln und die Integration subjektiver Erfahrungen und Erwartungen zu ermöglichen.

4.3 Wettbewerbssimulation

Die Wettbewerbssimulation (Abbildung 3) ist als Kalkulationstabelle realisiert, in der die Strategie- und Szenariodaten eingetragen bzw. modifiziert werden können, wobei unmittelbar nach jeder Datenmodifikation die Ergebnisse der Computersimulation aktualisiert werden. Die Daten der Kalkulationstabelle können unmittelbar in Geschäftsgraphiken weiterverarbeitet werden. Je nach Anwenderqualifikation können Modellinterna (z.B. die Parameter der Marktreaktionsfunktion oder Zwischenergebnisse) ausgeblendet oder gegen Anwenderzugriffe schreibgeschützt werden.

Computersimulation Negrolon					
Quartal	I/94	II/94	III/94	IV/94	I/95
Marketingbudget (TDM)	0	0	0	0	0
Herstellkosten (%)	30,00	30,00	30,00	30,00	30,00
Lizenzkosten (%)	50,00	50,00	50,00	50,00	50,00
Tot.Prom.Wettb.(TDM)	26000	27000	28000	29000	30000
Marktvolumen (TDM)	139000	141000	143000	146000	148000
Erosions-Effekt	-0,0375	-0,0375	-0,0375	-0,0375	-0,0375
Push-Effekt	0,0458	0,0458	0,0458	0,0458	0,0458
Persistenz	0,5	0,5	0,5	0,5	0,5
MA Ende Vorquartal (%)	1,66	1,59	1,53	1,48	1,42
Share of Voice (%)	0,00	0,00	0,00	0,00	0,00
MA-Änderung (%)	-0,06	-0,06	-0,06	-0,06	-0,05
MA Ende lfd. Quartal (%)	1,59	1,53	1,48	1,42	1,37
MA lfd. Quartal (%)	1,63	1,56	1,51	1,45	1,40
Umsatz (TDM)	2259,86	2206,35	2153,67	2116,33	2064,81
Marketing-Kosten (TDM)	0,00	0,00	0,00	0,00	0,00
Herstellkosten (TDM)	677,96	661,90	646,10	634,90	619,44
Lizenzkosten (TDM)	1129,93	1103,17	1076,83	1058,16	1032,41

Abbildung 3: Wettbewerbssimulation

4.4 Portfoliointegration und Portfoliooptimierung

Die Ergebnisse der Wettbewerbssimulationen mehrerer Produkte können in einer Portfoliographik (Abbildung 4) dargestellt werden, die bei jeder Neuberechnung die aktualisierten Daten aus den Kalkulationstabellen übernimmt. Bei Anklicken eines Portfolio-"Bubble" erscheint sofort die korrespondierende Wettbewerbssimulations-Tabelle zur Bearbeitung.

Zur Portfoliooptimierung werden die einzelnen Wettbewerbssimulationen in ein Unternehmensmodell integriert. Die Festlegung der Entscheidungsvariablen, Zielfunktionen und Restriktionen erfolgt derzeit noch direkt über die Benutzeroberfläche des Excel-internen Optimierungsprogramms "Solver", soll jedoch künftig unter einer eigenen Benutzeroberfläche bzw. Assistenzfunktion vereinfacht werden.

5 Praktische Anwendung und Weiterentwicklung

Das skizzierte MDSS wurde bereits bei zahlreichen Produkten führender Pharmaunternehmen national und international erfolgreich angewandt. Der Schwerpunkt der Anwendungserfahrungen liegt dabei im Bereich verordnungspflichiger Produkte, erfolgreiche Anwendungen bei Selbstmedikations-Produkten lassen jedoch eine erfolgreiche Anwendung auch bei Konsumgütern erwarten.

Klassischer Anwendungsbereich des skizzierten MDSS ist das "Benchmarking" von Wettbewerbsstrategien zur Unterstützung des Strategieentwurfs beim Produktmanagement und der Überprüfung und Modifikation durch die Marketingleitung. Ziel ist dabei die Konfrontation subjektiver "Weltbilder" mit historischen Markterfahrungen. Ausgehend von der

Dynamik des Marktgeschehens ist eine subjektive Modifikation der Marktreaktionsmodelle im Hinblick auf künftige Veränderungen im Unternehmen, im Markt und bei Wettbewerbern durchaus sinnvoll – solange man sich dabei bewußt ist, ob und in welchem Umfang man sich dabei von den historischen Erfahrungen des Marktes entfernt. Unter diesem Aspekt ist die Schaffung komfortabler Eingriffsmöglichkeiten und kommunizierbarer Modellparameter für das Management von zentraler Bedeutung.

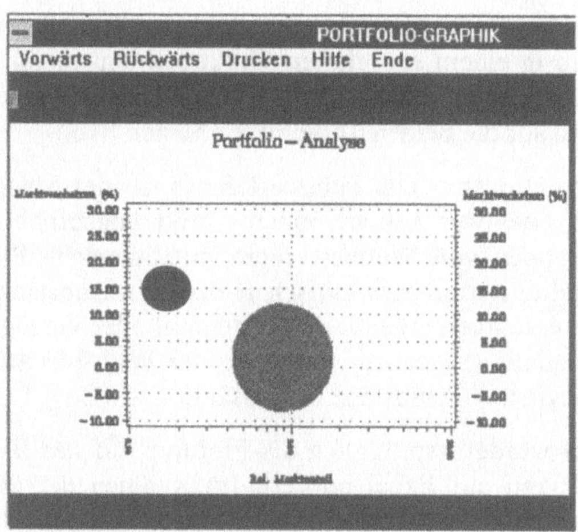

Abbildung 4: Portfoliodarstellung der Wettbewerbssimulationen

Die Unterstützung des Strategieentwurfs erweist sich insbesondere als wichtig, wenn direkte Konkurrenzreaktionen auf neue strategische Stoßrichtungen zu erwarten sind. Wettbewerbssimulationen können rasch Klarheit schaffen, ob die strategischen Ziele angesichts der Optionen und Ziele der Wettbewerber mit vertretbaren Mitteln durchsetzbar sind.

Die Diskussion alternativer Marketingstrategien eines Produkts mündet angesichts knapper Marketingressourcen oft unmittelbar in eine entsprechende Portfoliodiskussion und ergänzende Marktreaktionsanalysen und Wettbewerbssimulationen für die übrigen Produkte. Angesichts der vielfältigen zeitlichen und inhaltlichen Variationsmöglichkeiten kommt dabei einer Portfoliooptimierung in erster Linie die Aufgabe zu, Ausgangspunkte für die Strategiediskussion mit bestimmten Wachstums- und Erfolgsperspektiven aufzuzeigen und die Rolle der einzelnen Produkte aufgrund ihrer strategischen Charakteristika pointiert herauszuarbeiten.

Analog zur Gestaltung des Produktportfolios kann das MDSS auch zur Bewertung und Schwerpunktsetzung in Länderportfolios internationaler Unternehmen eingesetzt werden. Ebenso wie die Marktreaktionsmodelle verschiedener Produkte unterscheiden sich auch die Marktreaktionsmodelle eines Produkts in verschiedenen Ländermärkten mit unterschiedlichen Markt- und Wettbewerbsbedingungen.

Angesichts der enormen Entwicklungskosten von Neuprodukten sind Marktreaktionsanalyse und Wettbewerbssimulation auch für Neuentwicklungen bereits Jahre vor dem Markteintritt bedeutsam. Aus der Beobachtung von Wettbewerbsinnovationen und aus den Erwartungen über die Entwicklung der Wettbewerbssituation bis zum Markteintritt lassen sich Größenordnungen für den möglichen Erfolg abstecken, die übertriebene Erfolgserwartungen und die Amortisation von F&E-Investitionen frühzeitig erkennen lassen.

Auch bei Verhandlungen über Produktlizenzen können Marktreaktionsanalyse und Wettbewerbssimulation bedeutsame Anhaltspunkte für das Erfolgspotential des Lizenzprodukts und Lizenzkonditionen zu schaffen.

Bei Produkten, die gleichzeitig im Verordnungsmarkt und im Selbstmedikationsmarkt vertrieben wurden, konnten in einem erweiterten Marktreaktionsmodell Ausstrahlungseffekte zwischen den Teilmärkten quantifiziert werden, aus denen sich eine optimale Verteilung der Marketingressourcen auf die beiden Teilmärkte ableiten ließ.

Ein erweitertes Marktreaktionsmodells integriert Einflüsse der Marketingressourcen auch auf das Marktvolumen. Dies war z.B. bei einem verodnungspflichtigen Medikament der Fall, bei dem zwei Gruppen von Wettbewerbern mit unterschiedlichen Wirksubstanzen konkurrieren. Der Substitutionsprozess zwischen den Wirksubstanzen konnte durch die eingesetzten Marketingressourcen erheblich beschleunigt oder verzögert werden. Ein zweistufiges Wettbewerbsmodells (zwischen/ innerhalb der Wirksubstanzen) konnten für den Marktführer der verdrängten Wirksubstanz interessante Cash-Cow-Strategien aufzeigen.

Das vorgestellte MDSS wurde ursprünglich als Prototyp auf der Basis des SAS-Systems entwickelt und wird derzeit auf Excel portiert. Im Rahmen der Weiterentwicklung des Marktreaktionsmodells werden Künstliche Neuronale Netze, Case-based-Reasoning-Ansätze und dynamische Regressionsmodelle auf ihre Leistungsfähigkeit getestet. Eine Erweiterung des Marktreaktionsmodells auf der Grundlage der nichtlinearen Regressionsanalyse zielt auf die Verarbeitung multipler, nichtkommensurabler Maßgrößen der Marketingressourcen (z.B. bei der Erfassung verschiedener Marketingressourcen in unterschiedlichen Mengendimensionen). Die derzeitigen Wettbewerbssimulationen basieren auf einer einfachen "Wir-gegen-den-Rest-der-Welt"-Sichtweise des Wettbewerbs, die künftig durch eine differenzierte Multi-Wettbewerber-Simulation ersetzt werden soll.

SONSTIGE BRANCHEN

TASKplus: Ein computergestütztes Tarif-, Absatzsteuerungs- und Kontrollsystem für Nahverkehrsunternehmen

Sönke Albers, Bernd Michalk
Lehrstuhl für Marketing*
Christian-Albrechts-Universität zu Kiel

Zusammenfassung

Hat man mit Hilfe eines leistungsfähigen Modells zur Prognose des Modal-Split die optimale Kombination von Leistungsangebot und Preisniveau gefunden, so steht ein Nahverkehrsunternehmen vor dem Problem, wie es konkret die Preise seiner verschiedenen Tikketarten bestimmen soll. Dabei geht es um eine optimale Differenzierung der Ticketpreise nach Nutzersegmenten, Entfernungsstufen und Nutzungshäufigkeit. Dafür ist das Planungssystem TASKplus entwickelt worden, mit dem auf der Basis von direkten Preis- und Kreuzpreis-Elastizitätsfunktionen die Nachfrageverschiebungen zwischen verschiedenen Ticketarten bei Preisstrukturänderungen prognostiziert werden können. Damit können selbst bei konstantem mittleren Preisniveau erhebliche zusätzliche Erlöspotentiale erschlossen werden, die zur Erzielung einer guten Kostendeckung beitragen.

Stichworte: Marketing-Planung, Marketing-Controlling, Preisdifferenzierung, Preiselastizität, Preisreaktionsfunktionen, Nahverkehrsunternehmen

1 Zielsetzung

Immer mehr Unternehmen des öffentlichen Personennahverkehrs (ÖPNV) stehen vor dem Dilemma, einerseits aufgrund der immer knapper werdenden Mittel aus den öffentlichen Haushalten hohe Kostendeckungsgrade erreichen und andererseits aufgrund der zunehmenden Dichte des Individualverkehrs leistungsfähigere Verkehrsangebote machen zu müssen, die nach allen Erfahrungen zunächst den Kostendeckungsgrad verschlechtern. Da drastische Preiserhöhungen aufgrund sozialpolitischer Erwägungen nicht konsensfähig sind, bleibt den Nahverkehrsunternehmen nur, die Erlössituation durch eine optimale Preisdifferenzierung der verschiedenen Ticketarten zu verbessern. In der Regel sind die Preiselastizitäten für Bar- und Zeitfahrausweise sowie über die Entfernungsstufen (z.B. Kurzstrecke, Stadtgebiet, Umland) unterschiedlich. Ist in der bisherigen Tarifpolitik auf diese Unterschiede nicht gebührend eingegangen worden, so kann durch Preiserhöhungen von preisunsensiblen Ticketarten sowie Preissenkungen bei preissensiblen Ticketarten ein

---

* Lehrstuhlinhaber: Prof. Dr. Sönke Albers

erheblicher Mehrerlös erzielt werden, ohne daß das durchschnittliche Preisniveau davon betroffen sein muß. Auch aus anderen Dienstleistungsbereichen ist bekannt, daß mit einer intelligenten Preisdifferenzierung meist erhebliche Gewinnpotentiale mobilisiert werden können [Sim92, S. 361ff.].

In den letzten 20 Jahren hat man beträchtliche Fortschritte bei der Prognose des Modal-Split, d.h. der Aufteilung des Verkehrs auf den öffentlichen Personennahverkehr und den Individualverkehr in Abhängigkeit vom jeweiligen Leistungsangebot und Tarif gemacht [Alb83, Ben85, Wal91]. Es gibt jedoch kein Modell, das das Problem der Preisdifferenzierung anspricht. Hier spielt im wesentlichen eine Rolle, wie man Ticketarten für unterschiedliche Nutzerwünsche gestalten kann, ohne daß diese sich in ihren Erlöswirkungen kannibalisieren. Nachdem in der Modellierung von Marktreaktionen entscheidende Fortschritte erzielt worden sind, bestand das Ziel darin, ein computergestütztes Planungsmodell zu entwickeln, mit dem differenziert für verschiedene Ticketarten Tarife geplant und in ihren Absatzwirkungen kontrolliert werden können. Dazu wurde von der AMCON GmbH in Zusammenarbeit mit dem ersten Autor im Auftrage der VRR Verkehrsverbund Rhein-Ruhr GmbH ein Planungsmodell entwickelt, mit dem die Aufteilung des ÖPNV auf die angebotenen Ticketarten in Abhängigkeit von der Preisstruktur prognostiziert werden kann. Damit sollte eine optimale Preisdifferenzierung nach Nutzersegmenten, Entfernungsstufen und Nutzungsintensitäten ermöglicht werden.

Gegenüber einem bereits früher beschriebenen Modell [Alb96a] sind erhebliche Erweiterungen der Funktionalitäten vorgenommen worden, die es erlauben, z.B. saisonale Einflüsse und zeitdynamische Prozesse zu berücksichtigen.

2 Komponenten und Funktionsweise

TASKplus erlaubt eine Absatzplanung von Fahrkarten, die nach Nutzungshäufigkeit (z. B. Einzelticket oder Vierer-Ticket) oder Nutzungsdauer (z. B. Tages- oder Monatskarte) sowie Entfernungsstufen (Kurzstrecke, Umland) preislich differenziert werden können. Um die Auswirkungen einer Preisstruktur möglichst detailliert erkennen zu können, erfolgt die Simulation der Absatzwirkung getrennt nach Benutzergruppen (z. B. Berufstätige, Schüler/Studenten/Auszubildende, Hausfrauen, Rentner) und Entfernungsstufen. Umfaßt ein Verkehrsverbund mehrere Verkehrsunternehmen mit unterschiedlichen Stadt-/Landstrukturen, so wird die Planung zusätzlich nach unterschiedlichen „Clustern" von Verkehrsunternehmen mit ähnlicher Verkehrs-, Wirtschafts- und Sozialstruktur differenziert. Die Ergebnisse können in beliebiger Form disaggregiert, aber auch aggregiert über Benutzergruppen, Entfernungsstufen und Cluster ausgewiesen bzw. zusammengeführt werden. Die Simulation der Erlösauswirkungen verschiedener Preisstrukturen erfolgt in einem hierarchischen Ansatz über drei Ebenen:

Auf der ersten Ebene wird für den Einzugsbereich eines Nahverkehrsunternehmens und ein spezifiziertes Segment (z.B. Berufstätige, Stadtgebiet) ein Wegepotential ermittelt, welches die maximale Anzahl möglicher mit allen Verkehrsmitteln zurückzulegender Wege angibt. Dieses Wege-Marktpotential errechnet sich aus der Anzahl mobiler Personen in dem betrachteten Segment. Ein Beispiel für die Bestimmung des Marktpotentials ist in Abbildung 1 angegeben.

Operationalisierung und Bestimmung des Marktpotentials in Wegen

Bevölkerungsdaten	Anzahl Personen
Berufstätige	2,7 Mio.
Studenten, Schüler, Azubis	1,2 Mio.
Hausfrauen	2,3 Mio.
Rentner	1,0 Mio.

Mobilitätsdaten	%-Anteil Mobil
Berufstätige	**88,6 %**
Studenten, Schüler, Azubis	90,6 %
Hausfrauen	77,9 %
Rentner	70,0 %

Mobilitätsdaten	Wege/Tag
Berufstätige	**2,86**
Studenten, Schüler, Azubis	2,96
Hausfrauen	2,78
Rentner	2,58

Fahrtenpotential pro Quartal für Berufstätige	Potential-Entfernungssegmente	Fahrtenpotential
2,7 Mio. Personen		Berufstätige
X		
90 Tage	ES K: 5 %	
X	ES A: 60 %	
88,6 % Mobilität	**ES B: 25 %**	**ES B**
	ES C: 10 %	
X		Quartal:
2,86 Wege/ Tag	Quelle:	123,15
=	-Sortimentsstatistik VRR	Mio.
615, 75 Mio. Wege	- Modellkalibrierung	Wege

Quelle: target group

Abb. 1: Marktpotentialbestimmung

In der zweiten Ebene wird dieses Wegepotential nach Maßgabe der Nutzen aus der Sicht der Kunden auf die zur Verfügung stehenden Verkehrsmittel des öffentlichen Personennahverkehrs und des Individualverkehrs (Auto, Fahrrad und zu Fuß) aufgeteilt. Dafür muß man für die entscheidungsrelevanten Eigenschaften (z.B. Fahrtzeit, Komfort, Preis) empirisch erheben, wie in den einzelnen Marktsegmenten die gegenwärtigen Verkehrsmittel bewertet werden und wie sich ihr Nutzen verändert, wenn eine Ausprägung an einer Eigenschaft geändert wird (sich z.B. die Fahrtzeit um 5 Minuten verlängert). Dies kann man entweder mit Verfahren der Conjoint-Analyse [Alb83] durchführen und die Auswirkungen auf den Modal-Split pro Segment simulieren. Oder man schätzt direkt eine Modal-Split-Funktion pro Marktsegment aus den Daten der bisherigen Wahl von Verkehrsmitteln. Auf dieser Basis wird der Modal-Split in TASKplus mit Hilfe sogenannter aggregierter Marktanteilsmodelle [Lil92] prognostiziert. Dabei ergibt sich der Marktanteil eines Verkehrsmittels aus dem Verhältnis seiner Attraktion gemäß Präferenzfunktion zu der Summe der Attraktionen aller im Wettbewerb befindlichen Verkehrsmittel.

In der dritten Ebene wird die gemäß zweiter Ebene errechnete Anzahl von mit dem ÖPNV zurückgelegten Wege auf die einzelnen Ticketarten verteilt. Dazu wird von einer Ausgangssituation ausgegangen, für die die Verteilung der Wegeanzahlen auf die Ticketarten

durch eine Sortimentsstatistik bekannt ist. Verschiebungen werden dann mit Hilfe einer logistischen Reaktionsfunktion in Abhängigkeit von direkten Preiselastizitäten und
Kreuzpreiselastizitäten zwischen den Ticketarten prognostiziert. Die Elastizitätswerte können entweder aus Conjoint-Analysen abgeleitet oder aus bisherigen Erfahrungen plausibel
subjektiv geschätzt werden.

Um das Planungsmodell umfassend für Planungs-, Steuerungs- und Kontrollprobleme anwenden zu können, erfolgt eine umfangreiche Ausgabe von Ergebnissen:

- Modal-Split (Aufteilung des Beförderungsaufkommens auf die Verkehrsmittel Öffentli-
  cher Nahverkehr, Individualverkehr und Fuß/Fahrrad)
- Beförderungsfälle (Fahrten mit dem öffentlichen Nahverkehr)
- Wegeanteile der Ticketarten
- Anzahl verkaufter Tickets
- Erlöse der verschiedenen Ticketarten und Gesamterlös.

Alle Ergebnisse können in absoluten, prozentualen und monetären Werten ausgegeben
werden. Die Planung mit Hilfe von TASKplus ist grundsätzlich auf Jahres-, Quartals- oder
Monatsebene über einen frei wählbaren Planungszeitraum von bis zu 12 Perioden möglich.

Mit dieser detaillierten Abbildung des Verkehrsmarktes kann das Planungsmodell
TASKplus für jedes Nahverkehrsunternehmen sowohl als Grundlage der strategischen
Marketingplanung als auch für die Planung differenzierter Tarifstrukturen sowie als Argu-
mentationsgrundlage im kommunalen verkehrspolitischen Bereich dienen, da alle Auswirkungen sofort in DM bewertet werden. Eine detaillierte Beschreibung der Modellstruktur
und verwendeten Reaktionsfunktionen ist in [Alb96] zu finden.

3 Erweiterte Funktionalitäten

Auch wenn mit dem zunächst entwickelten Modell TASK [Alb96a] erste gute Erfahrungen
gemacht worden sind, sollte insbesondere die Prognosegenauigkeit von Ticketarten weiter
verbessert werden. In einer Projektgruppe des VRR und AMCON wurde das Modell deshalb in einigen Aspekten gemeinsam erweitert und noch flexibler gestaltet:

a) Aus der Sortimentsstatistik konnte der VRR erkennen, daß gesenkte Preise (Ticket 2000
   im Jahre 1990) zu Nachfragesteigerungen nicht nur in derselben Periode, sondern auf
   dem Wege von Mund-zu-Mund-Propaganda auch noch in späteren Perioden geführt
   haben. Um solche Verzögerungseffekte berücksichtigen zu können, wird in TASKplus
   zwischen tatsächlich geltenden und wahrgenommenen Preisen unterschieden. Dabei
   kann gesteuert werden, wie schnell sich die wahrgenommenen Preise an die tatsächlichen annähern. Damit konnte eine erhebliche Verbesserung der nachträglichen Erklärung der Entwicklung der Sortimentsstatistik des VRR erzielt werden.

b) In mehreren Untersuchungen über den ÖPNV wurden „Schwelleneffekte" für wirkende
   Preiselastizitäten ermittelt. Insbesondere gibt es bei geringen Preisänderungen (z.B. bis
   2%) praktisch keine und bei starken Preisänderungen überproportionale Nachfrageef-

fekte [Wal93]. Eine solche Flexibilität wird in TASKplus ermöglicht, indem der Anwender Punkte der gewünschten Elastizitätsfunktion vorgeben kann, aus denen dann der Verlauf der gesamten Funktion errechnet wird. Auf diese Weise können Erkenntnisse aus der Marktforschung direkt bei den Simulationen berücksichtigt werden..

c) In dem TASK Prototyp ist durch eine „Substitutionsmatrix" abgebildet worden, inwieweit überhaupt Substitutionsmöglichkeiten zwischen Ticketarten bestehen. Da deutlich wurde, daß die Substitutionshöhe auch von dem Preisniveau der miteinander konkurrierenden Ticketarten abhängig ist, berücksichtigt TASKplus neben einer manuell spezifizierbaren konstanten Substitutionsmatrix auch eine von den jeweiligen Preisen pro Fahrt abhängige Matrix.

d) In dem TASK Prototyp ist zur Vereinfachung von konstanten Fahrtenhäufigkeiten pro Ticketart ausgegangen worden. Natürlich verändern sich diese, wenn sich Verschiebungen in den verkauften Anteilen der einzelnen Ticketarten ergeben. Sobald man neben den Anteilen der Ticketarten auch Erlöswirkungen prognostizieren möchte, kommt es darauf an, diese Fahrtenhäufigkeiten möglichst gut abzubilden. Innerhalb von TASKplus ergibt sich deshalb die Fahrtenhäufigkeit variabel in Abhängigkeit von Preisstrukturänderungen und den sich einstellenden Ticketanteilen unter Berücksichtigung und Identifizierung der Kundenwanderungen zwischen den Ticketarten.

e) Sobald man von der Planung auf Jahresebene abgeht und für kürzere Intervalle wie Quartale oder Monate planen möchte, stellt man fest, daß unabhängig von der Preisstruktur starke Saisonfaktoren auf das Geschäft eines Nahverkehrsunternehmens wirken. In das erweiterte Modell TASKplus sind deshalb auf den Ebenen des Modal-Split und der Ticketanteile Saisonfaktoren eingeführt worden. Sie beziehen sich zum einen auf das jeweils zu verteilende Wegepotential bzw. die ÖPNV-Fahrtenanzahl, aber auch auf die in den verschiedenen Saisons unterschiedlich wirkenden Preisstrukturen. Damit ist eine flexible und möglichst genaue Abbildung der Erlössituation über Quartale oder Monate möglich. Erst durch diese ausdrückliche Abbildung von externen, durch den ÖPNV nicht beeinflußbaren Effekten, wird eine saubere Beurteilung der tatsächlichen Auswirkungen von Preisentscheidungen und damit auch eine Nachkalkulation möglich.

Alle diese Maßnahmen haben dazu geführt, daß TASKplus noch besser und genauer an die Gegebenheiten eines Nahverkehrunternehmens angepaßt werden kann als in der ursprünglichen Form.

4 EDV-Implementation

Der TASK Prototyp wurde auf Basis des Tabellenkalkulationsprogramms EXCEL implementiert, um dem Anwender die Gelegenheit zu geben, alle Bestandteile des Modells einzusehen und bei Bedarf auch selbst verändern zu können, ohne daß dabei zusätzlicher Programmieraufwand von externen Stellen anfällt. Bei der Weiterentwicklung zum Modell TASKplus ist offenbar geworden, daß zwar diese prinzipielle Offenheit beibehalten werden soll, aber doch stärker zwischen den Bedürfnissen der Modellentwicklung und der Modellanwendung getrennt werden sollte. So ist das Modell jetzt so konstruiert, daß die eigentliche Modellogik für ein einzelnes Marktsegment von dem jeweiligen Entwickler in einer Art Kernberechnung (Nukleus) grundsätzlich verändert werden kann. Ein Entwicklungstool paßt dann das Programm für alle anderen Segmente automatisch an.

Für den Anwender ist das Modell mit einer bedienerfreundlichen Menü- und Dialogsteuerung versehen worden, die alle wichtigen Funktionen der Eingabe und Veränderung von Modellparametern und -daten unterstützt. Durch die Auslagerung aller Daten in eine Datenbank konnte zudem die Eingabe und Verwaltung von Daten erheblich vereinfacht werden. Um Modellentwicklung und Nutzung voneinander zu trennen, kann der Nukleus unabhängig von der Programmumgebung modifiziert werden, da mit einem Tool automatisch wieder die Anbindung an die Datenbank hergestellt werden kann, auch wenn in dem ursprünglichen Tabellenkalkulationsprogramm Felder verschoben worden sind.

Durch Anklicken von Symbolen und „Buttons" kann sich der Nutzer Daten, selektiert nach bestimmten Kriterien, anschauen oder Teilergebnisse anzeigen lassen. Ein Beispiel der neuen Oberfläche findet sich in Abb. 2.

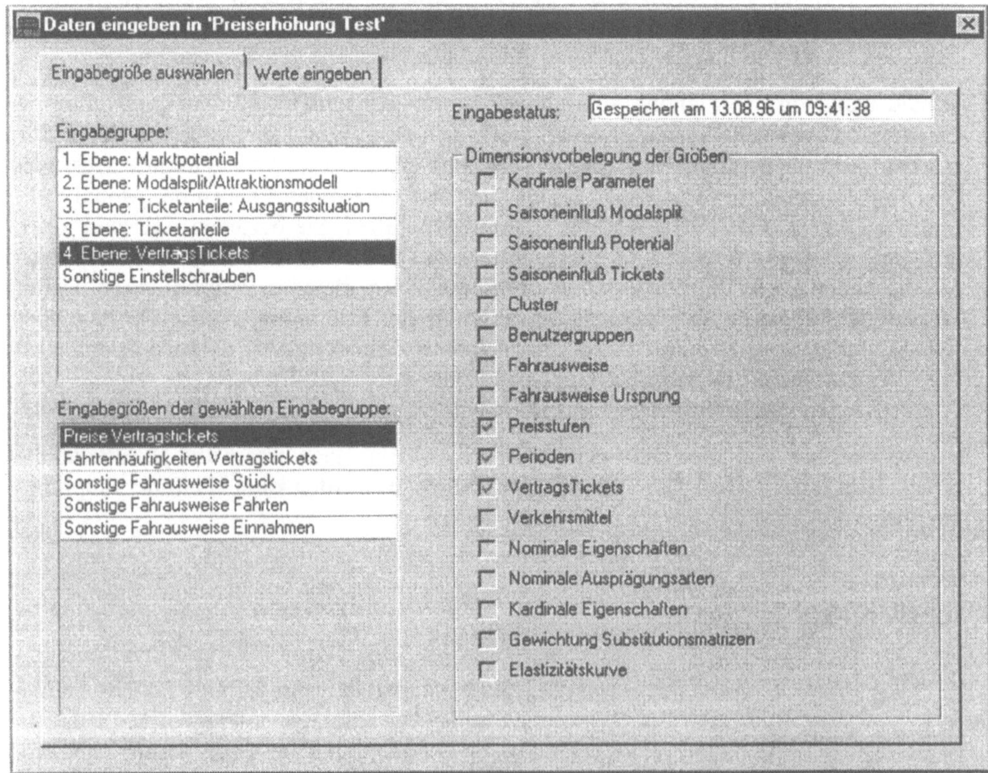

Abb. 2: Auswahl von Eingabewerten in TASKPlus

5 Kalibrierung

Mit der Trennung zwischen Daten und Modellfunktionen kann das Modell jetzt in dreifacher Weise kalibriert werden, wobei zusätzlich weitere Faktoren aus Statistiken des Nahverkehrsunternehmens oder anderen Quellen abgeleitet werden müssen:

a) Hat das Nahverkehrsunternehmen bereits Untersuchungen zur Abhängigkeit der ÖPNV-Fahrtenhäufigkeiten von Preisen in Auftrag gegeben, so kann es diese Ergebnisse nach einer speziellen Analyse verwenden, um die erforderlichen Angaben zu den Preis- und Kreuzpreiselastizitäten in das Modell einzugeben.

b) Sind keine entsprechenden Untersuchungen verfügbar oder liefern diese keine genauen Angaben über Kreuzpreiselastizitäten, so kann auch aus anderen Studien und Plausibilitätsannahmen eine subjektive Struktur von Preis- und Kreuzpreiselastizitäten spezifiziert und eingegeben werden.

c) Zusätzlich zu TASKplus ist ein Tool entwickelt worden, mit dem die Zeitreihenentwicklung der Sortimentsstatistik eines Nahverkehrsunternehmens durch Preis- und Kreuzpreiselastizitäten nach Maßgabe der TASKplus-Struktur bestmöglich erklärt wird. In der Vorgehensweise ähnelt dies einer Regressionsanalyse, bei der die beobachteten Werte für die Ticketanteile durch Modellparameter bestmöglich erklärt werden. Mit diesem Tool kann auch geprüft werden, ob subjektiv eingestellte Parameterwerte die Entwicklung der Sortimentsstatistik in den letzten Jahren gut wiedergeben oder ob andere Einflüsse existiert haben.

6 Anwendungserfahrungen

Bereits mit dem TASK Prototyp ergab sich eine gute Prognosequalität bei der Simulation der Auswirkungen der letzten Preisveränderungen des VRR [Alb96a]. Dies ist sehr ermutigend, basiert diese Prognose doch im Vergleich zu reinen Zeitreihen-Modellen auf kausalen Abhängigkeiten zwischen der Anzahl von Wegen mit dem ÖPNV für bestimmte Ticketarten und einer Preisstruktur, so daß ein Nahverkehrsunternehmen darauf aufbauend eine optimale Preisdifferenzierung planen kann. Mit der neuen Struktur in TASKplus ist das Modell nochmals erweitert und flexibler gestaltet worden, so daß es den Anforderungen der täglichen Nutzung besser gerecht wird. TASKplus wird gegenwärtig beim Verkehrsverbund Rhein-Ruhr zur Planung der Ticketarten, zur Optimierung der Preisstruktur und zu Nachkalkulationen eingesetzt. Aufgrund der gesammelten Erfahrungen hat sich inzwischen auch die BVG Berliner Verkehrs-Gesellschaft dazu entschlossen, TASKplus für seine Zwecke zu nutzen.

7 Literatur

[Alb83]   Albers, S.. (1983): Schätzung von Nachfragereaktionen auf Variationen des Tarif- und Leistungsangebots im öffentlichen Personennahverkehr, In: *Zeitschrift für Verkehrswissenschaft*, 54, S. 207-230.

[Alb96]   Albers, S.. (1996): Absatzplanung von ÖPNV-Ticketarten bei differenzierter Preispolitik, In: *Zeitschrift für Verkehrswissenschaft*, 67, S. 122-137.

[Alb96a]   Albers, S., Ihde, O.B., Krüger, M., Mehring, K., Santoni, D. (1996): Das Tarif-, Absatzsteuerungs- und Kontrollsystem TASK. In: *Der Nahverkehr*, 14, Heft 1-2, S. 42-46.

[Ben85]   Ben-Akiva, M., Lerman, St.R. (1985): Discrete Choice Analysis: Theory and Application to Travel Demand, Massachusetts Institute of Technology Press, Cambridge.

[Lil92]   Lilien, G., Kotler, Ph., Moorthy, K.S. (1992): Marketing Models, Prentice Hall, Englewood Cliffs (New Jersey).

[Sim92]   Simon, H. (1992): Preismanagement. Analyse - Strategie - Umsetzung, 2. Aufl., Gabler, Wiesbaden.

[Wal91]   Walther, K. (1991): Maßnahmenreagibler Modal-Split im städtischen Personennahverkehr. Theoretische Grundlagen und praktische Anwendung, Heft 45, Verkehrswissenschaftliches Institut der RWTH Aachen.

[Wal93]   Walther, K. (1993): Der Preiselastizitätsfaktor im ÖPNV und seine Bestimmungsgrößen, In: Der Nahverkehr, 11, Heft 1-2, S. 33-36.

Multimediale Unterstützung des Vertriebs von Fertighäusern

Frank Brandt, Peter Hammann, Rainer Palupski
Lehrstuhl für Angewandte Betriebswirtschaftslehre IV (Marketing)*
Ruhr-Universität Bochum

Zusammenfassung

Beim Fertighausvertrieb nehmen Musterhäuser als Präsentationsobjekte eine zentrale Stellung ein. Allerdings verursacht der Einsatz von Musterhäusern erhebliche Kosten und ermöglicht die Veranschaulichung des Produktprogramms lediglich in einer spezifischen Variante. Der Einsatz multimedialer Darstellungsformen als innovative Ergänzung der Leistungspräsentation impliziert nicht nur finanzielle Entlastungen, sondern bietet zudem die Möglichkeit der Konfiguration und Präsentation individualisierter Bauobjekte.

Sichtworte: Fertighausbau, Vertriebsunterstützung, Multimedia

1 Charakterisierung des Forschungsprojektes

Der hier behandelte Aspekt der multimedialen Unterstützung des Vertriebs von Fertighäusern ist Teilbereich eines abgeschlossenen Forschungsprojektes, das auf die Durchführung einer Strukturanalyse in der Fertighausbaubranche und die Entwicklung innovativer Vertriebs- und Kommunikationskonzepte ausgerichtet war [Bra96].

Mit Ausnahme weniger Großunternehmen ist die Fertighausbaubranche durch eine mittelständische Struktur geprägt, deren Unternehmen sich vielfach aus dem holzverarbeitenden Handwerk zu Anbietern schlüsselfertiger Bauobjekte entwickelt haben. Trotz eines wachsenden Anteils des Gewerbe- und Objektbaus stellt die Errichtung von Eigenheimen das zentrale wirtschaftliche Standbein der meisten Branchenunternehmen dar. Das hohe Aktivitätsniveau der brancheninternen Konkurrenten und der Anbieter der konventionellen Stein-auf-Stein-Bauweise führen zu einem nicht unerheblichen Wettbewerbsdruck. Insbesondere gegenüber dem konventionellen Hausbau bestehen dabei z.T. noch Imagenachteile, die aus den Anfängen des Fertighausbaus stammen und produkttechnisch für den heutigen Stand der Technik keine Gültigkeit mehr besitzen. Die im Zuge der letzten zwei Jahrzehnte vorgenommenen Qualitätsverbesserungen sowie der durch den Ausbau der Vertriebsstruktur erzeugte Kostendruck führten allerdings dazu, daß dem Preis als Wettbewerbsvorteil kaum noch Bedeutung zukommt. Bemühungen zur Schaffung von Konkurrenzvorteilen bei

---

* Lehrstuhlinhaber: Prof. Dr. Peter Hammann

anderen Leistungselementen sind damit in den Mittelpunkt des strategischen Handelns gerückt.

Vor diesem Hintergrund sollten durch das Forschungsprojekt strategische Handlungsempfehlungen insbesondere für kleine und mittlere Branchenanbieter entwickelt werden, die eine Profilierung sowohl gegenüber der Branchenkonkurrenz als auch gegenüber dem konventionellen Hausbau ermöglichen.

Einen Schwerpunkt des Projektes bildete die Entwicklung von Vorschlägen zu einer Effektivitäts- und Effizienzerhöhung des Vertriebs. Dabei eröffnen insbesondere die von den Bauherren an die Fertighaus-Vermarktung gestellten Visualisierungsanforderungen an einzelne Produktkomponenten, Zwischenlösungen sowie das letztendlich zu errichtende Bauobjekt Ansatzpunkte für den Einsatz der Multimedia-Technologie. Zielsetzung war dabei allerdings nicht die technische Implementierung multimedialer Applikationen, sondern die Entwicklung von Vorschlägen zu einer effektiven und effizienten Unterstützung des Vertriebs von Fertighäusern auf Basis multimedialer Anwendungen.

2 Merkmale des Vertriebs von Fertighäusern

Betrachtet man die Vertriebsprozesse der Fertighausvermarktung von der Vermittlung eines ersten Überblicks über das Angebotsspektrum bis zum Abschluß des Kaufvertrages, so nehmen das persönliche Beratungsgespräch und der Einsatz von Musterhäusern als Präsentations- und Demonstrationsobjekte eine zentrale Bedeutung ein.

Der Vertrieb von Fertighäusern ist aufgrund der Komplexität der Produktbeschaffenheit und dem nicht unerheblichen Erklärungsbedarf durch hohe Beratungsintensität gekennzeichnet. Basierend auf der Auswahl eines Grundtyps können des weiteren nach dem Baukastenprinzip Gestaltungswünsche des Bauherrn realisiert und so individualisierte Problemlösungen konfiguriert werden. Der persönliche Verkauf wird damit zum zentralen Element der Fertighausvermarktung.

An die persönliche Verkaufsberatung stellen sich allerdings nicht unerhebliche Anforderungen. So sind zunächst im Rahmen der Bedarfsanalyse aus den verfügbaren Hausbaugrundtypen die den Bauherrnanforderungen und den gegebenen finanziellen Restriktionen grundsätzlich entsprechenden Varianten auszuwählen, die im Zuge des nachfolgenden Konfigurationsprozesses entsprechend den individuellen Wünschen des Bauherrn eine Feinabstimmung in bezug auf die einzelnen Produktkomponenten erfahren.

Die Komplexität der Leistung und die Vielfalt der möglichen Komponentenkombinationen verlangt dabei vom Verkaufsberater, ein hohes produkttechnisches Informationsvolumen bereitzuhalten. Dies erfordert nicht nur umfangreiches Informations- und Präsentationsmaterial, sondern macht ebenso qualifiziertes Beratungspersonal notwendig, dessen Einsatz sich durch regelmäßige Schulungs- und Weiterbildungsmaßnahmen weiter verteuert.

Die Entwicklung einer vollständigen Angebotskonzeption unter Berücksichtigung weiterer baunaher Serviceleistungen (z.B. Unterstützung bei der Grundstücksbeschaffung und der

Beantragung der Baugenehmigung, Finanzierungsberatung) beinhaltet einen nicht unerheblichen Beratungsaufwand, der durchschnittlich 5-8 Beratungstermine bis zum endgültigen Kaufvertragsabschluß notwendig macht und infolge von Abstimmungsprozessen innerhalb des häufig vorzufindenden Buying Centers „Familie" vielfach zu nachträglichen Änderungswünschen bei der Hausbaukonfiguration führt. Diese können unter Berücksichtigung der Auswirkungen auf die bestehende Komponentenauswahl die Verhandlungsphase noch erheblich verlängern. Die Notwendigkeit einer Rationalisierung der Prozesse des persönlichen Verkaufs wird damit unmittelbar augenscheinlich.

Der Bauherr wünscht zudem eine anschauliche Präsentation der Bauobjekte, die über Abbildungen in Prospekten oder Katalogmaterial, Bilder bereits realisierter Referenzobjekte oder die Besichtigung von Musterhäusern möglichst realitätsnah zu gestalten versucht wird. Notwendig ist insbesondere der Einsatz von Präsentationsobjekten, die dem Hausbauinteressenten nicht nur einen Eindruck über das Leistungsspektrum des Anbieters ermöglichen, sondern möglichst eine realistische Vorstellung von seinem zukünftigen individuellen Bauobjekt vermitteln. Von den Fertighausanbietern zu diesem Zweck eingesetzte Musterhäuser stellen zwar anschauliche Präsentationsobjekte dar, verursachen jedoch gleichzeitig hohe finanzielle Belastungen durch die Grundstücksbeschaffung, die Errichtung, die Nutzung sowie die Instandhaltung. Zudem ermöglichen Musterhäuser lediglich die Präsentation einer spezifischen Hausbaukonfiguration, die aufgrund der zum Teil vielfältigen Kombinationsmöglichkeiten der Einzelelemente (Raumaufteilung, Dach, Außenverkleidung, Türen/Fenster, Erker, Gauben etc.) nur sehr selten mit dem vom Bauherrn spezifisch gewünschten Objekt übereinstimmt.

Ausgehend von dieser Situationsbeschreibung stellen sich damit an den Fertighausvertrieb zwei grundsätzliche Anforderungen zur Erhöhung der Effektivität und Effizienz:

- Es gilt, eine auf die spezifischen Bedürfnisse des Bauherrn gerichtete Informationsbereitstellung zu gewährleisten, die insbesondere die Präsentation der im Einzelfall konfigurierten Hausbauversion beinhaltet.

- Aus der Effizienzperspektive sind die infolge der auf die Erhöhung der Beratungsqualität gerichteten Maßnahmen entstehenden Kosten möglichst gering zu halten.

Zwar erscheint angesichts des noch bestehenden Imagenachteils der Fertighausbauweise gegenüber der konventionellen Stein-auf-Stein-Bauweise aufgrund des Referenz- und Überzeugungspotentials ein vollständiger Verzicht auf Musterhäuser zum jetzigen Zeitpunkt nicht sinnvoll. Denkbar ist allerdings eine kontinuierliche Reduzierung des Einsatzes materieller Anschauungsobjekte bei ergänzender virtueller Präsentation des Leistungsspektrums, die dem Hausbauinteressenten durch multimediale Techniken neben einer realitätsgetreuen Präsentation des Bauobjektes im Detail differenzierte Informationen über einzelne Leistungskomponenten bietet. Hier bietet die multimediale Unterstützung des Fertighausvertriebs nicht nur Ansatzpunkte zur Senkung der Kosten der Vertriebsprozesse, sondern sie fördert gleichzeitig die wahrgenommene Beratungsqualität und Kundennähe, auch durch die stärkere Einbeziehung des Interessenten in den Informationsbeschaffungsprozess und die Entwicklung einer individuellen Hausbaukonfiguration.

Nachfolgend sollen Möglichkeiten des Einsatzes der Multimedia-Technologie im Vertriebskonzept von Fertighausanbietern dargestellt und im Hinblick auf ihre Vorteilhaftigkeit gegenüber der herkömmlichen Vorgehensweise beurteilt werden. Die Nutzungsmöglichkeiten der „neuen Medien" werden am Beispiel computergestützter Angebotssysteme, interaktiver Multimedia-Systeme, elektronischer Speichermedien, elektronischer Datennetze und Anwendungen der Virtual Reality-Technologie entlang des Kaufprozesses analysiert und in bezug auf ihre Vorteilhaftigkeit bewertet.

3 Prozeß des Kaufes von Fertighäusern

Nach der grundsätzlichen Entscheidung für die Errichtung eines Hauses hat der Bauherr die Wahl zwischen den Konzepten „konventioneller Hausbau" und „Fertighausbau". Der Kauf von Häusern ist – wie jeder Kauf – ein Prozeß mit mehreren Phasen [Bac95, S. 54f.]. Je nach Informationsinteresse kann die Zahl der betrachteten Phasen variieren. Hier sollen vier Phasen unterschieden werden, die die kaufbezogenen Aktivitäten des Nachfragers und – insbesondere in den letzten drei Phasen – des Anbieters charakterisieren (siehe Tabelle 1). Zur Vereinfachung soll davon ausgegangen werden, daß am Ende der ersten Phase die Entscheidung für eine Bauweise – hier Fertighausbau – in der Regel getroffen wurde.

Suche	Anbahnung, Verhandlung und Abschluß	Realisierung	Kontrolle und Anpassung
Schaffung eines ersten Überblicks über das Angebotsspektrum bei Fertighäusern und im konventionellen Hausbau Konkretisierung von Vorstellungen über die Merkmale des Hauses Konkrete Informationsbeschaffung über Produkte und Anbieter Vorauswahl Kontaktaufnahme	Persönliches Beratungsgespräch mit • Konkretisierung des Bedarfes • Grobauswahl geeigneter Grundtypen • Konfiguration einer individuellen Problemlösung • Preiskalkulation Weitere Serviceleistungen • Unterstützung bei der Grundstückssuche und Beantragung der Baugenehmigung • Finanzierungsberatung Kaufentscheidung	Errichtung des Hauses	Prüfung der vereinbarten Eigenschaften auf der Grundlage der vorhandenen Unterlagen

Tabelle 1: Phasen und Aktivitäten des Hauskaufes

4 Möglichkeiten und Wirkungen der multimedialen Unterstützung des Fertighausvertriebs

4.1 Überblick

Multimedia ist die Integration mehrerer technischer Medien zur Informationsvermittlung, mit welcher der auf mehreren Sinnen basierenden Wahrnehmung von Menschen entsprochen werden soll und bei der Nutzer den Informationsabruf in bezug auf Inhalt, Präsentationsform (Text, Stand- und Bewegtbild, Ton) und Umfang beeinflussen können [Bru97, S. 824f.; Hün95, S. 3f.].

Den einzelnen Phasen des Kaufprozesses können bestimmte Multimedia-Technologien zugeordnet werden (siehe Tabelle 2). Der Umfang des Technologieeinsatzes wird durch verschiedene Einflußgrößen bestimmt. Grundsätzlich kann unterschieden werden in technische, wirtschaftliche, verhaltenswissenschaftliche und rechtliche Aspekte [Pal95, S. 270f.].

- Der technische Aspekt kennzeichnet die Machbarkeit bestimmter Dinge vor dem Hintergrund der verfügbaren Technologien. So muß eine Visualisierung mit Virtual Reality zu einem realistischen Abbild der Wirklichkeit führen.

- Der wirtschaftliche Aspekt beinhaltet die Frage nach dem Nutzen-Kosten-Verhältnis der eingesetzten Technologie. So muß der Nutzen des Technologieeinsatzes die Kosten – z.B. für die Technologieimplementierung – übersteigen.

- Der verhaltenswissenschaftliche Aspekt erfaßt u.a. die Akzeptanz von Problemlösungen, hier von Multimediatechnologien. Der Einsatz ist nur sinnvoll, wenn die Kunden mit der Technologie etwas anfangen können und dies auch wollen.

- Der rechtliche Aspekt betrifft die Verwendung von Multimedia vor dem Hintergrund des gesetzlichen Rahmens, so etwa die Heranziehung der mittels Multimediatechnologie konfigurierten Lösungen als Grundlage für gerichtliche Auseinandersetzungen im Falle des Nichtgefallens in der Kontrollphase.

In bezug auf den wirtschaftlichen Aspekt kann der Einsatz multimedialer Technologien zu einer Erweiterung des bisherigen Direktvertriebs (Außendienst und Musterhaus) um indirekte Vertriebsmöglichkeiten (z.B. Baumärkte und Kreditinstitute) führen. Durch eine Steigerung der Distributionsquote zu vergleichsweise niedrigen Kosten kann eine überproportionale Erlössteigerung und damit eine Erfolgsverbesserung ausgelöst werden.

Bei allen nachfolgend dargestellten Lösungen handelt es sich um Varianten multimedialer Beratungs- bzw. Angebotsunterstützungssysteme. Ein derartiges System kann aus folgenden Modulen bestehen [Mer94, S. 291ff.]:

- „Bedarfsanalyse" zur Bestimmung geeigneter Grundtypen,
- „Elektronischer Produktkatalog" zur Präsentation des Leistungsprogrammes und Auswahl der einzelnen Hausbaukomponenten,

- „Konfigurator" zur technisch konsistenten Zusammenstellung der Komponenten,
- „Preiskalkulation" zur Berechnung des Angebotspreises.

Suche	Anbahnung, Verhandlung und Abschluß	Realisierung	Kontrolle und Anpassung
POI-Systeme bei Distributionspartnern On-line-Informationen CD-ROM für allgemeine Information und Erstellung von Erstkonfigurationen	Multimediales System für die Beratungsunterstützung im persönlichen Verkauf CD-ROM für gemeinsame und alleinige Konfiguration Virtual Reality insbesondere für die Visualisierung	Multimediale Umsetzungshilfe für den technischen Bereich	Individuelle Konfiguration auf CD-ROM für den Vergleich von Soll und Ist.

Tabelle 2: Nutzung von Multimedia-Technologie in den einzelnen Kaufphasen

4.2 Multimediale interaktive POI-Systeme

Die Erschließung indirekter Absatzwege stellt das Fertighausbauunternehmen vor das Problem, auf die Beratung des Bauinteressenten durch einen qualifizierten Fachberater als zentrales Element in der Kundenakquisition zunächst verzichten zu müssen. Aufgrund der zeit- und personalintensiven Kundenbetreuung, die nur von einem speziell ausgebildeten Fachberater erfolgreich geleistet werden kann, und der damit verbundenen Kosten, ließ sich diese Aufgabe bisher nicht auf den Distributionspartner übertragen. Die mit einer Zusatzqualifikation verbundenen hohen Ausbildungskosten sowie der hohe Zeitaufwand der Kundenberatung, der die verbleibende Zeit zur Durchführung des eigenen Tagesgeschäftes erheblich reduzieren würde, können für den Absatzpartner nicht akzeptabel sein. Darüber hinaus wird ein Kooperationspartner nur zu gewinnen sein, wenn die mit der Zusammenarbeit verbundenen Vorteile mögliche Nachteile übersteigen. Dabei würde sich für eine Kooperation insbesondere positiv auswirken, wenn die Zusammenarbeit auch den Absatz des Vertriebspartners fördern würde, also bestehende Nachfrageverbunde ausgenutzt werden können.

Der Systemcharakter des Fertighausgeschäftes bietet hier interessante Ansatzpunkte. So könnten z.B. Kreditinstitute - aufgrund der mit dem Bauvorhaben für den Kunden in den meisten Fällen notwendigen Inanspruchnahme einer Finanzierung - als Kooperationspartner und Anbieter eines bedarfsgemäßen Finanzierungskonzeptes in Betracht gezogen werden. Daneben bieten sich auf Handelsebene z.B. Baufachmärkte oder Einzelhandelsgesellschaften als Absatzpartner an. Wird keine schlüsselfertige Komplettlösung verkauft, macht es der verbleibende Eigenleistungsanteil für den Bauherrn notwendig, bestimmte Leistungen insbesondere im Rahmen des Innenausbaus und der Inneneinrichtung selbständig zu erbringen. Der entstehende Bedarf kann durch das Sortiment der Distributionspartner adäquat abgedeckt werden. Hinzu kommen adäquate Angebote zur Gartengestaltung und Grundstückseinfriedung. Dabei empfiehlt sich aus Sicht des Fertighausunternehmens vor allem das Angebot von Ausbau- bzw. Mitbauhäusern, da hiermit der Absatz des Partners nicht unerheblich gefördert werden kann. Hierdurch läßt sich das Segment der preisbewußten und handwerklich orientierten Bauherrn weiter erschließen.

Mit *multimedialen interaktiven Point-of-Information-(POI-)Systemen* [Glo95, S. 263ff.] kann den spezifischen Informationsbedürfnissen der potentiellen Bauherren in der Vorkaufphase in besonders geeigneter Weise entsprochen werden. Berührungsempfindliche Bildschirme (sogenannte Touchscreens) als Benutzerschnittstelle ermöglichen eine unproblematische Bedienung ohne jegliche EDV-Kenntnisse bei der selektiven Abfrage von Informationen. Der Einsatz solcher POI-Anwendungen beinhaltet für den Anbieter folgende Vorteile:

- Erschließung neuer Vertriebskanäle,

- Förderung der Bereitschaft zur Kooperation durch Integration des Leistungsangebotes des Distributionspartners,

- bessere Steuerung der Qualität der Informationsbereitstellung beim Distributionspartner (Reduzierung von Filter-/Verzerrungswirkungen),

- Erweiterung des Präsentationsspektrums durch Medienintegration,

- Aktualität der Informationsbereitstellung bei Online-Systemen,

- Reduzierung von Streuverlusten durch Informationsbereitstellung „on demand",

- Reduzierung der Kontaktschwelle des Nachfragers, da bedürfnisgemäße Informationen ohne Offenbarung persönlicher Daten gegenüber Personen bereitgestellt werden können,

- Vermittlung einer relativ konkreten Vorstellung von dem zu beschaffenden Bauobjekt bereits beim Erstkontakt durch Visualisierung des Leistungsspektrums,

- Reduzierung der Zahl der erforderlichen Verkaufsgespräche, da die anschließende persönliche Beratung bei höherem Kenntnisstand effektiver erfolgen kann,

- Information über aktuelle Nachfragerwünsche und Trendentwicklungen durch Generierung von Nutzungsprotokollen,

- gezielte Interessentenansprache und Neukundengewinnung durch Erfassung von Adressen und persönlichen Daten.

Für den Distributionspartner ergeben sich zudem als Vorteile:

- Bereitstellung hochwertige Beratungsleistungen ohne Bindung von Beratungspersonal und aufwendige Schulungen

- zusätzlicher Spielraum für persönliche Kundenberatung durch die Möglichkeit der Selbstinformation des Nachfragers,

- Verbesserung der persönlichen Kundenberatung durch Einbeziehung des POI-Systems,

- Möglichkeit zur Selbstschulung des Beratungspersonals.

4.3 Multimediale Angebotsunterstützungssysteme

Multimediale Beratungsunterstützungssysteme [Ble95, S. 297ff.] im Rahmen der persönlichen Verkaufsberatung auf stationären bzw. mobilen PC zum Einsatz in Verkaufsstellen bzw. im Außendienst gestatten eine Vereinfachung der Verkaufsprozesse bei Erhöhung der Beratungsqualität. Berater und Bauherr können gemeinsam am Bildschirm die Problemlösung iterativ optimieren. Der Verkaufsberater wird bei der Gespächsdurchführung entlastet. Es ergeben sich mehrere Differenzierungspotentiale:

- Verbesserung der Leistungspräsentation durch Multimedia-Einsatz mit der Folge der Erhöhung des Transparenzgrades der Produktkonfiguration und Konkretisierung des Leistungsversprechens,

- Erhöhung des Individualisierungsgrades in bezug auf die Informationsbereitstellung und die Produktkonfiguration,

- Erhöhung der Schnelligkeit durch Reduktion der bis zum Kaufabschluß erforderlichen Beratungskontakte,

- Angebot von Mehrwert-/Zusatzleistungen im Rahmen der Beratung, z.B. durch Ausdruck beliebiger Konfigurationsalternativen oder Hausbaukomponenten,

- Erhöhung der wahrgenommenen Beratungskompetenz des Verkaufsberaters durch Wissens- bzw. Funktionsintegration.

4.4 Einsatz multimedialer Produktkataloge auf unvernetzten Speichermedien im Direct Mailing

Multimediale Produktkataloge [Het95, S. 221ff.] ermöglichen eine Information über gewünschte Hausbauvarianten am eigenen PC. Im Vergleich zum Papierkatalog bieten sie eine schnellere und zielgenauere Informationsbeschaffung.

Sie sind kostengünstiger im Hinblick auf Vervielfältigungskosten und umweltfreundlicher durch Papierreduzierung. Sie erlauben eine Aufteilung vergleichsweise hoher Softwareentwicklungskosten durch synergetische Verwendung in der Kommunikationspolitik. Sie sind z.B. bei Sortimentsänderungen einfach zu aktualisieren und führen zu geringeren Versandkosten als der Papierkatalog.

Im Vergleich zu linearen Informationsträgern (z.B. Videoband) ergibt sich eine schnellere und flexiblere, weil selektive Informationssuche. Präsentationsqualitätsmindernde Abnutzungserscheinungen können kaum auftreten. Auch hier ergeben sich Versandkosteneinsparungen.

4.5 Multimediale Angebotspräsentation in elektronischen Datennetzen

Eine multimediale on-line Informationsbereitstellung [Oen96] kann über Datennetze, wie z.B. dem *World Wide Web* (WWW) im Internet, realisiert werden. Das WWW erlaubt die Integration von Informationsangeboten von Unternehmen aus unterschiedlichen Branchen mit produktbezogenen Informationsabfragemöglichkeiten.

Die Vorteile der Angebotspräsentation in Netzen liegen u.a. in einem hohen Nutzerpotential, da die Nutzung kostengünstig und für jedermann offen ist und sie eine schnelle, anonyme und bequeme Informationsbeschaffung am eigenen PC gestattet. Im Familien- und/oder Freundeskreis kann so das zukünftige Haus gestaltet werden. Die ständige Dialogmöglichkeit demonstriert Kundennähe und beinhaltet Potentiale zur Kundenbindung. Die Analyse der Informationsabfrage des Nachfragers ermöglicht schließlich die Generierung aktueller Informationen über Zielgruppenbedarfe.

(Noch) bestehende Probleme der Nutzung der on-line-Informationsbereitstellung liegen im Datenschutz (z.B. Fehlen einheitlicher Sicherheitsstandards), der Bewältigung des erwarteten stark ansteigenden Volumens der Datenübermittlung und fehlende gesetzliche Grundlagen (z.B. im Hinblick auf grenzüberschreitende Datentransfers).

4.6 Angebotspräsentation durch Virtual-Reality-Technologie

Virtual-Reality-Anwendungen [Pal95, S. 264 ff.] ermöglichen die audiovisuelle und taktile Ausgestaltung künstlicher Umgebungen unter Einbeziehung des Systembenutzers und der zugrundeliegenden physikalischen Gesetzmäßigkeiten. Sie vermitteln dem Nutzer, Bestandteil der dreidimensional simulierten Umgebungen zu sein und geben ihm die Möglichkeit, diese zu beeinflussen. Möglichkeiten der Leistungspräsentation für Fertighausanbieter sind

- realitätsgetreue Begehung und teilweise Nutzung (z.B. Öffnen von Türen/Fenstern, Wasserhähnen etc.) des individuell spezifizierten Fertighauses,

- Integration optischer Realinformation (z.B. digitalisierte Photos) zur Einbeziehung persönlicher Einrichtungsgegenstände,

- farbliche Visualisierung unterschiedlicher thermischer Verhältnisse,

- Simulation von Innenraumgeräuschen (z.B. bei unterschiedlichen Bodenbelägen) und der Hallcharakteristik von Räumen durch raumakustische Verfahren.

Durch den ganzheitlichen Zugang zum Bauobjekt kann die Problemlösung vor ihrer physischen Umsetzung bereits erlebt bzw. erfahren werden. Damit lassen sich Fehlentscheidungen, z.B. durch Vergleich unterschiedlicher Innenausstattungen, vermeiden. Durch photorealistische Einrichtungsvisualisierung kann die Unsicherheit des Nachfragers bei der Kaufentscheidung herabgesetzt werden. Die Technologie fördert die Bereitschaft des Nachfragers, sich stärker in den Angebotserstellungsprozeß einzubringen, z.B. durch Überprüfung der Möblierbarkeit von Räumen.

Allerdings stehen den aufgezeigten Vorteilen auch Nachteile gegenüber. Hierzu zählen die (noch) sehr hohen Kosten der Systeme. Die Komplexität der Anwendung macht eine spezifische Schulung des Beratungspersonals notwendig. Dies umfaßt insbesondere das technische Handling und den Abbau von Akzeptanzbarrieren bei den Kunden. Vor der Implementierung des Systems sind grundsätzliche Untersuchungen in bezug auf die Kundenakzeptanz notwendig. Diese könnten von übergeordneten Institutionen, z.B. von Verbänden durchgeführt werden.

4.7 Multimedialer Fertighausvertrieb am Beispiel eines POI-Systems

Überblick über das vollständige Hausbauprogramm des Anbieters, z.B. durch graphische oder bildliche Darstellung der verfügbaren Grundtypen bzw. Beispielen von Endkonfigurationen. Empfehlenswert ist die Abfragemöglichkeit von Musterhäusern zu den einzelnen Hausbauvarianten.

Ermittlung des Anforderungsprofils an das Eigenheim im Rahmen der Bedarfsanalyse (z.B. Abfrage der Anzahl der Hausbenutzer, der gewünschten Etagen-, Raum- und ungefähren Quadratmeterzahl).

Multimediale Präsentation der den Anforderungen entsprechenden Grundtypen.

Virtuelle Zusammenstellung des Eigenheims auf Basis eines gewählten Grundtyps:
- Auswahl eines den Vorstellungen entsprechenden Grundtyps (z.B. Rechteck-, Winkelhaus, ein- oder zweistöckig)
- Bestimmung der Raumaufteilung im technisch zulässigen Rahmen
- Feinabstimmung der Ausführungen der individuell festlegbaren Hausbaukomponenten
    - Selektion der Dacheindeckung (z.B. anthrazit, hell- oder dunkelrot, begrünt)
    - Selektion der Fassadengestaltung (z.B. Klinker, Rauputz, Holzverschalung)
    - Selektion der Türen/Fenster, z.B. Holz oder Kunststoff
    - Selektion von Dachgauben und Balkonen
- ggf. Auswahl eines Wintergartens und einer Garage nach Fertigstellung des Kerngebäudes

Multimediale Erklärungen können jeweils zu den einzelnen Komponenten abgerufen werden. Ggf. kann eine mitlaufende Preiskalkulation zugeschaltet werden.

Ausdruck von Ansichten des konfigurierten Eigenheims aus unterschiedlichen Perspektiven sowie eines ersten Angebotsvorschlages mit Preisangaben.

Abbildung 1: Ablauf einer multimedialen Beratung an einem POI-System

Die zuvor präsentierten Vorschläge wurden in der Fertighausbranche bereits zum Teil realisiert. So setzt z.B. der Anbieter OKAL ein multimediales Angebots- und Beratungsunterstützungssystem in der persönlichen Verkaufsberatung ein.

Bedarf besteht in der Fertighausbranche allerdings in bezug auf die Erschließung indirekter Vertriebswege zur Ergänzung des vorherrschenden Direktabsatzes. In Abbildung 1 wird daher ein Vorschlag für den Ablauf einer multimedialen Beratung am Beispiel eines POI-Systems zur Nachfrager-Selbstbedienung dargestellt.

5 Integration von multimedialer Präsentation und Musterhauseinsatz

Unseres Erachtens wird die multimediale Präsentation den Musterhauseinsatz nicht vollständig ersetzen können. Multimedia bietet zwar gegenüber Musterhäusern einige Vorteile auf der Kosten- und Nutzenseite, wie

- i.d.R. geringere Kosten der Systemimplementierung im Vergleich zu den Belastungen durch Grundstücksbeschaffung, Errichtung, Betrieb und Instandhaltung der Musterhäuser,

- Möglichkeit der Darstellung unterschiedlicher Konfigurationsvarianten und Ausbauzustände,

- sofortige visuelle Umsetzung von Modifikationen,

- Möglichkeit der Berücksichtigung individueller Einrichtungsgegenstände bei der Innenraumgestaltung,

- Visualisierung real nicht sichtbarer Strukturen (z.B. Wandaufbauten) bzw. Prozeßabläufe (z.B. Energiekreisläufe),

- realitätsnahe Präsentation durch Einbindung von Bildern bzw. Videosequenzen bereits fertiggestellter Objekte.

Allerdings dürfte eine rein immaterielle Produktpräsentation für die endgültige Hauskaufentscheidung nicht ausreichen. Vielmehr muß dem menschlichen Bedürfnis nach einer seinen Lebens- und Wahrnehmungsgewohnheiten entsprechenden Präsentationsform Rechnung getragen werden. Das physische Element des Musterhauseinsatzes erscheint daher auch auf längere Sicht nicht verzichtbar.

Es bietet sich aber ein erhebliches Potential zur Verringerung des Musterhauseinsatzes, der z.B. auf Präsentationsobjekte in der Nähe der Unternehmenszentrale und von wichtigen Musterhauszentren eingeschränkt werden könnte.

Letztlich bietet dieses innovative Konzept auch unter Imageaspekten eine wichtige Ergänzung der gewohnten konventionellen Form der Produktpräsentation. Insbesondere jüngere, für die Multimedia-Technologie aufgeschlossene Zielgruppen können durch den Auftritt als innovativer und zukunftsorientierter Anbieter besser erreicht werden. Dies könnte dazu führen, daß Zielgruppen, die bisher eher den konventionellen Hausbau bevorzugten (höheres Einkommen, hoher Bildungsstand), ihr „relevant set" um Fertighausanbieter erweitern.

6 Literatur

[Bac95]   Backhaus, K.: Investitionsgütermarketing, 4. Aufl. München 1995.

[Ble95]   Bless, H.J.; Matzen, T.: Optimierung von Verkaufsgesprächen und individuelle Produktpräsentation mittels PC, in: Hünerberg, R.; Heise, G. (Hrsg.): Multi-Media und Marketing, Wiesbaden 1995, S. 297-310.

[Bra95]   Brandt, F.; Hammann, P.; Palupski, R.: Marketingstrategien für kleinere und mittlere Unternehmen des Deutschen Fertigbaus, Forschungsbericht im Auftrag der Stiftung Industrieforschung, Bochum 1996.

[Bru97]   Bruhn, M.: Kommunikationspolitik, München 1997.

[Glo95]   Glomb, H.J.: Multi-Media am POS, in: Hünerberg, R.; Heise, G. (Hrsg.): Multi-Media und Marketing, Wiesbaden 1995, S. 263-285.

[Het95]   Hetz-Fellner, A.: Direct Marketing mit Multi-Media, in: Hünerberg, R.; Heise, G. (Hrsg.): Multi-Media und Marketing, Wiesbaden 1995, S. 221-228.

[Mer94]   Mertens, P. u.a.: Angebotsunterstützung für Standardprodukte, in: Informatik Spektrum, 17. Jg., 1994, Nr. 7, S. 291-301.

[Oen96]   Oenicke, J.: Online-Marketing, Stuttgart 1996.

[Pal95]   Palupski, R.: Virtual Reality und Marketing, in: Marketing Zeitschrift für Forschung und Praxis, 17. Jg., 1995, Nr. 4, S. 264-272.

METHODEN IN DER MARKETINGINFORMATIK

KLASSIFIKATION

Anwendungen der Logistischen Regression

Manfred Krafft
Institut für Betriebswirtschaftslehre, Lehrstuhl für Marketing[*]
Christian-Albrechts-Universität zu Kiel

Zusammenfassung

Im Rahmen der Marketingforschung stößt man zunehmend auf dichotome Probleme, die mit herkömmlichen statistischen Untersuchungsverfahren nicht angegangen werden können. Neben der bisher üblichen Zwei-Gruppen-Diskriminanzanalyse wird in der jüngsten Vergangenheit häufiger die Logistische Regression eingesetzt, die allerdings hinsichtlich der Anwendungs- und Interpretationsmöglichkeiten im deutschsprachigen Raum nur wenig bekannt ist. In diesem Kurzbeitrag werden einige Einsatzgebiete genannt, das Modell der Logistischen Regression und deren Gütemaße kurz beschrieben und anhand einer Anwendung auf die Frage „Handelsvertreter oder Reisende" gezeigt, wie deren Lösung zu interpretieren ist.

Stichworte: Marktforschung, Logistische Regression, Handelsvertreter, Reisende, Multivariate Datenanalyse

1 Problemstellung

Neben Fragestellungen mit metrischen abhängigen Variablen (Umsatz, Marktanteil etc.) werden in der Marktforschung in jüngster Zeit zunehmend Probleme untersucht, die qualitativer Art sind und eine dichotome abhängige Variable betrachten, wie Kauf/Nichtkauf von Produkten, Erfolg/Nichterfolg von Verkäufern, Kreditwürdigkeit von Gläubigern (liquide versus illiquide) oder Bestellung versus Nichtbestellung bei Direktmarketing-Aktionen. Ohne näher darauf einzugehen, ist festzuhalten, daß die sonst übliche Regressionsanalyse nicht geeignet ist, derartige Fragestellungen zu analysieren.

Besser geeignet erscheint die Zwei-Gruppen-Diskriminanzanalyse, die aber strenge Anforderungen an das betrachtete Datenmaterial stellt. So werden die Prämissen dieses Verfahrens grundlegend verletzt, wenn nicht-metrische unabhängige Variablen betrachtet werden ([Hos89, S. 20]; [Pre78, S. 700]). Für die im weiteren vorgestellte Logistische Regression sind lediglich voneinander unabhängige (d.h. nicht multikollineare) Regressoren erforderlich, und es ist sicherzustellen, daß keine Autokorrelation vorliegt [Ald84, S. 49]. Zudem bietet dieses Verfahren den Vorteil, daß für die damit ermittelten Koeffizienten asympto-

---

[*] Lehrstuhlinhaber: Prof. Dr. Sönke Albers

tisch t-verteilte Statistiken angegeben werden können, während die Konfidenzintervalle der Diskriminanzanalyse nicht interpretierbar sind [Cra77].

2 Modell der Logistischen Regression und Gütemaße

2.1 Überblick über das Schätzverfahren

Zur Veranschaulichung der Logistischen Regression wird im weiteren auf die Studie von Krafft [Kra96] zur Absatzformwahl zurückgegriffen, um das Schätzverfahren anhand eines Beispiels aus dem Marketing zu verdeutlichen. In dieser Studie wurden die Angaben von Vertriebsdirektoren von 270 Unternehmen aus vier Sektoren (Konsumgüter, Investitionsgüter, Pharma, Finanzdienstleister) daraufhin analysiert, ob sie zur Erklärung der jeweils gewählten Absatzform dienen können. Dabei wurden nur die Extremformen einer reinen Reisenden- bzw. Handelsvertreter-Organisation betrachtet, die von 173 (64,1%) bzw. 61 (22,6%) der Unternehmen eingesetzt werden. Von der weiteren Analyse ausgeschlossen wurden dagegen 36 sogenannte hybride Außendienste (13,3%), in denen beide Absatzformen eingesetzt werden.

Von den verbleibenden 234 Fällen wurden wiederum nur die Beobachtungen berücksichtigt, die zu allen Einflußfaktoren (hier 19 Variablen) gültige Nennungen aufwiesen. Dadurch und aufgrund der Elimination einer beeinflussenden Beobachtung reduzierte sich der ursprüngliche Datensatz auf 149 Beobachtungen, d.h. auf 119 Reisenden- und 30 Handelsvertreter-Organisationen.

Die zu erklärende Variable nimmt in dieser Anwendung folgende zwei Werte an:

$$(1) \qquad y = \begin{cases} 1 \text{ falls Reisende eingesetzt werden} \\ 0 \text{ falls Handelsvertreter eingesetzt werden.} \end{cases}$$

Bei Anwendung der Logistischen Regression wird nun davon ausgegangen, daß eine latente (d.h. nicht beobachtbare) Variable y^* existiert, die als Neigung oder Wahrscheinlichkeit anzusehen ist, daß die Absatzform 'Reisende' gewählt wird. Beobachtbar ist dagegen als Variable der (Nicht-)Einsatz von Reisenden, d.h.

$$(2) \qquad y = \begin{cases} 1 \text{ falls } y^* > 0 \\ 0 \text{ sonst.} \end{cases}$$

Im weiteren wird folgendes Regressionsmodell unterstellt:

$$(3) \qquad y_i^* = \beta_0 + \sum_{k=1}^{K} \beta_k \cdot x_{ik} + u_i \text{ , wobei}$$

y_i^*:   Nicht beobachtete Variable beim i-ten Objekt ($i \in I$),

β_0:   Konstante,

β_k: Koeffizient der k-ten unabhängigen Variablen x_{ik} ($k \in K$),

x_{ik}:   Ausprägung der k-ten unabhängigen Variablen ($k \in K$) beim i-ten Objekt ($i \in I$),

u_i: Störterm,

I: Indexmenge der Objekte,

K: Indexmenge der unabhängigen Variablen.

Somit wird davon ausgegangen, daß eine stetige, latente Variable y_i^* existiert (in unserem Beispiel: Neigung, Reisende zu wählen), die zu einer dichotomen Realisierung von y_i führt (d.h. der jeweils konkret gewählten Absatzform, wobei y=1: Reisenden-, y=0: Handelsvertreter-Vertriebsorganisation). Aus Gleichung (2) und (3) ist nun abzuleiten, daß

$$(4) \qquad P_i = \text{Prob}(y_i = 1) = \text{Prob}[u_i > -(\beta_0 + \sum_{k=1}^{K} \beta_k \cdot x_{ik})] = 1 - F[-(\beta_0 + \sum_{k=1}^{K} \beta_k \cdot x_{ik})],$$

wobei F: Kumulierte Verteilung des Störterms u.

Je nachdem, welche Verteilungsannahmen für den Störterm in Gleichung (3) getroffen werden, folgen unterschiedliche funktionale Formen von F in (4). So handelt es sich um eine Probit- (oder Normit-) Analyse, wenn der Störterm u_i normalverteilt ist. Sofern wir - wie im weiteren - eine logistische Verteilung des Störterms unterstellen, ergibt sich das Logit-Modell

$$(5) \qquad F(Z_i) = \frac{e^{Z_i}}{1 + e^{Z_i}} = \frac{1}{1 + e^{-Z_i}} \text{ , wobei}$$

Z_i: Linearer Prädiktor des Logistischen Modells für das i-te Objekt ($i \in I$),

$$\text{d.h. } Z_i = \beta_0 + \beta_1 \cdot x_{i1} + \beta_2 \cdot x_{i2} + ... + \beta_k \cdot x_{ik} + ... + \beta_K \cdot x_{iK} \ (k \in K).$$

Daraus folgt:

$$(6) \quad \log \frac{F(Z_i)}{1 - F(Z_i)} = Z_i \text{ bzw.}$$

$$(7) \quad \log \frac{P_i}{1 - P_i} = \beta_0 + \beta_1 \cdot x_{i1} + \beta_2 \cdot x_{i2} + \dots + \beta_k \cdot x_{ik} + \dots + \beta_K \cdot x_{iK}$$

Bezogen auf unser Beispiel ist die abhängige Variable P_i die Wahrscheinlichkeit, daß Reisenden-Vertriebsorganisationen eingesetzt werden. Die logistische Funktion, die S-förmig verläuft, hat die positive Eigenschaft, daß selbst für unendlich große oder kleine Werte des Prädiktors Z_i nie Werte von P_i außerhalb des Intervalls [0, 1] folgen. Zudem wird Indifferenz vorausgesagt, wenn Z_i gleich Null ist. Bei der Anwendung der Logistischen Regression ist zu beachten, daß eine möglichst große Stichprobe vorliegen muß (Faustregel: n>50), da zur Schätzung das Maximum-Likelihood (ML)-Verfahren eingesetzt wird, für das eine genügend große Stichprobe vorliegen muß [Urb93; Ald84]. Zu einer ausführlicheren Darstellung der Logistischen Regression vergleiche auch [Kra97].

2.2 Gütemaße und Prüfung einzelner Koeffizienten

Bei der Überprüfung der Frage, ob ein Schätzmodell insgesamt verwendbar ist, können herkömmliche Maße der linearen Regressionsanalyse (wie R^2 oder F-Wert) nicht verwendet werden, da die Koeffizienten der Logistischen Regression mit Hilfe des ML-Verfahrens bestimmt werden. Es ist üblich, die Anpassungsgüte des geschätzten Modells mittels der *Devianz* zu beurteilen, die als $- 2 \cdot \log$(Likelihood) berechnet wird, wobei eine perfekte Anpassung der Parameter mit einer Likelihood von 1 (also einer Devianz von 0) verbunden ist. Die Devianz weist als Eigenschaft eine χ^2-Verteilung auf. Dabei bedeuten hohe Signifikanzwerte und niedrige Devianzen, daß die Nullhypothese nicht abgelehnt werden kann, d.h. daß das Schätzmodell eine gute Anpassung an die beobachteten Werte von y aufweist. Krafft berichtet eine Devianz von 61,909 und ein Signifikanzniveau der Devianz von 1,000, d.h. dieses Modell weist eine hervorragende Anpassung auf [Kra96].

Als weitere Gütemaße sind die Goodness-of-Fit-Statistik $\hat{C}$, der Likelihood-Ratio-Test sowie McFaddens R^2 zu nennen. Diese Maße sowie die sogenannte Klassifikationsmatrix und das Histogramm werden in einem Beitrag von Krafft ausführlich diskutiert [Kra96, S. 630 ff.]. Aus Platzgründen werden diese Gütemaße der Logistischen Regression in der folgenden Tabelle lediglich im Überblick dargestellt.

Kriterium	Akzeptabler Wertebereich
Devianz (–2LL)	–2LL nahe 0; Signifikanzniveau nahe 100%
Goodness-of-Fit ($\hat{C}$)	$\hat{C}$ nahe 0; Signifikanzniveau nahe 100%
Likelihood-Ratio-Test	Möglichst hoher χ^2-Wert, Signifikanzniveau < 5%
McFaddens R^2	Akzeptabel, sofern größer 0,2
Klassifikation	Klassifikation mindestens besser als das "proportional chance criterion" $\{\alpha^2 + (1-\alpha)^2; \alpha$: relative Größe einer Gruppe$\}$

Tabelle 1: Akzeptable Wertebereiche der Gütemaße der Logistischen Regression

In unserem Beispiel deuten alle Gütemaße darauf hin, daß das geschätzte Modell nicht abzulehnen ist. Somit können die einzelnen Koeffizienten hinsichtlich ihrer Richtung
(Vorzeichen) und Signifikanz überprüft werden. Die Koeffizienten können direkt hinsichtlich ihrer Richtung interpretiert werden, wobei ein positives Vorzeichen bedeutet, daß mit
höheren Ausprägungen der unabhängigen Variablen eine höhere Wahrscheinlichkeit von P_i
verbunden ist, d.h. der Neigung, Reisende als Absatzform einzusetzen. Negative Vorzeichen implizieren dagegen sinkende Wahrscheinlichkeiten, d.h. eine geringere Wahrscheinlichkeit, Reisende einzusetzen bzw. eine höhere Wahrscheinlichkeit, daß Handelsvertreter
als Absatzform gewählt werden. Vor der inhaltlichen Prüfung der Richtung von Einflüssen
ist nun sicherzustellen, daß die betrachteten Variablen überhaupt einen signifikanten Einfluß aufweisen. Dabei kann das Konfidenzintervall einzelner Koeffizienten aufgrund der
χ^2-verteilten Wald-Statistik direkt bestimmt werden [Hos89, S. 17].

Inhaltliche Interpretationen sind dagegen schwieriger als bei der Linearen Regression, da
die Koeffizienten die Änderung des Logit der abhängigen Variablen bei einer Änderung
der unabhängigen Variablen um eine Einheit wiedergeben [Ald84, S. 41 f.] - der Logit als
natürlicher Logarithmus des Verhältnisses der Wahrscheinlichkeit, daß die abhängige Variable gleich Eins ist (Reisende als Absatzform), zu dessen Gegenwahrscheinlichkeit
(Handelsvertreter als Absatzform), stellt aber keine eingängige Größe dar. Daher sollen im
dritten Abschnitt drei Verfahren kurz vorgestellt werden, mit deren Hilfe Koeffizienten aus
Modellen der Logistischen Regression interpretiert werden können.

3 Interpretation von Koeffizienten

Als eine Methode zur Interpretation Logistischer Modelle werden *partielle Ableitungen* der
Logit-Funktion nach einer unabhängigen Variablen x_k vorgeschlagen. Dabei hat die partielle Ableitung folgende Form [LeC92, S. 771 f.]:

$$(8a) \quad \frac{\partial P_i}{\partial x_k} = \frac{e^{-(\beta_0 + \sum\limits_{k \in K} \beta_k \cdot x_k)}}{\left(1 + e^{-(\beta_0 + \sum\limits_{k \in K} \beta_k \cdot x_k)}\right)^2} \cdot \beta_k \qquad (k \in K), (i \in I).$$

Die Gleichung kann vereinfacht werden zu

$$(8b) \quad \frac{\partial P_i}{\partial x_k} = \beta_k \cdot P_i \cdot (1 - P_i) \qquad (k \in K), (i \in I).$$

Es ist dabei üblich, für alle unabhängigen Variablen deren Mittelwert in Gleichung (5) und (8a) einzusetzen. In [Kra97, S. 634 f.] wird anhand eines Zahlenbeispiels verdeutlicht, wie partielle Ableitungen mit Hilfe der vereinfachten Form (8b) bestimmt werden können.

Als Schwäche von partiellen Ableitungen ist anzusehen, daß diese nicht unabhängig von der Skalierung der unabhängigen Variablen sind. Wie an anderer Stelle gezeigt wurde [Kra97, S. 634], sollten daher entweder standardisierte Variablen verwendet werden oder alternativ *Elastizitäten* zur Interpretation herangezogen werden. Elastizitäten bieten den Vorteil, daß sie dimensionslos und damit skalierungsunabhängig sind. Zudem können sie besser interpretiert werden, da sie im logistischen Modell der prozentualen Änderung der Wahrscheinlichkeit P_i entsprechen, wenn die jeweilige unabhängige Variable um 1% variiert wird. Die Elastizität ergibt sich dabei aus folgender Gleichung [LeC92, S. 772]:

$$(9a) \quad \varepsilon_{k,i} = \frac{x_k}{P_i} \cdot \frac{\partial P_i}{\partial x_k} = \frac{x_k}{P_i} \cdot \frac{e^{-(\beta_0 + \sum\limits_{k \in K} \beta_k \cdot x_k)}}{\left(1 + e^{-(\beta_0 + \sum\limits_{k \in K} \beta_k \cdot x_k)}\right)^2} \cdot \beta_k \qquad (k \in K), (i \in I).$$

Die Gleichung kann wiederum vereinfacht werden zu

$$(9b) \quad \varepsilon_{k,i} = \frac{x_k}{P_i} \cdot \frac{\partial P_i}{\partial x_k} = x_k \cdot (1 - P_i) \cdot \beta_k \qquad (k \in K), (i \in I).$$

Mit anderen Worten resultiert die Elastizität aus der Multiplikation der Ausprägung der unabhängigen Variablen x_k mit der partiellen Ableitung der Wahrscheinlichkeit P_i, dividiert durch P_i. Wie bei der partiellen Ableitung muß auch hier eingeschränkt werden, daß die Elastizitäten je nach Ausgangssituation P_i und Variablenausprägung x_k unterschiedlich hoch ausfallen, wobei wiederum oft der Mittelwert $\bar{x}_k$ der Stichprobe verwendet wird

[LeC92, S. 773 f.]. Für interessierte Leser sei wiederum auf die Anwendung im Beitrag von Krafft verwiesen [Kra97, S. 635 ff.].

Aus Sicht von Nicht-Ökonometrikern ist die *Sensitivitätsanalyse* wohl die eingängigste Form der Interpretation von Logistischen Regressionsmodellen. Hierbei wird die Reaktion der Wahrscheinlichkeit P_i (Neigung, Reisende als Absatzform zu wählen) auf unterschiedliche Ausprägungen der unabhängigen Variablen untersucht. Im einzelnen wird oft von den Mittelwerten der unabhängigen Variablen ausgegangen und P_i für diese Konstellation berechnet. Der Wert einer einzelnen unabhängigen Variablen wird nunmehr systematisch variiert (z.B. +10%, +20%, ..., -10%, -20%, ... etc.). Die Differenz der ursprünglich geschätzten zur resultierenden neuen Wahrscheinlichkeit ist dann als relative Bedeutung einzelner signifikanter unabhängiger Variablen für P_i anzusehen. Der Vorteil von Sensitivitätsanalysen liegt in der Veranschaulichung des absoluten Effekts von unterschiedlichen Ausprägungen der unabhängigen Variablen auf die Wahrscheinlichkeit P_i [LeC92, S. 772 f.; Urb93, S. 46 ff.]. Für unser praktisches Beispiel der Wahl von Reisenden oder Handelsvertretern zeigt Krafft, daß die Sensitivitätsanalyse im wesentlichen zu denselben Ergebnissen wie die Interpretation anhand von Elastizitäten führt [Kra97, S. 637 f.]. Die Sensitivitätsanalyse bietet aber z.B. Verkaufsmanagern den Vorteil, absolute Effekte zu verdeutlichen (z.B. „Welche Auswirkung hat es auf die Wahrscheinlichkeit, Reisende zu wählen, wenn der Reisezeitenanteil im Verkauf von 15% auf 20% steigt?"). Moderne add-in-Software wie TopRank von Palisade (Zusatzprogramm zu Excel und Lotus 1-2-3) erlauben es Praktikern wie Wissenschaftlern, derartige Sensitivitätsanalysen vergleichsweise schnell und unkompliziert anzuwenden und zudem deren Befunde mit Hilfe standardmäßig vorgesehener Grafiken zu visualisieren.

4 Abschließende Beurteilung der Logistischen Regression

Die in diesem Beitrag kurz vorgestellte Logistische Regressionsanalyse stellt ein Verfahren dar, das gegenüber geläufigen Verfahren wie der Diskriminanzanalyse beachtenswerte Vorteile aufweist. Jedoch sollte trotz der zusätzlichen Möglichkeit, inferenzstatistische Aussagen treffen oder nicht-metrische unabhängige Variablen einschließen zu können, nicht übersehen werden, daß die Logistische Regression nicht zwangsläufig im Vergleich zur Diskriminanzanalyse oder linearen Regressionsansätzen (wie dem „linear probability model"/LPM) als überlegen anzusehen ist. Insbesondere ist im Einzelfall inhaltlich zu prüfen, ob der im vorgestellten Analyseverfahren unterstellte logistische Verlauf der Wahlwahrscheinlichkeit P_i für den jeweiligen Untersuchungsgegenstand adäquat ist. Marktforscher, die sich mit der Analyse qualitativer abhängiger Variablen beschäftigen, sollten aber aufgrund der Robustheit und geringen Anforderungen der Logistischen Regression an das zugrundeliegende Datenmaterial dieses Analyseverfahren zukünftig häufiger in Betracht ziehen.

5 Literatur

[Ald84]   Aldrich, J. H., Nelson, F.D. (1984): Linear Probability, Logit, and Probit Models. Beverly Hills and London.

[Cra77]   Crask, M. R., Perreault, W. D., Jr. (1977): Validation of Discriminant Analysis in Marketing Research. In: *Journal of Marketing Research*, 14 (1977), S. 60-68.

[Hos89]   Hosmer, D. W., Jr., Lemeshow, S. (1989): Applied Logistic Regression. New York et al.

[Kra96]   Krafft, M. (1996): Neue Einsichten in ein klassisches Wahlproblem? - Eine Überprüfung von Hypothesen der Neuen Institutionenlehre zur Frage «Handelsvertreter oder Reisende». In: *DBW*, 56 (1996), S. 759-776.

[Kra97]   Krafft, M. (1997): Der Ansatz der Logistischen Regression und seine Interpretation. In: *Zeitschrift für Betriebswirtschaft*, 67 (1997), S. 625-642.

[LeC92]   LeClere, M. J. (1992): The Interpretation of Coefficients in Models with Qualitative Dependent Variables. In: *Decision Sciences*, 23 (1992), S. 770-776.

[Pre78]   Press, S. J., Wilson, S. (1978): Choosing Between Logistic Regression and Discriminant Analysis. In: *Journal of the American Statistical Association*, 73 (1978), S. 699-705.

[Urb93]   Urban, D. (1993): Logit-Analyse: Statistische Verfahren zur Analyse von Modellen mit qualitativen Response-Variablen. Stuttgart/Jena/New York.

Clusteranalyse mit gemischt-skalierten Merkmalen: Adäquate Umsetzung von Expertenwissen mit dem PAARE-Verfahren

Günter Buttler, Norman Fickel
Lehrstuhl für Statistik und empirische Wirtschaftsforschung[*]
Friedrich-Alexander-Universität Erlangen-Nürnberg

Zusammenfassung

Ziel einer Clusteranalyse bei der Marktsegmentierung ist es, eine Menge von potentiellen Käufern, wie etwa die Kunden einer Bank, in möglichst homogene Gruppen aufzuteilen. Probleme treten immer dann auf, wenn Käufermerkmale mit unterschiedlichen Skalenniveaus vorliegen. Vorgeschlagen wird, durch eine geeignete Normierung vom Skalenniveau zu abstrahieren. Dies geschieht, indem die merkmalsspezifischen paarweisen Abstände durch die jeweilige Summe der paarweisen Abstände dividiert werden. Solche Streuungsanteile lassen sich, wenn man sie gruppenweise addiert, als Maß für die Brauchbarkeit der Marktsegmentierung verwenden.

Stichworte: Clusteranalyse, Skalenniveau, Marktsegmentierung, PAARE-Verfahren, Banken

1 Problemstellung

Bei der Marktsegmentierung muß eine Menge von Objekten, wie etwa potentielle Käufer, die in einer Erhebung erfaßt wurden, oder Kunden aus einer Kundendatenbank, näher analysiert werden. Ziel einer Clusteranalyse ist es, dazu die Objekte in eine überschaubare Anzahl von Gruppen aufzuteilen. Diese Gruppen oder Cluster sind dann um so brauchbarer, je ähnlicher sich die einzelnen Objekte in ihnen sind, je geringer also die Variabilität jeder Gruppe insgesamt ist. Dann nämlich läßt sich dieselbe Marketingstrategie bei allen Objekten einer Gruppe erfolgversprechend anwenden und darüberhinaus ist nur bei verschiedenen Gruppen eine Variation der Strategie erforderlich. Solange die Menge der Objekte klein ist, kann ein Marketingexperte diesen Prozeß direkt erledigen, indem er die einzelnen Käufer anhand der ihm relevant erscheinenden Merkmale in verschiedene Gruppen sortiert. Ist die Objektzahl dagegen groß, so gilt es, das Vorgehen so zu automatisieren, daß der Computer dies algorithmisch von alleine durchführen kann.

Bei der Festlegung der formalen Clusteranalyse-Methode ist es also nötig, eine menschliche Vorgehensweise möglichst adäquat abzubilden. Da sich der Experte bei direkter Be-

---

[*] Lehrstuhlinhaber: Prof. Dr. Günter Buttler

trachtung der Objekte an allen ihm wichtig erscheinenden Merkmalen orientiert – und das unabhängig vom formalen Aspekt deren Skalenniveaus – sollten auch alle Merkmale gleichermaßen für die Gruppenbildung Verwendung finden. Methoden, die zunächst eine Sortierung der Merkmale nach ihrem Skalenniveau erfordern, erschweren die Umsetzung des Expertenwissens in einen angemessenen Algorithmus, da die Analyse mit einem rein formalen Aspekt beginnt.

Schließlich muß der Experte in der Lage sein, eine erste gefundene Gruppenstruktur auf Brauchbarkeit zu beurteilen. Dazu wird er in erster Linie stichprobenartig überprüfen, ob ihm die Zuordnung einzelner Objekte in die verschiedenen Gruppen sinnvoll erscheint. Daneben sollte ihm jedoch ein statistisches Maß zur Verfügung gestellt werden, das zusammenfassend die Homogenität der Gruppen insgesamt beschreibt.

2 Ein schrittweises Vorgehen nach Bacher

Zur Durchführung von Clusteranalysen für Merkmale eines einheitlichen Skalenniveaus werden in der statistischen Literatur ein Vielzahl von Varianten genannt und ihre theoretischen Annahmen diskutiert [Bak96, S. 261-321; Fah96, S. 437-536]. Jedoch verlieren bei Merkmalen gemischten Skalenniveaus im allgemeinen solche Annahmen ihre Plausibilität, da sie eine gemeinsame Struktur hinter den beobachteten Merkmalen unterstellen müssen. Bisherige Ansätze zu gemischten Skalenniveaus sind daher zumindest in Teilen davon geprägt, daß sie recht pragmatisch vorgehen und Elemente der Analyse reiner Niveaus kombinieren, ohne ein durchgängiges Konzept zu verfolgen. So schlägt Bacher [Bac94, S. 186ff] eine mehrschrittige Vorgehensweise vor, deren Grundidee ist, daß Merkmale, deren Skalenniveaus unterschiedlich sind, in formaler Hinsicht zwar nicht zu vergleichen sind. Etwa kann man weder wie bei nominalen Merkmalen Übereinstimmungen abzählen, auch lassen sich nicht wie bei metrischen Merkmalen geometrisch interpretierbare Abstandsmaße wie die euklidische Distanz bilden. Dennoch können unter bestimmten Gesichtspunkten Merkmale verschiedenen Niveaus gleichartig behandelt werden. Dies wird nach Bacher in folgenden sechs Schritten beschrieben:

1. Schritt: Jedes nominale Merkmal wird in Dummies aufgelöst, die nur die Werte Null und Eins annehmen können. Genauer: Es werden genau so viele Dummies verwendet, wie das nominale Merkmal Ausprägungen haben kann. Dabei erhält ein Dummy den Wert Eins, falls die Ausprägung bei einem Objekt realisiert ist und ansonsten den Wert Null.

2. Schritt: Die möglichen Ausprägungen eines ordinalen Merkmals werden durchlaufend numeriert, wobei nicht wichtig ist, bei welcher Zahl die Numerierung anfängt, sondern nur, daß die Ausprägungen fortlaufend erfaßt werden.

3. Schritt: Alle Merkmale werden in der nun vorliegenden Form standardisiert. Dazu muß – gegebenenfalls sogar merkmalsweise – zwischen einer Z-Transformation oder einer Extremwertnormalisierung gewählt werden. Bei der Z-Transformation wird das arithmetische Mittel von allen Ausprägungen subtrahiert sowie durch die Standardabweichung dividiert. Für die Extremwertnormalisierung wird von jeder Ausprägung die kleinste Realisation abgezogen und durch die Spannweite aller Ausprägungen geteilt.

4. Schritt: Alle Dummies, die durch nominale Merkmale im 1. Schritt eingeführt wurden, werden mit dem Faktor 0,5 multipliziert, um eine Art Normierung zu erreichen: Die Abweichungssumme für ein binäres Merkmal beträgt bei einer unterschiedlichen Ausprägung nach der Normierung genau Eins, da die beiden zugehörigen Dummies jeweils mit 0,5 zur Summe beitragen.

5. Schritt: Die Merkmale werden mittels der City-Block-Metrik zusammengefaßt, was ein Ähnlichkeitsmaß für alle Objekte liefert. Zwei Objekte gelten mithin als besonders ähnlich, wenn die Summe aller Differenzbeträge von Merkmalsausprägungen des 4. Schritts relativ klein ist. Eine große Summe deutet auf recht unähnliche Objekte hin. Statt der City-Block-Metrik kann auch ein anderes Distanzmaß, wie etwa die quadrierte euklidische Distanz, verwendet werden.

6. Schritt: Zur Clusteranalyse lassen sich die in verbreiteter Statistik-Software vorhandenen Algorithmen für die Bildung der Gruppen einsetzen. Vorausgesetzt ist nur, daß diese auf der Grundlage von Distanzen oder Ähnlichkeiten arbeiten, wie etwa die Linkage-Algorithmen oder die Zentroid-Sortierung. Zudem muß die Software die Durchführung der Schritte 1 bis 5 vor dem Start der Clusteranalyse unterstützen.

Für den Marketingexperten, der sein Fachwissen adäquat umsetzen möchte, erscheinen vor allem zwei Punkte nachteilig: Zum einen wird im 3. Schritt offen gelassen, welche Form der Standardisierung gewählt werden soll. Denn nur in Ausnahmefällen existieren bei marketingrelevanten Daten und ihren Merkmalen dazu eindeutige Informationen. Zum anderen bleibt hier das Konzept der Gleichgewichtung der Merkmale unklar. Zwar soll im 4. Schritt ein Übergewicht nominaler Merkmale verhindert werden, doch hängen die Auswirkungen der Multiplikation mit dem Faktor 0,5 davon ab, welche Art der Standardisierung im 3. Schritt gewählt wurde. Dadurch läßt sich auch nicht nachvollziehen, welchen Einfluß die Hinzu- oder Wegnahme einzelner Merkmale auf die Distanzen im 6. Schritt und damit auf den Gruppenbildungsprozeß hat.

3 Beschreibung des PAARE-Verfahrens

Das PAARE-Verfahren ist eine alternative Vorgehensweise, deren zentrales Konzept die Verwendung von Streuungsanteilen der einzelnen Objekt*paare* ist [But95; Fic97]. Dies läßt sich in Form von drei Stufen beschreiben:

1. Stufe: Von den einzelnen Skalenniveaus wird abstrahiert, indem niveauspezifische Abstände gebildet werden: Bei einem nominalen Merkmal ist der Abstand gerade Eins, falls die Ausprägungen zweier Objekte nicht übereinstimmen, und ansonsten ist er null. Dies entspricht gerade der Definition des Nominalniveaus. Insbesondere kann so auch auf eine Auflösung in Dummy-Variablen wie im ersten

Schritt des Vorgehens nach Bacher verzichtet werden. Die Ausprägungen ordinaler Merkmale werden wie im dortigen zweiten Schritt durchnumeriert und der Abstand als der absolute Differenzbetrag der Nummern festgelegt. Für metrische Merkmale kann der Absolutbetrag der Ausprägungsdifferenz direkt als Abstand verwendet werden, obgleich auch andere Berechnungsmöglichkeiten, wie etwa die quadrierte Ausprägungdifferenz eingesetzt werden können, wenn dies aufgrund zusätzlicher Informationen über das Merkmal sinnvoller erscheint.

2. Stufe: Auf der zweiten Stufe lassen sich die nun von den Skalenniveaus abstrahierten Abstände konzeptionell einheitlich standardisieren. Dazu wird von den Abständen auf Streuungsanteile übergegangen, indem merkmalsweise jeder paarweise Abstand durch die Summe aller Abstände des jeweiligen Merkmals geteilt wird. In Formelschreibweise bedeutet dies

$$g_{ij} = \frac{d_{ij}}{\sum d_{kl}},$$

wobei d_{ij} einen abstrahierten Abstand bezüglich des betrachteten Merkmals zwischen dem i-ten und dem j-ten Objekt bezeichnet. Die so gebildeten Anteile sind dimensionslos und können daher addiert werden. Die Summe dieser Anteilswerte über alle Merkmale ergibt dann den aggregierten Gesamtabstand h_{ij} für ein Objektpaar. Analog zur Wahlmöglichkeit zwischen City-Block-Metrik und euklidischen Distanz des fünften Schritts nach Bacher läßt sich entsprechend statt der Anteilswertsumme auch die Summe der quadrierten Anteilswerte oder eine andere Aggregationsfunktion verwenden.

3. Stufe: Für den Gruppenbildungsprozeß können dieselben Algorithmen eingesetzt werden wie im 6. Schritt nach Bacher, da die Gesamtabstände die passende Grundlage für derartige Methoden bilden.

Die praktische Durchführung erfordert von dem eingesetzten Statistik-Softwarepaket, daß die Transformationen auf der 1. und 2. Stufe unterstützt werden. Speziell für das Computerprogramm SPSS ist dazu ein Makropaket verfügbar, das die Umsetzung weitgehend automatisiert [Fic95].

4 Clusteranalyse mit dem PAARE-Verfahren

Das Auffinden einer brauchbaren Gruppeneinteilung der Käufer oder Kunden erfordert ein wiederholtes Durchlaufen des Gruppenbildungsprozesses mit anschließender Beurteilung der Nützlichkeit der gefundenen Gruppeneinteilung durch den Marketingexperten. Dieser Ablauf ist in Abbildung 1 als Struktogramm dargestellt.

Erstellung eines Merkmalskatalogs
Merkmalswahl
Algorithmenwahl
1. Stufe
2. Stufe
3. Stufe
WIEDERHOLE BIS Gruppeneinteilung brauchbar

Abbildung 1: Ablauf der Clusteranalyse

Dabei hat der Experte im PAARE-Verfahren in erster Linie zwei Eingriffsmöglichkeiten, um die Gruppenbildung zu steuern: Zum einen kann er Merkmale aus dem Gesamtkatalog für die Benutzung im Algorithmus ein- und ausschließen. Dabei läßt sich das Gewicht eines Komplexes erhöhen, indem entweder weitere stark korrelierte Merkmale aus dem Katalog bewußt mit aufgenommen werden oder aber ein zugehöriges Merkmal ein- oder mehrfach mit identischen Ausprägungen aus dem Katalog kopiert wird. Zum anderen kann der Experte den eigentlichen Gruppenbildungsalgorithmus auf der 3. Stufe auswechseln, wodurch andere Formen von Gruppen bevorzugt werden. So bildet etwa Single-Linkage tendenziell Ketten von Objekten, wohingegen die Zentroid-Sortierung die Objekte um einzelne Mittelpunkte herum gruppiert. Nach diesen Wahlmöglichkeiten lassen sich die drei Stufen des PAARE-Verfahrens jeweils automatisch durchlaufen, soweit dem Experten nicht explizit besondere Informationen zur Wahl des Abstandsmaßes oder der Aggregationsfunktion zur Verfügung stehen, die er zu weiteren Varianten nutzen möchte.

Für die geeignete Merkmalsauswahl aus dem anfänglichen Merkmalskatalog ist es hilfreich, den Gruppenbildungsprozeß zu beobachten, wofür die meisten Statistik-Softwarepakete für die Linkage-Algorithmen als visuelle Hilfsmittel Dendrogramme erzeugen können. Darauf aufbauend kann der Experte über die Hinzunahme oder den Ausschluß eines Merkmals bei der nächsten Gruppenbildung entscheiden, ob die als ähnlich erachteten Objekte einer gemeinsamen Gruppe zugeordnet werden. Das PAARE-Verfahren erlaubt dazu eine direkte Verwendung von Anteilsdifferenzen im Gesamtabstand, wenn dieser als Summe der Streuungsanteile gebildet wurde. Dann nämlich ergibt sich der neue Gesamtabstand für ein Objektpaar aus dem alten Abstand durch Addition bei Hinzunahme eines Merkmals und bei Ausschluß durch Subtraktion des merkmalsspezifischen Streuungsanteils:

$$h_{ij}^{neu} = h_{ij}^{alt} \pm g_{ij} \, .$$

Bei der Beurteilung der Gruppeneinteilung wird der Experte vom PAARE-Verfahren durch ein naheliegendes Gütekriterium unterstützt. Zerlegt man nämlich die Summe aller paarweisen Gesamtabstände einerseits in die Teilsumme derjenigen Gesamtabstände von Objekten innerhalb derselben Gruppen und andererseits in die restliche Teilsumme für solche zwischen verschiedenen Gruppen, das heißt

$$(1) \qquad \sum h_{ij} = \sum_{\text{in}} h_{ij} + \sum_{\text{zwischen}} h_{ij} \,,$$

so ist dies eine Aufspaltung der totalen Heterogenität in einen Inner- und einen Zwischengruppenteil. Je kleiner dann der Anteil der Innergruppenheterogenität an der totalen Heterogenität ist, desto homogener können die Gruppen beurteilt werden. Oder umgekehrt ausgedrückt: Eine hohe Zwischengruppenheterogenität steht für große Innergruppenhomogenität. Allerdings ist eine derartige formale Kennzahl alleine nicht geeignet, die Brauchbarkeit der Gruppen zur Marktsegmentierung zu erfassen. Der Experte wird vielmehr stichprobenartig ausgewählte Repräsentanten aus den einzelnen Gruppen dahingehend überprüfen, ob ihre Zuordnungen seinen Vorstellungen über eine nützliche Segmentierung entsprechen.

Die Heterogenitätszerlegung ist aber nicht nur für den Gesamtabstand aufschlußreich, sondern kann auch zur Analyse der relativen Bedeutung der einzelnen Merkmale eingesetzt werden. Ersetzt man nämlich in der Aufspaltung (1) die Gesamtabstände h_{ij} jeweils merkmalsspezifisch durch die Streuungsanteile g_{ij} oder – im Resultat gleichbedeutend – direkt durch die abstrahierten Abstände d_{ij}, so ist der Zwischenklassenanteil an der Gesamtsumme um so größer, je wichtiger das Merkmal für die vorliegende Gruppeneinteilung ist. Dadurch lassen sich alle Merkmale des anfänglichen Merkmalskatalogs der Bedeutung nach sortieren, wobei auch diejenigen Merkmale betrachtet werden können, die gar nicht zur Gruppeneinteilung verwendet wurden. Daraufhin kann der Experte gegebenenfalls andere Merkmale auswählen, die zwar dieselbe oder zumindest eine ähnliche Gruppeneinteilung ergeben, jedoch besser interpretierbar sind.

5 Kundensegmentierung bei Banken als Beispiel

Mit der Intensivierung des Wettbewerbes bemühen sich auch die Banken verstärkt um ihre Kunden. Zwar läßt sich das Ziel, jeden Kunden nach seinen individuellen Wünschen und Vorstellungen zu betreuen, aus Wirtschaftlichkeitsgründen nicht realisieren. Es kann jedoch versucht werden, Kundengruppen mit vergleichbaren Charakteristika zu ermitteln, um für diese eine gruppenspezifische Bearbeitungsstrategie zu entwickeln.

In der hier referierten Untersuchung [Hül94] sollten aus den Daten einer Umfrage bei Personen zwischen 16 und 70 Jahren, deren Hauptzweck die Erfassung der Marktausschöpfung und des Marktanteils bestimmter Banken war, Gruppen von Privatkunden mit vergleichbaren Eigenschaften identifiziert werden.

Von den im Fragebogen erhobenen Merkmalen wurde neben soziodemographischen Kriterien und der Zahl der in Anspruch genommenen Finanzprodukte insbesondere die Kundenzufriedenheit herangezogen. Im einzelnen fanden folgende Merkmale mit unterschiedlichem Skalenniveau Verwendung:

Merkmal	Skalierung
Alter	metrisch
Einkommen	ordinal
Zahl der genutzten Produkte	metrisch
Neigung zum Bankwechsel	ordinal
Kunde bei mehreren Banken	nominal
Zufriedenheit	ordinal

Tabelle 1: Merkmale und deren Skalenniveau

Die unterschiedliche Skalierung der Variablen erforderte ein adäquates Vorgehen bei der Clusteranalyse, das hier mit Hilfe des PAARE-Algorithmus, also der Ermittlung der Streuungsanteile von Objektpaaren realisiert wurde. Verfahrensbedingt tragen alle 6 Merkmale mit dem gleichen Gewicht zur Gruppenbildung bei, wobei allerdings der Komplex „Zufriedenheit" mit drei Merkmalen wie beabsichtigt dominiert.

Insgesamt wurden 10 unterschiedliche Kundengruppen identifiziert, die anhand ihrer jeweiligen Merkmalsausprägungen wie folgt charakterisiert werden konnten:

1. Gehobener Mittelstand zufriedener Kunden (Einkommen, Produktnutzung und Zufriedenheit überdurchschnittlich, Mehrfachkunden)
2. Sehr unzufriedene Kunden (Wechselneigung über-, Zufriedenheit unterdurchschnittlich)
3. Zufriedene Mehrfachkunden
4. Anspruchsvolle, kritische Mehrfachkunden (hohe Wechselneigung)
5. Jüngere, zufriedene Durchschnittskunden
6. Sehr zufriedene Rentner
7. Inkonsequente Kritiker (hohe Wechselneigung trotz überdurchschnittlicher Zufriedenheit)
8. Idealkunden (zufrieden, Einkommen und Produktnutzung hoch)
9. Jüngere vernachlässigte Mehrfachkunden (hohe Unzufriedenheit, ausgeprägte Wechselneigung)
10. Notorische Nörgler (schlechte Kunden, hohe Unzufriedenheit)

Da sich diese Einteilung für verschiedene Stichproben bestätigte und alle Gruppen überdies ausreichend stark besetzt waren, kann von der Stabilität der Klassifizierung ausgegangen werden. Auch durch eine Variation der Klassenzahl wurde das Ergebnis bestätigt.

Die Segmentierung sollte es den Banken ermöglichen, die Kundengruppen unterschiedlich zu behandeln.

Während man anhand der Besetzung der Gruppen Aufschluß über die Stärke der Segmente erhält, kann durch die Merkmale „Einkommen" und „Zahl der genutzten Produkte" gleichzeitig auch die Attraktivität der einzelnen Segmente für die Bank ermittelt werden.

6 Zusammenfassung

Rein technisch gesehen muß eine in Teilen pragmatische Methodik wie das beschriebene schrittweise Vorgehen in Abschnitt 2 nicht zu einer unbrauchbaren Gruppeneinteilung führen, doch ist in Anwendungssituationen die Transparenz des Gruppenbildungsprozesses wesentlich verringert, da ein durchgängiges Konzept fehlt. Insbesondere sind im 3. und 4. Schritt Probleme des Skalenniveaus mit denen einer Standardisierung unsystematisch miteinander verwoben. Dagegen ist im PAARE-Verfahren die Behandlung des Skalenniveaus auf der 1. Stufe klar von der Standardisierung in der 2. Stufe getrennt. So kann sich der Marketingexperte auf die für ihn inhaltlich wahrnehmbaren Aspekte wie die Wahl der verwendeten Merkmale und die Form der zu findenden Gruppen, wie sie durch den benützten Algorithmus festgelegt wird, konzentrieren. Außerdem bietet das PAARE-Verfahren durch die Verwendung von Heterogenitätsanteilen konzeptionell schlüssige Kennzahlen, um die Gruppenhomogenität insgesamt und auch merkmalsweise zu beurteilen.

Im Rahmen einer Mensch-Maschine-Kommunikation kann so eine adäquate Umsetzung des Expertenwissens in eine brauchbare Gruppeneinteilung der relevanten Objekte, etwa für eine Marktsegmentierung, gefunden werden.

7 Literatur

[Bac94]   Bacher, J. (1994): Clusteranalyse: Anwendungsorientierte Einführung. München: Oldenbourg.

[Bak96]   Backhaus, K. u. a. (1996): Multivariate Analysemethoden: Eine anwendungsorientierte Einführung. 8. Auflage. Berlin u. a.: Springer.

[But95]   Buttler, G., u. Fickel, N. (1995): Clusteranalyse mit gemischtskalierten Merkmalen. Diskussionspapier 2/1995. Nürnberg.

[Fah96]   Fahrmeir, L., Hamerle, A., u. Tutz, G. (1996): Multivariate statistische Verfahren. 2. Auflage. Berlin u. a.: de Gruyter.

[Fic97]   Fickel, N. (1997): Clusteranalyse mit gemischt-skalierten Merkmalen: Abstrahierung vom Skalenniveau. In: *Allgemeines Statistisches Archiv,* 81.3, im Erscheinen.

[Fic95]   Fickel, N. (1995): Clusteranalyse mit gemischtskalierten Merkmalen: SPSS-Makropaket "Paare". Diskussionspapier 6/1995. Nürnberg. (Kurzfassung erschienen in: *SPSS direkt* 1/1996: 3)

[Hül94]   Hültl, H. (1994): Bildung von Kundengruppen mit Hilfe statistischer Verfahren am Beispiel des Finanzdienstleistungssektors. Diplomarbeit. Nürnberg.

Beurteilung von Clusteranalysen und selbstorganisierenden Karten

Helge Petersohn
Institut für Wirtschaftsinformatik[*]
Universität Leipzig

Zusammenfassung

Im Marketing stellt die Marktsegmentierung ein zentrales Problem dar. Die methodische Lösung dieses Problems liegt in der Klassifikation des vorhandenen Datenmaterials, um Gemeinsamkeiten in den Eigenschaftsstrukturen der verwendeten Daten herauszufinden. Dafür stellt die Statistik Verfahren zur Clusteranalyse bereit. Im Bereich der künstlichen neuronalen Netze ist es möglich, mit selbstorganisierenden Karten Klassen zu bilden. Die statistischen und die konnektionistischen Ansätze führen bei gleichen Ausgangsbedingungen zu differierenden Lösungen. Die auf solchen Analyseergebnissen basierenden Entscheidungen über Investitionen können demnach völlig falsch gewichtet und ausgerichtet sein. Darauf gründet sich der Bedarf an methodischen Hinweisen für den Einsatz von Clusteranalyseverfahren und selbstorganisierenden Karten, wozu in diesem Beitrag einige wesentliche Ausführungen erfolgen.

Stichworte: Segmentierung, Klassifikation, Clusteranalyse, Neuronale Netze, Selbstorganisierende Karten

1 Problemstellung

Aufgabenstellungen im Bereich des Marketing beinhalten oft die Lösung von Entscheidungsproblemen, bei denen das Erkennen bzw. die Klassifikation beobachteter Situationen und Ereignisse Bestandteil des Lösungsprozesses sind.

Das Ziel einer Klassifikation besteht darin, Strukturen in einer Menge von Objekten zu entdecken, um daraus eine Zuordnung der Objekte zu Klassen (Gruppen, Clustern) ableiten zu können. In diesem Aufsatz wird somit Klassifikation als Prozeß und Resultat einer Einteilung von Objekten in Klassen betrachtet (Klassenbildung). Eine solche Klassenbildung kann bspw. zur Analyse von

- Produktpositionen,
- Marktsegmenten,
- Kundenbonitäten oder
- Produktqualitäten

---

[*] Lehrstuhlinhaber: Prof. Dr. D. Ehrenberg

dienen.

Entscheidungen, die auf solchen Analysen aufbauen, hängen sehr stark von der Güte der Klassifikationsergebnisse ab.

In der Fachliteratur wird eine Vielzahl unterschiedlicher Klassifikationsverfahren diskutiert, deren Klassifikationsgüten jedoch oftmals unbekannt oder schwer vergleichbar sind [Hru95], [Maz92], [Maz95], [Rit93]. Erschwerend kommt hinzu, daß zwei grundverschiedene Verfahrensgruppen miteinander konkurrieren:

1. Verfahren der multivariaten Statistik einerseits und
2. Verfahren künstlicher neuronaler Netze (KNN) andererseits.

Somit stellt sich für den Anwender, der an klassenbildenden Analysen interessiert ist, ein *Auswahlproblem*.

Um ihn hierbei methodisch zu unterstützen, wurde ein Vorgehensmodell zur systematischen Auswahl von Klassifikationsverfahren vorgeschlagen [Pet97, S. 204-207].

In diesem Beitrag wird dazu ein Überblick über die theoretischen Aspekte bei der Anwendung von Verfahren zur Klassenbildung gegeben (Abschnitt 2). Dies erfolgt anhand einer Auswahl von multivariaten statistischen Verfahren (MSV) zur Clusteranalyse und selbstorganisierenden Karten (Self Organizing Maps - SOM) (Abschnitt 2.1). Für ein besseres Verständnis werden hierzu die neu ins Blickfeld geratenen SOM erläutert (Abschnitt 2.2), und um die Verfahren vergleichen zu können, werden danach in Orientierung am Ziel einer Klassenbildung wichtige Beurteilungskriterien vorgestellt (Abschnitt 2.3). An einem Beispiel erfolgt die Veranschaulichung des Vorgehens bei der Klassenbildung einschließlich der Beurteilung der Ergebnisse (Abschnitt 3). Zum Schluß werden die wichtigsten Aspekte einer Klassenbildung zusammengefaßt (Abschnitt 4).

2 Theoretische Aspekte zur Klassifikation von Objekten

2.1 Ausgewählte Klassifikationsverfahren

Abbildung 1 enthält einen Überblick über die in diesem Beitrag betrachteten Klassifikationsverfahren der multivariaten Statistik und aus dem Bereich der KNN.

Die hier genannten Verfahren unterscheiden sich vor allem hinsichtlich der Art und Weise, wie Objekte zu einer Klasse zusammengefaßt werden.

Die Klassenbildung mit *hierarchischen (agglomerativen) Verfahren* basiert auf Proximitätsmatrizen und verfahrensspezifischen Fusionierungsalgorithmen.

Bei den *partitionierenden Verfahren* wird von einer gewünschten Klassenzahl ausgegangen. Die Zuordnung von Objekten zu einer dieser Klassen beruht auf der Minimierung der Abstände aller Objekte einer Klasse zu den jeweiligen Klassenzentroiden [Pet97, S.61-71].

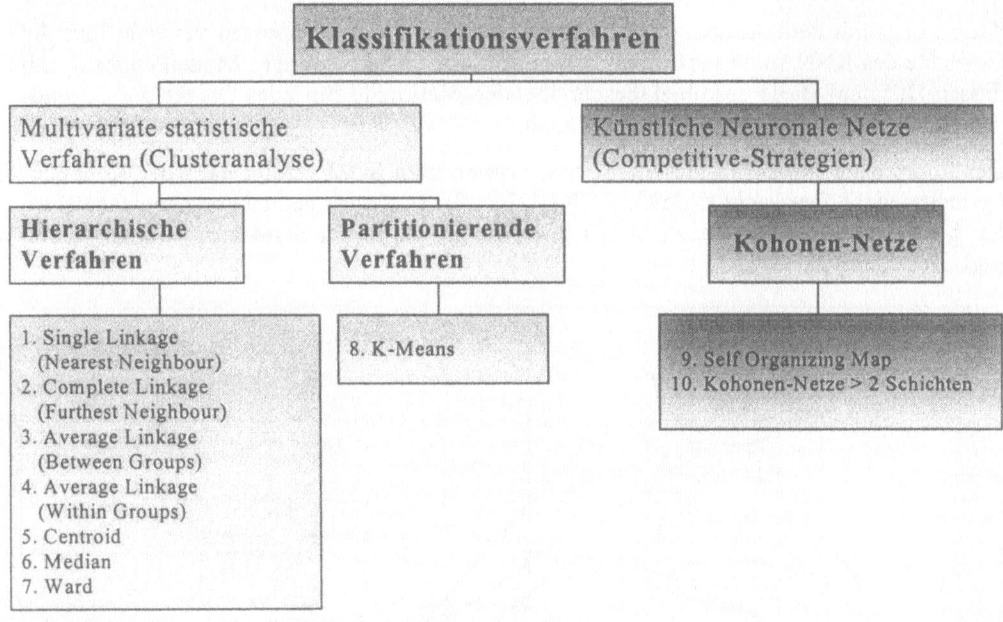

Abbildung 1: Klassifikationsverfahren

Es wird davon ausgegangen, daß die multivariaten statistischen Verfahren zur Klassenbildung bekannt sind [Bac94, S. 260-322]. Das bezieht sich insbesondere auf diejenigen Verfahren zur Clusteranalyse, welche in der aktuellen Version des Statistikpakets SPSS zur Verfügung stehen und in diesem Beitrag als Vergleichsverfahren dienen.

Die Klassenbildung mit den hier verwendeten *SOM* ist bisher in der Marketingforschung kaum gebräuchlich und wird deshalb im folgenden Abschnitt 2.2 ausführlicher beschrieben.

2.2 Klassenbildung mit selbstorganisierenden Karten

Ein KNN wird beschrieben durch einen Graphen mit einer Menge von Knoten (Neuronen) und Kanten, welche die Knoten verbinden. Die Verbindungen besitzen Gewichte, die sich nach modellspezifischen Vorschriften verändern. Diese Veränderung wird als Lernen bezeichnet [Pet96, S. 30-34].

KNN unterscheiden sich insbesondere durch ihren Lernmodus (überwacht, nicht überwacht).

Beim Lernmodus des *überwachten Lernens* (z.B. Backpropagation-Algorithmus) ist eine Zuordnung von Inputdaten (objektbeschreibende Merkmale) zu Outputdaten (z.B. Klassenzugehörigkeit, Prognosewerte) vor dem Lernen bereits bekannt.

Beim Lernmodus des *nicht überwachten Lernens* ist eine Zuordnung von Inputdaten zu Outputdaten vor dem Lernen nicht bekannt. Die Zugehörigkeit bestimmter Objekte zu einer

Klasse liegt mit dem Ausgangsdatenmaterial nicht vor. Ein Lernprozeß versucht hier die Gewichte des KNN so zu verändern, daß ein für alle Objekte gültiges Modell entsteht, mit dessen Hilfe auf Basis der objektbeschreibenden Merkmale für jedes Objekt die Zugehörigkeit zu einer Klasse entdeckt werden kann.

Der Lernprozeß für die in diesem Beitrag verwendeten SOM erfolgt nach der Kohonen-Lernregel nicht überwacht [Koh95, S. 78 ff]. Es werden Komponenten von Gewichtsvektoren berechnet, deren Endpunkte durch jeweils ein Neuron der SOM ausgedrückt werden (vgl. Abbildung 2).

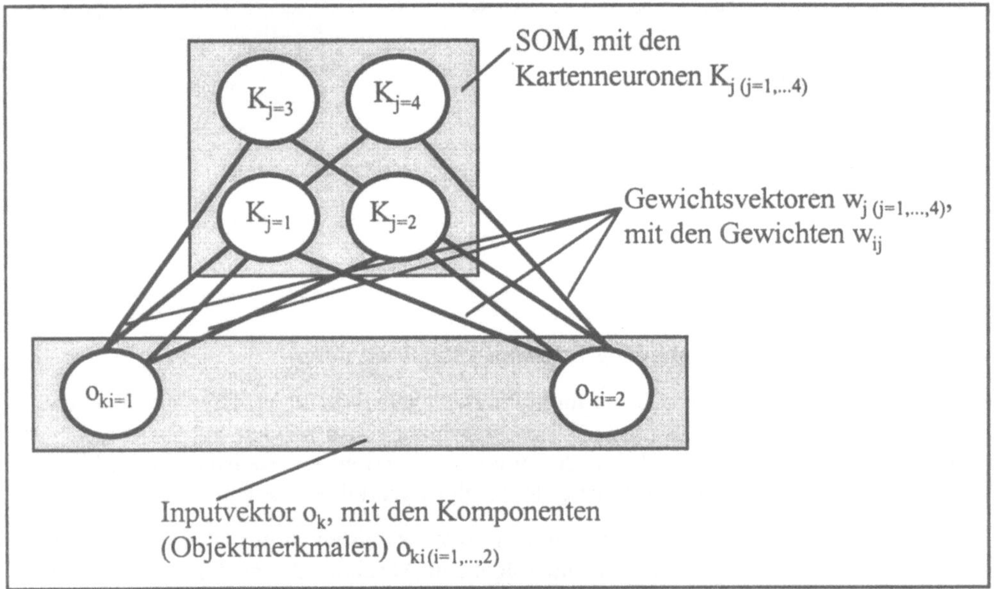

Abbildung 2: Beispiel einer SOM

Zu jedem Objektvektor (Inputvektor) wird jeweils derjenige Gewichtsvektor gesucht, für den gilt, daß bspw. die Euklidische Distanz zwischen den Endpunkten von normiertem Inputvektor und Gewichtsvektor, verglichen mit allen möglichen Distanzen zwischen genau diesem Inputvektor und den anderen Gewichtsvektoren, am kleinsten ist. Das Neuron auf der SOM, zu dem dieser Gewichtsvektor zeigt, repräsentiert das jeweilige Objekt auf der Karte. Objekte, die einander proximativ sind, werden so auf der Karte identisch oder benachbart abgebildet (Proximität ist das Quantum an Ähnlichkeit oder Distanz, welches zwischen Objekten existiert). Hat die SOM aber nur so viele Neuronen, wie Klassen zu bilden sind, dann erhöht sich zwangsläufig die Anzahl der Objekte, die von einem Neuron repräsentiert werden.

Zur Klassenbildung sind zwei Phasen erforderlich, eine Lernphase zur Modellierung und eine Recallphase zur Modellanwendung. Die prinzipielle Funktionsweise einer SOM läßt sich daher durch folgende Punkte näher beschreiben.

Lernphase:

1. Festlegen der Anzahl von Neuronen auf der Karte. (Die maximale Anzahl zu bildender Klassen ist durch die Anzahl der Kartenneuronen begrenzt.)

2. Berechnung der Euklidischen Distanz $ED_j(o_k,w_j)$ zwischen dem Gewichtsvektor w_j (Vektor, dessen Komponenten die Kantengewichte von allen Inputneuronen zu einem Kartenneuron K_j sind) und dem normierten Eingabevektor o_k eines Objektvektors x_k für alle Kartenneuronen:

$$ED_j(o_k, w_j) = \sqrt{\sum_{i=1}^{m}\left(w_{ij} - o_{ki}\right)^2} \text{ , wobei } \qquad o_{ki} = \frac{x_{ki}}{\sqrt{\sum_{i=1}^{m} x_{ki}^2}}$$

$ED_j(o_k,w_j) \ldots$ Euklidische Distanz zwischen normiertem Eingabevektor o_k und Gewichtsvektor w_j zum Kartenneuron Kj

$w_{ij} \ldots$ Gewicht zwischen Inputneuron o_{ki} und Kartenneuron K_j

$x_{ki} \ldots$ Ausprägung des Merkmals i (i=1,...,m) für ein Objekt k

$o_{ki} \ldots$ Ausprägung des Merkmals i für ein Objekt k auf Basis der Normierung des Eingabevektors x_{ki}.

Das Kartenneuron K_j, welches für einen Eingabevektor die kleinste Distanz $ED_j(o_k,w_j)$ besitzt, wird als gewinnendes Kartenneuron bezeichnet.

3. Lernen der Daten durch Verschiebung des Gewichtsvektors, der zu dem gewinnenden Kartenneuron K_j führt, in Richtung des aktuellen Eingabevektors um den Betrag Δw_j, mit

$$\Delta w_j = \eta(o_k - w_j(t)) \quad \text{und} \qquad w_j(t+1) = w_j(t) + \Delta w_j$$

η ...   Lernrate, die vorgibt, wie stark sich der Gewichtsvektor in Richtung des Eingabevektors verschieben soll.

o_k ...   normierter Eingabevektor für das Objekt k

$w_j(t)$ ...   Gewichtsvektor zum Kartenneuron K_j beim Lernschritt t

$w_j(t+1)$ ...   Gewichtsvektor zum Kartenneuron K_j beim Lernschritt t+1

Die nachfolgende Abbildung 3 zeigt, wie sich als Lernschritt ein Gewichtsvektor in Richtung des Eingabevektors verschiebt.

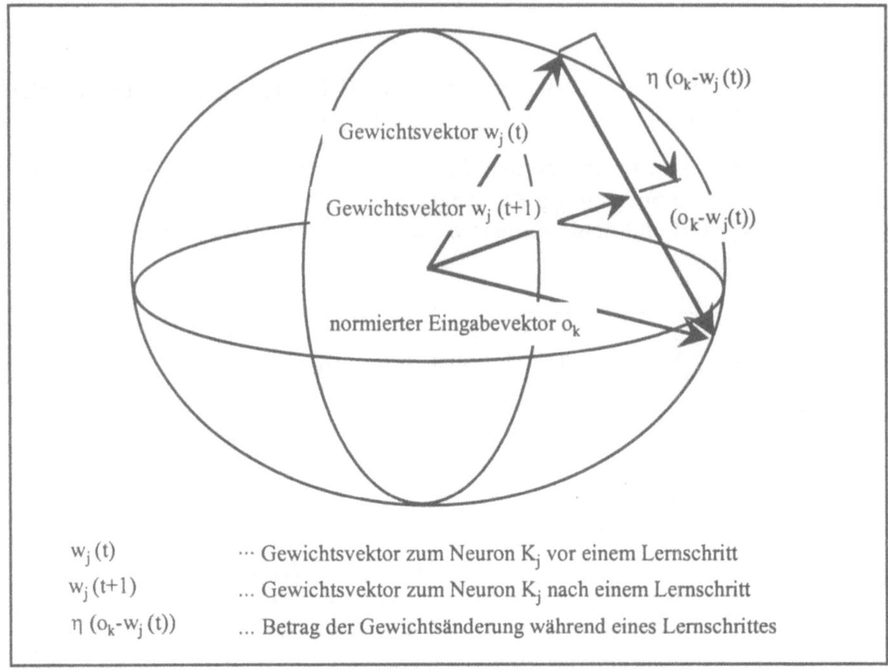

$w_j\ (t)$	··· Gewichtsvektor zum Neuron K_j vor einem Lernschritt
$w_j\ (t+1)$	... Gewichtsvektor zum Neuron K_j nach einem Lernschritt
$\eta\ (o_k - w_j\ (t))$	... Betrag der Gewichtsänderung während eines Lernschrittes

Abbildung 3: Verschiebung des Gewichtsvektors in Richtung des Eingabevektors

In diesem Schritt muß eine Entscheidung über die Lernrate getroffen werden. Von ihr hängt die Geschwindigkeit des Lernens und der Lernerfolg ab. Es gibt bisher wenig Anhaltspunkte über die korrekte Wahl der Lernrate. Für diesen Beitrag wurden verschiedene Lernraten (0,5 und 0,8) getestet.

Die Schritte 2 und 3 werden solange wiederholt, bis sie bspw. das 30fache der Anzahl der Objekte betragen (eine Anwendungsempfehlung des Handbuches zu „NeuralWorks Professional II/Plus", mit dem die hier beschriebenen Untersuchungen durchgeführt wurden). Im Beispielfall (Abschnitt 3) sind dies 7950 Lernschritte für 265 Objekte.

Recallphase:
4. Berechnung aller Distanzen $ED_j(o_k, w_j)$ (vgl. Schritt 2) anhand der gelernten Gewichtsmatrix. Das Kartenneuron K_j mit der kleinsten Distanz $ED_j(o_k, w_j)$ repräsentiert die Klasse, in welche auf diese Weise der aktuelle Eingabevektor (das aktuelle Objekt) eingeordnet wird.
Schritt 4 wird für jedes Objekt einmal abgearbeitet.

2.3 Beurteilung von Klassifikationslösungen

Für die praktische Anwendung von Klassifikationsverfahren stellt sich die Frage nach Kriterien, anhand derer beurteilt werden kann, ob eine Klassifikation einen betrieblichen Anwender zufriedenstellt oder nicht. Zur Beantwortung ist es außerordentlich wichtig, zwei prinzipiell verschiedene Möglichkeiten zu betrachten, die einer Entscheidung über die Güte der Klassifikation zugrundegelegt werden können:

1. Werden Klassen gesucht, deren Objekte einander ähnlich sein sollen, so richtet sich die Beurteilung nach einem *ähnlichkeitsbasierten* Gütekriterium.

2. Besteht hingegen das Analyseziel darin, Klassen anhand von Niveauunterschieden zu bilden, beruht die Gütebetrachtung auf einem *Distanzmaß*.

Sowohl mit der ähnlichkeits- als auch mit der distanzbezogenen Klassenbildung wird eine Verteilung der Objekte auf Klassen angestrebt, die in einem starken Maße intern homogen und extern heterogen ist. Für die Bestimmung der Güte werden deshalb sogenannte Homogenitäts- und Heterogenitätsmaße verwendet, die je nach betrachtetem Gütekriterium variieren. Die Unterschiede zwischen Distanz und Ähnlichkeit, aber auch die Vielfalt an Gütekriterien sind in [Pet97, S. 44 ff, S. 123-143] ausführlicher untersucht worden.

Das hier verwendete Gütekriterium g(R) resultiert aus der Forderung an eine Klassenbildung nach hoher Innerklassenhomogenität bei möglichst heterogenen Klassen. Daraus läßt sich ein sehr gutes Maß für die Gesamtgüte einer Klassifikation ableiten. Es ist als Quotient aus den Innerklassenhomogenitäten und den Heterogenitäten zwischen den Klassen berechenbar (vgl. Abbildung 4).

Gütekriterium:

$$g(R) = \frac{IKH}{HZK} \qquad \text{mit}$$

$$IKH = \sum_{p=1}^{r} \sum_{x_s, x_t \in K_p} ED(x_s, x_t) \quad \text{und} \qquad HZK = \sum_{k=1}^{r-1} \sum_{p>k} \sum_{\substack{x_t \in K_k \\ x_s \in K_p}} ED(x_s, x_t)$$

IKH	...	Summe der Innerklassenhomogenitäten über alle Klassen
HZK	...	Summe der Heterogenitäten zwischen je zwei verschiedenen Klassen über alle Klassen
r	...	Anzahl der Klassen einer Klassifikation R
K_k	...	Klasse k
K_p	...	Klasse p
$ED(x_s, x_t)$	...	Euklidische Distanz zwischen je zwei Objekten x_s und x_t.

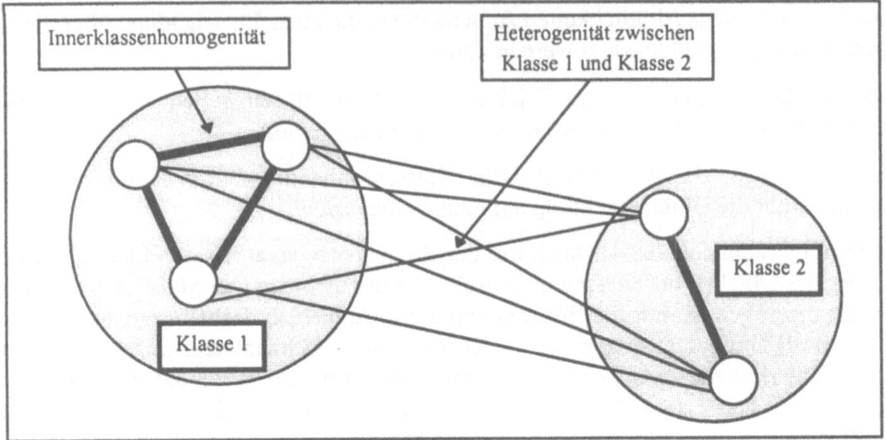

Abbildung 4: Gütekriterium „Innerklassenhomogenität und Heterogenität zwischen den Klassen"

Innerhalb einer Klassenlösung ist das Verfahren das beste, welches vergleichsweise den geringsten Quotienten g(R) aufweist.

3 Beurteilung der Klassenbildung am Beispiel

3.1 Beschreibung des Datenmaterials

An einem Anwendungsfall aus dem Stadtmarketing soll hier exemplarisch gezeigt werden, wie empirische Untersuchungen prinzipiell vorgenommen werden sollten. Das verwendete Datenmaterial entstammt einer im Herbst 1993 von EMNID durchgeführten telefonischen Befragung von Unternehmen aus ganz Deutschland. Auftraggeber war das Institut für Urbanistik in Berlin, welches wiederum im Auftrag von Kommunen diese Daten zur Clusteranalyse mit dem Verfahren K-Means und für weitere Analysen verwendete. Ziel der Clusteranalyse war es, Klassen von Unternehmen bezüglich ihrer Einstellung zur Bedeutung von Standortfaktoren zu bilden. Der Auswertung lagen die Urteile der Befragten zur Wichtigkeit von 26 Standortfaktoren zugrunde, wie bspw. Arbeitsmarkt, kommunale Abgaben, Subventionen, Arbeitsweise der kommunalen Verwaltung, Wirtschaftsklima, Ausstattung und Lage der Büros, Kosten von Flächen, aber auch Stadtbild, Attraktivität der Region, Hochschulen, Kulturangebot, Kunstszene, Schulen, Image der Stadt, Image des Betriebsstandortes, Karrieremöglichkeiten, Umweltqualität, Wohnen und Freizeitmöglichkeiten. Für die Beantwortung standen 4 Alternativen (sehr wichtig, eher wichtig, eher unwichtig, völlig unwichtig) zur Auswahl, von denen nur eine Antwortmöglichkeit zulässig war. Die nachfolgenden Tests wurden mit einer repräsentativen Stichprobe von 265 Fällen durchgeführt.

3.2 Verwendete Varianten zur Klassenbildung

Für den Verfahrensvergleich wurden fünf, vier, drei und zwei Klassen gebildet. In Abbildung 5 werden drei durchgeführte Varianten zur Klassenbildung gegenübergestellt.

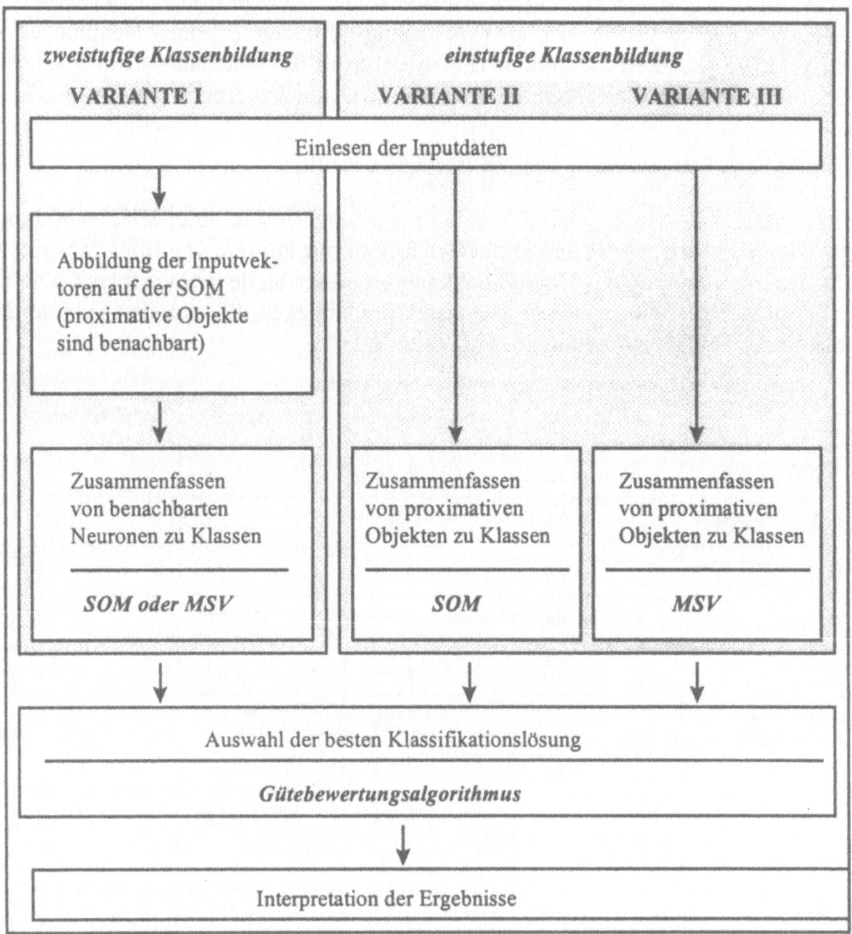

Abbildung 5: Angewandte Varianten zur Klassenbildung

In *Variante I* erfolgt die Klassenbildung in zwei Stufen. Während der ersten Stufe werden mit SOM, deren Anzahl Kartenneuronen relativ groß ist (z.B. 8< j <100, hier j=25), einander proximative Objekte auf der Karte benachbart abgebildet. In der zweiten Stufe wird ausgehend von den Werten für jedes Objekt auf der Karte ($ED_j(o_k,w_j)$ des Recalls) eine Klassenbildung entweder mit SOM (Anzahl Kartenneuronen = Anzahl zu bildender Klassen) oder mit einem MSV durchgeführt. Für das Beispiel wurde eine SOM (SOM-Var I) verwendet. Kritisch ist hierbei anzumerken, daß eine Art Datenreduktion in Stufe eins „Chancenungleichheit" im Verfahrensvergleich bewirkt.

Variante II stellt eine Form der Clusteranalyse mit SOM (SOM-Var II) dar, wobei bereits die Inputdaten wie in Stufe zwei bei Variante I zur Klassenbildung verwendet werden.

Die Klassenbildung durch SOM erfolgte mit 5x1, 4x1, 3x1 und 2x1 Kartenneuronen.

Variante III umfaßt acht MSV, davon K-Means (KM), Average Linkage-Between Groups (BG), Average Linkage-Within Groups (WG), Single Linkage (Nearest Neighbour (NN)), Complete Linkage (Furthest Neighbour (FN)), Centroid (C), Median (M) und Ward (W), wobei den hierarchischen Verfahren die Euklidische Distanz zugrunde lag.

3.3   Vergleich der Ergebnisse bei der Klassenbildung

Der Beispieldatensatz wurde, wie in Abschnitt 3.2 beschrieben, einer Klassenbildung unterzogen. Die folgenden Auswertungen beziehen sich nur auf die Klassifikationsgüten. Eine inhaltliche Interpretation der Ergebnisse kann an dieser Stelle nicht erfolgen. Die unterschiedlichen Resultate unterstreichen aber das Grundanliegen dieses Beitrages und deuten die Probleme der Fehlklassifikation an (vgl. Tabelle 1).

	5 Klassen	4 Klassen	3 Klassen	2 Klassen
SOM-Var I	*0.21*	*0.29*	*0.45*	*0.86*
SOM-Var II	0.22	0.30	*0.45*	0.87
KM	0.48	0.39	0.86	1.43
BG	4.94	9.97	12.67	21.10
WG	0.33	0.54	0.82	0.89
NN	23.63	31.14	47.51	92.36
FN	0.40	0.44	0.47	1.12
C	17.06	21.02	27.62	40.15
M	17.57	32.50	50.94	51.03
W	0.38	0.50	0.76	1.09

Tabelle 1: Gesamtgüte nach g(R)=IKH/HZK

Für den Vergleich in Abbildung 6 scheiden BG, NN, C und M aus. Bei ihnen führt die Selektion von vermutlichen Ausreißern zu diesen hohen Werten.

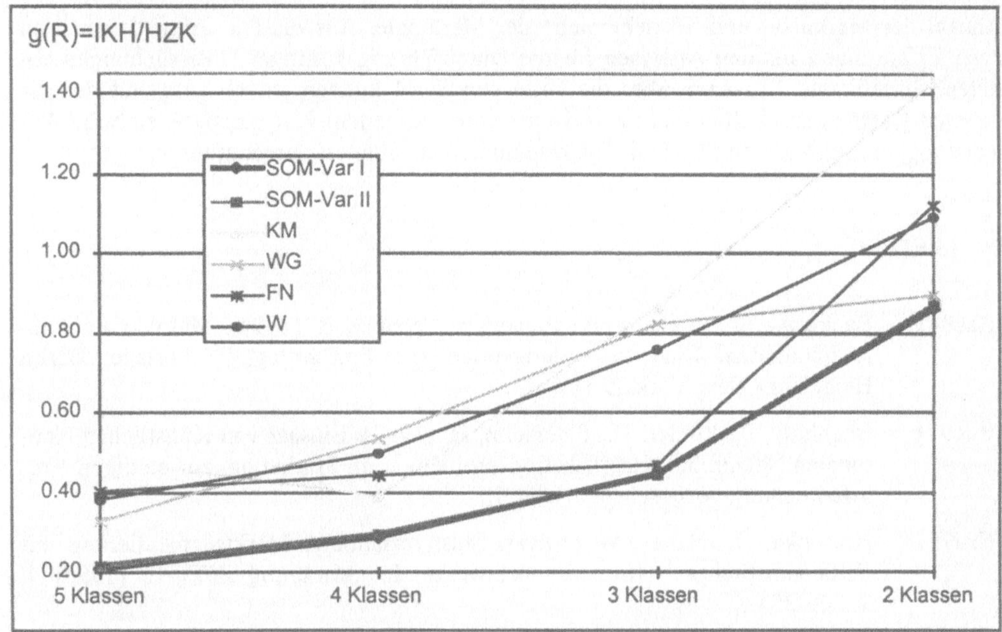

Abbildung 6: Verlauf der Gütewerte für die 5-, 4-, 3- und 2-Klassenlösung

Sowohl aus Tabelle 1 als auch aus der Abbildung 6 wird deutlich, daß SOM in Variante I und in Variante II zu besseren Ergebnissen führen als die Vergleichsverfahren der multivariaten Statistik. Weiterhin läßt sich feststellen, daß sich die Resultate in Abhängigkeit von der Klassenzahl kontinuierlich verhalten. Hier ließe sich das bekannte „Elbow-Kriterium" aus [Bac94, S. 308] auf das Gütekriterium anwenden, um die geeignete Klassenzahl zu bestimmen. In diesem Fall würde die Autorin wegen des geringsten Anstiegs zwischen g(R) bei 5 Klassen und g(R) bei 4 Klassen eine 4-Klassenlösung präferieren.

Zu vergleichbaren Ergebnissen führten weitere Tests [Pet97], [Buc97].

4 Fazit

Wie in diesem Beitrag an einem Beispiel exemplarisch gezeigt wurde, stellen sich für eine Analyse mit Klassenbildung vier wesentliche Entscheidungsprobleme

1. zur Auswahl des Proximitätsmaßes,
2. zur Auswahl der Klassifikationsverfahren,
3. zur Methode der Datenaufbereitung und
4. zur Selektion der anzusetzenden Gütekriterien.

Eine generelle Aussage darüber, welche Verfahren Klassen am besten bilden, wäre unrealistisch. Die Daten weisen für jedes Anwendungsproblem sehr verschiedene Eigenschaften auf. Sie unterscheiden sich vor allem hinsichtlich ihrer Anzahl zu analysierender Objekte,

Anzahl der Merkmale und Wertebereiche der Merkmale. Aus diesem Grund lassen sich zwar Erfahrungen aus den Analysen für die Durchführung künftiger Untersuchungen ableiten. Signifikante Aussagen über die Güte von SOM können jedoch aufgrund der genannten Dateneigenschaften nicht getroffen werden. In jedem Fall empfiehlt sich die Anwendung von MSV durch SOM zu ergänzen und einen Gütetest durchzuführen.

5 Literatur

[Bac94] Backhaus, K., Erichson, B., Plinke, W., Weiber, R. (1994): Multivariate Analysemethoden. Eine anwendungsorientierte Einführung, 7. Auflage, Berlin Heidelberg New York 1994.

[Buc97] Buchholz, P., Löbler, H., Petersohn, H. (1997): Einsatz von Künstlichen Neuronalen Netzen bei Klassifikationsproblemen im Marketing, zur baldigen Veröffentlichung vorgesehener Artikel.

[Hru95] Hruschka, H., Natter, M. (1995): Clusterorientierte Marktsegmentierung mit Hilfe künstlicher Neuronaler Netzwerke. In: *Marketing ZFP*, 15 (1995) 4, S. 249-254.

[Koh95] Kohonen, T. (1995): Self-Organizing Maps, Berlin Heidelberg 1995.

[Maz92] Mazanec, J. A. (1992): Classifying Tourists into Market Segments: A Neural Network Approach. In: *Journal of Travel & Tourism Marketing*, 1 (1992) 1, S. 39-59.

[Maz95] Mazanec, J.A. (1995): Positioning Analysis with Self-Organizing Maps. An exploratory Study on Luxury Hotels. In: *Cornell Hotel and Restaurant Administration Quarterly*, 36 (1995) 6, S. 80-95.

[Pet96] Petersohn, H. (1996): Ein Vorgehensmodell zur systematischen Auswahl von Klassifikationslösungen. In: *IM-Informationsmanagement* 11 (1996) 3, S. 30-34.

[Pet97] Petersohn, H. (1997): Vergleich von multivariaten statistischen Analyseverfahren und Künstlichen Neuronalen Netzen zur Klassifikation bei Entscheidungsproblemen in der Wirtschaft, Frankfurt am Main 1997.

[Rit93] Rittinghaus-Mayer, D. (1993): Die Anwendung von Neuronalen Netzen in der Marketingforschung, München 1993.

Zur Interpretation Mehrdimensionaler Skalierungsergebnisse

Otto Opitz, Manfred Schwaiger
Lehrstuhl für Mathematische Methoden der Wirtschaftswissenschaften[*]
Universität Augsburg

Zusammenfassung

Die graphisch-visuelle Darstellung von Datenmatrizen mit Merkmalen unterschiedlicher Datenniveaus ist in der Marktforschung ein wertvolles Instrument zur Interpretation von Markt- und Konkurrenzdaten. Da die mit Mehrdimensionaler Skalierung und anschließendem Property Fitting erzielbaren Ergebnisse wesentlich von einer geeigneten Startkonfiguration abhängen, wird hier der Ansatz verfolgt, auch bei nichtmetrischen Daten von einer linearen Faktorenanalyse auszugehen, weil man damit simultan eine Startplazierung der Merkmalsrichtungen erreicht. Für das Property Fitting werden die Methoden der linearen und der monotonen Regression kurz dargestellt.

Stichworte: Positionierung, Faktorenanalyse, Mehrdimensionale Skalierung, Property Fitting,

1 Einführung und Motivation

Ziel der Verfahren der *Mehrdimensionalen Skalierung (MDS)* ist die Positionierung von Untersuchungsobjekten in einem höchstens dreidimensionalen Raum, so daß die Distanzen der Objektpositionen den empirischen Ähnlichkeitsbeziehungen möglichst gut entsprechen. Empirische Ähnlichkeiten oder *Distanzen* werden bspw. durch Paarvergleiche der Objekte direkt erhoben oder im Fall von *Datenmatrizen* aus den *Verschiedenheiten* der *Merkmalsausprägungen* von Objektpaaren berechnet ([Opi80], [Bau93]). Derartige Methoden dienen im Marketing u.a. zur Beschreibung und Visualisierung von Wettbewerbskonstellationen, zur Aufdeckung von Marktlücken bzw. Marktkonzentrationen konkurrierender Produkte bzw. Anbieter oder - sehr generell - zur Imageanalyse von Produkten oder Unternehmen ([Dic79], [Gau93]).

Sind die Rohdaten in Form einer *quantitativen* oder *metrischen Datenmatrix* darstellbar, so gestattet die *Faktorenanalyse* neben der Positionierung der Objekte auch die Einbettung der die Objekte beschreibenden Merkmale. Enthält die Datenmatrix neben *metrischen* auch *ordinale* und/oder *binäre Merkmale*, so kann die Positionierung mit Hilfe der MDS problemlos durchgeführt werden, die Einbettung der ursprünglichen Merkmale bereitet jedoch

---

[*]Lehrstuhlinhaber: Prof. Dr. Otto Opitz

erhebliche Schwierigkeiten. Mit einer nichtmetrischen Variante der Faktorenanalyse versuchten Kruskal und Shepard, diese Lücke wenigstens für ordinale Merkmale zu schließen, indem sie Objektpositionen und Merkmalsrichtungen simultan variierten [Kru74]. Unter dem Stichwort „Property Fitting" entwickelten Carroll und Chang eine sukzessive Vorgehensweise ([Cha70], [Car72], [Dav83], [Gre72]): In einem ersten Schritt wird eine Objektpositionierung mit Hilfe der Mehrdimensionalen Skalierung vorgenommen. Anschließend versucht man, die Merkmale in Form von Richtungsvektoren so in den Positionierungsraum einzubetten, daß die Projektionen der Untersuchungsobjekte auf die Merkmalsvektoren die Ähnlichkeit der Objekte bzgl. der jeweiligen Merkmale „bestmöglich" wiedergeben. Zur Anwendung kommen dabei in der Regel Regressions- oder Korrelationsanalysen, die streng genommen nur auf metrische Daten zugeschnitten sind.

Ziel dieses Beitrags ist die Auseinandersetzung mit der Problematik des Property Fitting unter Berücksichtigung der vorgegebenen Skalenniveaus in den Merkmalen. Im Rahmen von Fallstudien kann gezeigt werden, daß metrische Verfahren und damit auch die metrische Faktorenanalyse gelegentlich gut geeignet sind, Merkmalsrichtungen entsprechend der positionierten Objekte zu plazieren. Andernfalls sind Verfahren zu formulieren, die diese Ergebnisse korrigieren. In Anbetracht der Fülle von Modell- und Verfahrensvarianten des Property Fitting soll hier eine Beschränkung auf die Ansätze der linearen und der monotonen Regression erfolgen, deren Prinzip kurz dargestellt wird [Opi97].

2   Verfahren des Property Fitting

Datenbasis ist eine Matrix $\mathbf{A} = (a_{ik})_{n,m}$, in der n Untersuchungsobjekte (Zeilen) durch m Merkmale (Spalten) mit metrischem, ordinalem und/oder nominal binärem Datenniveau beschrieben werden. Berechnet man aus der Datenmatrix $\mathbf{A}$ zunächst eine symmetrische, nichtnegative Distanzmatrix $\mathbf{D} = (d_{ij})_{n,n}$ ([Opi80], [Bau93]), so kann eine *Objektrepräsentation* bspw. mit dem *Verfahren von Kruskal* ([Kru64a], [Kru64b]) erfolgen. Um eine graphische (zweidimensionale) Objektpositionierung zu erhalten, ist mit Hilfe von $\mathbf{D}$ eine metrische Positionierungsmatrix $\mathbf{X} = (x_{ik})_{n,2}$ so zu bestimmen, daß die visuellen Distanzen

$$d_{ij}(\mathbf{X}) = \sqrt{\left(x_{i1} - x_{j1}\right)^2 + \left(x_{i2} - x_{j2}\right)^2}$$

möglichst gut mit den empirischen Distanzen d_{ij} verträglich sind. Entsprechend dem ordinalen Charakter von Distanzen fordert man, daß eine Monotoniebedingung der Form $d_{ij} < d_{uv} \Rightarrow d_{ij}(\mathbf{X}) \leq d_{uv}(\mathbf{X})$ erfüllt ist. Hat man eine Objektpositionierung erreicht, so wird die Güte dieses Ergebnisses durch eine sogenannte nichtnegative *Streßfunktion* bewertet, deren Wert mit der Anzahl und dem Grad der Verletzung der Monotoniebedingung wächst. Zur Minimierung der Streßfunktion wird in der Regel ein Gradientenverfahren benutzt, das schrittweise die Objektpositionen so verändert, daß der Streßwert monoton abnimmt. Ist ein akzeptabler Streßwert erreicht, so bricht man das Verfahren ab.

Ziel des *Property Fitting* ist es, möglichst für jedes erhobene Merkmal k einen zweidimensionalen Vektor $\mathbf{y}^{k^T} = \left(y_{1k}, y_{2k}\right)$ im Positionierungsraum zu finden, so daß die Projektion der Objektpositionen $\mathbf{x}_i^T = \left(x_{i1}, x_{i2}\right)$ auf $\mathbf{y}^k$ das in der Merkmalsspalte $\mathbf{a}^k$ der Datenmatrix $\mathbf{A}$ vorhandene Skalenniveau bestmöglich wiedergibt.

Bei Anwendung eines *linearen Regressionsansatzes* sucht man für jedes durch die zentrierte k-te Spalte $\mathbf{a}^k$ von $\mathbf{A}$ charakterisierte Merkmal k Gewichtungen $\mathbf{g}^{k^T} = \left(g_{1k}, g_{2k}\right)$, so daß $\mathbf{a}^k$ durch die Summe $g_{1k}\mathbf{x}^1 + g_{2k}\mathbf{x}^2$ approximiert wird, wobei $\mathbf{x}^1$, $\mathbf{x}^2$ die Spalten von $\mathbf{X}$ darstellen. Nach dem KQ-Kriterium ergibt sich das Minimierungsproblem

$$q = \sum_{i=1}^{n}\left(a_{ik} - g_{1k}x_{i1} - g_{2k}x_{i2}\right)^2 = \left(\mathbf{a}^k - \mathbf{X}\mathbf{g}^k\right)^T\left(\mathbf{a}^k - \mathbf{X}\mathbf{g}^k\right) \to \min$$

mit der Lösung $\hat{\mathbf{g}}^k = \left(\mathbf{X}^T\mathbf{X}\right)^{-1}\mathbf{X}^T\mathbf{a}^k$. Für die Richtung des gesuchten Vektors gilt dann $\mathbf{y}^k = \hat{\mathbf{g}}^k$. Durch Normierung des Zielfunktionswertes auf das Intervall [0;1] erhält man

$$b\left(\hat{\mathbf{g}}^k\right) = \frac{\sum_i\left(a_{ik} - \hat{a}_{ik}\right)^2}{\sum_i\left(a_{ik} - \overline{a}^k\right)^2} \quad \text{mit} \quad \overline{a}^k = \frac{1}{n}\sum_{i=1}^{n}a_{ik}, \ \hat{\mathbf{a}}^k = \mathbf{X}\hat{\mathbf{g}}^k$$

und damit ein der Kruskalschen Streßfunktion vergleichbares *Gütekriterium* (Streß 1).

Eine Alternative dazu ist offenbar durch Anwendung der *monotonen Regression* gegeben, die schließlich auch die Grundlage für die Objektpositionierung mit der MDS darstellt. Hier geht man folgendermaßen vor: Für jedes ursprüngliche Merkmal k ist die Richtung im Positionierungsraum durch einen Winkel $\alpha_k \in [0, 2\pi]$ charakterisiert. Der entsprechende Richtungsvektor hat die Form $\mathbf{r}^{k^T} = \left(r_{1k}, r_{2k}\right) = \left(\cos\alpha_k, \sin\alpha_k\right)$. Man erhält die Positionen der Objekte auf $\mathbf{r}^k$ durch $y_{ik} = x_{i1}\cos\alpha_k + x_{i2}\sin\alpha_k$. Gilt nun die Monotoniebedingung $a_{ik} \prec a_{jk} \Rightarrow y_{ik} \leq y_{jk}$, so ist der Richtungsvektor $\mathbf{r}^k$ korrekt eingebettet. Andernfalls kann man Verletzungen der Monotoniebedingung durch eine dem Kruskalschen Vorgehen entsprechende Streßfunktion bewerten. Grundsätzlich transformiert man bei Verletzung der Monotoniebedingung die y_{ik}-Werte monoton in $\hat{y}_{ik}$-Werte, so daß der *Streß*

$$b(\alpha_k) = \frac{\sum_{i=1}^{n}\left(y_{ik} - \hat{y}_{ik}\right)^2}{\sum_{i=1}^{n}\left(\hat{y}_{ik} - \overline{y}_k\right)^2} \in [0, 1] \quad \text{mit} \quad \overline{y}_k = \frac{1}{n}\sum_{i=1}^{n}y_{ik}$$

minimal wird (Streß 2). Für $a_{i_1k} < a_{i_2k} < \cdots < a_{i_sk}$ und $y_{i_1k} \geq y_{i_2k} \geq \cdots \geq y_{i_sk}$ gilt bspw.

$$\hat{y}_{i_1k} = \hat{y}_{i_2k} = \ldots = \hat{y}_{i_sk} = \frac{1}{s}\sum_{\sigma=1}^{s} y_{i_\sigma k} \; .$$

Durch Variation des Winkels α_k erhält man zumindest näherungsweise den *streßminimalen Richtungsvektor*. Anwendungen des Verfahrens zeigen, daß Richtungsvektoren mit einem Streß in der Größenordnung von 0.3 bereits akzeptable Interpretationshilfen sein können. Eine sehr gute Einbettung eines Merkmals k liegt vor, wenn der entsprechende Streß unter 0.1 gesenkt werden kann. Mit Hilfe zweier Fallstudien mit ordinalen Merkmalen sollen die vorangegangenen Überlegungen veranschaulicht werden. Ermittelt man zunächst jeweils einen Faktorwerteplot der Objekte, so kann dieser als Startanordnung für eine MDS genutzt werden, für die der Kruskalstreß berechnet wird. Ist dieser Streßwert sehr klein, so ist mit einer MDS und anschließender linearer oder monotoner Regression allenfalls eine geringfügige Variation zu erwarten. Andernfalls muß mit erheblichen Korrekturen gerechnet werden, ohne daß in allen Fällen eine interpretationsfähige Lösung erreicht werden kann.

3 Interpretationshilfe durch Property Fitting

Für einige gehobene Speiserestaurants in Augsburg wurden fünf ordinale Merkmale erhoben. Deren Kodierung und die festgestellten Ausprägungen zeigt Tabelle 1.

Merkmalsausprägung (Kürzel)	1	2	3	4
Angebotsvielfalt (Vielfalt)	gering	akzeptabel	groß	sehr groß
Angebotsqualität (Qualität)	mäßig	befriedigend	gut	sehr gut
Preisniveau (Preis)	niedrig	mittel	gehoben	hoch
Atmosphäre (Atmosphäre)	mäßig	akzeptabel	gepflegt	sehr gepflegt
Service (Service)	mäßig	befriedigend	aufmerksam	perfekt

	Vielfalt	Qualität	Preis	Atmosphäre	Service
1	2	1	1	1	1
2	2	4	3	3	3
3	2	3	3	3	2
4	2	2	2	2	1
5	3	3	4	3	2
6	1	3	3	3	2
7	1	2	1	1	2
8	2	3	4	2	2
9	3	2	3	2	1

Tabelle 1: Daten zur Fallstudie „Speiserestaurants"

Interpretiert man die erhobene Datenmatrix quantitativ und führt eine Hauptkomponenten-analyse durch, so erhält man mit Abbildung 1 ein recht gut interpretierbares Ergebnis. Dies wird durch die Kommunalitäten sowie durch den Gesamterklärungsanteil von knapp 90% der Ausgangsvarianz im Faktorwerteplot nachhaltig bestätigt.

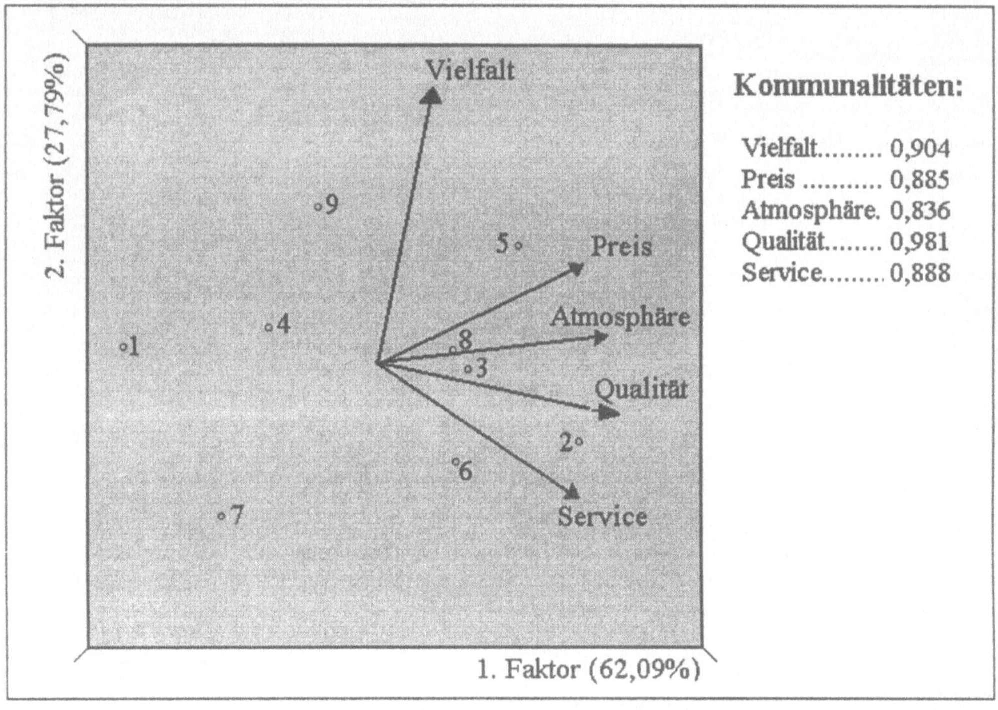

Abbildung 1: Faktorwerteplot der Restaurants

Als Startanordnung für eine MDS besitzt die Objektkonfiguration der Abbildung 1 einen Streß von 0.103. Damit ist das Ergebnis auch im Sinne einer MDS bereits brauchbar. Dennoch kann der Streß nach mehreren Schritten auf einen Wert von 0.02 verringert werden. Abbildung 2 stellt das Ergebnis einer MDS nach Kruskal mit anschließendem Property Fitting durch lineare bzw. monotone Regression dar. Die Richtungen der Merkmale bei linearer und monotoner Regression unterscheiden sich kaum; ferner weicht die gesamte Darstellung nur wenig vom Faktorwerteplot ab. Die ermittelten Streßwerte zeigen die hohe Güte der Interpretierbarkeit an.

Die Richtung für Angebotsvielfalt weist in Übereinstimmung mit der Datenmatrix die Restaurants 5 und 9 als eher positiv bzw. die Restaurants 6 und 7 als eher negativ aus. Entsprechend lassen sich die übrigen Richtungsvektoren interpretieren.

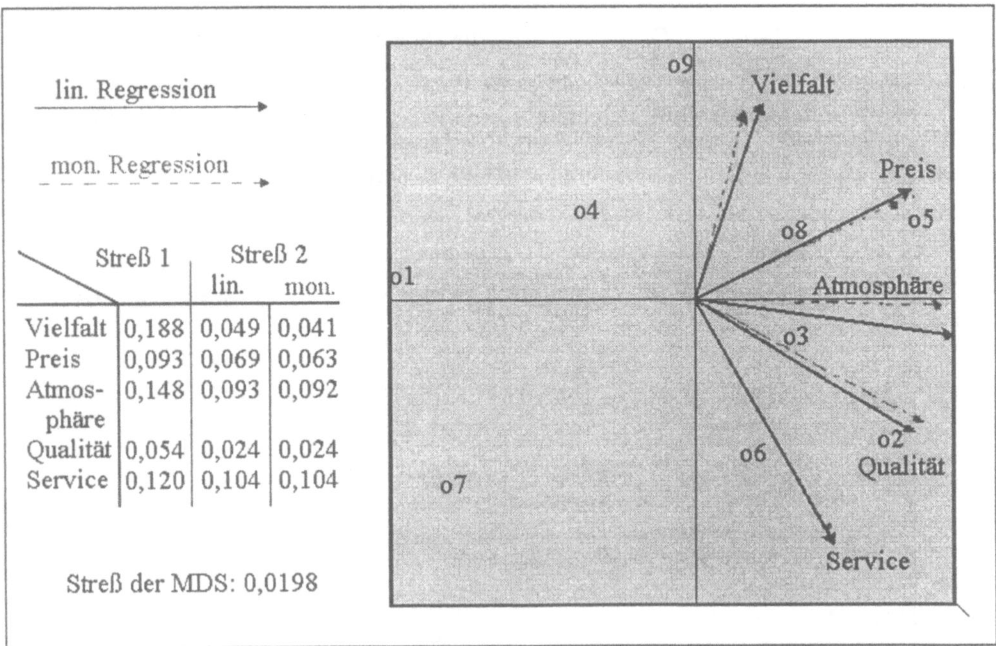

Abbildung 2: Restaurantpositionierung mit MDS und Property Fitting

Die zweite Fallstudie befaßt sich mit einer Bewertung von aktuellen und potentiellen Zielmärkten aus der Sicht eines Baustoffhändlers. In Tabelle 2 sind dazu die Merkmale, ihre möglichen Ausprägungen mit Kodierung sowie die jeweils erhobenen Ausprägungen zusammengestellt.

Merkmalsausprägung	1	2	3	4	5
Marktwachstum (WACHSTUM)	< 0%	ca. 0%	0%-2%	2%-5%	> 5%
Wettbewerbssituation (WETTBEWERB)	ruinös	sehr hart	hart	normal	schwach
Umweltaspekte (UMWELT)	Verbote zu erwarten	viele Auflagen	keine Einflüsse	ökologisch verträglich	ökologisch wertvoll
Risikopotential (RISIKO)	sehr groß	groß	mittel	niedrig	sehr niedr.
Marktteilnahmekosten (KOSTEN)	langfristig, sehr hoch	mittelfristig, hoch	übliche MT-Kosten	mittelfristig, niedrig	langfristig, niedrig
Marktvolumen in Mio. DM (VOLUMEN)	< 10	10-50	50-100	100-500	>500

Objekte		Wachstum	Wettbewerb	Umwelt	Risiko	Kosten	Volumen
1	Baufirmen	3	2	3	3	3	5
2	Bauherren Altbau	3	3	3	3	3	5
3	Bauherren Neubau	4	4	4	4	4	5
4	Baustoffhersteller	3	4	1	4	3	5
5	Bauträger	3	2	3	2	3	5
6	Energieversorger	3	3	4	4	3	4
7	Entsorgung	5	2	2	3	3	5
8	Erdbewegung	3	4	2	3	3	4
9	Speditionen	3	2	2	3	3	5
10	Trockenbau	5	2	1	3	3	5
11	Kaminbau	2	2	1	3	3	2
12	Kieswerke	3	3	2	3	3	4
13	Maschinenringe	3	3	3	4	2	4
14	Recycling	5	2	5	3	3	5
15	Deponien	3	2	2	3	3	5
16	Zementwerke	2	3	3	5	4	5
17	Ziegeleien	2	2	3	5	5	2

Tabelle 2: Daten zur Fallstudie Zielmärktebewertung

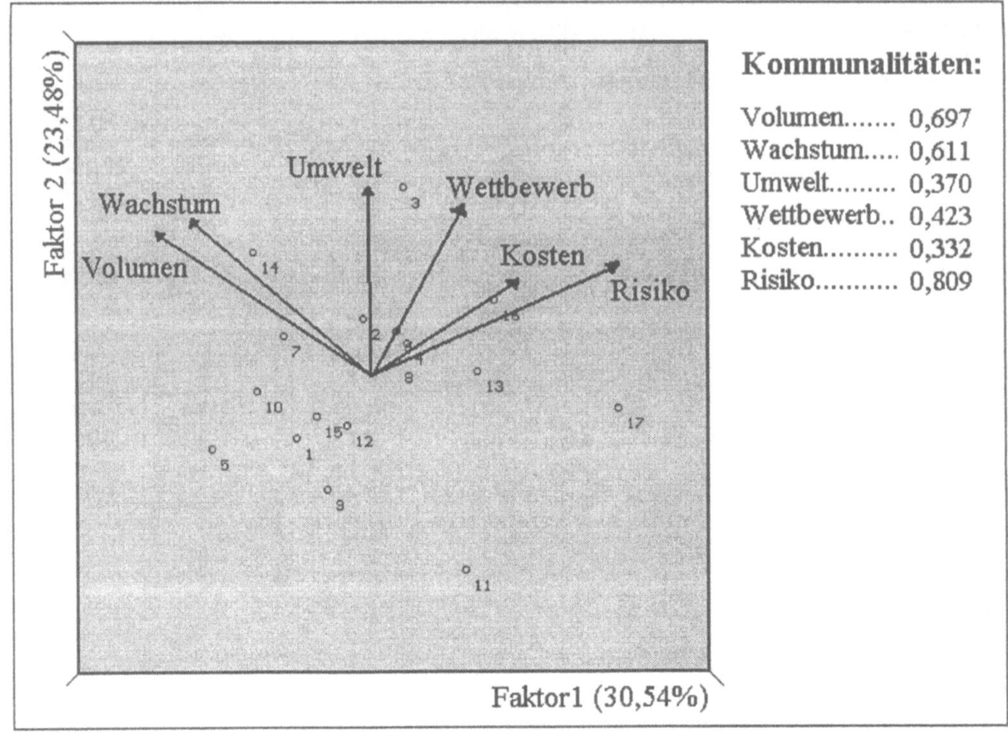

Abbildung 3: Faktorwerteplot der Zielgruppen

In dieser Studie liefert die Hauptkomponentenanalyse ein weniger erfreuliches Bild. Die beiden Faktoren erklären nur ca. 55% der Ausgangsvarianz der Merkmale. Die Kommunalitätenwerte deuten darauf hin, daß nur das Merkmal Risikopotential adäquat in den Faktorwerteplot eingebettet werden kann, mit Abstrichen allenfalls noch das Marktvolumen und das Marktwachstum. Bei Verwendung der Abbildung 3 als Startkonfiguration für eine MDS ergibt sich ein unbefriedigender Streßwert von 0.228, der nach einigen Schritten immerhin auf 0.14 verringert werden kann. Abbildung 4 enthält das gegenüber Abbildung 3 veränderte Ergebnis einer MDS mit anschließendem Property Fitting. Die merkmalsweisen Streßwerte zeigen hier, daß sich insbesondere die Plazierung des Merkmals Wettbewerbssituation relativ zu den Objektpositionen verbessert hat. Ferner liefern die Merkmale Marktwachstum, Risikopotential und Marktvolumen einen akzeptablen Erklärungsbeitrag zur Objektpositionierung. Die unterschiedlichen Richtungsvektoren bei linearer gegenüber monotoner Regression begünstigen die Interpretation um so mehr, je weniger die entsprechenden Streßwerte differieren.

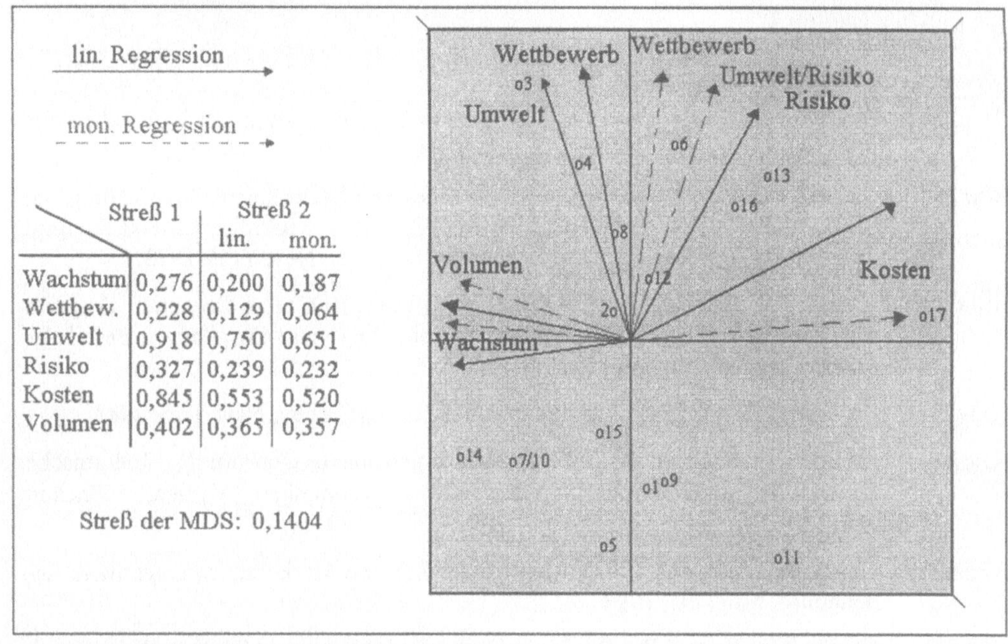

Abbildung 4: Zielmärktepositionierung mit MDS und Property Fitting

4 Zusammenfassung der Ergebnisse

Die Tatsache, daß Methoden des Property Fitting von einer mit Hilfe der MDS festgelegten Startkonfiguration ausgehen, kann als Nachteil dieser Methoden angesehen werden. Eine vorgeschaltete *Faktorenanalyse* mit ihrer simultanen Festlegung der Objektpositionen durch die Faktorwerte und der Merkmalsrichtungen durch die Faktorladungen bietet in der Regel eine *günstige Startkonfiguration* für eine *MDS*, falls der Erklärungsanteil der Faktoren hoch genug ist. Eine sich anschließende MDS mit Property Fitting ist dann stets in der Lage, Startanordnungen im Sinne der verwendeten Streßkriterien zu verbessern und damit die Interpretierbarkeit der erzielten Ergebnisse entsprechend zu erhöhen. Das Ausmaß der Verbesserung ist jedoch davon abhängig, wie gut die Faktorenanalyse die Ausgangsdaten wiederzugeben vermochte: ab ca. 80% und mehr aufgeklärter Varianz und brauchbaren Kommunalitäten differieren die Ergebnisse zwischen dem - streng genommen unzulässigen - Faktorwerteplot und der MDS mit Property Fitting nur unwesentlich. Ist der Erklärungsanteil der Faktorenanalyse dagegen niedrig, fallen die Verbesserungen im Sinne der verwendeten Streßkriterien deutlicher aus. Schließlich wird die hier empfohlene Vorgehensweise auch dadurch gestützt, daß bei alternativen Startkonfigurationen für die MDS mit anschließendem Property Fitting stets schlechtere Ergebnisse erzielt wurden.

5 Literatur

[Bau93]   Bausch, Th.; Opitz, O. (1993): PC-gestützte Datenanalyse mit Fallstudien aus der Marktforschung, Vahlen, München 1993.

[Car72]   Carroll, J.D. (1972): Individual Differences and Multidimensional Scaling, in: Shepard, R.N.; Romney, A.K.; Nerlove, S. (Eds.): Multidimensional Scaling: Theory and Application in the Behavioral Sciences, New York 1972.

[Cha70]   Chang, J.J.; Carroll, J.D. (1970): How to Use PROFIT, a Computer Program for Property Fitting by Optimizing Nonlinear or Linear Correlation, Bell Telephone Laboratories, New Jersey 1970.

[Dav83]   Davison, M.J. (1983): Multidimensional Scaling, Wiley, New York 1983.

[Dic79]   Dichtl, E.; Schobert, R. (1979): Mehrdimensionale Skalierung, Methodische Grundlagen und betriebswirtschaftliche Anwendungen, Vahlen, München 1979.

[Gau93]   Gaul, W.; Baier, D. (1993): Marktforschung und Marketing Management, Oldenbourg, München 1993.

[Gre72]   Green, P.E.; Rao, V.R. (1972): Applied Multidimensional Scaling, A Comparison of Approaches and Algorithms, Holt, Rinehart & Winston, New York 1972.

[Kru64a]   Kruskal, J.B. (1964): Multidimensional Scaling by Optimizing Goodness of Fit to a Nonmetric Hypothesis, in: *Psychometrika*, 29 (1964), S. 1-27.

[Kru64b]   Kruskal, J.B. (1964): Nonmetric Multidimensional Scaling: A Numerical Method, in: *Psychometrika*, 29 (1964), S. 115-129.

[Kru74]   Kruskal, J.B.; Shepard, R.N. (1974): A Nonmetric Variety of Linear Factor Analysis, in: *Psychometrika*, 39 (1974), S. 123-157.

[Opi80]   Opitz, O. (1980): Numerische Taxonomie, Stuttgart, New York 1980.

[Opi97]   Opitz, O.; Hilbert, A. (1997): Mehrdimensionale Skalierung und Property Fitting, Arbeitspapiere zur Mathematischen Wirtschaftsforschung, Universität Augsburg, 155/1997.

Analyse der Werbewirkung mit Hilfe bimodaler Clusteranalysen

Manfred Schwaiger, Otto Opitz
Lehrstuhl für Mathematische Methoden der Wirtschaftswissenschaften[*]
Universität Augsburg

Zusammenfassung

Der vorliegende Beitrag beschäftigt sich mit der multivariaten Auswertung von Assozia–
tions- oder Konfusionsdaten, die im Bereich der Werbewirkungskontrolle unter anderem
von gestützten oder ungestützten Recalltests geliefert werden. Durch den Einsatz zweimodaler Clusteranalysen gelingt es, bestimmte Werbewirkungsdimensionen im Umfeld konkurrierender Werbemittel zu visualisieren und damit den Informationsgehalt in der Auswertung im Vergleich zur bisher praktizierten Vorgehensweise zu erhöhen.

Stichworte: Werbewirkungskontrolle, multivariate Datenanalyse, zweimodale Clusteranalysen, Recalltest

1 Problemstellung

Unternehmen betrachten Werbung als einen entscheidenen Erfolgsfaktor der Wettbe-
werbswirtschaft. Im Jahr 1996 investierten sie knapp 60 Mrd. DM in die Werbung – in
Form von Honoraren, Werbemittelproduktionskosten und Vergütungen für die Werbeträger
– und damit etwa 4,5% mehr als 1995 [ZAW96, S. 9 f.]. Parallel zur Steigerung der Ausgaben der Werbetreibenden ist eine zunehmende Informationsüberlastung bei den Werbeempf-
fängern - Kroeber-Riel nennt in diesem Zusammenhang einen information overload von
mehr als 98% - mehrfach konstatiert worden (z.B. [Kro87, S. 485 ff.]; [Kro90, S. 15]).

Offensichtlich ist es damit erforderlich, Werbung effizient zu managen, d.h. zu konzipieren, zu planen, zu realisieren und selbstverständlich auch zu kontrollieren, damit sie sich
durchsetzen und ins (Unter-)Bewußtsein der Konsumenten vordringen kann. Das Wort
durchsetzen verdeutlicht, daß Werbung weniger absolute Qualitätsmaßstäbe erfüllen muß,
die im übrigen auch schwer zu definieren sind, sondern vielmehr in der Lage sein muß, im
Konkurrenzumfeld relative Vorteile zu erzielen.

Gerade der Aspekt der relativen Werbewirkung wird aber in Theorie und Praxis gegenwärtig nur unzureichend berücksichtigt. Zwar testet man vielfach Werbemittel im Konkurrenz-

---

[*]Lehrstuhlinhaber: Prof. Dr. Otto Opitz

umfeld, etwa bei Folder-Tests [vgl. Reh88, S. 27], in der Auswertung errechnet man aber lediglich Kennzahlen, die mit kategoriespezifischen Referenzwerten verglichen werden.

An diesem Punkt setzt der vorliegende Beitrag an: durch Anwendung zweimodaler Clusteranalysen bleibt die Konkurrenzorientierung, die in der Testanordnung berücksichtigt wurde, in der Auswertung erhalten. Man konserviert auf diese Weise einen höheren Anteil der in den Ursprungsdaten liegenden Information, weil Ähnlichkeitsbeziehungen zwischen verschiedenen Werbemitteln implizit berücksichtigt werden, und ermöglicht so eine Beurteilung der relativen Werbewirkung.

2 Anwendungsmöglichkeiten bimodaler Clusteranalysen in der Werbewirkungskontrolle

Aufgabe der Klassifikationsverfahren allgemein ist die Zusammenfassung von Elementen zu Klassen, so daß innerhalb der Klassen möglichst große Ähnlichkeit und zwischen den Klassen möglichst große Unähnlichkeit besteht [Opi80, S. 65 ff.]. Eine bestimmte Menge von Elementen wird dabei als *Modus* bezeichnet. Elemente eines speziellen Modus können Objekte (z.B. Werbemittel), Merkmale (z.B. Items zur Beschreibung von Objekten), Meßbedingungen oder Zeitpunkte sein. Sollen Elemente verschiedener Modi, also beispielsweise Objekte *und* Merkmale, in einem Cluster zusammengefaßt werden, so wendet man Verfahren der multimodalen, andernfalls Verfahren der einmodalen Klassifikation an.

In der hier eingesetzten, bimodalen Clusteranalyse werden Zeilen- und Spaltenelemente einer Datenmatrix simultan klassifiziert. Als Input wird eine Datenmatrix der Form

$$\mathbf{X} = \left(x_{ij}\right)_{(n\times m)} = \begin{pmatrix} x_{11} & \cdots & x_{1m} \\ \vdots & \ddots & \vdots \\ x_{n1} & \cdots & x_{nm} \end{pmatrix}$$

benötigt, wobei der Index i die Zeilenelemente und der Index j die Spaltenelemente kennzeichnet. In der Werbewirkungskontrolle sind vor allem Assoziationsmatrizen, bei denen x_{ij} die Ausprägung des Merkmals j bei Objekt i ausdrückt, und Verwechslungsmatrizen, in denen x_{ij} den Anteil bzw. die Anzahl der Versuchspersonen angibt, die Objekt i einem Begriff j zuordnen, als Datenbasis zur bimodalen Klassifikation verwendbar. Daneben werden gelegentlich auch Kontingenztabellen und Fluktuationsdaten als relevante Datenbasis angegeben [Bot86, S. 593]. Bei letzteren ist x_{ij} als Anzahl oder Anteil der Konsumenten zu sehen, welche zum Zeitpunkt t Marke i und zum Zeitpunkt $t+\tau$ Marke j bevorzugen bzw. nachfragen.

Gehen wir zunächst der Frage nach, welche Werbemitteltests derartige Datenbasen zur Verfügung stellen können.

- *Assoziationsdaten* liefern zunächst alle zur Kontrolle der Aufmerksamkeitswirkung einsetzbaren Varianten des ungestützten Recalltests, sofern die Recallwerte nicht global, sondern nach Zielgruppensegmenten getrennt ausgewiesen werden. x_{ij} kennzeichnet in solchen Fällen den Anteil der Versuchspersonen aus Zielgruppensegment i, die sich an das Werbemittel j erinnern. Ferner liefern sämtliche Eigenschaftsprofile und semantischen Differentiale, die überwiegend zur Kontrolle der emotionalen Kommunikationswirkung und der Beeinflussungswirkung eingesetzt werden, Assoziationsdaten. Hier enthält x_{ij} die über alle Versuchspersonen gemittelte Ausprägung, die Werbemittel i bezüglich der Eigenschaft oder des Merkmals j zugewiesen wurde.

- *Verwechslungsdaten* erzeugen die zur Gruppe der gestützten Recalltests zählenden Maskierungstests, die überwiegend kognitive Kommunikationswirkungen kontrollieren sollen. x_{ij} entspricht dabei der Anzahl oder dem Anteil an Zuordnungen von Werbemittel i zu Marke j. Ähnliche Datenbasen können aus der Anwendung der übrigen gestützten Recall- und Recognitiontests entstehen, sofern nicht nur festgehalten wird, ob ein Werbemittel korrekt zugeordnet wird, sondern vielmehr erfaßt wird, mit welcher Marke oder welchem Produkt ein Werbemittel in Verbindung gebracht wird.

- *Fluktuationsmatrizen* im übertragenen Sinne liefern die Pre-Post-Choice-Verfahren zur Kontrolle der Beeinflussungswirkung. x_{ij} läßt sich hier als Anzahl oder Anteil der Versuchspersonen auffassen, die vor dem Werbemittelkontakt Marke i und nach dem Werbemittelkontakt Marke j präferiert haben.

Welcher Erkenntnisgewinn ist nun durch Anwendung bimodaler Clusteranalysen zu erwarten? Die allgemeinen Vorteile des Einsatzes bimodaler Clusteranalysen werden durch den Vergleich mit einmodalen Verfahren deutlich: Eine einmodale Klassifikation liefert idealerweise mehrere in sich homogene, untereinander jedoch heterogene Cluster von Objekten. Man weiß nun, daß in einem Cluster zusammengefaßte Objekte im Hinblick auf die verwendeten Eigenschaften ähnlich sind; wie ein bestimmter Cluster zu beschreiben ist, wie er sich von den anderen Clustern unterscheidet, wird allerdings erst durch die Analyse der Klassenzentroide, das heißt der arithmetischen Mittelwerte bei kardinalen Merkmalen, der Mediane bei ordinalen und der Modalwerte bei nominalen Daten, klar. Hier stellt die bimodale Klassifikation eine hervorragende Interpretationshilfe zur Verfügung: Dadurch, daß Objekte und Merkmale simultan klassifiziert werden, läßt sich ein Cluster ohne Rückgriff auf Einzelwerte in der Datenbasis und ohne Berechnung von Lage- und Streuungsparametern sofort treffsicher *und* qualitativ beschreiben, weil die mit den Clusterobjekten vergleichsweise stark assoziierten Eigenschaften ebenfalls im Cluster enthalten sind. Übertragen auf die Werbewirkungskontrolle bedeutet das:

- Wird als Datenbasis eine *Assoziationsmatrix*, resultierend aus einem ungestützten Recalltest verwendet, so enthalten bimodale Cluster diejenigen Werbemittel, die sich bei den ebenfalls dem jeweiligen Cluster zugeordneten Zielgruppensegmenten relativ stark durchsetzen konnten.

- Basiert eine *Assoziationsmatrix* auf einem Eigenschaftsprofil oder einem semantischen Differential, so fusionieren bimodale Clusteranalysen Werbemittel mit den ihnen relativ stark zugesprochenen Eigenschaften.

- Ist die Datenbasis eine *Verwechslungsmatrix*, so geben bimodale Klassen Aufschluß über die Eigenständigkeit von Test-Werbemitteln. Idealerweise enthält ein bimodales

Cluster - im Sinne der Eigenständigkeit - nur einen speziellen Marken- oder Produktnamen und die dazugehörigen Werbemittel. Werbemittel, die einem bimodalen Cluster zusammen mit verschiedenen Markennamen zugeordnet wurden, zeigen in Bezug auf die Eigenständigkeit Mängel. Weitere Interpretationsmöglichkeiten wird die Fallstudie in Abschnitt 3 zeigen.

- Auf Basis einer *Fluktuationsmatrix* wäre ein bimodaler Cluster, der eine oder sehr wenige Marken j (nach Werbemittelkontakt), aber viele Marken i (vor Werbemittelkontakt) enthält, bei Gültigkeit der Annahmen, die dem Testverfahren zugrundeliegen, ein Indiz für eine starke Beeinflussungswirkung der Werbung für die Marke(n) j et vice versa.

Welches Verfahren der bimodalen Clusteranalyse ist nun anzuwenden? Einen Überblick über das verfügbare Instrumentarium findet man bei Schwaiger [Sch96, S. 8 ff.]. Demnach läßt sich in erster Näherung nach der Art des zugrundeliegenden Fusionsprozesses zwischen hierarchischen und nicht-hierarchischen Verfahren unterscheiden. Nicht-hierarchischen Verfahren haften zwei Nachteile an: erstens sind sie nicht in der Lage, den Fusionsprozeß (z.B. in Form eines Baumdiagrammes) zu zeigen; Resultat ist lediglich eine Klassifikation bimodaler Art. Darüber hinaus ist speziell zu den auf einer Reorganisation der Datenmatrix beruhenden Verfahren anzumerken, daß keine klaren Richtlinien zur Vorgabe der Klassenstruktur existieren. Zweitens hängt das Verfahrensergebnis bei den auf dem sog. additive clustering basierenden Varianten in hohem Maße von der (willkürlich vorzugebenden) Startkonfiguration ab.

Insbesondere wegen des erhöhten Informationsgehaltes durch Visualisierung des Fusionsprozesses wollen wir uns also im folgenden auf die hierarchischen Methoden konzentrieren. Eine detaillierte Beschreibung der Verfahren muß an dieser Stelle mit dem Hinweis auf die angegebene Literatur ebenso unterbleiben, wie eine ausführliche Diskussion der Vor- und Nachteile einzelner Verfahren. Als wesentlicher Kritikpunkt sei allerdings genannt, daß die bekannten bimodalen Algorithmen zu Beginn des Fusionsprozesses zwingend die Fusion zweier Elemente unterschiedlicher Modi, d.h. die Bildung eines bimodalen Clusters vorschreiben. Eine strenge Orientierung an den empirisch beobachteten Ähnlichkeiten ist damit nicht mehr möglich.

Exakt diesen Punkt greift der ESOCLUS (Enhanced Similaritiy Orientated Clustering) - Algorithmus mit der expliziten Berücksichtigung der Ähnlichkeiten der Zeilenelemente (Objekte) und der Spaltenelemente (Merkmale) einer Datenmatrix untereinander durch Berechnung der paarweisen City-Block-Distanzen auf. Ausgehend von $\mathbf{X}$ werden zunächst Distanzen zwischen Objekt i und Objekt i' gemäß

$$d_{ii'} = \frac{1}{m} \sum_{j=1}^{m} \left| x_{ij} - x_{i'j} \right| \quad , i,i' = 1,\dots,n$$

und Distanzen zwischen Merkmal j und Merkmal j' gemäß

$$d_{jj'} = \frac{1}{n} \sum_{i=1}^{n} \left| x_{ij} - x_{ij'} \right| \quad , \; j, j' = 1, \ldots, m$$

berechnet. Die Ermittlung der Distanz zwischen Objekt i und Merkmal j erfolgt anhand der Formel

$$d_{ij} = \max_{i,j} x_{ij} - x_{ij} \, , \; i = 1, \ldots, n, \quad j = 1, \ldots, m \, .$$

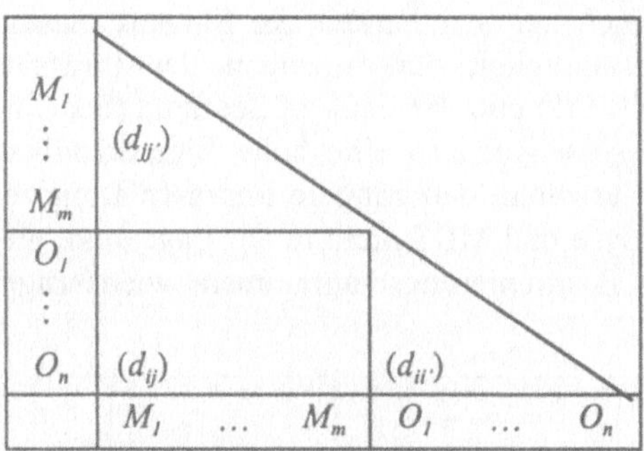

Abbildung 1: Grand-Matrix

Um die unterschiedlichen Distanzarten vergleichbar zu machen, dividiert man jede einzelne Distanz beispielsweise durch die jeweilige Maximaldistanz innerhalb einer Distanzart, und normiert so alle Distanzwerte auf [0;1]. Resultat dieser Vorgehensweise ist die Grand-Matrix (in Form einer unteren Dreiecksmatrix, wie in Abbildung 1 gezeigt), auf die nun die bekannten und in der Literatur gut dokumentierten [Opi80, S. 65 ff.] Algorithmen der einmodalen Clusteranalyse angewandt werden können.

3 Ein Fallbeispiel

Zur Illustration der Vorgehensweise und zur Verdeutlichung der Vorteile in der Auswertung betrachten wir das Ergebnis eines *Maskierungstests* [Hut91, S. 237 ff.]. Im Rahmen einer Fallstudie zur Kommunikationswirkung wurde die Eigenständigkeit von zehn ausgewählten Anzeigen für Banken untersucht. Jede Test-Anzeige wurde in zwei Varianten in einen Folder aufgenommen: in der ersten Variante wurden lediglich alle Bestandteile, die auf den Namen der beworbenen Bank schließen lassen, abgedeckt (in den folgenden Auswertungen sind diese Werbemittel durch den Zusatz (m) für 'mit Slogan' gekennzeichnet), in der zweiten Variante wurden zusätzlich die jeweiligen Slogans abgeklebt (gekennzeichnet durch den Zusatz (o) für 'ohne Slogan').

Der präparierte Folder wurde insgesamt 50 Personen vorgelegt. Zunächst zeigte der Interviewer unter Beachtung identischer Expositionszeiten die 10 Anzeigen ohne Slogan. Die Versuchsperson wurde nach Vorlage jeder einzelnen Anzeige gebeten, den Namen der hier

Manfred Schwaiger, Otto Opitz

beworbenen Bank zu nennen. Als Stütze diente eine Liste mit 15 Bankbezeichnungen. Der Testperson wurde nicht mitgeteilt, ob ihre Antwort korrekt war, um den anschließend unter identischen Bedingungen durchgeführten Test mit den weniger stark maskierten Anzeigen (mit Slogan) nicht zu beeinflussen.

Tabelle 1 zeigt die Verwechslungsmatrix **X**. Obwohl von den Testteilnehmern nicht explizit verlangt wurde, jede Anzeige zuzuordnen, traten keine Antwortausfälle auf. Offensichtlich erhöhen die Slogans „The Citi never sleeps", „Mitdenken – Vereinsbank" und „Wenn's um Geld geht, Sparkasse" die Identifikation der jeweiligen Anzeigen deutlich, wobei die Bankennamen natürlich auch bei Sichtbarkeit der Slogans maskiert waren. Ferner wird deutlich, daß die Eigenständigkeit der Anzeigen der Raiffeisen- und Volksbanken (RAIBA), der Sparkassen (SPK) und der Bank of Scotland (Scot) überwiegend korrekt zugeordnet wurden, diesen Anzeigen also eine hohe Eigenständigkeit bescheinigt werden kann. An dieser Stelle sei erwähnt, daß gängige Repräsentationsverfahren wie Faktorenanalyse, Korrespondenzanalyse und MDS nicht in der Lage sind, die Informationen aus der Datenmatrix korrekt in Positionierungsdiagrammen wiederzugeben [vgl. ausführlich Sch96, S. 4 ff.].

	BV	CC	CITI	COMMERZ	DEUBA	DG	DRESDNER	HYPO	NORDLB	POST	RAIBA	SCOT	SPARDA	SPK	WESTLB
BV(o)	16	2	17	1	2	2	0	4	0	5	1	0	0	0	0
BV(m)	29	0	6	4	1	0	1	4	0	4	0	0	1	0	0
CITI(m)	0	4	37	1	0	0	0	2	0	2	0	2	0	0	2
CITI(o)	2	5	13	3	1	0	2	7	5	6	0	1	3	1	1
COMMERZ(m)	3	1	0	23	3	1	1	1	0	10	3	0	3	0	1
COMMERZ(o)	0	7	2	17	3	2	2	0	4	7	0	0	3	0	3
Dresdner(m)	3	0	0	6	6	5	16	4	3	2	0	2	0	0	3
Dresdner(o)	2	2	0	4	9	6	14	3	2	3	0	0	1	0	4
HYPO(m)	2	5	0	1	8	5	10	13	0	2	0	0	3	0	1
HYPO(o)	2	2	1	6	4	6	6	11	4	0	0	0	4	0	4
POST(m)	6	3	2	0	4	3	2	4	1	24	0	0	1	0	0
POST(o)	4	1	8	1	2	2	2	3	0	21	0	0	4	2	0
RAIBA(m)	0	0	0	0	1	2	0	0	0	0	46	0	0	0	1
RAIBA(o)	3	0	0	0	0	0	0	2	1	0	42	0	0	2	0
Scot(m)	0	0	1	0	1	0	0	0	0	0	1	44	0	3	0
Scot(o)	0	1	0	0	1	0	0	0	1	0	1	46	0	0	0
SPK(m)	0	0	0	2	0	0	1	0	0	0	0	0	0	47	0
SPK(o)	3	0	0	2	1	1	2	2	1	1	0	0	3	34	0
West LB(m)	1	5	0	2	3	2	6	5	7	1	1	0	10	0	7
West LB(o)	0	7	0	1	0	6	2	1	6	1	2	0	10	0	14

Tabelle 1: Verwechslungsdaten der Banken-Anzeigen

Wenden wir uns nun den Auswertungsergebnissen bimodaler Klassifikationsverfahren zu: Das Dendrogramm des ESOCLUS (Abbildung 2) weist als eigenständige Werbemittel neben den Anzeigen der Raiffeisen- und Volksbanken, der Sparkassen und der Bank of Scotland die Werbemittel der Post (auf relativ hohem Fusionsniveau) und die Anzeigen der BV sowie der Citibank (nur in der Variante mit Slogan) aus. Alle anderen Anzeigen werden nicht mit den korrekten Bankennamen fusioniert und können somit nicht als ausreichend eigenständig gelten.

Gebräuchliche Gütemaße belegen, daß ESOCLUS in der Lage ist, die Ausgangsdaten angemessen wiederzugeben. Rund 99% der Varianz der Ausgangsdaten wurden in die Darstellung übertragen (78% beim besten Konkurrenzverfahren), die kanonische Korrelation zwischen errechneten intermodalen Distanzen in der Grand-Matrix und Wegedistanzen im Dendrogramm beträgt 0,86 (0,88 beim besten Konkurrenzverfahren). Der deutlichste Vorsprung zeigt sich bei der quadratischen Abweichung der auf Werbemittel bezogenen Zentroide [Sch97, S. 121 ff.], die idealerweise 0 beträgt: ESOCLUS erreicht hier den dimensionslosen Wert 637, andere Algorithmen bestenfalls 941.

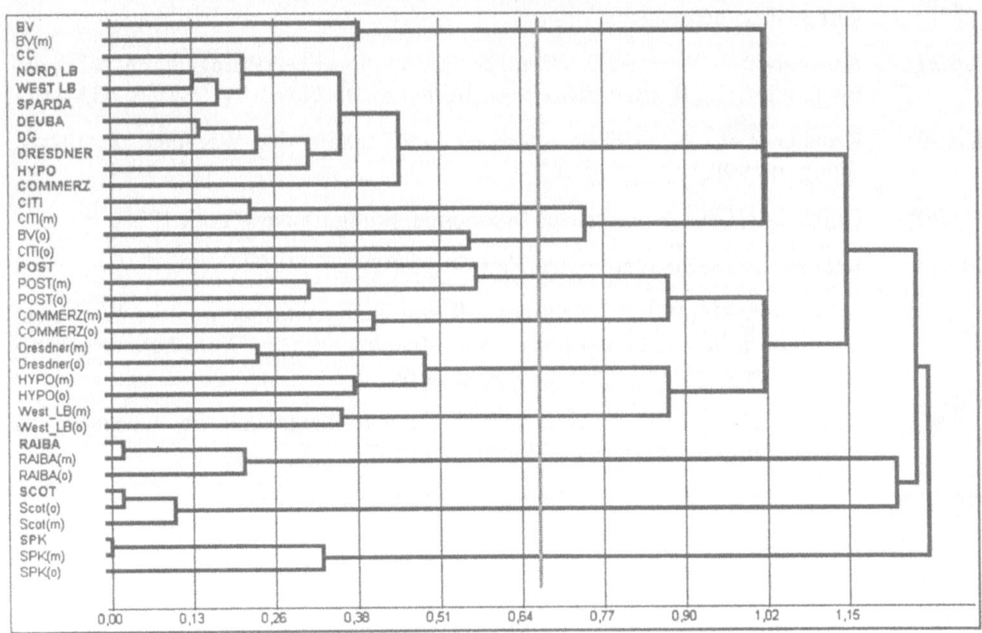

Abbildung 2: ESOCLUS-Dendrogramm

4 Zusammenfassung der Ergebnisse

Angesichts der Schwächen bekannter Repräsentationsverfahren ist offensichtlich, daß bimodale Clusteranalysen nützliche Hilfsmittel zur Auswertung von Assoziations- und Konfusionsdaten sind. Während sich die bis Anfang der neunziger Jahre entwickelten hierarchischen Verfahren im allgemeinen insbesondere bei Assoziationsdaten zu eignen scheinen [Sch97, S. 215ff.], treten die Stärken des ESOCLUS, der Ähnlichkeiten zwischen Objekten und Ähnlichkeiten zwischen Merkmalen sehr viel besser berücksichtigen kann als seine Konkurrenten, vor allem bei der Analyse von Konfusionsdaten hervor. Nicht-hierarchische Algorithmen sollten wegen der Abhängigkeit des Klassifikationsergebnisses von einer vorgegebenen Startkonfiguration und wegen des nicht nachvollziehbaren Fusionsprozesses in der Werbewirkungskontrolle allenfalls zu Kontrollzwecken eingesetzt werden.

5 Literatur

[Bot86] Both, M.; Gaul, W. (1986): Ein Vergleich zweimodaler Clusteranalyseverfahren, in: *Methods of Operations Research*, 57 (1986), S. 593-605.

[Hut91] Huth, R.; Pflaum, D. (1991): Einführung in die Werbelehre, 4. Auflage, Stuttgart et al. 1986.

[Kro87] Kroeber-Riel, W. (1987): Weniger Informationsüberlastung durch Bildkommunikation, in: *Wirtschaftswissenschaftliches Studium*, 10 (1987), S. 485-489.

[Kro90] Kroeber-Riel, W. (1990): Strategie und Technik der Werbung, 2.Auflage, Stuttgart 1990.

[Opi80] Opitz, O. (1980): Numerische Taxonomie, Stuttgart, New York 1980.

[Reh88] Rehorn, J. (1988): Werbetests, Neuwied 1988.

[Sch96] Schwaiger, M. (1996): Zweimodale Klassifikationsverfahren in der Werbewirkungskontrolle, Arbeitspapiere zur Mathematischen Wirtschaftsforschung, Universität Augsburg, 142/1996, Augsburg.

[Sch99] Schwaiger, M. (1997): Multivariate Werbewirkungskontrolle: Konzepte zur Auswertung von Werbetests, Wiesbaden 1997.

[ZAW96] ZAW (1996): Werbung in Deutschland 1996, Bonn 1996.

CHAID: Ein Instrument für die empirische Marketingforschung

Gerald Musiol, Guido Steinkamp
Fachgebiet Statistik und Empirische Wirtschaftsforschung[*]
Universität Osnabrück

Zusammenfassung

Im Database Marketing stellt die Zielgruppenbestimmung ein zentrales Problem dar. In diesem Beitrag wird mit CHAID ein Verfahren zur Zielgruppenbestimmung diskutiert. Es handelt sich hierbei um ein exploratives Verfahren zur Analyse kategorialer Daten, welches insbesondere bei großen Datenmengen gute Resultate liefert. Anhand einer Simulationsstudie wird untersucht, inwiefern der Stichprobenumfang die Ergebnisse beeinflussen kann.

Stichworte: Chi-Squared Automatic Interaction Detector (CHAID), empirische Marktforschung, Zielgruppenbestimmung, Database Marketing, Stichprobenumfang

1 Problemstellung

Database Marketing stellt die entscheidende Voraussetzung für ein zukunftsorientiertes und effektives Direktmarketing dar. Da der Erfolg einer Direktmarketingaktion im wesentlichen von einer optimalen Zielgruppenansprache abhängt, ist es für ein Unternehmen sehr wichtig, detaillierte Informationen über seine bestehenden und potentiellen Kunden und deren Verhalten zu erlangen. Zur Erfassung dieser Informationen dient dem Unternehmen eine EDV-gestützte Datenbank, in der für jeden einzelnen Kunden Informationen gesammelt und gespeichert werden, die für Marketingaktivitäten gegenüber diesen Kunden wichtig sind [Lin94, S. 5]. Werden diese Informationen mit Hilfe statistischer Verfahren analysiert, dann kann eine direkte und individuelle Ansprache der Zielpersonen durch geeignete Marketing-Maßnahmen, wie etwa durch Mailings, erfolgen. Im folgenden wird davon ausgegangen, daß Informationen über eine abgeschlossene Mailing-Aktion vorliegen. Zur Vereinfachung wird angenommen, daß nur von Interesse ist, ob eine Person auf die Werbeaktion reagiert hat oder nicht. Neben der Responsevariablen Y (Kauf / kein Kauf) liegen Informationen über Variablen $x_1, \ldots, x_K$ vor, die dafür verwendet werden sollen, zwischen Käufern und Nichtkäufern zu diskriminieren.

---

[*] Lehrstuhlinhaber: Prof. Dr. Ralf Pauly

2 Der Chi-Squared Automatic Interaction Detector

Ein Verfahren, welches die zahlreichen Informationen, die in der Kundendatenbank vorliegen, für die Zielgruppenbestimmung ausnutzen kann, ist der Chi-Squared Automatic Interaction Detector (CHAID). Ziel des Verfahrens ist es, Segmente zu bilden, die sich bezüglich der Responsevariablen Y (abhängige Variable) möglichst signifikant unterscheiden. Segmentierungskriterium ist dabei das empirische Signifikanzniveau (p-Wert) eines Chi-Quadrat-Unabhängigkeitstests zwischen Y und den entsprechenden erklärenden Variablen $x_1, \ldots, x_K$, wobei die Variablen in kategorisierter Form vorliegen müssen [Kas80]. Aufgrund der einfachen Handhabung und der selbst bei großen Datenmengen geringen Rechenzeit wird CHAID in der Praxis immer häufiger eingesetzt [Lüh97].

Der CHAID-Algorithmus besteht aus den drei Phasen „Merging", „Splitting" und „Stopping" [Mag93, S. 125f], die in Abbildung 1 vereinfacht dargestellt sind. Im folgenden werden die Begriffe Segment und Gruppe synonym verwendet. Zu Beginn des Algorithmus gibt es nur eine einzige Gruppe. Sie enthält die Adressen des gesamten Datensatzes und durchläuft die Phasen Merging, Splitting und Stopping. Stellt sich hierbei heraus, daß diese Gruppe in Untergruppen unterteilt werden kann, die sich in Bezug auf die Responsevariable unterscheiden, so durchlaufen die gebildeten Untergruppen ihrerseits die 3 Phasen des Algorithmus usw. Dieser Vorgang wiederholt sich solange, bis keine weitere Unterteilung in Untergruppen mehr möglich ist. Um einen Einblick in die Funktionsweise des CHAID-Verfahrens zu geben, werden die Phasen Merging, Splitting und Stopping kurz vorgestellt. Im Rahmen dieses Beitrages wurde dabei bewußt auf eine tiefergehende statistische Darstellung verzichtet, so daß die einzelnen Phasen nicht in allen Einzelheiten dargestellt werden können.

2.1 Merging-Phase

Das Ziel dieser Phase ist es, bei der zu untersuchenden Gruppe die Kategorien jeder der erklärenden Variablen $x_1, \ldots, x_K$ jeweils so zusammenzufassen, daß die neu gebildeten Kategorien sich in Bezug auf die Responsevariable möglichst signifikant voneinander unterscheiden. Dies wird erreicht, indem bei jeder erklärenden Variablen die Kategorien, die sich *nicht* signifikant unterscheiden, zusammengefaßt werden. Hierbei wird wie folgt vorgegangen: Für jede erklärende Variable werden alle Kategorien-Kombinationen, die jeweils genau 2 Kategorien enthalten, gebildet. Anschließend wird mit Hilfe eines statistischen Tests (Chi-Quadrat-Unabhängigkeitstest) ermittelt, wie groß die Wahrscheinlichkeit ist, daß sich die beiden Kategorien des betrachteten Kategorienpaares signifikant in Bezug auf die Responsevariable unterscheiden. Die Kategorien, die sich „am geringsten" in Bezug auf die Responsevariable unterscheiden, werden schließlich zusammengefaßt. Strenggenommen erfolgt eine Zusammenfassung jedoch nur dann, sofern dies – unter Berücksichtigung eines vorgebbaren Signifikanzniveaus (Merge-Level) – sinnvoll ist. Insgesamt hat sich die Zahl der Kategorien der betrachteten erklärenden Variable somit um 1 Kategorie vermindert.

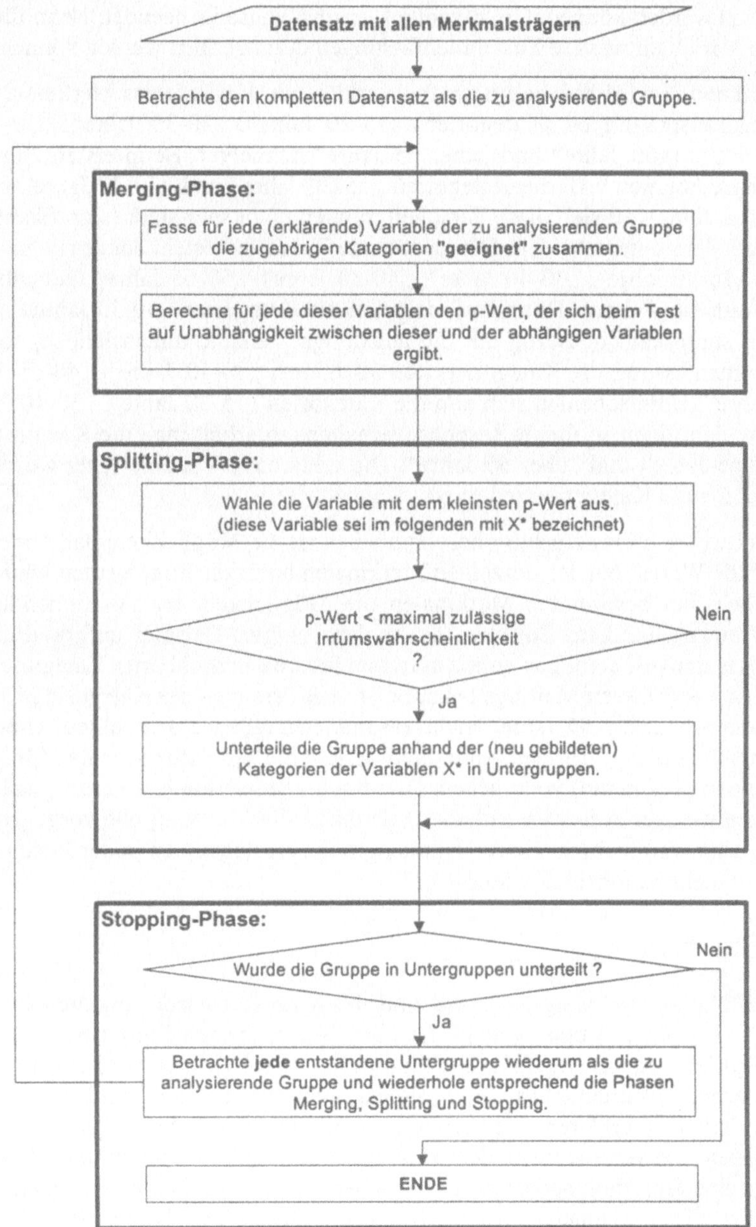

Abbildung 1: Der CHAID-Algorithmus

Mit den verbleibenden Kategorien werden erneut alle möglichen Kombinationen von Kategorienpaaren gebildet und wiederum ein Kategorienpaar zusammengefaßt usw. Die Merging-Phase endet für die betreffende Variable, wenn keine weiteren Kategorien mehr zusammengefaßt werden können. Die gesamte Merging-Phase ist beendet, wenn für keine der erklärenden Variablen weitere Zusammenfassungen durchgeführt werden können.

Zur Verdeutlichung wird hier beispielhaft als erklärende Variable das Merkmal „Alter" mit den Merkmalsausprägungen (Kategorien) „15-20 Jahre", „20-30 Jahre", „30-40 Jahre", „40-50 Jahre", „50-65 Jahre" und „über 65 Jahre" betrachtet. Beim ersten Durchlauf der Merging-Phase könnten z.B. die Kategorien „15-20 Jahre" und „20-30 Jahre" zusammengefaßt worden sein, weil sich diese Personengruppen nicht sehr stark (signifikant) in ihrem Responseverhalten unterscheiden. Die erklärende Variable besteht somit nur noch aus den Kategorien „15-30 Jahre", „30-40 Jahre", „40-50 Jahre", „50-65 Jahre" und „über 65 Jahre". Ergibt nun ein weiterer Durchlauf, daß sich die Kategorien „40-50 Jahre" und „50-65 Jahre" nicht signifikant in Bezug auf die abhängige Variable unterscheiden, so entstehen nach Zusammenfassung die Kategorien „15-30 Jahre", „30-40 Jahre", „40-65 Jahre" und „über 65 Jahre". Unterscheiden sich nun die Kategorien „15-30 Jahre", „30-40 Jahre" wiederum nicht signifikant in ihrem Responseverhalten, so erhält man die Kategorien „15-40 Jahre", „40-65 Jahre" und „über 65 Jahre". Die erklärende Variable Alter wurde also von ursprünglich 6 auf 3 Kategorien reduziert.

Für den praktischen Einsatz positiv hervorzuheben ist die Möglichkeit, daß ohne Probleme auch „fehlende Werte" bei den einzelnen Merkmalen berücksichtigt werden können. Ferner ist es möglich, bei bestimmten Merkmalen die Möglichkeit der Zusammenfassung von Kategorien einzuschränken. So kann es in dem obigen Beispiel aufgrund inhaltlicher Überlegungen sinnvoll sein, nur eine Zusammenfassung benachbarter Kategorien zuzulassen, weil z.B. aus früheren Mailings bekannt ist, daß Personen der Kategorie „15-20 Jahre" und der Kategorie „über 65 Jahre" nicht zusammengefaßt werden sollten. Dies kann mit CHAID einfach realisiert werden. Außerdem besteht die Möglichkeit, eine „Mindestgröße" für die Gruppen (Segmente) vorzugeben. Hierdurch kann verhindert werden, daß Segmente entstehen, die weniger Adressen enthalten, als durch die Mindestgröße vorgegeben wurde. Dies stellt sicher, daß nicht zu kleine Segmentgrößen entstehen, die in der Praxis unter Umständen nicht mehr handhabbar wären.

2.2 Splitting-Phase

Nach Durchführung der Merging-Phase sind die Kategorien jeder erklärenden Variablen der zu untersuchenden Gruppe gemäß der oben beschriebenen Zielsetzung „geeignet" zu neuen Kategorien zusammengefaßt. Die zu untersuchende Gruppe wird nun mit Hilfe derjenigen erklärenden Variablen in Untergruppen unterteilt, die sich „am besten" eignet, das Responseverhalten zu erklären. Hierzu werden Chi-Quadrat-Unabhängigkeitstests zwischen der abhängigen und jeweils einer der erklärenden Variablen durchgeführt. Strenggenommen erfolgt eine Unterteilung der zu untersuchenden Gruppe in Untergruppen jedoch nur dann, sofern dies – unter Berücksichtigung eines vorgebbaren Signifikanzniveaus (Eligibility-Level) – sinnvoll ist. Die Unterteilung in Untergruppen erfolgt anhand der zusammengefaßten Kategorien der in dieser Phase ausgewählten erklärenden Variable. Innerhalb der Untergruppen wird für alle übrigen erklärenden Variablen die in der Merging-Phase durchgeführte Zusammenfassung der Kategorien wieder aufgehoben.

2.3 Stopping-Phase

In dieser Phase wird überprüft, ob die zu untersuchende Gruppe in Untergruppen unterteilt wurde. Sind Untergruppen entstanden, so durchlaufen sie ebenfalls die 3 Phasen des CHAID-Algorithmus. Dabei können wiederum weitere Untergruppen entstehen, mit denen dann in analoger Weise verfahren wird. Die CHAID-Analyse ist beendet, wenn keine der entstandenen (Unter-)Gruppen weiter unterteilt werden kann.

Die im folgenden Abschnitt beschriebene Simulationsstudie ist mit Hilfe des statistischen Programmpaketes „SPSS for Windows, CHAID Release 6.0" erstellt worden. Neben den bereits angedeuteten Möglichkeiten der Beeinflussung der CHAID-Analyse durch geeignete Vorgabe von Werten für die Parameter des Algorithmus bietet die Software u.a. auch die Möglichkeit, eine Analyse interaktiv durchzuführen, so daß manuell in die Zusammenfassung von Kategorien und die Variablenauswahl in der Splitting-Phase eingegriffen werden kann.

Die Resultate einer CHAID-Analyse lassen sich sehr übersichtlich anhand eines Baumdiagrammes darstellen (vgl. Abbildung 2). Die jeweils für die Unterteilung in Untergruppen verwendeten erklärenden Variablen sind entsprechend eingezeichnet, so daß erkennbar ist, welche Variablen besonders wichtig für die Bildung von Segmenten sind. In Abbildung 2 ist z.B. die erklärende Variable x_1 offenbar von entscheidender Bedeutung für die Segmentbildung. Für eine detailliertere Darstellung der speziellen Einzelheiten des Baumdiagrammes sei an dieser Stelle auf Magidson [Mag93, S. 4f] verwiesen.

Die höchste Responsequote liefert im Beispiel das Segment 10 mit 5.45 %. In dieses Segment fallen die Personen, die bei Variable x_1 eine der Kategorien 4, 7-9 und bei Variable x_3 die Kategorie 5 besitzen. Bei einer zukünftigen vergleichbaren Mailing-Aktion sollten nur die Segmente mit hoher Responsequote angeschrieben werden, um den Werbeerfolg zu erhöhen. Im folgenden wird untersucht, inwiefern der Stichprobenumfang, der für die Bildung der Segmente verwendet wird, die Resultate der Zielgruppenbestimmung beeinflussen kann.

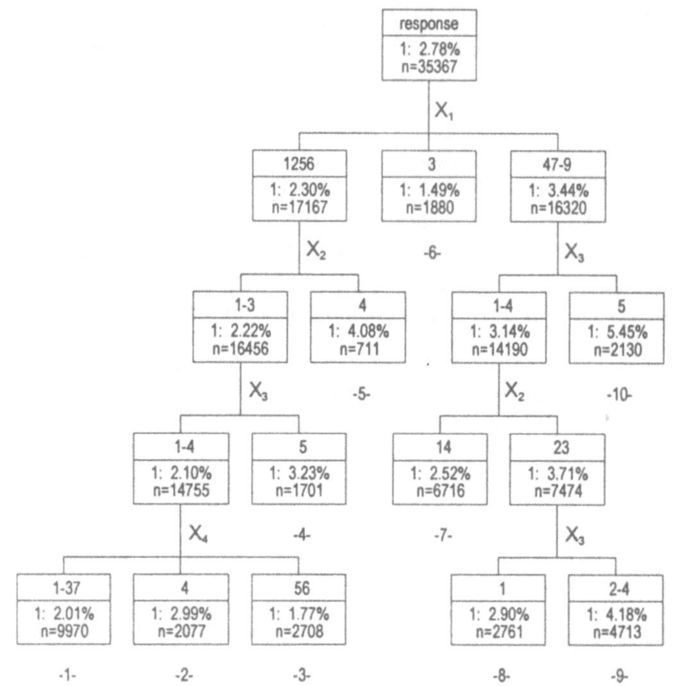

3 Simulationsstudie

3.1 Vorgehensweise

Ausgangspunkt ist ein Datensatz eines Adressenverlages, der zur Neukundengewinnung eines Verlages eingesetzt wurde. Dabei wurden insgesamt 353666 Adressen angeschrieben. Für jede Adresse stehen dem Adressenverlag neben dem Merkmal Response noch weitere Variablen (z.B. Geographische Daten, Regionaldaten, Hausdaten etc.), die zur Segmentbildung eingesetzt werden sollen, zur Verfügung. Die Aufgabe des Adressenverlages ist darin zu sehen, die Adressen herauszufiltern, die die höchste Responsequote erwarten lassen. Zu beachten ist allerdings, daß die verwendeten Adressen nur einen Teil des kompletten Adressenbestandes darstellen, der für das Mailing verwendet werden kann. Die mit Hilfe des CHAID-Verfahrens gebildeten Segmente sind jedoch nur optimal für den analysierten Datensatz. Das Problem liegt darin begründet, daß die Ergebnisse der CHAID-Analyse auf Adressen übertragen werden sollen, die **nicht** für die Segmentbildung herangezogen werden. Um diesen Sachverhalt anhand der vorgegebenen Daten untersuchen zu können, verwenden wir einen Teil des Datensatzes als Teststichprobe. Aus dem verbleibenden Teil wird eine Zufallsstichprobe (Lernstichprobe) gezogen, für die eine CHAID-Analyse durchgeführt wird. Die hierbei gebildeten Segmente werden auf die Teststichprobe angewendet. Diese Vorgehensweise wird für verschiedene Stichprobenumfänge wiederholt, wobei für jeden Stichprobenumfang mehrere Zufallsstichproben gezogen werden, um den Einfluß einzelner Stichproben (Zufallsfehler) zu reduzieren. Von Interesse ist, ab welcher Stichprobengröße der Lernstichprobe nur noch geringe Unterschiede in der Teststichprobe zu erkennen sind. Unsere Simulation umfaßt folgende Schritte:

1. Zerlege die Adressenliste per Zufallsauswahl in zwei disjunkte Subpopulationen L und T, mit Stichprobenumfängen $n_L = 247566$ bzw. $n_T = 106100$.

2. Aus der Subpopulation L werden Lernstichproben vom Umfang $n = 17683, 35367, ...,$ 176833, d.h. $n = 5\ \%, 10\ \%, ..., 50\ \%$ des Gesamtumfangs, gezogen. Für jeden betrachteten Stichprobenumfang werden 300 Zufallsstichproben gezogen.

3. Führe für jede Lernstichprobe eine CHAID-Analyse durch.

4. Ordne die Segmente jeder Lernstichprobe nach der Responsequote.

5. Bilde jeweils die gleichen Segmente für Teststichprobe T und bestimme die Responsequote der $x\ \%$ ($x = 10, 20, ..., 100$) „besten" Adressen, d.h., für jeden betrachteten Stichprobenumfang ergeben sich $300 \cdot 10 = 3000$ Responsequoten, die weiter analysiert werden.

3.2 Resultate

Da für jeden betrachteten Stichprobenumfang 300 Zufallsstichproben vorliegen, läßt sich eine Verteilung der Responsequoten ermitteln. In Abbildung 3 werden die mittleren Responsequoten bei den Stichprobenumfängen $n = 5\ \%, 25\ \%, 50\ \%$ in Form eines sogenannten Verbunddiagramms (bzw. LS-Diagramms) [Mus97] dargestellt. Der Linienzug gibt für einen frei wählbaren Prozentsatz x an, welche (durchschnittliche) Responsequote sich ergibt, falls $x\ \%$ der Personen mit der höchsten Responsequote betrachtet werden. Die Säulen des LS-Diagramms geben an, welche (durchschnittliche) Responsequote sich ergibt, wenn Personen aus einem bestimmten Prozentbereich betrachtet werden.

Aus Abbildung 3 lassen sich beispielsweise folgende Sachverhalte ablesen:

- Die Rangordnung der Segmente bleibt für alle Stichprobenumfänge in T erhalten.

- Bei allen betrachteten Stichprobenumfängen läßt sich eine deutliche Steigerung der Responsequote gegenüber einer zufälligen Selektion erzielen.

- Je größer der Stichprobenumfang in L, desto größer die Responsequote in T.

- Der Unterschied in den Responsequoten zwischen $n = 25\%$ und $n = 50\%$ ist wesentlich geringer als zwischen $n = 5\%$ und $n = 25\%$.

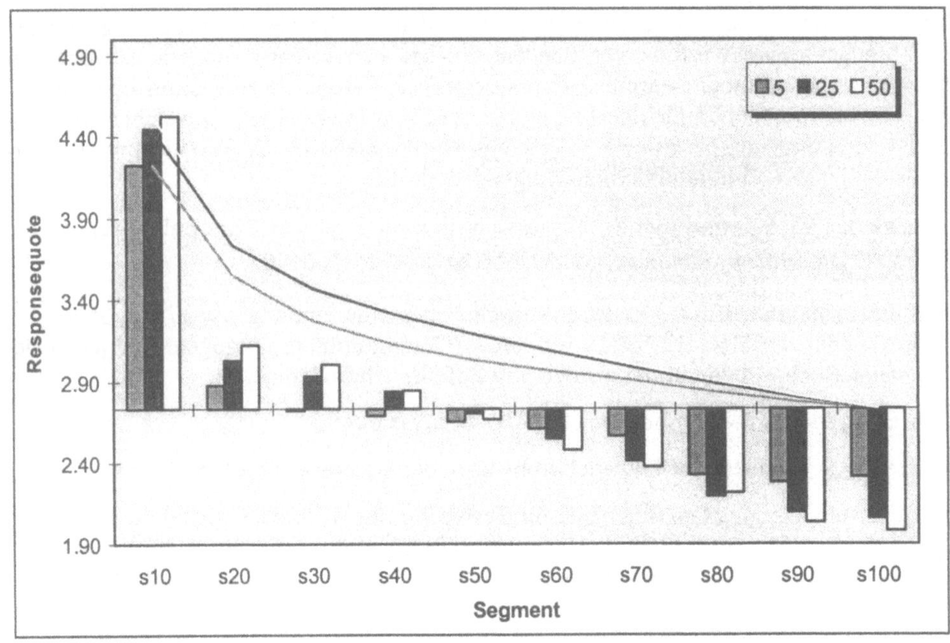

Abbildung 3: LS-Diagramm

Neben der mittleren Responsequote sollte auch die Streuung betrachtet werden. In den Abbildungen 4 und 5 sind die Verteilungen der Responsequoten bei den besten 10 % bzw. besten 50 % Adressen in Form von Boxplots dargestellt.

Es läßt sich ein deutlicher Zusammenhang zwischen dem Stichprobenumfang und der Streuung, die z.B. durch den Interquartilsabstand gemessen werden kann, erkennen.

In Abbildung 5 nimmt auch der Median mit zunehmendem Stichprobenumfang größere Werte an, während bei den besten 10 % Adressen zwar die Streuung mit Zunahme des Stichprobenumfangs abnimmt, der Median aber nur unwesentliche Veränderungen aufweist. Insgesamt bleibt festzuhalten, daß sich die mittleren Responsequoten ab einem Stichprobenumfang von 25 % nur noch marginal verändern, während die Streuung auch in diesem Bereich noch abnimmt.

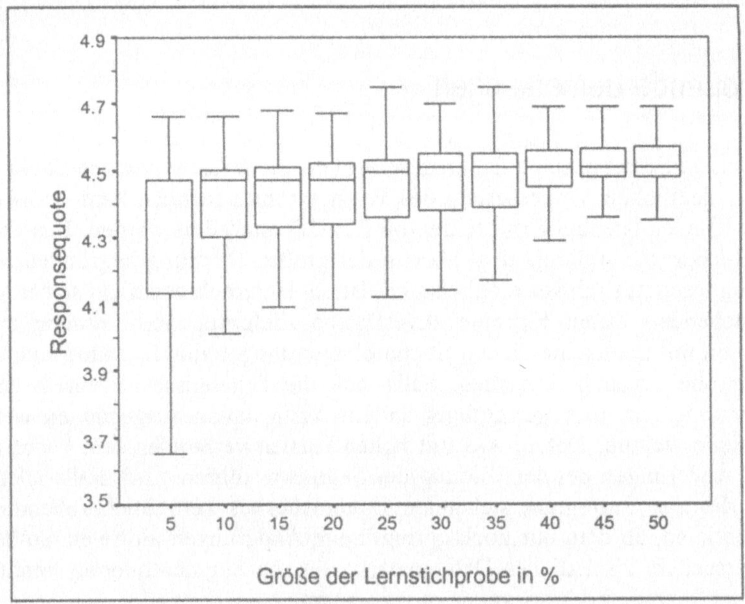

Abbildung 4: Boxplot („beste" 10 % Adressen)

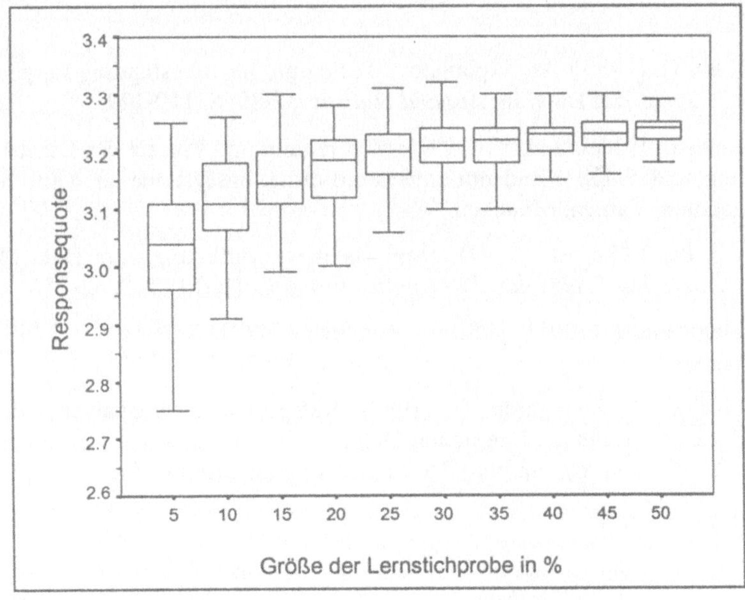

Abbildung 5: Boxplot („beste" 50 % Adressen)

4 Abschließende Bemerkungen

Die Simulationsstudie hat gezeigt, daß man selbst bei einem relativ kleinen Stichprobenumfang mit einer deutlichen Verbesserung des Werbeerfolges rechnen kann, falls die Informationen der Kundendatenbank mit Hilfe von CHAID analysiert werden. Das Problem eines kleinen Stichprobenumfangs liegt aber in der großen Streuung begründet, so daß zuverlässige Prognosen nur schwer möglich sind. Ist ein Unternehmen nicht sicher, ob die zur Verfügung stehenden Daten für eine zuverlässige Zielgruppenbestimmung ausreichen, sollten Analysen mit unterschiedlichen Stichprobenumfängen durchgeführt und anhand einer Teststichprobe verglichen werden. Falls sich die Ergebnisse ab einem bestimmten Stichprobenumfang nur noch geringfügig ändern, kann davon ausgegangen werden, daß eine Hinzunahme weiterer Daten, was mit hohen Kosten verbunden sein kann, zu keinen gravierenden Änderungen bei der Bildung der Segmente führen wird. Falls allerdings bei der Analyse des zur Verfügung stehenden Datenmaterials kein Stichprobenumfang bestimmt werden kann, ab dem nur noch geringfügige Änderungen auftreten, sollte das Unternehmen versuchen, zusätzliches Datenmaterial für die Segmentbildung heranzuziehen, um die Güte der Segmentbildung weiter zu verbessern.

5 Literatur

[Kas80]   Kass, G. (1980): An Explanatory Technique for Investigating Large Quantities of Categorical Data. In: *Applied Statistics*, 2/80, S. 119-127.

[Lin94]   Link, J.; Hildebrand, V. (1994): Verbreitung und Einsatz des Database Marketing und CAS: Kundenorientierte Informationssysteme in deutschen Unternehmen, Vahlen, München.

[Lüh97]   von der Lühe, M. (1997): Vom Database Marketing zum Data Mining. In: *Theorie und Praxis der Wirtschaftsinformatik*, Heft 193, S. 42-55.

[Mag93]   Magidson, J. (1993): SPSS for Windows CHAID Release 6.0, SPSS Inc., Chicago.

[Mus97]   Musiol, G.; Steinkamp, G. (1997): Kategoriale Datenanalyse mit dem Chi-Squared Automatic Interaction Detector. In: *Beiträge des Instituts für Empirische Wirtschaftsforschung*, Nr. 58, Universität Osnabrück.

Die Eignung von Neuro-Fuzzy-Systemen zum Data Mining in großen Marketing-Datenbanken

Johannes Ruhland, Thomas Wittmann
Lehrstuhl für Wirtschaftsinformatik[*]
Friedrich-Schiller-Universität Jena

Zusammenfassung

Den im Marketing gesammelten Mengen an Daten stehen oft nur unzureichende Auswertungswerkzeuge gegenüber. Ein noch junger Ansatz zur Lösung dieser Problematik sind Neuro-Fuzzy-Systeme, die in der Lage sind, aus Datenbeständen interpretierbare Regeln abzuleiten. In diesem Beitrag werden verschiedene Neuro-Fuzzy-Ansätze untereinander und mit alternativen Verfahren des Data Mining verglichen. Grundlage der Untersuchungen bildet dabei das aus dem Database Marketing bekannte Problem der Klassifikation von Kunden nach deren Antwort auf eine Direktmarketing-Aktion.

Stichworte: Data Mining, Direktmarketing, Klassifikation, Neuro-Fuzzy-Systeme

1 Problemstellung

Data Warehouses und andere Techniken der Datenbereitstellung verschieben den Problemfokus der Informationswirtschaft von der Informationsbereitstellung zur Informationsauswertung und -nutzung. Doch den Terabyte an Daten, wie sie auch und vor allem im Marketing anfallen, stehen oft nur unzureichende Analysewerkzeuge gegenüber. Das noch relativ junge Forschungsgebiet des Knowledge Discovery in Databases (KDD) [Fay96] zielt darauf ab, diese Lücke durch Entwicklung und Anwendung geeigneter Algorithmen zu schließen. Ziel ist letztlich ein Baukasten an Data-Mining-Methoden, der, auf eine Datenbank mit einer bestimmten Fragestellung angewandt, die in den Daten liegenden Zusammenhänge aufdeckt und dem Benutzer in einer kompakten und für ihn inhaltsreichen Form präsentiert. Diese Data-Mining-Methoden umfassen neben den „klassischen" multivariaten Analyseverfahren auch neuere Algorithmen wie Entscheidungsbaumverfahren und v.a. Methoden der Künstlichen Intelligenz wie Neuronale Netze und Neuro-Fuzzy-Systeme.

In diesem Beitrag wird die Eignung von Neuro-Fuzzy-Systemen für die Analyse großer Marketing-Datenbanken untersucht. Dazu werden verschiedene Neuro-Fuzzy-Ansätze un-

---

[*] Lehrstuhlinhaber: Prof. Dr. Johannes Ruhland

tereinander und mit alternativen Data-Mining-Methoden verglichen. Beurteilungskriterien sind

- die Klassifikationsqualität, gemessen durch den Anteil der korrekt klassifizierten Datensätze,
- die Robustheit gegenüber Ausreißern und fehlenden Werten,
- die Performance bei realistischen Problemgrößen, insbesondere Laufzeitverhalten und Datenverarbeitungskapazität,
- die Einbringbarkeit von a-priori Wissenselementen und
- die Interpretierbarkeit der erhaltenen Ergebnisse.

Die hier untersuchte Problemstellung ist im Database Marketing weit verbreitet. Es liegen Daten wie Geburtsdatum, Qualitätsindex des Zahlungsverhaltens, Summe der Transaktionen und ähnliches über Kunden vor, die im Rahmen einer Mailing Aktion angeschrieben worden waren, in der sie zum Kauf einer Kreditkarte animiert werden sollten; neben diesen Kundendaten stehen Informationen über das Antwortverhalten (Antwort/ Keine Antwort) zur Verfügung. Die Datenbasis besteht aus 180.000 Fällen, von denen 600 Antworter sind. Ziel ist es, die Kunden im Hinblick auf ihr Antwortverhalten zu klassifizieren. Für die weiteren Untersuchungen wurden verschiedene Dateien gebildet, mittels derer die Systeme trainiert bzw. parametrisiert werden:

Datei A: Aus der Datenbasis wurde eine vorläufige Stichprobe von ca. 1.700 Fällen, die jedoch alle Antworter enthielt, gezogen.

Datei B: Da, wie später noch erläutert wird, einige Verfahren empfindlich auf unausgewogene Trainingsdaten reagieren, wurde überdies eine ausbalancierte, d.h. in Bezug auf die Klassenbesetzung gleichverteilte Datei gebildet (ca. 600 Antworter und 600 Nichtantworter). Diese wurde noch nach Beseitigung der missing values in einen Trainings- und eine Testdatei aufgespalten, die jeweils ca. 500 Datensätze enthielten.

Datei C wurde durch Einfügen von 10 Fällen mit Ausreißern in die Trainingsdatei B erzeugt.

Datei D: Hier wurde in 20% der Fälle aus der Trainingsdatei B ein Wert gelöscht.
Die Dateien C und D dienen zur Untersuchung der Robustheit des Systems.

Datei E enthält 15.000 Fälle und dient zur Untersuchung des Laufzeitverhaltens.

2 Ergebnisse mit Vergleichsverfahren des Data Mining

2.1 Ergebnisse der linearen Diskriminanzanalyse

Die lineare Diskriminanzanalyse ist das klassische multivariate Verfahren für Klassifizierungsaufgaben. Eine Diskriminanzanalyse mit SPSS auf Basis von Datei B erzielte eine Güte von 69% korrekt klassifizierten Fällen. Dieses Ergebnis ist für die gegebene Datensituation sehr gut. Nichtantworter wurden in etwa genauso gut erkannt wie Antworter, was auch für die im folgenden noch zu beschreibenden Verfahren galt. Die Laufzeit ist minimal; selbst für Datei E benötigte das Verfahren lediglich 20 Sekunden (alle Angaben für Pentium PC mit 133 MHz). Datensätze mit missing values werden nicht berücksichtigt. Das System ist folglich nur bedingt robust gegenüber fehlenden Werten. Größer ist die Robustheit gegenüber Ausreißern. Die Diskriminanzfunktion als Ergebnis der Diskriminanzanalyse ist in ihrer Interpretierbarkeit stark eingeschränkt, ebenso ist die Integration von Vorwissen kaum möglich. Etwas besser stellt sich die Situation beim Einsatz der Fisher'schen Klassifikationsfunktionen dar, deren Kalibrierung und Einsatz jedoch an relativ stringente und in der Praxis selten erfüllte Voraussetzungen (multivariate Normalverteilung) gebunden ist.

2.2 Ergebnisse der Entscheidungsbaumverfahren

Entscheidungsbaumverfahren konstruieren hierarchische Regelbäume, indem sie die unabhängigen Variablen im Hinblick auf ihre Trennschärfe ordnen.

2.2.1 SPSS CHAID

Die Laufzeit für alle Dateien war minimal; selbst für Datei E benötigte das SPSS Modul CHAID (SPSS Inc.) zur Erstellung eines fünf Variablen tiefen Baumes lediglich 20 Sekunden. CHAID erzielte eine Klassifikationsgüte von 68%. Es muß allerdings berücksichtigt werden, daß die Ergebnisse eigentlich nicht mit denen anderer Verfahren direkt vergleichbar sind, da CHAID auf die Evaluierung eines Segments als Ganzes abzielt. Fälle mit missing values bleiben in der Kalibrierungsphase unbeachtet. In der Anwendungsphase jedoch kann CHAID wie alle Entscheidungsbaumverfahren sehr gut mit missing values umgehen. Es ist überdies relativ unempfindlich gegenüber Ausreißern. A-priori Wissen kann in das System eingebracht werden, jedoch nur in Form von Entscheidungsbäumen; ebenso beschränkt sich die Interpretierbarkeit auf die Analyse von Regelbäumen.

2.2.2 Der C5.0-Algorithmus

Der C5.0-Algorithmus, der Nachfolger des bekannten C4.5-Algorithmus von J. R. Quinlan [Qui93] erstellt ebenso wie CHAID einen Entscheidungsbaum, ist aber auch in der Lage, automatisch optimierte Regeln zu formulieren. Angewandt auf Datei B, erreicht man eine Klassifikationsgüte von 68%. C5.0 ist in der Lage, große Datenbasen in kurzer Zeit zu verarbeiten (ca. 2 Minuten für Datei E). Fehlende Werte werden in C5.0 durch Annahmen über die Verteilung von Variablen berücksichtigt. Die Güte des Entscheidungsbaumes, der mit Datei D gelernt wurde, steht dem auf Basis von Datei B in nichts nach; ebensolches gilt für die Ausreißerproblematik. Die Interpretierbarkeit von C5.0 ist höher als die von CHAID aufgrund der gebildeten Regeln. A-priori Wissen kann jedoch nicht in das System eingebracht werden.

2.3 Ergebnisse Neuronaler Netze (Multilayer Perceptron)

Ein weiterer Ansatz sind Neuronale Netze [Roj91]. In diesen Untersuchungen fand ein dreischichtiges feed-forward Multilayer Perceptron (MLP) mit Backpropagation-Algorithmus

Anwendung, das in NeuFrame (NCS) implementiert wurde. Zum Lernen mit Datei B benötigte es sieben Minuten. Das resultierende Netz (mit neun Input-, 30 Hidden- und zwei Output-Neuronen) klassifizierte 67% aller Fälle des Testdatensatzes korrekt. Neuronale Netze sind sehr robust gegenüber Ausreißern und missing values. Datei C führte sogar zu einer besseren Klassifikationsgüte im Hinblick auf den Testdatensatz, der Lernvorgang verlängerte sich jedoch auf zwölf Minuten. Die missing values in Datei D hatten keinerlei Einfluß auf die Leistungsfähigkeit des Systems. Als großer Nachteil Neuronaler Netze des MLP-Typs bleibt jedoch die Tatsache, daß sie nicht interpretierbar sind, da das Wissen subsymbolisch in den Gewichtungen gespeichert ist. Außerdem ist Vorwissen nicht in das Netz einbringbar.

3 Ergebnisse der Neuro-Fuzzy-Systeme

Nachdem die Daten mit bereits erprobten Verfahren untersucht worden sind, sollen nun Neuro-Fuzzy-Systeme zur Datenanalyse eingesetzt und die Ergebnisse verglichen werden. Aus der großen Bandbreite an Neuro-Fuzzy-Ansätzen wurden zwei Algorithmen für eine nähere Untersuchung ausgewählt. NEFCLASS ist vom Institut für Wissens- und Sprachverarbeitung der Otto-von-Guericke-Universität Magdeburg entwickelt worden (http://fuzzy.cs.uni-magdeburg.de/). Die NeuFuzzy Toolbox ist ein add-on für NeuFrame, das von NCS (http://www.ncs.co.uk/) vertrieben wird. Beide gehören zu den hybriden Neuro-Fuzzy-Systemen, bei denen Neuronale Netze und Fuzzy Systeme innerhalb einer homogenen Architektur kombiniert werden [Nau96].

3.1 NEFCLASS

NEFCLASS (NEuro Fuzzy CLASSification) ist als interaktives Werkzeug zur Datenanalyse speziell für Klassifikationsprobleme entwickelt worden. Dazu wird ein Fuzzy System, wie in Abbildung 1 dargestellt, auf ein Neuronales Netz (ein dreischichtiges feed-forward Multilayer Perceptron) abgebildet. Die Input-Muster werden den Neuronen der ersten Schicht präsentiert. Die Fuzzifikation geschieht während der Propagierung der Input-Signale an die Neuronen des hidden layer, da die Verbindungsgewichte als Zugehörigkeitsfunktionen linguistischer Terme modelliert sind. Die Neuronen des hidden layer repräsentieren die Regeln, sie sind wie eben beschrieben mit allen Input-Neuronen verbunden, jedoch nur mit dem einen Output-Neuron, das die Klasse repräsentiert, die im Dann-Teil der Regel steht. Diese Verbindung ist nicht gewichtet. Das System lernt folglich keine Regelgewichtungen wie viele andere Neuro-Fuzzy-Systeme. Die Lernphase ist in zwei Schritte unterteilt. Zuerst lernt das System unüberwacht die Anzahl der Regel-Neuronen und ihre Verbindungen, sprich die Regeln. Anschließend lernt es überwacht die optimalen Zugehörigkeitsfunktionen [Nau95].

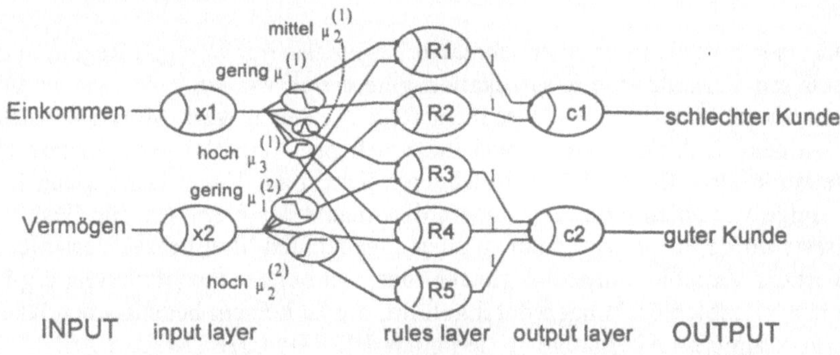

Abbildung 1: NEFCLASS-Architektur (nach [Nau95])

Die wichtigsten Parameter sind die Anzahl der maximal zu erlernenden Regeln und die Anzahl der fuzzy sets pro Variable. Manipulationen an den anderen Parametern führten zu keinen Ergebnisverbesserungen. Abbildung 2 zeigt den Zusammenhang zwischen der Anzahl der zu erlernenden Regeln und der Klassifikationsqualität (quantifiziert über den Anteil der korrekt klassifizierten Fälle des Testdatensatzes) von NEFCLASS für verschiedene Alternativen, die sich durch die Anzahl der fuzzy sets pro Input-Variable unterscheiden. Zwei fuzzy sets pro Variable beispielsweise bedeutet, daß die Variable nach Fuzzifizierung zwei verschiedene Terme (z.B. 'hoch' und 'niedrig') enthält. Die Anzahl der erzeugten Regeln beeinflußt dabei die Interpretierbarkeit der Ergebnisse, denn wenige Regeln sind leichter interpretierbar als ein umfangreicher Satz an Regeln.

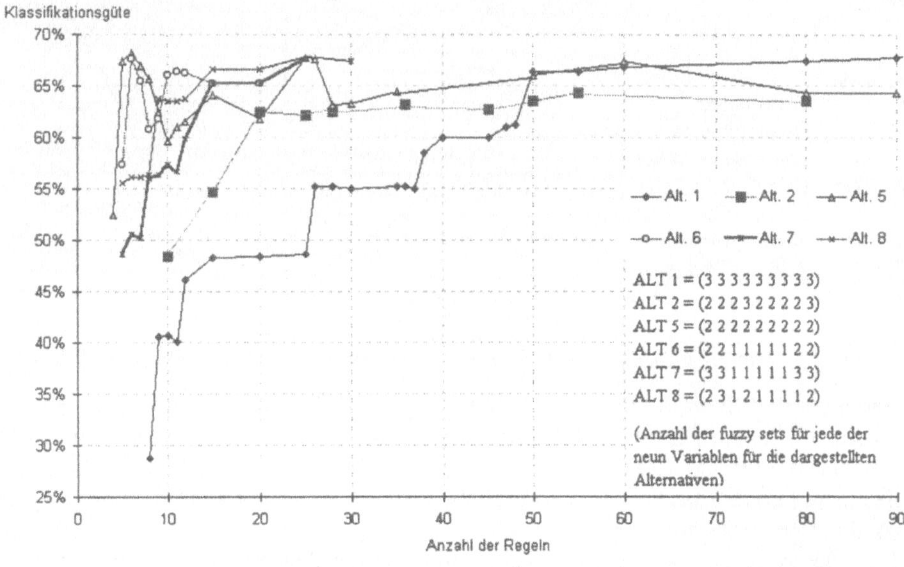

Abbildung 2: Zusammenhang zwischen der Anzahl der zu erlernenden Regeln und der Klassifikationsqualität von NEFCLASS

Als Ergebnis zeigt sich, daß mit einer schmalen Regelbasis mit wenigen Regeln und wenigen fuzzy sets pro Variable eine Klassifikationsgüte erzielt werden kann, wie sie bei mehr fuzzy sets pro Variable nur mit sehr viel mehr Regeln erreicht wird. Mittels des Ellbogen-Kriteriums wurden für Alternative 5 (zwei fuzzy sets pro Variable) sechs Regeln als günstige Konstellation identifiziert. In einem weiteren Schritt zur Vereinfachung der Regelbasis wurden einige Variablen eliminiert, indem die Anzahl der fuzzy sets für diese Variable auf Eins gesetzt wurde (diese wird dann zu einer sogenannten 'don't care'-Variable, da sich für jeden Wert der Variable immer das gleiche fuzzy set bei der Fuzzifizierung ergibt). Dabei wurden nur Variablenlöschungen durchgeführt, die zu keinem bedeutsamen Klassifikationsgüteverlust führten. Alternative 6 (lediglich BIRTH, CHECKCT, LASIZTRN und STATUS finden als Input-Variablen Eingang in die Regelbasis, Erläuterung siehe in Abbildung 3) repräsentiert die optimale Konstellation mit einer nur wenig schlechteren Performance als Alternative 5. Die resultierende Regelbasis und die Zugehörigkeitsfunktionen sind in Abbildung 3 dargestellt.

R1: IF BIRTH is large and CHECKCT is small and LASIZTRN is large and STATUS is large THEN Response_Class
R2: IF BIRTH is large and CHECKCT is small and LASIZTRN is small and STATUS is large THEN Response_Class
R3: IF BIRTH is small and CHECKCT is small and LASIZTRN is large and STATUS is small THEN Nonresp_Class
R4: IF BIRTH is large and CHECKCT is small and LASIZTRN is large and STATUS is small THEN Response_Class
R5: IF BIRTH is small and CHECKCT is large and LASIZTRN is large and STATUS is small THEN Nonresp_Class
R6: IF BIRTH is large and CHECKCT is small and LASIZTRN is small and STATUS is small THEN Response_Class

---

BIRTH= Geburtsjahr
CHECKCT= Qualitätsindex des Zahlungsverhaltens
LASIZTRN= Durchschnittliche Größe der Transaktionen (logarithmiert)
STATUS= Sozialer Status

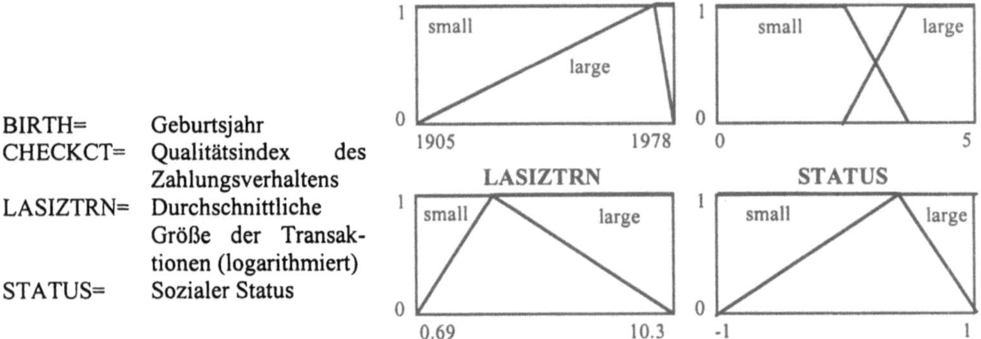

Abbildung 3: Von NEFCLASS (Alt. 6) erlernte Regeln und Zugehörigkeitsfunktionen

Die Regelbasis enthält zwei sehr verschiedene Regeln für Nicht-Antworter. Auf der einen Seite werden diese über das KO-Kriterium Qualitätsindex des Zahlungsverhaltens (CHECKCT) identifiziert (R5), auf der anderen Seite über eine Kombination von fuzzy sets, die einzeln keine Klassifikation ermöglichen, sondern nur ihre Kombination (R3). Das Geburtsjahr stellt eine sehr wichtige Variable dar, da junge Kunden (BIRTH=large) immer der Klasse der Antworter angehören, unabhängig von der Ausprägung der anderen Variablen. Die Klassifikationsgüte dieser gut interpretierbaren Regelbasis ist mit einer Trefferquote von 68% als hoch zu beurteilen.

Die Kapazität von NEFCLASS in der DOS-Version ist speicherbedingt eng begrenzt. In der neueren Unix-Version hingegen konnten auch überaus große Datenmengen ver-arbeitet werden. NEFCLASS reagiert empfindlich auf Trainingsdaten mit ungleich repräsentierten Klassen, denn es werden dann vor allem Regeln für die überrepräsentierte Klasse gelernt. Vorwissen kann über Regeln vor und während des Lernens in das System eingebracht werden. Das System konvergierte für Datei B binnen 20 Sekunden. Tests mit Datei E ergaben eine Laufzeit von zwei Minuten für Alternative 6 mit sechs Regeln bzw. 24 Minuten für Alternative 1 (drei fuzzy sets pro Variable) mit 24 Regeln. Trotz dieses Lernzeitanstiegs blieb die Anzahl der Lernepochen, die das System benötigte, in etwa gleich.

Als nächstes wurde die Robustheit von NEFCLASS untersucht. NEFCLASS ist absolut intolerant gegenüber missing values; die einzige Möglichkeit besteht in der Eliminierung aller Datensätze mit fehlenden Werten. Darum wurden hier keine weiteren Untersuchungen durchgeführt, es sei jedoch auf die Ausführungen zu den Imputationsalgorithmen in Kap. 4 verwiesen. Bei der Untersuchung der Robustheit gegenüber Ausreißern mittels Datei C produzierte NEFCLASS sehr viel weniger Regeln. Auf der einen Seite sank die Trefferquote für Alternative 5 von 68 auf 55, obwohl die Regelbasis auf zehn Regeln vergrößert wurde. Auf der anderen Seite verbesserten sich die Ergebnisse für Alternativen mit mehr fuzzy sets pro Variable; für Alternative 1 beispielsweise stieg die Trefferquote gegen den Testdatensatz von 51 auf 65 Prozent. Die neuen fuzzy sets wurden offensichtlich zur Einbeziehung der Ausreißer benötigt. Das System ist alles in allem relativ robust, jedoch ist eine manuelle Nachjustierung der Parameter notwendig.

3.2 B-spline Neuro-Fuzzy-Systeme (NeuFuzzy Toolbox für NeuFrame)

Bei den B-spline-Neuro-Fuzzy-Systemen handelt es sich um relativ einfache Neuronale Netze, deren Input-Output-Beziehung durch folgende Gleichung beschrieben werden kann:

$$y = \sum_{i=1}^{p} (\mu_{A_i}(x) * w_i)$$

mit x =   Input-Vektor und y = Output,

   $\mu_{A_i}(x)$ =   Zugehörigkeitswert der i-ten Basisfunktion für Input x und

   w_i =   Gewicht der i-ten Basisfunktion.

Der Inputraum wird durch multi-dimensionale, sich überlappende B-spline-Funktionen ausgepflastert. Die gewichtete Summe der Zugehörigkeitswerte $\mu_{A_i}(x)$ dieser Basisfunktionen bildet den Output des Systems. Abbildung 4 zeigt dies in einer einfachen Skizze, bei der nur eindimensionale Basisfunktionen dargestellt sind.

Die obige numerische Darstellung kann interpretiert werden als Fuzzy Regelbasis:

   rule$_{i,j}$: IF (x=A^i) THEN (y=B^j) c$_{i,j}$

mit A^i= i-tes (multivariates) fuzzy input set,

   B^j = j-tes (univariates) fuzzy output set und

   $c_{i,j}$ = Regelgewichtung. [Bro96]

z.B. IF *error is small* AND *error_change is almost zero* THEN *output is positive small* 0.5

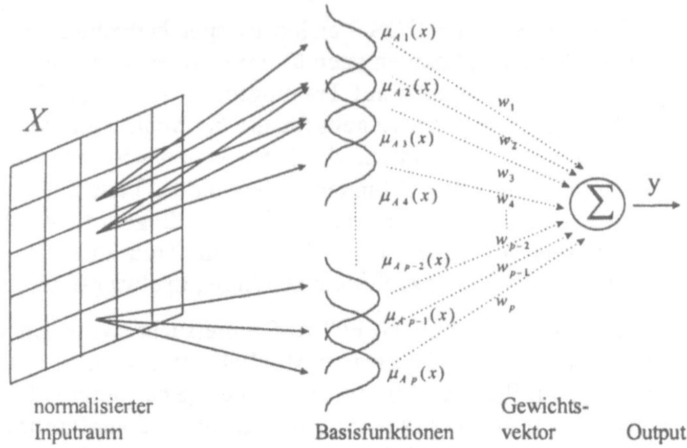

Abbildung 4: Die B-spline-Neuro-Fuzzy-Architektur [Bro94]

Eine oben beschriebene Netzwerkstruktur kann also durch eine Menge von Fuzzy-Regeln dargestellt werden; dabei existiert eine direkte, invertible Beziehung zwischen dem Gewichtungsvektor w und dem Vektor der Regelgewichtungen c [Bro94]. In einer weiteren Verbesserung werden die additiven strukturellen Beziehungen als Summe kleinerer Subnetzwerke interpretiert. Der Lernalgorithmus bestimmt diese Subnetzwerke, ihre Verbindungen zu den Input- und Output-Neuronen sowie seine Regelgewichtungen [Bro96].

Da nur ein Output-Neuron existiert, muß ein cut-point definiert werden, der die beiden Klassen unterscheidet. Hier wurde er neutral auf den Mittelwert 0,5 festgelegt. Auch NeuFrame zeigt sich manipulierbar bei Verwendung eines unbalancierten Trainingsdatensatzes, deswegen wurden die weiteren Untersuchungen auch hier mit Datei B durchgeführt. Eine Klassifikationsgüte von 68% und die folgende Regelbasis und Zugehörigkeitsfunktionen wurden als bestes Ergebnis identifiziert.

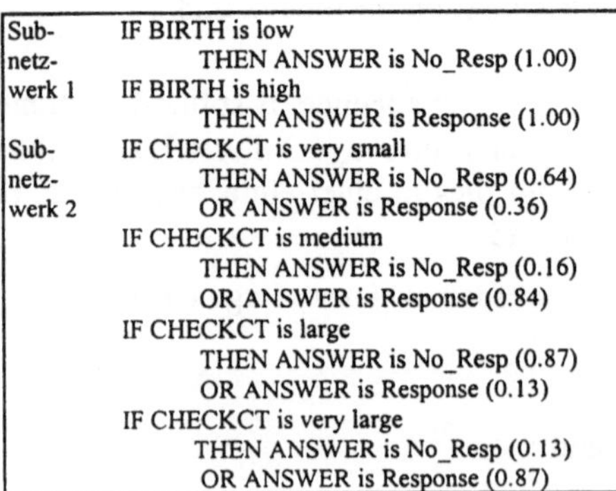

Sub-
netz-
werk 1
	IF BIRTH is low
	    THEN ANSWER is No_Resp (1.00)
	IF BIRTH is high
	    THEN ANSWER is Response (1.00)

Sub-
netz-
werk 2
	IF CHECKCT is very small
	    THEN ANSWER is No_Resp (0.64)
	    OR ANSWER is Response (0.36)
	IF CHECKCT is medium
	    THEN ANSWER is No_Resp (0.16)
	    OR ANSWER is Response (0.84)
	IF CHECKCT is large
	    THEN ANSWER is No_Resp (0.87)
	    OR ANSWER is Response (0.13)
	IF CHECKCT is very large
	    THEN ANSWER is No_Resp (0.13)
	    OR ANSWER is Response (0.87)

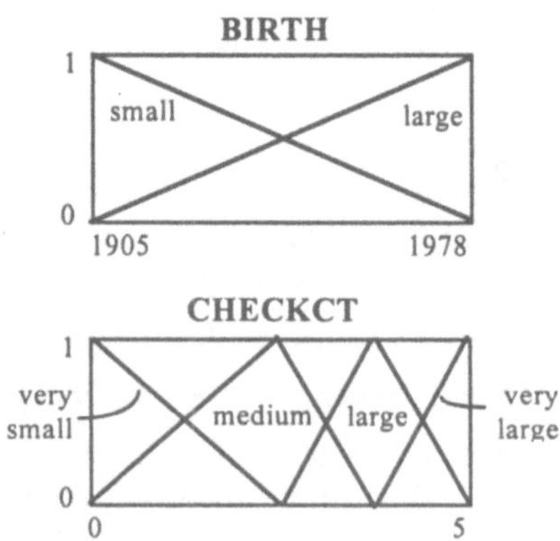

Abbildung 5: Von NeuFrame erlernte Regeln und Zugehörigkeitsfunktionen

Das System benötigte etwa zwei Minuten Rechenzeit für Datei B. Die Datenverarbeitungs-kapazität ist praktisch unbegrenzt, jedoch steigt die Laufzeit exponentiell, für 2.000 Daten-sätze auf bereits 2:35 Stunden. Die Regelbasis ist bewußt schmal, die Interpretation der Re-geln jedoch nicht einfach, insbesondere da Regelgewichtungen verwendet werden. NeuFrame ist robust sowohl Ausreißern als auch missing values gegenüber. Für Datei C sank die Trefferquote lediglich auf 67%, Datei D führte zu keiner Ergebnisverschlechte-rung, obwohl die Datensätze mit missing values unbeachtet blieben. A priori Wissen ist vor und während des Lernens einbringbar.

4 Zusammenfassung und Ausblick

In Abbildung 6 werden die Ergebnisse der Untersuchung zusammengefaßt.

	Klassifika-tionsgüte (Treffer-quote)	Robust-heit: Aus-reißer	Robust-heit: missing values	Lauf-zeitver-halten	Inter-pretier-barkeit	Integrier-barkeit von a priori Wissen	Datenver-arbei-tungs-kapazität
Diskriminanzanalyse	69	+	o	++	-	-	++
CHAID	68*	+	o	++	o	-	++
C5.0	68	++	+	+	+	-	++
Neuronales Netz (MLP)	67	++	+	o	--	--	++
NFS: NEFCLASS	68	-	-	o	++	++	++
NFS: NeuFuzzy toolbox	68	++	+	--	+	++	++

++ sehr gut/ + gut/ o durchschnittlich/ - schlecht/ -- sehr schlecht/
* eigentlich nicht vergleichbar (siehe 2.2.1)

Abbildung 6: Zusammenfassende Übersicht der Ergebnisse

Die hier untersuchten Neuro-Fuzzy-Systeme zeichnen sich nicht durch eine höhere Klassi-fikationsqualität aus, ihre Vorteile liegen vielmehr in ihrer Interpretierbarkeit und der Möglichkeit, Vorwissen einzubringen. Beide Merkmale sind vor allem für den Einsatz in der Praxis wichtige Charakteristika eines Data-Mining-Tools. Es fällt jedoch auf, daß die verschiedenen Neuro-Fuzzy-Ansätze untereinander auch wieder zum Teil sehr heterogen in ihrer Leistungsfähigkeit sind, was zum Beispiel die Robustheit und das Laufzeitverhalten betrifft. Insbesondere die Mängel des Laufzeitverhaltens zwingen zu einer intelligenten Reduktion der Datenmatrix im Rahmen eines Data Preprocessing. Verfahren zur Variablen-reduktion (wie die Faktorenanalyse oder die Auswahl repräsentativer Variablen) und zur Auswahl guter Trainingsstichproben, z.B. über eine vorgeschaltete Clusterung, stellen hier Ansätze dar. Die mangelnde Robustheit gegenüber missing values verlangt nach Imputati-onsalgorithmen [Lit87], um einen unnötigen Verlust von aussagekräftigen Datensätzen zu vermeiden. Hier bieten sich auf einfacher Ebene regressionsanalyische Methoden an, um Variablen über Korrelationen mit anderen Variablen zu füllen, oder clusteranalytische Verfahren, die einen fehlenden Wert mit dem entsprechenden Wert des nächsten Clusterzentrums ersetzen [RWL97].

Wenn diese Probleme gelöst werden, dann können Neuro-Fuzzy-Systeme ein effizientes und in der Praxis sicherlich breite Akzeptanz findendes Data-Mining-Werkzeug werden, mit der der Datenflut in Marketing-Datenbanken begegnet werden kann.

Das diesem Bericht zugrundeliegende Vorhaben wurde mit Mitteln des Thüringer Ministeriums für Wissenschaft, Forschung und Kultur gefördert. Die Verantwortung für den Inhalt dieser Veröffentlichung liegt bei den Autoren.

5 Literatur

[Bro94]   Brown, M., Harris, C., Neurofuzzy adaptive modelling and control, New York 1994.

[Bro96]   Brown, M., Bossley, K. M., Harris, C., An Analysis of the Application of B-spline Neurofuzzy Construction Algorithms, In: Proceedings EUFIT'96, Aachen, Germany 1996, S. 1830-1834.

[Fay96]   Fayyad, U. M., Piatetsky-Shapiro, G., Smyth, P. (eds.), Advances in Knowledge Discovery and Data Mining, Menlo Park, CA 1996.

[Lit87]   Little, R. J. A., Rubin, D. B., Statistical Analysis with missing data, New York 1987.

[Nau95]   Nauck, D., Kruse, R., NEFCLASS - A Neuro-Fuzzy Approach for the Classification of Data. Paper of Symposium on Applied Computing 1995 (SAC'95) in Nashville.

[Nau96]   Nauck, D., Klawonn, F., Kruse, R., Neuronale Netze und Fuzzy-Systeme. Grundlagen des Konnektionismus, Neuronaler Fuzzy-Systeme und der Kopplung mit wissensbasierten Methoden, Braunschweig Wiesbaden 1996.

[Qui93]   Quinlan, J. R., C4.5. Programs for Machine Learning, San Mateo 1993

[Roj91]   Rojas, R., Theorie der Neuronalen Netze. Eine systematische Einführung, Berlin Heidelberg 1991.

[RWL97]   Ruhland, J., Wittmann, T., Lehmann, T., Entwicklung und Analyse von Imputationsalgorithmen für missing values zur Datenvorverarbeitung für Data Mining Algorithmen am Beispiel NEFCLASS. Vortrag auf dem Symposium on Operations Research 1997, Jena, 3.-5. September 1997.

PROGNOSE

Wettbewerbsstrukturanalysen auf der Grundlage von aggregierten Scannerdaten

Lutz Hildebrandt, Daniel Klapper
Institut für Marketing II*
Humboldt-Universität zu Berlin

Zusammenfassung

Im Zentrum der hier durchgeführten Analysen stehen Marken von Gütern des täglichen Bedarfs deren Absatzmengen und Marktanteile in immer stärkeren Ausmaß durch temporär wirkende Verkaufsförderungsmaßnahmen beeinflußt werden. Die vorgestellten Instrumentarien quantifizieren den Wettbewerb zwischen den betrachteten Konsumgütermarken und ermöglichen eine fundierte Analyse der Marktstrukturen. Darüber hinaus lassen sich die komplexen Wettbewerbsbeziehungen zwischen Marken für spezifische entscheidungsrelevante Marktbedingungen unter vollständiger Berücksichtigung des Wettbewerbsumfeldes analysieren und die Wettbewerbswirkungen gemessen in Marktanteilen prognostizieren.

Stichworte: Marktstrukturanalysen, Scannerdaten, Marktanteilsmodelle, restringierte dreimodale Datenanalyse

1 Problemstellung

Die verbreitete Nutzung von Scannerkassen und die elektronische Datenerfassung am POS im Handel haben für die Praxis eine Vielzahl von Möglichkeiten eröffnet, die Abverkäufe von Gütern des täglichen Bedarfs zu kontrollieren und Informationssysteme zur Steuerung des Angebots zu entwickeln. Besonders von Interesse sind dabei die Wettbewerbseffekte und Erfolgsbeiträge, die durch eine Marketingmaßnahme (z. B. eine Preisaktion oder eine Promotionsmaßnahme) erzeugt werden. Informationen über die Reaktionen der Kunden auf unterschiedliche Marketing-Intensitäten und Maßnahmenkombinationen können dann zur Optimierung des Instrumentaleinsatzes dienen.

Kern des Forschungsprojektes ist die Schätzung von Marktanteilselastizitäten der Marketing-Instrumente relevanter Wettbewerber eines Marktes und die Aufdeckung von Wettbewerbseffekten (Marktanteilsgewinnen und -verlusten) über die Zeit. Aggregierte Scannerdaten bilden die notwendige Datengrundlage, um schließlich auf Basis eines Marktanteilsmodells vom Attraktionstyp eine Schätzung der Eigeneffekte der Marketingmaßnah-

---

* Lehrstuhlinhaber: Prof. Dr. Lutz Hildebrandt

men einer Marke und der Kreuzeffekte zwischen den Marken im Wettbewerb durchzuführen. Die entstehende Parametermatrix kann in eine Matrix von Elastizitäten überführt werden, die allerdings äußerst komplex ist, da sie gleichzeitig die Wettbewerbswirkungen der Instrumente zwischen den Wettbewerbern und über die Zeit abbildet. Zur Interpretation ist deshalb eine Faktorisierung der Matrix der Elastizitäten notwendig, um die vorhandenen Einzelinformationen zu verdichten und die ökonomischen Effekte (Gewinne und Verluste) zu berechnen. Zur Anwendung kommen Verfahren der dreimodalen Datenanalyse, wobei neben rein explorativen Verfahren auch Ansätze verwendet werden, die es ermöglichen, Vorinformationen über typische Marktreaktionen und Wettbewerbsbeziehungen als Restriktionen mit in die Analyse einzubeziehen. Das entwickelte System stellt ein Steuerungsinstrument für die Durchführung von Preis- und Promotionsmaßnahmen im Handel dar. Die notwendigen Analysemodule wurden in GAUSS implementiert.

2 Die Messung der Wettbewerbsbeziehungen mit aggregierten Scannerdaten

Im Rahmen der Wettbewerbsanalyse mit aggregierten Scannerdaten stellt die Schätzung und die Prognose der Reaktion des Umsatzes oder Marktanteils beim Einsatz des Marketing-Mix einen zentralen Aspekt dar. Die Modellierung des Wettbewerbs (insbesondere auf Konsumgütermärkten) unterstellt asymmetrische Wettbewerbsbeziehungen (siehe hierzu auch [Bla96]). Asymmetrien im Wettbewerb besagen, daß bei einem Paar von Marken die relative gegenseitige Wirkung der Marketing-Instrumente zwischen den Wettbewerbern unterschiedlich sein kann. Das bedeutet bspw. für das Instrument Preis, daß eine temporäre Preissenkung bei Marke A zu stärkeren oder schwächeren Wettbewerbswirkungen (z. B. Umsatz- oder Marktanteilsänderungen) bei Marke B führen kann als im umgekehrten Fall Preissenkungen der Marke B die Wettbewerbsstellung der Marke A betreffen [Car88]. Die wesentlichen Ursachen für Asymmetrien im Wettbewerb sind spezifische Eigenschaften, die einzelne Marken gegenüber den Aktionen der Wettbewerber besonders schützen oder aber besonders angreifbar machen und der periodisch differentielle Einsatz der Marketing-Instrumente.

Die Modellierung asymmetrischer Wettbewerbsbeziehungen erfolgt innerhalb der Modellklasse der Marktanteilsmodelle (vgl. hierzu die Ansätze von Carpenter, Cooper, Hanssens und Midgley [Car88]; Cooper, Klapper und Inoue [Coo96]; Foekens, Leeflang und Wittink [Foe88]; Vanden Abeele, Gijsbrechts und Vanhuele [Van88]). Das vorliegende Forschungsprojekt greift auf den Modellansatz von Carpenter, Cooper, Hanssens und Midgley (im folgenden mit CCHM-Modell bezeichnet) zurück.

Das CCHM-Modell basiert auf einer zweistufigen Schätzung eines sog. vollständig erweiterten Kreuzeffektmodell [McG77]. Der erste Schritt der Analyse umfaßt die Schätzung eines differentiellen Effektmodells, in welchem jede Marke über einen eigenen Wirkungskoeffizienten der Marketing-Instrumente verfügen kann. Auf der Grundlage einer Residuenanalyse werden potentielle Kreuzeffekte identifiziert, die anhand eines erweiterten Modells empirisch zu überprüfen sind. Alle potentiellen Kreuzeffekte, die bei der Residuenanalyse keinen signifikanten Einfluß haben, setzt man im erweiterten Kreuzeffektmodell auf Null und schätzt erneut. Das CCHM-Modell stellt sich mathematisch wie folgt dar:

$$s_{it} = \frac{A_{it}}{\sum_{j=1}^{m} A_{jt}} \tag{1}$$

$$A_{it} = \exp(\alpha_i + \varepsilon_{it}) \prod_{k=1}^{K} \left[f_{kt}(X_{kit}) \right]^{\beta_{ki}} \prod_{(k^*j^*) \in C_i} \left[f_{kt}(X_{k^*j^*t}) \right]^{\beta_{k^*ij^*}} \tag{2}$$

mit

s_{it} = Marktanteil der Marke i in Periode t

A_{it} = Attraktion der Marke i in Periode t

X_{kjt} = Ausprägung des k - ten Instruments der Marke j in Periode t

$f_{kt}(\cdot)$ = Monotone Transformationsfunktion des k - ten Instruments in Periode t

α_i = Zeitkonstante Attraktion der Marke i

β_{ki} = Differentieller Effekt des k - ten Instruments der Marke i

$\beta_{k^*ij^*}$ = Kreuzeffekt des Instruments k^* der Marke j^* auf die Attraktion der Marke i

ε_{it} = Stochastische Störgröße der Marke i in Periode t

C_i = Menge potentieller Kreuzeffekte

m = Anzahl der Marken

K = Anzahl der Marketing - Instrumente

Die Modellparameter aus Gleichung 2 können schließlich zur Ableitung von Marktanteilselastizitäten über die Zeit verwendet werden. Die Elastizitäten quantifizieren die Wettbewerbsbeziehungen der Marken in den spezifischen Analysewochen, die jeweils für bestimmte Wettbewerbssituationen stehen. Die Berechnung der direkten Elastizitäten und Kreuzelastizitäten $x_{ijt}^{(k)}$ für das k-te Marketing-Instrument und die t-te Periode/Woche ergibt sich durch:

$$x_{ijt}^{(k)} = \beta_{ki} v_{ijt}^{(k)} - \sum_{i'=1}^{m} s_{i't} \beta_{ki'} v_{i'jt}^{(k)} + \sum_{(kj^*) \in C_i} \beta_{kij^*} v_{j^*jt}^{(k)} - \sum_{i'=1}^{m} s_{i't} \sum_{(kj') \in C_i} \beta_{ki'j'} v_{j'jt}^{(k)} \tag{3}$$

$$v_{ijt}^{(k)} = \frac{\partial f_{kt}(X_{kit})}{\partial X_{kjt}} \cdot \frac{X_{kjt}}{f_{kt}(X_{kit})} \tag{4}$$

Die in Gleichung 4 beschriebene Transformation ist notwendig, um die im CCHM-Modell in Gleichung 2 durchgeführte - und auch notwendige - Variablentransformation, für die Berechnung der Elastizitäten herauszurechnen.

3 Die Analyse der Wettbewerbsbeziehungen

Die Elastizitäten repräsentieren alle Wettbewerbsbeziehungen zwischen den Marken über einen vorgegebenen Analysezeitraum. Allerdings entziehen sich die Elastizitäten einer direkten Interpretation. Bei m Marken und T Analysewochen liefert das CCHM-Modell insgesamt $m^2 \times T$ direkte Elastizitäten und Kreuzelastizitäten für jedes Marketing-Instrument. Die durch die Elastizitäten erfaßten Wettbewerbssituationen bilden einen dreidimensionalen Datenkörper, wobei die Dimensionen durch unterschiedliche Modalitäten charakterisiert sind. Eine Scheibe des Datenkörpers enthält die direkten Effekte und Kreuzeffekte der Marken einer bestimmten Wettbewerbssituation, wobei die Zeilen der Matrix die Verwundbarkeiten und die Spalten die Stärken der Marken definieren. Die Lagen sind durch die Modalität der Wochen bzw. Wettbewerbssituationen charakterisiert.

Die Interpretation der Elastizitäten ist ohne eine Verdichtung des Datenkörpers auf die relevanten Kerninformationen nicht zu bewerkstelligen. Aufgrund der dreidimensionalen aber auch dreimodalen Struktur des Datenkörpers können Verfahren zur Analyse von dreimodalen Daten herangezogen werden (siehe hierzu Hildebrandt und Klapper [Hil94]). Eine Möglichkeit beitet z. B. das von Cooper [Coo88] in seinen Marketing-Mix-Analysen verwendete Tucker3-Modell [Tuc66]. Das Tucker3-Modell hat die folgende Grundstruktur:

$$x_{ijt} = \sum_{p=1}^{P} \sum_{q=1}^{Q} \sum_{r=1}^{R} a_{ip} b_{jq} c_{tr} g_{pqr} + e_{ijt} \tag{5}$$

mit $i = 1,\dots,I$, $j = 1,\dots,J$ und $t = 1,\dots,T$. In Matrixschreibweise mit $\mathbf{X}$ als $(I \times TQ)$-dimensionale Supermatrix der direkten Elastizitäten und Kreuzelastizitäten aller Wochen/Wettbewerbssituationen und $\otimes$ als Kroneckerprodukt stellt sich das Tucker3-Modell wie folgt dar:

$$\mathbf{X} = \mathbf{AG}(\mathbf{C'} \otimes \mathbf{B'}) + \mathbf{E}. \tag{6}$$

Die Koeffizienten a_{ip}, b_{jq} und c_{tr} sind Elemente der $(I \times P)$-, $(J \times Q)$- und $(T \times R)$-dimensionalen Komponentenmatrizen $\mathbf{A}$, $\mathbf{B}$ und $\mathbf{C}$. g_{pqr} ist ein Element der sogenannten Kernmatrix $\mathbf{G}$, wobei $\mathbf{G}$ selbst eine dreimodale und dreidimensionale Datenmatrix ist. Die Kernmatrix enthält die Informationen darüber, wie die einzelnen Komponenten der Matrizen $\mathbf{A}$, $\mathbf{B}$ und $\mathbf{C}$ miteinander verknüpft sind. Die Dimension der Kernmatrix $\mathbf{G}$ ergibt sich entsprechend über die Anzahl der Komponenten der Modi A, B, und C. e_{ijt} ist eine Element der $(I \times TQ)$-dimensionalen Fehlermatrix, welche die Abweichung bei der Anpassung von x_{ijt} durch die drei Komponentenmatrizen und die Kernmatrix angibt, wenn $P < I$, $Q < J$ und $R < T$. Die Matrix $\mathbf{A}$ enthält die P Komponenten, welche die Basisinformationen über die Verwundbarkeit der Marken zusammenfassen. Ähnliche Komponentenladungen von Marken in einer Komponente der Matrix $\mathbf{A}$ belegen, daß die Marken einem vergleichbaren Wettbewerbsdruck ausgesetzt sind. Die Matrix $\mathbf{B}$ enthält alle die Informationen über die relevanten Dimensionen in bezug auf die Wettbewerbsstärken der Marken. Jene Marken, die einen vergleichbaren Wettbewerbsdruck auf den Umsatz oder den Marktanteil der Wettbewerber ausüben, formen die sogenannten Stärkekomponenten der Matrix $\mathbf{B}$.

Von besonderem Interesse ist jedoch die Komponentenmatrix **C**. Die einzelnen Spalten dieser Matrix korrespondieren mit charakteristischen Wettbewerbsbedingungen. Die Matrix **C** repräsentiert jene Wochen in einer Wettbewerbskomponente, welche sich in dem Einsatz des Marketing-Instrumentariums ähneln und eine vergleichbare Wirkung auf die Elastizitätenstruktur haben. So ist es denkbar, daß die Wochen, in denen der Marktführer eine Aktion durchführt, eine Komponente der Matrix **C** bilden. Eine Spalte der Matrix wird also deutlich von Null abweichende Werte für die Wochen aufweisen, die charakteristisch für diese Komponente und dominierend in dem analysierten Markt sind.

Die Schätzung der Parametermatrizen **A**, **B** und **C** und der Kernmatrix **G** kann mit dem TUCKALS3-Algorithmus nach Kroonenberg und de Leeuw [Kro80] erfolgen, welcher die euklidische Distanz zwischen den Inputdaten und den auf der Basis der Parameterschätzungen approximierten Daten minimiert.

Neben der Interpretation der Modellergebnisse ist es außerdem möglich, die Stärken und Schwächen der Marken für spezifische Wettbewerbsbedingungen zu berechnen und zu visualisieren. Grundlage dieser Überlegungen ist, daß die r-te Komponente der Matrix **C** und die r-te Scheibe der dreimodalen Kernmatrix mit genau einer der R Wettbewerbsbedingungen korrespondieren. Die Kernmatrixscheibe $\mathbf{G}_r$ mißt den Zusammenhang von Stärken und Verwundbarkeiten der Marken für die r-te Wettbewerbsdimension. Auf der Basis einer Singulärwertzerlegung der Kernmatrixscheibe $\mathbf{G}_r$ und der anschließenden Gewichtung der Komponentenmatrizen **A** und **B** mit den linken bzw. rechten Singulärvektoren und der Quadratwurzel der Singulärwerte können sogenannte Joint-Plot-Koordinatenmatrizen $\tilde{\mathbf{A}}_r$ und $\tilde{\mathbf{B}}_r$ für die Elemente der Modi A und B für die r-te Komponente der Matrix **C** (r-te Wettbewerbsbedingung) berechnet werden:

$$\mathbf{IP}_r = \mathbf{AG}_r\mathbf{B}' = \mathbf{A}(\mathbf{U}_r\Lambda_r\mathbf{V}_r')\mathbf{B}'$$

$$= \left(\frac{I}{J}\right)^{\frac{1}{4}}\left(\mathbf{AU}_r\Lambda_r^{\frac{1}{2}}\right)\cdot\left(\frac{J}{I}\right)^{\frac{1}{4}}\left(\mathbf{BV}_r\Lambda_r^{\frac{1}{2}}\right)' = \tilde{\mathbf{A}}_r\tilde{\mathbf{B}}_r \tag{7}$$

$$\tilde{\mathbf{A}}_r = \left(\frac{I}{J}\right)^{\frac{1}{4}}\left(\mathbf{AU}_r\Lambda_r^{\frac{1}{2}}\right) \tag{8}$$

$$\tilde{\mathbf{B}}_r = \left(\frac{J}{I}\right)^{\frac{1}{4}}\left(\mathbf{BV}_r\Lambda_r^{\frac{1}{2}}\right) \tag{9}$$

$\tilde{\mathbf{A}}_r$ und $\tilde{\mathbf{B}}_r$ sind dann die Koordinatenmatrizen der idealisierten Elastizitäten, wobei $\tilde{\mathbf{A}}_r$ die Verwundbarkeit der Marken und $\tilde{\mathbf{B}}_r$ die Stärke der Marken in der r-ten Wettbewerbsbedingung darstellen. Die Matrix $\mathbf{IP}_r$ wird in diesem Zusammenhang als Matrix der inneren Produkte bezeichnet. Sie enthält die Information der Joint Plot-Koordinatenmatrizen in Skalarproduktform. Im Rahmen der Analyse von Elastizitätenmatrizen sind die inneren Produkte

IP_r Prototyp-Elastizitäten für spezifische Wettbewerbsdimensionen, die damit die Interaktionen der Marken für bestimmte Marktgegebenheiten quantifizieren. Im allgemeinen ist es möglich, die Informationen in einem zwei- oder dreidimensionalen Raum adäquat, d. h. ohne größeren Informationsverlust zu repräsentieren.

Die real zu erwartenden Elastizitäten bzw. die idealisierten Elastizitäten für eine Woche oder einen Verbund von Wochen berechnen sich über die Summe der mit den entsprechenden Elementen der Matrix **C** gewichteten inneren Produkte [Tuc63]:

$$\mathbf{X}_{t^*} = \sum_{r=1}^{R} c_{t^*r} \mathbf{IP}_r \tag{10}$$

IP_r sind dabei die idealisierten Elastizitäten der Wettbewerbssituation t^* [Coo88]. Die relativ komplexe Information der Matrix kann man jetzt mit Hilfe der Technik des Biplots veranschaulichen. Dazu wird die Matrix der idealisierten Elastizitäten in ihre Basisstruktur zerlegt und mit den Singulärvektoren und der Quadratwurzel der Singulärwerte gewichtet:

$$\mathbf{X}_{t^*} = \mathbf{U} \Lambda \mathbf{V}' \tag{11}$$

$$\mathbf{A}_{t^*} = \mathbf{U}_s \Lambda_s^{\frac{1}{2}} \tag{12}$$

$$\mathbf{B}_{t^*} = \mathbf{V}_s \Lambda_s^{\frac{1}{2}} \tag{13}$$

$\mathbf{A}_{t^*}$ und $\mathbf{B}_{t^*}$ sind dann die Koordinatenmatrizen der idealisierten Elastizitäten, wobei $\mathbf{A}_{t^*}$ die Verwundbarkeit der Marken und $\mathbf{B}_{t^*}$ die Stärke der Marken in der Wettbewerbssituation/Woche t^* darstellen. Der Index s soll zum Ausdruck bringen, daß nur die ersten s-Komponenten - zumeist zwei oder drei - zur Repräsentation der idealisierten Elastizitäten in einem Wettbewerbsraum verwendet werden. Die ideal zu erwartenden Marktanteile einer Wettbewerbsbedingung bzw. einer spezifischen Wettbewerbssituation berechnen sich über die Normalisierung der mit den Komponentenladungen der Matrix **C** gewichteten und real beobachteten Marktanteile.

Die bis hierher dargestellte rein explorative Vorgehensweise der Marktstrukturanalyse ist besonders dann zweckmäßig, wenn das Marketing-Management keine fundierten Kenntnisse über die Kerndeterminanten des Wettbewerbs bzw. die Stärken und Schwächen der Wettbewerbsbeziehungen zwischen konkurrierenden Marken hat. Auf der Basis der Tukker3-Lösung erlauben die Techniken der Joint-Plots, der inneren Produkte und der idealisierten Elastizitäten eine umfassende Bewertung der Wettbewerbsbeziehungen. Über die explorative Vorgehensweise hinaus ist es jedoch vorteilhaft, a priori festgelegte Wettbewerbsbedingungen zu analysieren und für diese benutzerdefinierten Wettbewerbszenarien idealisierte Elastizitäten und Marktanteile zu prognostizieren (vgl. hierzu auch Hildebrandt und Klapper [Hil96].

Benutzerdefinierte Marktstrukturanalysen sind insbesondere dann einzusetzen, wenn die Wettbewerbskomponenten (festgehalten in Komponentenmatrix **C**) schwierig zu interpretieren sind oder wenn entscheidungsrelevante Wettbewerbsdimensionen nicht mit der explorativen Analyse zu identifizieren sind. Hierzu werden auf der Basis des real beobachteten Marketing-Instrumentaleinsatzes Wettbewerbsszenarien definiert, die die fundierte Analyse der Wettbewerbsinteraktionen zwischen zwei oder mehr Marken erlauben. Mögliche Wettbewerbsszenarien der Marken A und B wären - bezogen bspw. auf das Marketing-Instrument Preis - die Aktionen „Preisreduktion Marke A, regulärer Preis Marke B", „Preisreduktion Marke B, regulärer Preis Marke A", „Preisreduktionen Marke A und Marke B" sowie „reguläre Preise bei den Marken A und B".

Die Analyse der benutzerdefinierten Wettbewerbsszenarien erfolgt innerhalb des Constrained TUCKALS3-Modellansatzes. Constrained TUCKALS3 basiert auf einer Modifikation des TUCKALS3-Schätzalgorithmus, wobei in diesem Fall die Komponentenmatrix C mit einer linearen Gleichheitsbedingung geschätzt wird, so daß die Struktur der Wettbewerbskomponente dem a priori definierten Marktszenarium entspricht. Die methodische Ableitung des Schätzalgorithmus kann in Klapper [Kla98] eingesehen werden.

4 Anwendungsbeispiel

Die Potentiale der Marktstrukturanalyse sollen am Beispiel von Scannerdaten aus dem Körperpflegebereich verdeutlicht werden. Insgesamt umfassen die verfügbaren Scannerdaten 104 Wochen eines großen Verbrauchermarktes. Sie enthalten Informationen zu den Abverkäufen und dem Marketing-Instrumentaleinsatz (Preis, Display, Handzettel) von neun Marken (M1, ... , M9). Aufgrund der hohen Korrelation der Instrumente Display und Handzettel sind die beiden Instrumente als voneinander eigenständige Aktionen aufgeschlüsselt, so daß die Aktionen „Display-Aktion ohne Handzettel-Aktion", „Handzettel-Aktion ohne Display-Aktion" und „Display-Aktion zusammen mit einer Handzettel-Aktion (bezeichnet als Promotion-Aktion)" in die Analyse eingehen.

Die Modellkalibrierung des CCHM-Modells erfolgt auf der Grundlage der ersten 78 Wochen. Es wird ein Kreuzeffektmodell mit 45 potentiellen Kreuzeffekten (15 Preis, 16 Display, 14 Promotion) geschätzt. Das endgültige CCHM-Modell zeigt mit einer erklärten Varianz von 83.80 Prozent ($F_{530}^{158} = 17.34$) eine sehr gute Anpassung des Modells an die Daten. Die Kreuzvalidierungskorrelation zwischen den beobachteten und den geschätzten Marktanteilen der neun Marken für die „frischen" 26 Wochen beträgt 0.928. Die geschätzten Modellparameter bilden die Grundlage zur Berechnung von Marktanteilselastizitäten nach Gleichung 3.

Das Anwendungsbeispiel konzentriert sich auf Preiselastizitäten, wobei im folgenden ausschließlich die Wettbewerbsbeziehungen der Marke M3 und M4 analysiert werden sollen, die Marken desselben Herstellers sind und welcher die beiden Marken in 12 von 78 analysierten Wochen gemeinsam zu reduzierten Preisen anbietet. Für das Management der Marken stellt sich damit unmittelbar die Frage nach der Effizienz der gewählten Preis-Promotionstrategie, wobei die Effizienz im Hinblick auf die Wettbewerbskräfte der beiden Marken sowie in bezug auf mögliche Kannibalisierungseffekte zwischen den Marken und die Realisierung von Marktanteilszielen zu beurteilen ist. Im Zentrum der folgenden Analysen stehen folgerichtig die Interaktionsbeziehungen der Marken M3 und M4 bei alleinigen und bei gemeinsamen Preisaktionen. Auf der Basis der real beobachteten Preisaktionen der beiden Marken lassen sich die Wettbewerbsszenarien „Preisaktion Marke M3 ohne gleichzeitige Preisaktion der Marke M4", „Preisaktion Marke M4 ohne gleichzeitige Preisaktion der Marke M3", „gemeinsame Preisaktionen der Marken M3 und M4" definieren. Die Wochen mit regulären Preisen bilden schließlich die fünfte Wettbewerbsbedingung.

	M3 im Angebot		*M4 im Angebot*		*M3 & M4 im Angebot*		*reguläre Preise*	
	M3	M4	M3	M4	M3	M4	M3	M4
M3	-2.48	.48	-4.33	1.55	-3.76	1.43	-5.34	.80
M4	.98	-2.97	.34	-2.18	1.02	-2.89	.55	-3.18

Tabelle 1: Idealisierte Marktanteilselastizitäten der Marken M3 und M4

Das Constrained TUCKALS3-Modell erklärt mit je fünf Komponenten in den Modi A, B, und C 72.74 Prozent der Varianz in den Daten. Tabelle 1 zeigt die geschätzten Elastizitäten der Marken M3 und M4 für die definierten Wettbewerbsbedingungen. Die Diagonalelemente geben die direkten Effekte an, die Nicht-Diagonalelemente spezifizieren die Wechselwirkung zwischen M3 und M4. Die Analyse der Wettbewerbsbedingung „M3 im Angebot" verdeutlicht, daß die direkten Effekte der beiden Marken annähernd gleich bedeutend sind. Die Kreuzeffekte verdeutlichen einen mehr als doppelt so starken Einfluß von M3 auf M4 als von M4 auf M3. Der Vergleich mit der Wettbewerbsbedingung „M4 im Angebot" wiederum zeigt, daß jetzt die Wirkungsrichtungen invertiert sind. Die Preisaktion der Marke M4 wirkt jetzt auf den Marktanteil der Marke M3, wobei der von Marke M4 ausgeübte Wettbewerbsdruck auf M3 sehr viel stärker ist als der von M3 auf M4. Die direkte Elastizität der Marke M3 mit dem Wert von -4.33 verdeutlicht zusätzlich, daß der Marktanteil von M3 sehr preissensitiv ist, d. h. bereits kleine Preiserhöhungen können in dieser Wettbewerbsbedingung massive Marktanteilsverluste bewirken. In der Wettbewerbsbedingung „M3 und M4 im Angebot" weisen beide Marken hohe direkte idealisierte Preiselastizitäten auf. Die Marken sind in dieser Wettbewerbsbedingung sehr preissensitiv. Die Kreuzelastizitäten zwischen den beiden Marken verdeutlichen wiederum, daß die gemeinsame Preisaktion der beiden Marken sehr stark das Marktpotential des parallel beworbenen Produktes angreift, wobei die Wirkung von M4 auf M3 stärker ist als von M3 auf M4.

	M3 im Angebot	*M4 im Angebot*	*M3 & M4 im Angebot*	*reguläre Preise*
M3	33.40	1.81	13.68	4.45
M4	6.64	33.99	21.74	8.85
Σ	40.04	35.80	35.42	13.30

Tabelle 2: Idealisierte Marktanteile der Marken M3 und M4

Die dargelegten Befunde werden durch die Schätzungen der idealisierten Marktanteile für die diskutierten Wettbewerbsbedingungen untermauert. Es zeigt sich, daß die Marken M3 und M4 - falls sie ohne den jeweiligen Konkurrenten zu reduzierten Preisen im Angebot sind - hohe Marktanteile realisieren können, die wesentlich höher sind als in der Wettbewerbsbedingung regulärer Preise. Falls jedoch beide Marken gemeinsam eine Preisaktion durchführen, können sie ihr Marktpotential nicht voll ausschöpfen. Im Sinne der Maximierung des gemeinsamen Marktanteils ist - zumindest bei einer kurzfristigen Betrachtungsweise - eine Preisaktion bei Marke M3 und ein regulärer Preis bei Marke M4 vorzuziehen.

5 Zusammenfassung

Die vorgestellte Wettbewerbsstrukturanalyse auf der Grundlage von aggregierten Scannerdaten stellt einen Ansatz dar, um die Wettbewerbsbeziehungen auf (Konsumgüter-) Märkten zu analysieren und einer Bewertung durch das Marketing-Management zugänglich zu machen. Ausgangspunkt der Analyse sind Scannerdaten die den Dateninput für die Schätzung von asymmetrischen Marktanteilsmodellen bilden und die Quantifizierung der Wettbewerbsbeziehungen durch Marktanteilselastizitäten über die Zeit erlauben. Der anschließende Einsatz von datenreduzierenden Verfahren der dreimodalen Datenanalyse ermöglicht eine differenzierte Bewertung der Marktstrukturen der analysierten Marken. Den methodischen Kern dieser Analyse bildet der Constrained TUCKALS3-Modellansatz.

6 Literatur

[Bla95]   Blattberg, Robert C., Briesch, Richard & Edward J. Fox. (1995), "How promotions work," *Marketing Science*, 14, Part 2 of 2, G122-G132.

[Car88]   Carpenter, Greg S., Cooper, Lee G., Hanssens, Dominique M. & David F. Midgley (1988), "Modeling asymmetric competition," *Marketing Science*, 7 (Fall), 393-412.

[Coo88]   Cooper, Lee G. (1988), "Competitive maps: The structure underlying asymmetric cross elasticities," *Management Science*, 34 (June), 707-723.

[Coo96]   Cooper, Lee G., Klapper, Daniel & Akihiro Inoue (1996), "Competitive-component analysis: A new approach to calibrating asymmetric market-share models," *Journal of Marketing Research*, 33 (May), 224-238.

[Foe88]   Foekens, Eijte W., Leeflang, Peter S. H. & Dick R. Wittink (1988), "Asymmetric market share modeling with many competitive items using market level scanner data". Research momorandum, No. 471, Institute of Economic Research, Faculty of Economics, University of Groningen.

[Hil94]   Hildebrandt, Lutz & Daniel Klapper (1994), "The analysis of three-way three-mode data: A program based on GAUSS". in *SoftStat'93: Advances in Statistical Software 4*, Faulbaum, Frank, ed., Stuttgart: Gustav Fischer, 527-534.

[Hil96]   Hildebrandt, Lutz & Daniel Klapper (1996), "Incorporating prior knowledge into the analysis of competitive market structure". Marketing Studies Center, John E. Anderson Graduate School of Management, UCLA, Working Paper No. 260, April.

[Kla98]   Klapper, Daniel (1998), *Die Analyse von Wettbewerbsbeziehungen mit Scannerdaten*. Heidelberg: Physica.

[Kro80]   Kroonenberg, Pieter M. & Jan de Leeuw (1980), "Principal component analysis of three-mode data by means of alternating least squares algorithms," *Psychometrika*, 45 (March), 69-97.

[McG77]   McGuire, Timothy W., Weiss, Doyle L. & Frank S. Houston (1977), "Consistent multiplicative market share models," in *Contemporary marketing thought*, B. A. Greenberg & D. N. Bellinger, eds., Chicago: American Marketing Association, 129-134.

[Tuc66]   Tucker, Ledyard R. (1966), "Some mathematical notes on three mode factor analysis," *Psychometrika*, 31 (September), 279-311.

[Tuc63]   Tucker, Ledyard R. & Samuel Messick (1963), "An individual differences model for multidimensional scaling," *Psychometrika*, 28 (December), 333-367.

[Van88]   Vanden Abeele, Piet, Gijsbrechts, Els & Mark Vanhuele 1988, "Specification and empirical evaluation of a cluster-asymmetry market share model," *International Journal of Research in Marketing*, 7, 223-247.

Markteintrittsstudien mit mikroökonometrischen Modellen

Joachim Grammig, Reinhard Hujer
Lehrstuhl für Statistik und Ökonometrie (Empirische Wirtschaftsforschung)*
Johann Wolfgang Goethe-Universität Frankfurt

Zusammenfassung

Der Beitrag stellt eine Methode vor, mit der im Rahmen eines Full-Profile Designs und auf der Basis von mikroökonometrischen Modellen Markteintrittsstudien durchgeführt werden können. Mit diesen Ansätzen werden die Produkt-Wahlwahrscheinlichkeit und die Produktmengen-Entscheidung mit Schwellenwert-Ansätzen modelliert. Dadurch wird das Problem der Conjoint-Analyse gelöst, geschätzte Konsumenten-Präferenzen in entscheidungsrelevante Größen, wie z. B. Absatzvolumina zu transformieren.

Stichworte: Markteintrittsstudie, Mikroökonometrie, Conjoint Analyse, Tobit-Modell, Pharmabranche

1   Einleitung

Eine der zentralen Aufgaben strategischer Unternehmensplanung ist es, im Rahmen von Markteintrittsstudien Erfolgschancen von Produkt-Innovationen abzuschätzen. Hierzu werden experimentelle Designs von Produktprofilen entwickelt, die von Befragungspersonen zu bewerten sind. Für diese Problemstellung ist die Conjoint (Measurement) Methode zu einem Standard-Tool der Marktforschung geworden. Die Conjoint-Methode ist jedoch lediglich dafür geeignet, Präferenzen für oder Nutzenwerte von neuen Produkten zu modellieren. Konsumentenpräferenzen sind jedoch nur eine – und nicht die für eine Produkt-Einführung am meisten interessierende – Dimension des Konsumentenverhaltens. Theoretische Ansätze zur Erklärung des Konsumentenverhaltens gehen davon aus, daß unbeobachtbare Konsumentenpräferenzen einen Schwellenwert übersteigen müssen, um als tatsächliche Kaufakte für den Marktforscher beobachtbar zu werden. Ein Schwellenwert-Modell ist jedoch kein integraler Bestandteil des traditionellen Conjoint-Ansatzes.

In neueren Studien wird versucht, diese Beschränkung des Conjoint-Ansatzes durch die Verwendung von mikroökonometrischen Modellen aufzuheben. Hujer et al. [Huj96] haben ein Tobit-Modell (s. [Ame85], [Ron91]) auf der Basis eines Full-Profile-Designs zur Prognose der Marktchancen eines pharmazeutischen Produkts eingesetzt. Grammig und Hujer [Gra97b] haben mit der Verwendung eines Generalized Tobit-Modells [Zab93] Konsu-

---

* Lehrstuhlinhaber: Prof. Dr. Reinhard Hujer

menten-Präferenzen, Produktwahl-Wahrscheinlichkeiten und Produktmengen-Entscheidung simultan modelliert.

In diesem Beitrag stellen wir die Methode vor, mit Tobit- und Generalized Tobit-Modellen in Verbindung mit einem Full Profile Design Konsumentenentscheidungen für neu einzuführende Produkte zu modellieren. Am Beispiel der Markteinführungsstudie aus dem Beitrag von Hujer et al. (1996) [Huj96] verdeutlichen wir das praktische Vorgehen.

2 Aufbau des Studiendesigns und ökonometrische Modellierung

2.1 Profile vs. Revealed Preference-Ansatz und Fragebogen-Layout

Für die ökonometrische Modellierung des Konsumentenverhaltens können grundsätzlich zwei Ansätze unterschieden werden, die für unterschiedliche Fragestellungen geeignet sind. Auf der Basis von Daten, die mit Scannerkassen oder Konsumenten-Aufzeichnungen über tatsächliche Kaufakte erhoben werden, können detaillierte Marktsegmentierungs-Analysen durchgeführt werden, da die Datenbasis bereits Informationen über den zeitlichen und räumlichen Kontext des Kaufakts (Scannerdaten) und/oder demographische Informationen über den Konsumenten (Haushaltspanel) enthält. Da die empirische Analyse auf der Basis tatsächlichen Konsumentenverhaltens durchgeführt wird, bezeichnen wir dieses Vorgehen als Revealed Preference-Ansatz.

Neuere Studien im Rahmen des Revealed Preference Ansatzes, in denen mikroökonometrische Modelle eingesetzt werden, sind von Gupta et al. [Gup96] und Grammig et al. [Gra97a] vorgelegt worden. Für Markteintrittstudien im Rahmen einer Produkt-Neueinführung ist der Revealed Preference-Ansatz jedoch mit Nachteilen verbunden: Zum Zeitpunkt des Produktdesigns und der Festlegung der Preisstrategie für Produktinnovationen sind Informationen über den **aktuellen** Markt wenig hilfreich, wenn das neue Produkt in seinen wichtigen Eigenschaften von bereits eingeführten Produkten entscheidend abweicht.

Mit dem Profile-Ansatz können diese Nachteile vermieden werden, da hier den Befragungspersonen eine Reihe von Produktprofilen zur Bewertung vorgelegt werden, die in ihrer Kombination von Eigenschafts-Ausprägungen noch nicht im Markt vorhanden sein müssen. Hierzu sind zunächst die a priori wichtigsten Eigenschaften und Eigenschaftsausprägungen festzulegen, wobei Marktkenntnis und Hypothesen zur Bedeutung von Produkteigenschaften einfließen (faktorielles Design). Nach der Konstruktion des faktoriellen Designs wird die Menge der möglichen Alternativen auf ein orthogonales Array reduziert (reduziertes Design). Die hierzu notwendigen Algorithmen sind in Software-Paketen wie SAS oder SPSS enthalten.

In der Standard-Conjoint-Analyse sind die Profile des reduzierten Designs von den Befragten entweder in eine ordinale Rangfolge zu bringen oder auf einer Präferenzskala zu bewerten. Die Präferenzwerte oder Rangordnungen sind dann die Datenbasis für die empirische Analyse. Bei der Verwendung von (Generalized) Tobit-Modellen geht man bis zur

Erstellung des reduzierten Designs identisch vor. Bei der Datenerhebung ist jedoch ein anderes Fragebogendesign zu wählen (siehe folgende Abbildung 1).

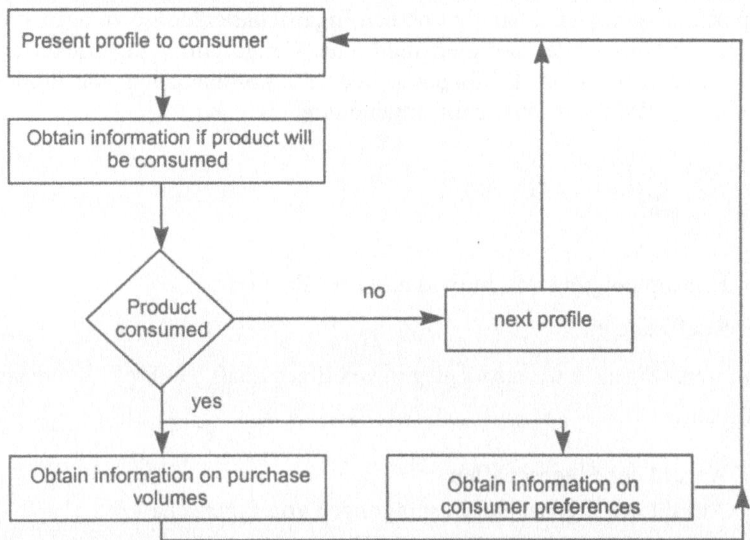

Abbildung 1: Filterführung im Fragebogen für mikroökonometrische Modelle [Gra97b]

Abbildung 1 zeigt, daß für den (Generalized) Tobit-Ansatz qualitative Informationen (Wahl des Produkts ja/nein) und quantitative Informationen (Produktmenge) und Präferenzwerte für die gewählten Produkte erfragt werden. Ein ökonometrisches Modell zur Verarbeitung dieser Datenstruktur wird im folgenden Abschnitt vorgestellt.

2.2 Tobit- und Generalized Tobit-Modelle im Profile-Ansatz

Im Rahmen des Revealed Preference-Ansatzes werden ökonometrische Wahlwahrscheinlichkeits-Modelle (z. B. Multinomiale Logit-Modelle) in der Praxis angewendet und in der neueren Literatur weiterentwickelt ([Chi91], [Chi92], [Chi94], [Elr95]). Ein Wahlwahrscheinlichkeits-Modell beruht auf der Annahme, daß ein Individuum unter den angebotenen Produkten **eines** wählt, das mit seiner Kombination von Eigenschaftsausprägungen den größten Nutzen liefert.

Im Rahmen des Profile-Ansatzes ist diese Annahme nicht sinnvoll: Den Befragungspersonen werden im reduzierten Design eine Reihe von Produktprofilen präsentiert. Dabei ist es nicht zwingend, daß der Befragte sich für nur ein Produkt entscheiden muß. Eine Befragungsperson wird sich für kein, eine andere für mehrere Produktprofile entscheiden. Auch wird sich die gewünschte Produktmenge für einen Befragten von Profil zu Profil unterscheiden. Dies bleibt in Wahlwahrscheinlichkeits-Modellen jedoch unberücksichtigt.

Um diese Besonderheiten im ökonometrischen Ansatz zu berücksichtigen, kann man wie folgt vorgehen (siehe [Huj96], [Gra97b]): Wir bezeichnen mit V_{ik}^* eine latente Variable, mit der die Neigung einer Befragungsperson i zum Konsum von Produktprofil k gemessen wird. Diese Konsumneigung ist abhängig von den Eigenschaften des jeweiligen Profils und einer individuellen Komponente. Definiert man eine Menge von J Eigenschaften mit jeweils M_j Ausprägungen, so kann der folgende lineare Zusammenhang von Produkteigenschaften und individueller Konsumneigung angenommen werden:

$$V_{ik}^* = \alpha_0 + \sum_{j=1}^{J} \sum_{m=1}^{M_j-1} \alpha_{jm} x_{jm} + \varepsilon_{ik} \tag{1}$$

V_{ik}^* Konsumneigung von Individuum i für Profil k

α_0, α_{jm}: Koeffizienten

$$x_{jm} = \begin{cases} 1, & \text{wenn Eigenschaftsausprägung m von Eigenschaft } j \text{ in Profil } k \text{ vorhanden ist} \\ 0 & \text{sonst} \end{cases}$$

J Anzahl der Eigenschaften

M_j Anzahl der Eigenschaftsausprägungen von Eigenschaft j

ε_{ik}:   Heterogenitätskomponente

Die latente Konsumneigung V_{ik}^* und die angegebene Produktmenge V_{ik} werden durch ein Schwellenwertmodell miteinander verknüpft:

$$V_{ik} = V_{ik}^* \text{ wenn } V_{ik}^* > C$$
$$V_{ik} = 0 \quad \text{wenn } V_{ik}^* \le C \tag{2}$$

Um die Parameter-Identifikation zu gewährleisten wird, setzen wir $C = 0$. Nimmt man für die Heterogenitätskomponente eine Normalverteilung mit $\varepsilon_{ik} \sim N(0, \sigma^2)$ an und definiert $\mu_k = \alpha_0 + \sum_{j=1}^{J} \sum_{m=1}^{M_j-1} \alpha_{jm} x_{jm}$, so erhält man die folgende Tobit-Likelihood-Funktion für N Individuen, die K Profile bewerten:

$$L = \prod_{i=1}^{N} \prod_{k=1}^{K} \left(\Phi(-\mu_k \cdot \sigma^{-1}) \right)^{1-Y_{ik}} \cdot \left(\sigma^{-1} \cdot \phi((V_{ik} - \mu_k) \cdot \sigma^{-1}) \right)^{Y_{ik}} \tag{3}$$

Y_{ik} ist eine 0-1 (Dummy-) Variable, die gleich Eins ist, wenn Profil k von Individuum i akzeptiert wird, d.h. die Produktmenge größer als Null angegeben wird. $\Phi(\cdot)$ bezeichnet die Verteilungsfunktion und $\phi(\cdot)$ die Dichtefunktion der Standard-Normalverteilung. Die für Individuum i erwartete Produktmenge von Profil k ergibt sich aus:

$$E(V_{ik}) = (\mu_k) \cdot \Phi(\mu_k \cdot \sigma^{-1}) + \sigma\varphi(\mu_k \cdot \sigma^{-1}) \tag{4}$$

Die Wahl des Tobit-Modells impliziert, daß die Wahrscheinlichkeit dafür, daß Profil k von Individuum i gewählt wird, $P(V_{ik}^* > 0) = \Phi(\mu_k \cdot \sigma^{-1})$, und die erwartete Produktmenge, $E(V_{ik})$, von denselben erklärenden Variablen und demselben Parametervektor abhängig sind. Die qualitative Produktwahl- und die quantitative Produktmengen-Entscheidung sind im Tobit-Modell daher eng miteinander verknüpft.

Für bestimmte Fragestellungen kann dies nicht gerechtfertigt werden: Produkteigenschaften, die ein Individuum veranlassen, ein Produkt überhaupt zu wählen, können für die Entscheidung über die Produktmenge ein anderes Gewicht haben. So kann ein Produkt als Statussymbol (z. B. Mobiltelefon) gekauft werden. Die konsumierte Menge (telefonierte Einheiten) kann jedoch gering sein. Ein anderes Beispiel ist das Verschreibungsverhalten eines Arztes, der ein Medikament mit wünschenswerten Eigenschaften und einem hohen Preis zwar verschreibt, dies jedoch nur in einigen, besonders gravierenden Fällen und nicht für alle betroffenen Patienten tut.

Um das Auseinanderfallen von Produktwahl und Produktmenge zu modellieren, kann man wie folgt vorgehen: Wir definieren einen latenten Index D_{ik}^*, mit dem die Neigung eines Individuums i gemessen wird, Produkt k zu wählen. Diese Neigung ist abhängig von der Kombination der Eigenschaftsausprägungen, unbekannten Parametern $\alpha_{0D}, \alpha_{jmD}$ und einer Heterogenitätskomponente ε_{ikD}.

$$D_{ik}^* = \alpha_{0D} + \sum_{j=1}^{J} \sum_{m=1}^{M_j-1} \alpha_{jmD} x_{jm} + \varepsilon_{ikD} \tag{5}$$

Zur Notation in Gleichung (5) vgl. die Erläuterungen von Gleichung (1). Eine zweite Gleichung beschreibt die Neigung eines Individuums, ein bestimmtes Volumen von Profil k zu konsumieren (V_{ik}^*). Wiederum ist V_{ik}^* von einem Vektor von unbekannten Parametern, den Eigenschaftsausprägungen von Profil k und einer Heterogenitätskomponente ε_{ikV} abhängig:

$$V_{ik}^* = \alpha_{0V} + \sum_{j=1}^{J} \sum_{m=1}^{M_j-1} \alpha_{jmV} x_{jm} + \varepsilon_{ikV} \tag{6}$$

Die dritte latente Variable beschreibt den Präferenzwert, den Individuum i Profil k zuordnet:

$$U_{ik}^* = \alpha_{0U} + \sum_{j=1}^{J} \sum_{m=1}^{M_j-1} \alpha_{jmU} x_{jm} + \varepsilon_{ikU} \tag{7}$$

Die Zensierungsregeln, mit der die latenten Variablen D_{ik}^*, V_{ik}^*, U_{ik}^* und ihre beobachtbaren Ausprägungen D_{ik} - eine Dummy-Variable, die den Wert eins annimmt, wenn Produktpro-

617

fil k von Individuum i gewählt wird und ansonsten gleich Null ist -, V_{ik} - die angegebene Produktmenge- und U_{ik} - der angegebene Präferenzwert- verknüpft werden, lauten wie folgt:

$$
\begin{aligned}
D_{ik} \quad &= 1 \text{ wenn } D_{ik}^* > C_A \\
&= 0 \text{ sonst} \\
V_{ik} \quad &= V_{ik}^* \text{ wenn } D_{ik}^* > C_B \\
&= 0 \text{ sonst} \\
U_{ik} \quad &= U_{ik}^* \text{ wenn } D_{ik}^* > C_C \\
&= 0 \text{ sonst.}
\end{aligned}
\tag{8}
$$

Wir nehmen an, daß der Vektor von Zufallsvariablen $\varepsilon_{ik} = \left(\varepsilon_{ikD}, \varepsilon_{ikV}, \varepsilon_{ikU} \right)'$ gemeinsam normalverteilt ist , ε_{ik} , $\sim N(0,\Sigma)$, mit

$$
\Sigma = \begin{bmatrix}
1 & \sigma_{DV} & \sigma_{D,U} \\
\sigma_{D,V} & \sigma_V^2 & \sigma_{V,U} \\
\sigma_{D,U} & \sigma_{V,U} & \sigma_U^2
\end{bmatrix}
\tag{9}
$$

Um die Parameter-Identifikation zu gewährleisten, setzen wir $C_A = C_B = C_C = 0$ und erhalten die folgende Log-Likelihood-Funktion einer Stichprobe von N Individuen, die K Produktprofile zu bewerten hatten:

$$log\,L(\theta) = \sum_{i=1}^{N}\sum_{k=1}^{K}\Big\{ \log\big[1-\Phi(\mu_{Dk})\big]\cdot\big(1-D_{ik}\big)+$$

$$\log\left[\Phi\!\left(\frac{\mu_{VK}-E\big(\widetilde{\varepsilon}_{Dik}\big)}{Var\big(\widetilde{\varepsilon}_{Dik}\big)}\right)\cdot\frac{1}{\sigma_V\sigma_U}\,\phi_{BV}\big[V_{ik}-\mu_{Vk},U_{ik}-\mu_{Uk},\rho_{V,U}\big]\right]\cdot D_{ik}\Big\}$$

mit

$$\mu_{Dk} = \alpha_{0D}+\sum_{j=1}^{J}\sum_{m=1}^{M_{J-1}}\alpha_{jmD}\,x_{jm}$$

$$\mu_{Vk} = \alpha_{0V}+\sum_{j=1}^{J}\sum_{m=1}^{M_{J-1}}\alpha_{jmV}\,x_{jm}$$

$$\mu_{Uk} = \alpha_{0U}+\sum_{j=1}^{J}\sum_{m=1}^{M_{J-1}}\alpha_{jmU}\,x_{jm}$$

$$\theta = \big(\alpha_{0D},\alpha_{0U},\alpha_{0V},\alpha_{11D},...,\alpha_{11V},...,\alpha_{11U},...,\sigma_V,\sigma_U,\rho_{DV},\rho_{DU},\rho_{UV}\big),$$

$$\rho_{D,V}=\frac{\sigma_{D,V}}{\sigma_D\sigma_V},\,\rho_{D,U}=\frac{\sigma_{D,U}}{\sigma_D\sigma_U},\,\rho_{V,U}=\frac{\sigma_{V,U}}{\sigma_V\sigma_U},$$

$$\widetilde{\varepsilon}_{ik1} = \left[\varepsilon_{Dik}\middle/\left(\begin{array}{l}\varepsilon_{Vik}=V_{ik}-\mu_{Vk}\\[4pt]\varepsilon_{Uik}=U_{ik}-\mu_{Uk}\end{array}\right)\right]$$

$$E\big(\widetilde{\varepsilon}_{Dik}\big)=\frac{1}{\sigma_{\varepsilon_V}^2\cdot\sigma_{\varepsilon_U}^2-\sigma_{V,U}}\Big(\big(V_{ik}-\mu_{Dk}\big)\big(\sigma_U^2\sigma_{D,V}-\sigma_{D,U}\sigma_{D,V}\big)$$

$$+\big(U_{ik}^{*}-\mu_{Uk}-z_{i2}'\pi_2\big)\big(\sigma_V^2\sigma_{D,U}-\sigma_{V,U}\sigma_{D,U}\big)\Big)$$

$$Var\big(\widetilde{\varepsilon}_{Dik}\big)=1-\frac{1}{\sigma_V^2\cdot\sigma_U^2-\sigma_{V,U}}\big(\sigma_U^2\sigma_{D,V}-\sigma_{D,U}\sigma_{D,V}\big)\sigma_{D,V}$$

$$+\big(\sigma_V^2\sigma_{D,U}-\sigma_{V,U}\sigma_{D,V}\big)\sigma_{D,U}. \tag{10}$$

$\phi_{BV}(\ )$ bezeichnet die Dichtefunktion der bivariaten Standardnormalverteilung. Die Maximierung von $\log L(\theta)$ ergibt Schätzer für den Parameter Vektor θ aus (10). Bildet man den Erwartungswert für die von Individuum i gewählte Produktmenge von Profil k, erhält man

$$E\big(V_{ik}\big)=\mu_{Vk}\cdot\Phi\big(\mu_{Dk}\big)+\sigma_{D,V}\phi\big(\mu_{Dk}\big) \tag{11}$$

Im Vergleich mit Gleichung (5) wird deutlich, daß in Gleichung (11) sowohl die Parameter für die qualitative Entscheidung, das Produkt überhaupt zu wählen (über μ_{Dk}) als auch die

Parameter für die quantitative Entscheidung (über μ_{v_k}) den Erwartungswert der Produktmenge bestimmen.

3 Anwendung eines Tobit-Modells in einer Markteinführungs-Studie

Die praktische Anwendung eines Tobit-Modells gemäß den Gleichungen (1) - (5) in einem Profile-Ansatz ist [Huj96] entnommen (eine Anwendung des Generalized Tobit-Modells findet sich in [Gra97b]). Diese Arbeit befaßt sich mit einer Markteintrittsstudie für ein neues Arthrose-Präparat, das im Vergleich zu bestehenden Präparaten einen zusätzlichen Knorpelschutz sicherstellt. Mit der Frage nach dem optimalen Preis des Medikaments war insbesondere die Frage verbunden, inwieweit der Zusatznutzen durch den Knorpelschutz ceteris paribus zu einer höheren Akzeptanz bei den verschreibenden Ärtzten, d.h. zu einer größere Patientenreichweite und einem höheren Absatzvolumen führt. Das faktorielle Design der Studie ist in Tabelle 1 enthalten (Zu Details der Konstruktion des faktoriellen Designs vgl. [Huj96] und [Gra97b]. Auf Wunsch des Herstellers wurde das Design anonymisiert.).

Präparat zur Behandlung von Arthrosen. Dosierungshäufigkeit 2x2 Tabletten am Tag	
Eigenschaften	**Eigenschaftsausprägungen**
Wirksamkeit	• entzündungshemmend wie Vergleichssubstanz • weniger entzündungshemmend als Vergleichssubstanz
Schutz vor Knorpelschäden	• stark ausgeprägt • nicht vorhanden
Nebenwirkungen wie allergische Hautreaktionen, Juckreiz	• weniger als andere vergleichbare Präparate • wie andere vergleichbare Präparate • mehr als andere vergleichbare Präparate
Tagestherapiekosten (Preis)	• DM 1,83 • DM 4,47 • DM 5,88 • DM 8,00
Hersteller	• Stellapharma • Lunapharma • N.N.

Tabelle 1: Faktorielles Design der Fallstudie [Huj96]

Produktprofile sind Kombinationen von Eigenschaftsausprägungen aus Tabelle 1. Mit den in Abschnitt 2.1 genannten Methoden wurden 20 Produktprofile ausgewählt, die von 124

Ärzten nach den Kategorien „Verordnung - nein" bzw. „Verordnung ja, und zwar x % meiner Arthrose-Patienten" bewertet wurden.

Eigenschaftsausprägung	Geschätzter α-Parameter	t-Wert
Therapiekosten: 1,83 DM	24,926	6,528
Therapiekosten: 4,47 DM	10,597	2,659
Therapiekosten: 8,00 DM	-9,162	-2,100
Knorpelschutz: vorhanden	27,513	9,154
Nebenwirkungen: weniger als Referenzprodukt	10,251	3,174
Nebenwirkungen: mehr als vergleichbare Präp.	-13,735	-3,437
Wirksamkeit: wie Vergleichsprodukt	13,540	4,533
Hersteller: Stellapharma	-1,1683	-0,335
Hersteller: Lunapharma	-4,2434	-1,049
Verordnungsneigung für das Referenzprodukt (Preis 2,50 DM, kein Knorpelschutz, weniger wirksam als Vergleichssubstanz, Nebenwirkungen wie vergleichbares Präparat, Hersteller: N.N.)	-31,663	5,169

Tabelle 2: Schätzergebnisse Tobit-Spezifikation [Huj96]

Die angegebene Zahl der Arthrose-Patienten, denen der Arzt i ein Medikament des Profils k verschreiben würde, ist die abhängige Variable im Tobit-Modell, V_{ik} (vgl. Gleichung 2).

Die Ergebnisse des Tobit-Modells, das auf dieser Datenbasis geschätzt wurde, ist in Tabelle 2 enthalten.

Die relativen Bedeutungen der Eigenschaften - eine für die Produktpositionierung wichtige Information - sind in Tabelle 3 zusammengefaßt.

Eigenschaften	Relative Bedeutung der Eigenschaften in %
Wirksamkeit	13,12
Schutz vor Knorpelschäden	26,67
Nebenwirkungen	23,25
Tagestherapiekosten	33,04
Hersteller	3,92

Tabelle 3: Relative Bedeutung der Eigenschaften im Tobit-Modell [Huj96]

Verfügt man über eine externe Hochrechnung über die Grundgesamtheit der Arthrose-Patienten, so kann man mit Gleichung (4) eine Prognose des Absatzvolumens für alternative Produktprofile simulieren. Wir betrachten in Abbildung 2 zwei Produktprofile mit den konstanten Eigenschaften: Hersteller: *Stellapharma*, Wirksamkeit: *wie Vergleichsprodukt*, Nebenwirkungen: *wie vergleichbare Präparate* einmal mit und einmal ohne Knorpelschutz. Wir erhalten dann den in Abbildung 2 aufgezeigten Zusammenhang von Tagestherapiekosten und Verordnungspotential

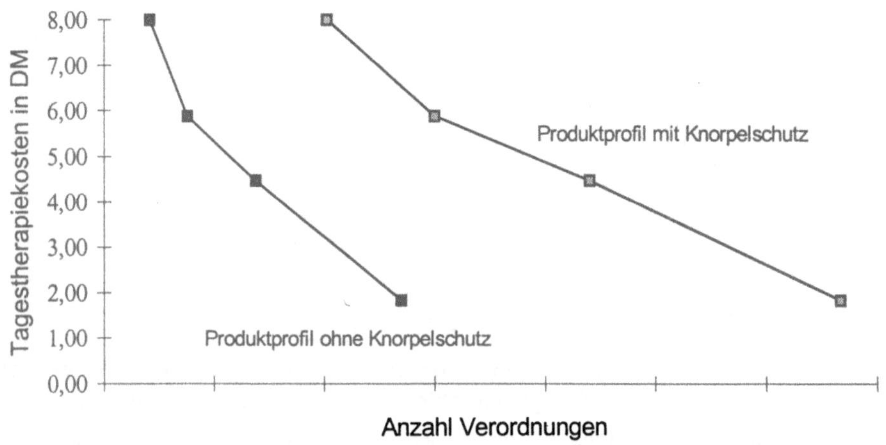

Abbildung 2: Verordnungspotential für Produktprofile mit und ohne Knorpelschutz in Abhängigkeit von den Tagestherapiekosten, berechnet aus Tobit-Modell [Huj96]

4 Zusammenfassung

Mit diesem Beitrag wird gezeigt, wie mit mikroökonometrischen Modellen die Restriktionen der Conjoint-Analyse im Full-Profile-Design aufgehoben werden können. In den vorgestellten (Generalized) Tobit Ansätzen werden die Produkt-Wahlwahrscheinlichkeit und die Mengen-Entscheidung mit Hilfe von Schwellenwert-Ansätzen modelliert. Dadurch wird das Problem der Conjoint-Analyse gelöst, geschätzte Konsumenten-Präferenzen in entscheidungsrelevante Größen, wie z. B. Absatzvolumina zu transformieren. Dabei wird im Grundmodell angenommen, daß die Ja/Nein-Wahlentscheidung für ein Produkt und die Volumen-Entscheidung vom gleichen Parametervektor abhängig und damit eng verknüpft sind. Ein im Beitrag ebenfalls dargestelles, verallgemeinertes Modell hebt diese Restriktion auf. Die Schätzung der Parameter dieses Generalized Tobit-Modells bedingt jedoch eine aufwendigere Evaluation der Log-Likelihood-Funktion.

5 Literatur

[Ame85]   Amemiya, T. (1985): Advanced Econometrics. Oxford.

[Chi91]   Chintagunta, P.; Dipak, Jain, C.; Vilcassim, N. (1991): Investigating Heterogeneity in Brand Preferences in Logit Models for Panel Data. In: Journal of Marketing Research, Vol.28, November 1991, S. 417-428.

[Chi92]   Chintagunta, P. (1992): Estimating a Multinomial Probit Model of Brand Choice Using the Method of Simulated Moments. In: Marketing Science, Vol. 11, No. 4, S. 386-407.

[Chi94]   Chintagunta, P. (1994): Heterogeneous Logit Model Implications for Brand Positioning. In: Journal of Marketing Research, Vol. XXXI, S. 304-311.

[Elr95]   Elrod, T.; Keane, M. (1995): A Factor-Analytic Probit Model for Representing the Market Structure in Panel Data. In: Journal of Marketing Research, Vol. XXXII, 1-16.

[Gra97a]   Grammig J., Hujer R., Löwenbein, O. (1997a): Mikroökonometrische Modellierung der Markenwahl bei diskontinuierlichem Kaufverhalten. Erscheint in: Allgemeines Statistisches Archiv

[Gra97b]   Grammig J. Hujer, R. (1997b): Modelling Consumer Behaviour in a Profile Design Using a Three Equation Generalised Tobit-Model. Arbeitspapier. Frankfurter Volkswirtschaftliche Diskussionsbeiträge Nr. 76.

[Gru91]   Gruca, T.; Sudharshan D. (1991): Equilibrium Characteristics of Multinomial Logit Market Share Models. In: Journal of Marketing Research, Vol.XXVIII, November 1991,.480-482

[Gup96]   Gupta, S., Chintagunta P., Kaul, A., Wittink R. (1996): Do Household Scanner Data Provide Representative Inferences From Brand Choices: A Comparison With Store Data. In: Journal of Marketing Research, Nr. 4, Vol. 33, 383-398

[Huj96]   Hujer, R., Grammig, J., Fryns, H., Herterich, R. (1996): Preisfindung und optimale Marketingstrategien für neue pharmazeutische Produkte. In: Schmalenbachs Zeitschrift für betriebswirtschaftliche Forschung, Heft 3.

[Ron91]   Ronning, G. (1991): Mikroökonometrie. Springer Verlag Heidelberg.

[Zab93]   Zabel, J. (1993): The Relationship between Hours of Work and Labor Force Participation in Four Models of Labor Supply Behaviour. In: Journal of Labor Economics, Vol. 11, No. 2, 387-416.

Bayesianische dynamische Modelle als moderne Nachfolger exponentieller Glättungsmodelle

Ulrich Küsters

Lehrstuhl für Statistik und Quantitative Methoden*

Katholische Universität Eichstätt

Zusammenfassung

Ein in der Praxis häufig auftretendes Problem der Absatzplanung betrifft die Modifikation von Prognosen durch den Planer aufgrund subjektiv bewerteter Informationen. Die meisten Prognoseverfahren wie z.B. Regressionsmodelle oder exponentielle Glättungsverfahren bieten keine Möglichkeit, solche subjektiv bewerteten Informationen oder Erfahrungswerte in das Prognosemodell zu integrieren. Diese Möglichkeit besteht in Bayesianischen dynamischen Modellen. Weitere Vorteile dieser Modelle sind die statistisch einwandfreie Verarbeitung fehlender Werte, die Möglichkeit zur Erstellung von Anfangsprognosen vor Markteintritt eines Produktes sowie eine Bewertung des mit einer Prognose eines Neuproduktes verbundenen Risikos.

Stichworte: Bayesianisches dynamisches Modell, Frühwarnsysteme, Komponentenmodelle, Neuproduktprognosen, Risikobewertung, Subjektiv bewertete Informationen.

1 Problemstellung

Bayesianische dynamische Modelle ([Har76], [Pol94], [Wes97]) stellen eine logische Erweiterung von exponentiellen Glättungsmodellen dar, bei denen Zeitreihen in Komponenten wie Mittelwert, Trend, Saison, Zyklus usw. zerlegt werden, deren Werte mit der Zeit variieren. Bayesianische Modelle weisen im Vergleich zu den in der Praxis weit verbreiteten exponentiellen Glättungsmodellen folgende Vorzüge auf, die vor allem für die Absatzplanung bedeutend sind:

- Kalendereffekte, Strukturbrüche und Wirkungsvariablen können mit Hilfe von Regressoren modelliert werden.

- Sicheres und unsicheres Wissen über zukünftige Ereignisse wie der Markteintritt von Konkurrenten oder Produktionsengpässe werden mit Hilfe subjektiv bewerteter Interventionen in die Prognose eingebettet. Diese Methodik erlaubt auch die sinnvolle Erstellung von Anfangsprognosen für neue Produkte, indem a priori Informationen aus

---

* Lehrstuhlinhaber: Prof. Dr. Ulrich Küsters

verschiedenen Informationsquellen (z.B. Saisonfiguren der Produktlinie) miteinander kombiniert werden [Wes89].

- Systematische Prognosefehler und Erhöhungen des mit den Prognosen verbundenen Risikos können diagnostiziert werden, so daß sich Bayesianische dynamische Modelle als Frühwarnsystem eignen.

- Fehlende Werte, die z.B. aufgrund von Erhebungsfehlern etc. auftreten, können völlig unproblematisch verarbeitet werden.

- Mit Hilfe der retrospektiven Filterung kann man die Wirksamkeit von Maßnahmen auch ex post beurteilen, also z.B. Werbewirksamkeitsanalysen erstellen.

- Bayesianische dynamische Modelle sind als Komponentenmodelle so einfach zu interpretieren wie exponentielle Glättungsmodelle. Nachteilig ist allerdings die bislang geringe Verbreitung Bayesianischer Ideen [Bay63], die subjektiven Bewertungen (z.B. durch den Absatzplaner) einen viel größeren Raum als klassische statistische Prognoseverfahren einräumen. Ebenso liegen bisher nur relativ wenige, wenn auch vielversprechende praktische betriebswirtschaftliche Erfahrungen im Bereich der Absatzplanung vor.

Das Projekt 'Bayesianische dynamische Modelle' [Küs96] adressiert u.a. die folgenden Probleme:

- Berücksichtigung von Reallokationseffekten, wie sie vor Preiserhöhungen oder bei Lieferschwierigkeiten auftreten [Wu93].

- Entwicklung und Implementation von Methoden zur Berechnung von Initialisierungsparametern, ohne die man ein Prognoseverfahren nicht automatisieren kann. Für diesen Zweck wurden sogenannte 'weak priors' entwickelt, die mit minimalen Informationen über die zu prognostizierende Größe auskommen [Küs97].

- Erweiterung des Bayesianischen Modells zur Berücksichtigung von nichtlinearen Autokorrelationseffekten, die bei reinen Komponentenmodellen immer wieder auftreten. Dazu muß noch eine Reihe von nichtlinearen Bayes-Methoden implementiert und praktisch getestet werden.

- Betriebswirtschaftlich begründete Methoden und Regeln zur Integration von subjektiv bewerteten Informationen über Markt- und Umfeldveränderungen.

- Betriebswirtschaftlich sinnvolle Strategien zur Verknüpfung von Prognosen und Prior-Informationen in Produkthierarchien.

Einige Probleme wurden bereits gelöst; andere Themen wie insbesondere die Umsetzung von a-priori-Informationen in statistische Modellinformationen müssen noch in Zusammenarbeit mit einem Partner aus Industrie oder Handel gelöst werden.

2 Literatur

[Ame85]   Ameen, J.R.M. und P.J. Harrison (1985): Normal discount bayesian models. *Bayesian Statistics*, 271-298.

[Bay63]   Bayes, T. (1763): Essays towards solving a problem in the doctrine of chances. *Philosophical transactions*, London, 370-417. Nochmals abgedruckt in: *Biometrika*, 1958, 293-315.

[Har76]   Harrison, P.J. und C.F. Stevens (1976): Bayesian forecasting. *Journal of the Royal Statistical Society, Series B*, 205-247.

[Küs96]   Küsters, U. (1996): *Subjektive Interventionen und Prozeßänderungsdiagnostik in bayesianischen Prognosemodellen*. Verlag Druckhaus Kastner, Wolnzach.

[Küs97]   Küsters, U. (1997): *A Short Note on Weak Priors in Bayesian Dynamic Linear Models*. Diskussionsbeiträge der Katholischen Universität Eichstätt, Wirtschaftswissenschaftliche Fakultät Ingolstadt, Nr. 84, ISSN 0938-2712.

[Pol89]   Pole, A. und M. West (1989): Reference analysis of the dynamic linear model. *Journal of Time Series Analysis*, 131-147.

[Pol94]   Pole, A., M. West und J. Harrison (1994): *Applied Bayesian Forecasting and Time Series Analysis*. New York.

[Wes89]   West, M. und J. Harrison (1989): Subjective Intervention in Formal Models. *Journal of Forecasting*, 33-53.

[Wes97]   West, M. und J. Harrison (1997): *Bayesian Forecasting and Dynamic Models*. New York.

[Wu93]   Wu, L.S.-Y., J.R.M. Hosking und N. Ravishanker (1993): Reallocation outliers in time series. *Applied Statistics*, 301-313.

Automatische Modellselektion in SARIMAX-Modellen

Ulrich Küsters, Jens Peter Steffen
Lehrstuhl für Statistik und Quantitative Methoden*
Katholische Universität Eichstätt

Zusammenfassung

Im Marketing wie in der Absatz- und Produktionsplanung ist die Erstellung von Prognosen
für Produkte und Produkthierarchien sowie die Simulation von Szenarien unter verschiedenen Konstellationen des Einsatzes von Werbemitteln und des Verhaltens von Mitbewerbern
ein zentrales Problem. Bei der Auswahl eines geeigneten Prognosemodells treten eine Reihe von Entscheidungsproblemen auf, die in der Regel nur von ausgebildeten Statistikern
oder von mit statistischen Methoden vertrauten Betriebswirten gelöst werden können. In
dem hier vorgestellten Forschungsprojekt wird eine Methodik entwickelt, mit deren Hilfe
aus einer sehr leistungsfähigen Klasse von Prognosemodellen, den sogenannten SARI-
MAX-Modellen, mit Hilfe einer automatischen Modellselektionsstrategie geeignete Modelle ausgewählt werden.

Stichworte: Absatzprognosen, Ausreißerdiagnostik, Automatische Modellselektion, Box-
Jenkins-Modelle, Kalendereffekte, SARIMAX-Modelle, Transferfunktionen, Werbedruck-
analyse, Zeitreihenanalyse

1   Problemstellung

SARIMAX-Modelle stellen eine flexible Verallgemeinerung von Box-Jenkins-Modellen
dar, die aufgrund einer Reihe von praktischen Problemen in der Absatzplanung bisher
kaum angewandt wurden. Auf der anderen Seite weist diese Modellklasse aber eine Reihe
von Vorzügen auf. SARIMAX-Modelle erlauben

- eine extrem flexible Modellierung von verschiedenartigen Datengenerierungsprozessen
  auf der Basis von kurz- und langfristigen Gedächtniseffekten,

- die Berücksichtigung von Interventionen wie Streiks, Gesetzesänderungen etc.,

- die Einbettung von Kalendereffekten, zu denen z.B. bewegliche Feiertage wie Ostern
  und Pfingsten gehören,

---

* Lehrstuhlinhaber: Prof. Dr. Ulrich Küsters

- die Berücksichtigung von unabhängigen Variablen wie Werbedruckindikatoren und Indizes zur Bewertung von Mitbewerberaktivitäten sowie

- die Einbettung von Ausreißerdiagnoseroutinen zur Diagnose von vielfältigen singulären und permanenten, aber wegen ihrer Nichtvorhersehbarkeit nicht a priori modellierbaren Effekten und bilden somit

- die Grundlage für ein statistisch begründetes Frühwarnsystem für unvorhergesehene Ereignisse.

Demgegenüber stehen

- eine hohe modelltheoretische Komplexität, die de facto nur hochqualifizierte Statistiker und Datenanalytiker befähigt, sauber formulierte und präzise prognostizierende Modelle zu entwickeln,

- ein hoher Zeitaufwand bei der Modellselektion, da adäquate Modelle individuell entwickelt werden müssen,

- unzureichende Erfahrungen bei der Anwendung dieser Modelle insbesondere im Rahmen der Prognostik in multiplen Produkthierarchien,

- ein hoher Schwierigkeitsgrad der numerisch stabilen Implementation der Verfahren sowie

- ein hoher Rechenaufwand, ein Faktor, der mit zunehmender Leistungsfähigkeit von Rechnern aber immer mehr an Bedeutung verliert.

Diese Gründe reichten bisher aus, um eine weite Verbreitung dieser Modelle im Rahmen der Absatzplanung zu verhindern. Bei einer durchgängigen Automatisierung von SARIMAX-Modellen würde aber ein Großteil dieser Probleme eliminiert. Dementsprechend adressiert das Projekt die folgenden Probleme, deren Lösung zu einer vollständigen Automatisierung führt:

- Verfahren und Analysestrategien zur Bestimmung des Integrationsgrades mit Hilfe von saisonalen [Osb92] und nicht-saisonalen Unit-Root-Tests [Dic86].

- Verfahren zur Bestimmung der Ordnung des SARMA-Polynoms mit Hilfe von Informationskriterien wie AIC [Aka73] und SBC [Sch78] und sequentiellen Suchverfahren wie die Methode von Hannan und Rissanen [Han82].

- Parametrisierungstechniken zur Repräsentation von festen und beweglichen Kalendereffekten, Tageseffekten und Sonderereignissen wie Handelsbörsen.

- Entwicklung und Implementation von Suchverfahren zur Bestimmung der Signifikanz und Gedächtnislänge (Lag-Länge) von exogenen Variablen wie Werbeaufwendungen mit Hilfe kombinierter Vorwärts- und Rückwärtssuchverfahren wie der Methode von Wolstenholme und Nelder [Wol86].

- Automatische Ausreißerdiagnostik zur Diagnose von additiven Ausreißern, innovativen Ausreißern, transienten Übergängen, saisonalen Pulsen, Reallokationsausreißern, Mittelwertverschiebungen und Trendänderungen ([Küs95], [Küs96]).

- Techniken zur automatischen Evaluation der Prognosegenauigkeit in Verbindung mit der Selektion 'prognoseoptimaler' Modelle aus einem Modell-Portfolio.

Bisher wurde etwa die Hälfte dieser Probleme operativ gelöst. Für die Evaluation der Prognosegenauigkeit wird ein Kooperationspartner aus der Konsumgüterindustrie gesucht.

2 Literatur

[Aka73]   Akaike, H. (1973): Maximum likelihood identification of Gaussian autoregressive moving average models. *Biometrika*, 60, 255-265.

[Dic86]   Dickey, David A., William R.Bell und Robert B. Miller (1986): Unit Roots in Time Series Models: Tests and Implications. *The American Statistician*, 40, 12-26.

[Han82]   Hannan, E.J. und J. Rissanen (1982): Recursive estimation of mixed autoregressive-moving average order. *Biometrika*, 69, 81-94.

[Küs95]   Küsters, U., U. Scharffenberger und J.P. Steffen (1995): Outlier Diagnostics in ARMAX Models. In: Faulbaum, F. und W. Bandilla (Hrsg.): *SoftStat'95: Advances in Statistical Software 5*, Stuttgart, Lucius & Lucius Verlag. 569-579.

[Küs96]   Küsters, U. und J.P. Steffen (1996): *Outlier Recognition Time Paths in SARIMAX Models: A Case Study*. Diskussionsbeiträge der Katholischen Universität Eichstätt, Wirtschaftswissenschaftliche Fakultät Ingolstadt, Nr. 72, ISSN 0938-2712.

[Osb92]   Osborne, Denise R., A.P.L. Chui, Jeremy P. Smith, and C.R. Birchenhall (1992): Seasonality and the Order of Integration for Consumption. In: Hylleberg, S. (Hrsg.): *Modelling Seasonality*, Oxford, Oxford University Press. 449-466.

[Sch78]   Schwarz, G. (1978): Estimating the dimension of a model. *The Annals of Statistics*, 6, 461-464.

[Wol86]   Wolstenholme, D.E. und J.A. Nelder (1986): A front end for GLIM. In: Haux, R. (Hrsg.): *Expert Systems in Statistics*, Stuttgart, New York, Gustav Fischer Verlag. 155-177.

Prognose des Werbeerfolgs von Mail-Order-Aktionen

Gerald Musiol
Fachgebiet Statistik und Empirische Wirtschaftsforschung*
Universität Osnabrück

Zusammenfassung

Um den Erfolg einer Mail-Order-Aktion zu maximieren bzw. den Gewinn der Aktion prognostizieren zu können, werden häufig Pretests eingesetzt. In diesem Beitrag wird eine Prozedur beschrieben, die es ermöglicht, profitable Kunden zu selektieren. Anschließend werden mit dem Reklassifikationsverfahren und dem Validierungsverfahren zwei Methoden zur Gewinnprognose diskutiert.

Stichworte: Kundenselektion, Kategorielle Regression, Prognose, Pretest

1 Problemstellung

Die entscheidende Voraussetzung für eine Erfolgskontrolle stellt im Direktmarketing die zweiseitige Kommunikation zwischen dem Anbieter eines Produktes und dem Umworbenen dar. Jede einzelne Aktion kann über den Response, der sich in der Anforderung weiterer Informationen oder in Form von Bestellungen ausdrückt, direkt gemessen werden. Vor der eigentlichen Hauptaussendung bietet es sich bei Mail-Order-Aktionen an, einen Pretest durchzuführen. Dabei werden die Werbemittel an eine repräsentative Teststichprobe , aller zur Verfügung stehenden Adressen geschickt. Aus dem Responseverhalten dieser Personen lassen sich wichtige Informationen gewinnen, die dazu eingesetzt werden können, den Erfolg der Hauptaussendung zu erhöhen bzw. den Gewinn zu prognostizieren.

2 Selektion profitabler Kunden

Nach Abschluß des Pretests kann ermittelt werden, welche Kunden eine Bestellung aufgegeben haben und welche nicht. Diese Zweiteilung stellt einen wichtigen Informationsgewinn dar, da das Unternehmen nun untersuchen kann, ob und anhand welcher Variablen deutliche Strukturunterschiede zwischen Käufern und Nichtkäufern auftreten. Voraussetzung dafür ist, daß das Unternehmen Informationen über Kunden in einer Kundendatenbank (Database) gespeichert hat.

---

* Lehrstuhlinhaber: Prof. Dr. Ralf Pauly

Im folgenden wird davon ausgegangen, daß bei der Aktion nur ein Produkt vertrieben wird und auch Mengeneffekte vernachlässigt werden. Seien k_f die Fixkosten des Mailings, k_v die variablen Kosten pro angeschriebener Adresse, db der Deckungsbeitrag pro Produkteinheit und K die Menge der Käufer bzw. $\overline{K}$ die Menge der Nichtkäufer, so läßt sich folgende Gewinnfunktion in Abhängigkeit von den selektierten Zieladressen S angeben [Bau91]:

$$G(S) = |S \cap K| \cdot db - |S \cap \overline{K}| \cdot k_v - k_f, \tag{1}$$

wobei auf eine Einbeziehung der Fixkosten im folgenden verzichtet wird. $|S \cap K|$ gibt dabei die Anzahl der Käufer an, die durch eine entsprechende Selektionsregel aus dem Datenbestand herausgefiltert worden sind. Entsprechend werden $|S \cap \overline{K}|$ Nichtkäufer selektiert. Für die Hauptaussendung sollen nur Personen selektiert werden, deren (geschätzter) Gewinnerwartungswert positiv ist, d.h.

$$\hat{E}[G|x_i] = \hat{p}_i \cdot db - (1 - \hat{p}_i) \cdot k_v > 0. \tag{2}$$

Dabei bezeichnet $\hat{p}_i$ die (geschätzte) Kaufwahrscheinlichkeit einer Person mit Beobachtungsvektor x_i. In x_i sind die Ausprägungen der Variablen zusammengefaßt, die die Kaufwahrscheinlichkeit beeinflussen (z.B. Alter, Umsatz, Einkommen, Produkt-Präferenzen, Anzahl der Aufträge etc.). Die Kaufwahrscheinlichkeit läßt sich durch kategorielle Regressionsmodelle schätzen [Mus97], d.h. $\hat{p}_i = F(x_i' \hat{\beta})$, wobei der Parametervektor β durch die Maximum-Likelihood Methode geschätzt wird. Die Responsefunktion F sollte eineindeutig und auf das Intervall $(0, 1)$ beschränkt sein.

3 Empirische Resultate

Im Mittelpunkt der Fallstudie steht ein Versandhandelsunternehmen, das im Rahmen einer Mail-Order-Aktion alle Kunden beworben hatte. Da dies jedoch aus betriebswirtschaftlicher Sicht nicht sehr erfolgreich war – das Unternehmen wurde mit einem Verlust von rund 26.000 DM konfrontiert – stellt sich die Frage, ob es ein besseres Ergebnis durch eine vorherige Selektion geeigneter Kunden hätte erzielen können. Für die Beantwortung dieser Frage wird ein Pretest simuliert, dessen Ergebnisse Aufschluß über die in der Hauptaussendung zu selektierenden Personen geben sollte. Zunächst wird eine Zufallsstichprobe (Teststichprobe) vom Umfang $n_T = 2.000$ aus dem Datensatz der abgeschlossenen Mail-Order-Aktion gezogen, bei der insgesamt 104.460 Personen angeschrieben wurden. Für die Selektion werden dabei die folgenden Merkmale betrachtet:

- Alter
- Geschlecht
- Ortsgröße
- Durchschnittlicher Umsatz je Auftrag
- Letztes Kaufdatum

Um die Gruppen der Käufer bzw. Nichtkäufer anhand dieser Merkmale geeignet identifizieren zu können, wird das Modell der logistischen Regression, welches ein spezielles kategorielles Regressionsmodell darstellt, eingesetzt [Mus96]. Dieses Verfahren zielt darauf ab, die Kaufwahrscheinlichkeit für jeden Kunden auf der Basis seiner Merkmalsausprägungen zu schätzen. Dafür werden die Daten aus der Teststichprobe herangezogen. Im Anschluß daran wird ermittelt, wie viele Personen aus der Validierungsstichprobe aufgrund ihrer speziellen Merkmalsausprägungen diesen geschätzten Kaufwahrscheinlichkeiten im einzelnen zugeordnet werden können. Die Validierungsstichprobe setzt sich aus den restlichen N = 102.460 Personen der bereits durchgeführten Mail-Order-Aktion zusammen. Die Selektion der Personen erfolgt unter Einbeziehung der Gewinnfunktion. Dabei seien k_f = 5.000 DM die Fixkosten des Mailings, k_v = 3 DM die variablen Kosten pro angeschriebener Adresse und db = 37,35 DM der Deckungsbeitrag pro Produkteinheit. Nach (2) werden die Personen ausgewählt, deren Erwartungswert positiv ist. In der Validierungsstichprobe sind 2.165 Käufer und 25.109 Nichtkäufer mit positivem Gewinnerwartungswert enthalten, so daß sich der Gewinn der Validierungsstichprobe wie folgt berechnet:

$$G\,(S) = 2.165 \cdot 37.35\ DM - 25.109 \cdot 3\ DM = 5.534{,}74\ DM.$$

Dieser Wert entspricht dem Gewinn der Hauptaussendung, der sich realisiert hätte, falls nur Personen mit positivem Gewinnerwartungswert angeschrieben worden wären. Werden zusätzlich der Gewinn, der sich in der Teststichprobe ergeben hat, sowie die Fixkosten berücksichtigt, so erhält man den Gewinn – unter Anwendung der Selektionsregel (2) – für die gesamte Aktion. Für den betrachteten Datensatz ergibt sich ein Gesamtgewinn von 386,50 DM. Ein im Vorfeld der Mail-Order-Aktion durchgeführter Pretest, durch den die Kaufwahrscheinlichkeiten der Personen, die für die Hauptaussendung zur Verfügung stehen, geschätzt werden, hätte also zu einem deutlich besseren Ergebnis führen können. Eine ausführliche Beschreibung der Vorgehensweise findet sich bei Musiol/Hüntelmann/ Hunscher [Mus96].

Im folgenden Abschnitt werden zwei Verfahren vorgestellt, mit denen sich der Gewinn der Hauptaussendung – auf Basis des Pretests – prognostizieren läßt.

4 Prognostizierter Gewinn

4.1 Reklassifikationsverfahren

Das Reklassifikationsverfahren zur Prognose des Gewinns der Hauptaussendung unterstellt folgende Vorgehensweise:

1. Schätze Parametervektor β durch Test-Stichprobe T.

2. Wende Selektionsregel (2) an und bestimme die Anzahl der selektierten Käufer $|S \cap K_T|$ bzw. Nichtkäufer $|S \cap \overline{K}_T|$ der Teststichprobe T.

3. Prognostiziere Gewinn der Hauptaussendung durch:

$$\hat{G}_R = \frac{N}{n_T} \cdot \left(|S \cap K_T| \cdot db - |S \cap \overline{K}_T| \cdot k_v \right), \tag{3}$$

wobei N die Anzahl der zur Verfügung stehenden Adressen (bzw. Kunden) bezeichnet und n_T den Stichprobenumfang des Pretests angibt.

Wird dieses Verfahren auf das Beispiel aus Abschnitt 3 angewendet, so ergibt sich folgende Situation: Für die Schätzung des Parametervektors stehen n_T = 2.000 Personen zur Verfügung. In der Teststichprobe befinden sich 45 Käufer und 486 Nichtkäufer mit positivem (geschätzten) Gewinnerwartungswert. Daraus ergibt sich ein Gewinn von 222,75 DM. Multipliziert man diesen Wert mit dem Verhältnis N / n_T = 102.460 / 2.000, so ergibt sich eine Gewinnprognose für die Hauptaussendung von 11.411,48 DM, womit der Gewinn von 5.534,74 DM, der sich unter Anwendung von (2) realisiert hätte, stark überschätzt wird.

4.2 Validierungsverfahren

Die Teststichprobe T wird nach Abschluß des Pretests in zwei disjunkte Subpopulationen L und V (mit Stichprobenumfängen n_L und n_V) geteilt. Das Validierungsverfahren ist gekennzeichnet durch folgende Vorgehensweise:

1. Schätze Parametervektor β durch $\hat{\beta}_L$, d.h. für die Schätzung von β wird nur Subpopulation L herangezogen.

2. Schätze Kaufwahrscheinlichkeit für die Personen aus V durch:

$$\hat{p}_i = F(x_i'\hat{\beta}_L), \; i \in V.$$

3. Wende Selektionsregel (2) an und bestimme die Anzahl der selektierten Käufer $|S \cap K_V|$ bzw. Nichtkäufer $|S \cap \overline{K}_V|$ der Subpopulation V.

4. Prognostiziere den Gewinn der Hauptaussendung durch:

$$\hat{G}_V = \frac{N}{n_V} \cdot \left(|S \cap K_V| \cdot db - |S \cap \overline{K}_V| \cdot k_v \right). \tag{4}$$

Es folgt eine Anwendung dieses Verfahrens für das Beispiel aus Abschnitt 3. Die Teststichprobe wird zufällig in zwei disjunkte Mengen vom Umfang n_L = n_V = 1.000 geteilt. Für die Schätzung des Parametervektors stehen daher nur noch 1.000 Personen zu Verfügung. Nach der Schätzung der Kaufwahrscheinlichkeiten kann ermittelt werden, wieviele Personen aus der Subpopulation V einen positiven (geschätzten) Gewinnerwartungswert besitzen. Dies trifft auf 22 Käufer und 246 Nichtkäufer zu. Damit ergibt sich ein Gewinn für die Subpopulation V von 46,35 DM. Wird dieser Wert mit dem Verhältnis N / n_V = 102.460 / 1.000 multipliziert, so erhält man als Gewinnprognose für die Hauptaussendung einen Wert von 4.749,02 DM. Im Gegensatz zum Reklassifikationsverfahren wird durch eine Anwendung des Validierungsverfahrens der Gewinn unterschätzt.

Die Ergebnisse für den Beispieldatensatz entsprechen theoretischen Überlegungen, die sich ergeben, indem die Resultate der Fehlerratenschätzung bei der Diskriminanzanalyse [Gro88, S. 6ff] auf die Prognose des Gewinns übertragen werden:

- Die Differenz $\Delta \hat{G}_{R/V} = \hat{G}_R - \hat{G}_V$ ist i.d.R. positiv.

- $\left| \Delta \hat{G}_{R/V} \right|$ verhält sich umgekehrt proportional zum Stichprobenumfang.

- $\lim_{n_T \to \infty} \Delta \hat{G}_{R/V} = 0$, d.h. Reklassifikationsverfahren und Validierungsverfahren liefern bei großen Stichprobenumfängen identische Ergebnisse.

- $\hat{G}_R$ weist stark optimistische Verzerrung auf, d.h. der Gewinn wird stark überschätzt.

- $\hat{G}_V$ weist schwach pessimistische Verzerrung auf, d.h. der Gewinn wird etwas unterschätzt.

5 Abschließende Bemerkungen

Die im vorherigen Abschnitt beschriebenen Verfahren zur Gewinnprognose weisen einige Nachteile auf. Es ist zu vermuten, daß durch den Einsatz sogenannter „computer intensive statistical methods" (z.B. Bootstrapping oder Repeated Learning Testing) eine Verbesserung der Gewinnprognose erzielt werden kann. Wie stark die Verbesserung tatsächlich ist, sollte anhand von Simulationen untersucht werden.

6 Literatur

[Bau91]   Bausch, T. (1991): Gewinnoptimale Kundenselektion im Direkt-Marketing. In: *Marketing ZFP*, 2/91, S. 86-96.

[Gro88]   Groß, H. (1988): Parametrische und nichtparametrische Verfahren der Diskriminanzanalyse mit Variablen verschiedener Skalenniveaus. *Dissertation*, Regensburg.

[Mus96]   Musiol, G.; Hüntelmann, M; Hunscher, M. (1996): Maximierung des Werbeerfolges durch Test-Mailings. Die Bedeutung des Stichprobenumfangs. In: *Beiträge des Instituts für Empirische Wirtschaftsforschung*, Nr.53, Universität Osnabrück.

[Mus97]   Musiol, G. (1997): Kundenselektion bei Mail-Order Aktionen mittels kategorieller Regression. Erscheint in *Marketing ZFP*.

Nachfrageprognose mit der integrierten Brown-Holt-Winters-Glättung

Klaus Zoller
Professur für Betriebswirtschaftslehre, insb. Betriebliche Logistik und Materialwirtschaft[*]
Universität der Bundeswehr Hamburg

Zusammenfassung

Exponentielle Glättung bietet eine in der betrieblichen Praxis nach wie vor unverzichtbare Methodik zur kurzfristigen Nachfrage- und Bedarfsvorhersage auf der Ebene einzelner Artikel bzw. Materialpositionen. Eine wichtige Rolle spielen dabei die linearen Modelle von BROWN und HOLT/WINTERS, wenngleich sie mit unterschiedlichen Eigenschaften den Anwender vor situationsbezogene Wahlprobleme stellen. Sie werden hier in einem geschlossenen Ansatz zusammengeführt, der rechnerisch effizient ist, die Stärken beider Modelle in sich vereinigt und damit im Einzelfall mindestens so gute Prognoseergebnisse erwarten läßt wie das besser geeignete von ihnen. Diese Eigenschaften erweisen sich v.a. für automatisierte Prognosen als vorteilhaft; sie werden anhand von Großhandelsdaten veranschaulicht.

Stichworte: Nachfrageprognose, Absatzanalyse, exponentielle Glättung, Kalibrierung

1 Prognoseverfahren in der Massendatenverarbeitung

Das mit dem Prognoseproblem befaßte Gebiet der statistischen Datenanalyse hält ein breites Angebot von Modellen und Verfahren bereit. Dabei liegt es quasi in der Natur der Entstehungsgeschichte eines jeden Rechenansatzes, daß es einzelne, im günstigsten Fall Familien systematisch charakterisierbarer Zeitreihen gibt, für die sich das betreffende Verfahren als besonders leistungsfähig erwiesen hat. Im Kontext der Massendatenverarbeitung, d.h. etwa der Erstellung von Nachfrage- bzw. Bedarfsprognosen für ein Sortimentsbereich mit mehreren (hundert-)tausend Artikelpositionen im Wochen- oder Monatstakt, kann dieses reichhaltige Angebot von Prognoseverfahren nur erschlossen werden, wenn die Entscheidung, welches Verfahren mit welchen Parametersetzungen im einzelnen Fall zum Zuge kommen soll, nahezu sortimentsdeckend automatisch ablaufen kann. Wird unterstellt, daß ein Verfahren in einer gegebenen Datensituation nicht per se anderen an Prognosegüte überlegen ist und folglich die Kalibrierung jedes der zur Wahl stehenden Verfahren mit darüber entscheidet, welches Verfahren den Zuschlag erhält, wird erkennbar, welch hohe Anforderungen an die automatisierte Abarbeitung gestellt werden müssen. Am Beispiel der integrierten BROWN-HOLT-WINTERS-Glättung zeigt die hier referenzierte Studie, in wel-

---

[*] Lehrstuhlinhaber: Univ.-Prof. Klaus Zoller, D.B.A.

chen Analyse- und Entwicklungsschritten die Einbindung einzelner Verfahren in das Prognoseinstrumentarium verlaufen kann.

2 Effiziente Verfahrensauswahl, Kalibrierung und Codierung

Die Studie kommt zu dem Schluß, daß Glättungsparameter für Modelle der exponentiellen Glättung aus methodischen Gründen vorzugsweise durch Rastersuche ermittelt werden sollten. Da die Transformationen, mit deren Hilfe die Modelle von BROWN und HOLT/WINTERS ineinander überführt werden können, nichtlinear sind, kann das Modell von BROWN nicht mehr als redundanter Sonderfall des allgemeineren Modells von HOLT/WINTERS angesehen werden. Auch ist das in der Studie entwickelte integrierte Modell dann nicht mehr ein materielles Äquivalent des HOLT/WINTERS-Modells: Es bietet erhöhte Flexibilität bei der Modellierung von Zeitreihen, integriert BROWN- und HOLT-Eigenschaften und läßt damit im Einzelfall mindestens ebenso gute Ergebnisse erwarten wie das besser geeignete dieser Modelle. Zudem erweist es sich auch unter extremen Bedingungen als stabil. Vergleichsrechnungen zeigen kleine, aber durchgängige Vorteile, die ohne numerischen Mehraufwand gegenüber dem HOLTschen Modell realisiert werden können.

Ein Projektreport, der sowohl die formale Erörterung des integrierten Prognosemodells mit Literaturangaben als auch die Ergebnisse der Bearbeitung von Großhandelsdaten (79 Produkte einer Herstellermarke technischer Konsumgüter, jeweils mit Monatsabsatzmengen über 3½ Jahre) enthält, kann über den Autor angefordert werden.

URTEILSBASIERTE METHODEN

Datenbankgestützte Marketingentscheidungen bei vager Expertise

Roland Fahrion, Heiko Löchelt
Lehrstuhl für Wirtschaftsinformatik*
Universität Heidelberg

Zusammenfassung

Vage Expertisen werden hier im Rahmen eines *Expertons* betrachtet. Das Experton geht auf A. Kaufmann [Kau87] zurück und wird in [Fah92] für Marketingentscheidungen verwendet. Bei dem Experton handelt es sich um eine Methode, mit der unterschiedliche Merkmalsträger anhand verschiedener qualitativer oder auch quantitativer Merkmale von mehreren Personen (Experten) bewertet und in eine Rangfolge gebracht werden können. Formale Grundlage für das Experton liefert die Theorie der fuzzy sets. Das Experton unterscheidet sich von anderen Lösungsansätzen dadurch, daß die Bewertenden (im folgenden Experten) in ihrer Bewertung gewisse Unsicherheiten zum Ausdruck bringen können. Dies ist gerade bei weichen Merkmalen von Vorteil. Außerdem läßt sich der Bewertungsdissens zwischen den Experten messen, mit dem Ziel der Konsensfindung und somit der Objektivierung subjektiver Teilbewertungen. Das Experton wurde auf der Basis des relationalen Datenbanksystems Microsoft Access für Windows 95 implementiert (für eine ausführliche Beschreibung der Umsetzung siehe auch [Fah97]).

Stichworte: Qualitative Bewertung, Experton, Datenmodell

1 Das Experton - eine Zusammenfassung

Nehmen wir als Beispiel zwei Merkmalsträger (z.B. zwei Länder), für die der Markteintritt geprüft werden soll. Neben einer Vielzahl von Kriterien sind sicherlich die beiden Merkmale *Marktvolumen* und *Importbedingungen* für einen Vergleich besonders interessant. Das Problem der Vergleichbarkeit besteht darin, ob ein „großes" Marktvolumen höher einzuschätzen ist als „gute" Importbedingungen. (Für eine ausführliche Beschreibung des Beispiels vgl. [Fah93, S. 443ff.]).

Kernpunkt der Betrachtung ist das Experton mit dem hauptsächlichen Ziel der Merkmalsbewertung. Das Experton erlaubt, daß Experten die nominal, ordinal oder kardinal gemessenen Merkmalsausprägungen auf einer einheitlichen, für alle Merkmale gültigen Ratingskala bewerten können. Dadurch ist die Bewertung sowohl qualitativer als auch quantitati-

---

* Lehrstuhlinhaber: Prof. Dr. Roland Fahrion

ver Merkmale möglich. Die anschließende Aggregation der Individualbewertungen kann über eine zusätzliche Gewichtung der Merkmale erfolgen.

Die Bewertung eines Merkmalträgers gestaltet sich im Detail wie folgt [Kau87, S. 18ff.]: Für jedes Merkmal a=1,...,m gibt es i(a) Experten, die für das Merkmal innerhalb des in Zehntelpunkte unterteilten Intervalls [0,1] eine untere und eine obere Bewertungsgrenze angeben. Es findet also beim Experton keine Punktbewertung, sondern eine „Intervallbewertung" statt. Für jeden Zehntelpunkt des Intervalls [0,1] wird dem Experten alternativ zur rein numerischen Bewertung die zugehörige linguistische Ausprägung jedes einzelnen numerischen Werts als Hilfestellung angeboten. Dazu dient eine 11-er Ratingskala, die je nach Zusammenhang passende, abgestufte polare Eigenschaftsaussagen verbindet.

0	0.1	0.2	0.3	0.4	0.5	0.6	0.7	0.8	0.9	1
schlecht	fast schlecht	quasi schlecht	ziemlich schlecht	mehr schlecht als gut	weder schlecht noch gut	mehr gut als schlecht	ziemlich gut	quasi gut	fast gut	gut

Tabelle 1: 11-er Ratingskala mit linguistischen Ausprägungen

Hierdurch ist der Experte nicht zu einer exakten Punktbewertung gezwungen, sondern kann vielmehr gewissen Unsicherheiten, die er bei seiner Bewertung empfindet, durch die Angabe eines linguistischen Intervalls Ausdruck verleihen. Da ihm so ein gewisser Bewertungsspielraum zugebilligt wird, wird er sich viel eher zu einer Bewertung bewegen lassen [Fah92, S. 3].

Im nächsten Schritt erfolgt der Aufbau des Expertons. Hierzu werden bei jedem Merkmal für die möglichen Merkmalsausprägungen 0, 0.1, 0.2, ..., 1 die absoluten Häufigkeiten der von den Experten abgegebenen unteren und oberen Intervallbewertungen ermittelt (Auszählung). Für jede Merkmalsausprägung ergibt sich auf diesem Weg ein Bewertungsintervall, das als unteren bzw. oberen Wert die Expertenanzahl angibt. Durch Division der absoluten Häufigkeiten mit der jeweiligen Expertenanzahl erhält man anschließend die relativen Häufigkeiten, die im Sinne von Laplaceschen Wahrscheinlichkeiten eine Wahrscheinlichkeitsaussage über das Auftreten einer Merkmalsausprägung als Bewertungsintervall-Untergrenze bzw. -Obergrenze liefern. Das betrachtete Bewertungsproblem wird durch diese Aggregation der einzelnen Expertenbewertungen (je Merkmal und Merkmalsträger) um eine Dimension reduziert.

Anschließend wird für jedes linguistische Niveau die Kumulierung der Laplace-Wahrscheinlichkeiten vorgenommen und die zugehörige Komplementärwahrscheinlichkeit bestimmt. Als Ergebnis erhält man ein Tableau mit den repräsentativen Einschätzungsintervallen *aller* Experten. Man bezeichnet dieses Tableau als Experton. Zeilen- und Spaltenanzahl des Expertons sind durch die Anzahl der linguistischen Niveaus respektive Merkmale festgelegt. Das Experton erlaubt z.B. folgende Aussage: Die Wahrscheinlichkeit, daß der Merkmalsträger *Schweden* von der Gesamtheit aller Experten bzgl. des Merkmals *Strategische Position* mit dem linguistischen Niveau *ziemlich gut* oder besser eingeschätzt wird, liegt zwischen 0.7 und 1.

Für weitere Auswertungen ist das Experton-Tableau aus Übersichtlichkeitsgründen noch nicht geeignet. Man ist daher gezwungen, eine Erwartungswertbildung für jedes Merkmal im Tableau vorzunehmen. Dies kann als zweite Aggregationsstufe gesehen werden. Aus dem Vergleich der Erwartungswerte können dann entscheidungsrelevante Informationen gewonnen werden (hierzu ist eine Präferenzrelation für Erwartungswerte erforderlich [Fah92, S. 11]). So läßt sich etwa für einen Merkmalsträger angeben, bei welchem Merkmal das beste bzw. das schlechteste Bewertungsergebnis erwartet wird. Durch weitere Aggregation der Erwartungswerte können die einzelnen Merkmalsträger, also die Länder, miteinander verglichen werden.

Das Festlegen einer geeigneten Distanzmatrix [Fah92, S. 12ff.] erlaubt, abweichende Expertenauffassungen von der ermittelten repräsentativen Experteneinschätzung (Experton) festzustellen. Damit wird es für einen Entscheidungsträger möglich: a) Expertenauffassungen mit starker Abweichung besondere Aufmerksamkeit zukommen zu lassen oder b) bestimmte Experten gegebenenfalls von der Bewertung auszuschließen. Weiterhin ist es möglich, einen merkmalsbezogenen Dissens festzustellen, der es erlaubt, ein Merkmalsranking nach dem Grad des Dissenses vorzunehmen.

Die in Abschn. 2 skizzierte Software für das Experton und das Ranking der Merkmale wird noch dahingehend erweitert, daß bei jedem Merkmalsträger sowohl eine unterschiedliche Anzahl von Merkmalen als auch eine unterschiedliche Anzahl von Experten in den Bewertungsprozeß mit einbezogen werden. Dies hat den Vorteil, daß sich im Bewertungsprozeß unterschiedliche Gruppen von in sich homogenen Merkmalsträgern berücksichtigen lassen. Für jede Gruppe von Merkmalsträgern werden dann ausschließlich gruppenspezifische bzw. gruppenrelevante Merkmale zur Bewertung herangezogen. Durch diese Vorgehensweise ist sichergestellt, daß die zu vergleichenden Merkmalsträger sehr verschieden sein können (z.B. bei Umweltbelastungen die Bereiche *Produktion* und *Transport*).

2 Die datenbankgestützte Umsetzung des Expertons

Mit zunehmender Anzahl von Merkmalsträgern, Merkmalen und Experten gestaltet sich die manuelle Berechnung eines Expertons als äußerst zeitintensiv, so daß eine computergestützte Berechnung – hier innerhalb des relationalen Datenbanksystems Microsoft Access für Windows 95 – unumgänglich erscheint. Für eine Realisation des Expertons mit Access spricht nicht nur, daß sowohl die Eingabe- als auch die Ergebnisdaten des Expertons je nach Informationsbedarf aufbereitet und mit Hilfe einer leicht zu gestaltenden Oberfläche übersichtlich dargestellt werden können, sondern auch die für den Benutzer vertraute Windows-Umgebung. Außerdem können die vielen innerhalb von Access vorhandenen Schnittstellen zu anderen relationalen Datenbanken sowie zu Spreadsheets für den Datenimport und -export leicht genutzt werden. Zwei weitere Gründe für den Einsatz von Access sind die ereignisorientierte Durchführung der Experton-Gewinnung und die Verwendung des Expertons in Groupware- oder Workflow-Managementsystemen.

Im Rahmen der semantischen Datenmodellierung sind zunächst die am Experton beteiligten Entitätstypen sowie deren Beziehungen zu identifizieren. Die Modellierungsergebnisse, d.h. das Beziehungsgefüge der am Modell beteiligten Entitätstypen und die dazugehörigen Kardinalitäten lassen sich dann übersichtlich in einem ER-Diagramm darstellen (eine detailliertere Beschreibung des ER-Modells, sowie ein Überblick über verschiedene Darstellungsformen und Erweiterungen, findet man u.a. in [Sch95, S. 31ff.]).

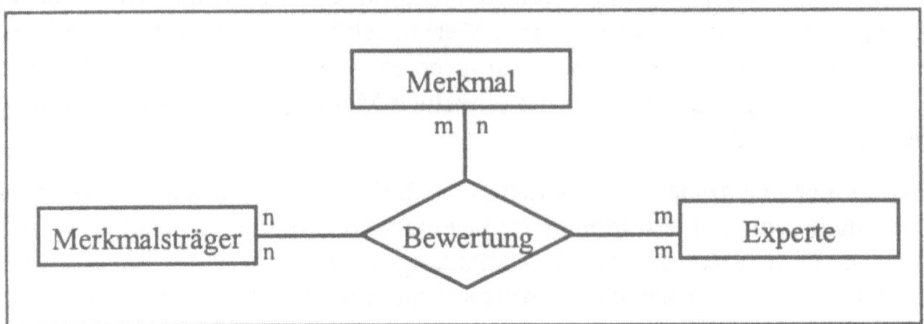

Abbildung 1: ER-Diagramm des Expertons

Die drei Entitätstypen „Experte", „Merkmal" und „Merkmalsträger" stehen über den Beziehungstyp „Bewertung" in Verbindung. Dies bedeutet etwa, daß der Merkmalsträger *Schweden* bezüglich des Merkmals *Marktvolumen* von dem Experten *Maier* bewertet wird.

Als konzeptionelles Datenmodell wird hier das Relationenmodell verwendet, daß jeden Entitäts- und Beziehungstyp in einer Tabelle abbildet. Die entsprechenden Tabellen lassen sich dabei direkt aus den im Rahmen der semantischen Datenmodellierung identifizierten Entitäts- und Beziehungstyp(en) ableiten [Gab94, S. 115]. Zwischen den drei Entitätstypen „Experte", „Merkmal" und „Merkmalsträger" besteht jeweils eine n:m Beziehung. Da bei Access zwei Tabellen nur in Form einer 1:n bzw. n:1 Beziehung verknüpft werden können, muß zur Realisierung einer n:m Beziehung zweier Tabellen eine dritte Tabelle „zwischengeschaltet" werden. Diese Tabelle ist in unserem Fall die Tabelle „Bewertung". Die Tabelle „Bewertung" ist ferner mit der Tabelle „Merkmalsausprägung" verbunden. Im Gegensatz zu den anderen Verbindungen wird für diese Beziehung keine Kardinalität angegeben. Der Grund liegt darin, daß die Tabelle „Merkmalsausprägung" lediglich eine „Nachschlagetabelle" darstellt [Fis96, S. 85]. Die Attribute *Untere Bewertung* und *Obere Bewertung* der Relation „Bewertung" können ausschließlich solche Werte annehmen, wie sie in der Tabelle „Merkmalsausprägung" gespeichert sind. Die Tabelle „Merkmalsausprägung" umfaßt über die Attribute *Untere Bewertung* und *Obere Bewertung* die Intervalle der Experteneinschätzungen. Sie wurde also nur definiert, um bei der Bewertungsabgabe Verstöße gegen die Gültigkeitsregel – das wäre eine Bewertungsausprägung, die außerhalb des Intervalls [0,1] liegt – zu vermeiden. Für eine detailliertere Darstellung der einzelnen Tabellen und ihren Beziehungen vgl. [Fah97, S. 9f.]. Die einzelnen Beziehungen der am Experton beteiligten Tabellen sind in Abb. 2 dargestellt. Tabellennamen sind hierbei fett dargestellt, Attribute mit Primärschlüsseleigenschaft unterstrichen bzw. gestrichelt, wenn sie Bestandteil eines kombinierten Primärschlüssels sind.

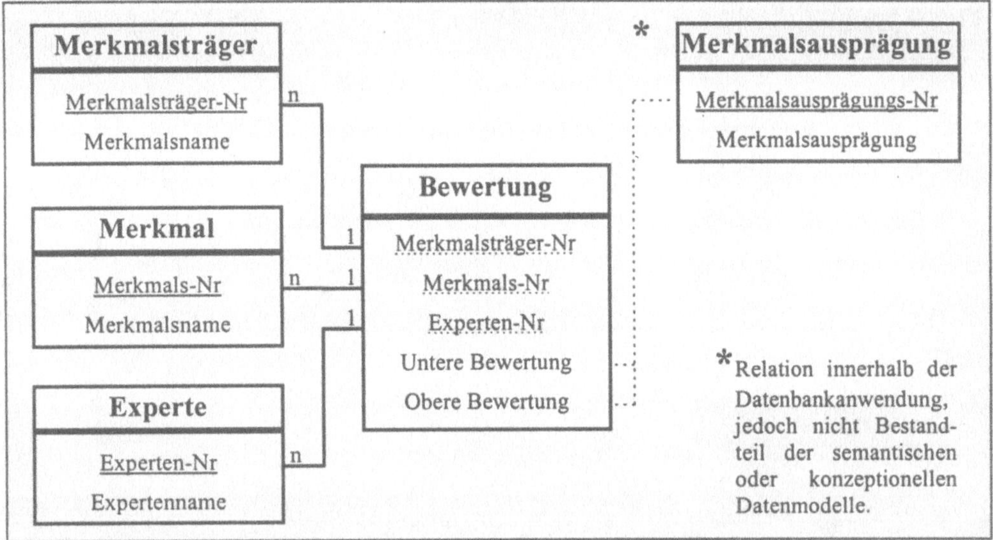

Abbildung 2: Die Relationen des Expertons

Nachdem die einzelnen Tabellen angelegt wurden, stellt sich die Frage der Gestaltung der Dateneingabe. Grundsätzlich gibt es zwei Möglichkeiten: 1) Direkte Eingabe in die entsprechende Tabelle, 2) indirekte Eingabe über sog. Formulare. Wir haben uns für die Formulareingabe entschieden, weil diese Eingabeform mehr Benutzerkomfort erlaubt. So lassen sich über ein Formular mehrere Tabellen gleichzeitig mit Daten füllen. Außerdem kann bei einer späteren Nutzung besser mit gefilterten Daten gearbeitet werden. Es kann, etwa bei der Berechnung des Expertons, ohne Programmieraufwand auf die Daten einer einem Formular zugrundeliegenden Abfrage zugegriffen werden. Dieser Vorteil kommt insbesondere dann zum Tragen, wenn das Experton integrativer Bestandteil einer größeren Datenbankanwendung ist, bei der z.B. bestimmte Merkmalsträger bereits im Vorfeld der eigentlichen Expertonerstellung anhand unterschiedlicher Attributwerte aussortiert werden müssen. Abb. 3 zeigt das Formular „Bewertungstabelle", welches zur Eingabe der Bewertungsdaten in die Tabelle „Bewertung" sowie zur Durchführung der Expertonberechnung dient.

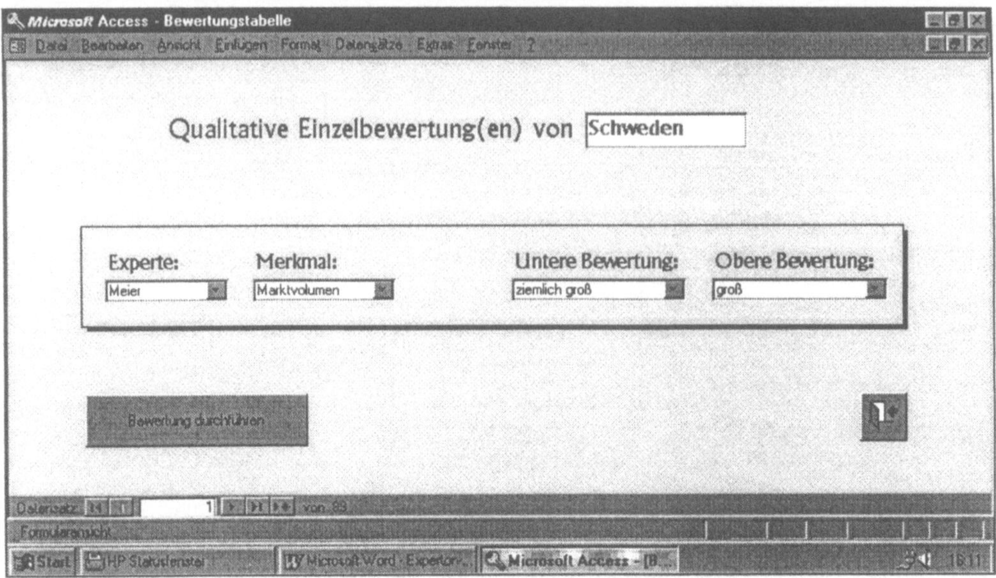

Abbildung 3: Formular für die Dateneingabe und die Expertonberechnung

Dem Berechnungsvorgang des Expertons, der ereignisorientiert abläuft und mit der in Access integrierten Programmiersprache *Visual Basic for Applications (VBA)* programmiert wurde, schließt sich die Speicherung der Ergebnisse an [Fah97, S. 19ff.]. Für die Qualität der Ergebnisanalyse sind die Art und Form der Ergebnisausgabe wichtig. Die Speicherung der Bewertungsergebnisse erfolgt in einer neuen Relation mit dem Namen „Bewertungsergebnis 1". Diese Tabelle enthält die verdichteten Daten des Expertons, die in den Attributen *Erwartungsintervall-Mittelpunkt*, *Erwartungswert-Ranking*, *Dissenswert*, *Dissenswert-Ranking* und *Expertenanzahl* gespeichert werden. Ein Datensatz der Tabelle „Bewertungsergebnis 1" gibt Aufschluß darüber, wie ein Merkmalsträger hinsichtlich *eines* Merkmals von *allen* Experten eingeschätzt wird. Das Attribut *Erwartungswert-Ranking* gibt für jeden bewerteten Merkmalsträger an, an welcher Stelle einer geordneten Rangfolge sich ein bestimmtes Merkmal befindet. Je kleiner der Rang, desto besser ist das aggregierte Bewertungsergebnis für das betrachtete Merkmal. Der Dissenswert wird ebenfalls für jeden Merkmalsträger und jedes Merkmal angegeben. Er sagt uns, wie groß der maximale Dissens unter den Experten bezüglich der Beurteilung eines Merkmals ist. Auch hier werden die Dissenswerte aller Merkmale für einen Merkmalsträger in einer Rangfolge gespeichert. Das Attribut *Expertenanzahl* wurde definiert, um bei einer späteren Beurteilung der Bewertungsergebnisse einen wichtigen Indikator für die Einschätzung der Ergebnisqualität zu haben. So ist ein Experton, an dem sehr viele Experten beteiligt sind, höher einzuschätzen als ein Experton, bei welchem nur die Bewertung eines einzigen Experten vorliegt. Sind sich die Experten in ihrer Bewertung weitgehend einig, so könnte man von einer gewissen Objektivierung der an sich subjektiven Einschätzungen sprechen.

In einer weiteren Tabelle „Bewertungsergebnis 2" werden die Bewertungsergebnisse noch stärker aggregiert. Für den Entscheidungsträger ist die Frage relevant, wie sich die Merkmalsträger im Hinblick auf die Bewertung der Merkmale unterscheiden. Hierzu ist eine nochmalige Verdichtung in den Datensätzen der Tabelle „Bewertungsergebnis 1" erforderlich: Für jeden Merkmalsträger werden die verschiedenen Erwartungsintervall-Mittelpunkte, sowie die für jedes Merkmal gespeicherten Dissenswerte, jeweils zu einem Wert addiert. Eine zusätzliche Gewichtung der einzelnen Merkmale ist in der Software vorgesehen. Sie ergibt sich aus der fallspezifischen Relevanz der Merkmale für den Entscheidungsträger und wird von diesem festgelegt. Die Tabelle „Bewertungsergebnis 2" besteht somit aus den Attributen *Merkmalsträger-Nr, Summe Erwartungsintervall-Mittelpunkt* und *Summe Dissenswert*. Ein Datensatz dieser Tabelle gibt also Auskunft über die Gesamtbewertung (über alle Merkmale und über alle Experten) eines Merkmalsträgers.

Das sich unter Berücksichtigung dieser neuen Entitätstypen bzw. Tabellen ergebende „Beziehungsdiagramm" zeigt Abb. 4.

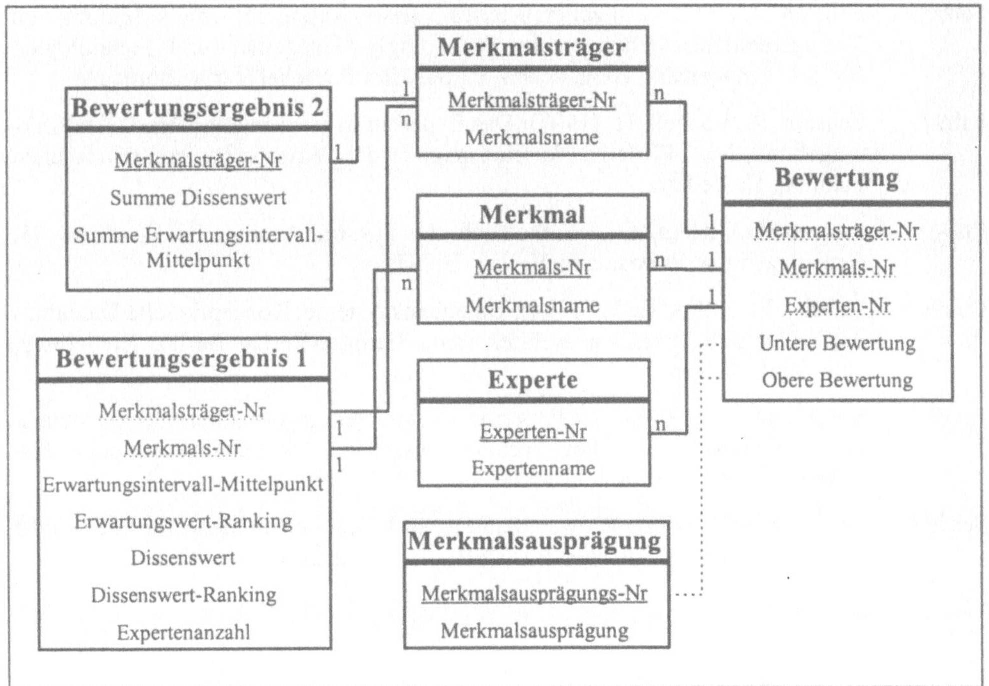

Abbildung 4: Das komplette Datenmodell des Expertons

Der Vorteil der relationalen Umsetzung des Expertons gegenüber einer herkömmlichen Realisierung (das Experton-System existiert bereits als komplette PASCAL-Anwendung [Fah92]) besteht in der größeren Flexibilität zur Erstellung und Auswertung des Expertons. Aus Abb. 4 erkennt man die Verknüpfungen der Tabellen. Mit Hilfe von Abfragen oder auf der Grundlage von Makros können aus den Tabellen alle gewünschten, kontextbezogenen Informationen gewonnen und gegebenenfalls einer genaueren Untersuchung unterzogen werden (für Beispiele hierzu vgl. [Fah97, S. 17f.]). Insbesondere sind die genannten Größen Erwartungswert-Mittelpunkt und Dissenswert für das Ranking von Bedeutung, die sich besonders benutzerfreundlich aus der Formularoberfläche entnehmen lassen. Ein weiterer Aspekt, der für einen datenbankgestützten Einsatz des Expertons spricht, ist die Möglichkeit der direkten Einbeziehung des Expertons in betriebswirtschaftliche Applikationen, in denen die ermittelten Daten weiterverarbeitet werden können.

3 Literatur

[Fah92]   Fahrion, R. (1992): Das Experton als Instrument zur Konsensfindung bei unterschiedlicher Kriterienbewertung, Nr. 180 der Diskussionspapiere der Wirtschaftswissenschaftlichen Fakultät, Heidelberg.

[Fah93]   Fahrion, R. (1993): Ein generalisiertes Nutzwertkalkül zur Unterscheidung von Managemententscheidungen. In: Technologie-Management und Technologien für das Management, Hrsg.: Zahn, E., Schäffer Poeschel Verlag Stuttgart.

[Fah97]   Fahrion, R., Löchelt, H. (1997): Das Experton in einer relationalen Datenbankumgebung, Nr. 247 der Diskussionspapiere der Wirtschaftswissenschaftlichen Fakultät, Heidelberg.

[Fis96]   Fischer, O., Klein, G., Winkelbach, D. (1996): Access für Windows 95. Grundlagen und Praxis, tewi-Verlag GmbH.

[Gab94]   Gabriel, R., Röhrs, H.-P. (1994): Datenbanksysteme. Konzeptionelle Datenmodellierung und Datenbankarchitekturen, Springer-Verlag Berlin, Heidelberg, New York, Tokyo.

[Kau87]   Kaufmann, A. (1987): Les Expertons. Traitement informatique de la connaissance. Traité des Novelles Technologies, Série Mathematiques appliquées, Hermès, Paris, London, Lausanne.

[Sch95]   Scheer A.-W. (1995): Wirtschaftsinformatik: Referenzmodelle für industrielle Geschäftsprozesse, Springer-Verlag Berlin, Heidelberg, New York.

Rechnergestützte Multi-Criteria-Entscheidungen im Marketing

Wolfgang Ossadnik, Oliver Lange, Jutta Morlock
Betriebswirtschaftslehre mit dem Schwerpunkt Rechnungswesen und Controlling*
Universität Osnabrück

Zusammenfassung

Mangels exakter Informationen über künftige Zahlungsströme von Handlungsalternativen können Marketingentscheidungen vielfach nur durch Multi-Criteria-Verfahren unterstützt werden. Hat das Marketing endlich viele Handlungsalternativen im Rahmen eines Entscheidungsproblems identifiziert, bietet sich der Analytische Hierarchie-Prozeß (AHP) zur Beurteilung der Handlungsalternativen an. Die Charakteristika des AHP und dessen rechnergestützte Umsetzungsmöglichkeiten werden exemplarisch aufgezeigt.

Stichworte: Multikriterielle Verfahren, Analytic Hierarchy Process, Softwareevaluation

1 Multi-Criteria-Verfahren als Surrogate für Investitionsrechnungsverfahren im Marketingbereich

In gewinnzielorientierten Unternehmen sind Investitionsrechnungsverfahren das theoretisch richtige Instrument zur Beurteilung marketingorientierter Entscheidungsprobleme. Zur Lösung des Problems der Bestimmung und Zurechnung alternativenbezogener Zahlungsströme bietet die Investitionstheorie das Marginalprinzip an. Dessen Umsetzung stellt die Praxis aber in Zeiten sich verkürzender Produktlebenszyklen, hoher Wettbewerbsdynamik, raschen Wertewechsels bei den Marktteilnehmern, aber auch multipler (z.T. über den Marketingbereich hinausreichender) Verbundbeziehungen vor schwierige Prognose- und Schätzprobleme. Angesichts vorliegender empirischer Untersuchungen und Befunde über „Wenn-Dann"-Beziehungen, die Erfolge von Marketingprojekten auf bestimmte Faktoren zurückführen, bietet es sich an, für ein unikriterielles Investitionsproblem ein Ersatzproblem zu definieren, das an zeitlich und kausal den Zahlungen vorgelagerten Indikatoren („Erfolgsmachern") anknüpft.

So kann etwa bei der Beurteilung von Neuproduktalternativen [Oss94] an den Ergebnissen von Messungen der Präferenzausprägungen potentieller Abnehmer angeknüpft werden. Den Zusammenhang zwischen präferenzieller Aussage und monetärer Wirkung einer Neuproduktalternative kann die Investitionsrechnung nicht explizit erfassen. Dies gilt auch für

---

* Lehrstuhlinhaber: Prof. Dr. Wolfgang Ossadnik

die Planung eines optimalen Vertriebswegesystems. In diesem Falle könnte zwar eine Logistikkostenrechnung zu erwartende Logistikkosten (und die etwaige Möglichkeit, eine Kostenführerschaftsstrategie zu realisieren) abschätzen. Die für den langfristigen monetären Überschuß einer Vertriebswegealternative relevante Flexibilität könnte aber durch ein solches Rechnungssystem nicht repräsentiert werden. Als weitere multikriteriell zu lösende Entscheidungsprobleme des Marketing lassen sich u.a. die Planung der optimalen Verkaufsorganisation oder des Marketing-Mixes [Win80, S. 655f] anführen.

Umfaßt ein Entscheidungsproblem im Marketing endlich viele Handlungsalternativen, bieten sich zu seiner Lösung MADM (Multi Attribute Decision Making)-Verfahren an. Bei Vorliegen unendlich vieler Alternativen kommen dagegen MODM (Multi Objektive Decision Making)-Verfahren in Betracht [Oss96, S. 299ff]. Da bei einem Großteil marketingbezogener Entscheidungsprobleme eines Unternehmens endlich viele Alternativen zur Lösung identifiziert werden können, erscheint die Fokussierung auf MADM-Verfahren im folgenden als sinnvoll. Aufgrund der Möglichkeit, komplexe Entscheidungsprobleme in Paarvergleichsprobleme zu dekomponieren und Objekte paarweise mittels ordinaler Urteilsinformationen zu bewerten, soll im weiteren der *Analytische Hierarchie-Prozeß* (AHP) als ein ausgewähltes MADM-Verfahren näher betrachtet werden.

2 Der Analytische Hierarchie-Prozeß

Der von Saaty entwickelte AHP [Saa80] geht von der Existenz einer Zielhierarchie als erster Voraussetzung zur Lösung eines Entscheidungsproblems aus: Ein Oberziel wird durch Unterziele erläutert (vgl. Abb. 1). Ist ein Ziel auf diese Weise konkretisiert, soll der Entscheidungsträger die zur Debatte stehenden Alternativen nach der Erfüllung dieser Unterziele und die Unterziele nach der Erfüllung des gemeinsamen Oberziels vergleichen. Häufig spielt bei der Bewertung der Unterziele im Hinblick auf das oberste Ziel auch noch die Umwelt eine Rolle, d.h. in Abhängigkeit von alternativ möglichen Zukunftsszenarien werden Unterziele unterschiedlich bewertet.

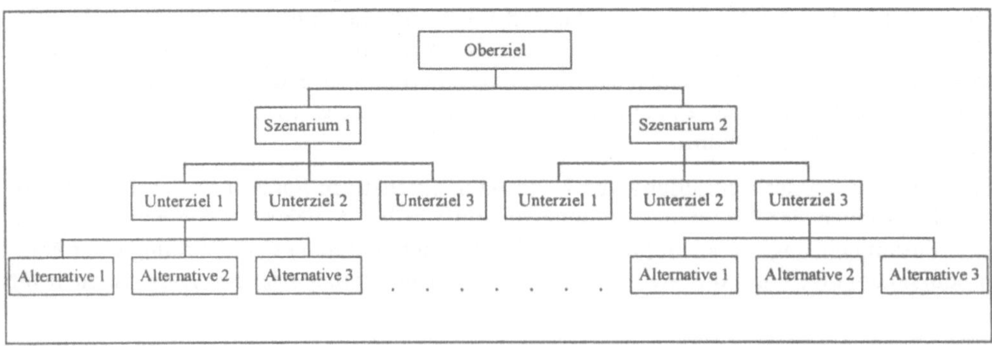

Abbildung 1: Zielhierarchie

Dem Entscheidungsträger steht beim AHP für die paarweise Bewertung alternativer Szenarien, Ziele und Alternativen die in Tab. 1 aufgeführte Skala zur Verfügung.

Skalenwert	Bedeutung
1	gleichwertig/gleichwichtig/gleichwahrscheinlich
3	etwas besser (schlechter)/(un)wichtiger/(un)wahrscheinlicher
5	spürbar besser (schlechter)/(un)wichtiger/(un)wahrscheinlicher
7	viel besser (schlechter)/(un)wichtiger/(un)wahrscheinlicher
9	extrem besser (schlechter)/(un)wichtiger/(un)wahrscheinlicher
2, 4, 6, 8	Zwischenwerte
$1/i$ $i \in \{1,...9\}$	wenn beim Vergleich von zwei Elementen A und B der Wert i gewählt wird, dann ergibt sich der Wert $1/i$ beim Vergleich von B mit A

Tabelle 1: Skala für Paarvergleichsurteile (nach Saaty)

Ist ein Entscheidungsträger z.B. der Meinung, daß Alternative A_3 im Hinblick auf die Erfüllung des Unterziels U_2 viel besser als Alternative A_2 abschneidet, so wird A_3 im Vergleich zu A_2 in Bezug auf U_2 mit „7" bewertet. Wird - wie in Abb. 1 - nach Szenarien unterschieden, muß diese Bewertung unter Berücksichtigung jedes Szenariums separat durchgeführt werden. Die Paarvergleiche werden in sog. Paarvergleichsmatrizen erfaßt. Eine Paarvergleichsmatrix der Unterziele A_1, A_2 und A_3 für das Unterziel U_2 im Falle von Szenarium 1 kann wie folgt aussehen:

$$\begin{pmatrix} 1 & 8 & 1 \\ \frac{1}{8} & 1 & \frac{1}{7} \\ 1 & 7 & 1 \end{pmatrix}$$

Nachdem alle Beurteilungen vom Entscheidungträger vorgenommen sind, müssen im Anschluß daran die Eintrittswahrscheinlichkeiten, Zielgewichte und Prioritäten berechnet werden. Saaty wendet dafür das Eigenwertverfahren an. Hinter dem Eigenwertverfahren steht u.a. die Überlegung, daß bei konsistenten Paarvergleichsmatrizen der auf 1 normierte Eigenvektor zum größten Eigenwert λ_{max} der Matrix gerade die gesuchten Gewichte enthält. Vergleichende Bewertungen sind immer dann konsistent, wenn aus „A_i verglichen mit A_j in Bezug auf Oberziel h = a_{ij}" und „A_j verglichen mit A_k in Bezug auf Oberziel h = a_{jk}" folgt: „A_i verglichen mit A_k in Bezug auf Oberziel h = $a_{ij} \cdot a_{jk}$". I.a. werden die Paarvergleiche *nicht* konsistent ausfallen. Aber auch wenn inkonsistente Bewertungen vorliegen, können die Wahrscheinlichkeiten, Gewichte bzw. Prioritäten wie bei konsistenten Matrizen über den normierten Eigenvektor des größten Eigenwertes bestimmt werden, solange die Bewertungen innerhalb einer Matrix „relativ konsistent sind". Für die oben angegebene Matrix gilt $\lambda_{max} = 3.00198$. Der zugehörige Eigenvektor ist $v_{max} = \{0.719461, 0.0940259, 0.688139\}$. Durch Normierung gemäß

$$\| v_{max} \| := \frac{v_{max}}{\sum_{i=1}^{n} v_i}$$

ergeben sich die Prioritäten {0.479121, 0.0626161, 0.458263}.

Über die Güte der Paarvergleichsurteile entscheidet das sog. Inkonsistenzmaß (IKM). Es ergibt sich als Quotient des Inkonsistenzindexes (IK) und eines Durchschnittswertes der Inkonsistenzindizes gleich großer Zufallsmatrizen (DI) gemäß Tab. 2. IK ist definiert als $IK = (\lambda_{max} - n)/(n-1)$, wobei n die Dimension der Matrix ist. Für das Inkonsistenzmaß gilt: IKM = IK / DI. Für IKM > 0.1 muß der Entscheidungsträger seine Bewertungen nochmals überdenken.

Matrixdimension n	3	4	5	6	7	8	9	10
DI-Werte	0.4887	0.8045	1.0591	1.1797	1.2519	1.3171	1.3733	1.4055

Tabelle 2: DI-Werte nach Donegan/Dodd [Don91, S. 136]

Wenn alle Prioritäten feststehen, kann für jede Alternative die Gesamtbewertung erfolgen. Dies geschieht mittels multiplikativer Gewichtung der Prioritäten entlang der Zielhierarchie und Summation der resultierenden gewichteten Prioritäten. Die Alternative mit der größten Gesamtpriorität erfüllt das Oberziel am besten.

3 Rechnergestützte Umsetzung des AHP

3.1 Grundlagen des IV-Einsatzes und Ausgangsdaten

Die Lösung marketingbezogener Entscheidungsprozesse durch den AHP kann durch gezielten Einsatz der Informationsverarbeitung unterstützt werden. Der Markt bietet eine Fülle unterschiedlicher Softwarepakete und Individuallösungen zur Umsetzung des AHP. Eine Evaluation der derzeit verfügbaren Software fehlt noch. Immerhin liefert Weber eine Beschreibung verschiedener Programme [Web93, S. 127-145]. Individuallösungen basieren zumeist auf Basic-, Fortran-, APL-, Excel- oder Mathematica-Programmierungen. Softwarepakete – z.B. AutoMan, HIPRE, DSS ORA, ECPRO, CRITERIUM – wurden vielfach für spezielle Entscheidungsprobleme entwickelt und unterscheiden sich in ihrer Leistungsfähigkeit erheblich. Im folgenden soll anhand des oben vorgestellten Zielsystems die Realisation des AHP mittels einer Mathematica-Lösung und des Softwarepaketes ECPRO 9.0 vorgestellt und verglichen werden. Die dem Beispiel zugrundeliegenden Paarvergleiche können der Eingabesektion der Mathematica-Lösung entnommen werden (vgl. Abschnitt 3.2).

3.2 Umsetzung des AHP mittels *Mathematica 2.2*

Voraussetzung für die Anwendung von Mathematica zur Lösung des AHP ist das Vorliegen des Zielsystems und der Paarvergleichsurteile in Matrixform. Im folgenden werden Erläuterungen durch * hervorgehoben. Zu erwähnen bleibt, daß auf die Verwendung von Schleifenprogrammierungen zugunsten der Übersichtlichkeit verzichtet wurde:

* **Eingabesektion und Voreinstellungen** *

* Unterdrückung von Fehlermeldungen aufgrund ähnlicher Variablenbezeichnungen *

```
Off[General::spell1]
Off[General::spell]
```

* Variablendeklaration: Szenarien werden durch sz1 und sz2, Unterziele durch u1 bis u3, Alternativen durch a1 bis a3 und Inkonsistenzmaße durch ikm abgekürzt *

* Eingabe der Paarvergleichsmatrizen *

```
sz = {{1,4}, {1/4,1}}
usz1 = {{1,5,1}, {1/5,1,1/5}, {1,5,1}}
usz2 = {{1,7,2}, {1/7,1,1/3}, {1/2,3,1}}
au1sz1 = {{1,3,1}, {1/3,1,1/3}, {1,3,1}}
au2sz1 = {{1,8,1}, {1/8,1,1/7}, {1,7,1}}
au3sz1 = {{1,2,1/2}, {1/2,1,1/5}, {2,5,1}}
au1sz2 = {{1,9,1}, {1/9,1,1/9}, {1,9,1}}
au2sz2 = {{1,4,1}, {1/4,1,1/3}, {1,3,1}}
au3sz2 = {{1,7,1}, {1/7,1,1/7}, {1,7,1}}
```

* **Verarbeitungssektion** *

* Exemplarisch erfolgt die Umsetzung des Eigenwertverfahrens für die Berechnung der lokalen Gewichte für die Unterziele 1 bis 3 bei Szenarium 2 (Matrix usz2) analog sind alle weiteren Berechnungen durchzuführen *

```
Eigenvalues[N[usz2]]
emax = %[[1]]
Eigenvectors[N[usz2]]
n = %[[1]]
g = n[[1]] + n[[2]] + n[[3]]
u1sz2 = n[[1]]/g    * Gewicht des Unterziels 1 bei
                      Szenarium 2 *
u2sz2 = n[[2]]/g    * Gewicht des Unterziels 2 bei
                      Szenarium 2 *
u3sz2 = n[[3]]/g    * Gewicht des Unterziels 3 bei
                      Szenarium 2 *
ikmusz2=((emax-3)/(3-1))/0.4887       *Inkonsistenzmaß*
```

* Da der Iteratonsprozeß nach dem 16. Schritt abbricht, kommt es in einigen Fällen zu Inkonsistenzenmaßen ≠ 0

```
* Berechnung der gewichteten Prioritäten der Alternativen
  1 bis 3 *

  a1 =      (a1u1sz1·u1sz1·sz1)     +     (a1u2sz1·u2sz1·sz1)     +
            (a1u3sz1·u3sz1·sz1)     +     (a1u1sz2·u1sz2·sz2)     +
            (a1u2sz2·u2sz2·sz2)     +     (a1u3sz2·u3sz2·sz2)
  a2 =      (a2u1sz1·u1sz1·sz1)     +     (a2u2sz1·u2sz1·sz1)     +
            (a2u3sz1·u3sz1·sz1)     +     (a2u1sz2·u1sz2·sz2)     +
            (a2u2sz2·u2sz2·sz2)     +     (a2u3sz2·u3sz2·sz2)
  a3 =      (a3u1sz1·u1sz1·sz1)     +     (a3u2sz1·u2sz1·sz1)     +
            (a3u3sz1·u3sz1·sz1)     +     (a3u1sz2·u1sz2·sz2)     +
            (a3u2sz2·u2sz2·sz2)     +     (a3u3sz2·u3sz2·sz2)
```

*** Ausgabesektion ***

* Ausgabe der Inkonsistenzmaße *

```
  ikmsz, ikmusz1, ikmusz2, ikmau1sz1, ikmau2sz1,
  ikmau3sz1, ikmau1sz2, ikmau2sz2, ikmau3sz2
```

* Ausgabe der gewichteten Prioritäten *

```
  a1, a2, a3
```

3.3 Umsetzung des AHP mittels *ECPRO 9.0*

Die Eingabe der relevanten Daten in ECPRO 9.0 läuft interaktiv ab [Exp97]. Das Zielsystem muß nicht explizit vorhanden sein, sondern kann durch Einsatz des „Structuring"-Modules schrittweise erstellt werden. Die Eingabe der Paarvergleichsurteile erfolgt im „Evaluation & Choice"-Modul (vgl. Abb. 2).

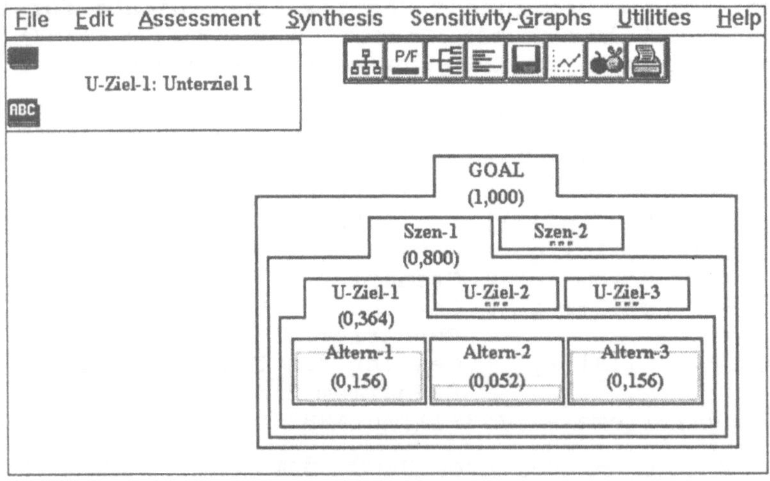

Abbildung 2: Auszug der Darstellung des Zielsystems in ECPRO 9.0

Um eine Vergleichbarkeit mit der Mathematica-Lösung zu erreichen, wird eine paarweise Beurteilung zugrundegelegt (Assessment, pairwise), wobei der jeweils zutreffende Bewertungstyp (Importance, Preference, Likelihood) markiert und als Bewertungsart (verbal, matrix, questionnaire, graphic) die Matrixform gewählt wird. An die Eingabe aller Paarvergleichsurteile schließt sich die Berechnung der gewichteten Prioritäten der Alternativen an (Synthesis from Goal). Das ermittelte Ergebnis kann in vielfältiger Weise analysiert werden (Sensitivity-Graphs).

3.4 Beurteilung der verwendeten Software

Die Ausrichtung der verwendeten Software ist insofern unterschiedlich, als Mathematica die bloße Umsetzung des Eigenwertverfahrens ermöglicht, wohingegen ECPRO den gesamten Entscheidungsprozeß begleitet. Während in Mathematica das Problem in Matrizenform gegeben sein muß, kann ECPRO bereits in der Phase der Problemstrukturierung eingesetzt werden. Insofern ist es nicht verwunderlich, daß die Leistungsschwerpunkte der Programme differieren. So zielt ECPRO auf eine gute Benutzerfreundlichkeit im Hinblick auf standardisierten Einsatz des Programms ab. Ebenso stehen eine ganze Fülle von Zusatzfunktionen (graphische Ergebnisaufbereitung, Sensitivitätsanalysen, Hilfen zur Inkonsistenzbeseitigung, etc.) sowie Routinen zur Aufwandsreduzierung zur Verfügung. Daneben sind Erweiterungen für den Einsatz im Gruppenentscheidungsprozeß und Netzwerkfähigkeit verfügbar. Dagegen ist die Verarbeitungskapazität auf maximal 4 Unterzielebenen und jeweils 9 Ziele pro Ebene beschränkt. Demgegenüber ist die Verarbeitungskapazität von Mathematica wesentlich höher, und durch seine Programmierung kann eine problemspezifische Individuallösung erreicht werden. Auch sind die berechneten Ergebnisse genauer (vgl. Tab. 3 und 4).

Matrizen	sz	usz1	usz2	au1sz1	au2sz1
Mathematica	0	$9.08715 \cdot 10^{-16}$	0.00270191	$1.36307 \cdot 10^{-15}$	0.00202733
ECPRO	0	0	0	0	0
Matrizen		au3sz1	au1sz2	au2sz2	au3sz2
Mathematica		0.0056631	$4.54358 \cdot 10^{-16}$	0.0094155	$1.36307 \cdot 10^{-15}$
ECPRO		0.01	0	0.01	0

Tabelle 3: Vergleich der ausgewiesenen Inkonsistenzmaße

	Alternative 1	Alternative 2	Alternative 3
Mathematica	0.385216	0.11585	0.498934
Expert Choice	0.395	0.116	0.489

Tabelle 4: Vergleich der ermittelten Prioritäten der Alternativen

Der Zeitaufwand bei Einsatz von Mathematica ist indes als erheblich höher einzustufen. Daher ist in praxi stets abzuwägen, ob der individuelleren und exakteren Mathematica-Lösung oder der „praktikableren" ECPRO-Lösung der Vorzug zu geben ist.

4 Zusammenfassung und Ausblick

Investitionsrechnungsverfahren stoßen bei der Beurteilung marketingbezogener Handlungsalternativen insofern auf Grenzen, als eine Prognose exakter Zahlungsströme entsprechend dem Marginalprinzip mit erheblichen Praktikabilitätsproblemen verbunden ist. Den Zahlungen zeitlich und kausal vorgelagerte Indikatoren lassen sich leichter bestimmen, so daß der Einsatz von Multi-Criteria-Verfahren als Ersatz für unikriterielle Investitionsrechnungsverfahren sinnvoll ist. Gegenstand dieser Erörterung war ein Verfahren, das bestimmten praxistypischen Anforderungen genügt. Hierzu gehören neben dem der begrenzten Problemverarbeitungskapazität des Marketingmanagements Rechnung tragenden Dekompositionsprinzip vor allem die Fähigkeit des Verfahrens, nur ordinal meßbare Beurteilungen zu verarbeiten. Diesen Anforderungen wird der AHP in besonderem Maße gerecht. Sein Bekanntheitsgrad ist vor allem im angloamerikanischen Bereich sehr hoch. So weist z.B. die Referenzliste des Softwareherstellers ExpertChoice zu diesem Stichwort unter http://www.expertchoice.com über 1.500 Eintragungen auf. Wenngleich im deutschsprachigen Raum bisher eine deutliche Zurückhaltung gegenüber dem Einsatz von Multi-Criteria-Verfahren im Bereiche des Marketing zu verzeichnen ist, kann dem AHP eine diesbezüglich wachsende Bedeutung prognostiziert werden. Dabei konnten die vorgestellten Einsatzbereiche nur einen kleinen Ausschnitt möglicher Anwendungen zum Ausdruck bringen.

5 Literatur

[Don91]   Donegan, H. A., Dodd, F. J. (1991): A note on Saaty's random indexes, In: *Math. Comput. Modelling* Vol. 15, S. 135-137.

[Exp97]   Expert Choice, Inc. (o.J. (1997)): ECPRO. User Manual, Pittsburgh, PA.

[Oss94]   Ossadnik, W. (1994): Strategiewahl mittels AHP, In: *Die Unternehmung*, 48. Jg., S. 159-169.

[Oss96]   Ossadnik, W. (1996): Controlling, München Wien.

[Saa80]   Saaty, T. L. (1980): The Analytic Hierachy Process, New York St. Louis.

[Web93]   Weber, K. (1993): Mehrkriterielle Entscheidungen, München Wien.

[Win80]   Wind, Y., Saaty, T. L. (1980): Marketing Applications of the Analytic Hierarchy Process, In: *Management Science* Vol. 26, S. 641-658.

AHP (Analytic Hierarchy Process) – Einsatz im Marketing

Karl Weber
Fachbereich Wirtschaftswissenschaft
Justus-Liebig-Universität Giessen

Zusammenfassung

AHP (Analytic Hierarchy Process) ist ein multikriterielles Verfahren, das auf der Basis zumeist hierarchisch gegliederter Merkmale (attributes) und der ihnen zugeordneten Gewichte die Evaluation von Alternativen im Hinblick auf ein vorgegebenes Gesamtziel ermöglicht. Die entsprechenden Untersuchungen können prospektiv oder retrospektiv erfolgen, so daß AHP sowohl zur Planung als auch zur nachträglichen Kontrolle von Entscheidungen benutzt werden kann. AHP ist auch zum Einsatz im Marketingbereich geeignet, wozu sich - insbesondere in der amerikanischen Literatur - zahlreiche Beispiele finden.

Stichworte: Multikriterielle Verfahren, Entscheidungsmethoden, Marketinginstrumente, Analytic Hierarchy Process

1 AHP-Methodologie

1.1 Grundstruktur

AHP (Analytic Hierarchy Process) ist ein mathematisch fundiertes Verfahren zur zielorientierten Evaluation von Alternativen auf der Basis zumeist mehrstufig gegliederter Attribute und der ihnen zugeordneten Gewichte. Die Analyse kann prospektiv oder retrospektiv erfolgen, dient aber generell dazu, Alternativen in eine Rangordnung zu bringen.

Die AHP-gestützte Problembearbeitung erfolgt in mehreren Stufen, vorzugsweise unter Einbeziehung von Experten aus verschiedenen Fachgebieten.

Im Rahmen der Modellentwicklungsphase wird das durch geeignete Alternativenwahl anzustrebende Ziel (goal, target) umschrieben und eventuell auch durch Spezifikation meßbarer Kenngrößen (objectives) ergänzt. Weiterhin sind die bei der Alternativenevaluation zu berücksichtigenden - üblicherweise als Attribute (attributes) bezeichneten - Kriterien festzulegen und hierarchisch anzuordnen. Dabei ist es empfehlenswert, jeweils nicht mehr als sieben bei der unmittelbar vorhergehenden Stufe identisch verankerte Attribute vorzusehen; die Zahl der Hierarchiestufen wird – auch bei relativ komplexen Problemstrukturen – fünf nur in Ausnahmefällen übersteigen.

Auf der untersten Stufe des Gesamtmodells sind die in den Evaluationsprozess einzubeziehenden Alternativen anzugeben (vgl. Abbildung 1).

```
Untersuchungsziel
        Attribut A-1
                Subattribut A-1.1
                        Alternative Alt-1
                        Alternative Alt-2
                Subattribut A-1.2
                        Alternative Alt-1
                        Alternative Alt-2
        Attribut A-2
                usw.
```

Abbildung 1: Grundstruktur eines AHP-Modells

Die Modellbearbeitung führt in einer ersten Stufe zur Berechnung der den einzelnen Attributen zuzuordnenden Gewichte, ausgehend von paarweise durchgeführten Vergleichen, wobei zumeist mit einer (1-9)-Skala gearbeitet wird. Bei computergestützter Problembearbeitung sind auch feiner gegliederte Gewichtsabstufungen (im Bereich [0.1;9.9]) möglich ([Saa90, S. 34]; [Saa94, S. 73]; [Saa96, S. 24]; [Web93, S. 86]).

Bei n innerhalb einer Hierarchiestufe identisch verankerten Attributen sind nach dem AHP-Standardverfahren insgesamt n(n-1)/2 Direktvergleiche erforderlich. Die Evaluationsergebnisse werden in einer entsprechenden (n,n)-Matrix festgehalten. Die übrigen – in Abbildung 2 in Klammern angeführten – Werte betreffen das als Vergleichsbasis benutzte Attribut oder ergeben sich als reziproke Werte vorgängig direkt bestimmter Feldwerte. Für sämtliche Elemente einer Evaluationsmatrix A gilt mithin $a_{ji} = 1/a_{ij}$, $(i,j) = 1(1)n$, wobei für die Hauptdiagonale speziell $a_{ii} = 1.0$ zutrifft [Saa90, S. 183-184].

Attribute	A-1	A-2	A-3	A-1	A-2	A-3	Zeilensumme	Durchschnitt/ Gewicht
A-1	[1]	6	3	0.67	0.60	0.69	1.96	0.65
A-2	[0.17]	[1]	0.33	0.11	0.10	0.08	0.28	0.09
A-3	[0.33]	[3]	[1]	0.22	0.30	0.23	0.75	0.25
Spaltensumme	1.50	10	4.33	1.00	1.00	1.00	3.00	1.00

Abbildung 2: Lokalgewichtsberechnung (L priorities)

Nach vollständiger Erstellung der Evaluationsmatrix sind deren Werte in einem weiteren Schritt zu addieren und zu normalisieren. Alsdann werden die so berechneten Werte zeilenweise addiert und durch die Zahl der Vergleichsattribute dividiert. Die sich so ergebenden Durchschnittswerte werden als normalisierte Stufengewichte der Attribute (Local priorities) bezeichnet; sie approximieren den Eigenvektor der Evaluationsmatrix (vgl. Abbildung 2).

Im Rahmen von Zusatzuntersuchungen erfolgt für jede Evaluationsmatrix die Berechnung entsprechender Konsistenzindizes (CI) und Konsistenzratios (CR). Diese dienen zur Beurteilung der – nach dem AHP-Ansatz bei systematischem Vorgehen über n-1 Zeilen verlaufenden – Direktvergleiche. Bei CR-Werten über 0.1 gilt eine Überarbeitung der Evaluationsmatrix als wünschenswert. Einzelheiten sind aus der Spezialliteratur ersichtlich ([Saa90, S. 21]; [Saa94, S. 84-85]; [Web95, S. 187-189]).

Auswertungen der vorerwähnten Art sind innerhalb aller Hierarchiestufen für alle identisch verankerten Attributsgruppen vorzunehmen. Schließlich sind die Stufengewichte - ausgehend vom obersten Anker (Ziel) - multiplikativ miteinander zu verknüpfen. Als Ergebnis fallen auf allen Hierarchiestufen - für alle Einzelattribute - Globalgewichte (Global priorities) an (vgl. Abbildung 3). Sie verdeutlicht die AHP-spezifische Berechnungsweise

$$G_{aktuell} = G_{vorgelagert} \cdot L_{aktuell}.$$

Ziel Hierarchiestufe 0 (goal): Local priority: 1.00; Global priority: 1.00
Hierarchiestufe 1, Attribut A-1: Local prioritiy: O.65; Global priority: 0.65
Hierarchiestufe 2: Attribut A-1.1: Local priority: 0.10; Global priority: 0.065

Abbildung 3: Globalgewichtsberechnung (G priorities)

In einer nächsten Arbeitsphase sind - nach dem AHP-Standardverfahren - sämtliche Alternativen miteinander in Bezug auf die einzelnen Basisattribute zu vergleichen und jeweils über eine entsprechende Evaluationsmatrix – analog zu Abbildung 2 – weiter zu verarbeiten (relative measurement), wobei wiederum mit einer (1-9)-Skala gearbeitet werden kann.

Anschließend sind die für alle Alternativen in Bezug auf die einzelnen Basisattribute separat ermittelten L-Werte mit den entsprechenden G-Werten der Basisattribute zu multiplizieren und zu addieren. Der so für jede Alternative ermittelte Gesamtwert bildet die Grundlage zu deren Rangeinstufung.

Bei einer größeren Zahl von Alternativen erweist sich dieser Ansatz als sehr arbeitsintensiv. Bei m Alternativen mit n Attributen auf der niedrigsten Hierarchiestufe sind n[m(m-1)/2] paarweise Attributsvergleiche erforderlich. Es ist deshalb empfehlenswert, die Zahl der nach dem AHP-Standardverfahren zu bearbeitenden Alternativen relativ klein zu halten; fünf Alternativen gelten - auch bei computergestützter Problembearbeitung - als Obergrenze.

1.2 Varianten

Der letzterwähnte – dem AHP-Standardverfahren inhärente – Nachteil kann bei Verwendung des sogenannten Festwertverfahrens (absolute measurement) vermieden werden. Nach diesem Verfahren entfallen die paarweisen Alternativenvergleiche; vielmehr werden die bei den einzelnen Alternativen festgestellten Attributsausprägungen mit vorgegebenen Standards verglichen und entsprechend benotet. Die erteilten Noten sind anschließend mit den Attributsgewichten zu multiplizieren und für die einzelnen Alternativen zu einem Gesamtwert zu addieren. Dieser bildet wiederum die Grundlage zur Alternativeneinstufung. Diese Vorgehensweise führt zu einer merklichen Vereinfachung des Evaluationsprozesses.

Da nur (m · n) Notenvergaben erforderlich sind, wird der Einbezug einer größeren Zahl von Alternativen in den AHP-Evaluationsprozess erleichtert.

Durch das Festwertverfahren kann auch das mit einer nachträglichen Veränderung von Art und Zahl der Vergleichsalternativen potentiell verbundene Auftreten von Rangumstellungen (rank reversals) vermieden werden.

Eine weitere Variante von AHP stellt die ANP-Methode (Analytic Network Process) dar; sie erlaubt die Bearbeitung stark - auch horizontal - vernetzter Attributsstrukturen und deren Bearbeitung unter Benutzung von Spezialverfahren (Supermatrix) [Saa96, S. 75-145].

1.3 Software

Der Einsatz der AHP-Methode führt bereits bei relativ einfach strukturierten Problemen zu aufwendigen Berechnungen. AHP ist deshalb praktisch nur computergestützt einsetzbar.

Zur computergestützten Bearbeitung von AHP-Modellen stehen Programme unterschiedlicher Leistungsfähigkeit zur Verfügung. Zu empfehlen ist die Verwendung spezieller AHP-Softwarepakete, insbesondere von AutoMan, Criterium und Expert Choice ([Bud92]; [Web93, S. 127-143]).

2 AHP-Einsatzbereiche

Für die AHP-Methodologie bestehen im Gesamtbereich des Marketing beachtenswerte Einsatzmöglichkeiten. Hierzu finden sich insbesondere in der amerikanischen Literatur informative Berichte, die auch Angaben über die realisierten Modellstrukturen vermitteln.

2.1 Marketingforschung

AHP kann Untersuchungen über die aktuelle Stellung einer Unternehmung im Absatzbereich, etwa in Verbindung mit Konkurrenzanalysen, unterstützen und auch zur Selektion von Prognosemethoden usw. verwendet werden ([Dye91, S. 221, 228]; [Dye96, S. 40-44]).

Konkurrenzanalysen können sich auf die gesamte Unternehmung oder einzelne Produkte beziehen. Abbildung 4 zeigt ein AHP-Beispiel zur Erstellung einer Rangordnung über ähnliche Produkte ([Dye91, S. 221, 223]; [Dye96, S. 38-39]).

Ziel: Konkurrenzanalyse (key success factor model)
    Distributionssystem (distribution system strength)
    Produktqualität (product quality)
    Ertragskraft (financial strength)
    Werbemaßnahmen (promotional support)
    Marktstellung (brand image)
Alternativen: Konkurrenzprodukt 1, Konkurrenzprodukt 2, etc.

Abbildung 4: Konkurrenzanalyse

2.2 Produkt- und Sortimentspolitik

Die Produkt- und Sortimentspolitik betrifft Maßnahmen zur marktorientierten Gestaltung des Leistungsprogramms einer Unternehmung.

Die AHP-Methode kann insbesondere zur Vorbereitung von Entscheidungen über die Aufnahme neuer Produkte, Produktverbesserungen und Produktdifferenzierungen, einschließlich Sortimentsgestaltung, Kundenservice und Markenpolitik eingesetzt werden [Saa93, S. 36-49]. Die entsprechenden Modelle umfassen meist eine relativ große Zahl von Attributen, die mehrstufig anzuordnen sind.

Abbildung 5 zeigt - stark vereinfacht - die Grundstruktur eines (in den USA von der Anheuser-Busch, Inc.) zur Sortimentsüberprüfung benutztes AHP-Modell, bei dem die Ausprägungen von originär insgesamt zwölf Basiskriterien in Bezug auf ein zu untersuchendes Produkt dreiwertig verbal angegeben und letztlich nur drei Alternativentscheidungen möglich sind [Saa93, S. 42].

Ziel: Sortimentsüberprüfung (deciding whether to continue marketing an introductory
    product)
        Qualität (quality)
            Flexibilität (flexibility)
            Lebensdauer (average life)
        ...
        Marktanteil (market share)
        Kapitalwert (net present value)
        Kosten (costs)
        Risiko (risk)
Skala zur Beurteilung der Basiskrierien: hoch, mittel, niedrig (high, medium, low)
Alternativen: Beibehaltung, Elimination, Zusatzuntersuchung (keep, drop, analysis)

Abbildung 5: Sortimentsüberprüfung

Bei AHP-Analysen kann sich auch der Einsatz mehrerer Experten(gruppen), denen unterschiedliche Stimmgewichte beizumessen sind, als sinnvoll erweisen.

Abbildung 6 zeigt ein entsprechend strukturiertes – stark komprimiertes – AHP-Modell, bei dem mehrere Experten zur Markenwahl herangezogen werden. Dabei hat die Modellbearbei-tung zunächst durch die einzelnen Experten zu erfolgen; die Analysenergebnisse sind abschließend – durch geometrische Mittelwertbildung – zu aggregieren [Dye96, S. 77].

Ziel: Markenwahl (selecting a brand name)
    Experte 1 (marketing manager)
    Experte 2 (product manager)
        Produktpositionierung (Product positioning)
        Lesbarkeit/Aussprechbarkeit (ease of pronunciation)
        Erkennbarkeit (recognition).
        Registrierbarkeit (capable of registration)1
Alternativen: Markenname 1, Markenname 2, etc.

Abbildung 6: Markenwahl

2.3 Kontrahierungspolitik

Die Kontrahierungspolitik umfaßt Maßnahmen zur Preis- und Konditionengestaltung für Untenehmungsleistungen.

Abbildung 7 zeigt ein – im Vergleich zur Originalversion leicht modifiziertes – Preis-strategie-Modell ([Dye91, S. 258-262]; [Dye96, S. 83-84]).

Ziel: Evaluation von Preisabfolge-Strategien
    Markteintrittsbarrieren (difficulty of market entry)
    Kundenakzeptanzrate (rate of consumer acceptance/adaption)
    Generelle Kostenvorteile
        Betriebsgrößendegression (scale economies)
        Erfahrungskurveneffekte (experience curve effects)
    Komparative Kostenvorteile (production/marketing cost vs. competitors)
    Preiselastizität der Nachfrage (price elasticity of demand)
Skala für Beurteilung der Basisattribute: hoch, mittel, niedrig (high, moderate, low)
Alternativen: Penetrationsstrategie (penetration), Skimmingstrategie (skimming)

Abbildung 7: Preisstrategie-Modell

Andere AHP-Modelle sind darauf ausgerichtet, bei der Preisgestaltung auch Kriterien zur systematischen Erfassung der Kundenzufriedenheit – bei Fluggesellschaften etwa begründet durch Komfort, Zuverlässigkeit, Fahrplangestaltung, Erleichterungen beim Fahrschein-kauf, usw. [Dye96, S. 82] – mitzuberücksichtigen (perceived-value pricing).

2.4 Kommunikationspolitik

Die Kommunikationspolitik betrifft die Informationsvermittlung über die Unternehmung als Ganzes und deren Leistungsprogramm zur Beeinflußung der Einstellungen und Ver-haltensweisen der Marktteilnehmer.

Besonders häufig verwendet – und in der Literatur auch ausführlich besprochen – werden AHP-Modelle zur Mediaselektion. Vgl. hierzu Abbildung 8 [Web93, S. S. 147-149]. Im Anschluß an amerikanische Beispiele kann der Auswahlprozess auch zweistufig – zunächst auf Grund der Leserzahlen und anschließend unter Berücksichtigung budgetbedingter Restriktionen – erfolgen ([Dye91, S. 164-176]; [Dye96, S. 94-97]).

AHP kann auch zur Aufteilung des gesamten Marketingbudgets auf kommunikationspolitische Instrumente benutzt werden, wobei sich als Allokationskriterien – differenziert nach Produktegruppen, Absatzgebieten etc. – Periodenerfolg, Marktanteil und Marktwachstum eignen [Mer87, S. 144-152].

```
Ziel: Zeitschriftenevaluation als Werbeträger
        Akzeptanz der Zeitschrift als Werbeträger
        Sozio-ökonomische Merkmale der Leserschaft
                Alter (unter 30 Jahren, 30-60 Jahre, über 60 Jahre)
                Geschlecht (Männer, Frauen)
                Einkommen (unter 4000 DM/Monat, 4000-8000 DM/Monat, über
                8000 DM/Monat)
                Berufskreise (Selbständige Geschäftsleute und freie Berufe, lei-
                tende Beamte und Angestellte, übrige Berufskreise)
        Mediencharakter
                Inhaltliche Ausrichtung (Bildung, Unterhaltung)
                Marktposition (Auflagenstärke, Erscheinungshäufigkeit/Jahr)
                Inserationskosten pro 1/8 Seite (Kosten/1000 Käufer, Kosten/1000
        Leser)
```

Abbildung 8: Mediaselektion

2.5 Distributionspolitik

Die Distributionspolitik betrifft Maßnahmen zur Gestaltung der Absatzkanäle und logistischen Systeme zur Versorgung der Marktteilnehmer mit Unternehmungsleistungen.

Auch zur Gestaltung der Distributionspolitik liegen beachtenswerte Berichte über AHP-Einsatzmöglichkeiten vor.

Abbildung 9 zeigt ein Modell zur Transportdienst-Selektion ([Dye91, S. 265-266]; [Dye96, S. 89]).

```
Ziel: Transportdienst-Selektion (selection of delivery service)
        Lieferzeit (delivery time)
        Bedienungsfrequenz (frequency of order pick-up)
        Lieferzuverläßigkeit (dependability/reliability of delivery, on time/low loss)
        Verfügbarkeit (availability)
```

Abbildung 9: Transportdienst-Selektion

Andere Beispiele betreffen die Selektion von Absatzmittlern, die Standortwahl von Verkaufsstellen usw. [Dye91, S. 263-266].

Zu vermerken ist, daß AHP-Modelle auch zur nachträglichen Überprüfung von Entscheidungen (ex-post decision evaluation of marketing decisions) benutzt werden können. Als typische Beispiele seien retrospektive Lieferanten- und Vertreter-Evaluationen, Produktgruppenevaluationen und – auf Produkte, Filialen usw. bezogene – Kundenzufriedenheits-Untersuchungen erwähnt [Dye96, S. 133-151].

Letztlich läßt sich der AHP-Ansatz auch zu einer umfassenden Kontrolle des Marketing-Mix verwenden, wobei lediglich der Grad der Soll-Ist-Abweichungen zu erfassen und unter Benutzung relativ einfacher Notenskalen zu beurteilen ist.

3 Literatur

[Bud92]   Bude, D.. (1992): Software Review. Three Packages for AHP: Criterium, Expert Choice and HIPRE 3+. In: *Journal of Multi-Criteria Decision Analysis*, 1(1992)2, S. 119-121.

[Dye91]   Dyer, R., Forman, E. (1991): An Analytic Approach to Marketing Decisions. Englewood Cliffs: Prentice Hall.

[Dye96]   Dyer, R., Forman, E., Forman, E., Jouflas, G. (1996): Marketing Decisions. Case Studies in Marketing Using Expert Choice. Rev. ed., Pittsburgh: Expert Choice.

[Mer87]   Merunka, D. (1987): La prise de decision en management. Paris: Vuibert

[Oss94]   Ossadnik, W. (1994) : Strategiewahl mittels AHP. In: *Die Unternehmung*, 48(1994)3, S. 159-169.

[Rab96]   Rabbani, S., Rabbani, S. (1996): Decisions in Transportation with the Analytic Hierarchy Process. Capina Grande: UFFB/CCT.

[Saa90]   Saaty, T. (1990): Multicriteria Decision Making. The Analytic Hierarchy Process. Planning, Priority Setting, Resource Allocation. Pittsburgh: RWS Publications.

[Saa91]   Saaty, T., Vargas, L. (1991): The Logic of Priorities. Applications of the Analytic Hierarchy Process in Business, Energy, Health, and Transportation. Pittsburgh: RWS Publications.

[Saa93]   Saaty, T., Forman, E. (1993): The Hierarchon. A Dictionary of Hierarchies. Pittsburgh: RWS Publications.

[Saa94]   Saaty, T. (1994): Fundamentals of Decision Making and Priority Theory with the Analytic Hierarchy Process. Pittsburgh: RWS Publications.

[Saa96]   Saaty, T. (1996): Decision Making with Dependence and Feedback: The Analytic Network Process. Pittsburgh: RWS Publications.

[Web91]   Weber, K. (1991): Multikriterielle Analyse und Entscheidungsmethoden. In: *Die Unternehmung*, 45(1991)6, S. 396-411.

[Web93]   Weber, K. (1993): Mehrkriterielle Entscheidungen. München: Oldenbourg.

[Web95]   Weber, K. (1995): AHP-Analyse. In: *Zeitschrift für Planung*, 6(1995)2, S. 185-195.

[Zim91]   Zimmermann, H.-J., Gutsche, L. (1991): Multi-Criteria Analyse. Einführung in die Theorie der Entscheidungen bei Mehrfachzielsetzungen. Berlin: Springer.

LEHRSTUHL-PORTRAITS

Univ.-Prof. Dr. Dieter Ahlert

Lehrstuhl für Betriebswirtschaftslehre,
insbesondere Distribution und Handel;
Institut für Handelsmanagement
Westfälische Wilhelms-Universität Münster

Kontakt

Am Stadtgraben 13-15
D-48143 Münster
Tel.: 0251-832-2808
Fax: 0251-832-2032
e-mail: 02anfe@wiwi.uni-muenster.de
www: http://www-wiwi.uni-muenster.de/~02/d&h-home.htm

Forschungsschwerpunkte

- Distributions- und Handelsmanagement
- Controlling in Industrie und Handel
- Dimensionierung von Handelssystemen
- Neue Informationssysteme in Industrie und Handel
- Marketing-Rechts-Management

Laufende Forschungsprojekte

- Konzeption und Implementierung von Führungs-Informationssystemen im Handel
- Restrukturierung von Geschäftsprozessen im Handel (Zertifizierung nach DIN EN ISO 9000 ff)
- Entwurf eines stufenübergreifenden Logistik-Systems für die Textilwirtschaft
- Einführung von Shop-Systemen im Konsumgütervertrieb
- Konzeption von Personalentlohnungssystemen für den Konsumgüterhandel

Prof. Dr. Sönke Albers

Lehrstuhl für Marketing
Institut für Betriebswirtschaftslehre
Christian-Albrechts-Universität zu Kiel

Kontakt

Olshausenstraße 40
D-24098 Kiel
Tel.: 0431-880-1542
Fax: 0431-880-1166
e-mail: albers@bwl.uni-kiel.de
www: http://www.bwl.uni-kiel.de/bwlinstitute/Marketing

Forschungsschwerpunkte

- Marketing-Planung und -Controlling
- Verkaufsmanagement, Außendienststeuerung
- Innovationsmanagement und Neuproduktpolitik
- Telekommunikation und Neue Medien
- Anreizsysteme

Laufende Forschungsprojekte

- Prognose der Diffusion des Telekommunikationsdienstes ISDN auf der Basis von Daten über die individuelle Adoptionsneigung
- Ermittlung von Zahlungsbereitschaftsfunktionen für interaktives Fernsehen
- Allokation von Marketing-Aufwendungen
- Budgetzuteilung bei Profit-Centern
- Optimale Standorte bei der Verkaufsgebietseinteilung
- Informations- und Entscheidungsverhalten im Internet
- Mengenbezogene Preisdifferenzierung
- Verkaufsförderung
- Kundenwertanalyse

Prof. Dr. Klaus Ambrosi

Institut für Betriebswirtschaftslehre
Marketing/Logistik
Universität Hildesheim

UNIVERSITÄT HILDESHEIM

Kontakt

Samelsonplatz 1
D-31141 Hildesheim
Tel.: 05121-883-782 (-780)
Fax: 05121-883-789
e-mail: ambrosi@bwl.uni-hildesheim.de
www: http://www.informatik.uni-hildesheim.de/FB4/Institute/BWL/bwl.html

Forschungsschwerpunkte

- Methoden- und EDV-orientiertes Marketing
- Modellgestützte Beschreibung und Analyse des Kaufverhaltens von Konsumenten
- Multivariate Datenanalyse in der Marktforschung
- Multimediaanwendungen im Marketing
- Modellierung und Simulation logistischer Prozesse
- Computerbasierte Entscheidungsunterstützungssysteme in der Logistik

Laufende Forschungsprojekte

- Kaufverhaltensmodelle als Instrumente zur operativen Marketing-Mix-Planung
- Data Mining und Database Marketing im Bankenbereich
- Interaktives Flottenmanagement auf der Basis digitaler Straßenkarten
- ÖPNV-Planung mit digitalen Karten

Prof. Dr. Dr. habil. Ulli Arnold

Lehrstuhl Investitionsgütermarketing und Beschaffungsmanagement
Betriebswirtschaftliches Institut
Universität Stuttgart

Kontakt

Keplerstr. 17
D-70174 Stuttgart
Tel.: 0711-121-3161
Fax: 0711-121-3131
e-mail: ulli.arnold@po.uni-stuttgart.de
www: http://www.uni-stuttgart.de/marketing/

Forschungsschwerpunkte

- Beschaffungsmanagement/Supply Management
- Business-to-Business-Marketing
- Internationales Marketing
- Management von Non-Profit-Organisationen (Forschungsstelle für das Management von Sozialorganisationen FORMS)

Laufende Forschungsprojekte

- Einsatz von EDV in Werkstätten für Behinderte (abgeschlossen)
- Neue Technologien als Lernmedium in Werkstätten für Behinderte
- Entwicklung eines multimedialen Lern- und Informationssystems (abgeschlossen)
- Wirkungsanalyse multimedialer Systeme

Univ.-Prof. Dr. Ingo Balderjahn

Lehrstuhl Betriebswirtschaftslehre mit dem Schwerpunkt Marketing
Wirtschafts- und Sozialwissenschaftliche Fakultät
Universität Potsdam

Kontakt

August-Bebel-Straße 89
D-14482 Potsdam
Tel.: 0331-977-3595
Fax: 0331-977-3350
e-mail: balderja@rz.uni-potsdam.de
www: http://enterprise.rz.uni-potsdam.de/u/ls_marketing/index.htm

Forschungsschwerpunkte

- Ökologisches Marketing / Umweltmanagement
- Standort- und Städtemarketing
- Internationales und interkulturelles Marketing
- Innovationsmarketing
- Methoden der Marktforschung
- Konsumentenverhalten

Laufende Forschungsprojekte

- Internet and Consumer Behaviour
- Analyse organisationaler Standortentscheidungen
- Consumer Attitudes and Decision-Making with Regard to Genetically Engineered Food Products
- Die Wahrnehmung und Bewertung von Umweltproblemen sowie Handlungspräferenzen zur Umweltvorsorge
- Das Management ökologischer Risiken und Krisen in Unternehmen

Prof. Dr. Günter Bamberg

Lehrstuhl für Statistik
Institut für Statistik und Mathematische Wirtschaftstheorie
Universität Augsburg

Kontakt

Universitätsstr. 16
D-86159 Augsburg
Tel.: 0821-598-4151
Fax: 0821-598-4227
e-mail: Guenter.Bamberg@wiso.uni-augsburg.de
www: http://www.WiSo.Uni-Augsburg.DE/iob/bamberg/

Forschungsschwerpunkte

- Marktforschung und Datenanalyse
- Finanzierungs- und Kapitalmarkttheorie
- Benchmarking
- Anreizkompatibilität ökonomischer Mechanismen

Laufende Forschungsprojekte

- Regulierungs- und Deregulierungspotential am DAX-Futures Markt

Prof. Dr. Hans H. Bauer

Lehrstuhl für ABWL und Marketing II
Universität Mannheim

Kontakt

L 5, 1 Schloß
D-68131 Mannheim
Tel.: 0621-292-1030
Fax: 0621-292-1031
e-mail: bauer@bwl.uni-mannheim.de
www: http://www.bwl.uni-mannheim.de/Bauer/index.html

Forschungsschwerpunkte

- Kaufentscheidungstheorie und Präferenzmessung
- Theorie des Marketing, Ethik und Marketing
- Marketing-Management und Strategisches Management
- Innovationsmanagement
- Dienstleistungsmarketing
- Vertikales Marketing
- Ethik und Marketing

Laufende Forschungsprojekte

- Entwicklung eines Konzepts zur Nutzen- und Präferenzanalyse für ein Stadtauto
- Kundenzufriedenheitsanalyse in drei europäischen Ländern für einen Folienhersteller
- Entwicklung eines Konzepts für das strategische Controlling auf der Basis der Umsatz-flußanalyse
- Spieltheoretische Marktsimulation

Prof. Dr. Freimut Bodendorf

Lehrstuhl für Wirtschaftsinformatik II
Universität Erlangen-Nürnberg

Kontakt

Lange Gasse 20
D-90403 Nürnberg
Tel.: 0911-5302-450
Fax: 0911-5302-379
e-mail: bodendorf@wiso.uni-erlangen.de
www: http://www.wi2.uni-erlangen.de

Forschungsschwerpunkte

- Informations- und Kommunikationssysteme in der Dienstleistungswirtschaft
- Telekooperation und Elektronische Märkte
- Gestaltung und Optimierung von Geschäftsprozessen
- Teleteaching und Wissensmanagement

Laufende Forschungsprojekte

- Potentiale mikrogeographischer Systeme im Regionalmarketing von Versicherungen
- Strukturen, Entwicklungen und Strategien der externen Unternehmenskommunikation
- Gestaltung marktorientierter Koordinations- und Kooperationskonzepte im Luftfracht-
  bereich mit Hilfe von intelligenten Softwareaktoren
- IV-Unterstützung für umweltorientierte Qualitätsmanagementsysteme
- Computergestützte Self-Service-Ansätze für öffentliche Verwaltungen
- Benutzerschnittstellen-Evaluation und -Redesign als Komponenten eines Qualitätssi-
  cherungssystems bei der Softwareentwicklung
- Grundlagen, Modelle und Systeme des aktororientierten Workflow-Managements –
  Werkzeuge und Bausteine für Workgroup- und Workflow-Anwendungen
- Grundlagen, Konzepte und Realisierungsansätze einer virtuellen Education- und Co-
  operation-Mall für universitäre und betriebliche Dienstleistungen
- Einsatzmöglichkeiten multimedialer Telekooperation zur Unterstützung virtueller Ar-
  beitsgruppen

Prof. Dr. Heymo Böhler

Lehrstuhl für BWL III
- Marketing -
Universität Bayreuth

Kontakt

Universitätsstraße 30
D-95440 Bayreuth
Tel.: 0921- 55- 2863
Fax: 0921- 55- 2985
e-mail: heymo.boehler@uni-bayreuth.de
www: http://www.uni-bayreuth.de/departments/wirtschaft/lehrstuehle/bwl3/

Forschungsschwerpunkte

- Konsum- und Investitionsgütermarktforschung
- Strategisches Marketing
- Direktmarketing und Database Marketing
- BWL kleiner und mittlerer Unternehmen
- Internationales Marketing
- Nutzung neuer Medien im Marketing

Laufende Forschungsprojekte

- Strategische Bedeutung des Dienstleistungsmanagements
- Internationalisierungsstrategien
- Konzepte zur Erhöhung der Kundenbindung im Facheinzelhandel
- Strategische Kommunikationspolitik und Signaling

Prof. Dr. Walter Brenner

Lehrstuhl für ABWL, insbesondere Wirtschaftsinformatik
Fakultät für Wirtschaftswissenschaften
TU Bergakademie Freiberg

Kontakt

Gustav-Zeuner-Strasse 10
D-09596 Freiberg / Sachsen
Tel.: 03731-39-26 74
Fax: 03731-39- 31 17
e-mail: brenner@bwl.tu-freiberg.de
www: http://www.wiwi.tu-freiberg.de/winfo/winfo.htm

Forschungsschwerpunkte

- Informationstechnik im Einkauf
- Informationsverarbeitung der privaten Haushalte
- Einsatz internetbasierter Technologien / Internetanwendungen
- Informationsmanagement
- Systementwicklung
- Business Reengineering

Laufende Forschungsprojekte

- Kompetenzzentrum 'Informationstechnik im Einkauf'
- Intelligente Softwareagenten

Prof. Dr. Günter Buttler

Lehrstuhl für Statistik und empirische Wirtschaftsforschung
Wirtschafts- und Sozialwissenschaftliche Fakultät
Friedrich-Alexander-Universität Erlangen-Nürnberg

Kontakt

Lange Gasse 20
D-90403 Nürnberg
Tel.: 0911-5302-268
Fax: 0911-5302-178
e-mail: Buttler@wiso.uni-erlangen.de
www: http://www.wiso.uni-erlangen.de/WiSo/VWI/s1/

Forschungsschwerpunkte

- Dienstleistungen
- Wirtschaftsprognosen / Marktforschung
- Multivariate Verfahren
- Bevölkerung und Arbeitsmarkt
- Soziale Sicherung

Laufende Forschungsprojekte

- Akzeptanzstudie für das Pilotprojekt "BÜRGERmobil"
- Benchmarking am Beispiel der Montage von Industrieanlagen
- Informationsmanagement in der betrieblichen Marktforschung
- Multivariate Regressionsanalyse mit bereinigten Regressoren

Prof. Dr. Dieter Ehrenberg

Institut für Wirtschaftsinformatik
Wirtschaftswissenschaftliche Fakultät
Universität Leipzig

Kontakt

Marschnerstr. 31
D-04109 Leipzig
Tel.: 0341-97 33 600
Fax: 0341-97 33 612
e-mail: ehrenberg@wifa.uni-leipzig.de
www: http://www.iwi.uni-leipzig.de

Forschungsschwerpunkte

- Virtuelle Universität/ Online Aus- und Weiterbildung
- Geschäftsrelevantes Informationssystem für die VNG AG und ihre Kunden
- Fallbasiertes Schließen
- Neuronale Netze
- Migration integrierter Standardanwendungssoftware
- Rechnergestützte Gruppenarbeit (CSCW)
- Virtuelle Unternehmen
- Environmental Research Studies

Laufende Forschungsprojekte

- Virtuelle Universität/ Online Aus- und Weiterbildung
- Geschäftsrelevantes Informationssystem für die VNG AG und ihre Kunden
- Virtuelle Unternehmen
- Environmental Research Studies

Prof. Dr. Bernd Erichson

Lehrstuhl für Marketing
Fakultät für Wirtschaftswissenschaft
Otto-von-Guericke-Universität Magdeburg

Kontakt

Universitätsplatz 2
D-39106 Magdeburg
Tel.: 0391-67-18625
Fax: 0391-67-11163
e-mail: erichson@ww.uni-magdeburg.de
www: http://www.uni-magdeburg.de/marketing

Forschungsschwerpunkte

- Marktforschung
- Kommunikationsmanagement
- Markenpolitik

Laufende Forschungsprojekte

- Zeitpfadprognose auf Basis von Testmarktsimulationen
- Nutzung von Virtual-Reality-Techniken in der Testmarktforschung
- Absatzprognose in der Automobilbranche
- Präferenz- und Imageanalyse in der Automobilbranche
- Kundenzufriedenheit und Markentreue in der Automobilbranche
- Internet-Nutzung für Marketing
- Gestaltung des Erhebungsdesigns beim Werbetracking
- Markenwertmessung
- Markentransferentscheidung

Prof. Dr. Franz-Rudolf Esch

Lehrstuhl für Marketing - BWL I
Justus-Liebig-Universität Gießen

Kontakt

Licher Straße 66
D-35394 Gießen
Tel.: 0641-99-22401
Fax: 0641-99-22409
e-mail: marketing@wirtschaft.uni-giessen.de
www: http://www.uni-giessen.de/marketing

Forschungsschwerpunkte

- verhaltenswissenschaftliche Marketingforschung
- Markenmanagement
- Kommunikationsmanagement

Laufende Forschungsprojekte

- Forschungsprojekte zur integrierten Kommunikation, zur Markenerweiterung und zum Markenwert
- Forschungsprojekt zur sozialtechnischen Gestaltung von Internetseiten

Prof. Dr. Roland Fahrion

Lehrstuhl für Wirtschaftsinformatik
Wirtschaftswissenschaftliche Fakultät der
Universität Heidelberg

Kontakt

Grabengasse 14
D-69117 Heidelberg
Tel.: 06221-54-2939/38
Fax: 06221-54-2914
e-mail: fa@awi-nov.awi.uni-heidelberg.de
www: http://www.rzuser.uni-heidelberg.de/~i68

Forschungsschwerpunkte

- Datenbankanwendungen, Data Mining
- Künstlich neuronale Netze, Kapitalmarkt
- Electronic Cash, Teleworking

Laufende Forschungsprojekte

- Realisierung eines Betrieblichen Umweltinformationssystems in einer relationalen Datenbankumgebung
- Entwicklung eines Referenzmodells zur Evaluierung von Software-Applikationen für den Mittelstand
- Einsatz künstlich neuronaler Netze für Trading-Entscheidungen auf dem Aktienmarkt
- Länder-Rating aus finanzmarktpolitischen Aspekten auf der Grundlage von künstlich neuronalen Netzen
- Empirischer Nachweis der Nichteffizienz des Aktienmarkts
- Entwicklung einer Fuzzy-Methodik für die grafische Darstellung hochdimensionaler Datenstrukturen

Prof. Dr. Joachim Fischer

Schwerpunkt Wirtschaftsinformatik 1
Betriebswirtschaftliche Informationssysteme (BIS)
Universität-GH Paderborn

Kontakt

Warburger Str. 100
33098 Paderborn
Tel.: 05251-60-3257/3256
Fax: 05251-60-3430
eMail: fischer@wior.wiwi.uni-paderborn.de
www: http://fb5-wior.uni-paderborn.de

Forschungsschwerpunkte

- Bon- und Scannerdatenanalyse
- Electronic Data Interchange (EDI, EDIFACT)
- Architekturen für unternehmensübergreifende Informationssysteme
- Geschäftsprozeß-Engineering und Controlling
- Marktorientierte Entwicklung ressourcenoptimaler Produkte
- Integrierte Anwendungssysteme (speziell SAP R/3)
- Forschungs- und Entwicklungsinformationssysteme

Laufende Forschungsprojekte

- MOVE - <u>Mo</u>dellierung einer <u>V</u>erteilten Architektur für die <u>E</u>ntwicklung unternehmens-
  übergreifender Informationssysteme und ihre Validierung im Handelsbereich
- DIAMANT - <u>Di</u>rekte <u>A</u>nalyse von <u>M</u>arkt-<u>A</u>bverkaufsdaten mit einem graphischen <u>Na</u>-
  vigations-<u>T</u>ool
- POPS - <u>P</u>rozeß-<u>O</u>rientierte <u>P</u>roduktions-<u>S</u>teuerung
- KICK - <u>K</u>onstruktions-<u>I</u>ntegriertes <u>C</u>omputergestütztes <u>K</u>osteninformationssystem
- MANDALA - <u>M</u>arktorientierte <u>A</u>nwendungs- und <u>D</u>atensysteme in einer <u>L</u>ebenszyklus-
  <u>A</u>rchitektur
- LIVE - Marktorientierte <u>L</u>eistungsprozesse im <u>i</u>ntegrierten <u>V</u>erbund von <u>E</u>ntwicklungs-
  partnern
- PROFED - <u>Pro</u>zessorientiertes <u>F&E</u>-<u>D</u>okumentationsmanagement

Prof. Dr.rer.pol., habil.-Ing. Thomas Fischer

Leitung der Gruppe Textilmanagement am
Institut für Textil- und Verfahrenstechnik
Denkendorf

Kontakt

Körschtalstraße 26
D-73770 Denkendorf
Tel.: 0711-9340-238
Fax: 0711-9340-297
e-mail: thomas.fischer@itvd.uni-stuttgart.de
www: http://www.itvd.uni-stuttgart.de

Forschungsschwerpunkte

- Electronic Commerce
- Kurzfristige Absatzprognosen
- Langfristige Prognosen: Szenario-Management
- Innovationsmanagement
- Gemeinsame Produktentwicklung
- EDI – Electronic Data Interchange

Laufende Forschungsprojekte

- STRATEX - Prognoseunterstützung für die Bekleidungsindustrie
- E.C.H.O.E.S - Electronic Commerce for a High Level Organisation of European Sales.
  A "sure measure service" for Clothing and Textile Companies
- VIRTEX - Virtual Organisation of the Textile and Clothing Supply Chain for Co-
  operative Innovation, Quality and Environment Management

Univ-Prof. Dr. Wolfgang Fritz

Abteilung für ABWL und Marketing
Institut für Wirtschaftswissenschaften
Technische Universität Braunschweig

Kontakt

Abt-Jerusalem-Str. 4
D-38106 Braunschweig
Tel.: 0531-391-3202
Fax: 0531-391-8202
e-mail: w.fritz@tu-bs.de
www: http://www.tu-bs.de/institute/wirtschaftswi/marketing/mkt_home.html

Forschungsschwerpunkte

- Empirische Erfolgsfaktorenforschung
- Internationales Marketing
- Strategisches Marketing/Marktorientierte Unternehmensführung
- Marketing und neue Medien, insbes. Online-Marketing
- Internet-basierte Methoden betriebswirtschaftlicher Didaktik

Laufende Forschungsprojekte

- Die interkulturelle Kompetenz von Führungskräften als Erfolgsfaktor internationaler Unternehmen (Kooperationsprojekt mit der TU Dresden)
- Online-Marketing im WWW
- Teaching Global Cooperation through Internet-Based Case Studies (Kooperationsprojekt mit der University of Rhode Island, USA)
- Marktorientierter Unternehmenswandel

Prof. Dr. Roland Gabriel

Lehrstuhl für Wirtschaftsinformatik
Fakultät für Wirtschaftswissenschaft
Ruhr-Universität Bochum

Kontakt

Universitätsstraße 150
D-44801 Bochum
Tel.: 0234-700-3793
Fax: 0234-7094-350
e-mail: RGabriel@winf.ruhr-uni-bochum.de
www: http://www.winf.ruhr-uni-bochum.de

Forschungsschwerpunkte

- Informationsmanagement (u.a. für den Bereich Marketing)
- Gestaltung betrieblicher Informationssysteme (u.a. Marketing-Informationssysteme)
- Objektorientierte und wissensbasierte Systemgestaltung
- Decision Support Systeme (u.a. Marketing DSS)
- Database Marketing
- Management Support Systeme (EIS, ESS, OLAP, Data Warehouse; u.a. für den Bereich Marketing)

Laufende Forschungsprojekte

- Modellierung und Entwicklung von OLAP- und Data Warehouse-Systemen
- Gestaltung von Decision Support Systemen und Executive Information Systemen (auf der Basis von CSCW-Konzepten)

Prof. Dr. Wolfgang Gaul

Lehrstuhl für Quantitative Methoden und Unternehmensplanung – insbesondere Absatz- und Entscheidungstheorie
Institut für Entscheidungstheorie
und Unternehmensforschung
Universität Karlsruhe (TH)

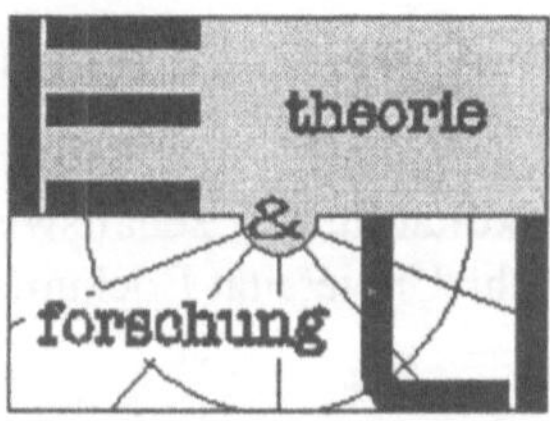

Kontakt

Postfach 6980
D-76128 Karlsruhe
Tel.: 0721-608-3726
Fax: 0721-661227
e-mail: gaul@etu.wiwi.uni-karlsruhe.de
www: http://www-etu.wiwi.uni-karlsruhe.de/marketing/

Forschungsschwerpunkte

- Marketing-Datenanalyse, Marktforschung
- Modellgestützte Marketingforschung
- Computergestütztes Marketing
- Neue Produkte und Innovation
- Conjointanalyse
- Responsemodellierung
- Sales Force Management
- Marketing und Neue Medien

Laufende Forschungsprojekte

- Marketing und Internet
- Markt- und Absatzanalysen
- Anwendungen conjointanalytischer Ansätze in der Marketing-Praxis
- Anwendung von OR-Modellen in der Marketing-Praxis

Prof. Dr. Heinz Lothar Grob

Lehrstuhl für Wirtschaftsinformatik und Controlling
Institut für Wirtschaftsinformatik
Westfälische Wilhelms-Universität Münster

Kontakt

Steinfurter Str. 107
D-48149 Münster
Tel.: 0251-83-38000
Fax: 0251-83-38009
e-mail: grob@uni-muenster.de
www: http://www-wi.uni-muenster.de/aw

Forschungsschwerpunkte

- Computergestütztes Controlling
- Investitionscontrolling
- Computer Assisted Learning und Computer Assisted Teaching (CAL+CAT)
- Internet Assisted Learning und Internet Assisted Teaching (IAL+IAT)
- Entscheidungsunterstützungssysteme (insb. im Marketing)
- Internet Marketing

Laufende Forschungsprojekte

- Ausbau der CAL+CAT-Architektur
- Umsetzung der IAL+IAT-Konzeption
- Entwicklung eines interaktiven Internet-Planspiels
- Aufbau einer Internet-Datenbank zur Erfassung und Dokumentation von Kompetenzen
- Entwicklung eines Simulationsmodells des ökologischen Kaufverhaltens
- Unternehmensbewertung
- Finanzorientierung im Rechnungswesen und Controlling

Prof. Dr. Peter Hammann

Lehrstuhl für Angewandte Betriebswirtschaftslehre IV (Marketing)
Ruhr-Universität Bochum

Kontakt

Universitätsstraße 150
Gebäude: GC/ Etage 4/ Zimmer 157
44780 Bochum
Telefon: 0234-700-6596
Telefax: 0234-7094-272
e-mail: Peter.Hammann@rz.ruhr-uni-bochum.de
www: http://www.ruhr-uni-bochum.de/www-public/beckepbd/dok1.htm

Forschungsschwerpunkte

- Marketing
- Marktforschung
- Marketinginformatik
- Marketingcontrolling
- Marketing und Recht
- Beschaffungsmarketing
- Marketing und ökonomische Theorie

Laufende Forschungsprojekte

- Vorteilspotentiale multimedialer Angebotsunterstützungssysteme für die persönliche Verkaufsberatung
- Ökonomische Analyse der Marktforschung
- Bewertung immaterieller Wirtschaftsgüter
- Erfolgsfaktoren des persönlichen Verkaufs
- Absatzfinanzierung für industrielle Anlagen

Prof. Dr. Dr. habil. Arnold Hermanns

Professur für ABWL, insbes. Marketing
Fakultät für Wirtschafts- und Organisationswissenschaften
Universität der Bundeswehr München

Kontakt

Werner-Heisenberg-Weg 39
D-85577 Neubiberg
Tel.: 089-6004-4211 od. -2810
Fax: 089-601 46 93
e-mail: w31aher@rz.unibw-muenchen.de
www: http://www.unibw-muenchen.de/campus/WOW/h104.html

Forschungsschwerpunkte

- Electronic Marketing (Informations- und Kommunikationstechnik im Marketing)
- Innovative Marketing-Kommunikation
- Internationales Marketing
- Mode-Marketing

Laufende Forschungsprojekte

- Management- und Verkaufsprozesse im Internetvertrieb
- Werbung in Online-Medien
- Rolle und Bedeutung von Informations- und Kommunikationstechniken für das internationale Dienstleistungsmarketing
- Markteintrittstrategien für Innovationen in globalen High-Tech-Märkten

Prof. Dr. Lutz Hildebrandt

Institut für Marketing II
Wirtschaftswissenschaftliche Fakultät
Humboldt-Universität zu Berlin

Kontakt

Spandauerstraße 1
D-10178 Berlin
Tel.: 030-2093-5698
Fax: 030-2093-5675
e-mail: hildebr@wiwi.hu-berlin.de
www: http://www.wiwi.hu-berlin.de

Forschungsschwerpunkte

- Quantitative strategische Marketingforschung
- Marketing-Mix-Management
- Markt- und Konsumentenforschung
- Causal Modeling

Laufende Forschungsprojekte

- Marketing-Mix-Modelle und die Analyse von Wettbewerbsbeziehungen (Teilprojekt A4 des DFG Sonderforschungsbereichs 373)
- Anwendungen nichtparametrischer und semiparametrischer Modelle zur Markenwahl
- Die Modellierung unbeobachtbarer Effekte in Panel-Modellen

Prof. Dr. Uwe Höft

Fachgebiet Marketing
Fachbereich Wirtschaft
Fachhochschule Brandenburg

Kontakt

Magdeburger Straße 50
D-14770 Brandenburg a.d.Havel
Tel.: 03381-355-203
Fax: 03381-355-299
e-mail: hoeft@fh-brandenburg.de
www: http://www.fh-brandenburg.de/~hoeft/INDEX.HTM

Forschungsschwerpunkte

- Marketing für innovative Investitionsgüter und Systemtechnologien
- Investitionsgütermarketing
- Industrielles Dienstleistungsmarketing
- Technologie- und Innovationsmanagement
- Marktforschung via Email und Internet
- Einsatz von Internet und Multimedia in der Investitionsgüterindustrie

Laufende Forschungsprojekte

- Erfolgsfaktoren deutscher Industrieunternehmen bei der Bearbeitung und Erschließung des GUS-Marktes (empirisches Projekt)
- Einsatz und Bedeutung des INTERNET in der deutschen Investitionsgüterindustrie (empirisches Projekt)

Prof. Dr. Harald Hruschka

Lehrstuhl für Marketing
Universität Regensburg

Kontakt

D-93040 Regensburg
Tel.: 0941-943 2273
Fax: 0941 -943 2278
e-mail: harald.hruschka@wiwi.uni-regensburg.de
www: http://www.wiwi.uni-regensburg.de/hruschka/

Forschungsschwerpunkte

– Analyse von Paneldaten
– Neuproduktplanung
– Anwendung Künstlicher Neuronaler Netze im Marketing
– Analyse von Kaufentscheidungsprozessen
– Preispolitische Untersuchungen

Laufende Forschungsprojekte

– Strukturelle Dynamische Modelle im Konsumentenverhalten
– Optimale Neuproduktplanung unter Einbeziehung von Konkurrenzreaktionen

Prof. Dr. Reinhard Hujer

Lehrstuhl für Statistik und Ökonometrie
(Empirische Wirtschaftsforschung)
Johann Wolfgang Goethe-Universität Frankfurt/Main

Kontakt

Mertonstr. 17
D-60054 Frankfurt
Tel.: 069-798-28115
Fax: 069-798-23673
e-mail: hujer@wiwi.uni-frankfurt.de
www: http://www.wiwi.uni-frankfurt.de/professoren/empwifo/

Forschungsschwerpunkte

- Labour Economics
- Angewandte Mikroökonometrie
- Finanzökonometrie
- Airline-Econometrics
- Marketing-Econometrics

Laufende Forschungsprojekte

- Weiterbildung und Erwerbsverläufe
- Ökonometrische Analyse von Ultra-High-Frequency Finanzdaten
- Marktmodellierung in der Airline-Industrie
- Markteintrittsstudien mit mikroökonometrischen Modellen

Prof. Dr. Bernd Jahnke

Abteilung für Betriebswirtschaftslehre,
insbesondere Wirtschaftsinformatik
Eberhard-Karls-Universität Tübingen

Kontakt

Melanchthonstraße 30
D-72074 Tübingen
Tel.: 07071-297-5422, -5423
Fax: 07071-21229
e-mail: jahnke@uni-tuebingen.de
www: http://www.wiwi.uni-tuebingen.de/Iswi

Forschungsschwerpunkte

- Distance Learning
- Planspiele
- Führungsinformationssysteme
- Systementwicklung (Analyse, Projektmanagement, Qualitätsmanagement)

Laufende Forschungsprojekte

- Entwicklung der virtuellen Planspielumgebung COCKPIT
- Multimediale Führungsinformationssysteme

Prof. Dr. Helmut Krcmar

Lehrstuhl für Wirtschaftsinformatik (510H)
Institut für Betriebswirtschaftslehre
Universität Hohenheim

Kontakt

Schloß Osthof
D-70593 Stuttgart
Tel.: 0711-459-3345
Fax: 0711-459-3145
e-mail: krcmar@uni-hohenheim.de
www: http://www.uni-hohenheim.de/~www510h/index.html

Forschungsschwerpunkte

- TTE - TeleTeam Environment:
  Im Schwerpunkt TTE TeleTeam Environment wird erforscht, wie Gruppenarbeit mit Computern unterstützt werden kann. Dazu wurde ein Gruppendiskussionsforschungslabor aufgebaut, in dem rechnergestützte Sitzungen durchgeführt und beobachtet werden können. Daneben werden mehrere Prototypen für die Unterstützung von Gruppenaufgaben entwickelt.
- Informationsmanagement:
  Im Schwerpunkt Informationsmanagement wird untersucht, wie IKT die Koordinations- und Geschäftsprozesse im Unternehmen beeinflussen, wie sich IKT im Sinne der Unternehmensstrategie nutzen lassen, wie neue Organisationsformen durch IKT ermöglicht werden und wie das Controlling der Informationsverarbeitung zu gestalten ist.
- Umwelt
  Im Schwerpunkt Umwelt geht es um die Unterstützung von umweltorientierten Entscheidungen, wie sie beispielsweise in der Ökobilanzierung durchgeführt werden.

Prof. Dr. Ulrich Küsters

Lehrstuhl für Statistik und Quantitative Methoden
Wirtschaftswissenschaftliche Fakultät Ingolstadt
Katholische Universität Eichstätt

Kontakt

Auf der Schanz 49
D-85049 Ingolstadt
Tel.: 0841-937-1848/1846
Fax: 08421-93-1965
e-mail: ulrich.kuesters@ku-eichstaett.de
www: http://www.ku-eichstaett.de/WWF/STA

Forschungsschwerpunkte

Der Lehrstuhl konzentriert sich vor allem auf die Entwicklung und Implementation automatischer Prognosemodelle, wie sie in Absatzplanungs-, Produktionsplanungs- und Lagerhaltungssystemen benötigt werden. Inhaltlich werden folgende Probleme bearbeitet:
- Einbettung subjektiver Bewertungen zukünftiger Ereignisse in Prognosemodelle
- Implementation von statistischen Frühwarnsystemen (Ausreißerdiagnostik)
- Automatische Auswahl von Prognosemodellen für multiple Produkthierarchien
- Evaluation automatischer Prognosesysteme

Damit eng zusammenhängende statistische Forschungsschwerpunkte sind:
- Prozeßänderungsdiagnostik in Bayesianischen dynamischen linearen Modellen
- Bewertung zukünftiger Ereignisse mit subjektiv modifizierten Prior-Dichten
- Automatische Identifikation von SARIMAX-Modellen
- Automatische Ausreißerdiagnostik in SARIMAX-Modellen
- Objekt-orientierte Implementation von Prognosemethoden
- Optimale Kombination konkurrierender Prognosen

Laufende Forschungsprojekte

- Automatische Modellselektion in SARIMAX-Modellen
- Bayesianische dynamische Modelle als moderne Nachfolger exponentieller Glättungsmodelle

Prof. Dr. Richard Lackes

Lehrstuhl für Wirtschaftsinformatik
Fachbereich Wirtschafts- und Sozialwissenschaften
Universität Dortmund

Kontakt

Vogelpothsweg 87
D-44221 Dortmund
Tel.: 0231-755-3157
Fax: 0231-755-3158
e-mail: wi-rila@wi.wiso.uni-dortmund.de
www: http://www.wiso.uni-dortmund.de/LSFG/WI

Forschungsschwerpunkte

- PPS-Systeme
- Entwicklung von Multimedia-Produkten
- Data Mining und Künstliche Intelligenz
- Decision Support Systeme in Produktion und Logistik

Laufende Forschungsprojekte

- Entwicklung von Multimedia-Applikationen
- Entwicklung von integrierten Datenbanksystemen für betriebliche Anwendungen
- Entwicklung von KI-basierten Analyseverfahren für das Data Mining

Prof. Dr. Hans-J. Lenz

Institut für Produktion, Wirtschaftsinformatik und
Operations Research, Fachbereich Wirtschaftswissenschaft,
Freie Universität Berlin

Kontakt

Garystr. 21
D-14195 Berlin
Tel.: 030-838-2380
Fax: 030-838-4051
e-mail: lslenz@wiwiss.fu-berlin.de
www: http://www.wiwiss.fu-berlin.de/w3/w3lenz/winfo

Forschungsschwerpunkte

- Wissensbasierte Systeme
- Metainformationssysteme
- Data Warehouse, OLAP
- Statistische Datenbanken
- Operatives Controlling
- Statistische Qualitätskontrolle

Laufende Forschungsprojekte

- Definitions- und Bilanzgleichungen im operativen Controlling für eine industrielle Unternehmung (deterministische, stochastische und Fuzzy-Konzepte)
- Prototyp eines Metadaten-basierten statistischen Informationssystems
- Geheimhaltungsmethoden für Mikro- und Makrodaten in statistischen Ämtern
- Physische Datenstrukturen für multi-dimensionale Datenbestände (data cubes)
- WWW mining
- Computerisierung der Volkswirtschaftlichen Gesamtrechnung

Prof. Dr. Jörg Link

Fachgebiet Controlling und Organisation
Fachbereich Wirtschaftswissenschaften
Universität Gesamthochschule Kassel

Kontakt

Diagonale 12, D-34127 Kassel
Post: 34109 Kassel
Tel.: 0561-804-2024
Fax: 0561-804-2025
e-mail: link@wirtschaft.uni-kassel.de
www: http://www.wirtschaft.uni-kassel.de/link/welcome.htm

Forschungsschwerpunkte

- Strategische Unternehmensführung, insbesondere Führungssysteme
  hier speziell: kundenorientierte Informationssysteme
- Database Marketing
- Computer Aided Selling
- Multimedia-/Online-Marketing

Laufende Forschungsprojekte

- Einsatz und Verbreitung kundenorientierter Informationssysteme
- Auswirkungen neuer Informations- und Kommunikationstechnologien (insbes. kundenorientierte Informationssysteme) auf die Führungssysteme der Unternehmung (Organisations- und Vertriebsstruktur)
- Controlling von Kundenbeziehungen auf der Grundlage von Kundendatenbanken

Prof. Dr. Ambros Lüthi

Lehrstuhl für Wirtschaftsinformatik
Institut für Informatik
Wirtschafts- und Sozialwissenschaftliche Fakultät
Universität Fribourg

Kontakt

Rue Faucigny 2
CH-1700 Fribourg
Tel.: 0041-26-300-83 37
Fax: 0041-26-300-97 26
e-mail: ambros.luethi@unifr.ch
www: http://www-iiuf.unifr.ch/iiuf.html

Forschungsschwerpunkte

- Marketinginformatik zum Computermarkt Schweiz
- Informationstechnologien - Einsatz und Entwicklung im deutschen Sprachraum
- Geschäftsprozesse und Workflow
- Informationstechnologien und Ethik

Laufende Forschungsprojekte

- Marktanalyse des Computereinsatzes in Schweizer Unternehmen
- Einsatz von Informationstechnologien in Unternehmen des deutschsprachigen Raumes
- Entwicklung von Werkzeugen zur Erfassung, Verarbeitung und Verbreitung von statistischen Daten in geographisch grossen Räumen via Internet
- Monitoringsystem für informationsbasierte Geschäftsprozesse
- Ethische Maximen für den Einsatz von vernetzten Computersystemen

Prof. Dr. Dr. h.c. Heribert Meffert

Institut für Marketing
Universität Münster

Kontakt

Universitätstr. 14-16
D-48143 Münster
Tel.: 0251-83-22931
Fax: 0251-83-28356
e-mail: meffert@uni-muenster.de
www: http:// www-wiwi.uni-muenster.de/~14/index.htm

Forschungsschwerpunkte

- Marketing und neue Medien
- Strategisches Marketing
- Internationales Marketing
- Dienstleistungsmarketing
- Umweltmanagement

Laufende Forschungsprojekte

- Markenprofilierung im Internet
- Segmentierung im Verkehrsdienstleistungsbereich
- Identitätsorientierte Markenführung
- Internes und externes Zufriedenheitsmanagement im Einzelhandel
- Komplexitätsmanagement
- Management von Netzwerken im Dienstleistungsbereich
- Internationales Markenmanagement
- Management der Unternehmenskultur

Prof. Dr. Dr. h. c. mult. Peter Mertens

Bereich Wirtschaftsinformatik I
Universität Erlangen-Nürnberg

Kontakt

Lange Gasse 20
D-90403 Nürnberg
Tel.: 0911-5302-284
Fax: 0911-53 66 34
e-mail: wsw102@wiso.uni-erlangen.de
www: http://www.wi1.uni-erlangen.de

Forschungsschwerpunkte

- Anwendungssysteme im Controlling
- Anwendungssysteme im Marketing
- Anwendungssysteme in der Produktionslogistik
- MIS / EIS / PuK-Systeme
- Branchen- und betriebstypisierte Anwendungssoftware

Laufende Forschungsprojekte

- Electronic Shopping Malls
- 1:1-Marketing
- Regionale Freizeit- und Tourismusberatung im Internet
- Produktberatungssysteme für Software-Häuser
- Generalisierungsmöglichkeiten der Elektronischen Produktberatung

Univ.-Prof. Dr. Anton Meyer

Institut für Marketing
Ludwig-Maximilians-Universität München

Kontakt

Ludwigstr. 28 RG
D-80539 München
Tel.: 089-2180-3321
Fax: 089-2180-3322
e-mail: profmeyer@bwl.uni-muenchen.de
www: http://www.bwl.uni-muenchen.de/lehreinh/mame/ls-allg/index.html

Forschungsschwerpunkte

- Dienstleistungs-Marketing
- Finanz-Marketing
- Handels-Marketing
- System-Marketing
- Kundenzufriedenheit, Kundenbindung und Customer Integration
- Neue Medien und Marketing

Laufende Forschungsprojekte

- Studie „Service Excellence in Deutschland" (Identifikation der Stärken und Schwächen des Dienstleistungsmanagements in Deutschland)
- Studie „Das Deutsche Kundenbarometer - Qualität und Zufriedenheit"
- Projekt „Warum wechseln Kunden" (Untersuchung der Wechselgründe von Kunden im Dienstleistungsbereich)
- Projekt „Return on Quality" (monetäre Beurteilung von Qualitätsverbesserungsmaßnahmen)
- Projekt „Call-Center-Benchmarking" (kundenorientiertes Call-Center-Management)

Prof. Dr. Günter Müller

Institut für Informatik und Gesellschaft
(IIG)
Abteilung Telematik
Universität Freiburg

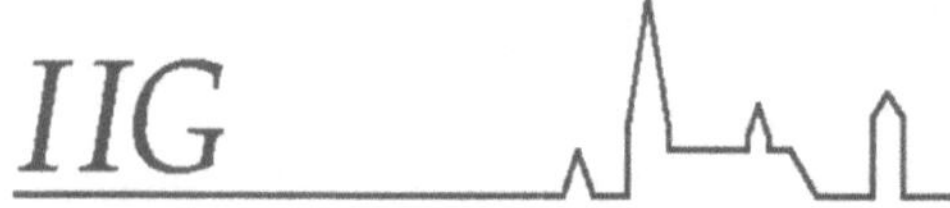

Kontakt

Friedrichstraße 50
D-79098 Freiburg i. Br.
Tel.: 0761-203-4964, -4928
Fax: 0761-203-4929
E-Mail: schoder@iig.uni-freiburg.de
http://www.iig.uni-freiburg.de/telematik/

Forschungsschwerpunkte

- Telematik, Telekommunikation
- Koordination, Kooperation und Kommunikation in und zwischen Unternehmen
- Telematik-basierte Organisationsstrukturen
- Datenschutz und Datensicherheit
- Sichere Kommunikation in offenen, verteilten Systemen
- Electronic Commerce
- Mobilkommunikation

Laufende Forschungsprojekte

- Technologiemanagement im Medienbereich (Projekt MediTech)
- Informationstechnikeinsatz im Straßenverkehr (Projekt TRAVOS)
- Verbreitung telematischer Innovationen (Projekt SeDiSys)
- Informatisierte Organisation (Projekte InfoOrga und InfoSys)
- Secure Electronic Marketplace for Europe (EU-Projekt SEMPER)
- Medienstandort Freiburg - ein Beitrag zur Standortplanung
- TELOS – Telematik und Organisationsstrukturen – von elektronichen Hierarchien bis
  zu elektronischen Märkten

Prof. Dr. Hubert Österle

Institut für Wirtschaftsinformatik (IWI2)
Universität St. Gallen

Kontakt

Müller-Friedberg-Strasse 8
CH-9000 St. Gallen
Tel.: 0041-71-224-2420
Fax: 0041-71-224-2777
e-mail: iwihsg@notes.unisg.ch
www: http://www.iwi.unisg.ch

Forschungsschwerpunkte

- Neue Geschäftsarchitekturen, z.B. Electronic Business Networks, Methoden zum Business Engineering, Total Customer Care
- Systementwicklung, insb. Organisation und Entwurfsunterstützung
- Strategische Potentiale des Elektronischen Handels und Wissensmedien
- Groupware für Knowledge Work und Learning Processes

Laufende Forschungsprojekte

- Erstellen von Methoden in den Bereichen Electronic Business Networking, Total Customer Care, Prozeß- und Systemintegration sowie Management von Intranets
- Prozeßbenchmarking: Automatisiertes Benchmarking auf Basis von SAP R/3
- Internet-Datenbank auf dem Gebiet Electronic Customer Care, die innovative Lösungen in der Kundenbeziehung beschreibt ("Best Practices") und die Informationstechnik bewertet, die dazu zum Einsatz kommt
- Business Engineering Center: Informationsservice für Personen, die in verantwortlicher Position an der Veränderung ihres Unternehmens arbeiten und sich daher aus geschäftlicher Sicht für die Informationstechnik und ihre Anwendungen interessieren

Prof. Dr. Otto Opitz

Lehrstuhl für Mathematische Methoden der Wirtschaftswissenschaften
Institut für Statistik und Mathematische Wirtschaftstheorie
Universität Augsburg

Kontakt

Universitätsstraße 16
D-86159 Augsburg
Tel.: 0821-598-4150
Fax: 0821-598-4226
e-mail: otto.opitz@wiso.uni-augsburg.de
www: http://www.wiso.uni-augsburg.de/iob/opitz/

Forschungsschwerpunkte

- Mathematische Methoden der Unternehmensplanung
- Multivariate Verfahren in der Marketingforschung
- Datenanalyse (Klassifikations-, Repräsentations- und Identifikationsmodelle)

Laufende Forschungsprojekte

- Fehlende Daten in der multivariaten Datenanalyse
- Behandlung ordinaler Daten (Regressionsmodelle und Assoziationsmaße bei ordinalen Daten, Entwicklung von Software zur Dependenzanalyse nichtmetrischer Daten)
- Spezielle Klassifikations- und Repräsentationstechniken zur Visualisierung von Kundenpräferenzen, Konkurrenzbeziehungen und Werbewirkung
- Einsatzmöglichkeiten datenanalytischer Verfahren im Rahmen der Asset Allocation und des Anleihe-Rating
- Aufbau und Einsatzmöglichkeiten von Fuzzy-Techniken zur Entscheidungsunterstützung in der Unternehmensplanung
- Fuzzy Modelle im Controlling (Theoretische Fundierung und explizite Anwendung in der Break-Even-Analyse und beim Target Costing)
- Elastische Planung in der Netzplantechnik (Verwirklichung von Korrekturen im Projektablauf für Netzpläne mit stochastischen Daten)

Prof. Dr. Wolfgang Ossadnik

Lehrstuhl für Betriebswirtschaftslehre mit dem
Schwerpunkt Rechnungswesen und Controlling
Fachbereich Wirtschaftswissenschaften
Universität Osnabrück

Kontakt

Rolandstraße 8
D-49069 Osnabrück
Tel.: 0541-969-2593/2591
Fax: 0541-969-2592
e-mail: ossadnik@rols2.oec.uni-osnabrueck.de
www: http://www.oec.uni-osnabrueck.de/fachgeb/contr/contr.html

Forschungsschwerpunkte

- Rechnergestütztes Controlling
- Uni- und multikriterielle Entscheidungsunterstützungsverfahren
- Informationsökonomische Koordinationsmodelle
- Theorie der effizienten Unternehmensgrenzen

Laufende Forschungsprojekte

- Einsatz des Analytischen Hierarchie-Prozesses im strategischen Controlling
- Anreizsysteme für dezentralisierte Unternehmen zur Lösung zentraler Koordinations-
  probleme
- Identifikation effizienter Unternehmensgrenzen mit Hilfe des Rechnungswesens

Prof. Dr. Ralf Pauly

Fachgebiet Statistik und Empirische Wirtschaftsforschung
Fachbereich Wirtschaftswissenschaften
Universität Osnabrück

Kontakt

Rolandstraße 8
D-49069 Osnabrück
Tel.: 0541-969-2756
Fax: 0541-969-2744
e-mail: pauly@oec.uni-osnabrueck.de
www: http://nts4.oec.uni-osnabrueck.de/stat1.htm

Forschungsschwerpunkte

- Database Marketing
- Optimale Kundenselektion
- Computergestützte Tests
- Tendenzanalyse ökonomischer Variablen

Laufende Forschungsprojekte

- Entwicklung von Prognoseverfahren bei Mail-Order Aktionen anhand von Bootstrap-Stichproben
- Entwicklung eines Modellauswahlverfahrens zur Kundenselektion mit Hilfe von Repeated Learning-Testing

Prof. Dr. Dr. h.c. Ralf Reichwald

Lehrstuhl für Allgemeine und
Industrielle Betriebswirtschaftslehre
Technische Universität München

Kontakt

Leopoldstr. 139
D-80804 München
Tel.: 089-36078 - 200
Fax: 089-36078 - 222
e-mail: aib@aib.wiso.tu-muenchen.de
WWW: http://www.aib.wiso.tu-muenchen.de

Forschungsschwerpunkte

- Neue Arbeits- und Organisationsformen in verteilten Strukturen
- Einsatzmöglichkeiten und -grenzen neuer Informations- und Kommunikationstechnik
- Telekooperation und Virtualisierung
- Wirtschaftlichkeitsbewertung für neue Organisationsformen und Techniklösungen
- Neue Dienstleistungen auf vernetzten Märkten, Standortsicherung unter Berücksichtigung der Potentiale moderner Informations- und Kommunikationstechnik
- Neugestaltung der Schnittstelle zu Kunden und turbulenten Märkten unter Nutzung neuer Informations- und Kommunikationstechnik

Laufende Forschungsprojekte

- InnoVert: Multimediale IuK-Technologien und neue Organisationsstrukturen im Vertrieb.
- Chancen, Probleme und Ausgestaltung der Unternehmensdezentralisierung.
- Telekooperation: Grundlagen, Evaluierung, Begleitung.
- SoHo (Small Office / Home Office) – Haushalte als Anbieter und Nachfrager von integrierten Dienstleistungen.
- Internationalisierung: Strategien für die Produktion im 21. Jahrhundert.
- Änderungsmanagement, integrierte Produktentwicklung.

Prof. Dr. Friedrich Roithmayr

Institut für Wirtschaftsinformatik
Sozial- und Wirtschaftswissenschaftliche Fakultät
Universität Innsbruck

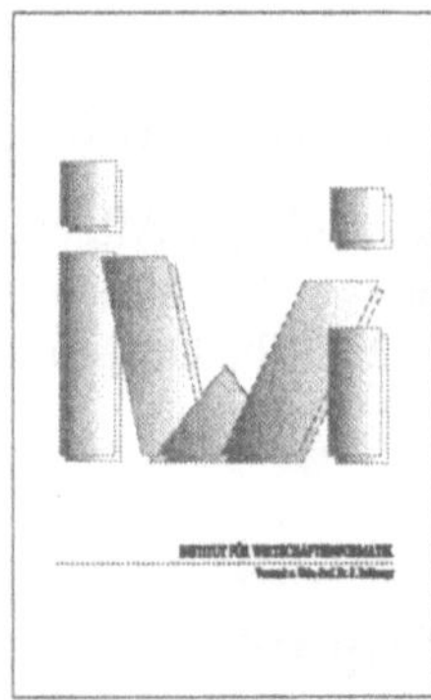

Kontakt

Innrain 52
A-6020 Innsbruck
Tel: 0043/512/507-7650
Fax: 0043/512/507-2844
e-mail: friedrich.roithmayr.@uibk.ac.at
www: http://iwi.uibk.ac.at

Forschungsschwerpunkte

- Know-how-Unternehmen
- Revision und Controlling von Informations- und Kommunikationssystemen
- Multimedia
- Informationsmanagement
- Systemplanung

Laufende Forschungsprojekte

- Ein Architekturkonzept zur Implementierung verhaltensorientierter Aspekte in Informations- und Kommunikationssystemen
- Empirische Befunde zur Diffusion von Internet
- Benchmarking von Providern

Prof. Dr. Johannes Ruhland

Lehrstuhl für Wirtschaftsinformatik
Wirtschaftswissenschaftliche Fakultät
Friedrich-Schiller-Universität Jena

Kontakt

Carl-Zeiß-Str. 3
D-07743 Jena
Tel.: 03641-9-43310
Fax: 03641-9-43312
e-mail: j.ruhland@wiwi.uni-jena.de
www: http://www.wiwi.uni-jena.de/Informatik/docs/first.html

Forschungsschwerpunkte

- Computer Integrated Marketing
- Mikrogeographische Marktsegmentierung
- Database Marketing
- Quantitatives Risikomanagement im Bankensektor
- Knowledge Discovery in Databases
- Internet/ Intranet

Laufende Forschungsprojekte

- Knowledge Discovery in Databases. Entwicklung robuster, kommerziell realisierbarer
  Verfahren (gefördert vom Thüringer Ministerium für Forschung und Wissenschaft)
- Quantitatives Risikomanagement und Data Warehousing im Bankensektor
- Database Marketing für Großverlage

Prof. Dr. August-Wilhelm Scheer

Institut für Wirtschaftsinformatik
Universität des Saarlandes

Kontakt

Im Stadtwald, Geb. 14.1
D-66123 Saarbrücken
Tel.: 0681-302-3106
Fax: 0681-302-3696
e-mail: scheer@iwi.uni-sb.de
www: http://www.iwi.uni-sb.de

Forschungsschwerpunkte

- Entwicklung von Anwendungskonzepten für Industrie, Dienstleistung und Verwaltung

Laufende Forschungsprojekte

- GIPP – Geschäftsprozeßmanagement mit integrierten Produkt- und Prozeßmodellen (BMBF (P2000))
- Service-Engineering – Marktführerschaft durch Leistungsbündelung und kundenorientiertes Service-Engineering (BMBF (DL2000Plus))
- Public Private Partnership – Kreative Kooperationsmodelle zwischen Verwaltung, Wirtschaft und Privathaushalten (BMBF (DL2000Plus))
- MOVE – Verbesserung von Geschäftsprozessen mit flexiblen Workflow-Management-Systemen (BMBF)
- Televerwaltung Saar – Kommunikation und Workflow über verteilte Standorte (Saarland, Telekom, IDS)
- WINFO-LINE – Wirtschaftsinformatik Online (Bertelsmann Stiftung)
- Referenzmodell Qualitätssicherung/Toleranzen in der Logistik (DFG)
- SAP R/3 (IS-PS) – Referenzmodell Public Sector (SAP)

Prof. Dr. Bernd Schiemenz

Lehrstuhl für ABWL und Industriebetriebslehre
Fachbereich Wirtschaftswissenschaften
Philipps-Universität Marburg

Kontakt

Am Plan 2
D-35032 Marburg
Tel.: 06421-28-1718
Fax: 06421-28-8958
e-mail: schiemenz@wiwi.uni-marburg.de
www: http://www.wiwi.uni-marburg.de/LOKAL/BWL01/DEFAULT.HTM

Forschungsschwerpunkte

– Betriebswirtschaftliche Systemtheorie und Kybernetik
– Entscheidungsunterstützte Unternehmensplanspiele
– Internationale Aspekte von Informations- und Kommunikationssystemen
– Produktionsplanungs- und Steuerungssysteme

Laufende Forschungsprojekte

– Informations- und Kommunikationstechnologien in Prozessen der strategischen und
  operativen Frühaufklärung im internationalen Marketing

o.Univ.Prof. Dr. Peter Schnedlitz

Institut für Absatzwirtschaft/Warenhandel
Wirtschaftsuniversität Wien

Kontakt

Augasse 2 - 6
A-1090 Wien
Tel.: 00431-313-36-4622
Fax: 00431-313-36-717
e-mail: peter.schnedlitz@wu-wien.ac.at
www: http://www.speth08.wu-wien.ac.at/wwwu/institute/handel

Forschungsschwerpunkte

- Verhaltensorientierte Ansätze in Marketing und Handel
- Strategische Marketing-Forschung und Marketing-Modellierung
- Handelsmarketing und Marketingplanung
- Informations- und Kommunikationstechnologien in der Distributionslogistik

Laufende Forschungsprojekte

- Die Effizienz der Distributionslogistik österreichischer Handelsunternehmen
- European Obervatory for small and medium enterprises
- Commerce 2000 und das „Grünbuch Handel" der EU
- Personalmarketing
- Erfolgsfaktoren im Handel
- Marktsegmentierung und Positionierungs-Analyse
- Neue Informations- und Kommunikationstechnologien in der Handelslogistik

Prof. Dr. Günter Silberer
Institut für Marketing und Handel
Georg-August-Universität Göttingen

Kontakt

Nikolausberger Weg 23
D-37073 Göttingen
Tel.: 0551-39-7328
Fax: 0551-39-5849
e-mail: pheimba@uni-goettingen.de
www: http://www.gwdg.de/~uwmh/silberer/leitsi.htm

Forschungsschwerpunkte

– Informationsmarketing
– Marketing mit Multimedia
– Marketing und Sensorik

Laufende Forschungsprojekte

– Kunst im Unternehmen
– Marketingfaktor Stimmungen
– Marketing im Internet
– Marketing mit CD-ROM
– Medien- und rechnergestützte Interaktionsanalysen
– Dynamik sensorischer Präferenzen
– Sensorik und Conjointanalyse

Prof. Dr. Eberhard Stickel

Lehrstuhl für Allg. BWL, insbes. Wirtschaftsinformatik,
Finanz- und Bankwirtschaft
Europa-Universität Viadrina Frankfurt (Oder)

Kontakt

Postfach 776
D-15207 Frankfurt (Oder)
Tel.: 0335-5534-358
Fax: 0335-5534-357
e-mail: stickel@euv-frankfurt-o.de
www: http://www.wi.euv-frankfurt-o.de

Forschungsschwerpunkte

- Wirtschaftlichkeit des IT-Einsatzes
- Anwendungssysteme im Finanzdienstleistungsbereich
- Computergestützte Handelssysteme
- Realoptionen

Laufende Forschungsprojekte

- Entwicklung einer Konzeption zur strategischen Neuausrichtung von Kreditinstituten unter besonderer Berücksichtigung des Internets
- Entwicklung eines Konzepts zur Produktivitätsanalyse von Banken beziehungsweise Bankfilialen
- Aufbau eines Entscheidungsunterstützungssystems zur Bewertung von Handlungsspielräumen (Realoptionen)
- Aufbau eines elektronischen Marktes für informelles Venture Capital

Prof. Dr. Torsten Tomczak

Ordinarius für Betriebswirtschaftslehre mit
besonderer Berücksichtigung des Marketing an
der Universität St. Gallen (HSG)
Direktor des Forschungsinstituts für Absatz und
Handel an der Universität St. Gallen

Kontakt

Bodanstrasse 8
CH-9000 St. Gallen
Tel.: 0041-71-224 28 20
Fax: 0041-71-224 28 57
e-mail: FAHHSG@NOTES.UNISG.CH
www: http://www.fah.unisg.ch

Forschungsschwerpunkte

- Strategisches Marketing
- Marketing-Audit
- Distributionsmanagement
- Kommunikation

Laufende Forschungsprojekte

- Aufgabenorientiertes Marketing (u.a. empirische Erfolgsstudie "Best Practice in Marketing" zu den Marketing-Kernaufgaben Kundenakquisition, Kundenbindung, Leistungsinnovation und Leistungspflege)
- Marketingplanung (Lehrbuch, gemeinsam mit Prof. Dr. Alfred Kuß, FU Berlin)
- Marketingcontrolling (Fachbuch)
- Die Zukunft alternativer Vertriebswege
- Total Customer Care (Kooperation mit dem Institut für Wirtschaftsinformatik an der Universität St. Gallen)

Prof. Dr. Oliver Vornberger

Praktische Informatik
Fachbereich Mathematik/Informatik
Universität Osnabrück

Kontakt

Albrechtstraße 28
D-49069 Osnabrück
Tel.: 0541-969-2481
Fax: 0541-969-2770
e-mail: oliver@informatik.uni-osnabrueck.de
www: http://www.informatik.uni-osnabrueck.de

Forschungsschwerpunkte

- Multimedia
- Kombinatorische Optimierung
- Parallele Algorithmen
- Neuronale Netze

Laufende Forschungsprojekte

- Konzeption eines Systems zur Erstellung Web-fähiger Multimediaanwendungen in der Lehre
- Konzeption eines Systems zur Analyse und Prognose von Zeitreihen auf Basis neuronaler Netze

Prof. Dr. Bernd Waldeck

Lehrstuhl für ABWL mit dem Schwerpunkt Marketing
Fachhochschule Kiel
Fachbereich Wirtschaft

Kontakt

Olshausenstraße 40-60
D-24118 Kiel
Tel.: 0431-880-2157
Fax: 0431-880-4680
e-mail: Bernd.Waldeck@fh-kiel.de
www: http://www.wirtschaft.fh-kiel.de

Forschungsschwerpunkte

- Strategisches Marketing
- Instrumentelles Marketing
- Kommunikationspolitik
- Marketinginformatik

Laufende Forschungsprojekte

- Electronic Meetings in Mittel- und Großbetrieben

Prof. Dr. Karl Weber

Fachbereich Wirtschaftswissenschaft
Justus-Liebig-Universität Giessen

Kontakt

Licher Strasse 74
D-35394 Giessen
Tel.: 0641-99-22521/22524
Fax: 0641-99-22529
e-mail: karl.weber@wirtschaft.uni-giessen.de

Forschungsschwerpunkte

- Kostenrechnung
- Multikriterielle Entscheidungen, insbesondere AHP
- Wirtschaftsprognostik

Laufende Forschungsprojekte

- Theorie und Praxis von AHP
- Ausgewählte Probleme des Operations Research
- Beiträge zur Geschichte der amerikanischen Betriebswirtschaftslehre

Univ.-Prof. Dr. Rolf Weiber

Lehrstuhl für Marketing
Universität Trier
Fachbereich IV - BWL/AMK

Kontakt

Universitätsring 15
D - 54286 Trier
Tel.: 0651-201-2619
Fax: 0651-201-3910
e-mail: weiber@uni-trier.de
www: http://www.uni-trier.de/uni/fb4/bwl_amk/bwl.htm

Forschungsschwerpunkte

- Fundierung des Marketing in der Neuen mikroökonomischen Theorie
- Business-to-Business-Marketing, insb. Marketing im Systemgeschäft
- Vermarktung technologischer Innovationen
- Marktverbreitung neuer Technologien und Forecast-Management
  (insbesondere Telekommunikation und Multimedia-Dienste)
- Geschäftsbeziehungsmanagement
- Einsatz quantitativer Methoden in der Marketingforschung

Laufende Forschungsprojekte

- Die Problematik des Anbieterwechsels in der Telekommunikation
- Dynamik von Geschäftsbeziehungen
- Analyse der verlängerten Wertkette bei der Vermarktung von Telekommunikations-
  diensten
- Akzeptanz technologischer Multimedia-Innovationen
- Einführungsstrategien bei interaktiven Informations- und Kommunikations-
  technologien im Marketspace
- Die Gestaltung von Informationsasymmetrien durch das Marketing
- Nachfragerseitige Unsicherheitspositionen im Systemgeschäft
- Adoption von elektronischen Marktplätzen

Prof. Dr. Christof Weinhardt

Lehrstuhl für BWL-Wirtschaftsinformatik
Fachbereich Wirtschaftswissenschaften
Justus-Liebig-Universität Gießen

Kontakt

Licher Straße 70
D-35394 Gießen
Tel.: 0641-99-22610 (22611)
Fax: 0641-99-22619
e-mail: {www-bwl-wi | christof.weinhardt}@wirtschaft.uni-giessen.de
www: http://www-wi.wirtschaft.uni-giessen.de

Forschungsschwerpunkte

- Mobile Agenten im Internet
- Elektronische Märkte und Electronic Malls
- Elektronisierung des OTC-Wertpapierhandels
- DV-Controlling in Banken
- Verteiltes Problemlösen mit Multi-Agenten-Systemen
- Dynamische Ressourcenallokation in verteilten Systemen
- EU-Umwelt-Audits
- Integrierte Ansätze zur Losgrößen- und Sequenzplanung in der Produktion

Laufende Forschungsprojekte

- DV-Controlling für Client-Server-Architekturen in Banken
- Integration von Koordinations- und Kooperationsmechanismen zur verteilten Lösung betrieblicher Planungsprobleme
- Dynamische Ressourcenallokation via Märkte in MACRODYN (DFG-Projekt Uni Bielefeld)
- IT-Unterstützung von Umweltgutachter- Teams

Prof. Dr. K.-P. Wiedmann

Lehrstuhl für ABWL und Marketing II
Fachbereich Wirtschaftswissenschaften
Universität Hannover

Kontakt

Königsworther Platz 1
D-30167 Hannover
Tel.: 0511-762-4862
Fax: 0511-762-3142
e-mail: wiedmann@m2.ifb.uni-hannover.de
www: http://www.wiwi.uni-hannover.de/m2/index.htm

Forschungsschwerpunkte

- Strategisches Marketing
- Corporate Identity
- Public Relations
- Investitionsgütermarketing
- Beziehungsmanagement
- Markt- und Marketingforschung, insbesondere multivariate Analyseverfahren
- Anwendung von Verfahren der künstlichen Intelligenz im Marketing

Laufende Forschungsprojekte

- Neuronale Netze in der Marketingforschung (Siemens Nixdorf, Mercedes Benz etc.)
- Genetische Algorithmen in der Mediaplanung
- Management von Beziehungsqualität auf industriellen Märkten
- Corporate Identity und interne Kommunikation am Beispiel der Mineralölbranche
- Der Stellenwert der Öffentlichkeit für das strategische Marketing am Beispiel des Brent-Spar-Vorfalls
- Wertewandel in Deutschland und Konsequenzen für das Marketing
- Imageanalyse des Fachbereiches Wirtschaftswissenschaften
- Analyse des strategischen Wettbewerbs von Direktbanken
- Internationale Netzwerke für den Mittelstand
- Unternehmensgründungen aus Hochschulen

Prof. Dr. Klaus D. Wilde

Lehrstuhl für ABWL und Wirtschaftsinformatik
Wirtschaftswissenschaftliche Fakultät Ingolstadt
Katholische Universität Eichstätt

Kontakt

Auf der Schanz 49
D-85049 Ingolstadt
Tel.: 0841-937-1871
Fax: 0841-9311-261
e-mail: lehrstuhl.wirtschaftsinformatik@ku-eichstaett.de
www: http://www.ku-eichstaett.de/WWF/ABWINF/ls_winfo.htm

Forschungsschwerpunkte

- Computer Based Marketing
- Marketing Decision Support Systeme (strategische und operative Ausrichtung)
- Database Marketing
- Langfristige Markt- und Absatzprognosen
- Computational Intelligence im Marketing

Laufende Forschungsprojekte

- Konzeption eines Vorgehensmodells zur Erstellung von langfristigen Markt- und Absatzprognosen
- Implementierung einer Toolbox zur Erstellung von langfristigen Markt- und Absatzprognosen
- Ermittlung optimaler Strategien zur Vermarktung von Standardsoftwareprodukten
- Entwicklung von DSS-Tools für das Marketing in Außendienst und Vertrieb

Prof. Klaus Zoller, D.B.A.

Institut für Betriebliche Logistik und Organisation
Universität der Bundeswehr Hamburg

Kontakt

Holstenhofweg 85
D-22043 Hamburg
Tel.: 040-6541-2811
Fax: 040-6541-2780
e-mail: iblo@unibw-hamburg.de

Forschungsschwerpunkte

- Material- und Warenbereitstellung
- Automatisierte Nachfrageprognosen
- Instrumente zur Gestaltung und Steuerung von Material- und Warenfluß
- Kapazitätsanpassungen unter Unsicherheit
- Schätzverhalten in der betrieblichen Planung

Laufende Forschungsprojekte

- Warengruppen-Management: erfolgsorientierte Warenbereitstellung bei unsicheren Absatzerwartungen; artikelindividuelle Optimierung im Spannungsfeld von Servicegrad, Kapitaleinsatz, Bestellkapazität, Lagerfläche und Deckungsbeitrag
- Absatzanalyse - Nachfrageprognose: automatisierte Prognosen der Konsumgüternachfrage auf Artikel-Ebene; Erhebungsfeld: Mittel- und Großunternehmen des Einzel- und Versandhandels, Branchen: Hartwaren, Textil, Nahrungs- und Genußmittel
- Integrierte Prognoseverfahren: wissensbasierte Systeme zur Kombination, Auswahl und Kalibrierung monovariater Prognosemodelle; multivariate und kausale Nachfragemodelle in der Luftfahrtbranche: Verdichtung von Daten für die Kontingentierungsplanung u.a. basierend auf Aggregaten von Buchungsklassen und Zeitprofilen des Buchungsverhaltens; Maximierung des Netzertrages u.a. auf Basis des bid price

INDEX

A

Abonnementgeschäft · 465
Absatzanalyse · 639
Adoptionsprozeß · 109
Agenten
    intelligente · 413
Analytic Hierarchy Process · 651; 659
Ausreißerdiagnostik · 629
Außendienststeuerung · 13; 485
Automobilmarkt · 437; 445; 453

B

Bank · 543
    virtuelle · 413
Benutzermodellierung · 141
Beratung · 149
Bewertung
    qualitative · 643
Bondatenanalyse · 339
Box-Jenkins-Modelle · 629
Business TV · 117
Business-to-Business Marketing · 187

C

Case-Based Reasoning · 445
CHAID · 581
Clusteranalyse · 543; 551
    zweimodale · 573
Computer Aided Selling · 125
Computer Integrated Trading · 339
Conjoint Analyse · 613
Customer Buying Cycle · 167

D

Data Cube · 259
Data Mining · 177; 249; 317; 591
Data Warehouse · 277; 317
Database Marketing · 125; 135; 177; 187;
    397; 423; 485; 581
Datenanalyse
    multivariate · 535; 573

restringierte dreimodale · 603
    statistische · 423
Datenbanken
    relationale · 73
Datenbanksystem · 259
    föderiertes · 397
Datenintegration · 397
Datenmodell · 643
Decision Support · 5; 13; 21
    computerbasierter · 35
Deckungsbeitrag · 379
Diffusion · 465
Direktbanken · 387
Direktmarketing · 591
Discount-Broker · 387
Distributionskanäle · 5
Distributionslogistik · 21

E

Efficient Promotion · 349
Efficient Consumer Response · 331; 339;
    349; 357
Efficient Product Introductions · 349
Efficient Store Assortments · 349
Einzelhandel · 371
Electronic Commerce · 43; 55
Electronic Customer Care · 167
Electronic Data Interchange · 25; 349
Electronic Meetings · 221
Empirie · 285
Entscheidungsmethoden · 659
Erlösabweichungs-Analyse · 465
Erzeugniskonfiguration · 211
Expertensystem · 97; 149; 211
Experton · 643

F

Faktorenanalyse · 387; 563
Fertighausbau · 519
Finanzdienstleistungen · 413
Finanzdienstleistungsunternehmen · 405
Forced switching-Konzept · 201
Frühaufklärung
    operative · 277
Frühwarnsysteme · 625

Fuzzy-Logic · 473

G

Genetische Algorithmen · 249
Geschäftsbeziehungen
    vernetzte · 25
Geschäftsbeziehungsmanagement · 25
Geschäftsprozeßmodellierung · 159
Glättung
    exponentielle · 639
Groupware · 221
Gruppenentscheidungen · 221

H

Handel · 379
    Einzel- · 371
Handelslogistik · 357
Handelsvertreter · 535

I

Individualisierung · 125
Informationen
    subjektiv bewertete · 625
Informations- und
    Kommunikationstechnologien · 357
Informationsbereitstellung · 405
Informationsdienstleistungen
    elektronische · 35
Informationsgewinnung · 267
Informationsmanagement · 317
Informationssysteme
    zwischenbetriebliche · 349
Informationstechnik · 167
Informationsversorgung · 285
Instore TV · 117
Intermediäre · 55; 413
Internationalisierung · 277
Internet · 35; 109; 135; 237
Internet-Marketing · 43

K

Kalendereffekte · 629
Kalibrierung · 639
Karte
    digitale · 21
Karten
    selbstorganisierende · 551
Kaufverhaltensmodellierung
    stochastische · 233
Klassifikation · 295; 305; 551; 591
    zweimodale · 387
Knowledge Based Marketing · 135
Kommunikationsdienstleistungen · 473
Komponentenmodelle · 625
Kreditinstitute · 397; 413
Kundenbewertungsmodell · 177
Kundenbindung · 25
Kundendeckungsbeitragsrechnung · 25
Kunden-Lieferanten-Beziehung · 167
Kundenorientierung · 159
Kundenselektion · 633

L

Leistungssystem · 167

M

Marketing
    internationales · 43; 187
    strategisches · 499
Marketing Decision Support · 13; 21
Marketing-Controlling · 465; 511
Marketing-Daten · 295; 305
Marketing-Decision-Support-System · 485; 499
Marketing-Informationen · 295; 305
Marketinginstrumente · 659
Marketingmanagement · 317
Marketing-Mix-Planung
    operative · 233
Marketing-Planung · 5; 465; 511
Markt
    virtueller · 43
Marktabgrenzung · 201

S

T

U

V

W

Z

22.15 UHR:
PENSION PAULA
IN SCHWACKENREUTE

LOGENPLÄTZE
IN DER OPER
FÜR DEN VERTRIEB!

COMPANY